U0279287

五金类实用手册大系

实用紧固件手册

（第三版）

祝燮权　主编

上海科学技术出版社

图书在版编目（CIP）数据

实用紧固件手册/祝燮权主编.—3版.—上海：上海科学技术出版社，2012.7（2024.3重印）
（五金类实用手册大系）
ISBN 978-7-5478-0967-9

Ⅰ.①实…　Ⅱ.①祝…　Ⅲ.①紧固件—手册
Ⅳ.①TH131-62

中国版本图书馆CIP数据核字（2011）第157833号

实用紧固件手册（第三版）
祝燮权　主编

上海世纪出版股份有限公司
上海 科 学 技 术 出 版 社　出版
（上海闵行区号景路 A 座 9F-10F　邮政编码 201101　www.sstp.cn）
上海展强印刷有限公司印刷
开本 850×1168　1/64　印张 23.125
字数 1140 千字
1998 年 12 月第 1 版　2004 年 5 月第 2 版
2012 年 7 月第 3 版　2024 年 3 月第 16 次印刷
ISBN 978-7-5478-0967-9 / TH·20
印数：61001-62020
定价：60.00 元

内 容 提 要

本手册根据市场上常见的紧固件现行国家(行业)标准和有关资料编写而成。手册共四篇。第一篇介绍与紧固件知识有关的基本资料;第二篇介绍与紧固件基础有关的国家(行业)标准内容;第三篇按国家标准,分别介绍螺栓、螺柱、螺钉、螺母、自攻螺钉、木螺钉、垫圈、挡圈、销、铆钉、紧固件—组合件和连接副、焊钉等12类标准紧固件的具体品种、规格、尺寸、公差、重量,以及性能和用途等内容,另外,又介绍了市场上常见的紧固件新品种(其他紧固件)的规格、尺寸、重量以及性能和用途等内容;第四篇为附录,是本书引用的紧固件国家(行业)标准的索引,以及每个紧固件标准采用国际标准(ISO)程度。

本手册可供广大从事与紧固件有关的采购、经销、设计、生产和科研等工作的人员使用,也可供需要了解、学习紧固件知识的读者参考。

第三版前言

紧固件是作紧固连接用的一类机械零件,应用极为广泛。紧固件的特点是:品种规格繁多,性能用途各异,而且标准化、系列化、通用化的程度极高。因此,也有人把已有国家(行业)标准的一类紧固件称为标准紧固件,简称为标准件。

每个具体紧固件产品的规格、尺寸、公差、重量、性能、表面情况、标记方法,以及验收检查、标志和包装等项目的具体要求,分别规定在几个国家(行业)标准中。如果读者想要了解某一个具体紧固件产品的上述各项要求,就必须全面地查阅这些标准才行,而与紧固件有关的国家(行业)标准的数目是相当多的(约有400多个)。编者由此产生一个想法,如果把与我国市场上常见的紧固件有关的国家(行业)标准的主要内容摘录下来,编写在一本手册之中,一定会给广大读者带来很大方便。因此,编者决定编写这本《实用紧固件手册》(第一版),并由上海科学技术出版社于1998年12月正式出版。手册出版以后,即受到广大读者的欢迎。

到2004年5月,编者又根据新发布的紧固件国家(行业)标准,编写出版了《实用紧固件手册》(第二版)。手册第二版出版以后,继续受到广大读者的欢迎。

《实用紧固件手册》(第三版)则是根据搜集到的2010年及以前新发布的紧固件国家(行业)标准编写而成。手册(第三版)的主要修订内容有:

1. 原手册(第二版)的内容中,有被新标准内容代替的,则将这些新标准内容编写进去。

2. 有些新标准内容在原手册(第二版)未予以介绍的,则在手册

(第三版)中予以补充进去。

　　3. 改正原手册(第二版)内容中少数不妥、错误之处。

　　由于编者水平限制,手册(第三版)存在不妥、错误之处,恳请读者给予指正,以便以后更正。

编　者

总　目　录

第一篇　基 本 资 料

第二篇　紧 固 件 基 础

第三篇　紧 固 件 产 品

第四篇　附　　录

目　录

3

6

7

23

29

第一篇　基本资料

第一章　常用字母及符号

1. 汉语拼音字母及英语字母

大写	小写	字母名称		大写	小写	字母名称		大写	小写	字母名称	
		汉语	英语			汉语	英语			汉语	英语
A	a	啊	爱	J	j	捷	捷	S	s	爱司	爱司
B	b	倍	比	K	k	开	开	T	t	态	梯
C	c	猜	西	L	l	爱尔	爱尔	U	u	乌	由
D	d	歹	地	M	m	爱姆	爱姆	V	v	维	维
E	e	鹅	衣	N	n	乃	恩	W	w	蛙	达勃留
F	f	爱富	爱富	O	o	喔	喔	X	x	希	爱克司
G	g	该	忌	P	p	排	批	Y	y	呀	哇爱
H	h	喝	爱去	Q	q	丘	扣乌	Z	z	再	谁
I	i	衣	阿爱	R	r	啊尔	啊				

注: 1. 汉语拼音字母和英语字母同源于拉丁字母,故也称拉丁字母。

2. 字母名称均是普通话近似注音,两字以上的注音须快速连读。下同。

2. 希 腊 字 母

大写	小写	字母名称	大写	小写	字母名称
A	α	阿耳法	N	ν	纽
B	β	倍塔	Ξ	ξ	克西
Γ	γ	伽马	O	o	奥米克隆
Δ	δ	迭尔塔	Π	π	派
E	ε	厄普西隆	P	ρ,ϱ	罗
Z	ζ	捷塔	Σ	σ,ς	西格玛
H	η	厄塔	T	τ	掏
Θ	θ,ϑ	西塔	Υ	υ	宇普西隆
I	ι	约塔	Φ	φ,ϕ	斐
K	κ	卡帕	X	χ	西
Λ	λ	兰姆达	Ψ	ψ	普西
M	μ	谬	Ω		欧米伽

1.2

3. 俄语字母

大写	小写	字母名称	大写	小写	字母名称
А	а	啊	Р	р	爱耳
Б	б	勃埃	С	с	爱斯
В	в	弗埃	Т	т	台
Г	г	格埃	У	у	乌
Д	д	待埃	Ф	ф	爱富
Е	е	耶	Х	х	哈
Ё	ё	哟	Ц	ц	茨
Ж	ж	日	Ч	ч	切
З	з	兹	Ш	ш	沙
И	и	依	Щ	щ	夏
Й	й	伊(短音)	Ъ	ъ	(硬音符号)
К	к	克	Ы	ы	厄
Л	л	爱尔	Ь	ь	(软音符号)
М	м	爱姆	Э	э	埃
Н	н	恩	Ю	ю	由
О	о	喔	Я	я	雅
П	п	迫			

4. 罗马数字

罗马数字	表示意义	罗马数字	表示意义	罗马数字	表示意义
I	1	VII	7	C	100
II	2	VIII	8	D	500
III	3	IX	9	M	1000
IV	4	X	10	X̅	10000
V	5	XI	11	C̅	100000
VI	6	L	50	M̅	1000000

例：XVI=16，XL=40，XC=90，MDCCCXIV=1814，MCMLXXVII=1977。

5. 化学元素符号

原子序数	符号	名称	读音	原子序数	符号	名称	读音
1	H	氢	qīng	28	Ni	镍	niè
2	He	氦	hài	29	Cu	铜	tóng
3	Li	锂	lǐ	30	Zn	锌	xīn
4	Be	铍	pí	31	Ga	镓	jiā
5	B	硼	péng	32	Ge	锗	zhě
6	C	碳	tàn	33	As	砷	shēn
7	N	氮	dàn	34	Se	硒	xī
8	O	氧	yǎng	35	Br	溴	xiù
9	F	氟	fú	36	Kr	氪	kè
10	Ne	氖	nǎi	37	Rb	铷	rú
11	Na	钠	nà	38	Sr	锶	sī
12	Mg	镁	měi	39	Y	钇	yǐ
13	Al	铝	lǚ	40	Zr	锆	gào
14	Si	硅	guī	41	Nb	铌	ní
15	P	磷	lín	42	Mo	钼	mù
16	S	硫	liú	43	Tc	锝	dé
17	Cl	氯	lǜ	44	Ru	钌	liǎo
18	Ar	氩	yà	45	Rh	铑	lǎo
19	K	钾	jiǎ	46	Pd	钯	bǎ
20	Ca	钙	gài	47	Ag	银	yín
21	Sc	钪	kàng	48	Cd	镉	gé
22	Ti	钛	tài	49	In	铟	yīn
23	V	钒	fán	50	Sn	锡	xī
24	Cr	铬	gè	51	Sb	锑	tī
25	Mn	锰	měng	52	Te	碲	dì
26	Fe	铁	tiě	53	I	碘	diǎn
27	Co	钴	gǔ	54	Xe	氙	xiān

原子序数	符号	名称	读音	原子序数	符号	名称	读音
55	Cs	铯	sè	83	Bi	铋	bì
56	Ba	钡	bèi	84	Po	钋	pō
57	La	镧	lán	85	At	砹	ài
58	Ce	铈	shì	86	Rn	氡	dōng
59	Pr	镨	pǔ	87	Fr	钫	fāng
60	Nd	钕	nǚ	88	Ra	镭	léi
61	Pm	钷	pǒ	89	Ac	锕	ā
62	Sm	钐	shān	90	Th	钍	tǔ
63	Eu	铕	yǒu	91	Pa	镤	pú
64	Gd	钆	gá	92	U	铀	yóu
65	Tb	铽	tè	93	Np	镎	ná
66	Dy	镝	dī	94	Pu	钚	bù
67	Ho	钬	huǒ	95	Am	镅	méi
68	Er	铒	ěr	96	Cm	锔	jú
69	Tm	铥	diū	97	Bk	锫	péi
70	Yb	镱	yì	98	Cf	锎	kāi
71	Lu	镥	lǔ	99	Es	锿	āi
72	Hf	铪	hā	100	Fm	镄	fèi
73	Ta	钽	tǎn	101	Md	钔	mén
74	W	钨	wū	102	No	锘	nuò
75	Re	铼	lái	103	Lr	铹	láo
76	Os	锇	é	104	Rf	𬬻	lú
77	Ir	铱	yī	105	Db	𬭊	dù
78	Pt	铂	bó	106	Sg	𬭳	xǐ
79	Au	金	jīn	107	Bh	𬭛	bō
80	Hg	汞	gǒng	108	Hs	𬭶	hēi
81	Tl	铊	tā	109	Mt	鿏	mài
82	Pb	铅	qiān				

6. 常用数学符号

(GB 3102.1、3102.11—1993)

符号	意　　义	符　号	意　　义
＋	加、正号	//或‖	平行
－	减、负号	∠	[平面]角
±	加或减、正或负	△	三角形
∓	减或加、负或正	⊙	圆
×或・	乘($a×b=a・b$)	□*	正方形
÷或／	除($a÷b=a/b$)	▱	平行四边形
：	比($a：b$)	∽	相似
（　）	圆括号、小括号	≌	全等
［　］	方括号、中括号	∞	无穷大
｛　｝	花括号、大括号	％	百分率
〈　〉	角括号	π	圆周率(≈3.1416)
＝	等于	e	自然对数的底
≃	渐近等于		(≈2.7183)
≠	不等于	°	度
≈	约等于	′	[角]分
≘	相当于	″	[角]秒
＜	小于	lg	常用对数(以 10 为底)
＞	大于	ln	自然对数(以 e 为底)
≪	远小于	sin	正弦
≫	远大于	cos	余弦
≤	小于或等于(不大于)	tan 或 tg	正切
≥	大于或等于(不小于)	cot	余切
∵	因为	sec	正割
∴	所以	csc 或 cosec	余割
a^2	a 的平方(二次方)	max	最大
a^3	a 的立方(三次方)	min	最小
a^n	a 的 n 次方	const	常数
$\sqrt{a}$	a 的平方根	L 或 l	数字范围(自…至…)
$\sqrt[3]{a}$	a 的立方根	B 或 b	长
$\sqrt[n]{a}$	a 的 n 次方根	H 或 h	宽
$\|a\|$	a 的绝对值	d 或 δ	高
$\bar{a}$ 或〈a〉	a 的平均值	R 或 r	厚
$n!$	n 的阶乘	D、d 或 φ*	半径
⊥	垂直		直径

注：带 * 符号者为习惯应用的符号。

7. 标 准 代 号

(1) 我国国家标准、行业标准、专业标准及部标准代号

代　号	意　义
GB	国家标准(强制性标准)
GB/T	国家标准(推荐性标准)
GBn	国家内部标准
GJB	国家军用标准
GBJ	国家工程建设标准
□□	□□行业标准(强制性标准)
□□/T	□□行业标准(推荐性标准)
AQ	安全生产行业标准
BB	包装行业标准
CB	船舶行业标准
CH	测绘行业标准
CJ	城镇建设行业标准
CY	新闻出版行业标准
DA	档案行业标准
DB	地震行业标准
DL	电力行业标准
DZ	地质矿产行业标准
EJ	核工业行业标准
FZ	纺织行业标准
GA	公共安全行业标准
GH	供销行业标准
GY	广播电影电视行业标准
HB	航空行业标准
HG	化工行业标准
HJ	环境保护行业标准
HS	海关行业标准
HY	海洋行业标准
JB	机械行业标准(含机械、电工、仪器仪表等)
JC	建材行业标准
JG	建筑工业行业标准

代　号	意　　义
JR	金融行业标准
JT	交通行业标准
JY	教育行业标准
LB	旅游行业标准
LD	劳动和劳动安全行业标准
LS	粮食行业标准
LY	林业行业标准
MH	民用航空行业标准
MT	煤炭行业标准
MZ	民政行业标准
NY	农业行业标准
QB	轻工行业标准
QC	汽车行业标准
QJ	航天行业标准
QS	气象行业标准
SB	商业行业标准
SC	水产行业标准
SH	石油化工行业标准
SJ	电子行业标准
SL	水利行业标准
SN	商检行业标准
SY	石油天然气行业标准
SY(10000 号以后)	海洋石油天然气行业标准
TB	铁路运输行业标准
TD	土地管理行业标准
TY	体育行业标准
WB	物资管理行业标准
WH	文化行业标准
WJ	兵工民品行业标准
WM	外经贸行业标准
WS	卫生行业标准
XB	稀土行业标准
YB	黑色冶金行业标准

代　号	意　　义
YC	烟草行业标准
YD	通信行业标准
YS	有色冶金行业标准
YY	医药行业标准
YZ	邮政行业标准
ZY	中医药行业标准
ZB □	专业标准(强制性标准)：□□类
ZB/T □	专业标准(推荐性标准)：□□类
ZB A	专业标准：综合类
ZB B	专业标准：农业、林业类
ZB C	专业标准：医药、卫生、劳动保护类
ZB D	专业标准：矿业类
ZB E	专业标准：石油类
ZB F	专业标准：能源、核技术类
ZB G	专业标准：化工类
ZB H	专业标准：冶金类
ZB J	专业标准：机械类
ZB K	专业标准：电工类
ZB L	专业标准：电子基础、计算机与信息处理类
ZB M	专业标准：通信、广播类
ZB N	专业标准：仪器、仪表类
ZB P	专业标准：土木建筑类
ZB Q	专业标准：建材类
ZB R	专业标准：公路、水路运输类
ZB S	专业标准：铁路类
ZB T	专业标准：车辆类
ZB U	专业标准：船舶类
ZB V	专业标准：航空、航天类
ZB W	专业标准：纺织类
ZB X	专业标准：食品类
ZB Y	专业标准：轻工、文化与生活用品类
ZB Z	专业标准：环境保护类
CB、CB*	部标准：船舶工业部分
DJ	部标准：水利电力部分

代　号	意　义
DZ	部标准：地质矿产部分
EJ	部标准：核工业部分
FJ	部标准：纺织工业部分
GN	部标准：公安部分
HB	部标准：航空工业部分
HG	部标准：化学工业部分
JC	部标准：建筑材料工业部分
JB	部标准：机械工业部分
JJ	部标准：城乡建设环境保护部分
JT	部标准：交通部分
JY	部标准：教育部分
LS	部标准：商业（粮食）部分
LY	部标准：林业部分
MT	部标准：煤炭工业部分
NJ	部标准：机械工业（农机）部分
NY	部标准：农业部分
QB	部标准：轻工业（第一）部分
QJ	部标准：航天工业部分
SB	部标准：商业部分
SC	部标准：水产部分
SD	部标准：水利电力部分
SG	部标准：轻工业（第二）部分
SJ	部标准：电子工业部分
SY	部标准：石油工业部分
TB	部标准：铁道部分
WJ	部标准：兵器工业部分
WM	部标准：对外贸易经济部分
WS	部标准：医药部分
YB	部标准：冶金工业部分
YD	部标准：邮电部分
YS	部标准：有色金属工业部分
□□/Z	□□部指导性技术文件
FJ/C	纺织工业部参考性技术文件
YB(T)	冶金工业部推荐性标准

注: 1. 我国标准,早期分为国家标准、部标准和企业标准三级;自1984年起,改用专业标准代替部标准(部分);自1989年起,根据我国标准化法的规定,将我国标准改分为国家标准、行业标准、地方标准和企业标准四级。另外,再按标准性质,将国家标准和行业标准分为强制性标准和推荐性标准两类。有关保障人体健康,人身、财产安全的标准和法律、行政法规规定执行的标准,均是强制性标准;其他标准是推荐性标准。1999年,有关部门对当时有效的国家标准、行业标准、专业标准、部标准进行整顿,废止部标准、专业标准,或转化为行业标准;对未标有"/T"符号而性质属于推荐性标准的国家标准、行业标准,加注"/T"符号。

2. 强制性国家标准和行业标准,以及旧部标准的标准号,是由该标准的代号和两组数字组成。国家标准、行业标准和旧部标准的代号,见上表。推荐性标准,则是在强制性标准的代号后面加上"/T"符号。代号后面的第一组数字为该标准的顺序号;第二组数字为该标准的发布年号(过去用2位数表示;自1993年起,改为用4位数表示)。

例:GB/T 1231—91, GB/T 5781—2000

3. 在国家标准和行业标准中,有的按其内容可以分为若干个独立部分,但为了保持该标准的完整性和方便使用,仍用同一标准顺序号发布;而每个独立部分的编号另用顺序数字表示,放在该标准顺序号之后,并用圆点予以分开。

例:GB/T 3098.1—2000, GB/T 3098.2—2000

4. 在旧部标准中,有的因其专业较多,为了方便使用,在标准的代号和顺序号之间加上一个数字,并用横线与顺序号隔开,以表示该标准的专业类别。例:HG 4-404—82

5. 专业标准的编号,由两组代号和两组数字组成。第一组代号为"ZB",表示专业标准;第二组代号用一个字母表示标准分类的一级类目(详见上表);代号后面第一组数字为五位数,前两位数字表示标准分类的二级类目,后三位数字表示该二级类目的标准顺序号;第二组数字为该标准的发布年号。

例:ZB J 13001—90

（2）我国地方标准代号及地区性企业标准代号的分子

地区名称	行政区划代码	标准代号分子	地区名称	行政区划代码	标准代号分子
北京市	110000	京 Q	湖北省	420000	鄂 Q
天津市	120000	津 Q	湖南省	430000	湘 Q
河北省	130000	冀 Q	广东省	440000	粤 Q
山西省	140000	晋 Q	广西壮族自治区	450000	桂 Q
内蒙古自治区	150000	蒙 Q	海南省	460000	琼 Q
辽宁省	210000	辽 Q	重庆市	500000	渝 Q
吉林省	220000	吉 Q	四川省	510000	川 Q
黑龙江省	230000	黑 Q	贵州省	520000	黔 Q
上海市	310000	沪 Q	云南省	530000	滇 Q
江苏省	320000	苏 Q	西藏自治区	540000	藏 Q
浙江省	330000	浙 Q	陕西省	610000	陕 Q
安徽省	340000	皖 Q	甘肃省	620000	甘 Q
福建省	350000	闽 Q	青海省	630000	青 Q
江西省	360000	赣 Q	宁夏回族自治区	640000	宁 Q
山东省	370000	鲁 Q	新疆维吾尔自治区	650000	新 Q
河南省	410000	豫 Q	台湾省	710000	—

注：1. 我国 1989 年以后的地方标准和 1988 年以前的地区性企业标准的编号，均由代号和表示标准顺序号、年号的两组数字组成。

2. 地方标准的代号：由字母 DB，加上省、直辖市和自治区的行政区划代码前两位数，再加斜线，组成强制性地方标准代号；在强制性地方标准代号后再加字母 T，组成推荐性地方标准代号。

例：山西省强制性地方标准代号　DB14/
　　山西省推荐性地方标准代号　DB14/T

3. 地区性企业标准的代号，以分数形式表示。分子由省、直辖市、自治区的简称和字母 Q 组成；分母按中央直属企业和地方企业，分别由国务院有关部（局）和地方有关标准部门规定。

例：上海市冶金局企业标准代号　沪 Q/YB

4. 我国台湾省自定的标准代号为 CNS。

（3）常见国际标准及外国标准代号

代　号	意　义
ISO	国际标准
ISO/DIS	国际标准草案
ISO/R	国际标准(推荐标准)(1972 年以前)
IEC	国际电工委员会标准
ANSI	美国国家标准
AISI	美国钢铁学会标准
ASME	美国机械工程师协会标准
ASTM	美国材料与试验协会标准
BHMA	美国建筑小五金制造商协会标准
FS	美国联邦规格与标准
IFI	美国紧固件协会标准
MIL	美国军用标准与规格
SAE	美国机动工程师协会标准
UL	美国保险业者研究所标准
AS	澳大利亚标准
BDSI	孟加拉国标准
BS	英国标准
CSA	加拿大国家标准
DIN	德国标准
DS	丹麦标准
ELOT	希腊标准
EN	欧洲标准
ES	埃及标准
IRAM	阿根廷标准
I. S.	爱尔兰标准
IS	印度标准
ISIRI	伊朗标准与工业研究所标准
JIS	日本工业标准
KS	韩国工业标准
MS	马来西亚标准
MSZ	匈牙利标准
NB	巴西标准
NBN	比利时标准

代　号	意　　义
NC	古巴标准
NCh	智利标准
NEN	荷兰标准
NF	法国标准
NI	印度尼西亚标准
NOM	墨西哥官方标准
NP	葡萄牙标准
NS	挪威标准
NSO	尼日利亚标准
NZS	新西兰标准
ÖNORM	奥地利标准
PN	波兰标准
PS	巴基斯坦标准
PS	菲律宾标准
PTS	菲律宾贸易标准
SABS	南非标准规格
SFS	芬兰标准协会标准
S. I.	以色列标准
SIS	瑞典标准
SLS	斯里兰卡标准
SN	瑞士标准
SNS	叙利亚国家标准
SOI	伊朗标准
S. S.	新加坡标准
STAS	罗马尼亚标准
TCVN	越南国家标准
TIS	泰国工业标准
TS	土耳其标准
UNE	西班牙标准
UNI	意大利标准
БДС	保加利亚标准
ГОСТ	独联体国家标准（前苏联国家标准）
ГОСТР	俄罗斯标准
УСТ	蒙古国家标准
국규	朝鲜国家标准

第二章　常用计量单位及其换算

1. 我国法定计量单位

(1) 我国法定计量单位的内容

我国法定计量单位的内容包括*：
① 国际单位制的基本单位；
② 国际单位制的辅助单位；
③ 国际单位制中具有专门名称的导出单位；
④ 可与国际单位制单位并用的我国法定计量单位；
⑤ 由以上单位构成的组合形式的单位；
⑥ 由词头和以上单位所构成的十进倍数和分数单位

注：1. 国际单位制的符号为"SI"。故国际单位的基本单位、辅助
单位和导出单位，亦可写成 SI 基本单位、SI 辅助单位和 SI
导出单位。

2. * 本节介绍的我国法定计量单位的内容摘自《国务院关于
在我国统一实行法定计量单位的命令》(国发[1984]28 号
文件)，并根据 GB 3100—1993《国际单位制及其应用》作适
当修订。

(2) 国际单位制(SI)的基本单位

量的名称	单位名称	单位符号
长度	米	m
质量	千克(公斤)	kg
时间	秒	s
电流	安[培]	A
热力学温度	开[尔文]	K
物质的量	摩[尔]	mol
发光强度	坎[德拉]	cd

注：1. 人民生活和贸易中，质量习惯称为重量。

2. 单位名称栏中，方括号内的字在不致混淆的情况下可以省略。
例："安培"可简称"安"，也作为中文符号使用。圆括号内的
字，为前者的同义语。例："千克"也可称为"公斤"。下同。

（3）国际单位制(SI)的辅助单位

量的名称	单位名称	单位符号
[平面]角	弧度	rad
立体角	球面度	sr

（4）国际单位制(SI)中具有专门名称的导出单位

量的名称	单位名称	单位符号	其他表示式例
频率	赫[兹]	Hz	s^{-1}
力	牛[顿]	N	$kg \cdot m/s^2$
压力,压强,应力	帕[斯卡]	Pa	N/m^2
能[量],功,热量	焦[耳]	J	$N \cdot m$
功率,辐[射能]通量	瓦[特]	W	J/s
电荷[量]	库[仑]	C	$A \cdot s$
电压,电动势,电位(电势)	伏[特]	V	W/A
电容	法[拉]	F	C/V
电阻	欧[姆]	Ω	V/A
电导	西[门子]	S	$Ω^{-1}$
磁通[量]	韦[伯]	Wb	$V \cdot s$
磁通[量]密度,磁感应强度	特[斯拉]	T	Wb/m^2
电感	亨[利]	H	Wb/A
摄氏温度	摄氏度	℃	K
光通量	流[明]	lm	$cd \cdot sr$
[光]照度	勒[克斯]	lx	lm/m^2
[放射性]活度	贝可[勒尔]	Bq	s^{-1}
吸收剂量	戈[瑞]	Gy	J/kg
剂量当量	希[沃特]	Sv	J/kg

2,3

（5）可与国际单位制（SI）单位并用的我国法定计量单位

量的名称	单位名称	单位符号	换算关系和说明
时间	分 [小]时 日，(天)	min h d	$1min=60s$ $1h=60min=3600s$ $1d=24h=86400s$
[平面]角	[角]秒 [角]分 度	″ ′ °	$1''=(\pi/648000)rad$ （π 为圆周率） $1'=60''=(\pi/10800)rad$ $1°=60'=(\pi/180)rad$
旋转速度	转每分	r/min	$1r/min=(1/60)s^{-1}$
长度	海里	n mile	$1n\ mile=1852m$ （只用于航行）
速度	节	kn	$1kn=1n\ mile/h$ $=(1852/3600)m/s$ （只用于航行）
质量	吨 原子质量单位	t u	$1t=10^3kg$ $1u\approx1.660540\times10^{-27}kg$
体积	升	l，L	$1L=1dm^3=10^{-3}m^3$
能	电子伏	eV	$1eV\approx1.602177\times10^{-19}J$
级差	分贝	dB	
线密度	特[克斯]	tex	$1tex=10^{-6}kg/m$
面积	公顷*	hm²	$1hm^2=10^4m^2$

注：1. 周、月、年(年的符号为 a)为一般常用的时间单位。
　　2. 角度单位度、分、秒的符号，在组合单位中需加括号。
　　3. 升的两个单位符号属同等地位，可任意选用。
　　4. *公顷的国际符号为 ha。

(6) SI 用于构成十进倍数和分数单位的词头

所表示的因数	词头名称	词头符号
10^{24} *	尧[它]	Y
10^{21} *	泽[它]	Z
10^{18}	艾[可萨]	E
10^{15}	拍[它]	P
10^{12}	太[拉]	T
10^{9}	吉[咖]	G
10^{6}	兆	M
10^{3}	千	k
10^{2}	百	h
10^{1}	十	da
10^{-1}	分	d
10^{-2}	厘	c
10^{-3}	毫	m
10^{-6}	微	μ
10^{-9}	纳[诺]	n
10^{-12}	皮[可]	p
10^{-15}	飞[母托]	f
10^{-18}	阿[托]	a
10^{-21} *	仄[普托]	z
10^{-24} *	幺[科托]	y

注：1. 带符号 * 的词头为 GB 3100—1993 国际单位制及其应用中新增加的词头。

2. 据《法定计量单位使用方法》，万(10^4)、亿(10^8)、万亿(10^{12}) 等是我国习惯用的数词仍可使用，但不是词头，不应与词头混淆。如习惯使用的统计单位，万公里可记为"万 km"或"10^4 km"；亿吨公里可记为"亿 t · km"或"10^8 t · km"。

2. 长度单位及其换算

（1）法定长度单位

单位名称	旧名称	符　号	对基本单位的比
微米	公忽	μm	0.000001 米
毫米	公厘	mm	0.001 米
厘米	公分	cm	0.01 米
分米	公寸	dm	0.1 米
米	公尺	m	基本单位
十米	公丈	dam	10 米
百米	公引	hm	100 米
千米(公里)	公里	km	1000 米

注：在工程技术和自然科学领域中，过去通用的米制又称公制，这是因为有些量的名称，常冠以"公"字，如公尺、公寸、公分等，根据现行的法定计量单位制，除考虑人民群众习惯，承认个别同义词（如公里）之外，其他均不再使用；同时，原通用的丝米（=0.1mm）和忽米（=0.01mm），因不符合法定计量单位制规定，也不再使用。

（2）市制长度单位

1[市]里=150[市]丈	1[市]丈=10[市]尺	1[市]尺=10[市]寸
1[市]寸=10[市]分	1[市]分=10[市]厘	1[市]厘=10[市]毫

注：按国务院统一实行法定计量单位的命令，我国的市制计量单位已经予以废除。人民生活中采用的市制计量单位，在1990年底完成向法定计量单位过渡后，也已停止使用。

（3）英制长度单位

1 英里(哩，mile)=1760 码 1 码(yd)=3 英尺
1 英尺(呎，ft)=12 英寸 1 英寸(吋，in)=8 英分*
1 英寸=1000 密耳(英毫，mil)

注：1. 哩、呎、吋等旧名称属一字多音特造汉字。自 1977 年 7 月起，国家规定予以淘汰不用。

2. 在书写中，英尺和英寸两单位也可用符号表示，如 3 英尺 4 英寸，可写成 3′4″。

3. *英分(1/8 英寸)是我国工厂早期的习惯称呼，英制中无此长度计量单位。

（4）长度单位换算

米 （m）	厘米 （cm）	毫米 （mm）	［市］尺	英尺 （ft）	英寸 （in）
1	100	1000	3	3.28084	39.3701
0.01	1	10	0.03	0.032808	0.393701
0.001	0.1	1	0.003	0.003281	0.03937
0.333333	33.3333	333.333	1	1.09361	13.1234
0.3048	30.48	304.8	0.9144	1	12
0.0254	2.54	25.4	0.0762	0.083333	1

注：1. 1 密耳=0.0254 毫米。

2. 1 码=0.9144 米。

3. 1 英里=5280 英尺=1609.34 米。

4. 1 海里(n mile)=1.852 千米=1.15078 英里。

（5）英寸的分数、小数、习惯称呼及其与毫米对照

英寸分数 （in）		英寸小数 （in）	我国习惯称呼	毫 米 （mm）
1/64		0.015625	一厘二毫半	0.396875
	1/32	0.031250	二厘半	0.793750
3/64		0.046875	三厘七毫半	1.190625
	1/16	0.062500	半分	1.587500
5/64		0.078125	六厘二毫半	1.984375
	3/32	0.093750	七厘半	2.381250
7/64		0.109375	八厘七毫半	2.778125
	1/8	0.125000	一分	3.175000
9/64		0.140625	一分一厘二毫半	3.571875
	5/32	0.156250	一分二厘半	3.968750
11/64		0.171875	一分三厘七毫半	4.365625
	3/16	0.187500	一分半	4.762500
13/64		0.203125	一分六厘二毫半	5.159375
	7/32	0.218750	一分七厘半	5.556250
15/64		0.234375	一分八厘七毫半	5.953125
	1/4	0.250000	二分	6.350000
17/64		0.265625	二分一厘二毫半	6.746875
	9/32	0.281250	二分二厘半	7.143750
19/64		0.296875	二分三厘七毫半	7.540625
	5/16	0.312500	二分半	7.937500
21/64		0.328125	二分六厘二毫半	8.334375
	11/32	0.343750	二分七厘半	8.731250
23/64		0.359375	二分八厘七毫半	9.128125
	3/8	0.375000	三分	9.525000
25/64		0.390625	三分一厘二毫半	9.921875
	13/32	0.406250	三分二厘半	10.318750
27/64		0.421875	三分三厘七毫半	10.715625
	7/16	0.437500	三分半	11.112500
29/64		0.453125	三分六厘二毫半	11.509375
	15/32	0.468750	三分七厘半	11.906250
31/64		0.484375	三分八厘七毫半	12.303125
	1/2	0.500000	四分	12.700000

2.8

英寸分数 （in）		英寸小数 （in）	我国习惯称呼	毫 米 （mm）
33/64		0.515625	四分一厘二毫半	13.096875
	17/32	0.531250	四分二厘半	13.493750
35/64		0.546875	四分三厘七毫半	13.890625
	9/16	0.562500	四分半	14.287500
37/64		0.578125	四分六厘二毫半	14.684375
	19/32	0.593750	四分七厘半	15.081250
39/64		0.609375	四分八厘七毫半	15.478125
	5/8	0.625000	五分	15.875000
41/64		0.640625	五分一厘二毫半	16.271875
	21/32	0.656250	五分二厘半	16.668750
43/64		0.671875	五分三厘七毫半	17.065625
	11/16	0.687500	五分半	17.462500
45/64		0.703125	五分六厘二毫半	17.859375
	23/32	0.718750	五分七厘半	18.256250
47/64		0.734375	五分八厘七毫半	18.653125
	3/4	0.750000	六分	19.050000
49/64		0.765625	六分一厘二毫半	19.446875
	25/32	0.781250	六分二厘半	19.843750
51/64		0.796875	六分三厘七毫半	20.240625
	13/16	0.812500	六分半	20.637500
53/64		0.828125	六分六厘二毫半	21.034375
	27/32	0.843750	六分七厘半	21.431250
55/64		0.859375	六分八厘七毫半	21.828125
	7/8	0.875000	七分	22.225000
57/64		0.890625	七分一厘二毫半	22.621875
	29/32	0.906250	七分二厘半	23.018750
59/64		0.921875	七分三厘七毫半	23.415625
	15/16	0.937500	七分半	23.812500
61/64		0.953125	七分六厘二毫半	24.209375
	31/32	0.968750	七分七厘半	24.606250
63/64		0.984375	七分八厘七毫半	25.003125
	1	1.000000	一英寸	25.400000

（6）英寸与毫米对照

英寸整数(in)	英寸的分数(in)							
	0	1/8	1/4	3/8	1/2	5/8	3/4	7/8
	相当的毫米(mm)							
0	0	3.175	6.350	9.525	12.700	15.875	19.050	22.225
1	25.400	28.575	31.750	34.925	38.100	41.275	44.450	47.625
2	50.800	53.975	57.150	60.325	63.500	66.675	69.850	73.025
3	76.200	79.375	82.550	85.725	88.900	92.075	95.250	98.425
4	101.60	104.78	107.95	111.13	114.30	117.48	120.65	123.83
5	127.00	130.18	133.35	136.53	139.70	142.88	146.05	149.23
6	152.40	155.58	158.75	161.93	165.10	168.28	171.45	174.63
7	177.80	180.98	184.15	187.33	190.50	193.68	196.85	200.03
8	203.20	206.38	209.55	212.73	215.90	219.08	222.25	225.43
9	228.60	231.78	234.95	238.13	241.30	244.48	247.65	250.83
10	254.00	257.18	260.35	263.53	266.70	269.88	273.05	276.23
11	279.40	282.58	285.75	288.93	292.10	295.28	298.45	301.63
12	304.80	307.98	311.15	314.33	317.50	320.68	323.85	327.03
13	330.20	333.38	336.55	339.73	342.90	346.08	349.25	352.43
14	355.60	358.78	361.95	365.13	368.30	371.48	374.65	377.83
15	381.00	384.18	387.35	390.53	393.70	396.88	400.05	403.23
16	406.40	409.58	412.75	415.93	419.10	422.28	425.45	428.63
17	431.80	434.98	438.15	441.33	444.50	447.68	450.85	454.03
18	457.20	460.38	463.55	466.73	469.90	473.08	476.25	479.43
19	482.60	485.78	488.95	492.13	495.30	498.48	501.65	504.83
20	508.00	511.18	514.35	517.53	520.70	523.88	527.05	530.23
21	533.40	536.58	539.75	542.93	546.10	549.28	552.45	555.63
22	558.80	561.98	565.15	568.33	571.50	574.68	577.85	581.03
23	584.20	587.38	590.55	593.73	596.90	600.08	603.25	606.43
24	609.60	612.78	615.95	619.13	622.30	625.48	628.65	631.83

英寸整数(in)	英寸的分数(in)							
	0	1/8	1/4	3/8	1/2	5/8	3/4	7/8
	相当的毫米(mm)							
25	635.00	638.18	641.35	644.53	647.70	650.88	654.05	657.23
26	660.40	663.58	666.75	669.93	673.10	676.28	679.45	682.63
27	685.80	688.98	692.15	695.33	698.50	701.68	704.85	708.03
28	711.20	714.38	717.55	720.73	723.90	727.08	730.25	733.43
29	736.60	739.78	742.95	746.13	749.30	752.48	755.65	758.83
30	762.00	765.18	768.35	771.53	774.70	777.88	781.05	784.23
31	787.40	790.58	793.75	796.93	800.10	803.28	806.45	809.63
32	812.80	815.98	819.15	822.33	825.50	828.68	831.85	835.03
33	838.20	841.38	844.55	847.73	850.90	854.08	857.25	860.43
34	863.60	866.78	869.95	873.13	876.30	879.48	882.65	885.83
35	889.00	892.18	895.35	898.53	901.70	904.88	908.05	911.23
36	914.40	917.58	920.75	923.93	927.10	930.28	933.45	936.63
37	939.80	942.98	946.15	949.33	952.50	955.68	958.85	962.03
38	965.20	968.38	971.55	974.73	977.90	981.08	984.25	987.43
39	990.60	993.78	996.95	1000.1	1003.3	1006.5	1009.7	1012.8
40	1016.0	1019.2	1022.4	1025.5	1028.7	1031.9	1035.1	1038.2
41	1041.4	1044.6	1047.8	1050.9	1054.1	1057.3	1060.5	1063.6
42	1066.8	1070.0	1073.2	1076.3	1079.5	1082.7	1085.9	1089.0
43	1092.2	1095.4	1098.6	1101.7	1104.9	1108.1	1111.3	1114.4
44	1117.6	1120.8	1124.0	1127.1	1130.3	1133.5	1136.7	1139.8
45	1143.0	1146.2	1149.4	1152.5	1155.7	1158.9	1162.1	1165.2
46	1168.4	1171.6	1174.8	1177.9	1181.1	1184.3	1187.5	1190.6
47	1193.8	1197.0	1200.2	1203.3	1206.5	1209.7	1212.9	1216.0
48	1219.2	1222.4	1225.6	1228.7	1231.9	1235.1	1238.3	1241.4
49	1244.6	1247.8	1251.0	1254.1	1257.3	1260.5	1263.7	1266.8
50	1270.0	1273.2	1276.4	1279.5	1282.7	1285.9	1289.1	1292.2

（7）毫米与英寸对照

毫米 (mm)	英寸 (in)	毫米 (mm)	英寸 (in)	毫米 (mm)	英寸 (in)	毫米 (mm)	英寸 (in)
1	0.0394	26	1.0236	51	2.0079	76	2.9921
2	0.0787	27	1.0630	52	2.0472	77	3.0315
3	0.1181	28	1.1024	53	2.0866	78	3.0709
4	0.1575	29	1.1417	54	2.1260	79	3.1102
5	0.1969	30	1.1811	55	2.1654	80	3.1496
6	0.2362	31	1.2205	56	2.2047	81	3.1890
7	0.2756	32	1.2598	57	2.2441	82	3.2283
8	0.3150	33	1.2992	58	2.2835	83	3.2677
9	0.3543	34	1.3386	59	2.3228	84	3.3071
10	0.3937	35	1.3780	60	2.3622	85	3.3465
11	0.4331	36	1.4173	61	2.4016	86	3.3858
12	0.4724	37	1.4567	62	2.4409	87	3.4252
13	0.5118	38	1.4961	63	2.4803	88	3.4646
14	0.5512	39	1.5354	64	2.5197	89	3.5039
15	0.5906	40	1.5748	65	2.5591	90	3.5433
16	0.6299	41	1.6142	66	2.5984	91	3.5827
17	0.6693	42	1.6535	67	2.6378	92	3.6220
18	0.7087	43	1.6929	68	2.6772	93	3.6614
19	0.7480	44	1.7323	69	2.7165	94	3.7008
20	0.7874	45	1.7717	70	2.7559	95	3.7402
21	0.8268	46	1.8110	71	2.7953	96	3.7795
22	0.8661	47	1.8504	72	2.8346	97	3.8189
23	0.9055	48	1.8898	73	2.8740	98	3.8583
24	0.9449	49	1.9291	74	2.9134	99	3.8976
25	0.9843	50	1.9685	75	2.9528	100	3.9370

（8）常用线规号码与线径（英寸、毫米）对照

线规	SWG		BWG		BG		AWG	
号码	英寸 （in）	毫米 （mm）	英寸 （in）	毫米 （mm）	英寸 （in）	毫米 （mm）	英寸 （in）	毫米 （mm）
7/0	0.500	12.700	—	—	0.6666	16.932	—	—
6/0	0.464	11.786	—	—	0.6250	15.875	0.5800	14.732
5/0	0.432	10.973	0.500	12.700	0.5883	14.943	0.5165	13.119
4/0	0.400	10.160	0.454	11.532	0.5416	13.757	0.4600	11.684
3/0	0.372	9.449	0.425	10.795	0.5000	12.700	0.4096	10.404
2/0	0.348	8.839	0.380	9.652	0.4452	11.308	0.3648	9.266
0	0.324	8.230	0.340	8.636	0.3964	10.069	0.3249	8.252
1	0.300	7.620	0.300	7.620	0.3532	8.971	0.2893	7.348
2	0.276	7.010	0.284	7.214	0.3147	7.993	0.2576	6.544
3	0.252	6.401	0.259	6.579	0.2804	7.122	0.2294	5.827
4	0.232	5.893	0.238	6.045	0.2500	6.350	0.2043	5.189
5	0.212	5.385	0.220	5.588	0.2225	5.652	0.1819	4.621
6	0.192	4.877	0.203	5.156	0.1981	5.032	0.1620	4.115
7	0.176	4.470	0.180	4.572	0.1764	4.481	0.1443	3.665
8	0.160	4.064	0.165	4.191	0.1570	3.988	0.1285	3.264
9	0.144	3.658	0.148	3.759	0.1398	3.551	0.1144	2.906
10	0.128	3.251	0.134	3.404	0.1250	3.175	0.1019	2.588
11	0.116	2.946	0.120	3.048	0.1113	2.827	0.0907	2.305
12	0.104	2.642	0.109	2.769	0.0991	2.517	0.0808	2.053
13	0.092	2.337	0.095	2.413	0.0882	2.240	0.0720	1.828
14	0.080	2.032	0.083	2.108	0.0785	1.994	0.0641	1.628
15	0.072	1.829	0.072	1.829	0.0699	1.775	0.0571	1.450
16	0.064	1.626	0.065	1.651	0.0625	1.588	0.0508	1.291
17	0.056	1.422	0.058	1.473	0.0556	1.412	0.0453	1.150
18	0.048	1.219	0.049	1.245	0.0495	1.257	0.0403	1.024
19	0.040	1.016	0.042	1.067	0.0440	1.118	0.0359	0.912
20	0.036	0.914	0.035	0.889	0.0392	0.996	0.0320	0.812
21	0.032	0.813	0.032	0.813	0.0349	0.887	0.0285	0.723
22	0.0280	0.711	0.028	0.711	0.03125	0.794	0.02535	0.644

线规	SWG		BWG		BG		AWG	
号码	英寸 (in)	毫米 (mm)	英寸 (in)	毫米 (mm)	英寸 (in)	毫米 (mm)	英寸 (in)	毫米 (mm)
23	0.0240	0.610	0.025	0.635	0.02782	0.707	0.02257	0.573
24	0.0220	0.559	0.022	0.559	0.02476	0.629	0.02010	0.511
25	0.0200	0.508	0.020	0.508	0.02204	0.560	0.01790	0.455
26	0.0180	0.457	0.018	0.457	0.01961	0.498	0.01594	0.405
27	0.0164	0.417	0.016	0.406	0.01745	0.443	0.01420	0.361
28	0.0148	0.376	0.014	0.356	0.01562	0.397	0.01264	0.321
29	0.0136	0.345	0.013	0.330	0.01390	0.353	0.01126	0.286
30	0.0124	0.315	0.012	0.305	0.01230	0.312	0.01003	0.255
31	0.0116	0.295	0.010	0.254	0.01100	0.279	0.00893	0.227
32	0.0108	0.274	0.009	0.229	0.00980	0.249	0.00795	0.202
33	0.0100	0.254	0.008	0.203	0.00870	0.221	0.00708	0.180
34	0.0092	0.234	0.007	0.178	0.00770	0.196	0.00630	0.160
35	0.0084	0.213	0.005	0.127	0.00690	0.175	0.00561	0.143
36	0.0076	0.193	0.004	0.102	0.00610	0.155	0.00500	0.127
37	0.0068	0.173	—		0.00540	0.137	0.00445	0.113
38	0.0060	0.152	—		0.00480	0.122	0.00396	0.101
39	0.0052	0.132	—		0.00430	0.109	0.00353	0.090
40	0.0048	0.122	—		0.00386	0.098	0.00314	0.080
41	0.0044	0.112	—		0.00343	0.087	0.00280	0.071
42	0.0040	0.102	—		0.00306	0.078	0.00249	0.063
43	0.0036	0.091	—		0.00272	0.069	0.00222	0.056
44	0.0032	0.081	—		0.00242	0.061	0.00198	0.050
45	0.0028	0.071	—		0.00215	0.055	0.00176	0.048
46	0.0024	0.061	—		0.00192	0.049	0.00157	0.040
47	0.0020	0.051	—		0.00170	0.043	0.00140	0.035
48	0.0016	0.041	—		0.00152	0.039	0.00124	0.031
49	0.0012	0.030	—		0.00135	0.034	0.00111	0.028
50	0.0010	0.025	—		0.00120	0.030	0.00099	0.025

注：SWG—英国标准线规，BWG—伯明翰线规，BG—伯明翰板规，AWG—美国线规(布朗和夏甫规)。

3. 面积单位及其换算

(1) 法定面积单位

单位名称	旧名称	符　号	对主单位的比
平 方 米	平方公尺	m²	主单位
平方厘米	平方公分	cm²	0.0001 米²
平方毫米	平方公厘	mm²	0.000001 米²
平方公里	平方公里	km²	1000000 米²
公　顷	公　顷	hm²	10000 米²

注：公顷(国际符号为 ha)、公亩(a)是国际计量大会认可的暂用单位。
1992 年 11 月起，公顷列为我国法定单位，而公亩未予选用。
1 公亩＝100 米²，1 公顷＝100 公亩。

(2) 市制面积单位

1 平方[市]丈＝100 平方[市]尺　　1 平方[市]尺＝100 平方[市]寸
1[市]亩＝10[市]分＝60 平方[市]丈＝6000 平方[市]尺
1[市]分＝10[市]厘＝600 平方[市]尺　　1[市]厘＝60 平方[市]尺

注：土地面积原暂时允许使用的[市]亩等单位，自 1992 年 11 月
起废除不用。

(3) 英制面积单位

1 平方码(yd²)＝9 平方英尺　　1 平方英尺(ft²)＝144 平方英寸(in²)
1 英亩(acre)＝4840 平方码＝43560 平方英尺

（4）面积单位换算

平方米 （m²）	平方厘米 （cm²）	平方毫米 （mm²）	平方 [市]尺	平方英尺 （ft²）	平方英寸 （in²）
1	10000	1000000	9	10.7639	1550
0.0001	1	100	0.0009	0.001076	0.155
0.000001	0.01	1	0.000009	0.000011	0.00155
0.111111	1111.11	111111	1	1.19599	172.223
0.092903	929.03	92903	0.836127	1	144
0.000645	6.4516	645.16	0.005806	0.006944	1

公顷 （hm²）	公亩 （a）	[市]亩	英亩 （acre）
1	100	15	2.47105
0.01	1	0.15	0.024711
0.066667	6.66667	1	0.164737
0.404686	40.4686	6.07029	1

4. 体积单位及其换算

（1）法定体积单位

单位名称	旧名称	符　号	对主单位的比
毫升	公　撮	ml	0.001升
厘升	公　勺	cl	0.01升
分升	公　合	dl	0.1升
升	公　升	L(或l)	主单位
十升	公　斗	dal	10升
百升	公　石	hl	100升
千升	公　秉	kl	1000升

注：1. 1升＝1分米³（dm³）＝1000厘米³。
　　2. 1毫升＝1厘米³（cm³，旧时也写成cc）。

（2）市制体积单位

1[市]石＝10[市]斗　　1[市]斗＝10[市]升　　　1[市]升＝10[市]合
1[市]合＝10[市]勺　　1[市]勺＝10[市]撮　　1[市]升＝1升（法定单位）

（3）英制及美制体积单位

类别	单位名称	符　号	进　位	折合升或[市]升	
				英制	美制
干量	品脱	pt		0.568261	0.550610
	夸脱	qt	＝2品脱	1.13652	1.10122
	加仑	gal	＝4夸脱	4.54609	4.40488
	配克	pk	＝2加仑	9.09218	8.80976
	蒲式耳	bu	＝4配克	36.3687	35.2391
液量	及耳	gi		0.142065	0.118294
	品脱	pt	＝4及耳	0.568261	0.473176
	夸脱	qt	＝2品脱	1.13652	0.946353
	加仑	gal	＝4夸脱	4.54609	3.78541

注：1. 1美制（石油）桶（符号bbl）＝42美液量加仑＝158.987升（[市]升）。

　　2. 有时，美制干量符号前面，加上"dry"符号；美制液量符号前面，加上"liq"符号；英制液量符号前面，加上"fl"符号。又有时，各种美制符号前面，加上"US"符号；各种英制符号前面，加上"UK"符号。

（4）体积单位换算

立方米 （m³）	升（市升） （L）	立方英寸 （in³）	英加仑 （UKgal）	美加仑（液量） （USgal）
1	1000	61023.7	219.969	264.172
0.001	1	61.0237	0.219969	0.264172
0.000016	0.016387	1	0.003605	0.004329
0.004546	4.54609	277.420	1	1.20095
0.003785	3.78541	231	0.832674	1

5. 质量单位及其换算

（1）法定质量单位

单位名称	旧名称	符　号	对基本单位的比
毫克	公丝	mg	0.000001 千克
厘克	公毫	cg	0.00001 千克
分克	公厘	dg	0.0001 千克
克	公分	g	0.001 千克
十克	公钱	dag	0.01 千克
百克	公两	hg	0.1 千克
千克（公斤）	公斤,千克	kg	基本单位
吨	公吨	t	1000 千克

注：1. 旧单位公担(q,100 千克)因不符合法定单位规定,现已废除不用。

2. 人民生活和贸易中,质量习惯称为重量。

（2）市制质量单位

1[市]担＝100[市]斤　　　　1[市]斤＝10[市]两

1[市]两＝10[市]钱　　　　1[市]钱＝10[市]分

1[市]分＝10[市]厘

（3）英制及美制质量单位

1英吨(长吨，ton)＝2240磅　1美吨(短吨，sh ton)＝2000磅

1磅(lb)＝16盎司(oz)＝7000格令(gr)

（4）质量单位换算

吨 （t）	千克 （kg）	[市]担	[市]斤	英吨 （ton）	美吨 （sh ton）	磅 （lb）
1	1000	20	2000	0.984207	1.10231	2204.62
0.001	1	0.02	2	0.000984	0.001102	2.20462
0.05	50	1	100	0.049210	0.055116	110.231
0.0005	0.5	0.01	1	0.000492	0.000551	1.10231
1.01605	1016.05	20.3209	2032.09	1	1.12	2240
0.907185	907.185	18.1437	1814.37	0.892857	1	2000
0.000454	0.453592	0.009072	0.907185	0.000446	0.0005	1

（5）磅与千克对照

磅 (lb)	千克 (kg)	磅 (lb)	千克 (kg)	磅 (lb)	千克 (kg)	磅 (lb)	千克 (kg)
1	0.4536	26	11.793	51	23.133	76	34.473
2	0.9072	27	12.247	52	23.587	77	34.927
3	1.3608	28	12.701	53	24.040	78	35.380
4	1.8144	29	13.154	54	24.494	79	35.834
5	2.2680	30	13.608	55	24.948	80	36.287
6	2.7216	31	14.061	56	25.401	81	36.741
7	3.1751	32	14.515	57	25.855	82	37.195
8	3.6287	33	14.969	58	26.308	83	37.648
9	4.0823	34	15.422	59	26.762	84	38.102
10	4.5359	35	15.876	60	27.216	85	38.555
11	4.9895	36	16.329	61	27.669	86	39.009
12	5.4431	37	16.783	62	28.123	87	39.463
13	5.8967	38	17.237	63	28.576	88	39.916
14	6.3503	39	17.690	64	29.030	89	40.370
15	6.8039	40	18.144	65	29.484	90	40.823
16	7.2575	41	18.597	66	29.937	91	41.277
17	7.7111	42	19.051	67	30.391	92	41.731
18	8.1647	43	19.504	68	30.844	93	42.184
19	8.6183	44	19.958	69	31.298	94	42.638
20	9.0718	45	20.412	70	31.751	95	43.091
21	9.5254	46	20.865	71	32.205	96	43.545
22	9.9790	47	21.319	72	32.659	97	43.999
23	10.433	48	21.772	73	33.112	98	44.452
24	10.886	49	22.226	74	33.566	99	44.906
25	11.340	50	22.680	75	34.019	100	45.359

（6）千克与磅对照

千克 (kg)	磅 (lb)	千克 (kg)	磅 (lb)	千克 (kg)	磅 (lb)	千克 (kg)	磅 (lb)
1	2.2046	26	57.320	51	112.436	76	167.551
2	4.4092	27	59.525	52	114.640	77	169.756
3	6.6139	28	61.729	53	116.845	78	171.960
4	8.8185	29	63.934	54	119.050	79	174.165
5	11.023	30	66.139	55	121.254	80	176.370
6	13.228	31	68.343	56	123.459	81	178.574
7	15.432	32	70.548	57	125.663	82	180.779
8	17.637	33	72.752	58	127.868	83	182.983
9	19.842	34	74.957	59	130.073	84	185.188
10	22.046	35	77.162	60	132.277	85	187.393
11	24.251	36	79.366	61	134.482	86	189.597
12	26.455	37	81.571	62	136.686	87	191.802
13	28.660	38	83.776	63	138.891	88	194.007
14	30.865	39	85.980	64	141.096	89	196.211
15	33.069	40	88.185	65	143.300	90	198.416
16	35.274	41	90.389	66	145.505	91	200.620
17	37.479	42	92.594	67	147.710	92	202.825
18	39.683	43	94.799	68	149.914	93	205.030
19	41.888	44	97.003	69	152.119	94	207.234
20	44.092	45	99.208	70	154.324	95	209.439
21	46.297	46	101.413	71	156.528	96	211.644
22	48.502	47	103.617	72	158.733	97	213.848
23	50.706	48	105.822	73	160.937	98	216.053
24	52.911	49	108.026	74	163.142	99	218.257
25	55.116	50	110.231	75	165.347	100	220.462

6. 力、力矩、强度及压力单位换算

(1) 力单位换算

牛 （N）	千克力 （kgf）	克力 （gf）	磅力 （lbf）	英吨力 （tonf）
1	0.101972	101.972	0.224809	0.0001
9.80665	1	1000	2.20462	0.000984
0.009807	0.001	1	0.002205	0.000001
4.44822	0.453592	453.592	1	0.000446
9964.02	1016.05	1016046	2240	1

注：1. 牛是法定单位，其余是非法定单位。

2. 我国过去也有将千克力(公斤力，kgf)、磅力(lbf)等单位的"力"(f)字省略，写成：千克(公斤，kg)、磅(lb)等。

(2) 力矩单位换算

牛·米 （N·m）	千克力·米 （kgf·m）	克力·厘米 （gf·cm）	磅力·英尺 （lbf·ft）	磅力·英寸 （lbf·in）
1	0.101972	10197.2	0.737562	8.85075
9.80665	1	100000	7.23301	86.7962
0.000098	0.00001	1	0.000072	0.000868
1.35582	0.138255	13825.5	1	12
0.112985	0.011521	1152.12	0.083333	1

注：牛·米是法定单位，其余是非法定单位。

（3）强度（应力）及压力（压强）单位换算

牛/毫米² （N/mm²） 或兆帕 （MPa）	千克力/毫米² （kgf/mm²）	千克力/厘米² （kgf/cm²）	千磅力/英寸² （1000lbf/in²）	英吨力/英寸² （tonf/in²）
1	0.101972	10.1972	0.145038	0.064749
9.80665	1	100	1.42233	0.634971
0.098067	0.01	1	0.014223	0.006350
6.89476	0.703070	70.3070	1	0.446429
15.4443	1.57488	157.488	2.24	1

帕（Pa） 或牛/米² （N/m²）	千克力/厘米² （kgf/cm²）	磅力/英寸² （lbf/in²）	毫米水柱 （mmH₂O）	毫巴 （mbar）
1	0.00001	0.000145	0.101972	0.01
98066.5	1	14.2233	10000	980.665
6894.76	0.070307	1	703.070	68.9476
9.80665	0.000102	0.001422	1	0.098067
100	0.001020	0.014504	10.1972	1

注：1. 牛/毫米²、帕是法定单位，其余是非法定单位。
　　2. 1帕＝1牛/米²（N/m²）；1兆帕（MPa）＝1牛/毫米²。
　　3. 1千克力/毫米²＝9.80665兆帕≈10兆帕。
　　4. 1巴（bar）＝0.1兆帕。巴在国际单位制中允许使用。
　　5. 1标准大气压（atm）＝101325帕≈0.1兆帕。
　　6. 1工程大气压（at）＝1千克力/厘米²＝0.0980665兆帕
　　　　≈0.1兆帕。
　　7. "磅力/英寸²"符号也可以写成"psi"；"千磅力/英寸²"符号
　　　　也可以写成"ksi"。
　　8. 1毫米汞柱（mmHg）＝133.322帕。

（4）千克力/毫米² 与牛/毫米²（兆帕）对照

千克力/毫米²（kgf/mm²）	牛/毫米²（N/mm²）	千克力/毫米²（kgf/mm²）	牛/毫米²（N/mm²）	千克力/毫米²（kgf/mm²）	牛/毫米²（N/mm²）	千克力/毫米²（kgf/mm²）	牛/毫米²（N/mm²）
1	9.807	26	254.97	51	500.14	76	745.31
2	19.613	27	264.78	52	509.95	77	755.11
3	29.420	28	274.59	53	519.75	78	764.92
4	39.227	29	284.39	54	529.56	79	774.73
5	49.033	30	294.20	55	539.37	80	784.53
6	58.840	31	304.01	56	549.17	81	794.34
7	68.647	32	313.81	57	558.98	82	804.15
8	78.453	33	323.62	58	568.79	83	813.95
9	88.260	34	333.43	59	578.59	84	823.76
10	98.067	35	343.23	60	588.40	85	833.57
11	107.87	36	353.04	61	598.21	86	843.37
12	117.68	37	362.85	62	608.01	87	853.18
13	127.49	38	372.65	63	617.82	88	862.99
14	137.29	39	382.46	64	627.63	89	872.79
15	147.10	40	392.27	65	637.43	90	882.60
16	156.91	41	402.07	66	647.24	91	892.40
17	166.71	42	411.88	67	657.05	92	902.21
18	176.52	43	421.69	68	666.86	93	912.02
19	186.33	44	431.49	69	676.66	94	921.83
20	196.13	45	441.30	70	686.47	95	931.63
21	205.94	46	451.11	71	696.27	96	941.44
22	215.75	47	460.91	72	706.08	97	951.25
23	225.55	48	470.72	73	715.89	98	961.05
24	235.36	49	480.53	74	725.69	99	970.86
25	245.17	50	490.33	75	735.50	100	980.67

注：1. 1 牛/毫米²=1 兆帕（MPa）。

2. 力单位"千克力"与"牛"的对照，力矩单位"千克力·米"与"牛·米"的对照，也可利用本表进行换算。

（5）牛/毫米²（兆帕）与千克力/毫米² 对照

牛 $\frac{N}{\text{毫米}^2}$ $\left(\frac{N}{mm^2}\right)$	千克力 $\frac{\text{千克力}}{\text{毫米}^2}$ $\left(\frac{kgf}{mm^2}\right)$	牛 $\frac{N}{\text{毫米}^2}$ $\left(\frac{N}{mm^2}\right)$	千克力 $\frac{\text{千克力}}{\text{毫米}^2}$ $\left(\frac{kgf}{mm^2}\right)$	牛 $\frac{N}{\text{毫米}^2}$ $\left(\frac{N}{mm^2}\right)$	千克力 $\frac{\text{千克力}}{\text{毫米}^2}$ $\left(\frac{kgf}{mm^2}\right)$	牛 $\frac{N}{\text{毫米}^2}$ $\left(\frac{N}{mm^2}\right)$	千克力 $\frac{\text{千克力}}{\text{毫米}^2}$ $\left(\frac{kgf}{mm^2}\right)$
1	0.1020	26	2.6513	51	5.2006	76	7.7498
2	0.2039	27	2.7532	52	5.3025	77	7.8518
3	0.3059	28	2.8552	53	5.4045	78	7.9538
4	0.4079	29	2.9572	54	5.5065	79	8.0558
5	0.5099	30	3.0591	55	5.6084	80	8.1577
6	0.6118	31	3.1611	56	5.7104	81	8.2597
7	0.7138	32	3.2631	57	5.8124	82	8.3617
8	0.8158	33	3.3651	58	5.9144	83	8.4636
9	0.9177	34	3.4670	59	6.0163	84	8.5656
10	1.0197	35	3.5690	60	6.1183	85	8.6676
11	1.1217	36	3.6710	61	6.2203	86	8.7696
12	1.2237	37	3.7729	62	6.3222	87	8.8715
13	1.3256	38	3.8749	63	6.4242	88	8.9735
14	1.4276	39	3.9769	64	6.5262	89	9.0755
15	1.5296	40	4.0789	65	6.6282	90	9.1774
16	1.6315	41	4.1808	66	6.7301	91	9.2794
17	1.7335	42	4.2828	67	6.8321	92	9.3814
18	1.8355	43	4.3848	68	6.9341	93	9.4834
19	1.9375	44	4.4868	69	7.0360	94	9.5853
20	2.0394	45	4.5887	70	7.1380	95	9.6873
21	2.1414	46	4.6907	71	7.2400	96	9.7893
22	2.2434	47	4.7927	72	7.3420	97	9.8912
23	2.3453	48	4.8946	73	7.4439	98	9.9932
24	2.4473	49	4.9966	74	7.5459	99	10.095
25	2.5493	50	5.0986	75	7.6479	100	10.197

注：力单位"牛"与"千克力"的对照，力矩单位"牛·米"与"千克力·米"的对照，也可利用本表进行换算。

7. 功、能、热量及功率单位换算

(1) 功、能及热量单位换算

焦 (J)	瓦·时 (W·h)	千克力·米 (kgf·m)	磅力·英尺 (lbf·ft)	卡 (cal, cal_IT)	英热单位 (Btu)
1	0.000278	0.101972	0.737562	0.238846	0.000948
3600	1	367.098	2655.22	859.845	3.41214
9.80665	0.002724	1	7.23301	2.34228	0.009295
1.35582	0.000377	0.138255	1	0.323832	0.001285
4.1868	0.001163	0.426936	3.08803	1	0.003967
1055.06	0.293071	107.587	778.169	252.074	1

注: 1. 焦、瓦·时是法定单位,其余是非法定单位。
  2. 1焦=1牛·米(N·m)=10000000 尔格(erg)。
  3. 1千瓦·时(kW·h)=3.6 兆焦(MJ);
   1兆焦=0.277778 千瓦·时。

(2) 功率单位换算

千瓦(kW)	马力(米制马力,PS)	英制马力(hp)
1	1.35962	1.34102
0.735499	1	0.986320
0.745700	1.01387	1

注: 1. 瓦是法定单位,马力是非法定单位。
  2. 1瓦(W)=1焦/秒(J/s)=10000000 尔格/秒(erg/s)。

2.26

8. 黑色金属硬度与强度换算值(GB/T 1172—1999)

(1) 碳钢及合金钢硬度与强度换算值

硬　　度							
洛　　氏		表　面　洛　氏			维氏	布氏 ($F/D^2 = 30$)	
HRC	HRA	HR15N	HR30N	HR45N	HV	HBS	HBW
20.0	60.2	68.8	40.7	19.2	226	225	—
20.5	60.4	69.0	41.2	19.8	228	227	—
21.0	60.7	69.3	41.7	20.4	230	229	—
21.5	61.0	69.5	42.2	21.0	233	232	—
22.0	61.2	69.8	42.6	21.5	235	234	—
22.5	61.5	70.0	43.1	22.1	238	237	—
23.0	61.7	70.3	43.6	22.7	241	240	—
23.5	62.0	70.6	44.0	23.3	244	242	—
24.0	62.2	70.8	44.5	23.9	247	245	—
24.5	62.5	71.1	45.0	24.5	250	248	—
25.0	62.8	71.4	45.5	25.1	253	251	—
25.5	63.0	71.6	45.9	25.7	256	254	—

硬度	抗 拉 强 度 σ_b(N/mm^2)								
洛氏	碳钢	铬钢	铬钒钢	铬镍钢	铬钼钢	铬镍钼钢	铬锰硅钢	超高强度钢	不锈钢
HRC									
20.0	774	742	736	782	747	—	781	—	740
20.5	784	751	744	787	753	—	788	—	749
21.0	793	760	753	792	760	—	794	—	758
21.5	803	769	761	797	767	—	801	—	767
22.0	813	779	770	803	774	—	809	—	777
22.5	823	788	779	809	781	—	816	—	786
23.0	833	798	788	815	789	—	824	—	796
23.5	843	808	797	822	797	—	832	—	806
24.0	854	818	807	829	805	—	840	—	816
24.5	864	828	816	836	813	—	848	—	826
25.0	875	838	826	843	822	—	856	—	837
25.5	886	848	837	851	831	850	865	—	847

硬　　度							
洛　　氏		表面洛氏			维氏	布氏 ($F/D^2=30$)	
HRC	HRA	HR15N	HR30N	HR45N	HV	HBS	HBW
26.0	63.3	71.9	46.4	26.3	259	257	—
26.5	63.5	72.2	46.9	26.9	262	260	—
27.0	63.8	72.4	47.3	27.5	266	263	—
27.5	64.0	72.7	47.8	28.1	269	266	—
28.0	64.3	73.0	48.3	28.7	273	269	—
28.5	64.6	73.3	48.7	29.3	276	273	—
29.0	64.8	73.5	49.2	29.9	280	276	—
29.5	65.1	73.8	49.7	30.5	284	280	—
30.0	65.3	74.1	50.2	31.1	288	283	—
30.5	65.6	74.4	50.6	31.7	292	287	—
31.0	65.8	74.7	51.1	32.3	296	291	—
31.5	66.1	74.9	51.6	32.9	300	294	—

硬度	抗 拉 强 度 σ_b(N/mm^2)								
洛氏	碳钢	铬钢	铬钒钢	铬镍钢	铬钼钢	铬镍钼钢	铬锰硅钢	超高强度钢	不锈钢
HRC									
26.0	897	859	847	859	840	859	874	—	858
26.5	908	870	858	867	850	869	883	—	868
27.0	919	880	869	876	860	879	893	—	879
27.5	930	891	880	885	870	890	902	—	890
28.0	942	902	892	894	880	901	912	—	901
28.5	954	914	903	904	891	912	922	—	913
29.0	965	925	915	914	902	923	933	—	924
29.5	977	937	928	924	913	935	943	—	936
30.0	989	948	940	935	924	947	954	—	949
30.5	1002	960	953	946	936	959	965	—	959
31.0	1014	972	966	957	948	972	977	—	971
31.5	1027	984	980	969	961	985	989	—	983

硬　度							
洛　氏		表面洛氏			维氏	布氏 ($F/D^2 = 30$)	
HRC	HRA	HR15N	HR30N	HR45N	HV	HBS	HBW
32.0	66.4	75.2	52.0	33.5	304	298	—
32.5	66.6	75.5	52.5	34.1	308	302	—
33.0	66.9	75.8	53.0	34.7	313	306	—
33.5	67.1	76.1	53.4	35.3	317	310	—
34.0	67.4	76.4	53.9	35.9	321	314	—
34.5	67.7	76.7	54.4	36.5	326	318	—
35.0	67.9	77.0	54.8	37.0	331	323	—
35.5	68.2	77.2	55.3	37.6	335	327	—
36.0	68.4	77.5	55.8	38.2	340	332	—
36.5	68.7	77.8	56.2	38.8	345	336	—
37.0	69.0	78.1	56.7	39.4	350	341	—
37.5	69.2	78.4	57.2	40.0	355	345	—

硬度	抗 拉 强 度 σ_b (N/mm²)								
洛氏 HRC	碳钢	铬钢	铬钒钢	铬镍钢	铬钼钢	铬镍钼钢	铬锰硅钢	超高强度钢	不锈钢
32.0	1039	996	993	981	974	999	1001	—	996
32.5	1052	1009	1007	994	987	1012	1013	—	1008
33.0	1065	1022	1022	1007	1001	1027	1026	—	1021
33.5	1078	1034	1036	1020	1015	1041	1039	—	1034
34.0	1092	1048	1051	1034	1029	1056	1052	—	1047
34.5	1105	1061	1067	1048	1043	1071	1066	—	1060
35.0	1119	1074	1082	1063	1058	1087	1079	—	1074
35.5	1133	1088	1098	1078	1074	1103	1094	—	1087
36.0	1147	1102	1114	1093	1090	1119	1108	—	1101
36.5	1162	1116	1131	1109	1106	1136	1123	—	1116
37.0	1177	1131	1148	1125	1122	1153	1139	—	1130
37.5	1192	1146	1165	1142	1139	1171	1155	—	1145

硬　　度							
洛　　氏		表面洛氏			维氏	布氏 ($F/D^2 = 30$)	
HRC	HRA	HR15N	HR30N	HR45N	HV	HBS	HBW
38.0	69.5	78.7	57.6	40.6	360	350	—
38.5	69.7	79.0	58.1	41.2	365	355	—
39.0	70.0	79.3	58.6	41.8	371	360	—
39.5	70.3	79.6	59.0	42.4	376	365	—
40.0	70.5	79.9	59.5	43.0	381	370	370
40.5	70.8	80.2	60.0	43.6	387	375	375
41.0	71.1	80.5	60.4	44.2	393	380	381
41.5	71.3	80.8	60.9	44.8	398	385	386
42.0	71.6	81.1	61.3	45.4	404	391	392
42.5	71.8	81.4	61.8	45.9	410	396	397
43.0	72.1	81.7	62.3	46.5	416	401	403
43.5	72.4	82.0	62.7	47.1	422	407	409

硬度	抗 拉 强 度 σ_b(N/mm²)								
洛氏 HRC	碳钢	铬钢	铬钒钢	铬镍钢	铬钼钢	铬镍钼钢	铬锰硅钢	超高强度钢	不锈钢
38.0	1207	1161	1183	1159	1157	1189	1171	—	1161
38.5	1222	1176	1201	1177	1174	1207	1187	1170	1176
39.0	1238	1192	1219	1195	1192	1226	1204	1195	1193
39.5	1254	1208	1238	1214	1211	1245	1222	1219	1209
40.0	1271	1225	1257	1233	1230	1265	1240	1243	1226
40.5	1288	1242	1276	1352	1249	1285	1258	1267	1244
41.0	1305	1260	1296	1273	1269	1306	1277	1290	1262
41.5	1322	1278	1317	1293	1289	1327	1296	1313	1280
42.0	1340	1296	1337	1314	1310	1348	1316	1336	1299
42.5	1359	1315	1358	1336	1331	1370	1336	1359	1319
43.0	1378	1335	1380	1358	1353	1392	1357	1381	1339
43.5	1397	1355	1401	1380	1375	1415	1378	1404	1361

硬　度							
洛　氏		表　面　洛　氏			维氏	布氏（$F/D^2=30$）	
HRC	HRA	HR15N	HR30N	HR45N	HV	HBS	HBW
44.0	72.6	82.3	63.2	47.7	428	413	415
44.5	72.9	82.6	63.6	48.3	435	418	422
45.0	73.2	82.9	64.1	48.9	441	424	428
45.5	73.4	83.2	64.6	49.5	448	430	435
46.0	73.7	83.5	65.0	50.1	454	436	441
46.5	73.9	83.7	65.5	50.7	461	442	448
47.0	74.2	84.0	65.9	51.2	468	449	455
47.5	74.5	84.3	66.4	51.8	475	—	463
48.0	74.7	84.6	66.8	52.4	482	—	470
48.5	75.0	84.9	67.3	53.0	489	—	478
49.0	75.3	85.2	67.7	53.6	497	—	486
49.5	75.5	85.5	68.2	54.2	504	—	494

硬度	抗 拉 强 度 σ_b（N/mm²）							
洛氏 HRC	碳钢	铬钢	铬钒钢	铬镍钢	铬钼钢	铬镍钼钢	铬锰硅钢	超高强度钢	不锈钢
44.0	1417	1376	1424	1404	1397	1439	1400	1427	1383
44.5	1438	1398	1446	1427	1420	1462	1422	1450	1405
45.0	1459	1420	1469	1451	1444	1487	1445	1473	1429
45.5	1481	1444	1493	1476	1468	1512	1469	1496	1453
46.0	1503	1468	1517	1502	1492	1537	1493	1520	1479
46.5	1526	1493	1541	1527	1517	1563	1517	1544	1505
47.0	1550	1519	1566	1554	1542	1589	1543	1569	1533
47.5	1575	1546	1591	1581	1568	1616	1569	1594	1562
48.0	1600	1574	1617	1608	1595	1643	1595	1620	1592
48.5	1626	1603	1643	1636	1622	1671	1623	1646	1623
49.0	1653	1633	1670	1665	1649	1699	1651	1674	1655
49.5	1681	1665	1697	1695	1677	1728	1679	1702	1689

硬　　度							
洛　氏		表 面 洛 氏			维氏	布氏 ($F/D^2 = 30$)	
HRC	HRA	HR15N	HR30N	HR45N	HV	HBS	HBW
50.0	75.8	85.7	68.6	54.7	512	—	502
50.5	76.1	86.0	69.1	55.3	520	—	510
51.0	76.3	86.3	69.5	55.9	527	—	518
51.5	76.6	86.6	70.0	56.5	535	—	527
52.0	76.9	86.8	70.4	57.1	544	—	535
52.5	77.1	87.1	70.9	57.6	552	—	544
53.0	77.4	87.4	71.3	58.2	561	—	552
53.5	77.7	87.6	71.8	58.8	569	—	561
54.0	77.9	87.9	72.2	59.4	578	—	569
54.5	78.2	88.1	72.6	59.9	587	—	577
55.0	78.5	88.4	73.1	60.5	596	—	585
55.5	78.7	88.6	73.5	61.1	606	—	593

硬度	抗 拉 强 度 σ_b (N/mm²)								
洛氏 HRC	碳钢	铬钢	铬钒钢	铬镍钢	铬钼钢	铬镍钼钢	铬锰硅钢	超高强度钢	不锈钢
50.0	1710	1698	1724	1724	1706	1758	1709	1731	1725
50.5	—	1732	1752	1755	1735	1788	1739	1761	—
51.0	—	1768	1780	1786	1764	1819	1770	1792	—
51.5	—	1806	1809	1818	1794	1850	1801	1824	—
52.0	—	1845	1839	1850	1825	1881	1834	1857	—
52.5	—	—	1869	1883	1856	1914	1867	1892	—
53.0	—	—	1899	1917	1888	1947	1901	1929	—
53.5	—	—	1930	1951	—	—	1936	1966	—
54.0	—	—	1961	1986	—	—	1971	2006	—
54.5	—	—	1993	2022	—	—	2008	2047	—
55.0	—	—	2026	2058	—	—	2045	2090	—
55.5	—	—	—	—	—	—	—	2135	—

硬　　　度							
洛　　氏		表　面　洛　氏			维氏	布氏 ($F/D^2 = 30$)	
HRC	HRA	HR15N	HR30N	HR45N	HV	HBS	HBW
56.0	79.0	88.9	73.9	61.7	615	—	601
56.5	79.3	89.1	74.4	62.2	625	—	608
57.0	79.5	89.4	74.8	62.8	635	—	616
57.5	79.8	89.6	75.2	63.4	645	—	622
58.0	80.1	89.8	75.6	63.9	655	—	628
58.5	80.3	90.0	76.1	64.5	666	—	634
59.0	80.6	90.2	76.5	65.1	676	—	639
59.5	80.9	90.4	76.9	65.6	687	—	643
60.0	81.2	90.6	77.3	66.2	698	—	647
60.5	81.4	90.8	77.7	66.8	710	—	650
61.0	81.7	91.0	78.1	67.3	721	—	—
61.5	82.0	91.2	78.6	67.9	733	—	—
62.0	82.2	91.4	79.0	68.4	745	—	—

硬度	抗 拉 强 度 σ_b(N/mm^2)								
洛氏	碳钢	铬钢	铬钒钢	铬镍钢	铬钼钢	铬镍钼钢	铬锰硅钢	超高强度钢	不锈钢
HRC									
56.0	—	—	—	—	—	—	—	2181	—
56.5	—	—	—	—	—	—	—	2230	—
57.0	—	—	—	—	—	—	—	2281	—
57.5	—	—	—	—	—	—	—	2334	—
58.0	—	—	—	—	—	—	—	2390	—
58.5	—	—	—	—	—	—	—	2448	—
59.0	—	—	—	—	—	—	—	2509	—
59.5	—	—	—	—	—	—	—	2572	—
60.0	—	—	—	—	—	—	—	2639	—
60.5	—	—	—	—	—	—	—		—
61.0	—	—	—	—	—	—	—		—
61.5	—	—	—	—	—	—	—		—
62.0	—	—	—	—	—	—	—		—

硬　　度							
洛　　氏		表 面 洛 氏			维氏	布氏（$F/D^2=30$）	
HRC	HRA	HR15N	HR30N	HR45N	HV	HBS	HBW
62.5	82.5	91.5	79.4	69.0	757	—	—
63.0	82.8	91.7	79.8	69.5	770	—	—
63.5	83.1	91.8	80.2	70.1	782	—	—
64.0	83.3	91.9	80.6	70.6	795	—	—
64.5	83.6	92.1	81.0	71.2	809	—	—
65.0	83.9	92.2	81.3	71.7	822	—	—
65.5	84.1	—	—	—	836	—	—
66.0	84.4	—	—	—	850	—	—
66.5	84.7	—	—	—	865	—	—
67.0	85.0	—	—	—	879	—	—
67.5	85.2	—	—	—	894	—	—
68.0	85.5	—	—	—	909	—	—

硬度	抗 拉 强 度 σ_b（N/mm^2）							
洛氏	碳钢	铬钢	铬钒钢	铬镍钢	铬钼钢	铬镍钼钢	铬锰硅钢	超高强度钢	不锈钢
HRC								
62.5	—	—	—	—	—	—	—	—	—
63.0	—	—	—	—	—	—	—	—	—
63.5	—	—	—	—	—	—	—	—	—
64.0	—	—	—	—	—	—	—	—	—
64.5	—	—	—	—	—	—	—	—	—
65.0	—	—	—	—	—	—	—	—	—
65.5	—	—	—	—	—	—	—	—	—
66.0	—	—	—	—	—	—	—	—	—
66.5	—	—	—	—	—	—	—	—	—
67.0	—	—	—	—	—	—	—	—	—
67.5	—	—	—	—	—	—	—	—	—
68.0	—	—	—	—	—	—	—	—	—

注：本表所列的各钢系换算值，适用于含碳量由低到高的钢种。

（2）碳钢硬度与强度换算值

洛氏	表面洛氏			维氏	布　　氏		抗拉强度
					HBS		σ_b
HRB	HR15T	HR30T	HR45T	HV	$F/D^2=10$	$F/D^2=30$	(N/mm²)
60.0	80.4	56.1	30.4	105	102	—	375
60.5	80.5	56.4	30.9	105	102	—	377
61.0	80.7	56.7	31.4	106	103	—	379
61.5	80.8	57.1	31.9	107	103	—	381
62.0	80.9	57.4	32.4	108	104	—	382
62.5	81.1	57.7	32.9	108	104	—	384
63.0	81.2	58.0	33.5	109	105	—	386
63.5	81.4	58.3	34.0	110	105	—	388
64.0	81.5	58.7	34.5	110	106	—	390
64.5	81.6	59.0	35.0	111	106	—	393
65.0	81.8	59.3	35.5	112	107	—	395
65.5	81.9	59.6	36.1	113	107	—	397
66.0	82.1	59.9	36.5	114	108	—	399
66.5	82.2	60.3	37.1	115	108	—	402
67.0	82.3	60.6	37.6	115	109	—	404
67.5	82.5	60.9	38.1	116	110	—	407
68.0	82.6	61.2	38.6	117	110	—	409
68.5	82.7	61.5	39.2	118	111	—	412
69.0	82.9	61.9	39.7	119	112	—	415
69.5	83.0	62.2	40.2	120	112	—	418
70.0	83.2	62.5	40.7	121	113	—	421
70.5	83.3	62.8	41.2	122	114	—	424
71.0	83.4	63.1	41.7	123	115	—	427
71.5	83.6	63.5	42.3	124	115	—	430
72.0	83.7	63.8	42.8	125	116	—	433
72.5	83.9	64.1	43.3	126	117	—	437
73.0	84.0	64.4	43.8	128	118	—	440

硬　　度							抗拉强度
洛氏	表　面　洛　氏			维氏	布　　　氏		σ_b
					HBS		
HRB	HR15T	HR30T	HR45T	HV	$F/D^2=10$	$F/D^2=30$	(N/mm²)
73.5	84.1	64.7	44.3	129	119	—	444
74.0	84.3	65.1	44.8	130	120	—	447
74.5	84.4	65.4	45.4	131	121	—	451
75.0	84.5	65.7	45.9	132	122	—	455
75.5	84.7	66.0	46.4	134	123	—	459
76.0	84.8	66.3	46.9	135	124	—	463
76.5	85.0	66.6	47.4	136	125	—	467
77.0	85.1	67.0	47.9	138	126	—	471
77.5	85.2	67.3	48.5	139	127	—	475
78.0	85.4	67.6	49.0	140	128	—	480
78.5	85.5	67.9	49.5	142	129	—	484
79.0	85.7	68.2	50.0	143	130	—	489
79.5	85.8	68.6	50.5	145	132	—	493
80.0	85.9	68.9	51.0	146	133	—	498
80.5	86.1	69.2	51.6	148	134	—	503
81.0	86.2	69.5	52.1	149	136	—	508
81.5	86.3	69.8	52.6	151	137	—	513
82.0	86.5	70.2	53.1	152	138	—	518
82.5	86.6	70.5	53.6	154	140	—	523
83.0	86.8	70.8	54.1	156	—	152	529
83.5	86.9	71.1	54.7	157	—	154	534
84.0	87.0	71.4	55.2	159	—	155	540
84.5	87.2	71.8	55.7	161	—	156	546
85.0	87.3	72.1	56.2	163	—	158	551
85.5	87.5	72.4	56.7	165	—	159	557
86.0	87.6	72.7	57.2	166	—	161	563
86.5	87.7	73.0	57.8	168	—	163	570

硬　　度							抗拉强度
洛氏	表　面　洛　氏			维氏	布　　氏		σ_b
					HBS		
HRB	HR15T	HR30T	HR45T	HV	$F/D^2=10$	$F/D^2=30$	(N/mm^2)
87.0	87.9	73.4	58.3	170	—	164	576
87.5	88.0	73.7	58.8	172	—	166	582
88.0	88.1	74.0	59.3	174	—	168	589
88.5	88.3	74.3	59.8	176	—	170	596
89.0	88.4	74.6	60.3	178	—	172	603
89.5	88.6	75.0	60.9	180	—	174	609
90.0	88.7	75.3	61.4	183	—	176	617
90.5	88.8	75.6	61.9	185	—	178	624
91.0	89.0	75.9	62.4	187	—	180	631
91.5	89.1	76.2	62.9	189	—	182	639
92.0	89.3	76.6	63.4	191	—	184	646
92.5	89.4	76.9	64.0	194	—	187	654
93.0	89.5	77.2	64.5	196	—	189	662
93.5	89.7	77.5	65.0	199	—	192	670
94.0	89.8	77.8	65.5	201	—	195	678
94.5	89.9	78.2	66.0	203	—	197	686
95.0	90.1	78.5	66.5	206	—	200	695
95.5	90.2	78.8	67.1	208	—	203	703
96.0	90.4	79.1	67.6	211	—	206	712
96.5	90.5	79.4	68.1	214	—	209	721
97.0	90.6	79.8	68.6	216	—	212	730
97.5	90.8	80.1	69.1	219	—	215	739
98.0	90.9	80.4	69.6	222	—	218	749
98.5	91.1	80.7	70.2	225	—	222	758
99.0	91.2	81.0	70.7	227	—	226	768
99.5	91.3	81.4	71.2	230	—	229	778
100.0	91.5	81.7	71.7	233	—	232	788

注：本表数值主要适用于低碳钢。

9. 铜合金硬度与强度换算 (GB/T 3371—1983)

硬度							抗拉性能 (MPa)						
布氏	维氏	洛氏		表面洛氏			黄铜	青铜					
							板材棒材	板材			铜棒		
HB 30D²	HV	HRB	HRF	HR 15T	HR 30T	HR 45T	σ_b	σ_b	$\sigma_{0.2}$	$\sigma_{0.01}$	σ_b	$\sigma_{0.2}$	$\sigma_{0.01}$
90.0	90.5	53.7	87.1	77.2	50.8	26.7	—	—	—	—	—	—	—
91.0	91.5	53.9	87.2	77.3	51.0	26.9	—	—	—	—	—	—	—
92.0	92.6	54.2	87.4	77.4	51.2	27.2	—	—	—	—	—	—	—
93.0	93.6	54.5	87.6	77.5	51.4	27.6	—	—	—	—	—	—	—
94.0	94.7	54.8	87.7	77.6	51.6	27.7	—	—	—	—	—	—	—
95.0	95.7	55.1	87.9	77.7	51.8	28.1	—	—	—	—	—	—	—
96.0	96.8	55.5	88.1	77.8	52.0	28.4	—	—	—	—	—	—	—
97.0	97.9	55.8	88.3	77.9	52.3	28.8	—	—	—	—	—	—	—
98.0	98.9	56.2	88.5	78.0	52.5	29.1	—	—	—	—	—	—	—
99.0	99.9	56.6	88.8	78.2	52.9	29.6	—	—	—	—	—	—	—
100.0	101.0	57.1	89.1	78.3	53.2	30.1	—	—	—	—	—	—	—
101.0	102.0	57.5	89.3	78.5	53.5	30.5	—	—	—	—	—	—	—
102.0	103.0	58.0	89.6	78.6	53.8	31.0	—	—	—	—	—	—	—
103.0	104.1	58.5	89.9	78.8	54.2	31.5	—	—	—	—	—	—	—
104.0	105.1	58.9	90.1	78.9	54.5	31.9	—	—	—	—	—	—	—
105.0	106.2	59.4	90.4	79.1	54.8	32.4	—	—	—	—	—	—	—
106.0	107.2	60.0	90.7	79.2	55.1	32.9	—	—	—	—	—	—	—
107.0	108.3	60.5	91.0	79.4	55.5	33.4	—	—	—	—	—	—	—
108.0	109.3	61.0	91.3	79.6	55.8	33.9	—	—	—	—	—	—	—
109.0	110.4	61.5	91.6	79.7	56.2	34.4	—	—	—	—	—	—	—

(续)

硬度							抗拉性能 (MPa)							
布氏	维氏	洛氏		表面洛氏			黄铜		青铜					
							板材	棒材	板材			棒材		
HB 30D²	HV	HRB	HRF	HR 15T	HR 30T	HR 45T	σ_b	σ_b	σ_b	$\sigma_{0.2}$	$\sigma_{0.01}$	σ_b	$\sigma_{0.2}$	$\sigma_{0.01}$
110.0	111.4	62.1	91.9	79.9	56.5	35.0	372	384	—	—	—	—	—	—
111.0	112.5	62.6	92.2	80.1	56.9	35.5	374	387	—	—	—	—	—	—
112.0	113.5	63.2	92.6	80.3	57.4	36.2	375	389	—	—	—	—	—	—
113.0	114.6	63.7	92.8	80.4	57.6	36.5	377	392	—	—	—	—	—	—
114.0	115.6	64.3	93.2	80.6	58.1	37.2	379	395	—	—	—	—	—	—
115.0	116.7	64.9	93.5	80.8	58.4	37.7	380	398	—	—	—	—	—	—
116.0	117.7	65.4	93.8	81.0	58.8	38.2	382	400	—	—	—	—	—	—
117.0	118.8	66.0	94.2	81.2	59.3	38.8	384	403	—	—	—	—	—	—
118.0	119.8	66.6	94.5	81.4	59.6	39.4	386	406	—	—	—	—	—	—
119.0	120.9	67.1	94.8	81.5	60.0	40.0	388	409	—	—	—	—	—	—
120.0	121.9	67.7	95.1	81.7	60.3	40.5	390	412	—	—	—	—	—	—
121.0	122.9	68.2	95.4	81.9	60.7	41.0	392	414	—	—	—	—	—	—
122.0	124.0	68.8	95.8	82.1	61.2	41.7	394	417	—	—	—	—	—	—
123.0	125.0	69.4	96.1	82.3	61.5	42.2	396	420	—	—	—	—	—	—
124.0	126.1	69.9	96.4	82.5	61.9	42.7	399	423	—	—	—	—	—	—
125.0	127.1	70.5	96.7	82.6	62.2	43.2	401	426	—	—	—	—	—	—
126.0	128.2	71.0	97.0	82.8	62.6	43.7	404	429	—	—	—	—	—	—
127.0	129.2	71.5	97.3	83.0	63.0	44.3	406	431	—	—	—	—	—	—
128.0	130.3	72.1	97.7	83.2	63.4	44.9	409	434	—	—	—	—	—	—
129.0	131.3	72.6	97.9	83.3	63.7	45.3	411	437	—	—	—	—	—	—

（续）

硬　　　度							抗拉性能（MPa）								
布氏	维氏	洛　氏		表　面　洛　氏			黄　铜		青　铜						
							板材	棒材	板　材			铍　材		棒　材		
HB 30D²	HV	HRB	HRF	HR 15T	HR 30T	HR 45T	σb	σb	σb	σ0.2	σ0.01	σ0.2	σ0.01	σb	σ0.2	σ0.01
130.0	132.4	73.1	98.2	83.5	64.0	45.8	417	440	—	—	—	—	—	—	—	—
131.0	133.4	73.6	98.5	83.8	64.3	46.3	417	443	—	—	—	—	—	—	—	—
132.0	134.5	74.1	98.8	83.8	64.7	46.8	420	447	—	—	—	—	—	—	—	—
133.0	135.5	74.7	99.2	84.0	65.2	47.5	423	450	—	—	—	—	—	—	—	—
134.0	136.6	75.1	99.4	84.1	65.5	47.9	426	453	—	—	—	—	—	—	—	—
135.0	137.6	75.6	99.7	84.3	65.8	48.4	429	456	—	—	—	—	—	—	—	—
136.0	138.6	76.1	100.0	84.5	66.2	48.9	431	459	—	—	—	—	—	—	—	—
137.0	139.7	76.6	100.2	84.6	66.4	49.2	434	463	—	—	—	—	—	—	—	—
138.0	140.7	77.0	100.5	84.8	66.8	49.8	437	466	—	—	—	—	—	—	—	—
139.0	141.8	77.5	100.8	84.9	67.1	50.3	440	459	—	—	—	—	—	—	—	—
140.0	142.8	77.9	101.1	85.1	67.4	50.6	444	472	—	—	—	—	—	—	—	—
141.0	143.9	78.4	101.3	85.2	67.7	51.1	447	476	—	—	—	—	—	—	—	—
142.0	144.9	78.8	101.5	85.3	67.9	51.5	451	479	—	—	—	—	—	—	—	—
143.0	146.0	79.2	101.7	85.5	68.2	51.8	454	482	—	—	—	—	—	—	—	—
144.0	147.0	79.7	102.0	85.6	68.5	52.3	458	485	—	—	—	—	—	—	—	—
145.0	148.1	80.1	102.2	85.7	68.8	52.7	461	488	—	—	—	—	—	—	—	—
146.0	149.1	80.5	102.5	85.8	69.1	53.1	465	492	—	—	—	—	—	—	—	—
147.0	150.2	80.8	102.7	85.9	69.3	53.4	469	495	—	—	—	—	—	—	—	—
148.0	151.2	81.2	102.9	86.1	69.6	53.9	473	499	—	—	—	—	—	—	—	—
149.0	152.3	81.6	103.1	86.2	69.8	54.2	477	502	—	—	—	—	—	—	—	—

2.40

硬度							抗拉性能（MPa）							
布氏	维氏	洛氏		表面洛氏			黄铜		青铜					
							板材	棒材	铍材			铜棒材		
									板					
HB 30D²	HV	HRB	HRF	HR 15T	HR 30T	HR 45T	σ_b	σ_b	σ_b	$\sigma_{0.2}$	$\sigma_{0.01}$	σ_b	$\sigma_{0.2}$	$\sigma_{0.01}$
150.0	153.3	82.0	103.3	86.3	70.1	54.6	480	506	—	—	—	—	—	—
151.0	154.3	82.3	103.5	86.4	70.3	54.9	483	509	—	—	—	—	—	—
152.0	155.4	82.7	103.7	86.6	70.6	55.3	488	513	—	—	—	—	—	—
153.0	156.4	83.0	103.9	86.7	70.8	55.6	492	516	—	—	—	—	—	—
154.0	157.5	83.3	104.1	86.8	71.0	56.0	496	520	—	—	—	—	—	—
155.0	158.5	83.7	104.3	86.9	71.3	56.3	500	524	—	—	—	—	—	—
156.0	159.6	84.0	104.5	87.0	71.5	56.6	504	527	—	—	—	—	—	—
157.0	160.6	84.3	104.7	87.1	71.7	56.9	509	530	—	—	—	—	—	—
158.0	161.7	84.6	104.8	87.2	71.9	57.2	513	534	—	—	—	—	—	—
159.0	162.7	84.9	105.0	87.3	72.1	57.5	518	537	—	—	—	—	—	—
160.0	163.8	85.2	105.2	87.4	72.3	57.9	522	541	—	—	—	—	—	—
161.0	164.8	85.5	105.3	87.5	72.5	58.0	527	545	—	—	—	—	—	—
162.0	165.9	85.8	105.5	87.6	72.7	58.4	531	549	—	—	—	—	—	—
163.0	166.9	86.3	105.6	87.6	72.8	58.5	535	553	—	—	—	—	—	—
164.0	168.0	86.6	105.8	87.7	73.1	58.5	540	556	—	—	—	—	—	—
165.0	169.0	86.6	106.0	87.9	73.3	59.2	545	560	—	—	—	—	—	—
166.0	170.1	86.8	106.1	88.0	73.4	59.4	550	564	—	—	—	—	—	—
167.0	171.1	87.1	106.3	88.0	73.6	59.7	555	568	—	—	—	—	—	—
168.0	172.1	87.4	106.4	88.1	73.8	59.9	560	572	—	—	—	—	—	—
169.0	173.2	87.6	106.5	88.1	73.9	60.1	565	576	—	—	—	—	—	—

布氏 HB 30D²	维氏 HV	洛氏 HRB	洛氏 HRF	表面洛氏 HR15T	表面洛氏 HR30T	表面洛氏 HR45T	黄铜 板材 σb	黄铜 棒材 σb	铜 棒材 σb	铍青铜 板材 σb	铍青铜 板材 σ0.2	铍青铜 板材 σ0.01	铍青铜 棒材 σb	铍青铜 棒材 σ0.2	铍青铜 棒材 σ0.01
170.0	174.2	87.9	106.7	88.2	74.1	60.4	570	580		545	467	326	649	367	285
171.0	175.3	88.1	106.8	88.3	74.2	60.6	575	583		548	470	329	652	371	288
172.0	176.3	88.4	107.0	88.4	74.5	61.0	580	587		551	473	330	654	375	291
173.0	177.4	88.6	107.1	88.5	74.6	61.1	585	591		555	477	333	657	379	294
174.0	178.4	88.8	107.2	88.5	74.7	61.3	590	595		558	480	335	660	382	297
175.0	179.5	89.1	107.4	88.6	75.0	61.6	596	599		561	483	337	662	386	300
176.0	180.5	89.3	107.5	88.7	75.1	61.8	601	603		565	486	340	665	390	303
177.0	181.6	89.5	107.6	88.7	75.3	62.0	607	607		568	489	342	668	394	306
178.0	182.6	89.8	107.8	88.8	75.4	62.3	612	612		571	493	345	670	398	308
179.0	183.7	90.0	107.9	88.9	75.6	62.5	618	616		575	496	347	673	402	311
180.0	184.7	90.3	108.1	89.0	75.8	62.8	624	620		578	499	349	676	406	314
181.0	185.8	90.5	108.2	89.1	75.9	63.0	630	624		581	503	352	678	410	317
182.0	186.8	90.8	108.3	89.2	76.1	63.4	635	628		584	506	354	681	414	320
183.0	187.8	91.0	108.5	89.3	76.3	63.6	641	633		587	510	357	684	418	323
184.0	188.9	91.3	108.7	89.4	76.5	63.9	646	636		591	513	359	686	422	326
185.0	189.9	91.5	108.8	89.4	76.6	64.1	653	640		594	516	361	688	426	329
186.0	191.0	91.8	109.0	89.5	76.9	64.4	659	645		597	520	364	691	430	330
187.0	192.0	92.0	109.1	89.6	77.0	64.6	665	649		601	523	366	694	433	333
188.0	193.1	92.3	109.2	89.7	77.1	64.7	671	653		604	527	369	697	437	336
189.0	194.1	92.5	109.4	89.8	77.3	65.1	677	658		608	530	371	700	441	339

（续）

硬 度							抗拉性能（MPa）							
布氏	维氏	洛 氏		表 面 洛 氏			黄 铜		铍 材			铜 棒 材		
							板材	棒材	板 材					青 铜 棒 材
HB 30D²	HV	HRB	HRF	HR 15T	HR 30T	HR 45T	σ_b	σ_b	σ_b	$\sigma_{0.2}$	$\sigma_{0.01}$	σ_b	$\sigma_{0.2}$	$\sigma_{0.01}$
190.0	195.2	92.8	109.5	89.8	77.5	65.3	684	662	611	533	373	703	445	342
191.0	196.2	93.1	109.6	89.9	77.7	65.5	689	667	614	536	376	705	449	345
192.0	197.3	93.3	109.8	90.0	77.8	65.8	696	671	618	539	378	708	453	348
193.0	198.3	93.6	110.0	90.1	78.0	66.1	702	676	621	542	380	711	457	351
194.0	199.4	93.9	110.1	90.2	78.1	66.3	709	680	625	546	382	714	461	353
195.0	200.4	94.2	110.3	90.3	78.3	66.6	715	685	628	549	384	717	465	356
196.0	201.5	94.4	110.4	90.4	78.4	66.8	722	688	631	553	387	720	469	359
197.0	202.5	94.7	110.6	90.4	78.5	67.2	729	693	634	556	389	723	473	362
198.0	203.5	95.0	110.8	90.6	78.8	67.5	735	698	637	559	392	726	477	365
199.0	204.6	95.3	111.0	90.7	79.0	67.8	742	702	641	563	394	729	481	368
200.0	205.6	95.6	111.1	90.7	79.4	68.0	749	707	644	566	396	732	484	371
201.0	206.7	95.9	111.3	90.8	79.6	68.4	—	—	648	570	399	735	488	374
202.0	207.7	96.2	111.5	91.0	79.8	68.7	—	—	651	573	401	737	492	376
203.0	208.8	96.5	111.7	91.1	80.1	69.0	—	—	654	576	404	740	496	378
204.0	209.8	96.8	111.8	91.2	80.3	69.2	—	—	658	580	406	743	500	381
205.0	210.9	97.1	112.0	91.3	80.5	69.7	—	—	661	583	408	746	504	384
206.0	211.9	97.5	112.2	91.4	80.7	69.9	—	—	665	586	411	749	508	387
207.0	212.9	97.8	112.4	91.5	80.9	70.2	—	—	668	589	413	752	512	390
208.0	214.0	98.1	112.5	91.6	81.1	70.6	—	—	672	592	416	755	516	393
209.0	215.0	98.4	112.7	91.7	81.3	70.8	—	—	675	596	418	758	520	396
210.0	216.1	98.8	113.0	91.8	81.6	71.3	—	—	679	599	420	761	524	398

硬　度							抗拉性能（MPa）							
布氏	维氏	洛　氏		表　面　洛　氏			黄　铜		青　铜					
							板材	棒材	板　　材			棒　　材		
HB 30D²	HV	HRC	HRA	HR 15N	HR 30N	HR 45N	σb	σb	σb	σ0.2	σ0.01	σb	σ0.2	σ0.01
211.0	217.2	17.8	59.1	67.8	38.7	17.1	—	—	682	602	423	764	528	401
212.0	218.2	18.0	59.2	67.9	38.9	17.3	—	—	685	606	425	767	532	404
213.0	219.3	18.2	59.3	68.0	39.0	17.6	—	—	688	609	428	770	535	407
214.0	220.3	18.4	59.4	68.2	39.2	17.8	—	—	692	613	430	774	539	410
215.0	221.3	18.6	59.5	68.3	39.4	18.0	—	—	695	616	431	777	543	413
216.0	222.4	18.8	59.6	68.4	39.6	18.3	—	—	699	619	434	780	547	416
217.0	223.4	18.9	59.7	68.4	39.7	18.4	—	—	702	623	436	783	551	419
218.0	224.5	19.1	59.8	68.5	39.9	18.6	—	—	706	626	438	786	555	421
219.0	225.5	19.3	59.9	68.7	40.1	18.9	—	—	709	630	441	788	559	424
220.0	226.6	19.5	60.0	68.8	40.3	19.1	—	—	713	633	443	792	563	427
221.0	227.6	19.7	60.1	68.9	40.4	19.3	—	—	716	635	445	795	567	430
222.0	228.7	19.9	60.2	69.0	40.7	19.6	—	—	720	639	448	798	571	432
223.0	229.7	20.0	60.2	69.1	40.8	19.7	—	—	723	642	450	801	575	435
224.0	230.8	20.2	60.3	69.2	40.9	19.9	—	—	727	645	453	804	579	438
225.0	231.8	20.4	60.4	69.3	41.1	20.1	—	—	730	649	455	808	583	441
226.0	232.9	20.6	60.5	69.4	41.3	20.4	—	—	734	652	458	811	586	443
227.0	233.9	20.8	60.6	69.5	41.5	20.6	—	—	736	656	460	814	590	446
228.0	235.0	20.9	60.7	69.6	41.6	20.7	—	—	740	659	462	817	594	449
229.0	236.0	21.1	60.8	69.7	41.8	21.0	—	—	743	662	465	821	597	452

（续）

硬度							抗拉性能（MPa）							
布氏 HB 30D²	维氏 HV	洛氏 HRC	洛氏 HRA	表面洛氏 HR 15N	HR 30N	HR 45N	黄铜 板材 σ_b	黄铜 棒材 σ_b	铍青铜 板材 σ_b	铍青铜 σ_{0.2}	铍青铜 σ_{0.01}	铜棒材 σ_b	铜棒材 σ_{0.2}	铜棒材 σ_{0.01}
230.0	237.0	21.3	60.9	69.8	42.0	21.2	—	—	747	666	467	824	601	455
231.0	238.1	21.5	61.0	69.9	42.2	21.4	—	—	750	669	470	827	605	458
232.0	239.1	21.7	61.1	70.0	42.4	21.6	—	—	754	673	472	831	609	461
233.0	240.2	21.8	61.2	70.1	42.5	21.8	—	—	757	676	474	834	613	464
234.0	241.2	22.0	61.3	70.2	42.6	22.0	—	—	761	679	477	837	617	466
235.0	242.3	22.2	61.4	70.3	42.8	22.0	—	—	764	683	479	840	621	469
236.0	243.3	22.3	61.5	70.4	43.0	22.2	—	—	768	685	482	843	625	472
237.0	244.4	22.4	61.5	70.5	43.1	22.5	—	—	772	689	485	846	629	475
238.0	245.4	22.7	61.6	70.6	43.3	22.6	—	—	775	692	488	850	633	478
239.0	246.5	22.9	61.7	70.7	43.5	23.0	—	—	779	695		853	636	481
240.0	247.5	23.0	61.8	70.8	43.6	23.2	—	—	782	699	490	857	640	483
241.0	248.6	23.2	61.9	70.9	43.8	23.4	—	—	786	702	493	860	644	486
242.0	249.6	23.4	62.0	71.0	44.0	23.7	—	—	788	705	495	863	648	488
243.0	250.7	23.6	62.1	71.1	44.3	23.9	—	—	792	709	497	867	652	491
244.0	251.7	23.7	62.1	71.2	44.4	24.0	—	—	796	712	500	870	656	494
245.0	252.7	23.9	62.2	71.2	44.4	24.2	—	—	799	716	502	874	660	497
246.0	253.8	24.1	62.3	71.3	44.5	24.4	—	—	803	719	505	877	664	500
247.0	254.8	24.2	62.4	71.4	44.7	24.6	—	—	806	722	507	881	668	503
248.0	255.9	24.4	62.5	71.5	44.9	24.8	—	—	810	726	509	884	672	506
249.0	256.9	24.6	62.6	71.6	45.1	25.0	—	—	814	729	512	888	676	509

（续）

布氏	维氏	洛氏		表面洛氏			抗拉性能（MPa）							
							黄铜		青铜					
							板材	棒材	板 材			棒 材		
HB 30D²	HV	HRC	HRA	HR 15N	HR 30N	HR 45N	σ_b	σ_b	σ_b	$\sigma_{0.2}$	$\sigma_{0.01}$	σ_b	$\sigma_{0.2}$	$\sigma_{0.01}$
250.0	258.0	24.7	62.6	71.7	45.2	25.1	—	—	817	733	514	890	680	510
251.0	259.0	24.9	62.7	71.8	45.4	25.4	—	—	821	735	517	894	684	514
252.0	260.1	25.1	62.8	71.9	45.6	25.6	—	—	824	738	519	897	687	517
253.0	261.1	25.2	62.9	72.0	45.7	25.7	—	—	828	742	521	901	691	520
254.0	262.2	25.4	63.0	72.1	45.9	26.0	—	—	832	745	524	904	695	523
255.0	263.2	25.6	63.1	72.2	46.1	26.2	—	—	836	748	526	908	699	526
256.0	264.3	25.7	63.1	72.3	46.2	26.3	—	—	838	752	529	911	703	529
257.0	265.3	25.9	63.2	72.4	46.3	26.5	—	—	842	755	531	915	707	532
258.0	266.4	26.0	63.3	72.4	46.4	26.7	—	—	845	759	533	918	711	533
259.0	267.4	26.2	63.4	72.5	46.6	26.9	—	—	849	762	535	922	715	536
260.0	268.5	26.4	63.5	72.6	46.8	27.1	—	—	852	765	537	925	719	539
261.0	269.5	26.5	63.5	72.7	46.9	27.2	—	—	856	769	540	929	723	542
262.0	270.5	26.7	63.6	72.8	47.1	27.4	—	—	860	772	542	933	727	545
263.0	271.6	26.8	63.7	72.9	47.2	27.6	—	—	863	776	544	936	731	548
264.0	272.6	27.0	63.8	73.0	47.4	27.8	—	—	867	779	547	939	735	551
265.0	273.7	27.2	63.9	73.1	47.6	28.0	—	—	871	782	549	942	738	554
266.0	274.7	27.3	64.0	73.2	47.7	28.2	—	—	874	786	551	946	742	556
267.0	275.8	27.5	64.1	73.2	47.9	28.4	—	—	878	788	553	950	746	559
268.0	276.8	27.6	64.1	73.3	48.0	28.6	—	—	882	792	556	953	750	562
269.0	277.9	27.8	64.2	73.4	48.1	28.8	—	—	885	795	559	957	754	565

2.46

硬度							抗拉性能（MPa）							
布氏	维氏	洛氏		表面洛氏			黄铜		青铜					
							板材	棒材	板材			棒材		
HB 30D²	HV	HRC	HRA	HR 15N	HR 30N	HR 45N	σ_b	σ_b	σ_b	$\sigma_{0.2}$	$\sigma_{0.01}$	σ_b	$\sigma_{0.2}$	$\sigma_{0.01}$
270.0	278.9	27.9	64.3	73.5	48.2	28.9	—	—	888	798	561	961	758	568
271.0	280.0	28.1	64.4	73.6	48.4	29.1	—	—	892	802	563	964	762	571
272.0	281.0	28.2	64.4	73.7	48.5	29.2	—	—	895	805	566	968	766	574
273.0	282.1	28.4	64.5	73.8	48.7	29.4	—	—	899	808	568	972	770	577
274.0	283.1	28.6	64.6	73.9	48.9	29.6	—	—	903	812	571	975	774	580
275.0	284.2	28.7	64.7	74.0	49.0	29.8	—	—	907	815	573	979	778	582
276.0	285.2	28.9	64.7	74.1	49.1	30.0	—	—	910	819	575	983	782	584
277.0	286.2	29.0	64.8	74.1	49.2	30.1	—	—	914	822	578	986	786	587
278.0	287.3	29.2	64.9	74.2	49.3	30.3	—	—	918	825	580	989	789	590
279.0	288.3	29.3	65.0	74.3	49.6	30.5	—	—	921	829	583	993	793	593
280.0	289.4	29.5	65.1	74.4	49.8	30.7	—	—	925	832	584	997	797	596
281.0	290.4	29.6	65.1	74.5	49.9	30.9	—	—	929	836	586	1000	801	599
282.0	291.5	29.8	65.2	74.6	50.0	31.1	—	—	932	838	589	1004	805	602
283.0	292.5	29.9	65.3	74.6	50.1	31.2	—	—	936	841	591	1008	809	604
284.0	293.6	30.1	65.4	74.7	50.3	31.4	—	—	939	844	594	1012	813	607
285.0	294.6	30.2	65.4	74.7	50.4	31.6	—	—	943	848	596	1015	817	610
286.0	295.7	30.4	65.5	74.9	50.6	31.8	—	—	946	851	598	1019	821	613
287.0	296.7	30.5	65.6	75.0	50.7	31.9	—	—	950	855	601	1023	825	616
288.0	297.8	30.7	65.6	75.1	50.9	32.1	—	—	954	858	603	1027	829	619
289.0	298.8	30.8	65.7	75.1	51.1	32.3	—	—	958	862	606	1030	832	622

(续)

硬 度							抗拉性能(MPa)								
布氏	维氏	洛氏		表面洛氏			黄铜		铍青铜						
							板材	棒材	板材			棒材			
HB 30D²	HV	HRC	HRA	HR 15N	HR 30N	HR 45N	σ_b	σ_b	σ_b	$\sigma_{0.2}$	$\sigma_{0.01}$	σ_b	$\sigma_{0.2}$	$\sigma_{0.01}$
290.0	299.9	31.0	65.8	75.2	51.2	32.5	—	—	961	865	608	1034	836	625
291.0	300.9	31.1	65.9	75.3	51.3	32.6	—	—	965	868	610	1038	839	627
292.0	301.9	31.3	65.9	75.4	51.4	32.7	—	—	969	872	613	1041	843	630
293.0	303.0	31.4	66.0	75.5	51.6	32.9	—	—	973	875	615	1045	847	633
294.0	304.0	31.5	66.1	75.5	51.7	33.1	—	—	976	879	618	1049	851	635
295.0	305.1	31.7	66.2	75.6	51.7	33.3	—	—	980	882	620	1052	855	638
296.0	306.1	31.8	66.2	75.7	51.9	33.3	—	—	984	885	622	1056	859	642
297.0	307.2	32.0	66.3	75.8	52.1	33.6	—	—	988	888	625	1060	863	644
298.0	308.2	32.1	66.4	75.9	52.2	33.8	—	—	990	891	627	1064	867	647
299.0	309.3	32.3	66.5	76.0	52.4	34.0	—	—	994	895	630	1068	871	649
300.0	310.3	32.4	66.5	76.0	52.5	34.1	—	—	998	898	632	1072	875	652
301.0	311.4	32.5	66.6	76.1	52.6	34.2	—	—	1002	901	634	1075	879	657
302.0	312.4	32.7	66.7	76.2	52.8	34.4	—	—	1006	905	636	1079	883	658
303.0	313.5	32.8	66.8	76.3	52.9	34.6	—	—	1009	908	638	1083	887	661
304.0	314.5	33.0	66.9	76.4	53.1	34.8	—	—	1013	911	641	1087	890	664
305.0	315.6	33.1	66.9	76.5	53.2	34.9	—	—	1017	915	643	1090	894	667
306.0	316.6	33.2	67.0	76.6	53.3	35.0	—	—	1021	918	645	1094	898	670
307.0	317.7	33.4	67.1	76.6	53.5	35.2	—	—	1025	921	648	1098	902	672
308.0	318.7	33.5	67.1	76.7	53.6	35.4	—	—	1028	925	650	1102	906	675
309.0	319.7	33.7	67.2	76.8	53.7	35.6	—	—	1032	928	653	1105	910	678

2.48

硬　度							抗拉性能（MPa）								
布氏	维氏	洛氏		表面洛氏			黄　铜		青　铜						
							板材	棒材	板　材			铸材	棒　材		
HB 30D²	HV	HRC	HRA	HR 15N	HR 30N	HR 45N	σb	σb	σb	σ0.2	σ0.01	σb	σb	σ0.2	σ0.01
310.0	320.8	33.8	67.3	76.8	53.8	35.7	—	—	1036	932	655	—	1109	914	681
311.0	321.8	33.9	67.3	76.9	53.9	35.9	—	—	1040	935	657	—	1113	918	684
312.0	322.9	34.1	67.4	77.0	54.1	36.1	—	—	1043	938	660	—	1117	922	686
313.0	323.9	34.2	67.5	77.1	54.2	36.2	—	—	1046	941	662	—	1121	926	689
314.0	325.0	34.3	67.5	77.1	54.3	36.3	—	—	1050	944	664	—	1125	930	692
315.0	326.0	34.5	67.6	77.2	54.5	36.5	—	—	1054	948	666	—	1129	934	694
316.0	327.1	34.6	67.7	77.2	54.6	36.6	—	—	1058	951	669	—	1133	938	697
317.0	328.1	34.8	67.7	77.4	54.8	36.9	—	—	1062	955	672	—	1137	941	700
318.0	329.2	34.9	67.8	77.4	54.9	37.0	—	—	1066	958	674	—	1140	945	703
319.0	330.2	35.0	67.9	77.5	55.0	37.2	—	—	1069	961	676	—	1144	949	706
320.0	331.3	35.2	68.0	77.6	55.2	37.4	—	—	1072	965	679	—	1148	953	709
321.0	332.3	35.3	68.1	77.6	55.3	37.5	—	—	1076	968	681	—	1152	957	712
322.0	333.4	35.4	68.1	77.7	55.5	37.6	—	—	1081	971	684	—	1156	961	715
323.0	334.4	35.6	68.2	77.8	55.5	37.8	—	—	1085	974	685	—	1160	965	717
324.0	335.5	35.7	68.2	77.9	55.7	38.0	—	—	1088	978	687	—	1164	969	720
325.0	336.5	35.8	68.3	78.0	55.7	38.1	—	—	1092	982	690	—	1168	973	723
326.0	337.5	36.0	68.4	78.1	55.9	38.3	—	—	1095	985	692	—	1172	977	726
327.0	338.6	36.1	68.4	78.1	56.0	38.4	—	—	1099	988	695	—	1176	981	729
328.0	339.6	36.2	68.5	78.2	56.1	38.5	—	—	1103	992	697	—	1180	985	732
329.0	340.7	36.4	68.6	78.3	56.3	38.8	—	—	1107	994	699	—	1183	989	735

布氏 HB 30D²	维氏 HV	洛氏 HRC	洛氏 HRA	表面洛氏 HR 15N	表面洛氏 HR 30N	表面洛氏 HR 45N	黄铜 板材 σb	黄铜 棒材 σb	青铜 板材 σb	青铜 板材 σ0.2	青铜 板材 σ0.01	青铜 棒材 σb	青铜 棒材 σ0.2	青铜 棒材 σ0.01
330.0	341.7	36.5	68.6	78.3	56.4	38.9	—	—	1111	988	702	1187	992	737
331.0	342.8	36.6	68.7	78.4	56.5	39.0	—	—	1115	1001	704	1191	996	739
332.0	343.8	36.7	68.7	78.5	56.6	39.1	—	—	1119	1004	707	1194	1000	742
333.0	344.9	36.9	68.8	78.6	56.8	39.4	—	—	1123	1008	709	1199	1004	745
334.0	345.9	37.0	68.9	78.6	56.9	39.5	—	—	1127	1011	711	1203	1008	748
335.0	347.0	37.1	68.9	78.7	57.0	39.6	—	—	1130	1014	714	1207	1012	751
336.0	348.0	37.3	69.0	78.8	57.1	39.8	—	—	1134	1018	716	1211	1016	754
337.0	349.1	37.4	69.1	78.8	57.2	39.9	—	—	1138	1021	719	1215	1020	757
338.0	350.1	37.5	69.1	78.9	57.3	40.1	—	—	1141	1025	721	1219	1024	760
339.0	351.1	37.7	69.2	79.0	57.5	40.3	—	—	1145	1028	723	1223	1028	762
340.0	352.2	37.8	69.3	79.1	57.6	40.4	—	—	1149	1031	726	1227	1032	765
341.0	353.2	37.9	69.3	79.1	57.7	40.5	—	—	1153	1035	728	1231	1036	768
342.0	354.3	38.0	69.4	79.2	57.8	40.6	—	—	1157	1038	731	1235	1040	771
343.0	355.3	38.2	69.5	79.3	58.0	40.9	—	—	1161	1041	733	1239	1043	774
344.0	356.4	38.3	69.5	79.3	58.1	41.0	—	—	1165	1044	735	1243	1047	777
345.0	357.4	38.4	69.6	79.4	58.2	41.1	—	—	1169	1047	737	1246	1051	780
346.0	358.5	38.5	69.7	79.5	58.3	41.2	—	—	1173	1051	739	1250	1055	783
347.0	359.5	38.7	69.8	79.6	58.5	41.5	—	—	1177	1054	742	1254	1059	785
348.0	360.6	38.8	69.8	79.6	58.6	41.6	—	—	1181	1058	744	1258	1063	787
349.0	361.6	38.9	69.9	79.7	58.7	41.7	—	—	1184	1061	746	1262	1066	790

硬度							抗拉性能（MPa）							
布氏	维氏	洛氏		表面洛氏			黄铜		铍青铜 板材			青铜 棒材		
HB 30D²	HV	HRC	HRA	HR 15N	HR 30N	HR 45N	板材 σb	棒材 σb	σb	σ0.2	σ0.01	σb	σ0.2	σ0.01
350.0	362.7	39.0	69.9	79.8	58.8	41.8	—	—	1188	1064	749	1266	1070	793
351.0	363.7	39.2	70.0	79.9	58.9	42.0	—	—	1192	1068	751	1270	1074	796
352.0	364.8	39.3	70.1	79.9	59.0	42.2	—	—	1195	1071	754	1274	1078	799
353.0	365.8	39.4	70.1	80.0	59.1	42.3	—	—	1199	1074	756	1278	1082	802
354.0	366.9	39.5	70.2	80.1	59.2	42.4	—	—	1203	1078	758	1282	1086	805
355.0	367.9	39.6	70.3	80.1	59.2	42.6	—	—	1207	1081	761	1286	1090	807
356.0	368.9	39.9	70.4	80.2	59.6	42.7	—	—	1211	1085	763	1291	1093	810
357.0	370.0	40.0	70.4	80.3	59.7	42.9	—	—	1215	1088	766	1294	1097	813
358.0	371.0	40.2	70.5	80.4	59.9	43.0	—	—	1219	1090	768	1298	1101	816
359.0	372.1	40.3	70.6	80.5	60.0	43.3	—	—	1223	1094	770	1302	1105	819
360.0	373.1	40.4	70.6	80.5	60.1	43.4	—	—	1227	1097	773	1306	1109	822
361.0	374.2	40.5	70.7	80.6	60.3	43.5	—	—	1231	1101	775	1310	1113	825
362.0	375.2	40.6	70.7	80.7	60.3	43.7	—	—	1235	1104	777	1314	1117	828
363.0	376.3	40.8	70.8	80.8	60.5	43.9	—	—	1239	1107	780	1318	1121	830
364.0	377.3	40.9	70.9	80.8	60.6	44.0	—	—	1243	1111	782	1322	1125	833
365.0	378.4	41.1	70.9	80.9	60.7	44.1	—	—	1246	1114	785	1326	1129	836
366.0	379.4	41.1	71.0	80.9	60.8	44.2	—	—	1250	1117	786	1330	1133	838
367.0	380.5	41.2	71.0	81.0	60.9	44.3	—	—	1254	1121	788	1334	1137	841
368.0	381.5	41.3	71.1	81.0	60.9	44.5	—	—	1258	1124	791	1339	1141	844
369.0	382.6	41.4	71.1	81.1	61.0	44.6	—	—	1262	1128	793	1343	1144	847

(续)

HB 30D²	HV	HRC	HRA	HR 15N	HR 30N	HR 45N	黄铜 板材 σb	黄铜 棒材 σb	铍材 板 σb	铍材 板 σ0.2	铍材 板 σ0.01	铜棒 σb	材 σ0.2	材 σ0.01
370.0	383.6	41.5	71.2	81.2	61.1	44.7	—	—	1266	1131	796	1346	1148	850
371.0	384.6	41.6	71.2	81.2	61.2	44.8	—	—	1270	1134	798	1350	1152	852
372.0	385.7	41.7	71.3	81.3	61.3	44.9	—	—	1274	1138	800	1354	1156	855
373.0	386.7	41.9	71.4	81.4	61.5	45.1	—	—	1278	1141	803	1358	1160	858
374.0	387.8	42.0	71.4	81.4	61.6	45.3	—	—	1282	1144	805	1362	1164	861
375.0	388.8	42.1	71.5	81.5	61.7	45.4	—	—	1286	1147	808	1366	1168	864
376.0	389.9	42.2	71.5	81.6	61.8	45.5	—	—	1290	1150	810	1370	1172	867
377.0	390.9	42.3	71.6	81.6	61.9	45.5	—	—	1293	1154	812	1374	1176	870
378.0	392.0	42.4	71.6	81.7	62.0	45.8	—	—	1298	1157	815	1379	1180	872
379.0	393.0	42.6	71.7	81.8	62.2	46.0	—	—	1302	1161	817	1383	1184	875
380.0	394.1	42.7	71.8	81.8	62.3	46.1	—	—	1306	1164	820	1387	1188	878
381.0	395.1	42.8	71.8	81.9	62.4	46.2	—	—	1310	1167	822	1391	—	—
382.0	396.2	42.9	71.9	81.9	62.5	46.3	—	—	1314	1171	824	1395	—	—
383.0	397.2	43.0	71.9	82.0	62.6	46.5	—	—	1318	1174	827	1398	—	—
384.0	398.3	43.2	72.0	82.1	62.7	46.7	—	—	1322	1177	829	1402	—	—
385.0	399.3	43.3	72.1	82.2	62.8	46.8	—	—	1326	1181	832	1406	—	—
386.0	400.3	43.4	72.1	82.2	62.9	46.9	—	—	1330	1184	834	1410	—	—
387.0	401.4	43.5	72.2	82.3	63.0	47.0	—	—	1334	1188	836	1415	—	—
388.0	402.4	43.6	72.2	82.3	63.1	47.2	—	—	1338	1191	838	1419	—	—
389.0	403.5	43.7	72.3	82.4	63.2	47.3	—	—	1342	1193	840	1423	—	—

硬度							抗拉性能（MPa）							
布氏	维氏	洛氏		表面洛氏			黄铜		铍材			青铜棒材		
HB 30D²	HV	HRC	HRA	HR 15N	HR 30N	HR 45N	板材 σb	棒材 σb	板材 σb	σ0.2	σ0.01	σb	σ0.2	σ0.01
390.0	404.5	43.9	72.4	82.5	63.4	47.5	—	—	1345	1197	843	1427	—	—
391.0	405.6	44.0	72.4	82.6	63.5	47.6	—	—	1349	1200	845	1431	—	—
392.0	406.6	44.1	72.5	82.6	63.6	47.7	—	—	1354	1204	847	1435	—	—
393.0	407.7	44.2	72.6	82.7	63.7	47.9	—	—	1358	1207	850	1439	—	—
394.0	408.7	44.3	72.6	82.7	63.8	48.0	—	—	1362	1210	852	1443	—	—
395.0	409.8	44.4	72.7	82.8	63.9	48.1	—	—	1366	1214	855	1446	—	—
396.0	410.8	44.4	72.8	82.9	64.1	48.3	—	—	1370	1217	857	1451	—	—
397.0	411.9	44.7	72.8	82.9	64.2	48.4	—	—	1374	1220	859	1455	—	—
398.0	412.9	44.8	72.9	83.0	64.3	48.6	—	—	1378	1224	862	1459	—	—
399.0	414.0	44.9	72.9	83.1	64.4	48.7	—	—	1382	1227	864	1463	—	—
400.0	415.0	45.0	73.0	83.1	64.4	48.8	—	—	1386	1231	867	1467	—	—
401.0	416.1	45.1	73.0	83.2	64.5	48.9	—	—	1391	—	—	1471	—	—
402.0	417.1	45.3	73.1	83.3	64.7	49.1	—	—	1395	—	—	1475	—	—
403.0	418.1	45.4	73.2	83.3	64.8	49.3	—	—	1398	—	—	1479	—	—
404.0	419.2	45.5	73.2	83.4	64.9	49.4	—	—	1402	—	—	1483	—	—
405.0	420.2	45.6	73.3	83.5	65.0	49.5	—	—	1406	—	—	1488	—	—
406.0	421.3	45.7	73.3	83.5	65.1	49.6	—	—	1410	—	—	1492	—	—
407.0	422.3	45.8	73.4	83.6	65.2	49.7	—	—	1414	—	—	1496	—	—
408.0	423.3	45.9	73.4	83.6	65.3	49.8	—	—	1419	—	—	1499	—	—
409.0	424.9	46.0	73.5	83.7	65.4	50.0	—	—	1423	—	—	1503	—	—

(续)

硬 度							抗拉性能（MPa）							
布氏	维氏	洛 氏		表 面 洛 氏			黄 铜		铍 青 铜					
							板材	棒材	板 材			棒 材		
HB 30D²	HV	HRC	HRA	HR 15N	HR 30N	HR 45N	σ_b	σ_b	σ_b	σ_{0.2}	σ_{0.01}	σ_b	σ_{0.2}	σ_{0.01}
410.0	425.5	46.2	73.6	83.8	65.6	50.2	—	—	1427	—	—	1507	—	—
411.0	426.5	46.3	73.6	83.8	65.7	50.3	—	—	1431	—	—	1511	—	—
412.0	427.6	46.4	73.7	83.9	65.8	50.4	—	—	1435	—	—	1515	—	—
413.0	428.6	46.5	73.7	84.0	65.9	50.5	—	—	1439	—	—	1519	—	—
414.0	429.7	46.6	73.8	84.0	66.0	50.7	—	—	1444	—	—	1523	—	—
415.0	430.7	46.7	73.8	84.1	66.1	50.8	—	—	1447	—	—	1528	—	—
416.0	431.8	46.8	73.9	84.1	66.2	50.9	—	—	1451	—	—	1532	—	—
417.0	432.8	46.9	73.9	84.2	66.3	51.0	—	—	1455	—	—	1536	—	—
418.0	433.8	47.0	74.0	84.3	66.4	51.1	—	—	1459	—	—	1540	—	—
419.0	434.9	47.2	74.1	84.4	66.5	51.3	—	—	1464	—	—	1544	—	—
420.0	435.9	47.3	74.1	84.4	66.6	51.5	—	—	1468	—	—	1547	—	—

注：1. 本表只适用于黄铜（H62、HPb59-1等）和铍青铜。
   2. 抗拉性能值按 1kgf/mm² = 9.80665MPa 换算成法定单位值。

10. 铝合金硬度与强度换算（GBn 166—1982）

(1) HB10D² 硬度与其他硬度、强度换算

硬度							抗拉强度 σb (MPa)						
布氏	维氏	洛氏		表面洛氏			退火、淬火人工时效				淬火自然时效		变形铝合金
HB 10D²	HV	HRB	HRF	HR 15T	HR 30T	HR 45T	2A11 2A12	7A04	2A50	2A14	2A11 2A12	2A14 2A50	
55.0	56.1	—	52.5	62.3	17.6	—	193	203	204	203	—	—	211
56.0	57.1	—	53.7	62.9	18.8	—	197	205	205	205	—	—	214
57.0	58.2	—	55.0	63.5	20.2	—	200	208	207	207	—	—	217
58.0	59.8	—	56.2	64.1	21.5	—	204	212	211	211	—	—	220
59.0	60.4	—	57.4	64.7	22.8	—	207	216	215	215	—	—	223
60.0	61.5	—	58.6	65.3	24.1	—	211	221	219	219	—	—	226
61.0	62.6	—	59.7	65.9	25.2	—	214	226	224	225	—	—	228
62.0	63.6	—	60.9	66.4	26.5	—	218	230	228	229	—	—	230
63.0	64.7	—	62.0	67.0	27.7	—	221	235	234	235	—	—	233
64.0	65.8	—	63.1	67.5	28.9	—	225	241	240	241	—	—	236
65.0	66.9	6.9	64.2	68.1	30.0	—	228	247	246	247	—	—	239
66.0	68.0	8.8	65.2	68.6	31.5	—	231	252	252	253	—	—	242
67.0	69.1	10.8	66.3	69.1	32.3	—	234	258	258	258	—	—	245
68.0	70.1	12.7	67.3	69.6	33.4	—	238	264	264	264	—	—	248
69.0	71.2	14.6	68.3	70.1	34.4	—	241	269	269	270	—	—	251
70.0	72.3	16.5	69.3	70.6	35.5	—	245	274	275	275	—	—	254
71.0	73.4	18.2	70.2	71.0	36.5	0.8	248	279	279	279	—	—	258

| 硬 度 | | | | | | | 抗拉强度 σb(MPa) | | | | | | 变形铝合金 |
| 布氏 | 维氏 | 洛氏 | | 表面洛氏 | | | 退火 | 淬火人工时效 | | | 淬火自然时效 | | |
HB 10D²	HV	HRB	HRF	HR 15T	HR 30T	HR 45T	2A11 2A12	7A04	2A50	2A14	2A11 2A12	2A14 2A50	
72.0	74.5	20.0	71.1	71.5	37.4	2.3	252	283	285	284	—	—	261
73.0	75.6	21.9	72.1	72.0	38.5	3.9	255	288	289	289	—	—	264
74.0	76.7	23.4	72.9	72.3	39.3	5.2	259	292	294	293	—	—	267
75.0	77.7	25.1	73.8	72.8	40.3	6.7	262	296	299	297	—	—	270
76.0	78.8	26.8	74.7	73.2	41.3	8.2	266	300	303	301	—	—	273
77.0	79.9	28.3	75.5	73.6	42.1	9.5	269	304	306	304	—	—	276
78.0	81.0	29.8	76.3	74.0	43.0	10.8	273	307	310	308	—	—	279
79.0	82.1	31.3	77.1	74.4	43.8	12.1	276	310	313	311	—	—	282
80.0	83.2	32.9	77.9	74.8	44.7	13.4	279	313	316	313	—	—	285
81.0	84.3	34.2	78.6	75.2	45.4	14.6	282	316	319	316	—	—	288
82.0	85.4	35.5	79.3	75.5	46.2	15.7	286	319	321	318	—	—	292
83.0	86.4	36.9	80.0	75.8	46.9	16.9	289	321	323	320	—	—	295
84.0	87.5	38.2	80.7	76.2	47.7	18.0	293	324	325	322	—	—	298
85.0	88.6	39.5	81.4	76.5	48.4	19.2	296	326	327	324	—	—	301
86.0	89.7	40.8	82.1	76.9	49.2	20.3	300	328	328	326	—	—	305
87.0	90.7	42.0	82.7	77.2	49.8	21.3	303	330	330	328	—	—	308
88.0	91.8	43.1	83.3	77.5	50.4	22.3	307	330	330	329	—	—	311

（续）

硬　　度							抗拉强度 σ_b（MPa）						
布氏	维氏	洛　氏		表　面　洛　氏			退火	淬火人工时效			淬火自然时效		变形铝合金
HB $10D^2$	HV	HRB	HRF	HR 15T	HR 30T	HR 45T	2A11 2A12	7A04	2A50	2A14	2A11 2A12	2A14 2A50	
89.0	92.9	44.3	83.9	77.8	51.1	23.3	310	332	331	330	—	—	315
90.0	94.0	45.4	84.5	78.1	51.7	24.2	314	334	332	331	344	406	318
91.0	95.1	46.5	85.1	78.3	52.4	25.2	317	335	333	333	350	409	322
92.0	96.2	47.7	85.7	78.6	53.0	26.2	321	337	334	334	356	413	325
93.0	97.2	48.6	86.2	78.9	53.5	27.0	324	339	335	336	361	417	329
94.0	98.3	49.6	86.7	79.1	54.1	27.9	328	340	336	338	367	421	331
95.0	99.4	50.7	87.3	79.4	54.7	28.8	330	342	338	339	372	425	334
96.0	100.5	51.7	87.8	79.7	55.2	29.7	334	343	339	341	378	428	338
97.0	101.6	52.6	88.3	79.9	55.8	30.5	337	345	340	343	382	431	342
98.0	102.7	53.4	88.7	80.1	56.2	31.1	341	347	342	345	388	435	345
99.0	103.7	54.3	89.2	80.4	56.7	32.0	344	349	344	347	394	439	349
100.0	104.8	55.3	89.7	80.6	57.3	32.8	348	351	346	350	399	442	352
101.0	105.9	56.0	90.1	80.8	57.7	33.4	351	353	348	352	405	446	356
102.0	107.0	57.0	90.6	81.1	58.2	34.1	355	355	350	355	410	450	359
103.0	108.1	57.7	91.0	81.2	58.6	34.9	358	358	353	357	416	454	363
104.0	109.2	58.5	91.4	81.4	59.1	35.6	362	360	356	360	421	457	367
105.0	110.2	59.3	91.8	81.6	59.5	36.2	365	363	359	363	427	461	370

2.57

抗拉强度 σb (MPa)

布氏	维氏	洛氏		表面洛氏			退火		淬火人工时效		淬火自然时效		变形铝合金
HB 10D²	HV	HRB	HRF	HR 15T	HR 30T	HR 45T	2A11 2A12	7A04	2A50	2A14	2A11 2A12	2A14 2A50	
106.0	111.1	60.0	92.2	81.8	59.9	36.9	369	365	363	366	432	465	373
107.0	112.4	60.8	92.6	82.0	60.4	37.5	372	368	366	369	437	470	378
108.0	113.5	61.5	93.0	82.2	60.8	38.2	376	371	370	372	443	473	380
109.0	114.6	62.3	93.4	82.4	61.2	38.8	379	374	375	376	448	476	384
110.0	115.7	63.1	93.8	82.6	61.6	39.5	382	376	379	379	454	480	388
111.0	116.7	63.6	94.1	82.8	62.0	40.0	385	380	383	382	459	483	392
112.0	117.8	64.4	94.5	83.0	62.4	40.7	389	383	388	386	465	487	395
113.0	118.9	65.0	94.8	83.1	62.7	41.1	392	387	394	389	470	490	399
114.0	120.0	65.7	95.2	83.3	63.1	41.8	396	391	399	393	476	494	403
115.0	121.1	66.3	95.5	83.5	63.5	42.3	399	395	405	397	482	498	407
116.0	122.2	67.0	95.9	83.7	63.9	43.0	403	399	411	401	486	502	411
117.0	123.2	67.6	96.2	83.8	64.2	43.4	406	403	417	405	492	506	414
118.0	124.3	68.2	96.5	84.0	64.5	43.9	410	407	424	409	497	509	418
119.0	125.4	68.8	96.8	84.1	64.8	44.4	413	411	429	413	503	513	422
120.0	126.5	69.3	97.1	84.2	65.2	44.9	417	415	435	417	509	517	426
121.0	127.6	69.9	97.4	84.4	65.5	45.4	420	419	442	421	514	521	430
122.0	128.7	70.6	97.8	84.6	65.9	46.1	424	423	448	424	520	524	433

（续）

| 硬 度 | | | | | | | 抗拉强度 σ_b(MPa) | | | | | | |
布氏 HB 10D²	维氏 HV	洛 氏 HRB	HRF	表 面 洛 氏 HR 15T	HR 30T	HR 45T	退火、淬火人工时效 2A11 2A12	7A04	2A50	2A14	淬火自然时效 2A11 2A12	2A14 2A50	变形铝合金
123.0	129.7	71.2	98.1	84.7	66.2	46.6	427	427	455	428	525	528	437
124.0	130.8	71.6	98.3	84.8	66.4	46.9	431	431	461	431	530	532	441
125.0	131.9	72.2	98.6	85.0	66.8	47.4	433	435	466	435	535	535	445
126.0	133.0	72.7	98.9	85.1	67.1	47.9	437	439	473	439	541	539	449
127.0	134.1	73.3	99.2	85.3	67.4	48.4	440	443	479	443	547	542	453
128.0	135.2	73.9	99.5	85.4	67.7	48.9	444	448	483	446	552	546	457
129.0	136.2	74.4	99.8	85.6	68.0	49.3	447	452	488	450	558	550	461
130.0	137.3	74.8	100.0	85.7	68.3	49.7	451	456	493	454	563	554	465
131.0	138.4	75.4	100.3	85.8	68.6	50.2	454	460	497	458	569	—	469
132.0	139.5	76.0	100.6	86.0	68.9	50.7	458	464	501	462	574	—	473
133.0	140.6	76.5	100.8	86.1	69.1	51.0	461	468	504	465	580	—	477
134.0	141.7	76.9	101.1	86.2	69.4	51.5	465	471	507	469	585	—	482
135.0	142.7	77.3	101.3	86.3	69.6	51.8	468	475	509	474	490	—	485
136.0	143.8	77.9	101.6	86.5	70.0	52.3	472	479	511	478	596	—	489
137.0	144.9	78.2	101.8	86.6	70.2	52.6	475	482	512	482	601	—	493
138.0	146.0	78.8	102.1	86.7	70.5	53.1	479	485	513	486	607	—	497
139.0	147.1	79.2	102.3	86.8	70.7	53.5	482	488	—	491	—	—	502

(续)

硬度							抗拉强度 σb (MPa)						
布氏	维氏	洛氏		表面洛氏			退火、淬火人工时效				淬火自然时效		变形铝合金
HB 10D²	HV	HRB	HRF	HR 15T	HR 30T	HR 45T	2A11 2A12	7A04	2A50	2A14	2A11 2A12	2A14 2A50	
140.0	148.2	79.8	102.6	87.0	71.0	53.9	485	492	—	496	—	—	506
141.0	149.2	80.1	102.8	87.1	71.2	54.3	488	495	—	501	—	—	510
142.0	150.3	80.5	103.0	87.2	71.5	54.6	492	499	—	507	—	—	514
143.0	151.4	81.1	103.3	87.3	71.8	55.1	495	502	—	514	—	—	519
144.0	152.5	81.5	103.5	87.4	72.0	55.4	499	505	—	520	—	—	523
145.0	153.6	81.9	103.7	87.5	72.2	55.7	502	509	—	528	—	—	527
146.0	154.7	82.2	103.9	87.6	72.4	56.1	506	512	—	535	—	—	532
147.0	155.8	82.6	104.1	87.7	72.6	56.4	509	516	—	544	—	—	535
148.0	156.8	83.0	104.3	87.8	72.8	56.7	513	519	—	553	—	—	539
149.0	157.9	83.4	104.5	87.9	73.1	57.1	516	523	—	564	—	—	544
150.0	159.0	83.9	104.8	88.0	73.4	57.6	520	527	—	575	—	—	548
151.0	160.1	84.3	105.0	88.1	73.6	57.9	523	531	—	—	—	—	—
152.0	161.2	84.7	105.2	88.2	73.8	58.2	527	534	—	—	—	—	—
153.0	162.3	85.1	105.4	88.3	74.0	58.5	530	539	—	—	—	—	—
154.0	163.3	85.5	105.6	88.4	74.2	58.9	533	543	—	—	—	—	—
155.0	164.4	85.8	105.8	88.5	74.4	59.2	536	548	—	—	—	—	—
156.0	165.5	86.2	106.0	88.6	74.7	59.5	540	553	—	—	—	—	—

（续）

硬度								抗拉强度 σb（MPa）							
布氏	维氏	洛氏		表面洛氏				退火	淬火人工时效			淬火自然时效			变形铝合金
HB 10D²	HV	HRB	HRF	HR 15T	HR 30T	HR 45T		2A11 2A12	7A04	2A50	2A14	2A11 2A12	2A14	2A50	
157.0	166.6	86.6	106.6	88.7	74.9	59.9		543	559	—	—	—	—	—	—
158.0	167.7	86.8	106.3	88.8	75.0	60.0		547	565	—	—	—	—	—	—
159.0	168.7	87.2	106.5	88.9	75.2	60.3		550	571	—	—	—	—	—	—
160.0	169.8	87.5	106.7	89.0	75.4	60.7		554	577	—	—	—	—	—	—
161.0	170.9	87.9	106.9	89.1	75.6	61.0		—	583	—	—	—	—	—	—
162.0	172.0	88.3	107.1	89.2	75.8	61.3		—	590	—	—	—	—	—	—
163.0	173.1	88.7	107.3	89.3	76.0	61.7		—	598	—	—	—	—	—	—
164.0	174.2	89.3	107.6	89.4	76.4	62.1		—	605	—	—	—	—	—	—
165.0	175.2	89.6	107.8	89.5	76.6	62.5		—	613	—	—	—	—	—	—
166.0	176.3	90.0	108.0	89.6	76.8	62.8		—	622	—	—	—	—	—	—
167.0	177.4	90.4	108.2	89.7	77.0	63.1		—	631	—	—	—	—	—	—
168.0	178.5	90.8	108.4	89.8	77.2	63.5		—	638	—	—	—	—	—	—
169.0	179.6	91.3	108.7	90.0	77.5	64.0		—	647	—	—	—	—	—	—
170.0	180.7	91.7	108.9	90.1	77.8	64.3		—	656	—	—	—	—	—	—

注：本表有关说明参见第 2.80 页第（4）节的注。

2.61

（2）HB30D² 硬度与其他硬度、强度换算

布氏 HB30D²	维氏 HV	洛氏 HRB	洛氏 HRF	表面洛氏 HR15T	HR30T	HR45T	抗拉强度 σ_b (MPa)				
							退火、淬火人工时效 7A04	2A50	2A14	淬火自然时效 2A11 2A12	淬火自然时效 2A14 2A50
130.0	132.9	72.7	98.9	85.1	67.1	47.9	439	472	438	540	538
131.0	134.0	73.3	99.2	85.3	67.4	48.4	443	478	442	546	542
132.0	135.1	73.9	99.5	85.4	67.7	48.9	447	483	446	552	546
133.0	136.0	74.3	99.7	85.5	67.9	49.2	451	487	449	557	549
134.0	137.1	74.8	100.0	85.7	68.3	49.7	455	492	453	562	553
135.0	138.2	75.4	100.3	85.8	68.6	50.2	459	496	457	568	——
136.0	139.3	75.8	100.5	85.9	68.8	50.5	463	500	461	573	——
137.0	140.3	76.3	100.8	86.1	69.1	51.0	466	503	464	578	——
138.0	141.3	76.7	101.0	86.2	69.3	51.3	470	506	468	583	——
139.0	142.4	77.3	101.3	86.3	69.6	51.8	474	509	472	588	——
140.0	143.4	77.7	101.5	86.4	69.9	52.1	477	511	476	593	——
141.0	144.5	78.1	101.7	86.5	70.1	52.5	481	512	480	599	——
142.0	145.6	78.6	102.0	86.7	70.4	53.0	484	512	484	605	——
143.0	146.6	79.0	102.2	86.8	70.6	53.3	487	——	489	——	——
144.0	147.6	79.4	102.4	86.9	70.8	53.6	490	——	493	——	——
145.0	148.7	80.0	102.7	87.0	71.1	54.1	494	——	498	——	——

2.62

| 硬 度 | | | | | | | 抗拉强度 σb (MPa) | | | | |
| 布氏 | 维氏 | 洛氏 氏 | | 表面洛氏 氏 | | | 退火,淬火人工时效 | | | 淬火自然时效 | |
HB 30D²	HV	HRB	HRF	HR 15T	HR 30T	HR 45T	7A04	2A50	2A14	2A11 2A12	2A14 2A50
146.0	149.8	80.3	102.9	87.1	71.3	54.4	497	—	504	—	—
147.0	150.8	80.7	103.1	87.2	71.6	54.8	500	—	510	—	—
148.0	151.8	81.1	103.3	87.2	71.8	55.1	503	—	516	—	—
149.0	152.9	81.7	103.6	87.4	72.1	55.6	507	—	523	—	—
150.0	154.0	82.0	103.8	87.5	72.3	55.9	510	—	531	—	—
151.0	155.0	82.4	104.0	87.6	72.5	56.2	513	—	538	—	—
152.0	156.1	82.8	104.2	87.7	72.7	56.6	517	—	547	—	—
153.0	157.2	83.2	104.4	87.8	73.0	56.9	521	—	557	—	—
154.0	158.1	83.6	104.6	87.9	73.2	57.2	524	—	566	—	—
155.0	159.2	83.9	104.8	88.0	73.4	57.6	528	—	578	—	—
156.0	160.3	84.3	105.0	88.1	73.6	57.9	532	—	—	—	—
157.0	161.4	84.7	105.2	88.2	73.8	58.2	535	—	—	—	—
158.0	162.4	85.1	105.4	88.3	74.0	58.5	539	—	—	—	—
159.0	163.4	85.5	105.6	88.4	74.2	58.9	544	—	—	—	—
160.0	164.5	85.8	105.8	88.5	74.4	59.2	549	—	—	—	—
161.0	165.5	86.2	106.0	88.6	74.7	59.5	553	—	—	—	—

（续）

硬　　度							抗拉强度 σ_b（MPa）				
布氏	维氏	洛氏	洛氏	表面洛氏			退火	淬火人工时效		淬火自然时效	
HB 30D²	HV	HRB	HRF	HR 15T	HR 30T	HR 45T	7A04	2A50	2A14	2A11 2A12	2A14 2A50
162.0	166.6	86.6	106.2	88.7	74.9	59.9	556	—	—	—	—
163.0	167.7	86.8	106.3	88.8	75.0	60.0	565	—	—	—	—
164.0	168.6	87.2	106.5	88.9	75.2	60.3	570	—	—	—	—
165.0	169.7	87.5	106.7	89.0	75.4	60.7	576	—	—	—	—
166.0	170.8	87.9	106.9	89.1	75.6	61.0	583	—	—	—	—
167.0	171.9	88.3	107.1	89.1	75.8	61.3	589	—	—	—	—
168.0	172.9	88.7	107.3	89.3	76.0	61.7	596	—	—	—	—
169.0	173.9	89.1	107.5	89.4	76.3	62.0	604	—	—	—	—
170.0	175.0	89.4	107.7	89.5	76.5	62.3	612	—	—	—	—
171.0	176.1	89.8	107.9	89.6	76.7	62.6	619	—	—	—	—
172.0	177.1	90.2	108.1	89.7	76.9	63.0	628	—	—	—	—
173.0	178.2	90.8	108.4	89.8	77.2	63.5	636	—	—	—	—
174.0	179.3	91.2	108.6	89.9	77.4	63.8	645	—	—	—	—
175.0	180.2	91.5	108.8	90.0	77.6	64.1	653	—	—	—	—

注：本表有关说明参见第 2.80 页第（4）节的注。

(3) HV 硬度与其他硬度、强度换算

维氏	硬度						抗拉强度 σb (MPa)					
	布氏	洛氏		表面洛氏			退火、淬火人工时效				淬火自然时效	
HV	HB 10D²	HRB	HRF	HR 15T	HR 30T	HR 45T	2A11 2A12	7A04	2A50	2A14	2A11 2A12	2A14 2A50
55.0	54.0	—	51.2	61.7	16.2	—	190	202	203	203	—	—
56.0	54.9	—	52.4	62.3	17.5	—	193	203	204	203	—	—
57.0	55.9	—	53.6	62.9	18.7	—	196	205	205	205	—	—
58.0	56.8	—	54.7	63.4	19.9	—	199	207	207	207	—	—
59.0	57.7	—	55.8	63.9	21.1	—	203	211	210	209	—	—
60.0	58.6	—	56.9	64.5	22.3	—	206	214	213	213	—	—
61.0	59.6	—	58.1	65.1	23.5	—	209	219	217	217	—	—
62.0	60.5	—	59.2	65.6	24.7	—	212	223	221	222	—	—
63.0	61.4	—	60.2	66.1	25.8	—	216	228	226	227	—	—
64.0	62.3	—	61.2	66.6	26.8	—	219	232	230	231	—	—
65.0	63.3	—	62.3	67.1	28.0	—	222	237	236	237	—	—
66.0	64.2	—	63.3	67.6	29.1	—	225	242	241	242	—	—
67.0	65.1	7.0	64.3	68.1	30.2	—	228	247	246	247	—	—
68.0	66.0	8.8	65.2	68.6	31.1	—	231	252	252	253	—	—
69.0	66.9	10.6	66.2	69.1	32.2	—	234	257	257	258	—	—
70.0	67.9	12.4	67.2	69.5	33.3	—	237	263	263	264	—	—
71.0	68.8	14.3	68.1	70.0	34.2	—	240	268	268	269	—	—
72.0	69.7	16.0	69.0	70.4	35.2	—	244	273	273	274	—	—

(续)

硬度							抗拉强度 σ_b (MPa)					
维氏	布氏	洛氏		表面洛氏			退火、淬火人工时效				淬火自然时效	
HV	HB 10D²	HRB	HRF	HR 15T	HR 30T	HR 45T	2A11 2A12	7A04	2A50	2A14	2A11 2A12	2A14 2A50
73.0	70.6	17.5	69.8	70.8	36.0	—	247	277	278	278	—	—
74.0	71.6	19.4	70.8	71.3	37.1	1.8	250	281	283	282	—	—
75.0	72.5	20.9	71.6	71.7	37.9	3.1	253	285	287	286	—	—
76.0	73.4	22.4	72.4	72.1	38.8	4.4	257	289	291	291	—	—
77.0	74.3	23.9	73.2	72.5	39.7	5.7	260	293	295	294	—	—
78.0	75.2	25.5	74.0	72.9	40.5	7.0	263	297	299	298	—	—
79.0	76.2	27.0	74.8	73.3	41.4	8.3	266	301	303	302	—	—
80.0	77.1	28.5	75.5	73.7	42.2	9.6	270	304	307	305	—	—
81.0	78.0	29.8	76.3	74.0	43.0	10.8	273	307	310	308	—	—
82.0	78.9	31.2	77.0	74.4	43.7	11.9	276	310	313	310	—	—
83.0	79.9	32.7	77.8	74.8	44.6	13.3	279	313	316	313	—	—
84.0	80.8	34.0	78.5	75.1	45.3	14.4	282	316	318	315	—	—
85.0	81.7	35.1	79.1	75.4	46.0	15.4	285	318	320	317	—	—
86.0	82.6	36.5	79.8	75.7	46.7	16.5	288	320	322	319	—	—
87.0	83.6	37.8	80.5	76.1	47.4	17.7	292	323	324	322	—	—
88.0	84.5	38.9	81.1	76.4	48.1	18.7	294	325	326	323	—	—
89.0	85.4	40.1	81.7	76.7	48.8	19.7	298	327	327	325	—	—
90.0	86.3	41.2	82.3	77.0	49.4	20.6	301	328	329	326	—	—

| 硬 度 | | | | | | | | 抗拉强度 σ_b(MPa) | | | | | |
| 维氏 | 布氏 | 洛 氏 | | 表面洛氏 | | | 退火、淬火人工时效 | | | | 淬火自然时效 | |
HV	HB 10D²	HRB	HRF	HR 15T	HR 30T	HR 45T	2A11 2A12	7A04	2A50	2A14	2A11 2A12	2A14 2A50
91.0	87.2	42.2	82.8	77.2	49.9	21.5	304	330	330	328	—	—
92.0	88.1	43.3	83.4	77.5	50.5	22.4	307	331	330	330	—	—
93.0	89.1	44.4	84.0	77.8	51.1	23.4	311	332	331	330	—	—
94.0	90.0	45.4	84.5	78.1	51.7	24.2	314	334	332	331	344	406
95.0	91.0	46.5	85.1	78.3	52.4	25.2	317	335	333	332	350	409
96.0	91.9	47.5	85.6	78.6	52.9	26.1	320	337	334	334	355	413
97.0	92.8	48.4	86.1	78.8	53.4	26.9	324	338	335	336	360	416
98.0	93.7	49.4	86.6	79.1	54.0	27.7	327	340	336	337	365	420
99.0	94.6	50.3	87.1	79.4	54.5	28.5	330	341	337	339	370	423
100.0	95.6	51.3	87.6	79.6	55.0	29.3	332	343	338	341	376	427
101.0	96.5	52.0	88.0	79.8	55.4	30.0	335	344	340	342	380	430
102.0	97.4	53.0	88.5	80.0	56.0	30.8	339	348	341	344	385	433
103.0	98.3	53.8	88.9	80.2	56.4	31.5	342	348	342	346	390	436
104.0	99.2	54.5	89.3	80.4	56.8	32.1	345	349	344	348	395	439
105.0	100.2	55.5	89.8	80.7	57.4	32.9	348	351	346	350	400	443
106.0	101.1	56.2	90.2	80.9	57.8	33.6	352	353	348	352	405	447
107.0	102.0	57.0	90.6	81.1	58.2	34.3	355	355	350	355	410	450
108.0	102.9	57.7	91.0	81.2	58.6	34.9	358	357	353	357	415	453

硬度							抗拉强度 σ_b（MPa）					
维氏	布氏	洛氏		表面洛氏			退火、淬火人工时效				淬火自然时效	
HV	HB 10D²	HRB	HRF	HR 15T	HR 30T	HR 45T	2A11 2A12	7A04	2A50	2A14	2A11 2A12	2A14 2A50
109.0	103.9	58.5	91.4	81.4	59.1	35.6	361	360	356	360	421	457
110.0	104.8	59.1	91.7	81.6	59.4	36.1	365	362	358	362	426	461
111.0	105.7	59.8	92.1	81.8	59.8	36.7	368	365	361	365	431	464
112.0	106.6	60.6	92.5	82.0	60.3	37.4	371	367	365	368	435	467
113.0	107.6	61.3	92.9	82.2	60.7	38.0	374	370	369	371	440	471
114.0	108.5	61.9	93.2	82.3	61.0	38.5	378	373	373	374	446	474
115.0	109.4	62.5	93.2	82.5	61.3	39.0	380	376	377	377	451	478
116.0	110.3	63.2	93.9	82.7	61.7	39.7	383	379	380	380	456	481
117.0	111.2	63.8	94.2	82.8	62.1	40.2	386	381	384	383	461	484
118.0	112.2	64.6	94.6	83.0	62.5	40.8	389	384	389	386	466	487
119.0	113.1	65.1	94.9	83.2	62.8	41.3	393	387	394	390	471	491
120.0	114.0	65.7	95.2	83.3	63.1	41.8	396	391	399	393	476	494
121.0	114.9	66.3	95.5	83.5	63.5	42.3	399	394	405	397	481	498
122.0	115.9	66.9	95.8	83.6	63.8	42.8	402	398	411	400	486	501
123.0	116.8	67.4	96.1	83.8	64.1	43.3	406	402	416	404	491	505
124.0	117.7	68.0	96.4	83.9	64.4	43.8	409	405	422	408	496	508
125.0	118.6	68.6	96.7	84.1	64.7	44.3	412	409	427	411	501	512
126.0	119.6	69.1	97.0	84.2	65.1	44.8	415	413	433	415	506	515

硬　度							抗拉强度 σb（MPa）					
维氏	布氏	洛　氏		表　面　洛　氏			退火、淬火人工时效		淬火人工时效		淬火自然时效	
HV	HB 10D²	HRB	HRF	HR 15T	HR 30T	HR 45T	2A11 2A12	7A04	2A50	2A14	2A11 2A12	2A14 2A50
127.0	120.5	69.7	97.3	84.3	65.4	45.2	419	417	439	419	511	519
128.0	121.4	70.3	97.8	84.5	65.7	45.7	422	421	444	422	516	522
129.0	122.3	70.8	98.0	84.6	65.9	46.1	425	425	450	426	521	526
130.0	123.2	71.2	98.1	84.7	66.2	46.6	428	428	456	429	526	529
131.0	124.2	71.8	98.4	84.9	66.5	47.1	431	432	462	432	532	533
132.0	125.1	72.4	98.7	85.0	66.9	47.5	434	435	468	435	536	535
133.0	126.0	72.7	98.9	85.1	67.1	47.9	437	439	473	439	541	539
134.0	126.9	73.3	99.2	85.3	67.4	48.4	440	443	478	442	546	542
135.0	127.9	73.8	99.5	85.4	67.6	48.9	443	447	483	446	552	546
136.0	128.8	74.3	99.7	85.5	67.9	49.2	447	451	487	449	557	549
137.0	129.7	74.8	100.0	85.7	68.3	49.7	450	454	492	453	562	554
138.0	130.6	75.2	100.2	85.8	68.5	50.0	453	458	496	456	567	—
139.0	131.5	75.6	100.4	85.9	68.7	50.3	456	462	499	460	572	—
140.0	132.5	76.1	100.7	86.0	69.0	50.8	460	466	503	464	577	—
141.0	133.4	76.5	101.0	86.1	69.2	51.1	463	469	506	467	582	—
142.0	134.3	77.1	101.2	86.3	69.5	51.6	466	472	508	470	586	—
143.0	135.2	77.5	101.4	86.4	69.7	52.0	467	476	510	474	591	—
144.0	136.2	77.9	101.6	86.5	70.0	52.3	473	479	511	478	597	—

硬 度							抗拉强度 σ_b（MPa）					
维氏	布氏	洛 氏		表 面 洛 氏			退火、淬火人工时效				淬火自然时效	
HV	HB 10D²	HRB	HRF	HR 15T	HR 30T	HR 45T	2A11 2A12	7A04	2A50	2A14	2A11 2A12	2A14 2A50
145.0	137.1	78.4	101.9	86.6	70.3	52.8	476	482	512	482	602	—
146.0	138.0	78.8	102.1	86.7	70.5	53.1	479	485	513	486	607	—
147.0	138.9	79.2	102.3	86.8	70.7	53.5	482	488	—	490	—	—
148.0	139.9	79.6	102.5	86.9	70.9	53.8	484	492	—	495	—	—
149.0	140.8	80.0	102.7	87.0	71.1	54.1	488	495	—	500	—	—
150.0	141.7	80.5	103.0	87.2	71.5	54.6	491	498	—	505	—	—
151.0	142.6	80.9	103.2	87.2	71.7	54.9	494	501	—	511	—	—
152.0	143.5	81.3	103.4	87.3	71.9	55.3	497	504	—	517	—	—
153.0	144.5	81.7	103.6	87.4	72.1	55.6	501	507	—	524	—	—
154.0	145.4	82.0	103.8	87.5	72.3	56.0	504	510	—	531	—	—
155.0	146.3	82.4	104.0	87.6	72.5	56.2	507	513	—	538	—	—
156.0	147.2	82.8	104.2	87.7	72.7	56.6	510	517	—	546	—	—
157.0	148.2	83.2	104.4	87.8	72.9	56.9	514	520	—	556	—	—
158.0	149.1	83.6	104.6	87.9	73.1	57.2	517	524	—	564	—	—
159.0	150.0	83.9	104.8	88.0	73.3	57.6	520	527	—	574	—	—
160.0	150.9	84.1	104.9	88.1	73.5	57.7	523	531	—	—	—	—
161.0	151.9	84.5	105.1	88.2	73.7	58.0	527	534	—	—	—	—
162.0	152.8	84.9	105.3	88.3	73.9	58.4	530	538	—	—	—	—

硬 度								抗拉强度 σb (MPa)					
维氏	布氏	洛 氏		表面洛氏				退火		淬火人工时效		淬火自然时效	
HV	HB 10D²	HRB	HRF	HR 15T	HR 30T	HR 45T		2A11 2A12	7A04	2A50	2A14	2A11 2A12	2A14 2A50
163.0	153.7	85.3	105.5	88.4	74.1	58.7		533	542	—	—	—	—
164.0	154.6	85.6	105.7	88.5	74.3	59.1		535	546	—	—	—	—
165.0	155.5	86.0	105.9	88.6	74.6	59.4		538	551	—	—	—	—
166.0	156.5	86.4	106.1	88.7	74.8	59.7		542	553	—	—	—	—
167.0	157.4	86.6	106.2	88.7	74.9	59.9		545	561	—	—	—	—
168.0	158.3	87.0	106.4	88.8	75.1	60.2		548	566	—	—	—	—
169.0	159.2	87.4	106.6	88.9	75.3	60.5		551	572	—	—	—	—
170.0	160.2	87.7	106.8	89.0	75.5	60.8		555	578	—	—	—	—
171.0	161.1	88.1	107.0	89.1	75.7	61.2		—	584	—	—	—	—
172.0	162.0	88.3	107.1	89.2	75.8	61.3		—	590	—	—	—	—
173.0	162.9	88.7	107.3	89.3	76.0	61.7		—	597	—	—	—	—
174.0	163.9	89.1	107.5	89.4	76.3	62.0		—	605	—	—	—	—
175.0	164.8	89.4	107.7	89.5	76.5	62.3		—	612	—	—	—	—
176.0	165.7	89.8	107.9	89.6	76.7	62.6		—	619	—	—	—	—
177.0	166.6	90.2	108.1	89.7	76.9	63.0		—	627	—	—	—	—
178.0	167.5	90.6	108.3	89.8	77.1	63.3		—	634	—	—	—	—
179.0	168.5	91.0	108.5	89.9	77.3	63.6		—	643	—	—	—	—
180.0	169.4	91.5	108.8	90.0	77.6	64.1		—	651	—	—	—	—

注：本表有关说明参见第2.80页第（4）节的注。

(4) HRB 硬度与其他硬度、强度换算

硬度							抗拉强度 σb (MPa)					
洛氏	洛氏	表面洛氏			维氏	布氏	退火		淬火人工时效		淬火自然时效	
HRB	HRF	HR 15T	HR 30T	HR 45T	HV	HB 10D²	2A11 2A12	7A04	2A50	2A14	2A11 2A12	2A14 2A50
20.0	71.1	71.5	37.4	2.3	74.4	71.9	251	283	284	284	—	—
20.5	71.4	71.6	37.7	2.8	74.8	72.3	253	284	286	286	—	—
21.0	71.7	71.8	38.1	3.2	75.1	72.6	254	286	288	287	—	—
21.5	71.9	71.9	38.3	3.6	75.4	72.8	254	287	289	288	—	—
22.0	72.2	72.0	38.6	4.1	75.8	73.2	256	289	290	290	—	—
22.5	72.4	72.1	38.8	4.4	76.0	73.4	257	289	291	291	—	—
23.0	72.7	72.2	39.1	4.9	76.3	73.7	258	291	293	292	—	—
23.5	73.0	72.4	39.4	5.4	76.8	74.1	259	292	295	293	—	—
24.0	73.2	72.5	39.7	5.7	77.0	74.3	260	293	295	294	—	—
24.5	73.5	72.6	40.0	6.2	77.3	74.6	261	295	297	296	—	—
25.0	73.8	72.8	40.3	6.7	77.7	75.0	262	296	299	297	—	—
25.5	74.0	72.9	40.5	7.0	78.0	75.2	263	297	299	298	—	—
26.0	74.3	73.0	40.8	7.5	78.4	75.5	264	299	301	299	—	—
26.5	74.5	73.1	41.0	7.8	78.6	75.8	265	299	302	300	—	—
27.0	74.8	73.3	41.4	8.3	79.0	76.2	266	301	303	302	—	—
27.5	75.1	73.4	41.7	8.8	79.4	76.5	267	302	305	303	—	—
28.0	75.3	73.5	41.9	9.2	79.7	76.8	268	303	306	304	—	—

硬度							抗拉强度 σb (MPa)					
洛氏		表面洛氏			维氏	布氏	退火	淬火人工时效			淬火自然时效	
HRB	HRF	HR15T	HR30T	HR45T	HV	HB 10D²	2A11 2A12	7A04	2A50	2A14	2A11 2A12	2A14 2A50
28.5	75.6	73.7	42.2	9.6	80.0	77.1	270	304	307	305	—	—
29.0	75.9	73.8	42.5	10.1	80.4	77.5	271	306	308	306	—	—
29.5	76.1	73.9	42.7	10.5	80.8	77.8	272	307	309	307	—	—
30.0	76.4	74.1	43.1	11.0	81.1	78.1	273	308	310	308	—	—
30.5	76.7	74.2	43.3	11.4	81.5	78.5	274	309	311	309	—	—
31.0	76.9	74.3	43.6	11.8	81.9	78.8	276	310	312	310	—	—
31.5	77.2	74.5	43.9	12.3	82.2	79.1	277	311	313	311	—	—
32.0	77.4	74.6	44.1	12.6	82.5	79.4	278	312	314	312	—	—
32.5	77.7	74.7	44.5	13.1	82.9	79.8	279	313	315	312	—	—
33.0	78.0	74.9	44.8	13.6	83.4	80.2	280	314	316	314	—	—
33.5	78.2	75.0	45.0	13.9	83.7	80.5	280	315	317	315	—	—
34.0	78.5	75.1	45.3	14.4	84.1	80.9	282	316	318	316	—	—
34.5	78.8	75.2	45.6	14.9	84.6	81.3	283	317	319	317	—	—
35.0	79.0	75.3	45.8	15.2	84.8	81.5	284	318	320	317	—	—
35.5	79.3	75.5	46.2	15.7	85.3	82.0	286	319	321	318	—	—
36.0	79.5	75.6	46.5	16.2	85.8	82.4	287	320	322	319	—	—
36.5	79.8	75.7	46.7	16.5	86.1	82.7	288	321	322	320	—	—

2.73

（续）

硬			度				抗拉强度 σb (MPa)					
洛氏	洛氏	表面洛氏			维氏	布氏	退火、淬火人工时效				淬火自然时效	
HRB	HRF	HR 15T	HR 30T	HR 45T	HV	HB 10D²	2A11 2A12	7A04	2A50	2A14	2A11 2A12	2A14 2A50
37.0	80.1	75.9	47.0	17.0	86.5	83.1	290	322	323	321	—	—
37.5	80.3	76.0	47.2	17.4	86.8	83.4	291	322	324	321	—	—
38.0	80.6	76.1	47.6	17.8	87.3	83.8	292	323	325	322	—	—
38.5	80.9	76.3	47.9	18.3	87.7	84.2	293	324	325	323	—	—
39.0	81.1	76.4	48.1	18.7	88.0	84.5	294	325	326	323	—	—
39.5	81.4	76.5	48.4	19.2	88.6	85.0	296	326	327	324	—	—
40.0	81.7	76.6	48.7	19.7	89.0	85.4	298	327	327	325	—	—
40.5	81.9	76.8	48.9	20.0	89.4	85.8	299	327	328	326	—	—
41.0	82.2	76.9	49.3	20.5	89.9	86.2	300	328	328	326	—	—
41.5	82.4	77.0	49.5	20.8	90.2	86.5	301	329	329	327	—	—
42.0	82.7	77.2	49.8	21.3	90.7	87.0	303	330	330	328	—	—
42.5	83.0	77.3	50.1	21.8	91.3	87.5	305	330	330	328	—	—
43.0	83.3	77.4	50.3	22.1	91.6	87.7	306	330	330	329	—	—
43.5	83.5	77.6	50.6	22.6	92.1	88.3	308	331	330	330	—	—
44.0	83.8	77.7	51.0	23.1	92.7	88.8	310	332	331	330	—	—
44.5	84.0	77.8	51.2	23.4	93.0	89.1	311	332	331	330	392	—
45.0	84.3	78.0	51.5	23.9	93.6	89.6	312	333	332	331	—	—

| 硬度 | | | | | | | 抗拉强度 σ_b(MPa) | | | | | |
| 洛氏 | | 表面洛氏 | | | 维氏 | 布氏 | 退火 | | 淬火人工时效 | | 淬火自然时效 | |
HRB	HRF	HR 15T	HR 30T	HR 45T	HV	HB 10D²	2A11 2A12	7A04	2A50	2A14	2A11 2A12	2A14 2A50
45.5	84.6	78.1	51.8	24.4	94.1	90.1	314	334	332	331	345	406
46.0	84.8	78.2	52.0	24.7	94.5	90.5	315	335	333	332	347	408
46.5	85.1	78.3	52.4	25.2	95.1	91.0	317	335	333	333	350	409
47.0	85.3	78.4	52.6	25.6	95.5	91.4	319	336	334	333	352	411
47.5	85.6	78.6	52.9	26.1	96.0	91.9	320	337	334	334	355	413
48.0	85.9	78.7	53.2	26.5	96.6	92.4	322	338	335	335	358	415
48.5	86.1	78.8	53.4	26.9	97.0	92.8	324	338	335	336	360	416
49.0	86.4	79.0	53.7	27.4	97.7	93.4	326	339	336	336	363	418
49.5	86.7	79.1	54.1	27.9	98.2	93.9	327	340	336	338	366	420
50.0	86.9	79.2	54.3	28.2	98.6	94.3	329	341	337	338	368	422
50.5	87.2	79.4	54.6	28.7	99.3	94.9	330	342	337	339	372	424
51.0	87.5	79.5	54.9	29.2	99.9	95.5	332	343	338	340	375	426
51.5	87.7	79.6	55.1	29.5	100.4	95.9	333	343	339	341	377	428
52.0	88.0	79.8	55.4	30.0	101.0	96.5	335	344	340	342	380	430
52.5	88.2	79.9	55.7	30.3	101.5	96.9	337	345	340	343	382	431
53.0	88.5	80.0	56.0	30.8	102.1	97.5	339	346	341	344	385	433
53.5	88.8	80.2	56.3	31.3	102.8	98.1	341	347	342	345	389	435

(续)

| 硬 度 | | | | | | | 抗拉强度 σb(MPa) | | | | | |
| 洛 氏 | | 表 面 洛 氏 | | | 维氏 | 布氏 | 退火、淬火人工时效 | | | | 淬火自然时效 | |
HRB	HRF	HR 15T	HR 30T	HR 45T	HV	HB 10D²	2A11 2A12	7A04	2A50	2A14	2A11 2A12	2A14 2A50
54.0	89.0	80.3	56.5	31.6	103.2	98.5	342	348	343	346	391	437
54.5	89.3	80.4	56.8	32.1	104.0	99.2	345	349	344	348	395	439
55.0	89.6	80.6	57.2	32.6	104.6	99.8	347	351	345	349	398	442
55.5	89.8	80.7	57.4	32.9	105.1	100.3	349	352	346	350	401	444
56.0	90.1	80.8	57.7	33.4	105.8	100.9	351	353	348	352	404	446
56.5	90.4	81.0	57.9	33.9	106.6	101.6	353	354	349	353	408	448
57.0	90.6	81.1	58.2	34.3	107.1	102.1	355	356	350	355	411	450
57.5	90.9	81.2	58.5	34.7	107.9	102.8	358	357	352	357	415	453
58.0	91.1	81.3	58.8	35.1	108.3	103.2	359	358	353	358	417	454
58.5	91.4	81.4	59.1	35.6	109.2	104.0	362	360	356	360	421	457
59.0	91.7	81.6	59.4	36.1	109.9	104.7	364	362	358	362	425	460
59.5	91.9	81.7	59.6	36.4	110.5	105.2	366	363	360	363	428	462
60.0	92.2	81.8	59.9	36.9	111.1	105.9	368	365	362	366	431	465
60.5	92.5	82.0	60.3	37.4	112.1	106.7	371	367	365	368	435	468
61.0	92.7	82.1	60.5	37.7	112.6	107.2	373	369	367	370	438	470
61.5	93.0	82.2	60.8	38.2	113.5	108.0	376	371	370	372	443	473
62.0	93.2	82.3	61.0	38.5	114.0	108.5	378	373	373	374	446	474

| 硬　度 | | | | | | | 抗拉强度 σb(MPa) | | | | | |
| 洛氏 | | 表面洛氏 | | | 维氏 | 布氏 | 退火、淬火人工时效 | | | 淬火人工时效 | 淬火自然时效 | 淬火自然时效 |
HRB	HRF	HR 15T	HR 30T	HR 45T	HV	HB 10D²	2A11 2A12	7A04	2A50	2A14	2A11 2A12	2A14 2A50
62.5	93.5	82.5	61.3	39.0	114.9	109.3	380	375	376	378	450	478
63.0	93.8	82.6	61.6	39.5	115.8	110.1	382	378	378	380	454	481
63.5	94.0	82.7	61.9	39.8	116.3	110.6	384	380	381	380	457	482
64.0	94.3	82.9	62.2	40.3	117.3	111.5	387	382	386	384	462	485
64.5	94.6	83.0	62.5	40.8	118.1	112.3	390	385	390	387	467	488
65.0	94.8	83.1	62.7	41.1	118.8	112.9	392	387	393	389	470	490
65.5	95.1	83.3	63.0	41.6	119.8	113.8	395	390	398	392	475	494
66.0	95.4	83.4	63.3	42.1	120.6	114.6	398	393	403	395	479	497
66.5	95.6	83.5	63.6	42.5	121.3	115.2	400	395	406	398	482	499
67.0	95.9	83.7	63.9	43.0	122.3	116.1	403	399	412	401	487	502
67.5	96.1	83.8	64.1	43.3	122.9	116.7	405	401	415	404	490	504
68.0	96.4	83.9	64.4	43.8	124.0	117.7	409	405	422	408	496	508
68.5	96.7	84.1	64.7	44.3	125.0	118.6	412	409	427	411	501	512
69.0	96.9	84.2	64.9	44.6	125.6	119.2	414	411	431	413	504	514
69.5	97.2	84.3	65.3	45.1	126.7	120.2	417	416	438	417	510	518
70.0	97.5	84.4	65.6	45.6	127.8	121.2	421	420	443	421	515	521
70.5	97.7	84.5	65.8	45.9	128.4	121.8	423	422	447	424	519	524

（续）

硬度							抗拉强度 σb (MPa)					
洛氏		表面洛氏			维氏	布氏	退火		淬火人工时效		淬火自然时效	
HRB	HRF	HR 15T	HR 30T	HR 45T	HV	HB 10D²	2A11 2A12	7A04	2A50	2A14	2A11 2A12	2A14 2A50
71.0	98.0	84.7	66.1	46.4	129.5	122.8	427	427	453	428	524	528
71.5	98.2	84.8	66.3	46.7	130.3	123.5	429	430	458	430	528	530
72.0	98.5	84.9	66.7	47.2	131.4	124.5	432	433	464	433	533	533
72.5	98.8	85.1	67.0	47.7	132.6	125.6	435	438	471	437	539	537
73.0	99.0	85.2	67.2	48.0	133.3	126.3	438	440	475	440	543	540
73.5	99.3	85.3	67.5	48.5	134.4	127.3	441	445	480	444	548	544
74.0	99.6	85.5	67.8	49.0	135.6	128.4	445	449	485	448	554	548
74.5	99.8	85.6	68.0	49.3	136.4	129.1	448	452	489	451	558	550
75.0	100.1	85.7	68.4	49.8	137.5	130.2	452	457	494	455	564	554
75.5	100.4	85.9	68.7	50.3	138.8	131.4	456	461	499	459	571	—
76.0	100.6	86.0	68.9	50.7	139.6	132.1	458	464	501	462	575	—
76.5	100.9	86.1	69.2	51.1	140.9	133.3	462	469	505	467	582	—
77.0	101.1	86.2	69.4	51.5	141.7	134.0	465	471	507	469	585	—
77.5	101.4	86.4	69.7	52.0	143.0	135.4	469	476	510	474	591	—
78.0	101.7	86.5	70.1	52.5	144.3	136.4	473	480	512	479	598	—
78.5	101.9	86.6	70.3	52.8	145.1	137.2	476	482	—	482	602	—
79.0	102.2	86.8	70.6	53.3	146.5	138.5	481	487	—	488	610	—

| 硬 度 | | | | | | | 抗拉强度 σb (MPa) | | | | | |
| 洛 氏 | | 表 面 洛 氏 | | | 维氏 | 布氏 | 退火 | 淬火人工时效 | | | 淬火自然时效 | |
HRB	HRF	HR 15T	HR 30T	HR 45T	HV	HB 10D²	2A11 2A12	7A04	2A50	2A14	2A11 2A12	2A14 2A50
79.5	102.5	86.9	70.9	53.8	147.8	139.7	484	491	—	494	—	—
80.0	102.7	87.0	71.1	54.1	148.8	140.6	487	494	—	499	—	—
80.5	103.0	87.2	71.5	54.6	150.2	141.9	492	498	—	507	—	—
81.0	103.3	87.3	71.8	55.1	151.6	143.2	496	503	—	515	—	—
81.5	103.5	87.4	72.0	55.4	152.6	144.1	499	506	—	521	—	—
82.0	103.8	87.5	72.3	55.9	154.1	145.5	504	511	—	532	—	—
82.5	104.0	87.6	72.5	56.2	155.1	146.4	507	514	—	538	—	—
83.0	104.3	87.8	72.8	56.7	156.6	147.8	512	519	—	552	—	—
83.5	104.6	87.9	73.2	57.2	158.2	149.3	517	524	—	567	—	—
84.0	104.8	88.0	73.4	57.6	159.2	150.2	521	528	—	578	—	—
84.5	105.1	88.2	73.7	58.0	160.8	151.7	526	534	—	—	—	—
85.0	105.4	88.3	74.0	58.5	162.5	153.2	530	540	—	—	—	—
85.5	105.6	88.4	74.2	58.9	163.5	154.4	534	544	—	—	—	—
86.0	105.9	88.6	74.6	59.4	165.2	155.7	539	552	—	—	—	—
86.5	106.1	88.7	74.8	59.7	166.3	156.7	542	557	—	—	—	—
87.0	106.4	88.8	75.1	60.2	168.0	158.3	548	566	—	—	—	—
87.5	106.7	89.0	75.4	60.7	169.6	159.8	553	576	—	—	—	—

| 硬度 | | | | | | | 抗拉强度 σb（MPa） | | | | | |
| 洛氏 | 洛氏 | 表面洛氏 | 表面洛氏 | 表面洛氏 | 维氏 | 布氏 | 退火 | 退火 | 淬火人工时效 | 淬火人工时效 | 淬火自然时效 | 淬火自然时效 |
HRB	HRF	HR 15T	HR 30T	HR 45T	HV	HB 10D²	2A11 2A12	7A04	2A50 2A14	2A14	2A11 2A12	2A14 2A50
88.0	106.9	89.1	75.6	61.0	170.7	160.8	—	583	—	—	—	—
88.5	107.2	89.2	75.9	61.5	172.3	162.3	—	592	—	—	—	—
89.0	107.5	89.4	76.3	62.0	173.9	163.8	—	604	—	—	—	—
89.5	107.7	89.5	76.5	62.3	174.9	164.7	—	611	—	—	—	—
90.0	108.0	89.6	76.8	62.8	176.4	166.1	—	623	—	—	—	—
90.5	108.3	89.8	77.1	63.3	177.8	167.4	—	634	—	—	—	—
91.0	108.5	89.9	77.3	63.6	178.8	168.3	—	641	—	—	—	—
91.5	108.8	90.0	77.6	64.1	180.1	169.5	—	652	—	—	—	—
92.0	109.0	90.1	77.9	64.4	181.0	170.3	—	659	—	—	—	—

注：
1. 本表适用于变形铝合金，主要是硬铝合金 2A11(LY11)、2A12(LY12)、超硬铝合金 7A04(LC4)以及锻造铝合金 2A14(LD10)、2A50(LD5)等。表列为原标准中列出的铝合金的相应旧牌号，括号内为铝合金新牌号（参见 GB/T 3190—1996）。
2. 对组织均匀一致的试件，按本表所得的换算值是精确的。当测量板材硬度按本表换算成成品时，若要求严格，须考虑其加工特性，进行适当的换算。
3. 对包铝层的试件，应去除包铝层后，再进行测试和换算。
4. 对一般精度要求的试件，使用第 2.55 页第（I）节中变形铝合金"栏内强度值进行换算。
5. 抗拉强度值是按 1kgf/mm² ＝ 9.80665MPa 换算成法定单位的。

11. 常用温度对照

（1）华氏温度与摄氏温度对照

华氏 (°F)	摄氏 (℃)	华氏 (°F)	摄氏 (℃)	华氏 (°F)	摄氏 (℃)	华氏 (°F)	摄氏 (℃)
−40	−40.00	60	15.56	220	104.44	800	426.67
−30	−34.44	70	21.11	240	115.56	900	482.22
−20	−28.89	80	26.67	260	126.67	1000	537.78
−10	−23.33	90	32.22	280	137.78	1100	593.33
0	−17.78	100	37.78	300	148.89	1200	648.89
10	−12.22	120	48.89	350	176.67	1300	704.44
20	−6.67	140	60.00	400	204.44	1400	760.00
30	−1.11	160	71.11	450	232.22	1500	815.56
32	0	180	82.22	500	260.00	1600	871.11
40	4.44	200	93.33	600	315.56	1700	926.67
50	10.00	212	100.00	700	371.11	1800	982.22

注：从华氏温度(°F)求摄氏温度(℃)的公式：
摄氏温度＝(华氏温度−32)×5/9

（2）摄氏温度与华氏温度对照

摄氏 (℃)	华氏 (°F)	摄氏 (℃)	华氏 (°F)	摄氏 (℃)	华氏 (°F)	摄氏 (℃)	华氏 (°F)
−40	−40.0	16	60.8	40	104.0	200	392.0
−30	−22.0	18	64.4	45	113.0	250	482.0
−20	−4.0	20	68.0	50	122.0	300	572.0
−10	14.0	22	71.6	60	140.0	350	662.0
0	32.0	24	75.2	70	158.0	400	752.0
2	35.6	26	78.8	80	176.0	450	842.0
4	39.2	28	82.4	90	194.0	500	932.0
6	42.8	30	86.0	100	212.0	600	1112.0
8	46.4	32	89.6	120	248.0	700	1292.0
10	50.0	34	93.2	140	284.0	800	1472.0
12	53.6	36	96.8	160	320.0	900	1652.0
14	57.2	38	100.4	180	356.0	1000	1832.0

注：从摄氏温度(℃)求华氏温度(°F)的公式：
华氏温度＝摄氏温度×9/5＋32

第三章　常用公式及数值

1. 常用面积计算公式

A—面积；P—半周长；L—圆周长度；d—对角线长、直径；D—直径；R—外接圆半径；r—内切圆半径；l—弧长；a—边长、椭圆长半径；b—边长、椭圆短半径；c—边长、弦长；h—高度。

名　称	简　图	计　算　公　式
正方形		$A = a^2$；$a = 0.7071d = \sqrt{A}$； $d = 1.4142a = 1.4142\sqrt{A}$
长方形	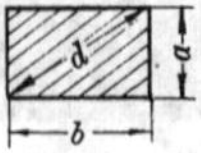	$A = ab = a\sqrt{d^2 - a^2} = b\sqrt{d^2 - b^2}$； $d = \sqrt{a^2 + b^2}$；$a = \sqrt{d^2 - b^2} = \dfrac{A}{b}$； $b = \sqrt{d^2 - a^2} = \dfrac{A}{a}$
平行四边形	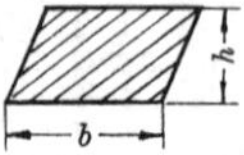	$A = bh$；$h = \dfrac{A}{b}$；$b = \dfrac{A}{h}$
三角形	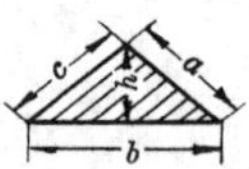	$A = \dfrac{bh}{2} = \dfrac{b}{2}\sqrt{a^2 - \left(\dfrac{a^2 + b^2 - c^2}{2b}\right)^2}$； $P = \dfrac{1}{2}(a + b + c)$； $A = \sqrt{P(P-a)(P-b)(P-c)}$

名　称	简　图	计 算 公 式
梯形	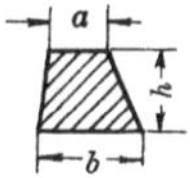	$A = \dfrac{(a+b)h}{2}$；$h = \dfrac{2A}{a+b}$； $a = \dfrac{2A}{h} - b$；$b = \dfrac{2A}{h} - a$
正六 边形	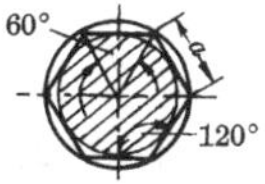	$A = 2.5981a^2 = 2.5981R^2$ $= 3.4641r^2$； $R = a = 1.1547r$； $r = 0.86603a = 0.86603R$
圆	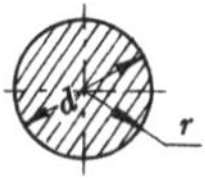	$A = \pi r^2 = 3.1416r^2 = 0.7854d^2$； $L = 2\pi r = 6.2832r = 3.1416d$； $r = L/2\pi = 0.15916L = 0.56419\sqrt{A}$； $d = L/\pi = 0.31831L = 1.1284\sqrt{A}$
椭圆	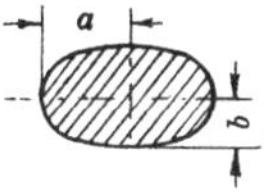	$A = \pi ab = 3.1416ab$； 周长的近似值： $2P = \pi\sqrt{2(a^2 + b^2)}$； 比较精确的值： $2P = \pi[1.5(a+b) - \sqrt{ab}\,]$

名 称	简 图	计 算 公 式
扇形	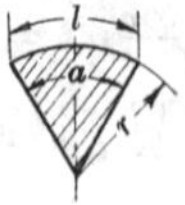	$A = \dfrac{1}{2} rl = 0.0087266 \alpha r^2$; $l = 2A/r = 0.017453 \alpha r$; $r = 2A/l = 57.296 l/\alpha$; $\alpha = \dfrac{180 l}{\pi r} = \dfrac{57.296 l}{r}$
弓形	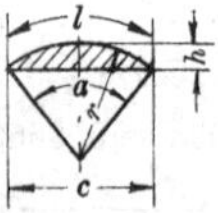	$A = \dfrac{1}{2} [rl - c(r-h)]$; $r = \dfrac{c^2 + 4h^2}{8h}$; $l = 0.017453 \alpha r$; $c = 2\sqrt{h(2r-h)}$; $h = r - \dfrac{\sqrt{4r^2 - c^2}}{2}$; $\alpha = \dfrac{57.296 l}{r}$
圆环	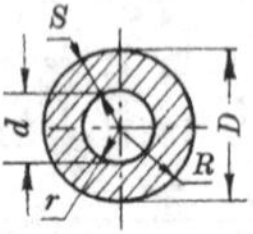	$A = \pi(R^2 - r^2) = 3.1416(R^2 - r^2)$ $= 0.7854(D^2 - d^2)$ $= 3.1416(D - S)S$ $= 3.1416(d + S)S$; $S = R - r = (D - d)/2$
部分圆环（环式扇形）	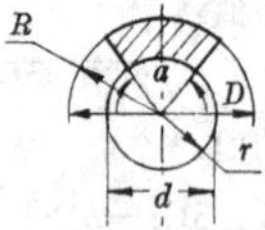	$A = \dfrac{\alpha \pi}{360}(R^2 - r^2)$ $= 0.008727 \alpha(R^2 - r^2)$ $= \dfrac{\alpha \pi}{4 \times 360}(D^2 - d^2)$ $= 0.002182 \alpha(D^2 - d^2)$

3.4

2. 常用体积及表面积计算公式

名称	简 图	计 算 公 式	
		表面积 S、侧表面积 M	体积 V
正立方体	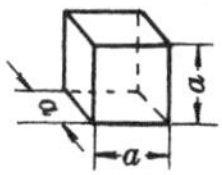	$S = 6a^2$	$V = a^3$
长立方体	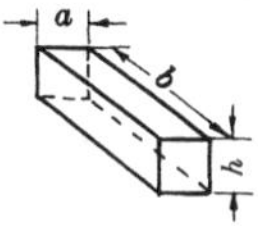	$S = 2(ah + bh + ab)$	$V = abh$
圆柱	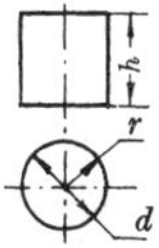	$M = 2\pi rh = \pi dh$	$V = \pi r^2 h = \dfrac{\pi d^2 h}{4}$

名称	简图	计算公式	
		表面积 S、 侧表面积 M	体积 V
空心圆柱 （管）	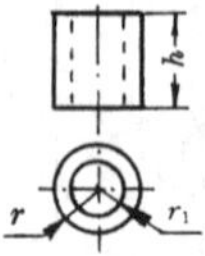	$M =$ 内侧表面积 　＋外侧表面 　积 $= 2\pi h(r + r_1)$	$V = \pi h(r^2 - r_1^2)$
斜底 截圆柱	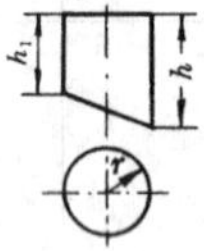	$M = \pi r(h + h_1)$	$V = \dfrac{\pi r^2(h + h_1)}{2}$
正六角柱	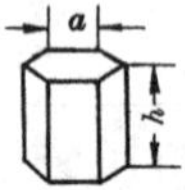	$S = 5.1962a^2$ 　$+ 6ah$	$V = 2.5981a^2h$
正方 角锥台	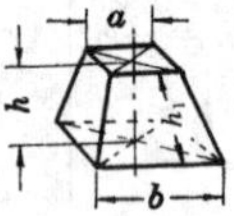	$S = a^2 + b^2 +$ 　$2(a + b)h_1$	$V =$ $\dfrac{(a^2 + b^2 + ab)h}{3}$

3.6

名称	简　图	计 算 公 式	
		表面积 S、 侧表面积 M	体积 V
球	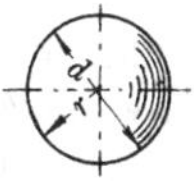	$S = 4\pi r^2 = \pi d^2$	$V = \dfrac{4\pi r^3}{3} = \dfrac{\pi d^3}{6}$
圆锥	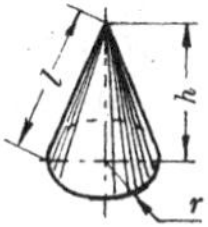	$M = \pi r l$ $\quad = \pi r \sqrt{r^2 + h^2}$	$V = \dfrac{\pi r^2 h}{3}$
截头圆锥	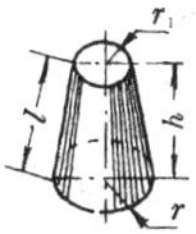	$M = \pi l(r + r_1)$	$V =$ $\dfrac{\pi h(r^2 + r_1^2 + r_1 r)}{3}$

3. 紧固件重量计算公式

紧固件重量计算公式：

$$m = \rho \cdot V$$

式中：m—每千件紧固件重量（kg）；

ρ—金属材料密度（g/cm³）；

V—紧固件体积（cm³）。

几点说明：

1. 在"机械电子工业部指导性技术文件 JB/Z 349—1989《标准紧固件的重量》"中，列出了各种标准紧固件的体积（V）计算公式，可供参考。

2. 本手册后面介绍的各种标准紧固件的每千件钢制品大约重量（G）：1988 年及以前的紧固件产品标准，即摘自上述文件（JB/Z 349—1989）；1989 年及以后的紧固件产品标准，则摘自《简明紧固件质量手册》（2003 年，杨树华、黄栩编著，李安民审校；中国标准出版社出版）。

3. 部分金属材料的密度 ρ(g/cm³)（供参考）如下：

一般钢材*	7.85	CU3(≈HPb58—2)	8.50
不锈钢：		CU4(≈QSn6.5—0.4)	8.80
A1(≈1Cr18Ni9)	7.90	CU5(≈QSi1—3)	8.60
A2(≈0Cr18Ni10)	7.93	CU7(≈QAl10—4—4)	7.50
A4(≈0Cr17Ni12Mo2)	7.98	铝合金**：	
C1(≈1Cr13)	7.70	Al1(≈5A02/LF2)	2.68
C3(≈1Cr17Ni2)	7.70	Al2($\approx$5A05/LF5 $\approx$ /LF11)	2.65
C4(≈1Cr13Ni1)	7.70		
F1(≈1Cr17)	7.70	Al3(≈5A43/LF43)	2.68
铜及铜合金：		Al4($\approx$2B11/LY8 $\approx$2B12/LY9)	2.80
CU1(≈T2)	8.90		
CU2(≈H63)	8.50	Al6(≈7A09/LC9)	2.85

注：* 一般钢质紧固件的重量，其密度通常按 7.85g/cm³ 计算。但在 JB/Z 349—1989 文件中的密度则按 7.80g/cm³ 计算。

** 铝合金栏括号内的分式，分子为铝合金的新牌号，分母为铝合金的相应旧牌号。

4. 主要纯金属及非金属的性能

名称	元素符号	密度 (g/cm³)	熔点 (℃)	线膨胀系数 (1/℃)	相对电导率 (%)	抗拉强度 σ$_b$ (MPa)	伸长率 δ (%)	断面收缩率 ψ (%)	布氏硬度 HB	色泽
银	Ag	10.49	960.5	0.0000197	100	180	50	90	25	银白
铝	Al	2.70	660.2	0.0000236	60	80~110	32~40	70~90	25	银白
金	Au	19.32	1063	0.0000142	73	140	40	90	20	金黄
铍	Be	1.85	1285	0.0000116	23	310~450	2	—	120	钢灰白
铋	Bi	9.8	271.2	0.0000134	1.4	5~20	0	—	9	苍白
镉	Cd	8.65	321.1	0.0000310	20	65	20	50	20	钢灰
钴	Co	8.9	1492	0.0000125	30	250	5	—	125	钢灰白
铬	Cr	7.19	1857	0.0000062	12	200~280	9~17	9~23	110	灰白
铜	Cu	8.9	1083	0.0000165	90	200~240	45~50	65~75	40	红
铁	Fe	7.87	1538	0.0000118	16	250~330	25~55	70~85	50	灰白
铱	Ir	22.4	2447	0.0000065	31	230	2	—	170	银白
镁	Mg	1.74	649	0.0000257	34	200	11.5	12.5	36	银白
锰	Mn	7.43	1244	0.0000230	0.8	脆	—	—	210	灰白
钼	Mo	10.22	2622	0.0000049	29	700	30	60	160	银白
铌	Nb	8.57	2468	0.0000071	10	300	28	80	75	钢灰
镍	Ni	8.9	1455	0.0000135	22	400~500	40	70	80	白

注：相对电导率为其他金属的电导率与银的电导率之比。

3.9

名称	元素符号	密度 (g/cm³)	熔点 (℃)	线膨胀系数 (1/℃)	相对电导率 (%)	抗拉强度 σ_b (MPa)	伸长率 δ (%)	断面收缩率 ψ (%)	布氏硬度 HB	色泽
铅	Pb	11.34	327.4	0.0000293	8.0	15	45	90	5	苍灰
铂	Pt	21.45	1772	0.0000089	16	150	40	90	40	银白
锑	Sb	6.68	630.5	0.0000113	3.9	5~10	0	0	45	银白
锡	Sn	7.3	231.9	0.0000230	13	15~20	40	90	5	银白
钽	Ta	16.67	2996	0.0000065	11	350~450	25~40	86	85	钢灰
钛	Ti	4.51	1672	0.0000090	3.4	380	36	64	115	暗灰
钒	V	6.1	1917	0.0000083	6.1	220	17	75	264	淡灰
钨	W	19.3	3410	0.0000046	29	1100	—	—	350	钢灰
锌	Zn	7.14	419.5	0.0000395	26	120~170	40~50	60~80	35	苍灰
锆	Zr	6.49	1852	0.0000059	3.8	400~450	20~30	—	125	浅灰
砷	As	5.73	814	0.0000047	—	—	—	—	—	—
硼	B	2.34	2100	0.0000083	—	—	—	—	—	—
碳	C	2.25	3727	0.0000066	—	—	—	—	—	—
磷	P	1.83	44.1	0.0001250	—	—	—	—	—	—
硫	S	2.07	115	0.0000640	—	—	—	—	—	—
硒	Se	4.81	221	0.0000370	—	—	—	—	—	—
硅	Si	2.33	1414	0.0000042	—	—	—	—	—	—

第二篇　紧固件基础

第四章　紧固件概述

1. 紧 固 件 分 类

名称	简 介
紧固件	将两个或两个以上零件(或构件)紧固连接成为一件整体时所采用的一类机械零件的总称。市场上也称为标准件。它通常包括以下12类零件——螺栓、螺柱、螺钉、螺母、自攻螺钉、木螺钉、垫圈、挡圈、销、铆钉、组合件和连接副、焊钉
螺栓	由头部和螺杆(带有外螺纹的圆柱体)两部分构成的一类紧固件,需与螺母配合,用于紧固连接两个带有通孔的零件。这种连接形式称螺栓连接,见图1。如把螺母从螺栓上旋下,又可以使这两个零件分开,故螺栓连接属可拆卸连接 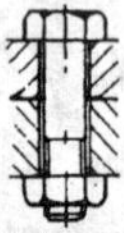
螺柱	没有头部,仅有两端均带外螺纹的一类紧固件。连接时,它的一端须旋入带有内螺纹孔的零件中,另一端穿过带有通孔的零件中,然后旋上螺母,即使这两个零件紧固连接成为一件整体。这种连接形式称为螺柱连接,也属可拆卸连接,见图2。主要用于被连接零件之一厚度较大、要求结构紧凑,或因拆卸频繁,不宜采用螺栓连接的场合 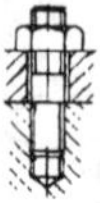
螺钉	也是由头部和螺杆两部分构成的一类紧固件,按用途可以分为三类——机器螺钉、紧定螺钉和特殊用途螺钉。机器螺钉主要用于一个带有内螺纹孔的零件,与一个带有通孔的零件之间的紧固连接,不需要螺母配合(这种连接形式称为螺钉连接,也属可拆卸连接,见图3;也可以与螺母配合,用于两个带有通孔的零件之间的紧固连接。紧定螺钉主要用于固定两个零件之间的相对位置。特殊用途螺钉有吊环螺钉,供吊装零件用 

图 1

图 2

图 3

4.2

名称	简　　介
螺母	带有内螺纹孔，形状一般是扁六角柱形，也有呈扁方柱形或扁圆柱形，配合螺栓、螺柱或机器螺钉，用于紧固连接两个零件，使之成为一件整体
自攻螺钉	与机器螺钉相似，但螺杆上的螺纹为专用的自攻螺钉用螺纹。用于紧固连接两个薄的金属构件，使之成为一件整体，构件上需要事先制出小孔，由于这种螺钉具有较高的硬度，可以直接旋入构件的孔中，使构件孔中形成相应的内螺纹。这种连接形式也属可拆卸连接
木螺钉	也与机器螺钉相似，但螺杆上的螺纹为专用的木螺钉用螺纹，可以直接旋入木质构件（或零件）中，用于把一个带通孔的金属（或非金属）零件与一个木质构件紧固连接在一起。这种连接形式也属可拆卸连接
垫圈	形状呈扁圆环形的一类紧固件，置于螺栓、螺柱或螺母的支承面与被连接零件表面之间，起着增大被连接零件接触表面面积，降低单位面积压力和保护被连接零件表面不被损坏的作用；另一类弹性垫圈，还起着阻止螺母回松的作用
挡圈	供装在机器、设备的轴槽或孔槽中，起着阻止轴上或孔中的零件左右移动的作用
销	主要供零件定位用，有的也可供零件连接、固定零件、传递动力或锁定其他紧固件之用
铆钉	由头部和钉杆两部分构成的一类紧固件，用于紧固连接两个带通孔的零件（或构件），使之成为一件整体。这种连接形式称为铆钉连接，简称铆接。属不可拆卸连接，见图 4。因为要使连接在一起的两个零件分开，必须破坏零件上的铆钉 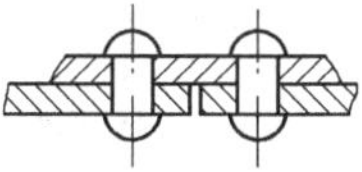 　图　4

名称	简　　介
组合件和连接副	组合件指组合供应的一类紧固件,如将某种机器螺钉(或螺栓、自攻螺钉)与平垫圈(或弹簧垫圈、锁紧垫圈)组合供应;连接副指将某种专用螺栓、螺母和垫圈组合供应的一类紧固件,如钢结构用高强度大六角头螺栓连接副
焊钉	由钉杆和钉头(或无钉头)构成的一类紧固件,用焊接方法把它固定连接在一个零件(或构件)上面,以便再与其他零件进行连接

2. 紧固件产品的有关标准内容

　　每种紧固件产品都要涉及许多标准。一般讲,每种紧固件产品都要涉及以下几个方面内容的标准。

　　① 紧固件产品尺寸方面的标准:具体规定产品基本尺寸方面的内容;带螺纹的产品,还包括螺纹的基本尺寸、螺纹收尾、肩距、退刀槽和倒角、外螺纹零件的末端尺寸等方面内容。

　　② 紧固件产品技术条件方面的标准:具体又包括以下几个方面内容的标准:

　　ⓐ 紧固件产品公差方面的标准:具体规定产品尺寸公差和形位公差方面的内容;

　　ⓑ 紧固件产品机械性能方面的标准:具体规定产品机械性能等级的标记方法以及机械性能项目和要求方面的内容;有的紧固件产品则将此项内容改为产品材料性能或工作性能方面的内容;

　　ⓒ 紧固件产品表面缺陷方面的标准:具体规定产品表面缺陷种类和具体要求等方面的内容;

　　ⓓ 紧固件产品的表面处理方面标准:具体规定产品表面处理种类和具体要求等方面的内容;

ⓒ 紧固件产品试验方面的标准:具体规定上述各种性能要求试验方法方面的内容。

③ 紧固件产品验收检查、标志与包装方面的标准:具体规定产品出厂验收检查时抽查项目、合格质量水平和抽样方案,以及产品标志方法和包装要求方面的内容。

④ 紧固件产品标记方法方面的标准:具体规定产品完整标记方法和简化标记方法方面的内容。

⑤ 紧固件其他方面的标准:如紧固件术语方面的标准、紧固件产品重量的标准等。

第五章　紧固件用螺纹

1. 普通螺纹

(1) 普通螺纹基本牙型

(GB/T 192—2003)

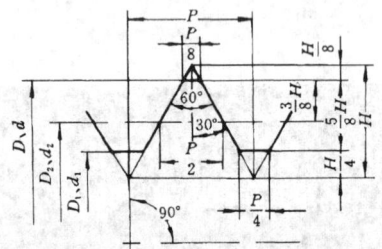

普通螺纹是我国螺栓、螺柱、螺钉和螺母等紧固件上使用的螺纹。普通螺纹基本牙型的尺寸代号的说明:

螺距	P
原始三角形高度	$H = 0.866025404P$
牙高(牙型高度)	$\dfrac{5}{8}H = 0.541265877P$
内螺纹基本大径	D(又称内螺纹公称直径)
外螺纹基本大径	d(又称外螺纹公称直径),$d = D$
内螺纹基本中径	$D_2 = D - 0.649519052P$
外螺纹基本中径	$d_2 = d - 0.649519052P$
内螺纹基本小径	$D_1 = D - 1.082531754P$
外螺纹基本小径	$d_1 = d - 1.082531754P$

(2) 普通螺纹规格标记方法

(GB/T 193—2003)

普通螺纹规格的标记方法:粗牙普通螺纹规格用字母"M"和"螺纹

公称直径"表示；细牙普通螺纹规格用字母"M"和"螺纹公称直径×螺距"表示；当螺纹为左旋时，在标记后加注"左"字，标记中尺寸单位"mm"不需注明。例：

  M12——表示公称直径为12mm的粗牙普通螺纹；

  M12×1——表示公称直径为12mm，螺距为1mm的细牙普通螺纹；

  M12左——表示公称直径12mm、方向为左旋的粗牙普通螺纹。

（3）普通螺纹公称直径与螺距系列

(GB/T 193—2003)

公称直径 D、d(mm)			螺 距 P(mm)				
第一系列	第二系列	第三系列	粗牙	细 牙			
1	1.1		0.25	0.2			
1.2			0.25	0.2			
	1.4		0.3	0.2			
1.6	1.8		0.35	0.2			
2			0.4	0.25			
	2.2		0.45	0.25			
2.5			0.45	0.35			
3			0.5	0.35			
	3.5		0.6	0.35			
4			0.7	0.5			
	4.5		0.75	0.5			
5			0.8	0.5			
		5.5		0.5			
6	7		1	0.75			
8			1.25	1	0.75		
	9		1.25	1	0.75		
10			1.5	1.25	1	0.75	(0.5)

公称直径 D、d(mm)			螺距 P(mm)							
第一系列	第二系列	第三系列	粗牙	细牙						
		11	1.5						1	0.75
12			1.75				1.5	1.25	1	
	14		2				1.5	1.25*	1	
		15					1.5		1	
16			2				1.5		1	
		17					1.5		1	
	18		2.5			2	1.5		1	
20	22		2.5			2	1.5		1	
24			3			2	1.5		1	
		25				2	1.5		1	
		26					1.5			
	27		3			2	1.5		1	
		28				2	1.5		1	
30			3.5		(3)	2	1.5		1	
		32				2	1.5			
	33		3.5		(3)	2	1.5			
		35*					1.5			
36			4		3	2	1.5			
		38					1.5			
	39		4		3	2	1.5			
		40			3	2	1.5			
42	45		4.5	4	3	2	1.5			
48			5	4	3	2	1.5			
		50			3	2	1.5			
	52		5	4	3	2	1.5			
		55		4	3	2	1.5			
56			5.5	4	3	2	1.5			

公称直径 D、d(mm)			螺距 P(mm)					
第一系列	第二系列	第三系列	粗牙	细牙				
		58			4	3	2	1.5
	60		5.5		4	3	2	1.5
		62			4	3	2	1.5
64			6		4	3	2	1.5
		65			4	3	2	1.5
	68		6		4	3	2	1.5
		70		6	4	3	2	1.5
72				6	4	3	2	1.5
		75			4	3	2	1.5
	76			6	4	3		1.5
		78					2	
80				6	4	3		1.5
		82					2	
		85		6	4	3	2	
90	95			6	4	3	2	
100	105			6	4	3	2	
110	115			6	4	3	2	
		120		6	4	3	2	
125	130		8	6	4	3	2	
		135		6	4	3	2	
140	145		8	6	4	3	2	
		150		8	6	4	3	2

注：1. 选择螺纹公称直径时,优先选用第一系列,其次选用第二系列,第三系列尽可能不选用。

2. 带括号的螺距尽可能不选用。

3. 带 * 符号的 M14×1.25 仅用于火花塞,M35×1.5 仅用于滚动轴承锁紧螺母。

4. 公称直径 M155～M600 的普通螺纹公称直径与螺距系列,本表从略。

（4）商品紧固件选用的普通螺纹系列

公称直径 D、d(mm)		螺距 P(mm)		公称直径 D、d(mm)		螺距 P(mm)	
第一系列	第二系列	粗牙	细牙	第一系列	第二系列	粗牙	细牙
1		0.25	—		14	2	1.5
	1.1	0.25	—	16		2	1.5
1.2		0.25	—		18	2.5	1.5
	1.4	0.3	—	20		2.5	2 (1.5)
1.6		0.35	—		22	2.5	1.5
	1.8	0.35	—	24		3	2
2		0.4	—		27	3	2
	2.2	0.45	—	30		3.5	2
2.5		0.45	—		33	3.5	2
3		0.5	—	36		4	3
	3.5	0.6	—		39	4	3
4		0.7	—	42		4.5	3
	4.5	0.75	—		45	4.5	3
5		0.8	—	48		5	3
6		1	—		52	5	3
	7	(1)	—	56		5.5	4
8		1.25	1		60	(5.5)	4
10		1.5	1 (1.25)	64		6	4
12		1.75	1.5 (1.25)	68		6	—

注：1. 螺纹公称直径应优先选用第一系列,尽可能不选用第二系列。

2. 括号内的螺距尽可能不选用。

5.6

（5）商品紧固件选用的粗牙普通螺纹基本尺寸

(GB/T 196—2003)

公称直径 D 或 d (mm)	螺距 P (mm)	基本尺寸(mm)			
		大径 D 或 d	中径 D_2 或 d_2	小径 D_1 或 d_1	牙高 $\frac{5}{8}H$
1	0.25	1	0.838	0.729	0.135
1.1	0.25	1.1	0.938	0.829	0.135
1.2	0.25	1.2	1.038	0.929	0.135
1.4	0.3	1.4	1.205	1.075	0.162
1.6	0.35	1.6	1.373	1.221	0.189
1.8	0.35	1.8	1.573	1.421	0.189
2	0.4	2	1.740	1.567	0.217
2.2	0.45	2.2	1.908	1.713	0.244
2.5	0.45	2.5	2.208	2.013	0.244
3	0.5	3	2.675	2.459	0.271
3.5	0.6	3.5	3.110	2.850	0.325
4	0.7	4	3.545	3.242	0.379
4.5	0.75	4.5	4.013	3.688	0.406
5	0.8	5	4.480	4.134	0.433
6	1	6	5.350	4.917	0.541
7	1	7	6.350	5.917	0.541
8	1.25	8	7.188	6.647	0.677
9	1.25	9	8.188	7.647	0.677
10	1.5	10	9.026	8.376	0.812
11	1.5	11	10.026	9.376	0.812

公称直径 D 或 d (mm)	螺距 P (mm)	基本尺寸(mm)			
		大径 D 或 d	中径 D_2 或 d_2	小径 D_1 或 d_1	牙高 $\frac{5}{8}H$
12	1.75	12	10.863	10.106	0.947
14	2	14	12.701	11.835	1.083
16	2	16	14.701	13.835	1.083
18	2.5	18	16.376	15.294	1.353
20	2.5	20	18.376	17.294	1.353
22	2.5	22	20.376	19.294	1.353
24	3	24	22.051	20.752	1.624
27	3	27	25.051	23.752	1.624
30	3.5	30	27.727	26.211	1.894
33	3.5	33	30.727	29.211	1.894
36	4	36	33.402	31.670	2.165
39	4	39	36.402	34.670	2.165
42	4.5	42	39.077	37.129	2.436
45	4.5	45	42.077	40.129	2.436
48	5	48	44.752	42.587	2.706
52	5	52	48.752	46.587	2.706
56	5.5	56	52.428	50.046	2.977
60	5.5	60	56.428	54.046	2.977
64	6	64	60.103	57.505	3.248
68	6	68	64.103	61.505	3.248

（6）商品紧固件选用的细牙普通螺纹基本尺寸

（GB/T 196—2003）

公称直径 D 或 d （mm）	螺距 P （mm）	基本尺寸(mm)			
		大径 D 或 d	中径 D_2 或 d_2	小径 D_1 或 d_1	牙高 $\frac{5}{8}H$
8	1	8	7.350	6.917	0.541
10	1.25	10	9.188	8.647	0.677
12	1.5	12	11.026	10.376	0.812
12	1.25	12	11.188	10.647	0.677
14	1.5	14	13.026	12.376	0.812
16	1.5	16	15.026	14.376	0.812
18	1.5	18	17.026	16.376	0.812
20	2	20	18.701	17.835	1.083
20	1.5	20	19.026	18.376	0.812
22	1.5	22	21.026	20.376	0.812
24	2	24	22.701	21.835	1.083
27	2	27	25.701	24.835	1.083
30	2	30	28.701	27.835	1.083
33	2	33	31.701	30.835	1.083
36	3	36	34.051	32.752	1.624
39	3	39	37.051	35.752	1.624
42	3	42	40.051	38.752	1.624
45	3	45	43.051	41.752	1.624
48	3	48	46.051	44.752	1.624
52	3	52	50.051	48.752	1.624
56	4	56	53.402	51.670	2.165
60	4	60	57.402	55.670	2.165
64	4	64	61.402	59.670	2.165

(7) 细牙普通螺纹基本尺寸的计算公式

螺距 P (mm)	中径 D_2 或 d_2 (mm)	小径 D_1 或 d_1 (mm)	牙高 $\frac{5}{8}H$ (mm)
0.2	$D/(d)-1+0.870$	$D/(d)-1+0.783$	0.108
0.25	$D/(d)-1+0.838$	$D/(d)-1+0.729$	0.135
0.35	$D/(d)-1+0.773$	$D/(d)-1+0.621$	0.189
0.5	$D/(d)-1+0.675$	$D/(d)-1+0.459$	0.271
0.75	$D/(d)-1+0.513$	$D/(d)-1+0.188$	0.406
1	$D/(d)-1+0.350$	$D/(d)-2+0.917$	0.541
1.25	$D/(d)-1+0.188$	$D/(d)-2+0.647$	0.677
1.5	$D/(d)-1+0.026$	$D/(d)-2+0.376$	0.812
2	$D/(d)-2+0.701$	$D/(d)-3+0.835$	1.083
3	$D/(d)-2+0.051$	$D/(d)-4+0.752$	1.624
4	$D/(d)-3+0.402$	$D/(d)-5+0.670$	2.165
6	$D/(d)-4+0.103$	$D/(d)-7+0.505$	3.248

例：求 M24×2 细牙普通螺纹各项基本尺寸。已知公称直径（大径）$d=24$mm，螺距 $P=2$mm。从表中螺距 $P=2$mm 的横行中找出中径、小径、牙高的计算公式。

中径　$d_2=d-2+0.701=24-2+0.701=22.701$mm

小径　$d_1=d-3+0.835=24-3+0.835=21.835$mm

牙高　$\frac{5}{8}H=1.083$mm

(8) 商品紧固件常用精度普通螺纹的极限尺寸

(GB/T 9145、9146—2003)

(1) 简　　介
本节介绍了 GB/T 9146—2003 中规定的中等精度 6g 粗牙外螺纹、6g 细牙外螺纹、6H 粗牙内螺纹、6H 细牙外螺纹，以及 GB/T 9145—2003 中规定的粗糙精度 8g 粗牙外螺纹、7H 粗牙内螺纹的极限尺寸

(2) 中等精度 6g 粗牙外螺纹的极限尺寸(mm)

螺纹规格	旋合长度		大径		中径		牙底最小圆弧半径
	>	≤	max	min	max	min	
M1*	0.6	1.7	1.000	0.933	0.838	0.785	0.031
M1.2*	0.6	1.7	1.200	1.133	1.038	0.985	0.031
M1.4*	0.7	2	1.400	1.325	1.205	1.149	0.038
M1.6	0.8	2.6	1.581	1.496	1.354	1.291	0.044
M1.8	0.8	2.6	1.781	1.696	1.554	1.491	0.044
M2	1	3	1.981	1.886	1.721	1.654	0.050
M2.5	1.3	3.8	2.480	2.380	2.188	2.117	0.056
M3	1.5	4.5	2.980	2.874	2.655	2.580	0.063
M3.5	1.7	5	3.479	3.354	3.089	3.004	0.075
M4	2	6	3.978	3.838	3.523	3.433	0.088
M5	2.5	7.5	4.976	4.826	4.456	4.361	0.100
M6	3	9	5.974	5.794	5.324	5.212	0.125
M7	3	9	6.974	6.794	6.324	6.212	0.125
M8	4	12	7.972	7.760	7.160	7.042	0.156
M10	5	15	9.968	9.732	8.994	8.862	0.188
M12	6	18	11.966	11.701	10.829	10.679	0.219
M14	8	24	13.962	13.682	12.663	12.503	0.250
M16	8	24	15.962	15.682	14.663	14.503	0.250
M18	10	30	17.958	17.623	16.334	16.164	0.313
M20	10	30	19.958	19.623	18.334	18.164	0.313
M22	10	30	21.958	21.623	20.334	20.164	0.313

注：* 小于或等于 M1.4 的外螺纹，其公差带为 6h

螺纹规格	旋合长度		大径		中径		牙底最小圆弧半径
	>	≤	max	min	max	min	

（2）中等精度 6g 粗牙外螺纹的极限尺寸(mm)

螺纹规格	旋合长度		大径		中径		牙底最小圆弧半径
	>	≤	max	min	max	min	
M24	12	36	23.952	23.577	22.003	21.803	0.375
M27	12	36	26.952	26.577	25.003	24.803	0.375
M30	15	45	29.947	29.522	27.674	27.462	0.438
M33	15	45	32.947	32.522	30.674	30.462	0.438
M36	18	53	35.940	35.465	33.342	33.118	0.500
M39	18	53	38.940	38.465	36.342	36.118	0.500
M42	21	63	41.937	41.437	39.014	38.778	0.563
M45	21	63	44.937	44.437	42.014	41.778	0.563
M48	24	71	47.929	47.399	44.681	44.431	0.625
M52	24	71	51.929	51.399	48.681	48.431	0.625
M56	28	85	55.925	55.365	52.353	52.088	0.688
M60	28	85	59.925	59.365	56.353	56.088	0.688
M64	32	95	63.920	63.320	60.023	59.743	0.750

（3）中等精度 6g 细牙外螺纹的极限尺寸(mm)

螺纹规格	旋合长度		大径		中径		牙底最小圆弧半径
	>	≤	max	min	max	min	
M8×1	3	9	7.974	7.794	7.324	7.212	0.125
M10×1	4	12	9.974	9.794	9.324	9.212	0.125
M10×1.25	4	12	9.972	9.760	9.160	9.042	0.156
M12×1.25	4.5	13	11.972	11.760	11.160	11.028	0.156
M12×1.5	4.5	16	11.968	11.732	10.994	10.854	0.188
M14×1.5	5.6	16	13.968	13.732	12.994	12.854	0.188
M16×1.5	5.6	16	15.968	15.732	14.994	14.854	0.188
M18×1.5	5.6	16	17.968	17.732	16.994	16.854	0.188
M18×2	5.6	16	17.962	17.682	16.663	16.503	0.250
M20×1.5	5.6	16	19.968	19.732	18.994	18.854	0.188
M20×2	5.6	16	19.962	19.682	18.663	18.503	0.250
M22×1.5	5.6	16	21.968	21.732	20.994	20.854	0.188
M22×2	5.6	16	21.962	21.682	20.663	20.503	0.250
M24×2	8.5	25	23.962	22.682	22.663	22.493	0.250

（3）中等精度 6g 细牙外螺纹的极限尺寸(mm)							
螺纹规格	旋合长度		大径		中径		牙底最小圆弧半径
	>	≤	max	min	max	min	
M27×2	8.5	25	26.962	26.682	25.663	25.493	0.250
M30×2	8.5	25	29.962	29.682	28.663	28.493	0.250
M33×2	8.5	25	32.962	32.682	31.663	31.493	0.250
M36×3	12	36	35.952	35.577	34.003	33.803	0.375
M39×3	12	36	38.952	38.577	37.003	36.803	0.375
M42×3	12	36	41.952	41.577	40.003	39.803	0.375
M45×3	12	36	44.952	44.577	43.003	42.803	0.375
M48×3	15	45	47.952	47.577	46.003	45.791	0.375
M52×4	19	56	51.940	51.465	49.342	49.106	0.500
M56×4	19	56	55.940	55.465	53.342	53.106	0.500
M60×4	19	56	59.940	59.465	57.342	57.106	0.500
M64×4	19	56	63.940	63.465	61.342	61.106	0.500

（4）中等精度 6H 粗牙内螺纹的极限尺寸(mm)							
螺纹规格	旋合长度		大径	中径		小径	
	>	≤	min	max	min	max	min
M1 *	0.6	1.7	1.000	0.894	0.838	0.785	0.729
M1.1 *	0.6	1.7	1.100	0.994	0.938	0.885	0.829
M1.2 *	0.6	1.7	1.200	1.094	1.038	0.985	0.929
M1.4 *	0.7	2	1.400	1.265	1.205	1.142	1.075
M1.6	0.8	2.6	1.600	1.458	1.373	1.321	1.221
M1.8	0.8	2.6	1.800	1.658	1.573	1.521	1.421
M2	1	3	2.000	1.830	1.740	1.679	1.567
M2.2	1.3	3.8	2.200	2.003	1.908	1.838	1.713
M2.5	1.3	3.8	2.500	2.303	2.208	2.138	2.013
M3	1.5	4.5	3.000	2.775	2.675	2.599	2.459
M3.5	1.7	5	3.500	3.222	3.110	3.010	2.850
M4	2	6	4.000	3.663	3.545	3.422	3.242
M4.5	2.2	6.7	4.500	4.131	4.013	3.878	3.688

注：* 小于或等于 M1.4 的内螺纹，其公差带为 5H

螺纹规格	旋合长度		大径	中径		小径	
	>	≤	min	max	min	max	min
(4) 中等精度6H粗牙内螺纹的极限尺寸(mm)							
M5	2.5	7.5	5.000	4.605	4.480	4.334	4.134
M6	3	9	6.000	5.500	5.350	5.153	4.917
M7	3	9	7.000	6.500	6.350	6.153	5.917
M8	4	12	8.000	7.348	7.188	6.912	6.647
M10	5	15	10.000	9.206	9.026	8.676	8.376
M12	6	18	12.000	11.063	10.863	10.441	10.106
M14	8	24	14.000	12.913	12.701	12.210	11.835
M16	8	24	16.000	14.913	14.701	14.210	13.835
M18	10	30	18.000	16.600	16.376	15.744	15.294
M20	10	30	20.000	18.600	18.376	17.744	17.294
M22	10	30	22.000	20.600	20.376	19.744	19.294
M24	12	36	24.000	22.316	22.051	21.252	20.752
M27	12	36	27.000	25.316	25.051	24.252	23.752
M30	15	45	30.000	28.007	27.727	26.771	26.211
M33	15	45	33.000	31.007	30.727	29.771	29.211
M36	18	53	36.000	33.702	33.402	32.270	31.670
M39	18	53	39.000	36.702	36.402	35.270	34.670
M42	21	63	42.000	39.392	39.077	37.799	37.129
M45	21	63	45.000	42.392	42.077	40.799	40.129
M48	24	71	48.000	45.087	44.752	43.297	42.587
M52	24	71	52.000	49.087	48.752	47.297	46.587
M56	28	85	56.000	52.783	52.428	50.796	50.046
M60	28	85	60.000	56.783	56.428	54.796	54.046
M64	32	95	64.000	60.478	60.103	58.305	57.505

螺纹规格	旋合长度		大径	中径		小径	
	>	≤	min	max	min	max	min
M8×1	3	9	8.000	7.500	7.350	7.153	6.917
M10×1	3	9	10.000	9.500	9.350	9.153	8.917
M10×1.25	4	12	10.000	9.348	9.188	8.912	8.647
M12×1.25	4.5	13	12.000	11.368	11.188	10.912	10.647
M12×1.5	5.6	16	12.000	11.216	11.026	10.676	10.376
M14×1.5	5.6	16	14.000	13.216	13.026	12.676	12.376
M16×1.5	5.6	16	16.000	15.216	15.026	14.676	14.376
M18×1.5	5.6	16	18.000	17.216	17.026	16.676	16.376
M18×2	5.6	16	18.000	16.913	16.701	16.210	15.835
M20×1.5	5.6	16	20.000	19.216	19.026	18.676	18.376
M20×2	8	24	20.000	18.913	18.701	18.210	17.835
M22×1.5	5.6	16	22.000	21.216	21.026	20.676	20.376
M22×2	5.6	16	22.000	20.913	20.701	20.210	19.835
M24×2	8.5	25	24.000	22.925	22.701	22.210	21.835
M27×2	8.5	25	27.000	25.925	25.701	25.210	24.835
M30×2	8.5	25	30.000	28.925	28.701	28.210	27.835
M33×2	8.5	25	33.000	31.925	31.701	31.210	30.835
M36×3	12	36	36.000	34.316	34.051	33.252	32.752
M39×3	12	36	39.000	37.316	37.051	36.252	35.752
M42×3	12	36	42.000	40.316	40.051	39.252	38.752
M45×3	12	36	45.000	43.316	43.051	42.252	41.752
M48×4	19	56	48.000	49.717	49.402	48.270	47.670
M52×3	15	45	52.000	50.331	50.051	49.252	48.752
M56×4	19	56	56.000	53.717	53.402	52.270	51.670
M60×4	19	56	60.000	57.717	57.402	56.270	55.670
M64×4	19	56	64.000	61.717	61.402	60.270	59.670

（5）中等精度 6H 细牙内螺纹的极限尺寸(mm)

螺纹规格	旋合长度		大径		中径		牙底最小圆弧半径
	＞	≤	max	min	max	min	

（6）粗糙级精度 8g 粗牙外螺纹的极限尺寸(mm)

螺纹规格	＞	≤	max	min	max	min	牙底最小圆弧半径
M5	2.5	7.5	4.976	4.740	4.456	4.306	0.100
M6	3	9	5.974	5.694	5.324	5.144	0.125
M7	3	9	6.974	6.694	6.324	6.144	0.125
M8	4	12	7.972	7.637	7.160	6.970	0.156
M10	5	15	9.968	9.593	8.994	8.782	0.188
M12	6	18	11.966	11.541	10.829	10.593	0.219
M14	8	24	13.962	13.512	12.663	12.413	0.250
M16	8	24	15.962	15.512	14.663	14.413	0.250
M18	10	30	17.958	17.428	16.334	16.069	0.313
M20	10	30	19.958	19.428	18.334	18.069	0.313
M22	10	30	21.958	21.428	20.334	20.069	0.313
M24	12	36	23.952	23.352	22.003	21.688	0.375
M27	12	36	26.952	26.352	25.003	24.688	0.375
M30	15	45	29.947	29.277	27.674	27.339	0.438
M33	15	45	32.947	32.277	30.674	30.339	0.438
M36	18	53	35.940	35.190	33.342	32.987	0.500
M39	18	53	38.940	38.190	36.342	35.987	0.500
M42	21	63	41.937	41.137	39.014	38.639	0.563
M45	21	63	44.937	44.137	42.014	41.639	0.563
M48	24	71	47.929	47.079	44.681	44.281	0.625
M52	24	71	51.929	51.079	48.681	48.281	0.625
M56	28	85	55.925	55.025	52.353	51.928	0.688
M60	28	85	59.925	59.025	56.353	55.928	0.688
M64	32	95	63.920	62.970	60.023	59.573	0.750

(续)

螺纹规格	旋合长度		大径	中径		小径	
	>	≤	min	max	min	max	min
M3	1.5	4.5	3.000	2.800	2.675	2.639	2.459
M3.5	1.7	5	3.500	3.250	3.110	3.050	2.850
M4	2	6	4.000	3.695	3.545	3.466	3.242
M5	2.5	7.5	5.000	4.640	4.480	4.384	4.134
M6	3	9	6.000	5.540	5.350	5.217	4.917
M7	3	9	7.000	6.540	6.350	6.217	5.917
M8	4	12	8.000	7.388	7.188	6.982	6.647
M10	5	15	10.000	9.250	9.026	8.751	8.376
M12	6	18	12.000	11.113	10.863	10.531	10.106
M14	8	24	14.000	12.966	12.701	12.310	11.835
M16	8	24	16.000	14.966	14.701	14.310	13.835
M18	10	30	18.000	16.656	16.376	15.854	15.294
M20	10	30	20.000	18.656	18.376	17.854	17.294
M22	10	30	22.000	20.656	20.376	19.854	19.294
M24	12	36	24.000	22.386	22.051	21.382	20.752
M27	12	36	27.000	25.386	25.051	24.382	23.752
M30	15	45	30.000	28.082	27.727	26.921	26.211
M33	15	45	33.000	31.082	30.727	29.921	29.211
M36	18	53	36.000	33.777	33.402	32.420	31.670
M39	18	53	39.000	36.777	36.402	35.420	34.670
M42	21	63	42.000	39.477	39.077	37.979	37.129
M45	21	63	45.000	42.477	42.077	40.979	40.129
M48	24	71	48.000	45.177	44.752	43.487	42.587
M52	24	71	52.000	49.177	48.752	47.487	46.587
M56	28	85	56.000	52.878	52.428	50.996	50.046
M60	28	85	60.000	56.878	56.428	54.996	54.046
M64	32	95	64.000	60.578	60.103	58.505	57.505

(7) 粗糙级精度7H粗牙内螺纹的极限尺寸(mm)

（9）普通螺纹的收尾、肩距和退刀槽

（GB/T 3—1997）

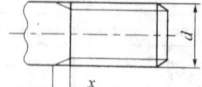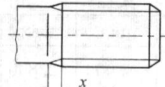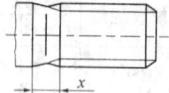

图 1　外螺纹的收尾

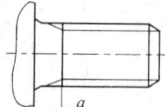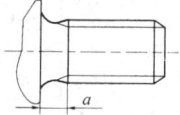

图 2　外螺纹的肩距

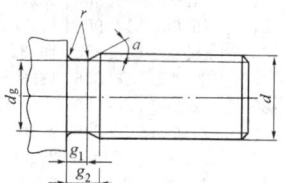

图 3　外螺纹的退刀槽

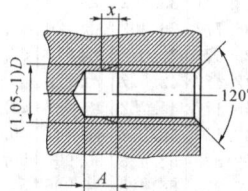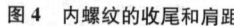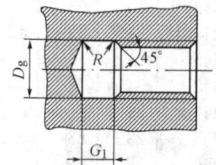

图 4　内螺纹的收尾和肩距　　　　**图 5　内螺纹的退刀槽**

(1) 外螺纹的收尾、肩距和退刀槽(mm)

螺距 P	收尾 x max 一般	收尾 x max 短	肩距 A max 一般	肩距 A max 长	肩距 A max 短	退刀槽 g_1 min	退刀槽 g_2 max	退刀槽 d_g	退刀槽 r ≈
0.2	0.5	0.25	0.6	0.8	0.4	—	—	—	—
0.25	0.6	0.3	0.75	1	0.5	—	0.4	$d-0.4$	0.12
0.3	0.75	0.4	0.9	1.2	0.6	0.5	0.9	$d-0.5$	0.16
0.35	0.9	0.45	1.05	1.4	0.7	0.6	1.05	$d-0.6$	0.16
0.4	1	0.5	1.2	1.6	0.8	0.6	1.2	$d-0.7$	0.2
0.45	1.1	0.6	1.35	1.8	0.9	0.7	1.35	$d-0.7$	0.2
0.5	1.25	0.7	1.5	2	1	0.8	1.5	$d-0.8$	0.2
0.6	1.5	0.75	1.8	2.4	1.2	0.9	1.8	$d-1$	0.4
0.7	1.75	0.9	2.1	2.8	1.4	1.1	2.1	$d-1.1$	0.4
0.75	1.9	1	2.25	3	1.5	1.2	2.25	$d-1.2$	0.4
0.8	2	1	2.4	3.2	1.6	1.3	2.4	$d-1.3$	0.4
1	2.5	1.25	3	4	2	1.6	3	$d-1.6$	0.6
1.25	3.2	1.6	4	5	2.5	2	3.75	$d-2$	0.6
1.5	3.8	1.9	4.5	6	3	2.5	4.5	$d-2.3$	0.8
1.75	4.3	2.2	5.3	7	3.5	3	5.25	$d-2.6$	1
2	5	2.5	6	8	4	3.4	6	$d-3$	1
2.5	6.3	3.2	7.5	10	5	4.4	7.5	$d-3.6$	1.2
3	7.5	3.8	9	12	6	5.2	9	$d-4.4$	1.6
3.5	9	4.5	10.5	14	7	6.2	10.5	$d-5$	1.6
4	10	5	12	16	8	7	12	$d-5.7$	2
4.5	11	5.5	13.5	18	9	8	13.5	$d-6.4$	2.5
5	12.5	6.3	15	20	10	9	15	$d-7$	2.5
5.5	14	7	16.5	22	11	11	17.5	$d-7.7$	3.2
6	15	7.5	18	24	12	11	18	$d-8.3$	3.2
参考值	≈2.5P	≈1.25P	≈3P	≈4P	≈2P	—	—	≈3P	—

注：1. 外螺纹的收尾的牙底圆弧半径不应小于对完整螺纹所规定的最小牙底圆弧半径。

2. 退刀槽的过渡角(α)不应小于30°。

3. 外螺纹始端端面的倒角，一般为45°，也可采用60°或30°；倒角深度应大于或等于螺纹牙型高度。对搓(滚)丝加工的外螺纹，其始端不完整螺纹的轴向长度不能大于2P。

4. 应优先选用"一般"长度的收尾和肩距；"短"收尾和肩距仅用于结构受限制的螺纹件上；产品等级为B或C级的外螺纹紧固件可采用"长"肩距。

5. d_g 公差：$d>3mm$ 为 h13，$d\leqslant3mm$ 为 h12；$d_g=d-$螺纹公称直径。

（2）内螺纹的收尾、肩距和退刀槽(mm)

螺距 P	收尾 x max		肩距 A		退 刀 槽			
					G_1		D_g	R ≈
	一般	短	一般	长	一般	短		
0.2	0.8	0.4	1.2	1.6	—	—	—	—
0.25	1	0.5	1.5	2				
0.3	1.2	0.6	1.8	2.4				
0.35	1.4	0.7	2.2	2.8				
0.4	1.6	0.8	2.5	3.2				
0.45	1.8	0.9	2.8	3.6				
0.5	2	1	3	4	2	1	D+0.3	0.2
0.6	2.4	1.2	3.2	4.8	2.4	1.2		0.3
0.7	2.8	1.4	3.5	5.6	2.8	1.4		0.4
0.75	3	1.5	3.8	6	3	1.5		0.4
0.8	3.2	1.6	4	6.4	3.2	1.6		0.4
1	4	2	5	8	4	2		0.5
1.25	5	2.5	6	10	5	2.5		0.6
1.5	6	3	7	12	6	3		0.8
1.75	7	3.5	9	14	7	3.5		0.9
2	8	4	10	16	8	4		1
2.5	10	5	12	18	10	5	D+0.5	1.2
3	12	6	14	22	12	6		1.5
3.5	14	7	16	24	14	7		1.8
4	16	8	18	26	16	8		2
4.5	18	9	21	29	18	9		2.2
5	20	10	23	32	20	10		2.5
5.5	22	11	25	35	22	11		2.8
6	24	12	28	38	24	12		3
参考值	= 4P	= 2P	≈(6~5)P	≈(8~6.5)P	= 4P	= 2P	—	≈ 0.5P

注：1. 内螺纹入口端的倒角一般为120°，也可采用90°；端面倒角直径为(1.05~1)D。D—螺纹公称直径。

2. 应优先选用"一般"长度的收尾和肩距；容屑需要较大空间时可选用"长"肩距；结构限制时可选用"短"收尾和退刀槽。

3. D_g 公差为 H13。

(10) 外螺纹零件的末端(GB/T 2—2001)

a. 紧固件公称长度以内的末端

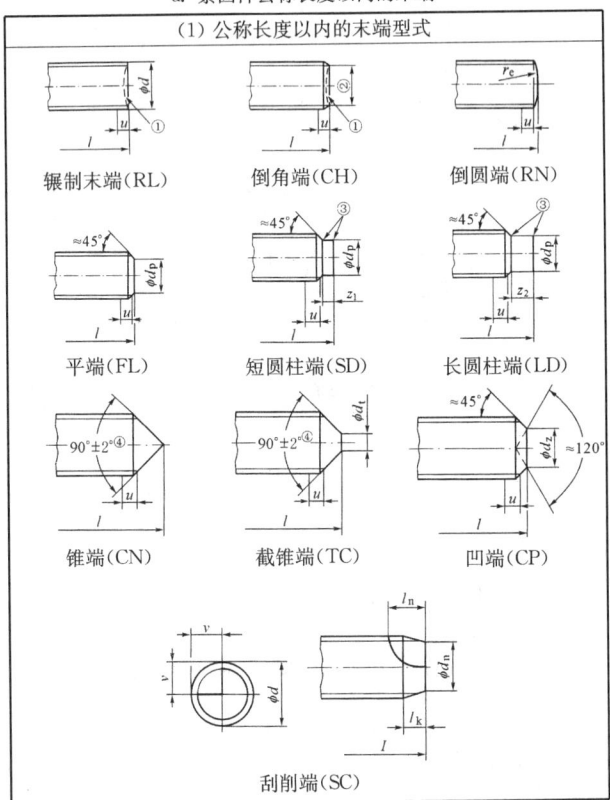

(1) 公称长度以内的末端型式

辗制末端(RL)

倒角端(CH)

倒圆端(RN)

平端(FL)

短圆柱端(SD)

长圆柱端(LD)

锥端(CN)

截锥端(TC)

凹端(CP)

刮削端(SC)

(1) 公称长度以内的末端型式

图的有关说明：

1. 图中尺寸代号含义：

d—螺纹直径； d_n—刮削端直径；

d_p—末端直径； d_t—截锥端直径；

d_z—凹端直径； l—公称长度；

l_k—刮削端锥形部分长度；

l_n—刮削端长度； P—螺距；

r_e—末端倒圆半径； u—不完整螺纹长度；

v—刮削宽度； z_1—短圆柱端长度；

z_2—长圆柱宽长度

2. 图中有关尺寸之间的关系：

$d_n = d - 1.6P$； $l_k \leqslant 3P$；

$l_n \leqslant 5P$； $l_n - l_k \geqslant 2P$；

$r_e \approx 1.4d$； $u \leqslant 2P$；

$v = 0.5d \pm 0.5$

3. 图中注的说明：

   ① 端面可以是凹面；

   ② 端面直径≤螺纹小径；

   ③ 倒圆；

   ④ 对短螺钉为 $120° \pm 2°$，并按产品标准的规定，如 GB/T 78 中的规定（参见第 17.132 页）

4. 对 FL、SD、LD 和 CP 几种末端，45°仅指螺纹小径以下的末端部分

| \multicolumn{11}{c}{（2）公称长度以内的末端尺寸与公差(mm)} |

d①	1.6	1.8	2	2.2	2.5	3	3.5	4	4.5	5
d_p	0.8	0.9	1	1.2	1.5	2	2.2	2.5	3	3.5
d_t	—	—	—	—	—	—	—	—	—	—
d_z	0.8	0.9	1	1.1	1.2	1.4	1.7	2	2.2	2.5
z_1	0.4	0.45	0.5	0.55	0.63	0.75	0.88	1	1.12	1.25
z_2	0.8	0.9	1	1.1	1.25	1.5	1.75	2	2.25	2.5
d	6	7	8	10	12	14	16	18	20	22
d_p	4	5	5.5	7	8.5	10	12	13	15	17
d_t	1.5	2	2	2.5	3	4	4	5	5	6
d_z	3	4	5	6	8	8.5	10	11	14	15
z_1	1.5	1.75	2	2.5	3	3.5	4	4.5	5	5.5
z_2	3	3.5	4	5	6	7	8	9	10	11
d	24	27	30	33	36	39	42	45	48	52
d_p	18	21	23	26	28	30	32	35	38	42
d_t	6	8	8	10	10	12	12	14	14	16
d_z	16									
z_1	6	6.7	7.5	8.2	9	9.7	10.5	11.2	12	13
z_2	12	13.5	15	16.5	18	19.5	21	22.5	24	26

末端尺寸代号	d_p②		d_t③		d_z		$z_1$④		$z_2$④	
公差	h14		h16		h14		$^{+IT14}_{0}$		$^{+IT14}_{0}$	

注：① 对 $d<$ M16 的规格，末端的尺寸和公差应经协议。
② d_p 公称尺寸≤1mm 时，公差按 h13。
③ 对 d≤M5 的截面锥端上没有平面(d_t)部分，其端面可以倒圆。
④ z_1、z_2 公称尺寸≤1mm 时，公差按 $^{+IT13}_{0}$

（3）公称长度以内的末端代号、特征与应用

　　辗制末端、倒角端和倒圆端一般应用于螺栓、螺柱和机器螺钉的末端上。其中

　　辗制末端（代号 RL）——在切断的线材或经成型加工毛坯上，由辗制螺纹（搓丝或滚丝）自然伸长形成的螺纹末端；由于辗压作用，对末端不进行任何整型加工，螺纹自然形成端面心部内凹，末端端面与螺杆垂直度误差较大；切料时末端略有压扁，辗制螺纹末端变形略大，使得末端起始螺纹变小，起到一定的导向作用。制造成本低，是专业化生产中常用的最简单的曲型型式。在低性能等级的螺栓、等长双头螺柱、B 型双头螺柱、机器螺钉、4.8 级内六角花形螺钉、M1.6～M4 内六角圆柱头螺钉等产品上使用

　　倒角端（代号 CH）——倒角通常采取冷镦或切削两种工艺加工。冷镦倒角，由于冷变形的倒角锥面形状和尺寸不稳定，而每一长度规格需要一套模具，模具用量增多，加大成本；切削倒角，倒角质量提高，但需要增加专用设备或部件。这种末端导向性好，便于拧入，对于大规格可以减少螺纹磕碰伤。在 8.8 级及其以上的螺栓、螺钉、M5 以上的内六角螺钉、不脱出螺钉、吊环螺钉、A 型双头螺柱等产品上使用

　　倒圆端（代号 RN）——倒圆端的端面为球面，紧固时压紧力较大，不会划伤连接表面；外露时较美观，导向性好；采用成型刀加工，生产效率较高。轴位螺钉、开槽带孔球面螺钉、大圆柱头螺钉、球面大圆柱头螺钉、滚花头螺钉常采用这种末端；在吊环螺钉上也允许采用这种末端；当 $b - b_m \leqslant 5mm$ 时，双头螺柱的旋入端应制成这种型式末端，以便作为区分两端的标志

（3）公称长度以内的末端代号、特征与应用
平端、短圆柱端、长圆柱端、锥端、截锥端和凹端一般应用于紧定螺钉上。其中 　　平端（代号 FL）——常用的末端型式之一，末端为垂直于轴线的平面，接触面积大，对被紧固零件表面损伤小，可以多次装拆，对于黄铜等软金属材料零件的紧定十分有利 　　短圆柱端（代号 SD）和长圆柱端（代号 LD）——螺钉末端有一段直径小于螺纹小径的圆柱；安装时，将圆柱端插入被紧定零件的预制孔内，连接可靠，相对位置固定；多用于空心管套类零件上永久安装或定位其他零件，或代替定位销 　　锥端（代号 CN）和截锥端（代号 TC）——螺钉末端分别呈圆锥状或圆锥截面状；安装时，将螺钉末端顶入顶紧表面上的圆锥形预制安装坑内，实现轴向和圆周定位；常用于机器轴上零件的永久固定，也是常用的末端型式之一 　　凹端（代号 CP）——螺钉末端为内外两锥面相交形成的环形带，较平端接触面积小，接触应力大，又不需要像圆柱端或锥端那样在被连接零件表面上预制安装孔（坑）；常用于被紧定零件表面上不允许预制孔（坑）或压破坏的场合下的永久或半永久装配 　　刮削端（代号 SC）——一般应用于螺钉上，其特征是在螺钉末端沿钉杆轴向制出刮削槽，形成切削刃；将其拧入零件的预制光孔中时，可切削和挤压出螺纹，明显降低拧入力矩，避免脆性材料被挤裂；适用于有色金属、压铸件、铸铁件和脆性材料件，也可用于材料较厚的场合

b. 紧固件公称长度以外的末端

（1）公称长度以外的末端型式

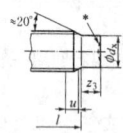 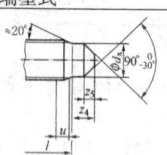

圆柱(平面端)导向端(PF)　　　截锥导向端(PC)

图中有关说明：

1. d_x——导向端直径；　　　　　l——公称长度；
   u——不完整螺纹的长度；　　z_3——圆柱导向端长度；
   z_4——截锥导向端长度；　　　z_5——截锥部分长度

2. $u \leqslant 2P$，P——螺距

3. 20°仅指螺纹小径以下的末端部分

4. *端面可以是凹面

（2）粗牙螺纹用 圆柱导向端(PF) 截锥导向端(PC) 尺寸(mm)

螺纹规格		M4	M5	M6	M8	M10	M12	M14	M16	M20	M24
d_x[①]	max	2.9	3.8	4.5	6.1	7.8	9.4	11.1	13.1	16.3	19.6
	min	2.7	3.6	4.3	5.9	7.6	9.1	10.8	12.8	15.9	19.2
z_3、z_4[②]		2	2.5	3	4	5	6	7	8	10	12
z_5	max	1.0	1.5	2	2.5	3	3.5	4	4.5	5	6
	min	0.5	0.75	1	1.5	1.5	2	2.5	2.5	3	4

（3）细牙螺纹用截锥导向端(PC)尺寸(mm)

螺纹规格		M8×1	M10×1	M12×1.5	M14×1.5	M16×1.5
d_x[①]	max	6.3	8.0	9.38	11.40	13.50
	min	6.08	7.78	9.38	11.13	13.23
z_4[②]		4	5	6	7	8
z_5	max	2.5	3	3.5	4	4.5
	min	1.5	1.5	2	2	2.5

注：① 在特殊情况下，如有不同要求，其直径尺寸须单独协议。
　　② z_3、z_4 的公差为 $^{+IT17}_{0}$

(11) 附录一 惠氏螺纹

a. 惠氏螺纹牙型

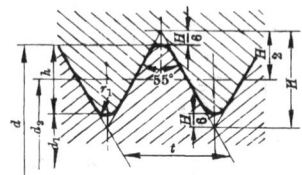

惠氏螺纹是英国英寸制规格紧固件用普通螺纹。

大径（公称直径）d，　　　　螺距 $t = 1/$每英寸牙数，

中径 $d_2 = d - h = d - 0.640327t$，三角形高度 $H = 0.960491t$，

小径 $d_1 = d - 2h = d - 1.280655t$，工作高度 $h = 2H/3 = 0.640327t$，

　　　　　圆角半径 $r = 0.137329t$。

b. 惠氏螺纹规格标记方法

惠氏螺纹规格的标记方法：习惯用公称直径（单位为 in）及每英寸牙数表示，尺寸单位采用符号""。

例：$\left.\begin{array}{l} \dfrac{7''}{16} - 14 \\[2mm] \dfrac{7''}{16} \times 14 \end{array}\right\}$ 表示公称直径为 $7/16''$ 的粗牙惠氏螺纹。

c. 惠氏螺纹公称直径与每英寸牙数系列（部分）

公称直径	每英寸牙数		公称直径	每英寸牙数		公称直径	每英寸牙数	
（in）	粗牙	细牙	（in）	粗牙	细牙	（in）	粗牙	细牙
3/32	48	—	3/8	16	20	1	8	10
1/8	40	—	7/16	14	18	1⅛	7	9
5/32	32	—	1/2	12	16	1¼	7	9
3/16	24	32	5/8	11	14	1½	6	8
1/4	20	26	3/4	10	12	1¾	5	7
5/16	18	22	7/8	9	11	2	4.5	7

(12) 附录二 统一螺纹

a. 统一螺纹牙型

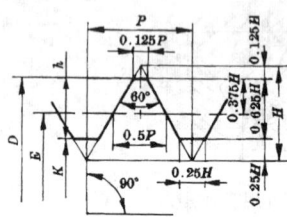

统一螺纹是美国英寸制规格紧固件用普通螺纹。

螺距 $P = 1/n$(n—每英寸牙数），
三角形高度 $H = 0.866025P$，
工作高度 $h = 0.625H$，
大径（公称直径）D，
中径 $E = D - 0.75H$，
小径 $K = D - 2h = D - 1.25H$。

b. 统一螺纹规格标记方法

统一螺纹规格的标记方法：用号码（公称直径<1/4″）或公称直径的英寸分数（≥1/4″）、每英寸牙数和代号（UNC—粗牙，UNF—细牙等）表示。

例：1/2″—13UNC，表示公称直径为1/2″，每英寸13牙粗牙统一螺纹；

　　1″—12UNF，表示公称直径为1″，每英寸12牙细牙统一螺纹。

c. 统一螺纹公称直径与每英寸牙数系列（部分）

尺寸代号	公称直径（in）	每英寸牙数 粗牙	每英寸牙数 细牙	尺寸代号	公称直径（in）	每英寸牙数 粗牙	每英寸牙数 细牙
0(号)	0.0600	—	80	7/16	0.4375	14	20
1(号)	0.0730	64	72	1/2	0.5000	13	20
2(号)	0.0860	56	64	9/16	0.5625	12	18
3(号)	0.0990	48	56	5/8	0.6250	11	18
4(号)	0.1120	40	48	3/4	0.7500	10	16
5(号)	0.1250	40	44	7/8	0.8750	9	14
6(号)	0.1380	32	40	1	1.0000	8	12
8(号)	0.1640	32	36	1⅛	1.1250	7	12
10(号)	0.1900	24	32	1¼	1.2500	7	12
12(号)	0.2160	24	28	1⅜	1.3750	6	12
1/4	0.2500	20	28	1½	1.5000	6	12
5/16	0.3125	18	24	1¾	1.7500	5	—
3/8	0.3750	16	24	2	2.0000	4.5	—

2. 自攻螺钉用螺纹

(GB/T 5280—2002)

(1) 自攻螺钉用螺纹及其末端

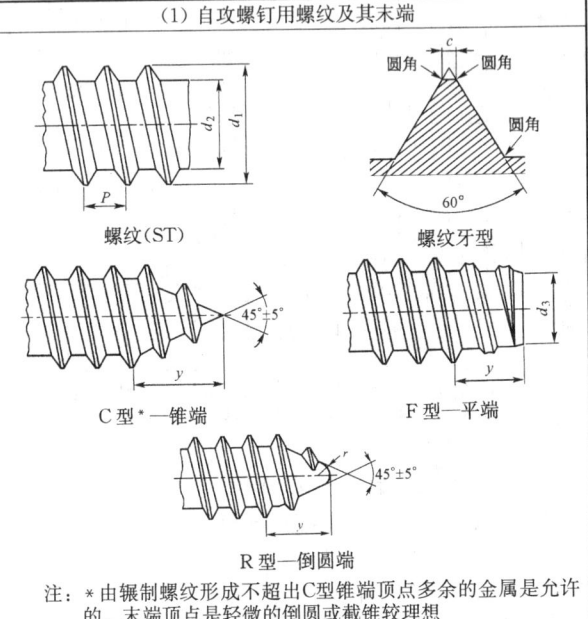

螺纹(ST)

螺纹牙型

C 型*—锥端

F 型—平端

R 型—倒圆端

注：* 由辗制螺纹形成不超出C型锥端顶点多余的金属是允许的。末端顶点是轻微的倒圆或截锥较理想

(2) 自攻螺钉用螺纹规格的标记

自攻螺钉用螺纹规格的标记用符号"ST"和螺纹大径(公称值)的"毫米数值"表示，"单位"不标出

例：ST3.5

螺纹规格	P ≈	d_1		d_2		d_3		c max	r ≈	y(参考)		
		max	min	max	min	max	min			C型	F型	R型
ST1.5	0.5	1.52	1.38	0.91	0.84	0.79	0.69	0.1	—	1.4	1.1	—
ST1.9	0.6	1.90	1.76	1.24	1.17	1.12	1.02	0.1	—	1.6	1.2	—
ST2.2	0.8	2.24	2.10	1.63	1.52	1.47	1.37	0.1	—	2	1.6	—
ST2.6	0.9	2.57	2.43	1.90	1.80	1.73	1.60	0.1	—	2.3	1.8	—
ST2.9	1.1	2.90	2.76	2.18	2.08	2.01	1.88	0.1	—	2.6	2.1	—
ST3.3	1.3	3.30	3.12	2.39	2.29	2.21	2.08	0.1	—	2.8	2.5	—
ST3.5	1.3	3.53	3.35	2.64	2.51	2.41	2.26	0.1	0.5	3.2	2.5	2.7
ST3.9	1.3	3.91	3.73	2.92	2.77	2.67	2.51	0.1	0.6	3.5	2.7	3.3
ST4.2	1.4	4.22	4.04	3.10	2.95	2.84	2.69	0.1	0.6	3.7	3	3.2
ST4.8	1.6	4.80	4.62	3.58	3.43	3.30	3.12	0.15	0.7	4.3	3.2	3.6
ST5.5	1.8	5.46	5.28	4.17	3.99	3.86	3.68	0.15	0.8	5	3.6	4.3
ST6.3	1.8	6.25	6.03	4.88	4.70	4.55	4.34	0.15	0.9	6	4.3	6
ST8	2.1	8.00	7.78	6.20	5.99	5.84	5.64	0.15	1.1	7.5	4.2	6.3
ST9.5	2.1	9.65	9.43	7.85	7.59	7.44	7.24	0.15	1.4	8.2	6	—

螺纹规格	ST1.5	ST1.9	ST2.2	ST2.6	ST2.9	ST3.3	ST3.5	ST3.9	ST4.2	ST4.8	ST5.5	ST6.3	ST8	ST9.5
号码	0	1	2	3	4	5	6	7		10	12	14	16	20

注:1. P—螺距;d_1—螺纹大径;d_2—螺纹小径;d—平端直径;c—螺纹顶端宽度;r—球面半径;y—不完整螺纹长度。

2. r 是参考尺寸,仅供指导。末端不一定是完整的球面,但触摸时不应是尖锐的。

3. 号码为以前的螺纹标记,仅为信息。

3. 自攻锁紧螺钉的螺杆——粗牙普通螺纹系列

(GB/T 6559—1986)

(1) 螺杆的螺纹型式

≈10°　　120°

具有弧形三角截面螺纹的螺杆

（续）

（1）螺杆的螺纹型式

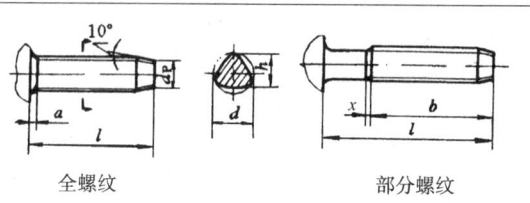

全螺纹　　　　　　部分螺纹

注：P—螺距；a—最末一扣完整螺纹至支承面距离；b—螺纹长
度；d—外接圆直径；h—螺纹三角截面高度；y—不完整螺纹
长度；d_p—末端外接圆直径；x—螺纹收尾长度

（2）螺杆的螺纹尺寸(mm)										

螺纹规格	P	a max	b min	d		h		y ≈	d_p max	x max
				max	min	max	min			
M2	0.4	0.8	10	2.04	1.96	1.95	1.87	1.4	1.65	1
M2.5	0.45	0.9	12	2.58	2.48	2.46	2.36	1.4	2.14	1.1
M3	0.5	1	16	3.08	2.98	2.95	2.85	1.5	2.60	1.25
(M3.5)	0.6	1.2	20	3.58	3.48	3.43	3.33	1.8	3.00	1.5
M4	0.7	1.4	25	4.13	3.98	3.96	3.81	2.0	3.45	1.75
M5	0.8	1.6	30	5.13	4.98	4.93	4.78	2.5	4.35	2
M6	1	2	35	6.16	5.99	5.93	5.78	3.0	5.19	2.5
M8	1.25	2.5	35	8.17	7.98	7.91	7.76	3.8	6.96	3.2
M10	1.5	3	35	10.18	9.97	9.89	9.74	4.5	8.72	3.8
M12	1.75	3.5	35	12.19	11.95	11.87	11.72	5.5	10.49	4.4

注：1. 尽可能不采用带括号的螺纹规格。
　　2. 末端外接圆直径(d_p)由制造工艺保证，在制品上不予检查。

4. 木螺钉用螺纹

(GB/T 922—1986)

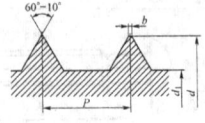

木螺钉用螺纹牙型   铣丝型末端

车丝型末端   搓丝型末端

木螺钉用螺纹的基本尺寸(mm)							
公称直径 d	螺纹小径 d_1		螺距 P	顶端宽度 $b\leqslant$	公称直径 d	螺纹小径 d_1		螺距 P	顶端宽度 $b\leqslant$
	基本尺寸	极限偏差				基本尺寸	极限偏差		
1.6	1.2	0 −0.25	0.8	0.25	5.5	3.8	0 −0.48	2.2	0.3
2	1.4		0.9		6	4.2		2.5	
2.5	1.8		1		7	4.9		2.8	
3	2.1		1.2		8	5.6		3	0.35
3.5	2.5	0 −0.40	1.4	0.3	10	7.2	0 −0.58	3.5	
4	2.8		1.6		12	8.7		4	
4.5	3.2	0 −0.48	1.8		16	12	0 −0.70	5	0.4
5	3.5		2		20	15		6	

注: 1. 螺纹末端型式,按上图规定。
 2. 螺纹侧面粗糙度为 $R_a = 12.5\mu m$;螺纹大径、小径、螺尾和最初两扣螺纹的表面粗糙度不作规定。
 3. 螺纹总扣数/螺纹收尾扣数: $\leqslant 10/1 \sim 2$; $> 10/3 \sim 5$。
 4. 螺纹应做到钉尖。
 5. 在木螺钉的螺纹长度内,杆部形状可制成圆柱形或圆锥形,但不允许有倒圆锥。
 6. 经用户同意,辗制螺纹的钉杆上无螺纹部分直径,允许小于螺纹大径。

第六章　紧固件结构要素

1. 六角产品的对边宽度

(GB/T 3104—1982)

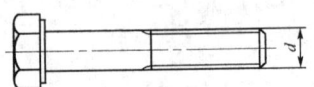 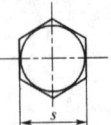

图 1　六角头螺栓

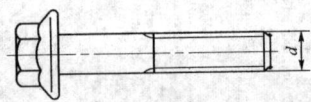 

图 2　六角法兰面螺栓

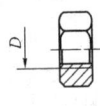 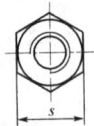

图 3　六角螺母

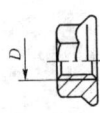 

图 4　六角法兰面螺母

螺纹直径 d (mm)	对边宽度 s (mm)				螺纹直径 d (mm)	对边宽度 s (mm)
	标准系列	加大系列	带法兰面产品			标准系列
			螺栓	螺母		
1.6	3.2	—	—	—	45	70
2	4	—	—	—	48	75
2.5	5	—	—	—	52	80
3	5.5	—	—	—	56	85
4	7	—	—	—	60	90
5	8	—	7	8	64	95
6	10	—	8	10	68	100
7	11	—	—	—	72	105
8	13	—	10	13	76	110
10	16	—	13	15	80	115
12	18	21	15	18	85	120
14	21	24	18	21	90	130
16	24	27	21	24	95	135
18	27	30	—	—	100	145
20	30	34	27	30	105	150
22	34	36	—	—	110	155
24	36	41	—	—	115	165
27	41	46	—	—	120	170
30	46	50	—	—	125	180
33	50	55	—	—	130	185
36	55	60	—	—	140	200
39	60	65	—	—	150	210
42	65	—	—	—		

注：本表中规定的产品对边宽度适用于标准的和非标准的紧固件。

2. 六角产品的最小扳手空间尺寸

(JB/ZQ 4005—1997)

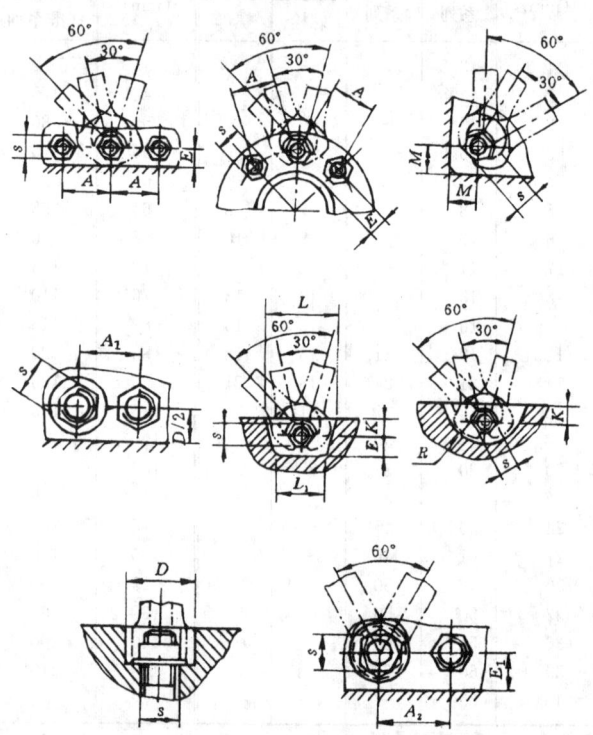

螺纹直径 d(mm)	最小扳手空间尺寸(mm)										
	s	A	A_1	A_2	E	E_1	M	L	L_1	R	D
3	5.5	18	12	12	5	7	11	30	24	15	14
4	7	20	16	14	6	7	12	34	28	16	16
5	8	22	16	15	7	10	13	36	30	18	20
6	10	26	18	18	8	12	15	46	38	20	24
8	13	32	24	22	11	14	18	55	44	25	28
10	16	38	28	26	13	16	22	62	50	30	30
12	18	42	—	30	14	18	24	70	55	32	
14	21	48	36	34	15	20	26	80	65	36	40
16	24	55	38	38	16	24	30	85	70	42	45
18	27	62	45	42	19	28	32	95	75	46	52
20	30	68	48	46	20	28	35	105	85	50	56
22	34	76	55	52	24	32	40	120	95	58	60
24	36	80	58	55	24	34	42	125	100	60	70
27	41	90	65	62	26	36	46	135	110	65	76
30	46	100	72	70	30	40	50	155	125	75	82
33	50	108	76	75	32	44	55	165	130	80	88
36	55	118	85	82	36	48	60	180	145	88	95
39	60	125	90	88	38	52	65	190	155	92	100
42	65	135	96	96	42	55	70	205	165	100	106
45	70	145	105	102	45	60	75	220	175	105	112
48	75	160	115	112	48	65	80	235	185	115	126
52	80	170	120	120	48	70	84	245	195	125	132
56	85	180	126	—	52		90	260	205	130	138
60	90	185	134	—	58		95	275	215	135	145
64	95	195	140	—	58		100	285	225	140	152

注: 1. s=六角产品对边宽度=扳手开口宽度。

    2. $K = E$。

    3. 产品 $d > 64$mm 的尺寸从略。

3. 螺钉、自攻螺钉和木螺钉用十字槽

(GB/T 944.1—1985)

(1) 螺钉、自攻螺钉和木螺钉用十字槽型式

螺钉、自攻螺钉和木螺钉用十字槽的型式有两种：

H 型十字槽——现为优选槽形；

Z 型十字槽——暂不推荐采用。

(2) H 型 十 字 槽

a. H 型十字槽型式与尺寸

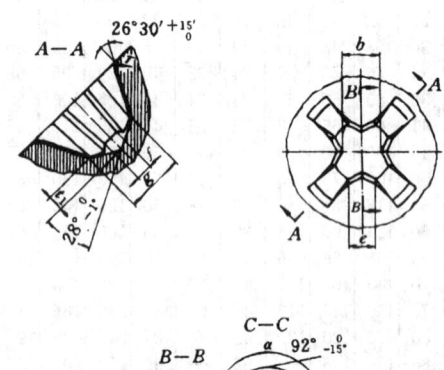

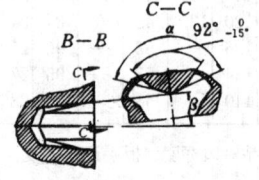

槽 号 No.		0	1	2	3	4
b	$\begin{matrix}0\\-0.03\end{matrix}$	0.61	0.97	1.47	2.41	3.48
e		$\begin{matrix}0.26\sim\\0.36\end{matrix}$	$\begin{matrix}0.41\sim\\0.46\end{matrix}$	$\begin{matrix}0.79\sim\\0.84\end{matrix}$	$\begin{matrix}1.98\sim\\2.03\end{matrix}$	$\begin{matrix}2.39\sim\\2.44\end{matrix}$
g	(mm) $\begin{matrix}+0.05\\0\end{matrix}$	0.81	1.27	2.29	3.81	5.08
f		$\begin{matrix}0.31\sim\\0.36\end{matrix}$	$\begin{matrix}0.51\sim\\0.56\end{matrix}$	$\begin{matrix}0.66\sim\\0.74\end{matrix}$	$\begin{matrix}0.79\sim\\0.86\end{matrix}$	$\begin{matrix}1.19\sim\\1.27\end{matrix}$
r	公称	0.3	0.5	0.6	0.8	1
t_1	参考	0.22	0.34	0.61	1.01	1.35
α	$\begin{matrix}0\\-15'\end{matrix}$	—	138°	140°	146°	153°
β	$\begin{matrix}+15'\\0\end{matrix}$	7°	7°	5°45′	5°45′	7°

注：1. 0 号槽的 α 角，以 $r_{min} = 0.25mm$、$r_{max} = 0.36mm$ 代替。
　　2. 表中给出的尺寸都是理论值，供模具制造用，在制品上不
　　　予检查。

b. H 型十字槽插入深度的测量和量规尺寸

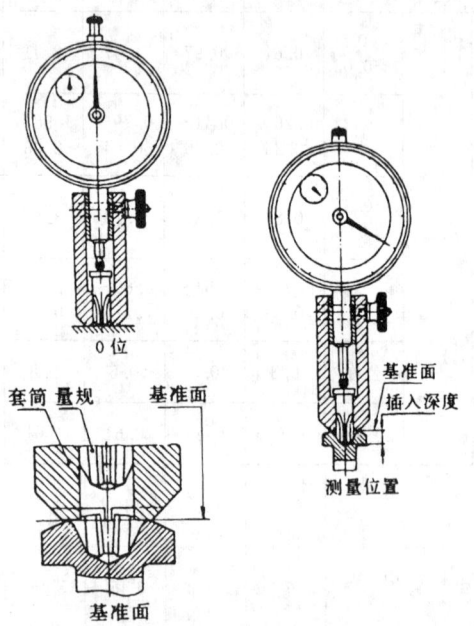

图 1　H 型十字槽测深表

插入深度在相应产品标准中给出。插入深度自基准面起测量。

H 型十字槽测深表,如图 1 所示。量规与相应的标准旋具相同。套筒用于量规导向和固定基准面。基准面通过十字槽翼和螺钉头顶面的交点,它相当于沉头螺钉的顶面。

必要时可采用十字槽塞规测量插入深度。测深表或塞规的测量误差不应大于 0.13mm。

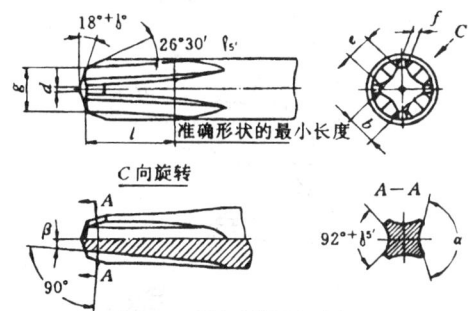

图2　H型十字槽量规头部

H型十字槽量规头部尺寸(参见图2)							
槽 号	No.	0	1	2	3	4
b	(mm)	0 -0.025	0.64	1.001	1.539	2.497	3.574
g		$+0.025$ 0	0.813	1.27	2.286	3.81	5.08
d		$+0.13$ 0	0.25	0.38	0.38	0.38	0.38
e		0 -0.025	0.315	0.513	1.102	2.098	2.738
f		0 -0.06	0.31	0.51	0.64	0.79	1.12
l		min	3.17	3.17	4.78	7.14	8.74
α		$+15'$ 0	—	138°	140°	146°	153°
β		0 $-15'$	7°	7°	5°45′	5°45′	7°

注：0号槽的 α 角以 $r = 0.25 \pm 0.025$mm 代替。

(3) Z型十字槽

a. Z型十字槽型式与尺寸

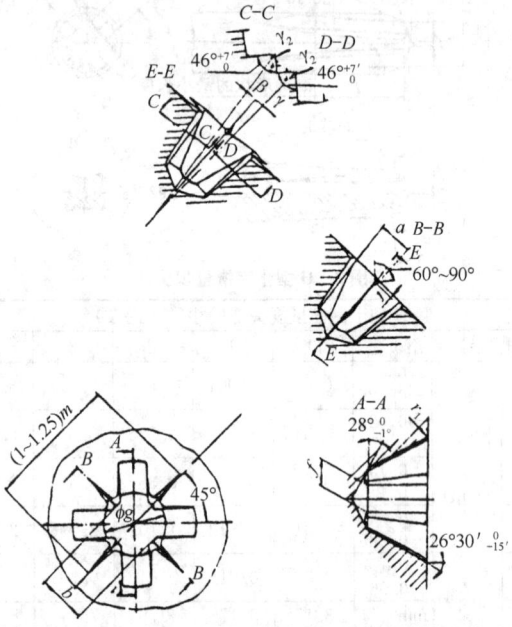

槽 号 No.		0	1	2	3	4
b	$\begin{matrix}0\\-0.05\end{matrix}$	0.76	1.27	1.83	2.72	3.96
f	$\begin{matrix}0\\-0.025\end{matrix}$	0.48	0.74	1.03	1.42	2.16
g	(mm) $\begin{matrix}0\\-0.05\end{matrix}$	0.86	1.32	2.34	3.86	5.08
r_1	max	0.30	0.30	0.38	0.51	0.64
r_2	max	0.10	0.13	0.15	0.25	0.38
j	max	0.13	0.15	0.15	0.20	0.20
α	$\begin{matrix}+15'\\0\end{matrix}$	7°	7°	5°45′	5°45′	7°
β	$\begin{matrix}0\\-15'\end{matrix}$	7°45′	7°45′	6°20′	6°20′	7°45′
γ	$\begin{matrix}0\\-15'\end{matrix}$	4°23′	4°23′	3°	3°	4°23′
δ	$\begin{matrix}0\\-7'\end{matrix}$	46°	46°	46°	56°15′	56°15′

注：表中给出的尺寸都是理论值,供模具制造用,在制品上不予检查。

b. Z 型十字槽插入深度的测量和量规尺寸

插入深度在相应产品标准中给出。插入深度自基准面起测量。

Z 型十字槽测深表如图 1 所示。量规与相应的标准旋具相同。套筒用于量规导向和固定基准面。基准面通过十字槽翼与螺钉头顶面的交点,它相当于沉头螺钉的顶面。

必要时,可采用十字槽塞规测量插入深度。测深表或塞规的测量误差不应大于 0.13mm。

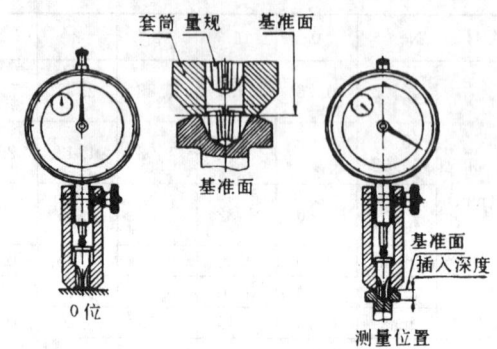

图1 Z型十字槽测深表

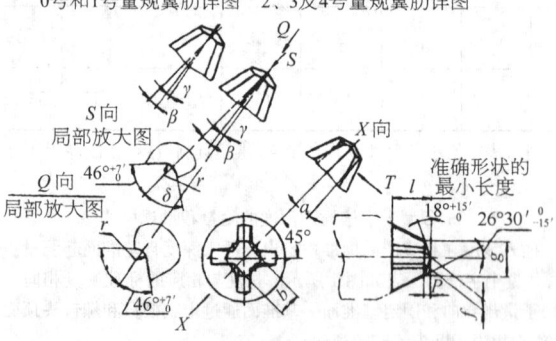

图2 Z型十字槽量规头部

槽 号 No.			0	1	2	3	4
\multicolumn{8}{c}{Z型十字槽量规头部尺寸(参见图2)}
b		max min	0.711 0.673	1.112 1.074	1.702 1.664	2.591 2.553	3.861 3.823
f		max min	0.445 0.420	0.698 0.673	0.990 0.965	1.372 1.346	2.083 2.057
g	(mm)	max min	0.915 0.890	1.397 1.372	2.438 2.413	3.962 3.937	5.182 5.157
l		min	3.17	3.17	4.78	7.14	8.74
p		max min	0.077 0.064	0.166 0.153	0.331 0.318	0.585 0.572	0.788 0.775
r		max min	0.1 0.08	0.13 0.1	0.2 0.15	0.31 0.2	0.51 0.36
α	$\begin{matrix}0\\-6'\end{matrix}$		7°	7°	5°45′	5°45′	7°
β	$\begin{matrix}+6'\\0\end{matrix}$		7°45′	7°45′	6°20′	6°20′	7°45′
γ	$\begin{matrix}+6'\\0\end{matrix}$		4°23′	4°23′	3°	3°	4°23′
δ	$\begin{matrix}+7'\\0\end{matrix}$		46°	46°	46°	56°15′	56°15′

4. 紧固件用六角花形

（1）紧固件用六角花形型式

紧固件用六角花形有两种型式：

内六角花形(旧称：六角花形—T型)：适用于螺栓和螺钉的内扳拧的六角花形；

六角花形—E型：适用于螺栓和螺母等的外扳拧的六角花形

（2）内六角花形
(GB/T 6188—2008)

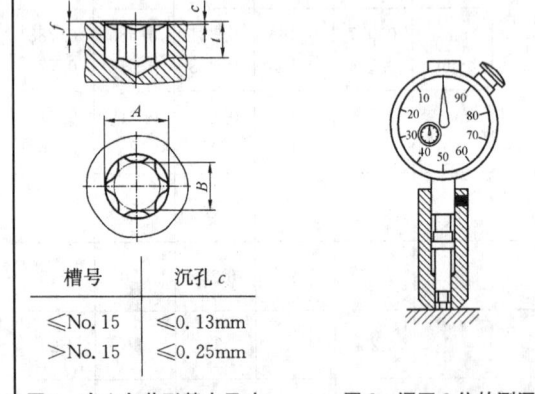

槽号	沉孔 c
≤No.15	≤0.13mm
＞No.15	≤0.25mm

图 1　内六角花形基本尺寸　　　图 2　调至 0 位的测深表

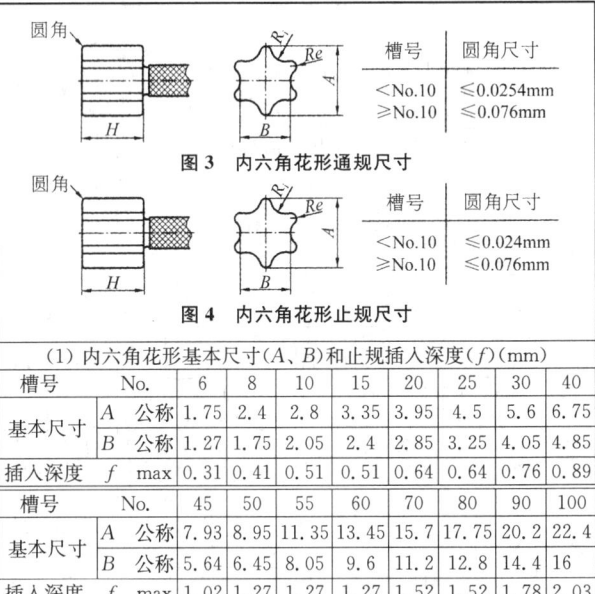

图 3　内六角花形通规尺寸

槽号	圆角尺寸
<No.10	≤0.0254mm
≥No.10	≤0.076mm

图 4　内六角花形止规尺寸

槽号	圆角尺寸
<No.10	≤0.024mm
≥No.10	≤0.076mm

（1）内六角花形基本尺寸（A、B）和止规插入深度（f）(mm)

槽号	No.		6	8	10	15	20	25	30	40
基本尺寸	A	公称	1.75	2.4	2.8	3.35	3.95	4.5	5.6	6.75
	B	公称	1.27	1.75	2.05	2.4	2.85	3.25	4.05	4.85
插入深度	f	max	0.31	0.41	0.51	0.51	0.64	0.64	0.76	0.89
槽号	No.		45	50	55	60	70	80	90	100
基本尺寸	A	公称	7.93	8.95	11.35	13.45	15.7	17.75	20.2	22.4
	B	公称	5.64	6.45	8.05	9.6	11.2	12.8	14.4	16
插入深度	f	max	1.02	1.27	1.27	1.27	1.52	1.52	1.78	2.03

注：1. 内六角花形的基本尺寸（A、B）见上表及图 1。

　　2. 内六角花形的型式尺寸由量规确定。通规和止规的尺寸见表中（2）和（3）以及图 3 和图 4。通规应能自由插入内六角花形，并达到相关产品标准规定的插入深度 t。止规插入内六角花形的最大深度 f 应符合上表规定。

　　3. 所有的测量应以头部顶面为基准。对半沉头或圆头应以头部顶面与内六角花形的沉孔实际相交部位为准。

　　4. 使用测深表时，当测量头压在平面上（压缩指针转动）使其与基准面平齐，将表调至"0"位，见图 2

注：5. 圆柱止规的直径 B 尺寸应符合
图 5 及表中(4)的规定。用规定
直径的圆柱止规，插入内六角花
形的深度，应按表中(1)的规定

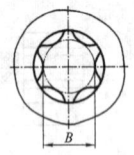

图 5 测量圆柱范围

（2）内六角花形通规尺寸(mm)								
槽号	No.	6	8	10	15	20	25	30	40
A	min	1.695	2.335	2.761	3.295	3.879	4.451	5.543	6.673
	max	1.709	2.349	2.776	3.309	3.893	4.465	5.557	6.687
B	min	1.210	1.672	1.979	2.353	2.764	3.170	3.958	4.766
	max	1.224	1.686	1.993	2.367	2.778	3.185	3.972	4.780
R_i	min	0.371	0.498	0.585	0.704	0.846	0.907	1.182	1.415
	max	0.396	0.523	0.609	0.728	0.871	0.932	1.206	1.440
R_e	min	0.130	0.188	0.227	0.265	0.303	0.371	0.448	0.544
	max	0.134	0.193	0.231	0.269	0.307	0.375	0.454	0.548
H	min	1.33	2.54	3.05	3.30	3.56	3.94	4.44	5.08
	max	1.82	3.05	3.56	3.81	4.07	4.45	4.95	5.59

槽号	No.	45	50	55	60	70	80	90	100
A	min	7.841	8.857	11.245	13.302	15.588	17.619	20.021	22.231
	max	7.856	8.872	11.259	13.317	15.603	17.635	20.035	22.245
B	min	5.555	6.366	7.930	9.490	11.085	12.646	14.232	15.820
	max	5.570	6.380	7.945	9.504	11.099	12.661	14.246	15.834
R_i	min	1.784	1.804	2.657	2.871	3.465	3.625	4.456	4.913
	max	1.808	1.828	2.682	2.895	3.489	3.629	4.480	4.937
R_e	min	0.572	0.765	0.773	1.065	1.192	1.524	1.527	1.718
	max	0.576	0.769	0.777	1.069	1.196	1.529	1.534	1.724
H	min	5.71	5.97	6.22	7.68	8.46	9.4	10.06	10.85
	max	6.22	6.48	6.73	8.17	8.96	9.9	10.56	11.35

（3）内六角花形止规尺寸(mm)

槽号 No.		6	8	10	15	20	25	30	40
A	min	1.778	2.419	2.845	3.379	3.963	4.560	5.652	6.807
	max	1.785	2.425	2.852	3.385	3.970	4.566	5.659	6.814
B	max	1.181	1.664	1.956	1.956	2.616	2.868	3.886	4.661
R_i	min	0.231	0.36	0.431	0.398	0.602	0.637	0.939	1.112
	max	0.241	0.37	0.441	0.408	0.614	0.647	0.949	1.125
R_e	min	0.173	0.231	0.269	0.307	0.345	0.429	0.505	0.612
	max	0.180	0.238	0.276	0.315	0.353	0.436	0.513	0.619
H	±0.25	1.57	2.79	3.3	3.56	3.81	4.19	4.7	5.33

槽号 No.		45	50	55	60	70	80	90	100
A	min	7.976	8.992	11.405	13.488	15.774	17.831	20.257	22.467
	max	7.983	8.999	11.412	13.495	15.781	17.838	20.264	22.473
B	max	4.661	6.413	7.684	7.684	10.262	11.760	12.827	15.240
R_i	min	1.110	1.628	2.176	2.153	2.545	2.608	3.111	4.006
	max	1.123	1.640	2.189	2.164	2.557	2.621	3.121	4.018
R_e	min	0.640	0.840	0.845	1.158	1.285	1.628	1.648	1.839
	max	0.648	0.848	0.853	1.165	1.292	1.635	1.656	1.847
H	±0.25	5.97	6.22	6.48	7.92	8.71	9.52	10.31	11.1

（4）圆柱止规直径 B 尺寸(mm)

槽号 No.		6	8	10	15	20	25	30	40
B	min	1.440	1.920	2.280	2.760	3.280	3.720	4.660	5.600
	max	1.445	1.925	2.285	2.765	3.285	3.725	4.665	5.605

槽号 No.		45	50	55	60	70	80	90	100
B	min	6.660	7.380	9.660	11.340	13.340	14.920	17.160	19.020
	max	6.665	7.385	9.665	11.345	13.345	14.925	17.165	19.025

（3）六角花形—E型
(GB/T 6189—1986)

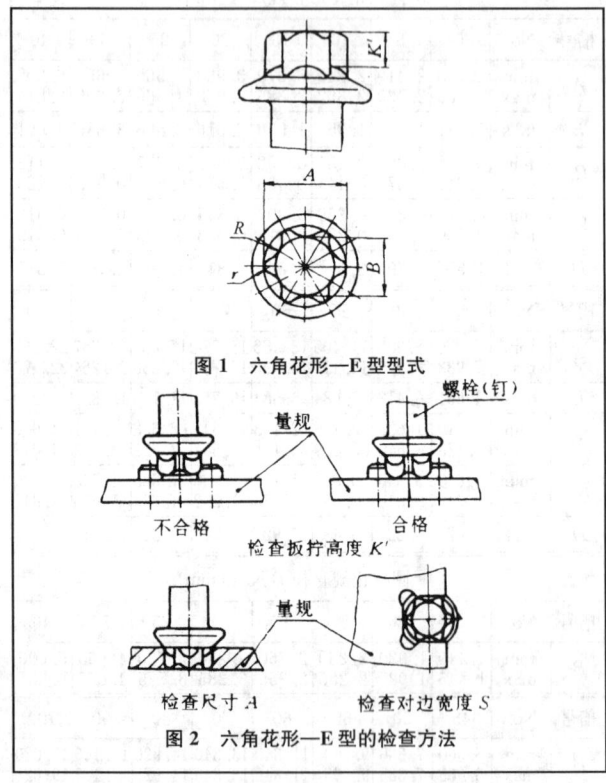

图 1   六角花形—E型型式

检查扳拧高度 K'

不合格   合格

检查尺寸 A   检查对边宽度 S

图 2   六角花形—E型的检查方法

（续）

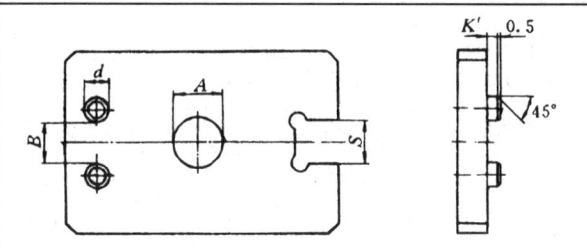

图3 六角花形—E型综合量规的型式

（1）六角花形—E型的尺寸(mm)（参见图1）

型式代号	A		B		R	r
	max	min	max	min	min	max
E4	3.734	3.659	2.711	2.651	0.689	0.369
E5	4.623	4.548	3.328	3.253	0.914	0.420
E6	5.588	5.513	3.953	3.878	1.274	0.407
E8	7.341	7.251	5.225	5.150	1.617	0.572
E10	9.246	9.156	6.744	6.654	2.355	0.686
E12	10.999	10.889	7.852	7.762	2.399	0.877
E14	12.726	12.616	9.139	9.049	2.644	1.093
E16	14.555	14.445	10.432	10.322	3.013	1.245
E18	16.460	16.350	11.829	11.719	3.361	1.441
E20	18.238	18.108	13.137	13.027	3.647	1.641
E24	21.921	21.791	15.688	15.578	4.635	1.824
E28	25.477	25.347	18.233	18.103	5.386	2.121
E32	28.982	28.852	21.291	21.161	5.643	2.873
E36	32.589	32.429	23.940	23.810	6.356	3.226
E40	36.145	35.985	26.546	26.416	7.059	3.571

注：1. 表中给出的尺寸,供模具制造用,在产品上不予检查。
2. 六角花形的扳拧高度(K'),在相应产品标准中给出

(2) 六角花形—E 型的检查方法					

① 六角花形—E 型在产品上仅用综合量规检查扳拧高度（K'），以及用万能（或专用）量具检查 A 和 s 尺寸

② 六角花形—E 型的检查方法，如图 2 所示

③ 六角花形—E 型综合量规的形式与尺寸按图 3 和下表规定

型式代号		六角花形—E 型综合量规的尺寸（mm）				
		A	B	S	d	K'
E4	max	3.766	2.750	3.370	1.346	0.863
	min	3.757	2.741	3.361	1.342	0.737
E5	max	4.655	3.360	4.152	1.803	1.066
	min	4.646	3.351	4.143	1.799	0.940
E6	max	5.620	3.995	4.985	2.514	1.117
	min	5.611	3.986	4.976	2.510	0.991
E8	max	7.373	5.265	6.550	3.225	1.574
	min	7.364	5.256	6.541	3.221	1.448
E10	max	9.278	6.763	8.206	4.648	1.955
	min	9.269	6.754	8.197	4.644	1.829
E12	max	11.031	7.881	9.796	4.800	2.413
	min	11.022	7.872	9.787	4.796	2.287
E14	max	12.758	9.176	11.351	5.257	3.149
	min	12.749	9.167	11.342	5.253	3.023
E16	max	14.587	10.446	12.976	6.019	3.378
	min	14.578	10.437	12.967	6.015	3.252
E18	max	16.492	11.843	14.576	6.730	3.680
	min	16.483	11.834	14.567	6.726	3.734
E20	max	18.270	13.164	16.177	7.264	4.216
	min	18.261	13.155	16.168	7.260	4.090

（2）六角花形—E 型的检查方法					
型式代号	六角花形—E 型综合量规的尺寸(mm)				
	A	B	S	d	K'
E24 max min	21. 953 21. 944	15. 704 15. 695	19. 402 19. 393	9. 321 9. 317	5. 765 5. 639
E28 max min	25. 509 25. 500	18. 270 18. 261	22. 582 22. 573	10. 794 10. 790	7. 061 6. 935
E32 max min	29. 014 29. 005	21. 318 21. 309	25. 808 25. 799	11. 302 11. 298	8. 153 8. 027
E36 max min	32. 621 32. 612	23. 959 23. 950	29. 034 29. 025	12. 725 12. 721	9. 321 9. 195
E40 max min	36. 177 36. 168	26. 575 26. 566	32. 209 32. 200	14. 096 14. 092	10. 617 10. 491

（3）E 型旋具扳手的截面尺寸(mm)(参见图 1)									
型式代号	A		B		型式代号	A		B	
	max	min	max	min		max	min	max	min
E4	3. 90	3. 83	2. 87	2. 81	E18	16. 75	16. 64	12. 12	12. 01
E5	4. 80	4. 72	3. 50	3. 42	E20	18. 54	18. 41	13. 42	13. 31
E6	5. 77	5. 69	4. 13	4. 05	E24	22. 23	22. 10	15. 98	15. 87
E8	7. 56	7. 47	5. 43	5. 35	E28	25. 78	25. 65	18. 54	18. 41
E10	9. 46	9. 37	6. 96	6. 87	E32	29. 29	29. 16	21. 60	21. 47
E12	11. 23	11. 12	8. 06	7. 97	E36	32. 98	32. 82	24. 30	24. 17
E14	12. 96	12. 85	9. 36	9. 27	E40	36. 53	36. 37	26. 90	26. 77
E16	14. 82	14. 71	10. 69	10. 58					

5. 螺栓和螺钉的头下圆角半径

(GB/T 3105—2002)

螺纹直径 d	r min A、B、C级	d_a max A级 B级	d_a max C级	螺纹直径 d	r min A、B、C级	d_a max A级 B级	d_a max C级	螺纹直径 d	r min A、B、C级	d_a max A级 B级	d_a max C级
(mm)				(mm)				(mm)			
1.6	0.1	2	—	18	0.6	20.2	21.2	68	2	75	79
2	0.1	2.6	—	20	0.8	22.4	24.4	72	2	79	83
2.2	0.1	2.8	—	22	0.8	24.4	26.4	76	2	83	87
2.5	0.1	3.1	—	24	0.8	26.4	28.4	80	2	87	92
3	0.1	3.6	—	27	1	30.4	32.4	85	2	92	97
3.5	0.1	4.1	—	30	1	33.4	35.4	90	2.5	97	102
4	0.2	4.7	—	33	1	36.4	38.4	95	2.5	102	108
4.5	0.2	5.2	—	36	1	39.4	42.4	100	2.5	108	113
5	0.2	5.7	6.0	39	1	42.4	45.4	105	2.5	113	118
6	0.25	6.8	7.2	42	1.2	45.6	48.6	110	2.5	118	123
7	0.25	7.8	8.2	45	1.2	48.6	52.6	115	2.5	123	128
8	0.4	9.2	10.2	48	1.6	52.6	56.6	120	2.5	128	133
10	0.4	11.2	12.2	52	1.6	56.6	62.6	125	2.5	133	138
12	0.6	13.7	14.7	56	2	63	67	130	2.5	138	145
14	0.6	15.7	16.7	60	2	67	71	140	2.5	148	156
16	0.6	17.7	18.7	64	2	71	75	150	2.5	159	166

注：1. r—头下圆角半径；d_a—头部支承面与圆角交接的过渡圆直径。

2. A、B 和 C 级是产品等级,按第 8.2 页 GB/T 3103.1 的规定。

3. 本表中规定的头下圆角半径和过渡圆直径,适用于普通螺栓和螺钉。

6. 螺栓、螺钉和螺柱的开口销孔与金属丝孔

（1）开口销孔

(GB/T 5278—1985)

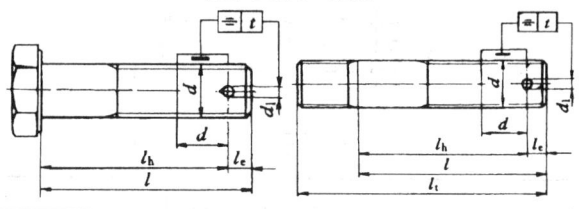

螺纹规格 d (mm)		M4	M5	M6 M7	M8	M10	M12	M14	M16
开口销孔 (mm)	d_1 H14	1	1.2	1.6	2	2.5	3.2	3.2	4
	l_e min	2.3	2.6	3.3	3.9	4.9	5.9	6.5	7
螺纹规格 d (mm)		M18	M20	M22	M24 M27	M30 M33	M36 M39	M42 M45	M48 M52
开口销孔 (mm)	d_1 H14	4	4	5	5	6.3	6.3	8	8
	l_e min	7.7	7.7	8.7	10	11.2	12.5	14.7	16
产　品　等　级									
A		B				C			
公差 t									
2IT13		2IT14				2IT15			

注: 1. d_1—开口销孔；l_e—开口销孔中心至螺纹末端的距离；
l_h—开口销孔中心至支承面的距离。

2. 对每一使用场合，l_h 值由计算求得，而在考虑了 l_h 和 l 的
累积公差之后，孔与紧固件末端的距离也不应小于 $l_{e\ min}$
值，一般在生产中 l_h 的公差可采用 $^{+IT14}_{0}$。

（2）金属丝孔

（GB/T 5278—1985）

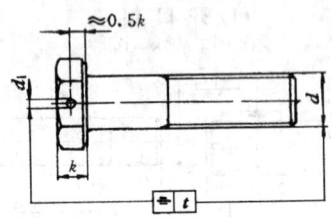

螺纹规格 d(mm)	M4 M5	M6 M7	M8 M10	M12 M14	M16 M18	M20
孔径 d_1　H14(mm)	1.2	1.6	2	2	3	3
螺纹规格 d(mm)	M22 M24	M27 M30	M33 M36	M39 M42	M45 M48	M52
孔径 d_1　H14(mm)	3	3	4	4	4	5
产　品　等　级						
A		B		C		
公　差　t						
2IT13		2IT14		2IT15		

6.24

7. 螺栓和螺钉用通孔

(GB/T 5277—1985)

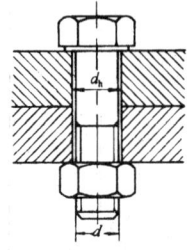

螺纹规格 d (mm)	装配系列			螺纹规格 d (mm)	装配系列		
	精装配	中等装配	粗装配		精装配	中等装配	粗装配
	通孔 d_h(mm)				通孔 d_h(mm)		
M1	1.1	1.2	1.3	M4.5	4.8	5	5.3
M1.2	1.3	1.4	1.5	M5	5.3	5.5	5.8
M1.4	1.5	1.6	1.8	M6	6.4	6.6	7
M1.6	1.7	1.8	2	M7	7.4	7.6	8
M1.8	2	2.1	2.2	M8	8.4	9	10
M2	2.2	2.4	2.6	M10	10.5	11	12
M2.5	2.7	2.9	3.1	M12	13	13.5	14.5
M3	3.2	3.4	3.6	M14	15	15.5	16.5
M3.5	3.7	3.9	4.2	M16	17	17.5	18.5
M4	4.3	4.5	4.8	M18	19	20	21

螺纹规格 d (mm)	装配系列			螺纹规格 d (mm)	装配系列		
	精装配	中等装配	粗装配		精装配	中等装配	粗装配
	通孔 d_h(mm)				通孔 d_h(mm)		
M20	21	22	24	M72	74	78	82
M22	23	24	26	M76	78	82	86
M24	25	26	28	M80	82	86	91
M27	28	30	32	M85	87	91	96
M30	31	33	35	M90	93	96	101
M33	34	36	38	M95	98	101	107
M36	37	39	42	M100	104	107	112
M39	40	42	45	M105	109	112	117
M42	43	45	48	M110	114	117	122
M45	46	48	52	M115	119	122	127
M48	50	52	56	M120	124	127	132
M52	54	56	62	M125	129	132	137
M56	58	62	66	M130	134	137	144
M60	62	66	70	M140	144	147	155
M64	66	70	74	M150	155	158	165
M68	70	74	78				

注：1. 通孔公差：精装配系列为 H12,中装配系列为 H13,粗装配系列为 H14。

2. 如有必要避免通孔边缘与螺栓头下圆角发生干涉时，建议对通孔边缘倒角。

8. 六角头螺栓和六角螺母用沉孔

(GB/T 152.4—1988)

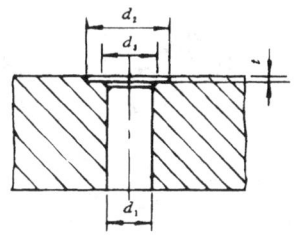

螺纹规格 d (mm)	沉孔尺寸(mm)			螺纹规格 d (mm)	沉孔尺寸(mm)		
	d_2	d_3	d_1		d_2	d_3	d_1
M1.6	5	—	1.8	M22	43	26	24
M2	6	—	2.4	M24	48	28	26
M2.5	8	—	2.9	M27	53	33	30
M3	9	—	3.4	M30	61	36	33
M4	10	—	4.5	M33	66	39	36
M5	11	—	5.5	M36	71	42	39
M6	13	—	6.6	M39	76	45	42
M8	18	—	9.0	M42	82	48	45
M10	22	—	11.0	M45	89	51	48
M12	26	16	13.5	M48	98	56	52
M14	30	18	15.5	M52	107	60	56
M16	33	20	17.5	M56	112	68	62
M18	36	22	20.0	M60	118	72	66
M20	40	24	22.0	M64	125	76	70

注: 1. 对尺寸 t_1, 只要能制出与通孔轴线垂直的圆平面即可。
   2. 尺寸 d_1 的公差为 H13, 尺寸 d_2 的公差为 H15。
   3. 表中尺寸适用于标准对边宽度六角头螺栓和六角螺母。

9. 螺栓孔平台和凸台(缘)尺寸

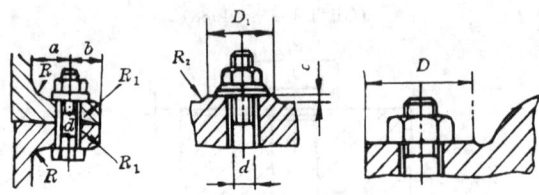

螺纹直径 d (mm)	平台和凸台(缘)尺寸(mm)						
	a_{min}	b_{min}	R_{max}	$R_{1\,max}$	D_1	D	$R_2 = c$
3	—	—	—	—	—	—	—
4	—	—	—	—	14	—	2
5	—	—	—	—	16	—	2
6	13	13	5	3	18	20	2
8	14	14	5	3	24	25	3
10	15	16	5	4	28	30	3
12	18	20	5	4	30	35	3
14	—	—	—	—	34	40	3
16	22	24	5	4	38	45	4
18	—	—	—	—	42	50	4
20	25	28	8	5	45	55	4
22	—	—	—	—	48	60	4
24	30	32	10	6	52	70	4
27	—	—	—	—	60	80	4
30	35	38	10	6	65	85	5
36	42	45	10	8	80	100	5
42	48	50	12	8	90	110	5
48	55	58	12	10	100	120	5
56	62	65	16	10	—	—	—
64	75	78	16	12	—	—	—

10. 螺钉、自攻螺钉和木螺钉用沉孔

（1）沉头和半沉头螺钉用沉孔

(GB/T 152.2—1988)

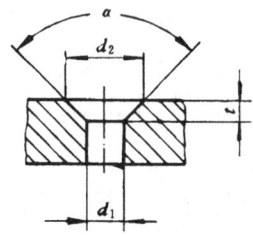

螺纹规格（mm）		M1.6	M2	M2.5	M3	M3.5	M4	M5
沉孔 尺寸 （mm）	d_2	3.7	4.5	5.6	6.4	8.4	9.6	10.6
	$t\approx$	1	1.2	1.5	1.6	2.4	2.7	2.7
	d_1	1.8	2.4	2.9	3.4	3.9	4.5	5.5

螺纹规格（mm）		M6	M8	M10	M12	M14	M16	M20
沉孔 尺寸 （mm）	d_2	12.8	17.6	20.3	24.4	28.4	32.4	40.4
	$t\approx$	3.3	4.6	5.0	6.0	7.0	8.0	10.0
	d_1	6.6	9	11	13.5	15.5	17.5	22

注：1. 沉头角 $\alpha=90°^{-2°}_{-4°}$。

2. 尺寸 d_1 和 d_2 的公差均为 H13。

（2）圆柱头螺钉用沉孔

(GB/T 152.3—1988)

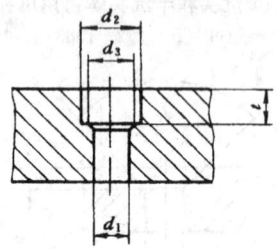

（1）内六角圆柱头螺钉用圆柱头沉孔尺寸(mm)								
螺纹规格		M1.6	M2	M2.5	M3	M4	M5	M6	M8
主要尺寸	d_2	3.3	4.3	5.0	6.0	8.0	10.0	11.0	15.0
	t	1.8	2.3	2.9	3.4	4.6	5.7	6.8	9.0
	d_3	—	—	—	—	—	—	—	—
	d_1	1.8	2.4	2.9	3.4	4.5	5.5	6.6	9.0
螺纹规格		M10	M12	M14	M16	M20	M24	M30	M36
主要尺寸	d_2	18.0	20.0	24.0	26.0	33.0	40.0	48.0	57.0
	t	11.0	13.0	15.0	17.5	21.5	25.5	32.0	38.0
	d_3	—	16	18	20	24	28	36	42
	d_1	11.0	13.5	15.5	17.5	22.0	26.0	33.0	39.0

(2) 内六角花形圆柱头螺钉和开槽圆柱头螺钉用圆柱头沉孔尺寸(mm)									
螺纹规格		M4	M5	M6	M8	M10	M12	M14	M16	M20
主要尺寸	d_2	8	10	11	15	18	20	24	26	33
	t	3.2	4.0	4.7	6.0	7.0	8.0	9.0	10.5	12.5
	d_3	—	—	—	—	—	16	18	20	24
	d_1	4.5	5.5	6.6	9.0	11.0	13.5	15.5	17.5	22.0

注：尺寸 d_1、d_2 和 t 的公差均为 H13。

（3）沉头和半沉头自攻螺钉用沉孔

（GB/T 152.2—1988）

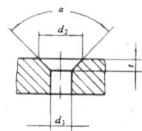

螺纹规格		ST 2.2	ST 2.9	ST 3.5	ST 4.2	ST 4.8	ST 5.5	ST 6.3	ST 8	ST 9.5
沉孔 尺寸 (mm)	d_2	4.4	6.3	8.2	9.4	10.4	11.5	12.6	17.3	20
	$t \approx$	1.1	1.7	2.4	2.6	2.8	3.0	3.2	4.6	5.2
	d_1	2.4	3.1	3.7	4.5	5.1	5.8	6.7	8.4	10

注：1. 沉头角 $\alpha = 90°^{-2°}_{-4°}$。
　　2. 尺寸 d_1 和 d_2 的公差均为 H13。

（4）沉头和半沉头木螺钉用沉孔

（GB/T 152.2—1988）

沉孔尺寸(mm)							
螺纹规格	d_2	$t \approx$	d_1	螺纹规格	d_2	$t \approx$	d_1
1.6	3.7	1.0	1.8	5	11.2	3.0	5.5
2	4.5	1.2	2.4	5.5	12.1	3.2	6.0
2.5	5.4	1.4	2.9	6	13.2	3.5	6.6
3	6.6	1.7	3.4	7	15.3	4.0	7.6
3.5	7.7	2.0	3.9	8	17.3	4.5	9.0
4	8.6	2.2	4.5	10	21.9	5.8	11.0
4.5	10.1	2.7	5.0				

注：1. 沉孔外形图，参见上节"沉头和半沉头自攻螺钉用沉孔"的
　　　沉孔外形图。
　　2. 沉头角 $\alpha = 90°^{-2°}_{-4°}$。
　　3. 尺寸 d_1 和 d_2 的公差均为 H13。

11. 铆钉用通孔

(GB/T 152.1—1988)

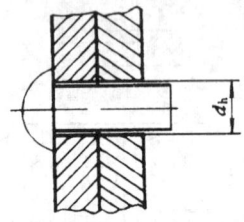

铆钉用通孔尺寸(mm)											
铆钉公称直径 d		0.6	0.7	0.8	1	1.2	1.4	1.6	2	2.5	3
通孔直径 d_h	精装配	0.7	0.8	0.9	1.1	1.3	1.5	1.7	2.1	2.6	3.1
	粗装配	—	—	—	—	—	—	—	—	—	—
铆钉公称直径 d		3.5		4	5	6	8	10	12		14
通孔直径 d_h	精装配	3.6		4.1	5.2	6.2	8.2	10.3	12.4		14.5
	粗装配	—		—	—	—	—	11	13		15
铆钉公称直径 d		16		18	20	22	24	27	30		36
通孔直径 d_h	精装配	16.5		—	—	—	—	—	—		—
	粗装配	17		19	21.5	23.5	25.5	28.5	32		38

注:"精装配"适用于精制铆钉(指在产品标准的名称中未注明"粗
制"的铆钉),"粗装配"适用于粗制铆钉。

第七章　紧固件技术条件

1. 螺栓、螺钉、螺柱和螺母通用技术条件
(GB/T 16938—2008)

① 适用范围。

本标准(GB/T 16938—2008)适用于已标准化的螺栓、螺钉、螺柱和螺母,也推荐非标准的紧固件使用。它指定了在公差、机械和功能特性、几何特征、表面缺陷和质量状况等技术要求可引用的国家标准。

② 技术条件和引用标准。

<table>
<tr><th colspan="4">(1) 螺纹紧固件</th></tr>
<tr><th>材料</th><th>碳钢、合金钢</th><th>不锈钢</th><th>有色金属</th></tr>
<tr><td>公差</td><td colspan="3">GB/T 3103.1</td></tr>
<tr><td>机械和功能特性</td><td>GB/T 3098.1
GB/T 3098.2
GB/T 3098.3
GB/T 3098.4
GB/T 3098.7
GB/T 3098.9
GB/T 3098.13</td><td>GB/T 3098.6
GB/T 3098.15
GB/T 3098.16</td><td>GB/T 3098.10</td></tr>
<tr><td>几何特征
① 螺纹
② 扳拧特征
③ 零件末端
④ 沉头
⑤ 其他</td><td colspan="3">GB/T 197、2516、9145、22028、22029
GB/T 3104、944.1、6188
GB/T 2
GB/T 5279
GB/T 3、3105、3106、5278</td></tr>
<tr><td>表面缺陷</td><td>GB/T 5779.1
GB/T 5779.2
GB/T 5779.3</td><td>—</td><td>—</td></tr>
<tr><td>表面处理</td><td>GB/T 5267.1
GB/T 5267.2
GB/T 5267.3</td><td>ISO16048</td><td>GB/T 5267.1</td></tr>
<tr><td>质量状况</td><td colspan="3">GB/T 90.1、90.2、ISO16426</td></tr>
</table>

(2) 自攻螺纹紧固件		
材料	钢	不锈钢
公差	GB/T 3103.1	
机械和功能特性	GB/T 3098.5 GB/T 3098.11	GB/T 3098.21
几何特征 ① 螺纹 ② 扳拧特征 ③ 零件末端 ④ 沉头	GB/T 5280 GB/T 944.1、6188 GB/T 5280 GB/T 5279	
表面处理	GB/T 5267.1 GB/T 5267.2 GB/T 5267.3	ISO16048
质量状况	GB/T 90.1、90.2、ISO16426	

注：表中引用的标准的完整标准号和标准名称，参见"第二十八章，本书引用的标准索引"。

③ 通用技术要求。

标准的螺栓、螺钉、螺柱和螺母应规定下列部分：

——机械性能（性能等级、材料）；

——产品等级（公差）；

——标准化的几何特征（如需要时）；

——表面覆盖层（如要求时）；特殊技术要求（如同意时）。

所有数据与制成品有关。除另有专用标准或供需之间的协议，否则应不规定制造过程。

采用的制造方法，应能保证产品有完整的表面和棱边，而没有毛刺。通常，不要求去除诸如开槽或锻压、冲压或切边等工艺造成的小毛刺。然而，任何影响产品性能或者触摸时有安全危险的毛刺，均应去除。超出螺栓和螺钉支承面的切边毛刺是不允许的。除非另有规定，否则允许螺栓和螺钉留有中心孔。除非已规定了一种表面覆盖层，产品的表面处理为：

　　——不经处理，用于钢制产品，或

　　——简单处理，用于不锈钢或有色金属产品。

　　如无其他协议，交付的螺栓、螺钉、螺柱和螺母应是清洁的，并涂有防锈油。

2. 吊环螺钉技术条件
(GB/T 825—1988)

　　① 吊环螺钉应采用 20 钢或 25 钢制造；须经整体锻造，并经正火处理和清除氧化皮；成品的晶粒度不应低于 5 级（按 GB/T 6394 规定）；锻件不准有过烧、裂缝缺陷；吊环螺钉应进行硬度试验，硬度值为 HRB 67～95。

　　② 吊环螺钉的最大起吊重量、轴向载荷试验和锻件缺陷允差，见下表。

　　③ 吊环螺钉的螺纹公差为 6g；表面一般不进行表面处理，但根据使用要求，可进行镀锌钝化、镀铬等表面处理。

　　④ 在吊环螺钉的标志位置上（参见第 17.136 页图），应标志出材料牌号（20 或 25）以及制造厂的商标或识别标志。

　　⑤ 对使用吊环螺钉的要求：表中最大起吊重量值仅适用于将吊环螺钉安装于钢、铸钢或灰铸铁件的情况。吊环螺钉必须旋进至使支承面紧密贴合，但不准使用工具旋紧。不允许有垂直于吊环平面的载荷。采用"双螺钉起吊"的方式时，应保证两吊环平面在同一平面内，为此，可在支承面上加放调整垫片；钢缆绳的夹角不应大于 90°。

规格 d (mm)	最大起吊重量 (t)		锻件缺陷允差(max) (mm)			轴向载荷试验 (kN)	
	单螺钉 起吊	双螺钉 起吊	错差	残留飞边		保证 载荷	最小判 裂载荷
				外缘	内孔		
M8	0.16	0.08	0.4	0.5		3.2	6.3
M10	0.25	0.125	0.4	0.5		5	10
M12	0.4	0.2	0.4	0.5		8	16
M16	0.63	0.32	0.4	0.5		12.5	25
M20	1	0.5	0.5	0.6		20	40
M24	1.6	0.8	0.5	0.6		32	63
M30	2.5	1.25	0.6	0.7	0	50	100
M36	4	2	0.8	0.8		80	160
M42	6.3	3.2	1	1		125	250
M48	8	4	1.2	1.2		160	320
M56	10	5	1.2	1.2		200	400
M64	16	8	1.4	1.4		320	630
M72×6	20	10	1.6	1.7		400	800
M80×6	25	12.5	1.6	1.7		500	1000
M100×6	40	20	1.6	1.7		800	1600

单螺钉起吊

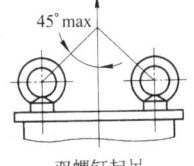

双螺钉起吊

3. 蝶形螺母技术条件

(1) 蝶形螺母—圆翼技术条件
(GB/T 62.1—2004)

材料	钢、铁	不锈钢	有色金属
	Q215、Q235 KT30 - 6	1Cr18Ni9	H62(黄铜)
螺纹	7H		
保证扭矩	Ⅰ级	Ⅰ级	Ⅱ级
表面处理	氧化;电镀	简单处理	简单处理

(2) 蝶形螺母—方翼技术条件
(GB/T 62.2—2004)

材料、螺纹、保证扭矩和表面处理的要求,与"(1)蝶形螺母"相同

(3) 蝶形螺母—冲压技术条件
(GB/T 62.3—2004)

材料	钢:Q215、Q235
螺纹	7H
保证扭矩	A 型:Ⅱ级;B 型:Ⅲ级
表面处理	氧化;电镀

(4) 蝶形螺母—压铸
(GB/T 62.4—2004)

材料	锌合金:ZZnAlD4 - 3
螺纹	7H
保证扭矩	Ⅱ级
表面处理	

注: 1. 材料的牌号仅系推荐采用的,制造者可根据实际条件与经验选用其他材料牌号及技术条件。
　　2. 蝶形螺母的保证扭矩,参见第 9.66 页"11.蝶形螺母的机械性能"。

4. 铆螺母技术条件

(GB/T 17880.6—1999)

① 材料。

钢平头、沉头、小沉头、120°小沉头和平头六角铆螺母：08F、ML10 钢。

铝合金平头和沉头铆螺母：5056（旧牌号为 LF5-1）、6061（旧牌号为 LD30）铝合金。

其他材料由供需双方协议。

② 螺纹公差。

铆螺母的螺纹公差为 6H。

③ 机械性能。

铆螺母应进行保证载荷、头部结合强度、剪切强度、破坏扭矩和转动扭矩试验，其保证载荷、头部结合力、剪切力、破坏扭矩和转动扭矩应符合下表中的规定。

M10×1 和 M12×1.5 铆螺母的上述各项试验值由供需双方协议。

④ 表面处理。

钢铆螺母应进行电镀锌，并采用 Fe/Ep·Zn5·2C 防护层（按 GB/T 9799 钢铁上的锌电镀层的规定）。

铝合金铆螺母一般不进行表面处理。

其他表面处理要求由供需双方协议。

⑤ 验收及包装。

验收及包装按 GB/T 90.1 和 GB/T 90.2 的规定，分别参见第 14.2 页和第 14.15 页。

(1) 保证载荷、头部结合强度和剪切强度试验							
机械性能	螺 纹 规 格						
	M3	M4	M5	M6	M8	M10	M12
保证载荷 (N),min 钢 铝	3900 1900	6800 4000	11500 6500	16500 7800	25000 12300	32000 17500	34000 —
头部结合力 (N),min * 钢 铝	2236 1242	3220 1789	4348 2435	6149 3416	9034 5019	11926 6626	13914 —
剪切力 (N),min 钢 铝	1100 640	2100 1200	2600 1900	3800 2700	5400 3900	6900 4200	7500 —

(2) 破坏扭矩试验							
铆螺母品种	螺 纹 规 格						
	M3	M4	M5	M6	M8	M10	M12
	破坏扭矩(N·m),min						
钢平头 钢平头六角	2	5	8.5	15	26	50	80
钢沉头	1	4	8	15	26	45	70
钢小沉头 钢120°小沉头	1	3	6	11	20	32	50
铝平头 铝沉头	0.7	2.5	5	8	20	25	—

(3) 转动扭矩试验							
铆螺母品种	螺 纹 规 格						
	M3	M4	M5	M6	M8	M10	M12
	转动扭矩(N·m),min						
钢平头	0.5	1	2	4.5	5.5	11	30
钢沉头	0.4	0.8	1.5	3.5	4.5	8.5	24
铝平头	0.25	0.9	1.5	3.5	5	6.5	21
铝沉头	0.2	0.7	1.2	2.5	4	5	16

注：* 小沉头和120°小沉头铆螺母不进行头部结合强度试验。

5. 自攻螺钉技术条件

项　　目		引用标准
螺　　纹		GB/T 5280
机械性能		GB/T 3098.5
公差	产品等级	除产品标准中已有规定外,其余按 A 级
	标　　准	GB/T 3103.1
十字槽		GB/T 944.1
沉头测量		GB/T 5279
表面处理		镀锌钝化 GB/T 5267.1
验收及包装		GB/T 90.1,GB/T 90.2

注:1. 本表内容是根据各种自攻螺钉的产品标准(GB/T 845,
　　846,847,5282,5283,5284,5285,9456 和 13806.2)中
　　规定的技术条件内容综合整理而成。
　　2. 表中引用的各标准的完整标准号和标准名称如下:
　　　GB/T 90.1—2002　　紧固件验收检查
　　　GB/T 90.2—2002　　紧固件标志与包装
　　　GB/T 944.1—1985　　螺钉用十字槽
　　　GB/T 3098.5—2000　紧固件机械性能—自攻螺钉
　　　GB/T 3103.1—1982　紧固件公差—螺栓、螺钉和螺母
　　　GB/T 5267.1—2002　紧固件电镀层
　　　GB/T 5279—1985　　沉头螺钉—头部形状和测量
　　　GB/T 5280—2002　　自攻螺钉用螺纹

6. 自攻锁紧螺钉技术条件

项 目		引 用 标 准
螺杆尺寸		GB/T 6559
机械性能	等级	A、B
	标准	GB/T 3098.7
公差	产品等级	除产品标准中已有规定外,其余按 A 级
	标准	GB/T 3103.1
十字槽		GB/T 944.1
沉头测量		GB/T 5279
六角花形		GB/T 6188
表面处理		镀锌钝化(GB/T 5267.1)
表面缺陷		GB/T 5779.1
验收及包装		GB/T 90.1,GB/T 90.2

注: 1. 本表内容是根据各种自攻锁紧螺钉的产品标准(GB/T 6560~6564)中规定的技术条件内容综合整理而成。

2. 表中引用的各标准的完整标准号和标准名称如下:
GB/T 90.1—2002 紧固件验收检查
GB/T 90.2—2002 紧固件标志与包装
GB/T 944.1—1985 螺钉用十字槽
GB/T 3098.7—2000 紧固件机械性能—自挤螺钉
GB/T 3103.1—1982 紧固件公差—螺栓、螺钉和螺母
GB/T 5267.1—2002 紧固件电镀层
GB/T 5279—1985 沉头螺钉—头部形状和测量
GB/T 5779.1—2000 紧固件表面缺陷—螺栓、螺钉和螺母—一般要求
GB/T 6188—2000 螺栓和螺钉用内六角花形
GB/T 6559—1986 自攻锁紧螺钉的螺杆—粗牙普通螺纹系列

7. 墙板自攻螺钉技术要求

(GB/T 14210—1993)

① 材料。

化 学 成 分(%)					相应的国外牌号
C	Si≤	Mn	P≤	S≤	
0.15~0.20	0.10	0.60~0.90	0.030	0.035	日本 SWRCH18A
0.15~0.20	0.10	0.60~0.90	0.040	0.050	美国 C1018

② 机械性能。

螺纹规格 d(mm)	3.5	3.9	4.2
渗碳层深度(mm),min	0.05		
表面硬度 HV0.3, min	560		
破坏力矩(N·m), min	2.8	3.4	3.4

③ 拧入性能试验。

拧入转速:2000~3000r/min;轴向总推力:(150±3)N;试板材料为 Q215 或 Q235 的半软(BR)钢带,厚度 0.6mm;拧入时间不大于 1s;经试验后,螺钉的螺纹不得破坏。

④ 弯折角试验。

对螺钉进行 15°弯折角试验,螺钉允许出现裂纹,但不得折断。

⑤ 螺纹。

螺钉上的双线螺纹在横向截面应对称分布,辗制螺纹时末端应自然形成圆锥,顶尖应完整,不允许有残余金属。

⑥ 形位公差。

头部对螺杆轴线的同轴度,按GB/T 3103.1—1982 中的 A 级产品的规定。

⑦ 表面缺陷。

不允许有淬火裂缝;头部不允许有肉眼可见的裂纹,头杆结合处应光滑无毛刺;表面不允许有浮锈。

⑧ 表面处理。

螺钉表面应进行磷化处理,其外观为干性的连续、细小、均匀的磷酸盐结晶、呈灰黑色;不允许有明显的结晶粗大、色泽不均、花斑等缺陷。螺钉应进行耐腐蚀性试验,其试验周期由供需双方协议。

8. 自钻自攻螺钉技术条件

项 目		引 用 标 准
螺 纹		GB/T 5280
机械性能		GB/T 3098.11
公差	产品等级	除产品标准中规定外,其余按 A 级
	标准	GB/T 3103.1
十字槽		GB/T 944.1
沉头的测量		GB/T 5279
表面处理		① 不经表面处理 ② 电镀(GB/T 5267.1)
验收及包装		GB/T 90.1,GB/T 90.2

注:1. 本表内容根据各种自钻自攻螺钉产品标准(GB/T 15856.1~15856.4—1995)中规定的技术条件内容综合整理而成。
 2. 表中引用的各标准的完整标准号和标准名称如下:
 GB/T 90.1—2002 　　紧固件验收检查
 GB/T 90.2—2002 　　紧固件标志与包装
 GB/T 944.1—1985 　　螺钉用十字槽
 GB/T 3098.11—2002 　紧固件机械性能—自钻自攻螺钉
 GB/T 3103.1—1982 　　紧固件公差—螺栓、螺钉和螺母
 GB/T 5267.1—2002 　　紧固件电镀层
 GB/T 5279—1985 　　沉头螺钉—头部形状和测量
 GB/T 5280—2002 　　自攻螺钉用螺纹

9. 木螺钉技术条件

(GB/T 922—1986)

① 材料。

碳钢:牌号为 Q215 或 Q235。

铜及铜合金:牌号为 H62 或 HPb59—1。

② 木螺钉用螺纹(参见第 5.32 页"木螺钉用螺纹"中介绍)。

③ 形位公差。

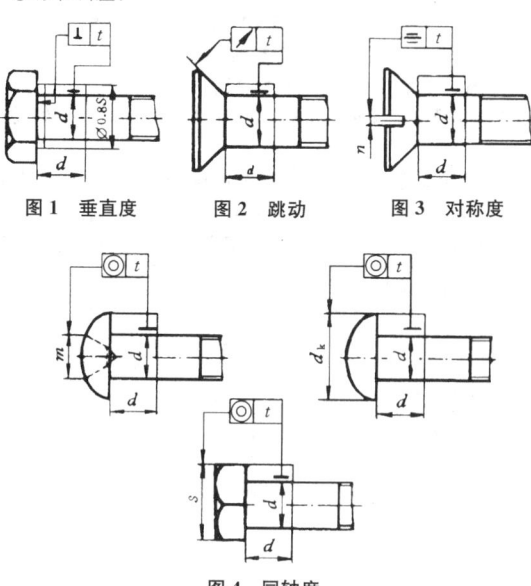

图 1　垂直度　　　　图 2　跳动　　　　图 3　对称度

图 4　同轴度

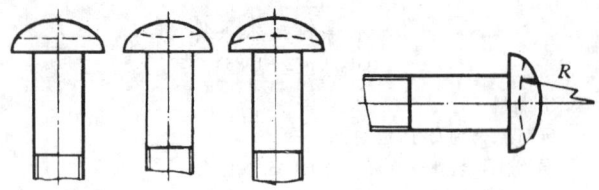

图5　起子槽底形状　　图6　凹底起子槽曲率半径

(a) 六角头木螺钉支承面对钉杆的垂直度,按图1和下表规定。

(b) 沉头和半沉头支承面对钉杆的跳动,按图2和下表规定。

(c) 开槽木螺钉的槽对钉杆的对称度,按图3和下表规定。

(d) 十字槽(m)、圆头头部直径(d_k)和六角头(s)对钉杆的同轴度,按图4和下表规定。

(e) 木螺钉起子槽应制成平底,亦可制成凹底或凸底,参见图5。起子槽底形状不作检查。凹底的曲率半径,按图6和下表规定。

(f) 在木螺钉的螺纹长度范围内,杆部形状可制成圆柱形或圆锥形,但不允许有倒圆锥。

形位公差要求(mm)									
公称直径 d		1.6	2	2.5	3	3.5	4	4.5	5
垂直度公差 t		—							
跳动公差 t		0.36				0.44			
对称度公差 t		0.28				0.36			
同轴度公差 t	十字槽	0.50				0.60			
	圆头	0.60				0.72			
	六角头	—							

形位公差要求(mm)									
公称直径 d		5.5	6	7	8	10	12	16	20
垂直度公差 t		—	0.15	—	0.18	0.24	0.27	0.34	0.42
跳动公差 t		0.54						0.66	
对称度公差 t		0.36		0.44			—		
同轴度公差 t	十字槽	0.60		0.72			—		
	圆头	0.86		0.86			—		
	六角头	—	0.72	—		0.86		1.04	
开槽宽度 n		≤1.2	1.4	1.6	1.8	2		2.5	
最小曲率半径 R		20	25		30				

④ 表面缺陷。

（a）木螺纹表面不允许有裂缝、折叠。除螺纹最初两扣和螺尾外，不允许有扣不完整。

（b）木螺钉表面不允许有浮锈，不允许有影响使用的裂缝、凹痕、毛刺、圆钝和飞边。

10. 平垫圈技术条件

材　　料		钢					不锈钢
机械性能	硬度等级	100 HV	160 HV	180 HV	200 HV	300 HV	200 HV
	硬度范围(HV)	100～200	160～250	180～300	200～300	300～370	200～300
公差(除产品标准中规定外,其余按"产品等级"中规定)	产品等级	C级	A级				A级
	标准	GB/T 3103.3					
	适用平垫圈品种	①③⑩	⑥	⑧	②④⑤⑦⑨		②④⑤⑦⑨

材　　料	钢	不锈钢
表面处理	不经处理；电镀（技术要求按 GB/T 5267.1）；非电解锌片涂层（技术要求按 GB/T 5267.2）	不经处理
验收及包装	GB/T 90.1，GB/T 90.2	

注：1. 本表内容是根据下列平垫圈产品标准中规定的技术条件内容综合整理而成。①GB/T 95—2002 平垫圈—C 级；②GB/T 96.1—2002 大垫圈—A 级；③GB/T 96.2—2002 大垫圈—C 级；④GB/T 97.1—2002 平垫圈—A 级；⑤GB/T 97.2—2002 平垫圈—倒角型—A 级；⑥GB/T 97.3—2000 销轴用平垫圈；⑦GB/T 97.4—2002 平垫圈—用于螺钉和垫圈组合件；⑧GB/T 97.5—2002 平垫圈—用于自攻螺钉和垫圈组合件；⑨GB/T 848—2002 小垫圈—A 级；⑩GB/T 5287—2002 特大垫圈—C 级。"适用平垫圈品种"栏中的①、②、…、⑩的含义，同上。

2. 不锈钢的牌号有 A2、F1、C1、A4、C4，其化学成分按 GB/T 3098.6—2000 不锈钢螺栓、螺钉和螺柱机械性能的规定（参见第 9.17 页）。

3. 平垫圈的机械性能用硬度等级表示。例：100HV、200HV、…。

4. 表中引用标准的完整标准号和名称如下：

GB/T 90.1—2002　　紧固件验收检查
GB/T 90.2—2002　　紧固件标志与包装
GB/T 3103.3—2000　紧固件公差—平垫圈
GB/T 5267.1—2002　紧固件电镀层
GB/T 5267.2—2002　紧固件非电解锌片涂层

11. 弹簧垫圈技术条件

(GB/T 94.1—2008)

① 材料、热处理和表面处理。

材　　料		热处理	表面处理
种类	牌号		
弹簧钢	65Mn 70 60Si2Mn	淬火并回火 40~50HRC 或 392~513HV	① 氧化、磷化 ② 镀锌钝化 ③ 非电解锌片涂层
不锈钢	3Cr13 0Cr18Ni9 06Cr18Ni10Ti 06Cr18Ni11Ti 06Cr17Ni12Mo2	回火 ≥34HRC 或 336HV	简单处理
磷青铜	QSi3-1	≥90HRB 或 192HV	—

注：1. 弹簧钢垫圈镀锌后，必须立即进行驱氢处理。
　　2. 热处理硬度仅供生产工艺参考。

② 性能。

(a) 弹性试验*：将垫圈按下表中的试验载荷连续加载三次，试验后的垫圈自由高度应不小于下表中规定。

注： * 不锈钢和磷青铜垫圈的弹性试验，由供需双方协议。

(b) 扭转试验：将垫圈夹于虎钳和扳手之间，扳手和台虎钳之间距离等于垫圈外径的1/2，将扳手向顺时针方向缓慢扭转至90°(钢、不锈钢和磷青铜垫圈)，这时垫圈不得断裂。

(c) 抗氢脆试验：将弹簧垫圈用平垫圈隔开，穿在试棒上，进行压缩，压缩载荷达到下表中规定的试验载荷时，放置48h以上，然后松开，弹簧垫圈不得断裂。

③ 表面要求。

(a) 垫圈表面不允许有裂缝、浮锈和影响使用的凹痕、划伤和毛刺。

(b) 垫圈截面的内外圆角应不大于垫圈公称厚度($S_{公称}$)的四分之一($S_{公称}/4$)。

(c) 垫圈外表面允许有轧压的花纹。

<table>
<tr><td colspan="9" align="center">(1) 弹性试验试验载荷</td></tr>
<tr><td>垫圈规格(mm)</td><td>2</td><td>2.5</td><td>3</td><td>4</td><td>5</td><td>6</td><td>8</td><td>10</td></tr>
<tr><td>试验载荷(kN)</td><td>0.7</td><td>1.16</td><td>1.76</td><td>3.05</td><td>5.05</td><td>7.05</td><td>12.9</td><td>20.6</td></tr>
<tr><td>垫圈规格(mm)</td><td>12</td><td>14</td><td>16</td><td>18</td><td>20</td><td>22</td><td>24</td><td>27</td></tr>
<tr><td>试验载荷(kN)</td><td>30.0</td><td>41.3</td><td>56.3</td><td>69.0</td><td>88.0</td><td>110</td><td>127</td><td>167</td></tr>
<tr><td>垫圈规格(mm)</td><td>30</td><td>33</td><td>36</td><td>39</td><td>42</td><td>45</td><td>48</td><td></td></tr>
<tr><td>试验载荷(kN)</td><td>204</td><td>255</td><td>298</td><td>343</td><td>394</td><td>457</td><td>518</td><td></td></tr>
</table>

<table>
<tr><td colspan="10" align="center">(2) 弹性试验后垫圈自由高度 H</td></tr>
<tr><td colspan="2">垫圈规格(mm)</td><td>2</td><td>2.5</td><td>3</td><td>4</td><td>5</td><td>6</td><td>8</td><td>10</td></tr>
<tr><td rowspan="2">自由高度
≥(mm)</td><td>标准、
轻、重</td><td colspan="8">$H \geq 1.67 S_{公称}$($S_{公称}$:垫圈公称厚度)</td></tr>
<tr><td>波形、
鞍形</td><td>—</td><td>—</td><td>0.9</td><td>1</td><td>1.25</td><td>1.6</td><td>2.1</td><td>2.4</td></tr>
<tr><td colspan="2">垫圈规格(mm)</td><td>12</td><td>14</td><td>16</td><td>18</td><td>20</td><td>22</td><td>24</td><td>27</td></tr>
<tr><td rowspan="2">自由高度
≥(mm)</td><td>标准、
轻、重</td><td colspan="8">$H \geq 1.67 S_{公称}$($S_{公称}$:垫圈公称厚度)</td></tr>
<tr><td>波形、
鞍形</td><td>2.8</td><td>3.2</td><td>3.8</td><td>3.8</td><td>4.4</td><td>4.4</td><td>5.6</td><td>5.6</td></tr>
<tr><td colspan="2">垫圈规格(mm)</td><td>30</td><td>33</td><td>36</td><td>39</td><td>42</td><td>45</td><td>45</td><td></td></tr>
<tr><td rowspan="2">自由高度
≥(mm)</td><td>标准、
轻、重</td><td colspan="8">$H \geq 1.67 S_{公称}$($S_{公称}$:垫圈公称厚度)</td></tr>
<tr><td>波形、
鞍形</td><td>8</td><td></td><td></td><td></td><td></td><td></td><td></td><td></td></tr>
</table>

注:1."自由高度"栏中:标准——标准型弹簧垫圈;轻——轻型

弹簧垫圈；重——重型弹簧垫圈；波形——波形弹簧垫圈；
鞍形——鞍形弹簧垫圈。

2. 垫圈公称厚度($S_{公称}$)具体数值,参见第21.23页～第21.28页。

12. 齿形、锯齿锁紧垫圈技术条件

(GB/T 94.2—1987)

① 材料、热处理和表面处理。

材　　料		热处理	表面处理
种类	牌号		
弹簧钢	65Mn	淬火并回火 40～50HRC	① 氧化 ② 镀锌钝化
铜及其合金	QSn6.5-0.1(硬)	—	钝化

注：1. 垫圈镀锌后,必须立即进行驱氢处理。

　　2. 热处理硬度供生产工艺参考。

② 性能。

(a) 弹性试验：将齿形锁紧垫圈压缩到 $S+0.12\text{mm}$,然后松开,测量其高度,应大于 $S+0.12\text{mm}$(S—材料实际厚度)。

对内、外锁紧垫圈,应在两平面内进行压缩；

对锥形锁紧垫圈,应在相应的内、外锥面间进行压缩。

(b) 韧性试验：将齿形锁紧垫圈的齿形切开,固定一端,拉伸另一端,使其分开的距离约等于垫圈的内径,拉伸的方向如右图所示,然后检查垫圈不得有断裂现象。

(c) 抗氢脆试验：将镀锌齿形锁紧垫圈用平垫(或锥垫)隔离穿在试样上,并将垫圈压缩到 $S+0.12\text{mm}$,

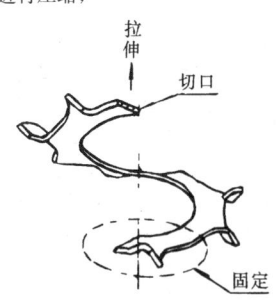

拉伸

切口

固定

放置 48h 以上,然后松开,垫圈不得有断裂现象。

③ 表面缺陷。

垫圈表面不得有裂缝、浮锈和影响使用的毛刺。

13. 鞍形、波形弹性垫圈技术条件

(GB/T 94.3—2008)

① 材料、热处理和表面处理。

材　　料		热处理	表面处理
种类	牌号		
弹簧钢	65Mn	淬火并回火 40～50HRC 或 392～513HV	① 氧化 ② 镀锌钝化 ③ 非电解锌片涂层
铜及其合金	QSn6.5-0.1(硬)	385HRB 或 164HV	钝化

注:1. 垫圈镀锌后,必须立即进行驱氢处理。

　　2. 热处理硬度供生产工艺参考。

② 性能。

(a) 弹性试验:将垫圈(规格≥4mm)按下表规定的试验载荷进行压缩,然后松开,测量其高度,应不小于相应产品标准规定的 H_{min}。

垫圈规格(mm)	4	5	6	8	10	12	14
试验载荷(kN)	2.70	4.40	6.15	11.3	18.0	26.3	36.1
垫圈规格(mm)	16	18	20	22	24	27	30
试验载荷(kN)	49.2	60.0	78.0	97.0	111	146	178

(b) 抗氢脆试验:将电镀垫圈(规格≥4mm)用平垫隔开穿在试棒上,按上表规定的试验载荷进行压缩,放置 48h 以上,然后松开,垫圈不得有断裂现象。

③ 表面缺陷。

垫圈表面不得有裂缝、浮锈和影响使用的毛刺。

14. 止动垫圈技术条件

(GB/T 98—1988)

① 材料。

碳素结构钢:牌号为 Q215 或 Q235。

优质碳素结构钢:牌号为 10 或 20。

② 热处理和表面处理。

垫圈应进行退火处理及表面氧化处理。

③ 表面缺陷。

垫圈表面不允许有影响使用的毛刺、浮锈。

④ 厚度(S)的极限偏差。

厚度 S (mm)	基本尺寸	0.3~ 0.8	1~ 1.5	2~ 2.5	3	4~ 5	7~ 14
	极限偏差	±0.10	±0.15	±0.20	±0.3	+0.4 −0.5	+0.4 −0.8

15. 球面、锥面、开口垫圈、工字钢用和
槽钢用方斜垫圈技术条件*

① 球面、锥面和开口垫圈技术条件。

材料:优质碳素结构钢,牌号为 45。

硬度:垫圈应进行热处理,硬度为 40~48HRC。

表面处理:氧化。

其他:球面垫圈的球面和锥面垫圈的 120°锥面,如需抛光,须在订单中注明。

② 工字钢用和槽钢用方斜垫圈技术条件。

(a) 材料:碳素结构钢,牌号为 Q215 或 Q235。

(b) 表面处理:不经处理。

注: * 本节内容是根据球面、锥面、开口垫圈、工字钢用和槽钢用方斜垫圈的产品标准(GB/T 849~853—1988)中规定的技术条件内容综合整理而成。

16. 弹性挡圈技术条件

(GB/T 959.1—1986)

① 适用范围。

本标准(GB/T 959.1—1986)适用于孔用、轴用及开口弹性挡圈。

② 材料。

采用 65Mn 或 60Si2MnA 冷轧弹簧钢带制造。

③ 热处理和表面处理。

挡圈孔径、轴径或公称直径 d_0 或 d(mm)	热处理(淬火并回火)		表面处理
	HRC	HV	
≤48	47~54	470~580	氧化 镀锌钝化
>48~200	44~51	435~530	

注：热处理硬度仅供生产工艺参考。

④ 性能。

(a) 弹性试验：

孔用弹性挡圈：用挡圈钳(定位钳)夹紧挡圈，使外径(D)缩小至 $0.99d_0$(d_0—挡圈孔径)，然后放松，连续进行五次。试验后，挡圈外径(D)应不小于沟槽直径(d_2)的最大值。

轴用弹性挡圈：用挡圈钳张开挡圈，使内径(d)扩大至 $1.01d_0$ (d_0—挡圈轴径)，然后放松，连续进行五次。试验后，挡圈内径(d)应不大于沟槽直径(d_2)的最小值。

开口挡圈：将挡圈装入试验轴上，然后拆下测量挡圈内径(d)，应不大于沟槽直径(d_2)的基本尺寸。试验轴的直径等于沟槽直径(d_2)的基本尺寸。

(b) 孔用和轴用弹性挡圈的缝规检查：

试验时,挡圈应能自由通过缝规,见下图。缝规尺寸见下表。

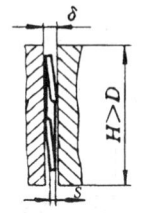

孔径或轴径 d_0(mm)	缝规宽度 δ
≤100	1.5S
>100	1.8S

H—缝规高度;

D—挡圈外径;

δ—缝规宽度;

S—挡圈厚度

(c) 开口挡圈的韧性试验:

将挡圈装在试验轴上,保持48h后应不断裂。试验轴的直径应等于沟槽直径(d_2)的基本尺寸的1.1倍。

⑤ 表面缺陷。

挡圈表面不允许有裂缝。挡圈不允许有影响使用的毛刺。

17. 钢丝挡圈技术条件

(GB/T 959.2—1986)

① 适用范围。

本标准(GB/T 959.2—1986)适用于孔用和轴用钢丝挡圈。

② 材料。

采用碳素弹簧钢丝制造。

③ 热处理和表面处理。

挡圈应进行低温回火处理,并进行表面氧化处理。

④ 性能。

(a) 弹性试验:

孔用钢丝挡圈:将挡圈装在图1的套筒内,再用芯轴压出,连续进行三次试验。试验后,测量其外径(D)和开口尺寸(B)应符合尺寸标准的规定。图1中:$A=D$,$B=0.99d_{0-0.05}$,$C=d_{2-0.05}$;D—挡圈外径,

d_0—孔径，d_2—沟槽直径。

轴用钢丝挡圈：将挡圈装在图 2 的芯轴上，再用套筒压出，连续进行三次试验。试验后，测量其内径（d）和开口尺寸（B）应符合尺寸标准的规定。图 2 中：$A = d$，$B = 1.01d_0{}^{+0.05}_{\ 0}$，$C = d_2{}^{+0.05}_{\ 0}$；$d$—挡圈外径，$d_0$—轴径，$d_2$—沟槽直径。

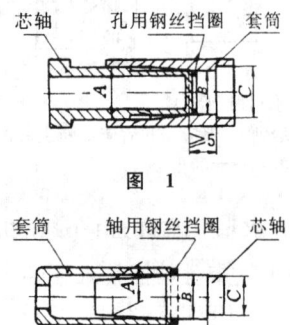

图 1

图 2

（b）缝规检查：

将挡圈放入缝规（见图 3）中，挡圈应能自由通过。

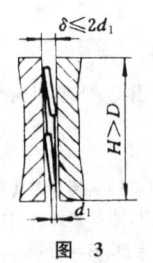

H—缝规高度；
D—挡圈外径；
δ—缝规宽度；
d_1—钢丝直径

图 3

⑤ 表面缺陷。

挡圈表面不允许有裂缝。挡圈不允许有影响使用的毛刺。

18. 切制挡圈技术条件

(GB/T 959.3—1986)

① 适用范围。

本标准(GB/T 959.3—1986)适用于锥销锁紧、螺钉锁紧、轴肩和轴端(切制)挡圈。

② 材料。

碳素结构钢:牌号为 Q235。

优质碳素结构:牌号为 35 或 45。

易切削结构钢:牌号为 Y12。

③ 热处理和表面处理。

根据使用要求,对 35 钢或 45 钢制成的挡圈可进行热处理(淬火并回火),其硬度和表面处理见下表。

材料牌号	热处理后硬度	表面处理
35	25～35HRC	氧化
45	39～44HRC	

④ 螺纹。

螺纹按 GB/T 196 规定的粗牙螺纹,螺纹公差按 GB/T 197 规定的7H 级制造。

⑤ 轴肩挡圈两端面的平行度。

轴肩挡圈两端面的平行度,按 GB/T 1184—1980《形状和位置公差 未注公差的规定》附表 3 中规定的 6 级公差。

⑥ 表面缺陷。

挡圈表面不允许有影响使用的毛刺、浮锈。

19. 钢丝锁圈和夹紧挡圈技术条件

① 钢丝锁圈技术条件(GB/T 921—1986)。

材料:锁圈采用碳素弹簧钢丝制造。

热处理:锁圈应进行低温回火处理。

表面处理:锁圈表面应进行氧化处理。

② 夹紧挡圈技术条件(GB/T 960—1986)。

材料:钢——Q215 或 Q235 碳素结构钢。

铜合金——62 黄铜。

表面处理:一般不经处理。

表面缺陷:表面不允许有裂缝和有影响使用的毛刺。

20. 开口销技术条件

(GB/T 91—2000)

① 材料。

碳素钢——Q215、Q235。

不锈钢——1Cr17Ni7、0Cr18Ni9Ti。

铜合金——H63。

② 韧性。

开口销的每一个脚应能经受反复多次的弯曲,而在弯曲部分不发生断裂或裂缝。

弯曲方法:把开口销拉开,将其任一直脚部分夹紧在检验模内(不应产生压扁现象);然后将开口销弯曲 90°,往返一次为一次弯曲。试验速度不应超过 60 次/min。检验模制出半圆槽孔,其直径等于开口销的公称规格。钳口应有 $r=0.5\text{mm}$ 的圆角(参见图1)。

③ 工作质量。

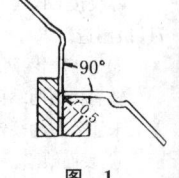

图 1

（a）眼圈应尽可能制成圆形。

（b）开口销两脚的横截面应为圆形，但允许开口销两脚平面与圆周交接处有半径 $r=(0.05\sim0.1)d_{max}$ 的圆角（d——开口销直径）。

（c）开口销两脚的间隙和两脚的错移量应不大于开口销公称规格与 d_{max} 之差值。

（d）开口销允许制成开口的，其两脚内平面的夹角 α 应符合下表规定（参见图2）：

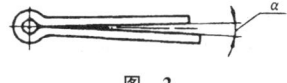

图　2

公称规格(mm)	≤1.6	2~6.3	≥8
两脚内平面的夹角 α	≤8°	≤4°	≤2°

④ 表面缺陷。

开口销表面不允许有毛刺、不规则的和有害的缺陷。

⑤ 表面处理。

  钢制品：不经处理；

      镀锌钝化；

      磷化。

  不锈钢制品：简单处理。

  铜合金制品：简单处理。

21. 圆柱销和内螺纹圆柱销技术条件

说明：本技术条件内容是根据下列四个产品标准中规定的技术条件内容综合整理而成。

（a）GB/T 119.1—2000 圆柱销—不淬硬钢和奥氏体不锈钢

（b）GB/T 119.2—2000 圆柱销—淬硬钢和马氏体不锈钢

(c) GB/T 120.1—2000　　内螺纹圆柱销—不淬硬钢和奥氏体不锈钢

(d) GB/T 120.2—2000　　内螺纹圆柱销—淬硬钢和马氏体不锈钢

① 材料。

(a) 不淬硬钢——硬度为 125～245HV30。

(b) 奥氏体不锈钢——牌号为 A1(按 GB/T 3098.6 的规定,参见第 9.17 页),硬度为 210～280HV30。

(c) 淬硬钢——又分 A 型(普通淬火钢)和 B 型(表面淬火钢)两种。

A 型(普通淬火钢),其化学成分(%)如下:

C:0.95～1.1; Si:0.15～0.35; Mn:0.25～0.4;

P:≤0.03; S:≤0.025; Cr:1.35～1.65。

硬度为 550～650HV30。

B 型(表面淬火钢),其化学成分(%)如下:

C:0.06～0.13; Si:0.1～0.4; Mn:0.25～0.6;

P:≤0.025; S:≤0.05。

制造者也可以选用下列化学成分(%)的 B 型钢:

C:≤0.15; Si:≤0.10; Mn:0.9～1.3;

P:≤0.07; S:0.15～0.35; Pb:0.15～0.35。

表面硬度为 600～700HV1;渗碳层深度为 0.25～0.4 mm 的最低硬度为 550HV1。

(d) 马氏体不锈钢——牌号为 C1(按 GB/T 3098.6 的规定,参见第 9.17 页);淬火并回火硬度为 460～560HV30。

按 GB/T 120.2 制造的内螺纹圆柱销,其末端外形又分 A 型(球面圆柱端)和 B 型(平端)两种。A 型末端适用于普通淬火钢和马氏体不锈钢制造的制品,B 型末端适用于表面淬火钢制造的产品。

② 公差。

除按 GB/T 119.1 制造的圆柱销公称直径 d 的公差有 m6 和 h8 两种外,按其余三个产品标准制造的圆柱销和内螺纹圆柱销的公差均只有 m6 一种。

③ 螺纹公差。

内螺纹圆柱销的螺纹公差为 6H。

④ 表面粗糙度(R_a)。

公差为 m6：$R_a \leqslant 0.8 \mu m$。

公差为 h8：$R_a \leqslant 1.6 \mu m$。

⑤ 表面缺陷。

不允许有不规则的和有害的缺陷。

销的任何部位不得有毛刺。

⑥ 表面处理。

钢制品：不经处理；

　　　　氧化；

　　　　镀锌钝化；

　　　　磷化。

不锈钢制品：简单处理。

注：所有公差仅适用于制品涂、镀前的公差。

⑦ 验收及包装。

按 GB/T 90.1—2002 紧固件验收检查和 GB/T 90.2—2002 紧固件标志与包装的规定(分别参见第 14.2 页和第 14.15 页)。

22. 弹性圆柱销技术条件

说明：本技术条件内容是根据下列五个产品标准中规定的技术条件内容综合整理而成。

(a) GB/T 879.1—2000　弹性圆柱销—直槽—重型

(b) GB/T 879.2—2000　弹性圆柱销—直槽—轻型

(c) GB/T 879.3—2000　弹性圆柱销—卷制—重型

(d) GB/T 879.4—2000　弹性圆柱销—卷制—标准型

(e) GB/T 879.5—2000　弹性圆柱销—卷制—轻型

① 材料。

化学成分热处理和硬度		钢(St)					不锈钢	
		碳素钢				硅锰钢	奥氏体不锈钢(A)⑥	马氏体不锈钢(C)⑦
		直槽销		卷制销		直槽销③		
		重型①	轻型②	适用各种直径④	直径>12mm可用⑤		直槽销、卷制销	
化学成分(%)	C	≥0.65	≥0.64	≥0.64	≥0.38	≥0.5	≤0.15	≥0.15
	Mn	≥0.5	≥0.60	≥0.60	≥0.70	≥0.7	≤2.00	≤1.00
	Si			≥0.15	≥0.20	≥1.5	≤1.50	≤1.00
	Cr	—	—	*	≥0.80	—	16~20	11.5~14
	Ni	—	—	—	—	—	6~12	≤1.00
	V	—	—	—	≥0.15	—	—	—
	Mo						≤0.8	
	P	≤0.04			≤0.035	—	≤0.045	≤0.04
	S	≤0.05			≤0.04	—	≤0.03	≤0.03
热处理		淬火并回火或奥氏体回火		淬火并回火		淬火并回火	冷加工	淬火并回火
硬度(HV30)		淬火并回火 420~520 奥氏体回火 500~560		420~545		420~560		直槽销 440~560 卷制销 460~560

注：1. 表中①、②、…、⑦编号，与第23.4页表中钢的①、②、…、⑦编号是一致的，以便阅读时对照。

　　2. *Cr的使用，由制造者任选。

② 直槽。

槽的形状和宽度由制造者任选。

③ 表面缺陷。

不允许有不规则的和有害的缺陷。

销的任何部位不得有毛刺。

④ 剪切试验。

按 GB/T 13683—1992 销—剪切试验方法的规定进行。现将其试验原理、试验夹具和试验方法简介于下。

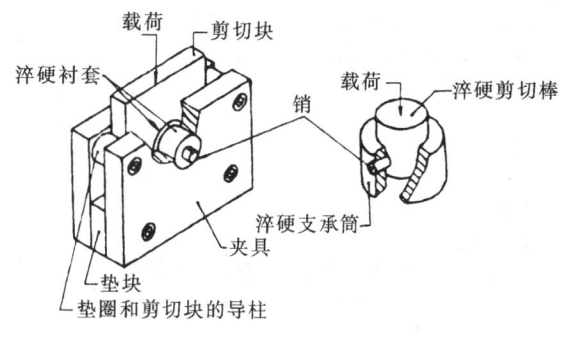

典型的销剪切试验夹具图

试验原理:试验应使金属销承受双截面剪切载荷。在试验器上用适当的试验夹具将金属销夹住,并施加载荷,记录直至金属销剪断面的最大载荷。

典型的销剪切试验夹具如图所示。

试验方法:剪切试验在试验夹具中完成。在夹具中金属销支承各个零件。为了施加载荷,各配合零件应具有与金属销公称直径相等的孔径(公差为 H6),而且硬度不低于 700HV。支承零件与加载零件之间的间隙不应超过 0.15mm。

剪切面与金属销的每一末端面应最少留有一倍金属销直径的距离,两剪切面之间的间隔最少应等于两倍金属销直径。

当金属销太短而不能做双面剪切试验时,应改用两个金属销同时做单面剪切试验。

弹性圆柱销在试验夹具中的安装应使槽口向上。

金属销应试验到剪断为止。当试验载荷达到最大载荷的同时金属销断裂,或未达到最大载荷之前金属销断裂,都认为是金属销的双面剪切载荷。

金属销经剪切试验后的断裂口应为没有纵向裂缝的韧性切口。

试验速度应不超过 13mm/min。

⑤ 表面处理。

(a) 钢弹性圆柱销:

不经处理;

氧化;

磷化;

镀锌钝化。

(b) 奥氏体和马氏体不锈钢弹性圆柱销:简单处理。

注:所有公差,仅适用于涂、镀前的公差。

⑥ 验收及包装。

按 GB/T 90.1 紧固件验收检查和 GB/T 90.2 紧固件标志与包装的规定(分别参见第 14.2 页和第 14.15 页)。

⑦ 弹性圆柱销最小双面剪切载荷,见下表。

说明:1. *d*—弹性圆柱销公称直径。2. * 弹性圆柱销—直槽的剪切载荷数值,仅适用于碳素钢、硅锰钢和马氏体不锈钢制品;对奥氏体不锈钢制品未予规定。3. ＊＊弹性圆柱销—卷制的剪切载荷数值:①栏适用于碳素钢、硅锰钢和马氏体不锈钢制品;②栏适用于奥氏体不锈钢制品。

(1) 弹性圆柱销—直槽—重型双面剪切载荷(kN)*≥

d(mm)	1	1.5	2	2.5	3	3.5	4	4.5	5	6
剪切载荷	0.7	1.58	2.82	4.38	6.32	9.06	11.24	15.36	17.54	26.04

d(mm)	8	10	12	13	14	16	18	20	21
剪切载荷	42.76	70.16	104.1	115.1	144.7	171	222.5	280.6	298.2

d(mm)	25	28	30	32	35	38	40	45	50
剪切载荷	438.5	542.6	631.4	684	859	1003	1068	1360	1685

(2) 弹性圆柱销—直槽—轻型双面剪切载荷(kN)*≥

d(mm)	2	2.5	3	3.5	4	4.5	5	6
剪切载荷	1.5	2.4	3.5	4.6	8	8.8	10.4	18

d(mm)	8	10	12	13	14	16	18	20
剪切载荷	24	40	48	66	84	98	126	158

d(mm)	21	25	28	30	35	40	45	50
剪切载荷	168	202	280	302	490	634	720	1000

(3) 弹性圆柱销—卷制—重型双面剪切载荷(kN)**≥

d(mm)		1.5	2	2.5	3	3.5	4	5
剪切载荷	①	1.9	3.5	5.5	7.6	10	13.5	20
	②	1.45	2.5	3.8	5.7	7.6	10	15.5

d(mm)		6	8	10	12	14	16	20
剪切载荷	①	30	53	84	120	165	210	340
	②	23	41	64	91			

(4) 弹性圆柱销—卷制—标准型双面剪切载荷(kN)**≥

d(mm)		0.8	1	1.2	1.5	2	2.5	3	3.5	4
剪切载荷	①	0.4	0.6	0.9	1.45	2.5	3.9	5.5	7.5	9.6
	②	0.3	0.45	0.65	1.05	1.9	2.9	4.2	5.7	7.6

d(mm)		5	6	8	10	12	14	16	20
剪切载荷	①	15	22	39	62	89	120	155	250
	②	11.5	16.8	30	48	67			

(5) 弹性圆柱销—卷制—轻型双面剪切载荷(kN)**≥

d(mm)		1.5	2	2.5	3	3.5	4	5	6	8
剪切载荷	①	0.8	1.5	2.3	3.3	4.5	5.7	9	13	23
	②	0.65	1.1	1.8	2.5	3.4	4.4	7	10	18

23. 圆锥销、内螺纹圆锥销和螺尾锥销技术条件

说明:本技术条件内容是根据下列三个产品标准中规定的技术条件内容综合整理而成。

(a) GB/T 117—2000　圆锥销

(b) GB/T 118—2000　内螺纹圆锥销

(c) GB/T 881—2000　螺尾锥销

① 材料。

(a) 钢:

易切削结构钢:牌号 Y12、Y15。

优质碳素结构钢:

牌号 35,硬度为 28~38HRC;

牌号 45,硬度为 38~41HRC;

合金结构钢:牌号 30CrMnSiA,硬度为 35~41HRC。

(b) 不锈钢:牌号 1Cr13、2Cr13;Cr17Ni2;0Cr18Ni19Ti。

② 锥度。

锥度公差及检验方法,按 GB/T 11334—1989 圆锥公差的规定,并由供需双方协议。

③ 螺纹。

内螺纹公差为 6H,外螺纹公差为 6g。

④ 表面缺陷。

不允许有不规则的和有害的缺陷。

销的任何部位不得有毛刺。

⑤ 表面处理。

钢销:不经处理、氧化、磷化、镀锌钝化。

不锈钢销:简单处理。

注:所有公差仅适用于销的涂、镀前的公差。

⑥ 验收及包装。

按 GB/T 90.1—2002 紧固件验收检查和 GB/T 90.2—2002 紧固件标志与包装的规定(参见第 14.2 页)。

24. 销技术条件(GB/T 121—1986)

① 适用范围。

本技术条件适用于各种柱销和锥销。

② 材料。

(a) 碳素钢:牌号 35,淬火并回火硬度 28~38HRC。

　　　　　牌号 45,淬火并回火硬度 38~46HRC。

(b) 合金钢:牌号 30CrMnSiA,淬火并回火硬度 35~41HRC。

(c) 铜及其合金:牌号 H62;HP659-1;QSi3-1。

(d) 不锈钢:牌号 1Cr13、2Cr13;Cr17Ni2;1Cr18Ni9Ti。

注: 1. 对 35 钢、45 钢,根据使用要求,允许不进行热处理。

　　 2. Cr13 和 2Cr13 不锈钢可以互相通用。

③ 螺纹。

螺纹公差:外螺纹为 8g,用螺纹通规和光滑止端量规进行螺纹检查。带内螺纹的销,其螺孔内的倒角型式与尺寸,由制造厂规定。

④ 锥度。

锥度公差按 GB/T 11334—1989 圆锥公差的规定,并由供需双方协议。公称直径 $d \leqslant 4mm$ 的锥销不进行锥度检查。

⑤ 硬度。

在销的端面进行硬度试验。验收时,如有争议,则应在距端面一个公称直径(d)的截面上进行仲裁试验。

$d \leqslant 5mm$ 的销,不进行硬度试验。

⑥ 表面处理。

(a) 碳素钢和合金钢:氧化、镀锌钝化(磨削表面除外)。

(b) 铜及其合金、不锈钢:未规定。

⑦ 表面要求。

(a) 销表面不允许有裂缝和浮锈,也不允许有影响使用的凹痕和毛刺。

(b) 根据生产工艺的需要,销的端面允许有自然形成的凹穴或留有中心孔。

⑧ 验收检查、标志与包装。

按 GB/T 90.1—2002 紧固件验收检查和 GB/T 90.2—2002 紧固件标志与包装的规定(参见第 14.2 页)。

25. 槽销技术条件

说明:本节介绍的技术条件内件是根据下列九个产品标准中规定的技术条件的技术条件内容综合整理而成。

(a) GB/T 13829.1—2004 槽销—带导杆及全长平行沟槽;

(b) GB/T 13829.2—2004 槽销—带倒角及全长平行沟槽;

(c) GB/T 13829.3—2004 槽销—中部槽长为 1/3 全长;

(d) GB/T 13829.4—2004 槽销—中部槽长为 1/2 全长;

(e) GB/T 13829.5—2004 槽销—全长锥槽;

(f) GB/T 13829.6—2004 槽销—半长锥槽;

(g) GB/T 13829.7—2004 槽销—半长倒锥槽;

(h) GB/T 13829.8—2004 圆头槽销;

(i) GB/T 13829.9—2004 沉头槽销。

① 材料。

(a) 适用 GB/T 13829.1~13829.7 规定的槽销:

碳钢—硬度为 125~245HV30;

奥氏体不锈钢 A1(参见第 9.19 页)—硬度为 210~280HV30。

(b) 适用 GB/T 13829.8~13829.9 规定的槽销:

冷镦钢—硬度为 125~245HV30(注:其他材料由供需双方协议)。

② 最小抗剪力(双面剪)。

下表规定的槽销的最小抗剪力(双面剪)仅适用于用碳钢制造的 GB/T 13829.1~13829.7 规定的槽销。剪切试验方法按 GB/T 13683—1992 的规定(参见第 7.37 页)。

公称直径 d(mm)	1.5	2	2.5	3	4	5	6
最小抗剪力(kN)	1.6	2.84	4.4	6.4	11.3	17.5	25.4
公称直径 d(mm)	8	10	12	16	20	25	
最小抗剪力(kN)	45.2	70.4	101.8	181	283	444	

③ 表面处理。

槽销的表面处理：

(a) 碳钢、冷镦钢——不经处理、氧化、镀锌钝化、磷化。其他表面镀层由供需双方协议。所有槽销尺寸公差仅适用于涂、镀前的公差。

(b) 奥氏体不锈钢——简单处理。

④ 表面缺陷。

槽销表面不允许有不规则或有害的缺陷。

⑤ 验收及包装。

按 GB/T 90.1—2002 紧固件验收检查和 GB/T 90.2—2002 紧固件标志与包装的规定(参见第 14.2 页)。

26. 销轴和无头销轴技术条件

说明：本节介绍的技术条件是根据下列两个产品标准中规定的技术条件内容综合整理而成。

(a) GB/T 880—2008 无头销轴

(b) GB/T 882—2008 销轴

① 材料。

钢：易切削钢——硬度：125HV～245HV；

其他材料：由供需双方协议。

② 允差。

公称直径 d 的允差为 h11；

销孔直径 d_1 的允差为 H13；

公称长度 l 的允差(mm):

$l = 6 \sim 10$ 的允差为±0.25;

$l = 12 \sim 50$ 的允差为±0.5;

$l = 55 \sim 200$ 的允差为±0.75。

③ 表面质量。

零件表面质量应均匀一致,不允许有不规则的或有害的缺陷;销的任何部位不得有毛刺。

④ 表面处理。

氧化;

磷化(按 GB/T 11376 金属的磷酸盐转化膜的规定);镀锌铬酸盐转化膜(按 GB/T 5267.1 紧固件—电镀层的规定);其他表面镀层或表面处理,应由供需双方协议;所有产品公差仅适用于产品涂、镀前的公差。

⑤ 验收及包装。

按 GB/T 90.1—2002 紧固件验收检查和 GB/T 90.2—2002 紧固件标志与包装的规定。

27. 铆钉技术条件

(GB/T 116—1986)

① 材料、热处理和表面处理。

材　料		热　处　理	表　面　处　理
种　类	牌　号		
碳素钢	Q215、Q235 BL3、BL2	退火 (冷镦制品)	不经处理
			镀锌钝化
	10、15 ML10、ML20	退火 (冷镦制品)	不经处理
			镀锌钝化

材　　料		热　处　理	表面处理
种　类	牌　号		
不锈钢	0Cr18Ni9	无	不经处理
	1Cr18Ni9Ti	淬火	
铜及其合金	T2、T3	无	不经处理
			钝化
	H62	退火	不经处理
			钝化
铝及其合金	1035(L4)	无	不经处理
	2A01(LY1)	淬火时效状态	阳极氧化
	2A10(LY10)	淬火时效状态	不经处理
			阳极氧化
	5B05(LF10)	退火	不经处理
			阳极氧化
	3A21(LF21)	无	不经处理

注：1. 不同冶炼方法制造的钢料，同样可以采用。
　　2. 牌号栏内，每一通栏中所列各种材料，可以互相通用。
　　3. 对冷镦钢铆钉应退火处理，并由供需双方协议有关事宜。
　　4. 铝及其合金牌号栏中，括号内牌号为相应的旧牌号。

② 材料标志。

(a) 材料(铝及其合金)的标志按下表规定。标志是凸形的。公称
直径 $d \geqslant 2mm$ 的铆钉才制出材料标志。

材料牌号	标　　　　　志		
2A10(LY10)	▬━━	⊕	无标志

材料牌号	标 志	
2A01(LY1)		一个点
5B05(LF10)		二个点
3A21(LF21)		三个点
1035(L4)		一条线

（b）材料标志的尺寸和位置按下图和下表规定。尺寸供模具制造用，在铆钉上不予检查。

材料标志 尺寸 （mm）	d	凸出高度	点的直径或 线的宽度	线的长度	R
	2～5	0.2～0.3	0.4～0.6	1.5～2.0	1.0
	>5	0.4～0.6	0.6～0.8	2.0～2.5	1.5

③ 性能。

根据使用要求，由供需双方协议，可对铆钉进行可铆性及剪切强度试验。

④ 形位公差。

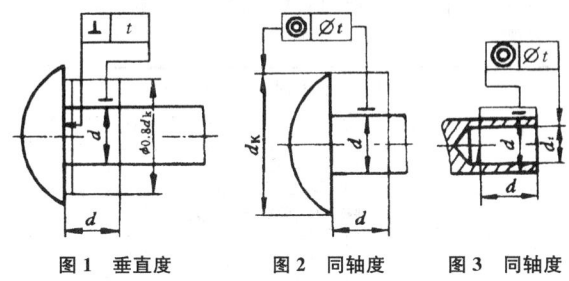

图1　垂直度　　　图2　同轴度　　　图3　同轴度

（a）垂直度：

铆钉(精制、粗制)支承面对钉杆轴心线的垂直度公差(参见图1)，按下表规定。

铆钉钉杆末端端面对钉杆轴心线的垂直度公差：粗制铆钉≤5°；精制铆钉≤3°。

(1) 精制铆钉的垂直度公差(mm)								
d	≤2	2.5~4	5~7	8	10	12	14	16
t	0.05	0.1	0.15	0.18	0.24	0.27	0.31	0.34

(2) 粗制铆钉的垂直度公差(mm)												
d	10	12	14	16	18	20	22	24	27	30	33	36
t	0.48	0.54	0.62	0.68	0.76	0.84	0.9	1	1.14	1.28	1.4	1.54

(b) 同轴度：

铆钉(精制、粗制)钉头对钉杆轴心线的同轴度公差(参见图 2)，以及半空心、空心和无头铆钉的孔对钉杆轴线的同轴度公差(参见图 3)，按下表规定。

(1) 精制铆钉的同轴度公差(mm)			
d	≤3	>3~6	>6~10	>10~16
t	0.28	0.30	0.44	0.54

(2) 粗制铆钉的同轴度公差(mm)			
d	10	>10~18	>18~30	>30~36
t	0.72	0.86	1.04	1.24

(3) 铆钉的孔对钉杆轴线的同轴度公差(mm)		
d	1.2~3	3.5~6	8~10
t	0.28	0.36	0.44

⑤ 表面缺陷。

(a) 铆钉表面不允许有影响使用的裂缝。

(b) 钉头顶面不允许有影响使用的金属小凸起。

(c) 不允许有影响使用的圆钝、飞边、碰伤、条痕、浮锈以及杆部末端的压扁。

(d) 粗制铆钉表面不允许有超过 0.2mm 厚度的氧化皮。氧化皮厚度不计算在钉杆直径内。

⑥ 测试方法。

(a) 钉杆直径(d)检查的测量位置与铆钉头距离按下列规定：

公称长度 l≤20mm；距离 0.5d($\geqslant$2mm)。

公称长度 l>20mm；距离 0.5d 和 0.5l。

(b) 可铆性及剪切强度试验方法，由供需双方协议。

(c) 钉杆长度(l)的检查，以短边为准。

⑦ 验收检查、标志与包装。

按 GB/T 90.1—2002 紧固件验收检查和 GB/T 90.2—2002 紧固件标志与包装的规定（参见第 14.2 页）。

28. 管状铆钉技术条件
(JB/T 10582—2006)

① 材料和表面处理。

材料	种类	碳素结构钢	铜及其合金
	牌号	20(冷拔)	T2 软(M)、H62 软(M)、H96 软(M)
表面处理		不经处理、镀锌钝化	不经处理、钝化、镀锡、镀银

② 其他技术条件。

按 GB/T 116—1986 铆钉技术条件的规定（参见第 7.36 页）。

29. 击芯铆钉技术条件
(GB/T 15855.3—1995)

① 材料。

钉体材料		钉芯材料	
种　类	牌　号	种　类	牌　号
铝合金	5056	碳素结构钢丝	由制造者选择
铝合金	5056	不锈钢	2Cr13
低碳钢	08F、10、15	碳素结构钢丝	由制造者选择

② 性能。

铝钉体钢钉芯	公称直径 d(mm)		3	4	5	6	6.4
	最小抗拉(抗剪)力 (N)	抗拉	—	—	2940		4760
		抗剪	—	—	4900		7600

注：本标准未规定性能指标。表中数据根据上海安字实业有限公司提供资料整理而成，供参考。"铝合金钉体/不锈钢钉芯"可参考使用表中数据。

③ 形位公差。

扁圆头击芯铆钉的支承面对钉体轴线的垂直度和铆钉钉头对钉体轴线的同轴度，分别按图1、图2及下表规定。

击芯铆钉的垂直度和同轴度(mm)				
公称直径 d	3	4	5	6	6.4
垂直度 t	0.10			0.15	
同轴度 t	0.10			0.15	

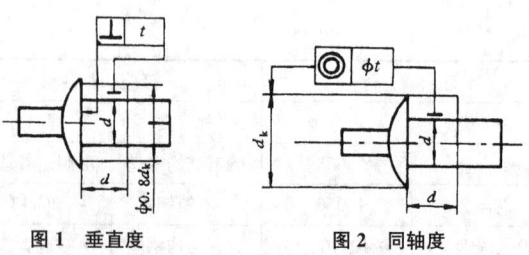

图1 垂直度   图2 同轴度

7.44

④ 表面缺陷。

铆钉表面不允许有影响使用的裂缝、圆钝、飞边、条痕、浮锈。铆钉铆接后，形成的花瓣应基本一致。

⑤ 表面处理。

钉体一般不进行表面处理，钉芯表面应采取防锈措施。

⑥ 测量方法。

(a) 钉体直径检查的测量位置按下表规定。

公称长度 l(mm)	测量位置与铆钉头距离(mm)
≤20	$0.5d$(不小于 2)
>20	$0.6d$ 和 $0.5l$

(b) 铆钉公称长度(l)的检查，以短边为准。

⑦ 被铆接件所钻的孔应比公称直径大 0.1mm。

⑧ 铆钉的推荐铆接厚度，可按下列公式进行计算。

公称直径 d(mm)		3	4	5~6.4
推荐铆接厚度 (mm)	最小值	$l-3.5$	$l-4.5$	$l-5$
	最大值	$l-3$	$l-3.5$	$l-3.5$

注：l—公称长度。例：公称长度 d=5mm、公称长度 l=15mm 的扁圆头击芯铆钉的推荐铆接厚度：

最小值=15－5=10mm；

最大值=15－3.5=11.5mm。

⑨ 验收检查、标志与包装。

按 GB/T 90.1 紧固件验收检查和 GB/T 90.2 紧固件标志与包装的规定(分别参见第14.2页和第14.15页)。

30. 螺栓或螺钉和平垫圈组合件技术条件

(GB/T 9074.1—2002)

① 组合件用螺栓、螺钉和平垫圈的尺寸,除组装垫圈的部位应按GB/T 9074.1规定外(具体内容参见第25.10页),其余部分应符合相应产品标准规定。

② 组合件中螺栓或螺钉应符合相应产品标准对成品的材料和机械性能规定。如按 GB/T 3098.1检查中发生争议时,应去除垫圈进行仲裁检查。

③ 电镀技术要求按 GB/T 5267.1规定。

④ 组合件中垫圈的硬度等级应符合以下要求:

(a) 螺栓或螺钉≤8.8级:垫圈硬度等级为 200HV;

(b) 螺栓或螺钉为 9.8和 10.9级:垫圈硬度等级为 300HV。

⑤ 组合件的验收检查按 GB/T 90.1规定,组合件的标志与包装按GB/T 90.2规定,分别参见第14.2页和第14.15页。

31. 各种十字槽螺钉组合件技术条件

① 螺钉的技术条件。

(a) 各种十字槽螺钉的尺寸:

十字槽盘头螺钉:按 GB/T 818—2000 十字槽盘头螺钉规定,参见第17.66页。

十字槽小盘头螺钉:按 GB/T 823—1988 十字槽小盘头螺钉规定,参见第17.68页。

十字槽沉头螺钉:按 GB/T 819.1—2000 十字槽沉头螺钉—4.8级规定,参见第17.70页。

十字槽半沉头螺钉:按 GB/T 820—2000 十字槽半沉头螺钉规定,参见第17.74页。

(b) 各种十字槽螺钉的主要技术要求。

材料:钢。

螺纹公差:6g。

机械性能等级:4.8 级;允许最大硬度为 255HV。

公差等级:A 级。

十字槽:选用 H 形。

表面处理:镀锌钝化或氧化。

② 其他组合件的技术条件。

平垫圈和大垫圈:按 GB/T 97.4—2002 平垫圈—用于螺钉和垫圈组合件规定,参见第 25.40 页。

弹簧垫圈:按 GB/T 9074.26—1988 组合件用弹簧垫圈规定,参见第 25.43 页。

外锯齿锁紧垫圈:按 GB/T 9074.27—1988 组合件用外锯齿锁紧垫圈规定,参见第 25.44 页。

锥形锁紧垫圈:按 GB/T 9074.28—1988 组合件用锥形锁紧垫圈规定,参见第 25.45 页。

③ 组合件的其他技术要求。

垫圈应能自由转动而不脱落。

④ 验收与包装。

按 GB/T 90.1—2002 紧固件验收检查和 GB/T 90.2—2002 紧固件标志与包装的规定(分别参见第 14.2 页和第 14.15 页)。

32. 各种六角头螺栓组合件技术条件

① 六角头螺栓的技术条件。

(a) 各种六角头螺栓的尺寸。

十字槽凹穴六角头螺栓:按 GB/T 29.2—1988 十字槽凹穴六角头螺栓规定,参见第 15.56 页。

六角头螺栓:按 GB/T 5783—1986 六角头螺栓—全螺纹—A 和 B 级规定,参见第 15.39 页。

(b) 各种六角头螺栓的主要技术要求。

材料:钢。

螺纹公差:6g。

机械性能等级:

十字槽凹穴六角头螺栓:5.8 级。

六角头螺栓:8.8、10.9 级。

公差等级:

十字槽凹穴六角头螺栓:B 级。

六角头螺栓:A 级。

十字槽:选用 H 形。

表面处理:镀锌钝化或氧化。

② 其他组合件的技术条件。

平垫圈和大垫圈:按 GB/T 97.4—2002 平垫圈—用于螺钉和平垫圈组合件的规定,参见第 25.42 页。

弹簧垫圈:按 GB/T 9074.26—1988 组合件用弹簧垫圈的规定,参见第 25.45 页。

外锯齿锁紧垫圈:按 GB/T 9074.27—1988 组合件用外锯齿锁紧垫圈的规定,参见第 25.46 页。

③ 组合件的其他技术要求。

垫圈应能自由转动而不脱落。

④ 验收与包装。

按 GB/T 90.1—2002 紧固件验收检查和 GB/T 90.2—2002 紧固件标志与包装的规定(分别参见第 14.2 页和第 14.15 页)。

33. 各种自攻螺钉组合件技术条件

① 自攻螺钉的技术条件。

(a) 各种自攻螺钉的尺寸。

十字槽盘头自攻螺钉：按 GB/T 845—1985 十字槽盘头自攻螺钉的规定，参见第 19.27 页。

十字槽凹穴六角头自攻螺钉：按 GB/T 9456—1988 十字槽凹穴六角头自攻螺钉的规定，参见第 19.43 页。

六角头自攻螺钉：按 GB/T 5285—1985 六角头自攻螺钉的规定，参见第 19.37 页。

(b) 各种自攻螺钉的主要技术要求。

材料：钢。

螺纹：按 GB/T 5280—2002 自攻螺钉用螺纹的规定，参见第 5.29 页。

机械性能：按 GB/T 3098.5—1985 紧固件机械性能—自攻螺钉的规定，参见第 9.67 页。

公差等级：A 级。

十字槽：选用 H 形。

表面处理：镀锌钝化或氧化。

② 其他组合件的技术条件。

平垫圈和大垫圈：按 GB/T 97.5—2002 平垫圈—用于自攻螺钉和平垫圈组合件的规定，参见第 25.44 页。

③ 组合件的其他技术要求。

垫圈应能自由转动。

④ 验收及包装。

按 GB/T 90.1—2002 紧固件验收检查和 GB/T 90.2—2002 紧固件标志与包装的规定(分别参见第 14.2 页和第 14.15 页)。

34. 钢结构用高强度大六角头螺栓、大六角螺母、垫圈技术条件

(GB/T 1231—1991)

① 材料及螺栓、螺母、垫圈的配合使用。

性能等级	推荐材料	适用规格	性能等级	推荐材料
	螺　栓		螺　母	
10.9S	20MnTiB 35VB*	≤M24 ≤M30	10H	45、35 15MnVB
8.8S	40B 45 35	≤M24 ≤M22 ≤M20	8H	35
			垫　圈	
			35～45HRC	45、35

螺栓、螺母、垫圈的配合使用	螺　栓	螺　母	垫　圈
	10.9S	10H	35～45HRC
	8.8S	8H	35～45HRC

注：1. 35、45 钢按 GB/T 699 优质碳素结构钢钢号和一般技术条件的规定。20MnTiB、15MnVB 钢按 GB/T 3077 合金结构钢技术条件的规定。

2. * 35VB 钢技术条件：

(a) 钢的化学成分(%)：C=0.31～0.37；Mn=0.50～0.90；Si=0.17～0.37；P≤0.04；S≤0.04；V=0.05～0.12；B=0.001～0.004；Cu≤0.25。

(b) 采用直径为 25mm 的试样毛坯，经热处理后的机械性能应符合下列规定：试样热处理制度：淬火 870℃，水冷；回火 550℃，水冷。抗拉强度 $\sigma_b \geqslant 784.5$MPa；屈服点 $\sigma_s \geqslant 637.4$MPa；伸长率 $\delta_5 \geqslant 12\%$；收缩率 $\psi \geqslant 45\%$；冲击韧性 $\alpha_k \geqslant 68.6$J/cm²。

(c) 钢材应进行冷顶锻试验,不允许有裂口或裂缝。

(d) 钢的其余技术条件按 GB/T 3077"合金结构钢技术条件"的规定。

② 机械性能。

(a) 螺栓机械性能:

试件机械性能:制造厂须将制造螺栓的材料取样制成试件,进行拉力试验;当螺栓的材料直径>16mm 时,根据用户要求,制造厂还须增加常温冲击韧性试验;各项试验结果应符合下表规定。

性能等级	抗拉强度 σ_b (MPa)	屈服强度 $\sigma_{0.2}$ (MPa)	伸长率 δ_5 (%)	收缩率 ψ (%)	冲击韧性 α_k (J/cm²)
		min			
10.9S	1040~1240	940	10	42	59
8.8S	830~1030	660	12	45	78

实物机械性能:进行螺栓实物楔负载试验时,当拉力载荷在下表规定的范围内,断裂应发生在螺纹部分或螺纹与螺杆交接处。

螺纹规格 d		M12	M16	M20	(M22)	M24	(M27)	M30
公称应力截面积 A(mm²)		84.3	157	245	303	353	459	561
性能等级	10.9S 拉力载荷 (kN)	87.7~ 104.5	163~ 195	255~ 304	315~ 376	367~ 438	477~ 569	583~ 696
	8.9S	70~ 86.8	130~ 162	203~ 252	251~ 312	293~ 364	381~ 473	466~ 578

硬度:当螺栓 $l/d \leqslant 3$ 时,如不能做楔负载实验时,允许做芯部硬度试验。芯部硬度值应符合下列规定。

10.9S级:维氏硬度312~367HV30,洛氏硬度33~39HRC;

8.9S级:维氏硬度249~296HV30,洛氏硬度24~31HRC。

脱碳层:螺栓的脱碳层按GB/T 3098.1规定,参见第11.×页。

(b) 螺母机械性能。

保证载荷:螺母的保证载荷应符合下表规定。

螺纹规格 D		M12	M16	M20	(M22)	M24	(M27)	M30
保证载荷 (kN)	10H	87.7	163	255	315	367	477	583
	8H	70.0	130	203	251	293	381	466

硬度:螺母硬度应符合下表规定。

性能等级	洛 氏 硬 度		维 氏 硬 度	
	min	max	min	max
10H	98HRB	28HRC	222HV30	274HV30
8H	93HRB	22HRC	306HV30	237HV30

垫圈硬度:329~436HV30(35~45HRC)。

③ 连接副的扭矩系数。

(a) 10.9S级高强度大六角头螺栓连接副必须按保证扭矩系数供货。同批连接副的扭矩系数平均值为0.110~0.150,扭矩系数标准偏差应≤0.010。每一连接副包括一个螺栓、一个螺母、两个垫圈,并应分属同批制造。

(b) 连接副扭矩系数保证期为自出之日起六个月。用户如需延长保证期,可由供需双方协议解决。

④ 螺栓、螺母的螺纹。

螺纹的基本尺寸按GB/T 196粗牙普通螺纹的规定。

螺纹公差:螺栓为6g,螺母为6H。

螺纹牙侧表面粗糙度 $R_a \leqslant 12.5 \mu m$。

⑤ 螺栓的螺纹末端。

按 GB/T 2 的规定，参见第 5.21 页。

⑥ 表面缺陷。

（a）螺栓、螺母的表面缺陷，分别按 GB/T 5779.1、GB/T 5779.2 的规定，分别参见第 10.2 页和第 10.12 页。

（b）垫圈不允许有裂缝、毛刺、浮锈和影响使用的凹痕、划伤。

⑦ 其他尺寸及形位公差。

螺栓、螺母、垫圈的其他尺寸及形位公差，应符合 GB/T 3103.1、GB/T 3103.3 中的 C 级规定，参见第 8.2 页和第 8.39 页。

⑧ 凹穴螺栓。

经用户同意，螺栓头部允许制成凹穴，其对角宽度 $e_{min} \geqslant 1.12 S_{min}$，凹穴底部可制成球面。

⑨ 表面处理。

螺栓、螺母、垫圈均应进行防锈处理。表面处理工艺及配方由制造厂选择。但经处理后 10.9S 级高强度大六角头螺栓连接副扭矩系数还应符合本标准的规定。

⑩ 试验方法。

（a）螺栓试验方法：

试件的拉力试验和冲击韧性试验。

这两项试验的试件应在同一根棒材上截取，并经同一热处理工艺处理。

拉力试验的原材料经热处理后，按 GB/T 228"金属拉伸试验法"的规定制成拉力试件。加工试件时，其直径减小量不应超过原材料直径的 25%（约为截面积的 44%），并以此确定拉力试件直径。

冲击韧性试验的原材料经热处理后，按 GB/T 229"金属夏比（U 形缺口）冲击试验方法"的规定制成冲击韧性试件，并在常温下进行冲击韧性试验。

楔负载试验。

将螺栓拧在带有内螺纹的专用夹具上（至少六扣），螺栓头下置10°楔垫，再装在拉力试验机上进行楔负载试验（参见图1）。

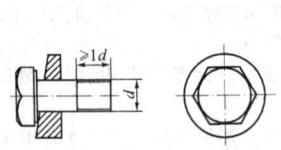 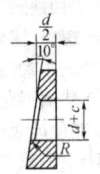

图1　楔负载试验示意图　　**图2　楔负载试验用楔垫**

楔垫型式与尺寸如图2及下表规定；其硬度为45～50HRC。

楔垫尺寸(mm)	螺纹规格 d	M12	M16	M20	(M22)	M24	(M27)	M30
	c	0.8	1.6	1.6	3.2	3.2	3.2	3.2
	R	1.2	1.4	1.4	1.6	1.6	1.6	1.6

芯部硬度试验。

在螺栓上距螺杆末端等于螺纹直径 d 的截面上进行，对该截面距离中心的四分之一螺纹直径处，任测四点，取后三点平均值。如有争议，以维氏硬度（HV30）试验为仲裁。

脱碳试验。

按GB/T 3098.1的规定，参见第11.8页。

（b）螺母试验方法：

保证载荷试验。

将螺母拧入螺纹芯棒（参见图3），进行试验时夹头的移动速度不应超过3mm/min。对螺母施加规定的保证载荷（参见第7.52页表），并持续15s,螺母不应脱扣或断裂。当去除载荷后,应可用手将螺母旋出,或者借助扳手将螺母松开(不应超出半扣后)再用手旋出。在试验中,如螺纹芯棒损坏,则试验作废。螺纹芯棒的硬度应≥45HRC,其螺纹公差为5h6g,但螺栓大径应控制在6g公差带靠近下限的四分之一的范围内。

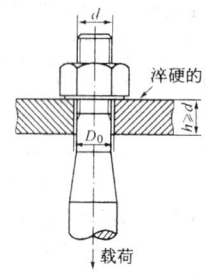

图3 保证载荷试验

硬度试验。

试验在螺母表面进行,任测四点,取后三点平均值。如有争议,以螺母支承面上的维氏硬度(30HV)试验为仲裁。

(c) 垫圈硬度试验:

在垫圈的表面上任测四点,取后三点平均值。如有争议,以维氏硬度(HV30)试验为仲裁。

(d) 连接副扭矩系数试验:

连接副的扭矩系数是在轴力计(或用测力环)上进行。每一连接副只能试验一次,不得重复使用。

扭矩系数计算公式:

$$K = T/(F \cdot d)$$

式中:K—扭矩系数;

T—旋拧扭矩(N·m);

F—螺栓预拉力(kN);

d—螺栓的螺纹规格(mm)。

旋拧扭矩 T 是施于螺母上的扭矩,其误差不得大于测试扭矩值的1%。使用的扭矩扳手的示值应在9.8N·m以下。

螺栓预拉力 F 用轴力计(或用测力环)测定,其误差不得大于测定螺栓预拉力值的2%。轴力计的示值应在测定轴力值的1%以下。

进行连接副扭矩系数试验时,螺栓预拉力值 F 应控制在下表所规定的范围,超出该范围者,所测得的扭矩系数无效。

螺栓螺纹规格 d		M12	M16	M20	(M22)	M24	(M27)	M30
螺栓预拉力	max	59	113	177	216	250	324	397
F(kN)	min	49	93	142	177	206	265	329

　　组装连接副时,螺母下的垫圈有倒角的一侧应朝向螺母支承面。试验时,垫圈不得发生转动,否则试验无效。

　　进行连接副扭矩系数试验时,应同时记录环境温度。试验所用的机具、仪表及连接副均应放置在该环境内至少2h以上。

　　⑪ 检验规则。

　　(a) 出厂检验按批进行。同一性能等级、材料、炉号、螺纹规格、长度(当螺栓长度≤100mm时,长度相差≤15mm,或螺栓长度>100mm时,长度相差≤20mm,可视为同一长度)、机械加工、热处理工艺、表面处理工艺的螺栓为同批。同一性能等级、材料、炉号、螺纹规格、机械加工、热处理工艺、表面处理工艺的螺母为同批。同一性能等级、材料、炉号、规格、机械加工、热处理工艺、表面处理工艺的垫圈为同批。分别由同批螺栓、螺母、垫圈组成的连接副为同批连接副。

　　对保证扭矩系数供货的螺栓连接副最大批量为3000套。

　　(b) 螺栓、螺母、垫圈的尺寸、外观、机械性能及表面缺陷的检验按GB/T 90.1的规定(参见第14.2页)。

　　(c) 连接副扭矩系数的检验,按批抽取8套。这8套连接副的扭矩系数平均值及标准偏差均应符合前面(第7.52页)"③连接副的扭矩系数"的规定。

　　(d) 制造厂应以批为单位提供产品质量检验报告书,内容如下:

　　规格、数量。

　　性能等级。

　　材料、炉号、化学成分。

试件拉力试验和冲击韧性试验数据。

机械性能数据。

连接副扭矩系数平均值、标准偏差、测试环境温度。

出厂日期、批号。

（e）用户对产品质量有异议时，在正常保管和运输条件下，应在产品出厂之日六个月之内向制造厂提出，再经双方按本标准之要求进行复验裁决。

⑫ 标志。

（a）螺栓应在头部顶面制出性能等级和制造者的标志（参见图4）。性能等级标志中的"S"表示钢结构用高强度大六角头螺栓；性能等级标志中的"·"可以省略，"××"为制造者的标志。

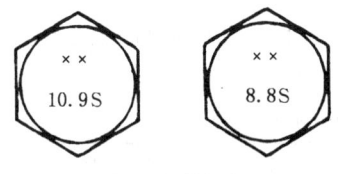

图4 螺栓标志

（b）单倒角螺母应在顶面上制出性能等级和制造厂标志；双倒角螺母应在任一支承面上制出凹型性能等级和制造厂标志（参见图5）。标志中字母"H"表示大六角螺母，"××"为制造厂标志。又性能等级标志也可以"时钟面法"符号代替（参见图5中的下图）。

⑬ 包装。

（a）包装箱应牢固、防潮。箱内应按连接副的组合包装，不同批号的连接副不得混装。每箱质量不得超过40kg。包装箱内分装方法由制造厂选择。

（b）包装箱外应有制造厂名、产品名称、标准号、批号、规格、数量、毛重等明显标记。

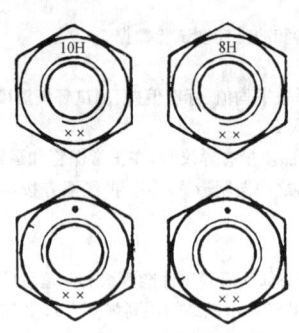

图 5　螺母标志

35. 钢结构用扭剪型高强度螺栓连接副技术条件

(GB/T 3633—1995)

① 材料与性能等级。

类　　别	性能等级	推荐材料	材料标准号
螺栓	10.9S	20MnTiB	GB/T 3077
螺母	10H	45、35 15MnVB	GB/T 699 GB/T 3077
垫圈	35～45HRC	45、35	GB/T 699

注：GB/T 699 优质碳素结构钢钢号和一般技术条件；
　　GB/T 3077 合金结构钢技术条件。

② 机械性能。

（a）螺栓机械性能：

试件机械性能。

制造厂应对螺栓原材料取样进行拉力试验,其结果应符合下表规定。根据用户要求,可进行材料的常温冲击韧性试验,其结果应符合下表规定。

抗拉强度 σ_b (MPa)		屈服强度 $\sigma_{0.2}$ (MPa)	伸长率 δ_5 (%)	收缩率 ψ (%)	冲击值 α_k (J/cm²)
max	min	min	min	min	min
1240	1040	940	10	42	59

实物机械性能。

对螺栓实物进行楔负载试验时,当拉力载荷在下表规定的范围,断裂应发生在螺纹部分或螺纹与螺杆交接处。

性能等级	螺纹规格 d(mm)	公称应力截面积 A_s(mm²)	拉力载荷 $A_s \times \sigma_b$(N)	
			min	max
10.9S	M16	157	163000	195000
	M20	245	255000	304000
	M22	303	315000	376000
	M24	353	367000	438000

硬度。

当螺栓 $L/d \leqslant 3$ 时,如不能做楔负载试验,应进行芯部硬度试验。芯部硬度应符合下表规定。

性能等级	洛氏硬度 HRC		维氏硬度 HV30	
	min	max	min	max
10.9S	33	39	312	367

脱碳层。

螺栓的脱碳层按 GB/T 3098.1 中 10.9 级的脱碳层的有关规定（参见第 9.6 页）。

(b) 螺母机械性能：

保证载荷。

螺母的保证载荷应符合下表规定。

性能等级	螺纹规格 D (mm)	公称应力截面积 A_s (mm^2)	保证应力 S_P (MPa)	保证载荷 $A_s \times S_P$ (N)
10H	M16	157	1040	183000
	M20	245	1040	255000
	M22	303	1040	315000
	M24	353	1040	367000

硬度。

螺母的硬度应符合下表规定。

性能等级	洛氏硬度 HRB min	洛氏硬度 HRC max	维氏硬度 HV30	
			min	max
10H	98	28	222	274

(c) 垫圈硬度：

垫圈的硬度应为 329～436HV30(35～45HRC)。

③ 连接副紧固轴力。

连接副紧固轴力应符合下表规定。当螺栓长度 l 小于表中规定数值时,可不进行紧固轴力试验。

螺纹规格 D(mm)		M16	M20	M22	M24
每批紧固轴力的平均值（kN）	公称	109	170	211	245
	min	99	154	191	222
	max	120	186	231	270
紧固轴力标准偏差 $\sigma \leqslant$		9.90	15.39	19.11	22.25
螺栓长度 l(mm)		60	60	65	70

④ 螺栓、螺母的螺纹。

螺纹的基本尺寸按 GB/T 196 粗牙普通螺纹基本尺寸的规定（参见第 5.7 页）。

螺纹公差：螺栓为 6g，螺母为 6H。

螺纹牙侧表面粗糙度 $R_a \leqslant 12.5 \mu m$。

⑤ 表面缺陷。

螺栓、螺母的表面缺陷，分别按 GB/T 5779.1、GB/T 5779.2 的规定（分别参见第 10.2 页、第 10.12 页）。

垫圈表面不允许有裂纹、毛刺、浮锈和影响使用的凹痕、划伤。

⑥ 其他尺寸及形位公差。

螺栓、螺母、垫圈的其他尺寸及形位公差，应符合 GB/T 3103.1、GB/T 31033.3 中对 C 级产品的规定（参见第 8.2 页、第 8.39 页）。

⑦ 表面处理。

螺栓、螺母、垫圈均应进行表面防锈处理，表面处理及配方由制造者选择，但经处理后的连接副紧固轴力应符合第 7.60 页第③条的规定。

⑧ 试验方法。

在常温下进行以下试验。

（a）螺栓试验方法：

试件的拉力试验和冲击试验。

这两项试验的试件应在同一根棒材上截取，并经同一热处理工艺。

拉力试验的原材料经热处理后按 GB/T 228 金属拉伸试验法的规定制成拉力试件。加工试件时,其杆部直径减少量不应超过试件直径的 25%(约为截面积的 44%)。

冲击试验的原材料经热处理后按 GB/T 229 金属夏比(U 形缺口)冲击试验方法中的图 1 的规定制成冲击试件,并进行试验。

楔负载试验。

螺栓的楔负载试验按 GB/T 3098.1 的有关规定进行试验(参见第 11.3 页),其中楔垫 α 角为 10°。

硬度试验。

螺栓的硬度试验按 GB/T 3098.1 的有关规定进行试验(参见第 11.7 页)。

脱碳试验。

螺栓的脱碳试验按 GB/T 3098.1 的有关规定进行试验(参见第 11.8 页)。

(b) 螺母试验方法:

螺母保证载荷试验和螺母的硬度试验,按 GB/T 3098.2 的有关规定进行试验(参见第 11.16 页)。

(c) 垫圈硬度试验:

在垫圈的表面任选四点进行硬度试验,取后三点平均值。如有争议,以维氏硬度(HV30)试验进行仲裁。

(d) 连接副紧固轴力试验:

连接副紧固轴力试验应在轴力计(或测力环)上进行。每一连接副(一个螺栓、一个螺母和一个垫圈)只能试验一次,螺母、垫圈也不得重复使用。

组装连接副时,垫圈有倒角的一侧应朝向螺母支承面。试验时,垫圈不得转动,否则试验无效。

⑨ 检验规则。

(a) 出厂检验应按批进行。同一材料、炉号、螺纹规格、长度(当螺

栓长度 $l \leqslant 100\text{mm}$ 时,长度相差 $\leqslant 15\text{mm}$,或螺栓长度 $l > 100\text{mm}$,长度相差 $\leqslant 20\text{mm}$,可视为同一长度)、机械加工、热处理工艺及表面处理工艺的螺栓为同批;同一材料、炉号、螺纹规格、机械加工、热处理工艺及表面处理工艺的螺母为同批;同一材料、炉号、规格、机械加工、热处理工艺和表面处理工艺的垫圈为同批。由同批螺栓、螺母、垫圈组成的连接副为同批连接副。为保证连接副轴力,供货的最大批量为 3000 套。

(b) 其他验收规则按 GB/T 90.1 的规定(参见第 14.2 页)。

(c) 连接副轴力的检验,每批抽取 8 套。

(d) 制造者应提供每批产品质量合格证书,内容如下:

材料、炉号、化学成分。

规格、数量。

机械性能试验数据。

连接副紧固轴力的平均值、标准偏差及测试环境温度。

出厂日期及批号。

(e) 用户对产品质量有异议时,在正常和运输保管条件下,应在产品出厂日期的六个月内向制造者提出,并经双方按本标准要求进行复验裁决。

⑩ 标志与包装。

(a) 螺栓应在头部顶面用凸字制出性能等级(10.9S)和制造者的标志(参见图 1)。其中,"S"表示钢结构用高强度螺栓,"××"为制造者的标志。

图 1　螺栓标志　　图 2　螺母标志

(b) 单面倒角螺母应在顶面上制出性能等级(10H)和制造者的标志;双面倒角螺母应在任一支承面上用凹字制出性能等级和制造者的标志(参见图2)。其中,"H"表示钢结构用高强度大六角螺母,"××"为制造者标志。

(c) 包装箱应牢固、防潮。箱内应按连接副的组合包装。不同批号的连接副不得混装。每箱质量不得超过 40kg。包装箱内的分装方法由制造者确定。

(d) 包装箱外应有制造者、产品名称、标准编号、批号、规格、数量及毛重等标记。

36. 栓接结构用螺栓、螺母和垫圈技术条件

(1) 栓接结构用大六角头螺栓—螺纹长度
按 GB/T 3106—C 级—8.8 和 10.9 级技术条件
(GB/T 18230.1—2000)

① 材料。

钢。

② 通用技术条件。

按 GB/T 16938 的规定(参见第 7.2 页)。

③ 螺纹公差。

螺纹公差为 6g。规定的螺纹公差适用于电镀或热浸镀锌前的螺纹。热浸镀锌螺栓也可按供需双方的协议供货;镀后的螺纹用螺纹基本尺寸的通规验收;镀前外螺纹尺寸采用 6az 螺纹公差带,以容纳镀锌层。

④ 机械性能(级别)。

8.8、10.9 级:按 GB/T 3098.1 的规定(参见第 9.2 页)。

⑤ 公差(产品等级)。

除 c、d_{wmin}(0.95s_{min})、r 和长度大于 150mm 的尺寸公差按 ±4.0mm外,其余按 C 级(按 GB/T 3103.1 的规定,参见第 8.2 页)。

⑥ 表面处理。

常规的为氧化;可选择的有镀锌钝化、镀镉钝化、热浸镀锌和粉末渗锌,这些表面处理须经供需双方协议,并有驱氢措施。

⑦ 镀锌紧固件涂润滑剂。

对于电镀锌或热浸镀锌的紧固件,制造者应在螺栓或相配的螺母上涂适当的润滑剂,以保证装配时不会咬死。

⑧ 标志。

在螺栓的头部顶面应用凸字或凹字制出性能等级(8.8s 或 10.9s)和制造者(图中"XYZ")的识别标志。性能等级标志中"s"表示栓接结构用大六角头螺栓。如经供需双方协议,螺栓的镀前螺纹按 6az 制造,则在性能等级标志后加注字母"U"(例:8.8s U 或 10.9s U)。

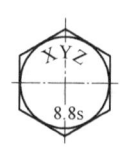

⑨ 验收及包装。

按 GB/T 90.1 和 GB/T 90.2 的规定(分别参见第 14.2 页和第 14.15 页)。

⑩ 6az 外螺纹极限尺寸。

6az 外螺纹极限尺寸(mm)								
螺纹规格 d	螺纹旋合长度		大 径		中 径		小径 max	牙底半径 min
	>	≤	max	min	max	min		
M12	6	18	11.665	11.400	10.528	10.378	9.518	0.219
M16	8	24	15.660	15.380	14.361	14.201	13.206	0.250
M20	10	30	19.650	19.315	18.026	17.856	16.583	0.313
M22	10	30	21.650	21.315	20.026	19.856	18.583	0.313
M24	12	36	23.640	23.265	21.691	21.491	19.959	0.375
M27	12	36	26.640	26.265	24.691	24.491	22.959	0.375
M30	15	45	29.630	29.205	27.357	27.145	25.366	0.438
M36	18	53	35.620	35.145	33.022	32.798	30.713	0.500

注：上表给出的 6az 外螺纹极限尺寸,适用于螺栓进行热浸镀锌前,镀锌后螺栓螺纹应按基本尺寸通规进行验收(即偏差为 h)。

⑪ 电镀锌和热浸镀锌紧固件的防咬死试验。

(a) 应在螺栓和螺母上进行试验。其条件由制造者提供,尚应遵照并符合前面"(7)镀锌紧固件涂润滑剂"的要求。为保证本试验的效果,不应再加施其他润滑剂。在不能满足以上两个条件的情况下,防咬死试验应由供需双方商定,但必须施加一种润滑剂。如果试验由用户做,则收到制造者的螺栓和螺母后应立即进行。

(b) 螺栓和螺母以及为试验而选用的垫圈应装在一个钢接头中。垫圈直接置于螺母下面。接头的总厚度应以螺纹长度为宜。螺栓头部和螺母支承面之间应有不少于 6 扣完整螺纹。接头件上的孔径应比螺栓直径大 1~2mm。

(c) 螺母预拧紧到螺栓上产生的载荷不大于规定保证载荷的 10%之后,应标记螺栓和螺母位置,作为测量转角的起点。在拧螺母时,螺栓头部应加以限制,以防转动,并在螺母均匀拧转情况下完成拉紧。从预扭紧位置按下表要求再拧紧螺母,螺栓不应断裂,或螺母或螺栓螺纹均不应脱扣。

(d) 本试验也可以由供需双方协议的其他试验代替。

螺栓长度	$l \leqslant 2d$	$2d < l \leqslant 3d$	$3d < l \leqslant 4d$	$4d < l \leqslant 8d$	$l > 8d$
螺母转角	≥180°	≥240°	≥300°	≥360°	≥420°

⑫ 推荐的配套螺母和垫圈。

螺母按 GB/T 18230.3 栓接结构用大六角螺母—B 级—8 和 10 级的规定(参见第 25.63 页);

垫圈按 GB/T 18230.5 栓接结构用平垫圈—淬火并回火的规定(参见第 25.66 页)。

（2）栓接结构用大六角头螺栓—短螺纹长度

—C 级—8.8 和 10.9 级技术条件

（GB/T 18230.2—2000）

这种栓接结构用大六角头螺栓与上节"(1)栓接结构用大六角头螺栓—螺纹长度按 GB/T 3106—C 级—8.8 和 10.9 级"不同之处，仅是相同规格($d \times l$)螺栓的螺纹长度(b)较短一些。其技术条件内容仍基本相同，可供参考。

（3）栓接结构用大六角螺母—B 级

—8 和 10 级技术条件

（GB/T 18230.3—2000）

① 材料。

钢。

② 通用技术条件。

按 GB/T 16938 的规定(参见第 7.2 页)。

③ 螺纹公差。

螺纹公差为 6H 或 6AX*。（注：* 为加大热浸镀锌螺母的攻丝尺寸，可采用 6AX 螺纹公差；或供需双方协议提供镀后为 6H 的螺纹。6H 热浸镀锌螺母仅与 8.8s U 或 10.9s U 的螺栓配套使用）。

④ 机械性能。

(a) 机械性能(级别)：8 和 10 级。

(b) 除螺母的保证应力、硬度和保证载荷按下面的规定外，其他机械性能要求按 GB/T 3098.2 的规定(参见第 9.35 页)。

(c) 保证应力(S_p)如下：

——8 级、6H 螺母为 1075N/mm^2；

——8 级、6AX 螺母为 1165N/mm^2；

——10 级螺母为 1245N/mm^2。

(d) 螺母的硬度必须符合：

——8级、6H螺母，按GB/T 3098.2对8级规定的硬度；

——10级螺母，按GB/T 3098.2对10级规定的硬度；

——8级、6AX螺母为260～353HV(24～36HRC)。

(e) 螺母的保证载荷，见下表：

螺纹规格 D	公称应力截面积 A_s （mm²）	性 能 等 级		
		8		10
		6H	6AX	
		保证载荷($A_s \times S_p$)(N)		
M12	84.3	90600	98200	104900
M16	157	168900	182900	195500
M20	245	263400	285400	305000
M22	303	325700	353000	377200
M24	353	379500	411200	439500
M27	459	493400	534700	571500
M30	561	603100	653600	698400
M36	817	878300	951800	1017200

⑤ 公差(产品等级)。

除 m、c 和支承面垂直度公差(t)外，其余按B级(按GB/T 3103.1 的规定，参见第8.2页)。

⑥ 表面处理。

常规的为氧化；可选择的有镀锌钝化、镀镉钝化、热浸镀锌和粉末渗锌，这些表面处理须经供需双方协议，并有驱氢措施。

⑦ 镀锌紧固件涂润滑剂以及电镀锌和热浸镀锌紧固件的防咬死试验。

这两项内容与"(1)栓接结构用大六角头螺栓—螺纹长度按GB/T 3106—C级—8.8和10.9级技术条件"的规定相同(分别参见第7.65页和第7.66页)。

⑧ 标志。

应在双倒角螺母的顶面或支承面用凹字,在带垫圈面螺母的顶面用凹字或凸字刻出性能等级(8s 或 10s)和制造者的识别标志(图中"XYZ")。性能等级标志中"s",表示栓接结构用大六角螺母。

⑨ 验收及包装。

按 GB/T 90.1 和 GB/T 90.2 的规定(分别参见第 14.2 页和第 14.15 页)。

⑩ 6AX 内螺纹极限尺寸。

下表给出的 6AX 内螺纹极限尺寸,适用于进行热浸镀锌后螺母,螺母螺纹攻丝至这个尺寸。

6AX 内螺纹极限尺寸(mm)					
螺纹规格 D	大径 min	中 径		小 径	
		max	min	max	min
M12	12.365	11.428	11.228	10.806	10.471
M16	16.420	15.333	15.121	14.630	14.255
M20	20.530	19.130	18.906	18.274	17.824
M22	22.530	21.130	20.906	20.274	19.824
M24	24.640	22.956	22.691	21.892	21.392
M27	27.640	25.956	25.691	24.892	24.392
M30	30.750	28.757	28.477	27.521	26.961
M36	36.860	34.562	34.262	33.130	32.530

⑪ 推荐的配套螺栓和垫圈。

螺栓按 GB/T 18230.1 栓接结构用大六角头螺栓—螺纹长度按 GB/T 3106—C 级—8.8 和 10.9 级的规定(参见第 25.59 页)。

垫圈按 GB/T 18230.5 栓接结构用平垫圈—淬火并回火的规定(参见第 25.66 页)。

（4）栓接结构用 1 型大六角螺母
—B 级—10 级技术条件

（GB/T 18230.4—2000）

① 材料。

钢。

② 通用技术条件。

按 GB/T 16938 的规定（参见第 7.2 页）。

③ 螺纹公差。

螺纹公差为 6H 或 6AZ*。（注：* 为加大热浸镀锌螺母的攻螺纹尺寸，可采用 6AZ 螺纹公差，或按供需双方协议提供镀后为 6H 的螺纹。6H 热浸镀锌螺母仅与 8.8s U 或 10.9s U 的螺栓配套使用。）

④ 机械性能。

（a）机械性能（级别）：10 级。

（b）除螺母的保证应力（S_p）按 1160N/mm² 计算和保证载荷按下表规定外，其他机械性要求按 GB/T 3098.2 的规定（参见第 9.35 页）。

（c）螺母的保证载荷（$A_s \times S_p$，螺纹公差为 6H 或 6AZ），见下表：

螺纹规格 D	公称应力截面积 A_s（mm²）	保证载荷（$A_s \times S_p$）（N）	螺纹规格 D	公称应力截面积 A_s（mm²）	保证载荷（$A_s \times S_p$）（N）
M12	84.3	97800	M24	353	409500
M16	157	182100	M27	459	532400
M20	245	284200	M30	561	650800
M22	303	351500	M36	817	947700

⑤ 公差（产品等级）。

除产品标准中规定的尺寸公差外（参见第 25.63 页），其余按 B 级（按 GB/T 3103.1 的规定，参见第 8.2 页）。

⑥ 表面处理。

常规的为氧化;可选择的有镀锌钝化、镀镉钝化、热浸镀锌和粉末渗锌,这些表面处理须经供需双方协议,并有驱氢措施。

⑦ 镀锌紧固件涂润滑剂以及电镀锌和热浸镀锌紧固件的防咬死试验。

这两项内容与(1)栓接结构用大六角头螺栓—螺纹长度按GB/T 3106—C级—8.8和10.9级技术条件的规定相同(分别参见第7.64页和第7.65页)。

⑧ 标志。

应在双倒角螺母的顶面或支承面用凹字,在带垫圈面螺母的顶面用凹字或凸字制出性能等级(10s)和制造者的识别标志(图中"XYZ")。性能等级标志中"s",表示栓接结构用大六角螺母。

⑨ 验收及包装。

按GB/T 90.1和GB/T 90.2的规定(分别参见第14.2页和第14.15页)。

⑩ 6AZ内螺纹极限尺寸。

下表给出的6AZ内螺纹极限尺寸,适用于进行热浸镀锌后螺母,螺母螺纹攻丝至这个尺寸。

6AZ内螺纹极限尺寸(mm)					
螺纹规格 D	大径 min	中 径		小 径	
		max	min	max	min
M12	12.355	11.398	11.198	10.776	10.441
M16	16.340	15.253	15.041	14.550	14.175
M20	20.350	18.950	18.726	18.094	17.644
M22	22.350	20.950	20.726	20.094	19.644
M24	24.360	22.676	22.411	21.612	21.112
M27	27.360	25.678	25.411	24.612	24.112
M30	30.370	28.377	28.097	27.141	26.581
M36	36.380	34.082	33.782	32.650	32.050

⑪ 推荐的配套螺栓和垫圈。

螺栓按 GB/T 18230.2 栓接结构用大六角头螺栓—短螺纹长度—C级—8.8和10.9级的规定(参见第25.62页)。

垫圈按 GB/T 18230.5 栓接结构用平垫圈—淬火并回火的规定(参见第25.66页)。

(5) 栓接结构用平垫圈—淬火并回火
(GB/T 18230.5—2000)

① 材料。

钢。

② 机械性能。

硬度:35～45HRC。热浸镀锌垫圈硬度:≥26HRC。

③ 公差(产品等级)。

尺寸 d_1 为 A 级;尺寸 d_2、d_3 为 C 级;尺寸 h 按 IT17 规定(按 GB/T 3103.3的规定,参见第8.39页)。

④ 表面处理。

常规的为氧化;可选择的有电镀锌、电镀镉、热浸镀锌和粉末渗锌,并应有驱氢措施。

⑤ 验收及包装。

按 GB/T 90.1 和 GB/T 90.2 的规定(分别参见第 14.2 页和第 14.15 页)。

(6) 栓接结构用1型六角螺母—热浸镀锌(加大攻丝尺寸)—A和B级—5、6和8级技术条件
(GB/T 18230.6—2000)

① 材料。

钢。

② 通用技术条件。

按 GB/T 16938 的规定(参见第7.2页)。

③ 螺纹公差。

螺纹公差为 6AX* 。（＊ 加大热浸镀锌螺母的攻丝尺寸，采用 6AX 螺纹公差；或特殊需要，由供需双方协议提供镀后为 6H 螺纹公差的螺母）。

④ 机械性能。

（a）机械性能（级别）：5、6、8 级。

（b）除螺母的保证应力和保证载荷按下表规定外，其他机械性能要求按 GB/T 3098.2 的规定（参见第 9.35 页）。

螺纹规格 D		M10	M12、M14、M16	M20、M24、M30、M36
性能	5	保证应力	483	510	560
等级	6	S_p	551	580	650
	8	(N/mm²)	710	710	850

6AX 螺纹保证载荷					
螺纹规格 D	螺距 P (mm)	公称应力截面积 A_s (mm²)	性能等级		
			5	6	8
			保证载荷 $A_s \times S_p$ (N)		
M10	1.5	58.0	28000	32000	41200
M12	1.75	84.3	43000	48900	59800
M14	2	115	58700	66700	81700
M16	2	157	80000	91100	111500
M20	2.5	245	137200	159200	208200
M24	3	353	197600	229500	300000
M30	3.5	561	314200	364700	476900
M36	4	817	457500	531000	694500

⑤ 公差（产品等级）。

除产品尺寸表中规定外（参见第 25.63 页），其余按 A 级（适用于 D≤M16 螺母）和 B 级（适用于 D＞M16 螺母）（按 GB/T 3103.1 的规定,参见第8.2页)。

⑥ 表面处理。

热浸镀锌、粉末渗锌。

⑦ 标志。

产品上的性能等级和制造者的识别标志,按 GB/T 3098.2 的规定(参见第9.35页)。

⑧ 验收及包装。

按 GB/T 90.1 和 GB/T 90.2 的规定(分别参见第14.2页和第14.15页)。

⑨ 6AX 内螺纹极限尺寸。

下表给出的 6AX 内螺纹极限尺寸,适用于热浸镀锌后螺母,螺母螺纹攻丝至这个尺寸。

6AX 内螺纹极限尺寸(mm)					
螺纹规格 D	大径 min	中 径		小 径	
		max	min	max	min
M10	10.310	9.516	9.336	8.986	8.686
M12	12.365	11.428	11.228	10.806	10.471
M14	14.420	13.333	13.121	12.630	12.255
M16	16.420	15.333	15.121	14.630	14.255
M20	20.530	19.130	18.906	18.274	17.824
M24	24.640	22.956	22.691	21.892	21.392
M30	30.750	28.757	28.477	27.521	26.961
M36	36.860	34.562	34.262	33.130	32.530

(7) 栓接结构用 2 型六角螺母—热浸镀锌(加大攻丝尺寸)—A 级—9 级技术条件

(GB/T 18230.7—2000)

本技术条件中除下面两项外,其余各项要求,均与上节"(6)栓接结构用1型六角螺母—热浸镀锌(加大攻丝尺寸)—A和B级—5、6和8级技术条件"的规定相同(参见第7.72页)。

① 机械性能(级别):9级。保证应力和保证载荷见下表。其他性能要求,按GB/T 3098.2的规定(参见第9.35页)。

螺纹规格 D	M10	M12	M14	M16
螺距 P(mm)	1.5	1.75	2	2
公称应力截面积 A_s(mm^2)	58.0	84.3	115	157
保证应力 S_p(N/mm^2)	775	800	810	810
保证载荷 $A_s \times S_p$(N)	45000	67500	93500	127500

② 公差(产品等级):除产品尺寸中规定外(参见第25.68页),其余按A级(按GB/T 3103.1的规定,参见第8.2页)。

37. 焊钉技术条件

(1) 无头焊钉技术条件

(GB/T 10432—1989)

① 材料:采用普碳钢。化学成分(%):C≤0.20; Si≤0.10; Mn=0.3~0.6; P≤0.04; S≤0.04。

② 焊钉不经表面处理,其表面不允许有影响使用的裂缝、条痕、凹痕和毛刺等。

③ 验收检查以及标志与包装:分别参见GB/T 90.1和GB/T 90.2的规定,分别参见第14.2页和第14.15页。

(2) 电弧螺柱焊用圆柱头焊钉技术条件

(GB/T 10433—2002)

① 材料。

牌号：ML15、ML15Al；机械性能：$\sigma_b \geqslant 400$MPa；σ_s（或 $\sigma_{p0,2}$）$\geqslant 320$MPa；$\delta_5 \geqslant 14\%$。

② 焊钉的焊接性能。

根据用户要求，并经供需双方协议，可按下列要求进行焊钉的焊接性能试验。

（a）拉力试验

按右图及 GB/T 228 金属材料—室温拉伸试验方法的规定，对焊钉的试件进行拉力试验。当拉力载荷到下表的规定值时，不得断裂；继续增大载荷直至拉断，断裂不应发生在焊缝和热影响区内。

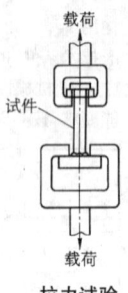

载荷

试件

载荷

拉力试验

公称直径 d(mm)	10	13	16	19	22	25
拉力载荷(N)	32970	55860	84420	119280	159600	206220

（b）弯曲试验

对 $d \leqslant 22$mm 的焊钉，可进行焊接端的弯曲试验。试验可用手锤打击（或使用套管压）焊钉试件头部，使其弯曲 $30°$。试验后，在试件焊缝和热影响区不应产生肉眼可见的裂缝。使用套管进行试验时，套管下端距焊肉上端的距离不得小于 $1d$。

③ 试件制备。

进行焊接端拉力试验和弯曲试验的试件制备，应采用供需双方协议的焊接设备、电压、电流、时间、瓷杯的型式与尺寸，以及焊接母材的材料牌号和型式尺寸。

④ 表面缺陷。

焊钉表面应无锈蚀、氧化皮、油脂和毛刺等。其杆部表面不允许有影响使用的裂缝，但头部裂缝的深度不得超过 $0.25(d_k - d)$mm。

⑤ 表面处理

焊钉表面不经处理。

⑥ 机械性能试验方法。

焊钉机械性能试验按 GB/T 3098.1 中的规定进行,但试件直径 d_0 应按下表规定。当焊钉长度不能满足拉力试验的要求时,可采用相同材料和工艺制造的、同一直径规格并能满足试验要求的长度规格的焊钉进行试验;也可采用相同材料和冷拔工艺的同一直径规格的材料取样进行试验。

焊钉直径 d(mm)	10	13	16	19	22	25
试件直径 d_0(mm)	8	10	12	15	17	20

⑦ 验收检查。

(a) 尺寸特性检查

焊钉直径 d:AQL=1;其他尺寸特性:AQL=2.5。

(b) 机械性能和焊接性能特性检查

每一项目:合格质量水平 AQL=1.5;样本大小 $n=3$;合格判定数 $A_c=0$。

(c) 其他项目

按 GB/T 90.1 规定(参见第 14.2 页)。

⑧ 标志与包装

(a) 应在焊钉头部项目用凸字制出制造者的识别标志。

(b) 其他标志与包装按 GB/T 90.2 的规定(参见第 14.15 页)。

第八章　紧固件公差

1. 螺栓、螺钉、螺柱、螺母和自攻螺钉公差

(GB/T 3103.1—2002)

(1) 适 用 范 围

本标准(GB/T 3103.1—2002)规定了产品等级为 A、B 和 C 级的螺栓、螺钉、螺柱和螺母，以及产品等级为 A 级的自攻螺钉的公差
产品等级由公差大小确定，A 级最精确，C 级最不精确
除非另有规定，本标准规定的公差适用于紧固件镀前尺寸
当本标准与产品标准规定的公差不同时，应以产品标准为准
推荐非标准紧固件也采用这些公差

(2) 螺栓、螺钉和螺柱公差

(1)尺 寸 公 差(mm)

部 位	公 差			注
	A 级	B 级	C 级	
① 公差水平 杆部和支承面 其他部位	紧的 紧的	紧的 松的	松的 松的	
② 外螺纹	6g	6g	8g (但对 8.8 级及 其以上性能等级 的为 6g)	某些产品，在 相关的产品和镀 层标准中，可能 规定其他的螺纹 公差等级

部 位	公 差			注
	A 级	B 级	C 级	
③ 扳拧部位 (a) 外扳拧 (ⅰ) 对边宽度	s	公差	s	公差	
	≤30	h13	≤18	h14	
	>30	h14	>18～＜60	h15	
			>60～≤180	h16	
			>180	h17	

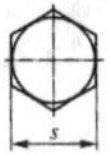

图 1　图 2

8.2

（1）尺 寸 公 差(mm)			
部　　　位	公　　差		
	A 级	B 级	C 级

部　　　位	公　　差		
（ⅱ）对角宽度 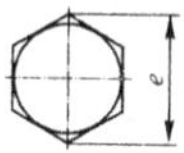 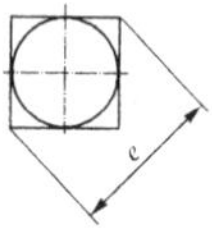 图　3　　　　图　4	（图 3）$e_{min}=1.13s_{min}$ $e_{min}=1.12s_{min}$（用于法兰面螺栓和螺钉，以及其他冷镦成型而无切边工序的产品） （图 4）$e_{min}=1.3s_{min}$		

| （ⅲ）头部高度 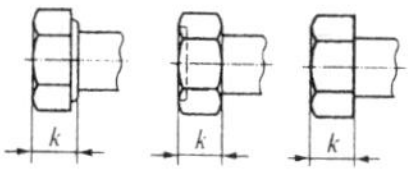

图　5 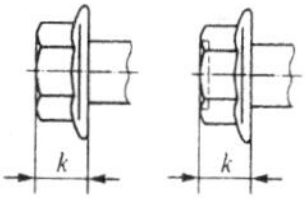

图　6 | js14 | js15 | k 公差
<10 js16
$\geqslant 10$ js17 |
| | 六角法兰面螺栓和螺钉，仅规定 k 的最大值 | | |

| （ⅳ）扳拧高度

图　7 | $k_{w\,min}=0.7k_{min}$
k_w 确定的长度范围内，除倒角、垫圈面或圆角以外的对角宽度均应符合 e_{min}
该尺寸在相关的产品标准中规定
计算 $k_{w\,min}$ 的公式仅系示例，适用于所列举的产品
代号 k_w 代替以前使用的 k'
量规检规，见相应的产品标准 | | |

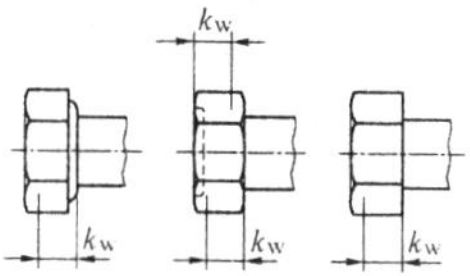

(1) 尺 寸 公 差(mm)			
部　　位	公差		
	A 级	B 级	C 级
（iv）扳拧高度（续） 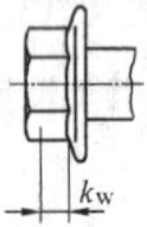 图 8	$k_{w\min}=0.7\left[(k_{\max}-\text{IT15})-\left(x+\dfrac{d_{w\min}-e_{\min}}{2}\tan\delta_{\max}\right)\right]$ x—取 $c_{\min}\times1.25$ 或 $c_{\min}$ 　　+0.4 中的较大值 δ—法兰角 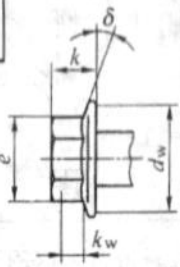 		
（b）内扳拧 （i）内六角 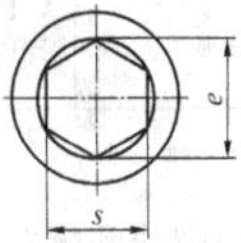 图 9	$e_{\min}=1.14s_{\min}$		
	s	公差	
	0.7	EF8	
	0.9	JS9	
	1.3	K9	
	1.5、2、2.5、3	D11	—
	4	E11	
	5、6、8、 10、12、14	E12	
	>14	D12	
（ii）开槽宽度 图 10	n	公差	
	≤1	+0.20 +0.06	
	>1 ~≤3	+0.31 +0.06	—
	>3 ~≤6	+0.37 +0.07	
	公差： C13 用于 n≤1 C14 用于 n>1		

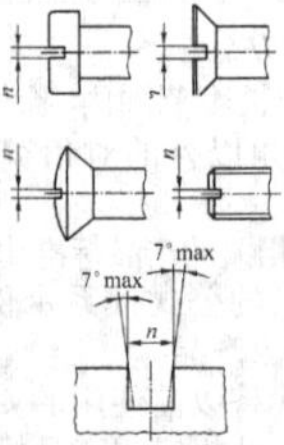

8.4

(1) 尺 寸 公 差(mm)				
部 位	公 差			注
	A 级	B 级	C 级	
（iii）内六角和开槽深度 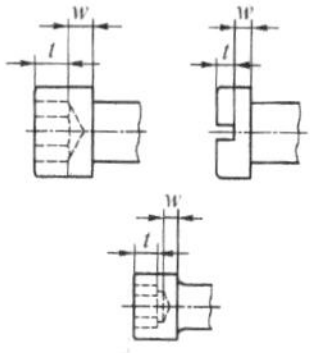 图　11	内六角和开槽深度在产品标准中仅规定最小值。它受最小壁厚 w 的限制	—	—	目前还不能规定适用的公差
（iv）十字槽	除插入深度外的所有尺寸见 GB/T 944.1 插入深度见相关的产品标准			
（v）内六角花形	除插入深度外的所有尺寸见 GB/T 6188 插入深度见相关的产品标准			
④ 其他部位 （a）头部直径 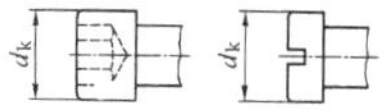 图　12	h13*	—	—	* 滚花头用±IT13
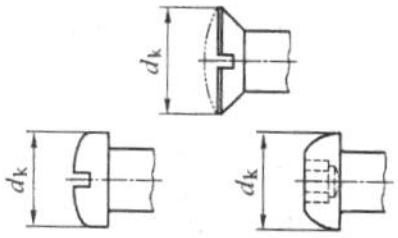 图　13	h14	—	—	沉头螺钉直径与高度的综合控制，按 GB/T 5279 或 GB/T 70.3 规定

(1) 尺 寸 公 差(mm)				
部　　位	公　　差			注
	A 级	B 级	C 级	
(b) 头部高度(除六角头以外的) 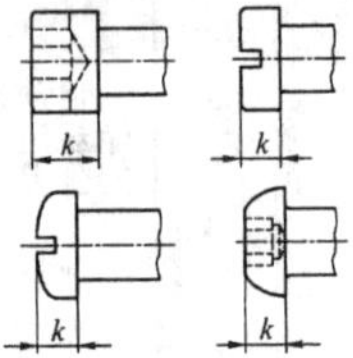 图 14	≤M5：h13 >M5：h14	—	—	
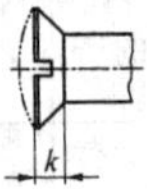 图 15	沉头螺钉 k 尺寸在产品标准中仅规定最大值			沉头螺钉直径与高度的综合控制，按 GB/T 5279 或 GB/T 70.3 规定
(c) 支承面直径和垫圈面高度 d_w 的仲裁基准 |0.1| 图 16	$d_{w\min} = s_{\min} - IT16$（用于对边宽度<21mm） $d_{w\min} = 0.95 s_{\min}$（用于对边宽度≥21mm） $d_{w\max} = s_{实际}$			C 级产品垫圈面是非强制性的

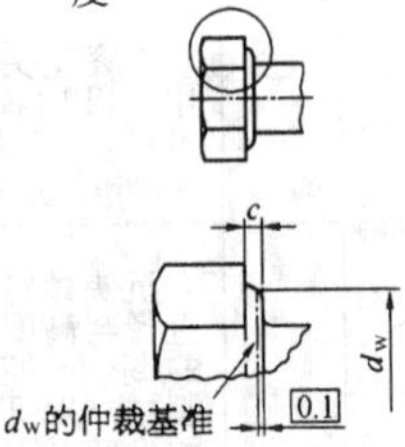

螺纹直径	c	
	min	max
≥1.6～2.5	0.10	0.25
>2.5～4	0.15	0.40
>4～6	0.15	0.50
>6～14	0.15	0.60
>14～36	0.20	0.80
>36	0.30	1.0

8.6

(续)

(1) 尺 寸 公 差(mm)				
部 位	公 差			注
	A级	B级	C级	
(c) 支承面直径和垫圈面高度(续) 图 17 图 18 图 19	产品标准仅规定 d_w 的最小值			

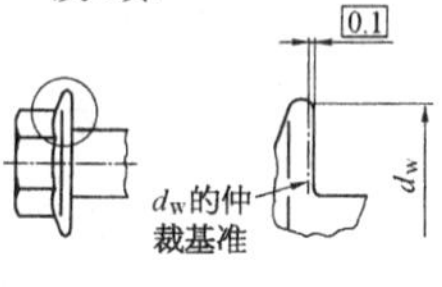 螺纹直径		d_w min	公差数据仅对 A 级产品
>	≤		
	2.5	$d_{k\,min}-0.14$	
2.5	5	$d_{k\,min}-0.25$	
5	10	$d_{k\,min}-0.4$	
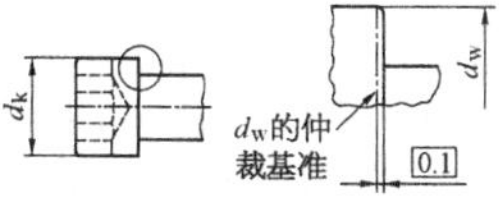 10	16	$d_{k\,min}-0.5$	
16	24	$d_{k\,min}-0.8$	
24	36	$d_{k\,min}-1$	
36	—	$d_{k\,min}-1.2$	

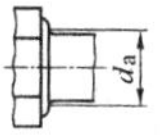 无退刀槽的产品,d_a 按 GB/T 3105 的规定	有退刀槽的产品,d_a 见相关产品标准

(d) 公称长度 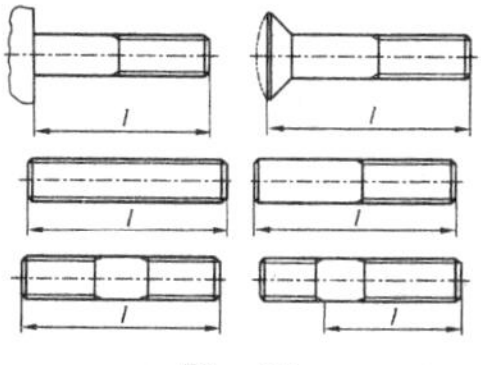 图 20	js15	js17	$l \leqslant 150$:js17 $l > 150$:IT17

8.7

（1）尺　寸　公　差(mm)			
部　　位	公　　差		注
	A 级	B 级	C 级	

部　　位	A 级	B 级	C 级	注
(e) 螺纹长度 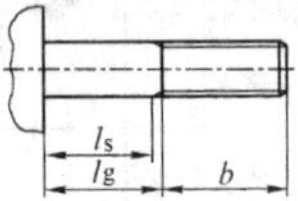 螺栓 等长双头螺柱 螺柱 图　21	b^{+2P}_0 b^{+2P}_0 b^{+2P}_0 $b_m$js16	b^{+2P}_0 b^{+2P}_0 b^{+2P}_0 $b_m$js17	b^{+2P}_0 b^{+2P}_0 b^{+2P}_0 $b_m$js17	P—螺距 l_s—最小无螺纹杆部长度 l_g—最末一扣完整螺纹至支承面的最大长度（包括螺纹收尾），因而也是最小夹紧长度 　b 尺寸公差 $+2P$ 仅适用于在产品标准中未规定 l_s 和 l_g 的场合 　b_m 仅指螺柱拧入金属端的长度
(f) 无螺纹杆径 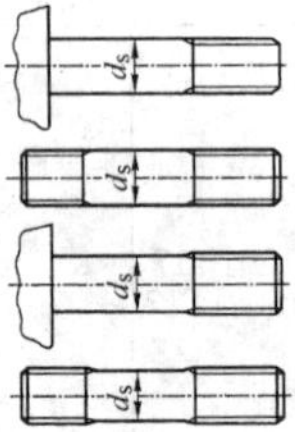 图　22	h13 细杆直径 ≈螺纹中径	h14	±IT15	该公差不适用于头下圆角部分和螺纹退刀槽

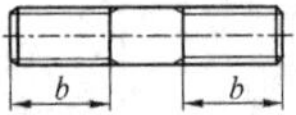

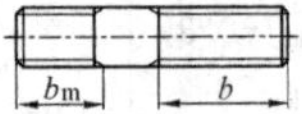

（续）

（2）几何公差

在图23～图57中，按GB/T 1182—1996形状和位置—通则、定义、符号和图样表示法和GB/T 16671—1996形状和位置公差—最大实体要求、最小实体要求和可逆要求规定的公差，不需要使用特殊工艺，测量或量规

当规定螺纹中径轴线为基准，而螺纹大径与螺纹中径轴线的同轴度误差又可以忽略不计时（如辗制螺纹），则螺纹大径轴线可作为基准轴线

按GB/T 1182规定用字母 MD 标记螺纹轴线为基准时，则表示以螺纹大径轴线为基准线

应按GB/T 16671的规定使用最大实体要求

部　　　位	公差 t			选取 t 的基本尺寸
	A级	B级	C级	
① 扳拧部位 （a）形状公差 （i）外扳拧部位				
 ＊3×对边　＊＊2×对边 图 23　　　图 24				
（ii）内扳拧部位 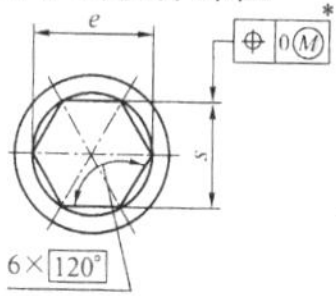 ＊3×对边 图 25				

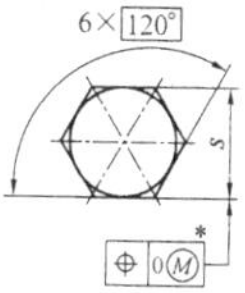

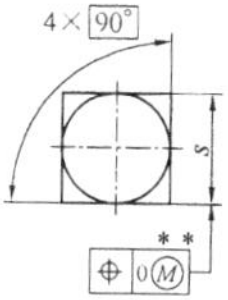

8.9

(2)几何公差				
部　　位	公差 t			选取 t 的基本尺寸
	A级	B级	C级	
(b) 位置度公差 	2IT13	2IT14	2IT15	s

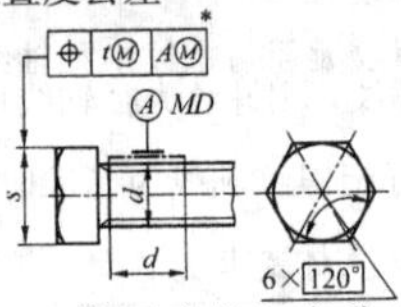

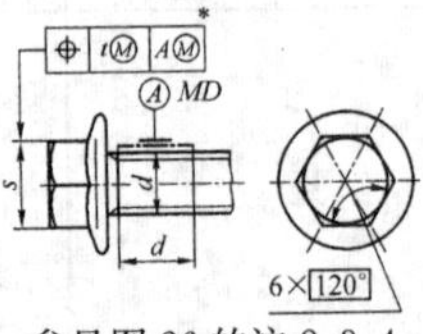

注：1. 位置度的旧名称为同轴度、对称度。
　　2. 基准 A 应尽可能靠近头部，并在距头部 0.5d 以内；基准 A 可以是光杆或螺纹部分，但不应包括螺纹收尾或头下圆角部分（见下图）。

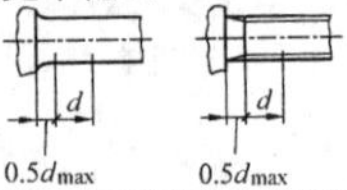

0.5d max　　　0.5d max

　　3. MD 表示以螺纹大径轴线为基准轴线。
　　4. *3×对边

图 26

| | 2IT13 | 2IT14 | — | s |

注：参见图 26 的注 2、3、4

图 27

8.10

(2) 几 何 公 差				
部　　　位	公差 t			选取 t 的基本尺寸
	A 级	B 级	C 级	
(b) 位置度公差(续) 注：参见图 26 的注 2、3、4 **图　28**	2IT13	—	—	d
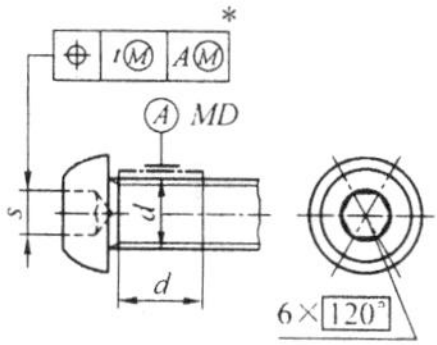 注：参见图 26 的注 2、3、4 **图　29**	2IT3	—	—	d
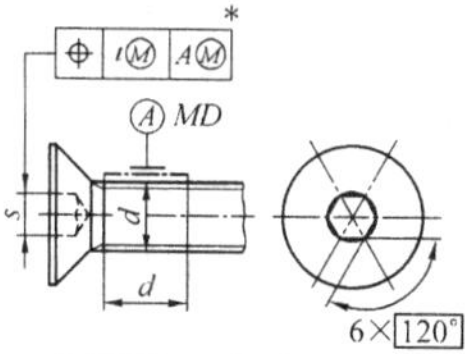 注：参见图 26 的注 2、3、4 **图　30**	2IT12	—	—	d

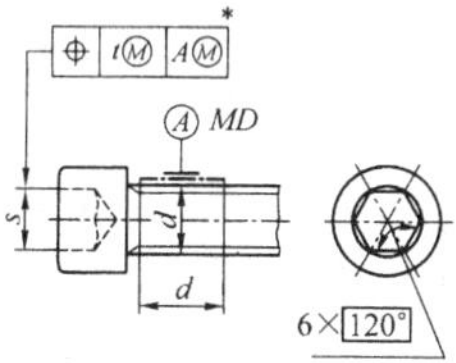

8.11

(2) 几 何 公 差				
部　　　位	公差 t			选取 t 的基本尺寸
	A 级	B 级	C 级	
(b) 位置度公差(续)				

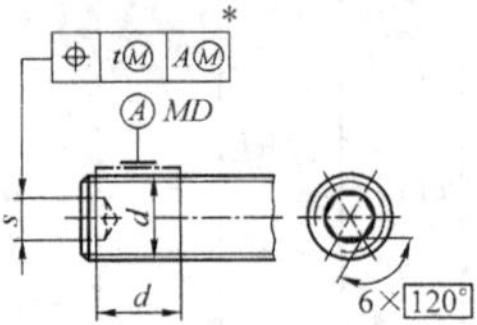

注：1. MD 表示以螺纹大径轴线
为基准轴线。
2. *3×对边
图　31

| | 2IT12 | — | — | d |

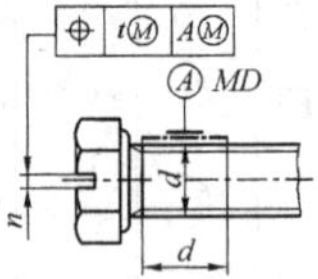

注：参见图 26 的注 2、3
图　32

| | 2IT12 | 2IT13 | 2IT14 | d |

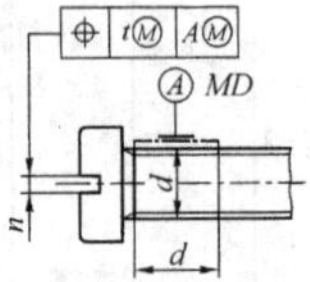

图　33

| | 2IT12 | 2IT13 | 2IT14 | d |

8.12

（续）

(2) 几 何 公 差				
部　　位	公差 t			选取 t 的基本尺寸
	A 级	B 级	C 级	
(b) 位置度公差(续)				
注：参见图 26 的注 2、3 图　34	2IT12	2IT13	2IT14	d
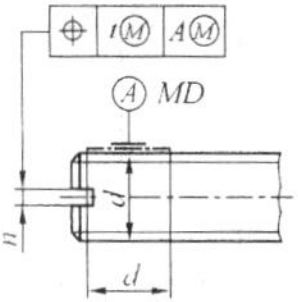 注：参见图 31 的注 1 图　35	2IT12	—	—	d
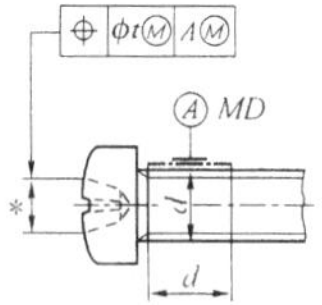 注：1. 参见图 26 的注 2、3。　2. * 对十字槽位置度的仲裁检验应使用 GB/T 944.1规定的量规进行 图　36	2IT13	—	—	d

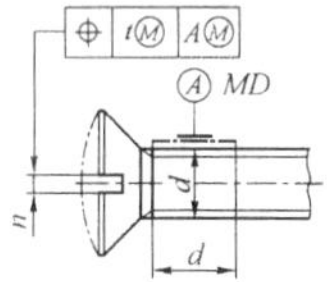

(2) 几 何 公 差				
部 位	公差 t			选取 t 的 基本尺寸
	A 级	B 级	C 级	
(b) 位置度公差(续) 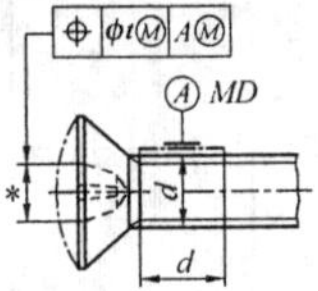 注：参见图 36 的注 1、2 **图 37**	2IT13	—	—	d
② 其他部位 (a) 位置度与圆跳动公差 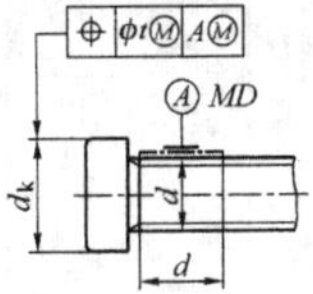 注：参见图 26 的注 2、3 **图 38**	2IT13	2IT14	2IT15	d_k
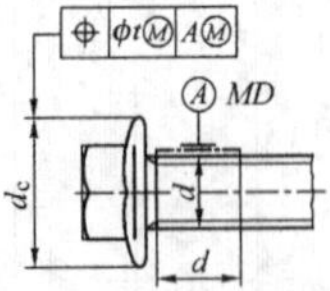 注：参见图 26 的注 2、3 **图 39**	2IT13	2IT14	—	d_c

8.14

(2) 几 何 公 差				
部　　　位	公差 t			选取 t 的基本尺寸
	A 级	B 级	C 级	
(a) 位置度与圆跳动公差(续) 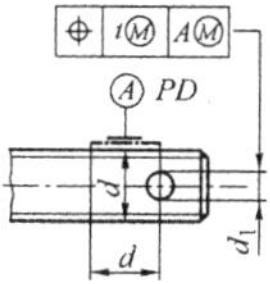 注：PD 表示以螺纹中径轴线为 　　基准轴线 **图　40**	2IT13	2IT14	2IT15	d
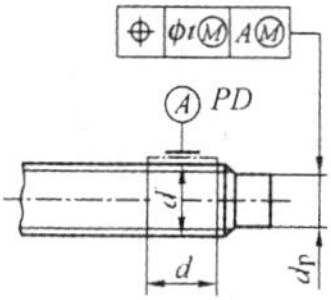 注：参见图 40 的注 **图　41**	IT13 （紧定 螺钉） 2IT13 （其他 产品）	—	—	d
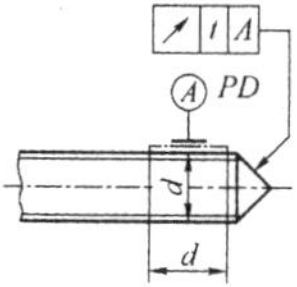 注：参见图 40 的注 **图　42**	IT13	—	—	d

（2）几 何 公 差				
部　　　位	公差 t			选取 t 的基本尺寸
	A级	B级	C级	
（a）位置度与圆跳动公差（续）				

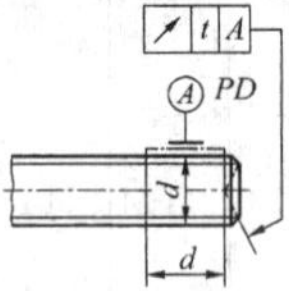

注：参见图 40 的注

图　43

| | IT13 | — | — | d |

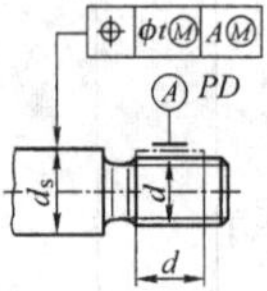

注：参见图 40 的注

图　44

| | 2IT13 | 2IT14 | 2IT15 | d |

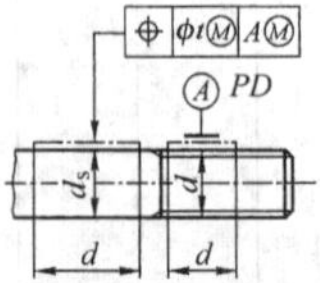

注：1. 参见图 40 的注。

　　2. 基准 A 应尽可能靠近杆部的各部分，但不应包括螺纹收尾

图　45

| | IT13 | IT14 | IT15 | d |

8.16

（2）几何公差				
部　位	公差 t			选取 t 的基本尺寸
	A级	B级	C级	
（a）位置度与圆跳动公差（续） 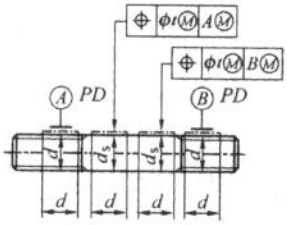 图　46 注：1. 基准 A 应尽可能靠近头部，并在距头部 $0.5d$ 以内；基准 A 可以是光杆或螺纹部分，但不应包括螺纹收尾或头下圆角部分。 2. PD 表示以螺纹中径轴线为基准轴线。 3. 基准 A 和 B 应尽可能靠近杆部的各部分，但不应包括螺纹收尾	IT13	IT14	—	d
（b）直线度公差 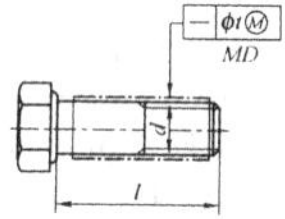 注：MD 表示以螺纹大径轴线为基准线 图　47	d	t	2倍A级公差	
	≤8	$0.002l$ $+0.05$		
	>8	$0.0025l$ $+0.05$		
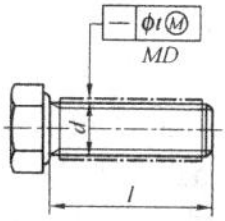 注：参见图 47 的注 图　48	d	t	2倍A级公差	
	≤8	$0.002l$ $+0.05$		
	>8	$0.0025l$ $+0.05$		

（2）几何公差				
部　位	公差 t			选取 t 的基本尺寸
	A 级	B 级	C 级	

（b）直线度公差（续）

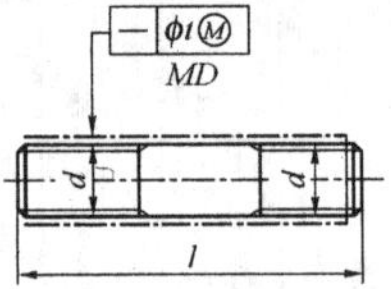

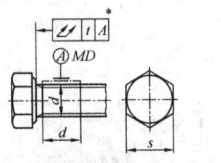

注：参见图 47 的注

图　49

d	t
$\leqslant 8$	$0.002l$ $+0.05$
>8	$0.0025l$ $+0.05$

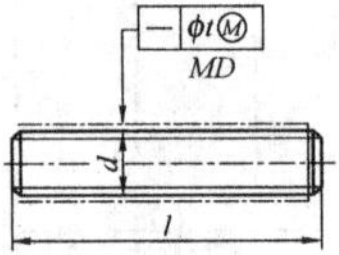

（C级列：— ，选取 t 基本尺寸列空）

注：参见图 47 的注

图　50

（C级列：2 倍 A 级或 B 级公差）

（c）全跳动公差

注：1. 全跳动的旧名称为垂直度。
2. 参见图 26 的注 2、3。
3. ＊直径至 0.8s

图　51

A 级和 B 级产品公差 t 计算公式如下：
　$\leqslant$M39：$t=1.2d\tan 1°$
　$>$M39：$t=1.2d\tan 0.5°$
　C 级产品公差 t 是 A 和 B 级公差 t 值的 2 倍
　选取 t 的基本尺寸栏中的数据均为螺纹大径
　图 51 的公差 t 和选取 t 的基本尺寸两栏中的数据，参见图 52～图 54 的规定

(2) 几 何 公 差			
部　　位	公差 t		选取 t 的基本尺寸
	A 级	B 级	C 级

部　　位	A 级	B 级	C 级	选取 t 的基本尺寸
(c) 全跳动公差(续) 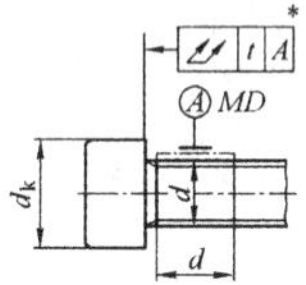 注: 1. 参见图 26 的注 2、3。　　2. * 直径至 $0.8d_k$ 图　52	0.04	—		1.6　2
	0.08		0.3	2.5　3　3.5　4
	0.15			5　6　7
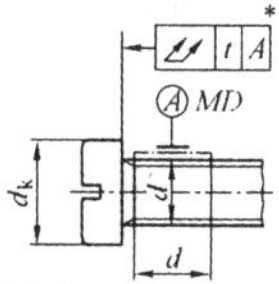 注: 参见图 52 的注 图　53	0.17	0.34		8
	0.21	0.42		10
	0.25	0.50		12
	0.29	0.58		14
	0.34	0.68		16
	0.38	0.78		18
	0.42	0.84		20
	0.46	0.92		22
	0.50	1.00		24
	0.57	1.14		27
	0.63	1.26		30
	0.69	1.38		33
	0.76	1.52		36
注: 1. 参见图 26 的注 2、3。　2. *任何径向线上最高点的线。　3. 对法兰面螺栓, 公差仅适用于 F 型和 U 型 图　54	0.82	1.64		39
	0.44	0.88		42
	0.47	0.94		45
	0.50	1.00		48
	0.55	1.10		52

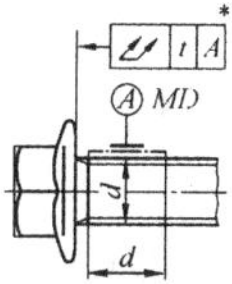

(2) 几 何 公 差				
部　　　位	公差 t			选取 t 的基本尺寸
	A 级	B 级	C 级	
(c) 全跳动公差(续) 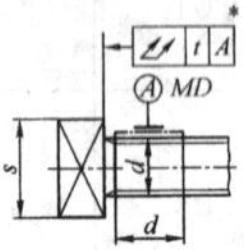 注：1. 参见图 26 的注 2、3。 　　2. * 直径至 $0.8s$ **图 55** 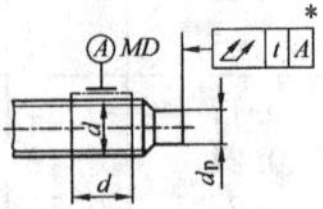 注：1. MD 表示以螺纹大径轴线为基准轴线。 　　2. * 直径 $0.8d_p$ **图 56**	公差 t 仅对圆柱端，而不适用于导向端 公差 t 和选取 t 的基本尺寸两栏中的数据，参见图52～图54 的规定			
(d) 支承面形状允许误差 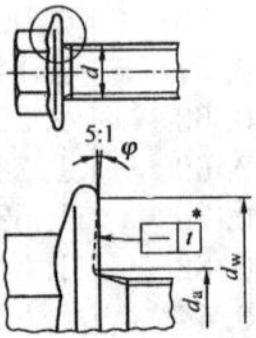 注：1. * d_{amax} 和 d_{wmin} 间的径向线。 　　2. φ 角按产品标准规定 **图 57**	$0.005d$			d

8.20

(3) 螺 母 公 差

<table>
<tr><td colspan="5" align="center">(1) 尺 寸 公 差</td></tr>
<tr><td rowspan="2" align="center">部　　　　位</td><td colspan="3" align="center">公差</td><td rowspan="2" align="center">注</td></tr>
<tr><td align="center">A 级</td><td align="center">B 级</td><td align="center">C 级</td></tr>
<tr><td>① 公差水平
　支承面
　其他部位</td><td>紧的
紧的</td><td>紧的
松的</td><td>松的
松的</td><td rowspan="2">某些产品,在相关的产品和镀层标准中,可能规定其他的螺纹公差等级</td></tr>
<tr><td>② 内螺纹

注：*不同型式的有效力矩型螺
　　母外形各异
图　58</td><td>6H</td><td>6H</td><td>7H</td></tr>
</table>

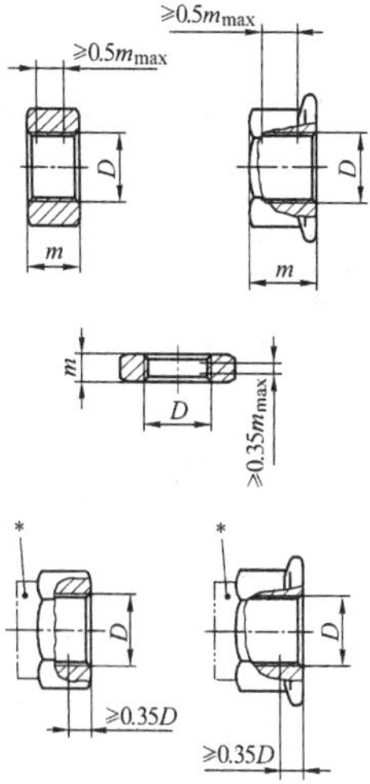

对 $m \geqslant 0.8D$ 的螺母,在 $>0.5m_{max}$ 的范围内,螺纹小径应符合规定的公差(仅适用于规格 >M3)

注：D—螺纹公称直径
　　m—螺母高度

对 $0.5D \leqslant m < 0.8D$ 的螺母,在 $>0.35m_{max}$ 的范围内,螺纹小径应符合规定的公差

对有效力矩型螺母,从支承面起到 $>0.35D$ 的高度,螺纹小径可能超出规定的公差

（1）尺 寸 公 差				
部　　　位	公差（mm）			
	A 级		B 级	C 级
③ 扳拧部位 （a）对边宽度 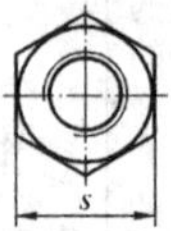	s	公差	s	公差
	≤30	h13	≤18	h14
	>30	h14	>18～≤60	h15
			>60～≤180	h16
			>180	h17

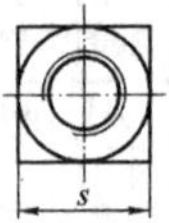

图　59　　　　　图　60

（b）对角宽度 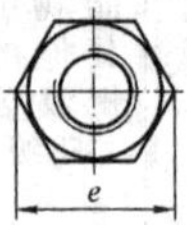	
  图　61 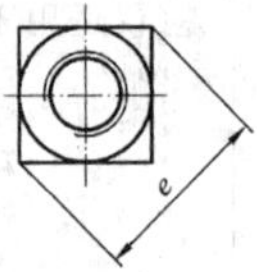　　　　图　62	（图 61） $e_{min}=1.13s_{min}$ （图 62） $e_{min}=1.3s_{min}$

④ 其他部位 （a）螺母高度[*] 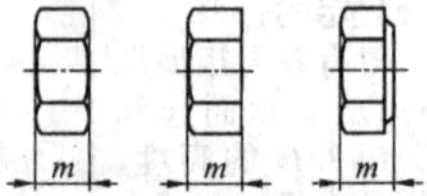 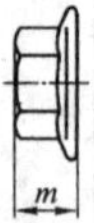	
  注：＊ 开槽螺母 　　 和皇冠螺母， 　　 见第 8.25 页 图　63	$D≤12$：h14 $12<D≤18$：h15　　h17 $D>18$：h16

(1) 尺 寸 公 差			
部　　　位	公差(mm)		
	A 级	B 级	C 级
(a) 螺母高度(续) 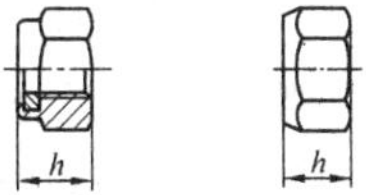 有效力矩型 螺母(非金 属嵌件)　　有效力矩型 　　全金属螺母 图　　64	h 公差见产品标准		
(b) 扳拧高度 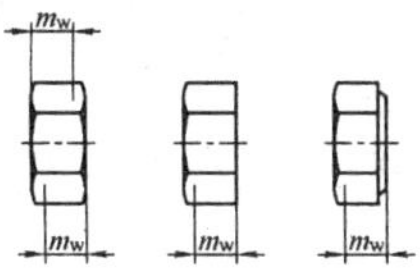 图　　65	$m_{\text{wmin}}=0.8m_{\text{min}}$ 注：1. 计算 m_{wmin} 的公式仅系示例，适用于所列举的产品。 　　2. m_{w} 确定的长度范围内，除倒角或垫圈面以外的对角宽度均应符合 e_{min}，并在相关的产品标准中规定。 　　3. 代号 m_{w} 代替以前使用的 m		

(1) 尺 寸 公 差			
部　　位	公差（mm）		
	A 级	B 级	C 级

部　　位	公差（mm）
(b) 扳拧高度（续） 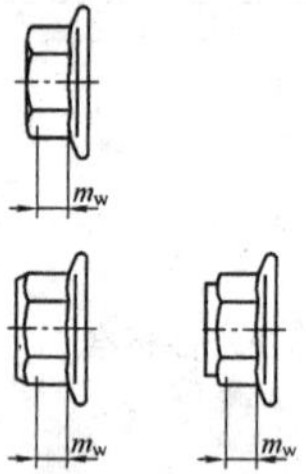 图　66	$m_{\mathrm{w\,min}}=0.8\times\Big[\,m_{\min}-\Big(x$ $\qquad+\dfrac{d_{\mathrm{w\,min}}-e_{\min}}{2}\tan\delta_{\max}\Big)\Big]$ x—$c_{\min}\times1.25$ 或 $\qquad c_{\min}+0.4$ 的较 $\qquad$大值 δ—法兰角 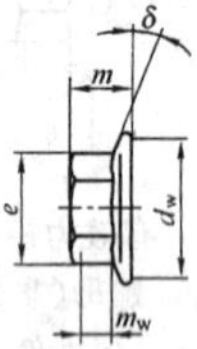

(c) 支承面直径和垫圈面高度
 d_{w}的仲裁基准 图　67

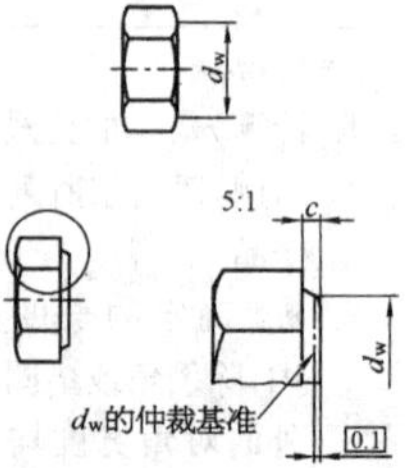

$d_{\mathrm{w\,min}}=s_{\min}-\mathrm{IT}16$（适用于对
$\qquad$边宽度<21）
$d_{\mathrm{w\,min}}=0.95s_{\min}$（适用于对边
$\qquad$宽度$\geqslant21$）
注：对双面倒角螺母，本要求
$\qquad$适用于两个支承面

螺纹直径	c	
	min	max
1.6～2.5	0.10	0.25
>2.5～4	0.15	0.40
>4～6	0.15	0.50
>6～14	0.15	0.60
>14～36	0.2	0.8
>36	0.3	1.0

8.24

（续）

<table>
<tr><th colspan="5">(1) 尺 寸 公 差</th></tr>
<tr><th rowspan="2">部　　位</th><th colspan="4">公差(mm)</th></tr>
<tr><th>A 级</th><th colspan="2">B 级</th><th>C 级</th></tr>
<tr><td>(c) 支承面直径和垫圈面高度(续)
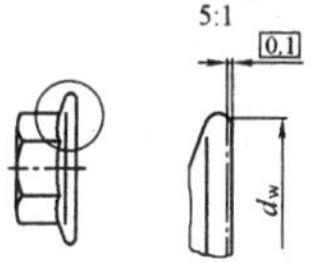

图　68</td><td colspan="4">六角法兰面螺母 $d_{w\,min}$ 按产品标准规定</td></tr>
<tr><td>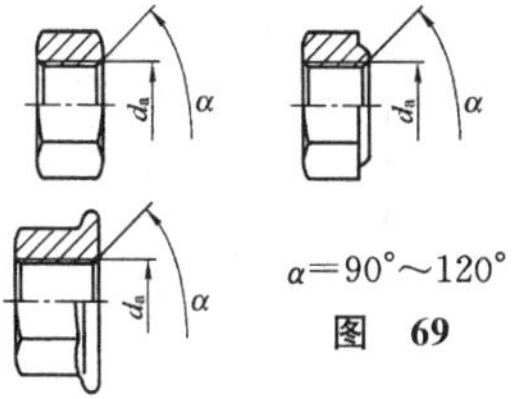

α=90°～120°
图　69</td><td colspan="3">D≤5：
$d_{a\,max}=1.15D$
D>5～8：
$d_{a\,max}=D+0.75$
D>8：
$d_{a\,max}=1.08D$
对所有规格：
$d_{a\,min}=D$
注：对双面倒角螺母，本要求适用于两个支承面</td><td></td></tr>
<tr><td rowspan="6">⑤ 特殊产品
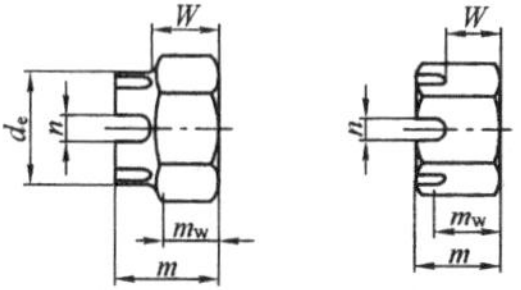

皇冠螺母　　开槽螺母
图　70</td><td>公差</td><td>A 级</td><td>B 级</td><td>C 级</td></tr>
<tr><td>d_e</td><td>h14</td><td>h15</td><td>h16</td></tr>
<tr><td>m</td><td>h14</td><td>h15</td><td>h16</td></tr>
<tr><td>n</td><td>H14</td><td>H14</td><td>H15</td></tr>
<tr><td>w</td><td>h14</td><td>h15</td><td>h17</td></tr>
<tr><td>m_w</td><td colspan="3">参见 1 型螺母(GB/T 6170)的 m_w 值</td></tr>
</table>

| （2）几何公差 |

在图 71～图 78 中，按 GB/T 1182 和 GB/T 16671 规定的公差，不需要使用特殊工艺、测量或量规

需要以螺母的螺纹作为基准时，应以螺纹轴线为基准

应按 GB/T 16671 的规定使用最大实体要求

部 位	公差 t			选取 t 的基本尺寸
	A 级	B 级	C 级	
① 扳拧部位 （a）形状公差 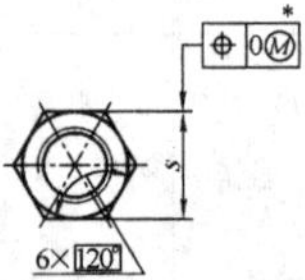 注：*3×对边 **图 71** 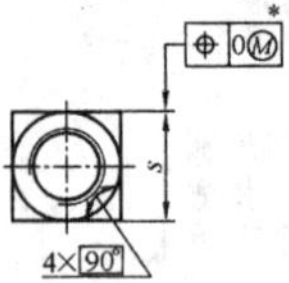 注：*2×对边 **图 72**				
（b）位置度公差 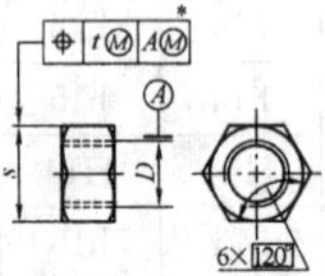 注：*3×对边 **图 73**	2IT13	2IT14	2IT15	s

8.26

| | | 公 差 | | | 选取 *t* 的 |
部　　　位	A 级	B 级	C 级	基本尺寸

(2) 几 何 公 差

(b) 位置度公差(续)

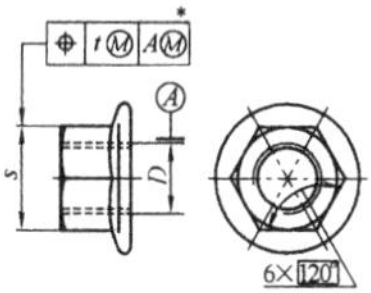

注：* 3×对边

图　74

2IT13　2IT14　—　　*s*

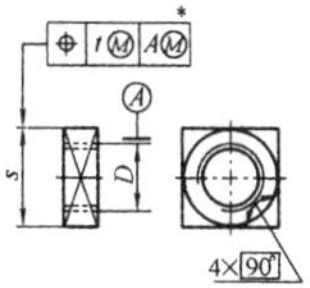

注：* 2×对边

图　75

2IT13　2IT14　2IT15　　*s*

② 其他部位
(a) 位置度公差

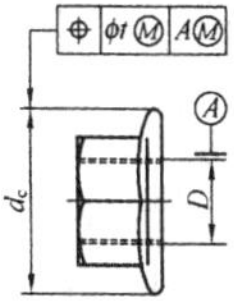

图　76

图　77

图 76				
2IT14	2IT15	—		d_c
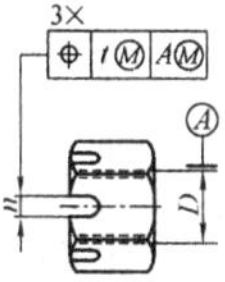 图 77				
2IT13	2IT14	2IT15		D

（2）几 何 公 差			
部 位	公差		选取 t 的基本尺寸
	A 级	B 级	C 级

（a）位置度公差（续）

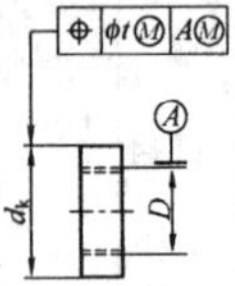

$\boxed{\oplus \, \phi t \, \textcircled{M} \, A \textcircled{M}}$

图 78

| 2IT13 | 2IT14 | — | d_k |

（b）全跳动公差

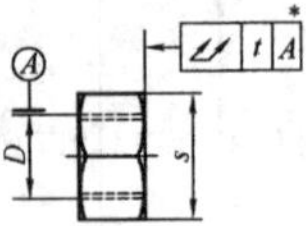

注：＊ 直径至 0.8s

图 79

注：＊ 直径至 0.8s

图 80

公差 A/B	C	基本尺寸
0.04		1.6 2
0.08	—	2.5 3 3.5 4
0.15	0.3	5 6 7
0.17	0.34	8
0.21	0.42	10
0.25	0.50	12
0.29	0.58	14
0.34	0.68	16
0.38	0.76	18
0.42	0.82	20
0.46	0.92	22
0.50	1	24
0.57	1.14	27
0.63	1.26	30
0.69	1.38	33
0.76	1.52	36
0.82	1.64	39
0.44	0.88	42
0.47	0.94	45
0.50	1	48
0.55	1.1	52

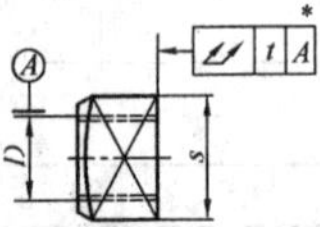

图 79～图 82 的注：
1. 对双面倒角螺母，本要求适用于两个支承面。
2. 选取 t 的基本尺寸栏中的数据均为螺纹大径

8.28

	（2）几何公差			
部　　　位	公差			选取 t 的基本尺寸
	A 级	B 级	C 级	
(b) 全跳动公差(续) 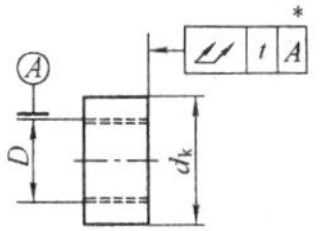 注：* 直径至 0.8s **图 81** 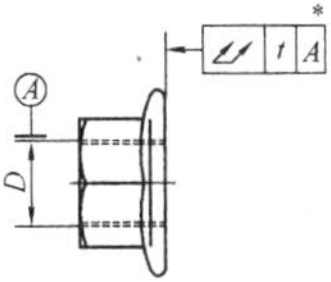 注：* 任何径向线上最高点的线 **图 82**	参见图 79～图 80 的规定			
(c) 支承面形状允许误差 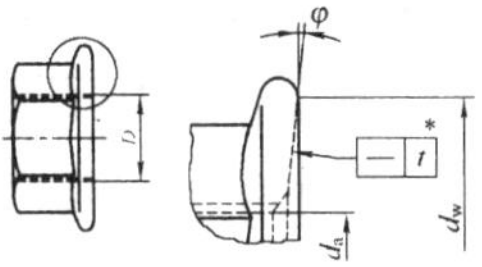 注：1. * d_{amax} 和 d_{wmin} 间的径向线。 　　2. φ 角按产品标准规定 **图 83**	0.005D	—		D

(4) 自攻螺钉公差

部　　　　位	公　差
(1) 尺寸公差——产品等级 A 级(mm)	
① 螺纹	见 GB/T 5280

<table>
<tr><td>② 扳拧部位
(a) 外扳拧
(ⅰ) 对边宽度(图 84)
(ⅱ) 对角宽度(图 85) 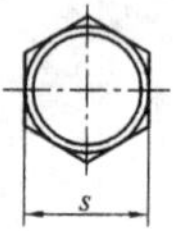

图 84 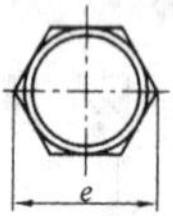　　图 85</td><td>图 84：
h13
图 85：
$e_{min} = 1.12 s_{min}$</td></tr>
</table>

<table>
<tr><td>(ⅲ) 头部高度(图 86)
(ⅳ) 扳拧高度(图 87) 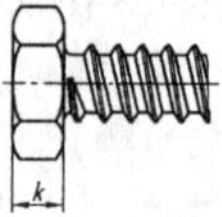

图 86 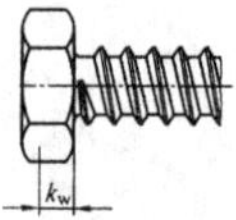　　　图 87

注：1. 六角凸缘自攻螺钉和六角法兰面自攻螺
　　　钉分别见 GB/T 16824.1 和 16824.2。
　　2. 代号 k_w 代替以前使用的 k'</td><td>图 86：
见 GB/T 5285
图 87：
$k_{wmin} = 0.7 k_{min}$</td></tr>
</table>

(b) 内扳拧 (ⅰ) 开槽宽度 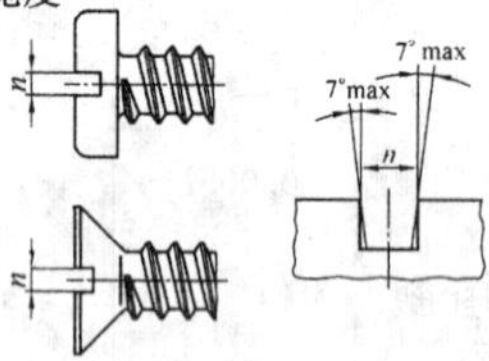 图 88	n	公差
	≤1	+0.20 +0.06
	>1~3	+0.31 +0.06
	>3~6	+0.37 +0.07
	公差： C13 用于 $n \leq 1$ C14 用于 $n > 1$	

(1) 尺寸公差——产品等级 A 级(mm)	
部 位	公 差
（ⅱ）开槽深度 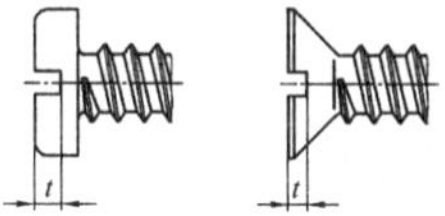 图 89	开槽深度在产品标准中规定
（ⅲ）十字槽	除插入深度外,所有尺寸见 GB/T 944.1。插入深度见相关的产品标准
（ⅳ）内六角花形	除插入深度外,所有尺寸见 GB/T 6188。插入深度见相关产品标准
③ 其他部位 (a) 头部直径 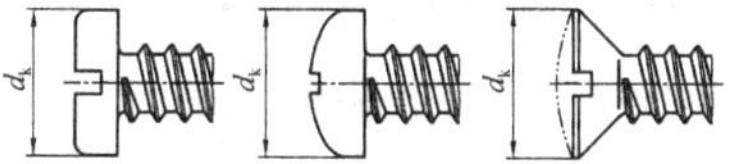 图 90	h14 沉头螺钉直径与高度的综合控制,按 GB/T 5279 规定
(b) 头部高度 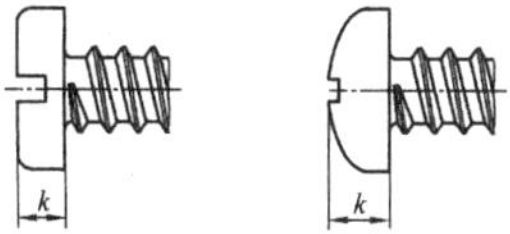 图 91 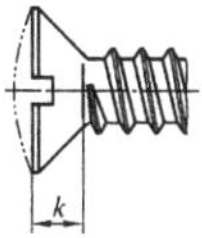　　　图 92	图 91：h14 图 92：沉头螺钉 k 尺寸在产品标准中仅规定最大值；又沉头直径与高度的综合控制,按 GB/T 5279 规定

(1) 尺寸公差——产品等级 A 级(mm)		
部　　位	公　差	

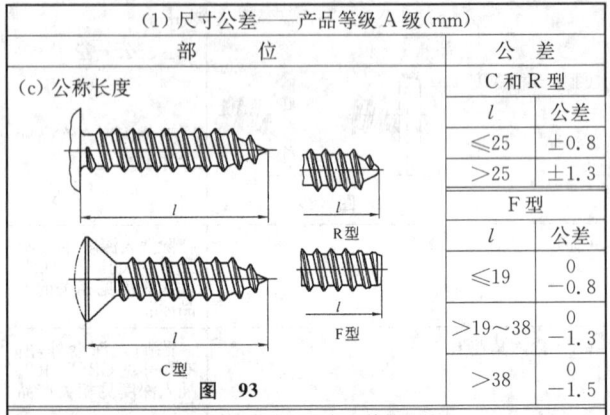

部　　位	C 和 R 型	
(c) 公称长度	l	公差
	≤25	±0.8
	>25	±1.3
	F 型	
	l	公差
	≤19	$\begin{matrix}0\\-0.8\end{matrix}$
	>19~38	$\begin{matrix}0\\-1.3\end{matrix}$
	>38	$\begin{matrix}0\\-1.5\end{matrix}$

图　93

(2) 几何公差——产品等级 A 级		

　　在图 94~图 104 中,按 GB/T 1182 和 GB/T 16671 规定的公差,不需要使用特殊工艺、测量或量规
　　需要以自攻螺钉的螺纹作为基准或标注公差时,则螺纹大径轴线可作为基准轴线
　　应按 GB/T 16671 的规定使用最大实体要求

部　　位	公差 t	选取 t 的基本尺寸
① 扳拧部位 (a) 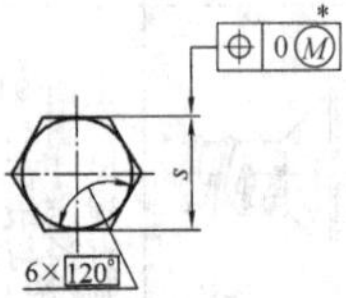		

注：＊3×对边

图　94

（2）几何公差——产品等级 A 级		
部　位	公差 t	选取 t 的基本尺寸
(b) 位置度公差 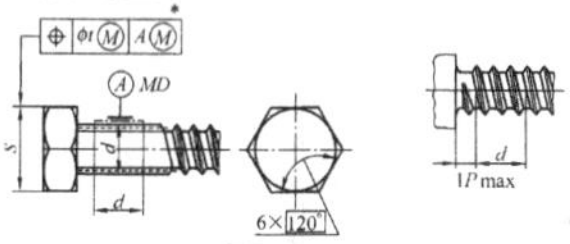 图　95	2IT13	s
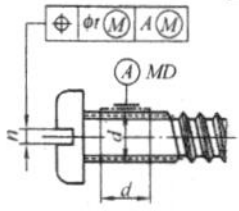 图　96 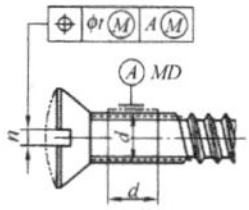　　　　　图　97	2IT12	d
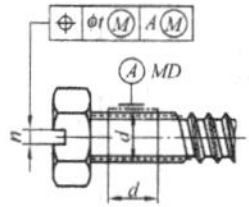 图　98	2IT12	d
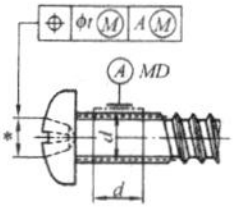 图　99 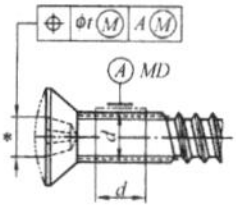　　　　　图　100	2IT13	d

　　图 95 注：1. 基准 A 应尽可能靠近头部，并在距头部 $1P$ 以内，但不应包括螺纹收尾或头下圆角部分。2. MD 表示以螺纹大径轴线为基准轴线。3. ＊3×对边。

　　图 96～图 98 注：参见图 95 的注 1、2。

　　图 99、图 100 注：1. 参见图 95 的注 1、2。2. 对十字槽位置度的仲裁检验应使用按 GB/T 944.1 规定的量规进行评定

（2）几何公差——产品等级 A 级		
部　　位	公差 t (mm)	选取 t 的基本尺寸
② 其他部位 （a）位置度公差 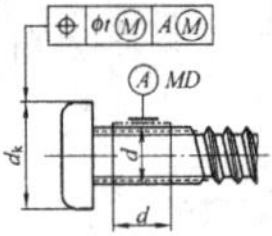 图　101	2IT13	d_k

（b）全跳动公差 图　102　　　图　103		
	d	t
	ST2.2	0.08
	ST2.9	0.16
	ST3.5	0.16
	ST4.2	0.16
	ST4.8	0.3
	ST5.5	0.3
	ST6.3	0.3
	ST8	0.34
	ST9.5	0.42

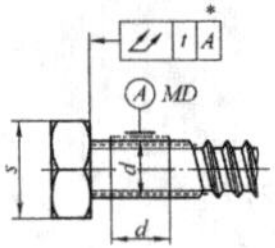

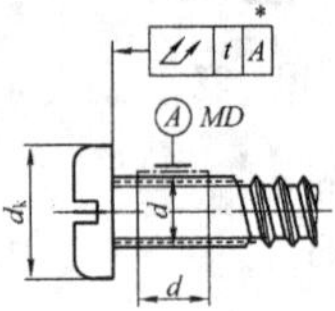

基本尺寸列：d

（c）直线度公差 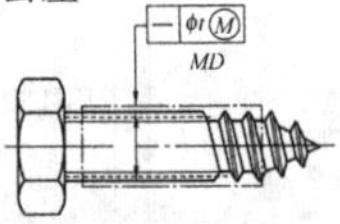 图　104	$t=0.003l$ $+0.05$ （用于 l） $\leqslant 20d$	—

图 101 注：参见图 95 的注 1、2。

图 102、图 103 注：1. 公差 t 按以下公式计算：$t \approx 1.2d \times \tan2°$。2. 参见图 95 的注 1、2。3. * 直径至 0.8s（图 102）。4. * 直径至 0.8d_k（图 103）。

图 104 注：MD 表示以螺纹大径轴线为基准轴线

2. 精密机械用螺栓、螺钉和螺母公差

(GB/T 3103.2—1982)

① 适用范围

　　本标准(GB/T 3103.2—1982)适用于螺纹直径为1～3mm、产品等级为 F 级(一般适用于公差要求高的产品)、精密机械用的螺栓、螺钉和螺母的公差

② 表面粗糙度

　　支承面和头部(棱、开槽和十字槽除外)的表面粗糙度应近似等于 $R_a = 1\mu m$，用目测比较确定

③ 螺纹

螺纹直径(mm)	内螺纹公差	外螺纹公差
1～1.4	5H	4h
>1.4～3	6H	6g

④ 螺纹长度

　　b—螺纹长度；

　　P—螺距

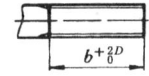

⑤ 公称长度

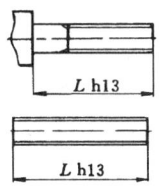
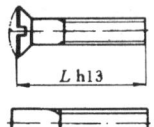
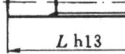

⑥ 扳拧尺寸

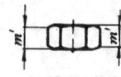

$m' \geqslant 0.8 m_{min}$

m_{min}—螺母最小高度

（a）对边宽度和对角宽度　　（b）实际测量位置

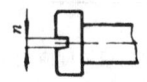 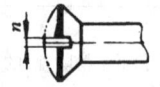 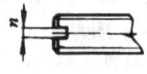

n	公称尺寸（mm）	<0.3	≥0.3～<0.4	≥0.4
	公差	C11	C12	C13

（c）开槽宽度

⑦ 头部

（a）头部直径

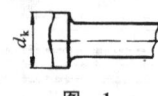

图 1

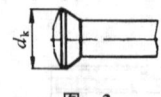

图 2

（b）头部高度

螺纹直径 （mm）	d_k 公差（图 1）	
	开槽的	十字槽的
1～1.4	h12	h13
>1.4～3	h13	h13

螺纹直径 （mm）	d_k 公差 （图 2）*	＊对十字槽 沉头螺钉 头圆度，见第 8.38 页形位 公差图 10
1～1.4	h10	
>1.4～2	h12	
>2～3	h13	

k 公称尺寸 （mm）	k 公差	
	开槽的	十字槽的
≤0.8	h11	h12
>0.8～<1.2	h12	h13
≥1.2	h13	h13

（续）

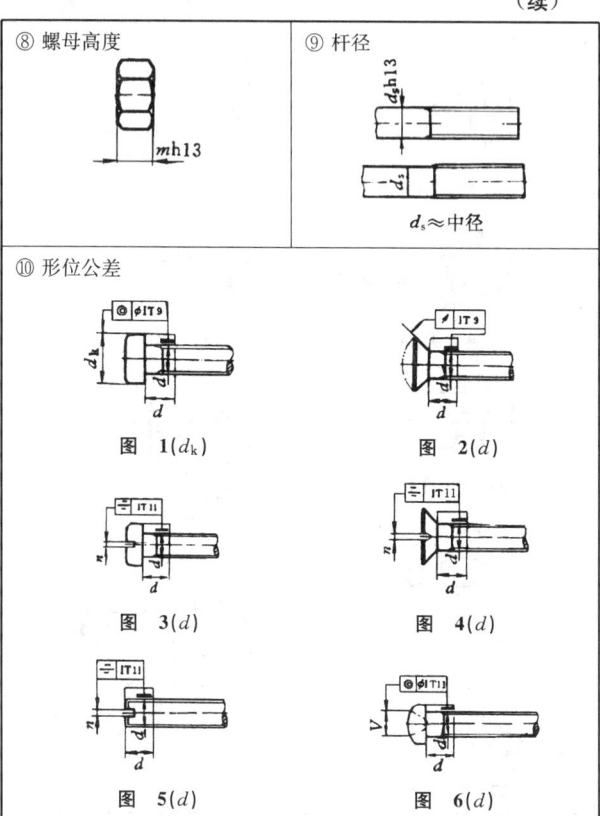

⑧ 螺母高度	⑨ 杆径
$mh13$	$d_s h13$ $d_s \approx 中径$

⑩ 形位公差

图 1(d_k)   图 2(d)

图 3(d)   图 4(d)

图 5(d)   图 6(d)

⑩ 形位公差

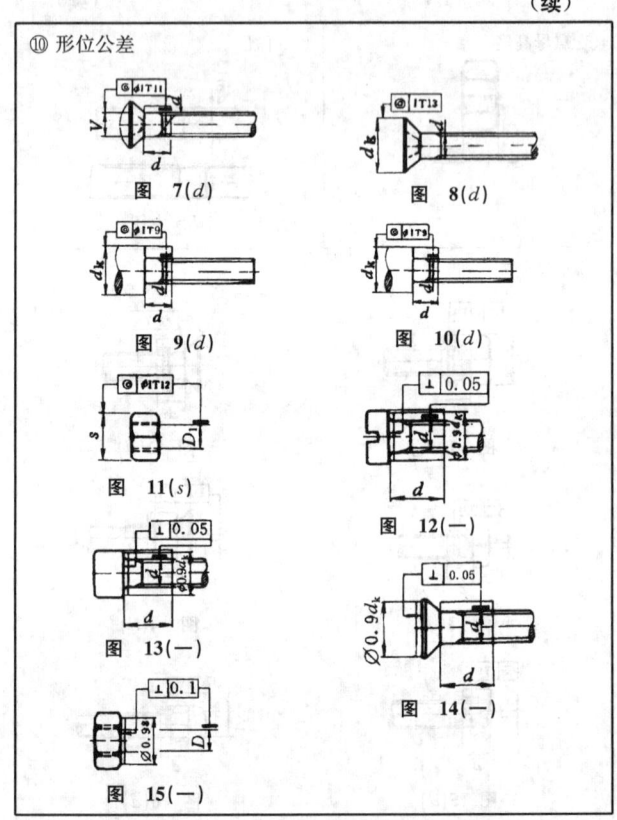

图 7(d)

图 8(d)

图 9(d)

图 10(d)

图 11(s)

图 12(一)

图 13(一)

图 14(一)

图 15(一)

注：图序号后面的括号内尺寸代号为选取公差的依据。

8.38

3. 平垫圈公差

(GB/T 3103.3—2000)

(1) 适 用 范 围

本标准(GB/T 3103.3—2000)规定了螺纹公称直径为 1～150mm 的螺栓、螺钉和螺母用产品等级为 A 和 C 级冲压平垫圈的公差。推荐非标准垫圈也采用这些公差。除非另有规定,本标准规定的公差,适用于平垫圈镀前尺寸。当本标准与产品标准规定的公差不同时,应以后者为准

注:产品等级由产品质量和公差大小确定

(2) 平 垫 圈 公 差

部 位	公 差(mm)				
	产 品 等 级				
	A			C	
通孔(冲压) 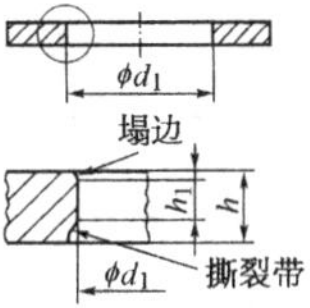 	h	d_1 公差	h_1 min	h	d_1 公差
	≤4	H13	0.5h	≤4	H14
	>4	H14	0.3h	>4	H15
	① h_1(C 级)、塌边和撕裂带尚未规定,但将要提出。 ② h_1 是在 d_1 规定公差范围内孔的部分				
外径(冲压) 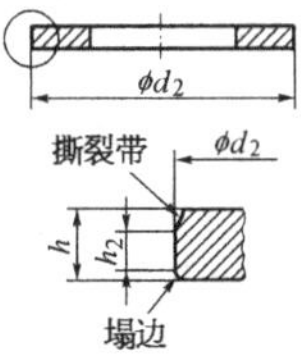 	h	d_1 公差		d_1 公差	
	≤4	h14		h16	
	>4	h15			
	① h_2、塌边和撕裂带尚未规定,但将要提出。 ② h_2 是在 d_2 规定公差范围的外径部分				

<table>
<tr><td colspan="5" align="center">(2) 平垫圈公差</td></tr>
<tr><td rowspan="3" align="center">部　位</td><td colspan="4" align="center">公差(mm)</td></tr>
<tr><td colspan="4" align="center">产品等级</td></tr>
<tr><td colspan="2" align="center">A</td><td colspan="2" align="center">C</td></tr>
</table>

部　位	公差(mm)			
	产品等级			
	A		C	
厚度	h		h	
	公称	公差	公称	公差
	≤0.5	±0.05	≤0.5	±0.1
	>0.5～1	±0.1	>0.5～1	±0.2
	>1～2.5	±0.2	>1～2.5	±0.3
	>2.5～4	±0.3	>2.5～4	±0.6
	>4～6	±0.6	>4～6	±1
	>6～10	±1	>6～10	±1.2
	>10～20	±1.2	>10～20	±1.6
倒角	$\alpha=30°\sim45°$ $e_{min}=0.25h$ $e_{max}=0.5h$		—	

部　位	公差(mm)	
	产品等级	
	A	C
同一部位厚度不均匀度 Δh ① Δh 的要求适用于从孔的内棱边与外棱边间的距离。 ② $x=0.1(d_2-d_1)$，即圆周宽度的60%	h	Δh

h	Δh
≤0.5	0.025
>0.5～1	0.05
>1～2.5	0.1
>2.5～4	0.15
>4～6	0.2
>6～10	0.3
>10～20	0.4

(3) 平垫圈形位公差, C 等级：不要求

（3）平垫圈形位公差				
部　位	公　差(mm)			
	产品等级			
	A		C	
同轴度	d_2	t_1	d_2	t_1
d_2 为选取公差 t_1 的依据	≤50	2IT12	≤50	2IT15
	>50	2IT13	>50	2IT16
平面度	h	t_2		
	非不锈钢			
	≤0.5	0.1		
	>0.5~1	0.15		
	>1~2.5	0.2		
	>2.5~4	0.3	不要求	
	>4~6	0.4		
	>6~10	0.6		
公差 t_2 与厚度 h 的公差互为独立的公差	>10~20	1		
	不锈钢			
	≤0.5	0.15		
	>0.5~1	0.22		
	>1~2.5	0.3		
	>2.5~4	0.45		
	>4~6	0.6		
	>6~10	0.9		
	>10~20	1.5		

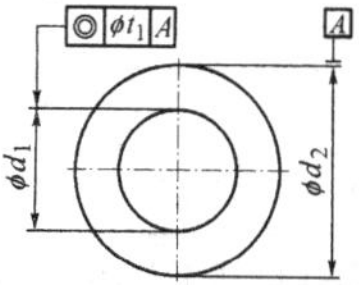

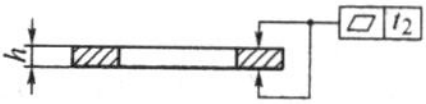

4. 紧固件公差标准中采用的标准公差数值 以及轴和孔的公差带(极限偏差)

(GB/T 3103.1—2002、GB/T 3103.3—2000)

(1) 紧固件公差标准中采用的标准公差数值

基本尺寸 (mm)	标准公差(mm)							
	公 差 等 级							
	IT10	IT11	IT12	IT13	IT14	IT15	IT16	IT17
≤3	0.04	0.06	0.10	0.14	0.25	0.40	0.60	1.00
>3～6	0.048	0.075	0.12	0.18	0.30	0.48	0.75	1.20
>6～10	0.058	0.09	0.15	0.22	0.36	0.58	0.90	1.50
>10～18	0.07	0.11	0.18	0.27	0.43	0.70	1.10	1.80
>18～30	0.084	0.13	0.21	0.33	0.52	0.84	1.30	2.10
>30～50	0.10	0.16	0.25	0.39	0.62	1.00	1.60	2.50
>50～80	0.12	0.19	0.30	0.46	0.74	1.20	1.90	3.00
>80～120	0.14	0.22	0.35	0.54	0.87	1.40	2.20	3.50
>120～180	0.16	0.25	0.40	0.63	1.00	1.60	2.50	4.00
>180～250	0.185	0.29	0.46	0.72	1.15	1.85	2.90	4.60
>250～315	0.21	0.32	0.52	0.81	1.30	2.10	3.20	5.20
>315～400	0.23	0.36	0.57	0.89	1.40	2.30	3.60	5.70
>400～500	0.25	0.40	0.63	0.97	1.55	2.50	4.00	6.30

（2）紧固件公差标准中采用的轴的公差带(极限偏差)

基本尺寸 (mm)	轴的公差带(mm)							
	h12	h13	h14	h15	h16	h17	js14	js15
≤3	0 −0.10	0 −0.14	0 −0.25	0 −0.40	0 −0.60	0 −1.00	±0.125	±0.20
>3~6	0 −0.12	0 −0.18	0 −0.30	0 −0.48	0 −0.75	0 −1.20	±0.15	±0.24
>6~10	0 −0.15	0 −0.22	0 −0.36	0 −0.58	0 −0.90	0 −1.50	±0.18	±0.29
>10~18	0 −0.18	0 −0.27	0 −0.43	0 −0.70	0 −1.10	0 −1.80	±0.215	±0.35
>18~30	0 −0.21	0 −0.33	0 −0.52	0 −0.84	0 −1.30	0 −2.10	±0.26	±0.42
>30~50	0 −0.25	0 −0.39	0 −0.62	0 −1.00	0 −1.60	0 −2.50	±0.31	±0.50
>50~80	0 −0.30	0 −0.46	0 −0.74	0 −1.20	0 −1.90	0 −3.00	±0.37	±0.60
>80~120	0 −0.35	0 −0.54	0 −0.87	0 −1.40	0 −2.20	0 −3.50	±0.435	±0.70
>120~180	0 −0.40	0 −0.63	0 −1.00	0 −1.60	0 −2.50	0 −4.00	±0.50	±0.80
>180~250	0 −0.46	0 −0.72	0 −1.15	0 −1.85	0 −2.90	0 −4.60	±0.575	±0.925
>250~315	0 −0.52	0 −0.81	0 −1.30	0 −2.10	0 −3.20	0 −5.20	±0.65	±1.05
>315~400	0 −0.57	0 −0.89	0 −1.40	0 −2.30	0 −3.60	0 −5.70	±0.70	±1.15
>400~500	0 −0.63	0 −0.97	0 −1.55	0 −2.50	0 −4.00	0 −6.30	±0.775	±1.25

基本尺寸 (mm)	轴的公差带(mm)			基本尺寸 (mm)	轴的公差带(mm)		
	js15	js16	js17		js15	js16	js17
≤3	±0.20	±0.30	±0.50	>80～120	±0.70	±1.10	±1.75
>3～6	±0.24	±0.375	±0.60	>120～180	±0.80	±1.25	±2.00
>6～10	±0.29	±0.45	±0.75	>180～250	±0.925	±1.45	±2.30
>10～18	±0.35	±0.55	±0.90	>250～315	±1.05	±1.60	±2.60
>18～30	±0.42	±0.65	±1.05	>315～400	±1.15	±1.80	±2.85
>30～50	±0.50	±0.80	±1.25	>400～500	±1.25	±2.00	±3.15
>50～80	±0.60	±0.95	±1.50				

（3）紧固件公差标准中采用的孔的公差带(极限偏差)

基本尺寸 (mm)	孔的公差带(mm)						
	C13	C14	D9	D10	D11	D12	EF8
≤3	+0.20 +0.06	+0.31 +0.06	+0.045 +0.020	+0.060 +0.020	+0.080 +0.020	+0.12 +0.02	+0.024 +0.010
>3～6	+0.24 +0.06	+0.37 +0.07	+0.060 +0.030	+0.078 +0.030	+0.115 +0.030	+0.15 +0.03	+0.028 +0.014
>6～10					+0.130 +0.040	+0.19 +0.04	+0.040 +0.018
>10～18						+0.23 +0.05	
>18～30						+0.275 +0.065	
>30～50						+0.33 +0.08	
>50～80						+0.40 +0.10	
>80～120						+0.47 +0.12	

基本尺寸 （mm）	孔的公差带（mm）						
	E11	E12	H13	H14	H15	JS9	K9
≤3	+0.074 +0.014	+0.114 +0.014	+0.14 0	+0.25 0	+0.40 0	±0.125	0 −0.025
>3～6	+0.095 +0.020	+0.140 +0.020	+0.18 0	+0.30 0	+0.48 0	±0.015	0 −0.030
>6～10	+0.115 +0.025	+0.175 +0.025	+0.22 0	+0.36 0	+0.58 0	±0.018	0 −0.036
>10～18	+0.142 +0.032	+0.212 +0.032	+0.27 0	+0.43 0	+0.70 0		
>18～30			+0.33 0	+0.52 0	+0.84 0		
>30～50			+0.39 0	+0.62 0	+1.00 0		
>50～80			+0.46 0	+0.74 0	+1.20 0		
>80～120			+0.54 0	+0.87 0	+1.40 0		
>120～180			+0.63 0	+1.00 0	+1.60 0		
>180～250			+0.72 0	+1.15 0	+1.85 0		
>250～315			+0.80 0	+1.30 0	+2.10 0		
>315～400			+0.89 0	+1.40 0	+2.30 0		
>400～500			+0.97 0	+1.55 0	+2.50 0		

第九章　紧固件机械性能

1. 碳钢与合金钢螺栓、螺钉和螺柱的机械性能

(GB/T 3098.1—2000)

(1) 适 用 范 围

本标准(GB/T 3098.1—2000)规定了由碳钢或合金钢制造的、在环境温度为 10～35℃ 条件下进行试验的螺栓、螺钉和螺柱的机械性能。应予以注意的,根据上述条件判定为符合本标准的产品,但在较高或较低温度下,其机械性能可能不同。例如在较低温度下,其冲击韧性可能发生变化;在高温条件下,其屈服点(σ_s)或规定非比例伸长应力($\sigma_{p0.2}$)将会降低(参见第 9.17 页"(8)高温下屈服点或规定非比例伸长应力降低情况")。又某些紧固件,因其头部(如沉头、半沉头和圆柱头)的几何尺寸造成头部剪切面积小于螺纹应力截面积,也可能达不到本标准规定的抗拉或扭矩的要求。本标准适用的紧固件螺纹,粗牙螺纹为 M1.6～M39,细牙螺纹为 M8×1～M39×3。

本标准不适用于紧定螺钉及类似的不受拉力的螺纹紧固件。本标准未规定以下性能要求:可焊接性、耐腐蚀性、工作温度高于 300℃(对 10.9 级为 250℃)或低于 −50℃ 的性能要求、耐剪切应力、耐疲劳性。

(2) 性能等级的标记

碳钢与合金钢螺栓、螺钉和螺柱的性能等级标记共有 10 个。即 3.6、4.6、4.8、5.6、5.8、6.8、8.8、9.8、10.9 和 12.9 级。性能等级的标记表示意义:

黑圆点左边数字表示该性能等级的公称抗拉强度(σ_b,N/mm^2 或 MPa)的 1/100。

黑圆点右边数字表示该性能等的屈强比的 10 倍。

$$屈强比 = \frac{公称屈服点 \sigma_s (或公称规定非比例伸长应力 \sigma_{p0.2})}{公称抗拉强度 \sigma_b}$$

因此,通过对性能等级的标记的简单计算,即可求得该性能等级的公称抗拉强度(σ_b)和公称屈服点(σ_s)或公称规定非比例伸长应力($\sigma_{p0.2}$)。

例：求 4.8 级的公称抗拉强度 σ_b 和公称屈服点 σ_s。

σ_b（公称）＝4×100＝400MPa

屈服比＝8/10＝0.8，即 σ_s（公称）/σ_b（公称）＝0.8

σ_s（公称）＝0.8σ_b（公称）＝0.8×400＝320MPa

各性能等级的公称抗拉强度（σ_b）和公称屈服点（σ_s）或公称规定非比例伸长应力（$\sigma_{p0.2}$），见下表：

性能等级		3.6	4.6	4.8	5.6	5.8	6.8	8.8	9.8	10.9	12.9
σ_b（公称）	$\left(\dfrac{N}{mm^2}\right)$	300	400	400	500	500	600	800	900	1000	1200
σ_s（公称）		180	240	320	300	400	480	—	—	—	—
$\sigma_{p0.2}$（公称）		—	—	—	—	—	—	640	720	900	1080

各性能等级的最小抗拉强度（σ_{bmin}）和最小屈服点（σ_{smin}）或最小规定非比例伸长应力（$\sigma_{p0.2min}$），等于或大于其公称值。

（3）材　料

性能等级	材料和热处理	化学成分（%）①				最低回火温度（℃）
		C		P	S	
		min	max	max	max	
3.6②	碳　钢	—	0.20	0.05	0.06	—
4.6②			0.55	0.05	0.06	
4.8②		0.13	0.55	0.05	0.06	
5.6		—	0.55	0.05	0.06	
5.8② 6.8②						
8.8③	低碳合金钢（如硼、锰或铬）、淬火并回火	0.15④	0.35	0.035	0.035	425
	或中碳钢、淬火并回火	0.25	0.55	0.035	0.035	

(续)

性能等级	材料和热处理	化学成分(%)				最低回火温度(℃)
		C min	C max	P max	S max	
9.8	低碳合金钢(如硼、锰或铬),淬火并回火	0.15④	0.35	0.035	0.035	425
	或中碳钢,淬火并回火	0.25	0.55	0.035	0.035	
10.9 ⑤⑥	低碳合金钢(如硼、锰或铬),淬火并回火	0.15④	0.35	0.035	0.035	340
10.9 ⑦	中碳钢,淬火并回火	0.25	0.55	0.035	0.035	425
	或低、中碳合金钢(如硼、锰或铬),淬火并回火	0.20④	0.55	0.035	0.035	
	或合金钢,淬火并回火	0.20	0.55	0.035	0.035	
12.9 ⑥⑧⑨	合金钢,淬火并回火	0.28	0.50	0.035	0.035	380

注：① 各性能等级的硼最大含量为0.003%。硼的含量也可达0.005%,其非有效硼可由添加钛和(或)铝控制。
② 3.6～6.8级允许采用易切削钢制造,其硫、磷和铅的最大含量分别为0.34%、0.11%和0.35%。
③ 对于8.8级,为保证良好淬透性,大于M20的紧固件,需采用对10.9级规定的合金钢。
④ 含碳量低于0.25%(桶样分析)的低碳硼合金钢的锰最低含量;8.8级为0.6%,9.8、10.9和10.9级为0.7%。
⑤ 在性能等级下面添加一横线标志的10.9级,其所有性能仍应符合下节表中对10.9级规定的所有性能,因其回火温度较低,对其在提高温度的条件下,将造成不同程度的应力削弱(参见第9.17页,第(8)节)。
⑥ 用于10.9、10.9和12.9级的材料,应具有良好的淬透性,以保证紧固件螺纹截面的芯部在淬火后、回火前获得约90%的马氏体组织。
⑦ 合金钢至少应含有以下元素中的一种元素,其最小含量:铬为0.30%,镍为0.30%,钼为0.20%,钒为0.10%。
⑧ 考虑承受抗拉应力,12.9级的表面不允许有金相能测出的白色磷聚集层。又12.9级的化学成分和回火温度尚在调查研究中。
⑨ 该性能等级的化学成分和回火温度尚在调查研究中。

9.4

（4）机 械 性 能

序号	机械性能		3.6	4.6	4.8	5.6	5.8	6.8	8.8① d≤16②	8.8① d>16②	9.8③	10.9	12.9
1	抗拉强度 σ_b① (MPa)	公称	300	400		500		600	800	800	900	1000	1200
2		min	330	400	420	500	520	600	800	830	900	1040	1220
3	维氏硬度 HV F≥98N	min	95	120	130	155	160	190	250	255	290	320	385
		max	220(250)④						320	335	360	380	435
4	布氏硬度 HB $F=30D^2$	min	90	114	124	147	152	181	238	242	276	304	366
		max	209(238)⑤						304	318	342	361	414
5	洛氏硬度 HR	min HRB	52	67	71	79	82	89					
		min HRC							22	23	28	32	39
		max HRB	95.0(99.5)⑥					99.5					
		max HRC							32	34	37	39	44
6	表面硬度 $HV_{0.3}$	max									⑦		
7	屈服点 σ_s⑧ (MPa)	公称	180	240	320	300	400	480					
		min	190	240	340	300	420	480					
8	规定非比例伸长应力 $\sigma_{p0.2}$ (MPa)⑨	公称							640	640	720	900	1080
		min							640	660	720	940	1100

（续）

序号	机械性能		性 能 等 级										
			3.6	4.6	4.8	5.6	5.8	6.8	8.8① d≤16②	8.8① d>16②	9.8①	10.9	12.9
9	保证应力	$\dfrac{S_p\left(S_{p0.2}\right)}{\sigma_s\left(\sigma_{p0.2}\right)}$ min	0.94	0.94	0.91	0.93	0.90	0.92	0.91	0.91	0.90	0.88	0.88
		S_p(N/mm²) min	180	225	310	280	380	440	580	600	650	830	970
10	破坏扭矩 M_B(N·m) min		按 GB/T 3098.13 规定（参见第9.30页）										
11	断后伸长率 δ(%) min		25	22	—	20	—	—	12	12	10	9	8
12	断面收缩率 ψ(%) min		—	—	—	—	—	—	52	52	48	48	44
13	楔负载⑧		对螺栓和螺钉（不包括螺柱）实物进行测试,应符合第9.8页"(5)最小拉力载荷"的规定										
14	冲击吸收功 A_{ku}(J) min					25			30	30	25	20	15
15	头部坚固性		不得断裂										
16	螺纹未脱层高度 E（H_1—螺纹实际牙高）								$\dfrac{1}{2}H_1$	$\dfrac{1}{2}H_1$		$\dfrac{2}{3}H_1$	$\dfrac{3}{4}H_1$
17	全脱碳层最大深度 G(mm)							0.015					
18	再回火后硬度		回火前后硬度均值之差不大于20HV										
	表面缺陷		按 GB/T 5779.1 或 GB/T 5779.3 规定（参见第10.2页）										

注：① 因超拧造成载荷超出保证载荷的危险，对螺纹直径 $d \leqslant 16\text{mm}$ 的 8.8 级螺栓，则增加了螺母脱扣的危险。推荐参考 GB/T 3098.2 参见第 9.35 页中的叙述。

② d 的单位为 mm。对 8.8 级钢结构用螺栓，应力直径分别为 $d \leqslant 12\text{mm}$ 和 $d > 12\text{mm}$。

③ 仅适用螺纹直径 $d \leqslant 16\text{mm}$。

④ 最小抗拉强度（σ_{bmin}）适用于公称长度 $l \geqslant 2.5 d$ 的产品；最低硬度适用于 $l < 2.5 d$ 以及其他不能进行拉力试验的实物（如头部结构）的产品。

⑤ 对螺栓、螺钉和螺柱进行楔负载试验时，应按 σ_{bmin} 计算。

⑥ 括号内的最大硬度值适用于对螺柱、螺钉和螺柱的末端测试的硬度。

⑦ 表面硬度不应比芯部硬度高出 30 个维氏硬度单位。10.9 级的表面硬度不应大于 390HV$_{0.3}$。

⑧ 当不能测定屈服点（σ_s）时，允许以测量规定非比例伸长应力（$\sigma_{p0.2}$）代替。4.8、5.8 和 6.8 级的 σ_s 值仅为计算用，不是试验数值。

⑨ 8.8、8.9、8.10、8.9 和 12.9 级的屈强比（$\sigma_{p0.2}/\sigma_s$）和规定非比例伸长应力（$\sigma_{p0.2}$）适用于机械加工试件。因受试件加工方法和尺寸的影响，这些数值与螺栓和螺钉实物测出的数值是不相同的。

9.7

（5）最小拉力载荷和保证载荷

a. 粗牙普通螺纹的最小拉力载荷

d	P	A_s	性 能 等 级									
			3.6	4.6	4.8	5.6	5.8	6.8	8.8	9.8	10.9	12.9
(mm)	(mm)	(mm²)	最小拉力载荷（$A_s \times \sigma_{bmin}$）(kN)									
3	0.5	5.03	1.66	2.01	2.11	2.51	2.62	3.02	4.02	4.53	5.23	6.14
3.5	0.6	6.78	2.24	2.71	2.85	3.39	3.53	4.07	5.42	6.10	7.05	8.27
4	0.7	8.78	2.90	3.51	3.69	4.39	4.57	5.27	7.02	7.90	9.13	10.7
5	0.8	14.2	4.69	5.68	5.96	7.10	7.38	8.52	11.35	12.8	14.8	17.3
6	1	20.1	6.63	8.04	8.44	10.0	10.4	12.1	16.1	18.1	20.9	24.5
7	1	28.9	9.54	11.6	12.1	14.4	15.0	17.3	23.1	26.0	30.1	35.3
8	1.25	36.6	12.1	14.6	15.4	18.3	19.0	22.0	29.2	32.9	38.1	44.6
10	1.5	58.0	19.1	23.2	24.4	29.0	30.2	34.8	46.4	52.2	60.3	70.8
12	1.75	84.3	27.8	33.7	35.4	42.2	43.8	50.6	67.4 *	75.9	87.7	103
14	2	115	38.0	46.0	48.3	57.5	59.8	69.0	92.0 *	104	120	140
16	2	157	51.8	62.8	65.9	78.5	81.6	94.0	125 *	141	163	192
18	2.5	192	63.4	76.8	80.6	96.0	99.8	115	159	—	200	234
20	2.5	245	80.8	98.0	103	122	127	147	203	—	255	299
22	2.5	303	100	121	127	152	158	182	252	—	315	370
24	3	353	116	141	148	176	184	212	291	—	367	431
27	3	459	152	184	193	230	239	275	381	—	477	560
30	3.5	561	185	224	236	280	292	337	466	—	583	684
33	3.5	694	229	278	291	347	361	416	576	—	722	847
36	4	817	270	327	343	408	425	490	678	—	850	997
39	4	976	322	390	410	488	508	586	810	—	1020	1200

注：1. d—螺纹直径；P—螺距；A_s—螺纹的应力截面积；σ_{bmin}—
　　　最小抗拉强度。

　　2. * 对钢结构用螺栓，分别以 70.0、95.5 和 135kN 代替。

b. 粗牙普通螺纹的保证载荷

d	P	A_s	性 能 等 级									
			3.6	4.6	4.8	5.6	5.8	6.8	8.8	9.8	10.9	12.9
(mm)	(mm)	(mm²)	保证载荷$(A_s \times S_p)$(kN)									
3	0.5	5.03	0.91	1.13	1.56	1.41	1.91	2.21	2.92	3.27	4.18	4.88
3.5	0.6	6.78	1.22	1.53	2.10	1.90	2.58	2.98	3.94	4.41	5.63	6.58
4	0.7	8.78	1.58	1.98	2.72	2.46	3.34	3.86	5.10	5.71	7.29	8.52
5	0.8	14.2	2.56	3.20	4.40	3.98	5.40	6.25	8.23	9.23	11.8	13.8
6	1	20.1	3.62	4.52	6.23	5.63	7.64	8.84	11.6	13.1	16.7	19.5
7	1	28.9	5.20	6.50	8.96	8.09	11.0	12.7	16.8	18.8	24.0	28.0
8	1.25	36.6	6.59	8.42	11.4	10.2	13.9	16.1	21.2	23.8	30.4	35.5
10	1.5	58.0	10.4	13.0	18.0	16.2	22.0	25.5	33.7	37.7	48.1	56.3
12	1.75	84.3	15.2	19.0	26.1	23.6	32.0	37.1	48.9*	54.8	70.0	81.8
14	2	115	20.7	25.9	35.6	32.2	43.7	50.6	66.7*	74.8	95.5	112
16	2	157	28.3	35.3	48.7	44.0	59.7	69.1	91.0*	102	130	152
18	2.5	192	34.6	43.2	59.5	53.8	73.0	84.5	115	—	159	186
20	2.5	245	44.1	55.1	76.0	68.6	93.1	108	147	—	203	238
22	2.5	303	54.5	68.2	93.9	84.8	115	133	182	—	251	294
24	3	353	63.5	79.4	109	98.8	134	155	212	—	293	342
27	3	459	82.6	103	142	128	174	202	275	—	381	445
30	3.5	561	101	126	174	157	213	247	337	—	466	544
33	3.5	694	125	156	215	194	264	305	416	—	576	673
36	4	817	147	184	253	229	310	359	490	—	678	792
39	4	976	176	220	303	273	371	429	586	—	810	947

注：1. d—螺纹直径；P—螺距；A_s—螺纹的应力截面积；S_p—保
证应力。

2. * 对钢结构用螺栓,分别以 50.7、68.8 和 94.5kN 代替。

c. 细牙普通螺纹的最小拉力载荷

d	P	A_s	性 能 等 级									
			3.6	4.6	4.8	5.6	5.8	6.8	8.8	9.8	10.9	12.9
(mm)	(mm)	(mm²)	最小拉力载荷($A_s \times \sigma_{bmin}$)(kN)									
8	1	39.2	12.9	15.7	16.5	19.6	20.4	23.5	31.4	35.3	40.8	47.8
10	1	64.5	21.3	25.8	27.1	32.3	33.5	38.7	51.6	58.1	67.1	78.7
10	1.25	61.2	20.2	24.5	25.7	30.6	31.8	36.7	49.0	55.1	63.6	74.7
12	1.25	92.1	30.4	36.8	38.7	46.1	47.9	55.3	73.7	82.9	95.8	112
12	1.5	88.1	29.1	35.2	37.0	44.1	45.8	52.9	70.5	79.3	91.6	108
14	1.5	125	41.2	50.0	52.5	62.5	65.0	75.0	100	112	130	152
16	1.5	167	55.1	66.8	70.1	83.5	86.8	100	134	150	174	204
18	1.5	216	71.3	86.4	90.7	108	112	130	179	—	225	264
20	1.5	272	89.8	109	114	136	141	163	226	—	283	332
22	1.5	333	110	133	140	166	173	200	276	—	346	406
24	2	384	127	154	161	192	200	230	319	—	399	469
27	2	496	164	198	208	248	258	298	412	—	516	605
30	2	621	205	248	261	310	323	373	515	—	646	758
33	2	761	251	304	380	380	396	457	632	—	791	928
36	3	865	285	346	363	432	450	519	718	—	900	1055
39	3	1030	340	412	433	515	536	618	855	—	1070	1260

注：d—螺纹直径；P—螺距；A_s—螺纹的应力截面积；σ_{bmin}—最小抗拉强度。

d. 细牙普通螺纹的保证载荷

d	P	A_s	性 能 等 级									
			3.6	4.6	4.8	5.6	5.8	6.8	8.8	9.8	10.9	12.9
(mm)	(mm)	(mm²)	保证载荷($A_s \times S_p$)(kN)									
8	1	39.2	7.06	8.82	12.2	11.0	14.9	17.2	22.7	25.5	32.5	38.0
10	1	64.5	11.6	14.5	20.0	18.1	24.5	28.4	37.4	41.9	53.5	62.7
10	1.25	61.2	11.0	13.8	19.0	17.1	23.3	26.9	35.5	39.8	50.8	59.4
12	1.25	92.1	16.6	20.7	28.6	25.8	35.0	40.5	53.4	59.9	76.4	89.3
12	1.5	88.1	15.9	19.8	27.3	24.7	33.5	38.8	51.1	57.3	73.1	85.5
14	1.5	125	22.5	28.1	38.8	35.0	47.5	55.0	72.5	81.2	104	121
16	1.5	167	30.1	37.6	51.8	46.8	63.5	73.5	96.9	109	139	162
18	1.5	216	38.9	48.6	67.0	60.5	82.1	95.0	130	—	179	210
20	1.5	272	49.0	61.2	84.3	76.2	103	120	163	—	226	264
22	1.5	333	59.9	74.9	103	932	126	146	200	—	276	323
24	2	384	69.1	86.4	119	108	146	169	230	—	319	372
27	2	496	89.3	112	154	139	188	218	298	—	412	481
30	2	621	112	140	192	174	236	273	373	—	515	602
33	2	761	137	171	236	213	289	335	457	—	632	738
36	3	865	156	195	268	242	329	381	519	—	718	839
39	3	1030	185	232	319	288	391	453	618	—	855	999

注：d—螺纹直径；P—螺距；A_s—螺纹的应力截面积；S_p—保证应力。

（6）机械性能试验项目

(1) 试验项目索引		
尺　寸	螺纹直径 $d \leq 3mm$ 或长度 $l < 2.5d$*	螺纹直径 $d > 3mm$ 和长度 $l \geq 2.5d$
验收用试验	○	●

(2) 验收用 A 类和 B 类试验项目①							
试验组别	分项序号	性　能	A 类试验项目			B 类试验项目		
			试验方法	性能等级		试验方法	性能等级	
				3.6 4.6 5.6	8.8 ~ 12.9		3.6 ~ 6.8	8.8 ~ 12.9
I	2	最小抗拉强度 σ_{bmin}②	拉力试验	●	●	拉力试验	●	●
	3	最低硬度③	硬度试验④	○	○	硬度试验④	○	○
	4	最高硬度		●	●		○	○
	5	最高表面硬度			●			●
II	7	最小屈服点 σ_{smin}⑤	拉力试验	●				
	8	规定非比例伸长应力 $\sigma_{p0.2}$	拉力试验		●			
	9	保证应力 S_p				保证载荷试验	●	●
	10	破坏扭矩 M_B				扭矩试验⑥		○
III	11	最小断后伸长率 δ_{min}⑤	拉力试验	●	●			
	12	最小断面收缩率 ψ_{min}	拉力试验		●			
	13	楔负载⑦				楔负载试验	●	●

			（2）验收用 A 类和 B 类试验项目①					
试验组别	分项序号	性能	A 类试验项目			B 类试验项目		
			试验方法	性能等级		试验方法	性能等级	
				3.6 4.6 5.6	8.8 ～ 12.9		3.6 ～ 6.8	8.8 ～ 12.9
IV	14	最小吸收冲击功 $A_{ku\,min}$	冲击试验⑧	●	●			
	15	头部坚固性⑨				头部坚固性试验	○	○
V	16	最大脱碳层	脱碳试验		●	脱碳试验		●
	17	再回火后硬度⑩	再回火试验		○	再回火试验		○
	18	表面缺陷	表面缺陷试验	●	○	表面缺陷试验	●	○

注：① 用标准中规定的试验方法，对螺栓、螺钉和螺柱按本表中
规定的 A 类或 B 类项目进行机械性能试验时，其结果均应
符合第 9.5 页"（4）机械性能"中规定的性能要求。其中 B
类项目应尽量采用，但对拉力载荷小于 500kN 或不适用 A
类项目的产品必须采用。A 类项目适用于机械加工试件
和螺杆上无螺纹部分的截面积小于螺纹的应力截面积的
产品。＊符号○栏内试验项目，包括特殊头型或杆部结构
比螺纹截面强度更弱的螺栓和螺钉。

② 如果进行了楔负载试验，则不必再做拉力试验。

③ 最低硬度仅适用于长度 $l < 2.5d$ 和不能进行拉力试验的产
品（如头部结构的影响）。

④ 硬度试验可以采用维氏、布氏或洛氏硬度进行试验。如有

争议,则以维氏硬度试验为依据。

⑤ 最小屈服点($\sigma_{b\,min}$)和最小断后伸长率(δ_{min}),仅适用于长度 $l \geqslant 6d$ 的产品。

⑥ 扭矩试验仅适用于不能进行拉力试验的螺栓和螺钉。

⑦ 头部结构比螺纹截面强度更弱的特殊头型螺栓和螺钉,不进行楔负载试验。

⑧ 冲击试验,须根据用户要求,并仅适用于螺纹直径 $d \geqslant$ 16mm 的产品;3.6 和 4.6 级不进行冲击试验。

⑨ 头部坚固性试验,仅适用螺纹直径 $d \leqslant 10$mm,且长度太短而不允许进行楔负载试验的螺栓和螺钉。

⑩ 再回火试验不是必须进行的,仅适用于有争议时的仲裁试验。

⑪ 各项试验的具体试验方法,参见第十章"紧固件试验方法"。

（7）标　　志

① 标志内容	产品上的标志内容:①制造者的识别标志(下列图中的"XYZ"位置,即供标志制造者的识别标志);②性能等级的标志,用性能等级代号标志,代号中的"·"可以省略。开槽和十字槽螺钉不使用标志。
② 六角头和六角花形螺栓与螺钉的标志	对所有性能等级、螺纹直径 $d \geqslant 5$mm 的产品要求标志,并最好在头部顶面用凸字或凹字标志,或在头部侧面用凹字标志。对带法兰面的产品,应在法兰上标志(因其制造工艺不允许在头部顶面标志)。见示例图 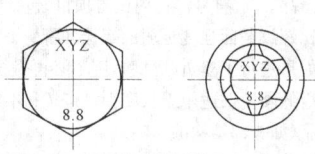

③ 内六角和内六角花形圆柱头螺钉的标志	对性能等级 8.8 级及其以上、螺纹直径 $d \geqslant 5mm$ 的产品要求标志，并最好在头部顶面用凸字或凹字标志，或在头部侧面用凹字标志。见示例图 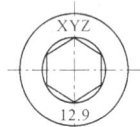 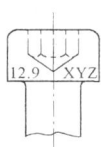
④ 圆头方颈螺栓的标志	对性能等级 8.8 级及其以上、公称直径 $d \geqslant 5mm$ 的产品要求标志，并在头部顶面用凸字或凹字标志。见示例图 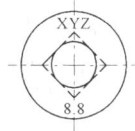
⑤ 螺柱的标志	对性能等级 5.6、8.8 级及其以上、螺纹直径 $d \geqslant 5mm$ 的产品要求标志，并在螺柱无螺纹杆部用凹字标志（左图）；如无螺纹杆部不可能标志，则在螺柱拧入螺母端允许仅标志性能等级（右图）；对过盈配合的螺柱，应在拧入螺母端标志制造者的识别标志（如有可能时）；螺柱的性能等级的标志代号也可采用下表中的符号表示。见示例图和下表 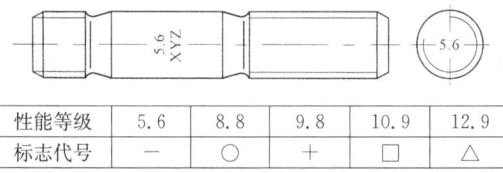

性能等级	5.6	8.8	9.8	10.9	12.9
标志代号	—	○	＋	□	△

（续）

	对小螺栓、螺钉或头部形状不允许用性能等级代号来标志性能等级时，可采用下列表中的"时钟面法"符号来标志性能等级。其中"12点"的位置用于标志制造者的识别标志或用一个圆点标志；另用一个或两个长划线及不同位置标志性能等级；对12.9级用一个圆点（右边）标志性能等级			
⑥ 时间面法符号标志性能等级	性能等级	3.6	4.6	4.8	5.6
	时钟面法符号				
	性能等级	5.8	6.8	8.8	9.8
	时钟面法符号				
	性能等级	10.9	10.9	12.9	
	时钟面法符号				
⑦ 左旋螺纹的标志	对螺纹直径≥5mm、左螺纹的产品可以按图1或图2进行标志；螺柱应在拧入螺母端标志；六角头螺栓和螺钉也可按图3进行标志 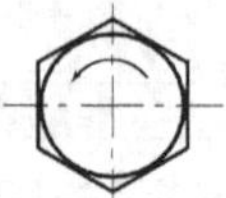				

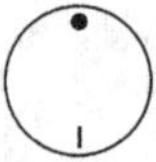

图 1　　　　图 2　　　　图 3

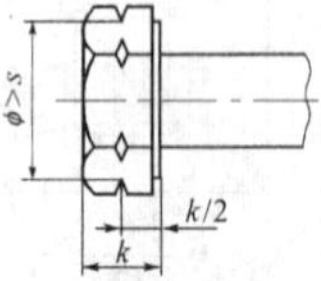

9.16

(8) 高温下屈服点或规定非比例伸长应力降低情况（参考）

性能等级	温　度（℃）				
	+20	+100	+200	+250	+300
	屈服点 σ_s 或规定非比例伸长应力 $\sigma_{p0.2}$（MPa）				
5.6	300	270	230	215	195
8.8	640	590	540	510	480
10.9	940	875	790	745	705
<u>10.9</u>	940	—	—	—	—
12.9	1100	1020	925	875	825

注：在持续高温服役条件下，可能造成明显的应力松弛。在300℃
服役100h的典型条件下，由于屈服应力的降低，将使初始夹
紧载荷的减少超过其25%以上。

2. 不锈钢螺栓、螺钉和螺柱的机械性能

（GB/T 3098.6—2000）

（1）适　用　范　围

本标准（GB/T 3098.6—2000）规定了由奥氏体、马氏体和铁素体
不锈钢制造的、在环境温度为15～25℃条件下进行试验的螺栓、螺钉
和螺柱的机械性能。在较高或较低温度下，其性能可能不同。适用的
产品的螺纹直径 $d \leqslant 39mm$。但不适用于有特殊性能要求的产品，如可
焊接性。也未规定特殊环境下耐腐蚀性和耐氧化性。对高温或零度以
下使用的产品的耐腐蚀性、耐氧化性和机械性能，应由使用者与制造者
按具体要求进行协议。又所有奥氏体钢产品在退火状态下，通常是无
磁的；经冷加工后，有些磁性可能是明显的。

（2）钢的组别和性能等级的标记

不锈钢螺栓、螺钉和螺柱的标记，由钢的组别标记和性能等级标记两部分组成，两者之间用一短划隔开。钢的组别标记由一个字母和一个数字组成。字母表示钢的类别，数字表示该类钢的化学成分范围。其中：A—奥氏体钢；C—马氏体钢；F—铁素体钢。性能等级标记由 2 个或 3 个数字组成，这组数字表示紧固件的抗拉强度（MPa）的1/10。例：

A2-70：奥氏体钢，冷加工，最小抗拉强度为 700MPa；

C4-70：马氏体钢，淬火并回火，最小抗拉强度为 700MPa。

不锈钢产品的钢的组别和性能等级的组合标记，见下表：

类别	组别	钢的组别和性能等级的组合标记
奥氏体	A1	A1-50①、A1-70②、A1-80③
	A2⑤	A2-50①、A2-70②、A2-80③
	A3	A3-50①、A3-70②、A3-80③
	A4⑤	A4-50①、A4-70②、A4-80③
	A5	A5-50①、A5-70②、A5-80③
马氏体	C1	C1-50①、C1-70④、C1-110④
	C3	C3-80④
	C4	C4-50①、C4-70④
铁素体	F1	F1-45①、F1-60②

注：① 软。② 冷加工。③ 高强度。④ 淬火并回火。⑤ 含碳量
　　低于 0.03％的低碳不锈钢，可增加标记"L"。例：A4L-80。

（3）材　　料

a. 各类别与组别不锈钢的化学成分

类别	组别	化学成分(%)(除已表明者,均系最大值)								
		C	Si	Mn	P	S	Cr	Mo	Ni	Cu
A 奥氏体	A1	0.12	1	6.5	0.2	0.15~0.35①	16~19	0.7	5~10②	1.75~2.25
	A2	0.1⑤	1	2	0.05	0.03	15~20④	③	8~19	4
	A3⑥	0.08	1	2	0.045	0.03	17~19	③	9~12	1
	A4⑦	0.08⑤	1	2	0.045	0.03	16~18.5	2~3	10~15	1
	A5⑥⑦	0.08	1	2	0.045	0.03	16~18.5	2~3	10.5~14	1
C 马氏体	C1⑦	0.09~0.15	1	1	0.05	0.03	11.5~14	—	1	—
	C3	0.17~0.25	1	1	0.04	0.03	16~18	—	1.5~2.5	—
	C4⑦	0.08~0.15	1	1.5	0.06	0.15~0.35①	12~14	0.6	1	—
F 铁素体	F1⑧	0.12	1	1	0.04	0.03	15~18	③	1	—

注：① A1、C4 的硫可用硒代替。
　　② A1 的镍含量,如低于 8% 时,则锰的最小含量应为 5%；如大于 8% 时,对铜的最小含量可不予限制。
　　③ A2、A3、F1 的钼含量可能在制造者的说明书中出现。但对A2、A3 的某些使用场合,如有必要限定极限含量,应由用户在订单中注明。
　　④ A2 的铬含量,如低于 17% 时,则镍的最小含量应为 12%。
　　⑤ A2、A4 的最大含碳量达到 0.03 时,氮的最高含量可达到0.22%。
　　⑥ A3、A5 为了稳定组织,钛含量应≥5×C%~0.8%,或者铌

和(或)钽含量应≥10×C%～1.0%,并应按本表适当标志。

⑦ A4、A5、C1、C4 的较大直径产品,为达到规定的机械性能,在制造者的说明书中,可能有较高的含碳量,但对奥氏体钢不应超过 0.12%。

⑧ F1 的钛含量可能为≥5×C%～0.8%;铌含量可能为≥10×C%～1.0%。

b. 各类别与组别不锈钢的特性说明

① 奥氏体钢(A 类钢)

这类钢有 A1～A5 五个基本组。钢不能淬火,通常是无磁的。对 A1～A5 钢可添加铜的成分,如上节表中的规定。其中:

A1 组钢是为机械加工专门设计的。具有高的硫含量,故比相应标准硫含量钢的耐腐蚀能力低。

A2 组钢是最广泛使用的亚稳定型不锈钢,用于厨房设备和化工装置,但不适用于非氧化酸类和带氯成分的介质中,如游泳池和海水。

A3 组钢稳定型不锈钢,钢的性能与 A2 组钢相同。

A4 组钢是为沸腾硫酸而开发的,因此取名耐酸钢,属亚稳定型耐酸钢,通常用于化纤工业,还常用于食品工业和造船工业,并在一定程度上适用于含氯化物的场合。

A5 组钢是稳定型耐酸钢,钢的性能与 A4 组钢相同。

② 马氏体钢(C 类钢)

这类钢有 C1、C3 和 C4 三个基本组。钢能淬火到极高的强度,并且是有磁性的。

C1 组钢的耐腐蚀性有限,用于涡轮、泵和刀。

C3 组钢的耐腐蚀性比 C1 组钢好,但仍是有限的,用于泵和阀。

C4 组钢的耐腐蚀性有限,用于机械加工材料,其他方面与 C1 组钢类似。

③ 铁素体钢(F 类钢)

这类钢只有 F1 一个基本组。钢通常不能淬硬,并有磁性,通常用于较简单的装置。如有需要,F1 组钢可代替 A2 或 A3 组钢,通常具有更高的含铬量。

9.20

（4）机 械 性 能

钢的类别	钢的组别	性能等级	螺纹直径 d (mm)	σ_b min	$\sigma_{p0.2}$ min	δ min (mm)
				(MPa)		
奥氏体	A1、A2、A3、A4、A5	50	≤M39	500	210	0.6d
		70	≤M24 *	700	450	0.4d
		80	≤M24 *	800	600	0.3d

类别	组别	性能等级	σ min	$\sigma_{p0.2}$ min	δ min (mm)	硬 度					
			(MPa)			HB		HRC		HV	
						min	max	min	max	min	max
马氏体	C1	50	500	250	0.2d	147	209	—	—	155	220
		70	700	410	0.2d	209	314	20	34	220	330
		110	1100	820	0.2d			36	45	350	440
	C3	80	800	640	0.2d	228	323	21	35	240	340
	C4	50	500	250	0.2d	147	209	—	—	155	220
		70	700	410	0.2d	209	314	20	34	220	330
铁素体	F1 **	45	450	250	0.2d	128	209	—	—	135	220
		60	600	410	0.2d	171	271			180	285

奥氏体钢螺栓和螺钉的破坏扭矩							
螺纹规格 (粗牙螺纹)	性能等级			螺纹规格 (粗牙螺纹)	性能等级		
	50	70	80		50	70	80
	破坏扭矩 M_{Bmin} (N·m)				破坏扭矩 M_{Bmin} (N·m)		
M1.6	0.15	0.2	0.24	M6	9.3	13	15
M2	0.3	0.4	0.48	M8	23	32	37
M2.5	0.6	0.9	0.96	M10	46	65	74
M3	1.1	1.6	1.8	M12	80	110	130
M4	2.7	3.8	4.3	M16	210	290	330
M5	5.5	7.8	8.8				

注：1. σ_b—抗拉强度；$\sigma_{p0.2}$—规定非比例伸长应力；

    δ—断后伸长量；d—螺纹直径。

2. σ_b 和 $\sigma_{p0.2}$ 是根据螺纹的应力截面积（A_s）计算出来的。粗牙螺纹M1.6、M2、M2.5的 A_s 分别为1.27mm²、2.07mm²、3.39mm²。其余粗牙螺纹 M3～M39 和细牙螺纹 M8×1～M39×3 的 A_s，参见第 9.8～9.11 页。

3. C1-110 钢应淬火并回火，最低回火温度为 275℃。

4. 马氏体和铁素体钢螺栓和钢钉的破坏扭矩值，应由供需双方协议。

5. ＊ d＞M24 产品的机械性能，由供需双方协议，并可按本表给出的组别和性能等级标志。

6. ＊＊F1 组钢适用的螺纹直径 d≤M24。

（5）机械性能试验项目

组别	抗拉强度 σ_b	破坏扭矩 M_B	规定非比例伸长应力 $\sigma_{p0.2}$	断后伸长量 δ	硬度	楔负载强度
A1 A2 A3 A4 A5	l≥2.5d ①③	l<2.5d ②	l≥2.5d ①③	l≥2.5d ①③		
C1 C3 C4					要求进行	l_s≥2d
F1						

注：1. d—螺纹直径；l—螺栓、螺钉和螺柱长度；l_s—无螺纹杆部长度。

2. ① d 应≥M5；② d 应＜M5，本项适用于所有长度 l；③ 对螺柱应为 l≥3.5d。

（6）标　　志

① 标志 内容	产品上的标志内容应包括两部分内容。①制造者的识别标志（下列图中的"XYZ"位置，即供标志制造者的识别标志）；②钢的组别和性能等级的标志（与"标记"中的规定相同）	
② 六角 头螺栓 和螺钉 标志	螺纹直径 $d \geqslant 5$mm 的六角头螺栓和螺钉应在头部进行标志（见右图） 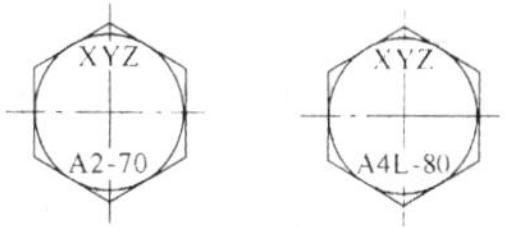	
③ 内六 角或内 六角花 形圆柱 头螺钉 标志	螺纹直径 $d \geqslant 5$mm 的六角内或内六角花形圆柱头螺钉应在头部侧面或顶端进行标志（见右图） 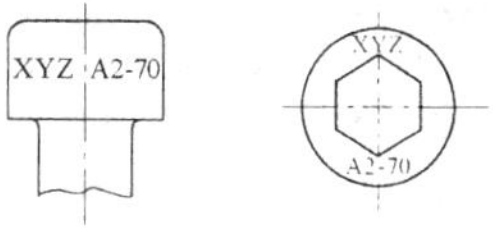	
④ 螺柱 标志	螺纹直径 $d \geqslant 6$mm 的螺柱应在无螺纹杆部进行标志；如在该部不可能标志，则允许在螺柱的拧入螺母端进行标志（仅钢的组别标志，见下图） 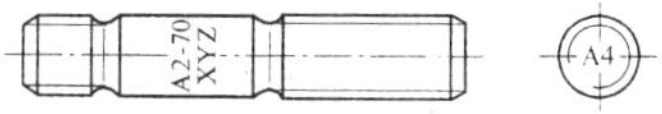 	
⑤ 其他 标志	其他类型的螺栓和螺钉，可尽量按上述规定，并在头部进行标志 在不致造成混淆的前提下，允许有其他附加的标志 左旋螺纹的产品的标志，参见第 9.16 页"碳钢与合金钢螺栓、螺钉和螺柱"中的规定	

9.23

3. 有色金属螺栓、螺钉、螺柱和螺母的机械性能

(GB/T 3098.10—1993)

（1）适 用 范 围

本标准(GB/T 3098.10—1993)规定了由铜及铜合金或铝及铝合金制造的、螺纹直径为 1.6～39mm、粗牙螺纹的螺栓、螺钉、螺柱和螺母的机械性能。本标准不适用于紧定螺钉及类似的未规定抗拉强度或螺母保证载荷的螺纹紧固件。本标准未规定抗腐蚀性、导电性的性能要求。

（2）性能等级的标记

铜及铜合金螺栓、螺钉、螺柱和螺母（螺纹直径为 1.6～39mm）的性能等级的标记有 7 个，即 CU1、CU2、CU3、CU4、CU5、CU6 和 CU7。

铝及铝合金螺栓、螺钉、螺柱和螺母的性能等级的标记有 6 个，即 AL1、AL2、AL3、AL4、AL5 和 AL6。

性能等级的标记表示意义：

字母 CU 和 AL 分别表示产品的材料类别，数字表示性能等级序号。

（3）材　　料

性能等级	材料牌号	标准编号	性能等级	材料牌号	标准编号
CU1	T2	GB/T 5231	AL1	5A02	GB/T 3190
CU2	H63	GB/T 5232	AL2	5A05	GB/T 3190
CU3	HPb58-2	GB/T 5232	AL3	5A43	GB/T 3190
CU4	QSn6.5-0.4	GB/T 5233	AL4	2B11、2A90	GB/T 3190
CU5	QSi1-3	GB/T 5233	AL5	＊＊	＊＊
CU6	＊	＊	AL6	7A10	GB/T 3190
CU7	QAl10-4-4	GB/T 5233			

注：1. 根据供需双方协议，如供方能够保证机械性能时，可以采用表中以外的材料。

2. 为保证产品符合有关机械性能的要求，由制造者确定是否进行热处理。

3. 标准名称：GB/T 5231 纯铜加工产品化学成分；GB/T 5232 黄铜加工产品化学成分；GB/T 5233 青铜加工产品

化学成分：GB/T 3190 铝及铝合金加工产品化学成分。又
原标准中铝合金牌号按 GB/T 3190—1982 的规定，属于
旧牌号；现改按 GB/T 3190—1996 的规定，属于新牌号。
4. ＊ CU6 的相应国际标准材料牌号为 CuZn40Mn1Pb。
5. ＊＊ AL5 的相应国际标准材料牌号为 AlZnMgCu0.5。

（4）外螺纹紧固件各性能等级的常温下机械性能

性能等级	螺纹直径 d （mm）	抗拉强度 σ_{bmin} （MPa）	屈服强度 $\sigma_{0.2min}$ （MPa）	伸长率 δ_{min} （%）
CU1	≤39	240	160	14
CU2	≤6 >6～39	440 370	340 250	11 19
CU3	≤6 >6～39	440 370	340 250	11 19
CU4	≤12 >12～39	470 400	340 200	22 33
CU5	≤39	590	540	12
CU6	>6～39	440	180	18
CU7	>12～39	640	270	15
AL1	≤10 >10～20	270 250	230 180	3 4
AL2	≤14 >14～36	310 280	205 200	6 6
AL3	≤6 >6～39	320 310	250 260	7 10
AL4	≤10 >10～39	420 380	290 260	6 10
AL5	≤39	460	380	7
AL6	≤39	510	440	7

(5) 最小拉力载荷或保证载荷

a. 铜及铜合金螺栓、螺钉和螺柱的最小拉力载荷或螺母的保证载荷

螺纹直径 d、D (mm)	螺距 P (mm)	公称应力截面积 A_s (mm²)	性能等级						
			CU1	CU2	CU3	CU4	CU5	CU6	CU7
			最小拉力载荷（$A_s \times \sigma_b$）或保证载荷（$A_s \times S_p$）(kN)						
3	0.5	5.03	1.21	2.21	2.21	2.36	2.97	—	—
3.5	0.6	6.78	1.63	2.98	2.98	3.19	4.00	—	—
4	0.7	8.78	2.11	3.86	3.86	4.13	5.18	—	—
5	0.8	14.2	3.41	6.25	6.25	6.67	8.38	—	—
6	1	20.1	4.82	8.84	8.84	9.45	11.86	—	—
7	1	28.9	6.94	10.69	10.69	13.58	17.05	12.72	—
8	1.25	36.6	8.78	13.54	13.54	17.20	21.59	16.10	—
10	1.5	58.0	13.92	21.46	21.46	27.26	34.22	25.52	—
12	1.75	84.3	20.23	31.19	31.19	39.62	49.74	37.09	—
14	2	115	27.60	42.55	42.55	46.00	67.85	50.60	73.60
16	2	157	37.68	58.09	58.09	62.80	92.63	69.08	100.5
18	2.5	192	46.08	71.04	71.04	76.80	113.3	84.48	122.9
20	2.5	245	58.80	90.65	90.65	98.00	144.5	107.8	156.8
22	2.5	303	72.72	112.1	112.1	121.2	178.8	133.3	193.9
24	3	353	84.72	130.6	130.6	141.2	208.3	155.3	225.9
27	3	459	110.2	169.8	169.8	183.6	270.8	202.0	293.8
30	3.5	561	134.6	207.6	207.6	224.4	331.0	246.8	359.0
33	3.5	694	166.6	256.8	256.8	277.6	—	305.4	444.2
36	4	817	196.1	302.3	302.3	326.8	—	359.5	522.9
39	4	976	234.2	361.1	361.1	390.4	—	429.4	624.6

b. 铝及铝合金螺栓、螺钉和螺柱的最小拉力
载荷或螺母的保证载荷

螺纹直径 d 或 D (mm)	螺距 P (mm)	公称应力截面积 A_s (mm²)	性 能 等 级					
			AL1	AL2	AL3	AL4	AL5	AL6
			最小拉力载荷($A_s \times \sigma_b$)或保证载荷($A_s \times S_p$)(kN)					
3	0.5	5.03	1.36	1.56	1.61	2.11	2.31	2.57
3.5	0.6	6.78	1.83	2.10	2.17	2.85	3.12	3.46
4	0.7	8.78	2.37	2.72	2.81	3.69	4.04	4.48
5	0.8	14.2	3.83	4.40	4.54	5.96	6.53	7.24
6	1	20.1	5.43	6.23	6.43	8.44	9.25	10.25
7	1	28.9	7.80	8.96	8.96	12.14	13.29	14.74
8	1.25	36.6	9.88	11.35	11.35	15.37	16.84	18.67
10	1.5	58.0	15.66	17.98	17.98	24.36	26.68	29.58
12	1.75	84.3	21.08	26.13	26.13	32.03	38.78	42.99
14	2	115	28.75	35.65	35.65	43.70	52.90	58.65
16	2	157	39.25	43.96	48.67	59.60	72.22	80.07
18	2.5	192	48.00	53.76	59.52	72.96	88.32	97.92
20	2.5	245	61.25	68.60	75.95	93.10	112.7	124.9
22	2.5	303	—	84.84	93.93	115.1	139.4	154.5
24	3	353	—	98.84	109.4	134.1	162.4	180.0
27	3	459	—	128.5	142.3	174.4	211.1	234.1
30	3.5	561	—	157.1	173.9	213.2	258.1	286.1
33	3.5	694	—	194.3	215.1	263.7	319.2	353.9
36	4	817	—	228.8	253.3	310.5	375.8	416.7
39	4	976	—	—	302.6	370.9	449.0	497.8

（6）螺栓和螺钉的最小破坏力矩

螺纹直径 d (mm)	性 能 等 级				
	CU1	CU2	CU3	CU4	CU5
	最小破坏力矩(N·m)				
1.6	0.06	0.10	0.10	0.11	0.14
2	0.12	0.21	0.21	0.23	0.28
2.5	0.24	0.45	0.45	0.5	0.6
3	0.4	0.8	0.8	0.9	1.1
3.5	0.7	1.3	1.3	1.4	1.7
4	1.0	1.9	1.9	2.0	2.5
5	2.1	3.8	3.8	4.1	5.1

螺纹直径 d (mm)	性 能 等 级					
	AL1	AL2	AL3	AL4	AL5	AL6
	最小破坏力矩(N·m)					
1.6	0.06	0.07	0.08	0.10	0.11	0.12
2	0.13	0.15	0.16	0.20	0.22	0.25
2.5	0.27	0.30	0.30	0.43	0.47	0.50
3	0.5	0.6	0.6	0.8	0.8	0.9
3.5	0.8	0.9	0.9	1.2	1.3	1.5
4	1.1	1.3	1.4	1.8	1.9	2.2
5	2.4	2.7	2.8	3.7	4.0	4.5

（7）机械性能试验项目

螺纹直径 d 或 D（mm）	试验项目	
	螺栓、螺钉和螺柱	螺　母
3～5 ≤5	拉力试验 扭矩试验(不包括螺柱)	保证载荷试验
>5	拉力试验； 如果需要，经双方协议，还可进行屈服强度及伸长率试验	

注：机械性能试验项目，也可以根据供需双方协议。

（8）标　　志

标志：
在产品上的标志应与产品的性能等级的标记一致

标志要求及方法：
① 螺纹直径≥5mm 的螺栓、螺柱及螺母应制出标志
② 对螺栓，用凸字或凹字标志在头部顶面，或用凹字标志在头部侧面
③ 对螺柱，用凹字标志在末端端面
④ 对螺母，用凹字标志在支承面或侧面
⑤ 对左旋螺纹产品，分别按 GB/T 3098.1(螺栓、螺钉和螺柱的机械性能中的左旋螺纹产品部分，参见第 9.16 页)和 GB/T 3098.2(螺母的机械性能中的左旋螺纹产品部分，参见第 9.42 页)的规定
⑥ 对螺钉，按 GB/T 3098.1(螺栓、螺钉和螺柱的机械性能中的螺钉部分)的规定

4. 螺栓与螺钉的破坏扭矩

(GB/T 3098.13—1996)

(1) 适 用 范 围

本标准(GB/T 3098.13—1996)规定了螺纹直径为 1～10mm、性能等级为 8.8～12.9 级的螺栓与螺钉的破坏扭矩。它适用于在 GB/T 3098.1 中未规定最小拉力载荷和保证载荷、螺纹规格≤M3 的螺栓与螺钉;以及螺纹直径 3～10mm,但长度太短而不能实施拉力试验的螺栓与螺钉;适用的螺纹公差为 6g、6f 和 6e;但它不适用于内六角螺钉。

(2) 最小破坏扭矩

螺纹规格	螺距 (mm)	性 能 等 级			
		8.8	9.8	10.9	12.9
		最小破坏扭矩 M_{Bmin}(N·m)			
M1	0.25	0.033	0.036	0.040	0.045
M1.2	0.25	0.075	0.082	0.092	0.10
M1.4	0.3	0.12	0.13	0.14	0.16
M1.6	0.35	0.16	0.18	0.20	0.22
M2	0.4	0.37	0.40	0.45	0.50
M2.5	0.45	0.82	0.90	1.0	1.1
M3	0.5	1.5	1.7	1.9	2.1
M3.5	0.6	2.4	2.7	3.0	3.3
M4	0.7	3.6	3.9	4.4	4.9
M5	0.8	7.6	8.3	9.3	10
M6	1	13	14	16	17
M7	1	23	25	28	31
M8	1.25	33	36	40	44
M8×1	1	38	42	46	52
M10	1.5	66	72	81	90
M10×1	1	84	92	102	114
M10×1.25	1.25	75	82	91	102

5. 碳钢与合金钢紧定螺钉的机械性能

(GB/T 3098.3—2000)

(1) 适 用 范 围

　　本标准(GB/T 3098.3—2000)规定了由碳钢与合金钢制造的、在环境温度为 10～35℃ 条件下进行试验的、螺纹直径为 1.6～24mm 的紧定螺钉及类似不受拉应力的紧固件的机械性能。在该环境温度条件下判定符合本标准的产品,但在较高或较低温度下,其机械性能可能不同,本标准不适用于特殊性能要求的紧定螺钉,如:规定拉应力、可焊接性、耐腐蚀性、工作温度高于＋300℃或低于－50℃的性能要求。

　　注:用易切削钢制造的紧定螺钉不能用于＋250℃以上。

(2) 性能等级的标记

　　碳钢与合金钢紧定螺钉的性能等级的标记共有 4 个,即 14H、22H、33H 和 45H。标记中的数字表示最低的维氏硬度(HV)的 1/10;字母表示硬度。例:14H—即其最低维氏硬度为 HV140。

(3) 材 　 料

性能等级	材料	热处理	化学成分(%)			
			C		P max	S max
			max	min		
14H	碳钢	—	0.50	—	0.11	0.15
22H	碳钢	淬火并回火	0.50	—	0.05	0.05
33H	碳钢	淬火并回火	0.50	—	0.05	0.05
45H	合金钢	淬火并回火	0.50	0.19	0.05	0.05

　　注:1. 对 14H 级,使用易切削钢,其磷、硫和铅的最大含量分别为 0.11%、0.34% 和 0.35%;14H 级方头紧定螺钉允许表面硬化。

　　　　2. 对 22H、33H 和 45H 级,可以采用最大含铅量为 0.35% 的钢材。

　　　　3. 对 45H 级用的合金钢应含有一种或几种铬、镍、钼、钒或硼合金元素。

4. 当满足规定的扭矩试验时,45H级亦可采用其他材料制造。

(4) 机 械 性 能

机 械 性 能			性 能 等 级①			
			14H	22H	33H	45H
维氏硬度 HV10		min	140	220	330	450
		max	290	300	440	560
布氏硬度($F=30D^2$)		min	133	209	314	438
		max	276	285	418	532
洛氏硬度	HRB	min	75	95	—	—
		max	105	②	—	—
	HRC	min	—	②	33	45
		max	—	30	44	53
保证扭矩						见下表
螺纹未脱碳层的最小高度 E_{min}③			—	$\frac{1}{2}H_1$	$\frac{2}{3}H_1$	$\frac{3}{4}H_1$
全脱碳层的最大深度 G_{max}(mm)				0.015	0.015	④
表面硬度 HV0.3 max				320	450	580

螺纹直径 d(mm)		3	4	5	6	8	10	12	16	20	24
试验内六角紧定螺钉的最小长度 (mm)	平端	4	5	6	8	10	12	16	20	25	30
	锥端	5	6	8	8	10	12	16	20	25	30
	圆柱端	5	6	8	10	12	16	20	25	30	35
	凹端	5	6	6	8	10	12	16	20	25	30
(45H级)保证扭矩 (N·m)		0.9	2.5	5	8.5	20	40	65	160	310	520

注:① 内六角紧定螺钉没有14H、22H和33H级。
② 如进行洛氏硬度试验,对22H级需要采用HRB试验最小值和HRC试验最大值。
③ H_1—最大实体条件下外螺纹的牙型高度。H_1和E_{min}具体数值参见GB/T 3098.3—2000中的规定。
④ 对45H不允许有脱碳层。

（5）标　　志

对紧定螺钉,通常不要求进行性能等级标志和制造者的识别标志。在特殊情况下,经供需双方协议,可按规定的性能等级进行标志。

6. 不锈钢紧定螺钉的机械性能

（GB/T 3098.16—2000）

（1）适 用 范 围

本标准(GB/T 3098.16—2000)规定了由奥氏体、马氏体和铁素体不锈钢制造的、在环境温度为 $15\sim25℃$ 条件下进行试验的、螺纹直径为 $1.6\sim24mm$ 的紧定螺钉与类似的不受拉应力的紧固件的机械性能。在较高或较低温度下,其性能可能不同。但它不适用于有特殊性能要求的紧固件,如可焊接性。对高温或零度以下场合使用的耐腐蚀性和耐氧化性以及机械性能,必须由使用者与制造者按特殊场合进行协议。

（2）钢的组别和性能等级标记

在本标准中,只规定了奥氏体钢的组别和性能等级标记以及材料的化学成分。

钢的组别标记由字母 A(表示奥氏体钢)和一个数字(1、2、3、4 或5)组成,数字表示各组别钢的化学成分范围。

性能等级标记由表示最小维氏硬度 1/10 的两个数字和表示硬度的字母 H 组成,计有 12H(软)和 21H(冷加工)两个。

例:A1-12H,即表示奥氏体钢、软的、最小硬度为 125HV。

对含碳量低于 0.03% 的低碳不锈钢,可增加标记"L"。

例:A4L-21H。

（3）材　　料

A1、A2、A3、A4、A5 五个组别奥氏体钢的化学成分,参见第 9.19 页 GB/T 3098.6—2000 不锈钢螺栓、螺钉和螺柱的机械性能中规定的A1～A5 组奥氏体钢的化学成分。

(4) 机 械 性 能

<table>
<tr><th colspan="7">(1) 内六角紧定螺钉的保证扭矩</th></tr>
<tr><th rowspan="3">螺纹直径
d</th><th colspan="4">紧定螺钉末端</th><th colspan="2">性能等级</th></tr>
<tr><th>平端</th><th>锥端</th><th>圆柱端</th><th>凹端</th><th>12H</th><th>21H</th></tr>
<tr><th colspan="4">螺钉试件的最小长度(mm)</th><th colspan="2">保证扭矩(N・m)</th></tr>
<tr><td>1.6</td><td>2.5</td><td>3</td><td>3</td><td>2.5</td><td>0.03</td><td>0.05</td></tr>
<tr><td>2</td><td>4</td><td>4</td><td>4</td><td>3</td><td>0.06</td><td>0.10</td></tr>
<tr><td>2.5</td><td>4</td><td>4</td><td>5</td><td>4</td><td>0.18</td><td>0.30</td></tr>
<tr><td>3</td><td>4</td><td>5</td><td>6</td><td>5</td><td>0.25</td><td>0.42</td></tr>
<tr><td>4</td><td>5</td><td>6</td><td>8</td><td>6</td><td>0.8</td><td>1.4</td></tr>
<tr><td>5</td><td>6</td><td>8</td><td>8</td><td>6</td><td>1.7</td><td>2.8</td></tr>
<tr><td>6</td><td>8</td><td>8</td><td>10</td><td>8</td><td>3</td><td>5</td></tr>
<tr><td>8</td><td>10</td><td>10</td><td>12</td><td>10</td><td>7</td><td>12</td></tr>
<tr><td>10</td><td>12</td><td>12</td><td>16</td><td>12</td><td>14</td><td>24</td></tr>
<tr><td>12</td><td>16</td><td>16</td><td>20</td><td>16</td><td>25</td><td>42</td></tr>
<tr><td>16</td><td>20</td><td>20</td><td>25</td><td>20</td><td>63</td><td>105</td></tr>
<tr><td>20</td><td>25</td><td>25</td><td>30</td><td>25</td><td>126</td><td>210</td></tr>
<tr><td>24</td><td>30</td><td>30</td><td>35</td><td>30</td><td>200</td><td>332</td></tr>
</table>

<table>
<tr><th colspan="3">(2) 紧定螺钉的硬度</th></tr>
<tr><th rowspan="3">试验方法</th><th colspan="2">性 能 等 级</th></tr>
<tr><th>12H</th><th>21H</th></tr>
<tr><th colspan="2">硬 度</th></tr>
<tr><td>维氏硬度(HV)</td><td>125～209</td><td>≥210</td></tr>
<tr><td>布氏硬度(HB)</td><td>123～213</td><td>≥214</td></tr>
<tr><td>洛氏硬度(HRB)</td><td>70～95</td><td>≥96</td></tr>
</table>

注：硬度试验时如有争议，以维氏硬度试验为验收依据。

(5) 标　　志

紧定螺钉采用钢的组别和性能等级的标记进行标志。但紧定螺钉的标志不是强制性的。

7. 碳钢与合金钢粗牙螺纹螺母的机械性能

(GB/T 3098.2—2000)

(1) 适用范围

本标准(GB/T 3098.2—2000)规定了由碳钢与合金钢制造、螺母对边宽度符合 GB/T 3104 规定、公称高度≥0.5D、规定保证载荷值、粗牙螺纹直径 D≤39mm、在环境温度为 10～35℃ 条件下进行试验的螺母的机械性能。在较高或较低温度下,其机械性能可能不同,使用者应予注意。本标准不适用于特殊性能要求的螺母,如锁紧性能、可焊接性、耐腐蚀性、工作温度高于＋300℃或低于－50℃的性能要求。

注:1. 用易切削钢制造的螺母不能用于＋250℃以上。

2. 对特殊产品,如用于栓结构高强度螺栓和热浸镀锌螺栓的螺母,有关数值参见产品标准。

3. 配合件的螺纹公差大于 6H/6g 时,将增加脱扣危险。

4. 在其他公差或大于 6H 的情况下,应考虑降低脱扣强度,参见下表:

螺纹直径 D(mm)		＞	—	M2.5	M7	M16
		≤	M2.5	M7	M16	M39
螺纹公差	6H 7H 6G	试验载荷比率(%)	100 — 95.5	100 95.5 97	100 96 97.5	100 98 98.5

(2) 性能等级的标记

① 公称高度≥0.8D(螺纹有效长度≥0.6D)的螺母。

这种螺母的性能等级标记,用相配的螺栓性能等级标记的第一部分数字表示,该螺栓应为可与该螺母相配螺栓中性能等级最高的,参见下表:

螺母性能 等级	相配的螺栓、螺钉和螺柱		螺　　母	
			1 型	2 型
	性能等级	螺纹规格范围	螺纹规格范围	
4	3.6、4.6、4.8	>M16	>M16	—
5	3.6、4.6、4.8 5.6、5.8	≤M16 ≤M39	≤M39	
6	6.8	≤M39	≤M39	
8	8.8	≤M39	≤M39	>M16~M39
9	9.8	≤M16	—	≤M16
10	10.9	≤M39	≤M39	—
12	12.9	≤M39	≤M16	≤M39

注：一般来说，性能等级高的螺母，可以替换性能等级低的螺母。
螺栓-螺母组合件的应力高于螺栓的屈服强度或保证应力是
可行的。

② 公称高度 $\geqslant 0.5D$，而 $< 0.8D$（螺纹有效长度 $\geqslant 0.4D$，而 $\leqslant 0.6D$）的螺母。

这种螺母的性能等级标记，用两位数字表示。右边一位数字表示用淬硬试验芯棒测出的公称保证应力的 1/100（以 N/mm² 计）；左边一位数字"0"，用来表示这种螺栓-螺母组合件的承载能力比淬芯棒测出的承载能力要小，同时也比上述公称高度 $\geqslant 0.8D$ 螺母规定的螺栓-螺母组合件的承载能力要小。这种螺母的公称和实际保证应力见下表：

螺母性能等级	04	05
公称保证应力（MPa）	400	500
实际保证应力（MPa）	380	500

(3) 材　　料

螺母性能等级		化学成分(%)			
		C≤	Mn≥	P≤	S≤
4、5、6①	—	0.50	—	0.060	0.150
8、9	04①	0.58	0.25	0.060	0.150
10②	05①	0.58	0.30	0.048	0.058
12②		0.58	0.45	0.048	0.058

注：① 4、5、6、04和05级，可以用易切削钢制造(供需双方另有协议除外)，其硫、磷及铅的最大含量分别为0.30%、0.11%及0.35%。

② 为改善10、12级的机械性能，必要时可增添合金元素。

(4) 机　械　性　能

螺纹规格			≥ ≤	— M4	M4 M7	M7 M10	M10 M16	M16 M39
螺母性能等级	04	保证应力 S_p (MPa)			380			
		维氏硬度 HV	min max		188 302			
		螺母	热处理		不淬火回火			
			型式		薄型			
	05	保证应力 S_p (MPa)			500			
		维氏硬度 HV	min max		272 353			
		螺母	热处理		淬火并回火			
			型式		薄型			

螺纹规格	≥		— M4	M4 M7	M7 M10	M10 M16	M16 M39
螺母性能等级	4	保证应力 S_p(MPa)		—			510
		维氏硬度 HV	min	—			117
			max	—			302
		螺母	热处理	—			不淬火回火
			型式	—			1 型
	5	保证应力 S_p(MPa)		520	580	590	610	630
		维氏硬度 HV	min	130				146
			max	302				
		螺母	热处理	不淬火回火				
			型式	1 型				
	6	保证应力 S_p(MPa)		600	670	680	700	720
		维氏硬度 HV	min	150				170
			max	302				
		螺母	热处理	不淬火回火				
			型式	1 型				
	8	保证应力 S_p(MPa)		800	855	870	880	920
		维氏硬度 HV	min	180	200			233
			max	302				353
		螺母	热处理	不淬火回火				淬火并回火
			型式	1 型				
	8	保证应力 S_p(MPa)		—				890
		维氏硬度 HV	min	—				180
			max	—				302
		螺母	热处理	—				不淬火回火
			型式	—				2 型

螺 纹 规 格			$\geqslant$ $\leqslant$	— M4	M4 M7	M7 M10	M10 M16	M16 M39
螺母性能等级	9	保证应力 S_p(MPa)		900	915	940	950	920
		维氏硬度 HV	min	170	188			
			max	302				
		螺母	热处理	不淬火回火				
			型式	2 型				
	10	保证应力 S_p(MPa)			1040		1050	1060
		维氏硬度 HV	min max	272 353				
		螺母	热处理	淬火并回火				
			型式	1 型				
	12	保证应力 S_p(MPa)			1140		1170	—
		维氏硬度 HV	min max	295 353				— —
		螺母	热处理	淬火并回火				
			型式	1 型				
	12	保证应力 S_p(MPa)		1150		1160	1190	1200
		维氏硬度 HV	min max	272 353				
		螺母	热处理	淬火并回火				
			型式	2 型				

注：最低硬度仅对经热处理的螺母或规格太大而不能进行保证载荷试验的螺母，才是强制性的；对其他螺母不是强制性的，而是指导性的。对不淬火回火的，而又能满足保证载荷试验的螺母，最低硬度应不作为拒收依据。

(5) 保 证 载 荷

螺纹规格	螺距 P (mm)	螺纹应力截面积 A_s (mm²)	性能等级				
			04	05	4	5	6
			保证载荷($A_s \times S_p$)(kN)				
			薄型	薄型	1型	1型	1型
M3	0.5	5.03	1.91	2.50	—	2.60	3.00
M3.5	0.6	6.78	2.58	3.40	—	3.55	4.05
M4	0.7	8.78	3.34	4.40	—	4.55	5.25
M5	0.8	14.2	5.40	7.10	—	8.25	9.50
M6	1	20.1	7.64	10.0	—	11.7	13.5
M7	1	28.9	11.0	14.5	—	16.8	19.4
M8	1.25	36.6	13.9	18.3	—	21.6	24.9
M10	1.5	58.0	22.0	29.0	—	34.2	39.4
M12	1.75	84.3	32.0	42.2	—	51.4	59.0
M14	2	115	43.7	57.5	—	70.2	80.5

螺纹规格	性能等级					
	8		9	10	12	
	保证载荷($A_s \times S_p$)(kN)					
	1型	2型	2型	1型	1型	2型
M3	4.00	—	4.50	5.20	5.70	5.80
M3.5	5.40	—	6.10	7.05	7.70	7.80
M4	7.00	—	7.90	9.15	10.0	10.1
M5	12.14	—	13.0	14.8	16.2	16.3
M6	17.2	—	18.4	20.9	22.9	23.1
M7	24.7	—	26.4	30.1	32.9	33.2
M8	31.8	—	34.4	38.1	41.7	42.5
M10	50.5	—	54.5	60.3	66.1	67.3
M12	74.2	—	80.1	88.5	98.6	100.3
M14	101.2	—	109.3	120.8	134.6	136.9

螺纹规格	螺距 P (mm)	螺纹应力截面积 A_s (mm²)	性能等级				
			04	05	4	5	6
			保证载荷 $(A_s \times S_p)$ (kN)				
			薄型	薄型	1型	1型	1型
M16	2	157	59.7	78.5	—	95.8	109.9
M18	2.5	192	73.0	96.0	97.9	121.0	138.2
M20	2.5	245	93.1	122.5	125.0	154.4	176.4
M22	2.5	303	115.1	151.5	154.5	190.9	218.2
M24	3	353	134.1	176.5	180.0	222.4	254.2
M27	3	459	174.4	229.5	234.1	289.2	330.5
M30	3.5	561	213.2	280.5	286.1	353.4	403.9
M33	3.5	694	263.7	347.0	353.9	437.2	499.7
M36	4	817	310.5	408.5	416.7	514.7	588.2
M39	4	976	370.9	488.0	497.8	614.9	702.7

螺纹规格	性能等级					
	8		9	10	12	
	保证载荷 $(A_s \times S_p)$ (kN)					
	1型	2型	2型	1型	1型	2型
M16	138.2	—	149.2	164.9	183.7	186.8
M18	176.6	170.9	176.6	203.5	—	230.4
M20	225.4	218.1	225.4	259.7	—	294.0
M22	278.8	269.7	278.8	321.2	—	363.6
M24	324.8	314.2	324.8	374.2	—	423.6
M27	422.3	408.5	422.3	486.5	—	550.8
M30	516.1	499.3	516.1	594.7	—	673.2
M33	638.5	617.7	638.5	735.6	—	832.8
M36	751.6	727.1	751.6	866.0	—	980.4
M39	897.9	897.9	897.9	1035	—	1171

注：1. 螺母保证载荷计算公式中的 A_s 按下式计算：

$$A_s = \frac{\pi}{4} \left(\frac{d_2 + d_3}{2} \right)^2, \quad d_3 = d_1 - \frac{H}{6}, \quad H = 0.866025P$$

式中：d_2—外螺纹中径基本尺寸；d_1—外螺纹小径基本尺寸；H—螺纹原始三角形高度；尺寸单位为 mm。

2. S_p—保证应力，单位为 MPa（=N/mm²）。

（6）标　志

螺纹规格≥M5、所有性能等级的产品，均应标出性能等级的标志。标志方法有代号法和时钟面法（标志符号）两种，并由制造者选定。

代号法是将螺母性能等级的标记，用凹字形式在螺母支承面上或侧面上制出；或用凸字形式在螺母倒角面上制出。

时钟面法是用凹的符号（一个圆点和一条不同位置的短划）形式在螺母支承面上制出，以表示螺母的性能等级（04和05级无）。

螺纹规格≥5mm、左旋螺纹的螺母，可在一个支承面上标志凹箭头（图1），或按图2所示刻槽方法进行标志。

性能等级	04	05	4～12（举例）	
代号法				
性能等级	4	5	6	8
时钟面法	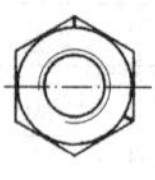	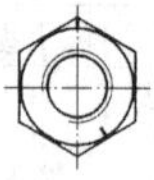	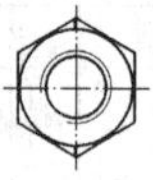	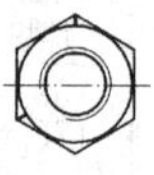
性能等级	9	10	12	注：时钟面法中的圆点可用制造者的识别标志代替（12级除外），也可用制造者的识别标志代替
时钟面法				
左旋螺纹标　志	 　图　1	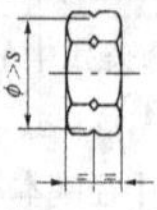 　图　2		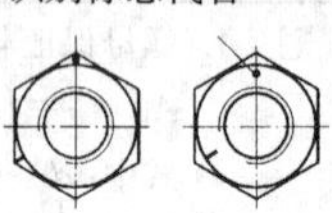

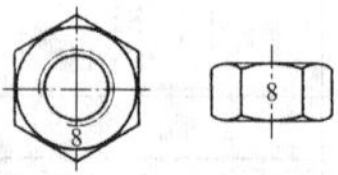

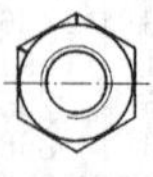

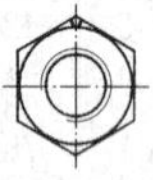

9.42

必须标志性能等级的产品,也应标志出制造者的商标或识别标志。但在任何情况下,产品包装上均应标志出商标(识别)标志。

8. 碳钢与合金钢细牙螺纹螺母的机械性能

(GB/T 3098.4—2000)

(1) 适 用 范 围

本标准(GB/T 3098.4—2000)规定了由碳钢与合金钢制造、螺母对边宽度符合 GB/T 3104 规定、公称高度≥0.5D、规定保证载荷值、细牙螺纹直径 $D=8\sim39$mm,在环境温度为 $10\sim35℃$ 条件下进行试验的螺母的机械性能。在较高或较低温度下,其机械性能可能不同,使用者应予注意。本标准不适用于有特殊性能要求的螺母,如锁紧性能、可焊接性、耐腐蚀性、工作温度高于 $+300℃$ 或低于 $-50℃$ 的性能要求。

注:1. 用易切削钢制造的螺母不能用于 $+250℃$ 以上。

2. 在其他公差或大于 6H 的情况下,应考虑降低脱扣强度,参见下表:

螺纹直径 D(mm)	螺 纹 公 差		
	6H	7H	6G
	试验载荷比率(%)		
$8≤D≤16$	100	96	97.5
$16<D≤39$	100	98	98.5

(2) 性能等级的标记

① 公称高度≥0.8D(螺纹有效长度≥0.6D)的螺母。

这种螺母的性能等级标记,用相配的螺栓性能等级标记的第一部分数字表示,该螺栓应为可与该螺母相配螺栓中性能等级最高的,参见下表:

螺母性能等级	相配的螺栓、螺钉和螺柱		螺母	
			1型	2型
	性能等级	螺纹规格范围(mm)	螺纹规格范围(mm)	
5	3.6、4.6、4.8 5.6、5.8	≤39	≤39	—
6	6.8	≤39	≤39	
8	8.8	≤39	≤39	≤16
10	10.9	≤39	≤16	≤39
12	12.9	≤16	—	≤16

注：一般来说，性能等级较高的螺母，可以替换性能等级较低的螺母。螺栓-螺母组合件的应力高于螺栓的屈服强度或保证应力是可行的。

② 公称高度≥0.5D，而<0.8D(螺纹有效长度≥0.4D，而<0.6D)的螺母。

这种螺母的性能等级标记，用两位数字表示。右边一位数字表示用淬硬试验芯棒测出的公称保证应力的1/100(以 MPa 计)；左边一位数字"0"，用来表示这种螺栓-螺母组合件的承载能力比淬硬芯棒测出的承载能力要小，同时也比上述公称高度≥0.8D螺母规定的螺栓-螺母组合件的承载能力要小。这种螺母的公称和实际保证应力见下表：

螺母性能等级	04	05
公称保证应力(MPa)	400	500
实际保证应力(MPa)	380	500

(3) 材　料

各种性能等级、碳钢与合金钢细牙螺纹螺母的材料的化学成分，与性能等级相同、碳钢与合金钢粗牙螺纹螺母的材料的化学成分相同(参见第 9.37 页)。(注：1. 6 级螺母未注明可用易切削钢制造。2.易切削钢中最大含硫量为 0.30%。3. 05 级螺母，为改善机械性能，必要时可在钢中添加合金元素。)

（4）机 械 性 能

螺纹直径 D(mm)	$\geqslant$ / $\leqslant$		≥8 10	10 16	16 33	33 39
性 能 等 级	04	保证应力 S_p(MPa)		380		
		维氏硬度 HV	min	188		
			max	302		
		螺母	热处理	不淬火回火		
			型式	薄型		
	05	保证应力 S_p(MPa)		500		
		维氏硬度 HV	min	272		
			max	353		
		螺母	热处理	淬火并回火		
			型式	薄型		
	5	保证应力 S_p(MPa)		690		720	
		维氏硬度 HV	min	175		190	
			max	302		
		螺母	热处理	不淬火回火		
			型式	1 型		
	6	保证应力 S_p(MPa)		770	780	870	930
		维氏硬度 HV	min	188		233	
			max	302		
		螺母	热处理	不淬火回火 *		
			型式	1 型		
	8	保证应力 S_p(MPa)		955		1030	1090
		维氏硬度 HV	min	250		295	
			max	353		
		螺母	热处理	淬火并回火		
			型式	1 型		

（续）

螺纹直径 D(mm)			≥ ≤	≥8 10	10 16	16 33	33 39
性能等级	8	保证应力 S_p(MPa)		890			—
		维氏硬度 HV	min	195			—
			max	302			—
		螺母	热处理	不淬火回火			—
			型式	2 型			—
	10	保证应力 S_p(MPa)		1100	1110		—
		维氏硬度 HV	min	295			—
			max	353			—
		螺母	热处理	淬火并回火			—
			型式	1 型			—
	10	保证应力 S_p(MPa)		1055			1080
		维氏硬度 HV	min	250			260
			max	353			
		螺母	热处理	淬火并回火			
			型式	2 型			
	12	保证应力 S_p(MPa)		1200			—
		维氏硬度 HV	min	295			—
			max	353			—
		螺母	热处理	淬火并回火			—
			型式	2 型			—

注：1. 最低硬度，仅对经热处理的螺母或规格太大而不能进行保证载荷试验的螺母，才是强制性的；对其他螺母不是强制性的而是指导性的。对不淬火回火的，而又能满足保证载荷的螺母，最低硬度应不作为拒收依据。

2. ＊对 $D>16$mm 的螺母，也可以淬火并回火，由制造者确定。

（5）保 证 载 荷

螺纹直径 D	螺距 P	性 能 等 级							
		04	05	5	6	8		10		12
		薄型	薄型	1型	1型	1型	2型	1型	2型	2型
（mm）		保证载荷（$A_s \times S_p$）(kN)								
M8	1	14.9	19.6	27.0	30.2	37.4	34.9	43.1	41.4	47.0
M10	1	24.5	32.2	44.5	49.7	61.6	57.4	71.0	68.0	77.4
M10	1.25	23.3	30.6	44.2	47.1	58.4	54.5	67.3	64.6	73.4
M12	1.25	35.0	46.0	63.5	71.8	88.0	82.0	102.2	97.2	110.5
M12	1.5	33.5	44.0	60.8	68.7	84.1	78.4	97.8	92.9	105.7
M14	1.5	47.5	62.5	86.3	97.5	119.4	111.2	138.8	131.9	150.0
M16	1.5	63.5	83.5	115.2	130.3	159.5	148.6	185.4	176.2	200.4
M18	1.5	81.7	107.5	154.8	187.0	221.5	—	—	232.2	
M18	2	77.5	102.0	146.9	177.5	210.1	—	—	220.3	
M20	1.5	103.4	136.0	195.8	236.6	280.2	—	—	293.8	
M20	2	98.0	129.0	185.8	224.5	265.0	—	—	278.6	
M22	1.5	126.5	166.5	239.8	289.7	343.0	—	—	359.6	
M22	2	120.8	159.0	229.0	276.7	327.5	—	—	343.4	
M24	2	145.9	192.0	276.5	334.1	395.5	—	—	414.7	
M27	2	188.5	248.0	351.1	431.5	510.9	—	—	535.7	
M30	2	236.0	310.5	447.1	540.3	639.6	—	—	670.7	
M33	2	289.2	380.5	547.9	662.1	783.8	—	—	821.9	
M36	2	328.7	432.5	622.8	804.4	942.8	—	—	934.2	
M39	3	391.4	515.0	741.6	957.9	1123	—	—	1112	

D	M8	M10	M10	M12	M12	M14	M16	M18	M18	M20
P	1	1	1.25	1.25	1.5	1.5	1.5	1.5	2	1.5
A_s	39.2	64.5	61.2	92.1	88.1	125	167	215	204	272

D	M20	M22	M22	M24	M27	M30	M33	M36	M39	—
P	2	1.5	2	2	2	2	2	2	3	—
A_s	258	333	318	384	496	621	761	865	1030	—

注：1. 细牙螺纹规格应写成 $D \times P$ 形式。例：M8×1。

2. A_s—螺纹应力截面积(mm)^2；S_p—保证应力(MPa)。

(6) 公称高度≥0.5D、而<0.8D 螺母的失效载荷

下表指导性地给出了不同性能等级螺栓的失效载荷值。对性能等级较低的螺栓，预期的失效形式是螺栓螺纹脱扣，而对性能等级较高的螺栓，可预期为螺母脱扣。

螺母性能等级	螺栓性能等级			
	6.8	8.8	10.9	12.9
	螺母最小脱扣强度对应的螺栓保证载荷的比率(%)			
04	85	65	45	40
05	100	85	60	50

（7）标　　志

对细牙螺纹螺母的标志方法的规定，与对粗牙螺纹螺母的标志方法的规定相同(参见第 9.42 页)。

9. 不锈钢螺母的机械性能

(GB/T 3098.15—2000)

（1）适用范围

本标准(GB/T 3098.15—2000)规定了由奥氏体、马氏体和铁素体耐腐蚀不锈钢制造的、螺纹直径 D≤39mm、任何形状、对边宽度符合 GB/T 3104 的规定、公称高度≥0.5D，在环境温度为 15～25℃条件下进行试验的螺母的机械性能。但在较高或较低温度下，其性能可能不同。本标准未规定以下性能要求：锁紧性能、可焊接性、特殊环境下耐腐蚀性和耐氧化性。

对高温或零度以下使用的耐腐蚀性、氧化性以及机械性能，必须使用者与制造者进行具体协议。

所有奥氏体钢产品在退火状态下，通常是无磁的；经冷加工后，有些磁性可能是明显的。

（2）钢的组别和性能等级的标记

不锈钢螺母的标记，由钢的组别标记和性能等级标记两部分组成，两者之间用一短划隔开。

钢的组别标记由一个字母和一个数字组成。字母表示钢的类别，数字表示该类钢的化学成分范围。其中 A—奥氏体钢；C—马氏体钢；F—铁素体钢。

性能等级标记：对公称高度 $m \geqslant 0.8D$ 的（1 型）螺母，由两个数字组成，它表示保证载荷应力的 1/10；对公称高度 $0.5D \leqslant m < 0.8D$ 的（薄）螺母，则由三个数字组成，(左起)第一位数字"0"表示降低承载能力的螺母，后两位数字也是表示保证载荷应力的 1/10。例：

A2-70：表示奥氏体钢，冷加工，最小保证应力为 700MPa(1 型螺母)；

C4-70：表示马氏体钢，淬火并回火，最小保证应力为 700MPa（1 型螺母）；

A2-035：表示奥氏体钢，冷加工，最小保证应力为 350MPa(薄螺母)。

不锈钢螺母的钢的组别和性能等级标记，见下表：

类别	组别	螺母型式	钢的组别和性能等级标记
奥氏体	A1	1 型螺母 薄螺母	A1-50①、A1-70②、A1-80③ A1-025①、A1-035②、A1-040③
	A2⑤	1 型螺母 薄螺母	A2-50①、A2-70②、A2-80③ A2-025①、A2-035②、A2-040③
	A3	1 型螺母 薄螺母	A3-50①、A3-70②、A3-80③ A3-025①、A3-035②、A3-040③
	A4⑤	1 型螺母 薄螺母	A4-50①、A4-70②、A4-80③ A4-025①、A4-035②、A4-040③
	A5	1 型螺母 薄螺母	A5-50①、A5-70②、A5-80③ A5-025①、A5-035②、A5-040③

类别	组别	螺母型式	钢的组别和性能等级标记
马氏体	C1	1型螺母 薄螺母	C1-50①、C1-70④、C1-110④ C1-025①、C1-035④、C1-055④
	C3	1型螺母 薄螺母	C3-80④ C3-040④
	C4	1型螺母 薄螺母	C4-50①、C4-70④ C4-025①、C4-035④
铁素体	F1	1型螺母 薄螺母	F1-45①、F1-60② F1-020①、F1-030②

注：① 软。
　② 冷加工。
　③ 高强度。
　④ 淬火并回火。
　⑤ 含碳量低于0.03%的低碳不锈钢，可增加标记"L"。例：
　　　A4L-80。

（3） 材　料

不锈钢螺母的材料化学成分，与GB/T 3098.6—2000不锈钢螺栓、螺钉和螺柱的机械性能中规定的材料化学成分相同，参见第9.19页。

（4） 机　械　性　能

钢的 类别	钢的 组别	性能等级		螺纹直径 $D(mm)$	保证应力 S_p(MPa)	
		1型螺母	薄螺母		1型螺母	薄螺母
奥氏体	A1、A2、A3、A4、A5	50	025	≤39	500	250
		70	035	≤24①	700	350
		80	040	≤24①	800	400

（续）

钢的类别	钢的组别	性能等级		保证应力 S_p(MPa)		硬　度		
		1型螺母	薄螺母	1型螺母	薄螺母	HB	HRC	HV
马氏体	C1	50	025	500	250	147~209	—	155~220
		70	—	700	—	209~314	20~34	220~330
		110②	055②	1100	550	—	36~45	350~440
	C3	80	040	800	400	228~323	21~35	240~340
	C4	50		500		147~209	—	155~220
		70	035	700	350	209~314	20~34	220~330
铁素体	F1③	45	020	450	200	128~209	—	135~220
		60	030	600	300	171~271	—	180~285

注：① 螺纹直径 $D>24$mm 的螺母，其机械性能应由供需双方协
　　议，并可按本表给出的组别和性能等级进行标记和标志。
　　② 最低回火温度为 275℃。
　　③ 螺纹直径 $D\leqslant24$mm。

（5）保 证 载 荷

不锈钢螺母的保证载荷，可按公式（$A_s\times S_p$）进行计算。其中：A_s
为螺纹的应力截面积（mm²），各螺纹规格螺母的 A_s 具体数值，可分别
参见第 9.40 页"粗牙螺纹螺母"和第 9.47 页"细牙螺纹螺母"中的规定；
S_p 为保证应力（MPa），参见第 9.50 页"（4）（不锈钢螺母）机械性能"中
的规定。

（6）标　　志

直径 $D\geqslant5$mm 的不锈钢螺母表面上，必须具有钢的组别和性能等
级标志，可以仅在螺母的一个支承上进行标志（只能是凹字），或在螺母

侧面上进行标志。对螺母的制造者的识别标志(图中的"XYZ"部位),只要技术上可行,也应尽可能提供。

图1和图2是1型螺母的标志举例。图3是薄螺母的标志举例。

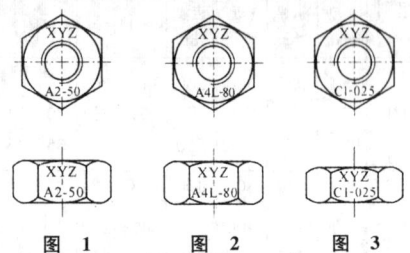

图 1　　　　　图 2　　　　　图 3

当用刻槽方法进行标志时,仅适用 A2 和 A4 两组钢。图4适用于 A2 组钢,图5适用于 A4 组钢。另外,采用刻槽方法标志时,仅对 50 和 025 两个性能等级可以不标志。左旋螺纹不锈钢螺母的标志,与第9.42页"碳钢与合金钢粗牙螺纹螺母"的有关左旋螺纹标志的规定相同。

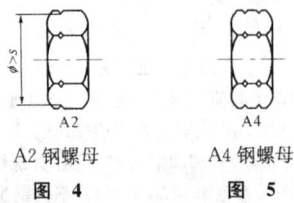

A2 钢螺母　　　　　　A4 钢螺母

图 4　　　　　　　　图 5

所有规格不锈钢螺母的包装上,都必须标志出制造者的识别标志(或商标)以及钢的组别和性能等级标志。

(7) 表 面 精 饰

除非另有规定,按本标准制造的不锈钢螺母,均应进行清洁和光亮处理。推荐最大限度地采用耐腐蚀钝化处理。

10. 有效力矩型钢六角锁紧螺母的机械性能

(GB/T 3098.9—2002)

(1) 适用范围和有关术语

本标准(GB/T 3098.9—2002)规定了在环境温度10～35℃条件下进行试验时,有效力矩型钢六角锁紧螺母(含六角法面)的机械性能。在较高或较低温度下,性能可能不同。

本标准适用的有效力矩锁紧螺母:螺纹直径至39mm;螺纹尺寸公差(6H)符合GB/T 192、GB/T 193和GB/T 197的规定;有规定的机械性能;尺寸符合引用了本标准的产品标准的规定;全金属型螺母的工作温度范围为－50～300℃;非金属嵌件型螺母的工作温度范围为－50～120℃。

本标准不适用于有特殊性能要求,即要求特殊材料或更高的镀层性能:可焊接性;耐腐蚀性;超出上述规定温度范围的性能要求。

随着重复使用的次数增加,有效力矩的性能降低。螺母使用者应当考虑初次使用的性能与重复使用性能降低的关系。

有关术语:1.有效力矩型螺母:该螺母借助自身的有效力矩特性使其不能在相配螺纹上自由转动,并能在夹紧力或压缩力之外提供一定程度的防止转退的功能。2.螺母有效力矩的测定:在螺纹连接副不承受轴向载荷的条件下,转动螺母所需力矩。

(2) 性能等级的标记

有效力矩型钢六角锁紧螺母的性能等级的标记,分别与粗牙螺母(GB/T 3098.2)和细牙螺母(GB/T 3098.4)的性能等级的标记相同。

(1) 公称高度≥0.8D 螺母的标记*							
螺母性能等级	粗牙螺纹	5	6	8	9	10	12
	细牙螺纹	—	6	8		10	12
相配等级的螺栓或螺钉的性能等级		≤5.8	≤6.8	≤8.8	9.8 8.8	10.9 9.8 8.8	12.9 10.9 8.8

(2) 公称高度≥0.5D、但<0.8D 螺母的标记		
螺母性能等级	04	05
公称保证应力(MPa)	400	500
实际保证应力(MPa)	380	500

注: * 一般来说,性能等级较高的螺母,可以替换性能等级较低的螺母。但不推荐热处理的全金属锁紧螺母与低性能等级的螺栓配合使用。

(3) 材料与工艺

(1) 钢的化学成分					
螺母性能等级		化学成分(%)			
粗牙螺纹	细牙螺纹	C≤	Mn≥	P≤	S≤
5、6	6	0.50	—	0.60	0.150
8、9、04	8	0.58	0.20	0.60	0.150
10、05	10	0.58	0.30	0.48	0.058
12	12	0.58	0.45	0.48	0.058

注: 1. 5、6(粗牙)、04 级螺母,除非供需双方另有协议,可以由易切削钢制造。其硫、磷、铅的最大含量分别为 0.30%、0.11%、0.35%。

2. 为改善 10、12、05 级螺母的机械性能,可以添加合金元素

(2) 工 艺
① 热处理:05、8(1 型、>M16)、10 和 12 级粗牙螺母与 05、8(1型)、10 和 12 级细牙螺母应淬火并回火。对任何性能等级的螺母,表面淬硬都是不允许的

（2）工　　艺
②螺纹：除有效力矩部分外，螺母的螺纹公差必须符合GB/T 197的要求；非金属嵌件有效力矩螺母，必须能用手将通规顺利地拧入至嵌件处；全金属螺母，必须能用手将通规顺利地拧入至少一圈螺纹 ③表面润滑：全金属螺母应当加润滑剂，而非金属嵌件螺母可以加润滑剂，以符合规定的工艺性能要求。润滑剂对使用者不应有健康危害，在安装过程中不应散发使人不舒适的气味，并应适合自动化和机械化装配。使用时，润滑剂必须适合于安装速度为10～500r/min。当螺母在室内贮存周期为6个月时，带有防护涂层和（或）润滑剂的螺母工作性能不应减退。贮存温度应在−5～40℃的范围内。（注：在交付用户之后对螺母进行防护镀层或清洗的情况下，螺母制造者不应对由于电镀或涂层造成的螺母尺寸、机械性能或工作性能不符合要求负责） ④去除氢脆（参见GB/T 5267.1规定）

（4）机械性能和工艺性能要求

这种螺母对各性能等级的机械性能（保证应力、硬度、螺母的热处理和型式以及保证载荷）的规定，分别与GB/T 3098.2粗牙螺纹螺母（参见第9.35页）和GB/T 3098.4细牙螺纹螺母（参见第9.43页）的规定相同。

这种螺母对各性能等级的工艺性能要求：

①有效力矩：按本标准的规定进行试验时，在第一次拧入或其后任何一次拧入或拧出过程中测定的螺母有效力矩，均不得超过下表中对相应性能等级螺母规定的第一次拧入最大力矩。此外，第一次和第五次拧出过程中测定的螺母有效力矩，也不得小于下表中规定的拧出力矩。

②扭矩—夹紧力：经供需双方协议，可采用下表中给出的"施加扭矩—夹紧力"值。要求拧紧螺母达到表中规定的夹紧力时，测定所施加

的扭矩,也应符合表中规定的数值。

③ 非金属嵌件有效力矩型螺母的耐温性能:经供需双方协议,可按规定进行螺母的耐温性能试验。

(1) 粗牙螺纹六角螺母和六角法兰面螺母的夹紧力和有效力矩								
螺纹规格 D	夹紧力(kN)					有效力矩(N·m)		
	性能等级					性能等级 04、5、6、8 和 9		
	04	5	6	8	9	第一次拧入 * max	第一次拧出 min	第五次拧出 min
M3	1.4	1.4	1.7	2.2	2.5	0.43	0.12	0.08
M4	2.5	2.5	2.9	3.8	4.3	0.9	0.18	0.12
M5	4	4	4.7	6.2	6.9	1.6	0.29	0.2
M6	5.7	5.7	6.6	8.7	9.8	3	0.45	0.3
M7	8.2	8.3	9.5	12.6	14.1	4.5	0.65	0.45
M8	10.3	10.4	12.1	15.9	17.8	6	0.85	0.6
M10	16.4	16.5	19.1	25.3	28.3	10.5	1.5	1
M12	23.8	24	27.8	36.7	41.1	15.5	2.3	1.6
M14	32.5	32.8	38	50	56.1	24	3.3	2.3
M16	44.4	45	51.8	68.2	76.5	32	4.5	3
M18	56.1	55	63.4	86.2	—	42	6	4.2
M20	71.7	70	81	110	—	54	7.5	5.3
M22	88.7	86	100	136	—	68	9.5	6.5
M24	103	101	116	159	—	80	11.5	8
M27	134	107	152	206	—	94	13.5	10
M30	164	131	185	253	—	108	16	12
M33	203	161	229	312	—	122	18	14
M36	234	190	269	368	—	136	21	16
M39	285	227	322	440	—	150	23	18

螺纹规格 D	夹紧力(kN)			有效力矩(N·m)		
	性能等级			性能等级 05、10 和 12		
	05	10	12	第一次拧入 * max	第一次拧出 min	第五次拧出 min
M3	1.9	3.1	3.7	0.6	0.15	0.1
M4	3.3	5.5	6.4	1.2	0.22	0.15
M5	5.2	8.9	10.4	2.1	0.35	0.24
M6	7.4	12.5	14.6	4	0.55	0.4
M7	10.7	18.0	21.0	6	0.85	0.6
M8	13.5	22.8	26.6	8	1.15	0.8
M10	21.5	36.1	42.4	14	2	1.4
M12	31.2	52.5	61.4	21	3.1	2.1
M14	42.5	71.6	84	31	4.4	3
M16	58	97.5	114	42	6	4.2
M18	73	119	140	56	8	5.6
M20	94	152	178	72	10.5	7
M22	116	189	220	80	13	9
M24	135	220	256	106	15	10.5
M27	175	286	334	123	17	12
M30	215	350	408	140	19	14
M33	265	432	505	160	21.5	15.5
M36	306	509	594	180	24	17.5
M39	373	608	710	200	26.5	19.5

（1）粗牙螺纹六角螺母和六角法兰面螺母的夹紧力和有效力矩

注：1. 5 级螺母的夹紧力：当螺纹公称直径 D＝3～24mm 时，等于 5.8 级螺栓保证载荷的 75%；当 D＞24mm 时，则等于 4.8 级螺栓保证载荷的 75%。6、8、9、10、12 级螺母的夹紧力，分别等于 6.8、8.8、9.8、10.9、12.9 级螺栓保证载荷的 75%。

2. ＊ 第一次拧入有效力矩仅适用于全金属螺母。对非金属嵌件锁紧螺母，第一次拧入最大力矩应是这些数值的 50%。

螺纹规格 $D \times P$	夹紧力(kN)			有效力矩(N·m)		
	性能等级			性能等级 04、6 和 8		
	04	6	8	第一次拧入 * max	第一次拧出 min	第五次拧出 min
M8×1	11.1	12.9	17	6	0.85	0.6
M10×1	18.2	21.3	28.1	10.5	1.5	1
M10×1.25	17.3	20.2	26.6	10.5	1.5	1
M12×1.25	26	30.4	41	15.5	2.3	1.6
M12×1.5	24.9	29.1	38.3	15.5	2.3	1.6
M14×1.5	35.3	41.3	54.4	24	3	2
M16×1.5	47.2	55.1	72.7	32	4.5	3
M18×1.5	63.4	71.3	97.5	42	6	4.2
M18×2	59.7	67.6	92.3	42	6	4.2
M20×1.5	79.5	90	122	54	7.5	5.3
M20×2	75.5	85.4	116	54	7.5	5.3
M22×1.5	97.5	110	150	68	9.5	6.5
M22×2	93	105	143	68	9.5	6.5
M24×2	112	127	173	80	11.5	8
M27×2	145	164	224	94	13.5	10
M30×2	182	205	280	108	16	12
M33×2	223	251	343	122	18	14
M36×3	253	286	389	136	21	16
M39×3	301	340	464	150	23	18

注: * 第一次拧入有效力矩仅适用于全金属螺母。对非金属嵌件锁紧螺母,第一次拧入最大力应是这些数值的 50%。

(2) 细牙螺纹六角螺母和六角法兰面螺母的夹紧力和有效力矩						
螺纹规格 $D \times P$	夹紧力(kN)			有效力矩(N·m)		
	性能等级			性能等级 05、10 和 12		
	05	10	12	第一次拧入 * max	第一次拧出 min	第五次拧出 min
M8×1	14.5	24.4	28.5	8	1.15	0.8
M10×1	23.8	40.1	47	14	2	1.4
M10×1.25	22.6	38.1	44.6	14	2	1.4
M12×1.25	34.1	57.3	67	21	3.1	2.1
M12×1.5	32.6	54.8	64	21	3.1	2.1
M14×1.5	46.2	78	91	31	4.4	3
M16×1.5	61.8	104	121	42	6	4.2
M18×1.5	82.9	134	157	56	8	5.5
M18×2	78	127	149	56	8	5.5
M20×1.5	104	169	198	72	10.5	7
M20×2	98.7	161	187	72	10.5	7
M22×1.5	127	207	242	90	13	9
M22×2	122	198	231	90	13	9
M24×2	147	239	279	106	15	10.5
M27×2	190	309	361	123	17	12
M30×2	238	386	451	140	19	14
M33×2	291	474	554	160	21.5	15.5
M36×3	331	539	629	180	24	17.5
M39×3	394	641	749	200	26.5	19.5

螺纹规格 D	夹紧力 (kN)				施加扭矩 (N·m) *							
	性能等级				性能等级							
					04		05		5		6	
	04	05	5	6	min	max	min	max	min	max	min	max
M3	1.4	1.9	1.4	1.7	0.7	1.1	0.9	1.3	0.7	1.1	0.8	1.2
M4	2.5	3.3	2.5	2.9	1.6	2.4	2.1	3.1	1.6	2.4	1.9	2.7
M5	4	5.2	4	4.7	3.2	4.8	4.2	6.3	3.2	4.8	3.8	5.6
M6	5.7	7.4	5.7	6.6	5.4	8.1	7.1	10.7	5.4	8.1	6.4	9.5
M7	8.2	10.7	8.3	9.5	9.2	13.7	12.0	17.9	9.3	13.8	10.7	16.0
M8	10.3	13.5	10.4	12.1	13.2	19.8	17.3	26	13.3	20.0	15.5	23.1
M10	16.4	21.5	16.5	19.1	26.3	39.5	34	52	26.4	39.6	30.6	45.9
M12	23.9	31.2	24	27.8	45.8	68.7	60	90	46	69	53	80
M14	32.5	42.5	32.8	38	73.8	109	95	143	73	110	85	127
M16	44.4	58	45	51.8	113	170	148	223	115	173	133	199
M18	56.1	73	55	63.4	161	242	211	317	158	238	183	273
M20	71.7	94	70	81	229	344	300	405	224	336	260	389
M22	88.7	116	77	100	312	468	408	613	303	454	351	527
M24	103	135	86	116	397	595	519	778	388	500	447	670
M27	134	175	95	152	579	869	757	1136	333	582	655	982
M30	164	215	101	185	789	1183	1031	1547	456	684	889	1334
M33	203	265	117	229	1071	1606	1400	2100	597	895	1208	1812
M36	234	306	136	269	1348	2022	1763	2644	795	1192	1551	2326
M39	285	373	165	322	1783	2674	2331	3497	1029	1544	2008	3012

注： * 施加扭矩值是由试验组合件测出的结果，可能与实际安装条件不符。
由统计程序控制方法处理扭矩夹紧力试验结果的评定与统计无关。

螺纹规格 D	夹紧力(kN) 性能等级				施加扭矩(N·m) 性能等级							
					8		9		10		12	
	8	9	10	12	min	max	min	max	min	max	min	max
M3	2.2	2.5	3.1	3.7	1.1	1.6	1.2	1.7	1.5	2.3	1.8	2.7
M4	3.8	4.3	5.5	6.4	2.5	3.7	2.8	4.1	3.7	5.3	4.2	6.2
M5	6.2	6.9	8.9	10.4	5.0	7.4	5.6	8.2	7.2	10.6	8.4	12.4
M6	8.7	9.8	12.5	14.6	8.4	12.4	9.5	14.0	12.1	17.8	14.1	20.8
M7	12.6	14.1	18	21	14.2	16.9	15.8	23.6	20.2	30.2	23.6	35.2
M8	15.9	17.8	32.8	26.6	20	30	23	34	29	43	34	50
M10	25.3	28.3	36.1	42.4	41	60	46	68	59	85	69	100
M12	36.7	41.1	52.5	61.4	71	105	80	118	102	150	119	175
M14	50.0	56.1	71.6	84	118	168	127	187	161	240	189	282
M16	68.2	76.5	97.5	114	175	260	198	292	250	371	293	434
M18	86.2	—	119	140	255	372	—	—	353	513	415	603
M20	110	—	152	178	355	520	—	—	491	718	574	840
M22	136	—	189	220	500	705	—	—	675	989	787	1161
M24	159	—	220	256	620	928	—	—	857	1283	997	1493
M27	206	—	286	334	900	1330	—	—	1249	1845	1459	2153
M30	253	—	350	408	1230	1810	—	—	1701	2503	1982	2918
M33	312	—	432	505	1665	2460	—	—	2305	3457	2695	3982
M36	368	—	509	594	2140	3160	—	—	2961	4368	3455	5092
M39	440	—	608	710	2775	4095	—	—	3985	5657	4480	6606

（3）粗牙螺纹六角螺母的夹紧力与施加扭矩

（续）

螺纹规格 $D \times P$	夹紧力(kN)			施加扭矩(N·m)					
	性能等级			性能等级					
				04		05		6	
	04	05	6	min	max	min	max	min	max
M8×1	11.1	14.5	12.9	14.2	21.3	18.5	27.8	16.5	24.5
M10×1	18.2	23.8	21.3	29.2	43.8	38.2	57.2	34	51
M10×1.25	17.3	22.6	20.2	27.7	41.5	36.2	54.3	33	48
M12×1.25	26	34.1	30.4	50	75	65	98	59	87
M12×1.5	24.9	32.6	29.1	48	72	63	94	56	83
M14×1.5	35.3	46.2	41.4	79	119	104	155	92	138
M16×1.5	47.2	61.8	55.1	121	181	158	237	141	211
M18×1.5	63.4	82.9	71.3	183	274	239	358	205	308
M18×2	59.7	78.0	67.6	172	258	225	337	195	292
M20×1.5	79.5	103.9	90.0	254	381	333	499	288	432
M20×2	75.5	98.7	85.4	242	362	316	474	273	410
M22×1.5	92.5	122.7	110	343	515	449	673	385	578
M22×2	93	122	105	327	491	428	642	368	552
M24×2	112	147	127	431	646	563	845	487	730
M27×2	145	190	164	628	941	821	1231	706	1059
M30×2	182	238	205	873	1309	1141	1721	983	1474
M33×2	223	291	251	1176	1765	1538	2307	1327	1592
M36×3	253	331	286	1457	2186	1905	2859	1646	2469
M39×3	301	394	340	1880	2820	2458	3688	2120	3180

（4）细牙螺纹六角螺母的夹紧力与施加扭矩

注：参见上节"（3）粗牙螺纹六角螺母的夹紧力与施加扭矩"的注。

9.62

螺纹规格 $D \times P$	夹紧力(kN)			施加扭矩(N·m)					
	性能等级			性 能 等 级					
	8	10	12	8		10		12	
				min	max	min	max	min	max
M8×1	17	24.4	28.5	22	33	31	47	37	55
M10×1	28.1	40.1	47	45	67	64	96	75	113
M10×1.25	26.6	38.1	44.6	43	64	61	91	71	107
M12×1.25	41	57.3	67	79	118	110	165	129	193
M12×1.5	38.3	54.8	64	74	110	105	158	123	185
M14×1.5	54.4	78	91	122	183	175	262	203	305
M16×1.5	72.7	104	121	186	279	267	401	311	467
M18×1.5	97.5	134	157	280	421	387	580	454	680
M18×2	92.3	127	149	266	399	367	550	430	646
M20×1.5	122	169	198	390	586	542	814	634	950
M20×2	116	161	187	371	557	515	772	600	900
M22×1.5	150	207	242	528	792	729	1093	853	1279
M22×2	143	198	231	503	755	697	1095	815	1222
M24×2	173	239	279	664	996	918	1376	1071	1607
M27×2	224	309	361	968	1452	1335	2003	1559	2338
M30×2	280	386	451	1344	2016	1853	2779	2167	3251
M33×2	343	474	554	1811	2716	2502	3754	2922	4384
M36×3	389	539	629	2241	3361	3104	4656	3625	5437
M39×3	454	641	749	2895	4343	4000	6000	4675	7013

（4）细牙螺纹六角螺母的夹紧力与施加扭矩

螺纹规格 D	夹紧力(kN)			施加扭矩(N·m)					
	性能等级			性能等级					
				5		6		8	
	5	6	8	min	max	min	max	min	max
M5	4	4.7	6.2	3.6	5.1	4.2	6.0	5.6	7.9
M6	5.7	6.6	8.7	6.2	8.9	7.2	10.3	9.5	13.6
M7	8.3	9.5	12.6	10.1	14.5	11.6	16.6	15.4	22
M8	10.4	12.1	15.9	14.9	21.3	17.3	24.7	22.7	32.5
M10	16.5	19.1	25.3	29.3	42	33.9	48.6	44.9	64.4
M12	24	27.8	36.7	51.5	73.9	59.6	85.6	78.7	113
M14	32.8	38	50	81.6	117	94.6	136	124	179
M16	45	51.8	68.2	127	183	146	211	192	277
M20	70	81	110	246	355	285	411	387	558

(5) 粗牙螺纹六角法兰面螺母夹紧力与施加扭矩

螺纹规格 D	夹紧力(kN)			施加扭矩(N·m)					
	性能等级			性能等级					
				9		10		12	
	9	10	12	min	max	min	max	min	max
M5	6.9	8.9	10.4	6.2	8.8	8.0	11.4	9.3	13.3
M6	9.8	12.5	14.6	10.7	15.3	13.7	19.5	16	22.8
M7	14.1	18	21	17.2	24.7	22	31.5	25.6	36.7
M8	17.8	22.8	26.6	25.5	36.4	32.6	46.6	38	54.4
M10	28.3	36.1	42.4	50.3	72	64.1	91.8	75.3	108
M12	41.1	52.5	61.4	88.2	127	113	162	132	189
M14	56.1	71.6	84	140	200	178	256	209	300
M16	76.5	97.5	114	216	311	275	396	321	463
M20	—	152	178	—	—	534	771	626	903

9.64

（6）细牙螺纹六角法兰面螺母的夹紧力与施加扭矩											
螺纹规格 D×P		D	M8	M10	M10	M12	M12	M14	M16	M20	M20
		P	1	1	1.25	1.25	1.5	1.5	1.5	1.5	2
夹紧力 (kN)	性能等级	6	12.9	21.3	20.2	30.4	29.1	41.4	55.1	90	85.4
		8	17	28.1	26.6	41	38.3	54.4	72.7	122	116
		10	24.4	40.1	38.1	57.3	54.8	78	104	169	161
		12	28.5	47	44.6	67	64	91	121	198	187
施加扭矩 (N·m)	性能等级	6 min	18.1	36.6	35.3	63.5	61.6	101	152	306	295
		6 max	26.1	53.2	50.9	92.2	88.9	146	222	448	429
		8 min	23.8	48.3	46.5	85.6	81.1	132	201	415	401
		8 max	34.4	70.2	67	124	117	192	292	607	583
		10 min	34.2	68.9	66.6	120	116	190	287	575	557
		10 max	49.3	100	96	174	167	275	418	842	809
		12 min	39.9	80.8	77.9	140	136	221	334	673	647
		12 max	57.6	117	112	203	196	321	486	986	940

（5）标　　志

公称直径≥5mm的螺母,应有清晰的性能等级和制造者的标志。标志可以是凸字或凹字,由制造者确定。然而,凸字标志不应超过规定的螺母最大对边宽度或螺母高度,并不得打在螺母支承面上。凹字标志可以置于任何表面,但最好不打在螺母支承面上。

11. 蝶形螺母的机械性能

(GB/T 3098.20—2004)

蝶形螺母的机械性能具体要求为保证扭矩。

螺纹规格 (mm)	保证扭矩等级		
	I	II	III
	保证扭矩(N·m)		
M2	0.20	0.15	—
M2.5	0.39	0.29	—
M3	0.69	0.49	0.29
M4	1.57	1.08	0.59
M5	3.14	2.16	1.08
M6	5.39	3.92	1.96
M8	12.7	8.83	4.41
M10	25.5	17.7	8.83
M12	45.1	31.4	—
M14	71.6	50.0	—
M16	113	78.5	—
M18	157	108	—
M20	216	147	—
M22	294	206	—
M24	382	266	—

12. 自攻螺钉的机械性能

(GB/T 3098.5—2000)

项　　目	要　　　求
材　　料	螺钉应由冷镦、渗碳钢制造
表面硬度	热处理后螺钉的表面硬度应≥450HV0.3
芯部硬度	热处理后螺钉的芯部硬度:螺纹≤ST3.9 应为270~390HV5;螺纹≥ST4.2 应为270~390HV10
显微组织	在渗碳层与芯部间的显微组织不应呈带状亚共析铁素体
拧入性能试　　验	将螺钉拧入符合下表中规定的试验板内,能攻出与其匹配的内螺纹,而螺钉的螺纹不应损坏;试验板用C≤0.23%低碳钢制造,其硬度应为130~170HV
破坏扭矩试　　验	将螺钉杆部装入专用夹具内进行破坏扭矩试验时,其破坏扭矩不得小于下表中规定的数值
验　　收	对螺钉的常规验收试验可进行拧入性能、扭矩和芯部硬度试验;但对仲裁检查,本标准规定的所有技术要求均应满足

自攻螺钉螺纹规格	渗碳层深度(mm)		标准试验板尺寸(mm)				破坏扭矩(N·m)
			板厚		孔径		
	min	max	min	max	min	max	min
ST2.2	0.04	0.10	1.17	1.30	1.905	1.955	0.45
ST2.6	0.04	0.10	1.17	1.30	2.185	2.235	0.9
ST2.9	0.05	0.18	1.17	1.30	2.415	2.465	1.5
ST3.3	0.05	0.18	1.17	1.30	2.68	2.73	2.0
ST3.5	0.05	0.18	1.85	2.06	2.92	2.97	2.7
ST3.9	0.10	0.23	1.85	2.06	3.24	3.29	3.4
ST4.2	0.10	0.23	1.85	2.06	3.43	3.48	4.4
ST4.8	0.10	0.23	3.10	3.23	4.015	4.065	6.3
ST5.5	0.10	0.23	3.10	3.23	4.735	4.785	10.0
ST6.3	0.15	0.28	4.67	5.05	5.475	5.525	13.6
ST8	0.15	0.28	4.67	5.05	6.885	6.935	30.5

13. 自挤螺钉的机械性能

(GB/T 3098.7—2000)

① 适用范围

本标准规定了表面淬硬并回火的自挤螺钉[①]的技术要求。符合本标准的自挤螺钉能挤压出多种普通内螺纹,其螺纹直径为 2～12mm,用于机电产品

GB/T 3098.1 不适用于按本标准制造的螺钉

② 材料

自挤螺钉应由渗碳钢冷镦制造。下面给出的化学成分仅是指导性的:

桶样分析:碳为 0.15%～0.25%;锰为 0.70%～1.65%;

检验分析:碳为 0.13%～0.27%;锰为 0.64%～1.71%。

如果通过添加钛和(或)铝,使不起作用的硼受到控制,则硼含量可达到 0.005%

③ 热处理

自挤螺钉应进行表面淬火和回火处理,最低回火温度为 340℃

④ 表面渗碳层

表面渗碳层应符合后面表中的规定

⑤ 硬度

芯部硬度应为 290～370HV10;最低表面硬度为 450HV0.3;再回火试验后的芯部硬度降低值不应超过 20HV,再回火试验温度 330℃,保温 1h

⑥ 破坏扭矩

将螺钉试件装入专用夹具中进行破坏扭矩试验时,其最小破坏扭矩应符合后面表中的规定

⑦ 拧入扭矩

将螺钉试件拧入试验板中进行拧入性能试验时(目的是显示在钢件中挤压成形螺纹的能力),其最大拧入扭矩和试验板尺寸应符合后面表中的规定。试验板应由轧制低碳钢板制成,硬度应为 140～180HV30

⑧ 破坏拉力载荷

对长度 12mm（或≥3d）的螺钉，经供需双方协议，可进行破坏拉力载荷试验。螺钉断裂时的最小破坏拉力载荷应符合后面表中的规定。螺钉断裂应发生在杆部或螺纹部分，而不应发生在钉头与钉杆的交接处

⑨ 抗氢脆性

自挤螺钉，尤其是经电镀的自挤螺钉有氢脆断裂的倾向，因此应按 GB/T 3078.17 的规定检查螺钉的抗氢脆性，用于对工艺进行审查，以保证与氢脆有关的工艺受到控制

⑩ 标志

表面淬硬并回火的自挤螺钉应制出凹形或凸形的标志符号"-○-"。对螺钉直径≥5mm 的六角头螺钉或六角花形螺钉，必须制出标志符号并尽量在钉头上制出。经供需双方协议，其他型式的表面淬硬并回火的自挤螺钉，也可以使用上述标志符号。凡要求制出标志符号的产品，还应标志商标或制造者识别标志

螺纹直径（mm）	表面渗碳层深度（mm）		拧入扭矩（N·m）	破坏扭矩（N·m）	试验板尺寸（mm）			破坏拉力载荷（参考）（N）
	min	max	min	max	厚度②	孔径		min
						max	min	
2	0.04	0.12	0.3	0.5	2	1.825	1.800	1940
2.5	0.04	0.12	0.6	1.2	2.5	2.275	2.250	3150
3	0.05	0.18	1.1	2.1	3	2.775	2.750	4680
3.5	0.05	0.18	1.7	3.4	3.5	3.18	3.15	6300
4	0.10	0.25	2.5	4.9	4	3.68	3.65	8170
5	0.10	0.25	5.0	10	5	4.53	4.50	13200
6	0.15	0.28	8.5	17	6	5.43	5.40	18700
8	0.15	0.28	21	42	8	7.336	7.330	34000
10	0.15	0.32	43	85	10	9.236	9.230	53900
12	0.15	0.32	75	150	12	11.143	11.100	78400

注：① 包括符合 GB/T 6559 规定的螺杆为弧形三角截面的自攻锁紧螺钉。

② 试验板的厚度公差应符合 GB/T 709 轧制钢板的规定。

14. 自钻自攻螺钉的机械性能

(GB/T 3098.11—2002)

① 材料:自钻自攻螺钉应使用渗碳钢或热处理钢制造。

② 金相性能:

(a) 表面硬度:

热处理自钻自攻螺钉的表面硬度应≥530HV0.3。

(b) 芯部硬度:

热处理后的芯部硬度为:

螺纹规格≤ST4.2 为 320~400HV5;

螺纹规格>ST4.2 为 320~400HV10。

推荐的最低回火温度为 330℃。应避免 275~315℃的回火温度范围,以便将回火马氏体风险减少到最低程度。

(c) 渗碳层深度:

螺纹规格(ST)		2.9 和 3.5	4.2~5.5	6.3
渗碳层深度 (mm)	min	0.05	0.10	0.15
	max	0.18	0.23	0.28

(d) 显微组织:

在热处理后自钻自攻螺钉的显微组织中,表面硬化层和芯部之间不应出现带状铁素体。

(e) 氢脆:

电镀自钻自攻螺钉存在因氢脆而断裂的危险。因此,应由制造者和(或)电镀者采取措施,包括按 GB/T 3098.17 检查氢脆用预载荷试验—平行支承面法进行试验检查,以控制该危险的发生。

GB/T 5267.1 紧固件—电镀层中有关电镀紧固件消除氢脆的测量要求,也应予以考虑。

③ 机械性能：

(a) 钻孔性能：

螺钉钻削部分应能在规定的试验条件下，钻出为挤压与螺钉配合的内螺纹所需要的预制孔（螺纹底孔）。

(b) 螺纹成型性能：

在按上项要求钻出的预制孔中，自钻自攻螺钉应能挤压出与其配合的内螺纹，并在拧入规定的试验板时，螺钉螺纹无变形。

螺纹规格	试验板厚度 (mm)	轴向力 (N)	拧入时间 (s) max	载荷下螺钉转速 (r/min)
ST2.9	$0.7 + 0.7 = 1.4$	150	3	1800～2500
ST3.5	$1 + 1 = 2$	150	4	1800～2500
ST4.2	$1.5 + 1.5 = 3$	250	5	1800～2500
ST4.8	$2 + 2 = 4$	250	7	1800～2500
ST5.5	$2 + 3 = 5$	350	11	1000～1800
ST6.3	$2 + 3 = 5$	350	13	1000～1800

注：试验板应由含碳量≤0.23%的低碳钢制成，其硬度为110～165HV30。表中规定的轴向力和螺钉转速也适用于钻孔过程。

(c) 扭转强度：

按规定的试验方法对自钻自攻螺钉进行试验时，其扭转强度应能保证螺钉的破坏扭矩值等于或大于下表中的规定。

螺纹规格(ST)	2.9	3.5	4.2	4.8	5.5	6.3
破坏扭矩(N·m)	1.5	2.8	4.7	6.9	10.4	16.9

15. 抽芯铆钉的机械性能

(GB/T 3098.19—2004)

(1) 机械性能等级与材料组合				
性能等级	钉体材料		钉芯材料	
	种类	材料牌号	种类	材料牌号
06	铝	1035	铝合金	7A03、5183
08	铝合金	5005、5A02	碳素钢	10、15、35、45
10		5052、5A02		
11		5056、5A05		
12		5052、5A02	铝合金	7A03、5183
15		5056、5A05	不锈钢	0Cr18Ni9 1Cr18Ni9
20	铜	T₁、T₂、T₃	碳素钢	10、15、35、45
21			青铜	*
22			不锈钢	0Cr18Ni9 1Cr18Ni9
23	黄铜	*	*	*
30	碳素钢	08F、10	碳素钢	10、15、35、45
40	镍铜合金	NiCu28-2.5-1.5		
41			不锈钢	0Cr18Ni9 1Cr18Ni9
50	不锈钢	0Cr18Ni9 1Cr18Ni9	碳素钢	10、15、35、45
51			不锈钢	0Cr18Ni9 1Cr18Ni9

注：* 材料牌号及数据待生产验证。

钉体直径 d (mm)	性 能 等 级							
	\multicolumn{8}{c}{（2）最小剪切载荷—开口型}
	06	08	10 12	11 15	20 21	30	40 41	50 51
	\multicolumn{8}{c}{最小剪切载荷(N)}
2.4	—	172	250	350	—	650	—	—
3.0	240	300	400	550	760	950	—	1800*
3.2	280	360	500	750	860	1100*	1400	1900*
4.0	450	540	850	1250	1500*	1700	2200	2700
4.8	660	935	1200	1850	2000	2900*	3300	4000
5.0	710	990	1400	2150	—	3100	—	4700
6.0	940	1170	2100	3200	—	4300	—	—
6.4	1070	1460	2200	3400	—	4900	5500	—

钉体直径 d (mm)	性 能 等 级							
	\multicolumn{8}{c}{（3）最小拉力载荷—开口型}
	06	08	10 12	11 15	20 21	30	40 41	50 51
	\multicolumn{8}{c}{最小拉力载荷(N)}
2.4	—	250	350	550	—	700	—	—
3.0	310	380	550	850	950	1100	—	2200*
3.2	370	450	700	1100	1000	1200	1900	2500*
4.0	590	750	1200	1800	1800	2200	3000	3500
4.8	860	1050	1700	2600	2500	3100	3700	5000
5.0	920	1150	2000	3100	—	4000	—	5800
6.0	1250	1560	3000	4600	—	4800	—	—
6.4	1430	2050	3150	4850	—	5700	6800	—

（续）

（4）最小剪切载荷—封闭型					
钉体直径 d (mm)	性 能 等 级				
	06	11 15	20 21	30	50 51
	最小剪切载荷(N)				
3.0	—	1080	—	—	—
3.2	540	1450	1300	1300	2200
4.0	760	2200	2000	1550	3500
4.8	1400*	3100	2800	2800	4400
5.0	—	3500			
6.0	—	4285			
6.4	1580	4900*		4000	8000

（5）最小拉力载荷—封闭型					
钉体直径 d (mm)	性 能 等 级				
	06	11 15	20 21	30	50 51
	最小拉力载荷(N)				
3.0	—	1080	—	—	—
3.2	540	1450	1300	1300	2200
4.0	760	2200	2000	1550	3500
4.8	1400*	3100	2800	2800	4400
5.0	—	3500			
6.0	—	4285			
6.4	1580	4900*		4000	8000

注：* 数据待生产验证。

9.74

(6) 钉头保持能力—开口型						
钉体直径 d(mm)			2.4	3.0 3.2	4.0	4.8 5.0	6.0 6.4

性能 等级	06、08、10、11、12、 15、20、21、40、41	钉头保 持能力 (N)	10	15	20	25	30
	30、50、51		30	35	40	45	50

(7) 钉芯断裂载荷—开口型						
钉体材料	铝 铝合金	铝合金	钢	钢	镍铜合金	不锈钢
钉芯材料	铝合金	钢 不锈钢	钢 不锈钢	钢	铜 不锈钢	钢 不锈钢
钉体直径 d(mm)	钉芯断裂载荷(N) max					
2.4	1100	2000	—	2000		
3.0	—	3000	3000	3200		4100
3.2	1800	3500	3000	4000	4500	4500
4.0	2700	5000	4500	5800	6500	6500
4.8	3700	6500	5000	7500	8500	8500
5.0	—	8500		8000		9000
6.0	—	9000		12500		
6.4	6300	11000	—	13000	14700	—

(8) 钉芯断裂载荷—封闭型			
钉体材料	铝 铝合金	铝合金	钢	不锈钢
钉芯材料	铝合金	钢 不锈钢	钢	钢 不锈钢
钉体直径 d(mm)	钉芯断裂载荷(N) max			
3.0	—	—	—	—
3.2	1780	3500	4000	4500
4.0	2670	5000	5700	6500
4.8	3560	7000	7500	8500
5.0	4200	8000	8500	—
6.0	—	—	—	—
6.4	8000	10230	10500	16000

第十章 紧固件表面缺陷

1. 螺栓、螺钉和螺柱表面缺陷的一般要求

(GB/T 5779.1—2000)

（1）适 用 范 围

本标准(GB/T 5779.1—2000)规定的极限适用于一般要求的螺栓、螺钉和螺柱(以下简称产品)的各类表面缺陷。

适用的产品：螺纹公称直径等于或大于5mm；产品等级A和B级；性能等级等于或小于10.9级；产品标准另有规定或供需双方特殊协议者例外。

特殊要求（如自动化装配）的产品表面缺陷的极限在GB/T 5779.3—2000螺栓、螺钉和螺柱表面缺陷的特殊要求中规定。当使用的工程技术条件需要更严格的控制产品的表面缺陷时，应在有关的产品标准中规定或由用户在询价和定单中规定可适用的极限。

即使该产品的表面缺陷达到下节"（2）表面缺陷的种类、产生原因、外观特征和极限"中规定的允许极限，该产品的机械性能和工作性能仍应符合GB/T 3098.1—2000螺栓、螺钉和螺柱机械性能中规定的最低要求。此外，还应符合相应产品标准中规定的尺寸要求。

（2）表面缺陷的种类、产生原因、外观特征和极限

表面缺陷的种类：①裂缝—淬火裂缝；②裂缝—锻造裂缝；③裂缝—锻造爆裂；④裂缝—剪切爆裂；⑤原材料的裂纹或条痕；⑥凹痕；⑦皱纹；⑧切痕；⑨损伤。

下列表中的图形仅系示例，也相应地适用于其他类型的产品。为明了起见，图中夸张地表示了某些表面缺陷。

(1) 裂缝——淬火裂缝
产生原因 　　裂缝是一种清晰(结晶体)的沿金属晶粒边界或横穿晶粒的断裂,并可能含有外来元素的夹杂物。裂缝通常是金属在锻造或其他成型工序或热处理的过程中,由于受过高的应力而造成的,也可能在原材料中即存在裂缝。当工件被再次加热时,通常由于氧化皮的剥落而使裂缝变色 　　在热处理过程中,由于过高的热应力和应变,都可能产生淬火裂缝。淬火裂缝通常是不规则相交、无规律方向的呈现在螺母表面
外观特征   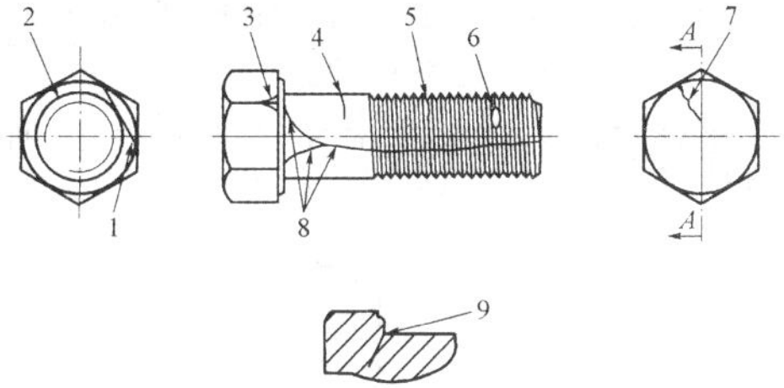

	(1) 裂缝——淬火裂缝
	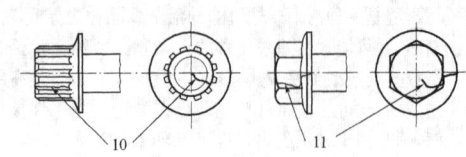
外观 特征	1—贯穿垫圈面且深度达到垫圈面厚度的淬火裂缝；2—环形的和邻近头下圆角处的淬火裂缝；3—头部棱角淬火裂缝；4—横向淬火裂缝；5—牙底淬火裂缝；6—淬火裂缝牙顶截面螺纹缺损；7—横穿头部顶面的淬火裂缝，通常使裂缝延伸到杆部或头部对边；8—纵向淬火裂缝；9—径向延伸到圆角内的淬火裂缝；10—槽根部的淬火裂缝；11—淬火裂缝
极限	任何深度、任何长度或任何部位的淬火裂缝都不允许存在

	(2) 裂缝——锻造裂缝
产生 原因	锻造裂缝可能在切料或锻造过程中产生，并位于螺栓和螺钉的头部顶面以及凹穴头部隆起部分
外观 特征	 头部顶面的 锻造裂缝
极限	锻造裂缝的长度 l：$l \leqslant 1d$； 锻造裂缝的深度或宽度 b：$b \leqslant 0.04d$；d—螺纹公称直径

10.4

	（3）裂缝——锻造爆裂
产生 原因	在锻造过程中可能产生锻造爆裂，例如在螺栓和螺钉六角头的对边平面或对角上，或在法兰面或圆头产品的圆周上，或在凹穴的隆起部分上出现
外观 特征	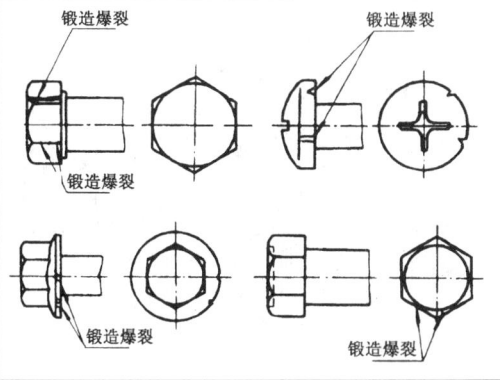
极限	六角头及六角法兰面螺栓和螺钉：①六角法兰面螺栓和螺钉的法兰面上的锻造爆裂，不应延伸到法兰部顶面的顶圆（倒角圆）或头下支承面内；②对角上的锻造爆裂，不应使对角宽度减小到低于相应产品标准对其规定的最小尺寸；③螺栓和螺钉的凹穴头部隆起部分上的锻造爆裂，其宽度不应超过0.06d或深度低于凹穴部分 　　圆头螺栓和螺钉及六角法兰面螺栓：螺栓和螺钉的法兰面和圆头圆周上锻造爆裂的宽度不应超过下列极限：$\leqslant 0.08d_c$（或d_k）（只有一个锻造爆裂时）；或 $\leqslant 0.04d_c$（或 d_k）（有两个或更多的锻造爆裂时，其中有一个允许到 $0.08d_c$ 或 d_k） 　　d—螺纹公称直径；d_c—头部或法兰直径；d_k—头部直径

	（4）裂缝——剪切爆裂
产生原因	在锻造过程中可能产生剪切爆裂，例如在圆头或法兰面的圆周上出现，通常和产品轴线约成45° 剪切爆裂也可能产生在六角头的对边平面上
外观特征	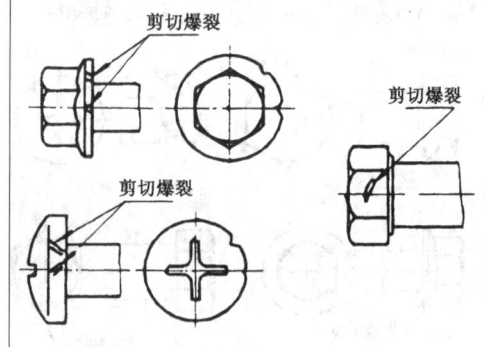
极限	六角头及六角法兰面螺栓和螺钉：①六角法兰面螺栓和螺钉的法兰面上的剪切爆裂，不应延伸到头部顶面的顶圆（倒角圆）或头下支承面内；对角上的剪切爆裂，不应使对角宽度减小到低于规定的最小尺寸。②螺栓和螺钉凹穴头部隆起部分的剪切爆裂，其宽度不应超过 0.06d 或深度低于凹穴部分 圆头螺栓和螺钉及六角法兰面螺栓：螺栓和螺钉的法兰面和圆头圆周上剪切爆裂的宽度不应超过下列极限： $\leqslant 0.08d_c$（或 d_k）（只有一个剪切爆裂时）； $\leqslant 0.04d_c$（或 d_k）（有两个或更多的剪切爆裂时，其中一个允许到 $0.08d_c$ 或 d_k） d—螺纹公称直径；d_c—头部或法兰直径；d_k—头部直径

<table>
<tr><td colspan="2">（5）原材料的裂纹或条痕</td></tr>
<tr><td>产生
原因</td><td>原材料的裂纹或条痕通常是沿螺纹、光杆或头部纵向延伸的一条细直线或光滑曲线
通常是由于制造紧固件的原材料中固有的缺陷而造成</td></tr>
<tr><td>外观
特征</td><td>

裂纹或条痕,通常是纵向延伸的直线或光滑曲线

裂纹或条痕,通常是纵向延伸的直线或光滑曲线

裂纹
</td></tr>
<tr><td>极限</td><td>裂纹或条痕的深度：≤0.03d
如果裂纹或条痕延伸到头部,则不应超出对爆裂规定的宽度和深度的允许极限(参见第10.5页"锻造爆裂"的允许极限)
d—螺纹公称直径</td></tr>
</table>

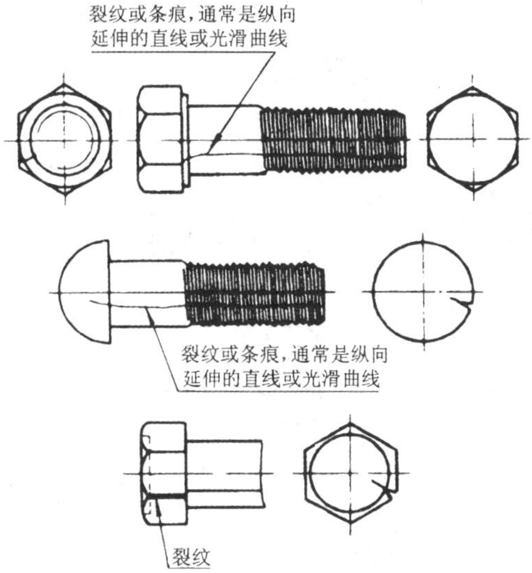

(6) 凹　痕	
产生 原因	凹痕是在锻造或镦锻过程中，由于金属未填满而呈现在螺栓和螺钉表面上的浅坑或凹陷 凹痕是由切削或剪切毛刺或原材料的锈层造成的痕迹或压印，并在锻造或镦锻工序中未能消除
外观 特征	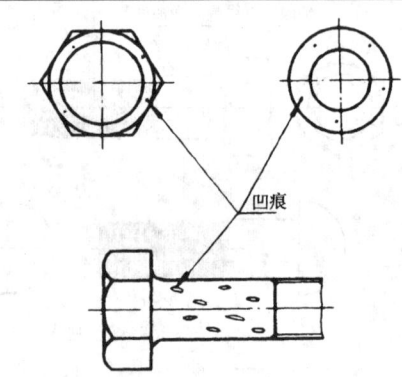
极限	凹痕的深度 h：$h \leqslant 0.02d$（最大值为 0.25mm） 凹痕的面积：支承面上凹痕面积之和不应超过支承面总面积的 10% d—螺纹公称直径
(7) 皱　纹	
产生 原因	皱纹是在锻造过程中，呈现在紧固件表面的金属的折叠 在镦锻的一次冲击过程中，由于体积不足和形状不一造成材料的位移而产生皱纹

10.8

（续）

	(7) 皱 纹
外观特征	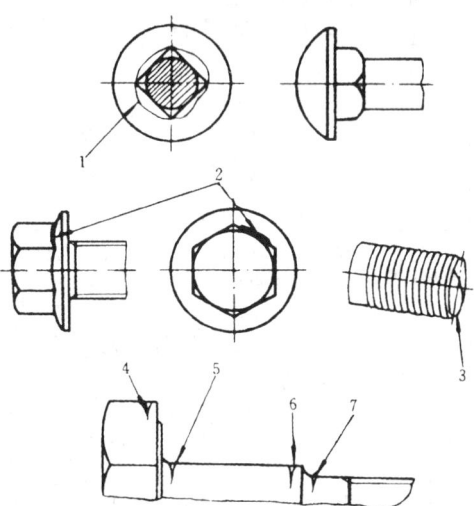 1—允许在非圆形轴肩紧固件上有典型的"三叶"形皱纹；2—允许在法兰与扳拧部分交接处的皱纹；3—允许在末端表面上的皱纹；4—允许在外拐角上的皱纹；5—不允许在内拐角上的皱纹；6—允许在外拐角上的皱纹；7—不允许在内拐角上的皱纹
极限	位于或低于支承面的内拐角上不允许有皱纹，但在上述图示或产品标准中特殊允许者例外 在外拐角上的皱纹允许存在

10.9

	(8) 切　痕
产生原因	切痕是纵向或圆周方向浅的沟槽 切痕因制造工具超越螺栓或螺钉表面的运动而产生
外观特征	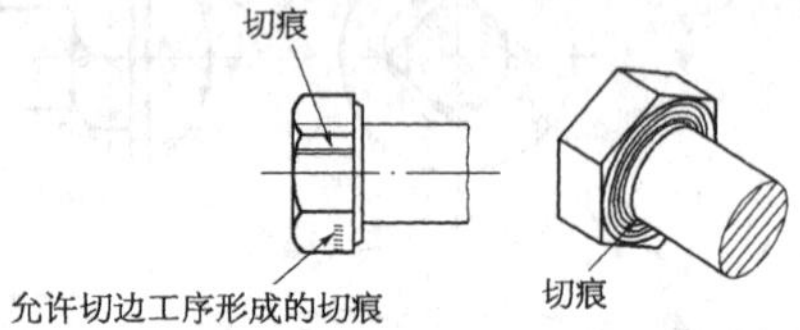 允许切边工序形成的切痕　　　切痕
极限	在光杆、圆角或支承面上，由于加工产生的切痕，其表面粗糙度不应超过 $R_a = 3.2 \mu m$

	(9) 损　伤
产生原因	损伤，如凹陷、擦伤、缺口和凿槽，因螺栓或螺钉在制造和运输过程中受外界影响而产生
外观特征	损伤是指螺栓或螺钉任何表面上的刻痕。没有准确的几何形状、位置或方向，也无法鉴别外部影响的因素
极限	上述损伤，除非能证实削弱功能或使用性，否则不应拒收 位于螺纹最初三扣的凹陷、擦伤、缺口和凿槽不得影响螺纹通规通过，其拧入时的力矩不应大于 $0.001d^3$ N·m d——螺纹公称直径

（3）检查与判定程序

产品的验收程序，见第 14.2 页 GB/T 90.1 紧固件验收检查中的规定。如果产品表面涂（镀）层影响对表面缺陷的识别，则应在检查前予以去除。

① 规则：制造者有权采用任何检查程序，但必须保证产品符合本标准（GB/T 5779.1—2000）的规定。需方可以采用本条规定的验收检

查程序,以确定一批产品接受或拒收。本程序也适用于有争议时的仲裁检查,除非供需双方在订单中注明协议的其他验收程序。

②非破坏性检查:根据表1《目测和非破坏性检查的样本大小》的规定,从验收批中随机抽取样本,并进行目测或其他非破坏性检查,如磁力技术或涡流电流,若发现有缺陷样品未超过允许的极限,则接受该批产品(也参见"④判定"条);若发现有缺陷样品数超过允许的极限,则这些不合格产品作为批量并按下面"③破坏性检查"程序继续进行检查。

表1　目测和非破坏性检查的样本大小①

批量②N	≤1200	1201~10000	10001~35000	35001~150000
样本大小 n	20	32	50	80

注:①样本大小依据 GB/T 15239 孤立批计数抽样检验程序及抽样表中规定的"检查水平 S—4"。
　　②批量是同一型式、规格和性能等级,在同一时间提交验收的产品数量。

③破坏性检查:按《②非破坏性检查》的程序,如查出不合格产品,则根据表2《破坏性检查的第二样本大小》的规定,将有最严重缺陷的产品组成第二样本,并在通过缺陷的最大深度处取一个垂直于缺陷的截面进行检查。

表2　破坏性检查的第二样本大小①

样本中有缺陷产品的数量 N	≤8	9~15	16~25	26~50	51~80
第二样本大小	2	3	5	8	13

注:①第二样本大小依据 GB/T 2828 孤立批计数抽样检验程序及抽样表中规定的"一般检查水平Ⅱ"。

④ 判定:在目测检查中,若发现有任何部位上的淬火裂缝或在内拐角上的皱纹或在非圆形轴肩紧固件上有低于支承面超出"三叶"形的皱纹,则拒收该批产品。在破坏性检查中,若发现有超出规定允许极限的锻造裂缝、爆裂、裂纹和条痕、凹痕、切痕或损伤,则拒收该批产品。

2. 螺母表面缺陷

(GB/T 5779.2—2000)

(1) 适 用 范 围

本标准(GB/T 5779.2—2000)规定的表面缺陷极限适用于螺母的各类表面缺陷。

适用的螺母:螺纹公称直径为5~39mm;产品等级为A和B级;性能等级符合GB/T 3098.2—2000粗牙螺纹螺母机械性能(参见第9.35页)、GB/T 3098.4—2000细牙螺纹螺母机械性能(参见第9.43页)和GB/T 3098.9—2002有效力矩型钢六角锁紧螺母机械性能(参见第9.53页)的规定;产品标准另有规定或供需双方有特议者例外。

即使螺母的表面缺陷达到下节"(2)表面缺陷的种类、产生原因、外观特征和极限"中规定的允许极限,但该螺母的机械性能和工作性能仍应符合GB/T 3098.2、GB/T 3098.4和GB/T 3098.9中规定的最低要求。此外,还应符合相应产品标准的尺寸要求。

(2) 表面缺陷的种类、产生原因、外观特征和极限

表面缺陷的种类:①裂缝—淬火裂缝;②裂缝—锻造裂缝和夹渣裂缝;③裂缝—全金属有效力矩型锁紧螺母的锁紧部分裂缝;④裂缝—螺母-垫圈组合件的垫圈座裂缝;⑤剪切爆裂;⑥爆裂;⑦裂纹;⑧皱纹;⑨凹痕;⑩切痕;⑪损伤。

下表中的图形仅系示例,也相应地适用于其他类型的螺母。为明了起见,图中夸张地表示了某些表面缺陷。

(1) 裂缝——淬火裂缝	
产生原因	裂缝的表现形式及其产生原因,与第 10.3 页"螺栓、螺钉和螺柱表面缺陷的一般要求"中的"(1)裂缝——淬火裂缝"相同
外观特征	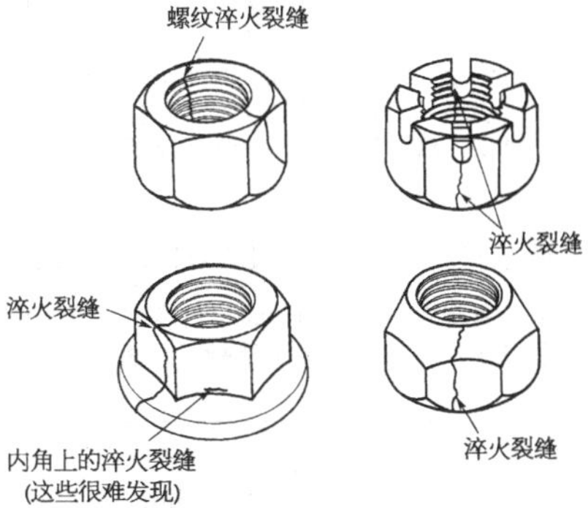
极限	任何深度、任何长度或任何部位的淬火裂缝都是不允许的
(2) 裂缝——锻造裂缝和夹渣裂缝	
产生原因	锻造裂缝可能在切料或锻造工序中产生,并位于螺母的顶面或底面上,或顶面(底面)与对边平面交接处。夹渣裂缝由原材料固有的非金属夹渣而造成
外观特征	

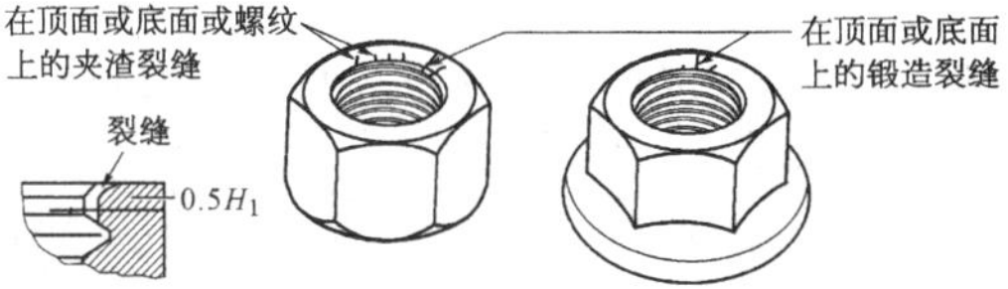

（续）

	（2）裂缝——锻造裂缝和夹渣裂缝
极限	位于螺母支承面或底面和顶面上的裂缝，应分别符合以下要求： ① 贯穿支承面的锻造裂缝不应多于两条，其深度也不得超过 $0.05D_1$ ② 延伸到螺孔内的裂缝不应超出第一扣完整螺纹 ③ 在第一扣完整螺纹上的裂缝深度不应超过 $0.5H_1$， D—螺纹公称直径；H_1—螺纹实际牙高；$H_1=0.541P$；P—螺距
	（3）裂缝——全金属有效力矩型锁紧螺母的锁紧部分裂缝
产生原因	全金属有效力矩型锁紧螺母的锁紧部分裂缝，可能在切料或锻造或收口（压扁）过程中产生，并呈现在外部或内部表面上
外观特征	
极限	由于锻造产生并位于锁紧部分的裂缝，应能符合螺母机械和工作性能要求，还应符合： ① 贯穿顶部圆周的裂缝不应多于两条，其深度也不得超过 $0.05D_1$ ② 延伸到螺孔内的裂缝不应超出第一扣完整螺纹 ③ 在第一扣完整螺纹上的裂缝深度不应超过 $0.5H_1$ 由于收口（压扁）产生并位于锁紧部分的裂缝应不允许 D—螺纹公称直径；H_1—螺纹实际牙高；$H_1=0.541P$；P—螺距

内表面裂缝

外表面裂缝

	（4）裂缝——螺母-垫圈组合件的垫圈座裂缝
产生原因	在装配垫圈的过程中，当压力施加到边缘或凸起部分时，可能产生垫圈座裂缝
外观特征	
极限	垫圈座裂缝应控制在翻铆以后的边缘或凸起部分以内，并且垫圈应能自由转动，且不脱落
	（5）剪切爆裂
产生原因	剪切爆裂是金属表面的开裂。在锻造过程中，可能产生剪切爆裂。如在螺母的外表面或在法兰面螺母的周边上出现。通常剪切爆裂和螺母轴心线约成 45°
外观特征	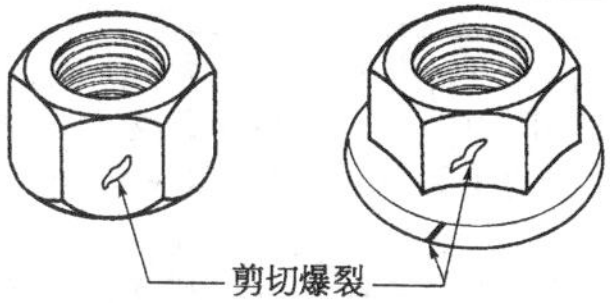
极限	螺母对边上的剪切爆裂，不应延伸到六角螺母的支承面，或法兰面螺母的顶部圆周。对角上的剪切爆裂，不应使对角宽度减小到低于规定的最小尺寸 位于螺母顶面或底面与对边平面交接处的剪切爆裂的宽度不得大于 $(0.25+0.02s)$mm 法兰面螺母的法兰圆周上的剪切爆裂，不应延伸到支承面直径 (d_w) 的最小尺寸内，其宽度也不得超过 $0.08d_c$ s—对边宽度；d_c—法兰直径

10.15

	（6） 爆　裂
产生原因	爆裂是金属表面的开裂。在锻造过程中，由于原材料的表面缺陷，可能产生爆裂，如在螺母的外表面或在法兰面螺母的周边上出现
外观特征	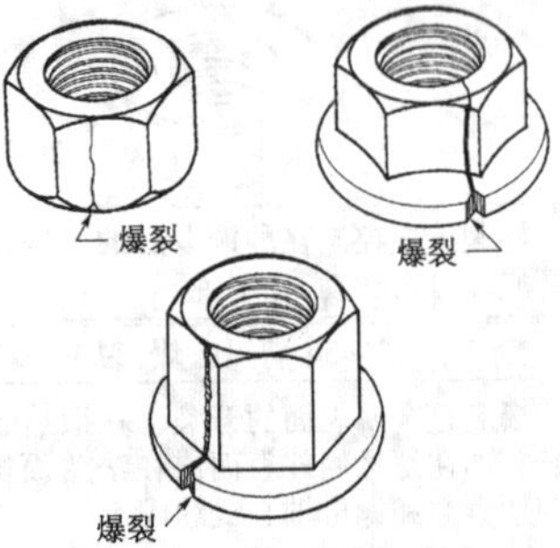
极限	如果由原材料引起的裂纹与爆裂相连接,那么裂纹可能延伸到顶部圆周(参见下条"(7)裂纹"),但爆裂不得延伸 对角上的爆裂,不应使对角宽度减小到低于规定的最小尺寸 位于螺母顶面或底面与对边平面交接处的爆裂宽度不得大于$(0.25+0.02s)$mm 法兰面螺母的法兰圆周上的爆裂,不应延伸到支承面直径(d_w)的最小尺寸内,其宽度也不得超过$0.08d_c$ s—对边宽度;d_c—法兰直径
	（7） 裂　纹
产生原因	裂纹是材料上的皱纹窄的开裂形成的纵向表面缺陷 裂纹通常是制造紧固件的原材料中固有的缺陷

10.16

	（7）裂　纹
外观特征	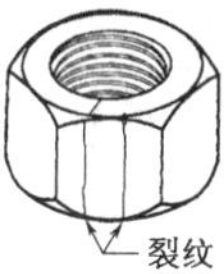 裂纹
极限	裂纹的深度对所有的螺纹规格均不得超过 0.05D D—螺纹公称直径
	（8）皱　纹
产生原因	皱纹是在锻造过程中，呈现在螺母表面的金属折叠 在锻造螺母的过程中，位于或接近直径（截面）变化的交接处，或螺母的顶面或底面，由于材料的位移可能产生皱纹
外观特征	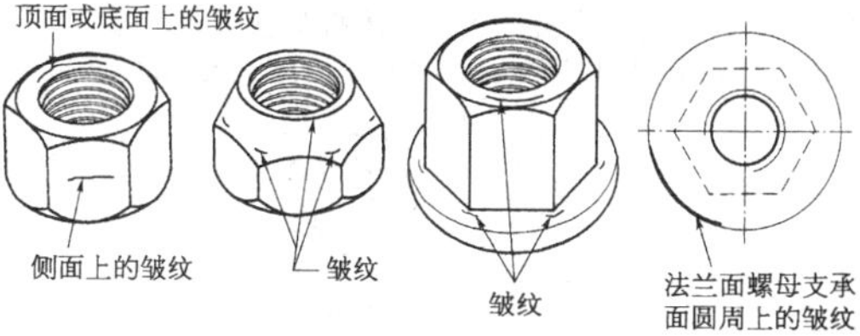 顶面或底面上的皱纹　侧面上的皱纹　皱纹　皱纹　法兰面螺母支承面圆周上的皱纹
极限	位于法兰面螺母的法兰圆周交接处的皱纹，不得延伸到支承面。其他皱纹允许存在
	（9）凹　痕
产生原因	凹痕是在锻造或镦锻过程中，由于金属未填满而呈现在螺母表面上的浅坑或凹陷 凹痕是由于切削或剪切毛刺或原材料的锈层造成的痕迹或压印，并在锻造或镦锻工序中未能消除

10.17

	(9) 凹　痕
外观特征	 凹痕
极限	凹痕的深度 h：$h \leqslant 0.02D$ 或最大为 0.25mm 凹痕的面积：支承面上的凹痕面积之和，不应超过： 支承面总面积的 5%（$D \leqslant 24$mm 螺母）； 支承面总面积的 10%（$D > 24$mm 螺母） D—螺纹公称直径

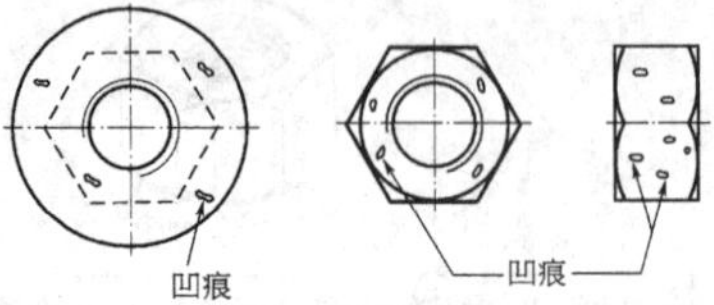

	(10) 切　痕
产生原因	切痕是纵向或圆周方向浅的沟槽 切痕因制造工具与工件之间的相对运动而产生
外观特征	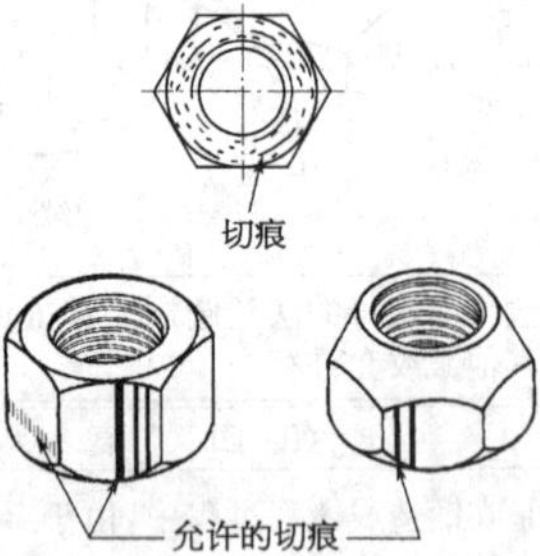 切痕 允许的切痕
极限	螺母支承面上的切痕，其表面粗糙度不应超过 $R_a = 3.2\mu m$。其他表面上的切痕允许存在

	(11) 损　伤
产生原因	损伤是指螺母任何表面上的刻痕,如凹陷、擦伤、缺口和凿伤,因螺母在制造和运输过程中受外界影响而产生
外观特征	没有准确的几何形状、位置或方向,也无法鉴别外部影响的因素
极限	上述损伤,除能证实削弱产品的性能和使用性,否则不应拒收。如有必要,按特殊协议,如包装协议,以避免运输中的损伤

(3) 检查与判定程序

使用以下程序,应贯彻 GB/T 90.1 紧固件验收检查的有关规定。

① 常规验收检查:应采用目测检查程序以确保产品符合本标准(GB/T 5779.2—2000)的规定。

② 非破坏性检查:按 GB/T 90.1 的规定,从验收批中抽取样本,并可放大 10 倍进行目测或其他非破坏性的检查,如用磁力技术或涡流电流。若发现有缺陷的样品未超过允许的极限,则接收该批产品。如用户要求进行 100%的全检,则应在订单中注明。

③ 破坏性检查:在去除表面涂(镀)层后,如发现有可能超过允许极限的表面缺陷,则应选取有严重表面缺陷的样品进行破坏性试验(按GB/T 3098.12—1996 螺母锥形保证载荷试验和 GB/T 3098.14—2000螺母扩试验的规定)。

④ 仲裁试验:由易切钢制造的螺母的仲裁检查,应按 GB/T 3098.14 的规定对螺母进行扩孔试验。根据供需双方协议,可根据GB/T 3098.14 的规定,进行附加试验。

⑤ 判定:如果在目测检查中,发现淬火裂缝或在锁紧部分有超差的裂缝,或超过极限尺寸的表面缺陷,则该批产品应予以拒收。

如有任何样品未能通过按上述"③破坏性检查"和"④仲裁试验"的

规定进行的破坏性试验，则该批产品应予以拒收。

3. 螺栓、螺钉和螺柱表面缺陷的特殊要求

(GB/T 5779.3—2000)

(1) 适 用 范 围

本标准(GB/T 5779.3—2000)规定的极限适用于特殊要求的螺栓、螺钉和螺柱(以下简称产品)的各类表面缺陷。

适用的产品：螺纹公称直径 $d \geqslant 5mm$；产品等级 A 和 B 级；公称长度 $l \leqslant 10d$ (或按特殊规定可更长)；性能等级 12.9 级；性能等级 8.8、9.8 和 10.9 级，但应在产品标准或供需双方协议中规定。

即使表面缺陷达到下节"(2)表面缺陷的种类、产生原因、外观特征和极限"中规定的允许极限，该产品的机械性能和工作性能仍应符合GB/T 3098.1—2000《螺栓、螺钉和螺柱机械性能》中规定的最低要求。此外，还应符合相应产品标准的尺寸要求。

当要求疲劳强度时，其疲劳强度不应低于同批产品中无缺陷的产品所能达到的水平。

(2) 表面缺陷的种类、产生原因、外观特征和极限

表面缺陷的种类：①裂缝—淬火裂缝；②裂缝—锻造裂缝；③裂缝—锻造爆裂；④裂缝—剪切爆裂；⑤裂缝—凹槽头螺钉的锻造裂缝；⑥原材料的裂纹和条痕；⑦凹痕；⑧皱纹；⑨切痕；⑩螺纹上的折叠；⑪损伤；⑫允许的表面缺陷。

下表中的图形仅系列例，也相应地适用于其他类型的螺栓、螺钉和螺柱。为明了起见，图中夸张地表示了某些表面缺陷。

	(1) 裂缝——淬火裂缝

其产生原因、外观特征和极限，与第10.3页"1. 螺栓、螺钉和螺柱表面缺陷的一般要求"中的"(1)裂缝——淬火裂缝"相同

	(2) 裂缝——锻造裂缝

其产生原因、外观特征和极限，与第10.4页"1. 螺栓、螺钉和螺柱表面缺陷的一般要求"中的"(2)裂缝——锻造裂缝"相同

注：本条表面缺陷不适用于凹槽头螺钉(参见下面"(5)裂缝——凹槽头螺钉的锻造裂缝")

	(3) 裂缝——锻造爆裂

其产生原因、外观特征和极限，与第10.5页"1. 螺栓、螺钉和螺柱表面缺陷的一般要求"中的"(3)裂缝——锻造爆裂"相同

注：本条表面缺陷另规定了"锻造爆裂的深度或宽度"：$\leqslant 0.04d$ (d—螺纹公称直径)

	(4) 裂缝——剪切爆裂

其产生原因、外观特征和极限，与第10.6页"1. 螺栓、螺钉和螺柱表面缺陷的一般要求"中的"(4)裂缝——剪切爆裂"相同

注：本条表面缺陷另规定了"六角头及六角法兰面螺栓和螺钉的位于扳拧头部剪切爆裂的极限"：

宽度 $\leqslant 0.25\text{mm} + 0.02s$ (s—对边宽度)；

深度 $\leqslant 0.04d$ (d—螺纹公称直径)

	(5) 裂缝——凹槽头螺钉的锻造裂缝
产生原因	在锻造和加工凹槽的过程中，由于剪切和挤压应力的作用，可能在圆周、顶面和凹槽(如内六角)等内、外表面上产生裂缝

	（5）裂缝——凹槽头螺钉的锻造裂缝
外观 特征	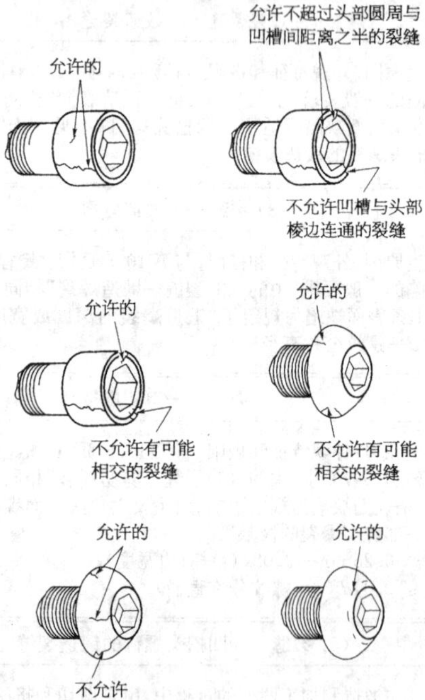 允许不超过头部圆周与 凹槽间距离之半的裂缝 允许的 不允许凹槽与头部 棱边连通的裂缝 允许的 不允许有可能 相交的裂缝 允许的 不允许有可能 相交的裂缝 允许的 允许的 不允许

	(5) 裂缝——凹槽头螺钉的锻造裂缝
外观特征	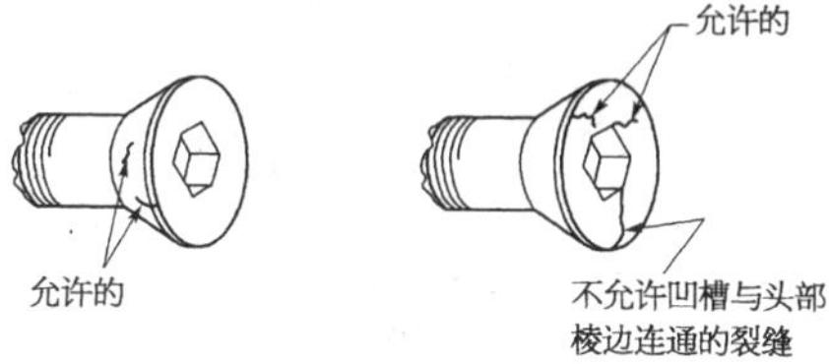 允许的 允许的 不允许凹槽与头部棱边连通的裂缝 允许的 不允许有可能相交的裂缝 h_2 h_1 允许在扳手配合部分以外的(凹槽底部)裂缝 允许的深度： $h_1 \leqslant 0.03d_k$（最大值为 0.13mm） $h_2 \leqslant 0.06d_k$（最大值为 1.6mm）

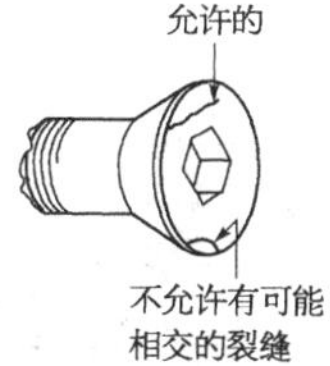

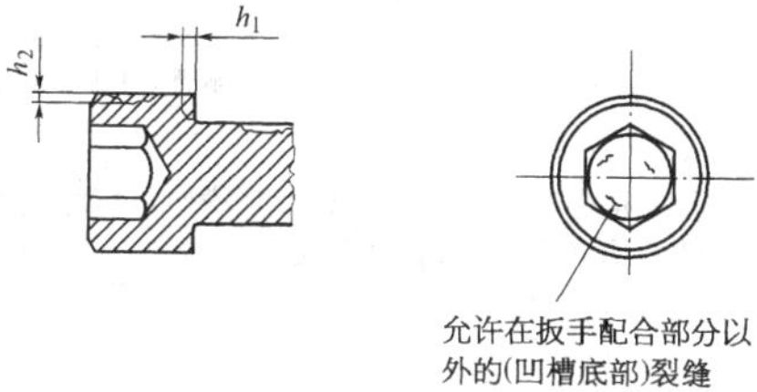

10.23

	(5)裂缝——凹槽头螺钉的锻造裂缝
外观 特征	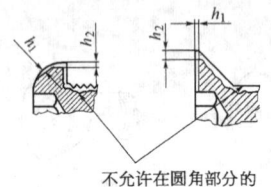  不允许在圆角部分的 横向裂缝 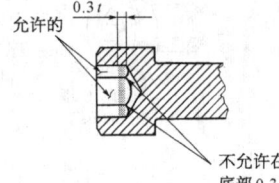 允许的 不允许在凹槽底部或 底部0.3*t*以内的裂缝
极限	从凹槽内延伸到外表面以及在横向可能相交的裂缝是不允许的。槽底0.3*t*范围内不允许有裂缝。允许位于凹槽其他部位的裂缝:长度不超过0.25*t*;深度不超过0.03d_k(最大值为0.13mm) 　　在头杆结合处和头部顶面上,允许有一个深度不超过0.03d_k(最大值为0.13mm)的纵向裂缝。在圆周上允许有深度不超过0.06d_k(最大值为1.6mm)的纵向裂缝 　　d_k—头部直径;*t*—凹槽深度;h_1、h_2—允许的裂缝深度

（6）原材料的裂纹和条痕
其产生原因、外观特征和极限，与第 10.7 页"1. 螺栓、螺钉和螺柱表面缺陷的一般要求"中的"(5)原材料的裂纹和条痕"相同。但本条表面缺陷对"裂纹或条痕的深度"要求改按下列规定： 　　裂纹或条痕的深度 ≤ 0.015d + 0.1mm（最大值为 0.4mm） 　　d—螺纹公称直径
（7）凹　痕
其产生原因、外观特征和极限，与第 10.8 页"1. 螺栓、螺钉和螺柱表面缺陷的一般要求"中的"(6)凹痕"相同。但本条表面缺陷对"凹痕的面积"要求改按下列规定： 　　凹痕的面积：支承面上的凹痕面积之和，不应超过支承面总面积的 5%
（8）皱　纹
其产生原因、外观特征和极限，与第 10.8 页"1. 螺栓、螺钉和螺柱表面缺陷的一般要求"中的"(7)皱纹"相同
（9）切　痕
其产生原因、外观特征和极限，与第 10.10 页"1. 螺栓、螺钉和螺柱表面缺陷的一般要求"中的"(8)切痕"相同

（10）螺纹上的折叠	
产生原因	折叠是螺纹表面的金属皱纹，通常在各个产品中以相同式样出现。也即在同一批产品上，折叠是在相同位置和同样的移动方向上出现 　　在辗制螺纹的冷成型过程中，产生螺纹上的折叠或皱纹

10.25

(10) 螺纹上的折叠	
外观特征	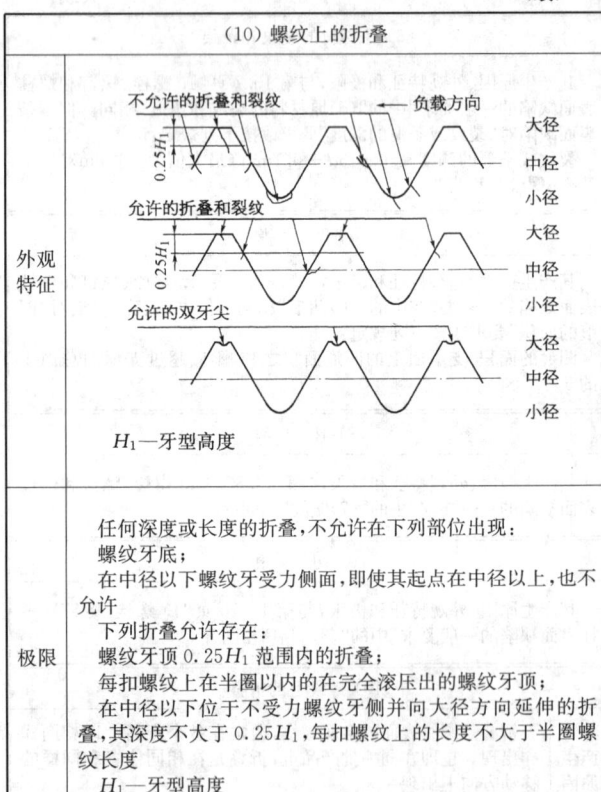 H_1—牙型高度
极限	任何深度或长度的折叠,不允许在下列部位出现: 螺纹牙底; 在中径以下螺纹牙受力侧面,即使其起点在中径以上,也不允许 下列折叠允许存在: 螺纹牙顶 $0.25H_1$ 范围内的折叠; 每扣螺纹上在半圈以内的在完全滚压出的螺纹牙顶; 在中径以下位于不受力螺纹牙侧并向大径方向延伸的折叠,其深度不大于 $0.25H_1$,每扣螺纹上的长度不大于半圈螺纹长度 H_1—牙型高度

（11）损　伤

其产生原因、外观特征和极限，与第 10.10 页"1. 螺栓、螺钉和螺柱表面缺陷的一般要求"中的"（9）损伤"相同。另外，在本条表面缺陷的"极限"项中增加一条要求，即"如有必要，按特殊协议，如包装要求，以避免运输中的损伤"

（12）允许的表面缺陷（mm）

缺陷	锻造裂缝		锻造爆裂		剪切爆裂		内六角螺钉的裂缝			
			圆头和法兰头				凹槽		头部	
螺纹公称直径 d	长度 max	宽度和深度 max	宽度 max	深度 max	宽度 max	深度 max	长度 max	深度 max	表面深度 max	棱边（倒圆）深度 max
5	5	0.2	0.08×头部或法兰直径或0.04×头部或法兰直径	0.2	0.25 mm+0.02s（对边宽度），0.08×头部或法兰直径或0.04×头部或法兰直径	0.2	0.25×凹槽深度	0.13	0.03×头部直径，最大0.13 mm	0.06×头部直径，最大1.6 mm
6	6	0.24		0.24		0.24		0.13		
7	7	0.28		0.28		0.28		0.13		
8	8	0.32		0.32		0.32		0.13		
10	10	0.4		0.4		0.4		0.13		
12	12	0.48		0.48		0.48		0.13		
14	14	0.56		0.56		0.56		0.13		
16	16	0.64		0.64		0.64		0.13		
18	18	0.72		0.72		0.72		0.13		
20	20	0.8		0.8		0.8		0.13		
22	22	0.88		0.88		0.88		0.13		
24	24	0.96		0.96		0.96		0.13		
27	27	1.1		1.1		1.1		0.13		

（12）允许的表面缺陷(mm)

缺陷	锻造裂缝		锻造爆裂		剪切爆裂		内六角螺钉的裂缝			
			圆头和法兰头				凹槽		头部	
螺纹公称直径 d	长度 max	宽度和深度 max	宽度 max	深度 max	宽度 max	深度 max	长度 max	深度 max	表面深度 max	棱边(倒圆)深度 max
30	30	1.2		1.2		1.2		0.13		
33	33	1.3		1.3		1.3		0.13		
36	36	1.4		1.4		1.4		0.13		
39	39	1.6		1.6		1.6		0.13		

（13）允许的螺纹上的折叠表面缺陷(mm)

缺陷	条痕	凹痕	螺纹上的折叠	损伤	缺陷	条痕	凹痕	螺纹上的折叠	损伤
螺纹公称直径 d	原材料深度 max	深度 max	深度 max	扭矩值(N·m) max	螺纹公称直径 d	原材料深度 max	深度 max	深度 max	扭矩值(N·m) max
5	0.17	0.1	0.11	0.125	20	0.4	0.25	0.34	8
6	0.19	0.12	0.14	0.22	22	0.4	0.25	0.34	10.6
7	0.21	0.14	0.14	0.33	24	0.4	0.25	0.41	13.8
8	0.22	0.15	0.17	0.51	27	0.4	0.25	0.41	19.7

（13）允许的螺纹上的折叠表面缺陷(mm)									
缺陷	条痕	凹痕	螺纹上的折叠	损伤	缺陷	条痕	凹痕	螺纹上的折叠	损伤
螺纹公称直径 d	原材料深度 max	深度 max	深度 max	扭矩值 (N·m) max	螺纹公称直径 d	原材料深度 max	深度 max	深度 max	扭矩值 (N·m) max
10	0.25	0.2	0.2	1	30	0.4	0.25	0.47	27
12	0.28	0.24	0.24	1.73	33	0.4	0.25	0.47	35.9
14	0.31	0.25	0.27	2.7	36	0.4	0.25	0.54	45.6
16	0.34	0.25	0.27	4.1	39	0.4	0.25	0.54	59.3
18	0.37	0.25	0.34	5.8					

（3）检查与判定程序

产品表面缺陷的特殊要求的检查与判定程序，与第 10.10 页"1. 螺栓、螺钉和螺柱表面缺陷的一般要求"中的"（3）检查与判定程序"相同。仅须将其中"必须保证产品符合本标准(GB/T 5779.1—2000)的规定"一句话，改为"必须保证产品符合本标准(GB/T 5779.3—2000)的规定"。

第十一章　紧固件试验方法

1. 碳钢与合金钢螺栓、螺钉和螺柱机械性能试验方法

(GB/T 3098.1—2000)

(1) 机械加工试件的拉力试验

将被试产品(螺栓、螺钉和螺柱)的杆部经机械加工形成 GB/T 228 规定的标准试样(见图 1),按 GB/T 228 规定的程序进行拉力试验,用于检验产品的以下性能:

① 抗拉强度 σ_b;

② 屈服点 σ_s 或规定非比例伸长应力 $\sigma_{p0.2}$;

③ 断后伸长率 δ_s,$\delta_s = \dfrac{L_u - L_0}{L_0} \times 100\%$;

④ 断面收缩率 ψ,$\psi = \dfrac{S_0 - S_u}{S_0} \times 100\%$。

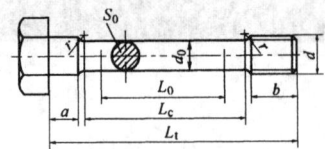

图 1 拉力试验的机械加工试件

d—螺纹公称直径;b—螺纹长度($b \geqslant d$);

d_0—试件直径($d_0 <$ 螺纹小径);

L_0—$5d_0$(或 $5.65\sqrt{S_0}$),初始测量长度,用于确定断面伸长率;

$L_0 \geqslant 3d_0$,用于确定断面收缩率;

L_c—直线部分的长度($L_0 + d_0$);

L_t—试件的总长度($L_t = L_c + 2r + a + b$);

L_u—最终测量长度;

r—圆角半径($r \geqslant 4mm$);

a—头下未经加工的杆部长度($a \geqslant 0$);

S_0—拉力试验前的横截面积;

S_u—断裂后的横截面积。

如果由于螺栓长度较短而不能确定断后伸长率时,则断面收缩率应按 $L_0 \geqslant 3d_0$ 进行测量。

对 $d > 16mm$,并经热处理的产品,当加工成试件时,其杆部直径的减小量不应超过试件原直径的 25%(截面积约为 44%)。

对 4.8、5.8 和 6.8 级(冷成型)的产品,应进行实物拉力试验(参见下节"(2)产品实物的拉力试验")。

(2) 产品实物的拉力试验

对产品实物拉力试验,用以测定其实物的抗拉强度。其试验方法与上节叙述的"机加工试件的拉力试验方法"相同。对产品进行拉力试验时,产品上承受拉力载荷又未旋合的螺纹长度,应大于等于一倍螺纹公称直径($1d$);对螺柱的拧入机体端应拧紧在专用夹具中。当试验拉力达到 GB/T 3098.1—2000 中规定的最小拉力载荷($A_s \times \sigma_b$,参见第 9.8 页)时,试验的产品不得断裂;超过最小拉力载荷断裂时,断裂位置应发生在产品的杆部或未旋合的螺纹长度内,而不应发生在头部与杆部的交接处。该产品的抗拉强度(σ_b)是根据产品试验断裂时的试验拉力除以该产品的螺纹应力截面积(A_s)计算求得。

(3) 螺栓和螺钉实物的楔负载试验

螺栓和螺钉实物的楔负载试验(不适用于沉头螺钉)实质上也是一种实物拉力试验,所不同的是试验时在螺栓或螺钉的头下增加一片楔形垫圈(楔垫,见图2),试件承受复合应力,产生弯曲,受力状况恶化。试验应持续到试件断裂。断裂应在杆部或未旋合的螺纹长度内,而不应发生在头部或杆部交接处。在进行楔负载的过程中,试件断裂前,能应达到相应产品性能等级规定的最小拉力载荷($A_s \times \sigma_b$,参见第 9.8 页)。全螺纹的螺栓和螺钉,如断裂自未旋合的螺纹部分起始,即使在拉断前已延伸或扩展到头下圆角或头部,仍应视为试件符合本试验的要求。楔垫的尺寸见下表。

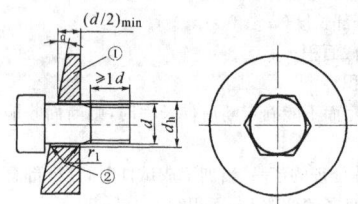

d—螺纹公称直径；

d_h—楔垫孔径；

r_1—楔垫孔圆角半径；

α—楔垫斜角。

① 硬度≥45HRC。

② 圆角或 45°倒角。

图 2　螺栓、螺钉实物楔负载实验

楔垫孔径和圆角尺寸(mm)										
螺纹公称直径 d	3	3.5	4	5	6	7	8	10	12	14
楔垫孔径 d_h 楔垫孔圆角 r_1	3.4 0.7	3.9 0.7	4.5 0.7	5.5 0.7	6.6 0.7	7.6 0.8	9 0.8	11 0.8	13.5 0.8	15.5 1.3
螺纹公称直径 d	16	18	20	22	24	27	30	33	36	39	
楔垫孔径 d_h 楔垫孔圆角 r_1	17.5 1.3	20 1.3	22 1.3	24 1.6	26 1.6	30 1.6	33 1.6	36 1.6	39 1.6	42 1.6	

楔垫斜角				
螺纹直径 d (mm)	楔垫斜角 $\alpha(\pm0°30')$			
	无螺纹杆部长度 $l_s \geqslant 2d$		全螺纹或无螺纹杆部长度 $l_s < 2d$	
	性能等级			
	3.6、4.6、4.8、5.6、 5.8、8.8、9.8、10.9	6.8、 12.9	3.6、4.6、4.8、5.6、 5.8、8.8、9.8、10.9	6.8、 12.9
$d \leqslant 20$	10°	6°	6°	4°
$20 < d \leqslant 39$	6°	4°	4°	4°

注：1. C级产品，其楔垫孔圆角半径 r_1 按下列公式计算：

$$r_1 = r_{max} + 0.2, \quad r_{max} = \frac{d_{amax} - d_{smin}}{2}$$

式中：r_1—头下圆角半径；r_{1max}—r_1 的最大值；

11.4

d_a—过渡圆直径；d_s—无螺纹杆径。

2. 楔垫孔径(d_h)按 GB/T 5277 对中等装配系列的规定(参见第 6.24 页)。对方颈螺栓，该孔应能与方颈相配。

3. 头部支承面直径超过 $1.7d$、未通过楔负载试验要求的产品，可将产品头部加工到 $1.7d$，并按表中规定的楔垫尺寸再次进行试验。

4. 对头部支承面直径超过 $1.9d$ 的产品，可将楔垫斜角 10° 减小为 6°。

（4）产品实物的保证载荷试验

对产品实物进行的保证载荷试验是由两个程序组成:施加一个按 GB/T 3098.1—2000(参见第 9.9 页)规定的保证载荷(见图 3);测量产品实物由保证载荷引起的永久伸长量。

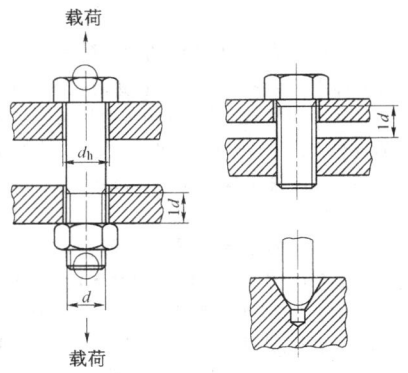

图 3 对产品实物施加的保证载荷

d_h 尺寸按 GB/T 5277(参见第 6.24 页)对中等装配系列的规定

在拉力试验机上对(产品实物)试件施加轴向载荷(其数值等于上

述规定的保证载荷),并保持15s。试件上承受载荷未旋合的螺纹长度应为一倍螺纹直径(1d)。对螺柱进行试验时,应将拧入机体端(或等长双头螺柱的任一端)拧紧在专用夹具中。然后测量试件由于施加保证载荷引起的永久变形量。施加载荷后的永久变形量不应大于12.5μm。永久伸长量在带球面顶头的专用检具上测量。因此在测量前应在试件每端打一 60°中心孔,以保证测量时顶头与中心孔为"球面—锥面接触"(见图3)。为避免试件承受横向载荷,试验机的夹头应能自动定心。试验时,夹头的移动速度不应超过3mm/min。受某些不确定因素,如直线度和螺纹对中性的影响,第一次对试件施加保证载荷时,可能导致试件产生明显的伸长。在这种情况下,可使用比规定的保证载荷值增大3%的载荷进行第二次保证载荷试验。如果施加这种载荷试验后与加载前的试件相同(误差在±12.5μm以内),仍可认为符合要求。

(5) 机械加工试件的冲击试验

仅对螺纹公称直径 $d \geqslant 16mm$ 的产品进行机械加工试件的冲击试验。冲击试验的方法按 GB/T 229 的规定进行。试件沿产品的螺杆纵向并靠近表面并按 GB/T 229 规定的缺口深度为 5mm 的标准夏比 U 形缺口冲击试样截取。试件无刻槽的一边应靠近螺杆表面。

(6) 头部坚固性试验

对螺纹公称直径 $d \leqslant 10mm$、且长度太短不能进行楔负载试验的螺栓和螺钉的实物可进行头部坚固性试验。试验按图4和下表的规定。用锤打击数次使螺栓或螺钉的头部弯曲 90°-β,在头部、支承面与杆部过渡圆处,放大 8~10 倍,用目测检查,不得发现任何裂缝。全螺纹的螺栓和螺钉,即使在第一扣螺纹上出现裂缝,只要头部未完全断掉,仍应视为符合本试验要求。图 4 中 d_h 和 $r_2(r_2 = r_1)$,按第 11.4 页"楔垫尺寸"表中的规定。试验板厚度应 > 2d_0。

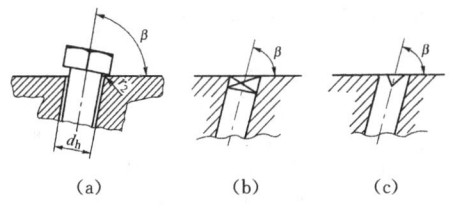

(a)   (b)   (c)

图 4　头部坚固性试验

图 b、c 适用于方颈及带榫螺栓的试验模

性能等级	3.6	4.6	5.6	4.8	5.8	6.8	8.8	9.8	10.9	12.9
β数值	60°			80°						

（7）硬　度　试　验

常规检查在去除试件的镀层或其他涂层并经适当处理后进行。螺栓、螺钉和螺柱的硬度应在头部、末端和杆部进行测定。

对所有性能等级，如果超出最高硬度，则应在距末端一个螺纹直径的截面上、1/2 半径处再次进行试验，其硬度值不得超过最高硬度。可以采用维氏硬度（HV）、布氏硬度（HB）或洛氏硬度（HR）进行试验。验收如有争议，应以维氏硬度为仲裁试验。

表面硬度应在末端或六角平面上测定。为保证测定的准确性，以及保持材料表面的原始性能，被测部位应经过研磨或抛光。表面硬度应以 HV0.3 维氏硬度试验为仲裁试验。HV0.3 的表面硬度值应与同样试件的芯部硬度值进行比较，以确定其实际的对照值。允许表面硬度高于芯部硬度，其差值最大为 30 个维氏硬度值；否则，表示已渗碳。

为判断产品表面渗碳情况，应以 8.8～12.9 级产品的芯部硬度与表面硬度的差值为依据。

硬度与理论的抗拉强度可能没有直接的换算关系。最大硬度值的确定，除考虑理论的最大抗拉强度外，还需考虑其他因素（如脆断）。

应当注意区分,硬度的增加,是由于渗碳、还是热处理或表面冷作硬化而引起的。

（8）脱 碳 试 验

脱碳试验——表面金势评定,是用于测定基体金属区的高度(E)和全脱层的深度(G)(见图 5)。试验在螺纹的纵向截面上进行。测量方法可以用金相法或硬度法。G 的最大值和 E 的最小值均应符合 GB/T 3098.1—2000 螺栓、螺钉和螺柱的机械性能中的规定(参见第 9.6 页)。

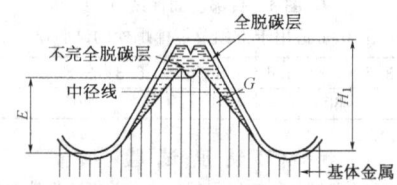

图 5　脱碳层分布图

H_1——最大实体条件下外螺纹的牙型高度

金相法是一种直接测量方法,可以同时测定 E 和 G 值。

从距螺栓、螺钉或螺柱末端约半个螺纹直径($1/2d$)的部位,沿螺纹中心线截取一纵向截面的试件。试件应安装在夹具上或嵌入塑料中,以便进行研磨和抛光,直到可以进行金相检查为止。

试件用 3% 的硝酸乙醇腐蚀液浸蚀,以便显示由于脱碳而造成的金相结构的变化。除非与用户另有协议,否则应放大 100 倍进行检查。如果显微镜带有毛玻璃屏,则可借助刻度直接脱碳的程度。如用目镜测量,则应使用带十字准线或刻度的。

硬度法(不完全脱碳的仲裁方法)是利用脱碳或渗碳组织与基体组织硬度的不同,通过测量试件上特定点的硬度来判定脱碳程度。本方法仅适用于螺距 $P \geqslant 1.25\mathrm{mm}$ 的螺纹。

硬度法的测量方法如图 6 所示,测定 1、2 和 3 点的硬度。E 值见下表。采用载荷应为300g。第3点的硬度在螺纹中径线上测定,并且在测定第1点和第2点硬度相邻的牙上。第2点的维氏硬度值应等于或大于第1点硬度值减去30个维氏硬度单位。未脱碳层的最低高度 E 按下表规定。第3点的维氏硬度值等于或小于第1点的硬度值加上30个维氏硬度单位。如高于30个维氏硬度单位表示已渗碳。

全脱碳层达到 GB/T 3098.1—2000 螺栓、螺钉和螺柱的机械性能中规定的最大值(参见第9.9页),则不能采用硬度法。

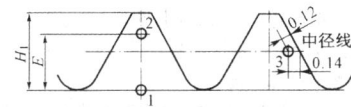

图6 脱碳层试验的硬度测量法

$$HV_2 \geqslant HV_1 - 30; \quad HV_3 \leqslant HV_1 + 30$$

H_1 和 E 的数值

螺距 P(mm)		0.5	0.6	0.7	0.8	1	1.25	1.5
牙型高度 H_1(mm)		0.307	0.368	0.429	0.491	0.613	0.767	0.920
E min	性能等级	8.8、9.8	0.154	0.184	0.215	0.245	0.307	0.384	0.460
		10.9	0.205	0.245	0.286	0.327	0.409	0.511	0.613
		12.9	0.230	0.276	0.322	0.368	0.460	0.575	0.690

螺距 P(mm)		1.75	2	2.5	3	3.5	4	
牙型高度 H_1(mm)		1.074	1.227	1.534	1.840	2.147	2.454	
E min	性能等级	8.8、9.8	0.537	0.614	0.767	0.920	1.074	1.227	
		10.9	0.716	0.818	1.023	1.227	1.431	1.636	
		12.9	0.806	0.920	1.151	1.380	1.610	1.841	

注: 1. $P \leqslant 1$mm,仅用金相法。
　　2. 螺纹未脱碳层的最小高度 E 数值是根据第9.6页"(4)螺栓、螺钉和螺柱的机械性能和物理性能"表中的规定计算而得。

(9) 再 回 火 试 验

测定同一产品试件上再回火试验前、后三点硬度,其平均值之差不应大于 20 个维氏硬度单位。再回火温度应比第 9.3 页"(3)材料"表中规定的最低回火温度低 10℃,并保温 30min。

(10) 扭 矩 试 验

螺栓与螺钉的扭矩试验须按 GB/T 3098.13—1996 的规定进行。该标准适用于螺纹公称直径小于 3mm,在 GB/T 3098.1 中未规定最小拉力载荷与保证载荷的螺栓与螺钉(参见第 9.8 页);以及螺纹公称直径 3~10mm,但长度太短而不能实施拉力试验的螺栓与螺钉,适用的产品性能等级为 8.8~12.9 级。

试验原理:将试验螺栓或螺钉夹紧在扭力试验装置中(见图 7),施加扭矩,直至产品断裂,测定其破坏扭矩,其数值不应小于下表中规定的最小破坏扭矩。

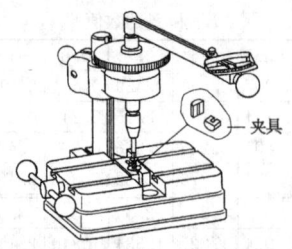

夹具

图 7 扭力试验装置示意图

试验时,螺栓或螺钉试件只承受扭力。在达到最小破坏扭矩之前,试件不得断裂。试验时,螺栓或螺钉试件的头部和螺纹部分不应有摩擦而影响试验结果。

将螺栓或螺钉试件插入试验夹具内,至少有 2 扣完全螺纹,同时夹具和螺栓或螺钉试件头部之间至少留出一个螺纹直径的长度(1d),然后夹紧,连续、平稳地施加扭矩。

螺栓与螺钉的最小破坏扭矩

螺纹直径 d	螺距 P	最小破坏扭矩 (N·m)				螺纹直径 d	螺距 P	最小破坏扭矩 (N·m)			
		性能等级						性能等级			
(mm)		8.8	9.8	10.9	12.9	(mm)		8.8	9.8	10.9	12.9
M1	0.25	0.033	0.036	0.040	0.045	M5	0.8	7.6	8.3	9.3	10
M1.2	0.25	0.075	0.082	0.092	0.10	M6	1	13	14	16	17
M1.4	0.3	0.12	0.13	0.14	0.16	M7	1	23	25	28	31
M1.6	0.35	0.16	0.18	0.20	0.22	M8	1.25	33	36	40	44
M2	0.4	0.37	0.40	0.45	0.50	M8	1	38	42	46	52
M2.5	0.45	0.82	0.90	1.0	1.1	M10	1.5	66	72	81	90
M3	0.5	1.5	1.7	1.9	2.1	M10	1.25	75	82	91	102
M3.5	0.6	2.4	2.7	3.0	3.3	M10	1	84	92	102	114
M4	0.7	3.6	3.9	4.4	4.9						

注：最小破坏扭矩值适用于 6g、6f 和 6e 级螺纹产品。

2. 不锈钢螺栓、螺钉和螺柱机械性能试验方法

(GB/T 3098.6—2000)

（1）总　　则

所有长度测量的误差应不大于±0.05mm。

所有拉力试验，应使用夹头能自动定心的试验机，以免试件承受任何横向载荷，见图 1。按下面第（2）条~第（4）条规定进行试验用的下夹头应为淬硬的螺纹夹头，其硬度不应低于45HRC，内螺纹的公差应为 5H6G。

（2）抗拉强度

根据 GB/T 228 金属拉伸试验方法和GB/T 3098.1 碳钢与合金钢螺栓、螺钉和螺柱机械性能的规定（参见第 9.2 页），抗拉强度 σ_b 应在

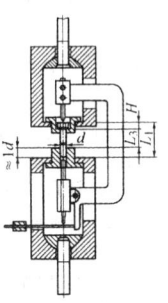

图 1　带自动定心的螺栓伸长计

长度 $l \geqslant 2.5d$（$d \geqslant$ M5，d—螺纹公称直径）的紧固件上进行测量(对于螺栓，应在长度 $l \geqslant 3.5d$ 的螺柱上进行测量)。

承受拉力载荷又未旋合的螺纹长度应大于或等于 $1d$。

断裂应在螺栓或螺钉头部支承面和下夹头的端面之间发生。

测得的 σ_b 值应符合 GB/T 3098.6 中的规定(参见第 9.21 页)。

(3) 规定非比例伸长应力

规定非比例伸长应力 $\sigma_{p0.2}$ 仅在螺栓和螺钉实物上进行试验。本试验仅适用于长度等于或大于 $2.5d$（$d \geqslant$ M5）的紧固件。

当试件承受轴向拉力载荷时，测量螺栓或螺钉的断后伸长量。试验时，先将试件拧入淬硬的螺纹夹头内，其拧入深度为 $1d$。

力-伸长曲线应按图 2 所示绘出。

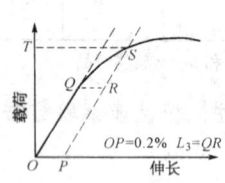

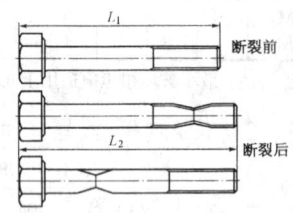

图 2　测定 $\sigma_{p0.2}$ 的力-伸长曲线图　　图 3　断后伸长量 δ 的测量

计算 $\sigma_{p0.2}$ 的夹紧长度，取自头部支承面与螺纹夹头端面之间的距离 L_3(见图 1)。夹紧长度的 0.2%，是相当于力-伸长曲线的水平(伸长)轴线上的一段刻度(OP)，从曲线的直线部分水平地划一直线，并取相同的数值即 QR，通过 P 和 R 点绘一直线，与力-伸长曲线相交于 S 点，即相当于垂直轴线上 T 点的力。那么，该力除以螺纹的应力截面积，即可得出 $\sigma_{p0.2}$。

伸长量在螺栓或螺钉支承面与夹头端面之间进行测量。

(4) 断 后 伸 长 量

断后伸长量 δ 应在长度 $l \geqslant 2.5d$（$d \geqslant$ M5）的紧固件上进行测量。

首先,测量螺栓或螺钉的长度 L_1(见图3)。然后,将紧固件拧入淬硬的螺纹夹头内,其拧入深度为一倍螺纹公称直径(1d)(见图3)。

拉断紧固件后,将试件断裂部分紧密吻合,然后测量长度 L_2(见图3)。

断后伸长量 δ 按下式计算:

$$\delta = L_2 - L_1$$

求得的 δ 应大于或等于 0.6d(适用于奥氏体钢)或 0.2d(适用于马氏体钢或铁素体钢)(参见第 9.21 页 GB/T 3098.6 中的规定)。

如要求用机加工试件进行该项试验,则试验值应由供需双方协议。

(5) 破 坏 扭 矩

破坏扭矩 M_B 应使用扭力试验装置(参见第 11.10 页图7)进行测量。该装置的误差不应大于 GB/T 3098.6 中规定的破坏扭矩的±7%(参见第 9.21 页)。

螺栓或螺钉的螺纹夹紧在一对带有盲孔的开合模中,被夹紧的螺纹长度应有 1d,但不包括末端的长度,同时,至少有两扣完整螺纹伸出开合模的上方。

对螺栓或螺钉施加扭矩,直至断裂。试件应符合 GB/T 3098.6 中对破坏扭矩的规定(参见第 9.21 页)。

(6) 马氏体钢螺栓和螺钉实物的楔负载试验

本试验应使用 GB/T 3098.1 中规定的楔垫尺寸(参见第 11.3 页),其楔垫斜角(α)见下表。

螺纹公称直径 d (mm)	楔垫斜角 α(±30′)	
	无螺纹杆部长度 $l_s \geqslant 2d$	全螺纹或无螺纹杆部长度 $l_s < 2d$
$d \leqslant 20$	$10° \pm 30′$	$6° \pm 30′$
$d > 20 \sim 39$	$6° \pm 30′$	$4° \pm 30′$

(7) 硬　　度

硬度试验按 GB/T 231(HB)、GB/T 230(HRC)或 GB/T 4340.1
(HV)的规定进行。如有争议,应以维氏硬度试验(HV)为验收依据。
螺栓或螺钉硬度应在其末端、圆周半径的 1/2 处进行。仲裁试验,应在
距末端 1d 的截面上进行。

3. 有色金属螺栓、螺钉、螺柱和
螺母机械性能试验方法

(GB/T 3098.10—1993)

(1) 拉 力 试 验

有色金属螺栓、螺钉和螺柱的拉力试验,有机械加工试件的拉力试
验和实物拉力试验两种试验方法。这两种拉力试验可分别按"1. 碳钢
与合金钢螺栓、螺钉和螺柱机械性能试验方法"中的"(1)机械加工试件
的拉力试验"(参见第 11.2 页)和"(2)产品实物的拉力试验"(参见第
11.3 页)的规定进行。

(2) 扭 矩 试 验

有色金属螺栓和螺钉的扭矩试验,可按"2. 不锈钢螺栓、螺钉和螺柱
机械性能试验方法"中的"(5)破坏扭矩"的规定进行(参见第11.13 页)。

(3) 螺母保证载荷试验

有色金属螺母的保证载荷试验,可按后面"6. 碳钢与合金钢粗牙螺
纹螺母机械性能试验方法"中的"(1)保证载荷试验"的规定进行(参见
第 11.16 页)。

4. 碳钢与合金钢紧定螺钉机械性能试验方法

(GB/T 3098.3—2000)

(1) 硬 度 试 验

螺钉的硬度应在螺钉末端并尽可能靠近中心的部位进行测定。如

果超出规定的最高硬度,应在距末端 $0.5d$ 的截面上再次试验(d—螺纹公称直径)。验收时,如有争议,应以维氏硬度为准。表面硬度应在螺钉末端测定。为保证测定的准确性,测试部位应经研磨或抛光。

(2)脱碳试验

脱碳试验,与第 11.8 页"1. 螺栓、螺钉和螺柱机械性能试验方法"的"(8)脱碳试验"的规定相同。仅需将其"H_1 和 E 的数值"表的"性能等级"栏中的 8.8(9.8)、10.9、12.9 级,分别改为相应的紧定螺钉的22H、33H、45H 级即可。又 22H 和 33H 级的全脱碳最大深度(G_{max})也为 0.015mm,而 45H 级则不允许有全脱碳层。

(3)45H 级内六角紧定螺钉的保证扭矩试验

45H 级内六角紧定螺钉的保证扭矩试验应符合第 9.32 页表的规定。试验时,将试验紧定螺钉装入扭矩试验装置中,并使螺钉全部拧入,顶在支承螺钉上(见下图)。试验用内六角扳手:对边(s)的公差为 h9;对角宽度(e)的最小值应 $\geqslant 1.13s_{min}$;硬度为 55～60HRC;并应与紧定螺钉内六角的全部深度啮合。螺钉应能承受表中规定的保证扭矩,而不产生断裂、裂缝或螺纹拉扣。如因扭矩试验造成螺钉内六角凹槽的损伤,应不作为拒收依据。

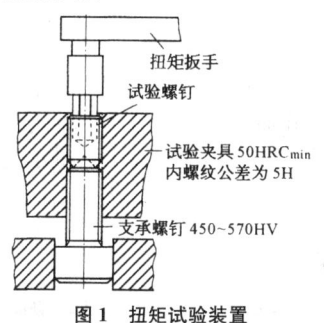

扭矩扳手

试验螺钉

试验夹具 50HRC$_{min}$
内螺纹公差为 5H

支承螺钉 450～570HV

图 1　扭矩试验装置

5. 不锈钢紧定螺钉机械性能试验方法

(GB/T 3098.16—2000)

(1) 内六角紧定螺钉的保证扭矩试验

螺钉的保证扭矩试验,可按上节"4. 碳钢与合金钢紧定螺钉机械性能试验方法"中的"(3)45H级内六角紧定螺钉的保证扭矩试验"的规定进行。仅其试验用内六角扳手硬度须改为 50～55HRC;保证扭矩和螺钉试件的最小长度应符合 GB/T 3098.16—2000 的规定(参见第 9.34 页)。

(2) 硬 度 试 验

硬度试验按 GB/T 231(HB)、GB/T 230(HRB)或 GB/T 4340.1 (HV)的规定进行。如有争议,以维氏硬度试验(HV)为验收依据。硬度试验程序应按上节 GB/T 3098.3 的"(1)硬度试验"的规定进行。

6. 碳钢与合金钢粗牙螺纹螺母机械性能试验方法

(GB/T 3098.2—2000)

(1) 保证载荷试验

对螺纹直径 $d \geqslant 5$mm 的螺母,保证载荷试验是仲裁方法。

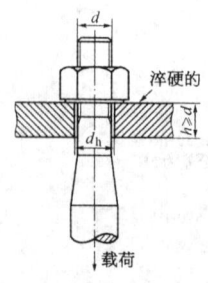

图 1　轴向拉伸试验

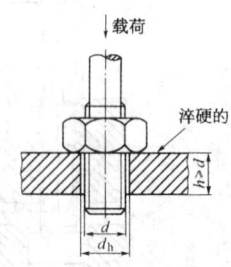

图 2　轴向压缩试验

可以采用轴向拉伸(见图1)或轴向压缩(见图2)的方法进行试验。仲裁时,以轴向拉伸试验为准。

将螺母拧入螺纹芯棒,施加标准规定的相应机械性能等级的保证载荷,并保持15s,螺母不应脱扣或断裂。当去除载荷后,应可以用手将螺母旋出,或者借助扳手松开螺母,但不得超过半扣。在试验中,如果螺纹棒损坏,则试验作废。

螺纹芯棒的硬度应≥45HRC。其螺纹公差为5h6g,但螺纹大径应控制在6g公差带靠近下限的四分之一的范围内。螺纹芯棒孔径 d_h = d(D11),D11 按 GB/T 1800.2—1998 极限与配合—基础—第2部分:公差、偏差和配合的基本规定。

(2) 硬 度 试 验

常规检查:螺母硬度应在一个支承面上进行,并取间隔为120°的三点硬度平均值作为该螺母的硬度值。如有争议,应在通过螺母轴心线的纵向截面上,并尽量靠近螺纹大径处进行硬度试验。

维氏硬度试验为仲裁试验,应采用 HV30 的试验力。

7. 碳钢与合金钢细牙螺纹螺母机械性能试验方法
(GB/T 3098.4—2000)

① 保证载荷试验。

② 硬度试验。

这两项试验的试验程序,与上节"6. 碳钢与合金钢粗牙螺纹螺母机械性能试验方法"的规定相同(参见第11.16页)。

8. 不锈钢螺母机械性能试验方法
(GB/T 3098.15—2000)

① 硬度试验。

② 保证载荷试验。

这两项试验的试验程序,与前面"6. 碳钢与合金钢粗牙螺纹螺母机械性能试验方法"的规定相同(参见第11.16页)。

9. 有效力矩型钢六角锁紧螺母
机械性能试验方法

(GB/T 3098.9—2002)

(1) 保证载荷试验

将螺母试件拧入试验螺栓或淬硬芯棒。在第一扣完整螺纹穿过有效力矩部分后的360°中测量并记录出现的最大有效力矩值，继续拧入直至有3扣完整螺纹伸出螺母顶面。仲裁试验时，对非金属嵌件锁紧螺母应使用淬硬芯棒；对全金属锁紧螺母应使用试验螺栓。在螺母拧入试验螺栓或淬硬芯棒的过程中，记录第一扣完整螺纹穿过有效力矩部分后出现的最大有效力矩。

按本标准(GB/T 3098.9—2002)中对螺母规定的保证载荷(分别参见第9.40、9.47和9.51页)，由试验螺栓或淬硬芯棒对螺母施加轴向拉力载荷，保持15s。螺母应能承受该载荷而不得脱扣或断裂。保证载荷试验是可以最终判定的试验。

在拧退螺母的过程中，测试卸下螺母的最后半圈内出现的最大有效力矩值。该值不应超出安装时记录的最大有效力矩值。

试验用螺栓与后面"(3)有效力矩试验"中规定的试验用螺栓的要求相同，但螺栓的保证载荷应大于螺母试件的保证载荷。

试验用淬硬芯棒的螺纹按5h6g制造，但其大径应控制在6g公差带靠近下限的四分之一范围内，芯棒的硬度应≥45HRC。

(2) 硬 度 试 验

与第11.16页"6. 碳钢与合金钢粗牙螺纹螺母机械性能试验方法"中的硬度试验规定相同。

(3) 有效力矩试验

有效力矩试验应在10～35℃条件下使用夹紧力测量装置进行。将试验螺栓插入夹紧力装置，将试验垫圈先套在螺栓上，再将螺母试件拧在螺栓上。可用手动扭力扳手或用等效的扭矩测力装置拧紧螺母。

拧入螺母直至螺栓有 2 扣以上完整螺纹伸出螺母顶面。继续拧入螺母并在其转 360°的一周中测量出现的最大力矩值。对合格螺母,该力矩值不应超出本标准规定第一次拧入最大有效力矩(参见第 9.56 页)。继续拧入使螺母靠紧试验垫圈。试验螺栓的长度应能符合螺母靠紧垫圈时螺栓上仍有 4~7 扣螺纹的长度(从螺栓末端量起)伸出螺母顶面。螺母应拧到夹紧力达到本标准规定的第一次拧出最小有效力矩(参见第 9.56 页)。测出第一次拧出最小有效力矩后,继续拧退螺母直至有效力矩部分完全脱离螺栓上的螺纹。然后,将螺母试件反复拧入和拧出四次。每次拧入时,均应使螺栓上的螺纹伸出螺母顶面的长度相当于 4~7 扣;每次拧出时,应使螺母有效力矩部分完全脱离螺栓上的螺纹。这一部分试验,不需要使用测力装置。

在第五次拧出过程中,拧出螺母的第一个 360°内测量出现的最大有效力矩。对合格螺母,该力矩不应低于本标准规定的第五次拧出最小有效力矩。此外,在这四次拧入和拧出过程中,不应有一次力矩超出本标准规定的第一次拧入最大有效力矩值。

为避免拧入过程中,螺母试件出现过热现象,施加扭矩的周期之间应留有足够时间。在螺母拧入、拧出过程中,转动速度不应超过 25 r/min,并应是连续和匀速的。

扭矩测力装置(扭力扳手或动力装置)的精度为对螺母试件规定力矩的±2%以内。应当选测力装置,以便所有读数都能大于该装置额定力矩的 1/2。

有效力矩试验使用的夹紧力测量装置(参见第 11.21 页图)应能测出:拧紧螺母而在试验螺栓中实际产生的夹紧力。该装置的精度为试验使用夹紧力的±5%以内。垫板中的螺纹通孔公差应与试验垫圈的直径公差相同。

扭矩试验用螺栓应符合 GB/T 197 普通螺纹—公差与配合规定。直径≤24mm 的螺纹应采用辗制成型。螺纹长度应能符合螺母靠紧垫圈时从螺栓末端起仍有 4~7 扣螺纹伸出螺母顶面要求。螺纹长度应能符合拧紧螺母后在夹紧部分至少应留有 2 扣完整螺纹要求。螺栓末端应有符合 GB/T 2 的倒角端。螺纹表面应无毛刺或其他可能影响精确制定螺母工作性能的缺陷。螺栓应具有与螺母试件性能等级相应的极限强度,其性能应符合 GB/T 3098.1 规定。试验薄螺母时,试验螺栓应符合下列规定:螺母试件性能等级/试验螺栓性能等级:0.4/8.8;0.5/10.9。每试验一个螺母,应更换一个螺栓。10.9:镀锌螺母应使用无润滑的镀锌螺栓。除非供需双方另有协议,所有其他螺母应使用镀锌或磷化处理并涂油的螺栓进行试验。

试验垫圈应由碳钢制造,经淬火并回火,表面硬度为 500 ~ 600HV30;芯部硬度为 450~490HV30,并无表面镀层。垫圈尺寸见下表。垫圈表面应平整且两平面的平行度公差为最小厚度的 4%;两平面的表面粗糙度为 0.2~0.4 μm。应保证垫圈装入试验装置后,在拧紧过程中,垫圈不得转动。为防止转动,使用的垫圈不应进入螺母试件最大对角宽度为直径的圆周范围内。宽度等于或大于下表中给出的外径最小尺寸的方垫圈或多孔平板可以用作防转装置,但其硬度、孔径和表面状态均应符合试验垫圈的要求。

试验垫圈尺寸(mm)								
试验螺栓	内径		外径	厚度	试验螺栓	内径		外径	厚度
螺纹直径	max	min	min	min	螺纹直径	max	min	min	min
3	3.3	3.2	6.7	0.45	18	19.2	19.0	42.4	2.7
4	4.4	4.3	8.9	0.7	20	21.2	21.0	47.3	2.7
5	5.4	5.3	12.4	0.9	22	23.2	23.0	52	2.7
6	6.6	6.4	15.6	1.4	24	25.2	25.0	56	3.7
7	7.6	7.4	17.7	1.4	27	28.2	28.0	62	3.7
8	8.6	8.4	19.8	1.4	30	31.3	31.0	70	3.7
10	10.7	10.5	24.5	1.8	33	34.6	34.0	76	4.4
12	13.2	13.0	29.3	2.2	36	37.6	37.0	82	4.4
14	15.2	15.0	33.6	2.7	39	40.6	40.0	88	5.4
16	17.2	17.0	38.5	2.7					

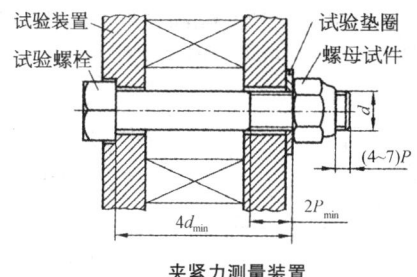

夹紧力测量装置

10. 螺母锥形保证载荷试验

(GB/T 3098.12—1996)

本标准(GB/T 3098.12—1996)规定了螺母在锥形保证载荷试验条件下的性能。本标准适用于螺纹直径为5~39mm,产品等级为 A 和 B级以及性能等级为 8~12 级的螺母,并要求进行锥形保证载荷试验的情况。

试验原理:为测出螺母表面有害的裂缝或裂纹,采用锥形垫圈使螺母孔的扩大与拉脱同时作用于螺母,夸大这些缺陷对其承载能力的影响。

试验装置:锥形垫圈(见图 1)应淬硬,最低硬度为 57HRC;锥端顶部接触部分应是平面;当螺纹直径 d≤12mm 时,其宽度为 0.13mm(±0.03mm);螺纹直径 d>12mm 时,其宽度 0.38mm(±0.03mm)。芯棒也应淬硬,最低硬度为 45HRC。其螺纹按 6g,但大径应控制在 6g 公差带靠近下限的四分之一的范围内。

试验程序与判定:将螺母试件和锥形垫圈按图 2 所示方法装于芯棒上。锥形垫圈应支承螺母的支承面并垂直于螺母轴线线。对螺母施加标准(GB/T 3098.2 或 GB/T 3098.4,参见第 9.35 或 9.43 页)规定的保证载荷。螺母试件应能承受规定的保证载荷，而没有脱扣或破裂。试验速度不应超过 3mm/min；锥形保证载荷应保持 10s。

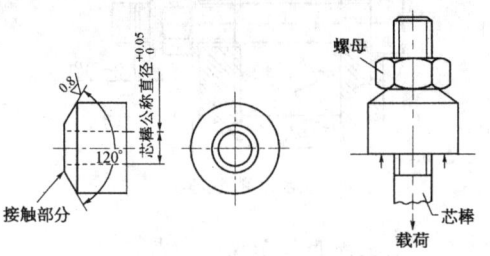

图 1　锥形垫圈图　　　**图 2　试件安装图**

11. 螺母扩孔试验

(GB/T 3098.14—2000)

本标准(GB/T 3098.14—2000)规定了由易切钢制造的、被 GB/T 5779.2 表面缺陷检查(参见第 10.12 页)判为拒收的螺母的试验程序。本标准适用的螺母：性能等级符合 GB/T 3098.2(参见第 9.35 页)或 GB/T 3098.4(参见第 9.43 页)的规定(即 4～12 级和 0.4、0.5 级)、螺纹公称直径为 5～39mm、产品等级为 A 和 B 级。

试验原理：首先螺母试件的内螺纹，使之达到螺纹公称直径后，再将锥形试验芯棒推入螺母，然后测量螺母孔径扩张的百分比。

试验芯棒(见图 1)有两种。一种用于扩张量为 6%，另一种用于扩张量为 4%；其最低硬度为 ≥45HRC；锥度部分应磨光，表面粗糙度 $R_a=2.5\mu m$。螺母试件去除内螺纹后的孔径等于螺纹公称直径，公差为 H12。

试验程序：试验前，对试验芯棒涂以二硫化钼(MoS_2)润滑剂。然

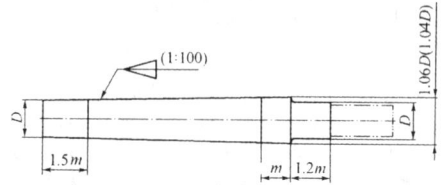

图 1　分别用于扩张量 6%(1.06D)或 4%(1.04D)的试验芯棒

后将试验芯棒插入螺母试件中(见图2),缓慢、连续、同轴地施加载荷,直至芯棒的圆柱部通过螺母孔。芯棒上端应当紧固。对仲裁试验,芯棒插入的速度不应超过25mm/min。图中:D—螺母螺纹公称直径;对加大攻丝尺寸螺母的试验,直径 D 应按内螺纹大径增大;m—螺母公称高度;F—载荷。尺寸公差:1.06D(1.04D)为±0.03mm;D 为 h11;1.1D 为 H14;m(1.2m)为$^{+0.1}_{0}$mm。

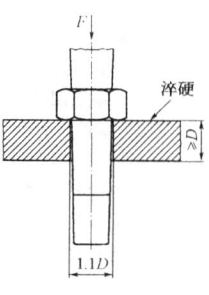

图 2　试验装置

试验判定:螺母的总扩张量:性能等级 4～12 级螺母为 6%;性能等级 04 和 05 级螺母为 4%。在达到规定的最小扩张量数值之前,螺母壁完全断裂,则该螺母应判为不合格。有争议时,切开裂缝相对的一边,如果螺母分为两半,则判定该螺母不合格。

符合 GB/T 3098.9 的有效力矩型钢六角锁紧螺母(参见第 9.53 页),其最小扩张量应为上述规定的六角螺母数值的 20% 以下。

12. 自攻螺钉机械性能试验方法

(GB/T 3098.5—2000)

① 表面硬度试验:试验应在平面上进行,并优先在头部进行。试验方法按 GB/T 5030—1985 金属小负荷维氏硬度试验方法的规定。

② 芯部硬度试验:试验应在距螺钉末端有足够距离(应有完整的螺纹小径)的横截面的 1/2 半径处进行。试验方法按 GB/T 4340.1—1999 金属维氏硬度试验—第 1 部分:试验方法的规定。

③ 渗碳层深度(金相试验):试验应在螺钉螺纹侧面上进行,测点应在牙顶与牙底的距离之半处。但对规格≤ST3.9 的螺钉,则应在牙底上进行试验。仲裁试验,应在金相试件的轮廓上用试验力为 300g 的显微维氏硬度进行。渗碳层深度应自超过实际芯部硬度 30HV 的点起计算。

④ 显微组织试验:应按金相检验标准进行。

⑤ 拧入性能试验:将螺钉试件(有镀层或无镀层的)拧入试验板内,直至有一扣完整螺纹完全通过试验板。对试验板的材料、硬度以及试验板厚度和孔径尺寸均有规定(参见第 9.66 页)。试验孔可由钻孔、或先冲孔再钻孔或铰孔制成。已交付的螺钉由用户进行镀层(或由用户委托的),对因镀层引起的螺钉断裂,生产者不予负责。如果未经后处理而产生的螺钉断裂,应由生产者负责。镀层已剥落的螺钉不能作为试件。

⑥ 破坏扭矩试验:螺钉试件的杆部(镀层或无镀层的)应夹紧在与螺钉螺纹相匹配的、开合的螺纹模具或其他装置内;螺钉夹紧部分不应损伤,且至少有两扣完整螺纹夹紧在夹具内。夹紧装置应有带内螺纹的盲孔夹具(见左图),孔的深度应保证断

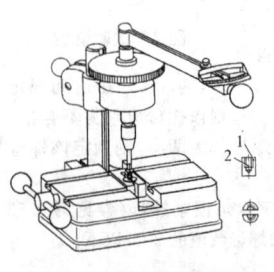

图 1　扭矩试验装置图

1—开合模;2—盲孔

裂发生在螺钉末端之外。用经标定的扭矩测量装置,对螺钉施加扭矩直至断裂。螺钉的破坏扭矩应能符合 GB/T 3098.5 的规定(参见第 9.66 页)。

13. 自钻自攻螺钉机械性能试验方法

(GB/T 3098.11—2002)

① 金相性能试验

(a) 表面硬度试验:按 GB/T 4340.1 金属维氏硬度试验—第一部分:试验方法规定。压痕尽可能在平面部分,并优先在螺钉头部进行。

(b) 芯部硬度试验:也按 GB/T 4340.1 规定,并应在横向显微截面上进行。

(c) 表面渗碳层深度测定:应采用显微镜在纵向显微截面上,牙顶与牙底中间部分的牙侧处进行,或对≤ST4.2 的螺钉在螺纹牙底处进行。

(d) 显微组织试验:按金相检验标准进行。

② 机械性能试验

(a) 钻孔和丝试验:试验装置示例见图 1。试验板应由含碳量≤0.23%的低碳钢制成,其硬度为 110~165HV30,试验板厚度应符合标准规定(参见第 9.71 页)。

试验时,将有镀层或无镀层的螺钉(按使用要求)试件拧入试验板中,直至有一扣完整螺纹穿过试验板。钻孔和攻丝过程中,应采用标准中规定的轴向力和螺钉转速(参见第 9.71 页)。

(b) 钻孔检验:经双方协议,可进行钻孔检验。为此,所使用的试验板的要求,与钻孔和攻丝试验使用的试验板相同;其厚度应符合下表规定。试验板上钻孔的部分,应先冲出定位孔。钻透试验板后,钻孔的最大部分应不超出下表的规定。图 2 的试验夹具是对图 1 试验装置的补充。套筒内径应比螺纹大径约加大 0.25 mm。套筒长度的选择应使钻头部分能伸出套筒。

螺纹规格(ST)		2.9	3.5	4.2	4.8	5.5	6.3
试验板厚度(mm)		1	1	2	2	2	2
钻孔孔径(mm)	min	2.2	2.7	3.2	3.7	4.2	4.8
	max	2.5	3.0	3.6	4.2	4.8	5.4

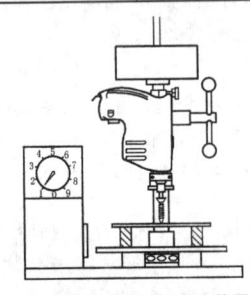

图1　钻孔和攻丝试验装置

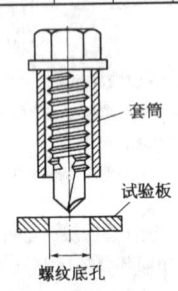

图2　钻孔试验夹具

(c) 扭矩试验:图3为扭矩试验装置示例。螺钉试件应夹紧在与螺钉螺纹相匹配的螺纹开合模或其他装置内;螺钉夹紧部分不应损伤。夹紧后,至少有两扣完整螺纹伸出夹紧装置,另除螺钉钻头部分外,至少有两扣完整螺纹牢固地被夹紧在开合模内。在螺钉短规格的情况下,应牢固地夹紧螺钉螺纹,但螺钉头部不应承受夹紧力。用经标定的扭矩—测量装置,对螺钉施加扭矩直至断裂。螺钉的破坏扭矩应符合标准的规定(参见第9.70页)。

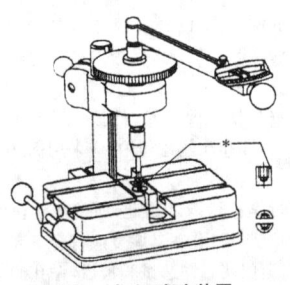

图3　扭矩试验装置

注: * 为带自攻螺钉螺纹的盲孔开合模

用于扭矩试验的扭力扳手,测

量误差应在规定扭矩值的±3％以内。也可使用能显示扭矩且精度相当的动力装置。但仲裁试验时应使用手动扭力扳手。

14. 盲铆钉机械性能试验方法

(GB/T 3098.18—2004)

① 剪切和拉力试验

把盲铆钉(即抽芯铆钉和击芯铆钉)固定在试验夹具中,施加剪切载荷或拉力载荷,直至盲铆钉损坏。

试验夹具有常规试验夹具和仲裁试验夹具两种。两种夹具都可用于常规试验,但有争议时是决定性和仲裁的试验夹具。

② 钉头保持能力试验

从铆钉的钉体头一侧沿钉芯轴向加载,直至钉头移动。

将试验铆钉铆接在铆接件上。铆接件可用一块或多块钢板组成。但其总厚度应等于铆钉试件规定的最大铆合厚度。单板厚度不得小于1.5mm。试验板应有一定的宽度,以保证试件周围最小圆形的直径 $D=25\text{mm}$。

注:本项试验不适用于封闭型、击入式、扩口型或开槽型盲铆钉。

③ 钉芯拆卸力试验(铆接前)

从铆钉的钉体头部一侧沿钉芯轴向加载,直至推出钉芯。

④ 钉芯断裂载荷试验

将铆钉放在试验夹具中,对铆钉的钉芯施加拉力载荷,直至钉芯断裂。

试验夹具应由硬度不低于 700HV30 的一个钢试验板(或衬套)组成。试验板(或衬套)的厚度不得小于 5mm,并应能承受试验载荷而无塑性变形。

第十二章　紧固件电镀层和非电解锌片涂层

1. 紧固件电镀层

(GB/T 5267.1—2002)

(1) 适 用 范 围

本标准(GB/T 5267.1—2002)规定了钢或铜合金电镀紧固件的尺寸要求、镀层厚度,并给出了高抗拉强度紧固件或硬化或表面淬硬紧固件消除氢脆的建议。

本标准适用于螺纹紧固件电镀层或其他螺纹零件。对自攻螺钉等的适用情况,参见第 12.4 页"(7)对可切削或辗压出与其相配的内螺纹的紧固件的适用性"。

本标准的规定,也适用于非螺纹零件,如垫圈和销。

(2) 术语和定义

本标准给出的术语和定义,与 GB/T 11374—1989 热喷涂涂层厚度和无损测量方法(尤其是有效表面、测试区域、局部厚度和最小局部厚度方面)和 GB/T 90.1 给出的定义共同使用。

① 批——在同一时间、同一工艺加工的制造批中,相同型式尺寸紧固件的数量。

② 生产运行(管理)——加工零件的这些批,镀层工艺或组成要素是连续而无任何改变的。

③ 批平均厚度——假定镀层是均匀分布在该批零件的表面,计算镀层的平均厚度。

④ 烘干——为使氢脆风险减少到最小,在给定的温度下和规定的时间内,加热零件的过程。

⑤ 烘干保温时间——零件完全达到规定温度须保持的时间。

(3) 尺寸要求和量规检查

① 电镀前尺寸要求。

除非为满足功能需要,对螺纹或其他部位,明确规定允许尽可能地制出比标准螺纹更厚的镀层,否则,镀前尺寸应符合相应的国家标准或其他适用标准的规定。

镀层厚度适用于按 GB/T 192、GB/T 9145 和 GB/T 2516 规定的普通螺纹，并取决于基本偏差的可利用性，还取决于螺纹和下列公差带位置：

——外螺纹：g、f、e；

——内螺纹：G；或有要求时：H。

这些公差带位置优先用于电镀层。

② 电镀后的尺寸要求。

电镀后，普通螺纹按 GB/T 3934 的规定：用公差带位置为 h 或 H 的通规分别检验外螺纹或内螺纹。

其他产品尺寸要求仅适用于镀前。

注：在内扳拧的情况下，相对较厚的镀层可能影响公差较严的尺寸，在这种情况下，供需双方应有协议。

对普通螺纹推荐镀层的适用性，受有关螺纹基本偏差和螺距以及公差带位置的限制。在外螺纹的情况下，镀层不应超出零线（基本尺寸）；在内螺纹的情况下，也不应低于零线。即如果公差带没能达到零线（基本尺寸）时，对公差带位置为 H 的内螺纹，仅可电镀适度的镀层厚度。

（4）其 他 要 求

其他涉及外观、黏着性、韧性和耐腐蚀等电镀要求，应符合相关的国家标准（GB/T 9797、GB/T 9798、GB/T 9799 和 GB/T 13346）规定。

（5）减少氢脆措施

零件在下列情况下，存在氢脆失效的危险：

——高抗拉强度或硬化或表面淬硬；

——吸附氢原子；

——在拉伸应力状态下。

当芯部硬度或表面硬度大于 320HV 时，应在工艺过程中通过试验对氢脆进行检验，如按 GB/T 3098.17 进行，以确保工艺过程中发生的氢脆在可控状态下。如发现氢脆存在，应修改制造工艺过程的参数；

包括烘干过程(更详细的资料,参见第 12.9 页"(13)附录 A(资料性附录)——去除氢脆措施")。

当硬度超过 365HV 时,供需双方应在协议中明确规定如何控制氢脆风险的条款;如无此协议,制造者则应采用其推荐的操作规程,以减少氢脆发生的危险。

不能保证完全消除氢脆。如果希望减少氢脆发生的概率,修改任何工艺过程,都应该进行评估。

注:生产过程中,工艺试验是减少氢脆的有效方法。

(6) 防腐蚀措施

电镀层的防腐蚀性能主要取决于镀层厚度。除增加镀层厚度,铬酸盐转化处理也可以增加锌和镉镀层的防腐蚀性能。

与金属制品和原材料的接触、湿度和工作温度的持续时间和频率,都可能影响镀层的防护性能。当出现不知如何选取时,需要听取专家的建议。

由于在铁基上镀锌或镉的阳极小于钢基金属制品,因而,应提供阳极保护。与此相反,镀镍和铬,比钢基金属制品需要增大阳极,并且,当覆盖层损坏或起凹点时,可能加速零件的腐蚀。

镉镀层详见 GB/T 13346;

锌镀层详见 GB/T 9799;

镍镀层详见 GB/T 9798;

镍+铬和铜+镍+铬镀层详见 GB/T 9797;

铬酸盐转化处理详见 GB/T 9800。

注:金属镀层盐雾腐蚀的防护性能资料,在第 12.12 页"(14)附录
　　B(资料性附录)"中给出。

(7) 对可切削或辗压出与其相配的内螺纹的紧固件的适用性

所有推荐的镀层均适用于可切削或辗压出与其相配的内螺纹的螺钉,如木螺钉、自攻螺钉、自钻自攻螺钉和自挤螺钉。除有其他规定外,下节表 1 给出的批平均厚度的最大值可忽略不计。

(8) 镀层厚度的技术要求

由有关电镀标准推荐的公称镀层厚度,以及相应的局部厚度和批平均厚度,在表1中给出。

为降低因镀层厚度造成的螺纹装配中产生干涉的风险,镀层厚度不能超过1/4螺纹基本偏差,参见表2规定的数值。

注:可容纳的镀层厚度指导值,在"(15)附录C(资料性附录)"中给出。

实际厚度镀层的测量应按第(9)节规定的方法之一进行,其测量值应符合表1规定。镀层厚度的测量方法,见下节。

表1 镀层厚度

公称镀层厚度(μm)			3	5	8	10	12	15	20	25	30
有效镀层厚度(μm)	局部厚度 min		3	5	8	10	12	15	20	25	30
	批平均厚度	min	3	4	7	9	11	14	18	23	27
		max	5	6	10	12	15	18	23	28	35

如果螺纹零件公称长度 $l > 5d$,在测量批平均厚度时,应使用小于表1规定的公称镀层厚度,见表2。

表2 普通螺纹镀层厚度的上偏差值

螺距 P	粗牙螺纹的螺纹公称直径 d	内螺纹		外 螺 纹				
		公差带位置 G		公差带位置 g				
		基本偏差	镀层厚度 max	基本偏差	镀层厚度 max			
					局部厚度	批平均厚度		
					l(所有)	l_1	l_2	l_3
(mm)		(μm)						
0.2	1、1.2	+17	3	−17	3	3	3	3
0.25		+18	3	−18	3	3	3	3

螺距 P	粗牙螺纹的螺纹公称直径 d	内螺纹		外螺纹			
		公差带位置 G		公差带位置 g			
		基本偏差	镀层厚度 max	基本偏差	镀层厚度 max		
					局部厚度	批平均厚度	
					l（所有）	l_1	l_2	l_3
（mm）		（μm）					
0.3	1.4	+18	3	−18	3	3	3	3
0.35	1.6(1.8)	+19	3	−19	3	3	3	3
0.4	2	+19	3	−19	3	3	3	3
0.45	2.5(2.2)	+20	3	−20	5	5	3	3
0.5	3	+20	5	−20	5	5	3	3
0.6	3.5	+21	5	−21	5	5	3	3
0.7	4	+22	5	−22	5	5	3	3
0.75	4.5	+22	5	−22	5	5	3	3
0.8	5	+24	5	−24	5	5	3	3
1	6(7)	+26	5	−26	5	5	3	3
1.25	8	+28	5	−28	5	5	5	5
1.5	10	+32	8	−32	8	8	5	5
1.75	12	+34	8	−34	8	8	5	5
2	16(14)	+38	8	−38	8	8	5	5
2.5	20 (18、22)	+42	10	−42	10	10	8	5
3	24(27)	+48	12	−48	12	12	8	8
3.5	30(33)	+53	12	−53	12	12	10	8
4	36(39)	+60	15	−60	15	15	12	10
4.5	42(45)	+63	15	−63	15	15	12	10
5	48(52)	+71	15	−71	15	15	12	10
5.5	56(60)	+75	15	−75	15	15	15	12
6	64	+80	20	−80	20	20	15	12

注：1. l（所有）：适用于所有公称长度 l；l_1：适用于 $l \leqslant 5d$；l_2：适用于 $l > 5d \sim 10d$；l_3：适用于 $l > 10d \sim 15d$。

12.6

螺距 P	外 螺 纹								
	公差带位置 f					公差带位置 e			
	基本偏差	镀层厚度 max				基本偏差	镀层厚度 max		
		局部厚度	批平均厚度				局部厚度	批平均厚度		
		l(所有)	l_1	l_2	l_3		l(所有)	l_1	l_2	l_3
(mm)	(μm)									
0.2									
0.25									
0.3									
0.35	−34	8	8	5	5				
0.4	−34	8	8	5	5				
0.45	−45	8	8	5	5				
0.5	−36	8	8	5	5	−50	12	12	10	8
0.6	−36	8	8	5	5	−53	12	12	10	8
0.7	−38	8	8	5	5	−56	12	12	10	8
0.75	−38	8	8	5	5	−56	12	12	10	8
0.8	−38	8	8	5	5	−60	15	15	12	10
1	−40	10	10	8	5	−60	15	15	12	10
1.25	−42	10	10	8	5	−63	15	15	12	10
1.5	−45	10	10	8	5	−67	15	15	12	10
1.75	−48	12	12	8	8	−71	15	15	12	10
2	−52	12	12	10	8	−71	15	15	12	10
2.5	−58	12	12	10	8	−80	20	20	15	12
3	−63	15	15	12	10	−85	20	20	15	12
3.5	−70	15	15	12	10	−90	20	20	15	15
4	−75	15	15	15	12	−95	20	20	15	15
4.5	−80	20	20	15	12	−100	25	25	20	15
5	−85	20	20	15	12	−106	25	25	20	15
5.5	−90	20	20	15	15	−112	25	25	20	15
6	−95	20	20	15	15	−118	25	25	20	15

注：2. 本(续)表的每一螺距的相应粗牙螺纹的螺纹公称直径 d，
参见上页表的规定。

3. 提供的粗牙螺距信息，仅为方便使用。决定特性的是螺距。

4. 为容纳镀层厚度而特殊制造的螺纹，其更大的基本偏差，
在表 6 中给出。

（9）镀层厚度的测量

① 局部厚度。

局部厚度不应小于订单中规定的最小厚度,并按镀层标准规定的方法之一进行测量。螺栓、螺钉和螺母的厚度测量应按下图所示的试验表面进行。

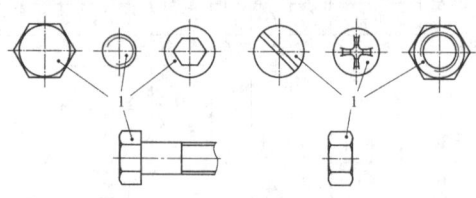

紧固件局部镀层厚度测量部位图

图中"1"表示测量部位

② 批平均厚度。

批平均厚度应按第 12.15 页"（16）规范性附录 D"所述的方法进行。当测量值超过批平均厚度最大值时,如果镀后螺纹能用适当的通规（H 或 h）验收通过,则不应拒收。

③ 试验方法的一致性。

除非另有规定,局部镀层厚度应进行测量。

注：大部分螺钉和螺栓是批量滚桶电镀,其结果是最大镀层厚度总是在零件末端。这一结果造成长度或螺栓或螺钉的增加,按照螺距尺寸规定减小镀层厚度是可以接受的。

（10）镀层厚度的抽样检验

镀层厚度的抽样检验按 GB/T 90.1 规定（参见第 14.2 页）。

（11）签订电镀技术要求

按本标准要求订购电镀螺纹零件时,应对电镀者提供下列信息：

① 镀层标记,以及有要求时,还可提供按本标准所希望的镀层;

② 零件材料和状态,如热处理、硬度或其他性能等在电镀过程可能受影响的性能;

③ 应力消除状态,如需要,应在电镀之前进行;

④ 如需要,对氢脆风险的预防措施(参见第12.3页"(5)减少氢脆措施");

⑤ 如需要,批平均镀层厚度测量优先(参见上页"(9)镀层厚度的测量");

⑥ 选择电镀或减小螺纹尺寸的技术要求;

⑦ 有关光泽或无光泽要求,除非另有规定,应提供光亮处理;

⑧ 补充的镀层技术要求,如润滑要求。

(12) 标　　记

紧固件标记应按相应的产品标准规定。表面镀层的标记应按GB/T 1237规定增加到产品的标记中(参见第13.2页),并应符合下列要求:

—A类:参见第12.17页"(17)规范性附录E",或

—B类:参见GB/T 9797(镍＋铬和铜＋镍＋铬)、GB/T 9799(锌)、GB/T 13346(镉)和GB/T 9800(铬酸盐转化膜)规定的分级和类型代号。

镀层标记示例,参见第12.20页"(18)资料性附录F"。

(13) 附录A(资料性附录)——去除氢脆措施

① 绪论。

当氢原子进入钢或某些其他金属制品,如铝或钛合金,在低于屈服强度的应力状态下或合金的公称强度下,它将可能导致延伸性或承载能力丧失、裂纹(通常是亚微观的)或严重的脆性失效。这种现象在合金中经常发生,表现为:当用常规拉力试验检查时,虽然在延伸性方面无显著降低,但通常被认为是由于氢而导致延迟脆性失效、氢应力裂纹或氢脆。在热处理、气体渗碳、清洗、包装、磷化处理、电镀、自身脆化过程中,以及在服役环境中,由于阴极保护的反作用或腐蚀的反作用,氢原子都可能进入基体。在加工过程中,氢原子也可能进入,如辗制螺纹、机加工和钻削中因不适当的润滑而烧焦,还有焊接或钎焊工序。零件经机械加工、磨削、冷成形或冷拔后,尤其再进行淬硬热处理,则极易受氢脆破坏。

研究结果表明,易受氢脆影响的任何材料,在一个给定的试验中,可直接显示其滞留氢的密度(取样的形式和有效性)。因此,时间-温度与烘干过程的关系,取决于钢的成分与结构,以及镀层金属材料和电镀的过程。此外,对最高强度的钢,随着时间和温度的降低,烘干过程的效果会迅速减小。

还有其他很多原因导致紧固件氢脆。制造的全过程应控制在氢脆产生概率减少至最小。本附录下面给出的程序示例,在紧固件的电镀加工过程中,能够减少氢脆产生的概率。

② 降低应力的措施。

冷加工硬度大于或等于320HV,并进行电镀的紧固件可增加应力释放过程。但这一过程应在规定的清洗过程之前进行。如果该过程按第12.8页"(11)签订电镀技术要求"提供的要求进行,则该过程的温度和持续的时间应按零件的设计、工艺和零件的热处理条件不同而变化,并应及时通知电镀者。硬度超过320HV的零件进行机械加工、磨削、冷成形或冷拔后的热处理则应符合国际标准"ISO9587金属及其他无机覆盖层——减小氢脆风险钢铁制品的预处理"中的规定。

在有意引入残余应力的情况下,应力释放不会令人满意,如螺钉在热处理辗制螺纹。

③ 清洗过程。

清洗过程可能导致氢附着钢而造成电镀后的脆断。

除非另有协议,热处理或加工硬化的硬度大于或等于320HV的零件应使用防腐蚀酸、碱性或机械方法进行清洗。浸入防腐蚀酸中的时间取决于零件表面可容纳的状态和最小持续时间。

注:添加合适的防腐酸可以减少对钢的浸蚀和氢附着。

热处理或冷作硬化的硬度超过385HV或性能等级12.9级及其以上的零件不适宜进行酸洗处理。使用特殊的无酸方法的处理是合理的,如干磨、喷砂或碱性除锈。

为进行电镀,钢制零件表面应经特殊处理,即经最小浸入时间清洗后再进行电镀。

④ 电镀过程。

经热处理或冷作硬化,硬度超过 365HV 的紧固件,使用大阴极功率电镀溶液电镀是合理的。

⑤ 烘干过程。

随着硬度的提高,冷作硬化程度的增加和钢零件的含碳量和(或)某些其他元素的增加,在酸洗和电镀过程中,氢的溶解度和因此产生的吸收氢的总量也将增加。同时,可造成脆断的氢的极限数量减少。

电镀后烘干过程的有利效果是:由于钢中氢的蒸发和(或)不可逆的收集而释放氢原子。

零件应烘干 4h,并最好是在电镀后 1h、铬酸盐处理之前进行。零件的温度为 200~230℃。最高温度应考虑镀层材料和基体材料的种类。某些材料,如锡和某些零件的物理性能,使用这些温度可能得到相反的结果。在这种情况下,应要求采用较低的温度和较长的回火保温时间。这些要求应经供需双方协议。

增加镀层厚度,则增加氢释放的难度。当镀层厚度仅为 2~5μm 时,推广采用一种过渡的烘干程序,可减少氢脆风险。

为减小氢脆,使用者可能同意使用能够表明是有效的其他方法。

不应设想,推荐的烘干程序在所有情况下都能完全避免氢脆。如果对一个零件的烘干时间和温度已证明是有效的,则该时间和温度可供替代使用。但对所有零件,不应采用超过零件的回火温度进行烘干。通常,较低的烘干温度要求较长的保温时间。一些钢的化学成分与工艺条件的综合结果,可能对氢脆产生较高的敏感度。较大直径的紧固件比小直径的,有较小的敏感度。

在本标准发布之时,尚未考虑尽可能地给出精确的烘干持续时间。8h 是考虑到的一个烘干持续时间的典型示例。然而,在 200~230℃ 的温度下,根据零件的种类和规格、零件几何形状、机械性能、清洗和电镀工艺,在 2~24h 的范围内选取烘干持续时间,是可能适合使用的。

(14) 附录 B(资料性附录)——金属镀层盐雾腐蚀的防护性能

本附录给出了在 GB/T 10125—1997 人造气氛腐蚀试验 盐雾试验规定的盐雾条件下,锌和镉镀层经铬酸盐转化(见表 3 和表 4)以及镍和镍/铬镀层(见表 5)的盐雾腐蚀防护性能。

表 3 锌和镉中性盐雾腐蚀的防护性能

镀层标记代号[①] (B类[②])	公称镀层厚度 (μm)	铬酸盐处理标记[③]	第 1 次出现白色腐蚀物时间(h)	第 1 次出现红色铁锈时间(h)	
				镉镀层	锌镀层
Fe/Zn 或 Fe/Cd3c1A	3[④]	A	2	24	12
Fe/Zn 或 Fe/Cd3c1B		B	6	24	12
Fe/Zn 或 Fe/Cd3c2C		C	24	36	24
Fe/Zn 或 Fe/Cd3c2D		D	24	36	24
Fe/Zn 或 Fe/Cd5c1A	5	A	6	48	24
Fe/Zn 或 Fe/Cd5c1B		B	12	72	36
Fe/Zn 或 Fe/Cd5c2C		C	48	120	72
Fe/Zn 或 Fe/Cd5c2D		D	72	168	96
Fe/Zn 或 Fe/Cd5Bk		Bk	12	—	—
Fe/Zn 或 Fe/Cd8c1A	8	A	6	96	48
Fe/Zn 或 Fe/Cd8c1B		B	24	120	72
Fe/Zn 或 Fe/Cd8c2C		C	72	168	120
Fe/Zn 或 Fe/Cd8c2D		D	96	192	144
Fe/Zn 或 Fe/Cd8Bk		Bk	24	120	72
Fe/Zn 或 Fe/Cd12c1A	12	A	6	144	72
Fe/Zn 或 Fe/Cd12c1B		B	24	192	96
Fe/Zn 或 Fe/Cd12c2C		C	72	240	144
Fe/Zn 或 Fe/Cd12c2D		D	96	264	168
Fe/Zn 或 Fe/Cd12Bk		Bk	24	192	96
Fe/Zn 或 Fe/Cd251A	25	A			
Fe/Zn 或 Fe/Cd251B		B			
Fe/Zn 或 Fe/Cd252C		C	尚无合适数据		
Fe/Zn 或 Fe/Cd252D		D			
Fe/Zn 或 Fe/Cd25Bk		Bk			

注：① 锌镀层的类型代号，参见 GB/T 9799；
　　　镉镀层的类型代号，参见 GB/T 13346。
　　② 代号标记方法，参见第 12.9 页"(12)标记"。
　　③ 铬酸盐处理的标记，参见表 4。
　　④ 薄镀层削弱铬酸盐处理的性能。

表 4　铬酸盐处理的标记

分级	类型代号	类型	典型外观	防护性
1	A	光亮	透明的、光亮的、有时带轻微的蓝色	轻度，如：手持时的防锈或者在中等腐蚀条件下防高湿
	B	漂白	略带彩虹色且透明的	
2	C	彩虹	黄彩虹色的	相当好，包括对某些有机气氛的防护
	D	不透明	橄榄绿隐约可见棕色或青铜色	
	Bk*	黑色	略带彩虹色的黑色	不同程度的腐蚀防护性

注：1. 本表比 GB/T 9800 补充了黑色处理。
　　2. * 除 A～D 外，还可选择黑色膜层。

表 5　镍和镍/铬镀层的盐雾腐蚀防护性能

镀层标记①(B类)②		有效表面第一次出现红色铁锈	
铜或铜合金基体		中性盐雾试验(NSS)⑤	铜加速盐雾试验(CASS)
镍③	镍＋铬③④		
Cu/Ni 3b	Cu/Ni 3b Cr r	—	—
Cu/Ni 5b	Cu/Ni 5b Cr r	12h	—⑥
Cu/Ni 10b	Cu/Ni 10b Cr r	48h	—⑥
Cu/Ni 20b	Cu/Ni 20b Cr r		8h
不推荐	Cu/Ni 30d Cr r		16h

镀层标记①（B类）②		有效表面第一次出现红色铁锈	
铁金属材料基体		中性盐雾试验（NSS）⑤	铜加速盐雾试验（CASS）
镍③	镍＋铬或铜＋镍＋铬③④		
Fe/Ni 5b	Fe/Ni 5b Cr	—	—
Fe/Ni 10b	Fe/Ni 10b Cr Fe/Cu 10 Ni 5b Cr r	12h	—⑥
Fe/Ni 20b	Fe/Ni 20b Cr Fe/Cu 20 Ni 10b Cr r	48h	—⑥
Fe/Ni 30b	Fe/Ni 30b Cr	—	8h
不推荐	Fe/Ni 40d Cr	—	16h

注：① 镍镀层的类型代号，参见 GB/T 9797 金属覆盖层—镍＋铬和铜＋镍＋铬电沉层。
② 代号标记方法，参见第 12.9 页"（12）标记"。
③ "b"表示光亮镍镀层，而"d"表示镀双层镍。
④ "r"表示普通套镀铬，最小厚度为 0.3μm。
⑤ 对 Ni/Cr 镀层，通常不规定进行中性盐雾试验。
⑥ 对较薄的镀层，在铜加速盐雾试验（CASS）中，由于实施时间太短而无意义。

（15）附录 C（资料性附录）——可容纳的金属镀层厚度的指导程序

① 改变螺纹尺寸。

当要求较高的抗腐蚀性能时，沉积镀层厚度大于表 2 数值或零件螺距小于表 2 数值时,需将螺纹尺寸制出特殊的极限和公差。

如需对特殊螺纹的公差限制在接近最小实体条件(外螺纹)或最大实体条件(内螺纹)的范围内,则表 2 给出的最小螺距极限尺寸是适用的。提供较大的基本偏差,或在公差带位置 H 的情况下,提供的偏差是其他方法不能实现的。为提供一个较大的基本偏差,只有移动整个公差带。

表 6 给出了对特殊螺距和镀层厚度要求的最小基本偏差。

**表 6 要求可容纳的镀层太厚而采用非标准螺纹的
最小基本偏差(普通螺纹)**

	镀层厚度(μm)		3	5	8	10	12	15	20	25	30
最小基本偏差(μm)	测量局部厚度(所有 l)		12	20	32	40	48	60	80	100	120
	测量批平均厚度	l≤5d	12	20	32	40	48	60	80	100	120
		l>5d～10d	15	24	40	50	60	75	100	125	150
		l>10d～15d	18	30	48	60	72	90	120	150	180

注:为容纳镀层厚度所需较大的基本偏差,可能削弱螺纹的啮合,
对其适用性应经供需双方协商。

② 可选择的电镀。

当要求紧固件的局部覆盖镀层时,如螺栓头部或盲螺母,则经常采用可选择的电镀程序。在这种情况下,应规定适用于零件不同部位的镀层厚度。

(16)附录 D(规范性附录)——批平均镀层
厚度的测量方法

① 镉和锌镀层平均厚度的测量方法。

程序:在有机溶剂中清除零件样本的油渍、取出样本、充分干燥后用精确度为 1/10000 的天平称重;然后,将全部样本浸入退镀液中,并翻转,使样本所有表面能与溶液自由接触。沸腾停止后,取出样本立刻用流水冲洗,并用软布擦去任何疏松的覆盖物。浸入丙酮、取出、充分

干燥后重新称重。

退镀液组成：

盐酸（$\rho = 1.16 \sim 1.18 \text{g/ml}$）：800ml；

蒸馏水：200ml；

锑三氧化物：20g。

镀层批平均厚度计算公式：

$$\text{批平均厚度}\,(\mu\text{m}) = \frac{K(m_0 - m_1)}{A}$$

式中：K—因数，由镀层金属的理论密度确定：

$K = \dfrac{10000}{\rho} \text{cm}^3/\text{g}$，K 值选取如下：

——镉：$K = 1160$，镉的理论密度 $\rho = 8.6 \text{g/cm}^3$；

——锌：$K = 1410$，锌的理论密度 $\rho = 7.1 \text{cm}^3$；

m_0—样本的初始质量(g)；

m_1—样本的最终质量(g)；

A—样本零件的总表面积(cm^2)。

表面积 A 可按第 12.21 页"(19)附录 G(资料性附录)——螺栓、螺钉和螺母的表面积"进行计算。

② 镍和镍+铬镀层批平均厚度的测量方法。

程序：在有机溶剂中清除零件样本的油渍、取出样本、充分干燥后用精确度为 1/10000 的天平称重。

如该批零件已镀铬，将其浸入退镀液 A 中，并进行搅拌。铬的溶解时间需要 2min 以上。之后，应无明显的冒气。取出零件不得延迟，并立刻置于水中冲洗。在退镀镍之前，须按基体情况采用不同退镀液。

钢基体上覆盖镍：采用退镀液 B，在 75～85℃ 之间保温，约 30min；翻转零件，待沸腾终止，表示已完全退镀镍 7.5μm。如果在镍层下还有厚度不超过 0.5μm 的铜镀层，则也将完全退镀。

铜或铜合金基体上覆盖镍：采用退镀液 C，在 80～90℃ 之间保温约 10min;翻转零件,待沸腾终止,表示已完全退镀镍镀层 2.5μm。通常,用细铜丝将零件吊挂在退镀液中。

镍镀层刚好完全溶解就取出零件、用水冲洗、浸入清洁的丙酮并擦净、充分干燥并重新称重。

退镀液组成:

(a) 退渡液 A:

锑三氧化物:120g/L;

盐酸($\rho > 1.16g/ml$)补充到 1L(1000cm³)。

(b) 退镀液 B:

间硝基苯磺酸钠:65g;

氢氧化钠:10g;

氰化钠:100g;

用水补充到 1L。

(c) 退镀液 C:

磷酸($\rho = 1.75g/ml$)。

注:用水加入热酸溶液中是危险的;溶液中水分蒸发后需要补充,
应在溶液冷却后才可进行。

对镍镀层,也可以使用专利的化学退镀液。该溶液对基体金属的腐蚀可以忽略不计(即对基体金属去掉的厚度小于 $0.5μm$)。

镀层批平均厚度计算公式,参见前面介绍。

——镍:$K = 1120$,镍的理论密度 $\rho = 8.9g/cm³$。

(17) 附录 E(规范性附录)——螺纹零件 电镀层 A 类代号标记方法

① A 类代号标记方法。

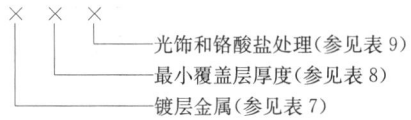

表7 金属/合金镀层标记

金属/合金镀层		标记	金属/合金镀层		标记
符号	元素		符号	元素	
Zn	锌	A	Sn	锡	J
Cd①	镉	B	CuSn	铜锡(青铜)	K
Cu	铜	C	Ag	银	L
CuZn	黄铜	D	CuAg	铜银	N
Nib	镍	E	ZnNi	锌镍	P
NibCrr②	镍铬	F	ZnCo	锌钴	Q
CuNib②	铜镍	G	ZnFe	锌铁	R
CuNibCrr②	铜镍铬③	H			

注：① 在某些国家,镉镀层的使用是受限或禁止的。
　　② 镀层分级和类型代号,参见 GB/T 9797—1997 金属覆盖
　　　层——镍十铬和铜十镍十铬电沉积层。
　　③ 铬的厚度约为 0.3μm。

表8 镀层厚度(总覆盖层厚度)标记

镀层厚度(μm)		标记	镀层厚度(μm)		标记
单金属镀层	双金属镀层①		单金属镀层	双金属镀层①	
无镀层厚度要求	—	0	12	4十8	4
3	—	1	15	5十10	5
5	2十3	2	20	8十12	6
8	3十5	3	25	10十15	7
10	4十6	9	30	12十18	8

注：① 对第一层和第二层金属镀层规定的厚度适用于所有多层
　　　镀层;但不适用于顶层为铬的多层镀层(套镀铬),其铬镀
　　　层厚度均为 0.3μm。

表9 光饰和铬酸盐处理标记

光饰程度	典型颜色（包括以铬酸盐处理进行钝化①）	标记
无光泽	无色 浅蓝色至带淡蓝色的彩虹色② 隐约可见的淡黄色至黄棕色、彩虹色 淡褐橄榄色至橄榄棕色	A B C D
半光亮	无色 浅蓝色至带淡蓝色的彩虹色② 隐约可见的淡黄色至黄棕色、彩虹色 淡褐橄榄色至橄榄棕色	E F G H
光亮	无色 浅蓝色至带淡蓝色的彩虹色② 隐约可见的淡黄色至黄棕色、彩虹色 淡褐橄榄色至橄榄棕色	J K L M
高光亮 可任选的 无光泽 半光亮 光亮 全光饰	无色 与B、C或D一样 棕黑色到黑 棕黑色到黑 棕黑色到黑 不进行铬酸盐处理③	N P R S T U

注：① 钝化处理仅能用于锌或镉镀层。
　　② 仅适用于锌镀层。
　　③ 例如这样的镀层：A5U。

② 标记示例。

六角头螺栓、GB/T 5782、M10×60、8.8、电镀锌层（表7的A）、最小镀层厚度5μm（表8的2）、光饰状态为"光亮"并经铬酸盐处理成黄彩虹色（表9的L）的标记：

六角头螺栓　GB/T 5782　M10×60　8.8　A2L

注：1. 如未明确最小镀层厚度，则按表8，该镀层厚度的标记代号为"0"，例如"A0P"，以便该代号包括在完整的技术要求中。代号"0"适用于小于 M1.6 的螺纹零件或其他小零件。

　　2. 如要求其他处理，如涂抹油脂或油，则需协议，并在标记中规定。

（18）附录 F（资料性附录）——镀层标记示例

示例 1：电镀锌、镀层厚度 8μm、光亮、黄彩虹铬酸盐处理的标记：

A 类标记：A3L
其中：A—Zn 　　　3—8μm 　　　L—光亮、黄彩虹铬酸盐处理
B 类标记：Fe/Zn8c2C(或 Fe/Zn8・c2C)
其中：Fe—金属基体 　　　Zn—镀层金属 　　　8—最小镀层厚度(μm) 　　　c—铬酸盐处理 　　　2—铬酸盐处理等级 　　　C—铬酸盐处理类型

示例 2：电镀镍、镀层厚度 20μm、光亮＋普通铬镀层(0.3μm)的标记：

A 类标记：F6J
其中：F—镍-铬镀层，其中铬镀层厚度 0.3μm 　　　6—总镀层厚度 20μm 的代号 　　　J—光亮、无色
B 类标记：Fe/Ni20bCrr(或 Fe/Ni20bCr0.3)
其中：Fe—金属基体 　　　Ni—镀层金属 　　　20—镍镀层最小厚度(μm) 　　　b—光亮 　　　Cr—铬镀层 　　　r—普通镀铬(即 0.3μm)

（19）附录G（资料性附录）——螺栓、螺钉和螺母的表面积计算

按附录D测量批平均镀层厚度时，需要求出螺栓、螺钉和螺母的表面积，本附录给出了计算的指导性意见，以及部分数据，所给出的数据可用于双方协议。

① 螺栓和螺钉。

螺栓和螺钉的总表面积计算公式如下：

$$A = A_1 \times 螺纹部分长度 + A_2 \times 杆部长度 + A_3$$

式中：A_1—螺栓或螺钉的螺纹部分每1mm长度的表面积；

A_2—螺栓或螺钉的无螺纹杆部每1mm长度的表面积；

A_3—头部（包括末端面积）表面积；

各表面积计算单位均为 mm^2。

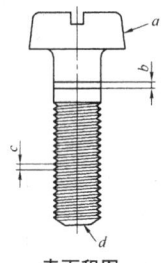

表面积图

a—包括末端面积的头部总表面积；b—每1mm长度的杆部表面积；c—每1mm长度的螺纹部分表面积；d—已包括在头部（A_3）表面积的末端表面积

如果是切制螺纹，无螺纹杆径近似等于螺纹基本大径（公称直径）。如果是辗制螺纹，无螺纹杆径近似等于中径（细杆）或基本大径（标准杆或等粗杆）。

表 10　螺栓和螺钉表面积

螺纹规格（粗牙）	每 1mm 长度表面积（mm²）			头部表面积（mm²）				
	螺纹部分表面积 A_1	无螺纹杆部表面积 A_2		沉头	半沉头	盘头	圆柱头	六角头
		标准杆	细杆					
M1.6	7.34	5.03	4.32	20.4	22.1	—	19.3	29.7
M2	9.31	6.27	5.44	32.6	35.5	—	32.0	47.1
M2.2	10.21	6.91	5.99	37.8	40.9	—	37.3	
M2.5	11.81	7.85	6.91	49.9	54.1	56.4	47.0	72.2
M3	14.32	9.42	8.36	66.7	72.2	78.3	72.8	91.0
M3.5	16.65	11.00	9.75	85.8	93.0	110.4	91.4	
M4	18.97	12.57	11.10	118.8	128.6	144.9	120.3	152.9
M4.5	21.49	14.15	12.55	128.1	138.6	182.2	162.1	—
M5	23.98	15.70	14.02	167.7	181.6	225.2	184.1	297.1
M6	28.62	18.85	16.71	241.8	261.2	319.6	258.3	312.2
M8	33.48	25.15	22.43	429.8	464.6	577.9	439.4	541.3
M10	48.31	31.42	28.17	671.5	725.8	901.8	666.0	905.8
M12	58.14	37.63	33.98	990.5	1064	—	864.0	1151
M14	67.97	43.99	39.45	1257	1357	—	1158	1523
M16	78.69	50.27	45.67	1720	1830		1509	1830
M18	87.63	56.54	50.88	2075	2240		1913	2385

注：对规格＞M18 的或细牙螺纹的螺栓和螺钉，未提供表面积数值，应采用适当的方法计算。

② 螺母。

表 11 给出 1 型六角螺母的表面积。

用于电镀螺母的有效表面积,通常小于实际几何面积。因为在螺母每端第一扣螺纹上的镀层最厚,所以在内螺纹上获得均匀分布的螺纹是困难的。因此,表 11 对螺母表面积的计算是基于既不钻孔,也不攻丝的螺母实体形状。

表 11　1 型六角螺母的表面积

螺纹规格	表面积 $A(\text{mm}^2)$	螺纹规格	表面积 $A(\text{mm}^2)$
M1.6	32.2	M5	221.3
M2	49.7	M6	345.8
M2.2	—	M8	585.8
M2.5	77.4	M10	971.0
M3	95.5	M12	1282
M3.5	—	M14	1676
M4	163.2	M16	2078
M4.5	—	M18	2678

注:对规格>M18 的 1 型六角螺母和 2 型六角螺母,未提供数值,
　　应采用适当的方法计算。

2. 紧固件非电解锌片涂层

(GB/T 5267.2—2002)

(1) 适用范围

本标准(GB/T 5267.2—2002)规定了钢制普通螺纹紧固件的非电解锌片涂层的厚度、附腐蚀、机械和物理性能的技术要求。

本标准适用于经铬酸盐钝化或不经铬酸盐钝化的锌片涂层。

本标准规定的锌片涂层也可用于能切制或辗压出与其相配的内螺纹的螺钉,如木螺钉、自攻螺钉、自钻自攻螺钉、自挤螺钉;切制螺纹和

辗制螺纹,以及垫圈和销等钢制无螺纹紧固件;也可用于类似的其他类型的螺纹钢制零件。

本标准规定的锌片涂层还能提供自润滑和(或)后添加的润滑。

(2) 术语和特性

非电解锌片涂层(自润滑或后添加润滑):是将紧固件表面涂上锌片(还可加入铝片),再放入适当介质中加热,使锌片与锌片、锌片与基材之间粘接而形成导电性良好、能起阴极防护作用的无机表面涂层。

非电解锌片涂层的一大特点是:在涂覆锌片过程中,被涂覆的紧固件不会吸收氢原子。若采用的预处理方法不产生新生态氢(如喷射处理),则在该工序中不会带来氢脆倾向。如果采用的预处理方法能导致基材对氢的吸收(如酸洗),那么对硬度>365HV的紧固件,在涂覆过程中,应对会产生氢脆的工序予以控制。这一点,按 GB/T 3098.17—2000 紧固件机械性能——检查氢脆用预载荷试验——平行支承面法的规定,采用预载荷试验可以做到。

应当注意:由于锌片涂层对氢有高的渗透性,从而可使在涂覆锌片工序之前业已吸收的氢,在加热烧结过程中通过锌片逸出。

(3) 尺寸的技术要求和检查

符合 GB/T 197 普通螺纹—公差配合、GB/T 9145 商品紧固件的中等精度—普通螺纹极限尺寸和 GB/T 2516 普通螺纹偏差表(直径1~355mm)的普通螺纹上涂锌层的厚度与表 1 给出的基本偏差有关,还与内、外螺纹的下列公差带位置有关:

——外螺纹:g、f、e;

——内螺纹:G;或有要求时:H。

涂锌层在外螺纹情况下不会超出零线(基本尺寸);在内螺纹情况下,也不会低于零线。即如果公差带没能达到零线(基本尺寸)时,对公差位置为 H 的内螺纹,仅可涂覆适度的涂层厚度。

涂覆后,普通螺纹按 GB/T 3934 普通螺纹量规的规定;用公差带位置为 h 或 H 通规分别检验外螺纹或内螺纹。当用环规检验涂覆后的螺纹时,允许的最大扭矩为 $0.001d^3$ (N・m)。其中,d 为螺纹公称直径(mm)。

其他尺寸要求仅适用于涂覆前。

为达到规定的防腐性能(参见下节"(4)防腐性能试验"),若规定最小涂层厚度(t_{min})时,对涂锌层厚度范围的规定应考虑到该尺寸与其最小涂层厚度基本相等。因此,估计的最大涂层厚度是所要求的最小涂层厚度的两倍。参见表2。对规定最小厚度为 $4t_{max}$(或 $8t_{min}$)的涂层,所适用的螺纹最小基本偏差,也在表2中给出。

如果对一指定的螺距在表1给出的基本偏差不能满足所要求的最小涂层厚度,那么:

——改变该螺纹的公差带位置(如由 f 代替 g);或

——将公差限制在给定的公差范围内,以使制出的螺纹为:内螺纹达到其公差的上偏差值;外螺纹达到其公差的下偏差值。

为达到规定的防腐性能,要求的局部涂锌层厚度在表3中给出(注:按防腐性能要求选取涂锌层厚度的示例,参见第12.30页"(9)附录A")。

如规定了最小涂锌层厚度(参见表3),则可以使用磁性测厚仪或X射线测厚仪进行测量。有争议时,应以 ISO1463:1982 金属和氧化膜—膜层测量—金相法规定的金相显微镜法作为仲裁方法。厚度测量的表面、部位,见图1。如果螺距小于 1mm($<M6$)或带有小的内扳拧空间或凹槽的紧固件需要涂覆时,则供방双方应有特殊协议。

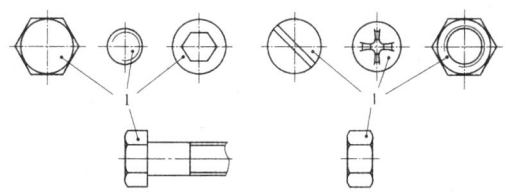

图1 螺纹紧固件局部涂锌层厚度的测量部位

1—测量部位

表1 普通螺纹非电解锌片涂层厚度的理论上偏差值

螺距 P	粗牙螺纹公称直径 d* (mm)	内螺纹				外 螺 纹			
		公差带位置 G(μm)		公差带位置 g(μm)		公差带位置 f(μm)		公差带位置 e(μm)	
		基本偏差	锌片涂层厚度 max	基本偏差	锌片涂层厚度 max	基本偏差	锌片涂层厚度 max	基本偏差	锌片涂层厚度 max
0.2		+17	4	-17	4				
0.25	1;1.2	+18	4	-18	4				
0.3	1.4	+18	4	-18	4				
0.35	1.5;1.8	+19	4	-19	4	-34	8		
0.4	2	+19	4	-19	4	-34	8		
0.45	2.2;2.5	+20	5	-20	5	-35	8		
0.5	3	+20	5	-20	5	-36	9	-50	12
0.6	3.5	+21	5	-21	5	-36	9	-53	13
0.7	4	+22	5	-22	5	-38	9	-56	14
0.75	4.5	+22	5	-22	5	-38	9	-56	14
0.8	5	+24	6	-24	6	-38	9	-60	15
1	6;7	+26	6	-26	6	-40	10	-60	15
1.25	8	+28	7	-28	7	-42	10	-63	15
1.5	10	+32	8	-32	8	-45	11	-67	16
1.75	12	+34	8	-34	8	-48	12	-71	17
2	14;16	+38	9	-38	9	-52	13	-71	17
2.5	18;20;22	+42	10	-42	10	-58	14	-80	20
3	24;27	+48	12	-48	12	-63	15	-85	21
3.5	30;33	+53	13	-53	13	-70	17	-90	22
4	36;39	+60	15	-60	15	-75	18	-95	23
4.5	42;45	+63	15	-63	15	-80	20	-100	25
5	48;52	+71	17	-71	17	-85	21	-106	26
5.5	56;60	+75	18	-75	18	-90	22	-112	28
6	64	+80	20	-80	20	-95	23	-118	29

注：1. 锌片涂层厚度理论上偏差值是根据规定的螺纹公差的下偏差值(内螺纹)或上偏差值(外螺纹)计算的。

2. *提供粗牙螺纹公称直径仅为方便使用，决定特性的是螺距。

表2 非电解锌片涂层厚度和要求的基本偏差

锌片涂层厚度 t^* (μm)	min(有要求时见表3)	4	5	6	8	9	10	12
	max(预期值)	8	10	12	16	18	20	24
要求的最小基本偏差(μm)		32	40	48	64	72	80	96

注：*由于紧固件支承面的锌片涂层可能造成松弛，从而降低夹紧载荷，是应当考虑的重要因素。

表3 中性盐雾试验时间

试验时间(h)		240	480	720	960
最小局部锌片涂层厚度* (μm)	涂锌片层并经铬酸盐钝化	4	5	8	9
	涂锌片层不经铬酸盐钝化	6	8	10	12

注：1. 如需方规定锌片涂层的平均重量(g/m^2)，其厚度可换算如下：

——涂锌片层并经铬酸盐钝化：4.5g/m^2，相当1μm厚度；

——涂锌片层不经铬酸盐钝化3.8g/m^2，相当1μm厚度。

2. *有要求时，由需方规定。非电解锌片涂层的代号为flZn；如果要求进行室内盐雾试验，规定试验时间时(如480h)，例：flZn 480h；如果要求涂层带自润滑的，代号后应字母"L"，例：flZn 480h L；如果要求锌片涂层之后添润滑(外部润滑)，字母"L"应加到代号的末端，例：flZn 480h L；另外，对带铬酸盐钝化膜的非电解锌片涂层的代号为flZnyc；对不带铬酸盐钝化膜的非电解锌片涂层的代号为flZnnc。

(4）防腐性能试验

按 GB/T 10125—1997 人造气氛腐蚀试验—盐雾试验规定的中性盐雾评定涂锌层的重量。应对处于交付状态的零件进行该试验。该试验的性能与零件在其特定服役环境中的防腐性能无关(注:在正常情况下,该镀锌层中性盐雾试验时间应从表3选定)。按表3给出的试验时间进行中性盐雾试验后,在金属基体上不应有肉眼可见的铁锈(红色)。

(5）机械和物理性能试验

① 总则:涂锌工艺不应对国家标准中规定的紧固件的机械和物理性能产生有害的影响。对于待涂覆的特殊型式紧固件,为确定涂覆时选取的加热温度和时间是否适宜(如有需要),应由制造者提供根据试验证实的研究情况。

② 外观:涂锌层的颜色应是银-灰色,应无气泡、局部锌层过厚和局部无锌层,这些缺陷可能对紧固件的防腐性能和互换性造成不良影响。为避免零件(如垫圈、螺母和凹槽螺钉)锌层过厚或部分无锌层,可能需要采用专门技术。

③ 耐温性能:将涂锌紧固件加热到150℃,保温3h后,仍应符合规定的防腐性能要求。

④ 韧性:涂锌紧固件按 GB/T 3098.1 规定的保证载荷试验后,其防腐性能仍应符合"(4)防腐性能试验"的规定。但对试验中发生过螺纹啮合的部位除外。这一要求仅适用于螺栓、螺钉和螺柱。

⑤ 附着强度:将每25mm宽、附着强度为(7+1−1)N 的有黏性的带子,用手压到涂锌零件的表面,随后再垂直于表面急速拉开。该涂锌层不应从金属基体上脱落。但允许有少量的涂锌材料粘贴到带子上。

⑥ 阴极防护:对涂锌层的阴极防护能力也可进行试验,即用最大划痕宽度为 0.5mm 的工具将试件上涂锌层划伤到金属基体,按"(4)防腐性能试验"的要求进行盐雾试验。经72h试验后,划伤部位不应出现红色铁锈。

⑦ 带自润滑或后添加(外部的)润滑的涂锌层的扭-拉关系:应由

供需双方协议。

（6）试验的适用性

① 总则：在本标准第(3)节～第(5)节中给出的所有技术要求，是对涂锌层总的特性要求。这些要求，以及由需方单独提出的要求均需进行试验。应对每批紧固件按下面"②每批产品的强制性试验"的规定进行各项试验(参见 GB/T 90.1 紧固件验收检查)。但后面"③工序控制管理的试验"给出的试验项目并不适用于每个紧固件批，仅在工序控制中使用。

② 每批产品的强制试验：

——螺纹的量规检验(参见第(3)节)；

——外观(参见第(5)节②)；

——附着强度(参见第(5)节⑤)。

③ 工序控制管理的试验：

——中性盐雾试验(参见第(4)节)；

——耐温性能(参见第(5)节③)；

——韧性(参见第(5)节④)；

——阴性防护(参见第(5)节⑥)。

④ 当用户要求时才实施的试验：

——镀锌层厚度(参见第(3)节)；

——带自润滑或后添加(外部的)润滑的涂锌层扭-拉关系试验(参见第(5)节⑦)。

（7）标　记

按 GB/T 1237—2000 紧固件标记方法的规定在产品标记中应增加非电解锌片涂层的标记：

非电解锌片涂层用代号 flZn 表示；

如要求进行室内盐雾试验，并规定试验时间时，用数字表示要求的试验时间；

带铬酸盐钝化膜的用 yc 表示；

不带铬酸盐钝化膜的用 nc 表示。

示例1：六角头螺栓，GB/T 5782，M12×80，10.9 级，非电解锌片涂层(flZn)，要求进行 480h 的盐雾试验，其标记为：

六角头螺栓　GB/T 5782　M12×80　10.9 flZn 480h

如果要求锌片涂层带自润滑，应在锌片涂层的标记后面加字母 L；如果要求锌片涂层之后加润滑(外部润滑)，则将字母 L 加到标记的末端：

六角头螺栓　GB/T 5782　M12×80　10.9　flZnL 480h

六角头螺栓　GB/T 5782　M12×80　10.9　flZn 480hL

示例2：六角头螺栓，GB/T 5782，M12×80，10.9 级，非电解锌片涂层不经铬酸盐钝化(flZnnc)，要求进行 480h 的盐雾试验，其标记为：

六角头螺栓　GB/T 5782　M12×20　10.9　flZnnc 480h

示例3：六角头螺栓，GB/T 5782，M12×80，10.9 级，非电解锌片涂层经铬酸盐钝化(flZnyc)，要求进行 480h 的盐雾试验，其标记为：

六角头螺栓　GB/T 5782　M12×20　10.9　flZnyc 480h

（8）签订非电解锌片涂层的技术要求

按本标准要求订购非电解锌片涂层的螺纹零件时，应对涂覆者提供下列信息：

① 引用本标准规定的非电解锌片涂层标记(参见第(7)节)；

② 零件材料和状态，如热处理、硬度或其他在涂覆锌片过程中可能受影响的性能；

③ 与产品标准规定的螺纹精度不同时，应予提供；

④ 经供需双方协商同意的工作性能(扭-拉关系、摩擦系数)和对带自润滑或后添加润滑的锌片涂层的试验方法；

⑤ 应实施的试验(参见第(6)节)；

⑥ 抽样检查。

（9）资料性附录——根据防腐性能要求选取
非电解锌片涂层厚度的示例

有一用户拟订购普通螺纹的螺栓：M10(粗牙螺纹、螺距 1.5mm)，非电解锌片涂层。根据他的经验，为满足其使用情况的防腐性能要求，需要最小的盐雾时间为480h。

按表3，该用户决定选取非电解锌片涂层并经铬酸盐钝化的锌层(f/Znyc)最小厚度为5μm，其所对应的最小试验时间为480h。

按表2，用户发现最小厚度为5μm时，所对应的最大厚度为10μm，因此所需要的最小基本偏差为40μm。

按表1，用户发现对螺距为1.5mm，只有使用公差带位置为f时，才能达到最小基本偏差为40μm，这就意味着不能订购涂锌片前为6g的螺栓。

该用户的决定存在着三种可能性：

① 认可螺栓涂锌片层前的螺纹为6f；

涂锌片层者从本标准得知，为避免安装时出现问题，涂锌片层厚度不能超过11μm。该用户将订购：

六角头螺栓　GB/T 5782　M10×80　10.9　flZnyc　480h

涂锌片层前螺纹为6f.

② 该用户已经决定保持6g精度，而降低对防腐性能的要求。

表1对螺距为1.5mm给出的基本偏差为32μm，并将允许的最大涂锌片层厚度定为8μm。再看表2，该用户发现最小涂锌片层厚度为4μm时，在表3中对涂锌片并经铬盐酸钝化(flZnyc)的涂锌片层对应的盐雾时间为240h。该用户将订购：

六角头螺栓　GB/T 5782　M10×80　10.9　flZnyc　240h

注：在这种情况下，对螺纹精度不需特殊规定，因其符合产品标准的要求。

③ 该用户想保持公差带位置g，但还要求盐雾试验的最少时间为480h。

在这种情况下，用户将减小螺纹的直径公差（公差等级为6级的螺纹公差为132μm），即采用满足涂锌片层厚度所需间隙值的方法。

480h、涂锌片层并经铬酸盐钝化(flZnyc)的锌片涂层厚度 t：$t_{min} =$

$5\mu m$(见表 3);$t_{max} = 10\mu m$;

　　为涂锌片层需要的间隙值:$40\mu m$;

　　公差带位置 g 的基本偏差:$32\mu m$;

　　需要压缩的螺纹公差:$8\mu m$。

该用户将订购:

六角头螺栓　GB/T 5782　M10×80　10.9　flZnyc　480h

6g 级的最大螺纹尺寸压缩 $8\mu m$。

注:对 6 级螺纹公差需要压缩的情况,参见图 2。

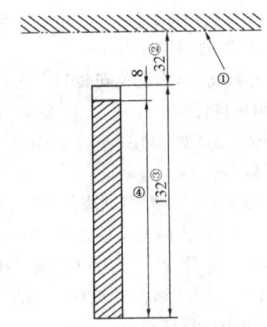

图 2　为达到规定的涂锌片层而压缩螺纹公差示意图

①—零线;②—公差带位置 g 的基本偏差;

③—6 级公差;④—受限制的 6 级公差

图中尺寸单位为 μm

第十三章　紧固件标记方法

1. 紧固件的完整标记

在 GB/T 1237—2000 中,规定了紧固件标记方法,现介绍于下:

$$\boxed{1}\ \boxed{2}-\boxed{3}\times\boxed{4}\times\boxed{5}\times\boxed{6}-\boxed{7}-\boxed{8}-\boxed{9}-\boxed{10}-\boxed{11}$$

标记中各项内容说明:

1—紧固件类别(产品名称);

2—紧固件产品标准编号;

3—螺纹规格或公称尺寸(如销的直径及其公差);

4—其他直径或特性(必要时,如杆径公差);

5—公称长度(规格)(必要时);

6—螺纹长度或杆长(必要时);

7—产品型式(必要时);

8—性能等级或硬度或材料;

9—产品等级(必要时);

10—扳拧形式(必要时,如十字槽形式);

11—表面处理(必要时)。

以上各项内容的具体表示方法:第 1~7 项,按相应产品标准的规定;第 8~10 项,按有关基础标准的规定;第 11 项按 GB/T 13911 的规定(参见第 13.5 页)。

2. 紧固件标记的简化原则

紧固件标记可按下列简化原则进行简化:

① 紧固件类别(产品名称)、标准编号中的"年代号"及其前面的"—",允许全部或部分省略。省略年代号的标准应以现行标准为准。

② 标记中的"—"允许全部或部分省略;标记中"其他直径或特性"前面的"×"允许省略。但省略后不应导致对标记的误解,一般以空格代替。

③ 当产品标准中只规定一种产品型式、性能等级或硬度或材料、产品等级、扳拧型式及表面处理时,允许全部或部分省略。

④ 当产品标准中规定两种及其以上的产品型式、性能等级或硬度或材料、产品等级、扳拧型式及表面处理时,应规定可以省略其中的一种,并在产品标准的标记示例中给出省略后的简化标记。

注:在本手册以后介绍的各类紧固件的"品种简介"表的有关栏目中,用粗体字表示的内容,表示在产品标准的标记示例中允许省略。

3. 紧固件标记示例

① 外螺纹件。

(a) 螺纹规格 d = M12、公称长度 l = 80mm、性能等级为 10.9 级、表面氧化、产品等级为 A 级的六角头螺栓的完整标记:

　　　　螺栓　GB/T 5782—2000—M12×80—10.9—A—O

(b) 螺纹规格 d = M12、公称长度 l = 80mm、性能等级为 8.8 级、表面氧化、产品等级为 A 级的六角头螺栓的简化标记:

　　　　　　螺栓　GB/T 5782　M12×80

(c) 螺纹规格 d = M6、公称长度 l = 6mm、末端长度 z = 4mm、性能等级为 33H 级、表面氧化的开槽盘头定位螺钉的完整标记:

　　　　　　螺钉　GB/T 828—1988—M6×6×4—33H—O

(d) 螺纹规格 d = M6、公称长度 l = 6mm、末端长度 z = 4mm、性能等级为 14H 级、不经表面处理的开槽盘头定位螺钉的简化标记:

　　　　　　　　螺钉　GB/T 828　M6×6×4

② 内螺纹件。

(a) 螺纹规格 D = M12、性能等级为 10 级、表面氧化、产品等级为

A 级的 1 型六角螺母的完整标记：

> 螺母　GB/T 6170—2000—M12—10—A—O

（b）螺纹规格 D = M12、性能等级为 8 级、不经表面处理、产品等级为 A 级的 1 型六角螺母的简化标记：

> 螺母　GB/T 6170　M12

③ 垫圈。

（a）标准系列、规格 8mm、性能等级为 300HV、表面氧化、产品等级为 A 级的平垫圈的完整标记：

> 垫圈　GB/T 97.1—1985—8—300HV—A—O

（b）标准系列、规格 8mm、性能等级为 140HV、不经表面处理、产品等级为 A 级的平垫圈的简化标记：

> 垫圈　GB/T 97.1　8

④ 自攻螺钉。

（a）螺纹规格 ST3.5、公称长度 l = 16mm、Z 型槽、表面氧化的 F 型十字槽盘头自攻螺钉的完整标记：

> 自攻螺钉　GB/T 845—1985—ST3.5×16—F—Z—O

（b）螺纹规格 ST3.5、公称长度 l = 16mm、H 型槽、镀锌钝化的 C 型十字槽盘头自攻螺钉的简化标记：

> 自攻螺钉　GB/T 845　ST3.5×16

⑤ 销。

（a）公称直径 d = 6mm、公差为 m6、公称长度 l = 30mm、材料为 C1 组马氏体不锈钢、表面简单处理的圆柱销的完整标记：

> 销　GB/T 119.2—2000—6m6×30—C1—简单处理

（b）公称直径 $d = 6$mm、公差为 m6、公称长度 $l = 30$mm、材料为钢、普通淬火（A 型）、表面氧化的圆柱销的简化标记：

销　GB/T 119.2　6×30

⑥ 铆钉。

（a）公称直径 $d = 5$mm、公称长度 $l = 10$mm、性能等级为 08 级的开口型扁圆头抽芯铆钉的完整标记：

抽芯铆钉　GB/T 12618—1990—5×10—08

（b）公称直径 $d = 5$mm、公称长度 $l = 10$mm、性能等级为 10 级的开口型扁圆头抽芯铆钉的简化标记：

抽芯铆钉　GB/T 12618　5×10

⑦ 挡圈。

（a）公称直径 $d = 30$mm、外径 $D = 40$mm、材料为 35 钢、热处理硬度 25～35HRC、表面氧化的轴肩挡圈的完整标记：

挡圈　GB/T 886—1986—30×40—35 钢、热处理 25 ～ 35HRC

（b）公称直径 $d = 30$mm、外径 $D = 40$mm、材料为 35 钢、不经热处理及表面处理的轴肩挡圈的简化标记：

挡圈　GB/T 886　30×40

第十四章　紧固件验收检查、标志与包装

1. 紧固件验收检查

(GB/T 90.1—2002)

(1) 适 用 范 围

在订货时未与紧固件供方协议采用其他验收检查程序的情况下，紧固件的需方必须遵循本标准(GB/T 90.1—2002)规定的验收程序，以确定一批紧固件的验收或拒收。验收的附加技术要求，在特定的产品标准(如有效力矩型螺母)中给出。相同的程序也适用于对验收技术条件有争议的情况。

本标准适用于螺栓、螺钉、螺柱、螺母、销、垫圈、盲铆钉(抽芯铆钉)和其他相关的紧固件。但不适用于高速机械装配、特殊目的使用或特殊工程监理，要求较高的加工过程控制程序和批的跟踪等场合使用的紧固件。对这些产品的验收检查程序应由供需双方在确认订单之前协商一致。

本标准仅适用于紧固件成品；不适用于生产过程中对任何局部的工序控制或检验。

在紧固件的制造过程中，配套附件的加工、工艺协作和使用时单独安装的零件(如垫圈、螺母、镀层、热处理和坯料)，可以由紧固件的供方分包给其他供方。然而成品的最终提供者应对紧固件的质量完全负责。

本标准的技术要求仅适用于交货时的紧固件，而不适用于接收后的紧固件再进行加工、处理(如镀层)的检验。

(2) 有关验收检查的术语和定义

① 验收检查：经抽样、量规检查、测量、比较和试验，以判定一批紧固件的接收或拒收。

② 供方：提供紧固件的制造者、经销者或代理人。

③ 需方：接收紧固件的收货人或代理人。

④ 检查批：从同一供方一次接收的相同标记、一定数量的紧固件。

⑤ 批量(N)：一批中包含的紧固件数量。

⑥ 样本：从一个检查批中随机抽取(即该批紧固件有均等的机会

被抽到)一个或多个紧固件。

⑦ 样本大小(n):样本中所包含的紧固件数量。

⑧ 特性:规定了极限范围的尺寸要素、机械性能或其他可标识的产品性能。例如:头部高度、杆部直径、抗拉强度或硬度。

⑨ 缺陷:特性偏离了特定的技术要求。

⑩ 不合格紧固件:有一个或多个缺陷的紧固件。

⑪ 合格判定数(A_c):在任一给定的样本中,同一特性所允许的最大缺陷数,如超出,则拒收该批产品。

⑫ 抽样方案:根据方案抽取一个样本,以获得信息并确定一个批的可接收性。

⑬ 合格质量水平(AQL):一个抽样方案中,同一高的接收概率相对应的质量水平(注:本标准中该概率大于或等于95%)。

⑭ 极限质量(LQ):一个抽样方案中,同一低的接收概率相对应的质量水平(注:1. 本标准中该概率小于或等于10%。2. LQ_{10}表示在抽样方案中,对应于1/10接收概率的、不符合特性的紧固件的比率;通常称为使用者风险)。

⑮ 生产者风险:实际质量水平达到规定的AQL值时,在一个抽样方案中一批产品仍被拒收的概率。

⑯ 接收概率(P_a):对一个已知质量的批,在给定的抽样方案中判定该批可接收的概率。

(3) 验收检查基本规则与技术要求

① 需方认为必要或经济合理时,可对已交付的紧固件进行功能或使用性能的检查。当生产者风险不大于5%时,不必预先达成协议。

② 在验收检查的过程中,应强调,着重考虑产品是否符合其预期的功能。仅当缺陷损害了紧固件预期功能或使用要求时,才可提出拒收。因此,标准规定的检验并非都要进行。

对查出的缺陷,需方应给供方核实的机会。

检查时,对以后的使用功能尚不能确定者(如库存零件),则对任何不符合规定公差的情况均应作为损害功能或使用要求记录在案。

③ 已拒收的紧固件批,除非对缺陷经过修整或分类(参见下节第⑥条),否则不能提交复检。

④ 检查中使用量规和测量仪器时,如果紧固件的尺寸和性能均在规定的极限范围内,则不应决定拒收任何紧固件。如有争议,应使用直接测量,以便判定。但不适用于螺纹检查。用量规检查螺纹是决定性的(参见 GB/T 3934—1983 普通螺纹量规)。

⑤ 即使符合本标准验收条件的产品批,也应尽可能剔除个别不符合技术要求的紧固件。

(4) 紧固件特性的检查程序

① 每一特性均应单独评定。

② 按表 1~表 4 确定被检紧固件的尺寸特性项目,记录所有适合于检查的特性项目与其相应的 AQL 值。记录表 6~表 9 中给出的所有应予检查的、尺寸特性项目以外的特性与相应的 AQL 值。

③ 根据上节第①条要求,选择适当的 LQ_{10} 值(示例参见表 5)。

注:1. LQ_{10} 应当与紧固件的功能或使用或两者相适应。对多数重要紧固件的功能或使用,LQ_{10} 值可以是较小的,但这将要求较大的样本数量和较高的检查成本。如果该批产品已知是采用连续生产控制的,则可能减少被检紧固件的比例。如果被检批显示了好的质量,在这情况下选取较大的 LQ_{10} 值。相反,如果该批产品不能推测其质量是均匀一致的,或者是由多个制造者提供的,则可能需要提高被检紧固件的比例。LQ_{10} 值的选择应由需方独自判定。

2. 表 5 的抽样方案由选定的 AQL 和使用者风险(LQ_{10})确定。这两个参数一旦确定,样本大小(n)和合格判定数(A_c)也随即确定。GB/T 2828 逐批检查计数抽样程序及抽样表(适用于连续批的检查)的表 2 给出的批量与样本的关系是不适用的,它仅适用于连续批的检查。因此,如

能选定适当的 LQ_{10}，则表 5 也能很好地用于孤立批。

④ 已知 AQL 和选用的 LQ_{10}，则可查出样本大小（n）和合格判定数（A_c），如表 5 所示。

⑤ 按随机抽取样本的要求，对每一特性抽取样本、进行检查，并记录不合格紧固件的件数。如果缺陷数小于或等于合格判定数（A_c），则接收该批产品。在非破坏性检查中，如果批量小于要求的样本数，则应进行 100%。

⑥ 万一拒收，对该批产品的适当修整，应由供需双方协商一致（参见上节第③条）。

⑦ 无论何处，应尽可能地采用进行过非破坏性硬度试验的样本进行拉力试验。最低硬度的样本用于抗拉强度，而最高硬度的样本用于伸长率试验。拉力试验是破坏性试验，比非破坏性硬度试验要求的样本少（注：以上不适用于破坏性硬度试验。例如，表面硬度、为确定渗碳或脱碳的，以及其他需要在试件截面上进行试验的硬度试验）。

保证载荷试验应视为破坏性试验。

例 1　一个质量稳定的供方提供一批 A 级六角头螺栓，对其螺纹进行检查。在此情况下，$LQ_{10} = 6.5$（对应 AQL1.0）是合适的。

AQL1—样本大小 $n = 80$—合格判定数 $A_c = 2$

例 2　对不了解实际质量情况的供方提供的一批内六角圆柱头螺钉产品，对其扳拧性能进行检查。在此情况下，$LQ_{10} = 6.5$（对应 AQL1.0）是合适的。

AQL1—样本大小 $n = 400$—合格判定数 $A_c = 7$

例 3　机械性能的检查—螺母保证应力

AQL1.5—样本大小 $n = 3$—合格判定数 $A_c = 0$

⑧ 表面缺陷的非破坏性检查（目测检查），经常是不能给出缺陷的种类和尺寸，而确切的情况只能用破坏性检查予以验证。对表面缺陷的非破坏性检查需要较大的样本大小，以便在其后识别这些缺陷时进行破坏性检查。

表1 螺纹紧固件的尺寸特性

尺寸特性	产 品 等 级[①]					
	1	2	3	4	5	6
	A和B级螺栓、螺钉和螺柱	C级螺栓、螺钉和螺柱	A和B级螺母	C级螺母	自攻螺钉和[②]木螺钉	所有未包括在第5列的自挤螺钉、自钻自攻螺钉和薄板螺钉
	AQL					
对边宽度	1	1.5	1	1.5	1.5	1
对角宽度	1	1.5	1	1.5	1.5	1
螺母高度	—	—	1	1.5	—	—
开槽宽度	1	—	—	—	1.5	—
开槽深度	1	—	—	—	1.5	—
凹槽插入深度	1	—	—	—	1.5	—
内扳拧，通规	1	—	—	—	—	—
内扳拧，止规	1	—	—	—	—	—
头下形状	—	—	—	—	—	1
螺纹通规	1	1.5	1	1.5	—	1[③]
螺纹止规	1	1.5	1	1.5	—	1[③]
大径	—	—	—	—	2.5	—
几何公差[④]	1	1.5	1	1.5	2.5	1
其他	1.5	2.5	1.5	2.5	2.5	1.5
不合格紧固件	2.5	4	2.5	4	4	2.5

注：① 产品等级（A、B、C级）按产品的公差分类（参见第8.2页GB/T 3103.1）。

② 螺纹符合GB/T 5280的自攻螺钉。

③ 对某些产品（如自挤螺钉）的特性评定与螺纹配合精度有关。

④ 每一几何公差，应单独评定。

⑤ AQL值的验收检查仅是对系统缺陷的进行统计评定。

14.6

对未规定极限的非系统缺陷,例如,"未热处理"、"未打标志"、"没有螺纹"等缺陷,只能留给使用者自行判断。

表 2　平垫圈的尺寸特性

尺　寸　特　性		孔径	外径	其他
产品等级为 A 级 产品等级为 C 级	AQL	1 1.5	1.5 2.5	2.5 4

注:产品等级按产品的公差分类(参见第 8.39 页 GB/T 3103.3)。

表 3　销的尺寸特性

尺寸特性	圆柱销	圆锥销	销　轴	弹性销	开口销
	AQL				
销　径	1	1	1	1	1.5
表面粗糙度	1	1	1	—	—
锥　度	—	1	—	—	—
其　他	2.5	2.5	2.5	2.5	2.5

表 4　盲铆钉(抽芯铆钉)的尺寸特性

尺寸特性	钉体 直径	钉体 长度	钉体头部 直径	钉芯伸出 长度	其他
AQL	1.5	1.5	1.5	1.5	2.5

表 5　抽样方案示例[①]

A_c	AQL				
	0.65	1.0	1.5	2.5	4.0
	$n^{②}/LQ_{10}$				
0	8/25	5/37	3/54	—	—
1	50/7.6	32/12	20/18	13/27	8/42
2	125/4.3	80/6.5	50/10	32/17	20/25
3	200/3.3	125/5.4	100/6.6	50/13	32/20

A_c	AQL				
	0.65	1.0	1.5	2.5	4.0
	$n^②/LQ_{10}$				
4	315/2.6	200/3.9	125/6.2	80/9.6	50/15
5	400/2.4	250/3.7	160/5.8	100/9.3	—
6	—	315/3.4	200/5.2	125/8.4	80/13
7	—	400/3.0	250/4.7	160/7.3	100/11.5
8	—	—	315/4.2	200/6.6	125/10
10	—	—	400/3.9	250/6.0	160/9.5
12	—	—	—	315/5.6	200/8.8
14	—	—	—	400/5.0	250/8.0
18	—	—	—	—	315/7.8
22	—	—	—	—	400/7.3

注：① 抽样方案摘自 GB/T 2828 逐批检查计数抽样程序及抽样表
（适用于连续批的检查）；采用直接法，或某些情况采用插入
法。对所有抽样方案的生产者风险均小于或等于 5%。

② 在非破坏性试验的情况下，如果批量小于要求的样本大小
（n），则应进行 100% 的检查。

表6　螺纹紧固件尺寸特性以外的特性

特　　性		AQL	引用标准
机械特性和 表面缺陷	非破坏性检查①	0.65	GB/T 3098.1～3098.7 GB/T 3098.9～3098.11 GB/T 3098.15、3098.16 GB/T 5779.1～5779.3 等
	破坏性检查	1.5	
化学成分		1.5	
金相特性		1.5	
功能(操作)特性		1.5	
镀层		1.5	GB/T 5267.1、5267.2 等
其他②		1.5	

注：① 在检查表面缺陷的过程中(非破坏性检查)，如果发现不允许的表面缺陷(如淬火裂缝)，无论它们的尺寸大小如何，则应拒收该检验批。

② 根据使用技术条件，可能要求其他特性。

表 7　平垫圈的机械特性

机械特性①	碳钢或合金钢	不锈钢	有色金属
	AQL		
硬　　度	0.65	0.65	—

注：① 在产品标准中规定。根据使用技术条件，可能要求其他特性。

表 8　销的机械特性

机械特性①	圆柱销、圆锥销和销轴	弹性销、槽销
	AQL	
剪切强度	—	1.5
硬度	0.65	0.65

注：① 在产品标准中规定。根据使用技术条件，可能要求其他特征。

表 9　盲铆钉(抽芯铆钉)的机械特性

机械特性①	抗拉强度	剪切强度	钉芯断裂强度	钉芯拆卸力	钉头保持性能
AQL	1.5	1.5	1.5	4.0	4.0

注：① 在产品标准中规定。

(5) 推荐的验收检查程序(以尺寸特性为例)

① 方案 1。

为检验所有尺寸特性，按第 14.7 页表 5 选取一个样本大小(n)，分别评定每一特性(参见第 14.6 和 14.7 页表 1～表 4)。

当检验批通过各单项特性检验后，不合格紧固件按以下方法评定：

14.9

——计算在所有特性检验中发现的不合格紧固件的数量(一个紧固件有一个或几个缺陷时,均按一个不合格紧固件计);

——比较不合格紧固件的件数与 A_c 值[相应于样本大小(n)和表1对不合格紧固件给出的 AQL 值],以确定接收或拒收该检验批。

程序 1

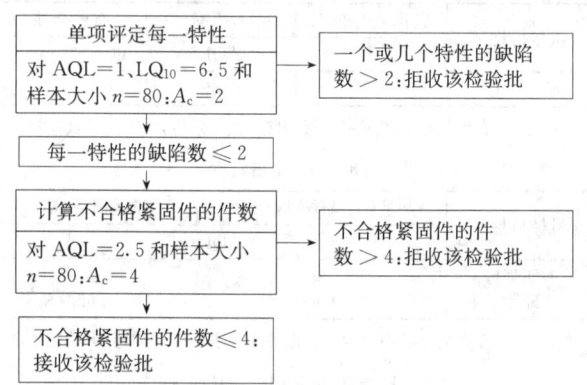

② 方案 2。

为检验所有尺寸特性,按表5选取一个样本大小(n_1)。首先,采用样本大小 n_1 实施方案1规定的程序。当检验批通过检验后,使用者可以决定,采用按表5提高的样本大小和合格判定数对特别重要的特性进行判定。

然后:

——按表5选择一个较大的样本大小(n_2);

——对特别重要的特性,用附加的样本大小($n_2 - n_1$)进行检验;

——根据表5,按样本大小(n_2)和 AQL 确定的 A_c 值,对该验收批判定接收或拒收。

程序 2

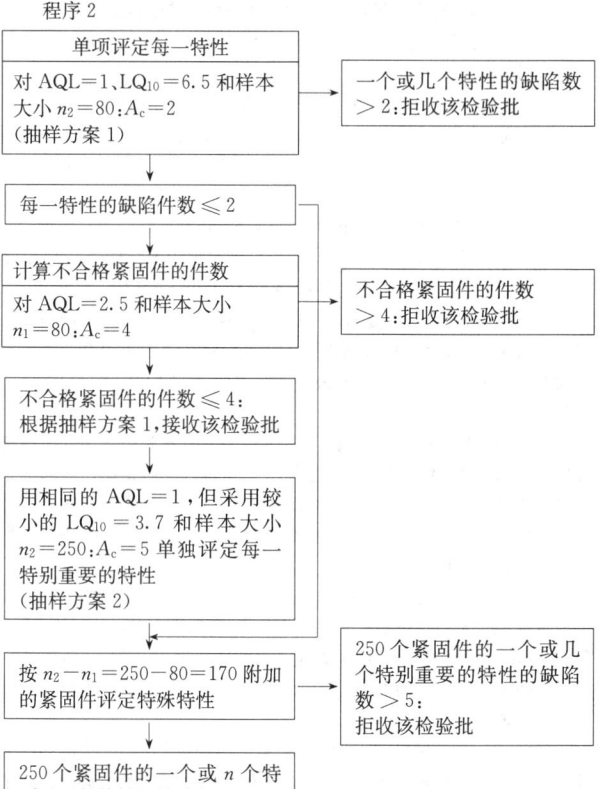

```
┌─────────────────────────────┐
│ 单项评定每一特性                    │        ┌──────────────────────┐
│ 对 AQL=1、LQ₁₀=6.5 和样本      │───────▶│ 一个或几个特性的缺陷数       │
│ 大小 n₂=80；Aᴄ=2             │        │ >2：拒收该检验批           │
│ (抽样方案 1)                  │        └──────────────────────┘
└─────────────────────────────┘
            │
            ▼
┌─────────────────────────────┐
│ 每一特性的缺陷件数 ≤2            │
└─────────────────────────────┘
            │
            ▼
┌─────────────────────────────┐
│ 计算不合格紧固件的件数              │        ┌──────────────────────┐
│ 对 AQL=2.5 和样本大小          │───────▶│ 不合格紧固件的件数          │
│ n₁=80；Aᴄ=4                │        │ >4：拒收该检验批           │
└─────────────────────────────┘        └──────────────────────┘
            │
            ▼
┌─────────────────────────────┐
│ 不合格紧固件的件数 ≤4：           │
│ 根据抽样方案 1，接收该检验批         │
└─────────────────────────────┘
            │
            ▼
┌─────────────────────────────┐
│ 用相同的 AQL=1，但采用较         │
│ 小的 LQ₁₀=3.7 和样本大小        │
│ n₂=250；Aᴄ=5 单独评定每一       │
│ 特性重要的特性                    │
│ (抽样方案 2)                  │
└─────────────────────────────┘
            │
            ▼
┌─────────────────────────────┐        ┌──────────────────────┐
│ 按 n₂-n₁=250-80=170 附加   │───────▶│ 250 个紧固件的一个或几      │
│ 的紧固件评定特殊特性               │        │ 个特性重要的特性的缺陷       │
└─────────────────────────────┘        │ 数 >5：                │
            │                          │ 拒收该检验批              │
            ▼                          └──────────────────────┘
┌─────────────────────────────┐
│ 250 个紧固件的一个或 n 个特       │
│ 别重要的特性的缺陷数 ≤5：根        │
│ 据抽样方案 2，接收该检验批          │
└─────────────────────────────┘
```

14.11

（6）有关"基本规则"部分的导示与解释*

注：* 本节内容是本标准（GB/T 90.1—2000）的提示性附录。

① 总则。

在大量生产中，避免产生不合格紧固件是不大现实的。尤其是在大批量产品中，可能偶而出现一些不合格的紧固件。通常，技术要求也不需要拣出不合格的紧固件。因在任何情况下，这都是一个困难且不经济的程序。

每个不合格紧固件都可能对预期使用有不利影响而引起申诉。

某些需方要求逐个检验每个紧固件，并分选出不合格紧固件，必要时还将提出申诉。本标准规定的程序和 AQL 值不适用于这种情况。

通常，仅由需方对大批紧固件进行随机抽样。由于采用随机检验，对检验批中实际存在的不合格紧固件数量，允许以不同程度的概率推导出有差异的结论。该概率取决于样本大小（检查程度）。

② 目的。

本标准给出的技术条件，在未知整批产品中不合格紧固件所占准确比例的情况下，为确定产品质量提供了客观的判断依据。对那些不合格紧固件的比率小的（小于 AQL 值）检验批，如果采用不适当的抽样方案（如样本大小 n 太小），而被不恰当地定为超出了要求，则需要尽可能的对供方提供保护。

③ 有关"适用范围"的背景情况。

本标准规定的合格质量水平（AQL 值）和抽样方案，对于缺陷比率等于 AQL 值的批的拒收比例，即生产者风险不超过 5%。

本技术条件一方面保护供方，另一方面也给予需方由于技术原因选择需要的抽样方案自由度。

因此，需方可根据从同一供方（质量史）以往接收批中获得的经验和对产品的功能技术要求，确定检验范围。样本大小越大（即抽样方案的 LQ 值接近 AQL），则对不合格紧固件的比率明显地超出 AQL 值的产品批辨别的概率越高；因此，其工作量和涉及的费用也越大。需方可

14.12

运用本验收规则,对特定的环境条件选择最佳技术和经济参数。

④ 有关"验收检查基本规则与技术要求"的背景情况。

以下介绍抽样方案(样本大小、合格判定数)与 AQL 和 LQ 值的关系。

每一抽样方案均可用它的工作特性曲线(图中 OC 曲线)描述。这个曲线显示了随着检验批中不合格紧固件的实际比率的变化,在一个抽样检验中出现的接收概率。对适用的抽样规定了工作特性曲线的两个点,即接收概率为 95% 和 10% 的点。OC 曲线的 95% 点要求大于或等于 AQL 值。OC 曲线(LQ_{10} 值)的 10% 点,则是由需方任选的。当检验批中不合格紧固件的比率相当于 LQ_{10} 值时,则会引起相当高的(90% 的概率)申诉概率。

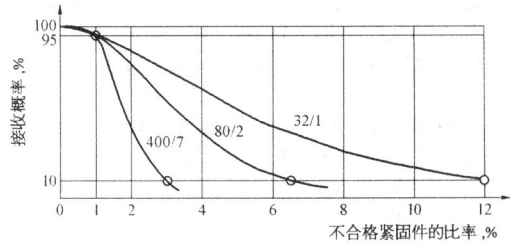

示例:AQL = 1、抽样方案 32/1、80/2 和 400/7
抽样方案的工作特性曲线图

本标准的表 5 适用于没有自定抽样规则的使用者。

抽样检验仅用于确定整批产品的验收或拒收。有个别不合格紧固件也可能不受影响;即使被接收,没有任何缺陷也是可能的。

在讨论 AQL 值的过程中,通常认为:对整个交付的产品有缺陷的零件约占 5% 时,对紧固件的供方是不经济的。因此本标准规定的 AQL 值和生产者风险,仅仅视为确定抽样方案是否合适的特性值。紧固件制造的质量通常是优于 AQL 值的。

⑤ 对"验收检查基本规则与技术要求"附加的信息。

制造者根据自己的判断使用对其似乎是合适的方式和方法，可按自己所知的制造工艺、材料、紧固件的型式和缺陷出现的频率等检验产品。如果使用不同的方式和方法能够产生相同结果，本标准对制造者在制造或最终检验中、给出的程序和检验，并非强制使用的。

需方也可能使用似乎对他们合适的任何检验方法。然而，要求更严格的检验（对应较低接收概率的较低 AQL 值），与本标准的要求是不一致的，如在签订合同时已特别协商同意者，则可以此判定有关检验批。

某些对规定公差或极限的偏离既不影响功能、也不影响使用时，按第②条的规定，对此类问题不应提出申诉。例如，为某些电镀层预留间隙的普通螺纹，对螺纹的功能并无影响。如果稍许超出螺栓螺纹直径的上限，并且已知该螺纹将不进行镀层，那么这种偏差对螺栓的功能或使用无影响，故不应提出申诉。

如果实际数值处于规定极限内，无论量规和测量仪器的原始状态和使用情况如何，不同的测量方法和检验程序对任何零件不能定为有缺陷。但不适用于螺纹。因为对螺纹的量规检查是决定性的。本标准涉及的检验和测量程序的规定，应是如何在各种方法和检测装置的操作中体现本规则。在仲裁的情况下，检验方法和测量装置的不确定性的影响应包括在检验和测量结果的评定中。

⑥ 有关"紧固件特性的验收检查程序"的背景情况。

在国家标准紧固件机械性能（如 GB/T 3098.1、GB/T 3098.2 或 GB/T 3098.4）或尺寸（产品）标准中未规定极限的性能，在特殊情况下可能是重要的性能要求。为避免争议，允许的极限值或极限样件（或二者），应在订货时予以交流。

对评定性能的大多数零件已规定了极限值。根据零件的功能和偏离极限的程度查出缺陷，在特定的情况下，供方和需方可能达成有关接收、拒收或再加工或重新处理,并尽可能包括复检的协议。

记录由同一供货方提供的不同批产品的检查结果,并可在一个特定周期中用统计方法绘制表示该供方的质量水平图。因此,为评定每一供方质量水平的典型文件,推荐非破坏性和破坏性检查应是连续和定期记录的结果(为获得统计的基础)。

2. 紧固件标志与包装

(GB/T 90.2—2002)

① 本标准(GB/T 90.2—2002)适用于国家标准中规定的紧固件(即螺栓、螺柱、螺钉、垫圈、木螺钉、自攻螺钉、销、铆钉、挡圈、紧固件一组合件和连接副以及焊钉)产品上的标志与运输包装。

② 紧固件产品上的标志应符合紧固件国家标准、行业标准的规定。其中,"紧固件制造者识别标志"(或紧固件经销者识别标志)有别于商标,属于标准化与产品质量范围,应经全国性标准化机构统一协调、确认并予公告。

③ 紧固件产品应清除污垢及金属屑。无金属镀层的产品应涂有防锈剂,以防在运输和贮藏中受腐蚀。在正常的运输和保管条件下,应保证自产品出厂之日起,半年内不生锈。

④ 产品运输包装是以运输储存为主要目的的包装,必须具有保障货物安全、便于装卸储运、加速交接点验等功能。

⑤ 产品运输包装应符合科学、牢固、经济、美观的要求。以确保在正常的流通过程中,能抗御环境条件的影响而不发生破损、损坏等现象,保证安全、完整、迅速地将产品运至目的地。

⑥ 产品运输包装材料、辅助材料和容器,均应符合有关国家标准的规定。无标准的材料和容器须经试验验证,其性能应能满足流通环境的要求。

⑦ 产品的包装形式及方法由紧固件制造者确定。

⑧ 产品包装箱、盒、袋等外表应有标志或标签。标志应正确、清

晰、齐全、牢固。内货与标志一致。标志一般应印刷或标打,也允许栓挂或粘贴,标志不得有褪色、脱落。

⑨ 标志内容:

（a）紧固件制造者（或经销者）名称;

（b）紧固件产品名称（全称或简称）;

（c）紧固件产品标准规定的标记;

（d）紧固件产品数量或净重;

（e）制造或出厂日期;

（f）产品质量标记;

（g）其他:有关标准或运输部门规定的,或制造、销售和使用者要求的标志。

第三篇　紧固件产品

第十五章　螺　栓

一、螺栓综述

1. 螺栓的尺寸代号与标注内容

(GB/T 5276—1985)

尺寸代号	标注内容
a	最末一扣完整螺纹至支承面的距离
b	螺纹长度
c	垫圈部分的高度或法兰(或凸缘)的厚度
d	螺纹基本大径(公称直径)
d_a	过渡圆直径
d_c	法兰(凸缘)直径
d_f	倒角面的直径
d_g	退刀槽(凹槽)直径
d_k	头部直径
d_l	开口销孔直径
d_s	无螺纹杆径
d_w	垫圈面(支承面)直径
e	对角宽度
g	退刀槽宽度
$k(K)$	头部高度
$k_w(K')$	扳拧高度
l	公称长度
l_e	开口销孔至螺纹末端的距离
l_f	过渡长度
l_g	最末一扣完整螺纹至支承面的距离
l_h	开口销孔轴线至支承面的距离
l_n	刮削端的长度
l_s	无螺纹杆部长度
m	十字槽翼直径
n	开槽宽度
r	头下圆角半径
r_e	末端倒圆半径
s	对边宽度

尺寸代号	标 注 内 容
t	开槽深度或扳拧部分的深度
u	不完整螺纹长度
x	螺纹收尾长度
α	沉头角
δ	法兰角

注：括号内代号(K、K')为本标准(GB/T 5276—1985)中规定的尺寸代号；但在 2000 年以及后颁布的各种六角头螺栓产品标准中，已分别改为 k、k_w，故在本手册中，也分别改为 k、k_w。

2. 六角头螺栓(标准系列)的对边宽度和头部高度

螺纹规格 d	对边宽度 s			螺纹规格 d	对边宽度 s			螺纹规格 d	对边宽度 s	
	公称 max	min			公称 max	min			公称 max	min
		A 级	B 级 C 级			A 级	B 级 C 级			B 级 C 级
(mm)				(mm)				(mm)		
1.6	3.2	3.02	2.90	12	18	17.73	17.57	36	55	53.8
2	4	3.82	3.70	14	21	20.67	20.16	39	60	58.8
2.5	5	4.82	4.70	16	24	23.67	23.16	42	65	63.1
3	5.5	5.32	5.20	18	27	26.67	26.16	45	70	68.1
3.5	6	5.82	5.70	20	30	29.67	29.16	48	75	73.1
4	7	6.78	6.64	22	34	33.38	33	52	80	78.1
5	8	7.78	7.64	24	36	35.38	35	56	85	82.8
6	10	9.78	9.64	27	41	—	40	60	90	87.8
8	13	12.73	12.57	30	46	—	45	64	95	92.8
10	16	15.73	15.57	33	50	—	49			

注：本节内容，根据各种六角头螺栓(标准系列)产品标准(GB/T 27、28、29.1、29.2、31.1～31.3、32.1～32.3、5780～5786)的规定整理而成。但 GB/T 27、28 的头部高度，分别参见第 15.74 和 15.78 页。

螺纹规格 d (mm)	头部高度 k(mm)						
	公称	A 级		B 级		C 级	
		max	min	max	min	max	min
1.6	1.1	1.225	0.975	1.3	0.9	—	—
2	1.4	1.525	1.275	1.6	1.2	—	—
2.5	1.7	1.825	1.575	1.9	1.5	—	—
3	2	2.125	1.875	2.2	1.8	—	—
3.5	2.4	2.525	2.275	2.6	2.2	—	—
4	2.8	2.925	2.675	3.0	2.6	—	—
5	3.5	3.65	3.35	3.74	3.26	3.875	3.125
6	4	4.15	3.85	4.24	3.76	4.375	3.625
8	5.3	5.45	5.15	5.54	5.06	5.675	4.925
10	6.4	6.58	6.22	6.69	6.11	6.85	5.95
12	7.5	7.68	7.32	7.79	7.21	7.95	7.05
14	8.8	8.98	8.62	9.09	8.51	9.25	8.35
16	10	10.18	9.82	10.29	9.71	10.75	9.25
18	11.5	11.715	11.285	11.85	11.15	12.4	10.6
20	12.5	12.715	12.285	12.85	12.15	13.4	11.6
22	14	14.215	13.785	14.35	13.65	14.9	13.1
24	15	15.215	14.785	15.35	14.65	15.9	14.1
27	17	—	—	17.35	16.65	17.9	16.1
30	18.7	—	—	19.12	18.28	19.75	17.65
33	21	—	—	21.42	20.58	22.05	19.95
36	22.5	—	—	22.92	22.08	23.55	21.45
39	25	—	—	25.42	24.58	26.05	23.95
42	26	—	—	26.42	25.58	27.05	24.95
45	28	—	—	28.42	27.58	29.05	26.95
48	30	—	—	30.42	29.58	31.05	28.95
52	33	—	—	33.5	32.5	34.25	31.75
56	35	—	—	35.5	34.5	36.25	33.75
60	38	—	—	38.5	37.5	39.25	36.75
64	40	—	—	40.5	39.5	41.25	38.75

15.4

3. 六角头螺栓(标准系列)的其他结构尺寸

螺纹规格 d (mm)	其他结构尺寸(一)(mm)							
	a						c	
	A、B 级				C 级		max	min
	GB/T 5783		GB/T 5786		GB/T 5781		A～C 级	A 级 B 级
	max	min	max	min	max	min		
1.6	1.05	0.35	—	—	—	—	0.25	0.10
2	1.2	0.4	—	—	—	—	0.25	0.10
2.5	1.35	0.45	—	—	—	—	0.25	0.10
3	1.5	0.5	—	—	—	—	0.40	0.15
3.5	1.8	0.6	—	—	—	—	0.40	0.15
4	2.1	0.7	—	—	—	—	0.4	0.15
5	2.4	0.8	—	—	2.4	0.8	0.5	0.15
6	3	1	—	—	3	1	0.5	0.15
8	4	1.25	3	1	4	1.25	0.6	0.15
10	4.5	1.5	3①/4②	1①/1.25②	4.5	1.5	0.6	0.15
12	5.3	1.75	4②/4.5③	1.25②/1.5③	5.3	1.75	0.6	0.15
14	6	2	4.5	1.5	6	2	0.8	0.15
16	6	2	4.5	1.5	6	2	0.8	0.2
18	7.5	2.5	4.5	1.5	7.5	2.5	0.8	0.2
20	7.5	2.5	4.5③/6④	1.5②/2④	7.5	2.5	0.8	0.2
22	7.5	2.5	4.5	1.5	7.5	2.5	0.8	0.2
24,27	9	3	6	2	9	3	0.8	0.2
30	10.5	3.5	6	2	10.5	3.5	0.8	0.2
33	10.5	3.5	6	2	10.5	3.5	0.8	0.2
36	12	4	7	3	12	4	0.8	0.2
39	12	4	9	3	12	4	1	0.3
42,45	13.5	4.5	9	3	13.5	4.5	1	0.3
48	15	5	9	3	15	5	1	0.3
52	15	5	9	3	15	5	1	0.3
56,60	16.5	5.5	12	4	16.5	5.5	1	0.3
64	18	6	12	4	18	6	1	0.3

注：GB/T 5786 栏内的分数形式数值，表示不同螺距 P 的 a 尺寸。其中：① $P = 1mm$；② $P = 1.25mm$；③ $P = 1.5mm$；④ $P = 2mm$。

螺纹规格 d (mm)	其他结构尺寸(二)(mm)								
	d_a		d_s					d_w	
	max		公称=max		min			min	
	A级 B级	C级	A级 B级	C级	A级	B级	C级	A级	B级 C级
1.6	2	—	1.6	—	1.46	1.35	—	2.27	2.3
2	2.6	—	2	—	1.86	1.75	—	3.07	2.95
2.5	3.1	—	2.5	—	2.36	2.25	—	4.07	3.95
3	3.6	—	3	—	2.86	2.75	—	4.57	4.45
3.5	4.1	—	3.5	—	3.32	3.20	—	5.07	4.95
4	4.7	—	4	—	3.82	3.70	—	5.88	5.74
5	5.7	6	5	5.48	4.82	4.70	4.52	6.88	6.74
6	6.8	7.2	6	6.48	5.82	5.70	5.52	8.88	8.74
8	9.2	10.2	8	8.58	7.78	7.64	7.42	11.63	11.47
10	11.2	12.2	10	10.58	9.78	9.64	9.42	14.63	14.47
12	13.7	14.7	12	12.7	11.73	11.57	11.3	16.63	16.47
14	15.7	16.7	14	14.7	13.73	13.57	13.3	19.64	19.15
16	17.7	18.7	16	16.7	15.73	15.57	15.3	22.49	22
18	20.2	21.2	18	18.7	17.73	17.57	17.3	25.34	24.85
20	22.4	24.4	20	20.84	19.67	19.48	19.16	28.19	27.7
22	24.4	26.4	22	22.84	21.67	21.48	21.16	31.71	31.35
24	26.4	28.4	24	24.84	23.67	23.48	23.16	33.61	33.25
27	30.4	32.4	27	27.84	—	26.48	26.16	—	38
30	33.4	35.4	30	30.84	—	29.48	29.16	—	42.75
33	36.4	38.4	33	34	—	32.38	32	—	46.55
36	39.4	42.4	36	37	—	35.38	35	—	51.11
39	42.4	45.4	39	40	—	38.38	38	—	55.86
42	45.6	48.6	42	43	—	41.38	41	—	59.95
45	48.6	52.6	45	46	—	44.38	44	—	64.7
48	52.6	56.6	48	49	—	47.38	47	—	69.45
52	56.6	62.6	52	53.2	—	51.26	50.8	—	74.2
56	63	67	56	57.2	—	55.26	54.8	—	78.66
60	67	71	60	61.2	—	59.26	58.8	—	83.41
64	71	75	64	65.2	—	63.26	62.8	—	88.16

螺纹规格 d (mm)	其他结构尺寸（三）(mm)								
	e		l_f	k_w			r		
	min		max	min			min		
	A 级	B 级 C 级	A 级 B 级	A 级	B 级	C 级	A～ C 级		
1.6	3.41	3.28	0.6	0.68	0.63	—	0.1		
2	4.32	4.18	0.8	0.89	0.84	—	0.1		
2.5	5.45	5.31	1	1.10	1.05	—	0.1		
3	6.01	5.88	1	1.31	1.26	—	0.1		
3.5	6.58	6.44	1	1.59	1.54	—	0.1		
4	7.66	7.50	1.2	1.87	1.82	—	0.2		
5	8.79	8.63	1.2	2.35	2.28	2.19	0.2		
6	11.05	10.89	1.4	2.70	2.63	2.54	0.25		
8	14.38	14.20	2	3.61	3.54	3.45	0.4		
10	17.77	17.59	2	4.35	4.28	4.17	0.4		
12	20.03	19.85	2	5.12	5.05	4.94	0.6		
14	23.36	22.78	3	6.03	5.96	5.85	0.6		
16	26.75	26.17	3	6.87	6.80	6.48	0.6		
18	30.14	29.56	3	7.90	7.81	7.42	0.6		
20	33.53	32.95	4	8.60	8.51	8.12	0.8		
22	37.72	37.29	4	9.65	9.56	9.17	0.8		
24	39.98	39.55	4	10.35	10.26	9.87	0.8		
27	—	45.20	6	11.66	—	11.27	1		
30	—	50.85	6	12.80	—	12.36	1		
33	—	55.37	6	14.41	—	13.97	1		
36	—	60.79	6	15.46	—	15.02	1		
39	—	66.44	6	17.21	—	16.77	1		
42	—	71.30	8	17.91	—	17.47	1.2		
45	—	76.95	8	19.31	—	18.87	1.2		
48	—	82.60	10	20.71	—	20.27	1.6		
52	—	88.25	10	22.75	—	22.23	1.6		
56	—	93.56	12	24.15	—	23.63	2		
60	—	99.21	12	26.25	—	25.73	2		
64	—	104.86	13	27.65	—	27.13	2		

注：1. 各种尺寸代号的标注内容，参见第 15.2 页。

2. 本节内容，根据各种六角头螺栓的产品标准(GB/T 27、28、29.1、29.2、31.1～31.3、32.1～32.3、5780～5786)的规定整理而成。

3. 各种六角头螺栓螺纹长度及公称长度公差，分别参见第 15.8 和15.9 页。

4. 普通螺栓的螺纹长度

(GB/T 3106—1982)

d(mm)		1.6	2	2.5	3	3.5	4	5	6	7	8
b 参考 (mm)	$l \leqslant 125$	9	10	11	12	13	14	16	18	20	22
	$125 < l \leqslant 200$	15	16	17	18	19	20	22	24	—	28
	$l > 200$	28	29	30	31	32	33	35	37	—	41

d(mm)		10	12	14	16	18	20	22	24	27
b 参考 (mm)	$l \leqslant 125$	26	30	34	38	42	46	50	54	60
	$125 < l \leqslant 200$	32	36	40	44	48	52	56	60	66
	$l > 200$	45	49	53	57	61	65	69	73	79

d(mm)		30	33	36	39	42	45	48	52	56
b 参考 (mm)	$l \leqslant 125$	66	72	78	84	90	96	102	—	—
	$125 < l \leqslant 200$	72	78	84	90	96	102	108	116	124
	$l > 200$	85	91	97	103	109	115	121	129	137

d(mm)		60	64	68	72	76	80	85	90	95
b 参考 (mm)	$l \leqslant 125$	—	—	—	—	—	—	—	—	—
	$125 < l \leqslant 200$	132	140	148	156	164	172	182	192	—
	$l > 200$	145	153	161	169	177	185	195	205	215

d(mm)		100	105	110	115	120	125	130	140	150
b 参考 (mm)	$l \leqslant 125$	—	—	—	—	—	—	—	—	—
	$125 < l \leqslant 200$	—	—	—	—	—	—	—	—	—
	$l > 200$	225	235	245	255	265	275	285	305	325

注：1. d—螺纹规格；b—螺纹长度；l—螺栓公称长度。

2. $d = 1.6 \sim 14mm$、$l > 125mm$ 以及 $d = 3.5mm$ 的普通螺栓螺纹长度(b),摘自 GB/T 5782—2000 的规定。

5. 螺栓的公称长度公差

公称长度 l	29.1,29.2,31.1,31.3,32.1,32.3,5782,5783,5785,5786,16674		27,28		31.2,32.2,5784,5790	35,37,794,801	8,10,11,12,13,15,798,800,5780,5781	14	799
标准号 (GB/T) 产品等级	A级	B级	A级	B级	B级	B,C级	C级	C级	C级
公称长度(l)及其公差(mm)　公　差									
2～3	±0.2	—	—	—	—	—	—	—	—
4～6	±0.24	—	—	—	—	—	—	—	—
8～10	±0.29	±0.75	—	—	±0.7	—	±0.75	—	—
12～16	±0.35	±0.9	—	—	±0.9	±0.9	±0.9	—	—
20～30	±0.42	±1.05	±0.42	—	±1.1	±1.05	±1.05	—	—
32～50	±0.5	±1.25	±0.5	—	±1.3	±1.25	±1.25	±1	—
55～80	±0.6	±1.5	±0.95	—	±1.5	±1.5	±1.5	±1.3	—
85～120	±0.7	±1.75	±1.1	±1.5	±1.7	±1.75	±1.75	±1.5	—
130～150	±0.8	±2	±1.25	±1.75	±2	±2	±2	±1.7	±8
160～180	±0.8	±2.3	—	±2	±2.3	±2.3	±4.6	±2	±8
190～250	—	±2.6	—	±2.3	—	±2.6	±5.2/±5.7*	±4	±8
260～300	—	±2.85	—	±2.6	—	—	±6.3	±4.6	±8
320～400	—	±3.15	—	—	—	—	±6.3	—	±8
420～500	—	—	—	—	—	—	—	—	±12
600～1500	—	—	—	—	—	—	—	—	±12

注：* 分子为 GB/T 8～800 的公差；分母为 GB/T 5780、5781 的公差。

6. 六角法兰面螺栓的有关结构尺寸

有关结构尺寸(一)(mm)

螺纹规格 d	s ①② 公称max	s ①② min	s ③ 公称max	s ③ min	e min ①②	e min ③	k max ①②	k max ③	k_w min ①②	k_w min ③	c min ①②③
5	8	7.64	7	6.64	8.56	7.44	5.4	5.6	2	2.3	1
6	10	9.64	8	7.64	10.8	8.56	6.6	6.8	2.5	2.9	1.1
8	13	12.57	13	9.64	14.08	10.88	8.1	8.5	3.2	3.8	1.2
10	15	14.57	13	12.57	16.32	14.08	9.2	9.7	3.6	4.3	1.5
12	18	17.57	15	14.57	19.68	16.32	10.4	11.9	4.6	5.4	2
(14)	21	20.16	18	17.57	22.58	19.68	12.4	12.9	5.5	5.6	2.1
16	24	23.16	21	20.16	25.94	22.58	14.1	15.1	6.2	6.7	2.4
20	30	29.16	—	—	32.66	—	17.7	—	7.9	—	3

有关结构尺寸(二)(mm)

螺纹规格 d	d_a max F①②③	d_a max U③	d_c max ①②	d_c max ③	d_s①②③ max	d_s①②③ min	d_u max ①②	d_v max ③	d_w min ①②	d_w min ③	f, l_f max ①②
5	5.7	6.2	11.8	11.4	5	4.82	5.5	5.5	9.8	9.4	1.4
6	6.8	7.5	14.2	13.6	6	5.82	6.6	6.6	12.2	11.8	2
8	9.2	10.0	18.0	17.0	8	7.78	9	8.8	15.8	14.9	2
10	11.2	12.5	22.3	20.8	10	9.78	11	10.8	19.6	18.7	2
12	13.7	15.2	26.6	24.7	12	11.73	13.2	12.8	23.8	22.5	3
(14)	15.7	17.7	30.5	28.6	14	13.73	15.5	14.8	27.6	26.4	3
16	17.7	20.5	35	32.8	16	15.73	17.5	17.2	31.9	30.6	3
20	22.4	—	43	—	20	19.67	22	—	39.9	—	4

有关结构尺寸(三)(mm)											
螺纹规格 d	l_f max	r_1 min		r_2 max	r_3			r_4 参考		t①② (v③)	
③	①②	③	①②③	①②	③		①②	③	max	min	
				min	max	min					
5	1.4	0.25	0.2	0.3	0.1	0.25	0.10	3	4	0.15	0.05
6	1.6	0.4	0.25	0.4	0.1	0.26	0.11	3.4	4.4	0.20	0.05
8	2.1	0.4	0.4	0.5	0.15	0.4	0.16	4	5.7	0.25	0.10
10	2.1	0.4	0.4	0.6	0.2	0.46	0.20	4.7	6.7	0.30	0.10
12	2.1	0.6	0.6	0.7	0.25	0.54	0.24	6	8	0.35	0.15
(14)	2.1	0.6	0.6	0.7	—	0.63	0.28	6.4	8.7	0.45	0.20
16	3.2	0.6	0.6	—	0.35	0.72	0.32	6.4	8	0.50	0.25
20	—	0.8	—	1.2	0.4	—	—	—	8.5	0.65	0.30

注:1. s—对边宽度;e—对角宽度;k—头部高度;k_w—扳拧高度;c—法兰厚度;d_a—过渡圆直径;d_c—法兰直径;d_s—无螺纹杆径;d_u、d_v—r_3 与 r_4 相切过渡圆直径;d_w—支承面直径;l_f—无螺纹杆部与头下圆角半径相切处至支承面距离;r_1、r_3、r_4—法兰与螺杆之间圆角半径;r_2—六角与法兰之间圆头半径;t、v—头下圆角半径 r_3 与 r_4 相切处至支承面距离。

2. ①为标准号 GB/T 5789;②为标准号 GB/T 5790;③为标准号 GB/T 16674;F③为标准号 GB/T 16674 中的 F 型支承面(平的支承面);U③为标准号 GB/T 16674 中的 U 型支承面(带沉割槽的支承面)。

3. 螺栓的螺纹长度(b),参见第 15.8 页。螺纹的公称长度(l)公差,参见第 15.9 页。

7. 方头和小方头螺栓的有关结构尺寸

(GB/T 8.35—1988)

螺纹规格 d (mm)	有关结构尺寸(一)(mm)							
	b			s		e min	r min	x max
	l≤125	125<l≤200	l>200	max	min			
5	16	—		8	7.64	9.93	0.2	2
6	18	—		10	9.64	12.53	0.25	2.5
8	22	28		13	12.57	16.34	0.4	3.2
10	26	32		16	15.57	20.24	0.4	3.8
12	30	36		18	17.57	22.84	0.6	4.3
(14)	34	40	53	21	20.16	26.21	0.6	5
16	38	44	57	24	23.16	30.11	0.6	5
(18)	42	48	61	27	26.16	34.01	0.8	6.3
20	46	52	65	30	29.16	37.91	0.8	6.3
(22)	50	56	69	34	33	42.9	0.8	6.3
24	54	60	73	36	35	45.5	0.8	7.5
(27)	60	66	79	41	40	52.0	1	7.5
30	66	72	85	46	45	58.5	1	8.8
36	78	84	97	55	53.8	69.94	1	10
42	—	96	109	65	63.1	82.03	1.2	11.3
48	—	108	121	75	73.1	95.05	1.6	12.5

注：b—螺纹长度；l—公称长度；s—对边宽度；e—对角宽度；r—头下圆角半径；x—螺纹收尾长度。

螺纹规格 d(mm)	有关结构尺寸(二)(mm)							
	方头螺栓				小方头螺栓			
	k			k_w	k			k_w
	公称	max	min	min	公称	max	min	min
5	—	—	—	—	3.5	3.74	3.26	2.28
6	—	—	—	—	4	4.24	3.76	2.63
8	—	—	—	—	5	5.24	4.76	3.33
10	7	7.45	6.55	5.21	6	6.24	5.76	4.03
12	8	8.45	7.55	5.91	7	7.29	6.71	4.7
(14)	9	9.45	8.55	6.61	8	8.29	7.71	5.4
16	10	10.75	9.25	6.47	9	9.29	8.71	6.1
(18)	12	12.9	11.1	7.77	10	10.29	9.71	6.8
20	13	13.9	12.1	8.47	11	11.35	10.65	7.45
(22)	14	14.9	13.1	9.17	12	12.35	11.65	8.15
24	15	15.9	14.1	9.87	13	13.35	12.65	8.85
(27)	17	17.9	16.1	11.27	15	15.35	14.65	10.25
30	19	20.05	17.95	12.56	17	17.35	16.65	11.65
36	23	24.05	21.95	15.36	20	20.42	19.58	13.71
42	26	27.05	24.95	17.46	23	23.42	22.58	15.81
48	30	31.05	28.95	20.26	26	26.42	25.58	17.91

注：k—头部高度；k_w—扳拧高度。

8. 半圆头和沉头(方颈、带榫)螺栓的有关结构尺寸

螺纹规格 d	b①~⑨			c		d_1	d_k				
	$l\leqslant125$	l125~200	$l>$200*	②		④	①		②	③	
				max	min		max	min	max	公称max	min
5	16	—	—	—	—	—	—	—	—	13	11.9
6	18	—	—	1.9	1.1	10.0	13.10	11.30	14.2	16	14.9
8	22	28	—	2.2	1.2	13.5	17.10	15.30	18	20	18.7
10	26	32	—	2.5	1.5	16.5	21.30	19.16	22.3	24	22.7
12	30	36	—	2.8	1.8	20.0	25.30	23.16	26.6	30	28.7
(14)	34	40	—	—	—	23.0	29.30	27.16	—	—	—
16	38	44	57	3.6	2.4	26.0	33.60	31.00	35	38	36.4
20	46	52	65	4.2	3	32.0	41.60	39.00	43	46	44.4
(22)	50	56	—	—	—	—	—	—	—	—	—
24	54	60	—	—	—	—	—	—	—	—	—

有关结构尺寸(二)(mm)

螺纹规格 d	d_k						d_s		
	④⑥		⑤		⑦⑧⑨		③	④A型	
	max	min	max	min	max	min	max	max	min
5	—	—	—	—	—	—	5.48	—	—
6	15.10	13.30	12.10	10.30	11.05	9.95	6.48	6.00	5.70
8	19.10	17.30	15.10	13.30	14.55	13.45	8.58	8.00	7.64
10	24.30	22.16	18.10	16.30	17.55	16.45	10.58	10.00	9.64
12	29.30	27.16	22.30	20.16	21.65	20.35	12.7	—	11.57
(14)	33.60	31.00	25.30	23.16	24.65	23.35	—	14.00	13.57
16	36.60	34.00	29.30	27.16	28.65	27.35	16.7	16.00	15.57
20	45.60	43.00	35.60	33.00	36.80	35.20	20.84	20.00	19.48
(22)	—	—	—	—	40.80	39.20	—	—	—
24	53.90	50.80	43.60	41.00	45.80	44.20	—	—	—

(续)

有关结构尺寸(三)(mm)

螺纹规格 d	d_s ③** max	⑤ min	h ⑤ min	⑥ max	⑥ min	⑧ max	⑧ min	h_1 ⑤ max	⑤ min	k ① max	⑤ min
5	—	—	—	—	—	—	—	—	—	—	—
6	6.48	5.52	4	3.5	2.9	1.2	0.8	2.7	2.3	4.08	3.20
8	8.58	7.42	5	4.3	3.5	1.6	1.1	3.2	2.8	5.28	4.40
10	10.58	9.42	6	5.5	4.5	2.1	1.4	3.8	3.2	6.48	5.60
12	12.70	11.30	7	6.7	5.5	2.4	1.6	4.3	3.7	8.90	7.55
(14)	14.70	13.30	8	7.7	6.3	2.9	1.9	5.3	4.7	9.90	8.55
16	16.70	15.30	9	8.8	7.2	3.3	2.2	5.3	4.7	10.90	9.55
20	20.84	19.16	11	9.9	8.1	4.2	2.8	6.3	5.7	13.10	11.45
(22)	—	—	—	—	—	4.5	3.0	—	—	—	—
24	24.84	23.16	13	12	10	5.0	3.3	7.4	6.6	17.10	15.45

有关结构尺寸(四)(mm)

螺纹规格 d	k ②③ max	③ min	④ max	④ min	⑥ max	⑥ min	⑦ max	⑦ min	⑧	⑨
5	3.1	2.5	—	—	—	—	—	—	—	—
6	3.6	3	3.98	3.20	3.48	2.70	6.10	5.30	4.1	3.0
8	4.8	4	4.98	4.10	4.48	3.60	7.25	6.35	5.3	4.1
10	5.8	5	6.28	5.40	5.48	4.60	8.45	7.55	6.2	4.5
12	6.8	6	7.48	6.60	6.48	5.60	11.05	9.95	8.5	5.5
(14)	—	—	8.90	7.55	7.90	6.55	—	—	8.9	—
16	8.9	8	9.90	8.55	8.90	7.55	13.05	11.95	10.2	—
20	10.9	10	11.90	10.55	10.90	9.55	15.05	13.95	13.0	—
(22)	—	—	—	—	—	—	—	—	14.3	—
24	—	—	—	—	13.10	11.45	—	—	16.5	—

螺纹规格	k_1		f				r			
	①	④	②		③		①	②	③	④
d	max	min	max	min	max	min	min	max	max	min
有关结构尺寸（五）(mm)										
5	—	—	—	—	4.1	2.9	—	—	0.4	—
6	4.40	3.60	3	2.4	4.6	3.4	0.5	0.5	0.5	0.25
8	5.40	4.60	3	2.4	5.6	4.4	0.5	0.8	0.8	0.4
10	6.40	5.60	4	3.2	6.6	5.4	0.5	0.8	0.8	0.4
12	8.45	7.55	4	3.2	8.8	7.2	0.8	1.2	1.2	0.6
(14)	9.45	8.55	—	—	—	—	0.8	—	—	0.6
16	10.45	9.55	5	4.2	12.9	11.1	1	1.2	1.2	0.6
20	12.55	11.45	5	4.2	15.9	14.1	1	1.6	1.6	0.8
(22)	—	—	—	—	—	—	—	—	—	—
24	—	—	—	—	—	—	1.5	—	—	—

螺纹规格	r_1	R				R_1	s_n			
	④	①	④	⑤	⑥	④	⑤⑧		⑨	
d	≈						max	min	max	min
有关结构尺寸（六）(mm)										
5	—	—	—	—	—	—	—	—	—	—
6	0.3	7	14	6	11	4.5	2.7	2.3	3.20	2.80
8	0.3	9	18	7.5	14	5.0	2.7	2.3	4.20	3.80
10	0.3	11	24	9	18	7.0	3.8	3.2	5.24	4.76
12	0.5	13	26	11	22	9.0	3.8	3.2	5.24	4.76
(14)	0.5	15	30	13	22	10.0	4.8⑤	4.2⑤	—	—
							4.3⑧	3.7⑧		
16	0.5	18	34	15	26	10.5	4.8	4.2	—	—
20	0.5	22	40	18	32	14.0	4.8	4.2	—	—
(22)	—	—	—	—	—	—	6.3	5.7	—	—
24	—	—	—	22	34	—	6.3	5.7	—	—

螺纹规格 d	s_s ①④⑦		v ②		v ③		e ②	e ③	t ④	x ①、④~⑨
	max	min	max	min	max	min	min	min		max
5					5.48	4.52		5.9		
6	6.30	5.84	6.48	5.88	6.48	5.52	7.64	7.2	0.3	2.5
8	8.36	7.80	8.58	7.85	8.58	7.42	10.2	9.6	0.3	3.2
10	10.36	9.80	10.58	9.85	10.58	9.42	12.8	12.2	0.3	3.8
12	12.43	11.76	12.7	11.82	12.7	11.3	15.37	14.7	0.5	4.3
(14)	14.43	13.76								5
16	16.43	15.76	16.7	15.82	16.7	15.3	20.57	19.9	0.5	5
20	20.52	19.72	20.84	17.79	20.84	19.16	25.73	24.9	0.5	6.3
(22)										6.3
24										7.5

注：1. 尺寸代号的标注内容：b—螺纹长度；c—半圆头边缘厚度；d_1—方颈外接圆直径；d_K—头部直径；d_s—无螺纹杆径；h⑤—带榫杆部高度；h⑧—榫部突出高度；h⑨、$h_1$⑤—榫部高度；k—头部高度；k'、f—方颈高度；l—公称长度；r—头下圆角半径；r_1—头下凹面半径；R、R_1—头下球面半径；s_n—榫部厚度；s_s、v—方颈对边宽度；e—方颈对角宽度；t—颈部凹面深度；u—不完整螺纹的长度；x—螺纹收尾长度。

2. ①~⑨表示标准号。①为 GB/T 12—1988 半圆头方颈螺栓；②为 GB/T 801—1998 小半圆头低方颈螺栓；③GB/T 14—1998 大半圆头方颈螺栓；④为 GB/T 794—1993 加强半圆头方颈螺栓；⑤为 GB/T 13—1988 半圆头带榫螺栓；⑥为 GB/T 15—1988 大半圆头带榫螺栓；⑦为 GB/T 10—1988 沉头方颈螺栓；⑧为 GB/T 11—1988 沉头带榫螺栓；⑨为 GB/T 800—1988 沉头双榫螺栓。

3. 螺栓的公称长度(l)的公差，参见第 15.9 页。

4. ＊尺寸 b 的 l>200 mm 一栏，是按 GB/T 14 大圆头方颈螺栓的规定。

5. ③＊＊的 d_s min 尺寸≈螺纹中径。

9. 螺栓的品种简介

序号	品种名称与标准号	型式	规格范围	产品等级	螺纹公差	机械性能或材料[①]	表面处理
1	六角头螺栓—C级*GB/T 5780—2000		M5~M64	C级	8g	钢:3.6、4.6、**4.8**	a. **不经处理** b. 电镀 c. 非电解锌粉覆盖层
2	六角头螺栓—全螺纹—C级*GB/T 5781—2000						
3	六角头螺栓*GB/T 5782—2000		M1.6~M64	A和B级[②]	6g	**钢**: $3 \leqslant d \leqslant 39$: 5.6、**8.8**、10.9; $3 \leqslant d \leqslant 16$: 9.8	a. **氧化** b. 电镀 c. 非电解锌粉覆盖层
4	六角头螺栓—全螺纹*GB/T 5783—2000						
						不锈钢: $d \leqslant 24$: A2-70、A4-70; $24 < d \leqslant 39$: A2-50、A4-50	简单处理
						有色金属: CU2、CU3、AL4	简单处理

序号	品种名称与标准号	型式	规格范围	产品等级	螺纹公差	机械性能或材料①	表面处理
5	六角头螺栓—细杆—B级* GB/T 5784—1986		M3～M20	B级	6g	钢:**5.8**、6.8、8.8	a. **不经处理** b. 镀锌钝化 c. 氧化
						不锈钢：A2-70	不经处理
6 7	六角头螺栓—细牙* GB/T 5785—2000 六角头螺栓—细牙—全螺纹* GB/T 5786—2000		M8×1～M64×4	A和B级②	6g	钢:$d\leqslant39$:5.6、**8.8**、10.9；$3<d\leqslant16$:9.8	a. **氧化** b. 电镀 c. 非电解锌粉覆盖层
						不锈钢：$d\leqslant24$:A2-70、A4-70；$24<d\leqslant39$:A2-50、A4-50	简单处理
						有色金属：CU2、CU3、AL4	简单处理
8	六角头头部带槽螺栓—A和B级 GB/T 29.1—1988		M3～M12	A和B级②	同序号4		

序号	品种名称与标准号	型式	规格范围	产品等级	螺纹公差	机械性能或材料①	表面处理
9	十字槽凹穴六角头螺栓 GB/T 29.2—1988		M4~M8	B级	6g	钢：5.8	a. 不经处理 b. 镀锌钝化
10	六角头螺杆带孔螺栓—A和B级 GB/T 31.1—1988		M6~M48	A和B级②	同序号3		
11	六角头螺杆带孔螺栓—细杆—B级 GB/T 31.2—1988		M6~M20	B级	同序号5		
12	六角头螺杆带孔螺栓—细牙—A和B级 GB/T 31.3—1988		M8×1~M48×3	A和B级②	同序号6		
13	六角头头部带孔螺栓—A和B级 GB/T 32.1—1988		M6~M48	A和B级②	同序号3		

序号	品种名称与标准号	型式	规格范围	产品等级	螺纹公差	机械性能或材料①	表面处理
14	六角头头部带孔螺栓—细杆—B级 GB/T 32.2—1988		M6～M20	B级	同序号 5		
15	六角头头部带孔螺栓—细牙—A 和 B级 GB/T 32.3—1988		M8×1～M48×3	A 和 B级②	同序号 6		
16	六角头铰制孔用螺栓—A 和 B级 GB/T 27—1988		M6～M48	A 和 B级②	6g	钢:$d \leqslant 39$:8.8	氧化
17	六角头螺杆带孔铰制孔用螺栓—A 和 B级 GB/T 28—1988		M6～M48	A 和 B级②	同序号 16		
18	六角法兰面螺栓—加大系列—B级* GB/T 5789—1986	A 型 B 型	M5～M20	B级	6g	钢:**8.8**、12.9 不锈钢:A2-70	a. **氧化** b. 镀锌钝化 不经处理

序号	品种名称与标准号	型式	规格范围	产品等级	螺纹公差	机械性能或材料①	表面处理
19	六角法兰面螺栓—加大系列—细杆—B级* GB/T 5790—1986	A型 B型	M5～M20	B级	6g	钢:**8.8**、10.9	a. **氧化** b. 镀锌钝化
						不锈钢:A2-70	不经处理
20	六角法兰面螺栓—小系列 GB/T 16674.1—2004	**粗杆 细杆 U型** F型	M5～M16	A级	6g	钢:**8.8**、9.8、10.9	a. **氧化** b. 镀锌钝化
						不锈钢:A2-70	不经处理
21	六角法兰面螺栓—细牙—小系列 GB/T 16674.2—2004	**粗杆 细杆 U型** F型	M8×1～M16×1.5	A级	6g	钢:**8.8**、9.8、10.9、12.9	a. **氧化** b. 镀锌钝化
22	方头螺栓—C级* GB/T 8—1988		M10～M48	C级	8g	钢:$d≤39$:4.8	a. **不经处理** b. 氧化 c. 镀锌钝化
23	小方头螺栓—B级 GB/T 35—1988		M10～M48	B级	6g	钢:$d≤39$:**5.8**、8.8	a. **不经处理** b. 镀锌钝化
24	半圆头方颈螺栓* GB/T 12—1988		M6～M20	C级	8g	钢:3.6、4.6、**4.8**	a. **不经处理** b. 氧化 c. 镀锌钝化

序号	品种名称与标准号	型式	规格范围	产品等级	螺纹公差	机械性能或材料①	表面处理
25	小半圆头低方颈螺栓* GB/T 801 —1998		M6～M20	B级	6g	钢:**4.8**、8.8、10.9	a. **不经处理** b. 镀锌钝化 c. 热镀锌
26	大半圆头方颈螺栓—C级* GB/T 14—1998		M5～M20	C级	8.8级6g;其余8g	钢:4.6、**4.8**、8.8	a. **不经处理** b. 8.8级—氧化 c. 镀锌钝化 d. 热镀锌
27	加强半圆头方颈螺栓* GB/T 794 —1993	**A型** B型	M6～M20	A型B级;B型C级	A型6g;B型8g	钢:**A型8.8** B型3.6、4.8	**A型:氧化** B型: a. **不经处理** b. 氧化
28	半圆头带榫螺栓* GB/T 13—1988		M6～M24	C级	8g	钢:3.6、4.6、**4.8**	a. **不经处理** b. 氧化 c. 镀锌钝化
29	大半圆头带榫螺栓* GB/T 15—1988		M6～M24	C级	8g	钢:3.6、**4.8**	a. **不经处理** b. 氧化 c. 镀锌钝化
30	沉头方颈螺栓* GB/T 10—1988		M6～M20	C级	8g	钢:3.6、4.6、**4.8**	a. **不经处理** b. 氧化
31	沉头带榫螺栓* GB/T 11—1988		M6～M24	C级	同序号29		

（续）

序号	品种名称与标准号	型式	规格范围	产品等级	螺纹公差	机械性能或材料①	表面处理
32	沉头双榫螺栓 GB/T 800—1988		M6～M12	C级	8g	钢:4.8	a. **不经处理** b. 氧化 c. 镀锌钝化
33	T形槽用螺栓 GB/T 37—1988		M5～M48	B级	6g	钢:$d \leqslant 39$; 8.8	a. **氧化** b. 镀锌钝化
34	活节螺栓* GB/T 798—1988		M4～M36	C级	8g	钢:**4.6**、5.6	a. **不经处理** b. 镀锌钝化
35	地脚螺栓* GB/T 799—1988		M6～M48	C级	8g	钢:3.6③	a. **不经处理** b. 氧化 c. 镀锌钝化

注:1. 型式、产品等级、机械性能或材料以及表面处理栏中,如有多项内容,其中用粗黑体字表示的内容,可以在螺栓的标记中省略(参见第13.2页)。带 * 符号的为商品紧固件品种,应优先选用。

① 表中规定的机械性能,适用于螺纹规格 $d = 3 \sim 39$mm 的螺栓。$d < 3$mm 和 $d > 39$mm 螺栓的机械性能按协议。钢、不锈钢和有色金属的机械性能的具体要求,分别按GB/T 3098.1、3098.6、3098.10—2000 的规定(分别参见第 9.2、9.17、9.24 页)。

② 产品等级 A 级适用于 $d \leqslant 24$mm 和 $l \leqslant 10d$ 或 $l \leqslant 150$mm(按较小值)的螺栓;B级适用于 $d > 24$mm 或 $l > 10d$ 或 $l > 150$mm(按较小值)的螺栓。

③ 地脚螺栓由于结构原因,不进行楔负载及头杆结合强度试验。

10. 螺栓的用途简介

螺栓,配合螺母,作紧固连接两个带通孔的被连接零件、构件之用。

六角头螺栓是应用最广的一类螺栓。A级和B级螺栓用于重要的、装配精度要求高，以及承受较大冲击、振动或交变载荷的场合。C级螺栓用于表面比较粗糙，装配精度要求不高的场合。螺栓上的螺纹，一般均为粗牙普通螺纹，细牙普通螺纹螺栓自锁性较好，主要用于薄壁零件上或承受冲击、振动或交变载荷的场合。一般螺栓上都是制成部分螺纹，全螺纹螺栓主要用于公称长度较短的螺栓以及要求较长螺纹的场合。带孔螺栓用于需要螺栓锁定的场合。带铰制孔用螺栓能精确地固定被连接零件的相互位置，并能承受由横向力产生的剪切和挤压。

六角法兰面螺栓的头部由六角头和法兰面两部分组成，其"支承面积与应力面积之比值"要大于普通六角头螺栓，故这种螺栓能承受更高的预紧力，防松性能也较好，因而被广泛用于汽车发动机、重型机械等产品上。

方头螺栓的方头尺寸较大，便于扳手卡住，或依靠其他零件起止转作用；也可用于带T型槽的零件中，以便调整螺栓位置。C级方头螺栓常用于比较粗糙的结构上。

半圆头（方颈或带榫）螺栓多用于结构受限制、不便用其他头型螺栓或被连接零件要求螺栓头部光滑的场合。方颈或榫结构起阻止螺栓转动作用。普通半圆头螺栓多用于金属零件上；大半圆头螺栓多用于木质零件上；加强半圆头螺栓多用于承受冲击、振动或交变载荷的场合。沉头螺栓多用于被连接零件表面要求平坦或光滑不阻挂东西的场合。

T型槽螺栓适用于螺栓只能从被连接零件一边进行连接的场合。将螺栓从T型槽中插入后再转动90°，即可使螺栓不能脱出；也用于结构要求紧凑的场合。

活接螺栓多用于需要经常拆开连接的场合或工装上。

地脚螺栓专供预埋于水泥基础中，作固定机器设备之用。

螺栓的装拆工具，六角头螺栓可使用呆扳手、梅花扳手、套筒扳手或活扳手；方头螺栓可使用呆扳手或活扳手；其他螺栓则使用相应的上述工具装拆与螺栓配合的螺母（六角螺母或方螺母）。

二、螺栓的尺寸与重量

1. 六角头螺栓—C 级

(GB/T 5780—2000)

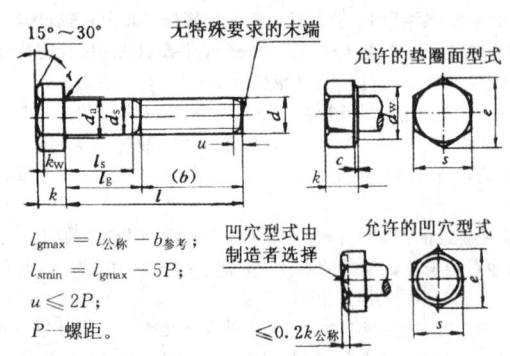

$l_{g\max} = l_{公称} - b_{参考}$;

$l_{s\min} = l_{g\max} - 5P$;

$u \leqslant 2P$;

P—螺距。

(1) 六角头螺栓—C 级的尺寸(mm)							
螺纹规格 d	主要尺寸			螺纹规格 d	主要尺寸		
	k	s	l 范围		k	s	l 范围
(a) 优选螺纹规格的商品规格							
M5	3.5	8	25~50	M16	10	24	65~160
M6	4	10	30~60	M20	12.5	30	80~200
M8	5.3	13	40~80	M24	15	36	100~240
M10	6.4	16	45~100	M30	18.7	46	120~300
M12	7.5	18	55~120	M36	22.5	55	140~360

(1) 六角头螺栓—C级的尺寸(mm)							
螺纹规格 *d*	主要尺寸			螺纹规格 *d*	主要尺寸		
	k	*s*	*l* 范围		*k*	*s*	*l* 范围
(a) 优选螺纹规格的商品规格							
M42	26	65	180～420	M56	35	85	240～500
M48	30	75	200～480	M64	40	95	260～500
(b) 非优选螺纹规格的商品规格							
M14	8.8	21	60～140	M39	25	60	150～400
M18	11.5	27	80～180	M45	28	70	180～440
M22	14	34	90～220	M52	33	80	200～500
M27	17	41	110～260	M60	38	90	240～500
M33	21	50	130～320				

注：1. 尺寸代号的标注内容，参见第15.2页。
　　2. 其他尺寸(b、c、d_a、d_s、d_w、e、k、k_w、l、r、s)参见第15.3～15.9页。

(2) 六角头螺栓—C级的重量									
l	*G*	*l*	*G*	*l*	*G*	*l*	*G*	*l*	*G*
M5		M6		M8		M10		M12	
25	4.38	40	9.58	55	23.38	60	41.16	65	63.53
30	5.01	45	10.52	60	25.07	65	43.90	70	67.47
35	5.64	50	11.46	65	26.77	70	46.64	80	75.35
40	6.27	55	12.40	70	28.47	80	52.11	90	83.22
45	6.90	60	13.34	80	31.87	90	57.58	100	91.09
50	7.53	M8		M10		100	63.05	110	98.97
M6		40	18.28	45	32.96	M12		120	106.8
30	7.70	45	19.98	50	35.69	55	55.66	M14	
35	8.64	50	21.68	55	38.43	60	59.60	60	83.93

(2) 六角头螺栓—C级的重量									
l	G	l	G	l	G	l	G	l	G
M14		M18		M22		M27		M33	
65	89.38	100	224.3	120	416.6	140	736.9	150	1224
70	94.83	110	242.8	130	442.9	150	779.1	160	1287
80	105.7	120	261.3	140	470.5	160	821.3	180	1414
90	116.7	130	278.4	150	498.1	180	905.7	200	1540
100	127.6	140	296.9	160	525.7	200	990.1	220	1659
110	138.5	150	315.4	180	581.0	220	1070	240	1786
120	149.4	160	333.8	200	636.2	240	1154	260	1912
130	159.6	180	370.7	220	688.5	260	1238	280	2038
140	170.5	M20		M24		M30		300	2165
M16		80	238.5	100	427.1	120	830.5	320	2291
65	122.7	90	261.1	110	460.2	130	879.7	M36	
70	129.9	100	283.8	120	493.3	140	932.2	140	1406
80	144.4	110	306.4	130	524.3	150	984.6	150	1482
90	158.8	120	329.0	140	557.4	160	1037	160	1557
100	173.2	130	350.5	150	590.5	180	1142	180	1708
110	187.7	140	373.1	160	623.5	200	1247	200	1859
120	202.1	150	395.7	180	689.7	220	1345	220	2001
130	215.8	160	418.4	200	755.8	240	1449	240	2152
140	230.2	180	463.7	220	817.6	260	1554	260	2303
150	244.6	200	508.9	240	883.8	280	1659	280	2454
160	259.1	M22		M27		300	1764	300	2605
M18		90	333.8	110	612.6	M33		320	2757
80	187.4	100	361.4	120	654.8	130	1098	340	2908
90	205.9	110	389.0	130	694.7	140	1161	360	3059

(续)

(2) 六角头螺栓—C 级的重量									
l	G	l	G	l	G	l	G	l	G
M39		M42		M48		M52		M60	
150	1812	360	4273	280	4661	440	8106	320	8421
160	1901	380	4480	300	4932	460	8424	340	8848
180	2079	400	4687	320	5206	480	8743	360	9274
200	2257	420	4895	340	5478	500	9061	380	9701
220	2425	M45		360	5751	M56		400	10127
240	2603	180	2859	380	6023	240	5733	420	10554
260	2781	200	3098	400	6296	260	6103	440	10980
280	2959	220	3322	420	6568	280	6474	460	11406
300	3137	240	3561	440	6840	300	6844	480	11833
320	3315	260	3800	460	7113	320	7214	500	12259
340	3493	280	4039	480	7385	340	7585	M64	
360	3671	300	4277	M52		360	7955	260	8170
380	3850	320	4516	200	4304	380	8326	280	8657
400	4028	340	4755	220	4605	400	8696	300	9143
M42		360	4994	240	4923	420	9066	320	9630
180	2420	380	5233	260	5241	440	9437	340	10116
200	2627	400	5471	280	5560	460	9807	360	10603
220	2821	420	5710	300	5878	480	10178	380	11089
240	3029	440	5949	320	6196	500	10548	400	11575
260	3236	M48		340	6515	M60		420	12062
280	3443	200	3589	360	6833	240	6716	440	12548
300	3651	220	3843	380	7151	260	7142	460	13035
320	3858	240	4116	400	7470	280	7568	480	13521
340	4065	260	4388	420	7788	300	7995	500	14008

注：l—公称长度(mm)；G—每千件钢制品大约重量(kg)。

2. 六角头螺栓—全螺纹—C 级

(GB/T 5781—2000)

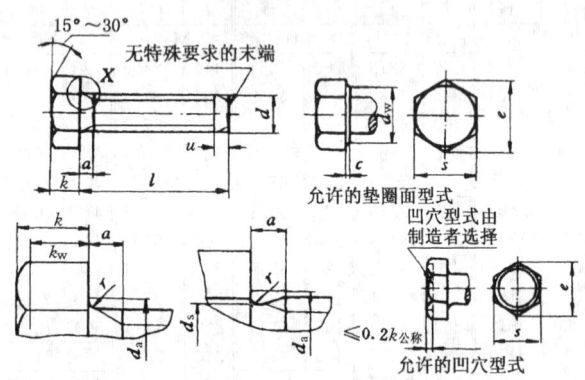

允许的垫圈面型式

凹穴型式由制造者选择

≤0.2k公称

允许的凹穴型式

末端按 GB/T 2 规定,参见第 5.21 页;$d_s \approx$ 螺纹中径;$u \leq 2P$;P—螺距。

(1) 六角头螺栓—全螺纹—C 级的尺寸(mm)							
螺纹规格	主要尺寸			螺纹规格	主要尺寸		
d	k	s	l 范围	d	k	s	l 范围
(a) 优选螺纹规格的商品规格							
M5	3.5	8	10~50	M16	10	24	30~160
M6	4	10	12~60	M20	12.5	30	40~200
M8	5.3	13	16~80	M24	15	36	50~240
M10	6.4	16	20~100	M30	18.7	46	60~300
M12	7.5	18	25~120	M36	22.5	55	70~360

注：1. 尺寸代号的标注内容,参见第 15.2 页。

2. 其他尺寸(b、c、d_a、d_w、e、k、k_w、l、r、s)参见第 15.3~15.9 页。

(1) 六角头螺栓—全螺纹—C级的尺寸(mm)							
螺纹规格	主要尺寸			螺纹规格	主要尺寸		
d	k	s	l 范围	d	k	s	l 范围
(a) 优选螺纹规格的商品规格							
M42	26	65	80～420	M56	35	85	110～500
M48	30	75	100～480	M64	40	95	120～500
(b) 非优选螺纹规格的商品规格							
M14	8.8	21	30～140	M39	25	60	80～400
M18	11.5	27	35～180	M45	28	70	90～440
M22	14	34	45～220	M52	33	80	100～500
M27	17	41	55～280	M60	38	90	120～500
M33	21	50	65～360				

(2) 六角头螺栓—全螺纹—C级的重量									
l	G	l	G	l	G	l	G	l	G
M5		M6		M8		M10		M12	
10	2.54	20	5.87	30	14.84	30	24.93	25	33.00
12	2.78	25	6.73	35	16.41	35	27.40	30	36.59
16	3.26	30	7.60	40	17.97	40	29.88	35	40.17
20	3.75	35	8.46	45	19.54	45	32.35	40	43.76
25	4.35	40	9.32	50	21.10	50	34.82	45	47.34
30	4.96	45	10.19	55	22.67	55	37.29	50	50.93
35	5.56	50	11.05	60	24.23	60	39.77	55	54.52
40	6.17	55	11.91	65	25.80	65	42.24	60	58.10
45	6.77	60	12.77	70	27.37	70	44.71	65	61.69
50	7.38			80	30.50	80	49.65	70	65.27
						90	54.60	80	72.45
M6		M8				100	59.54	90	79.62
12	4.49	16	10.46	M10				100	86.79
16	5.18	20	11.71	20	19.99			110	93.96
		25	13.28	25	22.46				

(2) 六角头螺栓—全螺纹—C 级的重量

l	G	l	G	l	G	l	G	l	G
M12		M16		M18		M22		M24	
120	101.1	70	126.9	160	312.9	70	276.9	160	594.8
M14		80	140.1	180	345.6	80	302.3	180	654.1
30	52.73	90	153.2	M20		90	327.6	200	713.5
35	57.64	100	166.4	40	151.7	100	353.0	220	772.9
40	62.55	110	179.5	45	162.0	110	378.4	240	832.3
45	67.45	120	192.7	50	172.3	120	403.7	M27	
50	72.36	130	205.8	55	182.6	130	429.1	55	388.2
55	77.27	140	219.0	60	192.9	140	454.5	60	407.3
60	82.17	150	232.1	65	203.2	150	479.8	65	426.5
65	87.08	160	245.3	70	213.5	160	505.2	70	445.7
70	91.99	M18		80	234.1	180	556.0	80	484.1
80	101.8	35	108.5	90	254.7	200	606.7	90	522.4
90	111.6	40	116.7	100	275.4	220	657.4	100	560.8
100	121.4	45	124.8	110	296.0	M24		110	569.2
110	131.2	50	133.0	120	316.6	50	268.1	120	637.5
120	141.1	55	141.2	130	337.2	55	283.0	130	675.9
130	150.9	60	149.4	140	357.8	60	297.8	140	714.3
140	160.7	65	157.5	150	378.4	70	327.5	150	752.7
M16		70	165.7	160	399.0	80	357.2	160	791.0
30	74.37	80	182.1	180	440.3	90	386.9	180	867.8
35	80.94	90	198.4	200	481.5	100	416.6	200	944.5
40	87.51	100	214.8	M22		110	446.3	220	1021
45	94.08	110	231.1	45	213.5	120	476.0	240	1098
50	100.7	120	247.8	50	226.1	130	505.7	260	1175
55	107.2	130	263.8	55	238.8	140	535.4	280	1251
60	113.8	140	280.2	60	251.5	150	565.1		
65	120.4	150	296.5	65	264.2				

（2）六角头螺栓—全螺纹—C级的重量

l	G	l	G	l	G	l	G	l	G
M30		**M33**		**M36**		**M39**		**M42**	
60	528.7	120	1022	180	1653	300	2997	380	4228
65	552.2	130	1080	200	1790	320	3160	400	4415
70	575.7	140	1137	220	1926	340	3322	420	4602
80	622.7	150	1195	240	2063	360	3484	**M45**	
90	669.7	160	1223	260	2199	380	3647	90	1822
100	716.7	180	1368	280	2336	400	3809	100	1930
110	763.7	200	1484	300	2473	**M42**		110	2039
120	810.7	220	1600	320	2609	80	1422	120	2147
130	857.8	240	1715	340	2746	90	1516	130	2256
140	904.8	260	1831	360	2882	100	1600	140	2364
150	951.8	280	1946	**M39**		110	1703	150	2473
160	998.8	300	2062	80	1212	120	1796	160	2581
180	1093	320	2177	90	1293	130	1890	180	2798
200	1187	340	2293	100	1374	140	1983	200	3015
220	1281	360	2409	110	1455	150	2077	220	3232
240	1375	**M36**		120	1537	160	2171	240	3449
260	1469	70	902.0	130	1618	180	2358	260	3666
280	1563	80	970.3	140	1699	200	2545	280	3883
300	1657	90	1039	150	1780	220	2732	300	4100
M33		100	1107	160	1861	240	2919	320	4317
65	703.9	110	1175	180	2024	260	3106	340	4524
70	732.8	120	1243	200	2186	280	3293	360	4751
80	790.6	130	1312	220	2348	300	3480	380	4968
90	848.4	140	1380	240	2510	320	3667	400	5185
100	906.2	150	1448	260	2673	340	3854	420	5402
110	964.0	160	1517	280	2835	360	4041	440	5619

\multicolumn{10}{c}{(2) 六角头螺栓—全螺纹—C级的重量}
l	G	l	G	l	G	l	G	l	G
M48		M52		M56		M60		M64	
100	2271	100	2768	110	3414	120	4251	120	4902
110	2394	110	2913	120	3583	130	4447	130	5123
120	2516	120	3059	130	3751	140	4642	140	5346
130	2639	130	3205	140	3920	150	4837	150	5567
140	2762	140	3351	150	4088	160	5033	160	5788
150	2884	150	3496	160	4257	180	5423	180	6231
160	3007	160	3642	180	4594	200	5814	200	6674
180	3253	180	3933	200	4931	220	6204	220	7117
200	3498	200	4225	220	5268	240	6595	240	7561
220	3743	220	4516	240	5605	260	6985	260	8004
240	3989	240	4807	260	5942	280	7276	280	8447
260	4234	260	5099	280	6279	300	7767	300	8890
280	4480	280	5390	300	6616	320	8157	320	9333
300	4725	300	5682	320	6953	340	8548	340	9776
320	4970	320	5973	340	7290	360	8938	360	10219
340	5216	340	6264	360	7627	380	9329	380	10662
360	5461	360	6556	380	7964	400	9720	400	11106
380	5707	380	6847	400	8301	420	10110	420	11549
400	5952	400	7139	420	8638	440	10501	440	11992
420	6197	420	7430	440	8975	460	10891	460	12435
440	6443	440	7721	460	9312	480	11282	480	12878
460	6688	460	8013	480	9649	500	11672	500	13321
480	6934	480	8304	500	9986				
		500	8596						

注：l—公称长度(mm)；G—每千件钢制品大约重量(kg)。

3. 六角头螺栓

(GB/T 5782—2000)

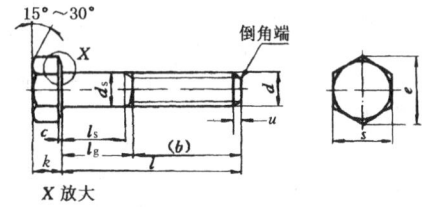

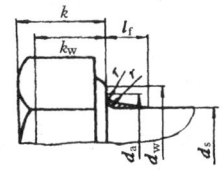

对螺纹规格 $d \leqslant$ M4，可为辗制末端
（按 GB/T 2 规定，参见第 5.21 页）；

$l_{g\,max} = l_{公称} - b_{参考}$；$u \leqslant 2P$；

$l_{s\,min} = l_{g\,max} - 5P$；$P$—螺距。

(1) 六角头螺栓的尺寸(mm)							
螺纹规格	主 要 尺 寸			螺纹规格	主 要 尺 寸		
d	k	s	l 范围	d	k	s	l 范围
(a) 优选螺纹规格的商品规格							
M1.6	1.1	3.2	12.16	M16	10	24	65～160
M2	1.4	4.0	16.20	M20	12.5	30	80～200
M2.5	1.7	5.0	16～25	M24	15	36	90～240
M3	2	5.5	20～30	M30	18.7	46	110～300
M4	2.8	7	25～40	M36	22.5	55	140～360
M5	3.5	8	25～50	M42	26	65	160～440
M6	4	10	30～60	M48	30	75	180～480
M8	5.3	13	40～80	M56	35	85	220～500
M10	6.4	16	45～100	M64	40	95	260～500
M12	7.5	18	50～120				

（续）

(1) 六角头螺栓的尺寸(mm)							
螺纹规格	主 要 尺 寸			螺纹规格	主 要 尺 寸		
d	k	s	l 范围	d	k	s	l 范围
(b) 非优选螺纹规格的商品规格							
M3.5	2.4	6	20~35	M33	21	50	130~320
M14	8.8	21	60~140	M39	25	60	150~380
M18	11.5	27	70~180	M45	28	70	180~440
M22	14	34	90~220	M52	33	80	200~480
M27	17	41	100~260	M60	38	90	240~500

注：1. 本产品的旧标准（GB/T 5782—1986）名称为"六角头螺栓—A 和 B 级"。

2. 尺寸代号的标注内容，参见第 15.2 页。

3. 其他尺寸（b、c、d_a、d_s、d_w、e、k、k_w、l_f、l、r、s）参见第 15.3～15.9 页。

(2) 六角头螺栓的重量									
l	G	l	G	l	G	l	G	l	G
M1.6		M3.5		M5		M8		M10	
12	0.21	20	1.75	40	6.87	45	21.01	70	49.34
16	0.27	25	2.13	45	7.64	50	22.99	80	55.50
M2		30	2.50	50	8.41	55	24.96	90	61.67
16	0.45	35	2.88	M6		60	26.93	100	67.84
20	0.55	M4		30	7.99	65	28.91	M12	
M2.5		25	2.88	35	9.10	70	30.88	50	53.08
16	0.76	30	3.38	40	10.21	80	34.83	55	57.52
20	0.91	35	3.87	45	11.32	M10		60	61.96
25	1.10	40	4.36	50	12.43	45	33.92	65	66.40
M3		M5		55	13.54	50	37.00	70	70.84
20	1.31	25	4.55	60	14.65	55	40.09	80	79.72
25	1.58	30	5.32	M8		60	43.17	90	88.60
30	1.86	35	6.09	40	19.02	65	46.25	100	97.48

			(2) 六角头螺栓的重量						
l	G	l	G	l	G	l	G	l	G
M12		M18		M22		M27		M33	
110	106.4	70	173.2	100	304.8	110	621.9	130	1103
120	115.2	80	193.2	110	334.6	120	666.9	140	1167
M14		90	213.2	120	364.5	130	707.9	150	1232
60	86.96	100	233.2	130	391.6	140	752.9	160	1297
65	93.00	110	253.2	140	421.5	150	797.8	180	1426
70	99.04	120	273.1	150	451.3	160	842.8	200	1555
80	111.1	130	290.9	160	481.2	180	932.7	220	1676
90	123.2	140	310.9	180	540.0	200	1023	240	1805
100	135.3	150	330.9	200	600.6	220	1104	260	1934
110	147.4	160	350.9	220	654.5	240	1194	280	2064
120	159.5	180	390.8	M24		260	1284	300	2193
130	170.2	M20		90	401.5	M30		320	2322
140	182.3	80	245.1	100	437.0	110	785.8	M36	
M16		90	269.8	110	472.6	120	841.4	140	1421
65	126.5	100	294.5	120	508.1	130	891.8	150	1501
70	134.3	110	319.1	130	540.1	140	947.3	160	1581
80	150.1	120	343.8	140	575.6	150	1003	180	1741
90	165.9	130	366.0	150	611.2	160	1058	200	1901
100	181.7	140	390.7	160	646.7	180	1169	220	2046
110	197.5	150	415.4	180	717.7	200	1280	240	2205
120	213.3	160	440.0	200	788.8	220	1380	260	2365
130	227.5	180	489.4	220	852.2	240	1491	280	2525
140	243.3	200	538.7	240	923.3	260	1602	300	2685
150	259.1	M22		M27		280	1713	320	2845
160	274.9	90	274.9	100	577.0	300	1824	340	3005

(2) 六角头螺栓的重量

l	G	l	G	l	G	l	G	l	G
M36		**M42**		**M48**		**M52**		**M60**	
360	3165	340	4171	240	4160	420	7863	320	8469
M39		360	4389	260	4454	440	8187	340	8902
150	1818	380	4606	280	4738	460	8511	360	9335
160	1909	400	4824	300	5022	480	8835	380	9768
180	2090	420	5041	320	5306	**M56**		400	10201
200	2272	440	5259	340	5590	220	5406	420	10634
220	2441	**M45**		360	5875	240	5793	440	11067
240	2623	180	3332	380	6159	260	6180	460	11500
260	2805	200	3575	400	6443	280	6566	480	11934
280	2986	220	3855	420	6727	300	6953	500	12367
300	3168	240	4093	440	7011	320	7340	**M64**	
320	3350	260	4336	460	7295	340	7727	260	8240
340	3531	280	4578	480	7580	360	8114	280	8745
360	3713	300	4821	**M52**		380	8500	300	9251
380	3895	320	5064	200	4319	400	8887	320	9756
M42		340	5307	220	4622	420	9274	340	10261
160	2233	360	5550	240	4946	440	9661	360	10766
180	2450	380	5793	260	5270	460	10048	380	11271
200	2668	400	6036	280	5594	480	10434	400	11777
220	2866	420	6279	300	5919	500	10821	420	12282
240	3083	440	6522	320	6243	**M60**		440	12787
260	3301	**M48**		340	6567	240	6736	460	13292
280	3518	180	3342	360	6891	260	7149	480	13797
300	3736	200	3626	380	7215	280	7602	500	14303
320	3953	220	3885	400	7539	300	8035		

注：l—公称长度(mm)；G—每千件钢制品大约重量(kg)。

4．六角头螺栓—全螺纹

(GB/T 5783—2000)

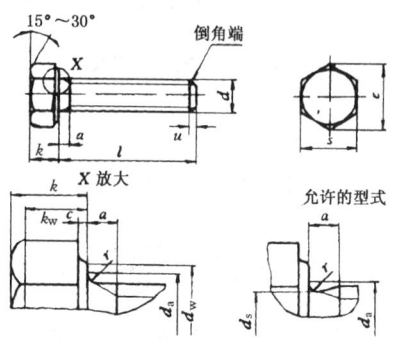

螺纹规格 $d \leqslant$ M4 为辗制末端，按 GB/T 2 规定，参见第 5.21 页；$d_s \approx$ 螺纹中径；$u \leqslant 2P$；P— 螺距。

(1) 六角头螺栓—全螺纹的尺寸(mm)						
螺纹规格	主要尺寸			螺纹规格	主要尺寸		
d	k	s	l 范围	d	k	s	l 范围
(a) 优选螺纹规格的商品规格							
M1.6	1.1	3.2	2～16	M8	5.3	13	16～80
M2	1.4	4	4～20	M10	6.4	16	20～100
M2.5	1.7	5	5～25	M12	7.5	18	25～120
M3	2	5.5	6～30	M16	10	24	30～200
M4	2.8	7	8～40	M20	12.5	30	40～200
M5	3.5	8	10～50	M24	15	36	50～200
M6	4	10	12～60	M30	18.7	46	60～200

(1) 六角头螺栓—全螺纹的尺寸(mm)

螺纹规格 d	主要尺寸			螺纹规格 d	主要尺寸		
	k	s	l 范围		k	s	l 范围
(a) 优选螺纹规格的商品规格							
M36	22.5	55	70~200	M56	35	85	110~200
M42	26	65	80~200	M64	40	95	120~200
M48	30	75	100~200				
(b) 非优选螺纹规格的商品规格							
M3.5	2.4	6	8~35	M33	21	50	65~200
M14	8.8	21	30~140	M39	25	60	80~200
M18	11.5	27	35~200	M45	28	70	90~200
M22	14	34	45~200	M52	33	80	100~200
M27	17	41	55~200	M60	38	90	120~200

注：1. 本产品的旧标准(GB/T 5783—1986)中名称为"六角头螺栓—全螺纹—A 和 B 级"。

2. 尺寸代号的标注内容，参见第 15.2 页。

3. 其他尺寸(a、c、d_a、d_w、e、k、k_w、l、r、s)参见第 15.3~15.9 页。

(2) 六角头螺栓—全螺纹的重量

l	G	l	G	l	G	l	G	l	G
M1.6		M1.6		M2		M2.5		M3	
2	0.08	12	0.19	10	0.30	8	0.48	6	0.62
3	0.10	16	0.24	12	0.34	10	0.54	8	0.70
4	0.11	M2		16	0.41	12	0.60	10	0.79
5	0.12	4	0.20	20	0.48	16	0.72	12	0.88
6	0.13	5	0.21	M2.5		20	0.83	16	1.05
8	0.15	6	0.23	5	0.40	25	0.98	20	1.22
10	0.17	7	0.27	6	0.43			25	1.43

| | | | | | | | | | |
|(2) 六角头螺栓—全螺纹的重量|									
l	G	l	G	l	G	l	G	l	G
M3		M5		M8		M12		M14	
30	1.64	25	4.39	45	19.64	35	40.40	100	122.6
M3.5		30	4.99	50	21.21	40	43.98	110	132.4
8	0.98	35	5.60	55	22.78	45	47.57	120	142.2
10	1.10	40	6.20	60	24.34	50	51.15	130	152.0
12	1.22	45	6.81	65	25.91	55	54.74	140	161.8
16	1.45	50	7.41	70	27.47	60	58.33	M16	
20	1.68	M6		80	30.60	65	61.91	30	75.91
25	1.97	12	4.54	M10		70	65.50	35	82.49
30	2.26	16	5.23	20	20.15	80	72.67	40	89.08
35	2.55	20	5.92	25	22.62	90	79.84	45	95.66
M4		25	6.78	30	25.10	100	87.01	50	102.3
8	1.43	30	7.65	35	27.57	110	94.19	55	108.8
10	1.58	35	8.51	40	30.04	120	101.4	60	115.4
12	1.73	40	9.37	45	32.51	M14		65	122.0
16	2.03	45	10.24	50	34.98	30	53.87	70	128.6
20	2.33	50	11.10	55	37.46	35	58.78	80	141.8
25	2.71	55	11.96	60	39.93	40	63.69	90	154.9
30	3.09	60	12.83	65	42.40	45	68.59	100	168.1
35	3.46	M8		70	44.87	50	73.50	110	181.3
40	3.84	16	10.57	80	49.82	55	78.41	120	194.5
M5		20	11.82	90	54.76	60	83.31	130	207.6
10	2.57	25	13.38	100	59.71	65	88.22	140	220.8
12	2.81	30	14.95	M12		70	93.13	150	234.0
16	3.30	35	16.51	25	33.22	80	102.9	160	247.1
20	3.78	40	18.08	30	36.81	90	112.8	180	273.5

(2) 六角头螺栓—全螺纹的重量									
l	G	l	G	l	G	l	G	l	G
M16		M20		M22		M27		M30	
200	299.8	55	184.9	110	380.5	55	387.9	140	904.4
M18		60	195.2	120	405.8	60	407.0	150	951.4
35	110.4	65	205.5	130	431.2	65	426.2	160	998.4
40	118.5	70	215.8	140	456.6	70	445.4	180	1092
45	126.7	80	236.4	150	481.9	80	483.8	200	1186
50	134.9	90	257.0	160	507.3	90	522.1	M33	
55	143.1	100	277.6	180	558.1	100	560.5	65	703.5
60	151.2	110	298.3	200	608.8	110	598.9	70	732.4
65	159.4	120	318.9	M24		120	637.2	80	790.2
70	167.6	130	339.5	50	270.5	130	675.6	90	847.9
80	184.0	140	360.1	55	285.4	140	714.0	100	905.7
90	200.3	150	380.7	60	300.2	150	752.4	110	963.5
100	216.7	160	410.3	65	315.1	160	790.7	120	1021
110	233.0	180	442.6	70	329.9	180	867.5	130	1079
120	249.4	200	483.8	80	359.6	200	944.2	140	1137
130	265.7	M22		90	389.3	M30		150	1195
140	282.1	45	215.5	100	419.0	60	528.3	160	1252
150	298.4	50	228.2	110	448.7	65	551.8	180	1368
160	314.8	55	240.9	120	478.4	70	575.3	200	1484
180	347.5	60	253.4	130	508.1	80	622.3	M36	
200	380.2	65	266.3	140	537.8	90	669.3	70	901.3
M20		70	279.0	150	567.4	100	716.3	80	969.8
40	154.0	80	304.3	160	597.1	110	763.3	90	1038
45	164.3	90	329.7	180	676.5	120	810.4	100	1106
50	174.6	100	355.1	200	715.9	130	857.4	110	1175

（2）六角头螺栓—全螺纹的重量

l	G	l	G	l	G	l	G	l	G
M36		M39		M45		M52		M56	
120	1243	180	2023	120	2593	100	2766	200	4932
130	1311	200	2185	130	2738	110	2912	M60	
140	1379	M42		140	2884	120	3057	120	4249
150	1448	80	1421	150	3030	130	3203	130	4444
160	1516	90	1515	160	3175	140	3349	140	4639
180	1653	100	1608	180	3467	150	3494	150	4835
200	1789	110	1702	200	3758	160	3640	160	5030
M39		120	1795	M48		180	3932	180	5421
80	1211	130	1889	100	2269	200	4223	200	5811
90	1292	140	1982	110	2392	M56		M64	
100	1373	150	2076	120	2515	110	3415	120	4899
110	1454	160	2169	130	2638	120	3584	130	5121
120	1536	180	2356	140	2760	130	3752	140	5343
130	1617	200	2543	150	2883	140	3921	150	5564
140	1698	M45		160	3006	150	4089	160	5786
150	1779	90	2156	180	3251	160	4258	180	6229
160	1860	100	2301	200	3496	180	4595	200	6672
		110	2447						

注：1. l—公称长度(mm)；G—每千件钢制品大约重量(kg)。

2. 部分规格的重量暂缺。

5. 六角头螺栓—细杆—B 级

(GB/T 5784—1986)

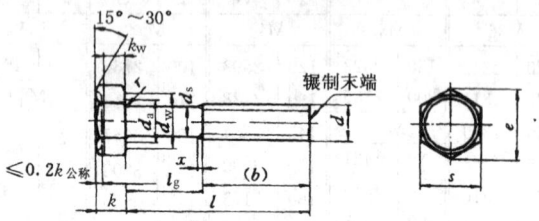

末端按 GB/T 2 规定，参见第 5.21 页。

x—螺纹收尾。$d_s \approx$ 螺纹中径（或螺纹大径）。

$l_{gmax} = l_{公称} - b_{参考}$；$l_{gmin} = l_{gmax} - 2P$；$P$—螺距。

注：制造者也可不制出凹穴。

(1) 六角头螺栓—细杆—B 级的尺寸(mm)									
螺纹规格 d	主 要 尺 寸				螺纹规格 d	主 要 尺 寸			
	k	s	x max	l 范围		k	s	x max	l 范围
M3	2	5.5	1.25	20～30	M10	6.4	16	3.8	40～100
M4	2.8	7	1.75	20～40	M12	7.5	18	4.3	45～120
M5	3.5	8	2	25～50	(M14)	8.8	21	5	50～140
M6	4	10	2.5	25～60	M16	10	24	5	55～150
M8	5.3	13	3	30～80	M20	12.5	30	5	65～150

注：1. 尺寸代号的标注内容，参见第 15.2 页。

2. 其他尺寸(b、d_a、d_w、e、k、k_w、l、r、s)参见第 15.3～15.9 页。

\multicolumn{10}{c}{(2) 六角头螺栓—细杆—B级的重量}									

l	G	l	G	l	G	l	G	l	G
M3		M6		M10		(M14)		M16	
20	1.28	40	9.72	(55)	38.97	50	76.32	110	185.3
25	1.49	45	10.58	60	41.43	(55)	81.19	120	198.4
30	1.70	50	11.44	(65)	43.88	60	86.07	130	211.5
M4		(55)	12.29	70	46.34	(65)	90.94	140	224.5
20	2.45	60	13.15	80	51.25	70	95.82	150	237.6
25	2.82	M8		90	56.16	80	105.6	M20	
30	3.20	30	15.78	100	61.07	90	115.3	(65)	215.1
35	3.57	35	17.34	M12		100	125.1	70	225.3
40	3.95	40	18.89	45	49.90	110	134.8	80	245.8
M5		45	20.45	50	53.47	120	144.6	90	266.2
25	4.58	50	22.00	55	57.03	130	154.3	100	286.7
30	5.18	(55)	23.56	60	60.59	140	164.1	110	307.2
35	5.78	60	25.11	65	64.15	M16		120	327.7
40	6.38	(65)	26.67	70	67.71	(55)	113.3	130	348.2
45	6.98	70	28.22	80	74.84	60	119.9	140	368.6
50	7.58	80	31.33	90	81.96	(65)	126.4	150	389.1
M6		M10		100	89.09	70	133.0		
25	7.15	40	31.60	110	96.21	80	146.0		
30	8.01	45	34.06	120	103.3	90	159.1		
35	8.86	50	36.51			100	172.2		

注：1. l—公称长度(mm)；G—每千件钢制品大约重量(kg)。

2. 表列规格为商品规格，带括号的规格，尽量不采用。

6. 六角头螺栓—细牙

(GB/T 5785—2000)

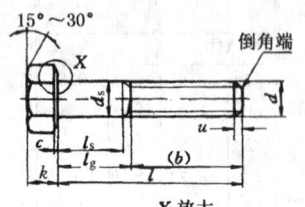

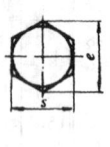

倒角端

X 放大

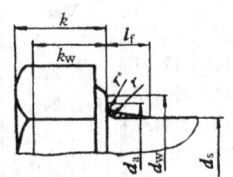

末端按 GB/T 2 规定,参见第 5.21 页;

$l_{gmax} = l_{公称} - b_{参考}$; $l_{smin} = l_{gmax} - 5P_1$;

$u \leqslant 2P$;

P—螺距;P_1—相应规格粗牙螺纹螺距;

* 螺纹头下圆角半径处,也可以制成圆滑过渡。

(1) 六角头螺栓—细牙的尺寸(mm)						
螺纹规格	主 要 尺 寸			螺纹规格	主 要 尺 寸		
$d \times P$	k	s	l 范围	$d \times P$	k	s	l 范围
(a) 优选螺纹规格的商品规格							
M8×1	5.3	13	40~80	M30×2	18.7	46	120~300
M10×1	6.4	16	45~100	M36×3	22.5	55	140~360
M12×1.5	7.5	18	50~120	M42×3	26	65	160~440
M16×1.5	10	24	65~160	M48×3	30	75	200~480
M20×1.5	12.5	30	80~200	M56×4	35	85	220~500
M24×2	15	36	100~240	M64×4	40	95	260~500

（1）六角头螺栓—细牙的尺寸(mm)								
螺纹规格	主 要 尺 寸			螺纹规格	主 要 尺 寸		
$d \times P$	k	s	l 范围	$d \times P$	k	s	l 范围
（b）非优选螺纹规格的商品规格							
M10×1.25	6.4	16	45～100	M27×2	17	41	110～260
M12×1.25	7.5	18	50～120	M33×2	21	50	130～320
M14×1.5	8.8	21	60～140	M39×3	25	60	150～380
M18×1.5	11.5	27	70～180	M45×3	28	70	180～440
M20×2	12.5	30	80～200	M52×4	33	80	200～480
M22×1.5	14	34	90～220	M60×4	38	90	240～500

注：1. 本产品的旧标准(GB/T 5785—1986)名称为"六角头螺栓—细牙—A 和 B 级"。

2. 尺寸代号的标注内容，参见第 15.2 页。

3. 其他尺寸(b、c、d_a、d_s、d_w、e、k、k_w、l_f、l、r、s)参见第 15.3～15.9 页。

（2）六角头螺栓—细牙的重量									
l	G	l	G	l	G	l	G	l	G
M8×1		M10×1		M10×1.25		M12×1.25		M12×1.5	
40	19.45	45	35.19	45	34.56	50	54.84	50	53.95
45	21.48	50	38.27	50	37.64	55	59.28	55	58.39
50	23.40	55	41.35	55	40.72	60	63.72	60	62.83
55	25.37	60	44.44	60	43.81	65	68.16	65	67.27
60	27.35	65	47.52	65	46.89	70	72.60	70	71.71
65	29.32	70	50.60	70	49.97	80	81.48	80	80.59
70	31.29	80	56.77	80	56.14	90	90.36	90	89.47
80	34.91	90	62.94	90	62.31	100	99.24	100	98.35
		100	69.10	100	68.48	110	108.1	110	107.2
						120	117.0	120	116.1

\(2\) 六角头螺栓—细牙的重量									
l	G	l	G	l	G	l	G	l	G
M14×1.5		M18×1.5		M20×2		M27×2		M33×2	
60	89.29	110	260.6	150	420.3	110	637.6	130	1148
65	95.23	120	280.6	160	444.9	120	682.5	140	1215
70	101.4	130	299.2	180	494.3	130	724.8	150	1282
80	113.5	140	319.2	200	543.6	140	769.8	160	1350
90	125.6	150	339.2	M22×1.5		150	814.7	180	1484
100	137.6	160	359.2	90	382.5	160	859.7	200	1618
110	149.7	180	399.1	100	412.4	180	949.6	220	1745
120	161.8	M20×1.5		110	442.2	200	1039	240	1880
130	172.9	80	254.1	120	470.4	220	1124	260	2014
140	184.9	90	278.8	130	500.2	240	1213	280	2148
M16×1.5		100	303.5	140	530.1	260	1303	300	2283
65	129.4	110	328.1	150	559.9	M30×2		320	2417
70	137.3	120	352.8	160	619.6	120	870.4	M36×3	
80	153.1	130	376.0	180	679.3	130	922.9	140	1450
90	168.9	140	400.6	200	735.4	140	978.4	150	1530
100	184.7	150	425.3	M24×2		150	1034	160	1610
110	200.4	160	450.0	100	449.7	160	1089	180	1770
120	216.2	180	499.3	110	485.3	180	1200	200	1930
130	230.8	200	548.6	120	520.8	200	1311	220	2078
140	246.6	M20×2		130	553.9	220	1416	240	2238
150	262.4	80	249.6	140	589.4	240	1527	260	2398
160	278.2	90	274.2	150	624.9	260	1638	280	2558
M18×1.5		100	298.9	160	660.5	280	1749	300	2717
70	180.7	110	323.6	180	731.5	300	1860	320	2877
80	200.7	120	348.2	200	802.6			340	3037
90	220.7	130	370.9	220	868.4			360	3197
100	240.6	140	395.6	240	939.5				

(2) 六角头螺栓—细牙的重量									
l	G	l	G	l	G	l	G	l	G
M39×3		M42×3		M48×3		M52×4		M60×4	
150	1863	380	4670	300	5131	480	9114	380	10001
160	1957	400	4888	320	5415	M56×4		400	10445
180	2144	420	5105	340	5699	220	5513	420	10889
200	2332	440	5323	360	5983	240	5900	440	11333
220	2507	M45×3		380	6267	260	6286	460	11777
240	2695	180	2953	400	6552	280	6673	480	12221
260	2882	200	3203	420	6836	300	7060	500	12665
280	3070	220	3438	440	7120	320	7447	M64×4	
300	3257	240	3688	460	7404	340	7834	260	8422
320	3445	260	3938	480	7688	360	8220	280	8928
340	3633	280	4188	M52×4		380	8607	300	9433
360	3820	300	4437	200	4461	400	8994	320	9938
380	4008	320	4687	220	4778	420	9381	340	10443
M42×3		340	4937	240	5112	440	9765	360	10948
160	2290	360	5187	260	5445	460	10154	380	11454
180	2508	380	5436	280	5779	480	10541	400	11959
200	2726	400	5686	300	6112	500	10928	420	12464
220	2930	420	5936	320	6446	M60×4		440	12969
240	3147	440	6186	340	6779	240	6893	460	13474
260	3365	M48×3		360	7113	260	7337	480	13980
280	3582	200	3725	380	7446	280	7781	500	14485
300	3800	220	3994	400	7780	300	8225		
320	4017	240	4278	420	8113	320	8669		
340	4235	260	4562	440	8447	340	9113		
360	4453	280	4846	460	8780	360	9557		

注：l—公称长度(mm)；G—每千件钢制品大约重量(kg)。

7. 六角头螺栓—细牙—全螺纹

(GB/T 5786—2000)

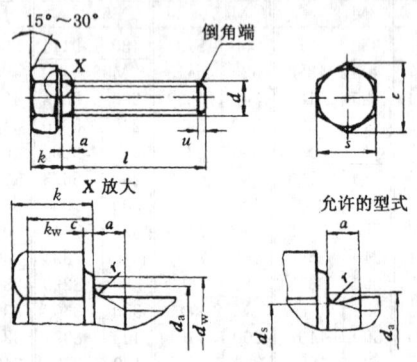

末端按 GB/T 2 规定,参见第 5.21 页;

无螺纹杆径 $d_s \approx$ 螺纹中径;$u \leqslant 2P$;P— 螺距。

螺纹规格	主要尺寸			螺纹规格	主要尺寸		
$d \times P$	k	s	l 范围	$d \times P$	k	s	l 范围
(a) 优选螺纹规格的商品规格							
M8×1	5.3	13	16~80	M30×2	18.7	46	40~200
M10×1	6.4	16	20~100	M36×3	22.5	55	40~200
M12×1.5	7.5	18	25~120	M42×3	26	65	90~420
M16×1.5	10	24	35~160	M48×3	30	75	100~480
M20×1.5	12.5	30	40~200	M56×4	35	85	120~500
M24×2	15	36	40~200	M64×4	40	95	130~500

（1）六角头螺栓—细牙—全螺纹的尺寸（mm）

注：1. 本产品的旧标准（GB/T 5786—1986）中名称为"六角头螺栓—细牙—全螺纹—A 和 B 级"。

(1) 六角头螺栓—细牙—全螺纹尺寸(mm)							
螺纹规格	主 要 尺 寸			螺纹规格	主 要 尺 寸		
$d \times P$	k	s	l 范围	$d \times P$	k	s	l 范围
(b) 非优选螺纹规格的商品规格							
M10×1.25	6.4	16	20～100	M27×2	17	41	55～260
M12×1.25	7.5	18	25～120	M33×2	21	50	65～360
M14×1.5	8.8	21	30～140	M39×3	25	60	80～380
M18×1.5	11.5	27	35～180	M45×3	28	70	90～440
M20×2	12.5	30	40～200	M52×4	33	80	100～500
M22×1.5	14	34	45～220	M60×4	38	90	120～500

(2) 六角头螺栓—细牙—全螺纹的重量									
l	G	l	G	l	G	l	G	l	G
M8×1		M10×1		M10×1.25		M12×1.25		M12×1.5	
16	10.80	20	20.91	20	20.53	25	34.36	25	33.79
20	12.11	25	23.57	25	23.10	30	38.17	30	37.49
25	13.75	30	26.23	30	25.67	35	41.99	35	41.18
30	15.39	35	28.89	35	28.24	40	45.80	40	44.88
35	17.03	40	31.55	40	30.80	45	49.61	45	48.58
40	18.67	45	34.21	45	33.37	50	53.42	50	52.28
45	20.30	50	36.88	50	35.94	55	57.24	55	55.98
50	21.94	55	39.54	55	38.51	60	61.05	60	59.68
55	23.58	60	42.20	60	41.07	65	64.86	65	63.38
60	25.22	65	44.86	65	43.64	70	68.68	70	67.07
65	26.86	70	47.52	70	46.21	80	76.30	80	74.47
70	28.50	80	52.84	80	51.34	90	83.93	90	81.87
80	31.78	90	58.16	90	56.48	100	91.55	100	89.27
		100	63.49	100	61.61	110	99.18	110	96.66
						120	106.8	120	104.1

2. 尺寸代号的标注内容，参见第 15.2 页。

3. 其他尺寸(a、c、d_a、d_w、e、k、k_w、l、r、s)参见第 15.3～15.9 页。

(续)

(续)

(2) 六角头螺栓—细牙—全螺纹的重量									
l	G	l	G	l	G	l	G	l	G
M14×1.5		M16×1.5		M20×1.5		M20×2		M22×1.5	
30	55.47	100	174.3	40	160.1	90	263.8	200	642.8
35	60.64	110	188.0	45	171.2	100	285.2	220	697.0
40	65.81	120	201.8	50	182.3	110	306.6	M24×2	
45	70.98	130	215.6	55	193.3	120	327.9	40	248.2
50	76.15	140	229.4	60	204.4	130	349.3	45	263.9
55	81.33	150	243.2	65	215.5	140	370.7	50	279.7
60	86.50	160	257.0	70	226.6	150	392.1	55	295.5
65	91.67	M18×1.5		80	248.7	160	413.4	60	311.2
70	96.83	35	115.2	90	270.9	180	456.2	65	327.0
80	107.2	40	124.0	100	293.0	200	498.9	70	342.8
90	117.5	45	132.9	110	315.2	M22×1.5		80	374.3
100	127.9	50	141.8	120	337.3	45	223.2	90	405.8
110	138.2	55	150.6	130	359.5	50	236.7	100	437.4
120	148.6	60	159.5	140	381.6	55	250.3	110	468.9
130	158.9	65	168.3	150	403.8	60	263.8	120	500.4
140	169.3	70	177.2	160	425.9	65	277.3	130	532.0
M16×1.5		80	194.9	180	470.2	70	290.9	140	563.5
35	84.64	90	212.6	200	514.5	80	318.0	150	595.0
40	91.54	100	230.4	M20×2		90	345.0	160	626.6
45	98.43	110	248.1	40	157.0	100	372.1	180	639.6
50	105.3	120	265.8	45	167.7	110	399.2	200	752.7
55	112.2	130	283.5	50	178.4	120	426.2	M27×2	
60	119.1	140	301.3	55	189.0	130	453.3	55	399.3
65	126.0	150	319.0	60	199.7	140	480.4	60	419.6
70	132.9	160	336.7	65	210.4	150	507.5	65	439.8
80	146.7	180	372.1	70	221.1	160	534.5	70	460.0
90	160.5			80	242.5	180	588.7	80	500.5

（续）

| \multicolumn{12}{c}{(2) 六角头螺栓—细牙—全螺纹的重量} |

l	G	l	G	l	G	l	G	l	G
M27×2		M30×2		M36×3		M39×3		M42×3	
90	540.9	140	953.0	40	707.7	160	1908	300	3625
100	581.4	150	1004	45	743.2	180	2077	320	3821
110	621.8	160	1054	50	778.8	200	2245	340	4018
120	662.3	180	1155	55	814.3	220	2413	360	4215
130	702.7	200	1256	60	849.8	240	2582	380	4412
140	743.2	M33×2		65	885.3	260	2750	400	4609
150	783.6	65	728.5	70	920.9	280	2918	420	4805
160	824.1	70	759.3	80	991.9	300	3087	M45×3	
180	905.0	80	820.9	90	1063	320	3255	90	1868
200	985.9	90	882.5	100	1134	340	3423	100	1982
220	1067	100	944.2	110	1205	360	3592	110	2095
240	1148	110	1006	120	1276	380	3760	120	2209
260	1229	120	1067	130	1347	M42×3		130	2323
M30×2		130	1129	140	1418	90	1558	140	2436
40	448.2	140	1191	150	1489	100	1657	150	2550
45	473.4	150	1252	160	1560	110	1755	160	2664
50	498.6	160	1314	180	1702	120	1854	180	2891
55	523.9	180	1437	200	1845	130	1952	200	3119
60	549.1	200	1560	M39×3		140	2050	220	3346
65	574.4	220	1684	80	1235	150	2149	240	3574
70	599.6	240	1807	90	1319	160	2247	260	3801
80	650.1	260	1930	100	1404	180	2444	280	4029
90	700.6	280	2053	110	1488	200	2641	300	4256
100	751.1	300	2177	120	1572	220	2838	320	4483
110	801.6	320	2300	130	1656	240	3034	340	4711
120	852.0	340	2423	140	1740	260	3231	360	4938
130	902.5	360	2546	150	1824	280	3428	380	5166

\multicolumn{10}{c}{(2) 六角头螺栓—细牙—全螺纹的重量}									

l	G	l	G	l	G	l	G	l	G
M45×3		M48×3		M52×4		M56×4		M60×4	
400	5393	420	6769	440	8076	400	9611	480	11615
420	5621	440	7029	460	8384	420	9961	500	12019
440	5848	460	7289	480	8691	440	10311	M64×4	
M48×3		M52×4		500	8999	M60×4		130	5250
90	2344	100	2847	M56×4		120	4333	140	5482
100	2474	110	3001	90	3661	130	4535	150	5713
110	2604	120	3155	100	3836	140	4737	160	5945
120	2734	130	3308	110	4011	150	4939	180	6408
130	2864	140	3462	120	4186	160	5142	200	6871
140	2995	150	3616	130	4361	180	5546	220	7334
150	3125	160	3770	140	4711	200	5951	240	7797
160	3385	180	4077	150	5061	220	6355	260	8260
180	3645	200	4385	160	5411	240	6760	280	8723
200	3906	220	4693	180	5761	260	7164	300	9186
220	4166	240	5000	200	6111	280	7569	320	9649
240	4426	260	5308	220	6461	300	7974	340	10112
260	4686	280	5615	240	6811	320	8378	360	10575
280	4947	300	5923	260	7161	340	8783	380	11038
300	5207	320	6231	280	7511	360	9187	400	11501
320	5467	340	6538	300	7861	380	9592	420	11964
340	5728	360	6846	320	8211	400	9996	440	12427
360	5988	380	7153	340	8561	420	10401	460	12890
380	6248	400	7461	360	8911	440	10805	480	13353
400	6509	420	7769	380	9261	460	11210	500	13816

注：l—公称长度(mm)；G—每千件钢制品大约重量(kg)。

8. 六角头头部带槽螺栓—A 和 B 级

(GB/T 29.1—1988)

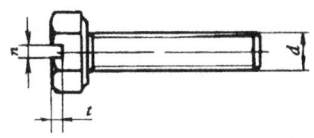 

(1) 六角头头部带槽螺栓—A 和 B 级的尺寸(mm)									
螺纹规格 d		M3	M4	M5	M6	M8	M10	M12
开槽宽度 n	公称	0.8	1.2	1.2	1.6	2	2.5	3
	max	1	1.51	1.51	1.91	2.31	2.81	3.31
	min	0.86	1.26	1.28	1.66	2.06	2.56	3.06
扳拧部分深度 t	min	0.7	1	1.2	1.4	1.9	2.4	3
公称长度 l	范围	6~30	8~40	10~50	12~60	16~80	20~100	25~100

注：螺栓的其余型式与尺寸，按第 15.39 页 GB/T 5783—2000 六角头螺栓—全螺纹的规定。

(2) 六角头头部带槽螺栓—A 和 B 级的重量									
l	G	l	G	l	G	l	G	l	G
M3		M3		M4		M4		M4	
6	0.59	16	1.01	8	1.36	20	2.25	40	3.75
8	0.67	20	1.18	10	1.51	25	2.63	M5	
10	0.76	25	1.40	12	1.65	30	3.00	10	2.47
12	0.84	30	1.61	16	1.95	35	3.38	12	2.71

注：l—公称长度(mm)；G—每千件钢制品大约重量(kg)。

(2) 六角头头部带槽螺栓—A 和 B 级的重量									
l	G	l	G	l	G	l	G	l	G
M5		M6		M8		M10		M12	
16	3.19	30	7.43	40	17.58	40	29.1	35	38.88
20	3.67	35	8.28	45	19.14	45	31.56	40	42.45
25	4.27	40	9.14	50	20.69	50	34.02	45	46.01
30	4.87	45	10.00	55	22.25	55	36.47	50	49.57
35	5.47	50	10.86	60	23.80	60	38.93	55	53.13
40	6.07	55	11.71	65	25.36	65	41.38	60	56.69
45	6.67	60	12.57	70	26.91	70	43.84	65	60.26
50	7.27	M8		80	30.02	80	48.75	70	63.82
M6		16	10.12	M10		90	53.66	80	70.94
12	4.34	20	11.36	20	19.28	100	58.57	90	78.07
16	5.03	25	12.92	25	21.74	M12		100	85.19
20	5.71	30	14.47	30	24.19	25	31.76		
25	6.57	35	16.03	35	26.65	30	35.32		

9. 十字槽凹穴六角头螺栓

(GB/T 29.2—1988)

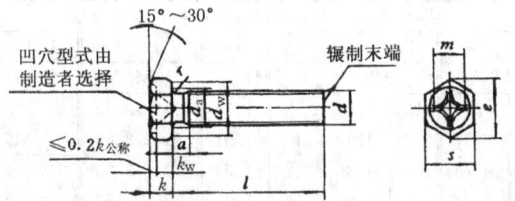

末端按 GB/T 2 规定,参见第 5.21 页。

(1) 十字槽凹穴六角头螺栓的尺寸(mm)						
螺纹规格 d			M4	M5	M6	M8
a max			2.1	2.4	3	3.75
k(公称)			2.8	3.5	4	5.3
s(公称)			7	8	10	13
H型十字槽	槽号 No.		2	2	3	3
	m 参考		4	4.8	6.2	7.2
	插入深度	max	1.93	2.73	2.86	3.86
		min	1.4	2.19	2.31	3.24
l(范围)			8～35	8～40	10～50	12～60

注：1. 尺寸代号的标注内容，参见第15.2页。

2. 其余尺寸(d_a、d_w、e、k、k_w、l、r、s)参见第15.39页GB/T 5783—2000六角头螺栓—全螺纹中的B级规定。

(2) 十字槽凹穴六角头螺栓的重量									
l	G	l	G	l	G	l	G	l	G
M4		M5		M5		M6		M8	
8	1.50	8	2.45	40	6.30	35	8.65	25	13.91
10	1.65	10	2.69	M6		40	9.51	30	15.47
12	1.80	12	2.93	10	4.37	45	10.37	35	17.02
(14)	1.95	(14)	3.17	12	4.71	50	11.22	40	18.58
16	2.10	16	3.41	(14)	5.05	M8		45	20.13
20	2.40	20	3.89	16	5.39	12	9.87	50	21.69
25	2.77	25	4.49	20	6.08	(14)	10.49	(55)	23.24
30	3.15	30	5.09	25	6.94	16	11.11	60	24.80
35	3.52	35	5.70	30	7.79	20	12.36		

注：1. l—公称长度(mm)；G—每千件钢制品大约重量(kg)。

2. 带括号的规格尽量不采用。

10. 六角头螺杆带孔螺栓—A 和 B 级

(GB/T 31.1—1988)

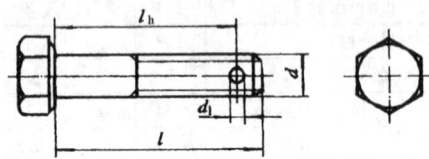

(1) 六角头螺杆带孔螺栓—A 和 B 级的尺寸(mm)						
螺纹规格 d	k	s	d_1		l_h (+ IT14)	l(范围)
			max	min		
M6	4	10	1.85	1.6	$l-3$	30～60
M8	5.3	13	2.25	2	$l-4$	35～80
M10	6.4	16	2.75	2.5	$l-4$	40～100
M12	7.5	18	3.5	3.2	$l-5$	45～120
(M14)	8.8	21	3.5	3.2	$l-5$	50～140
M16	10	24	4.3	4	$l-6$	55～160
(M18)	11.5	27	4.3	4	$l-6$	60～180
M20	12.5	30	4.3	4	$l-6$	65～200
(M22)	14	34	5.3	5	$l-7$	70～220
M24	15	36	5.3	5	$l-7$	80～240
(M27)	17	41	5.3	5	$l-8$	90～300
M30	18.7	46	6.66	6.3	$l-9$	90～300
M36	22.5	55	6.66	6.3	$l-10$	110～300
M42	26	65	8.36	8	$l-12$	130～300
M48	30	75	8.36	8	$l-12$	140～300

注：1. 尺寸代号的标注内容，参见第 15.2 页。
2. 其余的型式与尺寸，按第 15.35 页 GB/T 5782—2000 六角头螺栓的规定。

\multicolumn{10}{c}{(2) 六角头螺杆带孔螺栓—A 和 B 级的重量}									
l	G	l	G	l	G	l	G	l	G
M6		M10		M12		(M14)		(M18)	
30	7.77	40	30.11	80	76.89	140	176.1	(65)	159.9
35	8.80	45	33.04	90	85.32	M16		70	169.6
40	9.84	50	35.97	100	93.75	(55)	108.1	80	188.8
45	10.88	(55)	38.90	110	102.2	60	115.7	90	208.8
50	11.92	60	41.83	120	110.6	(65)	123.3	100	227.3
(55)	12.95	(65)	44.76	(M14)		70	130.9	110	246.6
60	13.99	70	47.69	50	73.28	80	146.0	120	265.9
M8		80	53.55	(55)	79.05	90	161.2	130	283.3
35	16.63	90	59.41	60	84.83	100	176.4	140	302.6
40	18.49	100	65.27	(65)	90.60	110	191.5	150	321.8
45	20.34	M12		70	96.38	120	206.7	160	341.1
50	22.19	45	47.39	80	107.9	130	220.6	180	379.6
(55)	24.05	50	51.61	90	119.5	140	235.7	M20	
60	25.90	(55)	55.82	100	131.0	150	250.9	(65)	204.4
(65)	27.76	60	60.03	110	142.6	160	266.1	70	216.3
70	29.61	(65)	64.25	120	154.1	(M18)		80	240.0
80	33.32	70	68.46	130	164.6	60	150.3	90	263.7

注：1. l—公称长度(mm)；G—每千件钢制品大约重量(kg)。

　　2. 带括号的规格，尽量不采用。

(续)

(2) 六角头螺杆带孔螺栓—A 和 B 级的重量

l	G	l	G	l	G	l	G	l	G
M20		(M22)		M27		M30		M42	
100	287.4	220	701.4	150	777.0	260	1555	180	2413
110	311.1	M24		160	819.9	280	1662	200	2623
120	334.8	80	359.2	180	905.8	300	1768	220	2817
130	356.6	90	393.5	200	991.7	M36		240	3027
140	380.3	100	427.8	220	1071	110	1169	260	3237
150	404.0	110	462.1	240	1157	120	1246	280	3446
160	427.7	120	496.5	260	1243	130	1317	300	3656
180	475.1	130	527.9	280	1239	140	1394	M48	
200	522.5	140	562.2	300	1315	150	1471	140	2735
(M22)		150	596.5	M30		160	1548	150	2873
70	276.7	160	630.8	90	662.4	180	1701	160	3010
80	305.5	180	699.5	100	715.7	200	1854	180	3286
90	334.2	200	768.1	110	768.9	220	1996	200	3561
100	363.0	220	830.5	120	822.1	240	2149	220	3815
110	391.8	240	899.2	130	871.5	260	2303	240	4090
120	420.5	(M27)		140	924.7	280	2456	260	4365
130	449.3	90	522.1	150	977.9	300	2610	280	4640
140	475.9	100	565.1	160	1031	M42		300	4915
150	504.7	110	608.0	180	1138	130	1888		
160	533.5	120	651.0	200	1244	140	1993		
180	519.0	130	691.0	220	1342	150	2098		
200	684.5	140	734.0	240	1449	160	2203		

11. 六角头螺杆带孔螺栓—细杆—B级

(GB/T 31.2—1988)

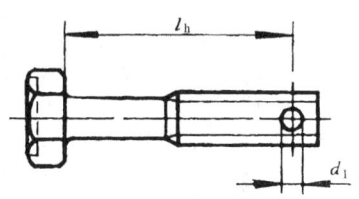

螺纹规格 d	k	s	d_1		l_h ($+$ IT14)	l 范围
			max	min		
M6	4	10	1.85	1.6	$l-3$	25～70
M8	5.3	13	2.25	2	$l-4$	30～80
M10	6.4	16	2.75	2.5	$l-4$	40～100
M12	7.5	18	3.5	3.2	$l-5$	45～120
(M14)	8.8	21	3.5	3.2	$l-5$	50～140
M16	10	24	4.3	4	$l-6$	55～150
M20	12.5	30	4.3	4	$l-6$	65～150

(1) 六角头螺杆带孔螺栓—细杆—B级的尺寸(mm)

注：1. 尺寸代号的标注内容，参见第 15.2 页。
2. 其余的型式与尺寸，按第 15.44 页 GB/T 5784 六角头螺栓—细杆—B级的规定。

(续)

(2) 六角头螺杆带孔螺栓—细杆—B级的重量									
l	G	l	G	l	G	l	G	l	G
M6		M8		M12		(M14)		M16	
25	7.08	60	24.94	50	52.87	90	114.6	140	223.1
30	7.93	(65)	26.49	(55)	56.43	100	124.4	150	236.2
35	8.79	70	28.05	60	60.00	110	134.1	M20	
40	9.65	80	31.16	(65)	63.56	120	143.9	(65)	213.2
45	10.51	M10		70	67.12	130	153.6	70	223.4
50	11.36	40	31.26	80	74.24	140	163.4	80	243.9
(55)	12.22	45	33.72	90	81.37	M16		90	264.4
60	13.08	50	36.17	100	88.49	(55)	111.9	100	284.9
(65)	13.93	(55)	38.63	110	95.62	60	118.4	110	305.4
70	14.79	60	41.08	120	102.7	(65)	125.0	120	325.8
M8		(65)	43.54	(M14)		70	131.5	130	346.3
30	15.61	70	46.00	50	75.62	80	144.6	140	366.8
35	17.16	80	50.91	(55)	80.50	90	157.7	150	387.3
40	18.72	90	55.82	60	85.37	100	170.8		
45	20.27	100	60.73	(65)	90.25	110	183.9		
50	21.83	M12		70	95.12	120	196.9		
(55)	23.38	45	49.31	80	104.9	130	210.0		

注：1. l—公称长度(mm)；G—每千件钢制品大约重量(kg)。
　　2. 带括号的规格尽量不采用。

15.62

12. 六角头螺杆带孔螺栓—细牙—A 和 B 级

(GB/T 31.3—1988)

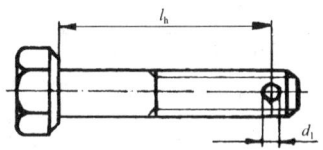

(1) 六角头螺杆带孔螺栓—细牙—A 和 B 级的尺寸(mm)						
螺纹规格 $d \times P$	k	s	d_1		l_h (+ IT14)	l 范围
			max	min		
M8 × 1	5.3	13	2.25	2	$l-4$	35~80
M10 × 1	6.4	16	2.75	2.5	$l-4$	40~100
M12 × 1.5	7.5	18	3.5	3.2	$l-5$	45~120
(M14 × 1.5)	8.8	21	3.5	3.2	$l-5$	50~140
M16 × 1.5	10	24	4.3	4	$l-6$	55~160
(M18 × 1.5)	11.5	27	4.3	4	$l-6$	60~180
M20 × 2	12.5	30	4.3	4	$l-6$	65~200
(M22 × 1.5)	14	34	5.3	5	$l-7$	70~220
M24 × 2	15	36	5.3	5	$l-7$	80~240
(M27 × 2)	17	41	5.3	5	$l-8$	90~260
M30 × 2	18.7	46	6.66	6.3	$l-9$	90~300
M36 × 3	22.5	55	6.66	6.3	$l-10$	110~300
M42 × 3	26	65	8.36	8	$l-12$	130~300
M48 × 3	30	75	8.36	8	$l-12$	140~300

注: 1. 尺寸代号的标注内容,参见第 15.2 页。
   2. 其余的型式与尺寸,按第 15.46 页 GB/T 5785—2000 六角头螺栓—细牙的规定。

(2) 六角头螺杆带孔螺栓—细牙—A 和 B 级的重量

l	G	l	G	l	G	l	G
M8×1		M12×1.5		(M14×1.5)		(M18×1.5)	
35	16.63	45	47.39	110	142.6	(65)	159.9
40	18.49	50	51.61	120	154.1	70	169.6
45	20.34	(55)	55.82	130	164.6	80	188.8
50	22.19	60	60.03	140	176.1	90	208.1
(55)	24.05	(65)	64.25	M16×1.5		100	227.3
60	25.90	70	68.46	(55)	108.1	110	246.6
(65)	27.76	80	76.89	60	115.7	120	265.9
70	29.61	90	85.32	(65)	123.3	130	283.3
80	33.32	100	93.75	70	130.9	140	302.6
M10×1		110	102.2	80	146.0	150	321.8
40	30.11	120	110.6	90	161.2	160	341.1
45	33.04	(M14×1.5)		100	176.4	180	379.6
50	35.97	50	73.28	110	191.5	M20×2	
(55)	38.90	(55)	79.05	120	206.7	(65)	204.4
60	41.83	60	84.83	130	220.7	70	216.3
(65)	44.76	(65)	90.60	140	235.7	80	240.0
70	47.69	70	96.38	150	250.9	90	263.7
80	53.55	80	107.9	160	266.1	100	287.4
90	59.41	90	119.5	(M18×1.5)		110	311.1
100	65.27	100	131.0	60	150.3	120	334.8

注：1. l—公称长度(mm)；G—每千件钢制品大约重量(kg)。
　　2. 带括号的规格尽量不采用。

\multicolumn{8}{c}{(2) 六角头螺杆带孔螺栓—细牙—A 和 B 级的重量}
l	G	l	G	l	G	l	G
\multicolumn{2}{c}{M20×2}	\multicolumn{2}{c}{M24×2}	\multicolumn{2}{c}{M30×2}	\multicolumn{2}{c}{M42×3}
130	356.6	130	527.9	120	822.1	130	1888
140	380.3	140	562.2	130	871.5	140	1993
150	404.0	150	596.5	140	924.7	150	2098
160	427.7	160	630.8	150	977.9	160	2203
180	475.1	180	699.5	160	1031	180	2413
200	522.5	200	768.1	180	1138	200	2623
\multicolumn{2}{c}{(M22×1.5)}	220	830.5	200	1244	220	2817
70	276.7	240	899.2	220	1342	240	3027
80	305.5	\multicolumn{2}{c}{(M27×2)}	240	1449	260	3237
90	334.2	90	522.1	260	1555	280	3446
100	363.0	100	565.1	280	1662	300	3656
110	391.8	110	608.0	300	1768	\multicolumn{2}{c}{M48×3}
120	420.5	120	651.0	\multicolumn{2}{c}{M36×3}	140	2735
130	449.3	130	691.0	110	1169	150	2873
140	475.9	140	734.0	120	1246	160	3010
150	504.7	150	777.0	130	1317	180	3286
160	533.5	160	819.9	140	1394	200	3561
180	591.0	180	905.8	150	1471	220	3815
200	648.5	200	991.7	160	1548	240	4090
220	701.4	220	1071	180	1701	260	4365
\multicolumn{2}{c}{M24×2}	240	1157	200	1854	280	4640
80	359.2	260	1243	220	1996	300	4915
90	393.5	\multicolumn{2}{c}{M30×2}	240	2149		
100	427.8	90	662.4	260	2303		
110	462.1	100	715.7	280	2456		
120	496.5	110	768.9	300	2610		

13. 六角头头部带孔螺栓—A 和 B 级

(GB/T 32.1—1988)

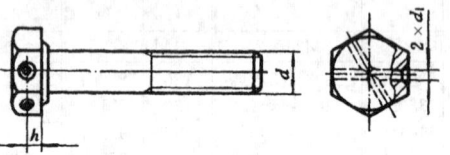

	(1) 六角头头部带孔螺栓—A 和 B 级的尺寸(mm)								
d	d_1		h ≈	l(范围)	d	d_1		h ≈	l(范围)
	min	max				min	max		
M6	1.6	1.85	2.0	30～60	(M22)	3.0	3.25	7.0	70～220
M8	2.0	2.25	2.6	35～80	M24	3.0	3.25	7.5	80～240
M10	2.0	2.25	3.2	40～100	(M27)	3.0	3.25	8.5	90～260
M12	2.0	2.25	3.7	45～120	M30	3.0	3.25	9.3	90～300
(M14)	2.0	2.25	4.4	50～140	M36	4.0	4.3	11.2	110～360
M16	3.0	3.25	5.0	55～160	M42	4.0	4.3	13	130～400
(M18)	3.0	3.25	5.7	60～180	M48	4.0	4.3	15	140～400
M20	3.0	3.25	6.2	65～200					

注：1. d—螺纹规格；d_1—销孔直径；h—销孔中心至支承面距离；
l—公称长度。

2. $d_{1公称} = d_{1min}$。

3. 其余的型式与尺寸，按第 15.35 页 GB/T 5782—2000 六角
头螺栓的规定。

(2) 六角头头部带孔螺栓—A 和 B 级的重量									
l	G	l	G	l	G	l	G	l	G
M6		M10		(M14)		M16		M20	
30	7.54	50	35.11	50	71.48	110	131.8	(65)	200.4
35	8.58	(55)	38.04	(55)	77.25	120	146.9	70	212.3
40	9.62	60	40.97	60	83.03	130	153.8	80	236.0
45	10.66	(65)	43.90	(65)	88.80	140	168.9	90	259.7
50	11.69	70	46.83	70	94.57	150	184.1	100	283.4
(55)	12.73	80	52.69	80	106.1	160	199.2	110	307.1
60	13.77	90	58.55	90	117.7	(M18)		120	330.6
M8		100	64.41	100	129.2	60	146.7	130	352.6
35	16.18	M12		110	140.8	(65)	156.3	140	376.3
40	18.04	45	45.84	120	152.3	70	165.9	150	400.0
45	19.89	50	50.06	130	162.8	80	185.2	160	423.7
50	21.75	(55)	54.27	140	174.3	90	204.5	180	471.1
(55)	23.60	60	58.49	M16		100	223.7	200	518.5
60	25.45	(65)	62.70	(55)	48.38	110	243.0	(M22)	
(65)	27.31	70	66.92	60	55.96	120	262.2	70	269.6
70	29.16	80	75.35	(65)	63.54	130	279.7	80	298.3
80	32.87	90	83.77	70	71.12	140	298.9	90	327.1
M10		100	92.20	80	86.28	150	318.2	100	355.9
40	29.25	110	100.6	90	101.4	160	337.4	110	384.4
45	32.18	120	109.1	100	116.6	180	376.0	120	413.4

注：1. l—公称长度（mm）；G—每千件钢制品大约重量（kg）。

2. 带括号的规格尽量不采用。

(续)

(2) 六角头头部带孔螺栓—A 和 B 级的重量									
l	G	l	G	l	G	l	G	l	G
(M22)		(M27)		M30		M36		M48	
130	442.2	90	513.7	160	1016	300	2592	140	2696
140	468.8	100	556.7	180	1123	320	2745	150	2833
150	497.6	110	599.6	200	1229	340	2898	160	2971
160	526.3	120	642.6	220	1327	360	3052	180	3246
180	583.9	130	682.6	240	1433	M42		200	3521
200	641.4	140	725.6	260	1540	130	1854	220	3775
220	694.3	150	768.5	280	1646	140	1959	240	4051
M24		160	811.5	300	1753	150	2063	260	4326
80	351.7	180	897.4	M36		160	2168	280	4601
90	386.0	200	983.3	110	1151	180	2378	300	4876
100	420.3	220	1063	120	1228	200	2588	320	5151
110	454.7	240	1149	130	1299	220	2782	340	5426
120	489.0	260	1235	140	1376	240	2992	360	5701
130	520.4	M30		150	1453	260	3202	380	5976
140	554.7	90	647.3	160	1529	280	3412	400	6251
150	589.0	100	700.5	180	1683	300	3621		
160	623.4	110	753.7	200	1836	320	3831		
180	692.0	120	807.0	220	1978	340	4041		
200	760.7	130	856.3	240	2131	360	4251		
220	823.0	140	909.5	260	2285	380	4461		
240	891.7	150	962.8	280	2438	400	4670		

14. 六角头头部带孔螺栓—细杆—B 级

(GB/T 32.2—1988)

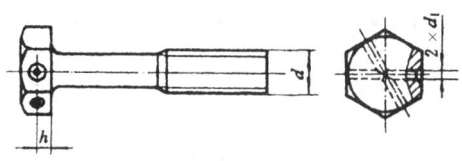

		M6	M8	M10	M12	(M14)	M16	M20
	六角头头部带孔螺栓—细杆—B 级的尺寸(mm)							

<table>

	d	M6	M8	M10	M12	(M14)	M16	M20
d_1	公称	1.6	2.0	2.0	2.0	2.0	3.0	3.0
	min	1.6	2.0	2.0	2.0	2.0	3.0	3.0
	max	1.85	2.25	2.25	2.25	2.25	3.25	3.25
$h\approx$		2.0	2.6	3.2	3.7	4.4	5.0	6.2
l 范围		25~60	30~80	40~100	45~120	50~140	55~150	65~150

注: 1. d—螺纹规格;d_1—销孔直径;h—销孔中心至支承面距离;
l—公称长度。

2. 其余的型式与尺寸按 15.44 页 GB/T 5784—1986 六角头
螺栓—细杆—B 级的规定。

(2) 六角头头部带孔螺栓—细杆—B级的重量									
l	G	l	G	l	G	l	G	l	G
M6		M8		M12		(M14)		M16	
25	6.85	65	26.05	50	51.26	80	103.0	120	195.5
30	7.71	70	27.61	55	54.82	90	112.8	130	208.6
35	8.56	80	30.72	60	58.39	100	122.5	140	221.6
40	9.42	M10		65	61.95	110	132.3	150	234.7
45	10.28	40	30.41	70	65.51	120	142.0	M20	
50	11.13	45	32.87	80	72.63	130	151.8	(65)	208.4
(55)	11.99	50	35.32	90	79.76	140	161.5	70	218.7
60	12.85	(55)	37.78	100	86.88	M16		80	239.2
M8		60	40.23	110	94.01	(55)	110.4	90	259.6
30	15.17	65	42.69	120	101.1	60	117.0	100	280.1
35	16.72	70	45.15	(M14)		(65)	123.9	110	300.6
40	18.28	80	50.06	50	73.79	70	130.0	120	321.1
45	19.83	90	54.97	(55)	78.66	80	143.1	130	341.5
50	21.39	100	59.88	60	83.54	90	156.2	140	362.0
(55)	22.94	M12		(65)	88.41	100	169.3	150	382.5
60	24.50	45	47.70	70	93.29	110	182.4		

注：1. l—公称长度(mm)；G—每千件钢制品大约重量(kg)。

2. 带括号的规格尽量不采用。

15. 六角头头部带孔螺栓—细牙—A 和 B 级

(GB/T 32.3—1988)

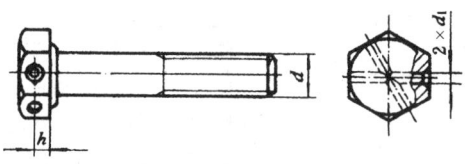

螺纹规格 $d \times P$	销孔直径 d_1			销孔中心至 支承面距离 $h \approx$	公称长度 l 范围
	公称	min	max		
M8×1	2	2	2.25	2.6	35~80
M10×1, (M10×1.25)	2	2	2.25	3.2	40~100
M12×1.5, (M12×1.25)	2	2	2.25	3.7	45~120
(M14×1.5)	2	2	2.25	4.4	50~140
M16×1.5	3	3	3.25	5.0	55~160
(M18×1.5)	3	3	3.25	5.7	60~180
M20×2, (M20×1.5)	3	3	3.25	6.2	65~200
(M22×1.5)	3	3	3.25	7.0	70~220
M24×2	3	3	3.25	7.5	80~240
(M27×2)	3	3	3.25	8.5	90~260
M30×2	3	3	3.25	9.3	90~300
M36×3	4	4	4.3	11.2	110~300
M42×3	4	4	4.3	13	130~400
M48×3	4	4	4.3	15	140~400

(1) 六角头头部带孔螺栓—细牙—A 和 B 级的尺寸(mm)

注: 其余的型式与尺寸,按 15.46 页 GB/T 5785—2000 六角头螺栓—细牙的规定。

(2) 六角头头部带孔螺栓—细牙—A 和 B 级的重量							
l	G	l	G	l	G	l	G
M8×1		M12×1.5		M16×1.5		(M18×1.5)	
35	16.18	(55)	55.63	(55)	107.0	140	301.2
40	18.04	60	59.84	60	114.5	150	320.5
45	19.89	(65)	64.06	(65)	122.1	160	339.7
50	21.75	70	68.27	70	129.7	180	378.2
(55)	23.60	80	76.70	80	144.9	M20×2	
60	25.45	90	85.13	90	160.0	(65)	203.0
(65)	27.31	100	93.56	100	175.2	70	214.8
70	29.16	110	102.0	110	190.3	80	238.5
80	32.87	120	110.4	120	205.5	90	262.2
M10×1		(M14×1.5)		130	219.4	100	285.9
40	29.69	50	73.06	140	234.6	110	309.6
45	32.62	(55)	78.83	150	249.7	120	333.3
50	35.55	60	84.61	160	264.9	130	355.1
55	38.48	(65)	90.38	(M18×1.5)		140	378.8
60	41.41	70	96.16	60	149.0	150	402.5
65	44.33	80	107.7	(65)	158.6	160	426.2
70	47.26	90	119.3	70	168.2	180	473.6
80	53.12	100	130.8	80	187.5	200	521.0
90	58.98	110	142.4	90	206.7	(M22×1.5)	
100	64.84	120	153.9	100	226.0	70	276.1
M12×1.5		130	164.4	110	245.3	80	304.9
45	47.20	140	175.9	120	264.5	90	333.7
50	51.41			130	282.0	100	362.4

注: 1. l—公称长度(mm); G—每千件钢制品大约重量(kg)。
   2. 带括号的规格尽量不采用。

(2) 六角头头部带孔螺栓—细牙—A 和 B 级的重量

l	G	l	G	l	G	l	G
(M22×1.5)		(M27×2)		M30×2		M42×3	
110	391.2	100	564.5	260	1557	240	3029
120	420.0	110	607.5	280	1663	260	3239
130	448.7	120	650.4	300	1770	280	3449
140	475.4	130	690.5	M36×3		300	3659
150	504.1	140	733.4	110	1167	320	3869
160	532.9	150	776.4	120	1244	340	4078
180	590.4	160	819.3	130	1315	360	4288
200	648.0	180	905.2	140	1392	380	4498
220	700.9	200	991.1	150	1468	400	4708
M24×2		220	1071	160	1545	M48×3	
80	358.6	240	1157	180	1698	140	2739
90	392.9	260	1243	200	1852	150	2876
100	427.3	M30×2		220	1994	160	3014
110	461.6	90	664.2	240	2147	180	3289
120	495.9	100	717.4	260	2300	200	3564
130	527.3	110	770.7	280	2454	220	3818
140	561.7	120	823.9	300	2607	240	4094
150	596.0	130	873.2	M42×3		260	4369
160	630.3	140	926.5	130	1891	280	4644
180	699.0	150	979.7	140	1996	300	4919
200	767.6	160	1033	150	2101	320	5194
220	830.0	180	1139	160	2206	340	5469
240	898.6	200	1246	180	2416	360	5744
(M27×2)		220	1344	200	2625	380	6019
90	521.5	240	1450	220	2820	400	6294

16. 六角头铰制孔用螺栓—A 和 B 级

(GB/T 27—1988)

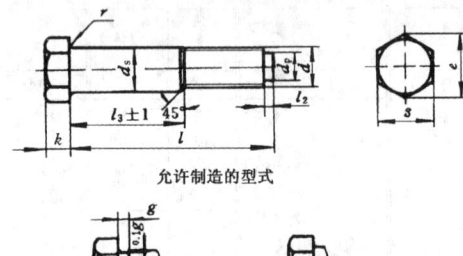

允许制造的型式

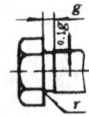
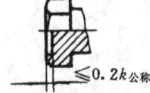

(1) 六角头铰制孔用螺栓—A 和 B 级的尺寸(mm)									
螺纹规格 d	k	s	d_s(h9)		g	d_p	l_2	l_3 (±1)	l (范围)
			max	min					
M6	4	10	7	6.964	2.5	4	1.5	l—12	25～65
M8	5	13	9	8.964	2.5	5.5	1.5	l—15	25～80
M10	6	16	11	10.957	2.5	7	2	l—18	30～120
M12	7	18	13	12.957	2.5	8.5	2	l—20	35～180
(M14)	8	21	15	14.957	3.5	10	3	l—25	40～180
M16	9	24	17	16.957	3.5	12	3	l—28	45～200
(M18)	10	27	19	18.948	3.5	13	3	l—30	50～200
M20	11	30	21	20.948	3.5	15	4	l—32	55～200
(M22)	12	34	23	22.948	3.5	17	4	l—35	60～200
M24	13	36	25	24.948	5	18	4	l—38	65～200

（1）六角头铰制孔用螺栓—A 和 B 级的尺寸(mm)									
螺纹规格 *d*	*k*	*s*	d_s(h9)		*g*	d_p	l_2	l_3 （±1）	*l* （范围）
			max	min					
(M27)	15	41	28	27.948	5	21	5	*l*—42	75～200
M30	17	46	32	31.938	5	23	5	*l*—50	80～230
M36	20	55	38	37.938	5	28	6	*l*—55	90～300
M42	23	65	44	43.938	5	33	7	*l*—65	110～300
M48	26	75	50	49.938	5	38	8	*l*—70	120～300

注：1. 尺寸代号的标注内容，参见第 15.2 页。

2. 尺寸 *k* 参见第 15.4 页。其余尺寸(*e*、*l*、*r*、*s*)参见第 15.3～15.9 页。

（2）六角头铰制孔用螺栓—A 和 B 级的重量									
l	*G*	*l*	*G*	*l*	*G*	*l*	*G*	*l*	*G*
M6		M8		M8		M10		M12	
25	8.28	25	14.64	(75)	39.25	70	56.30	45	53.02
(28)	9.18	(28)	16.11	80	41.71	(75)	59.98	50	58.16
30	9.77	30	17.10	M10		80	63.66	55	63.30
(32)	10.36	(32)	18.08	30	26.88	(85)	67.33	60	68.44
35	11.25	35	19.56	(32)	28.35	90	71.01	65	73.59
(38)	11.75	(38)	21.04	35	30.56	(95)	74.69	70	78.73
40	12.74	40	22.02	(38)	32.77	100	78.37	75	83.87
45	14.23	45	24.48	40	34.24	110	85.72	80	89.01
50	15.71	50	26.94	45	37.92	120	93.08	85	94.16
(55)	17.20	(55)	29.40	50	41.59	M12		90	99.30
60	18.68	60	31.87	(55)	44.88	35	42.73	95	104.4
(65)	20.17	(65)	34.33	60	48.95	(38)	45.82	100	109.6
		70	36.79	(65)	52.62	40	47.87	110	119.9

注：1. *l*—公称长度(mm)；*G*—每千件钢制品大约重量(kg)。

2. 带括号的规格尽量不采用。

\(2\) 六角头铰制孔用螺栓—A 和 B 级的重量									
l	G	l	G	l	G	l	G	l	G
M12		(M14)		M16		(M18)		M20	
120	130.2	130	189.3	150	282.9	160	378.9	180	523.4
130	140.4	140	203.0	160	300.5	170	400.9	190	550.3
140	150.7	150	216.7	170	318.1	180	422.9	200	577.1
150	161.0	160	230.4	180	335.7	190	444.9	(M22)	
160	171.3	170	244.1	190	353.4	200	466.9	60	252.4
170	181.6	180	257.8	200	371.0	M20		(65)	268.5
180	191.9	M16		(M18)		(55)	187.3	70	284.6
(M14)		45	97.93	50	137.0	60	200.8	(75)	300.8
40	65.94	50	106.7	(55)	148.0	(65)	214.2	80	316.9
45	72.79	(55)	115.6	60	159.0	70	227.7	(85)	333.0
50	79.65	60	124.4	(65)	170.0	(75)	241.1	90	349.1
(55)	86.50	(65)	133.2	70	181.0	80	254.5	(95)	365.3
60	93.35	70	142.0	(75)	192.0	(85)	268.0	100	381.4
(65)	100.2	(75)	150.8	80	203.0	90	281.4	110	413.7
70	107.1	80	159.6	(85)	214.0	(95)	294.9	120	445.9
(75)	113.9	(85)	168.4	90	225.0	100	308.3	130	478.2
80	120.8	90	177.2	(95)	236.0	110	335.2	140	510.5
(85)	127.6	(95)	186.0	100	246.9	120	362.1	150	542.7
90	134.5	100	194.8	110	268.9	130	389.0	160	575.0
(95)	141.3	110	212.4	120	290.8	140	415.8	170	607.2
100	148.2	120	230.0	130	312.9	150	442.7	180	639.5
110	161.9	130	247.7	140	334.9	160	469.6	190	671.8
120	175.6	140	265.3	150	356.9	170	496.5	200	704.0

(2) 六角头铰制孔用螺栓—A 和 B 级的重量

l	G	l	G	l	G	l	G	l	G
M24		(M27)		M30		M36		M42	
(65)	316.5	(95)	563.4	160	1136	220	2191	260	3496
70	335.5	100	587.3	170	1199	230	2279	280	3733
(75)	354.6	110	635.2	180	1261	240	2367	300	3969
80	373.6	120	683.0	190	1324	250	2455	M48	
(85)	392.7	130	730.9	200	1386	260	2543	120	2489
90	411.8	140	778.7	210	1449	280	2720	130	2642
(95)	430.8	150	826.6	220	1511	300	2896	140	2795
100	449.9	160	874.4	230	1574	M42		150	2947
110	488.0	170	922.3	M36		110	1722	160	3100
120	526.2	180	970.1	90	1044	120	1840	170	3253
130	564.3	190	1018	(95)	1088	130	1959	180	3406
140	602.4	200	1066	100	1132	140	2077	190	3559
150	640.6	M30		110	1223	150	2195	200	3711
160	678.7	80	636.5	120	1309	160	2314	210	3864
170	716.8	(85)	667.8	130	1397	170	2432	220	4017
180	754.9	90	699.0	140	1485	180	2550	230	4170
190	793.1	(95)	730.3	150	1573	190	2668	240	4322
200	831.2	100	761.5	160	1661	200	2787	250	4475
(M27)		110	824.0	170	1750	210	2905	260	4628
(75)	467.7	120	886.5	180	1838	220	3023	280	4933
80	491.6	130	949.0	190	1926	230	3141	300	5239
(85)	515.6	140	1012	200	2014	240	3260		
90	539.5	150	1074	210	2102	250	3378		

17. 六角头螺杆带孔铰制孔用螺栓—A 和 B 级

(GB/T 28—1988)

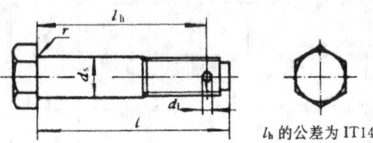

l_h 的公差为 IT14

(1) 六角头螺杆带孔铰制孔用螺栓—A 和 B 级的尺寸(mm)									
d	公称	k				s	d_1		l_h	l(范围)
		A 级		B 级						
		min	max	min	max		max	min		
6	4	3.85	4.15	3.76	4.24	10	1.85	1.6	l—4.5	25~55
8	5	4.85	5.15	4.76	5.24	13	2.25	2	l—5.5	25~80
10	6	5.85	6.15	5.76	6.24	16	2.75	2.5	l—6	30~120
12	7	6.82	7.18	6.71	7.29	18	3.5	3.2	l—7	35~180
(14)	8	7.82	8.18	7.71	8.29	21	3.5	3.2	l—8	40~180
16	9	8.82	9.18	8.71	9.29	24	4.3	4	l—9	45~200
(18)	10	9.82	10.18	9.71	10.29	27	4.3	4	l—9	50~200
20	11	10.78	11.22	10.65	11.35	30	4.3	4	l—10	55~200
(22)	12	11.78	12.22	11.65	12.35	34	5.3	5	l—11	60~200
24	13	12.78	13.22	12.65	13.35	36	5.3	5	l—11	65~200
(27)	15	—	—	14.65	15.35	41	5.3	5	l—13	75~200
30	17	—	—	16.65	17.35	46	6.66	6.3	l—14	80~230
36	20	—	—	19.58	20.42	55	6.66	6.3	l—16	90~300
42	23	—	—	22.58	23.42	65	8.36	8	l—19	110~300
48	26	—	—	25.58	26.42	75	8.36	8	l—20	120~300

注: 1. 尺寸代号的标注内容,参见第 15.2 页。

2. 其余的型式与尺寸,按第 15.74 页 GB/T 27—1988 六角头铰制孔用螺栓—A 和 B 级的规定。

（2）六角头螺杆带孔铰制孔用螺栓—A 和 B 级的重量

l	G	l	G	l	G	l	G	l	G
M6		**M8**		**M10**		**M12**		**M12**	
25	8.20	35	19.39	45	37.57	40	47.20	150	160.3
(28)	9.09	(38)	20.86	50	41.25	45	52.34	160	170.6
30	9.69	40	21.85	(55)	44.93	50	57.48	170	180.9
(32)	10.28	45	24.31	60	48.60	(55)	62.63	180	191.2
35	11.17	50	26.77	(65)	52.28	60	67.77	**(M14)**	
(38)	12.06	(55)	29.23	70	55.96	(65)	72.91	40	65.15
40	12.66	60	31.69	(75)	59.64	70	78.05	45	72.00
45	14.14	(65)	34.15	80	63.31	(75)	83.19	50	78.85
50	15.63	70	36.61	(85)	66.99	80	88.34	(55)	85.71
(55)	17.11	(75)	39.08	90	70.67	(85)	93.48	60	92.56
60	18.60	80	41.54	(95)	74.35	90	98.62	(65)	99.41
(65)	20.08	**M10**		100	78.02	(95)	103.8	70	106.3
M8		30	26.54	110	85.38	100	108.9	(75)	113.1
25	14.46	(32)	28.01	120	92.73	110	119.2	80	120.0
(28)	15.94	35	30.22	**M12**		120	129.5	(85)	126.8
30	16.92	(38)	32.42	35	42.06	130	139.8	90	133.7
(32)	17.91	40	33.90	(38)	45.14	140	150.1	(95)	140.5

注：3. l—公称长度（mm）；G—每千件钢制品大约重量（kg）。

4. 带括号的规格尽量不采用。

(2) 六角头螺杆带孔铰制孔用螺栓—A和B级的重量

l	G	l	G	l	G	l	G	l	G
M14		M16		(M18)		M20		(M22)	
100	147.4	100	193.4	(95)	234.4	(95)	293.1	100	378.3
110	161.1	110	211.0	100	245.4	100	306.5	110	410.6
120	174.8	120	228.6	110	267.3	110	333.4	120	442.8
130	188.5	130	246.2	120	289.3	120	360.3	130	475.1
140	202.2	140	263.8	130	311.3	130	387.2	140	507.3
150	215.9	150	281.5	140	333.3	140	414.0	150	539.6
160	229.6	160	299.1	150	355.3	150	440.9	160	571.6
170	243.3	170	316.7	160	377.3	160	467.8	170	604.1
180	257.0	180	334.3	170	399.3	170	494.7	180	636.4
M16		190	351.9	180	421.3	180	521.6	190	668.6
45	96.50	200	369.5	190	443.3	190	548.5	200	700.9
50	105.3	(M18)		200	465.3	200	575.3	M24	
(55)	114.1	50	135.4	M20		(M22)		(65)	313.1
60	122.9	(55)	146.4	(55)	185.5	60	249.3	70	332.2
(65)	131.7	60	157.4	60	199.0	(65)	265.4	(75)	351.2
70	140.5	(65)	168.4	(65)	212.4	70	281.5	80	370.3
(75)	149.3	70	179.4	70	225.9	(75)	297.7	(85)	389.4
80	158.2	(75)	190.4	(75)	239.3	80	313.8	90	408.4
(85)	167.0	80	201.4	80	252.8	(85)	329.3	(95)	427.5
90	175.8	(85)	212.4	(85)	266.2	90	346.0	100	446.5
(95)	184.6	90	223.4	90	279.6	(95)	362.2	110	484.7

	(2) 六角头螺杆带孔铰制孔用螺栓—A 和 B 级的重量								
l	G	l	G	l	G	l	G	l	G
M24		(M27)		M30		M36		M42	
120	522.8	160	870.6	210	1442	250	2447	280	3717
130	560.9	170	918.5	220	1505	260	2535	300	3954
140	599.1	180	966.3	230	1567	280	2711	M48	
150	637.2	190	1014	M36		300	2888	120	2472
160	675.3	200	1062	90	1036	M42		130	2624
170	713.4	M30		(95)	1080	110	1707	140	2777
180	751.6	80	629.8	100	1124	120	1825	150	2930
190	789.7	(85)	661.1	110	1215	130	1943	160	3083
200	827.8	90	692.3	120	1301	140	2062	170	3236
(M27)		(95)	723.5	130	1389	150	2180	180	3388
(75)	463.9	100	754.8	140	1477	160	2298	190	3541
80	487.8	110	817.3	150	1565	170	2417	200	3694
(85)	511.7	120	879.8	160	1653	180	2535	210	3847
90	535.7	130	942.3	170	1742	190	2653	220	3999
(95)	559.6	140	1005	180	1830	200	2771	230	4152
100	583.5	150	1067	190	1918	210	2890	240	4305
110	631.4	160	1130	200	2006	220	3008	250	4458
120	679.2	170	1192	210	2094	230	3126	260	4610
130	727.1	180	1255	220	2182	240	3244	280	4916
140	774.9	190	1317	230	2271	250	3363	300	5222
150	822.8	200	1380	240	2359	260	3481		

18. 六角法兰面螺栓—加大系列—B级

(GB/T 5789—1986)

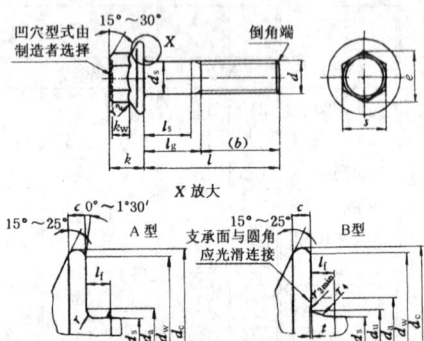

末端按 GB/T 2 的规定，参见第 15.21 页。

$l_{gmax} = l_{公称} - b_{参考}$；$l_{smin} = l_{gmax} - 5P$；P—螺距。

(1) 六角法兰面螺栓—加大系列—B级的尺寸(mm)								
螺纹规格 d		M5	M6	M8	M10	M12	(M14)	M16	M20
c	min	1	1.1	1.2	1.5	1.8	2.1	2.4	3
d_c	max	11.8	14.2	18	22.3	26.6	30.5	35	43
k	max	5.4	6.6	8.1	9.2	10.4	12.4	14.1	17.7
s	max	8	10	13	15	18	21	24	30
l	范围	10~50	12~60	16~100	20~100	25~120	30~140	35~160	40~200

注：1. 尺寸代号的标注内容，参见第 15.2 页。

2. 其余尺寸(b、c、d_a、d_u、d_w、e、k_w、l_f、l、r_1、r_2、r_3、r_4、s、t)，参见第 15.8~15.10 页。

（2）六角法兰面螺栓—加大系列—B级的重量									
l	G	l	G	l	G	l	G	l	G
M5		M8		M10		（M14）		M16	
10	2.98	25	14.76	100	66.48	(65)	110.2	150	258.8
12	3.22	30	16.31	M12		70	116.0	160	274.0
16	3.70	35	18.27	25	35.99	80	127.6	M20	
20	4.18	40	20.13	30	39.55	90	139.1	40	165.6
25	4.89	45	21.98	35	43.11	100	150.7	45	175.9
30	5.60	50	23.84	40	46.68	110	162.2	50	186.1
35	6.31	(55)	25.69	45	51.05	120	173.8	(55)	196.3
40	7.03	60	27.54	50	55.27	130	186.2	60	206.6
45	7.74	(65)	29.40	(55)	59.48	140	197.8	(65)	216.8
50	8.45	70	31.25	(60)	63.70	M16		70	230.8
M6		80	34.96	(65)	67.91	35	88.45	80	254.5
12	5.44	M10		70	72.13	40	95.00	90	278.2
16	6.12	20	20.89	80	80.55	45	101.5	100	301.9
20	6.81	25	23.34	90	88.98	50	108.1	110	325.6
25	7.67	30	25.80	100	97.41	(55)	114.6	120	349.3
30	8.78	35	28.26	110	105.8	60	123.7	130	371.0
35	9.81	40	31.33	120	114.3	(65)	131.2	140	394.7
40	10.85	45	34.26	（M14）		70	138.8	150	418.4
45	11.89	50	37.19	30	67.67	80	154.0	160	442.1
50	12.93	(55)	40.12	35	74.21	90	169.1	180	489.6
(55)	13.96	60	43.05	40	80.76	100	184.3	200	537.0
60	15.00	(65)	45.98	45	87.30	110	199.4		
M8		70	48.91	50	93.84	120	214.6		
16	11.96	80	54.77	(55)	98.70	130	228.5		
20	13.20	90	60.62	60	104.5	140	243.7		

注：3. l—公称长度(mm)；G—每千件钢制品大约重量(kg)。

4. 表列规格为商品规格。带括号的规格尽量不采用。

19. 六角法兰面螺栓—加大系列—细杆—B级

(GB/T 5790—1986)

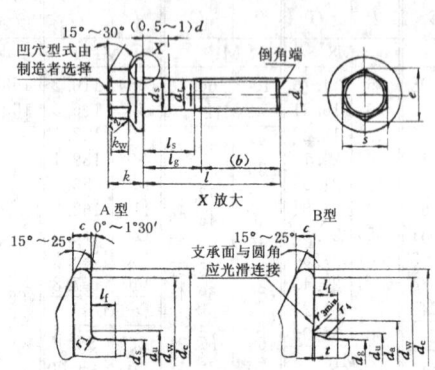

末端按 GB/T 2 的规定，参见第 15.21 页；d_r 约等于螺纹中径；
$l_{gmax} = l_{公称} - b$参考；$l_{smin} = l_{gmax} - 5P$；P— 螺距。

(1) 六角法兰面螺栓—加大系列—细杆—B级的尺寸(mm)								
d		M5	M6	M8	M10	M12	(M14)	M16	M20
d_c	max	11.8	14.2	18	22.3	26.6	30.5	35	43
d_w	min	9.8	12.2	15.8	19.6	23.8	27.6	31.9	39.9
k	max	5.4	6.6	8.1	9.2	10.4	12.4	14.1	17.7
s	max	8	10	13	15	18	21	24	30
l	范围	30~50	35~60	40~80	45~100	50~120	55~140	60~160	70~200

注：1. 尺寸代号的标注内容，参见第 15.2 页。
　　2. 其余尺寸(b、c、d_a、d_s、d_u、e、k_w、l_f、l、r_1、r_2、r_3、r_4、s、t)参见第 15.8~15.10 页。

（续）

| \multicolumn{10}{c}{（2）六角法兰面螺栓—加大系列—细杆—B级的重量} |

l	G	l	G	l	G	l	G	l	G
\multicolumn{2}{c}{M5}	\multicolumn{2}{c}{M8}	\multicolumn{2}{c}{M12}	\multicolumn{2}{c}{（M14）}	\multicolumn{2}{c}{M16}
30	5.49	(55)	24.57	50	55.37	90	144.0	140	229.2
35	6.09	60	26.12	(55)	58.93	100	157.1	150	242.3
40	6.69	(65)	27.68	60	62.49	110	170.2	160	255.3
45	7.29	70	29.23	(65)	66.05	120	183.3	\multicolumn{2}{c}{M20}
50	7.89	80	32.34	70	69.61	130	196.4	70	233.5
\multicolumn{2}{c}{M6}	\multicolumn{2}{c}{M10}	80	76.74	140	209.5	80	254.0
35	9.60	45	34.11	90	83.86	\multicolumn{2}{c}{M16}	90	274.5
40	10.45	50	36.57	100	90.99	60	124.5	100	294.9
45	11.31	(55)	39.03	110	98.11	(65)	131.0	110	315.4
50	12.17	60	41.48	120	105.2	70	137.6	120	335.9
(55)	13.03	(65)	43.94	\multicolumn{2}{c}{（M14）}	80	150.7	130	356.4
60	13.88	70	46.39	(55)	98.23	90	163.7	140	376.85
\multicolumn{2}{c}{M8}	80	51.31	60	104.8	100	176.8	150	397.8
40	19.90	90	56.22	(65)	111.3	110	189.9	160	417.8
45	21.46	100	61.13	70	117.9	120	203.0	180	458.8
50	23.01			80	131.0	130	216.1	200	499.7

注：3. l—公称长度(mm)；G—每千件钢制品大约重量(kg)。
　　4. 表列规格为商品规格。带括号的规格尽量不采用。

20. 六角法兰面螺栓—小系列

(GB/T 16674.1—2004)

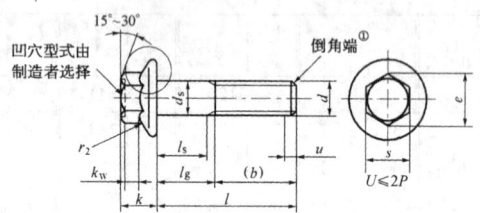

六角法兰面螺栓—粗杆(标准型)⑤⑥

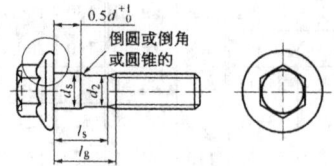

六角法兰面螺栓—细杆(R型)③⑤⑥

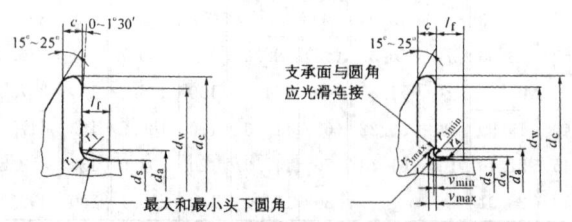

F型—平的支承面(标准型)④ U型—带沉割槽支承面
(使用要求或制造者选择)

六角法兰面螺栓的头下形状(支承面)

图注：① 倒角端按 GB/T 2，参见第 5.21 页。
　　　② 头部顶面应为平的或凹穴的，由制造者选择。顶面应倒
　　　　　角或倒圆。倒角或倒圆起始的最小直径应为最大对边
　　　　　宽度减去其 15% 的数值。如顶面制成凹穴的，其边缘
　　　　　可以倒圆。
　　　③ $d_2 \approx$ 螺纹中径(辗制螺纹坯径)。
　　　④ 螺栓一般制成粗杆型式。如使用者要求制成细杆(R
　　　　　型)型式，须在螺栓标记中加注"-R"符号。
　　　⑤ 棱边形状可任选。
　　　⑥ 螺栓头部支承面有 F 型和 U 型两种，由制造者选择。
　　　　　如使用者指定制成 F 型，须在螺栓标记后面加注"-F"符
　　　　　号。如在特殊情况下，要求细杆时，则应在标记后面加
　　　　　注"R"符号。

(1) 六角法兰面螺栓—小系列的尺寸(mm)							
螺纹规格 d	M5	M6	M8	M10	M12	(M14)	M16
c min	1	1.1	1.2	1.5	1.8	2.1	2.4
d_c max	11.4	13.6	17	20.8	24.7	28.6	32.8
k max	5.6	6.9	8.5	9.7	11.9	12.9	15.2
s max	7	8	10	13	15	18	21
l 商品规格范围	25～50	30～60	35～80	40～100	45～120	50～140	55～160

注：1. 尺寸代号的标注内容，参见第 15.2 页。
　　2. 其余尺寸(b、c、d_a、d_s、d_v、d_w、e、k_w、l、l_f、r_1、r_2、r_3、
　　　r_4、s、v)，参见第 15.8～15.10 页。
　　3. l 长度系列(mm)：20、25、30、35、40、45、50、55、60、
　　　65、70、80、90、100、110、120、130、140、150、160。

| \multicolumn{10}{c}{（2）六角法兰面螺栓—小系列的重量} |

l	G	l	G	l	G	l	G	l	G
\multicolumn{2}{c}{M5}	\multicolumn{2}{c}{M8}	\multicolumn{2}{c}{M10}	\multicolumn{2}{c}{M12}	\multicolumn{2}{c}{M16}
25*	4.65	35*	16.23	65	44.30	110	103.7	55*	113.1
30	5.36	40	18.09	70	47.25	120	112.2	60	119.6
35	6.08	45	19.96	80	53.15	\multicolumn{2}{c}{（M14）}	65	126.2
40	6.80	50	21.82	90	59.04	50*	75.16	70	132.8
45	7.51	55	23.69	100	64.94	55	80.07	80	146.0
50	8.23	60	25.56	\multicolumn{2}{c}{M12}	60	84.97	90	159.2
\multicolumn{2}{c}{M6}	65	27.42	45*	48.53	65	89.88	100	172.3
30*	7.93	70	29.29	50	52.77	70	94.78	110	185.5
35	8.98	80	33.02	55	57.01	80	104.6	120	198.7
40	10.02	\multicolumn{2}{c}{M10}	60	61.25	100	114.4	130	211.8
45	11.07	40*	29.56	65	65.49	110	124.2	140	225.0
50	12.11	45	32.51	70	69.74	120	134.0	150	238.2
55	13.15	50	35.46	80	78.22	130	143.8	160	251.3
60	14.20	55	38.40	90	86.70	140	153.7		
		60	41.35	100	95.18		163.5		

注：4. l—公称长度（mm）；G—每千件钢制品大约重量（kg）。

     5. 带 * 符号的规格是全螺纹螺栓。

     6. 带括号的规格尽量不采用。

21. 六角法兰面螺栓—细牙—小系列

(GB/T 16674.2—2004)

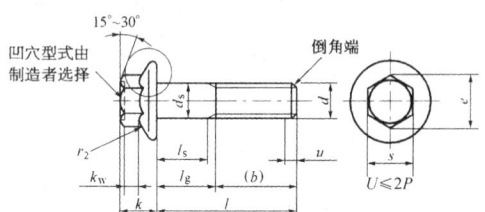

六角法兰面螺栓—粗杆（标准型）

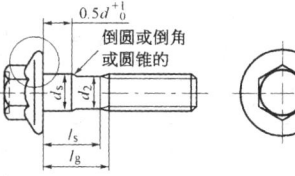

六角法兰面螺栓—细杆（R型）

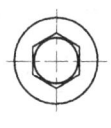

制出全螺纹的六角法兰面螺栓

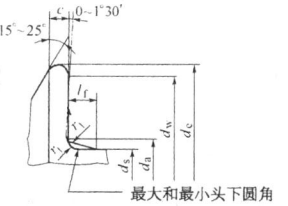

F型—不带沉割槽(标准型)

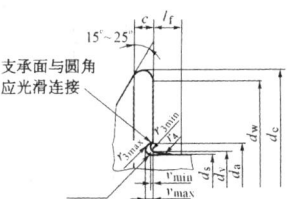

U型—带沉割槽(使用要求或
制造者选择)

图注：① 倒角端按 GB/T 2，参见第 5.21 页。

② 头部顶面应为平的或凹穴的，由制造者选择，顶面应倒角或倒圆，倒角或倒圆的最小直径应为最大对边宽度减去其 15% 的数值。如顶面制成凹穴的，其边缘可以倒圆。

③ $d_2 \approx$ 螺纹中径（辗制螺纹坯径）。

④ 螺栓一般制成粗杆型式，如使用者要求制成细杆（R 型）型式，须在螺栓标记中加注"R"符号。

⑤ 棱边形状可任选。

⑥ 螺栓头部支承面有 F 型和 U 型两种，由制造者选择。如使用者指定 F 型，须在螺栓的标记后面加注"F"符号。如有特殊情况下，要求细杆型时，则应在标记后面加注"R"符号。

(1) 尺寸(一)(mm)						
螺纹规格 $d \times P$		M8×1	M10×1 M10×1.25	M12×1.25 M12×1.5	(M14×1.5)①	M16×1.5
a	max	3	3	4.5	4.5	4.5
	min	1	1	1.5	1.5	1.5
b 参考	A②	22	26	30	34	38
	B②	28	32	36	40	44
c	min	1.2	1.5	1.8	2.1	2.4

注：① 带号的规格尽可能不采用。

　　② A 栏适用于 $l_{公称} \leqslant 125$ mm；B 栏适用于 125 mm＜$l_{公称} \leqslant$ 200 mm

				(1) 尺寸（一）(mm)		
螺纹规格 $d \times P$		M8×1	M10×1 M10×1.25	M12×1.25 M12×1.5	(M14×1.5)[1]	M16×1.5
d_a max	F 型	9.2	11.2	13.7	15.7	17.7
	U 型	10	12.5	15.2	17.7	20.5
d_c max		17	20.8	24.7	28.6	32.8
d_s	max	8.00	10.00	12.00	14.00	16.00
	min	7.78	9.78	11.73	13.73	15.73
d_v max		8.8	10.8	12.8	14.8	17.2
d_w min		14.9	18.7	22.5	26.4	30.6
e min		10.95	14.26	16.50	19.86	23.15
k max		8.5	9.7	12.1	12.9	15.2
k_w min		3.8	4.3	5.4	5.6	6.8
l_f max		2.1	2.1	2.1	2.1	3.2
r_1 min		0.4	0.4	0.6	0.6	0.6
r_2 [3] max		0.5	0.6	0.7	0.9	1
r_3	max	0.36	0.45	0.54	0.63	0.72
	min	0.16	0.20	0.24	0.28	0.32
r_4 参考		5.7	5.7	5.7	5.7	8.8
s	max	10.00	13.00	15.00	18.00	21.00
	min	9.78	12.73	14.73	17.73	20.67
v	max	0.25	0.30	0.35	0.45	0.50
	min	0.10	0.15	0.15	0.20	0.23

注：③ r_2 适用于棱角和六角面。

(续)

(续)

	(2) 尺寸(二)(mm)									
	螺纹规格($d×P$)④⑤⑥⑦									
公称长度 l	M8×1		M10×1 M10×1.25		M12×1.25 M12×1.5		(M14×1.5)①		M16×1.5	
	l_s min	l_g max	l_s min	l_g max	l_s min	l_g max	l_s min	l_g max	l_s min	l_g max
16	—	—								
20	—	—								
25	—	—								
30	—	—								
35	6.75	13								
40	11.75	18	6.5	14						
45	16.75	23	11.5	19	6.25	15				
50	21.75	28	16.5	24	11.25	20	6	16		
55	26.75	33	21.5	29	16.25	25	11	21	7	17
60	31.75	38	26.5	34	21.25	30	16	26	12	22
65	36.75	43	31.5	39	26.25	35	21	31	17	27
70	41.75	48	36.5	44	31.25	40	26	36	22	32
80	51.75	58	46.5	54	41.25	50	36	46	32	42
90			56.5	64	51.25	60	46	56	42	52
100			66.5	74	61.25	70	56	66	52	62
110					71.25	80	66	76	62	72
120					81.25	90	76	86	72	82
130							80	90	76	86
140							90	100	86	96
150									96	106
160									106	116

注：④ 公称长度 l 在虚线以上的螺栓，应制出螺纹。
　　⑤ 细杆型(R 型)仅适用于公称长度 l 在虚线以下的螺栓。
　　⑥ l_g—最小夹紧长度。
　　⑦ $l_{gmax}=l_{公称}-b$；
　　　　$l_{smin}=l_{gmax}-5P$（P 为粗牙螺距）。
　　⑧ 螺栓的重量，参见第 15.88 页、相同 $d×P$ 和 l 的六角法兰面螺栓—小系列的重量。

22. 方头螺栓—C级

(GB/T 8—1988)

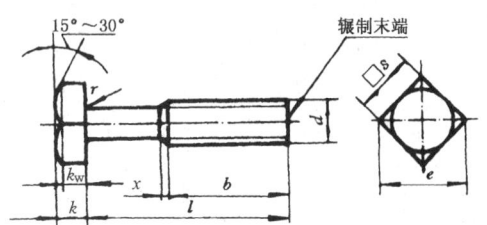

辗制末端

允许制造的型式

凹穴型式由制造者选择

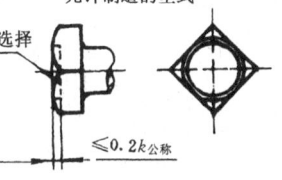

≤0.2k公称

末端按GB/T 2规定,参见
第5.21页;无螺纹部分杆径
约等于螺纹中径或等于螺纹
大径。

(1) 方头螺栓—C级的尺寸(mm)							
螺纹规格	主 要 尺 寸			螺纹规格	主 要 尺 寸		
d	k	s	l(范围)	d	k	s	l(范围)
M10	7	16	20～100	M24	15	36	55～240
M12	8	18	25～120	(M27)	17	41	60～260
(M14)	9	21	25～140	M30	19	46	60～300
M16	10	24	30～160	M36	23	55	80～300
(M18)	12	27	35～180	M42	26	65	80～300
M20	13	30	35～200	M48	30	75	110～300
(M22)	14	34	50～220				

注:尺寸代号的标注内容,以及其他尺寸(b、e、k、k_w、l、r、s、x),参见第15.2、15.9和15.12页。

(2) 方头螺栓—C级的重量									
l	G	l	G	l	G	l	G	l	G
M10		M12		(M14)		(M18)		M20	
20	21.01	(65)	62.58	130	150.9	35	111.0	(55)	185.5
25	23.46	70	66.15	140	160.6	40	119.1	60	195.7
30	25.92	80	73.27	M16		45	127.2	(65)*	206.0
35	28.37	90	80.39	30	74.61	50	135.4	70	216.2
40*	30.83	100	87.52	35	81.16	(55)	143.5	80	236.7
45	33.29	110	94.64	40	87.70	60*	151.6	90	257.2
50	35.74	120	101.8	45	94.24	(65)	159.7	100	277.6
(55)	38.20	(M14)		50	100.8	70	167.8	110	298.1
60	40.65	25	48.48	(55)	107.3	80	184.1	120	318.6
(65)	43.11	30	53.36	60*	113.9	90	200.3	130	339.1
70	45.56	35	58.23	(65)	120.4	100	216.6	140	359.6
80	50.48	40	63.11	70	127.0	110	232.8	150	380.0
90	55.39	45	67.98	80	140.0	120	249.0	160	400.5
100	60.30	50*	72.86	90	153.1	130	265.3	180	441.5
M12		(55)	77.73	100	166.2	140	281.5	200	482.4
25	34.09	60	82.61	110	179.3	150	297.8	(M22)	
30	37.65	(65)	87.48	120	192.4	160	314.0	50	226.5
35	41.21	70	92.36	130	205.5	180	346.5	(55)	239.1
40	44.77	80	102.1	140	218.6	M20		60	251.7
45*	48.34	90	111.9	150	231.6	35	144.5	(65)	264.3
50	51.90	100	121.6	160	244.7	40	154.8	70*	276.9
(55)	55.46	110	131.4			45	165.0	80	302.1
60	59.02	120	141.1			50	175.3	90	327.3

注：1. l—公称长度(mm)；G—每千件钢制品大约重量(kg)。

2. 等于或大于带 * 符号的 l 规格为商品规格。带括号的规格尽量不采用。

(续)

| \multicolumn{10}{c}{(2) 方头螺栓—C 级的重量} |

l	G	l	G	l	G	l	G	l	G
(M22)		M24		M30		M36		M42	
100	352.5	160	593.1	60	533.8	110*	1185	180	2355
110	377.7	180	652.1	(65)	557.1	120	1253	200	2540
120	402.9	200	711.1	70	580.5	130	1321	220	2726
130	428.1	220	770.0	80	627.2	140	1388	240	2912
140	453.3	240	829.0	90*	673.9	150	1456	260	3098
150	478.5	(M27)		100	720.6	160	1524	280	3284
160	503.7	60	408.0	110	767.3	180	1660	300	3470
180	554.1	(65)	427.0	120	814.0	200	1795	M48	
200	604.5	70	446.1	130	860.7	220	1931	110	2397
220	655.0	80	484.2	140	907.4	240	2067	120	2519
M24		90*	522.3	150	954.1	260	2202	130	2641
(55)	283.3	100	560.4	160	1001	280	2338	140*	2763
60	298.1	110	598.5	180	1094	300	2474	150	2885
(65)	312.8	120	636.6	200	1188	M42		160	3007
70	327.6	130	674.8	220	1281	80	1426	180	3251
80*	357.1	140	712.9	240	1374	90	1519	200	3494
90	386.6	150	751.0	260	1468	100	1611	220	3738
100	416.1	160	789.1	280	1561	110	1704	240	3982
110	445.6	180	865.3	300	1655	120	1797	260	4226
120	475.1	200	941.6	M36		130*	1890	280	4470
130	504.6	220	1018	80	981.4	140	1983	300	4713
140	534.1	240	1094	90	1049	150	2076		
150	563.6	260	1170	100	1117	160	2169		

23. 小方头螺栓—B 级(GB/T 35—1988)

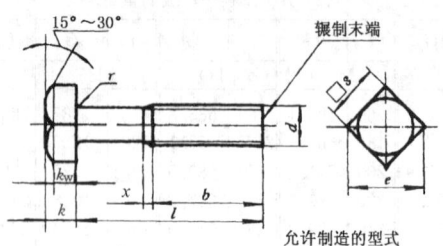

末端按 GB/T 2 规定,参见第 5.21 页;
无螺纹部分杆径约等于螺纹中径
或螺纹大径。

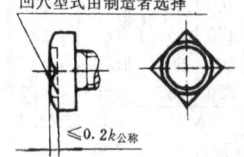

(1) 小方头螺栓—B 级的尺寸(mm)							
螺纹规格	主 要 尺 寸			螺纹规格	主 要 尺 寸		
d	k	s	l(范围)	d	k	s	l(范围)
M5	3.5	8	20~50	M20	11	30	65~200
M6	4	10	30~60	(M22)	12	34	70~200
M8	5	13	35~80	M24	13	36	80~240
M10	6	16	40~100	(M27)	15	41	90~260
M12	7	18	45~120	M30	17	46	90~300
(M14)	8	21	55~140	M36	20	55	110~300
M16	9	24	55~160	M42	23	65	130~300
(M18)	10	27	60~180	M48	26	75	140~300

注:尺寸代号的标注内容,以及其他尺寸(b、e、k、k_w、l、r、s、
x),参见第 15.2、15.9 和 15.12 页。

(续)

<table>
<tr><td colspan="10" align="center">(2) 小方头螺栓—B级的重量</td></tr>
<tr>
<td>l</td><td>G</td><td>l</td><td>G</td><td>l</td><td>G</td><td>l</td><td>G</td><td>l</td><td>G</td>
</tr>
<tr>
<td colspan="2" align="center">M5</td>
<td colspan="2" align="center">M8</td>
<td colspan="2" align="center">M12</td>
<td colspan="2" align="center">M16</td>
<td colspan="2" align="center">(M18)</td>
</tr>
<tr><td>20</td><td>3.75</td><td>60</td><td>23.87</td><td>70</td><td>64.11</td><td>(65)</td><td>116.9</td><td>140</td><td>272.5</td></tr>
<tr><td>25</td><td>4.35</td><td>(65)</td><td>25.42</td><td>80</td><td>71.24</td><td>70</td><td>123.4</td><td>150</td><td>288.8</td></tr>
<tr><td>30</td><td>4.95</td><td>70</td><td>26.98</td><td>90</td><td>78.36</td><td>80</td><td>136.5</td><td>160</td><td>305.0</td></tr>
<tr><td>35</td><td>5.55</td><td>80</td><td>30.09</td><td>100</td><td>85.48</td><td>90</td><td>149.6</td><td>180</td><td>337.5</td></tr>
<tr><td>40</td><td>6.15</td><td colspan="2" align="center">M10</td><td>110</td><td>92.61</td><td>100</td><td>162.7</td><td colspan="2" align="center">M20</td></tr>
<tr><td>45</td><td>6.75</td><td>40</td><td>29.23</td><td>120</td><td>99.73</td><td>110</td><td>175.8</td><td>(65)</td><td>194.8</td></tr>
<tr><td>50</td><td>7.35</td><td>45</td><td>31.69</td><td colspan="2" align="center">(M14)</td><td>120</td><td>188.8</td><td>70</td><td>205.0</td></tr>
<tr><td colspan="2" align="center">M6</td><td>50</td><td>34.14</td><td>(55)</td><td>75.05</td><td>130</td><td>201.9</td><td>80</td><td>225.5</td></tr>
<tr><td>30</td><td>7.59</td><td>(55)</td><td>36.60</td><td>60</td><td>79.93</td><td>140</td><td>215.0</td><td>90</td><td>246.0</td></tr>
<tr><td>35</td><td>8.45</td><td>60</td><td>39.06</td><td>(65)</td><td>84.80</td><td>150</td><td>228.1</td><td>100</td><td>266.4</td></tr>
<tr><td>40</td><td>9.31</td><td>(65)</td><td>41.51</td><td>70</td><td>89.68</td><td>160</td><td>241.2</td><td>110</td><td>286.6</td></tr>
<tr><td>45</td><td>10.16</td><td>70</td><td>43.97</td><td>80</td><td>99.43</td><td colspan="2" align="center">(M18)</td><td>120</td><td>307.4</td></tr>
<tr><td>50</td><td>11.02</td><td>80</td><td>48.88</td><td>90</td><td>109.2</td><td>60</td><td>142.6</td><td>130</td><td>327.9</td></tr>
<tr><td>(55)</td><td>11.88</td><td>90</td><td>53.79</td><td>100</td><td>118.9</td><td>(65)</td><td>150.7</td><td>140</td><td>348.3</td></tr>
<tr><td>60</td><td>12.74</td><td>100</td><td>58.70</td><td>110</td><td>128.7</td><td>70</td><td>158.8</td><td>150</td><td>368.8</td></tr>
<tr><td colspan="2" align="center">M8</td><td colspan="2" align="center">M12</td><td>120</td><td>138.4</td><td>80</td><td>175.1</td><td>160</td><td>389.4</td></tr>
<tr><td>35</td><td>16.09</td><td>45</td><td>46.30</td><td>130</td><td>148.2</td><td>90</td><td>191.3</td><td>180</td><td>430.3</td></tr>
<tr><td>40</td><td>17.65</td><td>50</td><td>49.86</td><td>140</td><td>157.9</td><td>100</td><td>207.5</td><td>200</td><td>471.2</td></tr>
<tr><td>45</td><td>19.20</td><td>(55)</td><td>53.43</td><td colspan="2" align="center">M16</td><td>110</td><td>223.8</td><td colspan="2" align="center">(M22)</td></tr>
<tr><td>50</td><td>20.76</td><td>60</td><td>56.99</td><td>(55)</td><td>103.8</td><td>120</td><td>240.0</td><td>70</td><td>262.6</td></tr>
<tr><td>(55)</td><td>22.31</td><td>(65)</td><td>60.55</td><td>60</td><td>110.3</td><td>130</td><td>256.3</td><td>80</td><td>287.8</td></tr>
</table>

注：1. l—公称长度(mm)；G—每千件钢制品大约重量(kg)。
　　2. 表列规格为通用规格。带括号的规格尽量不采用。

\multicolumn{10}{c}{(2) 小方头螺栓—B级的重量}								
l	G	l	G	l	G	l	G	l	G
M(22)		M24		(M27)		M36		M42	
90	313.0	150	547.4	260	1149	120	1196	220	2726
100	338.2	160	576.9	M30		130	1263	240	2912
110	363.4	180	635.9	90	647.2	140	1331	260	3098
120	388.6	200	694.9	100	693.9	150	1399	280	3284
130	413.8	220	753.9	110	740.6	160	1467	300	3470
140	439.0	240	812.9	120	787.3	180	1603	M48	
150	464.2	(M27)		130	834.0	200	1738	140	2763
160	489.4	90	501.2	140	880.7	220	1874	150	2885
180	539.8	100	539.3	150	927.4	240	2010	160	3007
200	590.2	110	577.4	160	974.1	260	2145	180	3251
220	640.6	120	615.6	180	1068	280	2281	200	3494
M24		130	653.7	200	1161	300	2416	220	3738
80	340.9	140	691.8	220	1254	M42		240	3982
90	370.4	150	729.9	240	1348	130	1890	260	4226
100	399.9	160	768.0	260	1441	140	1983	280	4470
110	429.4	180	844.2	280	1535	150	2076	300	4713
120	458.9	200	920.5	300	1628	160	2169		
130	488.4	220	996.7	M36		180	2355		
140	517.9	240	1073	110	1128	200	2540		

24. 半圆头方颈螺栓

(GB/T 12—1988)

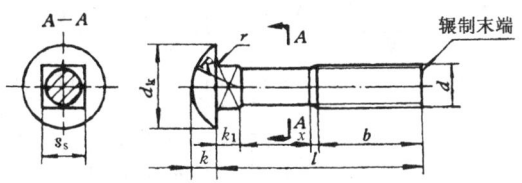

末端按 GB/T 2 规定,参见第 5.21 页;
无螺纹部分杆径约等于螺纹中径或等于螺纹大径。

(1) 半圆头方颈螺栓的尺寸(mm)							
螺纹规格 d	M6	M8	M10	M12	(M14)	M16	M20
d_k max	13.1	17.1	21.3	25.3	29.3	33.6	41.6
k max	4.08	5.28	6.48	8.90	9.90	10.90	13.10
s_s max	6.30	8.36	10.36	12.43	14.43	16.43	20.52
k_1 max	4.40	5.40	6.40	8.45	9.45	10.45	12.55
l 范围	16~60	16~80	25~100	30~120	40~140	45~160	60~200

注:尺寸代号的标注内容,以及其他尺寸(b、d_k、k、k_1、l、s_s、r、R、x)参见第 15.2、15.9 和 15.14 页。

	(2) 半圆头方颈螺栓的重量								
l	G	l	G	l	G	l	G	l	G
M6		M8		M12		(M14)		M16	
16*	4.57	60	22.99	35	42.34	70	94.30	130	209.2
20	5.26	(65)	24.54	40	45.91	80	104.1	140	222.3
25	6.12	70	26.10	45*	49.47	90	113.8	150	235.4
30	6.97	80	29.21	50	53.03	100	123.6	160	248.5
35	7.83	M10		(55)	56.59	110	133.3	M20	
40	8.69	25	20.74	60	60.15	120	143.0	60	190.8
45	9.54	30	23.20	(65)	63.72	130	152.8	(65)*	201.1
50	10.40	35	25.65	70	67.28	140	162.5	70	211.3
(55)	11.26	40*	28.11	80	74.40	M16		80	231.8
60	12.12	45	30.57	90	81.53	45*	98.00	90	252.3
M8		50	33.02	100	88.65	50	104.5	100	272.7
16	9.30	(55)	35.48	110	95.78	(55)*	111.1	110	293.2
20	10.55	60	37.93	120	102.9	60	117.6	120	313.7
25	12.10	65	40.39	(M14)		(65)	124.2	130	334.2
30	13.66	70	42.84	40	65.05	70	130.7	140	354.7
35*	15.21	80	47.76	45	69.93	80	143.8	150	375.1
40	16.77	90	52.67	50*	74.80	90	156.9	160	395.6
45	18.32	100	57.58	(55)	79.68	100	170.0	180	436.6
50	19.88	M12		60	84.55	110	183.1	200	477.5
(55)	21.43	30	38.78	(65)	89.42	120	196.1		

注：1. l—公称长度(mm)；G—每千件钢制品大约重量(kg)。

2. 等于或大于带 * 符号的 l 规格为商品规格。带括号的规格尽量不采用。

25. 小半圆头低方颈螺栓—B级

(GB/T 801—1998)

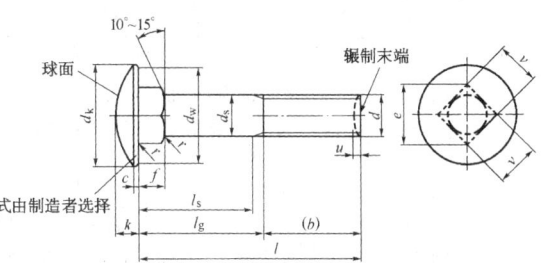

不完整螺纹的长度 $u \leqslant 2P$；$l_{smin} = l_{gmax} - 5P$；$l_{gmax} = l_{公称} - b$；
无螺纹杆径 $d_{smax} = d_{公称}$；$d_{smin} \approx$ 螺纹中径；P— 螺距。

(1) 小半圆低方颈螺栓—B级的尺寸(mm)						
螺纹规格 d		M6	M8	M10	M12	M16	M20
c	max	1.9	2.2	2.5	2.8	3.6	4.2
d_k	max	14.2	18	22.3	26.6	35	43
f	max	3	3	4	4	5	5
k	max	3.6	4.8	5.8	6.8	8.9	10.9
v	max	6.48	8.58	10.58	12.7	16.7	20.84
l 商品规格范围	全螺纹	12～50	14～50	20～50	20～50	30～60	35～70
	部分螺纹	55～60	55～80	55～100	55～120	65～160	80～160

注：1. 尺寸代号的标注内容，以及其余的尺寸(b、c、d_w、e、f、k、l、r、v)，参见第 15.2、15.9 和 15.14 页。

2. 公称长度 l 系列(mm)：12、(14)、16、20、25、30、35、40、45、50、55、60、65、70、80、90、100、110、120、130、140、150、160。

（2）小半圆头低方颈螺栓—B级的重量									
l	G	l	G	l	G	l	G	l	G
M6		M8		M10		M16		M20	
12	4.88	45	19.78	90	55.48	30	82.22	35	151.9
14	5.23	50	21.34	100	60.43	35	88.81	40	162.2
16	5.57	55	22.91	M12		40	95.39	45	172.5
20	6.26	60	24.47	20	32.87	45	102.0	50	182.8
25	7.13	65	26.04	25	36.46	50	108.6	55	193.1
30	7.99	70	27.60	30	40.04	55	115.1	60	203.4
35	8.85	80	30.73	35	43.63	60	121.7	65	213.7
40	9.72	M10		40	47.21	65	128.3	70	224.0
45	10.58	20	20.88	45	50.80	70	134.9	80	244.6
50	11.44	25	23.35	50	54.38	80	148.1	90	265.2
55	12.30	30	25.83	55	57.97	90	161.2	100	285.9
60	13.17	35	28.30	60	61.55	100	174.4	110	306.5
M8		40	30.77	65	65.14	110	187.6	120	327.1
14	10.08	45	33.24	70	68.72	120	200.7	130	347.7
16	10.70	50	35.71	80	75.89	130	213.9	140	368.3
20	11.95	55	38.18	90	83.06	140	227.1	150	388.9
25	13.52	60	40.65	100	90.23	150	240.3	160	409.5
30	15.08	65	43.13	110	97.40	160	253.4		
35	16.65	70	45.60	120	104.6				
40	18.21	80	50.54						

注：3. l—公称长度(mm)；G—每千件钢制品大约重量(kg)。

26. 大半圆头方颈螺栓—C级

(GB/T 14—1998)

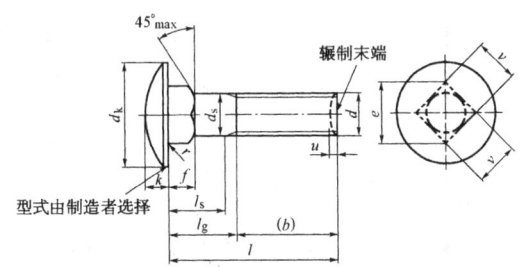

不完整螺纹的长度 $u \leqslant 2P$；$l_{g\,max} = l_{公称} - b$；$l_{s\,min} = l_{g\,max} - 5P$；
无螺纹杆径 $d_{s\,min} \approx$ 螺纹中径；P— 螺距。

(1) 大半圆头方颈螺栓—C级的尺寸(mm)							
螺纹规格 d		M5	M6	M8	M10	M12	M16	M20
d_k	max	13	16	20	24	30	38	46
d_s	max	5.48	6.48	8.58	10.58	12.7	16.7	20.84
f	max	4.1	4.6	5.6	6.6	8.8	12.9	15.9
k	max	3.1	3.6	4.8	5.8	6.8	8.9	10.9
v	max	5.48	6.48	8.58	10.58	12.7	16.7	20.84
l 商品规格范围		20~50	30~60	40~80	45~100	55~120	65~200	75~200

注：1. 尺寸代号的标注内容，以及其余尺寸(b、d_k、d_s、e、f、k、
l、r、v)，参见第 15.2、15.9 和 15.14 页。

2. 公称长度 $l \leqslant 75$mm 和规格 $d \leqslant$ M12 的螺栓，允许制成全
螺纹。

3. 公称长度(l)系列(mm)：20、25、30、35、40、45、50、55、
60、65、70、75、80、90、100、110、120、130、140、150、
160、180、200。

	(2) 大半圆头方颈螺栓—C级的重量
l	G	l	G	l	G	l	G	l	G
M5		M8		M10		M12		M16	
20	3.90	40	18.24	70	45.09	120	105.6	200	306.9
25	4.50	45	19.80	75	47.56	M16		M20	
30	5.11	50	21.37	80	50.03	65	129.1	75	235.5
35	5.71	55	22.93	90	54.97	70	135.7	80	245.8
40	6.32	60	24.50	100	59.91	75	142.3	90	266.2
45	6.92	65	26.09	M12		80	148.8	100	287.0
50	7.53	70	27.63	55	59.02	90	162.0	110	307.6
M6		75	29.19	60	62.61	100	175.2	120	328.2
30	7.88	80	30.76	65	66.19	110	188.4	130	348.8
35	8.74	M10		70	69.78	120	201.5	140	369.4
40	9.61	45	32.73	75	73.36	130	214.7	150	390.0
45	10.47	50	34.20	80	76.95	140	227.9	160	410.7
50	11.33	55	37.67	90	84.12	150	241.0	180	451.9
55	12.19	60	40.14	100	91.29	160	254.2	200	493.1
60	13.06	65	42.61	110	98.46	180	280.5		

注：4. l—公称长度(mm)；G—每千件钢制品大约重量(kg)。

27. 加强半圆头方颈螺栓

(GB/T 794—1993)

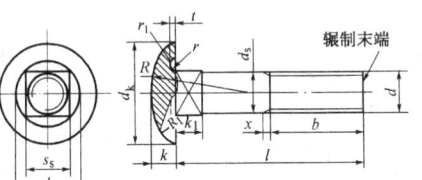

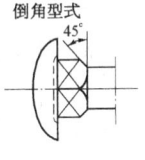

允许制造的方颈
倒角型式

辗制末端

A 型

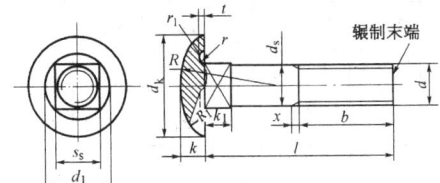

辗制末端

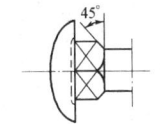

允许制造的方颈倒角型式

允许制造的头部型式

B 型

末端按 GB/T 2 的规定,参见第 5.21 页。

(1) 加强半圆头方颈螺栓的尺寸(mm)							
螺纹规格 d	M6	M8	M10	M12	(M14)	M16	M20
d_k max	15.10	19.10	24.30	29.30	33.60	36.60	45.6
d_s max	6.00	8.00	10.00	12.00	14.00	16.00	20.00
d_s min	5.70	7.64	9.64	11.57	13.57	15.57	19.4
d_1	10.0	13.5	16.5	20.0	23.0	26.0	32.0
k max	3.98	4.98	6.28	7.48	8.90	9.90	11.9
k_1 max	4.40	5.40	6.40	8.45	9.45	10.45	12.5
R	14.0	18.0	24.0	26.0	30.0	34.0	40.0
R_1	4.5	5.0	6.5	9.0	10.0	10.5	14.0
s_s max	6.30	8.36	10.36	12.43	14.43	16.43	20.5
l 商品规格范围	20～60	25～80	40～100	45～120	50～140	55～160	65～200

注：1. 尺寸代号的标注内容，以及其余尺寸(b、d_k、k、k_1、l、r_1、s_s、t、x)，参见第15.2、15.9和15.14页。

2. 公称长度(l)系列(mm)：20、25、30、35、40、45、50、(55)、60、(65)、70、(75)、80、(85)、90、(95)、100、110、120、130、140、150、160、(170)、180、190、200。

3. 带括号的规格尽量不采用。

4. A型螺栓的无螺纹部分杆径(d_s)，允许制成约等于螺纹径的型式。

（续）

（2）加强半圆头方颈螺栓的重量

l	G	l	G	l	G	l	G	l	G
M6		M8		M12		M14		M20	
20	6.95	80	32.50	70	77.85	110	150.0	65	243.8
25	7.82	M10		75	81.44	120	159.8	70	254.1
30	8.68	40	36.91	80	85.02	130	169.6	75	264.4
35	9.54	45	39.38	85	88.61	140	179.4	80	274.7
40	10.41	50	41.86	90	92.19	M16		85	285.0
45	11.27	55	44.33	95	95.78	55	133.5	90	295.3
50	12.13	60	48.80	100	99.36	60	140.1	95	305.7
55	12.99	65	49.27	110	106.5	65	146.7	100	316.0
60	13.86	70	51.74	120	113.7	70	153.3	110	336.6
M8		75	54.21	M14		75	159.9	120	357.2
25	15.28	80	56.69	50	91.12	80	166.4	130	377.8
30	16.85	85	59.16	55	96.03	85	173.0	140	398.4
35	18.41	90	61.63	60	100.9	90	179.6	150	419.0
40	19.98	95	64.10	65	105.8	95	186.2	160	439.6
45	21.54	100	66.57	70	110.7	100	192.8	170	460.2
50	23.11	M12		75	115.7	110	206.0	180	480.8
55	24.67	45	59.93	80	120.6	120	219.1	200	522.0
60	26.24	50	63.51	85	125.5	130	232.3		
65	27.80	55	67.10	90	130.4	140	245.5		
70	29.37	60	70.68	95	135.8	150	258.6		
75	30.93	65	74.27	100	140.2	160	271.8		

注：5. l—公称长度(mm)；G—每千件钢制品大约重量(kg)。

28. 半圆头带榫螺栓

(GB/T 13—1988)

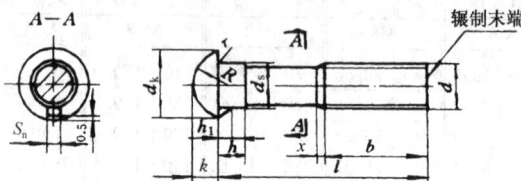

末端按 GB/T 2 的规定,参见第 5.21 页;

无螺纹部分杆径约等于螺纹中径或等于螺纹大径。

(1) 半圆头带榫螺栓的尺寸(mm)								
螺纹规格 d		M6	M8	M10	M12	(M14)	M16	M20	M24
d_k	max	12.1	15.1	18.1	22.3	25.3	29.3	35.6	43.6
k	max	4.08	5.28	6.48	8.9	9.9	10.9	13.1	17.1
S_n	max	2.7	2.7	3.8	3.8	4.8	4.8	4.8	6.3
h	min	4	5	6	7	8	9	11	13
h_1	max	2.7	3.2	3.8	4.3	5.3	5.3	6.3	7.4
R		6	7.5	9	11	13	15	18	22
l	范围	20~60	20~80	30~100	35~120	35~140	50~160	60~200	80~200

注:尺寸代号的标注内容及其他尺寸(b、d_k、d_s、h、h_1、k、l、S_n、x),参见第 15.2、15.9 和 15.14 页。

(2) 半圆头带榫螺栓的重量

l	G	l	G	l	G	l	G	l	G
M6		M10		M12		M16		M20	
20*	4.77	30	20.65	90	76.64	(55)*	99.93	130	314.6
25	5.62	35	23.10	100	83.76	60	106.5	140	335.1
30	6.48	40*	25.56	110	90.89	(65)	113.0	150	355.5
35	7.34	45	28.02	120	98.01	70	119.6	160	376.0
40	8.20	50	30.47	(M14)		80	132.6	180	417.0
45	9.05	(55)	32.93	35	53.51	90	145.7	200	457.9
50	9.91	60	35.38	40	58.39	100	158.8	M24	
55)	10.77	(65)	37.84	45	63.26	110	171.9	80*	340.1
60	11.62	70	40.29	50*	68.14	120	185.0	90	369.6
M8		80	45.21	(55)	73.01	130	198.1	100	399.1
20	9.27	90	50.12	60	77.89	140	211.2	110	428.6
25	10.83	100	55.03	(65)	82.76	150	224.2	120	458.1
30	12.38	M12		70	87.64	160	237.3	130	487.6
35*	13.94	35	37.45	80	97.38	M20		140	517.1
40	15.49	40	41.02	90	107.1	60	171.2	150	546.6
45	17.05	45*	44.58	100	116.9	(65)*	181.5	160	576.1
50	18.60	50	48.14	110	126.6	70	191.7	180	653.1
(55)	20.16	(55)	51.70	120	136.4	80	212.2	200	694.1
60	21.71	60	55.27	140	155.9	90	232.7		
(65)	23.27	(65)	58.83	M16		100	253.2		
70	24.82	70	62.39	50	93.38	110	273.6		
80	27.93	80	69.51			120	294.1		

注：1. l—公称长度(mm)；G—每千件钢制品大约重量(kg)。

　　2. 等于或大于带 * 符号的 l 规格为商品规格。带括号的规格
尽量不采用。

29. 大半圆头带榫螺栓

(GB/T 15—1988)

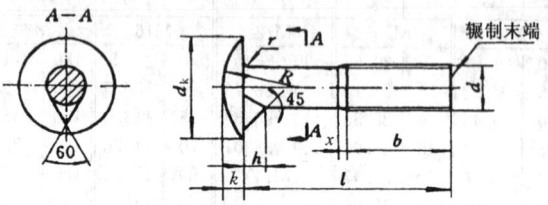

末端按 GB/T 2 的规定,参见第 5.21 页;

无螺纹部分杆径约等于螺纹中径或等于螺纹大径。

	(1) 大半圆头带榫螺栓的尺寸(mm)							
螺纹规格 d	M6	M8	M10	M12	(M14)	M16	M20	M24
d_k max	15.1	19.1	24.3	29.3	33.6	36.6	45.6	53.9
h max	3.5	4.3	5.5	6.7	7.7	8.8	9.9	12
k max	3.48	4.48	5.48	6.48	7.9	8.9	10.9	13.1
R	11	14	18	22	22	26	32	34
l 范围	20~60	20~80	30~100	35~120	35~140	50~160	60~200	80~200

注:尺寸代号的标注内容及其他尺寸(b、d_k、h、k、l、r、x),参见第 15.2、15.9 和 15.14 页。

(续)

	(2) 大半圆头带榫螺栓的重量								
l	G	l	G	l	G	l	G	l	G
M6		M10		M12		M16		M20	
20	5.25	30	23.33	90	79.70	(55)	105.0	130	331.0
25	6.11	35	25.79	100	86.82	60	111.6	140	351.4
30	6.96	40	28.24	110	93.95	(65)	118.1	150	371.9
35	7.82	45	30.70	120	101.1	70	124.6	160	392.4
40	8.68	50	33.16	(M14)		80	137.7	180	433.3
45	9.53	(55)	35.61	35	55.12	90	150.8	200	474.3
50	10.39	60	38.07	40	59.99	100	163.9	M24	
(55)	11.25	(65)	40.52	45	64.87	110	177.0	80	333.6
60	12.11	70	42.98	50	69.74	120	190.1	90	363.1
M8		80	47.89	(55)	74.62	130	203.2	100	392.6
20	10.31	90	52.80	60	79.49	140	216.2	110	422.1
25	11.87	100	57.71	(65)	84.36	150	229.3	120	451.6
30	13.42	M12		70	89.24	160	242.4	130	481.1
35	14.98	35	40.51	80	98.99	M20		140	510.6
40	16.53	40	44.08	90	108.7	60	187.6	150	540.1
45	18.09	45	47.64	100	118.5	(65)	197.9	160	569.6
50	19.64	50	51.20	110	128.2	70	208.1	180	628.6
(55)	21.20	(55)	54.76	120	138.0	80	228.6	200	687.6
60	22.75	60	58.33	130	147.7	90	249.1		
(65)	24.31	(65)	61.89	140	157.5	100	269.5		
70	25.86	70	65.45	M16		110	290.0		
80	28.97	80	72.57	50	98.47	120	310.5		

注：1. l—公称长度(mm)；G—每千件钢制品大约重量(kg)。

  2. 表列的 l 规格是商品规格。带括号的规格尽量不采用。

30. 沉头方颈螺栓

(GB/T 10—1988)

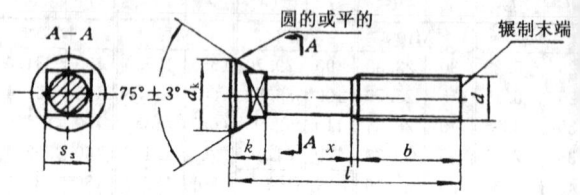

末端按 GB/T 2 的规定,参见第 5.21 页;

无螺纹部分杆径约等于螺纹中径或等于螺纹大径。

(1) 沉头方颈螺栓的尺寸(mm)						
螺纹规格 d	M6	M8	M10	M12	M16	M20
d_k max	11.05	14.55	17.55	21.65	28.65	36.80
k max	6.10	7.25	8.45	11.05	13.05	15.05
s_s max	6.36	8.36	10.36	12.43	16.43	20.52
l 范围	25～60	25～80	30～100	30～120	45～160	55～2

注:尺寸代号的标注内容及其他尺寸(b、d_k、k、l、x),参见第
15.2、15.9 和 15.14 页。

| (2) 沉头方颈螺栓的重量									
l	G	l	G	l	G	l	G	l	G
M6		M8		M10		M16		M20	
25	5.45	60	21.18	100	53.55	45	78.08	(55)	150.2
30	6.30	(65)	22.73	M12		50	84.62	60	160.5
35	7.16	70	24.29	30	30.37	(55)	91.16	(65)	170.7
40	8.02	80	27.40	35	33.93	60	97.71	70	180.9
45	8.88	M10		40	37.50	(65)	104.3	80	201.4
50	9.73	30	19.16	45	41.06	70	110.8	90	221.9
(55)	10.59	35	21.62	50	44.62	80	123.9	100	242.4
60	11.45	40	24.08	(55)	48.18	90	137.0	110	262.8
M8		45	26.53	60	51.74	100	150.1	120	283.3
25	10.30	50	28.99	(65)	55.31	110	163.1	130	303.8
30	11.85	(55)	31.44	70	58.87	120	176.2	140	324.3
35	13.41	60	33.90	80	65.99	130	189.3	150	344.7
40	14.96	(65)	36.35	90	73.12	140	202.4	160	365.2
45	16.51	70	38.81	100	80.24	150	215.5	180	406.2
50	18.07	80	43.72	110	87.37	160	228.6	200	447.1
(55)	19.62	90	48.63	120	94.49				

注：1. l—公称长度(mm)；G—每千件钢制品大约重量(kg)。

2. 表列的 l 规格是商品规格。带括号的规格尽量不采用。

31. 沉头带榫螺栓

(GB/T 11—1988)

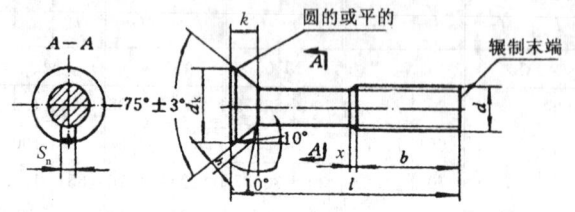

末端按 GB/T 2 的规定,参见第 5.21 页;

无螺纹部分杆径约等于螺纹中径或等于螺纹大径。

(1) 沉头带榫螺栓的尺寸(mm)									
螺纹规格 d	M6	M8	M10	M12	(M14)	M16	M20	(M22)	M24
d_k max	11.05	14.55	17.55	21.65	24.65	28.65	36.80	40.80	45.80
h max	1.2	1.6	2.1	2.4	2.9	3.3	4.2	4.5	5
k	4.1	5.3	6.2	8.5	8.9	10.2	13.0	14.3	16.5
S_n max	2.7	2.7	3.8	4.3	4.3	4.8	4.8	6.3	6.3
l 范围	25～60	30～80	35～100	40～120	45～140	45～160	60～200	65～200	80～200

注:尺寸代号的标注内容及其他尺寸(b、d_k、h、k、l、S_n、x),参见第 15.2、15.9 和 15.14 页。

\multicolumn{10}{c}{(2) 沉头带榫螺栓的重量}										
l	G	l	G	l	G	l	G	l	G
M6		M10		(M14)		M16		(M22)	
25	4.87	50	27.13	50	56.10	120	169.2	80	240.1
30	5.72	(55)	29.58	(55)	60.98	130	182.3	90	265.3
35	6.58	60	32.04	60	65.85	140	195.4	100	290.7
40	7.44	(65)	34.50	(65)	70.73	150	208.5	110	315.7
45	8.29	70	36.95	70	75.60	160	221.6	120	340.9
50	9.15	80	41.86	80	85.35	M20		130	366.1
(55)	10.01	90	46.77	90	95.10	60	150.3	140	391.5
60	10.87	100	51.69	100	104.9	(65)	160.6	150	416.5
M8		M12		110	114.6	70	170.8	160	441.7
30	10.79	40	33.35	120	124.4	80	191.3	180	492.1
35	12.34	45	36.91	130	134.1	90	211.7	200	542.5
40	13.90	50	40.47	140	143.9	100	232.2	M24	
45	15.45	(55)	44.04	M16		110	252.7	80	294.3
50	17.01	60	47.60	45	71.09	120	273.2	90	324.3
55	18.56	(65)	51.16	50	77.64	130	293.7	100	353.8
60	20.11	70	54.72	(55)	84.18	140	314.1	110	383.3
65	21.67	80	61.85	60	90.72	150	334.6	120	412.8
70	23.22	90	68.97	(65)	97.26	160	355.1	130	442.3
80	26.33	100	76.10	70	103.8	180	396.0	140	471.8
M10		110	83.22	80	116.9	200	437.0	150	501.3
35	19.76	120	90.35	90	130.0	(M22)		160	530.8
40	22.22	(M14)		100	143.1	(65)	202.3	180	589.8
45	24.67	45	51.23	110	156.2	70	214.9	200	648.7

注：1. l—公称长度(mm)；G—每千件钢制品大约重量(kg)。

2. 表列的 l 规格是商品规格。带括号的规格尽量不采用。

32. 沉头双榫螺栓(GB/T 800—1988)

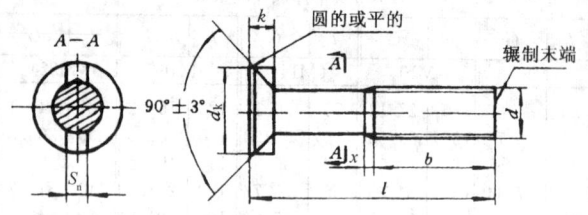

末端按 GB/T 2 的规定,参见第 5.21 页;

无螺纹部分杆径约等于螺纹中径或等于螺纹大径。

(1) 沉头双榫螺栓的尺寸(mm)				
螺纹规格 d	M6	M8	M10	M12
头部直径 d_k max	11.05	14.55	17.55	21.65
头部高度 k	3.0	4.1	4.5	5.5
榫部厚度 S_n max	3.20	4.20	5.24	5.24
公称长度 l 范围	30~60	35~80	40~80	45~80

(2) 沉头双榫螺栓的重量									
l	G	l	G	l	G	l	G	l	G
	M6		M8		M8		M10		M12
30	5.71	35	12.30	70	23.18	60	31.91	(55)	43.83
35	6.57	40	13.85	80	26.29	(65)	34.37	60	47.39
40	7.42	45	15.41		M10	70	36.83	(65)	50.95
45	8.28	50	16.96	40	22.09	80	41.74	70	54.52
50	9.14	(55)	18.52	45	24.55		M12	80	61.64
(55)	10.00	60	20.07	50	27.00	45	36.71		
60	10.85	(65)	21.63	(55)	29.46	50	40.27		

注: 1. 尺寸代号的标注内容及其余尺寸(b、d_k、k、l、S_n、x),参见第 15.2、15.9 和 15.14 页。表列规格为通用规格。带括号的规格尽可能不采用。

  2. l—公称长度(mm);G—每千件钢制品大约重量(kg)。

33. T形槽用螺栓 (GB/T 37—1988)

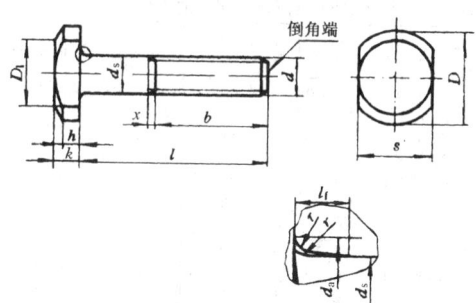

末端按 GB/T 2 的规定,参见第 5.21 页;
顶部直径 $D_1 \approx 0.95s$;$d_{smax} = d$。

(1) T形槽用螺栓的尺寸 (mm)

螺纹规格 d	D	s 公称	s max	s min	k max	k min	h	l_f max	l 范围
M5	12	9	9.00	8.64	4.24	3.76	2.8	1.2	25~50
M6	16	12	12.00	11.57	5.24	4.76	3.4	1.4	30~60
M8	20	14	14.00	13.57	6.24	5.76	4.1	2	35~80
M10	25	18	18.00	17.57	7.29	6.71	4.8	2	40~100
M12	30	22	22.00	21.16	8.89	8.31	6.5	3	45~120
M16	38	28	28.00	27.16	11.95	11.25	9.0	3	55~160
M20	46	34	34.00	33.00	14.35	13.65	10.4	4	65~200
M24	58	44	44.00	43.00	16.35	15.65	11.8	4	80~240
M30	75	56	56.00	54.80	20.42	19.58	14.5	6	90~300
M36	85	67	67.00	65.10	24.42	23.58	18.5	6	110~300
M42	95	76	76.00	74.10	28.42	27.58	22.0	8	130~300
M48	105	86	86.00	83.80	32.50	31.50	26.0	10	140~300

注:尺寸代号的标注内容及其余尺寸(b、d_a、d_s、l、r、x)参见第 15.2~15.9 页中的 B 级标准系列六角头螺栓的有关规定。

（2）T形槽用螺栓的重量

l	G	l	G	l	G	l	G	l	G
M5		M10		M16		M24		M36	
25	5.84	60	52.26	140	284.5	220	977.2	260	2797
30	6.52	(65)	55.11	150	299.4	240	1045	280	2951
35	7.20	70	57.96	160	314.2	M30		300	3104
40	7.87	80	63.65	M20		90	991.8	M42	
45	8.55	90	69.34	(65)	281.3	100	1045	130	2571
50	9.23	100	75.04	70	292.9	110	1098	140	2676
M6		M12		80	316.1	120	1152	150	2781
30	12.68	45	72.15	90	339.4	130	1205	160	2886
35	13.68	50	76.25	100	362.6	140	1258	180	3095
40	14.67	(55)	80.35	110	385.9	150	1311	200	3305
45	15.67	60	84.45	120	409.1	160	1364	220	3492
50	16.66	(65)	88.55	130	432.4	180	1471	240	3702
(55)	17.66	70	92.65	140	455.6	200	1577	260	3912
60	18.65	80	100.9	150	478.9	220	1671	280	4122
M8		90	109.1	160	502.1	240	1778	300	4331
35	22.32	100	117.3	180	548.6	260	1884	M48	
40	24.11	110	125.5	200	595.1	280	1991	140	3638
45	25.89	120	133.7	M24		300	2097	150	3776
50	27.68	M16		80	512.5	M36		160	3913
(55)	29.47	(55)	158.3	90	546.2	110	1664	180	4188
60	31.26	60	165.7	100	580.0	120	1740	200	4463
(65)	33.04	(65)	173.1	110	613.8	130	1817	220	4709
70	34.83	70	180.5	120	647.6	140	1894	240	4984
80	38.41	80	195.4	130	681.3	150	1970	260	5259
M10		90	210.2	140	715.1	160	2047	280	5534
40	40.88	100	225.1	150	748.9	180	2201	300	5809
45	43.72	110	239.9	160	782.7	200	2354		
50	46.57	120	254.6	180	850.2	220	2490		
(55)	49.42	130	269.6	200	917.7	240	2644		

注：1. l—公称长度(mm)；G—每千件钢制品大约重量(kg)。

　　2. 表列规格为通用规格。带括号的规格尽量不采用。

34. 活 节 螺 栓

(GB/T 798—1988)

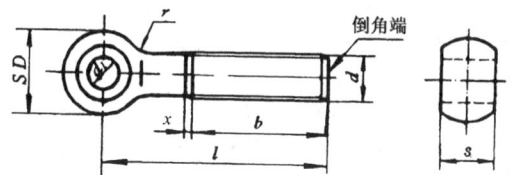

末端按 GB/T 2 规定,参见第 5.21 页;

无螺纹部分杆径约等于螺纹中径或等于螺纹大径。

螺纹 规格 d	d_1			D	s			b	R	x	l 范围
	公 称	max	min		公 称	max	min				
M4	3	3.160	3.060	8	5	4.93	4.75	14	3	1.75	20～35
M5	4	4.190	4.070	10	6	5.93	5.75	16	4	2	25～45
M6	5	5.190	5.070	12	8	7.92	7.70	18	5	2.5	30～55
M8	6	6.190	6.070	14	10	9.92	9.70	22	5	3.2	35～70
M10	8	8.230	8.080	18	12	11.905	11.635	26	6	3.8	40～110
M12	10	10.230	10.080	20	14	13.905	13.635	30	8	4.2	50～130
M16	12	12.275	12.095	28	18	17.905	17.635	38	10	5	60～160
M20	16	16.275	16.095	34	22	21.89	21.56	52	12	6.3	70～180
M24	20	20.320	20.110	42	26	25.89	25.56	60	16	7.5	90～260
M30	25	25.320	25.110	52	34	33.88	33.50	72	20	8.8	110～300
M36	30	30.320	30.110	64	40	39.87	39.48	84	22	10	130～300

注: 1. d_1—头部孔径;D—头部外径;s—头部宽度;b—螺纹长
度;r—头下圆角半径;x—螺纹收尾长度。

2. 公称长度 l 的公差参见第 15.9 页的规定。

	(2) 活节螺栓的重量								
l	G	l	G	l	G	l	G	l	G
	M4		M8		M12		M20		M30
20	2.63	60	24.24	100	84.25	120	310.5	130	838.5
25	3.00	65	25.80	110	91.37	130	331.0	140	885.2
30	3.38	70	27.35	120	98.49	140	351.4	150	931.9
35	3.75		M10	130	105.6	150	371.9	160	978.6
	M5	40	30.81		M16	160	392.4	180	1072
25	5.05	45	33.27	60	118.9	180	433.3	200	1165
30	5.65	50	35.72	(65)	125.4		M24	220	1259
35	6.25	(55)	38.18	70	131.9	90	384.9	240	1352
40	6.85	60	40.63	80	145.0	100	414.4	260	1446
45	7.45	(65)	43.09	90	158.1	110	443.9	280	1539
	M6	70	45.55	100	171.2	120	473.4	300	1632
30	8.90	80	50.46	110	184.3	140	502.9		M36
35	9.76	90	55.37	120	197.4	150	532.4	130	1317
40	10.62	100	60.28	130	210.5	160	561.9	140	1385
45	11.47	110	65.19	140	223.5	180	591.4	150	1453
50	12.33		M12	150	236.6	200	650.4	160	1521
(55)	13.19	50	48.62	160	249.7	220	709.4	180	1656
	M8	(55)	52.19		M20	240	768.4	200	1792
35	16.47	60	55.75	70	208.1	260	886.3	220	1928
40	18.02	(65)	59.31	80	228.6		M30	240	2063
45	19.58	70	62.87	90	249.0	110	745.1	260	2199
50	21.13	80	70.00	100	269.5	120	791.8	280	2335
(55)	22.69	90	77.12	110	290.0			300	2470

注：1. l—公称长度(mm)；G—每千件钢制品大约重量(kg)。

2. 表列规格为商品规格。带括号的规格尽量不采用。

35. 地 脚 螺 栓

(GB/T 799—1988)

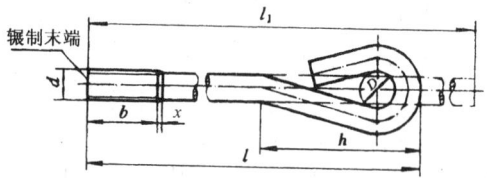

末端按 GB/T 2 规定,参见第 5.21 页;

无螺纹部分杆径约等于螺纹中径或等于螺纹大径。

\multicolumn{2}{c}{}	\multicolumn{11}{c}{(1) 地脚螺栓的尺寸(mm)}
\multicolumn{2}{c	}{d}	M6	M8	M10	M12	M16	M20	M24	M30	M36	M42	M48
b	max	27	31	36	40	50	58	68	80	94	106	118
	min	24	28	32	36	44	52	60	72	84	96	108
\multicolumn{2}{c	}{D}	10	10	15	20	20	30	30	45	60	60	70
\multicolumn{2}{c	}{h}	41	46	65	82	93	127	139	192	244	261	302
\multicolumn{2}{c	}{l_1}	$l+$ 37	$l+$ 37	$l+$ 53	$l+$ 72	$l+$ 72	$l+$ 110	$l+$ 110	$l+$ 165	$l+$ 217	$l+$ 217	$l+$ 225
\multicolumn{2}{c	}{x max}	2.5	3.2	3.8	4.2	5.0	6.3	7.5	8.8	10.0	11.3	12.5
l 范围	自	80	120	160	160	220	300	300	400	500	630	630
	至	160	220	300	400	500	630	800	1000	1000	1250	1500

注: 1. 尺寸代号的标注内容:d—螺纹规格;b—螺纹长度;D—头部内圆直径;h—头部长度;l_1—落科长度;x—螺纹收尾长度;l—公称长度。

  2. l 的公差(mm):$l = (80 \sim 400) \pm 8$;
  $$l = (500 \sim 1500) \pm 12。$$

\multicolumn{2}{c}{}	\multicolumn{2}{c}{}	\multicolumn{2}{c}{（2）地脚螺栓的重量}	\multicolumn{2}{c}{}	\multicolumn{2}{c}{}
l	G	l	G	l	G	l	G	l	G
\multicolumn{2}{c}{M6}	\multicolumn{2}{c}{M12}	\multicolumn{2}{c}{M20}	\multicolumn{2}{c}{M30}	\multicolumn{2}{c}{M42}
80	20.06	160	165.3	400	1044	500	3106	800	9449
120	26.92	220	208.0	500	1249	630	3713	1000	11307
160	33.77	300	265.0	630	1454	800	4507	1250	13629
\multicolumn{2}{c}{M8}	400	336.3	\multicolumn{2}{c}{M24}	1000	5441	\multicolumn{2}{c}{M48}
120	48.83	\multicolumn{2}{c}{M16}	300	1209	\multicolumn{2}{c}{M36}	630	10422
160	61.27	220	382.1	400	1504	500	4863	800	12860
220	79.93	300	486.8	500	1799	630	5744	1000	15297
\multicolumn{2}{c}{M10}	400	617.6	630	2183	800	6898	1250	18345
160	104.6	500	748.5	800	2684	1000	8255	1500	21392
220	134.1	\multicolumn{2}{c}{M20}	\multicolumn{2}{c}{M30}	\multicolumn{2}{c}{M42}		
300	173.4	300	839.6	400	2639	630	7590		

注：1. l—公称长度（mm）；G—每千件钢制品大约重量（kg）。
   2. 表列规格为商品规格。

第十六章　螺　柱

一、螺柱综述

1. 螺柱的尺寸代号与标注内容

(GB/T 5276—1985)

尺寸代号	标注内容
a	最末一扣完整扣至支承面的距离
b	(拧螺母端的)螺纹长度
b_m	(拧入金属端的)螺纹长度
d	螺纹大径(螺纹公称直径)
d_1^*	储能焊用焊接螺柱的 PT 型焊接螺柱螺纹规格或 IT 型焊接螺柱公称直径
d_2^*	储能焊用焊接螺柱的 IT 型螺纹大径
d_3^*	储能焊用焊接螺柱底座直径
d_4^*	储能焊用焊接螺柱底座熔化前端直径
d_s	无螺纹杆径
e_2^*	储能焊用焊接螺柱的 IT 型无螺纹孔长度
g	退刀槽宽度
h^*	储能焊用焊接螺柱底座厚度
l	公称长度
l_1^*	焊接后的螺柱长度,储能焊用焊接螺柱长度
l_2^*	储能焊用焊接螺柱的焊接后长度
l_3^*	储能焊用焊接螺柱的熔化前端长度
n^*	PT 型焊接螺柱颈部长度
P	螺距
$w\mathring{A}$	焊接螺柱的熔化长度
x	螺纹收尾长度

注: * 表示该尺寸代号标注内容为编者拟订的。

16.2

2. 螺柱的有关结构尺寸

（1）双头螺柱的拧入金属端螺纹长度
（GB/T 897~900—1988）

螺纹规格 d(mm)	拧入金属端螺纹长度 b_m(mm)							
	$b_m = 1d$		$b_m = 1.25d$		$b_m = 1.5d$		$b_m = 2d$	
	公称	公差	公称	公差	公称	公差	公称	公差
M2	—	—	—	—	3	±0.60	4	±0.60
M2.5	—	—	—	—	3.5	±0.60	5	±0.60
M3	—	—	—	—	4.5	±0.60	6	±0.60
M4	—	—	—	—	6	±0.60	8	±0.75
M5	5	±0.60	6	±0.60	8	±0.75	10	±0.75
M6	6	±0.60	8	±0.75	10	±0.75	12	±0.90
M8	8	±0.75	10	±0.75	12	±0.90	16	±0.90
M10	10	±0.75	12	±0.90	15	±0.90	20	±1.05
M12	12	±0.90	15	±0.90	18	±0.90	24	±1.05
(M14)	14	±0.90	18	±0.90	21	±1.05	28	±1.05
M16	16	±0.90	20	±1.05	24	±1.05	32	±1.25
(M18)	18	±1.05	22	±1.05	27	±1.05	36	±1.25
M20	20	±1.05	25	±1.05	30	±1.05	40	±1.25
(M22)	22	±1.05	28	±1.05	33	±1.25	44	±1.25
M24	24	±1.05	30	±1.05	36	±1.25	48	±1.25
(M27)	27	±1.05	33	±1.25	40	±1.25	54	±1.50
M30	30	±1.05	38	±1.25	45	±1.25	60	±1.50
(M33)	33	±1.25	41	±1.25	49	±1.25	66	±1.50
M36	36	±1.25	45	±1.25	54	±1.50	72	±1.50
(M39)	39	±1.25	49	±1.25	58	±1.50	78	±1.50
M42	42	±1.25	52	±1.50	63	±1.50	84	±1.75
M48	48	±1.25	60	±1.50	72	±1.50	96	±1.75

（2）A型双头螺柱的无螺纹杆径
（GB/T 897~900—1988）

d(mm)	M2	M2.5	M3	M4	M5	M6	M8	M10
d_{smin}(mm)	1.75	2.25	2.75	3.7	4.7	5.7	7.64	9.64
d(mm)	M12	M14	M16	M18	M20	M22	M24	M27
d_{smin}(mm)	11.57	13.57	15.57	17.57	19.48	21.48	23.48	26.48
d(mm)	M30	M33	M36	M39	M42	M48		
d_{smin}(mm)	29.48	32.38	35.38	38.38	41.38	47.38		

注：d—螺纹规格；d_s—无螺纹杆径；$d_{smax} = d$。

(3) 双头螺柱的公称长度

公称长度 l(mm)							
长度	公差	长度	公差	长度	公差	长度	公差
(1) 双头螺柱,等长双头螺柱—B级及焊接螺柱(GB/T 897~901—1988)							
6	±0.60	38	±1.25	110	±1.75	250	±2.30
8	±0.75	40	±1.25	120	±1.75	260	±2.60
10	±0.75	45	±1.25	130	±2.00	280	±2.60
12	±0.90	50	±1.25	140	±2.00	300	±2.60
14	±0.90	55	±1.50	150	±2.00	320	±2.85
16	±0.90	60	±1.50	160	±2.00	350	±2.85
18	±0.90	65	±1.50	170	±2.00	380	±2.85
20	±1.05	70	±1.50	180	±2.00	400	±2.85
22	±1.05	75	±1.50	190	±2.30	420	±3.15
25	±1.05	80	±1.50	200	±2.30	450	±3.15
28	±1.05	85	±1.75	210	±2.30	480	±3.15
30	±1.05	90	±1.75	220	±2.30	500	±3.15
32	±1.25	95	±1.75	230	±2.30		
35	±1.25	100	±1.75	240	±2.30		
(2) 等长双头螺柱—C级(GB/T 953—1988)							
100	±1.75	260	±5.2	650	±8.0	1600	±13.5
110	±1.75	280	±5.2	700	±8.0	1700	±15.0
120	±1.75	300	±5.2	750	±8.0	1800	±15.0
130	±2.0	320	±5.7	800	±8.0	1900	±15.0
140	±2.0	350	±5.7	850	±9.0	2000	±15.0
150	±4.0	380	±5.7	900	±9.0	2100	±17.5
160	±4.0	400	±5.7	950	±9.0	2200	±17.5
170	±4.0	420	±6.3	1000	±9.0	2300	±17.5
180	±4.0	450	±6.3	1100	±10.5	2400	±17.5
190	±4.6	480	±6.3	1200	±10.5	2500	±17.5
200	±4.6	500	±6.3	1300	±13.5		
220	±4.6	550	±7.0	1400	±13.5		
240	±4.6	600	±7.0	1500	±13.5		

(4) 焊接螺柱的公称长度(长度)

(1) 手工焊用焊接螺柱(GB/T 902.1—2008)(mm)

螺纹规格 d	M3	M4	M5	M6	M8	M10
公称长度 l	10~80	10~80	12~90	16~100	20~200	25~240

螺纹规格 d	M12	(M14)	M16	(M18)	M20
公称长度 l	30~240	35~280	45~280	50~300	60~300

公称长度 l	10 12 16	20 25 30	35.40 45 50	(55)、60 (65)、70 80	90、100 (110) 120	130、140 150、160 180	200 220 240	260 280 300
公差	±0.90	±1.05	±1.25	±1.50	±1.75	±2.00	±2.30	±2.60

(2) 机动弧焊用焊接螺柱(GB/T 902.2—1989)(mm)

螺纹规格 d		M3	M4	M5	M6	M8	M10	M12	M16	M20
公称长度 l	自	12	12	12	12	12	20	25	30	35
	至	30	40	55	60	80	100	100	100	100

公称长度 l 系列:12、16、20、25、30、35、40、45、50、55、60、70、80、90、100

(3) 储能焊用焊接螺柱(GB/T 902.3—2008)(mm)

(3.1) PT 型焊接螺柱

螺纹规格 d_1	M3	M4	M5	M6	M8
长度 l_1	6~20	8~25	10~30	10~30	12~30

长度 l_1 系列:6、8、10、12、16、20、25、30,其他长度由双方协议

(3.2) IT 型焊接螺柱

公称直径 d_1	5	6	7.1
螺纹规格 d_2	M3	M4	M5
长度 l_1	10~25	10~20	12~25

长度 l_1 系列:10、12、16、20、25;$l_{1\,min} \geq 1.5d_1$,其他长度由双方协议

3. 螺柱的品种简介

序号	品种名称与标准号	型式	规格范围	产品等级	螺纹公差	机械性能		表面处理
1	双头螺柱—$b_m = 1d$ GB/T 897—1988	A型 B型	M5~ M48	B级	6g①	钢：**4.8**、5.8、6.8、8.8、10.9、12.9		a. **不经处理** b. 氧化 c. 镀锌钝化
						不锈钢： A2—50、A2—70		不经处理
2	双头螺柱—$b_m *= 1.25d *$ GB/T 898—1988	A型 B型	M5~ M48	B级	6g①	钢：**4.8**、5.8、6.8、8.8、10.9、12.9		a. **不经处理** b. 氧化 c. 镀锌钝化
						不锈钢： A2—50、A2—70		不经处理
3	双头螺柱—$b_m = 1.5d$ GB/T 899—1988	A型 B型	M5~ M48	B级	6g①	钢：**4.8**、5.8、6.8、8.8、10.9、12.9		a. **不经处理** b. 氧化 c. 镀锌钝化
						不锈钢： A2—50、A2—70		不经处理
4	双头螺柱—$b_m = 2d$ GB/T 900—1988	A型 B型	M2~ M48	B级	6g①	钢：**4.8**、5.8、6.8、8.8、10.9、12.9		a. **不经处理** b. 氧化 c. 镀锌钝化
						不锈钢： A2—50、A2—70		不经处理
5	等长双头螺柱—B级 * GB/T 901—1988		M2~ M56	B级	6g	钢：**4.8**、5.8、6.8、8.8、10.9、12.9②		a. **不经处理** b. 镀锌钝化
						不锈钢： A2—50、A2—70		不经处理

（续）

序号	品种名称与标准号	型式	规格范围	产品等级	螺纹公差	机械性能	表面处理
6	等长双头螺柱—C级 GB/T 953—1988		M8～M48	C级	8g	钢：**4.8**、6.8、8.8	a. **不经处理** b. 镀锌钝化
7	手工焊用焊接螺柱* GB/T 902.1—2008	**A型** B型	M3～M20		6g	钢：4.8③	a. **不经处理** b. 镀锌钝化
8	机动弧焊用焊接螺柱* GB/T 902.2—1989	**A型** B型	M3～M20		6g	钢：4.8⑤	a. **不经处理** b. 镀铜 c. 镀锌钝化
9	储能焊用焊接螺柱* GB/T 902.3—2008	PT型	M3～M8		6g	钢：4.8③	电镀铜
9	储能焊用焊接螺柱* GB/T 902.3—2008	IT型	公称直径5～7.1(mm)		6g	不锈钢：A2-50④	简单处理
9	储能焊用焊接螺柱* GB/T 902.3—2008	IT型	公称直径5～7.1(mm)		6g	铜：CU2	简单处理

注：1. 型式、机械性能或表面处理栏中，如有多项内容，其中用粗黑体字表示的内容，可在螺柱的标记中省略(参见第13.2页)。

2. 各种螺柱的机械性能具体要求，分别参见第9.2页“碳钢与合金钢螺栓、螺钉和螺柱的机械性能”和第9.17页“不锈钢螺栓、螺钉和螺柱的机械性能”。

3. 螺纹公差和机械性能栏中的注①、②、③的说明：

① 双头螺柱(GB/T 897～900)上采用的螺纹，一般都是粗牙普通螺纹；也可以根据需要采用细牙普通螺纹或过渡配合

螺纹(按 GB/T 1167 的规定)。双头螺柱(GB/T 900)还可以根据需要采用过渡配合螺纹(按 GB/T 1180 的规定)或过盈配合螺纹(按 GB/T 1181 的规定)。

② 等长双头螺柱——B 级(GB/T 901)可根据需要采用 30Cr、40Cr、30CrMnSi、35CrMoA 或 40B 等材料制造,其性能按供需双方协议。

③ 焊接螺柱的材料(钢)的化学成分,按 GB/T 902.1、902.3 的规定,其含碳量不应大于 0.18%;机械性能要求:$\sigma_b \geqslant 420\text{MPa}$,$\sigma_s \geqslant 340\text{MPa}$,$\delta_5 \geqslant 14\%$。

④ 不锈钢 A2-50 的机械性能要求:$\sigma_b \geqslant 500\text{MPa}$,$\sigma_{p0.2} \geqslant 210\text{MPa}$,$\delta \geqslant 0.6d$($d$—螺纹直径)。

⑤ 焊接螺柱(GB/T 902.2)的材料化学成分,按 GB/T 3098.1 的规定(参见第 9.2 页),但其最大含碳量不应大于 0.20%,而且不得采用易削切钢制造。

4. *为商品紧固件品种,应优先选用。

4. 螺柱的用途简介

双头螺柱,其一端(又称金属端)用于旋入带内螺纹孔的被连接件(又称机件)中,另一端(又称螺母端)则用于穿过带有通孔的被连接件,再套上垫圈,旋上螺母,即使两个被连接件连接成为一件整体。

$b_m = 1d$ 双头螺柱,一般用于两个钢制被连接件之间的连接;$b_m = 1.25d$ 和 $b_m = 1.5d$ 双头螺柱,一般用于铸铁制被连接件与钢制被连接件之间的连接;$b_m = 2d$ 双头螺柱,一般用于铝合金制被连接件与钢制被连接件之间的连接。上述前一种被连接件带有内螺纹孔,后一种被连接件带有通孔。

等长双头螺柱两端螺纹均需与螺母、垫圈配合,用于两个带有通孔被连接件之间的连接。

焊接螺柱一端焊接于被连接件表面上,另一端(螺纹端)穿过带通孔的被连接件,然后套上垫圈,旋上螺母,即使两个被连接件连接成为一件整体。

二、螺柱的尺寸与重量

1. 双头螺柱—$b_m = 1d$

(GB/T 897—1988)

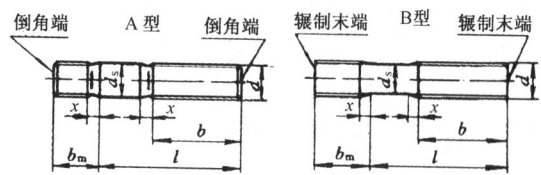

倒角端　A型　倒角端　辗制末端　B型　辗制末端

末端按 GB/T 2 规定,参见第 5.21 页;B 型的 $d_s \approx$ 螺纹中径;
$x = 2.5P$;P—粗牙螺距。

\(1\) 双头螺柱—$b_m = 1d$ 的尺寸(mm)					
d	b_m	公称长度 l/拧螺母端螺纹长度 b			
M5	5	16~22/10	25~50/16		
M6	6	20~22/10	25~30/14	32~75/18	
M8	8	20~22/12	25~30/16	32~90/22	
M10	10	25~28/14	30~38/16	40~120/26	130/32
M12	12	25~30/16	32~40/20	45~120/30	130~180/36
(M14)	14	30~35/18	38~45/25	50~120/34	130~180/40
M16	16	30~38/20	40~55/30	60~120/38	130~200/44
(M18)	18	35~40/22	45~60/35	65~120/42	130~200/48
M20	20	35~40/25	45~60/35	70~120/46	130~200/52
(M22)	22	40~45/30	50~70/40	75~120/50	130~200/56
M24	24	45~50/30	55~75/45	80~120/54	130~200/60
(M27)	27	50~60/35	65~85/50	90~120/60	130~200/66

(1) 双头螺柱—$b_m = 1d$ 的尺寸(mm)					
d	b_m	公称长度 l/拧螺母端螺纹长度 b			
M30	30	60~65/40 210~250/85	70~90/50	95~120/66	130~200/72
(M33)	33	65~70/45 210~300/91	75~95/60	100~120/72	130~200/78
M36	36	65~75/45 210~300/97	80~110/60	120/78	130~200/84
(M39)	39	70~80/50 210~300/103	85~110/65	120/84	130~200/90
M42	42	70~80/50 210~300/109	85~110/70	120/90	130~200/96
M48	48	80~90/60 210~300/121	95~110/80	120/102	130~200/108

注：d—螺纹规格；b_m—拧入金属端螺纹长度；其余尺寸代号的标注内容以及尺寸公差(b_m，A 型的 d_s，l)，参见第 16.2~16.4 页。

(2) 双头螺柱—$b_m = 1d$ 的重量									
l	G	l	G	l	G	l	G	l	G
M5		M5		M5		M6		M6	
16	2.60	(28)	4.13	40	5.75	(22)	5.09	35	7.46
(18)	2.87	30	4.40	45	6.43	25	5.58	(38)	8.05
20	3.14	(32)	4.67	50	7.11	(28)	6.17	40	8.45
(22)	3.41	35	5.08	M6		30	6.57	45	9.45
25	3.72	(38)	5.48	20	4.69	(32)	6.85	50	10.44

(续)

l	G	l	G	l	G	l	G	l	G
				(2) 双头螺柱—$b_m=1d$ 的重量					
M6		M10		M12		(M14)		M16	
(55)	11.44	25	17.87	(32)	32.36	(32)	46.53	(32)	64.40
60	12.43	(28)	19.58	35	34.82	35	49.91	35	68.85
(65)	13.43	30	20.56	(38)	37.28	(38)	52.23	(38)	73.31
70	14.42	(32)	21.70	40	38.92	40	54.48	40	74.51
(75)	15.42	35	23.41	45	41.94	45	60.12	45	81.94
M8		(38)	25.12	50	46.04	50	64.38	50	89.36
20	8.99	40	25.48	(55)	50.14	(55)	70.03	(55)	96.79
(22)	9.71	45	28.32	60	54.24	60	75.67	60	102.8
25	10.59	50	31.17	(65)	58.34	(65)	81.31	(65)	110.2
(28)	11.67	(55)	34.02	70	62.44	70	86.95	70	117.7
30	12.38	60	36.86	(75)	66.54	(75)	92.59	(75)	125.1
(32)	12.82	(65)	39.71	80	70.64	80	98.23	80	132.5
35	13.89	70	42.55	(85)	74.74	(85)	103.9	(85)	139.9
(38)	14.96	(75)	45.40	90	78.84	90	109.5	90	147.4
40	15.68	80	48.25	(95)	82.94	(95)	115.2	(95)	154.8
45	17.47	(85)	51.09	100	87.04	100	120.8	100	162.2
50	19.25	90	53.94	110	95.25	110	132.1	110	177.1
(55)	21.04	(95)	56.79	120	103.5	120	143.4	120	191.9
60	22.83	100	59.63	130	111.0	130	153.7	130	205.7
(65)	24.62	110	65.33	140	119.2	140	165.0	140	220.6
70	26.41	120	71.02	150	127.4	150	176.3	150	235.4
(75)	28.19	130	76.24	160	135.6	160	187.6	160	250.3
80	29.98	M12		170	143.8	170	198.8	170	265.1
(85)	31.77	25	27.05	180	152.0	180	210.1	180	280.0
90	33.56	(28)	29.51	(M14)		M16		190	294.8
		30	31.15	30	44.27	30	61.43	200	309.7

(2) 双头螺柱—$b_m=1d$ 的重量									
l	G	l	G	l	G	l	G	l	G
(M18)		M20		(M22)		M24		(M27)	
35	88.55	(38)	121.3	50	183.4	70	286.0	(95)	479.8
(38)	94.23	40	126.0	55	197.5	(75)	302.9	100	501.2
40	98.01	45	134.8	60	211.6	80	316.0	110	544.2
45	104.0	50	146.5	65	225.8	(85)	332.9	120	587.1
50	113.5	(55)	158.1	70	239.9	90	349.7	130	627.2
(55)	122.9	60	169.7	75	251.0	(95)	366.6	140	670.2
60	132.4	(65)	181.3	80	265.1	100	383.5	150	713.1
(65)	140.0	70	189.9	85	279.2	110	417.3	160	756.1
70	149.4	(75)	201.5	90	293.4	120	451.1	170	799.0
(75)	158.9	80	213.2	95	307.5	130	482.3	180	842.0
80	168.3	(85)	224.8	100	321.6	140	516.0	190	884.9
(85)	177.8	90	236.4	110	349.9	150	549.8	200	927.9
90	187.2	(95)	248.0	120	378.2	160	583.6	M30	
(95)	196.7	100	259.7	130	404.6	170	617.4	60	430.0
100	206.1	110	282.9	140	432.9	180	651.1	(65)	456.6
110	225.1	120	306.1	150	461.1	190	684.9	70	476.7
120	244.0	130	327.7	160	489.4	200	718.7	(75)	503.2
130	261.3	140	351.0	170	517.7	(M27)		80	529.9
140	280.2	150	374.2	180	545.9	50	298.6	(85)	556.5
150	299.1	160	397.5	190	574.2	(55)	320.0	90	583.1
160	318.0	170	420.7	200	602.5	60	341.5	(95)	599.3
170	336.9	180	444.0	M24		(65)	355.7	100	625.9
180	355.8	190	467.2	45	208.0	70	377.2	110	679.1
190	374.7	200	490.5	50	224.9	(75)	398.7	120	732.4
200	393.7	(M22)		(55)	235.4	80	420.2	130	781.7
M20		40	158.2	60	252.3	(85)	441.6	140	834.9
35	114.4	45	172.3	(65)	269.2	90	458.3	150	888.2

(2) 双头螺柱—$b_m = 1d$ 的重量									
l	G	l	G	l	G	l	G	l	G
M30		(M33)		M36		(M39)		M48	
160	941.4	210	1473	230	1917	260	2556	80	1580
170	994.7	220	1537	240	1993	280	2736	(85)	1649
180	1048	230	1601	250	2070	300	2917	90	1717
190	1101	240	1665	260	2147	M42		(95)	1755
200	1154	250	1729	280	2300	70	1056	100	1824
210	1199	260	1794	300	2454	(75)	1109	110	1961
220	1252	280	1922	(M39)		80	1161	120	2064
230	1306	300	2051	70	892.2	(85)	1190	130	2192
240	1359	M36		(75)	937.3	90	1242	140	2330
250	1412	(65)	697.5	80	982.4	(95)	1295	150	2467
(M33)		70	735.8	(85)	1013	100	1347	160	2605
(65)	572.6	(75)	774.2	90	1058	110	1452	170	2742
70	604.7	80	799.2	(95)	1103	120	1533	180	2880
(75)	626.6	(85)	837.6	100	1148	130	1631	190	3018
80	658.7	90	875.9	110	1239	140	1736	200	3155
(85)	690.8	(95)	914.2	120	1311	150	1841	210	3272
90	722.9	100	952.6	130	1395	160	1945	220	3410
(95)	755.0	110	1029	140	1485	170	2050	230	3547
100	779.0	120	1090	150	1576	180	2155	240	3685
110	843.2	130	1161	160	1666	190	2260	250	3822
120	907.4	140	1238	170	1756	200	2365	260	3960
130	967.6	150	1315	180	1846	210	2454	280	4235
140	1032	160	1391	190	1937	220	2559	300	4510
150	1096	170	1468	200	2027	230	2664		
160	1160	180	1545	210	2105	240	2769		
170	1225	190	1622	220	2195	250	2874		
180	1289	200	1698	230	2285	260	2979		
190	1353	210	1763	240	2375	280	3189		
200	1417	220	1840	250	2465	300	3398		

注：1. d—螺纹规格(mm)；l—公称长度(mm)。

2. G—每千件钢制品大约重量(kg)。

3. 表列规格为通用规格。带括号的规格尽量不采用。

2. 双头螺柱—$b_m = 1.25d$

(GB/T 898—1988)

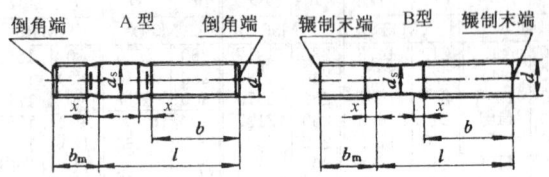

末端按GB/T 2规定,参见第5.21页;B型的$d_s \approx$螺纹中径;$x = 2.5P$;P—粗牙螺距。

(1) 双头螺柱—$b_m = 1.25d$ 的尺寸(mm)					
d	b_m	公称长度 l/拧螺母端螺纹长度 b			
M5	6	16~22/10	25~50/16		
M6	8	20~22/10	25~30/14	32~75/18	
M8	10	20~22/12	25~30/16	32~90/22	
M10	12	25~28/14	30~38/16	40~120/26	130/32
M12	15	25~30/16	32~40/20	45~120/30	130~180/36
(M14)	18	30~35/18	38~45/25	50~120/34	130~180/40
M16	20	30~38/20	40~55/30	60~120/38	130~200/44
(M18)	22	35~40/22	45~60/35	65~120/42	130~200/48
M20	25	35~40/25	45~65/35	70~120/46	130~200/52
(M22)	28	40~45/30	50~70/40	75~120/50	130~200/56
M24	30	45~50/30	55~75/45	80~120/54	130~200/60
(M27)	35	50~60/35	65~85/50	90~120/60	130~200/66
M30	38	60~65/40	70~90/50	95~120/66	130~200/72
		210~250/85			

（续）

（1）双头螺柱—$b_m=1.25d$ 的尺寸(mm)

d	b_m	公称长度 l/拧螺母端螺纹长度 b			
M33	41	65～70/45	75～95/60	100～120/72	130～200/78
		210～300/91			
M36	45	65～75/45	80～110/60	120/78	130～200/84
		210～300/97			
M39	49	70～85/50	90～110/65	120/84	130～200/90
		210～300/103			
M42	52	70～80/50	85～110/70	120/90	130～200/96
		210～300/109			
M48	60	80～90/60	95～110/80	120/102	130～200/108
		210～300/121			

注：d—螺纹规格；b_m—拧入金属端螺纹长度；其余尺寸代号的标注内容以及尺寸公差（b_m，A 型的 d_s，l），参见第 16.2～16.4 页。

（2）双头螺柱—$b_m=1.25d$ 的重量

l	G	l	G	l	G	l	G	l	G
M5		**M6**		**M8**		**M10**		**M10**	
16	2.72	30	6.91	(32)	13.44	(32)	22.69	130	77.23
18)	2.99	(32)	7.20	35	14.51	35	24.39	**M12**	
20	3.26	35	7.80	(38)	15.30	(38)	26.10	25	29.18
22)	3.53	(38)	8.40	40	16.30	40	26.46	(28)	31.64
25	3.84	40	8.79	45	18.09	45	29.30	30	33.28
28)	4.25	45	9.79	50	19.88	50	32.15	(32)	34.49
30	4.52	50	10.79	(55)	21.66	(55)	35.00	35	36.95
32)	4.79	(55)	11.78	60	23.45	60	37.84	(38)	39.41
35	5.20	60	12.78	(65)	25.24	(65)	40.69	40	41.05
38)	5.60	(65)	13.77	70	27.03	70	43.54	45	44.08
40	5.87	70	14.77	(75)	28.82	(75)	46.38	50	48.18
45	6.55	(75)	15.76	80	30.60	80	49.23	(55)	52.28
50	7.23	**M8**		(85)	32.39	(85)	52.08	60	56.38
M6		20	9.62	90	34.18	90	54.92	(65)	60.48
20	5.03	(22)	10.33	**M10**		(95)	57.77	70	64.58
22)	5.43	25	11.22	25	18.86	100	60.62	(75)	68.68
25	5.92	(28)	12.29	(28)	20.56	110	66.31	80	72.78
28)	6.52	30	13.00	30	21.55	120	72.00	(85)	76.88

(2) 双头螺柱—$b_m=1.25d$ 的重量

l	G	l	G	l	G	l	G	l	G
M12		(M14)		M16		(M18)		M20	
90	80.98	(75)	96.49	60	108.0	45	110.5	35	124.6
(95)	85.08	80	102.1	(65)	115.5	50	120.0	(38)	131.6
100	89.18	(85)	107.8	70	122.9	(55)	129.4	40	136.2
110	97.38	90	113.4	(75)	130.3	60	138.9	45	145.1
120	105.6	(95)	119.1	80	137.7	(65)	146.5	50	156.7
130	113.1	100	124.7	(85)	145.2	70	155.9	(55)	168.3
140	121.3	110	136.0	90	152.6	(75)	165.4	60	179.9
150	129.5	120	147.3	(95)	160.0	80	174.8	(65)	191.6
160	137.7	130	157.6	100	167.4	(85)	184.3	70	200.1
170	145.9	140	168.9	110	182.3	90	193.7	(75)	211.8
180	154.1	150	180.2	120	197.1	(95)	203.2	80	223.4
(M14)		160	191.5	130	210.9	100	212.6	(85)	235.0
30	48.17	170	202.7	140	225.8	110	231.6	90	246.6
(32)	50.43	180	214.0	150	240.6	120	250.5	(95)	258.3
35	53.81	M16		160	255.5	130	267.8	100	269.9
(38)	56.13	30	66.66	170	270.3	140	286.7	110	293.1
40	58.38	(32)	69.63	180	285.2	150	305.6	120	316.4
45	64.02	35	74.09	190	300.0	160	324.5	130	338.0
50	68.28	(38)	78.54	200	314.9	170	343.4	140	361.2
(55)	73.92	40	79.75	(M18)		180	362.3	150	384.5
60	79.57	45	87.17	35	95.05	190	381.2	160	407.7
(65)	85.21	50	94.60	(38)	100.7	200	400.2	170	431.0
70	90.85	(55)	102.0	40	104.5			180	454.2

\multicolumn{10}{c	}{(2) 双头螺柱—$b_m=1.25d$ 的重量}
l	G	l	G	l	G	l	G	l	G
\multicolumn{2}{c	}{M20}	\multicolumn{2}{c	}{(M22)}	\multicolumn{2}{c	}{M24}	\multicolumn{2}{c	}{(M27)}	\multicolumn{2}{c	}{M30}
190	477.4	180	561.0	180	668.8	190	915.4	220	1290
200	500.7	190	589.3	190	702.6	200	958.4	230	1343
\multicolumn{2}{c	}{(M22)}	200	617.6	200	736.4	\multicolumn{2}{c	}{M30}	240	1396
40	173.3	\multicolumn{2}{c	}{M24}	\multicolumn{2}{c	}{(M27)}	60	467.3	250	1449
45	187.4	45	225.7	50	329.1	(65)	493.9	\multicolumn{2}{c	}{(M33)}
50	198.5	50	242.6	(55)	350.5	70	514.0	(65)	618.5
(55)	212.6	(55)	253.1	60	372.0	(75)	540.6	70	650.6
60	226.8	60	270.0	(65)	386.2	80	567.3	(75)	672.5
(65)	240.9	(65)	286.9	70	407.7	(85)	593.9	80	704.6
70	255.0	70	303.7	(75)	429.2	90	620.5	(85)	736.7
(75)	266.1	(75)	320.6	80	450.7	(95)	636.6	90	768.8
80	280.2	80	333.7	(85)	472.1	100	663.3	(95)	801.0
(85)	294.4	(85)	350.6	90	488.8	110	716.5	100	824.9
90	308.5	90	367.4	(95)	510.3	120	769.7	110	889.1
(95)	322.6	(95)	384.3	100	531.7	130	819.1	120	953.3
100	336.8	100	401.2	110	574.7	140	872.3	130	1014
110	365.0	110	435.0	120	617.6	150	925.1	140	1078
120	393.3	120	468.8	130	657.7	160	978.8	150	1142
130	419.7	130	500.0	140	700.6	170	1032	160	1206
140	448.0	140	533.7	150	743.6	180	1085	170	1270
150	476.3	150	567.5	160	786.6	190	1139	180	1335
160	504.5	160	601.3	170	829.5	200	1192	190	1399
170	532.8	170	635.1	180	872.5	210	1237	200	1463

（续）

(2) 双头螺柱—$b_m = 1.25d$ 的重量									
l	G	l	G	l	G	l	G	l	G
(M33)		M36		(M39)		M42		M48	
210	1518	170	1529	140	1566	110	1545	100	1970
220	1583	180	1606	150	1656	120	1626	110	2107
230	1647	190	1683	160	1746	130	1724	120	2211
240	1711	200	1759	170	1837	140	1829	130	2339
250	1775	210	1824	180	1927	150	1933	140	2476
260	1840	220	1901	190	2017	160	2038	150	2614
280	1968	230	1978	200	2107	170	2143	160	2751
300	2097	240	2054	210	2185	180	2248	170	2889
M36		250	2131	220	2275	190	2353	180	3026
(65)	758.5	260	2208	230	2366	200	2458	190	3164
70	796.9	280	2361	240	2456	210	2547	200	3301
(75)	835.2	300	2515	250	2546	220	2652	210	3419
80	860.3	(M39)		260	2636	230	2757	220	3556
(85)	898.6	70	972.8	280	2817	240	2862	230	3694
90	937.0	(75)	1018	300	2997	250	2967	240	3831
(95)	975.3	80	1063	M42		260	3072	250	3969
100	1014	(85)	1094	70	1149	280	3281	260	4106
110	1090	90	1139	(75)	1202	300	3491	280	4381
120	1151	(95)	1184	80	1254	M48		300	4656
130	1222	100	1229	(85)	1283	80	1726		
140	1299	110	1319	90	1335	(85)	1795		
150	1376	120	1391	(95)	1388	90	1864		
160	1453	130	1476	100	1440	(95)	1901		

注：1. d—螺纹规格(mm)；l—公称长度(mm)。

2. G—每千件钢制品大约重量(kg)。

3. 表列规格：$d \leqslant M20$ 的规格为商品规格；$d \geqslant M24$ 的规格为通用规格。带括号的规格尽量不采用。

3. 双头螺柱—$b_m = 1.5d$

(GB/T 899—1988)

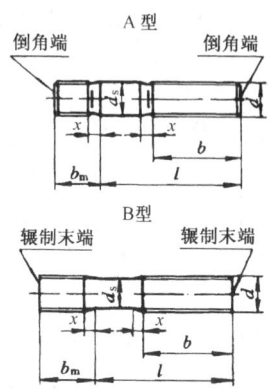

A型

倒角端　　　　倒角端

B型

辗制末端　　　辗制末端

末端按 GB/T 2 的规定,参见第5.21页;B型的 $d_s \approx$ 螺纹中径;$x = 2.5P$;P—粗牙螺距。

(1) 双头螺柱—$b_m = 1.5d$ 的尺寸(mm)			
d	b_m	公称长度 l/拧螺母端螺纹长度 b	
M2	3	12～16/6	18～25/10	
M2.5	3.5	14～18/8	20～30/11	
M3	4.5	16～20/6	22～40/12	
M4	6	16～22/8	25～40/14	
M5	8	16～22/10	25～50/16	
M6	10	20～22/10	25～30/14	32～75/18

(1) 双头螺柱—$b_m=1.5d$ 的尺寸(mm)				
d	b_m	公称长度 l/拧螺母端螺纹长度 b		
M8	12	20～22/12	25～30/16	32～90/22	
M10	15	25～28/14	30～38/16	40～120/26	130/32
M12	18	25～30/16	32～40/20	45～120/30	130～180/36
(M14)	21	30～35/18	38～45/25	50～120/34	130～180/40
M16	24	30～38/20	40～55/30	60～120/38	130～200/44
(M18)	27	35～40/22	45～60/35	65～120/42	130～200/48
M20	30	35～40/25	45～65/35	70～120/46	130～200/52
(M22)	33	40～45/30	50～70/40	75～120/50	130～200/56
M24	36	45～50/30	55～75/45	80～120/54	130～200/60
(M27)	40	50～60/35	65～85/50	90～120/60	130～200/66
M30	45	60～65/40 210～250/85	70～90/50	95～120/66	130～200/72
(M33)	49	65～70/45 210～300/91	75～95/60	100～120/72	130～200/78
M36	54	65～75/45 210～300/97	80～110/60	120/78	130～200/84
(M39)	58	70～80/50 210～300/103	85～110/65	120/84	130～200/90
M42	63	70～80/50 210～300/109	85～110/70	120/90	130～200/96
M48	72	80～90/60 210～300/121	95～110/80	120/102	130～200/108

注：d—螺纹规格；b_m—拧入金属端螺纹长度；其余尺寸代号的标注内容，以及尺寸公差（b_m，A 型的 d_s，l）参见第 16.2～16.4 页。

(2) 双头螺柱—$b_m=1.5d$ 的重量									
l	G	l	G	l	G	l	G	l	G
M2		M3		M5		M6		M8	
12	0.27	25	1.30	(18)	3.23	40	9.14	60	24.07
(14)	0.31	(28)	1.44	20	3.50	45	10.13	(65)	25.86
16	0.35	30	1.53	(22)	3.77	50	11.13	70	27.65
(18)	0.38	(32)	1.62	25	4.08	(55)	12.12	(75)	29.44
20	0.42	35	1.76	(28)	4.49	60	13.12	80	31.23
(22)	0.45	(38)	1.90	30	4.76	(65)	14.11	(85)	33.01
25	0.51	40	2.00	(32)	5.03	70	15.11	90	34.80
M2.5		M4		35	5.44	(75)	16.10	M10	
(14)	0.52	16	1.71	(38)	5.84	M8		25	20.33
16	0.58	(18)	1.88	40	6.11	20	10.24	(28)	22.04
(18)	0.64	20	2.05	45	6.79	(22)	10.95	30	23.02
20	0.69	(22)	2.21	50	7.47	25	11.84	(32)	24.16
(22)	0.76	25	2.41	M6		(28)	12.91	35	25.87
25	0.85	(28)	2.66	20	5.38	30	13.63	(38)	27.57
(28)	0.94	30	2.83	(22)	5.78	(32)	14.06	40	27.93
30	1.00	(32)	3.00	25	6.26	35	15.14	45	30.78
M3		35	3.25	(28)	6.86	(38)	16.21	50	33.62
16	0.91	(38)	3.50	30	7.26	40	16.92	(55)	36.47
(18)	1.00	40	3.67	(32)	7.55	45	18.71	60	39.32
20	1.09	M5		35	8.14	50	20.50	(65)	42.16
(22)	1.16	16	2.96	(38)	8.74	(55)	22.29	70	45.01

注：1. d—螺纹规格(mm)；l—公称长度(mm)。

2. G—每千件钢制品大约重量(kg)。

3. 表列规格为通用规格。带括号的规格尽量不采用。

(续)

(2) 双头螺柱—$b_m = 1.5d$ 的重量									
l	G	l	G	l	G	l	G	l	G
M10		M12		(M14)		M16		(M18)	
(75)	47.86	80	74.92	70	93.77	60	113.3	50	128.1
80	50.70	(85)	79.02	(75)	99.41	(65)	120.7	(55)	137.5
(85)	53.55	90	83.12	80	105.1	70	128.1	60	147.0
90	56.40	(95)	87.22	(85)	110.7	(75)	135.6	(65)	154.6
(95)	59.24	100	91.32	90	116.3	80	143.0	70	164.0
100	62.09	110	99.52	(95)	122.0	(85)	150.4	(75)	173.5
110	67.78	120	107.7	100	127.6	90	157.8	80	182.9
120	73.48	130	115.3	110	138.9	(95)	165.3	(85)	192.4
130	78.70	140	123.5	120	150.2	100	172.7	90	201.9
M12		150	131.7	130	160.5	110	187.5	95	211.3
25	31.32	160	139.9	140	171.8	120	202.4	100	220.8
(28)	33.78	170	148.1	150	183.1	130	216.2	110	239.7
30	35.42	180	156.3	160	194.4	140	231.0	120	258.6
(32)	36.63	(M14)		170	205.7	150	245.9	130	275.9
35	39.09	30	51.10	180	216.9	160	260.7	140	294.6
(38)	41.55	(32)	53.35	M16		170	275.6	150	313.7
40	43.19	35	56.74	30	71.90	180	290.4	160	332.6
45	46.22	(38)	59.05	(32)	74.87	190	305.3	170	351.5
50	50.32	40	61.31	35	79.32	200	320.1	180	370.5
(55)	54.42	45	66.95	(38)	83.78	(M18)		190	389.4
60	58.52	50	71.21	40	84.98	35	103.2	200	408.3
(65)	62.62	(55)	76.85	45	92.41	(38)	108.9	M20	
70	66.72	60	82.49	50	99.83	40	112.6	35	134.4
(75)	70.82	(65)	88.13	(55)	107.3	45	118.6	38	141.8

(续)

(2) 双头螺柱—$b_m=1.5d$ 的重量									
l	G	l	G	l	G	l	G	l	G
M20		(M22)		M24		(M27)		M30	
40	146.5	45	200.0	(55)	270.8	70	426.8	(95)	669.3
45	155.3	50	211.1	60	287.7	(75)	448.2	100	696.0
50	166.9	(55)	225.2	(65)	304.6	80	469.7	110	749.2
(55)	178.6	60	239.4	70	321.4	(85)	491.2	120	802.4
60	190.2	(65)	253.5	75	338.3	90	507.8	130	851.8
(65)	201.8	70	267.6	80	351.4	(95)	529.3	140	905.0
70	210.4	(75)	278.7	85	368.3	100	550.8	150	958.2
(75)	222.0	80	292.8	90	385.1	110	593.7	160	1012
80	233.6	(85)	307.0	95	402.0	120	636.7	170	1065
(85)	245.3	90	321.1	100	418.9	130	676.7	180	1118
90	256.9	(95)	335.2	110	452.7	140	719.7	190	1171
(95)	268.5	100	349.4	120	486.5	150	762.7	200	1224
100	280.1	110	377.6	130	517.7	160	805.6	210	1269
110	303.4	120	405.9	140	551.4	170	848.6	220	1322
120	326.6	130	432.3	150	585.2	180	891.5	230	1376
130	348.2	140	460.6	160	619.0	190	934.5	240	1429
140	371.5	150	488.9	170	652.8	200	977.4	250	1482
150	394.7	160	517.1	180	686.5	M30		(M33)	
160	417.9	170	545.4	190	720.3	60	500.0	65	664.4
170	441.1	180	573.7	200	754.1	(65)	526.6	70	696.6
180	464.4	190	601.9	(M27)		70	546.7	75	718.4
190	487.7	200	630.2	50	348.1	(75)	573.3	80	750.5
200	510.9	M24		(55)	369.6	80	599.9	85	782.7
(M22)		45	243.4	60	391.1	(85)	626.6	90	814.8
40	185.9	50	260.3	(65)	405.3	90	653.2	(95)	846.9

(2) 双头螺柱—$b_m = 1.5d$ 的重量									
l	G	l	G	l	G	l	G	l	G
(M33)		M36		(M39)		M42		M48	
100	870.8	90	998.0	(85)	1166	80	1356	80	1872
110	935.0	(95)	1036	90	1211	(85)	1385	(85)	1941
120	999.3	100	1075	(95)	1257	90	1437	90	2010
130	1059	110	1151	100	1302	(95)	1490	(95)	2047
140	1124	120	1212	110	1392	100	1542	100	2116
150	1188	130	1284	120	1464	110	1647	110	2254
160	1252	140	1360	130	1548	120	1728	120	2357
170	1316	150	1437	140	1639	130	1826	130	2485
180	1381	160	1514	150	1729	140	1931	140	2622
190	1445	170	1590	160	1819	150	2036	150	2760
200	1509	180	1667	170	1909	160	2141	160	2897
210	1564	190	1744	180	1999	170	2245	170	3035
220	1629	200	1820	190	2090	180	2350	180	3173
230	1693	210	1885	200	2180	190	2455	190	3310
240	1757	220	1962	210	2258	200	2560	200	3448
250	1821	230	2039	220	2348	210	2649	210	3565
260	1886	240	2116	230	2438	220	2754	220	3702
280	2014	250	2192	240	2528	230	2859	230	3840
300	2142	260	2269	250	2619	240	2964	240	3977
M36		280	2422	260	2709	250	3069	250	4115
(65)	819.6	300	2576	280	2889	260	3174	260	4252
70	857.9	(M39)		300	3070	280	3384	280	4527
(75)	896.3	70	1045	M42		300	3593	300	4802
80	921.3	(75)	1090	70	1252				
(85)	959.7	80	1136	(75)	1304				

16.24

4. 双头螺柱—$b_m = 2d$

(GB/T 900—1988)

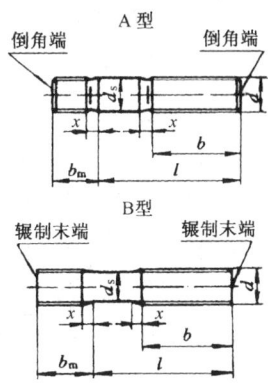

末端按 GB/T 2 的规定,参见第 5.21 页;B 型的 $d_s \approx$ 螺纹中径;
$x = 2.5P$;P—粗牙螺距。

(1) 双头螺柱—$b_m = 2d$ 的尺寸(mm)				
d	b_m	公称长度 l/拧螺母端螺纹长度 b		
M2	4	12~16/6	18~25/10	
M2.5	5	14~18/8	20~30/11	
M3	6	16~20/6	22~40/12	
M4	8	16~22/8	25~40/14	
M5	10	16~22/10	25~50/16	
M6	12	20~22/10	25~30/14	32~75/18

（1）双头螺柱—$b_m = 2d$ 的尺寸（mm）				
d	b_m	公称长度 l/拧螺母端螺纹长度 b			
M8	16	20～22/12	25～30/16	32～90/22	
M10	20	25～28/14	30～38/16	40～120/26	130/32
M12	24	25～30/16	32～40/20	45～120/30	130～180/36
(M14)	28	30～35/18	38～45/25	50～120/34	130～180/40
M16	32	30～38/20	40～55/30	55～120/38	130～200/44
(M18)	36	35～40/22	45～60/35	65～120/42	130～200/48
M20	40	35～40/25	45～65/35	70～120/46	130～200/52
(M22)	44	40～45/30	50～70/40	75～120/50	130～200/56
M24	48	45～50/30	55～75/45	80～120/54	130～200/60
(M27)	54	50～60/35	65～85/50	90～120/60	130～200/66
M30	60	60～65/40 210～250/85	70～90/50	95～120/66	130～200/72
(M33)	66	65～70/45 210～300/91	75～95/60	100～120/72	130～200/78
M36	72	65～75/45 210～300/97	80～110/60	120/78	130～200/84
(M39)	78	70～80/50 210～300/103	85～110/65	120/84	130～200/90
M42	84	70～80/50 210～300/109	85～110/70	120/90	130～200/96
M48	96	80～90/60 210～300/121	95～110/80	120/102	130～200/108

注：d—螺纹规格；b_m—拧入金属端螺纹长度；其余尺寸代号的标注内容，以及尺寸公差（b_m，A 型的 d_s，l）参见第 16.2～16.4 页。

\multicolumn{10}{c	}{(2) 双头螺柱—$b_m = 2d$ 的重量}
l	G	l	G	l	G	l	G	l	G
M2		M3		M5		M6		M8	
12	0.29	25	1.36	(18)	3.47	40	9.48	60	25.32
(14)	0.33	(28)	1.50	20	3.74	45	10.48	(65)	27.11
16	0.36	30	1.60	(22)	4.01	50	11.47	70	28.89
(18)	0.40	(32)	1.69	25	4.32	(55)	12.47	(75)	30.68
20	0.44	35	1.83	(28)	4.73	60	13.46	80	32.47
(22)	0.47	(38)	1.97	30	5.00	(65)	14.46	(85)	34.26
25	0.53	40	2.06	(32)	5.27	70	15.45	90	36.05
M2.5		M4		35	5.68	(75)	16.45	M10	
(14)	0.56	16	1.86	(38)	6.08	M8		25	22.79
16	0.62	(18)	2.03	40	6.35	20	11.48	(28)	24.49
(18)	0.68	20	2.19	45	7.03	(22)	12.20	30	25.48
20	0.74	(22)	2.36	50	7.71	25	13.08	(32)	26.61
(22)	0.80	25	2.56	M6		(28)	14.16	35	28.32
25	0.89	(28)	2.81	20	5.72	30	14.87	(38)	30.03
(28)	0.99	30	2.98	(22)	6.12	(32)	15.31	40	30.39
30	1.05	(32)	3.15	25	6.61	35	16.38	45	33.23
M3		35	3.40	(28)	7.20	(38)	17.45	50	36.08
16	0.97	(38)	3.65	30	7.60	40	18.17	(55)	38.93
(18)	1.06	40	3.82	(32)	7.89	45	19.95	60	41.77
20	1.16	M5		35	8.49	50	21.74	(65)	44.62
(22)	1.22	16	3.20	(38)	9.08	(55)	23.53	70	47.47

注: 1. d—螺纹规格(mm); l—公称长度(mm)。

2. G—每千件钢制品大约重量(kg)。

3. 表列规格为通用规格。带括号的规格尽量不采用。

(2) 双头螺柱—$b_m=2d$ 的重量									
l	G	l	G	l	G	l	G	l	G
M10		M12		(M14)		M16		(M18)	
(75)	50.31	80	79.19	70	100.6	60	123.7	50	142.7
80	53.16	(85)	83.29	(75)	106.2	(65)	131.2	(55)	152.1
(85)	56.01	90	87.39	80	111.9	70	138.6	60	161.6
90	58.85	(95)	91.49	(85)	117.5	(75)	146.0	(65)	169.2
(95)	61.70	100	95.59	90	123.2	80	153.4	70	178.6
100	64.55	110	103.8	(95)	128.8	(85)	160.9	(75)	188.1
110	70.24	120	112.0	100	134.4	90	168.3	80	197.6
120	75.93	130	119.6	110	145.7	(95)	175.7	(85)	207.0
130	81.16	140	127.8	120	157.0	100	183.1	90	216.5
M12		150	136.0	130	167.4	110	198.0	(95)	225.9
25	35.60	160	144.2	140	178.6	120	212.9	100	235.4
(28)	38.06	170	152.4	150	189.9	130	226.6	110	254.3
30	39.70	180	160.6	160	201.2	140	241.5	120	273.2
(32)	40.91	(M14)		170	212.5	150	256.3	130	290.5
35	43.37	30	57.92	180	223.8	160	271.2	140	309.4
(38)	45.83	(32)	60.18	M16		170	286.0	150	328.3
40	47.47	35	63.56	30	82.36	180	300.9	160	347.3
45	50.49	(38)	65.88	(32)	85.33	190	315.8	170	366.2
50	54.59	40	68.13	35	89.79	200	330.6	180	385.1
(55)	58.69	45	73.77	(38)	94.25	(M18)		190	404.0
60	62.79	50	78.03	40	95.45	35	117.8	200	422.9
(65)	66.89	(55)	83.67	45	102.9	(38)	123.5	M20	
70	70.99	60	89.31	50	110.3	40	127.3	35	155.3
(75)	75.09	(65)	94.95	(55)	117.7	45	133.2	(38)	162.3

(2) 双头螺柱— $b_m = 2d$ 的重量									
l	G	l	G	l	G	l	G	l	G
M20		(M22)		M24		(M27)		M30	
40	166.9	45	227.8	(55)	306.2	70	480.1	(95)	739.4
45	175.8	50	238.8	60	323.1	(75)	501.6	100	766.0
50	187.4	(55)	253.0	(65)	339.9	80	523.1	110	819.2
(55)	199.0	60	267.1	70	356.8	(85)	544.6	120	872.5
60	210.7	(65)	281.2	(75)	373.7	90	561.2	130	921.8
(65)	222.3	70	295.4	80	386.8	(95)	582.7	140	975.0
70	230.9	(75)	306.4	(85)	403.6	100	604.1	150	1028
(75)	242.5	80	320.6	90	420.5	110	647.1	160	1082
80	254.1	(85)	334.7	(95)	437.4	120	690.1	170	1135
(85)	265.7	90	348.8	100	454.3	130	730.1	180	1188
90	277.4	(95)	363.0	110	488.1	140	773.1	190	1241
(95)	289.0	100	377.1	120	521.9	150	816.0	200	1295
100	300.6	110	405.4	130	553.1	160	859.0	210	1339
110	323.9	120	433.6	140	586.8	170	901.9	220	1393
120	347.1	130	460.0	150	620.6	180	944.9	230	1446
130	368.7	140	488.3	160	654.4	190	987.8	240	1499
140	391.9	150	516.6	170	688.2	200	1031	250	1552
150	415.2	160	544.8	180	721.9	M30		(M33)	
160	438.4	170	573.1	190	755.7	60	570.1	(65)	762.0
170	461.7	180	601.4	200	789.5	(65)	596.7	70	794.1
180	484.9	190	629.6	(M27)		70	616.8	(75)	816.0
190	508.2	200	657.9	50	401.5	(75)	643.4	80	848.1
200	531.4	M24		(55)	422.9	80	670.0	(85)	880.2
(M22)		45	278.8	60	444.4	85	696.9	90	912.3
40	213.6	50	295.7	(65)	458.6	90	723.2	(95)	944.5

(2) 双头螺柱—$b_m = 2d$ 的重量									
l	G	l	G	l	G	l	G	l	G
(M33)		M36		(M39)		M42		M48	
100	968.4	90	1120	(85)	1328	70	1447	80	2165
110	1033	(95)	1158	90	1373	(75)	1499	(85)	2234
120	1097	100	1197	(95)	1418	80	1552	90	2302
130	1157	110	1274	100	1463	(85)	1580	(95)	2340
140	1221	120	1334	110	1553	90	1633	100	2409
150	1285	130	1406	120	1625	(95)	1685	110	2546
160	1350	140	1482	130	1710	100	1737	120	2649
170	1414	150	1559	140	1800	110	1842	130	2777
180	1478	160	1636	150	1890	120	1923	140	2915
190	1542	170	1712	160	1980	130	2021	150	3052
200	1607	180	1789	170	2070	140	2126	160	3190
210	1662	190	1866	180	2161	150	2231	170	3328
220	1726	200	1942	190	2251	160	2336	180	3465
230	1790	210	2008	200	2341	170	2441	190	3603
240	1855	220	2084	210	2419	180	2545	200	3740
250	1919	230	2161	220	2509	190	2650	210	3857
260	1983	240	2238	230	2599	200	2755	220	3995
280	2112	250	2314	240	2690	210	2845	230	4132
300	2240	260	2391	250	2780	220	2949	240	4270
M36		280	2544	260	2870	230	3054	250	4407
(65)	941.7	300	2698	280	3051	240	3159	260	4545
70	980.0	(M39)		300	3231	250	3264	280	4820
(75)	1018	70	1207			260	3369	300	5095
80	1043	(75)	1252			280	3579		
(85)	1082	80	1297			300	3789		

5. 等长双头螺柱—B 级

(GB/T 901—1988)

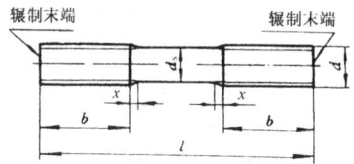

末端按 GB/T 2规定,参见第5.21页;$d_s \approx$ 螺纹中径;$x = 1.5P$。

(1) 等长双头螺柱—B 级的尺寸(mm)					
螺纹规格 d	螺纹长度 b	公称长度 l	螺纹规格 d	螺纹长度 b	公称长度 l
(a) 商品规格范围					
M2	10	10～60	M12	36	50～300
M2.5	11	10～80	(M14)	40	60～300
M3	12	12～250	M16	44	60～300
M4	14	16～300	(M18)	48	60～300
M5	16	20～300	M20	52	70～300
M6	18	25～300	(M22)	56	80～300
M8	28	32～300	M24	60	90～300
M10	32	40～300	(M27)	66	100～300

注: 1. d_s—无螺纹杆径;P—螺距;x—螺纹收尾长度。

2. 公称长度公差,参见第16.4页。

3. 当 $l \leqslant 50$mm 或 $l \leqslant 2b$ 时,允许螺柱上全部制出螺纹;但当 $l \leqslant 2b$ 时,亦允许制出长度不大于 $4P$ 的无螺纹部分。

(1) 等长双头螺柱—B级的尺寸(mm)					
螺纹规格 d	螺纹长度 b	公称长度 l	螺纹规格 d	螺纹长度 b	公称长度 l
(b) 通用规格范围					
M30	72	120~400	M42	96	140~500
(M33)	78	140~400	M48	108	150~500
M36	84	140~500	M56	124	190~500
(M39)	89	140~500			

(2) 等长双头螺柱—B级的重量									
l	G	l	G	l	G	l	G	l	G
M2		M2		M2.5		M2.5		M2.5	
10	0.18	32	0.57	12	0.35	35	1.01	80	2.30
12	0.21	35	0.62	(14)	0.40	(38)	1.09	M3	
(14)	0.25	38	0.67	16	0.46	40	1.15	12	0.51
16	0.28	40	0.71	(18)	0.52	45	1.29	(14)	0.59
(18)	0.32	45	0.80	20	0.58	50	1.44	16	0.68
20	0.35	50	0.89	(22)	0.63	(55)	1.58	(18)	0.76
(22)	0.39	(55)	0.97	25	0.72	60	1.73	20	0.85
25	0.44	60	1.06	(28)	0.81	(65)	1.87	(22)	0.93
(28)	0.50	M2.5		30	0.86	70	2.01	25	1.06
30	0.53	10	0.29	(32)	0.92	(75)	2.16	(28)	1.19

注：1. d—螺纹规格(mm)；l—公称长度(mm)。

2. G—每千件钢制品大约重量(kg)。

3. 表列规格：d≤M27 的规格为商品规格；d≥M30 的规格为通用规格。带括号的规格尽量不采用。

\multicolumn{10}{c}{(2) 等长双头螺柱—B级的重量}									
l	G	l	G	l	G	l	G	l	G
\multicolumn{2}{c}{M3}	\multicolumn{2}{c}{M3}	\multicolumn{2}{c}{M4}	\multicolumn{2}{c}{M4}	\multicolumn{2}{c}{M5}				
30	1.27	180	7.64	(65)	4.87	280	20.96	110	13.21
(32)	1.36	190	8.07	70	5.24	300	22.46	120	14.41
35	1.49	200	8.49	(75)	5.62	\multicolumn{2}{c}{M5}	130	15.62		
(38)	1.61	(210)	8.92	80	5.99	20	2.40	140	16.82
40	1.70	220	9.34	(85)	6.36	(22)	2.64	150	18.02
45	1.91	(230)	9.77	90	6.74	25	3.00	160	19.22
50	2.12	(240)	10.19	(95)	7.11	(28)	3.36	170	20.42
(55)	2.34	250	10.62	100	7.49	30	3.60	180	21.62
60	2.55	\multicolumn{2}{c}{M4}	110	8.24	(32)	3.84	190	22.82		
(65)	2.76	16	1.20	120	8.98	35	4.20	200	24.02
70	2.97	(18)	1.35	130	9.73	(38)	4.56	(210)	25.22
(75)	3.19	20	1.50	140	10.48	40	4.80	220	26.43
80	3.40	(22)	1.65	150	11.23	45	5.41	(230)	27.63
(85)	3.61	25	1.87	160	11.98	50	6.01	(240)	28.83
90	3.82	(28)	2.10	170	12.73	(55)	6.61	250	30.03
(95)	4.03	30	2.25	180	13.48	60	7.21	(260)	31.23
100	4.25	(32)	2.40	190	14.23	(65)	7.81	280	33.63
110	4.67	35	2.62	200	14.97	70	8.41	300	36.03
120	5.10	(38)	2.85	(210)	15.72	(75)	9.01	\multicolumn{2}{c}{M6}		
130	5.52	40	2.99	220	16.47	80	9.61	25	4.29
140	5.95	45	3.37	(230)	17.22	(85)	10.21	(28)	4.80
150	6.37	50	3.74	(240)	17.97	90	10.81	30	5.14
160	6.80	(55)	4.12	250	18.72	(95)	11.41	(32)	5.49
170	7.22	60	4.49	(260)	19.47	100	12.01	35	6.00

| \multicolumn{10}{c|}{(2) 等长双头螺纹—B级的重量} |

l	G	l	G	l	G	l	G	l	G
\multicolumn{2}{c	}{M6}	\multicolumn{2}{c	}{M6}	\multicolumn{2}{c	}{M8}	\multicolumn{2}{c	}{M10}	\multicolumn{2}{c	}{M10}
40	6.86	(210)	36.00	(95)	29.54	50	24.40	(230)	112.2
45	7.71	220	37.72	100	31.10	(55)	26.84	(240)	117.1
50	8.57	(230)	39.43	110	34.21	60	29.28	250	122.0
(55)	9.43	(240)	41.14	120	37.32	(65)	31.72	(260)	126.9
60	10.29	250	42.86	130	40.43	70	34.16	280	136.6
(65)	11.14	(260)	44.57	140	43.54	(75)	36.60	300	146.4
70	12.00	280	48.00	150	46.65	80	39.04	\multicolumn{2}{c	}{M12}
(75)	12.86	300	51.43	160	49.76	(85)	41.48	50	35.62
80	13.71	\multicolumn{2}{c	}{M8}	170	52.87	90	43.92	(55)	39.18
(85)	14.57	(32)	9.95	180	55.98	(95)	46.36	60	42.75
90	15.43	35	10.88	190	59.09	100	48.80	(65)	46.31
(95)	16.29	(38)	11.82	200	62.20	110	53.68	70	49.87
100	17.14	40	12.44	(210)	65.31	120	58.56	(75)	53.43
110	18.86	45	13.99	220	68.42	130	63.44	80	56.99
120	20.57	50	15.55	(230)	71.53	140	68.32	(85)	60.56
130	22.29	(55)	17.10	(240)	74.64	150	73.20	90	64.12
140	24.00	60	18.66	250	77.75	160	78.08	(95)	67.68
150	25.72	(65)	20.21	(260)	80.86	170	82.96	100	71.24
160	27.43	70	21.77	280	87.08	180	87.84	110	78.37
170	29.14	(75)	23.22	300	93.30	190	92.72	120	85.49
180	30.86	80	24.88	\multicolumn{2}{c	}{M10}	200	97.60	130	92.62
190	32.57	(85)	26.43	40	19.52	(210)	102.5	140	99.74
200	34.29	90	27.99	45	21.96	220	107.4	150	106.9

(2) 等长双头螺柱—B级的重量									
l	G	l	G	l	G	l	G	l	G
M12		(M14)		M16		(M18)		(M18)	
160	114.0	110	107.2	80	104.7	60	97.46	250	406.1
170	121.1	120	117.0	(85)	111.2	(65)	105.6	(260)	422.3
180	128.2	130	126.7	90	117.8	70	113.7	280	454.8
190	135.4	140	136.5	(95)	124.3	(75)	121.8	300	487.3
200	142.5	150	146.2	100	130.9	80	129.9	M20	
(210)	149.6	160	156.0	110	143.9	(85)	138.1	70	143.3
220	156.7	170	165.7	120	157.0	90	146.2	(75)	153.6
(230)	163.9	180	175.5	130	170.1	(95)	154.3	80	163.8
(240)	171.0	190	185.2	140	183.2	100	162.4	(85)	174.1
250	178.1	200	195.0	150	196.3	110	178.7	90	184.3
(260)	185.2	(210)	204.7	160	209.4	120	194.9	(95)	194.5
280	199.5	220	214.5	170	222.5	130	211.2	100	204.8
300	213.7	(230)	224.2	180	235.5	140	227.4	110	225.3
M14		(240)	234.0	190	248.6	150	243.6	120	245.7
60	58.49	250	243.7	200	261.7	160	259.9	130	266.2
(65)	63.37	(260)	253.5	(210)	274.8	170	276.1	140	286.7
70	68.24	280	273.0	220	287.9	180	292.4	150	307.2
(75)	73.12	300	292.5	(230)	301.0	190	308.6	160	327.6
80	77.99	M16		(240)	314.1	200	324.9	170	348.1
(85)	82.87	60	78.51	250	327.1	(210)	341.1	180	368.6
90	87.74	(65)	85.05	(260)	340.2	220	357.3	190	389.1
(95)	92.62	70	91.60	280	365.4	(230)	373.6	200	409.6
100	97.49	(75)	98.14	300	392.6	(240)	389.8	(210)	430.0

等长双头螺柱—B级的重量									
l	G	l	G	l	G	l	G	l	G
M20		(M22)		M24		(M27)		M30	
220	450.5	(210)	529.3	220	648.9	250	952.8	400	1868
(230)	471.0	220	554.9	(230)	678.4	(260)	991.0	(M33)	
(240)	491.5	(230)	579.7	(240)	707.9	280	1067	140	803.6
250	511.9	(240)	604.9	250	737.4	300	1143	150	861.0
(260)	532.4	250	630.1	(260)	766.9	M30		160	918.4
280	573.4	(260)	655.3	280	825.9	140	653.8	170	975.8
300	614.3	280	705.7	300	884.5	150	700.5	180	1033
(M22)		300	756.1	(M27)		160	747.2	190	1091
80	201.6	M24		100	381.1	170	793.9	200	1148
(85)	214.2	90	265.5	110	419.3	180	840.6	(210)	1205
90	226.8	(95)	280.2	120	457.4	190	887.3	220	1263
(95)	239.4	100	295.0	130	495.5	200	934.0	(230)	1320
100	252.0	110	324.5	140	533.6	(210)	980.7	(240)	1378
110	277.2	120	354.0	150	571.7	220	1027	250	1435
120	302.4	130	383.5	160	609.8	(230)	1074	(260)	1492
130	327.6	140	413.0	170	647.9	(240)	1121	280	1607
140	352.8	150	442.5	180	686.1	250	1168	300	1722
150	378.0	160	472.0	190	724.2	(260)	1214	320	1837
160	403.2	170	501.5	200	762.3	280	1308	350	2009
170	428.5	180	530.9	(210)	800.4	300	1401	380	2181
180	453.7	190	560.4	220	838.5	320	1494	400	2296
190	478.9	200	589.9	(230)	876.6	350	1635	d = M36	
200	504.1	(210)	619.4	(240)	914.7	380	1775	120	560.4

（续）

				(2) 等长双头螺柱—B级的重量					
l	G	l	G	l	G	l	G	l	G
M36		(M39)		M42		M48		M56	
140	949.6	140	1129	140	1301	150	1828	190	3181
150	1018	150	1209	150	1394	160	1950	200	3348
160	1085	160	1290	160	1487	170	2072	(210)	3515
170	1153	170	1370	170	1579	180	2194	220	3683
180	1221	180	1451	180	1672	190	2316	(230)	3850
190	1289	190	1532	190	1765	200	2438	(240)	4018
200	1357	200	1612	200	1858	(210)	2560	250	4185
(210)	1424	(210)	1693	(210)	1951	220	2682	(260)	4352
220	1492	220	1774	220	2044	(230)	2804	280	4687
(230)	1560	(230)	1854	(230)	2137	(240)	2925	300	5022
(240)	1628	(240)	1935	(240)	2230	250	3047	320	5357
250	1696	250	2015	250	2323	(260)	3169	350	5859
(260)	1764	(260)	2096	(260)	2416	280	3413	380	6361
280	1899	280	2257	280	2601	300	3657	400	6696
300	2035	300	2418	300	2787	320	3901	420	7031
320	2171	320	2580	320	2973	350	4266	450	7533
350	2374	350	2821	350	3252	380	4632	480	8035
380	2578	380	3063	380	3530	400	4876	500	8370
400	2713	400	3225	400	3716	420	5119		
420	2849	420	3386	420	3902	450	5485		
450	3052	450	3628	450	4181	480	5851		
480	3256	480	3869	480	4460	500	6095		
500	3392	500	4031	500	4645				

6. 等长双头螺柱—C级

(GB/T 953—1988)

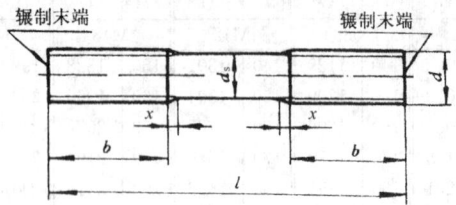

辗制末端 辗制末端

末端按 GB/T 2 规定,参见第 5.21 页;$d_s \approx$ 螺纹中径;$x = 1.5P$。

(1) 等长双头螺柱—C级的尺寸(mm)							
螺纹规格 d	螺纹长度 b		公称长度 l	螺纹规格 d	螺纹长度 b		公称长度 l
	标准	加长			标准	加长	
M8	22	41	100～600	M24	54	73	300～1800
M10	26	45	100～800	(M27)	60	79	300～2000
M12	30	49	150～1200	M30	66	85	350～2500
(M14)	34	53	150～1200	(M33)	72	91	350～2500
M16	38	57	200～1500	M36	78	97	350～2500
(M18)	42	61	200～1500	(M39)	84	103	350～2500
M20	46	65	260～1500	M42	90	109	350～2500
(M22)	50	69	260～1800	M48	102	121	500～2500

注：1. d_s—无螺纹杆径；P—螺距；x—螺纹收尾长度。
  2. 公称长度公差,参见第 16.4 页。
  3. 表列规格均为通用规格。
  4. 加长螺纹长度的代号为 Q。在标记时,这个代号应加注在
     螺柱的规格后面。
     例：螺柱 GB/T 953 M10×100—Q

	(2) 等长双头螺柱—C级的重量								
l	G	l	G	l	G	l	G	l	G
M8		M8		M10		M12		M12	
100	31.10	450	140.0	300	146.4	200	142.5	900	641.2
110	34.21	480	149.3	320	156.2	220	156.7	950	676.8
120	37.32	500	155.5	350	170.8	240	171.0	1000	712.4
130	40.43	550	171.1	380	185.4	260	185.2	1100	783.7
140	43.54	600	186.6	400	195.2	280	199.5	1200	854.9
150	46.65	M10		420	205.0	300	213.7	(M14)	
160	49.76	100	48.80	450	219.6	320	228.0	150	146.2
170	52.87	110	53.68	480	234.2	350	249.4	160	156.0
180	55.98	120	58.56	500	244.0	380	270.7	170	165.7
190	59.09	130	63.44	550	268.4	400	285.0	180	175.5
200	62.20	140	68.32	600	292.8	420	299.2	190	185.2
220	68.42	150	73.20	650	317.2	450	320.6	200	195.0
240	74.64	160	78.08	700	341.6	480	342.0	220	214.5
260	80.86	170	82.96	750	366.0	500	356.2	240	234.0
280	87.08	180	87.84	800	390.4	550	391.8	260	253.5
300	93.30	190	92.72	M12		600	427.5	280	273.0
320	99.52	200	97.60	150	106.9	650	463.1	300	292.5
350	108.9	220	107.4	160	114.0	700	498.7	320	312.0
380	118.2	240	117.1	170	121.1	750	534.3	350	341.2
400	124.4	260	126.9	180	128.2	800	570.0	380	370.5
420	130.6	280	136.4	190	135.4	850	605.6	400	390.0

注：1. d—螺纹规格(mm)；l—公称长度(mm)。

2. G—每千件钢制品大约重量(kg)。

3. 带括号的规格尽量不采用。

(续)

l	G	l	G	l	G	l	G	l	G
\multicolumn{10}{c}{(2) 等长双头螺柱—C级的重量}									
(M14)		M16		(M18)		(M18)		M20	
420	409.5	380	497.2	260	422.3	1500	2436	1300	2662
450	438.7	400	523.4	280	454.8	M20		1400	2867
480	468.0	420	549.6	300	487.3	260	532.4	1500	3072
500	487.5	450	588.8	320	519.8	280	573.4	(M22)	
550	536.2	480	628.1	350	568.5	300	614.3	260	655.3
600	584.9	500	654.3	380	617.2	320	655.3	280	705.7
650	633.7	550	719.7	400	649.7	350	716.7	300	756.1
700	682.4	600	785.1	420	682.2	380	778.2	320	806.5
750	731.2	650	850.5	450	730.9	400	819.1	350	882.1
800	779.9	700	916.0	480	779.6	420	860.1	380	957.7
850	828.7	750	981.4	500	812.1	450	921.5	400	1008
900	877.4	800	1047	550	893.3	480	982.9	420	1059
950	926.2	850	1112	600	974.6	500	1024	450	1134
1000	974.9	900	1178	650	1056	550	1126	480	1210
1100	1072	950	1243	700	1137	600	1229	500	1260
1200	1170	1000	1309	750	1218	650	1331	550	1386
M16		1100	1439	800	1299	700	1433	600	1512
200	261.7	1200	1570	850	1381	750	1536	650	1638
220	287.9	1300	1701	900	1462	800	1638	700	1764
240	314.1	1400	1832	950	1543	850	1741	750	1890
260	340.2	1500	1963	1000	1624	900	1843	800	2016
280	366.4	(M18)		1100	1787	950	1945	850	2142
300	392.6	200	324.9	1200	1949	1000	2048	900	2268
320	418.7	220	357.3	1300	2112	1100	2253	950	2394
350	458.0	240	389.8	1400	2274	1200	2457	1000	2520

（续）

(2) 等长双头螺柱—C 级的重量									
l	G	l	G	l	G	l	G	l	G
(M22)		M24		(M27)		M30		(M33)	
1100	2772	900	2655	750	2859	600	2802	350	2009
1200	3024	950	2802	800	3049	650	3036	380	2181
1300	3276	1000	2950	850	3240	700	3269	400	2296
1400	3528	1100	3245	900	3430	750	3503	420	2411
1500	3780	1200	3540	950	3621	800	3736	450	2583
1600	4033	1300	3835	1000	3811	850	3970	480	2755
1700	4285	1400	4130	1100	4193	900	4203	500	2870
1800	4537	1500	4425	1200	4574	950	4437	550	3157
M24		1600	4720	1300	4955	1000	4670	600	3444
300	884.9	1700	5015	1400	5336	1100	5137	650	3731
320	943.9	1800	5309	1500	5717	1200	5604	700	4018
350	1032	(M27)		1600	6098	1300	6071	750	4305
380	1121	300	1143	1700	6479	1400	6538	800	4592
400	1180	320	1220	1800	6861	1500	7005	850	4879
420	1239	350	1334	1900	7242	1600	7472	900	5166
450	1327	380	1448	2000	7623	1700	7939	950	5453
480	1416	400	1525	M30		1800	8406	1000	5740
500	1475	420	1601	350	1635	1900	8873	1100	6314
550	1622	450	1715	380	1775	2000	9340	1200	6888
600	1770	480	1830	400	1868	2100	9807	1300	7462
650	1917	500	1906	420	1961	2200	10274	1400	8036
700	2065	550	2096	450	2102	2300	10741	1500	8610
750	2212	600	2287	480	2242	2400	11208	1600	9184
800	2360	650	2477	500	2335	2500	11675	1700	9758
850	2507	700	2668	550	2569			1800	10332

(续)

		(2) 等长双头螺柱—C级的重量							
l	*G*	*l*	*G*	*l*	*G*	*l*	*G*	*l*	*G*
(M33)		M36		(M39)		M42		M48	
1900	10906	1200	8140	750	6046	700	6503	650	7923
2000	11480	1300	8818	800	6449	750	6968	700	8532
2100	12054	1400	9496	850	6852	800	7433	750	9142
2200	12628	1500	10175	900	7255	850	7897	800	9751
2300	13202	1600	10853	950	7658	900	8362	850	10361
2400	13776	1700	11531	1000	8061	950	8826	900	10970
2500	14350	1800	12209	1100	8867	1000	9291	950	11580
M36		1900	12888	1200	9673	1100	10220	1000	12189
350	2374	2000	13566	1300	10480	1200	11149	1100	13408
380	2578	2100	14244	1400	11286	1300	12078	1200	14627
400	2713	2200	14923	1500	12092	1400	13007	1300	15846
420	2849	2300	15601	1600	12898	1500	13936	1400	17065
450	3052	2400	16279	1700	13704	1600	14865	1500	18284
480	3256	2500	16957	1800	14510	1700	15794	1600	19503
500	3392	(M39)		1900	15316	1800	16723	1700	20721
550	3731	350	2821	2000	16122	1900	17652	1800	21940
600	4070	380	3063	2100	16929	2000	18581	1900	23159
650	4409	400	3225	2200	17735	2100	19510	2000	24378
700	4748	420	3386	2300	18541	2200	20439	2100	25597
750	5087	450	3628	2400	19347	2300	21368	2200	26816
800	5426	480	3869	2500	20153	2400	22297	2300	28035
850	5766	500	4031	M42		2500	23227	2400	29254
900	6105	550	4434	500	4645	M48		2500	30473
950	6444	600	4837	550	5110	500	6095		
1000	6783	650	5240	600	5574	550	6704		
1100	7461	700	5643	650	6039	600	7313		

7. 手工焊用焊接螺柱

(GB/T 902.1—2008)

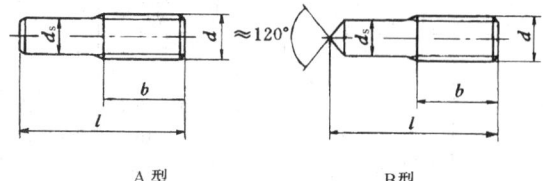

A 型   B 型

末端按 GB/T 2 的规定制成倒角端,如需方同意亦可制成辗制末端,参见第 5.21 页;无螺纹杆径 d_s ≈ 螺纹中径。

(1) 手工焊用焊接螺柱的尺寸(mm)

螺纹规格 d	螺纹长度 b		公称长度 l	螺纹规格 d	螺纹长度 b		公称长度 l
	标准	加长			标准	加长	
M3	12	15	10～80	M12	30	49	30～240
M4	14	20	10～80	(M14)	34	53	35～280
M5	16	22	12～90	M16	38	57	45～280
M6	18	24	16～100	(M18)	42	61	50～300
M8	22	28	20～200	M20	46	65	60～300
M10	26	45	25～240				

注:1. 螺纹长度 b 的公差为 $^{+2P}_{0}$。

　2. 加长螺纹长度的代号为 Q。在标记时,代号应加注在螺柱的规格后面。

　　　例:焊接螺柱　GB 902.1　M10×50 - Q

　3. 按 A 型制造时,不加注标记;

　　　按 B 型制造时,应加注标记 B。

　　　例:焊接螺柱　GB/T 902.1 _ M10×50 - B

(2) 手工焊用焊接螺柱的重量									
l	G	l	G	l	G	l	G	l	G
M3		M4		M5		M8		M8	
10	0.42	30	2.25	60	7.21	20	6.22	200	62.20
12	0.51	35	2.62	(65)	7.81	25	7.77	M10	
16*	0.68	40	2.99	70	8.41	30*	9.33	25	12.28
20	0.85	45	3.37	80	9.61	35	10.88	30	14.73
25	1.06	50	3.74	90	10.81	40	12.44	35*	17.19
30	1.27	(55)	4.12	M6		45	13.99	40	19.65
35	1.49	60	4.49	16	2.74	50	15.55	45	22.10
40	1.70	(65)	4.87	20	3.43	(55)	17.10	50	24.56
45	1.91	70	5.24	25*	4.29	60	18.66	(55)	27.01
50	2.12	80	5.99	30	5.14	(65)	20.21	60	29.47
(55)	2.34	M5		35	6.00	70	21.77	(65)	31.93
60	2.55	12	1.44	40	6.86	80	24.88	70	34.38
(65)	2.76	16	1.92	45	7.71	100	31.10	80	39.29
70	2.97	20*	2.40	50	8.57	110	34.21	90	44.20
80	3.40	25	3.00	(55)	9.43	120	37.32	100	49.12
M4		30	3.60	60	10.29	130	40.43	110	54.03
10	0.75	35	4.20	(65)	11.14	140	43.54	120	58.94
12	0.90	40	4.80	70	12.00	150	46.65	130	63.85
16	1.20	45	5.41	80	13.71	160	49.76	140	68.76
20*	1.50	50	6.01	90	15.43	180	55.98	150	73.67
25	1.87	(55)	6.61	100	17.14			160	78.58

注：1. d—螺纹规格(mm)；l—公称长度(mm)。

　　2. G—每千件钢制品大约重量(kg)。

　　3. 表列规格为商品规格。带括号的规格尽量不采用。

　　4. l等于或小于带 * 符号的螺柱制成全螺纹。

(2) 手工焊用焊接螺柱的重量

l	G	l	G	l	G	l	G	l	G
M10		M12		(M14)		M16		(M18)	
180	88.41	180	128.2	200	195.0	220	287.9	260	422.3
200	98.23	200	142.5	220	214.5	240	314.1	280	454.8
220	108.1	220	156.7	240	234.0	260	340.2	300	487.3
240	117.9	240	171.0	260	253.5	280	366.4	M20	
M12		(M14)		280	273.0	(M18)		60*	122.9
30	21.37	35	34.12	M16		50	81.21	(65)	133.1
35	24.94	40	39.00	45	58.88	(55)	89.33	70	143.3
40	28.50	45	43.87	50	65.43	60*	97.46	80	163.8
45*	32.06	50*	48.74	(55)*	71.97	(65)	105.6	90	184.3
50	35.62	(55)	53.62	60	78.51	70	113.7	100	204.8
(55)	39.18	60	58.49	(65)	85.05	80	129.9	110	225.3
60	42.75	(65)	63.37	70	91.60	90	146.2	120	245.7
(65)	46.31	70	68.24	80	104.7	100	162.4	130	266.2
70	49.87	80	77.99	90	117.8	110	178.7	140	286.7
80	56.99	90	87.74	100	130.9	120	194.9	150	307.2
90	64.12	100	97.49	110	143.9	130	211.2	160	327.6
100	71.24	110	107.2	120	157.0	140	227.4	180	368.6
110	78.37	120	117.0	130	170.1	150	243.6	200	409.6
120	85.49	130	126.7	140	183.2	160	259.9	220	450.5
130	92.62	140	136.5	150	196.3	180	292.4	240	491.5
140	99.74	150	146.2	160	209.4	200	324.9	260	532.4
150	106.9	160	156.0	180	235.5	220	357.3	280	573.4
160	114.0	180	175.5	200	261.7	240	389.8	300	614.3

8. 机动弧焊用焊接螺柱

(GB/T 902.2—1989)

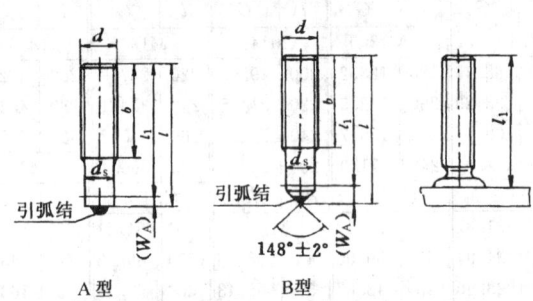

A 型   B 型

末端按 GB/T 2 的规定制成倒角端,如需方同意,亦可制成辗制末端,参见第 5.21 页;无螺纹杆径 $d_s \approx$ 螺纹中径;

螺柱总长 l = 熔化长度 W_A +(焊接后)公称长度 l_1。

(1) 机动弧焊用焊接螺柱的尺寸(mm)									
螺纹规格 d		M3	M4	M5	M6	M8	M10	M12	M16	M20
螺纹长度 b	max	13	15.5	17.6	20	24.5	29	33.5	42	51
	min	12	14	16	18	22	26	30	38	46
熔化长度 W_A 参考		2	2	3	3	4	4	5	5	6
公称长度 l_1		12~30	12~40	12~50	12~60	16~80	20~100	20~100	30~100	35~100

(2) 机动弧焊用焊接螺柱的重量									
l_1	G	l_1	G	l_1	G	l_1	G	l_1	G
M3		M5		M8		M10		M16	
12	0.59	40	5.16	35	12.13	90	46.17	50	71.97
16*	0.76	45	5.77	40	13.68	100	51.08	55	78.51
20	0.93	50	6.37	45	15.24	M12		60*	85.05
25	1.15	M6		50	16.79	25	21.37	70	98.14
30	1.36	12	2.57	55	18.35	30	24.94	80	111.2
M4		16	3.26	60	19.90	35	28.50	90	124.3
12	1.05	20*	3.94	70	23.01	40	32.06	100	137.4
16*	1.35	25	4.80	80	26.12	45*	35.62	M20	
20	1.65	30	5.66	M10		50	39.18	35	83.96
25	2.02	35	6.51	20	11.79	55	42.75	40	94.20
30	2.40	40	7.37	25	14.24	60	46.31	45	104.4
35	2.77	45	8.23	30	16.70	70	53.43	50	114.7
40	3.14	50	9.09	35*	19.16	80	60.56	55	125.0
M5		55	9.95	40	21.61	90	67.68	60*	135.2
12	1.80	60	10.80	45	24.07	100	74.81	70	155.6
16	2.28	M8		50	26.52	M16		80	176.1
20*	2.76	16	6.22	55	28.98	30	45.80	90	196.6
25	3.36	20	7.46	60	31.43	35	52.34	100	217.1
30	3.96	25*	9.02	70	36.35	40	58.88		
35	4.56	30	10.57	80	41.26	45	65.43		

注：1. d—螺纹规格(mm)；l_1—公称长度(mm)。

2. G—每千件钢制品大约重量(kg)。

3. l 等于或小于带 * 符号的螺柱，制成全螺纹。

4. 表列规格为商品规格。

(3) 机动弧焊用焊接螺柱的焊接部的机械性能									
螺纹规格 d(mm)	M3	M4	M5	M6	M8	M10	M12	M16	M20
公称应力截面积 A_s(mm^2)	5.03	8.78	14.2	20.1	36.6	58.0	84.3	157	245
最小拉力载荷 $A_s \times \sigma_b$(kN)	2.11	3.69	5.96	8.44	15.4	24.4	35.4	65.9	103
螺柱焊接部的弯曲试验	在焊好的螺柱上加上螺母，螺母距焊接表面的距离应等于或大于 $2.4d$，不能满足该条件的可用较长规格代替；用锤打击螺母，使螺母弯曲成 15°，其焊缝和热影响区没有肉眼可见的裂缝								

9. 储能焊用焊接螺柱

(GB/T 902.3—2008)

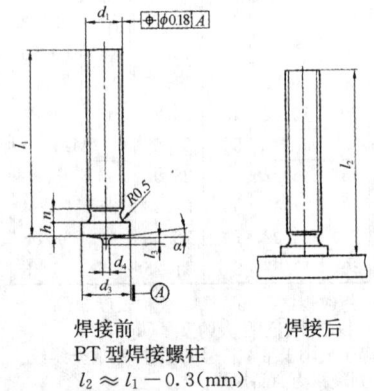

焊接前
PT 型焊接螺柱
$l_2 \approx l_1 - 0.3$(mm)

焊接后

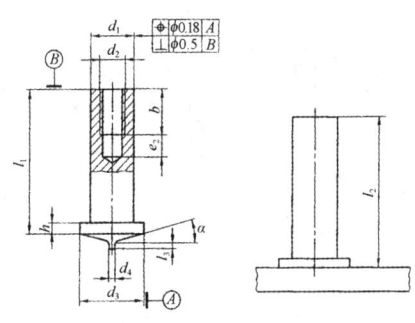

焊接前
IT 型焊接螺柱
$l_{1min} \geqslant 1.5d$
$l_2 \approx l_1 - 0.3(mm)$

焊接后

(1) PT 型焊接螺柱的尺寸(mm)							
d_1	l_1 $\binom{+0.6}{0}$	d_3 (± 0.2)	d_4 (± 0.8)	l_3 (± 0.05)	h	n (max)	α ($\pm 1°$)
M3	6~20	4.5	0.6	0.55	0.7~1.4	1.5	
M4	8~25	5.5	0.65	0.55	0.7~1.4	1.5	
M5	10~30	6.5	0.75	0.80	0.8~1.4	2	3°
M6	10~30	7.5	0.75	0.80	0.8~1.4	2	
M8	12~30	9	0.75	0.85	0.8~1.4	3	

(2) PT 型焊接螺柱的每千件钢制品大约重量 G(kg)									
l_1	G	l_1	G	l_1	G	l_1	G	l_1	G
$d_1 = M3$		$d_1 = M4$		$d_1 = M5$		$d_1 = M6$		$d_1 = M8$	
6	0.315	8	0.682	10	1.32	10	1.87	12	3.91
8	0.401	10	0.833	12	1.57	12	2.21	16	5.16
10	0.486	12	0.983	16	2.05	16	2.90	20	6.41
12	0.572	16	1.28	20	2.53	20	3.59	25	7.98
16	0.743	20	1.59	25	3.14	25	4.46	30	9.54
20	0.914	25	1.96	30	3.74	30	5.32		

(3) IT 型焊接螺柱的尺寸(mm)							
d_1 (± 0.1)	d_2	l_1 $\binom{+0.6}{0}$	b $\binom{+0.5}{0}$	e_2 (min)	d_3 (± 0.2)	d_4 (± 0.08)	l_3 (± 0.05)
5	M3	10~25	5	2.5	6.5		0.80
6	M4	12~20	6	3	7.5	0.75	0.80
7.1	M5	12~25	7.5	3	9		0.85

$h = 0.8 \sim 1.4$；$\alpha = 3° \pm 1°$

(4) IT 型焊接螺柱的每千件钢制品大约重量 G(kg)									
l_1	G	l_1	G	l_1	G	l_1	G	l_1	G
$d_1 = 5$		$d_1 = 5$		$d_1 = 6$		$d_1 = 7.1$		$d_1 = 7.1$	
10	1.31	20	2.85	12	2.09	12	2.61	25	6.65
12	1.62	25	3.62	16	2.98	16	3.86		
16	2.23			20	3.86	20	5.10		

注：尺寸代号标注内容参见第 16.2 页。

第十七章 螺　钉

一、螺钉综述

1. 螺钉的尺寸代号与标注内容

(GB/T 5276—1985)

尺寸代号	标 注 内 容
a	最末一扣完整螺纹至支承面之间距离
b	螺纹长度
B^*	内六角花形对边宽度
C^*	倒角宽度
C_1^*	倒角宽度
d	螺纹基本大径(公称直径)
d_1^*	滚花头螺钉法兰直径或圆锥端末端直径或轴位直径
d_2^*	滚花头螺钉颈部直径
d_a	过渡圆直径
d_{a1}^*	过渡圆直径
d_{a2}^*	过渡圆直径
d_{g1}^*	轴肩螺钉颈部直径
d_{g2}^*	轴肩螺钉颈部直径
d_k	头部直径
d_p	平端直径或圆柱端直径
d_s	无螺纹杆径或轴肩直径
d_t	截锥端直径
d_w	垫圈面(支承面)直径
d_z	凹端直径
e	对角宽度
f	半沉头球面(椭圆)部分高度
g_1^*	轴肩螺钉颈部宽度
g_2^*	轴肩螺钉颈部宽度

尺寸代号	标注内容
h^*	法兰厚度
H^*	头部孔径
k	头部高度
k'	扳拧高度
k_1^*	滚花头高度
k_2^*	滚花头螺钉法兰厚度
l	公称长度
l_f	过渡长度
m	十字槽翼直径
n	开槽宽度
P	螺距
r	头下圆角半径
r_1	头部球面半径或颈部圆角半径
r_e	末端倒圆半径
r_f	头部球面（圆角）半径
R^*	滚花高头螺钉头部凹颈半径或滚花小头螺钉头部球面半径
s	对边宽度
t	开槽深度
u	不完整螺纹长度
w	扳拧部分或槽底与支承面之间厚度
x	螺纹收尾长度
z	末端长度

注：*表示该尺寸代号的标注内容为编者拟订的。

2. 开槽螺钉的有关结构尺寸

d (mm)		M1.6	M2	M2.5	M3	M3.5	M4	M5	M6	M8	M10
P (mm)		0.35	0.4	0.45	0.5	0.6	0.7	0.8	1	1.25	1.5
(1) 开槽圆柱头螺钉(GB/T 65—2000)(mm)											
d_k[①]	max	3.00	3.80	4.50	5.50	6.00	7.00	8.50	10.00	13.00	16.00
	min	2.86	3.62	4.32	5.32	5.82	6.78	8.28	9.78	12.73	15.73
k[①]	max	1.1	1.4	1.8	2	2.4	2.6	3.3	3.9	5	6
	min	0.96	1.26	1.66	1.86	2.26	2.46	3.1	3.7	4.7	5.7
n	公称	0.4	0.5	0.6	0.8	1	1.2	1.2	1.6	2	2.5
	max	0.60	0.70	0.80	1.00	1.20	1.51	1.51	1.91	2.31	2.81
	min	0.46	0.56	0.66	0.86	1.06	1.26	1.26	1.66	2.06	2.56
a max		0.7	0.8	0.9	1	1.2	1.4	1.6	2	2.5	3
b min		25	25	25	25	38	38	38	38	38	38
d_a max		2	2.6	3.1	3.6	4.1	4.7	5.7	6.8	9.2	11.2
r min		0.1	0.1	0.1	0.1	0.1	0.2	0.2	0.25	0.4	0.4
t min		0.45	0.6	0.7	0.85	1	1.1	1.3	1.6	2	2.4
w min		0.4	0.5	0.7	0.75	1	1.1	1.3	1.6	2	2.4
x max		0.9	1	1.1	1.25	1.5	1.75	2	2.5	3.2	3.8
(2) 开槽盘头螺钉(GB/T 67—2000)(mm)[②]											
d_k	max	3.2	4.0	5.0	5.6	7.0	8.0	9.5	12.00	16.00	20.00
	min	2.9	3.7	4.7	5.3	6.64	7.64	9.14	11.57	15.57	19.48
k	max	1.00	1.30	1.50	1.80	2.10	2.40	3.0	3.6	4.8	6.0
	min	0.86	1.16	1.36	1.66	1.96	2.26	2.86	3.3	4.5	5.7
d_a max		2.1	2.6	3.1	3.6	4.1	4.7	5.7	6.8	9.2	11.2
r_f ≈		0.5	0.6	0.8	0.9	1	1.2	1.5	1.8	2.4	3
t min		0.35	0.5	0.6	0.7	0.8	1	1.2	1.4	1.9	2.4
w min		0.3	0.4	0.5	0.7	0.8	1	1.2	1.4	1.9	2.4

注：① $d_{公称}=d_{max}$，$k_{公称}=k_{max}$，以下同。

② 尺寸 a、b、n、r、x 与"(1)开槽圆柱头螺钉"相同

d (mm)		M1.6	M2	M2.5	M3	M3.5	M4	M5	M6	M8	M10
(3) 开槽沉头螺钉(GB/T 68—2000)(mm)											
d_k [1]	理论	3.6	4.4	5.5	6.3	8.2	9.4	10.4	12.6	17.3	20
	max	3.0	3.8	4.7	5.5	7.30	8.40	9.30	11.30	15.80	18.30
	min	2.7	3.5	4.4	5.2	6.94	8.04	8.94	10.87	15.37	17.78
k [1]	max	1	1.2	1.5	1.65	2.35	2.7	2.7	3.3	4.65	5
r	max	0.4	0.5	0.6	0.8	0.9	1	1.3	1.5	2	2.5
t	max	0.5	0.6	0.75	0.85	1.2	1.3	1.4	1.6	2.3	2.6
	min	0.32	0.4	0.5	0.6	0.9	1	1.1	1.2	1.8	2
注：尺寸 a、b、n、x 与"(1)开槽圆柱头螺钉"相同											
(4) 开槽半沉头螺钉(GB/T 69—2000)(mm)											
$f \approx$			0.4	0.5	0.6	0.7	0.8	1	1.2	1.4	2	2.3
$r_f \approx$			3	4	5	6	8.5	9.5	9.5	12	16.5	19.5
t	max	0.8	1	1.2	1.45	1.7	1.9	2.4	2.8	3.7	4.4
	min	0.64	0.8	1	1.2	1.4	1.6	2	2.4	3.2	3.8
注：尺寸 a、b、n、x 与"(1)开槽圆柱头螺钉"相同； d_k、k、r 与"(3)开槽沉头螺钉"相同											
(5) 开槽大圆柱头螺钉(GB/T 833—1988)(mm)											
d_k	max	6.00	7.00	9.00	11.00	—	14.00	17.00	20.00	25.00	30.00
	min	5.82	6.78	8.78	10.73	—	13.73	16.73	19.67	24.67	29.67
k	max	1.20	1.40	1.80	2.00		2.80	3.50	4.0	5.0	6.0
	min	1.06	1.26	1.66	1.86		2.66	3.32	3.7	4.7	5.7
d_a max		2.1	2.6	3.1	3.6		4.7	5.7	6.8	9.2	11.2
$r_e \approx$		2.24	2.8	3.5	4.2		5.6	7	8.4	11.2	14
t min		0.6	0.7	0.9	1		1.4	1.7	2	2.5	3
w min		0.26	0.36	0.56	0.66		1.06	1.22	1.8	2.4	3
注：尺寸 a、n、r 与"(1)开槽圆柱头螺钉"相同											

d (mm)		M1.6	M2	M2.5	M3	M4	M5	M6	M8	M10
（6）开槽球面大圆柱头螺钉（GB/T 947—1988）(mm)										
d_k	max	6.00	7.00	9.00	11.00	14.00	17.00	20.00	25.00	30.00
	min	5.82	6.78	8.78	10.73	13.73	16.73	19.67	24.67	29.67
R	≈	10	12	14	16	20	25	30	36	40

注：尺寸 a、n、r 与"（1）开槽圆柱头螺钉"相同；
　　d_a、k、r_e、t、w 与"（5）开槽大圆柱头螺钉"相同

（7）开槽带孔球面圆柱头螺钉（GB/T 832—1988）(mm)										
d_k	max	3.0	3.5	4.2	5.0	7.00	8.50	10.00	12.50	15.00
	min	2.7	3.2	3.9	4.7	6.64	8.14	9.64	12.07	14.57
k	max	2.60	3.00	3.6	4.0	5.0	6.50	8.00	10.00	12.50
	min	2.35	2.75	3.3	3.5	4.7	6.14	7.64	9.64	12.07
n	公称	0.4	0.5	0.6	0.8	1	1.2	1.5	2	2.5
	max	0.60	0.70	0.80	1.00	1.20	1.51	1.80	2.31	2.81
	min	0.46	0.56	0.66	0.86	1.06	1.26	1.56	2.06	2.56
t	min	0.6	0.7	0.9	1	1.4	1.7	2	2.5	3
d_1	max	1.12	1.12	1.32	1.62	2.12	2.12	3.12	3.12	4.16
	min	1.00	1.00	1.20	1.50	2.00	2.00	3.00	3.00	4.00
H	公称	0.9	1	1.2	1.5	2	2.5	3	4	5
	max	1.03	1.13	1.37	1.63	2.13	2.63	3.13	4.15	5.15
	min	0.77	0.87	1.07	1.37	1.87	2.37	2.87	3.85	4.85
b		15	16	17	18	20	22	24	28	32
r min		0.1	0.1	0.1	0.1	0.2	0.2	0.25	0.4	0.4
$R≈$		5	6	8	8	10	15	15	20	25

（8）开槽螺钉的公称长度 （GB/T 65、67、68、69—2000、832、833、947—1998）(mm)						
公称长度 l	2	4	8	12	20	35、40	55、60
	2.5	5	10	14	25	45、50	65、75
	3	6		16	30		75、80
公差	±0.20	±0.24	±0.29	±0.35	±0.42	±0.50	±0.95

17.6

(9) 开槽无头螺钉的有关结构尺寸(GB/T 878—2007)(mm)						
螺纹规格 d		M1	M1.2	M1.6	M2	M2.5	M3
P		0.25	0.35	0.35	0.4	0.45	0.5
d_s	max	1.0	1.2	1.6	2.0	2.5	3.0
	min	0.86	1.06	1.46	1.86	2.36	2.86
n	公称	0.2	0.23	0.3	0.3	0.4	0.5
	max	0.40	0.45	0.50	0.50	0.60	0.70
	min	0.26	0.31	0.36	0.36	0.46	0.56
t	max	0.78	0.79	1.08	1.2	1.33	1.5
	min	0.63	0.63	0.88	1.0	1.10	1.25
x	max	0.6	0.6	0.9	1	1.1	1.25
公称长度 l		2.5~4	3~5	4~6	5~8	5~10	6~12
螺纹规格 d		(M3.5)	M4	M5	M6	M8	M10
P		0.6	0.7	0.8	1	1.25	1.5
d_s	max	3.5	4.0	5.0	6.0	8.0	10.0
	min	3.32	3.82	4.82	5.82	7.78	9.78
n	公称	0.5	0.6	0.8	1	1.2	1.6
	max	0.70	0.80	1.0	1.2	1.51	1.91
	min	0.56	0.66	0.86	1.06	1.26	1.66
t	max	1.78	2.05	2.35	2.9	3.6	4.25
	min	1.5	1.75	2.0	2.5	3.1	3.75
x	max	1.5	1.75	2	2.5	3.2	3.8
公称长度 l		8~14	8~14	10~20	12~25	14~30	16~35
公称长度(l)系列及公差		2.5、3(±0.2)；4、5、6、8、10(±0.3)；12、(14)、16、20、25、30(±0.4)；35(±0.5)					

注：d—螺纹规格；P—螺距；a—最末一扣完整螺纹至支承面距离；b—螺纹长度；d_1—头部圆孔直径；d_a—过渡圆直径；d_k—头部直径；f—半沉头球面高度；H—头部圆孔中心轴线至支承面距离；k—头部高度；n—开槽宽度；r—头下圆周半径；r_e—末端倒圆半径；r_f、R—头部球面半径；t—开槽深度；w—槽底至支承面之间厚度；x—螺纹收尾长度。

3. 十字槽螺钉的有关结构尺寸

(1) H 型十字槽尺寸(mm)											
d		M1.6	M2	M2.5	M3	M3.5	M4	M5	M6	M8	M10
P		0.35	0.4	0.45	0.5	0.7	0.7	0.8	1	1.25	1.5
圆柱头	槽号	—	—	1	2	2	2	2	3	3	—
	$m\approx$	—	—	2.7	3.5	3.8	4.1	4.8	6.2	7.7	—
	插深 max	—	—	1.62	1.43	1.73	2.03	2.73	2.86	4.36	—
	插深 min	—	—	1.2	0.86	1.15	1.45	2.14	2.25	3.73	—
盘头	槽号	0	0	1	1	2	2	2	3	4	4
	$m\approx$	1.7	1.9	2.7	3	3.9	4.4	4.9	6.9	9	10.1
	插深 max	0.95	1.2	1.55	1.8	1.9	2.4	2.9	3.6	4.6	5.8
	插深 min	0.7	0.9	1.15	1.4	1.4	1.9	2.4	3.1	4	5.2
小盘头	槽号	—	1	1	2	2	2	3	3	3	—
	$m\approx$	—	2.2	2.6	3.5	3.8	4.1	4.8	6.2	7.7	—
	插深 max	—	1.01	1.42	1.43	1.73	2.03	2.73	2.86	4.36	—
	插深 min	—	0.6	1	0.86	1.15	1.45	2.14	2.26	3.73	—
沉头（深的）	槽号	0	0	1	1	2	2	2	3	4	4
	$m\approx$	1.6	1.9	2.9	3.2	4.4	4.6	5.2	6.8	8.9	10
	插深 max	0.9	1.2	1.8	2.1	2.4	2.6	3.2	3.5	4.6	5.9
	插深 min	0.6	0.9	1.4	1.7	1.9	2.1	2.7	3.1	4	5.1
沉头（浅的）	槽号	—	0	1	1	2	2	2	3	4	4
	$m\approx$	—	1.9	2.7	2.9	4.1	4.3	4.6	6.6	8.7	9.6
	插深 max	—	1.2	1.55	1.8	2.1	2.6	2.8	3.3	4.4	5.3
	插深 min	—	1	1.25	1.4	1.6	2.1	2.6	2.9	3.9	4.8
半沉头	槽号	0	0	1	1	2	2	2	3	4	4
	$m\approx$	1.9	2	3	3.4	4.8	5.2	5.4	7.3	9.6	10.4
	插深 max	1.2	1.5	1.85	2.2	2.75	3.2	3.4	4.0	5.25	6.0
	插深 min	0.9	1.2	1.50	1.8	2.25	2.7	2.9	3.5	4.75	5.5

(2) Z 型十字槽尺寸(mm)											
d		M1.6	M2	M2.5	M3	M3.5	M4	M5	M6	M8	M10
圆柱头	槽号	—	—	1	2	2	2	2	3	3	—
	$m\approx$	—	—	2.4	3.5	3.7	4.0	4.6	6.1	7.5	—
	插深 max	—	—	1.35	1.47	1.80	2.06	2.72	2.92	4.34	—
	插深 min	—	—	1.10	1.22	1.34	1.60	2.26	2.46	3.88	—
盘头	槽号	0	0	1	1	2	2	2	3	4	4
	$m\approx$	1.7	1.9	2.7	3	3.9	4.4	4.9	6.9	9	10.1
	插深 max	0.90	1.42	1.50	1.75	1.93	2.34	2.74	3.46	4.50	5.69
	插深 min	0.65	1.17	1.25	1.50	1.48	1.89	2.29	3.03	4.05	5.24
沉头（深的）	槽号	0	0	1	1	2	2	2	3	4	4
	$m\approx$	1.6	1.9	2.8	3	4.1	4.4	4.9	6.6	8.8	9.8
	插深 max	0.95	1.20	1.73	2.01	2.20	2.51	3.05	3.45	4.60	5.64
	插深 min	0.70	0.95	1.48	1.76	1.75	2.06	2.60	3.00	4.15	5.19
沉头（浅的）	槽号	—	0	1	1	2	2	2	3	4	4
	$m\approx$	—	1.9	2.5	2.8	4	4.4	4.6	6.3	8.5	9.4
	插深 max	—	1.20	1.47	1.73	2.05	2.51	2.72	3.18	4.32	5.23
	插深 min	—	0.95	1.22	1.48	1.61	2.06	2.27	2.73	3.87	4.78
半沉头	槽号	0	0	1	1	2	2	2	3	4	4
	$m\approx$	1.9	2.2	2.8	3.1	4.6	5	5.3	7.1	9.5	10.3
	插深 max	1.20	1.40	1.75	2.08	2.70	3.10	3.35	3.85	5.20	6.05
	插深 min	0.95	1.15	1.50	1.83	2.25	2.65	2.90	3.40	4.75	5.60

(3) 其他结构尺寸(mm)												
	d		M1.6	M2	M2.5	M3	M3.5	M4	M5	M6	M8	M10
不分	a max		0.7	0.8	0.9	1	1.2	1.4	1.6	2	2.5	3
	b min		25	25	25	25	38	38	38	38	38	38
	x max		0.9	1	1.1	1.25	1.5	1.75	2	2.5	3.2	3.8
圆柱头	d_k①	max	—	—	4.50	5.50	6.00	7.00	8.50	10.00	13.00	—
		min			4.32	5.32	5.82	6.78	8.28	9.78	12.73	
	k①	max			1.80	2.00	2.40	2.60	3.30	3.9	5.0	
		min			1.66	1.86	2.26	2.46	3.12	3.6	4.7	
	d_a max				3.1	3.6	4.1	4.7	5.7	6.8	9.2	
	r min				0.1	0.1	0.1	0.2	0.2	0.25	0.4	
盘头	d_k①	max	3.2	4.0	5.0	5.6	7.00	8.00	9.50	12.00	16.00	20.00
		min	2.9	3.7	4.7	5.3	6.64	7.64	9.14	11.57	15.57	19.48
	k①	max	1.3	1.6	2.1	2.4	2.6	3.1	3.7	4.6	6	7.5
		min	1.14	1.46	1.96	2.26	2.46	2.92	3.52	4.3	5.7	7.14
	d_a max		2	2.6	3.1	3.6	4.1	4.7	5.7	6.8	9.2	11.2
	r min		0.1	0.1	0.1	0.1	0.1	0.2	0.2	0.25	0.4	0.4
	r_f ≈		2.5	3.2	4	5	6	6.5	8	10	13	16
小盘头	d_k	max	—	3.5	4.5	5.5	6.0	7.00	9.00	10.50	14.00	—
		min	—	3.2	4.2	5.2	5.7	6.64	8.64	10.07	13.57	—
	k	max	—	1.4	1.8	2.15	2.45	2.75	3.45	4.1	5.4	—
		min	—	1.26	1.66	2.01	2.31	2.61	3.27	3.8	5.1	—
	d_a max		—	2.6	3.1	3.6	4.1	4.7	5.7	6.8	9.2	—
	r min		—	0.1	0.1	0.1	0.1	0.2	0.2	0.25	0.4	—
	r_1 ≈		—	0.6	0.8	1.0	1.1	1.3	1.6	1.9	2.6	—
	r_f ≈		—	4.5	6	7	8	9	12	14	18	—

		(3) 其他结构尺寸(mm)									
	d	M1.6	M2	M2.5	M3	M3.5	M4	M5	M6	M8	M10
沉头、半沉头	d_k 理论	3.6	4.4	5.5	6.3	8.2	9.4	10.4	12.6	17.3	20
	max	3	3.8	4.7	5.5	7.3	8.4	9.3	11.3	15.8	18.3
	min[1]	2.7	3.5	4.4	5.2	6.94	8.04	8.94	10.87	15.37	17.78
	min[2]		3.5	4.4	5.2	6.94	8	8.9	10.8	15.3	17.7
	k max	1	1.2	1.5	1.65	2.35	2.7	2.7	3.3	4.65	5
	$f \approx$	0.4	0.5	0.6	0.7	0.8	1	1.2	1.4	2	2.3
	r max	0.4	0.5	0.6	0.8	0.9	1	1.3	1.5	2	2.5
	$r_f \approx$	3	4	5	6	8.5	9.5	9.5	12	16.5	19.5

	(4) 公称长度(mm)						
公称长度 l	2、3	4、5 6	8、10	12、14 16	20、25 30	35、40 45、60	55、60 70、80
公差	±0.20	±0.24	±0.29	±0.35	±0.42	±0.50	±0.95

注：1. d—螺纹大径；P—螺距；m—十字槽翼直径；插深—插入深度；a—最末一扣完整螺纹至支承面距离；b—螺纹长度；d_a—过渡圆直径；d_k—头部直径；f—半沉头球面部分高度；k—头部高度；r—头下圆角半径；r_1、r_f—头部球面半径；x—螺纹收尾长度。

2. 十字槽沉头螺钉根据其十字槽插入深度(插深)不同，分系列1(深的)和系列2(浅的)两个系列。

3. (沉头、半沉头)d_{kmin}栏：①为钢4.8级沉头螺钉和钢半沉头螺钉；②为钢8.8级、不锈钢和有色金属沉头螺钉。

4. 十字槽螺钉的标准号：
   十字槽盘头螺钉：GB/T 818——2000；
   十字槽沉头螺钉—第一部分—钢4.8：GB/T 819.1—2000；
   十字槽沉头螺钉—第二部分—钢8.8、不锈钢 AZ-70和有色金属 CU2或CU3：GB/T 819.2-2000；
   十字槽半沉头螺钉：GB/T 820—2000；
   十字槽圆柱头螺钉：GB/T 822—2000；
   十字槽小盘头螺钉：GB/T 823—1988。

4. 内六角螺钉的有关结构尺寸

(1) 内六角圆柱头螺钉④（GB/T 70.1—2008）(mm)

螺纹规格 d	螺距 P	b① 参考	d_a max	d_k② max A	d_k② max B	d_k② min	d_s max	d_s min
M1.6	0.35	15	2	3.00	3.14	2.86	1.60	1.46
M2	0.4	16	2.6	3.80	3.98	3.62	2.00	1.86
M2.5	0.45	17	3.1	4.50	4.68	4.32	2.50	2.36
M3	0.5	18	3.6	5.50	5.68	5.32	3.00	2.86
M4	0.7	20	4.7	7.00	7.22	6.78	4.00	3.82
M5	0.8	22	5.7	8.50	8.72	8.28	5.00	4.82
M6	1	24	6.8	10.00	10.22	9.78	6.00	5.82
M8	1.25	28	9.2	13.00	13.27	12.73	8.00	7.78
M10	1.5	32	11.2	16.00	16.27	15.73	10.00	9.78
M12	1.75	36	13.7	18.00	18.27	17.73	12.00	11.73
(M14)	2	40	15.7	21.00	21.33	20.67	14.00	13.73
M16	2	44	17.7	24.00	24.33	23.67	16.00	15.73
M20	2.5	52	22.4	30.00	30.33	29.67	20.00	19.67
M24	3	60	26.4	36.00	36.39	35.61	24.00	23.67
M30	3.5	72	33.4	45.00	45.39	44.61	30.00	29.67
M36	4	84	39.4	54.00	54.46	53.54	36.00	35.61
M42	4.5	96	45.6	63.00	63.46	62.54	42.00	41.61
M48	5	108	52.6	72.00	72.46	71.54	48.00	47.61
M56	5.5	124	63	84.00	84.54	83.46	56.00	55.54
M64	6	140	73	96.00	96.54	95.46	64.00	63.54

注：① 适用于在第17.79页～第17.99页、带＊符号以下的公称长度 l 上；

② A栏适用于光滑头部；B栏适用于滚花头部

螺纹规格d	d_w min	$e^{③}$ min	k max	k min	l_f max	r min
M1.6	2.72	1.733	1.60	1.46	0.34	0.1
M2	3.48	1.733	2.00	1.86	0.51	0.1
M2.5	4.18	2.303	2.50	2.36	0.51	0.1
M3	5.07	2.873	3.00	2.86	0.51	0.1
M4	6.53	3.443	4.00	3.82	0.6	0.2
M5	8.03	4.583	5.00	4.82	0.6	0.2
M6	9.38	5.723	6.00	5.70	0.68	0.25
M8	12.33	6.863	8.00	7.64	1.02	0.4
M10	15.33	9.149	10.00	9.64	1.02	0.4
M12	17.23	11.429	12.00	11.57	1.45	0.6
(M14)④	20.17	13.716	14.00	13.57	1.45	0.6
M16	23.17	15.996	16.00	15.57	1.45	0.6
M20	28.87	19.437	20.00	19.48	2.04	0.8
M24	34.81	21.734	24.00	23.48	2.04	0.8
M30	43.61	25.154	30.00	29.48	2.89	1
M36	52.54	30.854	36.00	35.38	2.89	1
M42	61.34	36.571	42.00	41.38	3.06	1.2
M48	70.34	41.131	48.00	47.38	3.91	1.6
M58	82.26	46.831	56.00	55.26	5.95	2
M64	94.26	52.531	64.00	63.26	5.95	2

(1) 内六角圆柱头螺钉(GB/T 70.1—2008)(mm)

注：③$e_{min}=1.14s_{min}$；
④带括号的规格尽量不采用(以下同)

螺纹规格 d	s			t	v	w
	公称	max	min	min	max	min
M1.6	1.5	1.58	1.52	0.7	0.16	0.55
M2	1.5	1.58	1.52	1	0.2	0.55
M2.5	2	2.08	2.02	1.1	0.25	0.85
M3	2.5	2.58	2.52	1.3	0.3	1.15
M4	3	3.08	3.02	2	0.4	1.4
M5	4	4.095	4.020	2.5	0.5	1.9
M6	5	5.14	5.02	3	0.6	2.3
M8	6	6.14	6.02	4	0.8	3.3
M10	8	8.175	8.025	5	1	4
M12	10	10.175	10.025	6	1.2	4.8
(M14)[④]	12	12.212	12.032	7	1.4	5.8
M16	14	14.212	14.032	8	1.6	6.8
M20	17	17.23	17.05	10	2	8.6
M24	19	19.275	19.065	12	2.4	10.4
M30	22	22.275	22.065	15.5	3	13.1
M36	27	27.275	27.065	19	3.6	15.3
M42	32	32.33	32.08	24	4.2	16.3
M48	36	36.33	36.08	28	4.8	17.5
M56	41	41.33	41.08	34	5.6	19
M64	4	46.33	46.08	38	6.4	22

表头：(1) 内六角圆柱头螺钉(GB/T 70.1—2008)(mm)

(1) 内六角圆柱头螺钉（GB/T 70.1—2008）(mm)					
公称长度 l	2.5、3	4、5、6	8、10	12、16	20、25 30	35、40 45、50
公差	±0.2	±0.24	±0.29	±0.35	±0.42	±0.5
公称长度 l	55、60、65 70、80	90、100 110、120	130、140、150 160、180	200、220 240	260、280 300
公差	±0.6	±0.7	±0.8	±0.925	±1.05

注：⑤ b—螺纹长度；d_a—过渡圆直径；d_k—头部直径；d_s—无螺纹杆径；d_w—支承面直径；e—内六角对边宽度；k—头部高度；l—公称长度；l_f—过渡长度；r—头下圆角半径；s—内六角对边宽度；t—扳拧深度；v—头的顶部棱边宽度；w—槽底至支承面之间厚度

(2) 内六角平圆头螺钉（GB/T 70.2—2008）(mm)						
螺纹规格 d	螺距 P	a		d_a	d_k		e *
		max	min	max	max	min	min
M3	0.5	1.0	0.5	3.6	5.7	5.4	2.303
M4	0.7	1.4	0.7	4.7	7.60	7.24	2.873
M5	0.8	1.6	0.8	5.7	9.50	9.14	3.443
M6	1	2.0	1.0	5.8	10.50	10.07	4.583
M8	1.25	2.50	1.25	9.2	14.00	13.57	5.723
M10	1.5	3.0	1.5	11.2	17.50	17.07	6.863
M12	1.75	3.50	1.75	14.2	21.00	20.48	9.149
M16	2	4.0	2.0	18.2	28.00	27.48	11.429

注：* $e_{min}=1.14s_{min}$

（2）内六角平圆头螺钉（GB/T 70.2—2008）(mm)

螺纹规格 d	k		r min	s			t min	w min
	max	min		公称	max	min		
M3	1.65	1.40	0.1	2	2.080	2.020	1.04	0.2
M4	2.20	1.95	0.2	2.5	2.580	2.250	1.30	0.3
M5	2.75	2.50	0.2	3	3.080	3.020	1.58	0.38
M6	3.3	3.0	0.25	4	4.095	4.020	2.08	0.74
M8	4.4	4.1	0.4	5	5.140	5.020	2.60	1.05
M10	5.5	5.2	0.4	6	6.140	6.020	3.12	1.45
M12	6.60	8.80	0.6	8	8.175	8.025	4.16	1.63
M16	6.24	8.44	0.6	10	10.175	10.025	5.20	2.25

公称长度 l	6	8、10	12、16	20、25、30	35、40、45、50
公差	±0.24	±0.29	±0.35	±0.42	±0.5

（3）内六角沉头螺钉（GB/T 70.3—2008）(mm)

螺纹规格 d	螺距 P	b 参考	d_a max	d_k max 理论值	d_k max 实际值	d_s max	d_s min
M3	0.5	18	3.3	6.72	5.54	3.00	2.86
M4	0.7	20	4.4	8.96	7.53	4.00	3.82
M5	0.8	22	5.5	11.20	9.43	5.00	4.82
M6	1	24	6.6	13.44	11.34	6.00	5.82
M8	1.25	28	8.54	17.92	15.24	8.00	7.78
M10	1.5	32	10.62	22.40	19.22	10.00	9.78
M12	1.75	36	13.5	26.88	23.12	12.00	11.73
(M14)	2	40	15.5	30.8	26.52	14.00	13.73
M16	2	44	17.5	33.60	29.01	16.00	15.73
M20	2.5	52	22	40.32	36.05	20.00	19.67

（3）内六角沉头螺钉(GB/T 70.3—2008)(mm)

螺纹规格	e^*	k	r	s			t	w
d	min	max	min	公称	max	min	min	min
M3	2.303	1.86	0.1	2	2.08	2.02	1.1	0.25
M4	2.873	2.48	0.2	2.5	2.58	2.52	1.5	0.45
M5	3.443	3.1	0.2	3	3.08	3.02	1.9	0.66
M6	4.583	3.72	0.25	4	4.095	4.020	2.2	0.70
M8	5.723	4.96	0.4	5	5.14	5.02	3.0	1.16
M10	6.863	6.2	0.4	6	6.14	6.02	3.6	1.62
M12	9.149	7.44	0.6	8	8.175	8.025	4.3	1.80
(M14)	11.429	8.4	0.6	10	10.175	10.025	4.5	1.62
M16	11.429	8.8	0.6	10	10.175	10.025	4.8	2.2
M20	13.716	10.16	0.8	12	12.212	12.032	5.6	2.2

注：* $e_{min} = 1.14 s_{min}$

公称长度	8	12	20、25	35、40	55、60、65	90
l	10	16	30	45、50	70、80	100
公差	±0.29	±0.35	±0.42	±0.5	±0.6	±0.7

5. 内六角花形螺钉的有关结构尺寸

（1）内六角花形低圆柱头螺钉(GB/T 2671.1—2004)(mm)

螺纹规格	螺距	a	b	d_a	d_k^*		k^*	
d	P	max	min	max	公称	min	公称	min
M2	0.4	0.8	25	2.6	3.80	3.62	1.55	1.41
M2.5	0.45	0.9	25	3.1	4.50	4.32	1.85	1.71
M3	0.5	1	25	3.6	5.00	5.32	2.40	2.26
(M3.5)	0.6	1.2	38	4.1	6.00	5.82	2.60	2.46
M4	0.7	1.4	38	4.7	7.00	6.78	3.10	2.92
M5	0.8	1.6	38	5.7	8.50	8.28	3.65	3.47
M6	1	2	38	6.8	10.00	9.78	4.40	4.10
M8	1.25	2.5	38	9.2	13.00	12.73	5.80	5.50
M10	1.5	3	38	11.2	16.00	15.73	6.90	6.54

注：带括号的规格尽量不采用；* $d_{kmax} = d_{公称}$，$k_{max} = k_{公称}$

(1) 内六角花形低圆柱头螺钉(GB/T 2671.1—2004)(mm)

螺纹规格 d	r max	w min	x max	内六角花形			
				槽号 No.	A 参考	t max	t min
M2	0.1	0.5	1.0	6	1.75	0.84	0.71
M2.5	0.1	0.7	1.1	8	2.40	0.91	0.78
M3	0.1	0.75	1.25	10	2.80	1.27	1.01
(M3.5)	0.1	1.0	1.5	15	3.35	1.33	1.07
M4	0.2	1.1	1.75	20	3.95	1.66	1.27
M5	0.2	1.3	2.0	25	4.50	1.91	1.52
M6	0.25	1.6	2.5	30	5.60	2.29	1.90
M8	0.4	2.0	3.2	45	7.95	3.00	2.66
M10	0.4	2.4	3.8	50	8.95	3.43	3.04
公称长度 l	3	4.5 / 6	8 / 10	12、(14) / 16	20、25 / 30	35、40 / 45、50	(55)、60、(65) / 70、(75)、80
公差	±0.2	±0.24	±0.29	±0.35	±0.42	±0.5	±0.6

(2) 内六角花形圆柱头螺钉(GB/T 2671.2—2004)(mm)

螺纹规格 d	螺距 P	b 参考	d_a max	d_k* max A	d_k* max B	d_k* min	d_s max	d_s min	d_w min	l_f
M2	0.4	16	2.6	3.80	3.98	3.62	2.00	1.86	3.48	0.51
M2.5	0.45	17	3.1	4.50	4.68	4.32	2.50	2.36	4.18	0.51
M3	0.5	18	3.6	5.50	5.68	5.32	3.00	2.86	5.07	0.5
M4	0.7	20	4.7	7.00	7.22	6.78	4.00	3.82	6.53	0.6
M5	0.8	22	5.7	8.50	8.72	8.28	5.00	4.82	8.03	0.6
M6	1	24	6.8	10.00	10.22	9.78	6.00	5.82	9.38	0.68
M8	1.25	28	9.2	13.00	13.27	12.73	8.00	7.78	12.33	1.02
M10	1.5	32	11.2	16.00	16.27	15.73	10.00	9.78	15.33	1.02
M12	1.75	36	13.7	18.00	18.27	17.73	12.00	11.73	17.23	1.45
(M14)	2	40	15.7	21.00	21.33	20.67	14.00	13.73	20.17	1.45
M16	2	44	17.7	24.00	24.33	23.67	16.00	15.73	23.17	1.45
(M18)	2.5	48	20.2	27.00	27.33	26.67	18.00	17.73	25.87	1.87
M20	2.5	52	22.4	30.00	30.33	29.67	20.00	19.73	28.87	2.04

(2) 内六角花形圆柱头螺钉(GB/T 2671.2—2004)(mm)

螺纹规格 d	k max	k min	r min	v max	w min	内六角花形 槽号 No.	内六角花形 A 参考	内六角花形 t max	内六角花形 t min
M2	2.00	1.86	0.1	0.2	0.55	6	1.75	0.84	0.71
M2.5	2.50	2.36	0.1	0.25	0.85	8	2.40	1.04	0.91
M3	3.00	2.86	0.1	0.3	1.15	10	2.80	1.27	1.01
M4	4.00	3.82	0.2	0.4	1.4	20	3.95	1.80	1.42
M5	5.00	4.82	0.2	0.5	1.9	25	4.50	2.03	1.65
M6	6.00	5.70	0.25	0.6	2.3	30	5.60	2.42	2.02
M8	8.00	7.64	0.4	0.8	3.3	45	7.95	3.31	2.92
M10	10.00	9.64	0.4	1.0	4.0	55	8.95	4.02	3.62
M12	12.00	11.57	0.6	1.2	4.8	60	11.35	5.21	4.82
(M14)	14.00	13.57	0.6	1.4	5.8	65	13.45	5.99	5.62
M16	16.00	15.57	0.6	1.6	6.8	70	15.70	7.01	6.62
(M18)	18.00	17.57	0.6	1.8	7.8	80	17.75	8.00	7.50
M20	20.00	19.48	0.8	2.0	8.6	90	20.20	9.20	8.69

注: * d_{kmax} 的 A 栏;对光滑头螺钉;B 栏;对滚光头螺钉

公称长度 l	16	20、25 30	35、40 45、50	55、60 65、70 80	90、100 110、120	130、140 150、160 180	200
公差	±0.35	±0.42	±0.5	±0.6	±0.7	±0.8	±0.925

（3）内六角花形盘头螺钉(GB/T 2672—2004)(mm)							
螺纹 规格 d	螺距 P	a max	b min	d_a max	d_k		k	
					公称 （max）	min	公称 （max）	min
M2	0.4	0.8	25	2.6	4.0	3.7	1.60	1.46
M2.5	0.45	0.9	25	3.1	5.0	4.7	2.10	1.96
M3	0.5	1	25	3.6	5.6	5.3	2.40	2.26
(M3.5)	0.6	1.2	38	4.1	7.00	6.64	2.60	2.46
M4	0.7	1.4	38	4.7	8.00	7.64	3.10	2.92
M5	0.8	1.6	38	5.7	9.50	9.14	3.70	3.52
M6	1.0	2	38	6.8	12.00	11.57	4.6	4.3
M8	1.25	2.5	38	9.2	16.00	15.57	6.0	5.7
M10	1.5	3	38	11.2	20.00	19.48	7.50	7.14

螺纹 规格 d	r max	r_f ≈	x max	内六角花形			
				槽号 No.	A 参考	t	
						max	min
M2	0.1	3.2	1.0	6	1.75	0.77	0.63
M2.5	0.1	4	1.1	8	2.4	1.04	0.91
M3	0.1	5	1.25	10	2.8	1.27	1.01
(M3.5)	0.1	6	1.5	15	3.35	1.33	1.07
M4	0.2	6.5	1.75	20	3.95	1.66	1.27
M5	0.2	8	2.0	25	4.5	1.91	1.52
M6	0.25	10	2.5	30	5.6	2.42	2.02
M8	0.4	13	3.2	45	7.95	3.18	2.79
M10	0.4	16	3.8	50,	8.95	4.02	3.62

公称长度 l	3	4、5 6	8 10	12、(14) 16	20、25 30	30、35、40 45、50	(55) 60
公差	±0.2	±0.24	±0.29	±0.35	±0.42	±0.5	±0.6

（续）

（4）内六角花形沉头螺钉（GB/T 2673—2007）(mm)

螺纹规格 d	螺距 P	a max	b min	d_k 理论 max	d_k 公称	d_k 实际 min	k max
M6	1	2	38	12.6	11.3	10.9	3.3
M8	1.25	2.5	38	17.3	15.8	15.4	4.65
M10	1.5	3	38	20	18.3	17.8	5
M12	1.75	3.5	48	24	22	21.5	6
(M14)	2	4	48	28	25.5	25	7
M16	2	4	48	32	29	28.5	8
M20	2.5	5	48	70	36	35.4	10

螺纹规格 d	r max	x max	内六角花形 槽号 No.	内六角花形 A 参考	内六角花形 t max	内六角花形 t min
M6	1.5	2.5	30	5.6	1.8	1.4
M8	2	3.2	40	6.75	2.5	2.1
M10	2.5	3.8	50	8.95	2.7	2.3
M12	2.5	4.3	55	11.35	3.5	3.02
(M14)	2.5	5	55	11.35	3.7	3.02
M16	3	5	60	13.45	4.1	3.62
M20	3	6.3	80	17.75	6	5.24

公称长度 l	8 10	12、(14)、16 20、25、30	35、40 45、50	(55)、60 70、80
公差	±0.3	±0.4	±0.5	±0.6

（5）内六角花形半沉头螺钉（GB/T 2674—2004）(mm)

螺纹规格 d	螺距 P	a max	b min	d_k			f ≈	k 公称 (max)
				理论 max	实际 公称 (max)	min		
M2	0.4	0.8	25	4.4	3.8	3.5	0.5	1.2
M2.5	0.45	0.9	25	5.5	4.7	4.4	0.6	1.5
M3	0.5	1	25	6.3	5.5	5.2	0.7	1.65
(M3.5)	0.6	1.2	38	8.2	7.30	6.94	0.8	2.35
M4	0.7	1.4	38	9.4	8.40	8.04	1	2.7
M5	0.8	1.6	38	10.4	9.30	8.94	1.2	2.7
M6	1.0	2	38	12.6	11.30	10.87	1.4	3.3
M8	1.25	2.5	38	17.3	15.80	15.37	2	4.65
M10	1.5	3	38	20.0	18.30	17.78	2.3	5

螺纹规格 d	r max	r_f ≈	x max	内六角花形			
				槽号 No.	A 参考	t	
						max	min
M2	0.5	4	1.0	6	1.75	0.77	0.63
M2.5	0.6	5	1.1	8	2.4	1.04	0.91
M3	0.8	6	1.25	10	2.8	1.15	0.88
(M3.5)	0.9	8.5	1.5	15	3.35	1.53	1.27
M4	1.0	9.5	1.75	20	3.95	1.80	1
M5	1.2	9.5	2.0	25	4.5	2.03	1.65
M6	1.5	12	2.5	30	5.6	2.42	2.02
M8	2.0	16.5	3.2	45	7.95	3.31	2.92
M10	2.5	19.5	3.6	80	8.95	3.81	3.42

公称长度 l	3	4、5 6	8 10	12、(14) 16	20、25 30	35、40 45、50	(55) 60
公差	±0.2	±0.24	±0.29	±0.35	±0.42	±0.5	±0.6

6. 不脱出螺钉的有关结构尺寸

螺纹规格 d(mm)		M3	M4	M5	M6	M8	M10
(1) 各种开槽不脱出螺钉(mm)							
b		4	6	8	10	12	15
$C \approx$		1.0	1.2	1.6	2.0	2.5	3.0
d_1	max	2.0	2.8	3.5	4.5	5.5	7.0
	min	1.86	2.66	3.32	4.32	5.32	6.78
n	公称	0.8	1.2	1.2	1.6	2.0	2.5
	max	1.00	1.51	1.51	1.91	2.31	2.81
	min	0.86	1.26	1.26	1.66	2.06	2.56
(2) 开槽盘头不脱出螺钉(GB/T 948—1988)(mm)							
d_k	max	5.6	8.0	9.5	12.0	16.0	20.0
	min	5.30	7.64	9.14	11.57	15.57	19.48
k	max	1.8	2.4	3.0	3.6	4.8	6.0
	min	1.6	2.2	2.8	3.3	4.5	5.7
r	min	0.1	0.2	0.2	0.25	0.4	0.4
r_f	参考	0.9	1.2	1.5	1.8	2.4	3.0
t	min	0.7	1.0	1.2	1.4	1.9	2.4
w	min	0.7	1.0	1.2	1.4	1.9	2.4
(3) 开槽沉头不脱出螺钉(GB/T 948—1988)(mm)							
d_k	理论值	6.3	9.4	10.4	12.6	17.3	20.0
	max	5.5	8.4	9.3	11.3	15.8	18.3
	min	5.2	8.0	8.9	10.9	15.4	17.8

螺纹规格 d(mm)		M3	M4	M5	M6	M8	M10
（3）开槽沉头不脱出螺钉（GB/T 948—1988）(mm)							
k	max	1.65	2.70	2.70	3.30	4.65	5.00
r	max	0.8	1.0	1.3	1.5	2.0	2.5
t	max	0.85	1.3	1.4	1.6	2.3	2.6
	min	0.6	1.0	1.1	1.2	1.8	2.0
（4）开槽半沉头不脱出螺钉（GB/T 949—1988）(mm)							
$f\approx$		0.7	1.0	1.2	1.4	2.0	2.3
$r_f\approx$		6.0	9.5	9.5	12.0	16.5	19.5
t	max	1.45	1.9	2.4	2.8	3.7	4.4
	min	1.2	1.6	2.0	2.4	3.2	3.8
注：开槽半沉头不脱出螺钉的 d_k、k、r 与"开槽沉头不脱出螺钉"相同							
（5）滚花头不脱出螺钉（GB/T 839—1988）(mm)							
d_k	max	5	8	9	11	14	17
（滚花前）	min	4.82	7.78	8.78	10.73	13.73	16.73
k	max	4.5	6.5	7	10	12	13.5
	min	4.32	6.32	6.78	9.64	11.57	13.07
$B\approx$		1	1.5	1.5	2	2.5	3
C		1	1.2	1.6	2	2.5	3
C_1		0.3	0.3	0.5	0.5	0.8	0.8
h		1	1.5	1.5	2	2.5	2.5
$R\approx$		0.5	0.75	0.75	1	1.25	1.5
注：r、t 与"开槽盘头不脱出螺钉"相同							

螺纹规格 d(mm)		M5	M6	M8	M10	M12	M14	M16
\multicolumn{9}{c}{(6) 六角头不脱出螺钉(GB/T 838—1988)(mm)}

螺纹规格 d(mm)		M5	M6	M8	M10	M12	M14	M16
(6) 六角头不脱出螺钉(GB/T 838—1988)(mm)								
d_1	max	3.5	4.5	5.5	7	9	11	12
	min	3.32	4.32	5.32	6.78	8.78	10.73	11.73
k	公称	3.5	4	5.3	6.4	7.5	8.8	10
	max	3.65	4.15	5.45	6.58	7.68	8.98	10.18
	min	3.35	3.85	5.15	6.22	7.32	8.62	9.82
s	max	8	10	13	16	18	21	24
	min	7.78	9.78	12.73	15.73	17.73	20.67	23.67
b		8	10	12	15	18	20	24
C		1.6	2	2.5	3	4	5	6
e min		8.79	11.05	14.38	17.77	20.03	23.35	26.75
r min		0.2	0.25	0.4	0.4	0.6	0.6	0.6

注: 1. b—螺纹长度;B—凹槽宽度;C、C_1—倒角宽度;d_1—无螺纹杆径;d_k—头部直径;e—对角宽度;f—半沉头球面部分高度;h—法兰厚度;k—头部高度;n—开槽宽度;R—滚花头头部凹颈半径;r—头下圆角半径;r_f—头部球面半径;s—对边宽度;t—开槽深度;w—槽底至支承面之间厚度。

2. 公称长度 l/公差(mm):10/±0.29, 12~16/±0.35, 20~30/±0.42, 35~50/±0.50, 55~80/±0.95, 90~100/±1.10。

7. 滚花头螺钉的有关结构尺寸

(1) 滚花高头螺钉的有关结构尺寸(GB/T 834—1988)(mm)

螺纹规格 d		M1.6	M2	M2.5	M3	M4	M5	M6	M8	M10
d_k 滚花前	max	7	8	9	11	12	16	20	24	30
	min	6.78	7.78	8.78	10.73	11.73	15.73	19.67	23.67	29.67
k	max	4.7	5	5.5	7	8	10	12	16	20
	min	4.52	4.82	5.32	6.78	7.78	9.78	11.57	15.57	19.48
C		0.2	0.2	0.2	0.3	0.3	0.5	0.5	0.8	0.8
d_1		4	4.5	5	6	8	10	12	16	20
d_2		3.6	3.8	4.4	5.2	6.4	9	11	13	17.5
k_1		2	2	2.2	2.8	3	4	5	6	8
k_2		0.8	1	1	1.2	1.5	2	2.5	3	3.8
$R \geqslant$		1.25	1.25	1.5	2	2	2.5	3	4	5
r min		0.1	0.1	0.1	0.1	0.2	0.2	0.25	0.4	0.4
$r_e \approx$		2.24	2.8	3.5	4.2	5.6	7	8.4	11.2	14

(2) 滚花平头螺钉的有关结构尺寸(GB/T 835—1988)(mm)

螺纹规格 d	M1.6	M2	M2.5	M3	M4	M5	M6	M8	M10

注:尺寸 d_k、k、r、r_e、C 与"(1)滚花高头螺钉"相同

(3) 滚花小头螺钉的有关结构尺寸(GB/T 836—1988)(mm)

螺纹规格 d		M1.6	M2	M2.5	M3	M4	M5	M6
d_k 滚花前	max	3.5	4	5	6	7	8	10
	min	3.32	3.82	4.82	5.82	6.78	7.78	9.78
k	max	10	11	11	12	12	13	13
	min	9.78	10.73	10.73	11.73	11.73	12.73	12.73
$R \approx$		4	4	5	6	8	8	10
r min		0.1	0.1	0.1	0.1	0.2	0.2	0.25
$r_e \approx$		2.24	2.8	3.5	4.2	5.6		8.4

（4）塑料滚花头螺钉的有关结构尺寸(GB/T 840—1988)(mm)								
螺纹规格 d		M4	M5	M6	M8	M10	M12	M16
d_k		12	16	20	25	28	32	40
k		5	6	6	8	8	10	12
$R \approx$		25	32	40	50	55	65	80
d_p	max	2.5	3.5	4	5.5	7	8.5	12
	min	2.25	3.2	3.7	5.2	6.64	8.14	11.57
z	max	2.25	2.75	3.25	4.3	5.3	6.3	8.36
	min	2	2.5	3	4	5	6	8
（5）滚花头螺钉的公称长度(mm)								
公称长度 l	公称	2、2.5 3	4、5 6	8 10	12、(14) 16	20、25 30	35、40 45、50	60、70 80
	公差	±0.20	±0.24	±0.29	±0.35	±0.42	±0.50	±0.95

注：C—头部倒角；d_1—法兰直径；d_2—颈部直径；d_k—头部直径；d_p—圆柱端直径；k—头部高度；k_1—滚花高头螺钉的滚花头高度；k_2—滚花高头螺钉的法兰厚度；R—滚花高头螺钉的头部凹颈半径或其他滚花头螺钉的头部球面半径；r—头下圆角半径；r_e—末端倒圆半径；z—末端长度。

8. 开槽轴位螺钉的有关结构尺寸

(1) 开槽圆柱头轴位螺钉的有关结构尺寸(GB/T 830—1988)(mm)

d		M1.6	M2	M2.5	M3	M4	M5	M6	M8	M10
d_1	max	2.48	2.98	3.47	3.97	4.97	5.97	7.96	9.96	11.95
	min	2.42	2.92	3.395	3.895	4.895	5.895	7.87	9.87	11.84
d_k	max	3.5	4	5	6	8	10	12	15	20
	min	3.2	3.7	4.7	5.7	7.64	9.64	11.57	14.57	19.48
k	max	1.32	1.52	1.82	2.1	2.7	3.2	3.74	5.24	6.24
	min	1.08	1.28	1.58	1.7	2.3	2.8	3.26	4.76	5.76
n	公称	0.4	0.5	0.6	0.8	1.2	1.2	1.6	2	2.5
	max	0.6	0.7	0.8	1	1.51	1.51	1.91	2.31	2.81
	min	0.46	0.56	0.66	0.86	1.26	1.28	1.66	2.06	2.56
t min		0.35	0.5	0.6	0.7	1	1.2	1.4	1.9	2.4
r min		0.1	0.1	0.1	0.1	0.2	0.2	0.25	0.4	0.4
r_1 max		0.3	0.3	0.3	0.3	0.5	0.5	0.5	0.5	1
d_2		1.1	1.4	1.8	2.2	3	3.8	4.5	6.2	7.8
$a \approx$		1	1	1	1	1.5	1.5	2	2	2
b		2.5	3	3.5	4	5	6	8	10	12

(2) 开槽球面圆柱头轴位螺钉有关结构尺寸(GB/T 946—1988)(mm)

d		M1.6	M2	M2.5	M3	M4	M5	M6	M8	M10
k	max	1.2	1.6	1.8	2	2.8	3.5	4	5	6
	min	1.06	1.46	1.66	1.86	2.66	3.32	3.82	4.82	5.82
t min		0.6	0.7	0.9	1	1.4	1.7	2	2.5	3
r min		0.2	0.2	0.2	0.2	0.4	0.4	0.4	0.4	0.5
$R \approx$		3.5	4	5	6	8	10	12	15	20

注:尺寸 d_1、d_k、n、r_1、d_2、a、b 与"(1) 开槽圆柱头轴位螺钉"相同

（3）开槽无头轴位螺钉的有关结构尺寸(GB/T 831—1988)(mm)

d		M1.6	M2	M2.5	M3	M4	M5	M6	M8	M10
n	公称	0.4	0.5	0.5	0.6	0.8	0.8	1.2	1.6	2
	max	0.6	0.7	0.7	0.8	1	1	1.51	1.91	2.31
	min	0.46	0.56	0.56	0.66	0.86	0.86	1.26	1.66	2.06
t min		0.6	0.7	0.9	1	1.4	1.7	2	2.5	3
$r \leqslant$		0.3	0.3	0.3	0.3	0.5	0.5	0.5	0.5	1
$R \approx$		2.5	3	3.5	4	5	6	8	10	12

注：尺寸 d_1、d_2、a、b 与"(1)开槽圆柱头轴位螺钉"相同

（4）开槽轴位螺钉的公称长度(mm)

公称长度 l	公称	1、1.2、1.6 2、2.5、3	4、5 6	8 10	12、14 16	20
	公差	±0.20	±0.24	±0.29	±0.35	±0.42
l 公称＋b	基本尺寸	>3 ～6	>6 ～10	>10 ～18	>18 ～30	>30
	公差	±0.24	±0.29	±0.35	±0.42	±0.50

注：1. d—螺纹规格；a—螺纹肩距；b—螺纹长度；d_1—轴位直径；d_2—颈部直径；d_k—头部直径；k—头部高度；n—开槽宽度；R—头部球面半径；r—头下圆角半径；r_1—颈部圆角半径；t—开槽深度。

2. 尺寸 d_1 亦可按 f9 级极限偏差制造。

9. 开槽(锥端、平端、凹端、长圆柱端)紧定螺钉的有关结构尺寸(GB/T 71、73、74、75—1985)

螺纹规格 d (mm)	螺距 P (mm)	不分末端形式(mm)					平端(mm)	
		n			t		d_p	
		公称	max	min	max	min	max	min
M1.2	0.25	0.2	0.4	0.26	0.52	0.4	0.6	0.35
M1.6	0.35	0.25	0.45	0.31	0.74	0.56	0.8	0.55
M2	0.4	0.25	0.45	0.31	0.84	0.64	1	0.75
M2.5	0.45	0.4	0.6	0.46	0.95	0.72	1.5	1.25
M3	0.5	0.4	0.6	0.46	1.05	0.8	2	1.75
M4	0.7	0.6	0.8	0.66	1.42	1.12	2.5	2.25
M5	0.8	0.8	1	0.86	1.63	1.28	3.5	3.2
M6	1	1	1.2	1.06	2	1.6	4	3.7
M8	1.25	1.2	1.51	1.26	2.5	2	5.5	5.2
M10	1.5	1.6	1.91	1.66	3	2.4	7	6.64
M12	1.75	2	2.31	2.06	3	2.4	8.5	8.14

螺纹规格 d (mm)	螺距 P (mm)	长圆柱端(mm)				锥端 (mm)	凹端(mm)	
		d_p		z		d_t	d_z	
		max	min	max	min	max	max	min
M1.2	0.25	—	—	—	—	0.12	—	—
M1.6	0.35	0.8	0.55	1.05	0.8	0.16	0.8	0.55
M2	0.4	1	0.75	1.25	1	0.2	1	0.75
M2.5	0.45	1.5	1.25	1.5	1.25	0.25	1.2	0.95
M3	0.5	2	1.75	1.75	1.5	0.3	1.4	1.15
M4	0.7	2.5	2.25	2.25	2	0.4	2	1.75
M5	0.8	3.5	3.2	2.75	2.5	0.5	2.5	2.25
M6	1	4	3.7	3.25	3	1.5	3	2.75
M8	1.25	5.5	5.2	4.3	4	2	5	4.7
M10	1.5	7	6.64	5.3	5	2.5	6	5.7
M12	1.75	8.5	8.14	6.3	6	3	8	7.7

注: 1. n—开槽宽度;t—扳拧深度;d_p—平端或圆柱端直径;d_t—截锥端直径;d_z—凹端直径;z—末端长度。

2. 公称长度 l/公差(mm):2、2.5、3/±0.2;4、5、6、8、10±0.3;12、14、16、20、25、30/±0.4;35、40、45、50±0.5;55、60/±0.6。

10. 内六角(平端、锥端、圆柱端、凹端)紧定螺钉的有关结构尺寸(GB/T 77、78、79、80—2007)

螺纹规格 d	螺距 P	不分末端型式(mm)						平端(mm)	
		s			e	t_{min}		d_p	
(mm)		公称	max	min	min	①	②	max	min
M1.6	0.35	0.7	0.724	0.710	0.809	0.7	1.5	0.80	0.55
M2	0.4	0.9	0.913	0.887	1.011	0.8	1.7	1.00	0.75
M2.5	0.45	1.3	1.30	1.275	1.454	1.2	2	1.50	1.25
M3	0.5	1.5	1.58	1.52	1.733	1.2	2	2.00	1.75
M4	0.7	2	2.08	2.02	2.303	1.5	2.5	2.50	2.25
M5	0.8	2.5	2.58	2.52	2.873	2	3	3.50	3.20
M6	1	3	3.08	3.02	3.443	2	3.5	4.00	3.70
M8	1.25	4	4.095	4.02	4.583	3	5	5.50	5.20
M10	1.5	5	5.14	5.02	5.723	4	6	7.00	6.64
M12	1.75	6	6.14	6.02	6.863	4.8	8	8.50	8.14
M16	2	8	8.175	8.025	9.149	6.4	10	12.00	11.57
M20	2.5	10	10.175	10.025	11.429	8	12	15.00	14.57
M24	3	12	12.212	12.032	13.716	10	15	18.00	17.57

螺纹规格 d	圆柱端(mm)						锥端(mm)	凹端(mm)	
	d_p		z 短		z 长		d_t	d_z	
(mm)	max	min	max	min	max	min	max	max	min
M1.6	0.80	0.55	0.65	0.40	1.05	0.80	0.4	0.80	0.55
M2	1.00	0.75	0.75	0.50	1.25	1.00	0.5	1.00	0.75
M2.5	1.50	1.25	0.88	0.63	1.50	1.25	0.65	1.20	0.95
M3	2.00	1.75	1.00	0.75	1.75	1.50	0.75	1.40	1.15
M4	2.50	2.25	1.25	1.00	2.25	2.00	1	2.00	1.75
M5	3.5	3.2	1.50	1.25	2.75	2.50	1.25	2.50	2.25
M6	4.0	3.7	1.75	1.50	3.00	2.50	1.5	3.0	2.75
M8	5.5	5.2	2.25	2.00	4.3	4.0	2	5.0	4.7
M10	7.00	6.64	2.75	2.50	5.3	5.0	2.5	6.0	5.7
M12	8.50	8.14	3.25	3.00	6.3	6.0	3	8.00	7.64
M16	12.00	11.57	4.3	4.0	8.36	8.00	4	10.00	9.64
M20	15.00	14.57	5.3	5.0	10.36	10.00	5	14.00	13.57
M24	18.00	17.57	6.3	6.0	12.43	12.00	6	16.00	15.57

l	公称	2、2.5 3	4、5 6	8 10	12 16	20、25 30	35、40 45、50	55 60
	公差	±0.2	±0.24	±0.29	±0.35	±0.42	±0.5	±0.6

注：s—对边宽度；e—对角宽度；t—扳手啮合深度；$t^①$、$t^②$—分别适用短、长圆柱端螺钉；d_p—平端或圆柱端直径；z 短、z 长—短、长圆柱端长度；d_t—截锥端直径；d_z—凹端直径；l—公称长度。

11. 方头紧定螺钉的有关结构尺寸

螺纹规格 d(mm)		M5	M6	M8	M10	M12	M16	M20
螺距 P(mm)		0.8	1	1.25	1.5	1.75	2	2.5
(1) 方头长圆柱端紧定螺钉(GB/T 85—1988)(mm)								
d_p	max	3.5	4	5.5	7	8.5	12	15
	min	3.2	3.7	5.2	6.64	8.14	11.57	14.57
z	max	2.75	3.25	4.3	5.3	6.3	8.36	10.36
	min	2.5	3	4	5	6	8	10
k	公称	5	6	7	8	10	14	18
	max	5.15	6.15	7.18	8.18	10.18	14.215	18.215
	min	4.85	5.85	6.82	7.82	9.82	13.785	17.785
r min		0.2	0.25	0.4	0.4	0.6	0.6	0.8
s	公称	5	6	8	10	12	17	22
	max	5	6	8	10	12	17	22
	min	4.82	5.82	7.78	9.78	11.73	16.73	21.67
e min		6	7.3	9.7	12.2	14.7	20.9	27.1
l	公称	8 10	12、14 16	20、25 30	35、40 45、50	55、60 70、80	90 100	
	公差	±0.29	±0.35	±0.42	±0.50	±0.95	±1.10	

螺纹规格 d(mm)	M5	M6	M8	M10	M12	M16	M20
螺距 P(mm)	0.8	1	1.25	1.5	1.75	2	2.5

（2）方头平端紧定螺钉（GB/T 821—1988）(mm)

尺寸 d_p、k、l、r、s、e 与"（1）方头长圆柱端紧定螺钉"相同

（3）方头长圆柱球面端紧定螺钉（GB/T 83—1988）(mm)

	$C \approx$	—	—	2	3	3	4	5
k	公称	—	—	9	11	13	18	23
	max	—	—	9.18	11.22	13.22	18.22	23.42
	min	—	—	8.82	10.78	12.78	17.78	22.58
r min		—	—	0.4	0.5	0.6	0.6	0.8
$r_e \approx$		—	—	7.7	9.8	11.9	16.8	21

注：尺寸 d_p、l、z、s、e 与"（1）方头长圆柱端紧定螺钉"相同

（4）方头短圆柱锥端紧定螺钉（GB/T 85—1988）(mm)

z	max	3.8	4.3	5.3	6.3	7.36	9.36	11.43
	min	3.5	4	5	6	7	9	11

注：尺寸 d_p、k、l、r、s、e 与"（1）方头长圆柱端紧定螺钉"相同

（5）方头凹端紧定螺钉（GB/T 84—1988）(mm)

d_z	max	2.5	3	5	6	7	10	13
	min	2.25	2.75	4.7	5.7	6.64	9.64	12.57
r min		0.2	0.25	0.4	0.5	0.6	0.6	0.8

注：尺寸 k、l、s、e 与"（1）方头长圆柱端紧定螺钉"相同

注：C—法兰厚度；d_p—平端或圆柱端直径；d_z—凹端直径；e—对角宽度；k—头部高度；l—公称长度；r—头下圆角半径；r_e—末端倒圆半径；s—对边宽度；z—末端长度。

12. 开槽定位螺钉的有关结构尺寸

(1) 开槽盘头定位螺钉(GB/T 828—1988)(mm)									
螺纹规格 d	M1.6	M2	M2.5	M3	M4	M5	M6	M8	M10
螺距 P	0.35	0.4	0.45	0.5	0.7	0.8	1	1.25	1.5
d_k max	3.2	4.0	5.0	5.6	8.0	9.5	12.0	16.0	20.0
d_k min	2.9	3.7	4.7	5.3	7.64	9.14	11.57	15.57	19.48
d_p max	0.8	1	1.5	1.5	2.5	3.5	4	5.5	7
d_p min	0.55	0.75	1.25	1.75	2.25	3.2	3.7	5.2	6.64
k max	1.0	1.3	1.5	1.8	2.4	3.0	3.6	4.8	6.0
k min	0.85	1.1	1.3	1.6	2.2	2.8	3.3	4.5	5.7
n 公称	0.4	0.5	0.6	0.8	1	1.2	1.6	2	2.5
n max	0.6	0.7	0.8	1	1.51	1.51	1.91	2.31	2.81
n min	0.46	0.56	0.66	0.86	1.26	1.26	1.66	2.06	2.56
a max	0.7	0.8	0.9	1.0	1.4	1.6	2.0	2.5	3.0
d_a max	2.1	2.6	3.1	3.6	4.7	5.7	6.8	9.2	11.2
r min	0.1	0.1	0.1	0.1	0.2	0.2	0.25	0.4	0.4
$r_e \approx$	1.12	1.4	2.1	2.8	3.5	4.9	5.6	7.7	9.4
r_f 参考	0.5	0.6	0.8	0.9	1.2	1.5	1.8	2.4	3.0
t min	0.35	0.5	0.6	0.7	1.0	1.2	1.4	1.9	2.4
w min	0.3	0.4	0.5	0.7	1.0	1.2	1.4	1.9	2.4
l 公称(系列)		1.5、2、2.5、3、4、5、6、8、10、12、16、20								
z 公称(min)		1、1.2、1.5、2、2.5、3				4、5、6		8、10		
z max		z公称+0.25				z公称+0.30		z公称+0.36		
l公称+ z公称 公称		>1~3		>3~6		>6~10	>10~18		>18~30	
l公称+ z公称 公差		±0.20		±0.24		±0.29	±0.35		±0.42	

注：1. d_k—头部直径；k—头部高度；n—开槽宽度；t—扳拧部分深度；w—槽底至支承面之间厚度；d_p—圆柱端直径；a—最末一扣完整螺纹至支承面距离；d_a—过渡圆直径；r—头下圆角半径；r_e—末端倒圆半径；r_f—头部圆角半径；l—公称长度；z—末端长度。

(2) 开槽圆柱端定位螺钉（GB/T 829—1988）(mm)

螺纹规格 d		M1.6	M2	M2.5	M3	M4	M5	M6	M8	M10
螺距 P		0.35	0.4	0.45	0.5	0.7	0.8	1	1.25	1.5
n	公称	0.25	0.25	0.4	0.4	0.6	0.8	1	1.2	1.6
	max	0.45	0.45	0.6	0.6	0.8	1	1.2	1.51	1.91
	min	0.31	0.31	0.46	0.46	0.66	0.86	1.06	1.26	1.66
t	max	0.74	0.84	0.95	1.05	1.42	1.63	2	2.5	3
	min	0.56	0.64	0.72	0.8	1.12	1.28	1.6	2	2.4
R≈		1.6	2	2.5	3	4	5	6	8	10

注：尺寸 d_p、r_e、$l_{公称}$、z、$l_{公称} + z_{公称}$ 与"(1) 开槽盘头定位螺钉"相同

(3) 开槽锥端定位螺钉（GB/T 72—1988）(mm)

螺纹规格 d		M3	M4	M5	M6	M8	M10	M12
螺距 P		0.5	0.7	0.8	1	1.25	1.5	1.75
d_p	max	2	2.5	3	4	5.5	7	8.5
	min	1.75	2.25	2.75	3.7	5.2	6.64	8.14
n	公称	0.4	0.6	0.8	1	1.2	1.6	2
	max	0.6	0.8	1	1.2	1.51	1.91	2.31
	min	0.46	0.66	0.86	1.06	1.26	1.66	2.06
t	max	1.05	1.42	1.63	2	2.5	3	3.6
	min	0.8	1.12	1.28	1.6	2	2.4	2.8
d_1≈		1.7	2.1	2.5	3.4	4.7	6	7.3
d_2 推荐		1.8	2.2	2.6	3.5	5	6.5	8
R≈		3	4	5	6	8	10	12
z		1.5	2	2.5	3	4	5	6
l	公称	4、5 6	8 10	12、(14) 16	20、25 30	35、40 45、50		
	公差	±0.24	±0.29	±0.35	±0.42	±0.50		

注：2. n—开槽宽度；t—扳拧部分深度；d_p—圆柱端或锥端大端直径；d_1—锥端小端直径；d_2—钻孔直径；l—公称长度；r_e—末端倒圆半径；R—头部倒圆半径；z—锥端长度。

13. 螺钉的品种简介

序号	品种名称与标准号	型式	规格范围	产品等级	螺纹公差	机械性能或材料	表面处理
1	开槽圆柱头螺钉* GB/T 65—2000		M1.6~ M10	A级	6g	钢: **4.8**、5.8	a. **不经处理** b. 电镀
						不锈钢: A2-50 A2-70	简单处理
						有色金属: CU2、CU3 AL4	a. 简单处理 b. 电镀
2	开槽盘头螺钉* GB/T 67—2008		M1.6~ M10	A级	6g	钢: **4.8**、5.8	a. 不经处理 b. 氧化 c. 电镀
						不锈钢: A2-50 A2-70	简单处理
						有色金属: CU2、CU3 AL4	a. 简单处理 b. 电镀
3	开槽沉头螺钉* GB/T 68—2000		M1.6~ M10	同序号1			
4	开槽半沉头螺钉* GB/T 69—2000		M1.6~ M10	同序号1			
5	开槽大圆头柱螺钉 GB/T 833—1988		M1.6~ M10	A级	6g	钢: **4.8**	a. **不经处理** b. 镀锌钝化
						不锈钢: A1-50 C4-50	不经处理

（续）

序号	品种名称与标准号	型式	规格范围	产品等级	螺纹公差	机械性能或材料	表面处理
6	开槽球面大圆柱头螺钉 GB/T 947—1988		M1.6～M10	同序号5			
7	开槽带孔球面圆柱头螺钉 GB/T 832—1988	A型 B型 C型	M1.6～M10	A和B级①	6g	同序号5	
8	开槽无头螺钉 GB/T 878—2007		M1～M10	A级	6g	钢：14H、22H 45H	a. 不经处理 b. 氧化 c. 电镀 d. 非电解锌片涂层
						不锈钢：A1-12H	简单处理
						有色金属：CU2、CU3 AL4	a. 简单处理 b. 电镀
9	十字槽圆柱头螺钉* GB/T 822—2000	H型 Z型	M2.5～M8	A级	6g	钢：4.8、5.8	a. 不经处理 b. 电镀
						不锈钢：A2-70	简单处理
						有色金属：CU2、CU3 AL4	a. 简单处理 b. 电镀
10	十字槽盘头螺钉* GB/T 818—2000	H型 Z型	M1.6～M10	A级	6g	钢：同序号8(无5.8级)	
						不锈钢：A2-50 A2-70	简单处理
						有色金属：同序号8	

17.37

(续)

序号	品种名称与标准号	型式	规格范围	产品等级	螺纹公差	机械性能或材料	表面处理
11	十字槽小盘头螺钉* GB/T 823—1988	H型	M2～M8	A级	6g	钢 4.8	a. **不经处理** b. 镀锌钝化
						不锈钢： A1-50 C4-50	不经处理
12	十字槽沉头螺钉—第一部分：钢4.8级* GB/T 819.1—2000	**H型** Z型	M1.6～M10	A级	6g	钢 4.8	a. **不经处理** b. 电镀
13	十字槽沉头螺钉—第二部分：钢8.8、不锈钢A2-70和有色金属CU2或CU3* GB/T 819.2—1997	**H型** Z型②	M2～M10	A级	6g	钢 8.8	a. **不经处理**或简单处理 b. 镀锌钝化
						不锈钢： A2-70	不经处理
						有色金属 CU2、CU3	不经处理
14	十字槽半沉头螺钉* GB/T 820—2000	**H型** Z型	M1.6～M10	A级	6g	钢 4.8	a. 不经处理 b. 电镀
						不锈钢： A2-50 A2-70	a. 简单处理 b. 电镀
						有色金属 CU2、CU3 AL4	a. 简单处理 b. 电镀

17.38

序号	品种名称与标准号	型式	规格范围	产品等级	螺纹公差	机械性能或材料	表面处理
15	精密机械用紧固件—十字槽用螺钉* GB/T 13806.1—1992	A型 B型 C型 H型	M1.2～M3	A级 F级	4h 6g③	钢：Q215	a. **不经处理** b. 氧化 c. 镀锌钝化
						铜④：H68、HP59-1	不经处理
16	内六角圆柱头螺钉* GB/T 70.1—2008		M1.6～M64	A级	12.9级为5g6g，其余等级为6g	钢： $d \geqslant 3$～39、8.8、10.9、12.9	a. **氧化** b. 电镀 c. 非电解锌片涂层
						不锈钢： $d \leqslant 24$： A2-70⑤ A3－70 A4－70 A5－70、 $d > 24$～39 A2-50⑥ A3－50 A4－50 A5－50	简单处理
						有色金属：CU2、CU3	a. 简单处理 b. 电镀
17	内六角平圆头螺钉* GB/T 70.2—2008		M3～M16	同序号15		钢:同序号15	

序号	品种名称与标准号	型式	规格范围	产品等级	螺纹公差	机械性能或 材 料	表面处理
18	内六角沉头螺钉* GB/T 70.3—2008		M3~M20	A级	12.9级为5g6g，其余等级为6g	钢：8.8、10.9、12.9	a. 氧化 b. 电镀 c. 非电解锌片涂层
19	内六角花形圆柱头螺钉—4.8级* GB/T 6190—1986		M6~M20	A级	6g	钢：4.8	a. 不经处理 b. 镀锌钝化
20	内六角花形圆柱头螺钉—8.8级和10.9级* GB/T 6191—1986		M6~M20	A级	6g	钢：8.8、10.9	a. 氧化 b. 镀锌钝化
21	内六角花形盘头螺钉* GB/T 2672—2004		M2~M10	A级	6g	钢：4.8	a. 不经处理 b. 电镀 c. 非电解锌片涂层
						不锈钢：A2-70 A3-70	简单处理
						有色金属CU2、CU3	a. 简单处理 b. 电镀

序号	品种名称与标准号	型式	规格范围	产品等级	螺纹公差	机械性能或材料	表面处理
22	内六角花形沉头螺钉* GB/T 2673—2007		M6~M20	A级	6g	同序号20	
23	内六角花形半沉头螺钉* GB/T 2674—2004		M2~M10	A级	6g	同序号20	
24	开槽盘头不脱出螺钉 GB/T 837—1988		M3~M10	A级	6g	钢：**4.8**	a. **不经处理** b. 镀锌钝化
						不锈钢：A1-50 C4-50	不经处理
25	开槽沉头不脱出螺钉 GB/T 948—1988		M3~M10	A级	6g	钢：**4.8**	a. **不经处理** b. 镀锌钝化
						不锈钢：A1-50 C4-50	不经处理
26	开槽半沉头不脱出螺钉 GB/T 949—1988		M3~M10	同序号24			
27	滚花头不脱出螺钉 GB/T 839—1988		M3~M10	同序号24			
28	六角头不脱出螺钉 GB/T 838—1988		M5~M16	同序号24			

序号	品种名称与标准号	型式	规格范围	产品等级	螺纹公差	机械性能或材料	表面处理
29	滚花高头螺钉 GB/T 834—1988		M1.6 ～ M10	同序号 24			
30	滚花平头螺钉 GB/T 835—1988		M1.6 ～ M10	同序号 24			
31	滚花小头螺钉 GB/T 836—1988		M1.6 ～ M6	同序号 24			
32	塑料滚花头螺钉 GB/T 840—1988	A 型 B 型	M4～ M16	—	6g	钢(杆部)：A 型：**14H**⑥ B 型：33H⑥ ABS 塑料(头部)	a. **氧化** b. 镀锌钝化
33	开槽圆柱头轴位螺钉 GB/T 830—1988		M1.6 ～ M10	A 级	6g	钢：**4.8** 不锈钢：A1-50 C4-50	a. **不经处理** b. 镀锌钝化 不经处理
34	开槽球面圆柱头轴位螺钉 GB/T 946—1988		M1.6 ～ M10	同序号 32			

序号	品种名称与标准号	型式	规格范围	产品等级	螺纹公差	机械性能或材料	表面处理
35	开槽无头轴位螺钉 GB/T 831—1988		M1.6 ～ M10	A级	6g	钢：14H⑥	a. 不经处理 b. 镀锌钝化
						不锈钢 A1-50 C4-50	不经处理
36	内六角圆柱头轴肩螺钉 GB/T 5281—1985		d_s: 6.5～ 25mm	A级	5g6g	钢：12.9⑦	a. 氧化 b. 镀锌钝化
37	开槽平端紧定螺钉* GB/T 73—1985		M1.2 ～ M12	A级	6g	钢：14H、22H	a. 氧化 b. 镀锌钝化
						不锈钢：A1-50	不经处理
38	开槽长圆柱端紧定螺钉* GB/T 75—1985		M1.6 ～ M12	同序号 36			
39	开槽锥端紧定螺钉* GB/T 71—1985		M1.2 ～ M12	同序号 36			
40	开槽凹端紧定螺钉* GB/T 74—1985		M1.6 ～ M12	A级	6g	钢：14H、22H	a. 氧化 b. 镀锌钝化
						不锈钢：A1-50	不经处理

序号	品种名称与标准号	型式	规格范围	产品等级	螺纹公差	机械性能或材料	表面处理
41	内六角平端紧定螺钉* GB/T 77—2007		M1.6 ～ M24	A级	45H级为5g6g,其余等级为6g	钢： **45H**	a. **氧化** b. 电镀
						不锈钢： A1、A2	简单处理
						有色金属 CU2、CU3 AL4	简单处理
42	内六角圆柱端紧定螺钉* GB/T 79—2007		M1.6 ～ M24	同序号40			
43	内六角锥端紧定螺钉* GB/T 78—2007		M1.6 ～ M24	同序号40			
44	内六角凹端紧定螺钉* GB/T 80—2007		M1.6 ～ M24	同序号40			
45	方头平端紧定螺钉 GB/T 821—1988		M5～ M20	A级	45H级为5g6g;其余等级为6g	钢： **33H**、45H	a. **氧化** b. 镀锌钝化
						不锈钢： A1-50 C4-50	不经处理

序号	品种名称与标准号	型式	规格范围	产品等级	螺纹公差	机械性能或材料		表面处理
46	方头长圆柱端紧定螺钉 GB/T 85—1988		M5～M20	A级	45H级为5g6g；其余等级为6g	钢：**33H**、45H		a. **氧化** b. 镀锌钝化
						不锈钢：A1-50 C4-50		不经处理
47	方头长圆柱球面端紧定螺钉 GB/T 83—1988		M8～M20	同序号45				
48	方头短圆柱锥端紧定螺钉 GB/T 86—1988		M5～M20	同序号45				
49	方头凹端紧定螺钉 GB/T 84—1988		M5～M20	同序号45				
50	开槽盘头定位螺钉 GB/T 828—1988		M1.6～M10	A级	6g	钢：**14H**、33H		a. 不经处理 b. 镀锌钝化
						不锈钢：A1-50 C4-50		不经处理
51	开槽圆柱端定位螺钉 GB/T 829—1988		M1.6～M10	同序号49				
52	开槽锥端定位螺钉 GB/T 72—1988		M3～M12	同序号49（但钢的"表面处理"多一项"c. 氧化"）				
53	吊环螺钉* GB/T 825—1988	A型 B型	M8～M100×6		8g	钢：20、25（正火处理）		a. 不经处理 b. 镀锌钝化 c. 镀铬

注：1. 型式、产品等级、机械性能或材料以及表面处理栏中，如有多项内容，其中用粗黑体字表示的内容，可在螺钉的标记中省略(参见第 13.2 页)。

2. 机械性能栏中：钢、不锈钢和有色金属螺钉各级性能具体数值，分别参见第 9.2、9.17 和 9.24 页；钢和不锈钢紧定螺钉各级性能具体数值，分别参见第 9.31 和 9.33 页。

3. 产品等级、螺纹公差和机械性能栏中的注①～⑦的说明：

① 开槽带孔球面圆柱头螺钉的 d_k 和 k 按 B 级，其余按 A 级。

② 钢(8.8)、不锈钢和有色金属十字槽沉头螺钉的 H 型和 Z 型十字槽的插入深度又分别分列系列 1(浅的)和系列 2(深的)两个系列；代号分别为 H1、H2 和 Z1 和 Z2。当 H 型十字槽螺钉的插入深度由制造者任选的系列 1 或系列 2 时，则其插入深度的代号可在螺钉标记中省略。如特殊情况需要指定两个系列之一时，则该系列的代号应在标记中表示。例：

螺钉 GB/T 819.2 M5×20—H1

③ 精密机械用十字槽螺钉的螺纹公差：

4h 适用于 ≤ M1.4；6g 适用于 ≥ M1.6。

④ 这种螺钉用铜制造时，应将材料牌号在标记中表示出来。例：

螺钉 GB/T 13806.1 BM2×4A—H68(表示 B 型、A 级、H68 黄铜制螺钉)

⑤ 用不锈钢棒料切制的这种螺钉，允许使用 A1-70($d ≤$ 12mm) 和 A1-50($d >$ 12mm)，但应在螺钉上标志其性能等级。

⑥ 塑料滚花头螺钉和开槽无头轴位螺钉的 14H、33H 性能具体数值，按第 9.31 页"钢紧定螺钉机械性能"的规定。

⑦ 轴肩螺钉，由于结构原因，不能承受拉力试验，但对12.9级规定的其他要求均应达到。

4. 棒料切制的不锈钢螺钉，允许使用 A1-70($d ≤$M12)，但在钢钉上应标志其性能等级。

5. 棒料切制的不锈钢螺钉，允许使用 A1-50，但在钢钉上应标志其性能等级。

6. ＊为商品紧固件品种,应优先选用。

14. 螺钉的用途简介

各种开槽机器螺钉、十字槽机器螺钉、内六角花形螺钉和内六角圆柱头螺钉,作紧固连接两个被连接零件之用。其中一个零件制成通孔,另一个零件制成内螺纹孔。机器螺钉也可作紧固连接两个带通孔的被连接零件之用,但需用螺母配合。内六角花形螺钉和内六角圆柱头螺钉,可比机器螺钉施加更大的扭紧力矩,故连接强度高。盘头和圆柱头螺钉适用于钉头允许露出的场合;沉头螺钉适用于钉头不允许露出的场合,但带通孔的零件表面上须制出相应的锥形沉孔;半沉头螺钉与沉头螺钉相似,但其球形顶端略露出外面,比较美观和光滑。

不脱出螺钉和滚花头螺钉也作紧固连接之用。不脱出螺钉多用于振动较大,要求螺钉不脱出场合,可在细的螺杆上装上防脱零件。滚花头螺钉可用手进行装拆。

紧定螺钉作紧固两个零件的相对位置之用。使用时,先把螺钉旋入待固定零件的内螺纹孔中,再把螺钉的末端压在另一个零件的表面上(或表面的相应凹坑中),即使这两个零件的相对位置固定下来。开槽和内六角紧定螺钉,适用于不允许螺钉外露的场合,方头紧定螺钉适用于允许钉头露出的场合。以螺钉的压紧力而言,开槽紧定螺钉较小,内六角紧定螺钉次之,方头紧定螺钉较大。锥端螺钉适用于硬度低的零件上;截锥端螺钉适用于压紧面处制有凹坑的零件上;平端和凹端螺钉适用于硬度较大或经常需要调节紧固位置的零件上;长圆柱端螺钉适用于管形轴(或薄壁零件)上,螺钉的圆柱端旋入管形轴的钉孔中,以便传递较大的载荷。

定位螺钉适用于紧固两个零件相对位置,并要求保证精度的场合。

吊环螺钉作起吊重物用。

螺钉的装拆工具,开槽螺钉使用一字形螺钉旋具(螺丝刀),十字槽螺钉使用十字形螺钉旋具,内六角螺钉使用内六角扳手,内六角花形螺钉使用内六角花形扳手,六角头螺钉使用呆扳手、梅花扳手、套筒扳手或活扳手,方头螺钉使用呆扳手或活扳手。

二、螺钉的尺寸与重量

1. 开槽圆柱头螺钉

(GB/T 65—2000)

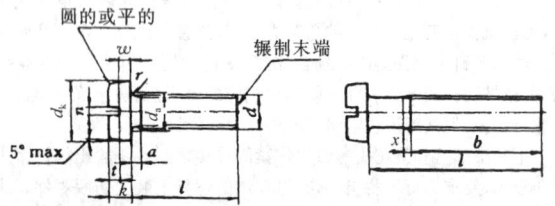

末端按 GB/T 2 规定,参见第 5.21 页;

无螺纹部分杆径约等于螺纹中径或允许等于螺纹大径。

(1) 开槽圆柱头螺钉的尺寸(mm)							
螺纹规格 d	主要尺寸			螺纹规格 d	主要尺寸		
	d_k max	k max	l 范围		d_k max	k max	l 范围
商 品	规	格	范 围	商 品	规	格	范 围
M1.6	3.0	1.1	2~16	M4	7.0	2.6	5~40
M2	3.8	1.4	3~20	M5	8.5	3.3	6~50
M2.5	4.5	1.8	3~25	M6	10	3.9	8~60
M3	5.5	2.0	4~30	M8	13	5.0	10~80
(M3.5)	6.0	2.4	5~35	M10	16	6.0	12~80

注:1. 尺寸代号的标注内容,参见第 17.2 页。
2. 其余尺寸(a、b、d_a、d_k、k、l、n、r、t、w、x),参见第 17.4~17.7页。

（2）开槽圆柱头螺钉的重量

l	G	l	G	l	G	l	G	l	G
d = M1.6		d = M2.5		d = (M3.5)		d = M5		d = M8	
2	0.070	10	0.482	25	1.98	40*	6.25	40*	17.4
3	0.082	12	0.542	30	2.28	45	6.88	45	18.9
4	0.094	(14)	0.602	35*	2.57	50	7.50	50	20.6
5	0.105	16	0.662	d = M4		d = M6		(55)	22.1
6	0.117	20	0.782	5	1.09	8	3.56	60	23.7
8	0.140	25*	0.932	6	1.17	10	3.92	(65)	25.2
10	0.163	d = M3		8	1.33	12	4.26	70	26.8
12	0.186	4	0.515	10	1.47	(14)	4.62	(75)	28.3
(14)	0.209	5	0.560	12	1.63	16	4.98	80	29.8
16*	0.232	6	0.604	(14)	1.79	20	5.69	d = M10	
d = M2		8	0.692	16	1.95	25	6.56	12	14.6
3	0.160	10	0.780	20	2.25	30	7.45	(14)	15.6
4	0.179	12	0.868	25	2.64	35	8.25	16	16.6
5	0.198	(14)	0.956	30	3.02	40*	9.20	20	18.6
6	0.217	16	1.04	35	3.41	45	10.0	25	21.1
8	0.254	20	1.22	40*	3.80	50	10.9	30	23.6
10	0.291	25	1.44	d = M5		(55)	11.8	35	26.1
12	0.329	30*	1.66	6	2.06	60	12.7	40*	28.6
(14)	0.365	d = (M3.5)		8	2.30	d = M8		45	31.1
16	0.402	5	0.786	10	2.55	10	7.85	50	33.6
20*	0.478	6	0.845	12	2.80	12	8.49	(55)	36.1
d = M2.5		8	0.966	(14)	3.05	(14)	9.13	60	38.6
3	0.272	10	1.08	16	3.30	16	9.77	(65)	41.1
4	0.302	12	1.20	20	3.78	20	11.0	70	43.6
5	0.332	(14)	1.32	25	4.40	25	12.6	(75)	46.1
6	0.362	16	1.44	30	5.02	30	14.2	80	48.6
8	0.422	20	1.68	35	5.62	35	15.8		

注：1. d—螺纹规格(mm)；l—公称长度(mm)。

2. G—每千件钢制品大约重量(kg)。

3. l 等于或小于带 * 符号的螺钉，制出全螺纹。

4. 表列规格为商品规格。带括号的规格尽量不采用。

2. 开槽盘头螺钉

(GB/T 67—2000)

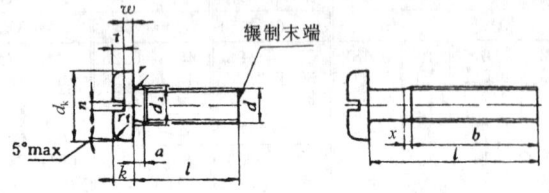

辗制末端

末端按 GB/T 2 规定,参见第 5.21 页;
无螺纹部分杆径约等于螺纹中径或允许等于螺纹大径。

(1) 开槽盘头螺钉的尺寸(mm)							
螺纹规格 *d*	主要尺寸			螺纹规格 *d*	主要尺寸		
	d_k max	k max	l 范围		d_k max	k max	l 范围
	商品规格范围				商品规格范围		
M1.6	3.2	1	2~16	M4	8	2.4	5~40
M2	4	1.3	2.5~20	M5	9.5	3	6~50
M2.5	5	1.5	3~25	M6	12	3.6	8~60
M3	5.6	1.8	4~30	M8	16	4.8	10~80
(M3.5)	7	2.1	5~35	M10	20	6	12~80

注:1. 尺寸代号的标注内容,参见第 17.2 页。
2. 其余尺寸(a、b、d_a、d_k、k、l、n、r、r_f、t、w、x),参见第 17.4~17.7 页。

(续)

(2) 开槽盘头螺钉的重量

l	G	l	G	l	G	l	G	l	G
d = M1.6		d = M2.5		d = (M3.5)		d = M5		d = M8	
2	0.075	6	0.371	16	1.48	30	5.09	30	15.7
2.5	0.081	8	0.431	20	1.72	35	5.71	35	17.3
3	0.087	10	0.491	25	2.02	40*	6.32	40*	18.9
4	0.099	12	0.551	30	2.32	45	6.94	45	20.5
5	0.110	(14)	0.611	35*	2.62	50	7.56	50	22.1
6	0.122	16	0.671	d = M4		d = M6		(55)	23.7
8	0.145	20	0.792	5	1.16	8	4.02	60	25
10	0.168	25*	0.942	6	1.24	10	4.37	(65)	26.9
12	0.192	d = M3		8	1.39	12	4.72	70	28.5
(14)	0.215	4	0.463	10	1.55	(14)	5.10	(75)	30.1
16*	0.238	5	0.507	12	1.70	16	5.45	80	31.7
d = M2		6	0.551	(14)	1.86	20	6.14	d = M10	
2.5	0.152	8	0.639	16	2.01	25	7.01	12	18.2
3	0.161	10	0.727	20	2.32	30	7.90	(14)	19.2
4	0.180	12	0.816	25	2.71	35	8.78	16	20.2
5	0.198	(14)	0.904	30	3.10	40*	9.66	20	22.2
6	0.217	(16)	0.992	35	3.48	45	10.5	25	24.7
8	0.254	20	1.17	40*	3.87	50	11.4	30	27.2
10	0.292	25	1.39	d = M5		(55)	12.3	35	29.7
12	0.329	30*	1.61	6	2.12	60	13.2	40*	32.2
(14)	0.366	d = (M3.5)		8	2.37	d = M8		45	34.7
16	0.404	5	0.825	10	2.61	10	9.38	50	37.2
20*	0.478	6	0.885	12	2.86	12	10.0	(55)	39.7
d = M2.5		8	1.00	(14)	3.11	(14)	10.6	60	42.2
3	0.281	10	1.12	16	3.36	16	11.2	(65)	44.7
4	0.311	12	1.24	20	3.85	20	12.6	70	47.2
5	0.341	(14)	1.36	25	4.47	25	14.1	(75)	49.7
								80	52.2

注: 1. d—螺纹规格(mm); l—公称长度(mm)。

2. G—每千件钢制品大约重量(kg)。

3. l 等于或小于带 * 符号的螺钉,制出全螺纹。

4. 表列规格为商品规格。带括号的规格尽量不采用。

3. 开槽沉头螺钉

(GB/T 68—2000)

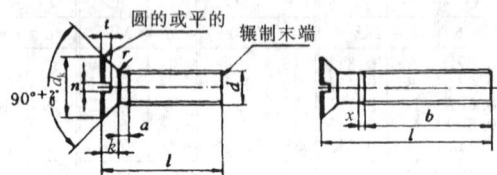

末端按 GB/T 2 规定,参见第 5.21 页;

无螺纹部分杆径约等于螺纹中径或允许等于螺纹大径。

(1) 开槽沉头螺钉的尺寸(mm)							
螺纹规格 d	主要尺寸			螺纹规格 d	主要尺寸		
	d_k max	k max	l 范围		d_k max	k max	l 范围
商品规格范围				商品规格范围			
M1.6	3	1	2.5~16	M4	8.4	2.7	6~40
M2	3.8	1.2	3~20	M5	9.3	2.7	8~50
M2.5	4.7	1.5	4~25	M6	11.3	3.3	8~60
M3	5.5	1.65	5~30	M8	15.8	4.65	10~80
(M3.5)	7.3	2.35	6~35	M10	18.3	5	12~80

注: 1. 尺寸代号的标注内容,参见第 17.2 页。

2. 其余尺寸(a、b、d_k、k、l、n、r、t、x),参见第 17.4~17.7 页。

（2）开槽沉头螺钉的重量

l	G	l	G	l	G	l	G	l	G
d = M1.6		d = M2.5		d = (M3.5)		d = M5		d = M8	
2.5	0.053	10	0.386	30	2.07	50	6.52	45*	16.9
3	0.058	12	0.446	35*	2.37	d = M6		50	18.5
4	0.069	(14)	0.507	d = M4		8	2.38	(55)	20.1
5	0.081	16	0.567			10	2.73	60	21.7
6	0.093	20	0.687	6	0.903	12	3.08	(65)	23.3
8	0.116	25*	0.838	8	1.06	(14)	3.43	70	24.9
10	0.139	d = M3		10	1.22	16	3.78	(75)	26.5
12	0.162			12	1.37	20	4.48	80	28.1
(14)	0.185	5	0.335	(14)	1.53	25	5.36	d = M10	
16*	0.208	6	0.379	16	1.68	30	6.23	12	9.54
d = M2		8	0.467	20	2.00	35	7.11	(14)	10.6
		10	0.555	25	2.39	40	7.98	16	11.6
3	0.101	12	0.643	30	2.78	45*	8.86	20	13.6
4	0.119	(14)	0.731	35	3.17	50	9.73	25	16.1
5	0.137	16	0.820	40*	3.56	(55)	10.6	30	18.7
6	0.152	20	0.996	d = M5		60	11.5	35	21.2
8	0.193	25	1.22			d = M8		40	23.7
10	0.231	30*	1.44	8	1.48			45*	26.2
12	0.268	d = (M3.5)		10	1.72	10	5.68	50	28.8
(14)	0.306			12	1.96	12	6.32	(55)	31.3
16	0.343	6	0.633	(14)	2.20	(14)	6.96	60	33.8
20*	0.417	8	0.753	16	2.44	16	7.60	(65)	36.3
d = M2.5		10	0.873	20	2.92	20	8.88	70	38.9
		12	0.993	25	3.52	25	10.5	(75)	41.4
4	0.206	(14)	1.11	30	4.12	30	12.1	80	43.9
5	0.236	16	1.23	35	4.72	35	13.7		
6	0.266	20	1.47	40	5.32	40	15.3		
8	0.326	25	1.77	45*	5.92				

注：1. d—螺纹规格（mm）；l—公称长度（mm）。
2. G—每千件钢制品大约重量（kg）。
3. l 等于或小于带 * 符号的螺钉，制出全螺纹。
4. 表列规格为商品规格。带括号的规格尽量不采用。

4. 开槽半沉头螺钉

(GB/T 69—2000)

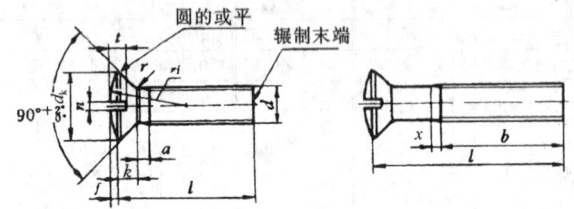

末端按 GB/T 2 规定,参见第 5.21 页;

无螺纹部分杆径约等于螺纹中径或允许等于螺纹大径。

(1) 开槽半沉头螺钉的尺寸(mm)								
螺纹规格 d	主要尺寸				螺纹规格 d	主要尺寸		
	d_k max	f ≈	k max	l 范围		d_k max	f ≈	k max	l 范围
	商品规格范围					商品规格范围			
M1.6	3	0.4	1	2.5~16	M4	8.4	1	2.7	6~40
M2	3.8	0.5	1.2	3~20	M5	9.3	1.2	2.7	8~50
M2.5	4.7	0.6	1.5	4~25	M6	11.3	1.4	3.3	8~60
M3	5.5	0.7	1.65	5~30	M8	15.8	2	4.65	10~80
(M3.5)	7.3	0.8	2.35	6~35	M10	18.3	2.3	5	12~80

注:1. 尺寸代号的标注内容,参见第 17.2 页。
　　2. 其余尺寸(a、b、d_k、k、l、n、r、r_f、t、x),参见第 17.4~17.7 页。

（续）

(2) 开槽半沉头螺钉的重量

l	G	l	G	l	G	l	G	l	G
d = M1.6		d = M2.5		d = (M3.5)		d = M5		d = M8	
2.5	0.062	10	0.422	30	2.17	50	6.76	45*	18.1
3	0.067	12	0.482	35*	2.47	d = M6		50	19.7
4	0.078	(14)	0.543	d = M4		8	2.79	(55)	21.3
5	0.090	16	0.603	6	1.07	10	3.14	60	22.9
6	0.102	20	0.723	8	1.23	12	3.49	(65)	24.5
8	0.125	25*	0.874	10	1.39	(14)	3.84	70	26.1
10	0.145	d = M3		12	1.54	16	4.19	(75)	27.7
12	0.165	5	0.395	(14)	1.70	20	4.89	80	29.3
(14)	0.185	6	0.439	16	1.85	25	5.77	d = M10	
16*	0.205	8	0.527	20	2.17	30	6.64	12	11.4
d = M2		10	0.615	25	2.56	35	7.52	16	12.5
3	0.119	12	0.703	30	2.95	40	8.39	16	13.5
4	0.138	(14)	0.791	35	3.34	45*	9.27	20	15.5
5	0.156	16	0.879	40*	3.73	50	10.1	25	20.6
6	0.175	20	1.06	d = M5		(55)	11.0	30	20.6
8	0.212	25	1.28	8	1.73	60	11.9	35	23.1
10	0.249	30*	1.50	10	1.97	d = M8		40	25.6
12	0.287	d = (M3.5)		12	2.21	10	6.89	45*	28.1
(14)	0.325	6	0.729	(14)	2.45	12	7.53	50	30.7
16	0.362	8	0.849	16	2.69	(14)	8.17	(55)	33.2
20*	0.436	10	0.969	20	3.17	16	8.81	60	35.7
d = M2.5		12	1.09	25	3.77	20	10.3	(65)	38.2
4	0.242	(14)	1.21	30	4.37	25	11.7	70	40.8
5	0.272	16	1.33	35	4.97	30	13.3	(75)	43.3
6	0.302	20	1.57	40	5.57	35	14.9	80	45.8
8	0.362	25	1.87	45*	6.16	40	16.5		

注：1. d—螺纹规格（mm）；l—公称长度（mm）。

2. G—每千件钢制品大约重量（kg）。

3. l 等于或小于带 * 符号的螺钉，制出全螺纹。

4. 表列规格为商品规格。带括号的规格尽量不采用。

5. 开槽大圆柱头螺钉

(GB/T 833—1988)

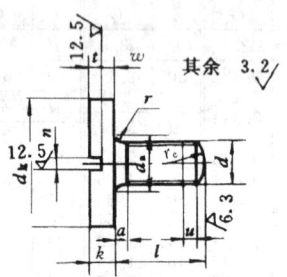

末端按 GB/T 2 规定,参见第 5.21 页。

(1) 开槽大圆柱头螺钉的尺寸(mm)							
螺纹规格 d	主要尺寸			螺纹规格 d	主要尺寸		
	d_k max	k max	l 范围		d_k max	k max	l 范围
	通用规格范围				通用规格范围		
M1.6	6	1.2	2.5~5	M5	17	3.5	6~14
M2	7	1.4	3~6	M6	20	4	8~16
M2.5	9	1.8	4~8	M8	25	5	10~16
M3	11	2	4~10	M10	30	6	12~20
M4	14	2.8	5~12				

注:1. 尺寸代号的标注内容,参见第 17.2 页。
　　2. 其余尺寸(a、d_a、d_k、k、l、n、r、r_e、t、w),参见第 17.4~17.7 页。

\multicolumn{6}{c}{(2) 开槽大圆柱头螺钉的重量}
l	G	l	G	l	G
\multicolumn{2}{c}{M1.6}	\multicolumn{2}{c}{M3}	\multicolumn{2}{c}{M6}
2.5	0.24	5	1.46	8	9.65
3	0.24	6	1.50	10	9.99
4	0.25	8	1.58	12	10.34
5	0.26	10	1.67	(14)	10.68
\multicolumn{2}{c}{M2}	\multicolumn{2}{c}{M4}	16	11.02
3	0.39	5	3.27	\multicolumn{2}{c}{M8}
4	0.41	6	3.34	10	19.05
5	0.42	8	3.49	12	19.67
6	0.44	10	3.64	(14)	20.29
\multicolumn{2}{c}{M2.5}	12	3.79	16	20.92
4	0.86	\multicolumn{2}{c}{M5}	\multicolumn{2}{c}{M10}
5	0.89	6	6.15	12	34.90
6	0.92	8	6.39	(14)	35.88
8	0.98	10	6.63	16	36.86
\multicolumn{2}{c}{M3}	12	6.87	20	38.83
4	1.41	(14)	7.11		

注：1. d—螺纹规格(mm)；l—公称长度(mm)。

2. G—每千件钢制品大约重量(kg)。

3. 表列规格为通用规格。带括号的规格尽量不采用。

6. 开槽球面大圆柱头螺钉

(GB/T 947—1988)

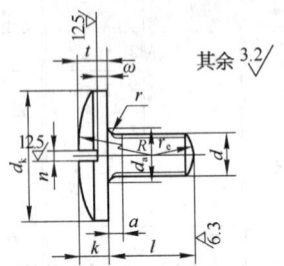

末端按 GB/T 2 规定,参见第 5.21 页。

螺纹规格 d	主要尺寸			螺纹规格 d	主要尺寸		
	d_k max	k max	l 范围		d_k max	k max	l 范围
通用规格范围				通用规格范围			
M1.6	6	1.2	2～5	M5	17	3.5	6～14
M2	7	1.4	2.5～6	M6	20	4	8～16
M2.5	9	1.8	3～8	M8	25	5	10～20
M3	11	2	4～10	M10	30	6	12～20
M4	14	2.8	5～12				

(1) 开槽球面大圆柱头螺钉的尺寸(mm)

注: 1. 尺寸代号的标注内容,参见第 17.2 页。
2. 其余尺寸(a、d_a、d_k、k、l、n、r、r_e、R、t、w),参见第 17.4～17.7 页。

| | （2）开槽球面大圆柱头螺钉的重量 |

l	G	l	G	l	G
M1.6		M3		M6	
2	0.16	4	0.88	8	6.43
2.5	0.16	5	0.92	10	6.77
3	0.17	6	0.97	12	7.12
4	0.18	8	1.05	(14)	7.46
5	0.19	10	1.13	16	7.80
M2		M4		M8	
2.5	0.27	5	2.12	10	13.03
3	0.28	6	2.19	12	13.65
4	0.29	8	2.34	(14)	14.27
5	0.31	10	2.49	16	14.89
6	0.33	12	2.64	20	16.14
M2.5		M5		M10	
3	0.56	6	4.12	12	22.36
4	0.59	8	4.37	(14)	23.34
5	0.62	10	4.61	16	24.33
6	0.65	12	4.85	20	26.29
8	0.70	(14)	5.09		

注：1. d—螺纹规格(mm)；l—公称长度(mm)。

2. G—每千件钢制品大约重量(kg)。

3. 表列规格为通用规格。带括号的规格尽量不采用。

7. 开槽带孔球面圆柱头螺钉

(GB/T 832—1988)

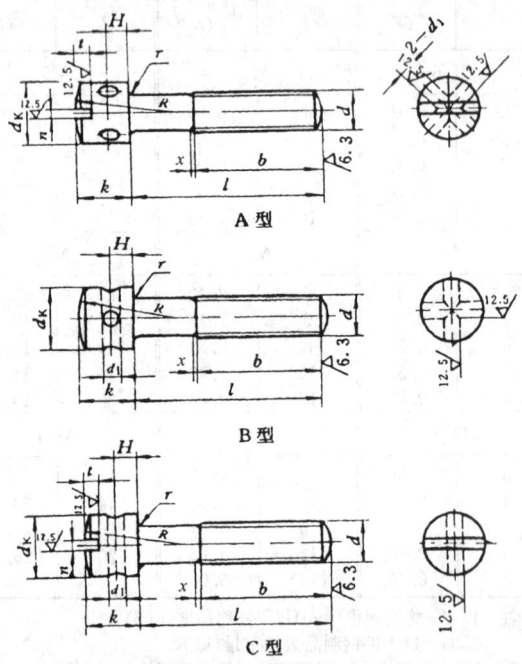

A 型

B 型

C 型

末端按 GB/T 2 规定,参见第 5.21 页;
无螺纹部分杆径约等于螺纹中径或螺纹大径;
$x \leqslant 2.5P$;P—螺距;其余表面的粗糙度为 $R_a = 3.2\mu m$。

(1) 开槽带孔球面圆柱头螺钉的尺寸(mm)									
螺纹规格 d	M1.6	M2	M2.5	M3	M4	M5	M6	M8	M10
d_k max	3	3.5	4.2	5	7	8.5	10	12.5	15
k max	2.6	3	3.6	4	5	6.5	8	10	12.5
d_1 max	1.12	1.12	1.32	1.62	2.12	2.12	3.12	3.12	4.16
H 公称	0.9	1.0	1.2	1.5	2.0	2.5	3.0	4.0	5.0
b	15	16	17	18	20	22	24	28	32
l 范围	2.5~16	2.5~20	3~25	4~30	6~40	8~50	10~60	12~60	20~60

注：1. 尺寸代号的标注内容，参见第 17.2 页。

2. 其余尺寸(d_k、k、l、n、r、R、t、x)，参见第 17.4～17.7 页。

(2) 开槽带孔球面圆柱头螺钉的重量									
l	G	l	G	l	G	l	G	l	G
M1.6		M1.6		M1.6		M2		M2	
2.5	0.09	6	0.13	(14)	0.22	3	0.17	8	0.26
3	0.10	8	0.16	16	0.24	4	0.19	10	0.30
				M2		5	0.21	12	0.33
4	0.11	10	0.18	2.5	0.16	6	0.23	(14)	0.37
5	0.12	12	0.20						

注：1. d—螺纹规格(mm)；l—公称长度(mm)。

2. G—每千件钢制品大约重量(kg)。

3. 表列规格为通用规格。带括号的规格尽量不采用。

(2) 开槽带孔球面圆柱头螺钉的重量

l	G	l	G	l	G	l	G	l	G
M2		M3		M4		M6		M8	
16	0.40	8	0.64	35	3.42	(14)	5.26	35	17.17
20	0.47	10	0.72	40	3.79	16	5.60	40	18.72
M2.5		12	0.81	M5		20	6.28	45	20.28
3	0.30	(14)	0.89	8	2.79	25	7.14	50	21.83
4	0.33	16	0.98	10	3.03	30	8.00	55	23.39
5	0.36	20	1.15	12	3.27	35	8.86	60	24.94
6	0.39	25	1.36	(14)	3.51	40	9.71	M10	
8	0.44	30	1.57	16	3.75	45	10.57	20	21.04
10	0.50	M4		20	4.23	50	11.43	25	23.50
12	0.56	6	1.24	25	4.83	(55)	12.28	30	25.95
(14)	0.62	8	1.39	30	5.43	60	13.14	35	28.41
16	0.67	10	1.54	35	6.03	M8		40	30.87
20	0.79	12	1.69	40	6.63	12	10.02	45	33.32
25	0.93	(14)	1.84	45	7.23	(14)	10.64	50	35.78
M3		16	1.99	50	7.83	16	11.26	(55)	38.23
4	0.47	20	2.29	M6		20	12.50	60	40.69
5	0.51	25	2.67	10	4.57	25	14.06		
6	0.55	30	3.04	12	4.91	30	15.61		

8. 开槽无头螺钉(GB/T 878—2007)

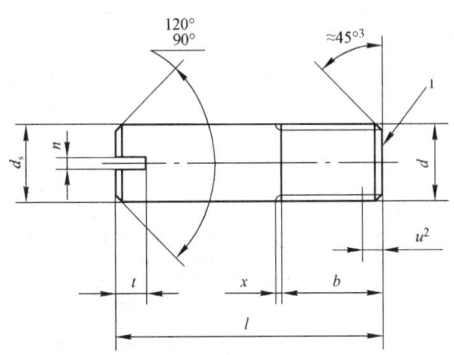

注:1—平端(按 GB/2 规定)。
2—不完整螺纹的长度 $u \leqslant 2P$。
3—45°仅适用于螺纹小径以内的末端部分。

(1) 尺寸(mm)						
螺纹规格 d	M1	M1.2	M1.6	M2	M2.5	M3
螺纹长度 b	1.2	1.4	1.9	2.4	3	3.6
头部直径 d_s(max)	1.0	1.2	1.6	2.0	2.5	3.0
开槽宽度 n(max)	0.4	0.45	0.50	0.50	0.60	0.70
公称长度 l	2.5~4	3~5	4~6	5~8	5~10	6~12

(1) 尺寸(mm)						
螺纹规格 d	(M3.5)	M4	M5	M6	M8	M10
螺纹长度 b	4.2	4.8	6	7.2	9.6	12
头部直径 d_s(max)	3.5	4.0	5.0	6.0	8.0	10.0
开槽宽度 n(max)	0.70	0.80	1.0	1.2	1.51	1.91
公称长度 l	8~14	8~14	10~20	12~25	14~30	16~35

公称长度系列 l:2.5、3、4、5、6、8、10、12、(14)、16、20、25、30、35(表列规格为商品长度规格,带括号的规格尽可能不采用)

(2) 每千件钢制品大约重量 G(kg)									
l	G	l	G	l	G	l	G	l	G
M1		M2		M3		M5		M8	
2.5	0.010	5	0.094	12	0.563	10	1.24	(14)	4.42
3	0.012	6	0.115	(M3.5)		12	1.52	16	5.17
4	0.017	8	0.158	8	0.482	(14)	1.81	20	6.66
M1.2		M2.5		10	0.618	16	2.10	25	8.50
3	0.018	5	0.147	12	0.754	20	2.67	30	10.39
4	0.025	6	0.182	(14)	0.890	M6		M10	
5	0.032	8	0.250	M4		12	2.13	16	7.83
M1.6		10	0.319	8	0.618	(14)	2.55	20	10.19
4	0.045	M3		10	0.798	16	2.97	25	13.14
5	0.059	6	0.261	12	0.978	20	3.80	30	16.09
6	0.072	8	0.362	(14)	1.16	25	4.85	35	19.03
		10	0.463						

9. 十字槽圆柱头螺钉

(GB/T 822—2000)

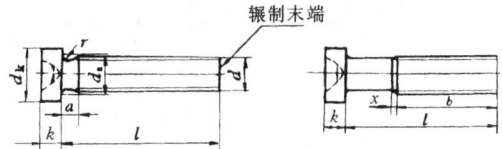

末端按 GB/T 2 规定,参见第 5.21 页;

无螺纹部分杆径约
等于螺纹中径或螺
纹大径。

十字槽

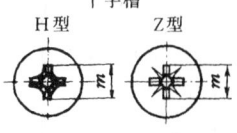

(1) 十字槽圆柱头螺钉的尺寸(mm)

螺纹规格 d	十字槽号	主要尺寸			螺纹规格 d	十字槽号	主要尺寸		
		d_k max	k max	l 范围			d_k max	k max	l 范围
		商品规格范围					商品规格范围		
M2.5	1	4.50	1.80	3~25	M5	2	8.50	3.30	6~50
M3	2	5.50	2.00	4~30	M6	3	10.00	3.90	8~60
(M3.5)	2	6.00	2.40	5~35	M8	3	13.00	5.00	10~60
M4	2	7.00	2.50	5~40					

注: 1. 尺寸代号的标注内容,参见第 17.2 页。
    2. 其余尺寸(a、b、d_k、k、l、r、x、十字槽),参见17.8~
       17.11 页。

| \multicolumn{10}{c}{（2）十字槽圆柱头螺钉的重量} |

l	G	l	G	l	G	l	G	l	G
\multicolumn{2}{c	}{M2.5}	\multicolumn{2}{c	}{M3}	\multicolumn{2}{c	}{M4}	\multicolumn{2}{c	}{M5}	\multicolumn{2}{c}{M6}
3	0.272	16	1.04	6	1.17	25	4.40	50	10.9
4	0.302	20	1.22	8	1.33	30	5.02	60	12.7
5	0.332	25	1.44	10	1.47	35	5.62	\multicolumn{2}{c}{M8}
6	0.362	30 *	1.66	12	1.63	40 *	6.25		
8	0.422	\multicolumn{2}{c	}{（M3.5）}	16	1.95	45	6.88	10	7.85
10	0.482			20	2.25	50	7.50	12	8.49
12	0.542	5	0.786	25	2.64	\multicolumn{2}{c	}{M6}	16	9.77
16	0.662	6	0.845	30	3.02			20	11.0
20	0.782	8	0.966	35	3.41	8	3.56	25	12.6
25 *	0.932	10	1.08	40 *	3.80	10	3.92	30	14.2
\multicolumn{2}{c	}{M3}	12	1.20	\multicolumn{2}{c	}{M5}	12	4.27	35	15.8
		16	1.44			16	4.98	40 *	17.4
4	0.515	20	1.68	6	2.06	20	5.69	45	18.9
5	0.560	25	1.98	8	2.20	25	6.56	50	20.6
6	0.604	30	2.28	10	2.55	30	7.45	60	23.7
8	0.692	35 *	2.57	12	2.80	35	8.39	70	26.8
10	0.780	\multicolumn{2}{c	}{M4}	16	3.30	40 *	9.20	80	29.8
12	0.868	5	1.09	20	3.78	45	10.0		

注：1. d—螺纹规格（mm）；l—公称长度（mm）。
2. G—每千件钢制品大约重量（kg）。
3. l 等于或小于带 * 符号的螺钉，应制出全螺纹。
4. 表列规格为商品规格。带括号的规格尽量不采用。

10. 十字槽盘头螺钉

(GB/T 818—2000)

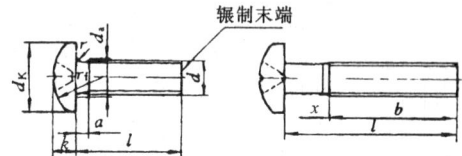

辗制末端

末端按 GB/T 2 规定,参见第 5.51
页;

无螺纹部分杆径约等于螺纹中径或
螺纹大径。

十字槽

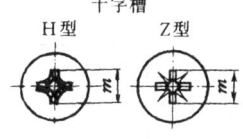

H型   Z型

(1) 十字槽盘头螺钉的尺寸(mm)									
螺纹规格 d	十字槽号	主要尺寸			螺纹规格 d	十字槽号	主要尺寸		
		d_k max	k max	l 范围			d_k max	k max	l 范围
商品规格范围					商品规格范围				
M1.6	0	3.2	1.3	3~16	M4	2	8	3.1	5~40
M2	0	4	1.6	3~20	M5	2	9.5	3.7	6~45
M2.5	1	5	2.1	3~25	M6	3	12	4.6	8~60
M3	1	5.6	2.4	4~30	M8	4	16	6	10~60
(M3.5)	2	7	2.6	5~35	M10	4	20	7.5	12~60

注: 1. 尺寸代号的标注内容,参见第 17.2 页。

2. 其余尺寸(a、b、d_a、d_k、k、l、r、r_f、x、十字槽),参见第
17.8~17.11 页。

	(2) 十字槽盘头螺钉的重量								
l	G	l	G	l	G	l	G	l	G
M1.6		M2.5		(M3.5)		M5		M8	
3	0.099	8	0.486	(14)	1.43	16	3.56	(14)	11.2
4	0.111	10	0.546	16	1.55	20	4.05	16	11.9
5	0.123	12	0.606	20	1.79	25	4.67	20	13.2
6	0.134	(14)	0.696	25	2.09	30	5.29	25	14.8
8	0.157	16	0.726	30	2.39	35	5.91	30	16.4
10	0.180	20	0.846	35*	2.68	40*	6.52	35	18.0
12	0.203	25*	0.996	M4		45	7.14	40*	19.6
(14)	0.226	M3		5	1.30	M6		45	21.2
16*	0.245	4	0.544	6	1.38	8	4.37	50	22.8
M2		5	0.588	8	1.53	10	4.72	(55)	24.4
3	0.178	6	0.632	10	1.69	12	5.07	60	26.0
4	0.196	8	0.720	12	1.84	(14)	5.42	M10	
5	0.215	10	0.808	(14)	2.00	16	5.78	12	19.8
6	0.233	12	0.896	16	2.15	20	6.48	(14)	20.8
8	0.270	(14)	0.984	20	2.46	25	7.36	16	21.8
10	0.307	16	1.07	25	2.85	30	8.24	20	23.8
12	0.344	20	1.25	30	3.23	35	9.12	25	26.3
(14)	0.381	25*	1.47	35	3.62	40*	10.0	30	28.8
16	0.418	30	1.69	40*	4.01	45	10.9	35	31.3
20*	0.492	(M3.5)		M5		50	11.8	40*	33.9
M2.5		5	0.891	6	2.32	(55)	12.6	45	36.4
3	0.336	6	0.951	8	2.57	60	13.5	50	38.9
4	0.366	8	1.07	10	2.81	M8		(55)	41.4
5	0.396	10	1.19	12	3.06	10	9.96	(60)	43.9
6	0.426	12	1.31	(14)	3.31	12	10.6		

注: 1. d—螺纹规格(mm); l—公称长度(mm)。

2. G—每千件钢制品大约重量(kg)。

3. l 等于或小于带 * 符号的螺钉,应制出全螺纹。

4. 表列规格为商品规格。带括号的规格尽量不采用。

11. 十字槽小盘头螺钉

(GB/T 823—1988)

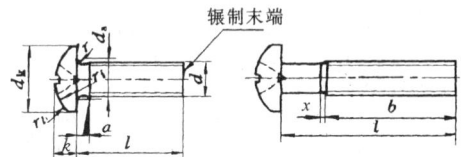

辗制末端

末端按 GB/T 2 规定,参见第 5.21 页;

无螺纹部分杆径约等于螺纹中径或螺纹大径。

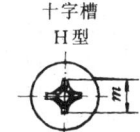

十字槽
H 型

(1) 十字槽小盘头螺钉的尺寸(mm)									
螺纹规格 d	十字槽号	主要尺寸			螺纹规格 d	十字槽号	主要尺寸		
		d_k max	k max	l 范围			d_k max	k max	l 范围
商品规格范围					商品规格范围				
M2	1	3.5	1.4	3~20	M4	2	7.0	2.75	5~40
M2.5	1	4.5	1.8	3~25	M5	3	9.0	3.45	6~50
M3	2	5.5	2.15	4~30	M6	3	10.5	4.1	8~60
(M3.5)	2	6.0	2.45	5~35	M8	3	14.0	5.4	10~60

注: 1. 尺寸代号的标注内容,参见第 17.2 页。
2. 其余尺寸(a、b、d_a、d_k、k、l、r、r_1、r_f、x、十字槽),参见第 17.8~17.11 页。

\(2\) 十字槽小盘头螺钉的重量									
l	G	l	G	l	G	l	G	l	G
M2		M2.5		(M3.5)		M5		M6	
3	0.13	25*	0.89	20	1.60	12	2.86	45	9.87
4	0.14	M3		25	1.89	(14)	3.10	50*	10.72
5	0.16	4	0.47	30	2.18	16	3.34	(55)	11.58
6	0.18	5	0.52	35*	2.48	20	3.82	60	12.44
8	0.21	6	0.56	M4		25	4.42	M8	
10	0.25	8	0.64	5	1.03	30	5.02	10	8.48
12	0.29	10	0.73	6	1.10	35	5.62	12	9.11
(14)	0.32	12	0.81	8	1.25	40	6.22	(14)	9.73
16	0.36	(14)	0.90	10	1.40	45	6.82	16	10.35
20*	0.43	16	0.98	12	1.55	50	7.42	20	11.59
M2.5		20	1.15	(14)	1.70	M6		25	13.15
3	0.26	25	1.36	16	1.85	8	3.52	30	14.70
4	0.28	30*	1.58	25	2.53	10	3.87	35	16.26
5	0.31	(M3.5)		30	2.90	12	4.21	40	17.81
6	0.34	5	0.71	35	3.27	(14)	4.55	45	19.37
8	0.40	6	0.77	40*	3.65	16	4.89	50*	20.92
10	0.46	8	0.89	M5		20	5.58	(55)	22.48
12	0.52	10	1.01	6	2.14	25	6.44	60	24.03
(14)	0.57	12	1.13	8	2.38	30	7.29		
16	0.63	(14)	1.24	10	2.62	35	8.15		
20	0.75	16	1.36			40	9.01		

注：1. d—螺纹规格(mm)；l—公称长度(mm)。

2. G—每千件钢制品大约重量(kg)。

3. l 等于或小于带 * 符号的螺钉，制出全螺纹。

4. 表列规格为商品规格。带括号的规格尽量不采用。

12. 十字槽沉头螺钉—第一部分：钢4.8级

(GB/T 819.1—2000)

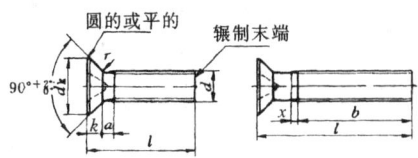

末端按 GB/T 2 规定，参见第 5.21 页；

无螺纹部分杆径约等于螺纹中径或螺纹大径。

十字槽

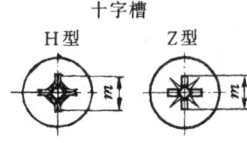

(1) 十字槽沉头螺钉—钢4.8级的尺寸(mm)									
螺纹规格 d	十字槽号	主要尺寸			螺纹规格 d	十字槽号	主要尺寸		
		d_k max	k max	l 范围			d_k max	k max	l 范围
商品规格范围					商品规格范围				
M1.6	0	3	1	3～16	M4	2	8.4	2.7	5～40
M2	0	3.8	1.2	3～20	M5	2	9.3	2.7	6～50
M2.5	1	4.7	1.5	3～25	M6	3	11.3	3.3	8～60
M3	1	5.5	1.65	4～30	M8	4	15.8	4.65	10～60
(M3.5)	2	7.3	2.3	5～35	M10	4	18.3	5.5	12～60

注：1. 尺寸代号的标注内容，参见第 17.2 页。

2. 其余尺寸(a、b、d_k、k、l、r、x、十字槽)，参见第 17.8～17.11 页。

(2) 十字槽沉头螺钉—钢 4.8 级的重量									
l	*G*	*l*	*G*	*l*	*G*	*l*	*G*	*l*	*G*
M1.6		M2.5		M(3.5)		M5		M8	
3	0.058	8	0.326	(14)	1.11	16	2.44	12	6.32
4	0.069	10	0.386	16	1.23	20	2.92	(14)	6.96
5	0.081	12	0.446	20	1.47	25	3.52	16	7.60
6	0.093	(14)	0.507	25	1.77	30	4.12	20	8.88
8	0.116	16	0.567	30	2.07	35	4.72	25	10.5
10	0.139	20	0.687	35 *	2.37	40	5.32	30	12.1
12	0.162	25 *	0.838	M4		45 *	5.92	35	13.3
(14)	0.185	M3		5	0.825	50	6.52	40	15.3
16 *	0.208	4	0.291	6	0.903	M6		45 *	16.9
M2		5	0.335	8	1.06	8	2.38	50	18.5
3	0.101	6	0.379	10	1.22	10	2.73	(55)	20.1
4	0.119	8	0.467	12	1.37	12	3.08	60	21.7
5	0.137	10	0.555	(14)	1.53	(14)	3.43	M10	
6	0.152	12	0.643	16	1.68	16	3.78	12	9.54
8	0.193	(14)	0.731	20	2.00	20	4.48	(14)	10.6
10	0.231	16	0.820	25	2.39	25	5.36	16	11.6
12	0.268	20	0.996	30	2.78	30	6.23	20	13.6
(14)	0.306	25	1.22	35	3.17	35	7.11	25	16.1
16	0.343	30 *	1.44	40 *	3.56	40	7.98	30	18.7
20 *	0.417	(M3.5)		M5		45 *	8.86	35	21.2
M2.5		5	0.573	6	1.24	50	9.73	40	23.7
3	0.176	6	0.633	8	1.48	(55)	10.6	45 *	26.2
4	0.206	8	0.753	10	1.72	60	11.5	50	28.8
5	0.236	10	0.873	12	1.96	M8		(55)	31.3
6	0.266	12	0.993	(14)	2.20	10	5.68	60	33.8

注：1. d—螺纹规格(mm)；l—公称长度(mm)。

2. G—每千件钢制品的大约重量(kg)。

3. l 等于或小于带 * 符号的螺钉，制出全螺纹。

4. 表列规格为商品规格。带括号的规格尽量不采用。

13. 十字槽沉头螺钉—第二部分:钢 8.8、不锈钢 A2-70 和有色金属 CU2 或 CU3(GB/T 819.2—1997)

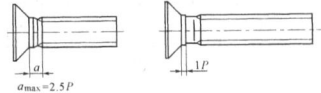

$a_{max} = 2.5P$(P—螺距);螺钉的其余尺寸见图 2。

图 1　头下带台肩的螺钉,用于插入深度系列 1(深的)

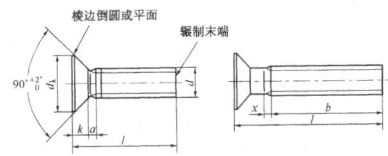

$a_{max} = 2P$(P—螺距)。

图 2　头下不带台肩的螺钉,用于插入深度系列 2(浅的)

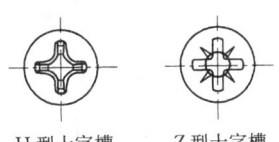

H 型十字槽　　　　Z 型十字槽

图 3　十字槽

螺钉按十字槽的插入深度分系列 1 和系列 2 两个系列。在制造中,由制造者任选的系列 1 或系列 2,在螺钉的标记中不予以表示;如特殊情况需要指定两个系列之一者,则该系列的数码(如系列 1)应在标记中表示。例:

螺钉　GB/T 819.2 M5×20　　(由制造者任选的系列)

螺钉　GB/T 819.2 M5×20—H1　(指定的 H 型系列 1)

十字槽沉头螺钉—第2部分：钢 8.8、不锈钢 A2-70 和有色金属 Cu2 或 Cu3 的尺寸(mm)

螺纹规格 d		M2	M2.5	M3	(M3.5)	M4	M5	M6	M8	M10
螺距 P		0.4	0.45	0.5	0.6	0.7	0.8	1	1.25	1.5
b	min	25	25	25	38	38	38	38	38	38
d_k	max	3.8	4.7	5.5	7.3	8.4	9.3	11.3	15.8	18.3
k	max	1.2	1.5	1.65	2.35	2.7	2.7	3.3	4.65	5
x	max	1	1.1	1.25	1.5	1.75	2	2.5	3.2	3.8
十字槽槽号		0	1		2			3		4
系列1(深的) H型	m 参考	1.9	2.9	3.2	4.4	4.6	5.2	6.8	8.9	10
	插入深度 min	0.9	1.4	1.7	1.9	2.1	2.7	3.0	4.0	5.1
	插入深度 max	1.2	1.8	2.1	2.4	2.6	3.2	3.5	4.5	5.7
系列1(深的) Z型	m 参考	1.9	2.8	3	4.1	4.4	4.9	6.6	8.8	8.9
	插入深度 min	0.95	1.48	1.76	1.75	2.06	2.60	3.00	4.15	5.19
	插入深度 max	1.20	1.73	2.01	2.20	2.51	3.05	3.45	4.60	5.64
系列2(浅的) H型	m 参考	1.9	2.7	2.9	4.1	4.4	4.6	6.6	8.7	9.6
	插入深度 min	0.9	1.25	1.4	1.6	2.1	2.3	2.9	4.0	4.8
	插入深度 max	1.2	1.55	1.8	2.1	2.2	2.6	3.4	4.5	5.3
系列2(浅的) Z型	m 参考	1.9	2.5	2.8	4	4.4	4.6	6.3	8.5	9.4
	插入深度 min	0.95	1.22	1.48	1.61	2.06	2.27	2.73	3.87	4.71
	插入深度 max	1.20	1.47	1.73	2.05	2.51	2.72	3.18	4.32	5.23
公称长度 l 范围		3~20	3~25	4~30	5~35	5~40	6~50	8~60	10~60	12~60

注：1. a—最末一扣螺纹至支承面之间距离；b—螺纹长度；d_k—头部直径；k—头部高度；x—螺纹收尾长度。

2. 公称长度 l 的系列及公差(mm)，参见第 17.11 页。

3. 表列规格为商品规格。带括号的规格尽量不采用。

4. 螺钉每千件钢制品的大约重量，与上节"十字槽沉头螺钉—钢 4.8 级"相同。

14. 十字槽半沉头螺钉

(GB/T 820—2000)

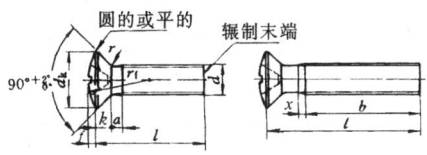

圆的或平的 辗制末端

90°+8°

十字槽

H型 Z型

末端按 GB/T 2 规定,参见第 5.21 页;

无螺纹部分杆径约等于螺纹中径或螺纹大径。

(1) 十字槽半沉头螺钉的尺寸(mm)										
螺纹规格 d	十字槽号	主要尺寸				螺纹规格 d	十字槽号	主要尺寸			
		d_k max	k max	f ≈	l 范围			d_k max	k max	f ≈	l 范围
		商品规格范围						商品规格范围			
M1.6	0	3		0.4	3～16	M4	2	8.4	2.7	1	5～40
M2	0	3.8	1.2	0.5	3～20	M5	2	9.3	2.7	1.2	6～50
M2.5	1	4.7	1.5	0.6	3～25	M6	3	11.3	3.3	1.4	8～60
M3	1	5.5	1.65	0.7	4～30	M8	3	15.8	4.65	2	10～60
(M3.5)	2	8.4	2.35	0.8		M10	4	18.3	5	2.3	12～60

注: 1. 尺寸代号的标注内容,参见第 17.2 页。
2. 其余尺寸(a、b、d_k、f、k、l、r、r_1、x、十字槽),参见第 17.8～17.11 页。

(2) 十字槽半沉头螺钉的重量									
l	G	l	G	l	G	l	G	l	G
M1.6		**M2.5**		**M(3.5)**		**M5**		**M8**	
3	0.067	8	0.362	(14)	1.21	16	2.69	12	7.53
4	0.078	10	0.422	16	1.33	20	3.17	(14)	8.17
5	0.090	12	0.482	20	1.57	25	3.77	16	8.81
6	0.102	(14)	0.543	25	1.87	30	4.37	20	10.1
8	0.125	16	0.603	30	2.17	35	4.97	25	11.7
10	0.145	20	0.723	35*	2.47	40	5.57	30	13.3
12	0.165	25*	0.874	**M4**		45*	6.16	35	14.9
(14)	0.185	**M3**		5	0.99	50	6.76	40	16.5
16*	0.205	4	0.351	6	1.07	**M6**		45*	18.1
M2		5	0.395	8	1.23	8	2.79	50	19.7
3	0.119	6	0.439	10	1.39	10	3.14	(55)	21.3
4	0.138	8	0.527	12	1.54	(14)	3.84	60	22.9
5	0.156	10	0.615	(14)	1.70	16	4.19	**M10**	
6	0.175	12	0.703	16	1.85	20	4.89	12	11.4
8	0.212	(14)	0.791	20	2.17	25	5.77	(14)	12.5
10	0.249	16	0.879	25	2.56	30	6.64	16	13.5
12	0.287	20	1.06	30	2.95	35	7.52	20	15.5
(14)	0.325	25	1.28	35	3.34	40	8.39	25	18.0
16	0.362	30*	1.50	40*	3.73	45*	9.27	30	20.6
20*	0.436	**(M3.5)**		**M5**		50		35	23.1
M2.5		5	0.669	6	1.49	(55)	11.0	40	25.6
3	0.212	6	0.729	8	1.73	60	11.9	45*	28.1
4	0.242	8	0.849	10	1.97	**M8**		50	30.7
5	0.272	10	0.969	12	2.21	10	6.89	(55)	33.2
6	0.302	12	1.09	(14)	2.45			60	35.7

注：1. d—螺纹规格(mm)；l—公称长度(mm)。

2. G—每千件钢制品大约重量(kg)。

3. l 等于或小于带 * 符号的螺钉,制出全螺纹。

4. 表列规格为商品规格。带括号的规格尽量不采用。

15. 精密机械用紧固件—十字槽螺钉

(GB/T 13806.1—1992)

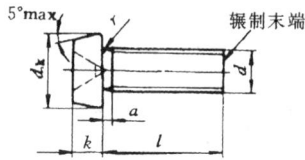 

A 型—十字槽圆柱头螺钉

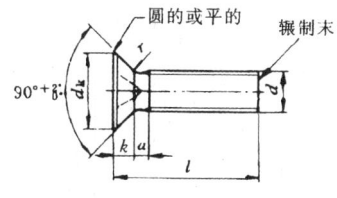 

B 型—十字槽沉头螺钉

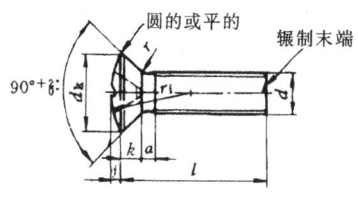 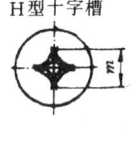

C 型—十字槽半沉头螺钉

末端按 GB/T 2 规定,参见第 5.21 页。

精密机械用紧固件—十字槽螺钉的尺寸(mm)							
螺纹规格 d			M1.2	(M1.4)	M1.6	M2	M2.5	M3
螺距 P			0.25	0.3	0.35	0.4	0.45	0.5
最末一扣完整螺纹至支承面距离 a		max	0.5	0.6	0.7	0.8	0.9	1
A型十字槽圆柱头螺钉	头部直径 d_k	max	2	2.3	2.6	3	3.8	5
		min	1.86	2.16	2.46	2.86	3.62	4.82
	头部高度 k	max	0.55	0.55	0.55	0.70	0.90	1.40
		min	0.45	0.45	0.45	0.60	0.76	1.26
	圆角半径 r	min	0.05	0.05	0.05	0.05	0.05	0.05
	H型十字槽	槽号	0	0	0	0	1	1
		槽翼直径 m 参考	1.0	1.1	1.1	1.2	1.8	2.3
		插入深度 max	0.32	0.35	0.40	0.45	0.60	1.10
		min	0.20	0.25	0.28	0.30	0.40	0.85
	公称长度 l	范围	1.6~4	1.8~5	2~6	2.5~8	3~10	4~10
B型十字槽沉头螺钉	头部直径 d_k	理论	2.2	2.64	3.08	3.52	4.4	6.3
		max	2	2.35	2.7	3.1	3.8	5.5
		min	1.96	2.31	2.66	2.93	3.62	5.36
	头部高度 k	max	0.7	0.7	0.8	0.9	1.1	1.4
		min	0.62	0.62	0.66	0.76	0.95	1.26
	圆角半径 r	≈	0.10	0.10	0.10	0.15	0.15	0.20
	H型十字槽	槽号	0	0	0	0	1	1
		槽翼直径 m 参考	1.3	1.4	1.5	1.6	2.3	2.6
		插入深度 max	0.7	0.7	0.8	0.9	1.1	1.4
		min	0.5	0.5	0.6	0.7	0.8	1.1
	公称长度 l	范围	1.6~4	1.8~5	2~6	2.5~8	3~10	4~10

精密机械用紧固件—十字槽螺钉的尺寸(mm)								
螺纹规格 d			M1.2	(M1.4)	M1.6	M2	M2.5	M3
螺距 P			0.25	0.3	0.35	0.4	0.45	0.5
最末一扣完整螺纹至支承面距离 a		max	0.5	0.6	0.7	0.8	0.9	1
C型十字槽半沉头螺钉	头部直径 d_k	max	2.2	2.5	2.8	3.5	4.3	5.5
		min	2.16	2.46	2.7	3.4	4.16	5.36
	头部高度 k	max	0.7	0.7	0.8	0.9	1.1	1.4
		min	0.6	0.6	0.7	0.76	0.96	1.26
	球面高度 f ≈		0.25	0.3	0.3	0.4	0.4	0.45
	球面半径 r_f ≈		2.5	2.8	3.2	4.3	4.9	5.2
	圆角半径 r ≈		0.10	0.10	0.10	0.15	0.15	0.20
	H型十字槽	槽号 槽翼直径 m 参考	0 1.5	0 1.6	0 1.7	0 1.8	1 2.6	1 2.7
		插入深度 max	0.9	0.9	1.0	1.1	1.4	1.5
		min	0.7	0.7	0.8	0.9	1.1	1.2
	公称长度 l 范围		1.6~4	1.8~5	2~6	2.5~8	3~10	4~10
公称长度 l	公称		1.6	(1.8)	2	(2.2)	2.5	(2.8)	3	(3.5)	4
	max		1.6	1.8	2	2.2	2.5	2.8	3	3.5	4
	min		1.46	1.66	1.86	2.06	2.36	2.66	2.86	3.32	3.82
公称长度 l	公称		(4.5)	5	(5.5)	6	(7)	8	9	10
	max		4.5	5	5.5	6	7	8	9	10
	min		4.32	4.82	5.32	5.82	6.78	7.78	8.78	9.78

注：1. 表中的极限尺寸适用于 F 级产品(按 GB/T 3103.2，参见第 8.35 页)，A 级产品应另行计算(按 GB/T 3103.1，参见第 8.2 页)。

2. 表列规格为商品规格范围。带括号的规格尽量不采用。

16. 内六角圆柱头螺钉

(GB/T 70.1—2008)

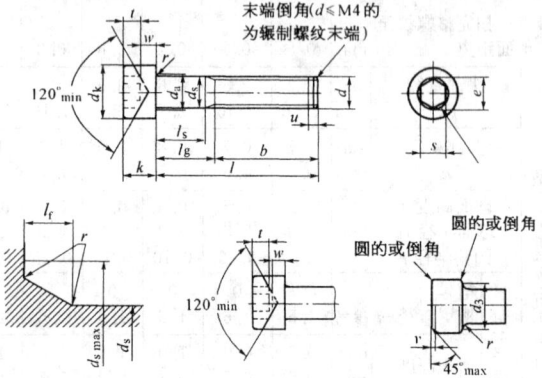

允许制造的型式　头的顶部和底部棱边

最大的头下圆角：

$l_{fmax} = 1.7 r_{max}$；

$r_{max} = (d_{amax} - d_{smax})/2$；

r_{min}，参见第 17.13 页。

末端按 GB/T 2 规定，参见第 5.21 页。

不完整螺纹长度 $u \leqslant 2P$，P— 螺距。

最大夹紧长度 $l_{gmax} = l_{公称} - b_{参考}$；

最小无螺纹杆部长度 $l_{smin} = l_{gmax} - 5P$。

(1) 内六角圆柱头螺钉的尺寸(mm)							
螺纹规格 d	螺纹长度 b参考	头部直径 $d_{k\max}$		头部高度 $k_{\max}$	内六角对边宽度 s		公称长度 l
		①	②		公称	max	min
M1.6	15	3.00	3.14	1.6	1.5	1.58	1.52	2.5~16
M2	16	3.80	3.98	2	1.5	1.58	1.52	3~20
M2.5	17	4.50	4.68	2.5	2	2.08	2.02	4~25
M3	18	5.50	5.68	2.5	2.5	2.58	2.52	5~30
M4	20	7.00	7.22	4	3	3.08	3.02	6~40
M5	22	8.50	8.72	5	4	4.095	4.020	8~50
M6	24	10.00	10.22	6	5	5.14	5.02	10~60
M8	28	13.00	13.27	8	6	6.14	6.02	12~80
M10	32	16.00	16.27	10	8	8.175	8.025	16~100
M12	36	18.00	18.27	12	10	10.175	10.025	20~120
(M14)	40	21.00	21.33	14	12	12.212	12.032	25~140
M16	44	24.00	24.33	16	14	14.212	14.032	25~160
M20	52	30.00	30.33	20	17	17.23	17.05	30~200
M24	60	36.00	36.39	24	19	19.275	19.065	40~240
M30	72	45.00	45.39	30	22	22.275	22.065	45~300
M36	84	54.00	54.46	36	27	27.275	27.065	55~300
M42	96	63.00	63.46	42	32	32.33	32.08	60~300
M48	108	72.00	72.46	48	36	36.33	36.08	70~300
M58	124	84.00	84.54	56	41	41.33	41.08	80~300
M64	140	96.00	96.54	64	46	46.33	46.08	90~300

注: 1. 尺寸 $d_{k\max}$①适用于光滑头螺钉;$d_{k\max}$②适用于滚花头螺钉。
  2. 其余尺寸的标注内容及具体尺寸 (d_a、d_k、d_s、d_w、e、k、l、l_f、r、s、t、u、w),参见第17.12页。

\(2\) 内六角圆柱头螺钉的重量									
l	G	l	G	l	G	l	G	l	G
M1.6		M2.5		M5		M8		M10	
2.5	0.085	12	0.585	8	2.45	12	10.9	70	52.1
3	0.090	16	0.705	10	2.70	16	12.1	80	58.5
4	0.100	20*	0.825	12	2.95	20	13.4	90	64.9
5	0.110	25	0.975	16	3.45	25	15.0	100	71.2
6	0.120	M3		20	4.01	30	16.9	M12	
8	0.140	5	0.67	25*	4.78	35*	18.9	20	32.1
10	0.160	6	0.71	30	5.55	40	20.9	25	35.7
12	0.180	8	0.80	35	6.32	45	22.9	30	39.3
16*	0.220	10	0.88	40	7.09	50	24.9	35	42.9
M2		12	0.96	45	7.86	55	26.9	40	46.5
3	0.155	16	1.16	50	8.63	60	28.9	45	50.1
4	0.175	20*	1.36	M6		65	31.0	50*	54.5
5	0.195	25	1.61	10	4.70	70	33.0	55	58.9
6	0.215	30	1.86	12	5.07	75	35.0	60	63.4
10	0.295	M4		16	5.75	80	37.0	65	67.8
12	0.355	6	1.50	20	6.53	M10		70	71.3
16*	0.415	8	1.65	25	7.59	16	20.9	80	80.2
20	0.495	10	1.80	30*	8.30	20	22.9	90	89.1
M2.5		12	1.95	35	9.91	25	25.4	100	98.0
4	0.345	16	2.25	40	11.0	30	27.9	110	107
5	0.375	20	2.65	45	12.1	35	30.4	120	116
6	0.405	25*	3.15	50	13.2	40*	32.9	(M14)	
8	0.465	30	3.65	55	14.3	45	36.1	25	48.0
10	0.525	35	4.15	60	15.4	50	39.3	30	53.0
		40	4.65			55	42.5		
						60	45.7		
						65	48.9		

注：1. d—螺纹规格(mm)；l—公称长度(mm)。

2. G—每千件钢制品大约重量(kg)。

3. l 等于或小于带 * 符号的螺钉，螺纹制到距头部 3P 以内。

4. 表列规格为商品规格。带括号的规格尽量不采用。

			（2）内六角圆柱头螺钉的重量						
l	G	l	G	l	G	l	G	l	G
（M14）		M16		M20		M24		M30	
35	58.0	65	130	110	316	160	687	240	1570
40	63.0	70	138	120	341	180	759	260	1680
45	68.0	80	154	130	366	200	831	280	1790
50	73.0	90	170	140	391	220	903	300	1900
55*	78.0	100	182	150	416	240	975	M36	
60	84.0	110	202	160	441	M30		55	870
65	90.0	120	218	180	491	45	500	60	910
70	96.0	130	234	200	541	50	527	65	950
80	108	140	250	M24		55	554	70	990
90	120	150	266	40	270	60	581	80	1070
100	132	160	282	45	285	65	608	90	1150
110	144	M20		50	300	70	635	100	1230
120	156	30	128	55	316	80	690	110*	1310
130	168	35	139	60	330	90	745	120	1390
140	180	40	150	65	345	100*	800	130	1470
M16		45	161	70	363	110	855	140	1550
25	71.3	50	172	80*	399	120	910	150	1630
30	77.8	55	183	90	435	130	965	160	1710
35	84.4	60	194	100	471	140	1020	180	1870
40	91.0	65	205	110	507	150	1080	200	2030
45	97.6	70*	216	120	543	160	1130	220	2190
50	106	80	241	130	579	180	1240	240	2250
55	114	90	266	140	615	200	1350	260	2410
60*	122	100	291	150	651	220	1460	280	2570

\multicolumn{10}{|c|}{（2）内六角圆柱头螺钉的重量}									
l	G	l	G	l	G	l	G	l	G
\multicolumn{2}{|c|}{M36}	\multicolumn{2}{|c|}{M42}	\multicolumn{2}{|c|}{M48}	\multicolumn{2}{|c|}{M56}	\multicolumn{2}{|c|}{M64}
300	2730	180	2640	130	2880	100	3720	90	5220
\multicolumn{2}{|c|}{M42}	200	2860	140	3020	110	3920	100	5470
		220	3080	150*	3160	120	4110	110	5730
60	1370	240	3300	160	3300	130	4300	120	5980
65	1420	260	3520	180	3590	140	4490	130	6230
70	1470	280	3740	220	4150	150	4680	140	6490
80	1580	300	3960	240	4430	160*	4880	150	6740
90	1680	\multicolumn{2}{|c|}{M48}	260	4710	180	5270	160	6900
100	1790			280	4990	200	5650	180*	7250
110	1890	70	2040	300	5270	220	6040	200	7750
120	2000	80	2180	\multicolumn{2}{|c|}{M56}	240	6420	220	8250
130*	2100	90	2320			260	6810	240	8750
140	2210	100	2460	80	3340	280	7200	260	9260
150	2320	110	2600	90	3530	300	7580	280	9760
160	2420	120	2740					300	10300

注：1. d—螺纹规格（mm）；l—公称长度（mm）。

　　2. G—每千件钢制品大约重量（kg）。

　　3. l 等于或小于带 * 符号的螺钉，其螺纹制成距头部 $3P$ 以内（P—螺距）。

　　4. 表列规格为商品规格。带括号的规格尽量不采用。

17. 内六角平圆头螺钉

(GB/T 70.2—2008)

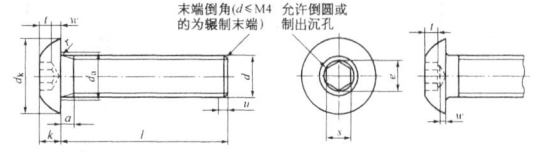

不完整螺纹长度 u≤2P   允许制造的型式

（1）内六角平圆头螺钉的尺寸(mm)							
螺纹规格 d	螺距 P	头部直径 $d_{k\max}$	头部高度 $k_{\max}$	内六角对边宽度 s			公称长度 l 范围
				公称	max		
					①	②	
M3	0.5	5.7	1.65	2	2.045	2.060	6～12
M4	0.7	7.6	2.20	2.5	2.56	2.58	8～16
M5	0.8	9.5	2.75	3	3.071	3.080	10～30
M6	1	10.5	3.3	4	4.084	4.095	10～30
M8	1.25	14.0	4.4	5	5.084	5.140	10～40
M10	1.5	17.5	5.5	6	6.095	6.140	16～40
M12	1.75	21.0	6.6	8	8.115	8.175	16～50
M16	2	28.0	8.8	10	10.115	10.175	20～50

（2）内六角平圆头螺钉的最小拉力载荷(kN)										
螺纹规格 d(mm)		M3	M4	M5	M6	M8	M10	M12	M16	
性能等级	8.8	最 小	3.22	5.62	9.08	12.9	23.4	37.1	53.9	100
	10.9	拉 力	4.18	7.30	11.8	16.7	30.5	48.2	70.2	130
	12.9	载 荷	4.91	8.56	13.8	19.6	35.7	56.6	82.4	154

(3) 内六角平圆头螺钉的重量								
l	G	l	G	l	G	l	G	l	G
M3		M5		M8		M10		M16	
6	0.403	16	2.73	10	5.73	30	20.28	20	48.23
8	0.491	20	3.22	12	6.36	35	22.79	25	54.89
10	0.579	25	3.84	16	7.64	40	25.30	30	61.55
12	0.668	30	4.46	20	8.91	M12		35	68.21
M4		M6		25	10.51	16	20.16	40	74.98
8	0.978	10	2.74	30	12.10	20	23.07	45	81.54
10	1.13	12	3.10	35	13.69	25	26.71	50	88.20
12	1.29	16	3.80	40	15.28	30	30.35		
16	1.60	20	4.51	M10		35	33.99		
M5		25	5.39	16	13.25	40	37.67		
10	1.98	30	6.27	20	15.26	45	41.26		
12	2.23				25	17.77	50	44.90		

注: 1. l—公称长度(mm);G—每千件钢制品大约重量(kg)。

2. 尺寸 s 的 max ①适用12.9级螺钉;max ②适用于其他性能
等级螺钉。

3. 尺寸代号的标注内容及具体尺寸 (a、d_a、d_k、e、k、r、s、
t、w),分别参见第17.2页和第17.14页。

4. 公称长度 l 系列(mm):6、8、10、12、16、20、25、30、35、
40、45、50。

5. 表列规格为商品规格。

6. 这种螺钉由于头部结构原因,其最小拉力载荷试验只要求
达到GB/T 3098.1中规定数值的80%(见上表)。试验
中,当载荷达到表中给出的数值时,螺钉不得断裂,此外
螺钉仍应符合GB/T 3098.1中规定的其他要求。

18. 内六角沉头螺钉

(GB/T 70.3—2000)

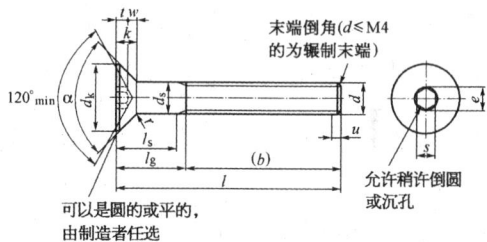

可以是圆的或平的,
由制造者任选

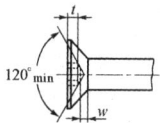

允许制造的型式

沉头角 α = 90° ～ 92°;

不完整螺纹长度 $u \leqslant 2P$;

d_s 适用于带部分螺纹的螺钉;

$l_{gmax} = l_{公称} - b_{参考}$;

$l_{smin} = l_{gmax} - 5P$。

(1) 内六角沉头螺钉的尺寸(mm)									
螺纹规格 d	螺距 P	头部直径 d_{kmax}	头部高度 k_{max}	内六角对边宽度 s			公称长度 l 范围		
				公称	max	min	自	*	至
M3	0.5	5.54	1.86	2	2.08	2.02	8	25	30
M4	0.7	7.53	2.48	2.5	2.58	2.52	8	25	40
M5	0.8	9.43	3.1	3	3.08	3.02	8	30	50
M6	1	11.34	3.72	4	4.095	4.020	8	35	60
M8	1.25	15.24	4.96	5	5.14	5.02	10	45	80
M10	1.5	19.22	6.2	6	6.14	6.02	12	50	100
M12	1.75	23.12	7.44	8	8.175	8.025	16	60	100
(M14)	2	26.52	8.4	10	10.175	10.025	20	65	100
M16	2	29.01	8.8	10	10.175	10.025	25	70	100
M20	2.5	36.05	10.16	12	12.212	10.032	30	90	100

（2）内六角沉头螺钉的最小拉力载荷(kN)

d(mm)		M3	M4	M5	M6	M8	M10	M12	M14	M16	M20
性能等级	8.8 最小拉力载荷	3.22	5.62	9.08	12.9	23.4	37.1	53.9	73.6	100	162
	10.9	4.18	7.30	11.8	16.7	30.5	48.2	70.2	96.0	130	204
	12.9	4.91	8.56	13.8	19.6	35.7	56.6	82.4	112	154	239

（3）内六角头螺钉的重量(部分规格)

l	G	l	G	l	G	l	G	l	G
$d=$ M3		$d=$ M6		$d=$ M8		$d=$ M12		$d=$ M16	
30	1.40	40	7.73	70	25.19	65	53.24	80	117.7
$d=$ M4		45	8.77	80	28.92	70	57.48	90	133.0
30	2.49	50	9.81	$d=$ M10		80	65.97	100	148.2
35	2.94	55	10.86	55	31.12	90	74.45	$d=$ M20	
40	3.39	60	11.90	60	34.06	100	82.93	100	232.1
$d=$ M5		$d=$ M8		65	37.01	$d=$ M14			
35	4.70	50	17.73	70	39.96	70	77.76		
40	5.42	55	19.59	80	45.86	80	89.39		
45	6.13	60	21.46	90	51.76	90	101.0		
50	6.85	65	23.33	100	57.65	100	112.6		

注：1. 公称长度(l)系列(mm)：8、10、12、16、20、25、30、35、40、45、50、55、60、65、70、80、90、100。

2. l 等于或小于带 * 符号的尺寸的螺钉，其螺纹制到距头部3P 以内。

3. 其余尺寸的标注内容及具体尺寸(b、d_k、d_s、e、l、l_g、l_s、r、s、t、w)，参见第 17.2 页和第 17.14 页。

4. 这种螺钉由于头部结构原因，其最小拉力载荷试验只要求达到 GB/T 3098.1 中规定的数值的 80%(见上表)。试验中，当载荷达到表中给出的数值时，螺钉不得断裂。此外螺钉仍应符合 GB/T 3098.1 中规定的其他要求。

5. 表列规格为商品规格，带括号的规格尽量不采用。

6. l—公称长度(mm)；G—每千件钢制品大约重量(kg)。部分规格的重量资料暂缺。

19. 内六角花形低圆柱头螺钉

(GB/T 2671.1—2004)

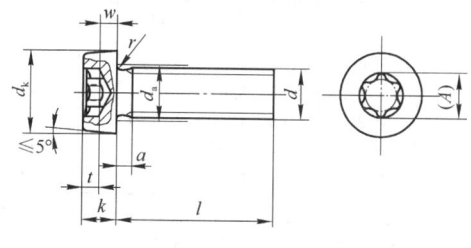

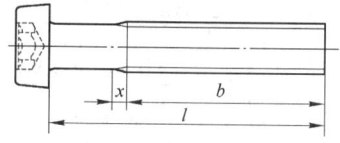

末端按 GB/T 2 规定,参见第 5.21 页;

无螺纹杆径 d_s 约等于螺纹中径或螺纹大径;棱边可以是圆的或直的,由制造者任选。

(1) 内六角花形低圆柱头螺钉的尺寸(mm)

螺纹规格 d	头部直径 d_k		头部高度 k		内六角花形槽号 No.	公称长度 l
	max	min	max	min		
M2	3.80	3.62	1.55	1.41	6	2～20
M2.5	4.50	4.32	1.85	1.71	8	2～25
M3	5.50	5.32	2.40	2.26	10	4～30
(M3.5)	6.00	5.82	2.60	2.46	15	5～35

（1）内六角花形低圆柱头螺钉的尺寸(mm)

螺纹规格 d	头部直径 d_k		头部高度 k		内六角花形槽号 No.	公称长度 l
	max	min	max	min		
M4	7.00	6.78	3.10	2.92	20	5～40
M5	8.50	8.28	3.65	3.47	25	6～50
M6	10.00	9.78	4.40	4.10	30	8～60
M8	13.00	12.73	5.80	5.50	45	10～80
M10	16.00	15.73	6.90	6.54	50	12～80

注：其余尺寸代号的标注内容，参见第17.2页；其具体尺寸(a、b、d_a、r、w、x、内六角花形)，参见第17.17页。

（2）内六角花形低圆柱头螺钉的重量

l	G	l	G	l	G	l	G	l	G
d = M2		d = M2.5		d = M3		d = M4		d = M5	
3	0.160	10	0.482	25	1.44	6	1.17	(14)	3.05
4	0.179	12	0.542	30	1.66	8	1.33	16	3.30
5	0.198	(14)	0.602	d = (M3.5)		10	1.47	20	3.78
6	0.217	16	0.662	5	0.786	12	1.63	25	4.40
8	0.254	20	0.782	6	0.845	(14)	1.79	30	5.02
10	0.291	25	0.932	8	0.966	16	1.95	35	5.62
12	0.329	d = M3		10	1.08	20	2.25	40	6.25
(14)	0.365	4	0.515	12	1.20	25	2.64	45	6.88
16	0.402	5	0.560	(14)	1.32	30	3.02	50	7.50
20	0.478	6	0.604	16	1.44	35	3.41	d = M6	
d = M2.5		8	0.692	20	1.68	40	3.80	8	3.56
3	0.272	10	0.780	25	1.98	d = M5		10	3.92
4	0.302	12	0.868	30	2.28	6	2.06	12	4.27
5	0.332	(14)	0.956	35	2.57	8	2.30	(14)	4.62
6	0.362	16	1.04	d = M4		10	2.55	16	4.98
8	0.422	20	1.22	5	1.09	12	2.80	20	5.69

（2）内六角花形低圆柱头螺钉的重量

l	G	l	G	l	G	l	G	l	G
d = M6		d = M8		d = M8		d = M10		d = M10	
25	6.56	10	7.85	45	18.9	12	14.6	45	31.1
30	7.45	12	8.49	50	20.6	(14)	15.6	50	33.6
35	8.25	(14)	9.13	(55)	22.1	16	16.6	(55)	36.1
40	9.20	16	9.77	60	23.7	20	18.6	60	38.6
45	10.0	20	11.0	(65)	25.2	25	21.1	(65)	41.1
50	10.9	25	12.6	70	26.8	30	23.6	70	43.6
(55)	11.8	30	14.2	(75)	28.3	35	26.1	(75)	46.1
60	12.7	35	15.8	80	29.8	40	28.6	80	48.6
		40	17.4						

注：1. d—螺纹规格(mm)；l—公称长度(mm)。

    2. G—每千件钢制品大约重量(kg)。

    3. l等于或小于带 * 符号的螺钉制成全螺纹螺钉。

    4. 表列规格为商品规格，带括号的规格尽量不采用。

20. 内六角花形圆柱头螺钉

（GB/T 2671.2—2004）

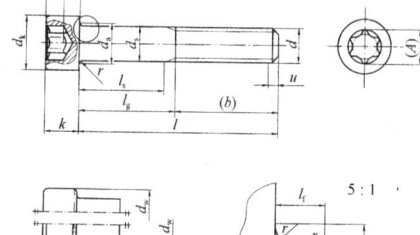

最大的头下圆角:$l_{fmax} = 1.7r_{max}$

$$r_{max} = \frac{d_{amax} - d_{smax}}{2}$$

注:1. d_s 适用于规定了 l_{smin} 数值的产品。

2. 末端倒角,或 $d \leqslant M4$ 的规格为辗制末端,参见第 5.21 页 GB/T 2。

3. 不完整的螺纹长度 $u \leqslant 2P$。

4. 头的顶部棱边可以是圆的或倒角的,由制造者任选。

5. 头的底部棱边可以是圆的或倒角到 d_w,但均不得有毛刺。

(1) 内六角花形圆柱头螺钉的尺寸(mm)						
螺纹规格 d	头部直径 d_k			头部高度 k		内六角花形槽号 No.	公称长度 l
	max		min	max	min		
	A	B					
M2	3.80	3.98	3.62	2.00	1.86	6	3~20
M2.5	4.50	4.68	4.32	2.50	2.36	8	4~25
M3	5.50	5.68	5.32	3.00	2.86	10	5~30
M4	7.00	7.22	6.78	4.00	3.82	20	6~40
M5	8.50	8.72	8.28	5.00	4.82	25	8~50
M6	10.00	10.22	9.78	6.0	5.7	30	10~60
M8	13.00	13.27	12.73	8.00	7.64	40	12~80
M10	16.00	16.27	15.73	10.00	9.64	50	16~100
M12	18.00	18.27	17.73	12.00	11.57	55	20~120
(M14)	21.00	21.33	20.67	14.00	13.57	60	25~140

(1) 内六角花形圆柱头螺钉的尺寸(mm)

螺纹规格 d	头部直径 d_k			头部高度 k		内六角花形槽号 No.	公称长度 l
	max		min	max	min		
	A	B					
M16	24.00	24.33	23.67	16.00	15.57	70	25～160
(M18)	27.00	27.33	26.67	18.00	17.58	80	30～180
M20	30.00	30.33	29.67	20.00	19.48	90	30～200

(2) 内六角花形圆柱头螺钉的重量

l	G	l	G	l	G	l	G	l	G
d = M2		d = M2.5		d = M3		d = M4		d = M4	
3	0.155	4	0.345	5	0.67	6	1.50	40	4.65
4	0.175	5	0.375	6	0.71	8	1.65	d = M5	
5	0.195	6	0.405	8	0.80	10	1.80	8	2.45
6	0.215	8	0.465	10	0.88	12	1.95	10	2.70
8	0.255	10	0.525	12	0.96	14	2.25	12	2.95
10	0.295	12	0.585	16	1.16	16	2.65	16	3.45
12	0.355	16	0.705	20*	1.36	25*	3.15	20	4.01
16*	0.415	20*	0.825	25	1.61	30	3.65	25*	4.78
20	0.495	25	0.975	30	1.86	35	4.15	30	5.55

注：1. 头部直径 d_{kmax} A:光滑头部螺钉；d_{kmax} B:滚花头部螺钉。

2. d—螺纹规格(mm)；l—公称长度(mm)；G—每千件钢制品大约重量(kg)。

3. l 等于或小于带 * 符号的尺寸的螺钉,制出全螺纹。

4. 表列规格为商品规格,带括号的规格尽量不采用。

（2）内六角花形圆柱头螺钉的重量

l	G	l	G	l	G	l	G	l	G
d = M5		d = M8		d = M12		d = M16		d = (M18)	
35	6.32	80	37.0	80	80.2	50	97.6	130	303
40	7.09	d = M10		90	89.1	55	106	140	323
45	7.86	16	20.9	100	98.0	60*	114	150	343
50	8.63	20	22.9	110	107	65	122	160	363
d = M6		25	25.4	120	116	70	130	180	403
10	4.70	30	27.9	d = (M14)		80	138	d = M20	
12	5.07	35	30.4	25	48.0	90	154	30	128
16	5.75	40*	32.9	30	53.0	100	170	35	139
20	6.53	45	36.1	35	58.0	110	186	40	150
25	7.59	50	39.3	40	63.0	120	202	45	161
30*	8.30	55	42.5	45	68.0	130	218	50	172
35	9.91	60	45.7	50	73.0	140	234	55	183
40	11.0	65	48.9	55*	78.0	150	250	60	194
45	12.1	70	52.1	60	84.0	160	266	65	205
50	13.2	80	58.5	65	90.0	d = (M18)		70*	216
55	14.3	90	64.9	70	96.0	30	111	80	241
60	15.4	100	71.2	80	108	35	120	90	266
d = M8		d = M12		90	120	40	129	100	291
20	13.4	20	32.1	100	132	45	138	110	316
25	15.0	25	35.7	110	144	50	147	120	341
30	16.9	30	39.3	120	156	55	156	130	366
35*	18.9	35	42.9	130	168	60	165	140	391
40	20.9	40	46.5	140	180	65*	174	150	416
45	22.9	45	50.1	d = M16		70	183	160	441
50	24.9	50*	54.5	25	71.3	80	203	180	491
55	26.9	55	58.9	30	77.8	90	223	200	541
60	28.9	60	63.4	35	81.1	100	243		
65	31.0	65	62.8	40	84.4	110	263		
70	33.0	70	71.3	45	91.0	120	283		

21. 内六角花形盘头螺钉

(GB/T 2672—2004)

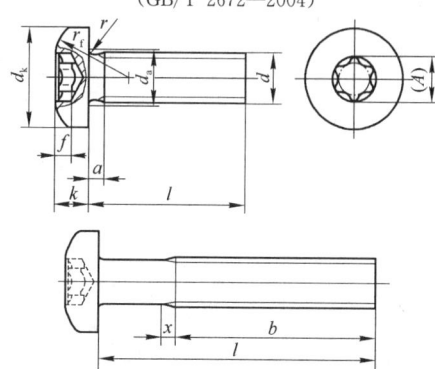

末端按 GB/T 2 规定,参见第 5.21 页;无螺纹杆径 d_s 等于螺纹中径或螺纹大径。

(1) 内六角花形盘头螺钉的尺寸(mm)						
螺纹规格 d	d_k		k		内六角花形槽号 No.	公称长度 l
	公称 (max)	min	公称 (max)	min		
M2	4.0	3.7	1.60	1.46	6	3~20
M2.5	5.0	4.7	2.10	1.96	8	3~25
M3	5.6	5.3	2.40	2.26	10	4~30
(M3.5)	7.00	6.64	2.60	2.46	15	5~35
M4	8.00	7.64	3.10	2.92	20	5~40
M5	9.50	9.14	3.70	3.52	25	6~50
M6	12.00	11.57	4.6	4.3	30	8~60
M8	16.00	15.57	6.0	5.7	45	10~60
M10	20.00	19.48	7.50	7.14	50	12~60

（2）内六角花形盘头螺钉的重量

l	G	l	G	l	G	l	G	l	G
d = M2		d = M3		d = M4		d = M5		d = M8	
3	0.178	4	0.544	5	1.30	40*	6.52	20	13.2
4	0.196	5	0.588	6	1.38	45	7.14	25	14.8
5	0.215	6	0.632	8	1.53	50	7.76	30	16.4
6	0.233	8	0.720	10	1.69	d = M6		35	18.0
8	0.270	10	0.808	12	1.84	8	4.37	40*	19.6
10	0.307	12	0.896	(14)	2.00	10	4.72	45	21.2
12	0.344	(14)	0.984	16	2.15	12	5.07	50	22.8
(14)	0.381	16	1.07	20	2.46	(14)	5.42	(55)	24.4
16	0.418	20	1.25	25	2.85	16	5.78	60	26.0
20*	0.492	25	1.47	30	3.23	20	6.48	d = M10	
d = M2.5		30*	1.69	35	3.62	25	7.36	12	19.8
3	0.336	d = (M3.5)		40*	4.01	30	8.24	(14)	20.5
4	0.366	5	0.891	d = M5		35	9.12	16	21.8
5	0.396	6	0.951	6	2.32	40*	10.0	20	23.8
6	0.426	8	2.57	8	2.57	45	10.9	25	26.3
8	0.486	10	1.19	10	2.81	50	11.8	30	28.8
10	0.546	12	1.30	12	3.06	(55)	12.6	35	31.3
12	0.606	(14)	1.43	(14)	3.31	60	13.5	40*	33.9
(14)	0.666	16	1.55	16	3.56	d = M8		45	36.4
16	0.726	20	1.79	20	4.05	10	9.96	50	38.9
20	0.846	25	2.09	25	4.67	12	10.6	(55)	41.4
25*	0.996	30	2.39	30	5.29	(14)	11.2	60	43.9
		35*	2.68	35	5.91	16	11.2		

注：1. d_k—头部直径；k—头部高度；其余尺寸代号的标注内容，参见第 17.2 页，其具体尺寸（a、b、d_a、l、r、r_f、x、内六角花形）参见第 17.17 页。

2. l—公称长度（mm）；G—每千件钢制品大约重量（kg）。

3. 表列规格为商品规格，带括号的规格尽量不采用，带 * 符号的规格制成全螺纹螺钉。

22. 内六角花形沉头螺钉

(GB/T 2673—2007)

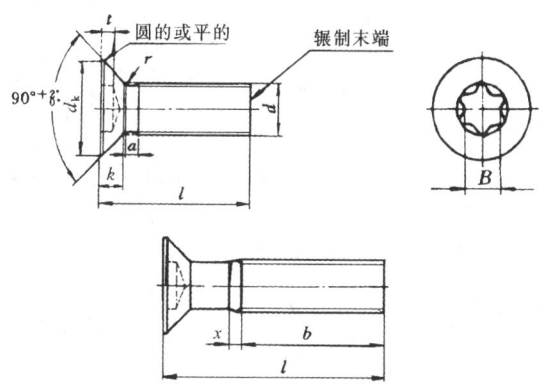

末端按 GB/T 2 规定,参见第 5.21 页;无螺纹杆径 d_s 约等于螺纹中径或螺纹大径。

(1) 内六角花形沉头螺钉的尺寸(mm)								
螺纹规格 d		M6	M8	M10	M12	(M14)	M16	M20
头部直径 d_k	理论 max	12.6	17.3	20	24	28	32	40
	公称	11.3	15.6	18.3	22	25.5	29	36
	实际 min	10.9	15.4	17.8	21.5	25	28.5	35.4
头部高度 k max		3.3	4.65	5	6	7	8	10
六角花形代号		30	40	50	55	55	60	80
公称长度 l 范围		8~60	10~80	12~80	20~80	25~80	25~80	35~80

注: 其余尺寸代号的标注内容,参见第 17.2 页;具体尺寸(a、b、l、r、x、内六角花形),参见第 17.17 页。

（续）

(2) 内六角花形沉头螺钉的重量									
l	G	l	G	l	G	l	G	l	G
M6		M8		M10		M12		M16	
8	1.75	16	6.43	30	16.31	60	45.38	40	59.34
10	2.10	20	7.68	35	18.77	70	52.51	45	65.89
12	2.44	25	9.23	40	21.22	80	59.63	50	72.43
(14)	2.78	30	10.79	45*	23.68	(M14)		(55)*	78.97
16	3.12	35	12.34	50	26.13	25	29.68	60	85.51
20	3.81	40	13.90	(55)	28.59	30	34.56	70	98.60
25	4.67	45*	15.45	60	31.05	35	39.43	80	111.7
30	5.52	50	17.01	70	35.96	40	44.31	M20	
35	6.38	(55)	18.56	80	40.87	45	49.18	35	81.98
40	7.24	60	20.12	M12		50	54.06	40	92.22
45*	8.10	70	23.23	20	16.89	(55)*	58.93	45	102.5
50	8.95	80	26.34	25	20.45	60	63.80	50	112.7
(55)	9.81	M10		30	24.01	70	73.55	(55)*	122.9
60	10.67	12	7.47	35	27.57	80	83.30	60	133.2
M8		(14)	8.45	40	31.14	M16		70	153.7
10	4.57	16	9.44	45	34.70	25	39.72	80	174.1
12	5.19	20	11.40	50	38.26	30	46.26		
(14)	5.81	25	13.86	(55)*	41.82	35	52.80		

注：1. d—螺纹规格(mm)；l—公称长度(mm)。

2. G—每千件钢制品大约重量(kg)。

3. l 等于或小于带 * 符号的尺寸的螺钉，制出全螺纹，$b = l - (k+a)$。

4. 表列规格为商品规格。带括号的规格尽量不采用。

23. 内六角花形半沉头螺钉

(GB/T 2674—2004)

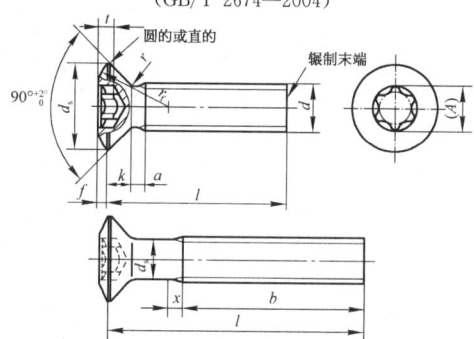

末端按 GB/T 2 的规定,参见第 5.21 页规定;无螺纹杆径 d_s 约等于螺纹中径或螺纹大径。

螺纹规格 d	头部直径 d_k			头部高度 k	球面高度 f	内六角花形槽号 No.	公称长度 l
	理论 max	实际		公称 (max)	$\approx$		
		公称 (max)	min				
M2	4.4	3.8	3.5	1.2	0.5	6	3～20
M2.5	5.5	4.7	4.4	1.5	0.6	8	3～25
M3	6.3	5.5	5.2	1.65	0.7	10	4～30
(M3.5)	8.2	7.30	6.94	2.35	0.8	15	5～35
M4	9.4	8.40	8.04	2.7	1	20	5～40
M5	10.4	9.30	8.94	2.7	1.2	25	6～50
M6	12.6	11.30	10.87	3.3	1.4	30	8～60
M8	17.3	15.80	15.87	4.65	2	45	10～60
M10	20.0	18.30	17.78	5	2.3	50	12～60

表标题: (1) 内六角花形半沉头螺钉的尺寸(mm)

注: 其余尺寸的标注内容,参见第 17.2 页;具体尺寸(a、b、l、r、x,内六角花形),参见第 17.17 页。

	（2）内六角花形半沉头螺钉的重量								
l	*G*	*l*	*G*	*l*	*G*	*l*	*G*	*l*	*G*
	*d* = M2		*d* = M3		*d* = M4		*d* = M5		*d* = M8
3	0.119	4	0.351	5	0.99	40	5.57	20	10.1
4	0.138	5	0.395	6	1.07	45*	6.16	25	11.7
5	0.156	6	0.439	8	1.23	50	6.76	30	13.3
6	0.175	8	0.527	10	1.39		*d* = M6	35	14.9
8	0.212	10	0.615	12	1.54	8	2.79	40	16.5
10	0.249	12	0.703	(14)	1.70	10	3.14	45*	18.1
12	0.287	(14)	0.791	16	1.85	12	3.49	50	19.7
(14)	0.325	16	0.879	20	2.17	(14)	3.84	(55)	21.3
16	0.362	20	1.06	25	2.56	16	4.19	60	22.9
20*	0.436	25	1.28	30	2.95	20	4.89		*d* = M10
	*d* = M2.5	30	1.50	35	3.34	25	5.77	12	11.4
3	0.212		*d* = (M3.5)	40*	3.73	30	6.64	(14)	12.5
4	0.242	5	0.669		*d* = M5	35	7.52	16	13.5
5	0.272	6	0.729	6	1.49	40	8.39	20	15.5
6	0.302	8	0.849	8	1.73	45*	9.27	25	18.0
8	0.362	10	0.969	10	1.97	50	10.1	30	20.6
10	0.422	12	1.09	12	2.21	(55)	11.0	35	23.1
12	0.482	(14)	1.21	(14)	2.45	60	11.9	40	25.6
(14)	0.543	16	1.33	16	2.69		*d* = M8	45*	28.1
16	0.603	20	1.57	20	3.17	10	6.89	50	30.7
20	0.723	25	1.87	25	3.77	12	7.53	(55)	33.2
25*	0.874	30	2.17	30	4.37	(14)	8.17	60	35.7
		35	2.45	35	4.97	16	8.81		

注：1. *d*—螺纹规格（mm）；*l*—公称长度（mm）。

2. *G*—每千件钢制品大约重量（kg）。

3. *l* 等于或小于带 * 符号的螺钉，制成全螺纹。

4. 表列规格为商品规格。带括号的规格尽量不采用。

24. 开槽盘头不脱出螺钉

(GB/T 837—1988)

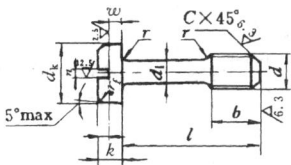

其余表面的粗糙度
为 $R_a = 3.2\mu m$。

(1) 主要尺寸(mm)							
螺纹规格 d		M3	M4	M5	M6	M8	M10
无螺纹杆径 d_1	max	2.0	2.8	3.5	4.5	5.5	7.0
头部直径 d_k	max	5.6	8.0	9.5	12.0	16.0	20.0
头部高度 k	max	1.8	2.4	3.0	3.6	4.8	6.0
公称长度 l	范围	10~25	12~30	14~40	20~50	25~60	30~60

(2) 各种公称长度 l(mm)的每千件钢制品大约重量 G(kg)							
l	G	l	G	l	G	l	G
M3		M4		M5		(55)	17.41
10	0.55	16	1.60	30	3.78	60	18.28
12	0.59	20	1.77	35	4.11	M10	
(14)	0.63	25	1.99	40	4.45	30	24.14
16	0.68	30	2.20	M6		35	25.55
20	0.76	M5		20	5.36	40	26.96
25	0.87	(14)	2.70	25	5.93	45	28.36
M4		16	2.83	30	6.50	50	29.77
12	1.42	20	3.10	35	7.08	(55)	31.18
(14)	1.51	25	3.44	40	7.65	60	32.59

注：1. 其余尺寸的标注内容及具体尺寸(b、C、d_1、d_k、k、l、n、
r、r_f、t、w),参见第 17.23 页。

2. 表列规格为通用规格。带括号的规格尽量不采用。

25. 开槽沉头不脱出螺钉

(GB/T 948—1988)

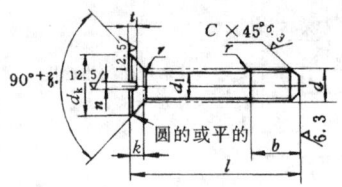

其余表面的粗糙度
为 $R_a=3.2\mu m$。

(1) 主要尺寸(mm)						
螺纹规格 d		M3	M4	M5	M6	M8	M10
无螺纹杆径 d_1 max	2.0	2.8	3.5	4.5	5.5	7.0
头部直径 d_k max	5.5	8.4	9.3	11.3	15.8	18.3
头部高度 k max	1.65	2.70	2.70	3.30	4.65	5.00
公称长度 l 范围	10~25	12~30	14~40	20~50	25~60	30~60

(2) 各种公称长度 l(mm)的每千件钢制品大约重量 G(kg)									
l	G	l	G	l	G	l	G	l	G
M3		M4		M5		M8		M10	
10	0.38	20	1.38	40	3.54	25	8.30	30	14.84
12	0.42	25	1.60	M6		30	9.16	35	16.25
(14)	0.47	30	1.81	20	3.58	35	10.03	40	17.66
16	0.51	M5		25	4.15	40	10.90	45	19.07
20	0.59	(14)	1.78	30	4.72	45	11.76	50	20.47
25	0.70	16	1.91	35	5.29	50	12.63	(55)	21.88
M4		20	2.18	40	5.86	(55)	13.50	60	23.29
10	1.03	25	2.52	45	6.43	60	14.36		
(14)	1.12	30	2.80	50	7.01				
16	1.20	35	3.20						

注: 1. 其余尺寸的标注内容及具体尺寸(b、C、d_1、d_k、l、n、r、t),参见第 17.23 页。

2. 表列规格为通用规格。带括号的规格尽量不采用。

26. 开槽半沉头不脱出螺钉

(GB/T 949—1988)

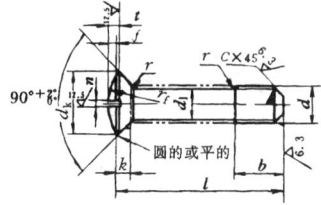

其余表面的粗糙度
为 $R_a = 3.2\mu m$。

(1) 主要尺寸(mm)							
螺纹规格 d		M3	M4	M5	M6	M8	M10
无螺纹杆径 d_1	max	2.0	2.8	3.5	4.5	5.5	7.0
头部直径 d_k	max	5.5	8.4	9.3	11.3	15.8	18.3
球面高度 f	≈	0.7	1.0	1.2	1.4	2.0	2.3
头部高度 k	max	1.65	2.70	2.70	3.30	4.65	5.00
公称长度 l	范围	10~25	12~30	14~40	20~50	25~60	30~60

(2) 各种公称长度 l(mm)的每千件钢制品大约重量 G(kg)									
l	G	l	G	l	G	l	G	l	G
M3		M4		M5		M8		M10	
10	0.42	20	1.58	40	3.81	25	9.64	30	16.88
12	0.46	25	1.79	M6		30	10.51	35	18.29
(14)	0.49	30	2.01	20	4.03	35	11.38	40	19.70
16	0.53	M5		25	4.60	40	12.24	45	21.10
20	0.59	(14)	2.05	30	5.17	45	13.11	50	22.51
25	0.68	16	2.19	35	5.74	50	13.98	(55)	23.92
M4		20	2.46	40	6.31	(55)	14.84	60	25.33
12	1.23	25	2.80	45	6.88	60	15.71		
(14)	1.32	30	3.13	50	7.46				
16	1.40	35	3.47						

注: 1. 其余尺寸的标注内容及具体尺寸(b、C、d_1、d_k、l、n、r、r_1、t),参见第 17.23 页。

2. 表列规格为通用规格。带括号的规格尽量不采用。

27. 滚花头不脱出螺钉

(GB/T 839—1988)

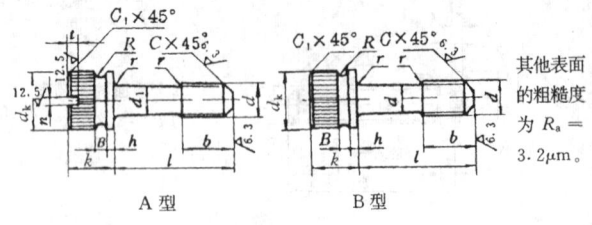

其他表面的粗糙度为 R_a 为 3.2μm。

A型　　　　　　B型

(1) 主要尺寸(mm)						
螺纹规格 d		M3	M4	M5	M6	M8	M10
无螺纹杆径 d_1　max		2.0	2.8	3.5	4.5	5.5	7.0
头部直径 d_k　max (滚花前)		5	8	9	11	14	17
头部高度 k　max		4.5	6.5	7	8	10	13.5
公称长度 l　范围		10～25	12～30	14～40	20～50	25～60	30～60

注：表中"螺纹规格 d"行实为 M3 M4 M5 M6 M8 M10 六列

(2) 各种公称长度 l(mm)的每千件钢制品大约重量 G(kg)							
l	G	l	G	l	G	l	G
M3		20	3.13	40	6.00	25	17.98	35	32.95
10	0.84	25	3.35	M6		30	18.85	40	34.36
12	0.88	30	3.57	20	8.99	35	19.72	45	35.76
(14)	0.92	M5		25	9.56	40	20.59	50	37.17
16	0.97	(14)	4.25	30	10.14	45	21.45	(55)	38.58
20	1.05	16	4.38	35	10.71	50	22.32	60	39.99
25	1.16	20	4.65	40	11.28	(55)	23.19		
M4		25	4.99	45	11.85	60	24.05		
12	2.79	30	5.33	50	12.42	M10			
(14)	2.87	35	5.67			30	31.54		
16	2.96								

注：1. 其余尺寸的标注内容及具体尺寸(b、B、C、C_1、d_1、d_k、h、k、l、n、r、R、t)，参见第17.23页。

　　2. 表列规格为通用规格。带括号的规格尽量不采用。

28. 六角头不脱出螺钉

(GB/T 838—1988)

其余表面的粗糙度为 $R_a = 3.2 \mu m$。

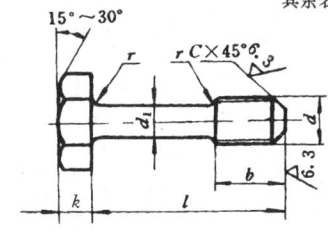
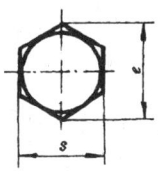

(1) 六角头不脱出螺钉的尺寸(mm)								
螺纹规格 d		M5	M6	M8	M10	M12	(M14)	M16
无螺纹杆径 d_1	max	3.5	4.5	5.5	7	9	11	12
头部高度 k	公称	3.5	4	5.3	6.4	7.5	8.8	10
对边宽度 s	max	8	10	13	16	18	21	24
公称长度 l	范围	14~40	20~50	25~65	30~80	30~100	35~100	40~100

注：其余尺寸代号的标注内容及具体尺寸(b、C、d_1、e、k、l、r、s),参见第17.23页。

(续)

\multicolumn{10}{c}{(2) 六角头不脱出螺钉的重量}

l	G	l	G	l	G	l	G	l	G
\multicolumn{2}{c}{M5}	\multicolumn{2}{c}{M8}	\multicolumn{2}{c}{M10}	\multicolumn{2}{c}{M12}	\multicolumn{2}{c}{(M14)}
(14)	2.74	25	11.54	(55)	28.87	70	52.63	80	86.12
16	2.87	30	12.41	60	30.28	75	54.99	90	93.18
20	3.14	35	13.27	(65)	31.69	80	57.35	100	100.2
25	3.48	40	14.14	70	33.09	90	62.07	\multicolumn{2}{c}{M16}
30	3.82	45	15.01	75	34.50	100	66.79	40	81.14
35	4.15	50	15.87	80	35.91	\multicolumn{2}{c}{(M14)}	45	85.36
40	4.49	(55)	16.74	\multicolumn{2}{c}{M12}	35	54.39	50	89.57
\multicolumn{2}{c}{M6}	60	17.61	30	33.74	40	57.91	(55)	93.79
20	5.33	(65)	18.47	35	36.10	45	61.44	60	98.00
25	5.90	\multicolumn{2}{c}{M10}	40	38.46	50	64.86	(65)	102.2
30	6.48	30	21.83	45	40.82	(55)	68.49	70	106.4
35	7.05	35	23.24	50	43.18	60	72.02	75	110.7
40	7.62	40	24.65	(55)	45.54	65	75.55	80	114.9
45	8.19	45	26.05	60	47.90	70	79.55	90	123.3
50	8.76	50	27.46	(65)	50.26	75	82.60	100	131.7

注：1. d—螺纹规格(mm)；l—公称长度(mm)。

2. G—每千件钢制品大约重量(kg)。

3. 表列规格为通用规格。带括号的规格尽量不采用。

29. 滚花高头螺钉

(GB/T 834—1988)

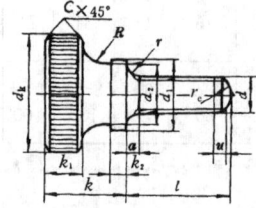

末端按 GB/T 2 规定，参见第 5.21 页；其余表面的粗糙度为 R_a = 3.2μm。

(1) 主要尺寸(mm)									
螺纹规格 d	M1.6	M2	M2.5	M3	M4	M5	M6	M8	M10
滚花前 d_k max	7	8	9	11	12	16	20	24	30
d_1	4	4.5	5	6	8	10	12	16	20
k max	4.7	5	5.5	7	8	10	12	16	20
k_1	2	2	2.2	2.8	3	4	5	6	8
k_2	0.8	1	1	1.2	1.5	2	2.5	3	3.8
公称长度 l 范围	2~8	2.5~10	3~12	4~16	5~16	6~20	8~25	10~30	12~35

(2) 各种公称长度 l(mm)的每千件钢制品大约重量 G(kg)									
l	G	l	G	l	G	l	G	l	G
M1.6		M1.6		M2		M2.5		M3	
2	0.80	8	0.87	6	1.13	5	1.59	4	2.87
2.5	0.81	M2		8	1.17	6	1.62	5	2.91
3	0.81	2.5	1.07	10	1.20	8	1.67	6	2.95
4	0.82	3	1.08	M2.5		10	1.73	8	3.04
5	0.83	4	1.10	3	1.53	12	1.79	10	3.12
6	0.84	5	1.12	4	1.56			12	3.21

注：1. 其余尺寸代号的标注内容及具体尺寸（C、d_z、d_k、k、l、R、r、r_e），参见第 17.26 页。

　　2. 表列规格为通用规格。带括号的规格尽量不采用。

（续）

(2) 各种公称长度 l(mm)的每千件钢制品大约重量 G(kg)									
l	G	l	G	l	G	l	G	l	G
M3		M4		M6		M8		M10	
(14)	3.29	16	5.14	8	18.44	12	35.83	16	74.72
16	3.38	M5		10	18.79	(14)	36.45	20	76.69
M4		6	9.88	12	19.13	16	37.08	25	79.14
5	4.31	8	10.13	(14)	19.47	20	38.32	30	81.60
6	4.39	10	10.37	16	19.82	25	39.88	35	84.05
8	4.54	12	10.61	20	20.50	30	41.43		
10	4.69	(14)	10.85	25	21.36	M10			
12	4.84	16	11.09	M8		12	72.76		
(14)	4.99	20	11.57	10	35.21	(14)	73.74		

30. 滚花平头螺钉

(GB/T 835—1988)

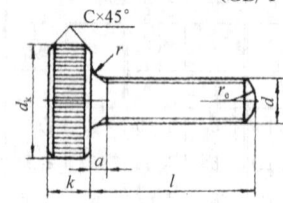

$a \leqslant 3P$（P—螺距）；末端按 GB/T 2 规定，参见第5.21页；其余表面的粗糙度为 $R_a = 3.2\mu m$。

(1) 主要尺寸(mm)									
螺纹规格 d	M1.6	M2	M2.5	M3	M4	M5	M6	M8	M10
滚花前 d_k max	7	8	9	11	12	16	20	24	30
k max	4.7	5	5.5	7	8	10	12	16	20
l 公称	2~12	4~16	5~16	6~20	8~25	10~30	12~35	16~35	20~45

注：1. 其余尺寸代号的标注内容及具体尺寸（C、d_k、k、l、r、r_e），参见第17.26页。

（2）各种公称长度 l(mm)的每千件钢制品大约重量 G(kg)									
l	G	l	G	l	G	l	G	l	G
M1.6		M2		M3		M5		M8	
2	1.29	10	1.96	8	5.12	10	16.03	16	58.42
2.5	1.30	12	2.00	10	5.21	12	16.27	20	59.66
3	1.31	(14)	2.04	12	5.29	(14)	16.51	25	61.22
4	1.32	16	2.07	(14)	5.38	16	16.75	30	62.77
5	1.33	M2.5		16	5.46	20	17.23	35	64.33
6	1.34			20	5.63	25	17.83	M10	
8	1.36	5	2.66						
10	1.38	6	2.68	M4		M6		20	117.7
12	1.40	8	2.74					25	120.1
M2		10	2.80	8	7.16	12	29.48	30	122.6
		12	2.86	10	7.31	(14)	29.82	35	125.1
4	1.86	(14)	2.92	12	7.46	16	30.17	40	127.5
5	1.88	16	2.97	(14)	7.61	20	30.85	45	130.0
6	1.89	M3		16	7.76	25	31.71		
8	1.93	6	5.04	20	8.06	30	32.57		
				25	8.43				

注：2. 表列规格为通用规格。带括号的规格尽量不采用。

31. 滚花小头螺钉

（GB/T 836—1988）

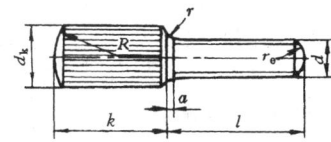

$a \leqslant 3P$（P—螺距）；
末端按 GB/T 2 规
定，参见第 5.21 页；
其余表面的粗糙度
为 $R_a = 3.2 \mu m$。

(1) 主要尺寸(mm)								
螺纹规格	d	M1.6	M2	M2.5	M3	M4	M5	M6
滚花前 d_k	max	3.5	4	5	6	7	8	10
k	max	10	11	11	12	12	13	13
l	范围	3~16	4~20	5~20	6~25	8~30	10~35	12~40

(2) 各种公称长度 l(mm)的每千件钢制品大约重量 G(kg)									
l	G	l	G	l	G	l	G	l	G
M1.6		M2		M2.5		M4		M5	
3	0.69	8	1.10	16	1.99	10	4.05	25	7.72
4	0.70	10	1.14	20	2.10	12	4.20	30	8.32
5	0.71	12	1.17	M3		(14)	4.35	35	8.92
6	0.73	14	1.21	6	2.69	16	4.50	M6	
8	0.75	16	1.24	8	2.77	20	4.80	12	9.42
10	0.77	20	1.31	10	2.86	25	5.18	(14)	9.77
12	0.79	M2.5		12	2.94	30	5.55	16	10.11
(14)	0.81	5	1.67	(14)	3.03	M5		20	10.79
16	0.84	6	1.70	16	3.11	10	5.92	25	11.65
M2		8	1.76	20	3.28	12	6.16	30	12.51
4	1.03	10	1.81	25	3.50	(14)	6.40	35	13.37
5	1.05	12	1.87	M4		16	6.64	40	14.22
6	1.07	(14)	1.93	8	3.90	20	7.12		

注：1. 其余尺寸代号的标注内容及具体尺寸(d_k、k、l、R、r_e)，参见第17.25页。

2. 表列规格为通用规格。带括号的规格尽量不采用。

32. 塑料滚花头螺钉

(GB/T 840—1988)

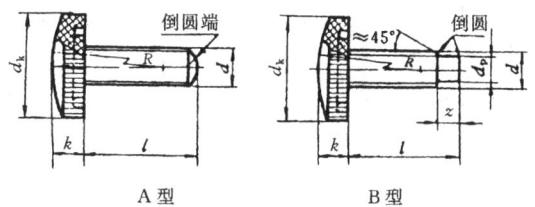

A型   B型

末端按 GB/T 2 规定,参见第 5.21 页。

(1) 塑料滚花头的尺寸(mm)							
螺纹规格 d	M4	M5	M6	M8	M10	M12	M16
头部直径 d_k	12	16	20	25	28	32	40
头部高度 k	5	6	6	8	8	10	12
圆柱端直径 d_p max	2.5	3.5	4	5.5	7	8.5	12
末端长度 z max	2.25	2.75	3.25	4.3	5.3	6.3	8.36
头部球面半径 $R \approx$	25	32	40	50	55	65	80
公称长度 l 范围	8~30	10~40	12~40	16~45	20~60	25~60	30~80

注:其余具体尺寸(d_p、z、l),参见第 17.25 页。

\(2\) 塑料滚花头螺钉的重量					
l	G	l	G	l	G
M4		M6		M10	
8	1.41	25	6.87	60	36.85
10	1.56	30	7.73	M12	
12	1.71	35	8.59	25	30.22
16	2.01	40	9.45	30	33.78
20	2.31	M8		35	37.34
25	2.68	16	10.54	40	40.91
30	3.06	20	11.78	45	44.47
M5		25	13.34	50	48.03
10	2.89	30	14.89	60	55.15
12	3.13	35	16.45	M16	
16	3.61	40	18.00	30	63.69
20	4.09	45	19.56	35	70.24
25	4.69	M10		40	76.78
30	5.29	20	17.21	45	83.32
35	5.89	25	19.66	50	89.86
40	6.49	30	22.12	60	103.0
M6		35	24.57	70	116.0
12	4.64	40	27.03	80	129.1
16	5.33	45	29.49		
20	6.02	50	31.94		

注：1. d—螺纹规格（mm）；l—公称长度（mm）。

2. G—每千件钢制品大约重量（kg）。

3. 表列规格为通用规格。带括号的规格尽量不采用。

33. 开槽圆柱头轴位螺钉

(GB/T 830—1988)

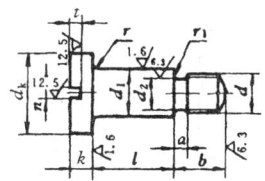

末端按 GB/T 2 规定，参见第 5.21 页；

其余表面的粗糙度为 $R_a = 3.2\mu m$。

(1) 开槽圆柱头轴位螺钉的尺寸(mm)									
螺纹规格 d	M1.6	M2	M2.5	M3	M4	M5	M6	M8	M10
d_1 max	2.48	2.98	3.47	3.97	4.97	5.97	7.96	9.96	11.95
d_k max	3.5	4	5	6	8	10	12	15	20
k max	1.32	1.52	1.82	2.1	2.7	3.2	3.74	5.24	6.24
b	2.5	3	3.5	4	5	6	8	10	12
l 范围	1～6	1～8	1～8	1～10	1～12	1～14	1～14	2～16	2～20

注：1. 尺寸代号的标注内容及其余尺寸(a、d_1、d_2、d_k、k、l、n、r、r_1、t)，参见第 17.28 页。

(续)

(2) 开槽圆柱头轴位螺钉的重量

l	G	l	G	l	G	l	G	l	G
d = M1.6		d = M2.5		d = M4		d = M5		d = M8	
1	0.13	1.2	0.39	1	1.27	10	4.34	6	12.45
1.2	0.13	1.6	0.41	1.2	1.30	12	4.76	8	13.64
1.6	0.15	2	0.44	1.6	1.36	d = M6		10	14.84
2	0.16	2.5	0.48	2	1.42	1	4.22	12	16.03
2.5	0.18	3	0.51	2.5	1.49	1.2	4.30	(14)	17.22
3	0.20	4	0.58	3	1.57	1.6	4.45	16	18.42
4	0.24	5	0.65	4	1.71	2	4.60	d = M10	
5	0.27	6	0.72	5	1.86	2.5	4.79	2	20.09
6	0.31	8	0.87	6	2.01	3	4.98	2.5	20.52
d = M2		d = M3		8	2.30	4	5.36	3	20.95
1	0.21	1	0.58	10	2.59	5	5.74	4	21.81
1.2	0.22	1.2	0.59	d = M5		6	6.12	5	22.67
1.6	0.24	16	0.63	1	2.42	8	6.88	6	23.53
2	0.26	2	0.67	1.2	2.46	10	7.64	8	25.24
2.5	0.28	2.5	0.72	1.6	2.55	12	8.40	10	26.96
3	0.31	3	0.76	2	2.63	(14)	9.15	12	28.68
4	0.36	4	0.86	2.5	2.74	d = M8		(14)	30.40
5	0.41	5	0.95	3	2.85	2	10.06	16	32.11
6	0.47	6	1.04	4	3.06	2.5	10.36	20	35.55
8	0.57	8	1.23	5	3.27	3	10.66		
d = M2.5		10	1.41	6	3.48	4	11.26		
1	0.37			8	3.91	5	11.85		

注: 2. d—螺纹规格(mm); l—公称长度(mm)。

　　3. G—每千件钢制品大约重量(kg)。

　　4. 表列规格为通用规格。带括号的规格尽量不采用。

34. 开槽球面圆柱头轴位螺钉

(GB/T 946—1988)

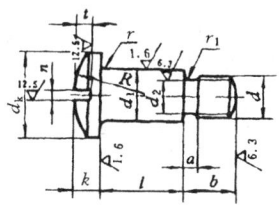

末端按 GB/T 2 规定, 参见第 5.21 页;

其余表面的粗糙度为 $R_a = 3.2\mu m$。

(1) 开槽球面圆柱头轴位螺钉的尺寸(mm)									
螺纹规格 d	M1.6	M2	M2.5	M3	M4	M5	M6	M8	M10
d_1 max	2.48	2.98	3.47	3.97	4.97	5.97	7.96	9.96	11.95
d_k max	3.5	4	5	6	8	10	12	15	20
k max	1.2	1.6	1.8	2	2.8	3.5	4	5	6
b	2.5	3	3.5	4	5	6	8	10	12
l 范围	1~6	1~8	1~8	1~10	1~10	1~12	1~14	2~16	2~20

注: 1. 尺寸代号的标注内容及其余尺寸(a、d_1、d_2、d_k、k、l、n、R、r、r_1、t), 参见第 17.28 页。

	(2) 开槽球面圆柱头轴位螺钉的重量								

l	G	l	G	l	G	l	G	l	G
d = M1.6		d = M2.5		d = M4		d = M5		d = M8	
1	0.10	1.2	0.33	1	1.11	10	4.02	6	10.43
1.2	0.11	1.6	0.35	1.2	1.14	12	4.45	8	11.62
1.6	0.13	2	0.38	1.6	1.20	d = M6		10	12.81
2	0.14	2.5	0.42	2	1.26	1	3.64	12	14.01
2.5	0.16	3	0.45	2.5	1.33	1.2	3.71	(14)	15.20
3	0.18	4	0.52	3	1.40	1.6	3.86	16	16.40
4	0.21	5	0.59	4	1.55	2	4.02	d = M10	
5	0.25	6	0.67	5	1.70	2.5	4.21	2	15.30
6	0.28	8	0.81	6	1.84	3	4.40	2.5	15.87
d = M2		d = M3		8	2.14	4	4.78	3	16.15
1	0.19	1	0.48	10	2.43	5	5.15	4	17.01
1.2	0.20	1.2	0.50	d = M5		6	5.53	5	17.87
1.6	0.22	1.6	0.54	1	2.11	8	6.29	6	18.73
2	0.24	2	0.58	1.2	2.15	10	7.05	8	20.45
2.5	0.27	2.5	0.62	1.6	2.23	12	7.81	10	22.17
3	0.29	3	0.67	2	2.32	(14)	8.57	12	23.88
4	0.34	4	0.76	2.5	2.43	d = M8		(14)	25.60
5	0.40	5	0.85	3	2.53	2	8.04	16	27.32
6	0.45	6	0.95	4	2.74	2.5	8.34	20	30.75
8	0.55	8	1.13	5	2.96	3	8.64		
d = M2.5		10	1.32	6	3.17	4	9.23		
1	0.31			8	3.60	5	9.83		

注：2. d—螺纹规格(mm)；l—公称长度(mm)。

　　3. G—每千件钢制品大约重量(kg)。

　　4. 表列规格为通用规格。带括号的规格尽量不采用。

35. 开槽无头轴位螺钉

(GB/T 831—1988)

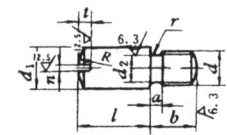

末端按 GB/T 2 规定,参见第 5.21 页;其余表面的粗糙度为 $R_a = 3.2\mu m$。

(1) 主要尺寸(mm)									
螺纹规格 d	M1.6	M2	M2.5	M3	M4	M5	M6	M8	M10
d_1 max	2.48	2.98	3.47	3.97	4.97	5.97	7.96	9.98	11.95
b	2.5	3	3.5	4	5	6	8	10	12
l 范围	2~4	2~5	2~5	2.5~6	3~8	4~12	5~16	6~16	8~20

(2) 各种公称长度 l(mm)的每千件钢制品大约重量 G(kg)									
l	G	l	G	l	G	l	G	l	G
$d = $ M1.6		$d = $ M2.5		$d = $ M4		$d = $ M6		$d = $ M8	
2	0.09	3	0.30	4	0.92	5	3.12	16	12.35
2.5	0.11	4	0.37	5	1.07	6	3.50	$d = $ M10	
3	0.13	5	0.44	6	1.21	8	4.26	8	12.21
$d = $ M2		$d = $ M3		8	1.51	10	5.02	10	13.93
2	0.15	2.5	0.38	$d = $ M5		12	5.78	12	15.65
2.5	0.18	3	0.43	4	1.51	$d = $ M8		(14)	17.36
3	0.20	4	0.52	5	1.72	6	6.38	16	19.08
4	0.26	5	0.62	6	1.94	8	7.58	20	22.52
$d = $ M2.5		6	0.71	8	2.36	10	8.77		
2	0.23	$d = $ M4		10	2.79	12	9.96		
2.5	0.27	3	0.77			(14)	11.16		

注:1. 尺寸代号的标注内容及其余尺寸(a、b、d_1、d_2、l、n、R、r、t),参见第 17.28 页。
  2. 表列规格为通用规格。带括号的规格尽量不采用。

36. 内六角圆柱头轴肩螺钉

(GB/T 5281—1985)

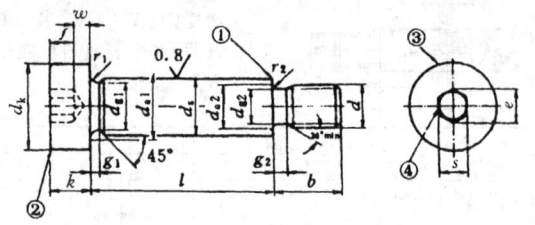

可选择的头—杆结合处的型式   可选择的内六角孔的型式

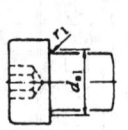

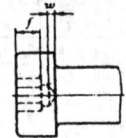

图注：① 轴肩棱边倒圆或倒角：当 $d_s \leqslant 10\text{mm}$ 时为 0.15mm；
当 $d_s > 10\text{mm}$ 时为 0.20mm。

② 圆的或平的；

③ 可以是光滑的或滚花的；

④ 允许倒圆或制出沉孔。

末端按 GB/T 2 规定，参见第 5.21 页；

轴肩的表面粗糙度为 $R_a = 0.8\mu\text{m}$，仅适用于电镀前。

	\multicolumn{8}{c	}{（1）内六角圆柱头轴肩螺钉的尺寸(mm)}
d_s	公称	6.5	8	10	13	16	20	25
	max	6.487	7.987	9.987	12.984	15.984	19.980	24.980
	min	6.451	7.951	9.951	12.941	15.941	19.928	24.928
d	公称	M5	M6	M8	M10	M12	M16	M20
P		0.8	1	1.25	1.5	1.75	2	2.5
b	max	9.75	11.25	13.25	16.40	18.40	22.40	27.40
	min	9.25	10.75	12.75	15.60	17.60	21.60	26.60
d_k	max①	10	13	16	18	24	30	36
	max②	10.22	13.27	16.27	18.27	24.33	30.33	36.39
	min	9.78	12.73	15.73	17.73	23.67	29.67	35.61
k	max	4.5	5.5	7	9	11	14	16
	min	4.32	5.32	6.78	8.78	10.73	13.73	15.73
s	公称	3	4	5	6	8	10	12
	max	3.08	4.095	5.095	6.095	8.115	10.115	12.142
	min	3.02	4.02	5.02	6.02	8.025	10.025	12.032
e	min	3.44	4.58	5.72	6.86	9.15	11.43	13.72
t	min	2.4	3.3	4.2	4.9	6.6	8.8	10
w	min	1	1.15	1.6	1.8	2	3.2	3.25
d_{a1}	max	7.5	9.2	11.2	15.2	18.2	22.4	27.4
d_{g1}	min	5.92	7.42	9.42	12.42	15.42	19.24	24.42
g_1	max	2.5	2.5	2.5	2.5	2.5	2.5	3
r_1	min	0.25	0.4	0.6	0.6	0.6	0.8	0.8

（1）内六角圆柱头轴肩螺钉的尺寸(mm)							
d_s 公称	6.5	8	10	13	16	20	25
d 公称	M5	M6	M8	M10	M12	M16	M20
d_{a2} max	5	6	8	10	12	16	20
d_{g2} max	3.86	4.58	6.25	7.91	9.57	13.33	16.57
d_{g2} min	3.68	4.40	6.03	7.69	9.35	12.96	16.30
g_2 max	2	2.5	3.1	3.7	4.4	5	6.3
r_2 min	0.5	0.53	0.64	0.77	0.87	1.14	1.38
l 范围	10~40	12~50	16~120	16~120	30~120	40~120	50~120
l 公差 公称	10、12、16、20、25、30、40、50、60、70、90、100、120						
l 公差 公差	$l_{max} = l_{公称} + 0.25$, $l_{min} = l_{公称}$						

注：1. d_s—轴肩直径；d—螺纹规格；P—螺距；b—螺纹长度；d_k—头部直径；k—头部高度；s—内六角孔对边宽度；e—内六角孔对角宽度；t—扳拧深度；w—孔底至支承面之间距离；d_{a1}、d_{a2}—过渡圆直径；d_{g1}、d_{g2}—颈部直径；g_1、g_2—颈宽；r_1、r_2—头下圆角半径；l—公称长度。

2. d_{kmax}：①适用于光滑头部；②适用于滚花头部。

3. 允许根据 GB/T 3106 选取中间长度（l）规格，如 11、14、18、22、28、32、35、38、45、55、65、75、85、95、105、110、115mm。

4. 轴肩螺钉的标记示例：轴肩直径 d_s = 10mm（螺纹规格 d =M8）、公称长度 l = 40mm、表面氧化的内六角圆柱头轴肩螺钉的标记：

螺钉 GB/T 5281　10×40

（2）内六角圆柱头轴肩螺钉的形位公差

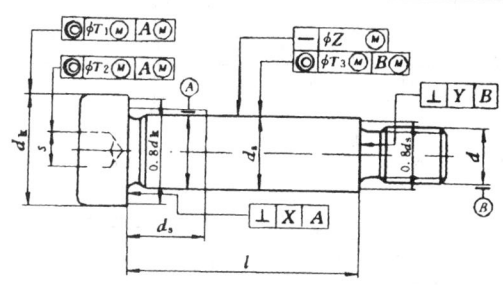

① 同轴度与垂直度公差（mm）

同轴度公差						垂直度公差			
T_1		T_2		T_3		X		Y	
基本尺寸 d_k	公差值	基本尺寸 d_s	公差值	基本尺寸 d	公差值	基本尺寸 d_s	公差值	基本尺寸 d	公差值
10	0.44	6.5	0.44	5	0.12	6.5	0.15	5	0.15
13	0.54	8	0.44	6	0.12	8	0.18	6	0.15
16	0.54	10	0.44	8	0.12	10	0.24	8	0.15
18	0.54	13	0.54	10	0.12	13	0.31	10	0.15
24	0.66	16	0.54	12	0.14	16	0.34	12	0.20
30	0.66	20	0.66	16	0.14	20	0.42	16	0.20
36	0.78	25	0.66	20	0.17	25	0.50	20	0.30

② 直线度公差（mm）

基本尺寸 d_s	公差值 Z
$\leqslant 8$	$0.002l + 0.05$
> 8	$0.0025l + 0.05$

\multicolumn{6}{c}{（3）内六角圆柱头轴肩螺钉的重量}
l	G	l	G	l	G
$d_s = 6.5$		$d_s = 10$		$d_s = 16$	
10	6.09	70	56.43	70	156.4
12	6.60	80	62.55	80	172.0
16	7.64	90	68.68	90	187.7
20	8.68	100	74.81	100	203.4
25	9.97	120	87.06	120	234.8
30	11.26	$d_s = 13$		$d_s = 20$	
40	13.85	16	39.97	40	194.5
$d_s = 8$		20	44.11	50	219.0
12	11.48	25	49.28	60	243.5
16	13.05	30	54.46	70	268.0
20	14.62	40	64.81	80	292.5
25	16.58	50	75.71	90	317.0
30	18.54	60	85.52	100	341.5
40	22.46	70	95.87	120	390.5
50	26.38	80	106.2	$d_s = 25$	
$d_s = 10$		90	116.6	50	358.6
16	23.35	100	129.6	60	396.9
20	25.80	120	147.6	70	435.2
25	28.86	$d_s = 16$		80	473.4
30	31.92	30	93.62	90	511.7
40	38.05	40	109.3	100	550.0
50	44.18	50	125.0	120	626.6
60	50.30	60	140.7		

注：1. d_s—轴肩直径(mm)；l—公称长度(mm)。
　　2. G—每千件钢制品大约重量(kg)。
　　3. 表列规格为通用规格。

37. 开槽平端紧定螺钉

(GB/T 73—1985)

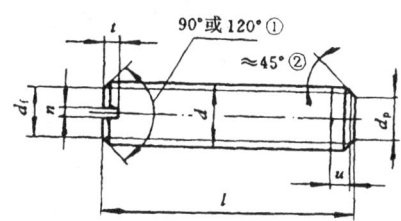

图注：① 公称长度 l 小于或等于表中带 * 符号的短螺钉应制成120°；

② 45°仅适用于螺纹小径以内的末端部分；不完整螺纹的长度 $u \leqslant 2P$（P—螺距）；倒角面直径 d_{fmax}=螺纹小径。

\(1\) 主要尺寸(mm)										
d	M1.2	M1.6	M2	M2.5	M3	M4	M5	M6	M8	M10	M12
l 范围	2~6	2~8	2~10	2.5~12	3~16	4~20	5~25	6~30	8~40	10~50	12~60

（2）各种公称长度 l(mm)的每千件钢制品大约重量 G(kg)

l	G	l	G	l	G	l	G	l	G
M1.2		M1.6		M1.6		M2		M2.5	
2	0.01	2 *	0.02	8	0.08	5	0.08	3 *	0.08
2.5	0.01	2.5	0.02	M2		6	0.10	4	0.11
3	0.02	3	0.03	2	0.03	8	0.14	5	0.13
4	0.02	4	0.04	2.5 *	0.04	10	0.17	6	0.16
5	0.03	5	0.05	3	0.05	M2.5		8	0.22
6	0.04	6	0.06	4	0.06	2.5	0.06	10	0.28

注：1. d—螺纹规格；l—公称长度。其余尺寸代号的标注内容及具体尺寸（d_p、n、t、l），参见第 17.30 页。

2. 表列规格为商品规格。带括号的规格尽量不采用。

(2) 各种公称长度 l(mm)的每千件钢制品大约重量 G(kg)									
l	G	l	G	l	G	l	G	l	G
M2.5		M4		M6		M8		M12	
12	0.34	10	0.72	6*	0.93	25	7.57	12	7.87
M3		12	0.87	8	1.27	30	9.12	(14)	9.29
3*	0.12	(14)	1.02	10	1.61	35	10.68	16	10.72
4	0.16	16	1.16	12	1.95	40	12.23	20	13.57
5	0.20	20	1.46	(14)	2.30	M10		25	17.13
6	0.24	M5		16	2.64	10	4.51	30	20.69
8	0.33	5*	0.55	20	3.33	12	5.49	35	24.25
10	0.41	6	0.67	25	4.18	(14)	6.47	40	27.81
12	0.50	8	0.91	30	5.04	16	7.46	45	31.38
(14)	0.58	10	1.15	M8		20	9.42	50	34.94
16	0.67	12	1.39	8	2.28	25	11.88	(55)	38.50
M4		(14)	1.63	10	2.90	30	14.33	60	42.06
4*	0.27	16	1.87	12	3.52	35	16.79		
5	0.34	20	2.35	(14)	4.15	40	19.24		
6	0.42	25	2.95	16	4.77	45	21.70		
8	0.57			20	6.01	50	24.16		

38. 开槽长圆柱端紧定螺钉 (GB/T 75—1985)

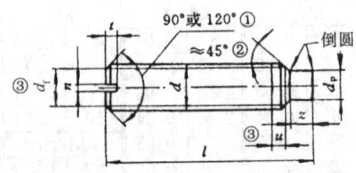

图注：① 公称长度 l 小于或等于表中带 * 符号的尺寸的短螺钉应制成120°；

② 45°仅适用于螺纹小径以内的末端部分；

③ 不完整螺纹的长度 $u \leqslant 2P$，倒角平面直径 $d_f \approx$ 螺纹小径

(1) 主要尺寸(mm)										
螺纹规格 d	M1.6	M2	M2.5	M3	M4	M5	M6	M8	M10	M12
公称长度 l 范围	2.5~8	3~10	4~12	5~16	6~20	8~25	8~30	10~40	12~50	14~60

(2) 各种公称长度 l(mm)的每千件钢制品大约重量 G(kg)									
l	G	l	G	l	G	l	G	l	G
d = M1.6		d = M2.5		d = M5		d = M8		d = M10	
2.5*	0.03	10	0.29	8*	1.06	12	4.19	50	25.51
3	0.03	12	0.35	10	1.30	(14)*	4.81	d = M12	
4	0.04	d = M3		12	1.54	16	5.43	(14)	11.73
5	0.05	5*	0.23	(14)	1.78	20	6.68	16	13.15
6	0.06	6	0.27	16	2.02	25	8.23	20*	16.00
8	0.09	8	0.36	20	2.51	30	9.79	25	19.56
d = M2		10	0.44	25	3.11	35	11.34	30	23.13
3*	0.05	12	0.53	d = M6		40	12.90	35	26.69
4	0.07	(14)	0.61	8	1.52	d = M10		40	30.25
5	0.09	16	0.70	10*	1.86	12	6.84	45	33.81
6	0.10	d = M4		12	2.21	(14)	7.82	50	37.37
8	0.14	6*	0.48	(14)	2.55	16*	8.81	(55)	40.94
10	0.17	8	0.63	16	2.89	20	10.77	60	44.50
d = M2.5		10	0.78	20	3.58	25	13.23		
4*	0.12	12	0.93	25	4.43	30	15.68		
5	0.15	(14)	1.08	30	5.29	35	18.14		
6	0.17	16	1.23	d = M8		40	20.59		
8	0.23	20	1.53	10	3.57	45	23.05		

注：1. 其余尺寸代号的标注内容及具体尺寸(d_p、z、n、t、l)，参见第17.30页。

2. 表列规格为商品规格。带括号的规格尽量不采用。

39. 开槽锥端紧定螺钉

(GB/T 71—1985)

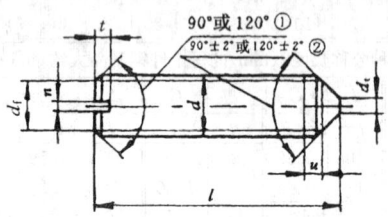

图注：① 公称长度 l 小于或等于表中带 ＊ 符号的尺寸的短螺钉应制成 120°，其余为长螺钉，应制成 90°；

② 90°或 120°仅适用螺纹小径以内的末端部分；不大于 M5 的螺钉，不要求锥端有平面部分（d_t），可以倒圆；不完整螺纹的长度 $u \leqslant 2P$；倒角平面直径 $d_f \approx$ 螺纹小径。

(1) 主要尺寸(mm)										
d	M1.2	M1.6	M2	M2.5	M3	M4	M5	M6	M8	M10	M12
l 范围	2～6	2～8	3～10	3～12	4～16	6～20	8～25	8～30	10～40	12～50	14～60

(2) 各种公称长度 l(mm)的每千件钢制品大约重量 G(kg)									
l	G	l	G	l	G	l	G	l	G
d=M1.2		d=M1.2		d=M1.6		d=M2		d=M2	
2＊	0.01	6	0.03	4	0.04	3	0.04	10	0.17
2.5	0.01	d=M1.6		5	0.05	4	0.06	d=M2.5	
3	0.02	2	0.02	6	0.06	5	0.08	3＊	0.06
4	0.02	2.5＊	0.02	8	0.10	6	0.10	4	0.09
5	0.03	3	0.03	10	0.14	8	0.12	5	0.12

注：1. d—螺纹规格；l—公称长度。其余尺寸代号的标注内容及具体尺寸（d_t、n、t、l），参见第 17.30 页。

2. 表列规格为商品规格范围。带括号的规格尽可能不采用。

(2) 各种公称长度 l(mm)的每千件钢制品大约重量 G(kg)									
l	G	l	G	l	G	l	G	l	G
d=M2.5		d=M4		d=M6		d=M8		d=M12	
6	0.15	6	0.36	8	1.13	30	8.76	(14)	7.98
8	0.21	8	0.51	10	1.47	35	10.32	16	9.41
10	0.27	10	0.66	12	1.81	40	11.87	20	12.26
12	0.32	12	0.81	(14)	2.16	d=M10		25	15.82
d=M3		(14)	0.96	16	2.50	12	4.76	30	19.38
4	0.13	16	1.11	20	3.19	(14)	5.74	35	22.94
5	0.17	20	1.41	25	4.04	16	6.72	40	26.51
6	0.22	d=M5		30	4.90	20	8.69	45	30.07
8	0.30	8	0.78	d=M8		25	11.14	50	33.63
10	0.39	10	1.02	10	2.54	30	13.60	(55)	37.19
12	0.47	12	1.26	12	3.16	35	16.05	60	40.76
(14)	0.56	(14)	1.50	(14)	3.78	40	18.51		
16	0.64	16	1.74	16	4.41	45	20.97		
		20	2.22	20	5.65	50	23.42		
		25	2.82	25	7.21				

40. 开槽凹端紧定螺钉 (GB/T 74—1985)

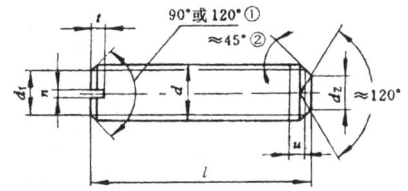

图注：① 公称长度 l 小于或等于表中带 ＊ 符号的尺寸的短螺钉应制成120°；
　　　② 45°仅适用于螺纹小径以内的末端部分，不完整螺纹的长度
　　　　 $u \leqslant 2P$（P—螺距），倒角平面直径 $d_f \approx$ 螺纹小径。

(1) 主要尺寸(mm)

螺纹规格 d	M1.6	M2	M2.5	M3	M4	M5	M6	M8	M10	M12
公称长度 l 范围	2~8	2.5~10	3~12	3~16	4~20	5~25	6~30	8~40	10~50	12~60

(2) 各种公称长度 l(mm)的每千件钢制品的大约重量 G(kg)

l	G	l	G	l	G	l	G	l	G
d=M1.6		d=M2.5		d=M4		d=M6		d=M10	
2*	0.02	8	0.22	(14)	1.00	20	3.26	25	11.65
2.5	0.02	10	0.27	16	1.15	25	4.12	30	14.10
3	0.03	12	0.33	20	1.45	30	4.98	35	16.56
4	0.04	d=M3		d=M5		d=M8		40	19.03
5	0.05	3	0.11	5*	0.50	8*	2.18	45	21.47
6	0.06	4*	0.15	6	0.62	10	2.80	50	23.93
8	0.08	5	0.19	8	0.87	12	3.42	d=M12	
d=M2		6	0.23	10	1.11	(14)	4.05	12*	7.52
2.5*	0.04	8	0.32	12	1.35	16	4.67	(14)	8.95
3	0.05	10	0.40	(14)	1.59	20	5.91	16	10.37
4	0.06	12	0.49	16	1.83	25	7.47	20	13.22
5	0.08	(14)	0.57	20	2.31	30	9.02	25	16.79
6	0.10	16	0.66	25	2.91	35	10.58	30	20.35
8	0.14	d=M4		d=M6		40	12.13	35	23.91
10	0.17	4	0.25	6*	0.86	d=M10		40	27.47
M2.5		5*	0.33	8	1.21	10*	4.28	45	31.04
3*	0.07	6	0.40	10	1.55	12	5.26	50	34.60
4	0.10	8	0.55	12	1.89	(14)	6.24	(55)	38.16
5	0.13	10	0.70	(14)	2.23	16	7.23	60	41.72
6	0.16	12	0.85	16	2.58	20	9.19		

注：1. 其余尺寸代号的标注内容及具体尺寸(d_z、n、t、l)，参见第 17.30 页。

2. 表列规格为商品规格。带括号的规格尽量不采用。

41. 内六角平端紧定螺钉

(GB/T 77—2007)

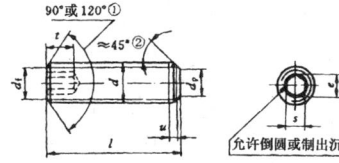

**内六角底部型式
由制造者选择**

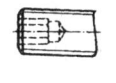

允许倒圆或倒出沉孔

图注：① 公称长度 l 小于或等于表中带 * 符号的尺寸的短螺钉应制成
120°；

② 45°仅适用于螺纹小径以内的末端部分，不完整螺纹的长度
$u \leqslant 2P$（P—螺距），倒角面直径 $d_f \approx$ 螺纹小径。

(1) 主要尺寸(mm)						
d	M1.6	M2	M2.5	M3	M4	M5	M6
l 范围	2～8	2～10	2.5～12	3～16	4～20	5～25	6～30
d	M8	M10	M12	M16	M20	M24	
l 范围	8～40	10～50	12～60	16～60	20～60	25～60	

(2) 各种公称长度 l(mm)的每千件钢制品大约重量 G(kg)							
l	G	l	G	l	G	l	G
d=M1.6		d=M1.6		d=M1.6		d=M2	
2 *	0.021	4	0.037	8	0.070	2.5 *	0.037	5	0.074
2.5	0.025	5	0.046	d=M2		3	0.044	6	0.089
3	0.029	6	0.054	2	0.029	4	0.059	8	0.119

注：1. d—螺纹规格；l—公称长度。其余尺寸代号的标注内容及
具体尺寸（d_p、e、s、t、l），参见第17.30页。

2. 表列规格为商品规格。带括号的规格尽量不采用。

（2）各种公称长度 l(mm)每千件钢制品大约重量 G(kg)

l	G	l	G	l	G	l	G	l	G
M2		M4		M6		M10		M16	
10	0.148	6	0.38	25	4.09	50	23.7	55	67.3
M2.5		8	0.54	30	4.97	M12		60	73.7
2.5	0.063	10	0.70	M8		12*	6.8	M20	
3*	0.075	12	0.86	8	1.89	16	9.6	20	32.3
4	0.100	16	1.18	10	2.52	20	12.4	25	42.6
5	0.125	20	1.49	12	3.15	25	15.9	30	52.9
6	0.150	M5		16	4.41	30	19.4	35	63.2
8	0.199	5*	0.44	20	5.67	35	22.9	40	73.5
10	0.249	6	0.56	25	7.25	40	26.4	45	83.8
12	0.299	8	0.80	30	8.82	45	29.9	50	94.1
M3		10	1.04	35	10.4	50	33.4	55	104
3*	0.10	12	1.28	40	12.0	55	36.8	60	115
4	0.14	16	1.76	M10		60	40.3	M24	
5	0.18	20	2.24	10	3.78	M16		25	57
6	0.22	25	2.84	12	4.78	16*	16.3	30	72
8	0.30	M6		16	6.78	20	21.5	35	87
10	0.38	6*	0.76	20	8.76	25	28.0	40	102
12	0.46	8	1.11	25	11.2	30	34.6	45	117
16	0.62	10	1.46	30	13.7	35	41.1	50	132
M4		12	1.81	35	16.2	40	47.7	55	147
4*	0.22	16	2.51	40	18.7	45	54.2	60	162
5	0.30	20	3.21	45	21.2	50	60.7		

42. 内六角圆柱端紧定螺钉

(GB/T 79—2007)

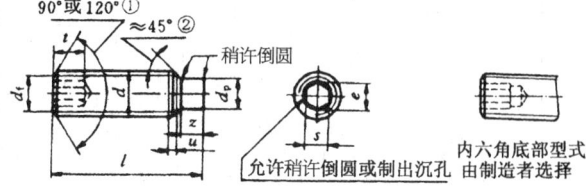

内六角底部型式
由制造者选择

图注: ① 公称长度 l 小于或等于表中带 * 符号的尺寸的短螺钉应制成
120°;

② 45°仅适用于螺纹小径以内的末端部分;不完整螺纹的长度
$u \leqslant 2P$(P—螺距);倒角面直径 $d_f \approx$ 螺纹小径。

(1) 主要尺寸(mm)						
d	M1.6	M2	M2.5	M3	M4	M5	M6
l 范围	2~8	2.5~10	3~12	4~10	5~20	6~25	8~30
d	M8	M10	M12	M16	M20	M25	
l 范围	8~40	10~50	12~60	14~60	20~60	25~60	

注: 1. d—螺纹规格;l—公称长度。其余尺寸代号的标注内容及
具体尺寸(d_p、e、s、t、z、l),参见第 17.30 页。

2. 螺钉的圆柱端长度 z 分长圆柱端和短圆柱端两种。参见
第 17.30 页。下表中,公称长度 l 等于或小于带 * 符号的
螺钉为短圆柱端螺钉,其余公称长度 l 的螺钉,均为长圆柱
端螺钉。

3. 表列规格为商品规格。带括号的规格尽量不采用。

(2) 各种公称长度 l(mm)的每千件钢制品大约重量 G(kg)									
l	G	l	G	l	G	l	G	l	G
M1.6		M3		M6		M10		M16	
2	0.024	4	0.120	8*	1.07	35	15.5	50	58.1
2.5*	0.028	5*	0.161	10	1.29	40	18.0	55	64.7
3	0.029	6	0.186	12	1.63	45	20.5	60	71.3
4	0.037	8	0.266	16	2.31	50	23.0	M20	
5	0.046	10	0.346	20	2.99	M12		20	28.3
6	0.054	12	0.427	25	3.84	12	6.06	25*	38.6
8	0.070	16	0.586	30	4.69	16*	8.94	30	45.5
M2		M4		M8		20	11.0	35	55.8
2.5	0.046	5	0.239	8	1.68	25	14.6	40	66.1
3*	0.053	6*	0.319	10*	2.31	30	18.2	45	76.4
4	0.059	8	0.442	12	2.68	35	21.8	50	86.7
5	0.074	10	0.602	16	3.94	40	25.8	55	97.0
6	0.089	12	0.763	20	5.20	45	29.0	60	107
8	0.119	16	1.08	25	6.78	50	32.6	M24	
10	0.148	20	1.40	30	8.35	55	36.2	25	55.4
M2.5		M5		35	9.93	60	39.8	30*	69.9
3	0.085	6*	0.528	40	11.5	M16		35	78.4
4*	0.110	8	0.708	M10		16	15.0	40	92.9
5	0.125	10	0.948	10	3.60	20*	20.3	45	107
6	0.150	12	1.19	12*	4.58	25	25.1	50	122
8	0.199	16	1.67	16	6.05	30	31.7	55	136
10	0.249	20	2.15	20	8.02	35	38.3	60	151
12	0.299	25*	2.75	25	10.5	40	44.9		
				30	13.0	45	51.5		

43. 内六角锥端紧定螺钉

(GB/T 78—2007)

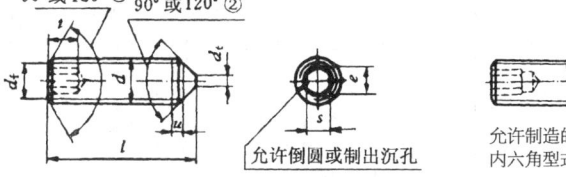

允许倒圆或制出沉孔

允许制造的
内六角型式

图注：① 公称长度 l 小于或等于表中带 * 符号的短螺钉应制成 120°；
　　　② 45°仅适用于螺纹小径以内的末端部分；不完整螺纹的长度
　　　　 $u \leqslant 2P$（P—螺距）；倒角面直径 $d_\mathrm{f} \approx$ 螺纹小径。

(1) 主要尺寸(mm)						
d	M1.6	M2	M2.5	M3	M4	M5	M6
l 范围	2～8	2～10	2.5～12	2.5～16	3～20	4～25	5～30
d	M8	M10	M12	M16	M20	M24	
l 范围	6～40	8～50	10～60	12～60	14～60	20～60	

注：1. d—螺纹规格；l—公称长度。其余尺寸代号的标注内容及
　　　　具体尺寸（d_1、e、s、t、l），参见第 17.30 页。
　　 2. 表列规格为商品规格。

(2) 各种公称长度 l(mm)的每千件钢制品大约重量 G(kg)

l	G	l	G	l	G	l	G	l	G
d=M1.6		d=M3		d=M5		d=M10		d=M16	
2	0.021	3*	0.09	25	2.77	25	10.9	45	52.6
2.5	0.025	4	0.13	d=M6		30	13.5	50	59.1
3*	0.029	5	0.17	6*	0.69	35	16.0	55	65.6
4	0.037	6	0.21	8	1.04	40	18.5	60	72.2
5	0.046	8	0.29	10	1.39	45	21.0	d=M20	
6	0.054	10	0.37	12	1.74	50	23.5	20*	30.4
8	0.070	12	0.45	16	2.44	d=M12		25	40.7
d=M2		16	0.61	20	3.14	12*	6.1	30	51.0
2	0.029	d=M4		25	4.02	16	8.9	35	61.3
2.5	0.037	4	0.18	30	4.89	20	11.7	40	71.6
3*	0.044	5*	0.26	d=M8		25	15.3	45	81.9
4	0.059	6	0.34	8*	1.72	30	18.8	50	92.2
5	0.074	8	0.50	10	2.35	35	22.3	55	103
6	0.089	10	0.66	12	2.98	40	25.8	60	113
8	0.119	12	0.82	16	4.24	45	29.3	d=M24	
10	0.148	16	1.14	20	5.50	50	32.8	25*	54.2
d=M2.5		20	1.46	25	7.08	55	36.3	30	68.7
2.5	0.063	d=M5		30	8.65	60	39.8	35	83.2
3*	0.075	5	0.37	35	10.2	d=M16		40	97.7
4	0.100	6*	0.49	40	11.8	16*	14.9	45	112
5	0.125	8	0.73	d=M10		20	20.1	50	127
6	0.150	10	0.97	10*	3.41	25	26.6	55	141
8	0.199	12	1.21	12	4.42	30	33.1	60	156
10	0.249	16	1.69	16	6.43	35	39.6		
12	0.299	20	2.17	20	8.44	40	46.1		

44. 内六角凹端紧定螺钉

(GB/T 80—2007)

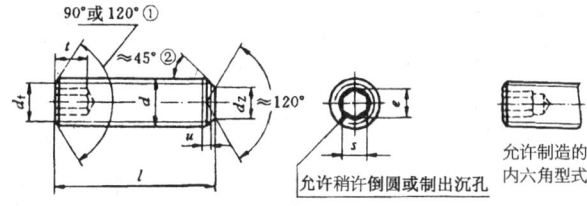

图注：① 公称长度 l 小于或等于表中带 ＊ 符号的尺寸的短螺钉应制成
120°；
② 45°仅适用于螺纹小径以内的末端部分；不完整螺纹的长度
$u \leqslant 2P$（P—螺距）；倒角面直径 $d_f \approx$ 螺纹小径。

(1) 主要尺寸(mm)							
d	M1.6	M2	M2.5	M3	M4	M5	M6
l 范围	2～8	2～10	2.5～12	3～16	4～20	5～25	6～30
d	M8	M10	M12	M16	M20	M24	
l 范围	8～40	10～50	12～60	16～60	20～60	25～60	

注：1. d—螺纹规格；l—公称长度。其余尺寸代号的标注内容及
具体尺寸(d_z、e、s、t、l)，参见第17.30页。
2. 表列规格为商品规格。

(2) 各种公称长度 *l*(mm) 的每千件钢制品大约重量 *G*(kg)									
l	*G*	*l*	*G*	*l*	*G*	*l*	*G*	*l*	*G*
d=M1.6		*d*=M3		*d*=M5		*d*=M10		*d*=M16	
2	0.019	3*	0.10	25	2.82	25	11.2	45	53.3
2.5*	0.025	4	0.14	*d*=M6		30	13.7	50	59.8
3	0.029	5	0.18			35	16.2	55	66.3
4	0.037	6	0.22	6*	0.74	40	18.7	60	72.8
5	0.046	8	0.30	8	1.09	45	21.2	*d*=M20	
6	0.054	10	0.38	10	1.44	50	23.6		
8	0.070	12	0.46	12	1.79	*d*=M12		20*	31.1
d=M2		16	0.62	16	2.49			25	41.4
		d=M4		20	3.19	12*	6.7	30	51.7
2	0.029			25	4.07	16	9.5	35	62.0
2.5	0.037	4	0.230	30	4.94	20	12.3	40	72.3
3*	0.044	5*	0.305	*d*=M8		25	15.8	45	82.6
4	0.059	6	0.38			30	19.3	50	92.6
5	0.074	8	0.53	8*	1.88	35	22.7	55	103
6	0.089	10	0.68	10	2.51	40	26.2	60	114
8	0.119	12	0.83	12	3.14	45	29.7	*d*=M24	
10	0.148	16	1.13	16	4.40	50	33.2		
d=M2.5		20	1.42	20	5.66	55	36.6	25*	55.4
		d=M5		25	7.24	60	40.1	30	70.3
2.5	0.063			30	8.81	*d*=M16		35	85.3
3*	0.075	5	0.42	35	10.4			40	100
4	0.100	6*	0.54	40	12.0	16*	15.7	45	115
5	0.125	8	0.78	*d*=M10		20	20.9	50	130
6	0.150	10	1.02			25	27.4	55	145
8	0.199	12	1.26	10*	3.72	30	33.9	60	160
10	0.249	16	1.74	12	4.73	35	40.4		
12	0.299	20	2.22	16	6.73	40	46.9		
				20	8.72				

45. 方头平端紧定螺钉

(GB/T 821—1988)

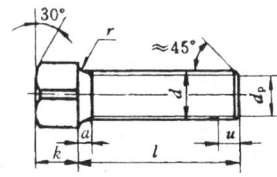 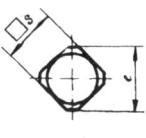

最末一扣完整螺纹至支承面距离 $a \leqslant 4P$；

不完整螺纹的长度 $u \leqslant 2P$；P—螺距。

(1) 主要尺寸(mm)

螺纹规格 d		M5	M6	M8	M10	M12	M16	M20
k	公称	5	6	7	8	10	14	18
s	公称	5	6	8	10	12	17	22
l	范围	8～30	8～30	10～40	12～50	14～60	20～80	40～100

(2) 各种公称长度 l(mm)的每千件钢制品大约重量 G(kg)

l	G	l	G	l	G	l	G	l	G
d=M5		d=M5		d=M6		d=M6		d=M8	
8	1.66	16	2.62	8	2.62	16	3.99	10	5.68
10	1.90	20	3.10	10	2.96	20	4.68	12	6.30
12	2.14	25	3.70	12	3.30	25	5.53	(14)	6.92
(14)	2.38	30	4.31	(14)	3.65	30	6.39	16	7.54

注：1. 其余尺寸代号的标注内容及具体尺寸(d_p、e、k、l、r、s)，
     参见第17.32页。
　　2. 表列规格为通用规格。带括号的规格尽量不采用。

(2) 各种公称长度 l(mm)的每千件钢制品大约重量 G(kg)

l	G	l	G	l	G	l	G	l	G
d=M8		d=M10		d=M12		d=M16		d=M20	
20	8.79	25	16.92	25	26.24	25	56.56	40	133.5
25	10.34	30	19.38	30	29.80	30	63.11	45	143.7
30	11.90	35	21.83	35	33.36	35	69.65	50	153.9
35	13.45	40	24.29	40	36.92	40	76.19	(55)	164.2
40	15.01	45	26.75	45	40.49	45	82.73	60	174.4
d=M10		50	29.20	50	44.05	50	89.28	70	194.9
12	10.54	d=M12		(55)	47.61	(55)	95.82	80	215.4
(14)	11.52	(14)	18.40	60	51.17	60	102.4	90	235.9
16	12.50	16	19.83	d=M16		70	115.5	100	256.3
20	14.47	20	22.68	20	50.02	80	128.5		

46. 方头长圆柱端紧定螺钉

(GB/T 85—1988)

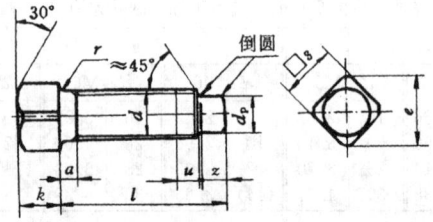

最末一扣完整螺纹至支承面距离 $a \leqslant 4P$；

不完整螺纹的长度 $u \leqslant 2P$；P—螺距。

(1) 主要尺寸(mm)							
螺纹规格 d	M5	M6	M8	M10	M12	M16	M20
k 公称	5	6	7	8	10	14	18
s 公称	5	6	8	10	12	17	22
z min	2.5	3.0	4.0	5.0	6.0	8.0	10
l 范围	12~30	12~30	14~40	20~50	25~60	25~80	40~100

(2) 各种公称长度 l(mm) 的每千件钢制品大约重量 G(kg)

l	G	l	G	l	G	l	G	l	G
d=M5		d=M6		d=M10		d=M12		d=M16	
12	2.00	30	6.13	30	18.27	(55)	45.77	80	124.6
(14)	2.24	d=M8		35	20.73	60	49.33	d=M20	
16	2.48	(14)	6.34	40	23.18	d=M16		40	126.0
20	2.96	16	6.96	45	25.64	25	52.66	45	136.2
25	3.56	20	8.21	50	28.10	30	59.20	50	146.5
30	4.16	25	9.76	d=M12		35	65.74	(55)	156.7
d=M6		30	11.32	25	24.40	40	72.28	60	167.0
12	3.04	35	12.87	30	27.96	45	78.83	70	187.4
(14)	3.38	40	14.43	35	31.52	50	85.37	80	207.9
16	3.73	d=M10		40	35.09	(55)	91.91	90	228.4
20	4.41	20	13.36	45	38.65	60	98.45	100	248.9
25	5.27	25	15.82	50	42.21	70	111.5		

注：1. 其余尺寸代号的标注内容及具体尺寸（d_p、e、k、l、r、s、z），参见第 17.32 页。

2. 表列规格为通用规格。带括号的规格尽可能不采用。

47. 方头长圆柱球面端紧定螺钉

(GB/T 83—1988)

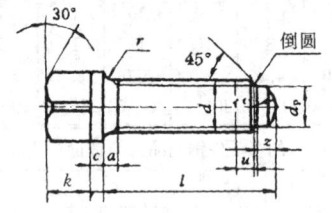

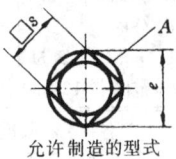

允许制造的型式

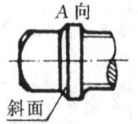

A 向

斜面

最末一扣完整螺纹至支承面距离 $a \leqslant 4P$；
不完整的螺纹长度 $u \leqslant 2P$；P—螺距。

(1) 主要尺寸(mm)					
螺纹规格 d	M8	M10	M12	M16	M20
k 公称	9	11	13	18	23
s 公称	8	10	12	17	22
z min	4	5	6	8	10
l 范围	16~40	20~50	25~60	30~80	35~100

(2) 各种公称长度 l(mm)的每千件钢制品大约重量 G(kg)									
l	G	l	G	l	G	l	G	l	G
d=M8		d=M8		d=M10		d=M10		d=M10	
16	8.85	30	13.20	20	17.84	35	25.21	50	32.57
20	10.09	35	14.76	25	20.29	40	27.66	d=M12	
25	11.65	40	16.31	30	22.75	45	30.12	25	30.90

注：1. 其余尺寸代号的标注内容及具体尺寸(c、d_p、e、k、l、r、r_e、s、z)，参见第 17.32 页。

2. 表列规格为通用规格。带括号的规格尽量不采用。

（2）各种公称长度 l(mm)的每千件钢制品大约重量 G(kg)									
l	G	l	G	l	G	l	G	l	G
d=M12		d=M12		d=M16		d=M20		d=M20	
30	34.46	60	55.83	50	102.9	35	152.6	70	224.2
35	38.02	d=M16		(55)	109.4	40	162.8	80	244.7
40	41.59	30	76.72	60	116.0	45	173.1	90	265.2
45	45.15	35	83.26	70	129.1	50	183.3	100	285.7
50	48.71	40	89.80	80	142.1	(55)	193.5		
(55)	52.27	45	96.34			60	203.8		

48. 方头短圆柱锥端紧定螺钉

（GB/T 86—1988）

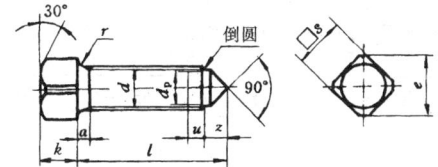

最末一扣完整螺纹至支承面距离 $a \leqslant 4P$；

不完整的螺纹长度 $u \leqslant 2P$；P—螺距。

（1）主要尺寸(mm)							
螺纹规格 d	M5	M6	M8	M10	M12	M16	M20
k　公称	5	6	7	8	10	14	18
s　公称	5	6	8	10	12	17	22
z　min	3.5	4	5	6	7	9	11
l　范围	12～30	12～30	14～40	20～50	25～60	25～80	40～100

注：1. 其余尺寸代号的标注内容及具体尺寸（d_p、e、k、l、r、s、z），参见第 17.32 页。

l	G	l	G	l	G	l	G	l	G
d=M5		d=M6		d=M10		d=M12		d=M16	
12	1.88	30	5.94	30	17.45	(55)	44.36	80	121.0
(14)	2.12	d=M8		35	19.91	60	47.93	d=M20	
16	2.36	(14)	5.91	40	22.37	d=M16		40	118.9
20	2.84	16	6.53	45	24.82	25	49.00	45	129.2
25	3.44	20	7.77	50	27.28	30	55.55	50	139.4
30	4.04	25	9.33	d=M12		35	62.09	(55)	149.7
d=M6		30	10.88	25	22.99	40	68.63	60	159.9
12	2.85	35	12.44	30	26.55	45	75.17	70	180.4
(14)	3.19	40	13.99	35	30.12	50	81.72	80	200.8
16	3.54	d=M10		40	33.68	(55)	88.26	90	221.3
20	4.22	20	12.54	45	37.24	60	94.80	100	241.8
25	5.08	25	15.00	50	40.80	70	107.9		

注：2. 表列规格为通用规格。带括号的规格尽可能不采用。

49. 方头凹端紧定螺钉

(GB/T 84—1988)

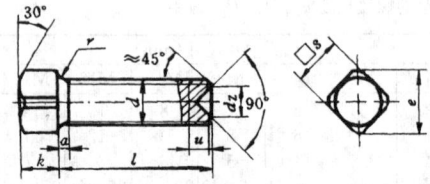

最末一扣完整螺纹至支承面距离 $a \leqslant 4P$；

不完整的螺纹长度 $u \leqslant 2P$；P—螺距。

(1) 主要尺寸(mm)							
螺纹规格 d	M5	M6	M8	M10	M12	M16	M20
d_Z max	2.5	3	5	6	7	10	13
k 公称	5	6	7	8	10	14	18
s 公称	5	6	8	10	12	17	22
l 范围	10～30	12～30	14～40	20～50	25～60	30～80	40～100

(2) 各种公称长度 l(mm)的每千件钢制品大约重量 G(kg)

l	G	l	G	l	G	l	G	l	G
d=M5		d=M6		d=M10		d=M12		d=M16	
10	1.89	25	5.51	25	16.73	50	43.75	80	127.6
12	2.13	30	6.37	30	19.19	(55)	47.31	d=M20	
(14)	2.37	d=M8		35	21.65	60	50.87	40	131.4
16	2.61	(14)	6.82	40	24.10	d=M16		45	141.7
20	3.09	16	7.44	45	26.56	30	62.19	50	151.9
25	3.69	20	8.68	50	29.01	35	68.73	(55)	162.2
30	4.29	25	10.24	d=M12		40	75.28	60	172.4
d=M6		30	11.79	25	25.94	45	81.82	70	192.9
12	3.28	35	13.35	30	29.50	50	88.36	80	213.4
(14)	3.63	40	14.90	35	33.06	(55)	94.90	90	233.8
16	3.97	d=M10		40	36.63	60	101.4	100	254.3
20	4.65	20	14.28	45	40.19	70	114.5		

注: 1. 其余尺寸的标注内容及具体尺寸(d_z、e、k、l、s),参见第17.32页。

2. 表列规格为通用规格。带括号的规格尽可能不采用。

50. 开槽盘头定位螺钉

(GB/T 828—1988)

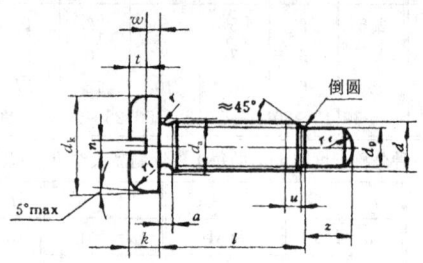

不完整螺纹的长度 $u \leqslant 2P$；P—螺距。

(1) 主要尺寸(mm)									
螺纹规格 d	M1.6	M2	M2.5	M3	M4	M5	M6	M8	M10
d_k max	3.2	4.0	5.0	5.6	8.0	9.5	12.0	16.0	20.0
k max	1.0	1.3	1.5	1.8	2.4	3.0	3.6	4.8	6.0
d_p max	0.8	1	1.5	2	2.5	3.5	4	5.5	7
l 范围	1.5~3	1.5~4	2~5	2.5~6	3~8	4~10	5~12	6~16	8~20
z 范围	1~1.5	1~1.5	1.2~2.5	1.5~3	2~4	2.5~5	3~6	4~8	5~10

(2) 各种公称长度 l(mm)的每千件钢制品大约重量 G_1(kg)									
l	G_1	l	G_1	l	G_1	l	G_1	l	G_1
d=M1.6		d=M2		d=M2		d=M2.5		d=M3	
1.5	0.06	1.5	0.11	4	0.16	3	0.25	2.5	0.36
2	0.06	2	0.12	d=M2.5		4	0.28	3	0.38
2.5	0.07	2.5	0.13	2	0.22	5	0.31	4	0.42
3	0.07	3	0.14	2.5	0.23			5	0.46

注：1. 其余尺寸代号的标注内容及具体尺寸（a、d_a、d_k、d_p、k、l、n、P、r、r_e、r_f、t、w、z），参见第17.34页。

（2）各种公称长度 l(mm)的每千件钢制品大约重量 G_1(kg)									
l	G_1	l	G_1	l	G_1	l	G_1	l	G_1
d=M3		d=M5		d=M6		d=M8		d=M10	
6	0.51	4	1.81	6	3.53	10	9.33	16	20.20
d=M4		5	1.93	8	3.88	12	9.95	20	22.16
3	0.94	6	2.05	10	4.22	16	11.20		
4	1.01	8	2.29	12	4.56	d=M10			
5	1.09	10	2.53	d=M8		8	16.27		
6	1.16	d=M6		6	8.09	10	17.25		
8	1.31	5	3.36	8	8.71	12	18.23		

（3）各种末端长度 z(mm)的每千件钢制品大约重量 G_2(kg)									
z	G_2	z	G_2	z	G_2	z	G_2	z	G_2
d=M1.6		d=M2.5		d=M4		d=M6		d=M10	
1	0	1.2	0.01	2	0.06	3	0.25	5	1.35
1.2	0	1.5	0.01	2.5	0.08	4	0.34	6	1.62
1.5	0	2	0.02	3	0.09	6	0.42	8	2.16
		2.5	0.02	4	0.12	8	0.50	10	2.70
d=M2		d=M3		d=M5		d=M8			
1	0	1.5	0.03	2.5	0.16	4	0.66		
1.2	0	2	0.04	3	0.19	6	0.83		
1.5	0.01	2.5	0.05	4	0.25	8	0.99		
2	0.01	3	0.06	5	0.31	8	1.33		

注：2. 在螺钉的标记中，须用 $d \times l \times z$ 尺寸表示。例：螺纹规格 d=M6、公称长度 l=6mm、末端长度 z=4mm、性能等级为 14 级、不经表面处理的开槽盘头定位螺钉的标记为：

螺钉 GB/T 828 M6×6×4

3. 螺钉的每千件钢制品大约重量 G=G_1+G_2。

例：上述M6×6×4 螺钉的每千件钢制品大约重量 G=3.53+0.34=3.87kg。

4. 表列规格为通用规格。

51. 开槽圆柱端定位螺钉

(GB/T 829—1988)

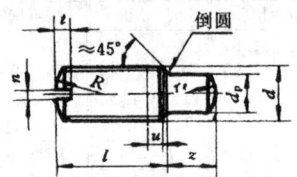

不完整螺纹的长度 $u \leqslant 2P$；P—螺距。

(1) 主要尺寸(mm)									
螺纹规格 d	M1.6	M2	M2.5	M3	M4	M5	M6	M8	M10
d_p max	0.8	1	1.5	2	2.5	3.5	4	5.5	7
l 范围	1.5~3	1.5~4	2~5	2.5~8	3~10	4~12	5~16	6~20	8~20
z 范围	1~1.5	1~2	1.2~2.5	1.5~2.5	2~4	2.5~5	3~6	4~8	5~10

(2) 各种公称长度 l(mm)的每千件钢制品大约重量 G_1(kg)									
l	G_1	l	G_1	l	G_1	l	G_1	l	G_1
d=M1.6		d=M2		d=M2.5		d=M3		d=M4	
1.5	0.01	1.5	0.02	2	0.05	2.5	0.10	3	0.21
2	0.02	2	0.03	2.5	0.07	3	0.12	4	0.28
2.5	0.03	2.5	0.04	3	0.08	4	0.16	5	0.36
3	0.03	3	0.05	4	0.11	5	0.21	6	0.43
		4	0.07	5	0.14	6	0.25	8	0.58

注：1. 其余尺寸代号的标注内容及具体尺寸(d_p、l、n、P、R、r_e、t、z)，参见第17.34页。

(2) 各种公称长度 l(mm)的每千件钢制品大约重量 G_1(kg)

l	G_1	l	G_1	l	G_1	l	G_1	l	G_1
$d=$M5		$d=$M6		$d=$M8		$d=$M10			
4	0.45	5	0.79	6	1.73	8	3.66		
5	0.57	6	0.96	8	2.35	10	4.64		
6	0.69	8	1.31	10	2.98	12	5.63		
8	0.93	10	1.65	12	3.60	16	7.59		
10	1.17	12	1.99	16	4.84	20	9.55		

(3) 各种末端长度 z(mm)的每千件钢制品大约重量 G_2(kg)

z	G_2	z	G_2	z	G_2	z	G_2	z	G_2
$d=$M1.6		$d=$M2.5		$d=$M4		$d=$M6		$d=$M10	
1	0	1.2	0.01	2	0.06	3	0.25	5	1.35
1.2	0	1.5	0.01	2.5	0.08	4	0.34	6	1.62
1.5	0	2	0.01	3	0.09	5	0.42	8	2.16
		2.5	0.02	4	0.12	6	0.50	10	2.70
$d=$M2		$d=$M3		$d=$M5		$d=$M8			
1	0	1.5	0.03	2.5	0.15	4	0.66		
1.2	0	2	0.04	3	0.19	5	0.83		
1.5	0.01	2.5	0.05	4	0.25	6	0.99		
2	0.01	3	0.06	5	0.31	8	1.33		

注：2. 在螺钉的标记中，须用 $d \times l \times z$ 尺寸表示。例：螺纹规格 $d=$M5、公称长度 $l=$10mm、末端长度 $z=$5mm、性能等级为 14 级、不经表面处理的开槽圆柱端定位螺钉的标记为：
螺钉 GB/T 829 M5×10×5

3. 螺钉的每千件钢制品大约质量 $G=G_1+G_2$。
例：上述M5×10×5 螺钉的每千件钢制品大约重量 $G=1.17+0.31=1.48$kg。

4. 表列规格为通用规格。

52. 开槽锥端定位螺钉

(GB/T 72—1988)

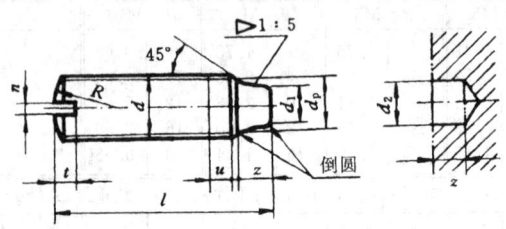

不完整螺纹的长度 $u \leqslant 2P$；P—螺距。

(1) 主要尺寸(mm)							
螺纹规格 d	M3	M4	M5	M6	M8	M10	M12
d_p max	2	2.5	3	4	5.5	7	8.5
$d_1 \approx$		1.7	2.1	2.5	3.4	4.7	6	7.3
z		1.5	2	2.5	3	4	5	6
d_2 推荐		1.8	2.2	2.6	3.5	5	6.5	8
l 范围	4～16	4～20	5～20	6～25	8～35	10～45	12～50

注：1. 其余尺寸代号的标注内容及具体尺寸(d_p、l、n、R、t)，参见第 17.35 页。

	(2) 各种公称长度 *l*(mm)的每千件钢制品大约重量 *G*(kg)
l	*G*	*l*	*G*	*l*	*G*
	*d*=M3		*d*=M5		*d*=M10
4	0.13	12	1.23	10	3.41
5	0.17	(14)	1.47	12	4.39
6	0.21	16	1.71	(14)	5.38
8	0.30	20	2.19	16	6.36
10	0.38		*d*=M6	20	8.32
12	0.47	6	0.68	25	10.78
(14)	0.55	8	1.02	30	13.24
16	0.64	10	1.37	35	15.69
	*d*=M4	12	1.71	40	18.15
4	0.19	(14)	2.05	45	20.60
5	0.26	16	2.39		*d*=M12
6	0.34	20	3.08	12	6.00
8	0.49	25	3.94	(14)	7.42
10	0.64		*d*=M8	16	8.85
12	0.79	8	1.71	20	11.70
(14)	0.94	10	2.33	25	15.26
16	1.09	12	2.96	30	18.82
20	1.39	(14)	3.58	35	22.38
	*d*=M5	16	4.20	40	25.94
5	0.39	20	5.44	45	29.51
6	0.51	25	7.00	50	33.07
8	0.75	30	8.55		
10	0.99	35	10.11		

注：2. 表列规格为通用规格。带括号的规格尽量不采用。

53.吊环螺钉

(GB/T 825—1988)

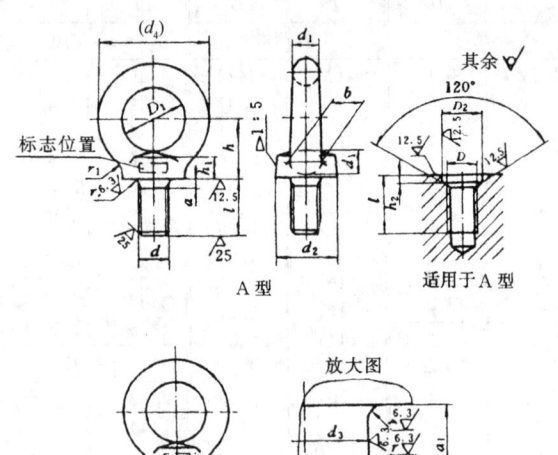

末端倒角或倒圆按GB/T 2规定,参见第5.21页。

d、D—螺纹规格;a、a_1—最末一扣完整螺纹至支承面距离;b—环下部宽度;d_1—环部直径;d_2—支承面宽度;d_3—B型无螺纹部分杆径(A型无螺纹部分杆径约等于螺纹中径或螺纹大径);d_4—吊环外径;D_1—吊环内径;h—支承面至环孔中心距;h_1—肩部高度;h_2—螺钉沉孔部分深度;l—公称长度;r、r_1—圆角半径。

规格 d		M8	M10	M12	M16	M20	M24	M30	M36
d_1	max	9.1	11.1	13.1	15.2	17.4	21.4	25.7	30
	min	7.6	9.6	11.6	13.6	15.6	19.6	23.5	27.5
D_1	公称	20	24	28	34	40	48	56	67
	max	20.4	24.4	28.4	34.5	40.6	48.6	56.6	67.7
	min	19	23	27	32.9	38.8	46.8	54.6	65.5
d_2	max	21.1	25.1	29.1	35.2	41.4	49.4	57.7	69
	min	19.6	23.6	27.6	33.6	39.6	47.6	55.5	66.5
h_1	max	7	9	11	13	15.1	19.1	23.2	27.4
	min	5.6	7.6	9.6	11.6	13.5	17.5	21.4	25.4
l	公称	16	20	22	28	35	40	45	55
	max	16.9	21.05	23.05	29.05	36.25	41.25	46.25	56.5
	min	15.1	18.95	20.95	26.95	33.75	38.75	43.75	53.5
d_4	参考	36	44	52	62	72	88	104	123
h		18	22	26	31	36	44	53	63
r_1		4	4	6	6	8	12	15	18
r min		1	1	1	1	1	2	2	3
a_1 max		3.75	4.5	5.25	6	7.5	9	10.5	12
d_3	公称/max	6	7.7	9.4	13	16.4	19.6	25	30.8
	min	5.82	7.48	9.18	12.73	16.13	19.27	24.67	29.91
a max		2.5	3	3.5	4	5	6	7	8
b		10	12	14	16	19	24	28	32
D		M8	M10	M12	M16	M20	M24	M30	M36
D_2	公称/min	13	15	17	22	28	32	38	45
	max	13.43	15.43	17.52	22.52	28.52	32.62	38.62	45.62
h_1	公称/min	2.5	3	3.5	4.5	5	7	8	9.5
	max	2.9	3.4	3.98	4.98	5.48	7.58	8.58	10.08
G(kg) ≈		40.51	77.91	131.7	233.7	385.2	705.3	1205	1998

（1）吊环螺钉的尺寸(mm)和每千件钢制品大约重量 G(kg)

(续)

(1) 吊环螺钉的尺寸(mm)和每件钢制品大约重量 G(kg)							
规格 d		M42	M48	M56	M64	M72×6	M80×6	M100×6
d_1	max	34.4	40.7	44.7	51.4	63.8	71.8	79.2
	min	31.2	37.1	41.1	46.9	58.8	66.8	73.6
D_1	公称	80	95	112	125	140	160	200
	max	80.9	96.1	113.1	126.3	141.5	161.5	201.7
	min	78.1	92.9	109.9	122.3	137	157	196.7
d_2	max	82.4	97.7	114.7	128.4	143.8	163.8	204.2
	min	79.2	94.1	111.1	123.9	138.8	158.8	198.6
h_1	max	31.7	36.9	39.9	44.1	52.4	57.4	62.4
	min	29.2	34.1	37.1	40.9	48.8	53.8	58.8
l	公称	65	70	80	90	100	115	140
	max	66.5	71.5	81.5	91.75	101.75	116.75	142
	min	63.5	68.5	78.5	88.25	98.25	113.25	138
d_4 参考		144	171	196	221	260	296	350
h		74	87	100	115	130	150	175
r_1		20	22	25	25	35	35	40
r min		3	3	4	4	4	4	5
a_1 max		13.5	15	16.5	18	18	18	18
d_3	公称/max	35.6	41	48.3	55.7	63.7	71.7	91.7
	min	35.21	40.61	47.91	55.24	63.24	71.24	91.16
a max		9	10	11	12	12	12	12
b		38	46	50	58	72	80	88
D		M42	M48	M56	M64	M72×6	M80×6	M100×6
D_2	公称/min	52	60	68	75	85	95	115
	max	52.74	60.74	68.74	75.74	85.87	95.87	115.87
h_1	公称/min	10.5	11.5	12.5	13.5	14	14	14
	max	11.2	12.2	13.2	14.2	14.7	14.7	14.7
G(kg)≈		3070	4947	7155	10382	17758	25892	40273

注：1. M8～M36 吊环螺钉为商品紧固件规格。

（2）吊环螺钉的起吊重量、锻件缺陷允差和机械性能						

单螺钉起吊

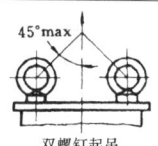

双螺钉起吊

规格 d (mm)	最大起吊重量 (t)		锻件缺陷允差（max） (mm)			轴向载荷试验 (kN)	
	单螺钉起吊	双螺钉起吊	错差	残留飞边		保证载荷	最小断裂载荷
				外缘	内孔		
M8	0.16	0.08	0.4	0.5		3.2	6.3
M10	0.25	0.125	0.4	0.5		5	10
M12	0.4	0.2	0.4	0.5		8	16
M16	0.63	0.32	0.4	0.5		12.5	25
M20	1	0.5	0.5	0.6		20	40
M24	1.6	0.8	0.5	0.6		32	63
M30	2.5	1.25	0.6	0.7	0	50	100
M36	4	2	0.8	0.8		80	160
M42	6.3	3.2	1	1		125	250
M48	8	4	1.2	1.2		160	320
M56	10	5	1.2	1.2		200	400
M64	16	8	1.4	1.4		320	630
M72×6	20	10	1.6	1.7		400	800
M80×6	25	12.5	1.6	1.7		500	1000
M100×6	40	20	1.6	1.7		800	1600

注：2. 吊环螺钉应采用 20 或 25 钢制造；须经整体锻造，并进行正
火处理和清除氧化皮；成品晶粒度不应低于 5 级；锻件不准
有过烧、裂缝缺陷。一般不进行表面处理；但根据使用要求，
可进行镀锌钝化，镀铬等处理；电镀锌后，应立即驱氢处理。

3. 吊环螺钉应进行硬度试验，硬度值为 67～95HRB。

4. 表中最大起吊重量数值，仅适用于吊环螺钉安装于钢、铸
钢或灰铸铁件和平稳起吊的情况。吊环螺钉必须旋进至
使支承面紧密贴合，并不准使用工具扳紧。

第十八章　螺　母

一、螺 母 综 述

1. 螺母的尺寸代号与标注内容

(GB/T 5276—1985)

尺寸代号	标 注 内 容
c	垫圈部分的高度或法兰的厚度或倒角宽度 *
d	外、内螺纹基本大径(公称直径)
d_1 *	退刀槽直径或光滑部直径
d_a	沉孔直径
d_c	法兰直径
d_e	皇冠直径
d_k *	滚花部直径(滚花前)
d_w	支承面直径
e	对角宽度
e_1 *	球体直径
h *	锁紧螺母高度或盖形螺母六角部分的高度或法兰部分的厚度
k *	滚花部高度
l *	螺孔深度
m	螺母高度或锁紧螺母的螺纹长度
m_w(m'、m'')	扳拧高度
n	开槽宽度
P	螺距
r *	圆角半径
s	对边宽度
t *	光孔深度
w	底部厚度
β	倒角
δ	法兰角
θ	沉孔角

注:1. 扳拧高度的尺寸代号原为 m'、m'',但在 2000 年颁布的一些螺母产品国家标准中,均改为 m_w。

2. * 尺寸代号的标注内容是编者拟订的。

2.1 型六角螺母的有关结构尺寸

有关结构尺寸（一）(mm)							
螺纹规格 D	垫圈部分高度 c		沉孔直径 d_a		支承面直径 d_w		对角宽度 e	
	max	min	max	min	min		min	
	A、B 级		A、B 级		A 级	B、C 级	A 级	B、C 级
M1.6	0.2	0.1	1.84	1.6	2.4	—	3.41	—
M2	0.2	0.1	2.3	2	3.1	—	4.32	—
M2.5	0.3	0.1	2.9	2.5	4.1	—	5.45	—
M3	0.4	0.15	3.45	3	4.6	—	6.01	—
M3.5	0.4	0.15	4	3.5	5	—	6.58	—
M4	0.4	0.15	4.6	4	5.9	—	7.66	—
M5	0.5	0.15	5.75	5	6.9	6.7	8.79	8.63
M6	0.5	0.15	6.75	6	8.9	8.7	11.05	10.89
M8	0.6	0.15	8.75	8	11.6	11.5	14.38	14.20
M10	0.6	0.15	10.8	10	14.6	14.5	17.77	17.59
M12	0.6	0.15	13	12	16.6	16.5	20.03	19.85
M14	0.6	0.15	15.1	14	19.6	19.2	23.36	22.78
M16	0.8	0.2	17.3	16	22.5	22	26.75	26.17
M18	0.8	0.2	19.5	18	—	24.9[①]	—	29.56
M20	0.8	0.2	21.6	20	—	27.7	—	32.95
M22	0.8	0.2	23.7	22	—	31.4	—	37.29
M24	0.8	0.2	25.9	24	—	33.3[②]	—	39.55
M27	0.8	0.2	29.1	27	—	38	—	45.20
M30	0.8	0.2	32.4	30	—	42.8[③]	—	50.85
M33	0.8	0.2	35.6	33	—	46.6	—	55.37
M36	0.8	0.2	38.9	36	—	51.1	—	60.79
M39	1	0.3	42.1	39	—	55.9	—	66.44
M42	1	0.3	45.4	42	—	60[④]	—	71.30
M45	1	0.3	48.6	45	—	64.7	—	76.95
M48	1	0.3	51.8	48	—	69.5[⑤]	—	82.60
M52	1	0.3	56.2	52	—	74.2	—	88.25
M56	1	0.3	60.5	56	—	78.7	—	93.56
M60	1	0.3	64.8	60	—	83.4	—	99.21
M64	1	0.3	69.1	64	—	88.2	—	104.86

注：六角厚螺母-B 级的 $d_w$min 部分尺寸与之不同：①＝24.8；②＝33.2；③＝42.7；④＝60.6；⑤＝69.4。

	有关结构尺寸(二)(mm)								
螺纹规格 D	螺母高度 m				扳拧高度 m_w		对边宽度 s		
	max		min		min		公称 (max)	min	
	A、B级	C级	A、B级	C级	A、B级	C级		A级	B、C级
1.6	1.3	—	1.05	—	0.8	—	3.2	3.02	
2	1.6	—	1.35	—	1.1	—	4	3.82	
2.5	2	—	1.75	—	1.4	—	5	4.82	
3	2.4	—	2.15	—	1.7	—	5.5	5.32	
3.5	2.8	—	2.55	—	2	—	6	5.82	
4	3.2	—	2.9	—	2.3	—	7	6.78	
5	4.7	5.6	4.4	4.4	3.5	3.5	8	7.78	7.64
6	5.2	6.4	4.9	4.9	3.9	3.7	10	9.78	9.64
8	6.8	7.9	6.44	6.4	5.2	5.1	13	12.73	12.57
10	8.4	9.5	8.04	8	6.4	6.4	16	15.73	15.57
12	10.8	12.2	10.37	10.4	8.3	8.3	18	17.73	17.57
14	12.8	13.9	12.1	12.1	9.7	9.7	21	20.67	20.16
16	14.8	15.9	14.1	14.1	11.3	11.3	24	23.67	23.16
18	15.8	16.9	15.1	15.1	12.1	12.1	27	—	26.16
20	18	19	16.9	16.9	13.5	13.5	30	—	29.16
22	19.4	20.2	18.1	18.1	14.5	14.5	34	—	33
24	21.5	22.3	20.2	20.2	16.2	16.2	36	—	35
27	23.8	24.7	22.5	22.6	18	18.1	41	—	40
30	25.6	26.4	24.3	24.3	19.4	19.4	46	—	45
33	28.7	29.5	27.4	27.4	21.9	21.9	50	—	49
36	31	31.9	29.4	29.4	23.5	23.5	55	—	53.8
39	33.4	34.3	31.8	31.8	25.4	25.4	60	—	58.8
42	34	34.9	32.4	32.4	25.9	25.9	65	—	63.8
45	36	36.9	34.4	34.4	27.5	27.5	70	—	68.1
48	38	38.9	36.4	36.4	29.1	29.1	75	—	73.1
52	42	42.9	40.4	40.4	32.3	32.3	80	—	78.1
56	45	45.9	43.4	43.4	34.7	34.7	85	—	82.8
60	48	48.9	46.4	46.4	37.1	37.1	90	—	87.8
64	51	52.4	49.1	49.4	39.3	39.5	95	—	92.8

3.2型六角螺母的有关结构尺寸

有关结构尺寸(mm)											
螺纹规格 D	d_a		d_w		e	m		m_w		s	
	max	min	min		min	max	min	min		公称	min
			①	②				①	②	max	
5	5.75	5.00	6.9	—	8.79	5.1	4.8	3.84	—	8	7.78
6	6.75	6.00	8.9	—	11.05	5.7	5.4	4.32	—	10	9.78
8	8.75	8.00	11.6	11.63	14.38	7.5	7.14	5.71	5.71	13	12.73
10	10.8	10.0	14.6	14.63	17.77	9.3	8.94	7.15	7.15	16	15.73
12	13	12	16.6	16.63	20.03	12.0	11.57	9.26	9.26	18	17.73
14	15.1	14.0	19.6	19.64	23.36	14.1	13.4	10.7	10.72	21	20.67
16	17.3	16.0	22.5	22.49	26.75	16.4	15.7	12.6	12.56	24	23.67
18	19.5	18.0	—	24.85	29.56	17.6	16.9	—	13.52	27	26.16
20	21.6	20.0	27.7	27.70	32.95	20.3	19.0	15.2	15.20	30	29.16
22	23.7	22.0	—	31.35	37.29	21.8	20.5	—	16.40	34	33
24	25.9	24.0	33.2	33.25	39.55	24.0	22.6	18.1	18.08	36	35
27	29.1	27.0	—	38.00	45.20	26.7	25.4	—	20.32	41	40
30	32.4	30.0	42.7	42.75	50.85	28.6	27.3	21.8	21.84	46	45
33	35.6	33.0	—	46.55	55.37	32.5	30.9	—	24.72	50	49
36	38.9	36.0	51.1	51.11	60.79	34.7	33.1	26.5	26.48	55	53.8

螺纹规格 D		5、6	8~14	16~36
c	max	0.5	0.60	0.8
	min ②	0.15	0.15	0.2

注: 1. c — 垫圈部分高度; d_a — 沉孔直径; d_w — 支承面直径; e — 对角宽度; m — 螺母高度; m_w — 扳拧高度; s — 对边宽度。

2. 表中注明①或②的尺寸, 分别表示该尺寸①只适用于GB/T 6175(2型六角螺母)、②只适用于 GB/T 6176(2 型六角螺母—细牙); 未注明①或②的尺寸, 则对 GB/T 6175 或 GB/T 6176 均适用。

4. 六角法兰面螺母和六角法兰面锁紧螺母的有关结构尺寸

有关结构尺寸(mm)									
螺纹规格D		5	6	8	10	12	14	16	20
(1) 六角法兰面螺母(包括细牙螺母)									
d_a	max	5.75	6.75	8.75	10.8	13	15.1	17.3	21.6
	min	5.00	6.00	8.00	10.0	12	14.0	16.0	20.0
m	max	5.0	6.0	8.00	10.00	12.00	14.0	16.0	20.0
	min	4.7	5.7	7.64	9.64	11.57	13.3	15.3	18.7
s	max	8.00	10.00	13.00	15.00	18.00	21.00	24.00	30.00
	min	7.78	9.78	12.73	14.73	17.73	20.67	23.67	29.16
c	min	1	1.1	1.2	1.5	1.8	2.1	2.4	3
d_c	max	11.8	14.2	17.9	21.8	26	29.9	34.5	42.8
d_w	min	9.8	12.2	15.8	19.6	23.8	27.6	31.9	39.9
e	min	8.79	11.05	14.38	16.64	20.03	23.36	26.75	32.95
m_w	min	2.5	3.1	4.6	5.6	6.8	7.7	8.9	10.7
r	max	0.3	0.4	0.45	0.6	0.7	0.9	1	1.2
(2) 非金属嵌件六角法兰面锁紧螺母(包括细牙螺母)									
h	max	7.1	9.1	11.1	13.5	16.1	18.2	20.3	24.8
	min	6.52	8.52	10.4	12.8	15.4	16.9	19	22.7
r	max	0.3	0.36	0.48	0.6	0.72	0.88	0.96	1.2
注: 尺寸c、d_a、d_c、d_w、e、m、m_w、s同六角法兰面螺母									
(3) 全金属六角法兰面锁紧螺母(包括细牙螺母)									
h	max	6.2	7.3	9.40	11.40	13.80	15.9	18.3	22.4
	min	5.52	6.64	8.74	10.34	12.57	14.8	17.2	20.3
r	max	0.3	0.36	0.48	0.6	0.72	0.88	0.96	1.2
注: 尺寸c、d_a、d_c、d_w、e、m、m_w、s同六角法兰面螺母									

注: c—法兰厚度; d_a—沉孔直径; d_c—法兰直径; d_w—支承面直径; e—对角宽度; h—锁紧螺母的高度(等于六角法兰面螺母的螺母高度m,加上有效力矩部分的高度尺寸); m—螺母高度或锁紧螺母的螺纹长度; m_w—扳拧高度; r—圆角半径; s—对边宽度。

18.6

5. 六角开槽螺母和六角开槽薄螺母
的有关结构尺寸

<table>
<tr><th colspan="11">有关结构尺寸(mm)</th></tr>
<tr><th colspan="11">(1) 1型、2型六角开槽螺母—A 和 B 级(包括细牙螺母)</th></tr>
<tr><td colspan="2">螺纹规格 D</td><td>4</td><td>5</td><td>6</td><td>8</td><td>10</td><td>12</td><td>14</td><td>16</td></tr>
<tr><td rowspan="2">d_a</td><td>max</td><td>4.6</td><td>5.75</td><td>6.75</td><td>8.75</td><td>10.8</td><td>13</td><td>15.1</td><td>17.3</td></tr>
<tr><td>min</td><td>4</td><td>5</td><td>6</td><td>8</td><td>10</td><td>12</td><td>14</td><td>16</td></tr>
<tr><td rowspan="2">d_e</td><td>max</td><td>—</td><td>—</td><td>—</td><td>—</td><td>—</td><td>—</td><td>—</td><td>—</td></tr>
<tr><td>min</td><td>—</td><td>—</td><td>—</td><td>—</td><td>—</td><td>—</td><td>—</td><td>—</td></tr>
<tr><td>d_w</td><td>min</td><td>5.9</td><td>6.9</td><td>8.9</td><td>11.6</td><td>14.6</td><td>16.6</td><td>19.6</td><td>22.5</td></tr>
<tr><td>e</td><td>min</td><td>7.66</td><td>8.79</td><td>11.05</td><td>14.38</td><td>17.77</td><td>20.03</td><td>23.35</td><td>26.75</td></tr>
<tr><td rowspan="4">m</td><td rowspan="2">1型</td><td>max</td><td>5</td><td>6.7</td><td>7.7</td><td>9.8</td><td>12.4</td><td>15.8</td><td>17.8</td><td>20.8</td></tr>
<tr><td>min</td><td>4.7</td><td>6.34</td><td>7.34</td><td>9.44</td><td>11.97</td><td>15.37</td><td>17.37</td><td>20.28</td></tr>
<tr><td rowspan="2">2型</td><td>max</td><td>—</td><td>7.1</td><td>8.2</td><td>10.5</td><td>13.3</td><td>16.5</td><td>19.1</td><td>22.4</td></tr>
<tr><td>min</td><td>—</td><td>6.74</td><td>7.84</td><td>10.07</td><td>12.87</td><td>16.57</td><td>18.58</td><td>21.88</td></tr>
<tr><td rowspan="2">m'</td><td>1型</td><td rowspan="2">min</td><td>2.32</td><td>3.52</td><td>3.92</td><td>5.15</td><td>6.43</td><td>8.3</td><td>9.68</td><td>11.28</td></tr>
<tr><td>2型</td><td>—</td><td>3.84</td><td>4.32</td><td>5.71</td><td>7.15</td><td>9.26</td><td>10.7</td><td>12.6</td></tr>
<tr><td rowspan="2">n</td><td>max</td><td>1.8</td><td>2</td><td>2.6</td><td>3.1</td><td>3.4</td><td>4.25</td><td>4.25</td><td>5.7</td></tr>
<tr><td>min</td><td>1.2</td><td>1.4</td><td>2</td><td>2.5</td><td>2.8</td><td>3.5</td><td>3.5</td><td>4.5</td></tr>
<tr><td rowspan="2">s</td><td>max</td><td>7</td><td>8</td><td>10</td><td>13</td><td>16</td><td>18</td><td>21</td><td>24</td></tr>
<tr><td>min</td><td>6.78</td><td>7.78</td><td>9.78</td><td>12.73</td><td>15.73</td><td>17.73</td><td>20.67</td><td>23.67</td></tr>
<tr><td rowspan="4">w</td><td rowspan="2">1型</td><td>max</td><td>3.2</td><td>4.7</td><td>5.2</td><td>6.8</td><td>8.4</td><td>10.8</td><td>12.8</td><td>14.8</td></tr>
<tr><td>min</td><td>2.9</td><td>4.4</td><td>4.9</td><td>6.44</td><td>8.04</td><td>10.37</td><td>12.37</td><td>14.37</td></tr>
<tr><td rowspan="2">2型</td><td>max</td><td>—</td><td>5.1</td><td>5.7</td><td>7.5</td><td>9.3</td><td>12</td><td>14.1</td><td>16.4</td></tr>
<tr><td>min</td><td>—</td><td>4.8</td><td>5.4</td><td>7.14</td><td>8.94</td><td>11.57</td><td>13.67</td><td>15.97</td></tr>
<tr><td colspan="2">开口销规格</td><td>1×10</td><td>1.2×12</td><td>1.6×14</td><td>2×16</td><td>2.5×20</td><td>3.2×22</td><td>3.2×26</td><td>4×28</td></tr>
</table>

注：d_a — 沉孔直径；d_e — 皇冠直径；d_w — 支承面直径；e — 对角宽度；m — 螺母高度；m' — 扳拧高度；n — 开槽宽度；s — 对边宽度；w — 底部厚度。

有关结构尺寸(mm)								
(1) 1型、2型六角开槽螺母—A 和 B级(包括细牙螺母)								
螺纹规格 D		18	20	22	24	27	30	33	36
d_a	max	19.5	21.6	23.7	25.9	29.1	32.4	35.6	38.9
	min	18	20	22	24	27	30	33	36
d_e	max	25	28	30	34	38	42	46	50
	min	24.16	27.16	29.16	33	37	41	45	49
d_w	min	24.8	27.7	31.4	33.2	38	42.7	46.6	51.1
e	min	29.56	32.95	37.29	39.55	45.2	50.85	55.37	60.79
m	1型 max	21.8	24	27.4	29.5	31.8	34.6	37.7	40
	1型 min	20.96	23.16	26.56	28.66	30.8	33.6	36.7	39
	2型 max	23.6	26.3	29.8	31.9	34.7	37.6	41.5	43.7
	2型 min	22.76	25.46	28.96	30.9	33.7	36.6	40.5	42.7
m' min	1型	12.08	13.52	14.85	16.16	18.37	19.44	22.16	23.52
	2型	13.5	15.2	16.4	18.1	20.3	21.8	24.7	26.5
n	max	5.7	5.7	6.7	6.7	6.7	8.5	8.5	8.5
	min	4.5	4.5	5.5	5.5	5.5	7	7	7
s	max	27	30	34	36	41	46	50	55
	min	26.16	29.16	33	35	40	45	49	53.8
w	1型 max	15.8	18	19.4	21.5	23.8	25.6	28.7	31
	1型 min	15.1	17.3	18.56	20.66	22.96	24.76	27.86	30
	2型 max	17.6	20.3	21.8	23.9	26.7	28.6	32.5	34.7
	2型 min	16.9	19.46	20.5	23.06	25.4	27.76	30.9	33.7
开口销规格		4×32	4×36	5×40	5×40	5×45	6.3×50	6.3×60	6.3×65

有关结构尺寸(mm)									
(2)1型六角开槽螺母—C级									
螺纹规格 D		4	5	6	8	10	12	14	16
d_w	min	—	6.9	8.7	11.5	14.5	16.5	19.2	22
e	min	—	8.63	10.89	14.2	17.59	19.85	22.78	26.17
m	max	—	7.6	8.9	10.94	13.54	17.17	18.9	21.9
	min	—	6.1	7.4	9.14	11.74	15.37	16.8	19.8
m'	min	—	3.5	3.9	5.1	6.4	8.3	9.7	11.3
s	max	—	8	10	13	16	18	21	24
	min	—	7.64	9.64	12.57	15.57	17.57	20.16	23.16
w	max	—	5.6	6.4	7.94	9.54	12.17	13.9	15.9
	min	—	4.4	4.9	6.44	8.04	10.37	12.1	14.1
螺纹规格 D		18	20	22	24	27	30	33	36
d_w	max	—	27.7	—	33.2	—	42.7	—	51.1
e	min	—	32.95	—	39.55	—	50.85	—	60.79
m	max	—	25	—	30.3	—	35.4	—	40.9
	min	—	22.9	—	27.8	—	32.4	—	38.4
m'	min	—	13.5	—	16.2	—	19.5	—	23.5
s	max	—	30	—	36	—	46	—	55
	min	—	29.16	—	35	—	45	—	53.8
w	max	—	19	—	22.3	—	26.4	—	31.9
	min	—	16.9	—	20.2	—	24.3	—	29.4

注：尺寸n、开口销规格，同1型六角开槽螺母—A和B级

（续）

有关结构尺寸(mm)								
（3）六角开槽薄螺母—A 和 B 级(包括细牙螺母)								
螺纹规格 D		4	5	6	8	10	12	14	16
m	max	—	5.1	5.7	7.5	9.3	12	14.1	16.4
	min	—	4.8	5.4	7.14	8.94	11.57	13.4	15.7
m′	min	—	3.84	4.32	5.71	7.15	9.26	10.7	12.6
w	max	—	3.1	3.2	4.5	5.3	7	9.1	10.4
	min	—	2.8	2.9	4.2	5	6.64	8.74	9.97
螺纹规格 D		18	20	22	24	27	30	33	36
m	max	17.6	20.3	21.8	23.9	26.7	28.6	32.5	34.7
	min	16.9	19	20.5	22.6	25.4	27.3	30.9	33.1
m′	min	13.5	15.2	16.4	18.1	20.3	21.8	24.7	26.5
w	max	11.6	14.3	14.8	15.9	18.7	19.6	23.5	25.7
	min	10.9	13.6	14.1	15.2	17.86	18.76	22.6	24.86

注：尺寸 d_a、d_w、e、n、s、开口销规格，同 1 型六角开槽螺母—A 和 B 级

注：d_a—沉孔直径；d_w—支承面直径；e—对角宽度；m—螺母高度；$m′$—扳拧高度；n—开槽宽度；s—对边宽度；w—底部厚度。

18.10

6. 盖形螺母和组合式盖形螺母的
有关结构尺寸

(1) 盖形螺母有关结构尺寸(mm)							
螺纹规格 D	M3	M4	M5	M6	M8	M10	M12
退刀槽宽度 a min	—	—	2	2.5	3	4	4.5
螺纹长度 b	—	—	4	5	6	8	10
退刀槽直径 d_1	—	—	5.5	6.5	8.5	10.5	13
对角宽度 e min	6.01	7.66	8.79	11.05	14.38	17.77	20.03
球体直径 e_1	5	6	7.2	9.2	13	16	18
螺孔深度 l	5	5	6	7	11	13	16
球面半径 R≈	2.5	3	3.6	4.6	6.5	8	9
螺母六角部分高度 h	2.5	3	4	5	6	8	10
螺母高度 m	6	7	9	11	15	18	22
对边宽度 s max	5.5	7	8	10	13	16	18
对边宽度 s min	5.32	6.78	7.78	9.78	12.73	15.73	17.73
螺纹规格 D	(M14)	M16	(M18)	M20	(M22)	M24	
退刀槽宽度 a min	5	5	6	6	6	7	
螺纹长度 b	11	13	14	16	18	19	
退刀槽直径 d_1	15	17	19	21	23	25	
对角宽度 e min	23.35	26.75	29.56	32.95	37.29	39.55	
球体直径 e_1	20	22	25	28	30	34	
螺孔深度 l	17	19	22	25	26	28	
球面半径 R≈	10	11.5	12.5	14	15	17	
螺母六角部分高度 h	11	13	14	16	18	19	
螺母高度 m	24	26	29	32	35	38	
对边宽度 s max	21	24	27	30	34	36	
对边宽度 s min	20.67	23.67	26.16	29.16	33	35	

（2）组合式盖形螺母有关结构尺寸(mm)							
螺纹规格 D	第1系列	M4	M5	M6	M8	M10	M12
	第2系列	—	—	—	M8×1	M10×1	M12×1.5
	第3系列	—	—	—	—	M12×1.25	M12×1.25
d_a	max	4.6	5.75	6.75	8.75	10.8	13
	min	4	5	6	8	10	12
d_k	≈	6.2	7.2	9.2	13	16	18
d_w	min	5.9	6.9	8.9	11.6	14.6	16.6
e	min	7.66	8.79	11.05	14.38	17.77	20.03
h	max=公称	7	9	11	15	18	22
m	≈	4.5	5.5	6.5	8	10	12
b	≈	2.5	4	5	5	8	10
m_w	min	3.6	4.4	5.2	6.4	8	9.6
S_R	≈	3.2	3.6	4.6	6.5	8	9
s	公称	7	8	10	13	16	18
	min	6.78	7.78	9.78	12.73	15.73	17.73
δ	≈	0.5	0.5	0.8	0.8	0.8	1

注：1. d_a—半球体直径；d_k—螺母盖直径；e—对角宽度；h—组合式盖形螺母高度；m—六角螺母高度；b—螺牙长度；m_w—扳拧高度；S_R—半球体半径；s—对边宽度；δ—顶部不平度。

2. 螺纹规格：第1系列为粗牙螺纹；第2系列、第3系列，均为细牙螺纹。按第1系列至第3系列，依次优先选用；带括号的规格尽量不采用。

		(2) 组合式盖形螺母有关结构尺寸(mm)					
螺纹规格 D	第 1 系列	(M14)	M16	(M18)	M20	(M22)	M24
	第 2 系列	$\left(\begin{array}{c}M14\\ \times 1.5\end{array}\right)$	$\begin{array}{c}M16\\ \times 1.5\end{array}$	$\left(\begin{array}{c}M18\\ \times 1.5\end{array}\right)$	$\begin{array}{c}M20\\ \times 2\end{array}$	$\left(\begin{array}{c}M22\\ \times 1.5\end{array}\right)$	$\begin{array}{c}M24\\ \times 2\end{array}$
	第 3 系列	—	—	$\left(\begin{array}{c}M18\\ \times 2\end{array}\right)$	$\begin{array}{c}M20\\ \times 1.5\end{array}$	$\left(\begin{array}{c}M22\\ \times 2\end{array}\right)$	—
d_a	max	15.1	17.3	19.5	21.6	23.7	25.9
	min	14	16	18	20	24	24
d	≈	20	22	25	28	30	34
d_w	min	19.6	22.5	24.9	27.7	31.4	33.3
e	min	23.35	26.75	29.56	32.95	37.29	39.55
h	max=公称	24	26	30	35	38	40
m	≈	13	15	17	19	21	22
b	≈	11	13	14	16	18	19
m_w	min	10.4	12	13.6	15.2	16.8	17.6
S_R	≈	10	11.5	12.5	14	15	17
s	公称	21	24	27	30	34	36
	min	20.67	23.6	26.16	29.16	33	35
δ	≈	1	1	1.2	1.2	1.2	1.2

7. 滚花高螺母和滚花薄螺母的有关结构尺寸

有关结构尺寸(mm)（①—滚花高螺母、②—滚花薄螺母）

螺纹规格 D		M1.4	M1.6	M2	M2.5	M3	M4	M5	M6	M8	M10
倒角宽度 C		0.2	0.2	0.2	0.2	0.3	0.3	0.5	0.5	0.8	0.8
颈部直径 d_1		—	3.6	3.8	4.4	5.2	6.4	9	11	13	17.5
法兰厚度 h		—	0.8	1	1	1.2	1.5	2.5	2.5	3	3.8
凹颈半径 R		—	1.25	1.25	1.5	2	2	2.5	3	4	5
圆角半径 r		0.5	0.5	0.5	0.5	0.5	0.5	0.5	1	1	2
光孔深度 t	min	—	1.5	1.5	2	2	2.5	3	4	5	6.5
光孔直径 d_a ①	max	—	2.05	2.45	2.95	3.5	4.5	5.5	6.56	8.86	10.93
	min	—	1.8	2.2	2.7	3.2	4.2	5.2	6.2	8.5	10.5
沉孔直径 d_a ②	max	1.84	1.84	2.3	2.9	3.45	4.6	5.75	6.75	8.75	10.8
	min	1.6	1.6	2	2.5	3	4	5	6	8	10
滚花部直径 d_k（滚花部）	max	6	7	8	9	11	12	16	20	24	30
	min	5.78	6.78	7.78	8.78	10.73	11.73	15.73	19.67	23.67	29.67
支承面直径 d_w	①	3.5	4	4.5	5	6	8	10	12	16	20
	②	3.2	3.7	4.2	4.7	5.7	7.64	9.64	11.57	15.57	19.48
滚花部高度 k	①	—	2	2	2	2.5	3	4	5	6	8
	②	1.5	2	2	2.2	2.5	2.5	3.5	4	5	6
螺母高度 m	① max	—	4.7	5	5.5	7	8	10	12	16	20
	① min	—	4.4	4.7	5.2	6.64	7.64	9.64	11.57	15.57	19.48
	② max	2	2	2	2.5	3	3	4	5	6	8
	② min	1.75	1.75	1.75	2.25	2.75	2.75	3.7	4.7	5.7	7.64

8. 铆螺母的有关结构尺寸

螺纹规格		有关结构尺寸(mm)						
	D 粗牙	M3	M4	M5	M6	M8	M10	M12
	$D×P$ 细牙	—	—	—	—	—	M10×1	M12×1.5
(1) 平头铆螺母								
d、d_0		5	6	7	9	11	13	15
d_1		4.0	4.8	5.6	7.5	9.2	11	13
d_k max		8	9	10	12	14	16	18
k		0.8	0.8	1.0	1.5	1.5	1.8	1.8
r		0.2	0.2	0.2	0.2	0.3	0.3	0.3
h_1 参考		5.8	7.5	9.3	11	12.3	15.0	17.5
(2) 沉头铆螺母								
k		1.5	1.5	1.5	1.5	1.5	1.5	1.5
(3) 小沉头铆螺母								
d_k max		5.5	6.75	8.0	10.0	12.0	14.5	16.5
k		0.35	0.5	0.6	0.6	0.6	0.85	0.85
(4) 120°小沉头铆螺母								
d_k max		6.5	8.0	9.0	11.0	13.0	16.0	18.0
k		0.35	0.5	0.6	0.6	0.6	0.85	0.85
(5) 平头六角铆螺母								
s、s_0		—	—	—	9	11	13	15
d_1		—	—	—	8	10	11.5	13.5
d_k max		—	—	—	12	14	16	18
k		—	—	—	1.5	1.5	1.8	1.8

注: 1. d — 铆螺母外径; d_0 — 铆接件上铆螺母孔径; d_1 — 光孔内径; d_k — 头部直径; h_1 — 铆接后铆螺母露出部分长度; k — 头部高度; r — 圆角半径; s — 六角铆螺母对边宽度; s_0 — 铆接件六角铆螺母孔对边宽度。

2. 尺寸公差(mm): d、s 均为 $_{-0.10}^{-0.03}$; d_0、s_0 均为 $_0^{+0.15}$; d_1 为 H12。

3. 其余铆螺母尺寸 d, d_0, d_1, d_k, r, h_1 同平头铆螺母。

9. 螺母的品种简介

序号	品种名称与标准号	型式	规格范围	产品等级	螺纹公差	材料和机械性能	表面处理
1	六角螺母—C级*GB/T 41—2000		M5 ~ M64	C级	7H	钢:$D \leqslant 16$:**5**;$D > 16 \sim 39$:4、**5**	a. **不经处理** b. 电镀 c. 非电解锌粉覆盖层
2	1型六角螺母*GB/T 6170—2000		M1.6 ~M64	$D \leqslant 16$:A级;$D > 16$:B级	6H	钢:$D \geqslant 3 \sim 39$:6、**8**、10	a. **不经处理** b. 电镀 c. 非电解锌粉覆盖层
						不锈钢:$D \leqslant 24$:A2-70 A4-70;$D > 24 \sim 39$:A2-50 A4-50	简单处理
						有色金属:Cu2、Cu3、Al4	简单处理
3	1型六角螺母—细牙*GB/T 6171—2000		M8×1 ~ M64 ×4	$D \leqslant 16$:A级;$D > 16$:B级	6H	钢:$D \leqslant 39$:6、**8**;$D \leqslant 16$:10	a. 不经处理 b. 电镀(**镀锌钝化**) c. 非电解锌粉覆盖层
						不锈钢、有色金属:同序号2	
4	2型六角螺母*GB/T 6175—2000		M5 ~ M36	$D \leqslant 16$:A级;$D > 16$:B级	6H	钢:**9**、12	a. **氧化** b. 电镀 c. 非电解锌粉覆盖层

序号	品种名称与标准号	型式	规格范围	产品等级	螺纹公差	机械性能或材料	表面处理
5	2 型六角螺母—细牙* GB/T 6176—2000		M8×1 ～ M36×3	$D≤16$: A级; $D>16$: B级	6H	钢: $D≤16$: 8、12; $D≤39$: **10**	a. **氧化** b. 电镀 c. 非电解锌粉覆盖层
6	六角法兰面螺母—细牙* GB/T 6177.1—2000		M5 ～ M20	$D≤16$: A级; $D>16$: B级	6H	钢: $D≤16$: 8(1型); $D>16$: 8(2型); $D≤20$: 9 和 12(2型); **10**(1型)	a. **氧化** b. 电镀
						不锈钢: A2-70	简单处理
7	六角法兰面螺母—细牙* GB/T 6177.2—2000		M8×1 ～ M20×1.5	$D≤16$: A级; $D>16$: B级	6H	钢: $D≤16$: 8(2型)、12(2型); $D>16$: 8(2型); $D≤20$ **10**(2型)	a. **氧化** b. 电镀
						不锈钢: A2-70	简单处理
8	六角薄螺母* GB/T 6172.1—2000		M1.6 ～M64	$D≤16$: A级; $D>16$: B级	6H	钢: $3≤D≤39$: **04**、05	a. **不经处理** b. 电镀 c. 非电解锌粉覆盖层
						不锈钢: $D≤24$: A2-035 A4-035; $24<D≤39$: A2-025 A4-025	简单处理

序号	品种名称与标准号	型式	规格范围	产品等级	螺纹公差	机械性能或材料	表面处理
8	六角薄螺母 * GB/T 6172.1 —2000(续)		M1.6 ～M64	$D \leqslant 16$：A级；$D > 16$：B级	6H	有色金属：CU2、CU3、AL4	简单处理
9	六角薄螺母—细牙* GB/T 6173 —2000		M8×1 ～ M64 ×4	同序号8			
10	六角薄螺母—无倒角 * GB/T 6174 —2000		M1.6 ～M10	B级	6H	钢：**110HV30**	a. **不经处理** b. 电镀 c. 非电解锌粉覆盖层
						有色金属：CU2、CU3、AL4	简单处理
11	小六角特扁细牙螺母 GB/T 808 —1988		M4× 0.5 ～ M24 ×1	$D \leqslant 16$：A级；$D > 16$：B级	6H	钢:**Q215** Q235	a. **不经处理** b. 镀锌钝化
						黄铜：HPb59-1	
12	六角厚螺母 GB/T 56— 1988		M16 ～ M48	B级	6H	钢：**5**、8、10	a. **不经处理** b. 镀锌钝化
13	球面六角螺母 GB/T 804—1988		M6 ～ M48	$D \leqslant 16$：A级；$D > 16$：B级	6H	钢：**8**、10	氧化
14	1型六角开槽螺母—C级 * GB/T 6179—1986		M5 ～ M36	C级	7H	钢：4、**5**	a. **不经处理** b. 镀锌钝化

序号	品种名称与标准号	型式	规格范围	产品等级	螺纹公差	机械性能或材料	表面处理
15	1型六角开槽螺母—A和B级* GB/T 6178 —1986		M4 ～ M36	$D \leqslant 16$; A级; $D > 16$; B级	6H	钢: 6、**8**、10	a. **氧化** b. 不经处理 c. 镀锌钝化
16	1型六角开槽螺母—细牙—A和B级 GB/T 9457—1988		M8×1 ～ M36 ×3	$D \leqslant 16$; A级; $D > 16$; B级	6H	钢: 6、**8**、10 ($D \leqslant 16$)	a. **氧化** b. 不经处理 c. 镀锌钝化
17	2型六角开槽螺母—A和B级* GB/T 6180 —1986		M5 ～ M36	$D \leqslant 16$; A级; $D > 16$; B级	6H	钢: **9**、12	a. **氧化** b. 镀锌钝化
18	2型六角开槽螺母—细牙—A和B级 GB/T 9458—1988		M8×1 ～ M36 ×3	$D \leqslant 16$; A级; $D > 16$; B级	6H	钢: **8** ($D \leqslant 16$)、10	a. **氧化** b. 镀锌钝化
19	六角开槽薄螺母—A和B级* GB/T 6181—1986		M5 ～ M36	$D \leqslant 16$; A级; $D > 16$; B级	6H	钢: **04**、05	a. **不经处理** b. 镀锌钝化 c. 氧化
						不锈钢: A2-50	不经处理
20	六角开槽薄螺母—细牙—A和B级 GB/T 9459 —1986		M8×1 ～ M36 ×3	$D \leqslant 16$; A级; $D > 16$; B级	6H	钢: **04**、05	a. **不经处理** b. 镀锌钝化 c. 氧化
21	精密机械用六角螺母* GB/T 18195 —2000		M1 ～ M1.4	F级	5H	钢: **11H**、14H	a. **不经处理** b. 电镀
						不锈钢: A1-50、A4-50	简单处理

序号	品种名称与标准号	型式	规格范围	产品等级	螺纹公差	机械性能或材料	表面处理
22	1型非金属嵌件六角锁紧螺母* GB/T 889.1—2000		M3～M36	D≤16：A级；D＞16：B级	6H	钢：5、**8**、10 嵌件推荐尼龙66	a. 不经处理 b. 电镀（**镀锌钝化**）
23	1型非金属嵌件六角锁紧螺母—细牙* GB/T 889.2—2000		M8×1～M36×3	D≤16：A级；D＞16：B级	6H	钢：6(1型)、**8**(1型)、10(D≤16，1型)嵌件推荐用尼龙66	a. 不经处理 b. 电镀（**镀锌钝化**）
24	2型非金属嵌件六角锁紧螺母* GB/T 6182—2000		M5～M36	D≤16：A级；D＞16：B级	6H	钢：**9**、12 嵌件推荐采用尼龙66	a. 氧化 b. 电镀
25	非金属嵌件六角锁紧薄螺母* GB/T 6172.2—2000		M3～M36	D≤16：A级；D＞16：B级	6H	钢：**04**、05 嵌件推荐用尼龙66	a. 不经处理 b. 电镀
26	非金属嵌件六角法兰面锁紧螺母* GB/T 6183.1—2000		M5～M20	D≤16：A级；D＞16：B级	6H	钢：**8**（D≤16，1型；D＞16，**2**型）、9（D＞16，**2**型）、10(1型) 嵌件推荐用尼龙66	a. 氧化 b. 电镀
27	非金属嵌件六角法兰面锁紧螺母—细牙* GB/T 6183.2—2000		M8×1～M20×1.5	D≤16：A级；D＞16：B级	6H	钢：6(1型)、**8**(D≤16，2型)、D＞16，1型)、10(2型) 嵌件推荐采用尼龙66	a. 氧化 b. 电镀

序号	品种名称与标准号	型式	规格范围	产品等级	螺纹公差	机械性能或材料	表面处理
28	1型全金属六角锁紧螺母* GB/T 6184—2000		M5 ～ M36	$D \leqslant 16$: A级; $D > 16$: B级	6H	钢：5、**8**、10	a. **氧化** b. 电镀
29	2型全金属六角锁紧螺母* GB/T 6185.1—2000		M5 ～ M36	$D \leqslant 16$: A级; $D > 16$: B级	6H	钢：5(1型)、**8**($D \leqslant 16$:1型; $D > 16$ ～36:2型)、10(1型)、12(2型)	a. 氧化 b. 电镀
30	2型全金属六角锁紧螺母—9级* GB/T 6186—2000		M5 ～ M36	$D \leqslant 16$: A级; $D > 16$: B级	6H	钢：9	a. **氧化** b. 电镀
31	2型全金属六角锁紧螺母—细牙* GB/T 6185.2—2000		M8×1 ～ M36 ×3	$D \leqslant 16$: A级; $D > 16$: B级	6H	钢：**8**($D \leqslant 16$:2型; $D > 16$ ～36:1型)、10(2型)、12($D \leqslant 16$:2型)	a. **氧化** b. 电镀
32	全金属六角法兰面锁紧螺母* GB/T 6187.1—2000		M5 ～ M20	$D \leqslant 16$: A级; $D > 16$: B级	6H	钢：**8**($D \leqslant 16$:1型; $D > 16$:2型)、9(2型)、10(1型)、12(2型)	a. **氧化** b. 电镀
33	全金属六角法兰面锁紧螺母—细牙* GB/T 6187.2—2000		M8×1 ～ M20 ×1.5	$D \leqslant 16$: A级; $D > 16$: B级	6H	钢：6(1型)、**8**($D \leqslant 16$:2型; $D > 16$:1型)、10(2型)	a. **氧化** b. 电镀

序号	品种名称与标准号	型式	规格范围	产品等级	螺纹公差	机械性能或材料	表面处理
34	方螺母—C级 GB/T 39—1988		M3 ～ M24	C级	7H	钢：4、**5**	a. **不经处理** b. 镀锌钝化
35	盖形螺母 GB/T 923 —1988		M3 ～ M24	D≤16： A级； D>16： B级	6H	钢：**5**、6	a. **氧化** b. 镀锌钝化
36	组合式盖形螺母 GB/T 802.1— 2008		M4 ～ M24	D≤16： A级； D>16： B级	6H	钢：**6**、8	a. **氧化** b. 镀锌钝化
						不锈钢： A2－50、 A2－70、 A4－50、 A4－70	简单处理
						有色金属： Cu2、Cu3 Al4	简单处理
37	滚花高螺母 GB/T 806 —1988		M1.6 ～M10	A级	6H	钢：5	a. **不经处理** b. 镀锌钝化
38	滚花薄螺母 GB/T 807 —1988		M1.4 ～M10	同序号 37			

序号	品种名称与标准号	型式	规格范围	产品等级	螺纹公差	机械性能或材料	表面处理
39	蝶形螺母—圆翼 GB/T 62.1—2004	A型 B型	M2 ～ M24		7H	钢：Q215 Q235 保证扭矩：I级	a. 氧化 b. 电镀
						不锈钢：1Cr18 Ni9 保证扭矩：I级	简单处理
						有色金属：H62 保证扭矩：II级	简单处理
40	蝶形螺母—方翼 GB/T 62.2—2004		M3 ～ M20		7H	钢：Q215 Q235 可锻铸铁 KT30‑6 保证扭矩：I级	a. 氧化 b. 电镀
						不锈钢、有色金属：同序号39	
41	蝶形螺母—冲压 GB/T 62.3—2004	A型（高型）B型（低型）	M3 ～ M10		7H	钢：Q215 Q235 保证扭矩：A型：II级 B型：III级	a. 氧化 b. 电镀
42	蝶形螺母—压铸 GB/T 62.4—2004		M3 ～ M10		7H	锌合金：ZZnAlD 43（推荐牌号，可选用其他牌号及技术条件）保证扭矩：II级	未规定

序号	品种名称与标准号	型式	规格范围	产品等级	螺纹公差	机械性能或材料	表面处理
43	环形螺母 GB/T 63—1988		M12～M24		6H	铸黄铜：ZCuZn40Mn2	不经处理
44	圆螺母* GB/T 812—1988		M10×1～M200×3		6H	钢：45 a. **槽部或全部热处理后35～45HRC** b. 调质24～30HRC c. **氧化**	
45	小圆螺母 GB/T 810—1988		M10×1～M200×3		6H	钢：45 a. **槽部或全部热处理后35～45HRC** b. 调质24～30HRC c. **氧化**	
46	端面带孔圆螺母 GB/T 815—1988	**A型** B型	M2～M10	A级	6H	钢：Q235	a. **不经处理** b. 氧化 c. 镀锌钝化
47	侧面带孔圆螺母 GB/T 816—1988		M2～M10	同序号46			
48	带槽圆螺母 GB/T 817—1988	**A型** B型	M1.4～M12	同序号46			
49	嵌装圆螺母 GB/T 809—1988	**A型** B型	M2～M12		6H	黄铜：H62、HPb59-1	

序号	品种名称与标准号	型式	规格范围	产品等级	螺纹公差	机械性能或材料	表面处理
50	扣紧螺母* GB/T 805 —1988		M6×1 ~ M48 ×5			弹簧钢: 65Mn 淬火并回火 30~40HRC	a. 氧化 b. 镀锌钝化
51	焊接六角螺母* GB/T 13681— 1992		M4~ M16, M8×1 ~ M16 ×1.5	A级	6G	钢: C ≤ 0.25%,具有可焊性	a. 不经处理 b. 镀锌钝化
52	焊接方螺母* GB/T 13680— 1992	A型 B型	M4~ M16, M8×1 ~ M16 ×1.5		同序号51		
53	平头铆螺母 GB/T 17880.1— 1999		M3~ M12, M10×1, M12 ×1.5		6H	钢:08F、 ML10	电镀锌
						铝合金: 5056、5051	不经处理
54	沉头铆螺母 GB/T 17880.2— 1999		M3~ M12, M10× 1, M12 ×1.5	同序号53			
55	小沉头铆螺母 GB/T 17880.3— 1999		M3~ M12, M10×1, M12 ×1.5		6H	钢:08F、 ML10	电镀锌

序号	品种名称与标准号	型式	规格范围	产品等级	螺纹公差	机械性能或材料	表面处理
56	120°小沉头铆螺母 GB/T 17880.4—1999		M3 ～ M12，M10× 1，M12 ×1.5	同序号 55			
57	平头六角铆螺母 GB/T 17880.5—1999		M3 ～ M12，M10× 1，M12 ×1.5	同序号 55			

注：1. 型式、产品等级、机械性能或材料以及表面处理栏中，如有多项内容，其中用粗黑体字表示的内容，可在螺母的标记中省略（参见第 13.2 页）。

2. 螺母的粗牙普通螺纹基本尺寸，参见第 5.7 页；细牙普通螺纹基本尺寸，参见第 5.9 页；各种精度（螺纹公差）的螺纹极限尺寸，参见第 5.11 页。

3. 各种产品等级螺母的尺寸公差具体要求，参见第 8.21 页。

4. 机械性能栏中规定，仅适用于 $D \geqslant 3 \sim 39mm$ 螺母，$D < 3mm$ 和 $D > 39mm$ 螺母的机械性能具体要求，按供需双方协议。各种性能等级螺母的机械性能具体要求：钢螺母，参见第 9.31 页；钢六角锁紧螺母，参见第 9.53 页；不锈钢螺母，参见第 9.48 页；有色金属螺母，参见第 9.24 页。

5. 螺母的通用技术条件，参见第 7.2 页。铆螺母的技术条件，参见第 7.6 页。

6. ＊ 为商品紧固件品种，应优先选用。

10. 螺母的用途简介

螺母是带有内螺纹的一类紧固件，配合带有外螺纹的螺栓（螺柱或螺钉),利用内外螺纹连接形式,作紧固连接两个被连接件(零件、构件等)之用。

六角螺母是应用最普遍的一种螺母,须用活扳手、呆扳手、梅花扳手、两用扳手或套筒扳手进行装拆。其中又以1型六角螺母应用最广。2型六角螺母的高度约比1型六角螺母高出10%,机械性能较好。六角法兰螺母的防松性能好,不需再用弹簧垫圈。六角薄螺母的高度约相当于1型六角螺母的60%,在防松装置中用作副螺母,起锁紧主螺母作用。六角厚螺母的高度约比1型六角螺母高出80%,多用于经常拆卸的连接。六角开槽螺母配以开口销,与螺杆带孔螺栓配合,用于承受振动、交变载荷等场合,可以防止螺母松动脱出。带嵌件的六角锁紧螺母,嵌件是依靠拧螺钉攻出内螺纹,可以起防松作用,并有较好的弹性。

方螺母的用途与六角螺母相同,其特点是装拆时用扳手卡住螺母不易打滑,但只能使用活扳手、呆扳手、两用扳手(开口部分)、或特制方孔套筒扳手进行装拆。多用于粗糙、简单的构件上。

盖形螺母用在螺栓端部螺纹需要罩盖的场合。

滚花螺母多用于工装上。

蝶形螺母和环形螺母一般可以用手而不要使用工具进行装拆,通常用于需要经常拆卸和受力不大的场合。

圆螺母多为细牙螺母,需使用特种扳手(如钩形扳手)装拆。一般配以圆螺母止动垫圈,常与滚动轴承配套使用。小圆螺母多用于结构紧凑的场合,成组使用,可作轴向微量调整之用。带槽圆螺母多用于工装上。

扣紧螺母与六角螺母配合使用,起锁紧六角螺母作用,而且效果较好。焊接螺母一面用于焊接在带孔的薄钢板上,再与螺栓进行连接。

铆螺母,首先要利用专用工具——铆螺母枪,把它单面铆接在事先制有相应尺寸的圆形孔(或六角形孔)的薄板形结构件上,使两者成为一件不可拆卸的整体。然后可利用相应规格的螺钉把另一个零件(或结构件)连接在铆螺母上,使两者成为一件可拆卸的整体。

螺母按产品(精度)等级,分A、B和C三级。A级精度最高,B级次之,C级最低。需与相应产品等级的螺栓配合使用。

二、螺母的尺寸与重量

1. 六角螺母—C 级

(GB/T 41—2000)

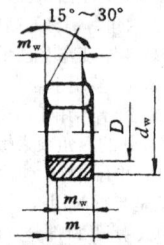 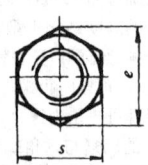

本螺母的旧产品标准（GB/T 41—1986）名称为"1 型六角螺母—C 级"。

螺纹规格 D (mm)	主要尺寸(mm)		重量 G (kg)	螺纹规格 D (mm)	主要尺寸(mm)		重量 G (kg)
	m max	s max			m max	s max	
(1) 优选的螺纹规格							
M5	5.6	8	1.13	M24	22.3	36	100.5
M6	6.4	10	2.10	M30	26.4	46	205.2
M8	7.9	13	4.54	M36	31.9	55	351.7
M10	9.5	16	8.60	M42	34.9	65	534.8
M12	12.2	18	13.33	M48	38.9	75	816.8
M16	15.9	24	30.45	M56	45.9	85	1202
M20	19.0	30	58.37	M64	52.4	95	1669

（续）

螺纹规格	主要尺寸(mm)		重量	螺纹规格	主要尺寸(mm)		重量
D (mm)	m max	s max	G (kg)	D (mm)	m max	s max	G (kg)
(2) 非优选的螺纹规格							
M14	13.9	21	19.98	M39	34.3	60	455.9
M18	16.9	27	42.31	M45	36.9	70	663.1
M22	20.2	34	82.00	M52	42.9	80	1012
M27	24.7	41	148.0	M60	48.9	90	1418
M33	29.5	50	268.8				

注：1. m — 螺母高度；s — 对边宽度。其余尺寸代号的标注内容
　　　及具体尺寸(d_w、e、m、m_w、s)，参见第 18.3 页。
　　2. G — 每千件钢制品大约重量。

2. 1 型六角螺母

（GB/T 6170—2000）

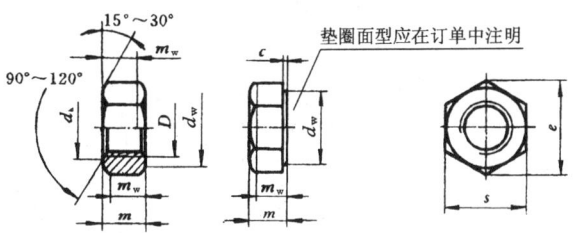

本螺母的旧产品标准(GB/T 6170—1986)名称为"1 型六角螺
母— A 和 B 级"。

18.29

螺纹规格 D (mm)	主要尺寸(mm)		重量 G (kg)	螺纹规格 D (mm)	主要尺寸(mm)		重量 G (kg)
	m max	s max			m max	s max	
(1) 优选的螺纹规格							
M1.6	1.3	3.2	0.05	M16	14.8	24	32.66
M2	1.6	4	0.10	M20	18	30	58.37
M2.5	2	5	0.21	M24	21.5	36	100.5
M3	2.4	5.5	0.30	M30	25.6	46	205.2
M4	3.2	7	0.64	M36	31	55	351.7
M5	4.7	8	1.19	M42	34	65	534.8
M6	5.2	10	2.19	M48	38	75	816.8
M8	6.8	13	4.74	M56	45	85	1202
M10	8.4	16	8.91	M64	51	95	1659
M12	10.8	18	13.67				
(2) 非优选的螺纹规格							
M3.5	2.8	6.0	0.41	M33	28.7	50	268.8
M14	12.8	21	21.63	M39	33.4	60	455.9
M18	15.8	21	42.31	M45	36	70	663.1
M22	19.4	34	82.00	M52	42	80	1012
M27	23.8	41	147.3	M60	48	90	1418

注：1. m — 螺母高度；s — 对边宽度。其余尺寸代号的标注内容及具体尺寸（c、d_a、d_w、e、m、m_w、s），参见第 18.3 页。

   2. G — 每千件钢制品大约重量。

3.1型六角螺母—细牙(GB/T 6171—2000)

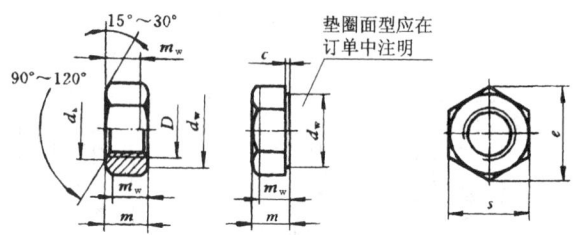

垫圈面型应在订单中注明

本螺母的旧产品标准(GB/T 6171—1986)名称为"1型六角螺母—细牙—A和B级"。

螺纹规格	主要尺寸(mm)		重量	螺纹规格	主要尺寸(mm)		重量
$D \times P$ (mm)	m max	s max	G (kg)	$D \times P$ (mm)	m max	s max	G (kg)
(1) 优选的螺纹规格							
M8×1	6.8	13	4.65	M30×2	25.6	46	197.0
M10×1	8.4	16	8.61	M36×3	31	55	343.8
M12×1.5	10.8	18	13.44	M42×3	34	65	519.4
M16×1.5	14.8	24	31.82	M48×3	38	75	790.3
M20×1.5	18	30	55.84	M56×4	45	85	1174
M24×2	21.5	36	96.92	M64×4	51	95	1611
(2) 非优选的螺纹规格							
M10×1.25	8.4	16	8.76	M27×2	23.8	41	142.8
M12×1.25	10.8	18	13.21	M33×2	28.7	50	258.5
M14×1.5	12.8	21	21.01	M39×3	33.4	60	446.6
M18×1.5	15.8	27	40.29	M45×3	36	70	645.5
M20×2	18	30	57.11	M52×4	42	80	996.4
M22×1.5	19.4	34	79.00	M60×4	48	90	1386

注：1. m — 螺母高度；s — 对边宽度。其余尺寸代号的标注内容及具体尺寸(c、d_a、d_w、e、m、m_w、s)，参见第18.3页。

2. G — 每千件钢制品大约重量。

4.2型六角螺母

(GB/T 6175—2000)

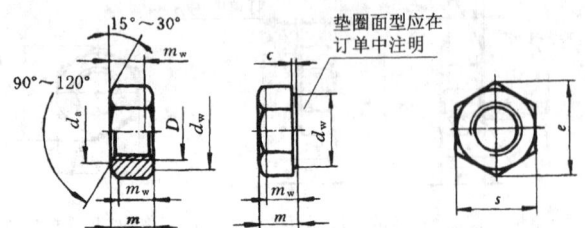

本螺母的旧产品标准（GB/T 6175—1986）名称为"2型六角螺母—A和B级"。

螺纹规格	主要尺寸(mm)		重量	螺纹规格	主要尺寸(mm)		重量
D (mm)	m max	s max	G (kg)	D (mm)	m max	s max	G (kg)
M5	5.1	8	1.30	M16	16.4	24	36.36
M6	5.7	10	2.41	M20	20.3	30	65.62
M8	7.5	13	5.25	M24	23.9	36	112.5
M10	9.3	16	9.90	M30	28.6	46	230.5
M12	12	18	15.25	M36	34.7	55	396.0
(M14)	14.1	21	23.96				

注：1. m — 螺母高度；s — 对边宽度。其余尺寸代号的标注内容及具体尺寸（c、d_a、d_w、e、m、m_w、s），参见第18.5页。

2. G — 每千件钢制品大约重量。

3. 带括号的规格尽量不采用。

5.2 型六角螺母—细牙

(GB/T 6176—2000)

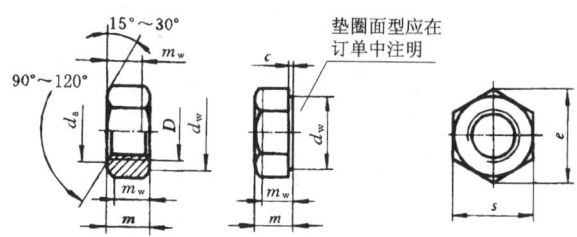

本螺母的旧产品标准(GB/T 6176—1986)名称为"2型六角螺母—细牙—A 和 B 级"。

螺纹规格	主要尺寸(mm)		重量	螺纹规格	主要尺寸(mm)		重量
$D \times P$ (mm)	m max	s max	G (kg)	$D \times P$ (mm)	m max	s max	G (kg)
(1) 优选的螺纹规格							
M8×1	7.5	13	5.15	M20×1.5	20.3	30	62.77
M10×1	9.3	16	9.58	M24×2	23.9	36	108.4
M12×1.5	12	18	15.00	M30×2	28.6	46	221.3
M16×1.5	16.4	24	35.43	M36×3	34.7	55	387.1
(2) 非优选的螺纹规格							
M10×1.25	9.3	16	9.74	M20×2	20.3	30	64.21
M12×1.25	12	18	14.74	M22×1.5	21.8	34	89.47
M14×1.5	14.1	21	23.27	M27×2	26.7	41	161.2
M18×1.5	17.6	27	45.09	M33×2	32.5	50	291.6

注：1. m — 螺母高度；s — 对边宽度。其余尺寸代号的标注内容及具体尺寸(c、d_a、d_w、e、m、m_w、s)，参见第18.5页。

2. G — 每千件钢制品大约重量。

6. 六角法兰面螺母 (GB/T 6177.1—2000)

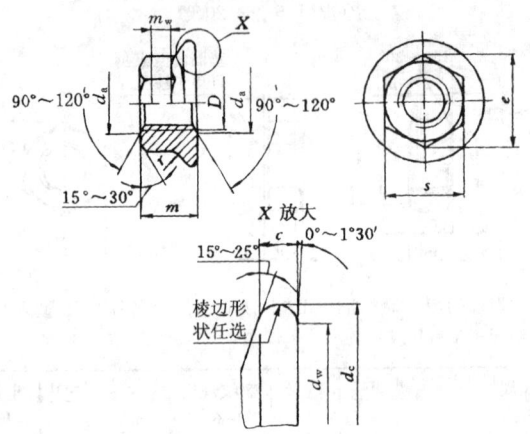

本螺母的旧产品标准 (GB/T 6177—1986) 名称为"六角法兰面螺母—A级"。

主要尺寸(mm)与重量 G(kg)								
螺纹规格 D	M5	M6	M8	M10	M12	(M14)	M16	M20
c min	1	1.1	1.2	1.5	1.8	2.1	2.4	3
d_c max	11.8	14.2	17.9	21.8	26	29.9	34.5	42.8
m max	5	6	8	10	12	14	16	20
s max	8	10	13	15	18	21	24	30
重量 G	1.42	2.76	6.00	9.63	16.66	25.80	38.64	70.90

注：1. c—法兰厚度；d_c—法兰直径；m—螺母高度；s—对边宽度。其余尺寸代号的标注内容及具体尺寸(d_a、d_w、e、m、m_w、r、s),参见第18.6页。

2. G—每千件钢制品大约重量。

3. 带括号的规格尽量不采用。

7. 六角法兰面螺母—细牙(GB/T 6177.2—2000)

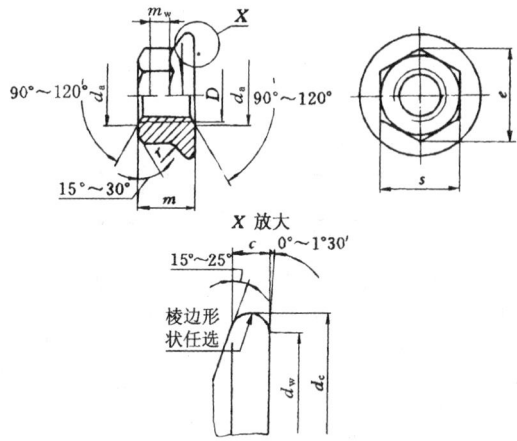

主要尺寸(mm)与重量 G(kg)					
螺纹规格 $D \times P$	M8×1	M10×1.25 (M10×1)	M12×1.25 (M12×1.5)	(M14 ×1.5)	M16 ×1.5	M20 ×1.5
c min	1.2	1.5	1.8	2.1	2.4	3
d_c max	17.9	21.8	26	29.9	34.5	42.8
m max	8	10	12	14	16	20
s max	13	15	18	21	24	30
重量 G	5.89	9.45	16.15	25.11	37.73	68.09

注: 1. c—法兰厚度; d_c—法兰直径; m—螺母高度; s—对边宽度。其余尺寸代号的标注内容及具体尺寸(d_a、d_w、e、m、m_w、r、s),参见第18.6页。

2. G—每千件钢制品大约重量。

3. 带括号的规格尽量不采用。

8. 六角薄螺母

(GB/T 6172.1—2000)

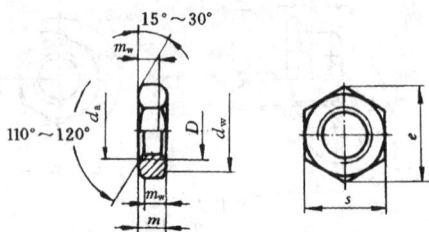

本螺母的旧产品标准(GB/T 6172—1986)名称为"六角薄螺母—A和B级—倒角"。

规格类别		尺　寸(mm)									重量 G (kg)
	D	d_a		d_w min	e min	m		m_w min	s		
		max	min			max	min		max	min	
①优选的螺纹规格	M1.6	1.84	1.6	2.4	3.41	1	0.75	0.6	3.2	3.02	0.04
	M2	2.3	2	3.1	4.32	1.2	0.95	0.8	4	3.82	0.07
	M2.5	2.9	2.5	4.1	5.45	1.6	1.35	1.1	5	4.82	0.16
	M3	3.45	3	4.6	6.01	1.8	1.55	1.2	5.5	5.32	0.22
	M4	4.6	4	5.9	7.66	2.2	1.95	1.6	7	6.78	0.43
	M5	5.75	5	6.9	8.79	2.7	2.45	2.0	8	7.78	0.66
	M6	6.75	6	8.9	11.05	3.2	2.9	2.3	10	9.78	1.29
	M8	8.75	8	11.6	14.38	4	3.7	3.0	13	12.73	2.72
	M10	10.8	10	14.6	17.77	5	4.7	3.8	16	15.73	5.21
	M12	13	12	16.6	20.03	6	5.7	4.6	18	17.73	7.51
	M16	17.3	16	22.5	26.75	8	7.42	5.9	24	23.67	17.18
	M20	21.6	20	27.7	32.95	10	9.10	7.3	30	29.73	31.43

规格类别	尺　寸(mm)									重量 G (kg)
	D	d_a		d_w	e	m		m_w	s		
		max	min	min	min	max	min	min	max	min	
①优选的螺纹规格	M24	25.9	24	33.2	39.55	12	10.9	8.7	36	35	54.26
	M30	32.4	30	42.8	50.85	15	13.9	11.1	46	45	117.4
	M36	38.9	36	51.1	60.79	18	16.9	13.5	55	53.8	202.2
	M42	45.4	42	60.6	71.3	21	19.7	15.8	65	63.1	325.2
	M48	51.8	48	69.5	82.60	24	22.7	18.2	75	73.1	509.4
	M56	60.5	56	78.7	93.56	28	26.7	21.4	85	82.8	739.2
	M64	69.1	64	88.2	104.86	32	30.4	24.3	95	92.8	1027
②非优选的螺纹规格	M3.5	4	3.5	5.1	6.58	2	1.75	1.4	6	5.82	0.28
	M14	15.1	14	19.6	23.35	7	6.42	5.1	21	20.67	11.46
	M18	19.5	18	24.9	29.56	9	8.42	6.7	27	26.16	23.59
	M22	23.7	22	31.4	37.29	11	9.9	7.9	34	33	44.85
	M27	29.1	27	38	45.2	13.5	12.4	9.9	41	40	81.19
	M33	35.6	33	46.6	55.37	16.5	15.4	12.3	50	49	151.1
	M39	42.1	39	55.9	66.44	19.5	18.2	14.6	60	58.8	260.9
	M45	48.6	45	64.7	76.95	22.5	21.2	17	70	68.1	408.6
	M52	56.2	52	74.2	88.25	26	24.7	19.8	80	78.1	618.6
	M60	64.8	60	83.4	99.21	30	28.7	23	90	87.8	876.9

注：1. D — 螺纹规格；d_a — 沉孔直径；d_w — 支承面直径；e — 对角宽度；m — 螺母高度；m_w — 扳拧高度；s — 对边宽度。

2. G — 每千件钢制品大约重量。

9. 六角薄螺母—细牙

(GB/T 6173—2000)

本螺母的旧产品标准(GB/T 6173—1986)名称为"六角薄螺母—细牙—A 和 B 级"。

主要尺寸(mm)与重量 G(kg)							
(1) 优选的螺纹规格							
螺纹规格 $D×P$	M8 ×1	M10 ×1	M12 ×1.5	M16 ×1.5	M20 ×1.5	M24 ×2	M30 ×2	M36 ×3
d_w min	11.63	14.63	16.63	22.49	27.7	33.25	42.75	51.11
m max	4	5	6	8	10	12	15	18
m_w min	2.96	3.76	4.56	5.94	7.28	8.72	11.12	13.52
s max	13	16	18	24	30	36	46	55
重量 G	2.67	5.03	7.39	16.74	30.07	52.30	112.7	197.6

(1) 优选的螺纹规格				**(2) 非优选的螺纹规格**			
螺纹规格 $D×P$	M42 ×3	M48 ×3	M56 ×4	M64 ×4	M10 ×1.25	M12 ×1.25	M14 ×1.5	M18 ×1.5
d_w min	59.95	69.45	78.66	88.16	14.63	16.63	19.64	24.85
m max	21	24	28	32	5	6	7	9
m_w min	15.76	18.16	21.36	24.32	3.76	4.56	5.14	6.74
s max	65	75	85	95	16	18	21	27
重量 G	315.8	492.9	722.2	997.7	5.12	7.26	11.15	22.46

(2) 非优选的螺纹规格							
螺纹规格 $D×P$	M20 ×2	M22 ×1.5	M27 ×2	M33 ×2	M39 ×3	M45 ×3	M52 ×4	M60 ×4
d_w min	27.7	31.35	38	46.55	55.86	64.7	74.2	83.41
m max	10	11	13.5	16	19.5	22.5	26	30
m_w min	7.28	7.92	9.92	12.32	14.56	16.96	19.76	22.96
s max	30	34	41	50	60	70	80	90
重量 G	30.75	43.21	78.67	145.3	255.6	397.8	6092	857.3

注: 1. d_w — 支承面直径; m — 螺母高度; m_w — 扳拧高度; s — 对边宽度。螺母的外形图,其余尺寸的标注内容及具体尺寸(d_a, e, m, s),参见第 18.36 页"六角薄螺母"。

2. G — 每千件钢制品大约重量。

10. 六角薄螺母—无倒角

(GB/T 6174—2000)

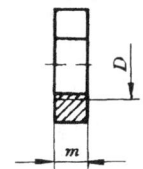 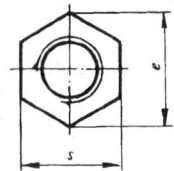

本螺母的旧产品标准(GB/T 6174—1986)名称为"六角薄螺母—B级—无倒角"。

尺寸(mm)与重量 G(kg)										
D	M1.6	M2	M2.5	M3	(M3.5)	M4	M5	M6	M8	M10
e min	3.28	4.18	5.31	5.87	6.44	7.50	8.63	10.89	14.20	17.59
m max	1	1.2	1.6	1.8	2	2.2	2.7	3.2	4	5
m min	0.75	0.95	1.35	1.55	1.75	1.95	2.45	2.9	3.7	4.7
s max	3.2	4	5	5.5	6	7	8	10	13	16
s min	2.9	3.7	4.7	5.2	6.64	6.64	7.64	9.64	12.57	15.57
重量 G	0.03	0.07	0.15	0.20	0.27	0.41	0.63	1.24	2.63	5.05

注：1. D — 螺纹规格；e — 对角宽度；m — 螺母高度；s — 对边宽度。

2. G — 每千件钢制品大约重量。

3. 表列规格为商品规格。规格 M3.5 尽量不采用。

11. 小六角特扁细牙螺母

(GB/T 808—1988)

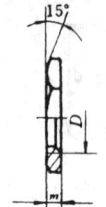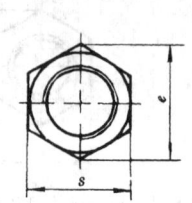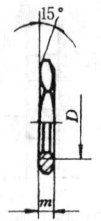

表面粗糙度为 $R_a = 6.3\mu m$。 允许制造的型式

螺纹规格 $D \times P$ (mm)	尺 寸(mm)					重量 G (kg)
	e min	m		s		
		max	min	max	min	
M4×0.5	7.66	1.7	1.3	7	6.78	0.28
M5×0.5	8.79	1.7	1.3	8	7.78	0.33
M6×0.75	11.05	2.4	2.0	10	9.78	0.86
M8×1	13.25	3.0	2.6	12	11.73	1.45
M8×0.75	13.25	2.4	2.0	12	11.73	1.09
M10×1	15.51	3.0	2.6	14	13.73	1.78
M10×0.75	15.51	2.4	2.0	14	13.73	1.33
M12×1.25	18.90	3.74	3.26	17	16.73	3.40
M12×1	18.90	3	2.6	17	16.73	2.65
M14×1	21.10	3.2	2.8	19	18.67	3.26
M16×1.5	24.49	4.24	3.76	22	21.67	6.22
M16×1	24.49	3.2	2.8	22	21.67	4.47
M18×1.5	26.75	4.24	3.76	24	23.16	6.95
M18×1	26.75	3.44	2.96	24	23.16	5.27
M20×1	30.14	3.74	3.26	27	26.16	7.53
M22×1	33.53	3.74	3.26	30	29.16	9.47
M24×1.5	35.72	4.24	3.76	32	31	12.09
M24×1	35.72	3.74	3.26	32	31	10.18

注：1. e—对角宽度；m—螺母高度；s—对边宽度。
　　2. G—每千件钢制品大约重量。
　　3. 表列规格为通用规格。

12. 六角厚螺母

(GB/T 56—1988)

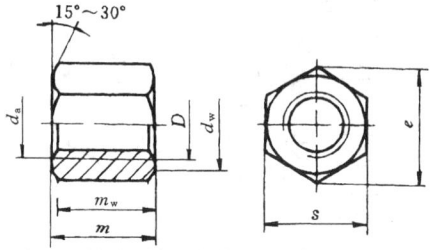

螺纹规格 D (mm)	主要尺寸(mm)				重量 G (kg)	螺纹规格 D (mm)	主要尺寸(mm)				重量 G (kg)
	m		m_w	s			m		m_w	s	
	max	min	min	max			max	min	min	max	
M16	25	24.16	19.33	24	45.94	(M27)	42	40.4	32.32	41	237.7
(M18)	28	27.16	21.73	27	66.33	M30	48	46.4	37.12	46	352.0
M20	32	30.4	24.32	30	92.72	M36	55	53.1	42.48	55	572.6
(M22)	35	33.4	26.72	34	136.3	M42	65	63.1	50.48	65	979.5
M24	38	36.4	29.12	36	160.0	M48	75	73.1	58.48	75	1495

注：1. m — 螺母高度；m_w — 扳拧尺寸；s — 对边宽度。其余尺寸代号的标注内容及具体尺寸（d_a、d_w、e、s），参见第18.3页。

2. G — 每千件钢制品大约重量。

3. 表列规格为通用规格。带括号的规格尽量不采用。

13. 球面六角螺母

(GB/T 804—1988)

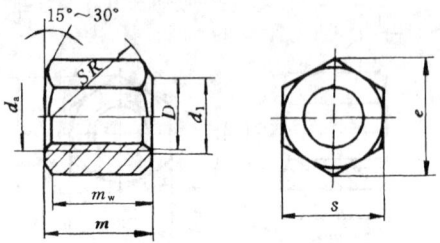

螺纹规格	主 要 尺 寸(mm)						重量
D (mm)	d_1	m		m_w	R	s	G (kg)
		max	min	min		max	
M6	7.5	10.29	9.71	7.77	10	10	3.87
M8	9.5	12.35	11.65	9.32	12	13	7.64
M10	11.5	16.35	15.65	12.52	16	16	15.45
M12	14	20.42	19.58	15.66	20	18	22.53
M16	18	25.42	24.58	19.66	25	24	50.56
M20	22	32.5	31.5	25.2	32	30	96.08
M24	26	38.5	37.5	30.0	36	36	164.9
M30	32	48.5	47.5	38.0	40	46	360.4
M36	38	55.6	54.4	43.52	50	55	586.6
M42	44	65.6	64.4	51.52	63	65	999.7
M48	50	75.6	74.4	59.52	70	75	1522

注: 1. d_1 — 端面直径; m — 螺母高度; m_w — 扳拧高度; R — 球面半径; s — 对边宽度。其余尺寸代号的标注内容及具体尺寸(d_a、e、s),参见第 18.3 页(按 A 和 B 级的规定)。

2. G — 每千件钢制品大约重量。

3. 表列规格为通用规格。

18.42

14.1型六角开槽螺母—C级

(GB/T 6179—1986)

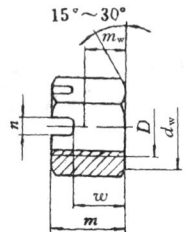
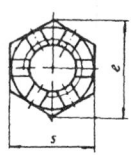

螺纹规格 D (mm)	主 要 尺 寸(mm)					重量 G (kg)
	m max	n min	s max	w max	开口销 规 格	
M5	7.6	1.4	8	5.6	1.2×12	1.22
M6	8.9	2	10	6.4	1.6×14	2.39
M8	10.94	2.5	13	7.94	2×16	5.03
M10	13.54	2.8	16	9.54	2.5×20	9.86
M12	17.17	3.5	18	12.17	3.2×22	14.84
(M14)	18.9	3.5	21	13.9	3.2×26	21.62
M16	21.9	4.5	24	15.9	4×28	33.35
M20	25	4.5	30	19	4×36	64.06
M24	30.3	5.5	36	22.3	5×40	111.5
M30	35.4	7	46	26.4	6.3×50	228.5
M36	40.9	7	55	31.9	6.3×65	387.8

注：1. m—螺母高度；n—开槽宽度；s—对边宽度；w—底部厚度。
   其余尺寸代号的标注内容及具体尺寸(d_w、e、m、m_w、n、
   s、w)，参见第18.9页。

2. G—每千件钢制品大约重量。

3. 表列规格为通用规格。带括号的规格尽量不采用。

4. 槽的底部允许制成平底；($m-w$)长度内允许制成喇叭形
   螺纹孔；六角与螺母开槽端的端面交接处允许有圆钝。

15. 1型六角开槽螺母—A和B级

(GB/T 6178—1986)

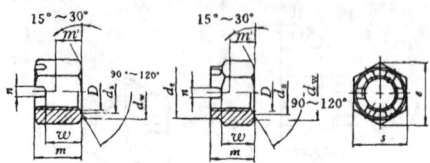

允许制造的型式

螺纹规格 D (mm)	主要 尺寸(mm)						重量 G (kg)
	d_e max	m max	n min	s max	w max	开口销 规 格	
M4	—	5	1.2	7	3.2	1×10	0.80
M5	—	6.7	1.4	8	4.7	1.2×12	1.33
M6	—	7.7	2	10	5.2	1.6×14	2.49
M8	—	9.8	2.5	13	6.8	2×16	5.36
M10	—	12.4	2.8	16	8.4	2.5×20	10.34
M12	—	15.8	3.5	18	10.8	3.2×22	15.34
(M14)	—	17.8	3.5	21	12.8	3.2×26	24.76
M16	—	20.8	4.5	24	14.8	4×28	36.94
M20	28	24	4.5	30	18	4×36	64.99
M24	34	29.5	5.5	36	21.5	5×40	114.7
M30	42	34.6	7	46	25.6	6.3×50	233.2
M36	50	40	7	55	31	6.3×65	394.3

注:1. d_e—皇冠直径;m—螺母高度;n—开槽宽度;s—对边宽度;w—底部厚度。其余尺寸代号的标注内容及具体尺寸(d_a、d_e、d_w、e、m、m'、n、s、w),参见第18.7页。

2. G—每千件钢制品大约重量。

3. 表列规格为商品规格。带括号的规格尽量不采用。

4. 槽的底部允许制成平底;($m-w$)长度内允许制成喇叭形螺纹孔;六角与螺母开槽端的端面交接处允许有圆钝。

16.1型六角开槽螺母—细牙—A 和 B 级

(GB/T 9457—1988)

螺纹规格 D (mm)	主 要 尺 寸(mm)						重量 G (kg)
	d_e max	m max	n min	s max	w max	开口销 规 格	
M8×1	—	9.8	2.5	13	6.8	2×16	5.21
M10×1	—	12.4	2.8	16	8.4	2.5×20	10.34
(M10×1.25)	—	12.4	2.8	16	8.4	2.5×20	10.34
M12×1.5	—	15.8	3.5	18	10.8	3.2×22	15.34
(M12×1.25)	—	15.8	3.5	18	10.8	3.2×22	15.34
(M14×1.5)	—	17.8	3.5	21	12.8	3.2×26	24.87
M16×1.5	—	20.8	4.5	24	14.8	4×28	36.94
(M18×1.5)	25	21.8	4.5	27	15.8	4×32	46.15
M20×2	28	24	4.5	30	18	4×36	64.99
(M20×1.5)	28	24	4.5	30	18	4×36	64.99
(M22×1.5)	30	27.4	5	34	19.4	5×40	97.04
M24×2	34	29.5	5.5	36	21.5	5×40	114.7
(M27×2)	38	31.8	5.5	41	23.8	5×45	168.1
M30×2	42	34.6	7	46	25.6	6.3×50	233.2
(M33×2)	46	37.7	7	50	28.7	6.3×60	302.0
M36×3	50	40	7	55	31	6.3×65	394.3

注: 1. 这种螺母的外形图,同上节"15.1型六角开槽螺母—A 和 B 级"的外形图,参见第18.41页。

2. d_e—皇冠直径;m—螺母高度;n—开槽宽度;s—对边宽度;w—底部厚度。其余尺寸代号的标注内容及具体尺寸(d_a、d_e、d_w、e、m、m'、n、s、w),参见第18.7页。

3. G—每千件钢制品大约重量。

4. 表列规格为通用规格。带括号的规格尽量不采用。

5. 槽的底部允许制成平底;($m-w$)长度内允许制成喇叭形螺纹孔;六角与螺母开槽端的端面交接处允许有圆钝。

17.2 型六角开槽螺母—A 和 B 级

(GB/T 6180—1986)

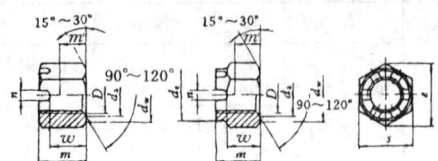

允许制造的型式

螺纹规格 D (mm)	主 要 尺 寸(mm)						重量 G (kg)
	d_e max	m max	n min	s max	w max	开口销 规 格	
M5	—	7.1	1.4	8	5.1	1.2×12	1.43
M6	—	8.2	2	10	5.7	1.6×14	2.69
M8	—	10.5	2.5	13	7.5	2×16	5.79
M10	—	13.3	2.8	16	9.3	2.5×20	11.23
M12	—	17	3.5	18	12	3.2×26	16.72
(M14)	—	19.1	3.5	21	14.1	3.2×26	26.33
M16	—	22.4	4.5	24	16.4	4×28	40.23
M20	28	26.3	4.5	30	20.3	4×36	71.87
M24	34	31.9	5.5	36	23.9	5×40	124.7
M30	42	37.9	7	46	28.6	6.3×50	256.0
M36	50	43.7	7	55	34.7	6.3×65	434.2

注: 1. d_e—皇冠直径;m—螺母高度;n—开槽宽度;s—对边宽度;w—底部厚度。其余尺寸代号的标注内容及具体尺寸(d_a、d_e、d_w、e、m、m'、n、s、w),参见第 18.7 页。

2. G—每千件钢制品大约重量。

3. 表列规格为商品规格。带括号的规格尽量不采用。

4. 槽的底部允许制成平底;($m-w$)长度内允许制成喇叭螺纹孔;六角与螺母开槽端的端面交接处允许有圆钝。

18.2 型六角开槽螺母—细牙—A 和 B 级

(GB/T 9458—1988)

螺纹规格 $D×P$ (mm)	主 要 尺 寸(mm)						重量 G (kg)
	d_e max	m max	n min	s max	w max	开口销 规 格	
M8×1	—	10.5	2.5	13	7.5	2×16	5.79
M10×1	—	13.3	2.8	16	9.3	2.5×20	11.23
(M10×1.25)	—	13.3	2.8	16	9.3	2.5×20	11.23
M12×1.5	—	17	3.5	18	12	3.2×22	16.72
(M12×1.25)	—	17	3.5	18	12	3.2×22	16.72
(M14×1.5)	—	19.1	3.5	21	14.1	3.2×26	26.38
M16×1.5	—	22.4	4.5	24	16.4	4×32	40.23
(M18×1.5)	25	23.6	4.5	27	17.6	4×36	50.55
M20×2	28	26.3	4.5	30	20.3	4×36	71.81
(M20×1.5)	28	26.3	4.5	30	20.3	4×36	71.81
(M22×1.5)	30	29.8	5.5	34	21.8	5×40	106.2
M24×2	34	31.9	5.5	36	23.9	5×40	124.7
(M27×2)	38	34.7	5.5	41	26.7	5×45	184.4
M30×2	42	37.6	7	46	28.6	6.3×50	256.0
(M33×2)	46	41.5	7	50	32.5	6.3×60	333.7
M36×3	50	43.7	7	55	34.7	6.3×65	434.2

注：1. 这种螺母的外形图，同"17.2 型六角开槽螺母—A 和 B 级"
    的外形图，参见第 18.46 页。

2. d_e—皇冠直径；m—螺母高度；n—开槽宽度；s—对边宽度；
    w—底部厚度。其余尺寸代号的标注内容及具体尺寸（d_a、
    d_e、d_w、e、m、m'、n、s、w），参见第 18.7 页。

3. G—每千件钢制品大约重量。

4. 表列规格为通用规格。带括号的规格尽量不采用。

5. 槽的底部允许制成平底；（$m-w$）长度内允许制成喇叭形
    螺纹孔；六角与螺母开槽端的端面交接处允许有圆钝。

19. 六角开槽薄螺母—A 和 B 级

(GB/T 6181—1986)

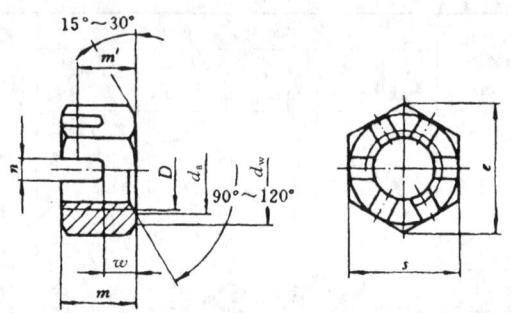

螺纹规格	主 要 尺 寸(mm)					重量
D (mm)	m max	n min	s max	w max	开口销 规 格	G (kg)
M5	5.1	1.4	8	3.1	1.2×12	0.96
M6	5.7	2	10	3.2	1.6×14	1.71
M8	7.5	2.5	13	4.5	2×16	3.87
M10	9.3	2.8	16	5.3	2.5×20	7.35
M12	12	3.5	18	6	3.2×22	11.00
(M14)	14.1	3.5	21	9.1	3.2×26	18.38
M16	16.4	4.5	24	10.4	4×28	27.67
M20	20.3	4.5	30	14.3	4×36	52.74
M24	23.9	5.5	36	15.9	5×40	88.88
M30	28.6	7	46	19.6	6.3×50	186.1
M36	34.7	7	55	25.7	6.3×65	332.9

注: 1. m—螺母高度;n—开槽宽度;s—对边宽度;w—底部厚度。
其余尺寸代号的标注内容及具体尺寸(d_a、d_w、e、m、m'、n、s、w),参见第 18.7 页。
2. G—每千件钢制品大约重量。
3. 表列规格为商品规格。带括号的规格尽量不采用。
4. 槽的底部允许制成平底;($m—w$) 长度内允许制成喇叭形
螺纹孔;六角与螺母开槽端的端面交接处允许有圆钝。

20. 六角开槽薄螺母—细牙—A和B级

(GB/T 9459—1988)

螺纹规格 $D \times P$ (mm)	主 要 尺 寸(mm)					重量 G (kg)
	m max	n min	s max	w max	开口销 规 格	
M8×1	7.5	2.5	13	4.5	2×6	3.87
M10×1	9.3	2.8	16	5.3	2.5×20	7.35
(M10×1.25)	9.3	2.8	16	5.3	2.5×20	7.35
M12×1.5	12	3.5	18	7	3.2×22	11.00
(M12×1.25)	12	3.5	18	7	3.2×22	11.00
(M14×1.5)	14.1	3.5	21	9.1	3.2×26	18.41
M16×1.5	16.4	4.5	24	10.4	4×28	27.67
(M18×1.5)	17.6	4.5	27	11.6	4×32	36.11
M20×2	20.3	4.5	30	14.3	4×36	52.74
(M20×1.5)	20.3	4.5	30	14.3	4×36	52.74
(M22×1.5)	21.8	5.5	34	14.8	5×40	73.16
M24×2	23.9	5.5	36	15.9	5×40	88.88
(M27×2)	26.7	5.5	41	18.7	5×45	136.9
M30×2	28.6	7	46	19.6	6.3×50	186.1
(M33×2)	32.5	7	50	23.5	6.3×60	252.1
M36×3	34.7	7	55	25.7	6.3×65	332.9

注：1. 这种螺母的外形图，同"19. 六角开槽薄螺母—A和B级"的外形图，参见第18.48页。

2. m—螺母高度；n—开槽宽度；s—对边宽度；w—底部厚度。其余尺寸代号的标注内容及具体尺寸（d_a、d_w、e、m、m'、n、s、w），参见第18.7页。

3. G—每千件钢制品大约重量。

4. 表列规格为通用规格。带括号的规格尽量不采用。

5. 槽的底部允许制成平底；（$m-w$）长度内允许制成喇叭形螺纹孔；六角与螺母开槽端的端面交接处允许有圆钝。

21. 精密机械用六角螺母

(GB/T 18195—2000)

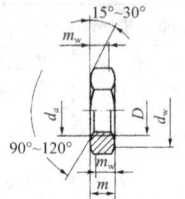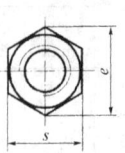

(1) 尺寸(mm)										
螺纹规格 D	螺距 P	d_a		d_w	e	m		m_w	s	
		max	min	min	min	max	min	min	max	min
M1	0.25	1.15	1	2.25	2.69	0.8	0.66	0.53	2.5	2.4
M1.2	0.25	1.35	1.2	2.7	3.25	1	0.86	0.69	3	2.9
M1.4	0.3	1.6	1.4	2.7	3.25	1.2	1.06	0.85	3	2.9

(2) 每千件钢制品大约重量 G(kg)			
螺纹规格 D	M1	M1.2	M1.4
重量 G	0.02	0.04	0.05

注：1. d_a — 沉孔直径；d_w — 支承面直径；e — 对角宽度；m — 螺母高度；m_w — 扳拧高度；s — 对边宽度。

2. 螺母的产品等级为F级(按GB/T 3103.2的规定,参见第 8.35页)。

3. 螺母的机械性能等级：钢螺母有11H和14H两级,具体要求为其维氏硬度应分别不小于110HV和140HV；不锈钢螺母为A1-50和A4-50两级,具体要求参见第9.48页。

22.1型非金属嵌件六角锁紧螺母

(GB/T 889.1—2000)

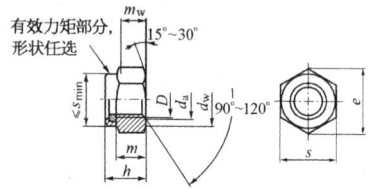

尺　寸(mm)										
螺纹规格	d_a		d_w	e	h		m	m_w	s	
D	max	min	min	min	max	min	min	min	max	min
M3	3.45	3	4.57	6.01	4.5	4.02	2.15	1.72	5.5	5.32
M4	4.6	4	5.88	7.66	6.0	5.52	2.9	2.32	7	6.78
M5	5.75	5	6.88	8.79	6.8	6.22	4.4	3.52	8	7.78
M6	6.75	6	8.88	11.05	8.0	7.42	4.9	3.92	10	9.78
M8	8.75	8	11.63	14.38	9.5	8.92	6.44	5.15	13	12.73
M10	10.8	10	14.63	17.77	11.9	11.2	8.04	6.43	16	15.73
M12	13	12	16.63	20.03	14.9	14.2	10.37	8.3	18	17.73
(M14)	15.1	14	19.64	23.36	17.0	15.9	12.1	9.68	21	20.67
M16	17.3	16	22.49	26.75	19.1	17.8	14.1	11.28	24	23.67
M20	21.6	20	27.7	32.95	22.8	20.7	16.9	13.52	30	29.16
M24	25.9	24	33.25	39.55	27.1	25.0	20.2	16.16	36	35
M30	32.4	30	42.75	50.85	32.6	30.1	24.3	19.44	46	45
M36	38.9	36	51.11	60.79	38.9	36.4	29.4	23.52	55	53.8

螺纹规格 D	M3	M4	M5	M6	M8	M10	M12
重量 G(kg)	0.42	0.91	1.43	2.72	5.63	10.64	16.34

螺纹规格 D	(M14)	M16	M20	M24	M30	M36
重量 G(kg)	25.24	37.26	65.66	113.6	231.3	396.7

注：1. d_a — 沉孔直径；d_w — 支承面直径；e — 对角宽度；h — 螺母高度（相当于 GB/T 6170 的 1 型六角螺母的高度）加上有效力矩部分的尺寸；m — 螺纹长度；m_w — 扳拧高度；s — 对边宽度；G — 每千件钢制品大约重量(kg)。

2. 表列规格为商品规格。带括号的规格尽量不采用。

23. 1 型非金属嵌件六角锁紧螺母—细牙

(GB/T 889.2—2000)

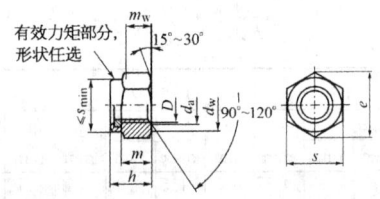

主要尺寸(mm)与每千件钢制品大约重量 G(kg)									
螺纹规格 $D \times P$	M8 ×1	M10 ×1 M10 ×1.25	M12 ×1.25 M12 ×1.5	(M14 ×1.5)	M16 ×1.5	M20 ×1.5	M24 ×2	M30 ×2	M36 ×3
h max	9.5	11.9	14.9	17.0	19.1	22.8	27.1	32.6	38.9
m min	6.44	8.04	10.37	12.1	14.1	16.9	20.2	24.3	29.4
s max	13	16	18	21	24	30	36	46	55
重量 G	5.54	10.35	15.88	24.61	36.42	63.01	110.0	223.0	388.8

注：1. D — 螺纹公称直径；P — 螺距；h — 螺母高度；m — 螺纹长度；s — 对边宽度。G — 每千件钢制品大约重量(kg)。其余尺寸的标注内容及具体尺寸（d_a、d_w、e、h、m_w、s），参见上节"1 型非金属嵌件六角锁紧螺母"的规定。

2. 表列规格为商品规格。带括号的规格尽量不采用。

24.2型非金属嵌件六角锁紧螺母

(GB/T 6182—2000)

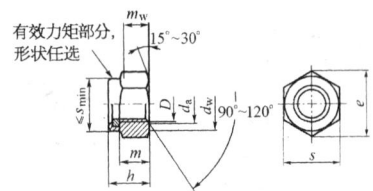

螺纹规格 D	尺 寸(mm)					重量 G (kg)
	h		*m* min	*m*$_w$ min	*s* max	
	max	min				
M5	7.2	6.62	4.8	3.52	8	1.54
M6	8.5	7.92	5.4	3.92	10	2.94
M8	10.2	9.5	7.14	5.15	13	6.10
M10	12.8	12.1	8.94	6.43	16	11.64
M12	16.1	15.4	11.57	8.30	18	17.92
(M14)	18.3	17.0	13.4	9.68	21	27.37
M16	20.7	19.4	15.7	11.28	24	40.96
M20	25.1	23.0	19.0	13.52	30	73.17
M24	29.5	27.4	22.6	16.16	36	125.5
M30	35.6	33.1	27.3	19.44	46	256.6
M36	42.6	40.1	33.1	23.52	55	441.0

注：1. h — 螺母高度；m — 螺纹长度；m_w — 扳拧高度；s — 对边宽度；G — 每千件钢制品大约重量。其余尺寸代号的标注内容及具体尺寸(d_a、d_w、e、s)，参见第18.48页"1型非金属嵌件六角锁紧螺母"的规定。

2. 表列规格为商品规格，带括号的规格尽量不采用。

25. 非金属嵌件六角锁紧薄螺母

（GB/T 6172.2—2000）

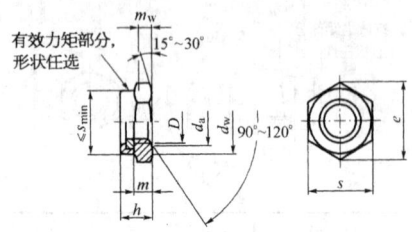

有效力矩部分，
形状任选

尺 寸(mm)							重量
螺纹规格 D	d_w min	h		m min	m_w min	s max	G (kg)
		max	min				
M3	4.6	3.9	3.42	1.55	1.24	5.5	0.23
M4	5.9	5.0	4.52	1.95	1.56	7	0.46
M5	6.9	5.0	4.52	2.45	1.96	8	0.69
M6	8.9	6.0	5.52	2.9	2.32	10	1.36
M8	11.6	6.76	6.18	3.7	2.96	13	2.82
M10	14.6	8.56	7.98	4.7	3.76	16	5.41
M12	16.6	10.23	9.53	5.7	4.56	18	7.81
(M14)	19.6	11.32	10.22	6.42	5.14	21	11.86
M16	22.5	12.42	11.32	7.42	5.94	24	17.72
M20	27.7	14.9	13.1	9.1	7.28	30	32.27
M24	33.2	17.8	16.0	10.9	8.72	36	55.80
M30	42.8	22.2	20.0	13.9	11.12	46	120.5
M36	51.1	25.5	23.4	16.9	13.52	55	2068

注：1. d_w — 支承面直径；h — 螺母高度；m — 螺纹长度；m_w — 扳拧高度；s — 对边宽度；G — 每千件钢制品大约重量。其余尺寸代号的标注内容及具体尺寸（d_a、e、s）；参见第 18.48 页"1 型非金属嵌件六角锁紧螺母"的规定。

2. 表列规格为商品规格。带括号的规格尽量不采用。

26. 非金属嵌件六角法兰面锁紧螺母

(GB/T 6183.1—2000)

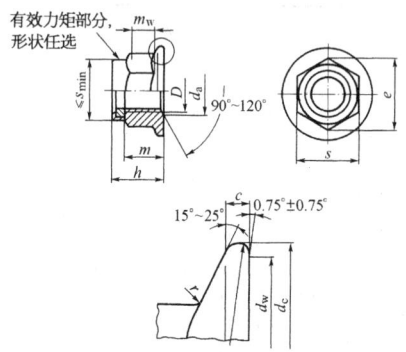

主要尺寸(mm)与重量 G(kg)								
螺纹规格 D		M5	M6	M8	M10	M12	(M14)	M16	M20
c	min	1	1.1	1.2	1.5	1.8	2.1	2.4	3
d_c	max	11.8	14.2	17.9	21.8	26	29.9	34.5	42.8
h	max	7.1	9.1	11.1	13.5	16.1	18.2	20.3	24.8
m	min	4.7	5.7	7.64	9.64	11.57	13.3	15.3	18.7
s	max	8	10	13	16	18	21	24	30
重量 G		1.66	3.36	7.00	11.15	19.33	29.21	43.2	78.4

注：1. c—法兰厚度；d_c—法兰直径；h—螺母高度；m—螺纹长度；s—对边宽度；G—每千件钢制品大约重量(kg)。其余尺寸代号的标注内容及具体尺寸(d_a、d_w、e、h、m_w、r、s)，参见第 18.6 页。

2. 表列规格为商品规格。带括号的规格尽量不采用。

27. 非金属嵌件六角法兰面锁紧螺母—细牙

(GB/T 6183.2—2000)

主要尺寸（mm）						重量 G (kg)
螺纹规格 $D×P$	c min	d_c max	h max	m min	s max	
M8×1	1.2	17.9	11.1	7.64	13	6.88
M10×1	1.5	21.8	13.5	9.64	15	10.80
M10×1.25	1.5	21.8	13.5	9.64	15	10.80
M12×1.5	1.8	26.0	16.1	11.57	18	19.08
M12×1.25	1.8	26.0	16.1	11.57	18	19.08
(M14×1.5)	2.1	29.9	18.2	13.3	21	28.53
M16×1.5	2.4	34.5	20.3	15.3	24	42.3
M20×1.5	3	42.8	24.8	18.7	30	75.6

注：1. 螺母的外形图，同上节"非金属嵌件六角法兰面锁紧螺母"。

2. c — 法兰厚度；d_c — 法兰直径；h — 螺母高度；m — 螺纹长度；s — 对边宽度；G — 每千件钢制品大约重量。其余尺寸代号的标注内容及具体尺寸（d_a、d_w、e、h、m_w、r、s），参见第 18.55 页相同螺纹规格（D）的"非金属嵌件六角法兰面锁紧螺母"的规定。

3. 表列规格为商品规格。带括号的规格尽量不采用。

28. 1型全金属六角锁紧螺母

(GB/T 6184—2000)

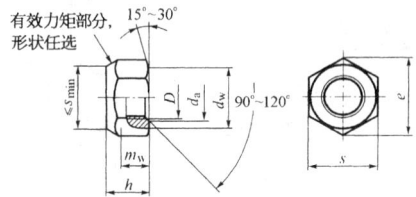

尺 寸(mm)											重量
螺纹 规格 D	d_a		d_w	e	h		m_w	s			G (kg)
	max	min	min	min	max	min	min	max	min		
M5	5.75	5	6.88	8.79	5.3	4.8	3.52	8	7.78		1.32
M6	6.75	6	8.88	11.05	5.9	5.4	3.92	10	9.78		2.42
M8	8.75	8	11.63	14.38	7.1	6.44	5.15	13	12.73		5.20
M10	10.8	10	14.63	17.77	9	8.04	6.43	16	15.73		9.79
M12	13	12	16.63	20.03	11.6	10.37	8.3	18	17.73		15.12
(M14)	15.1	14	19.64	23.36	13.2	12.1	9.68	21	20.67		23.93
M16	17.3	16	22.49	26.75	15.2	14.1	11.28	24	23.67		36.16
(M18)	19.5	18	24.9	29.56	17	15.01	12.08	27	26.16		46.87
M20	21.6	20	27.7	32.95	19	16.9	13.52	30	29.16		64.75
(M22)	23.7	22	31.4	37.29	21	18.1	14.5	34	33		90.86
M24	25.9	24	33.25	39.55	23	20.2	16.16	36	35		111.5
M30	32.4	30	42.75	50.85	26.9	24.3	19.44	46	45		227.0
M36	38.9	36	51.11	60.79	32.5	29.4	23.52	55	53.8		389.5

注: 1. d_a—沉孔直径; d_w—支承面直径; e—对角宽度; h—螺母高度; m_w—扳拧高度; s—对边宽度; G—每千件钢制品大约重量。

2. 表列规格为商品规格。带括号的规格尽量不采用。

29. 2型全金属六角锁紧螺母

(GB/T 6185.1—2000)

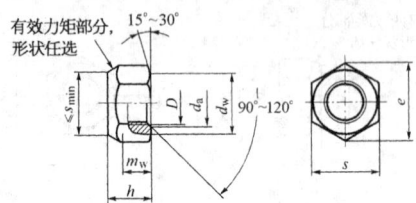

本螺母的旧产品标准(GB/T 6185—1986)名称为"2型全金属六角锁紧螺母—5、8、10和12级"。

螺纹规格 D	d_a		d_w	e	h		m_w	s		重量 G (kg)
	max	min	min	min	max	min	min	max	min	
M5	5.75	5	6.88	8.79	5.1	4.8	3.52	8	7.78	1.32
M6	6.75	6	8.88	11.05	6.0	5.4	3.92	10	9.78	2.42
M8	8.75	8	11.63	14.38	8	7.14	5.15	13	12.73	5.25
M10	10.8	10	14.63	17.77	10	8.94	6.43	16	15.73	9.89
M12	13.1	12	16.63	20.03	12	11.57	8.3	18	17.53	15.29
(M14)	15.1	14	19.64	23.36	14.1	13.4	9.68	21	20.67	24.17
M16	17.3	16	22.49	26.75	16.4	15.7	11.28	24	23.67	36.56
M20	21.6	20	27.7	32.95	20.3	19	13.52	30	29.16	65.54
M24	25.9	24	32.25	39.55	23.9	22.6	16.16	36	35	112.8
M30	32.4	30	42.75	50.85	30	27.9	19.44	46	45	229.7
M36	38.9	36	51.11	60.79	36	33.1	23.52	55	53.8	394.2

注：1. d_a—沉孔直径；d_w—支承面直径；e—对角宽度；h—螺母高度；m_w—扳拧高度；s—对边宽度；G—每千件钢制品大约重量。

2. 表列规格为商品规格。带括号的规格尽量不采用。

30.2型全金属六角锁紧螺母—9级

(GB/T 6186—2000)

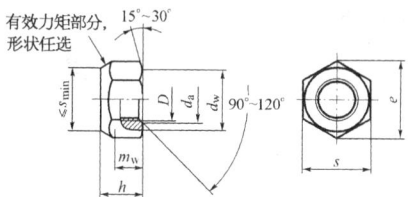

螺纹	d_a		d_w	e	h		m_w	s		重量
规格 D	max	min	min	min	max	min	min	max	min	G (kg)
M5	5.75	5	6.88	8.79	5.3	4.8	3.84	8	7.78	1.30
M6	6.75	6	8.88	11.05	6.7	5.4	4.32	10	9.78	2.41
M8	8.75	8	11.63	14.38	8	7.14	5.71	13	12.73	5.25
M10	10.8	10	14.63	17.77	10.5	8.94	7.15	16	15.73	9.90
M12	13	12	16.63	20.03	13.3	11.57	9.26	18	17.73	15.25
(M14)	15.1	14	19.64	23.36	15.4	13.4	10.7	21	20.67	23.94
M16	17.3	16	22.49	26.75	17.9	15.7	12.6	24	23.67	36.42
M20	21.6	20	27.75	32.95	21.8	19	15.2	30	29.16	65.62
M24	25.9	24	33.25	39.55	26.4	22.6	18.1	36	35	112.6
M30	32.4	30	42.75	50.85	31.8	27.3	21.8	46	45	230.3
M36	38.9	36	51.11	60.79	34.8	33.1	26.5	55	53.8	396.1

尺　寸(mm) — 重量 G (kg)

注：1. d_a—沉孔直径；d_w—支承面直径；e—对角宽度；h—螺母
高度；m_w—扳拧高度；s—对边宽度；G—每千件钢制品大
约重量。
2. 表列规格为商品规格。带括号的规格尽量不采用。

31. 2型全金属六角锁紧螺母—细牙

(GB/T 6185.2—2000)

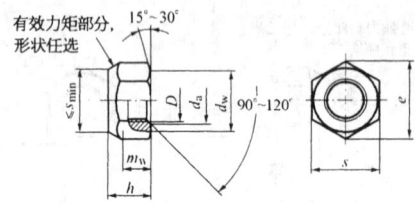

螺纹规格 $D \times P$	尺　寸(mm)						重量 G (kg)
	d_a max	d_w min	e min	h max	m_w min	s max	
M8×1	8.75	11.63	14.38	8	5.15	13	5.16
M10×1	10.8	14.63	17.77	10	6.43	16	9.59
M10×1.25	10.8	14.63	17.77	10	6.43	16	9.59
M12×1.25	13	16.63	20.03	12	8.3	18	14.83
M12×1.5	13	16.63	20.03	12	8.3	18	14.83
(M14×1.5)	15.1	19.64	23.36	14.1	9.68	21	23.55
M16×1.5	17.3	22.49	26.76	16.4	11.28	24	35.72
M20×1.5	21.6	27.75	32.96	20.3	13.52	30	63.01
M24×2	25.9	33.25	39.55	23.9	16.16	36	109.2
M30×2	32.4	42.75	50.85	30	19.44	46	221.5
M36×3	38.9	51.11	60.79	36	23.52	55	386.3

注: 1. d_a—沉孔直径; d_w—支承面直径; e—对角宽度; h—螺母高度; m_w—扳拧高度; s—对边宽度; G—每千件钢制品大约重量。
  2. 尺寸d_a(min)、h(min)、s(min), 参见上节 "2型全金属六角锁紧螺母" 的规定。
  3. 表列规格为商品规格。带括号的规格尽量不采用。

32. 全金属六角法兰面锁紧螺母

(GB/T 6187.1—2000)

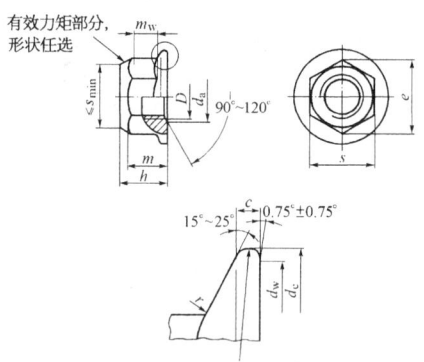

棱边形状任选

	螺纹规格 D	M5	M6	M8	M10	M12	(M14)	M16	M20
主要尺寸(mm)	c min	1	1.1	1.2	1.5	1.8	2.1	2.4	3
	d_c max	11.8	14.2	17.9	21.8	26	29.9	34.5	42.8
	h max	6.2	7.3	9.4	11.4	13.8	15.9	18.3	22.4
	m min	4.7	5.7	7.64	9.64	11.57	13.3	15.3	18.7
	s max	8	10	13	15	18	21	24	30
重量	G（kg）	1.55	3.00	6.40	9.97	17.36	27.22	41.00	73.91

注：1. c—法兰厚度；d_c—法兰直径；h—螺母高度；m—螺纹长度；s—对边宽度。其余尺寸代号的标注内容及具体尺寸（d_a、d_w、e、h_{min}、m_w、r、s），参见第 18.6 页。

2. G—每千件钢制品大约重量。

3. 表列规格为商品规格。带括号的规格尽量不采用。

33. 全金属六角法兰面锁紧螺母—细牙

(GB/T 6187.2—2000)

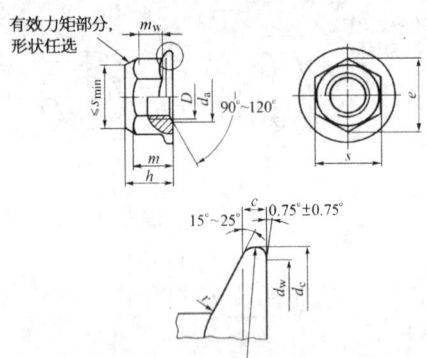

棱边形状任选

主要尺寸(mm)						重量
螺纹规格 $D \times P$	c min	d_c max	h max	m min	s max	G (kg)
M8×1	1.2	17.9	9.4	7.64	13	6.29
M10×1、M10×1.25	1.5	21.8	11.4	9.64	15	9.61
M12×1.5、M12×1.25	1.8	26	13.8	11.57	18	17.10
(M14×1.5)	2.1	29.9	15.9	13.3	21	26.54
M16×1.5	2.4	34.5	18.3	15.3	24	37.40
M20×1.5	3	42.8	22.4	18.7	30	71.11

注: 1. c—法兰厚度; d_c—法兰直径; h—螺母高度; m—螺纹长度; s—对边宽度。其余尺寸代号的标注内容和具体尺寸(d_a、d_w、e、h_{min}、m_w、r、s),参见第18.6页相同螺纹规格(D)全金属六角法兰面锁紧螺母的规定。

2. G—每千件钢制品大约重量。

3. 表列规格为商品规格。带括号的规格尽量不采用。

34. 方螺母—C级

(GB/T 39—1988)

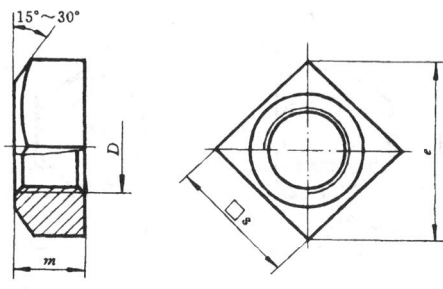

尺寸 (mm)	螺纹规格	D	M3	M4	M5	M6	M8	M10	M12
尺寸 (mm)	对边宽度 s	max	5.5	7	8	10	13	16	18
		min	5.2	6.64	7.64	9.64	12.57	15.57	17.57
	螺母高度 m	max	2.4	3.2	4	5	6.5	8	10
		min	1.4	2.0	2.8	3.8	5	6.5	8.5
	对角宽度 e min		6.76	8.63	9.93	12.53	16.34	20.24	22.84
重量	G(kg)		0.22	0.49	0.85	1.92	4.20	8.31	12.97
尺寸 (mm)	螺纹规格	D	(M14)	M16	(M18)	M20	(M22)	M24	
尺寸 (mm)	对边宽度 s	max	21	24	27	30	34	36	
		min	20.16	23.16	26.16	29.16	33	35	
	螺母高度 m	max	11	13	15	16	18	19	
		min	9.2	11.2	13.2	14.2	16.2	16.9	
	对角宽度 e min		26.21	30.11	34.01	37.91	42.9	45.5	
重量	G(kg)		18.12	29.29	44.26	59.38	89.57	101.9	

注: 1. G—每千件钢制品大约重量。
　　2. 带括号的规格尽量不采用。

35. 盖 形 螺 母

(GB/T 923—1988)

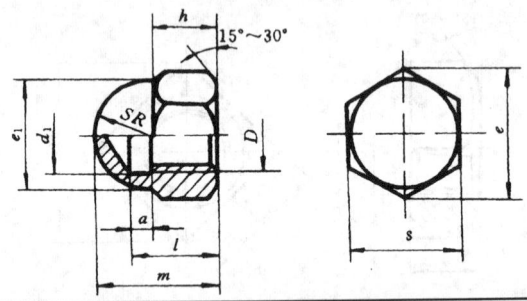

主要尺寸(mm)与每千件钢制品大约重量 G(kg)							
螺纹规格 D		M3	M4	M5	M6	M8	M10	M12
螺母六角部分高度 h	2.5	3	4	5	6	8	10
球体直径 e_1 max	5	6	7.2	9.2	13	16	18
螺母高度 m	6	7	9	11	15	18	22
对边宽度 s max	5.5	7	8	10	13	16	18
重量 G	0.57	1.04	1.25	2.77	6.73	12.88	17.46
螺纹规格 D	(M14)	M16	(M18)	M20	(M22)	M24	
螺母六角部分高度 h	11	13	14	16	18	19	
球体直径 e_1 max	20	22	25	28	30	34	
螺母高度 m	24	24	29	32	35	38	
对边宽度 s	21	24	27	30	34	36	
重量 G	24.66	39.84	48.78	71.96	102.0	127.8	

注：1. 其余尺寸代号的标注内容及具体尺寸(a、d_1、e、l、R、s)，
　　　参见第18.11页。G——每千件钢制品大约重量(kg)。
　　2. 带括号的规格尽量不采用。

36. 组合式盖形螺母

(GB/T 802.1—2008)

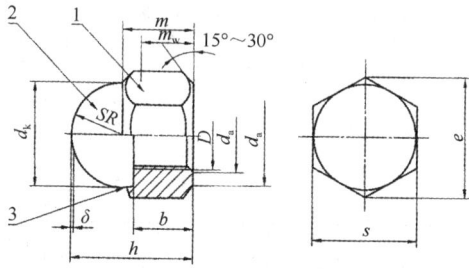

1—螺母体；2—螺母盖；3—铆合部位，形状由制造者选择

尺 寸(mm)						
螺纹规格 D	第一系列	M4	M5	M6	M8	M10	M12
	第二系列	—	—	—	M8×1	M10×1	M12×1.5
	第三系列	—	—	—	—	M10×1.25	M12×1.25
d_a max		4.6	5.75	6.75	8.75	10.8	13
d_k≈		6.2	7.2	9.2	13	16	18
h max=公称		7	9	11	15	18	22
m≈		4.5	5.5	6.5	8	10	12
s 公称		7	8	10	13	16	18
G(kg)≈		1.12	1.80	3.30	6.75	12.20	17.50

螺纹规格 D	第一系列	(M14)	M16	(M18)	M20	(M22)	M24
	第二系列	$\binom{M14}{\times 1.5}$	$\begin{matrix}M16\\\times 1.5\end{matrix}$	$\binom{M18}{\times 1.5}$	$\begin{matrix}M20\\\times 2\end{matrix}$	$\binom{M22}{\times 1.5}$	$\begin{matrix}M24\\\times 2\end{matrix}$
	第三系列	—	—	$\binom{M18}{\times 2}$	$\begin{matrix}M20\\\times 1.5\end{matrix}$	$\binom{M22}{\times 2}$	—
d_a max		15.1	17.3	19.5	21.6	23.7	25.9
$d_k\approx$		20	22	25	28	30	34
h max=公称		24	26	30	35	38	40
$m\approx$		13	15	17	19	21	22
s 公称		21	24	27	30	34	36
G(kg)$\approx$		24.90	37.00	50.20	69.00	98.50	113

注：1. d_a—沉孔直径；d_k—螺母盖直径；h—组合式盖形螺母高度；m—六角螺母高度；s—对边宽度；其余尺寸代号的标注内容及具体尺寸（d_{amin}、e、b、m_w、SR、s_{min}、δ）参见第18.11页。G—每千件钢制品大约重量。

　　2. 带括号的规格尽量不采用。

37. 滚花高螺母

(GB/T 806—1988)

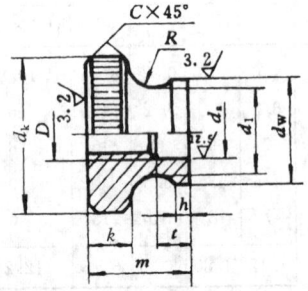

其余表面粗糙度 R_a=6.3μm。

主要尺寸(mm)与每千件钢制品大约重量 G(kg)									
D	M1.6	M2	M2.5	M3	M4	M5	M6	M8	M10
d_k max	7	8	9	11	12	16	20	24	30
m max	4.7	5	5.5	7	8	10	12	16	20
k	2	2	2.2	2.8	3	4	5	6	8
d_w max	4	4.5	5	6	8	10	12	16	20
重量 G	0.71	0.91	1.26	2.36	3.26	7.82	14.89	26.92	56.66

注：D—螺纹规格；d_k—滚花部直径(滚花前)；m—螺母高度；
k—滚花部高度；d_w—支承面直径。其余尺寸代号的标注内容
及具体尺寸(d_k、m、d_w、d_a、t、R、h、d_1、C)，参见第
18.14页。

38. 滚 花 薄 螺 母
(GB/T 807—1988)

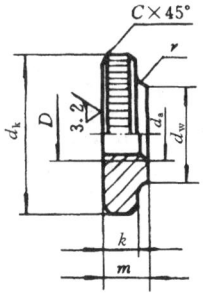

其余表面粗糙度 $Ra = 6.3 \mu m$。

主要尺寸(mm)与每千件钢制品大约重量 G(kg)										
D	M1.4	M1.6	M2	M2.5	M3	M4	M5	M6	M8	M10
d_k max	6	7	8	9	11	12	16	20	24	30
m max	2	2.5	2.5	2.5	3	3	4	5	6	8
k	1.5	2	2	2	2.5	2.5	3.5	4	5	6
d_w max	3.5	4	4.5	5	6	8	10	12	16	20
重量 G	0.31	0.56	0.73	0.91	1.69	1.98	4.96	9.23	16.4	32.36

注：D—螺纹规格；d_k—滚花部直径(滚花前)；m—螺母高度；
k—滚花部高度；d_w—支承面直径。其余尺寸代号的标注内容
及具体尺寸(d_k、m、d_w、r、C、d_a)，参见第 18.14 页。

39. 蝶形螺母—圆翼

(GB/T 62.1—2004)

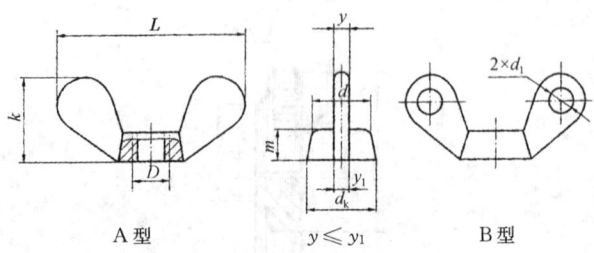

A 型 $y ≤ y_1$ B 型

螺纹规格 D	尺　寸(mm)								重量 G (kg)
	d_k min	d ≈	L	k	m_{min}	y_{max}	y_{1max}	d_{1max}	
M2	4	3	12	6	2	2.5	2	2	0.922
M2.5	5	4	16	8	3	2.5	2.5	2.5	1.65
M3	6	5	16	8	3	2.5	3	3	1.95
M4	7	6	20	10	4	3	4	4	3.54
M5	8.5	7	25	12	5	3.5	4	4	6.60
M6	10.5	9	32	16	6	4	5	5	11.03
M8	14	12	40	20	8	4.5	6	6	19.76
M10	18	15	50	25	10	5.5	7	7	36.15
M12	22	18	60	30	12	7	8	8	65.74
(M14)	25	22	70	35	14	8	9	9	98.27
M16	26	25	70	35	14	8	10	10	101.0
(M18)	30	25	80	40	16	8	10	10	144.4
M20	34	28	90	45	18	9	11	11	211.9
(M22)	38	32	100	50	20	10	12	11	301.9
M24	43	36	112	56	22	11	13	12	424.8

L	12～25	32～80	90～112	k	6～30	35～56
允差	±1.5	±2	±2.5	允差	±1.5	±2

注：d_k—螺母底部直径；d—螺母顶部直径；L—螺母全长；k—螺母全高；m—螺母高度；y—圆翼顶部厚度；y_1—圆翼底部厚度；d_1—孔径；G—每千件钢制品大约重量。表列规格为商品规格。带括号的规格尽量不采用。

40. 蝶形螺母—方翼

(GB/T 62.2—2004)

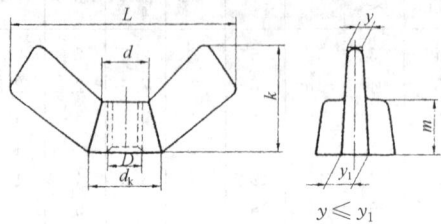

$y \leqslant y_1$

螺纹规格 D	尺 寸(mm)							重量 G (kg)
	d_k min	d ≈	L	k	m min	y max	y_1 max	
M3	6.5	4	17	9	3	3	4	1.99
M4	6.5	4	17	9	3	3	4	1.89
M5	8	6	21	11	3	3.5	4.5	3.31
M6	10	7	27	13	4.5	4	5	5.82
M8	13	10	31	16	6	4.5	5.5	9.60
M10	16	12	36	18	7.5	5.5	6.5	15.53
M12	20	16	48	23	9	7	8	33.17
(M14)	20	16	48	23	9	7	8	30.77
M16	27	22	68	35	12	8	9	82.29
(M18)	27	22	68	35	12	8	9	74.44
M20	27	22	68	35	12	8	9	73.29

L	17~27	31~68	k	9~23	35
允差	±1.5	±2	允差	±1.5	±2

注：d_k—螺母底部直径；d—螺母顶部直径；L—螺母全长；k—螺母方翼总高度；m—螺母高度；y—方翼顶部厚度；y_1—方翼底部厚度；G—每千件钢制品大约重量。表列规格为商品规格。带括号的规格尽量不采用。

41. 蝶形螺母—冲压

(GB/T 62.3—2004)

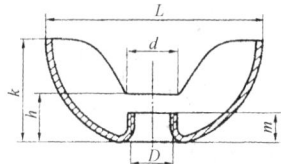

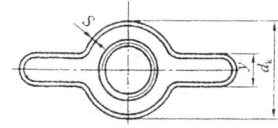

螺纹规格 D	尺　寸(mm)						重量 G (kg)
	d_k max	d ≈	L	k	h ≈	y max	
M3	10	5	15	6.5	2	4	1.90
M4	12	6	19	8.5	2.5	5	2.88
M5	13	7	22	9	3	5.5	3.58
M6	15	9	25	9.5	3.5	6	4.51
M8	17	10	28	11	5	7	7.48
M10	20	12	35	12	6	8	10.40

D		M3	M4	M5	M6	M8	M10
A型 (高型)	m	3.5	4	4.5	5	6	7
		±0.5			±0.8		
	S	/				1.2	
B型 (低型)	m	1.4	1.6	1.8	2.4	3.1	3.8
		±0.3			±0.4	±0.5	
	S_x	0.8				1.2	

注：d_k—底部外圆直径；d—圆孔直径；L—螺母全长；k—蝶形螺母高度；h—圆孔高度；y—翼部宽度；S—翼部厚度；G—每千件钢制品大约重量。表列规格为商品规格。

42. 蝶形螺母—压铸

(GB/T 62.4—2004)

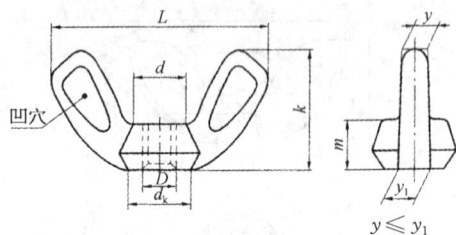

凹穴

$y \leqslant y_1$

有无凹穴及其型式与尺寸,由制造者确定。

螺纹规格 D	尺　　寸(mm)							重量 G (kg)
	d_k min	d ≈	L	k	m min	y max	y_1 max	
M3	5	4	16	8.5	2.4	2.5	3	1.07
M4	7	6	21	11	3.2	3	4	2.36
M5	8.5	7	21	11	4	3.5	4.5	2.82
M6	10.5	9	23	14	5	4	5	4.57
M8	13	10	30	16	6.5	4.5	5.5	7.90
M10	16	12	37	19	8	5.5	6.5	13.99

L	16~30	37	k	8.5~19
允差	±1.5	±2	允差	±1.5

注:d_k—底部外圆直径;d—(中部)圆孔直径;L—螺母全长;k—翼部高度;m—螺母高度;y—翼顶部厚度;y_1—翼底部厚度;G—每千件钢制品大约重量。表列规格为商品规格。

43. 环 形 螺 母

(GB/T 63—1988)

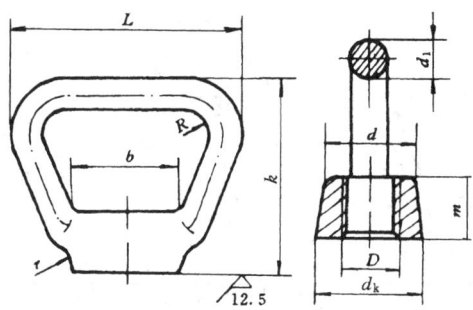

$b \approx d_k$；其余表面为不加工表面。

螺纹规格 D (mm)	尺 寸(mm)								重量 G (kg)
	d_k	d	m	k	L	d_1	R	r	
M12	24	20	15	52	66	10	6	6	153.9
(M14)	24	20	15	52	66	10	6	6	149.3
M16	30	26	18	60	76	12	6	8	262.9
(M18)	30	26	18	60	76	12	6	8	256.3
M20	36	30	22	72	86	13	8	11	370.0
(M22)	36	30	22	72	86	13	8	11	358.1
M24	46	38	26	84	98	14	10	14	568.9

注：1. d_k—螺母底部直径；d—螺母顶部直径；m—螺母高度；
　　 k—螺母总高；L—螺母总长；d_1—环部直径；R、r—圆角
　　 半径；G—每千件钢制品大约重量。
　 2. 带括号的规格尽量不采用。

44. 圆 螺 母
(GB/T 812—1988)

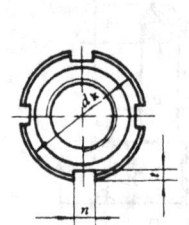

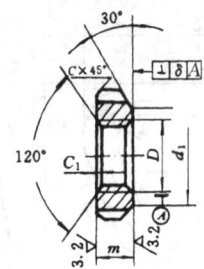

$D \leqslant M100 \times 2$ 的槽数 = 4;
$D \geqslant M105 \times 2$ 的槽数 = 6;其余表面粗糙度 $R_a = 6.3 \mu m$。

尺寸(mm)与每千件钢制品大约重量 G(kg)										
螺纹规格 $D \times P$	d_k	d_1	m	n		t		C	C_1	重量 G
				max	min	max	min			
M10×1	22	16	8	4.3	4	2.6	2	0.5	0.5	16.82
M12×1.25	25	19	8	4.3	4	2.6	2	0.5	0.5	21.85
M14×1.5	28	20	8	4.3	4	2.6	2	0.5	0.5	26.82
M16×1.5	30	22	8	5.3	5	3.1	2.5	0.5	0.5	28.44
M18×1.5	32	24	8	5.3	5	3.1	2.5	0.5	0.5	31.19
M20×1.5	35	27	8	5.3	5	3.1	2.5	0.5	0.5	37.31
M22×1.5	38	30	10	5.3	5	3.1	2.5	1	0.5	54.91
M24×1.5	42	34	10	5.3	5	3.1	2.5	1	0.5	65.88
M25×1.5 *	42	34	10	5.3	5	3.1	2.5	1	0.5	65.88
M27×1.5	45	37	10	5.3	5	3.1	2.5	1	0.5	75.49
M30×1.5	48	40	10	5.3	5	3.1	2.5	1	0.5	82.11
M33×1.5	52	43	10	6.3	6	3.6	3	1	0.5	93.32
M35×1.5 *	52	43	10	6.3	6	3.6	3	1	0.5	84.99
M36×1.5	55	46	10	6.3	6	3.6	3	1.5	0.5	100.3
M39×1.5	58	49	10	6.3	6	3.6	3	1.5	0.5	107.3
M40×1.5 *	58	49	10	6.3	6	3.6	3	1.5	0.5	102.5

注：1. d_k—螺母外径;d_1—30°倒角端面直径;m—螺母高度;n—开槽宽度;t—开槽深度;C、C_1—倒角宽度。
2. 表列规格为商品规格。带 * 符号的规格仅用于滚动轴承锁紧装置。

（续）

尺寸(mm)与每千件钢制品大约重量 G(kg)										
螺纹规格 $D \times P$	d_k	d_1	m	n max	n min	t max	t min	C	C_1	重量 G
M42×1.5	62	53	10	6.3	6	3.6	3	1.5	0.5	121.8
M45×1.5	68	59	10	6.3	6	3.6	3	1.5	0.5	153.6
M48×1.5	72	61	12	8.36	8	4.25	3.5	1.5	0.5	201.2
M50×1.5*	72	61	12	8.36	8	4.25	3.5	1.5	0.5	186.8
M52×1.5	78	67	12	8.36	8	4.25	3.5	1.5	0.5	238.0
M55×2*	78	67	12	8.36	8	4.25	3.5	1.5	0.5	214.4
M56×2	85	74	12	8.36	8	4.25	3.5	1.5	1	290.1
M60×2	90	79	12	8.36	8	4.25	3.5	1.5	1	320.3
M64×2	95	84	12	8.36	8	4.25	3.5	1.5	1	351.9
M65×2*	95	84	12	8.36	8	4.25	3.5	1.5	1	342.4
M68×2	100	88	12	10.36	10	4.75	4	1.5	1	380.2
M72×2	105	93	15	10.36	10	4.75	4	1.5	1	518.0
M75×2*	105	93	15	10.36	10	4.75	4	1.5	1	477.5
M76×2	110	98	15	10.36	10	4.75	4	1.5	1	562.4
M80×2	115	103	15	10.36	10	4.75	4	1.5	1	608.4
M85×2	120	108	15	10.36	10	4.75	4	1.5	1	640.6
M90×2	125	112	18	12.43	12	5.75	5	1.5	1	796.1
M95×2	130	117	18	12.43	12	5.75	5	1.5	1	834.7
M100×2	135	122	18	12.43	12	5.75	5	1.5	1	873.3
M105×2	140	127	18	12.43	12	5.75	5	1.5	1	895.0
M110×2	150	135	18	14.43	14	6.75	6	1.5	1	1076
M115×2	155	140	22	14.43	14	6.75	6	1.5	1	1369
M120×2	160	145	22	14.43	14	6.75	6	1.5	1	1423
M125×2	165	150	22	14.43	14	6.75	6	1.5	1	1477
M130×2	170	155	22	14.43	14	6.75	6	1.5	1	1531
M140×2	180	165	26	14.43	14	6.75	6	1.5	1	1937
M150×2	200	180	26	16.43	16	7.9	7	1.5	1	2651
M160×3	210	190	26	16.43	16	7.9	7	2	1.5	2810
M170×3	220	200	26	16.43	16	7.9	7	2	1.5	2970
M180×3	230	210	30	16.43	16	7.9	7	2	1.5	3610
M190×3	240	220	30	16.43	16	7.9	7	2	1.5	3794
M200×3	250	230	30	16.43	16	7.9	7	2	1.5	3978

45. 小圆螺母

(GB/T 810—1988)

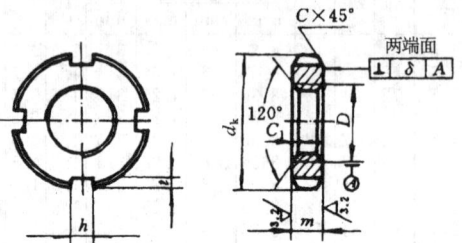

$D \leqslant M100 \times 2$ 的槽数 $=4$；$D \geqslant M105 \times 2$ 的槽数 $=6$；

其余表面粗糙度 $R_a = 6.3 \mu m$。

有关结构尺寸(mm)与每千件钢制品大约重量 G(kg)									
螺纹规格 $D \times P$	d_k	m	n		t		C	C_1	重量 G
			max	min	max	min			
M10×1	20	6	4.3	4	2.6	2	0.5	0.5	9.53
M12×1.25	22	6	4.3	4	2.6	2	0.5	0.5	11.00
M14×1.5	25	6	4.3	4	2.6	2	0.5	0.5	14.27
M16×1.5	28	6	4.3	4	2.6	2	0.5	0.5	17.91
M18×1.5	30	6	5.3	5	3.1	2.5	0.5	0.5	18.83
M20×1.5	32	6	5.3	5	3.1	2.5	0.5	0.5	20.60
M22×1.5	35	6	5.3	5	3.1	2.5	0.5	0.5	33.20
M24×1.5	38	6	5.3	5	3.1	2.5	0.5	0.5	39.42
M27×1.5	42	6	5.3	5	3.1	2.5	1	0.5	47.60
M30×1.5	45	6	5.3	5	3.1	2.5	1	0.5	52.01
M33×1.5	48	6	5.3	5	3.1	2.5	1	0.5	56.43
M36×1.5	52	8	6.3	6	3.6	3	1	0.5	64.51
M39×1.5	55	8	6.3	6	3.6	3	1	0.5	69.22
M42×1.5	58	8	6.3	6	3.6	3	1	0.5	73.92

注：d_k—螺母外径；m—螺母高度；n—开槽宽度；t—开槽深度；C、C_1—倒角宽度。

尺寸(mm)与每千件钢制品大约重量 G(kg)									
螺纹规格 D×P	d_k	m	n		t		C	C_1	重量 G
			max	min	max	min			
M45×1.5	62	8	6.3	6	3.6	3	1	0.5	84.65
M48×1.5	68	10	6.3	6	3.6	3	1	0.5	136.5
M52×1.5	72	10	8.36	8	4.25	3.5	1	0.5	143.2
M56×2	78	10	8.36	8	4.25	3.5	1	1	171.9
M60×2	80	10	8.36	8	4.25	3.5	1	1	162.8
M64×2	85	10	8.36	8	4.25	3.5	1	1	183.0
M68×2	90	10	8.36	8	4.25	3.5	1	1	204.2
M72×2	95	12	8.36	8	4.25	3.5	1	1	271.9
M76×2	100	12	10.36	10	4.75	4	1	1	295.5
M80×2	105	12	10.36	10	4.75	4	1.5	1	325.0
M85×2	110	12	10.36	10	4.75	4	1.5	1	343.4
M90×2	115	12	10.36	10	4.75	4	1.5	1	361.8
M95×2	120	12	10.36	10	4.75	4	1.5	1	380.2
M100×2	125	12	12.43	12	5.75	5	1.5	1	391.1
M105×2	130	15	12.43	12	5.75	5	1.5	1	497.7
M110×2	135	15	12.43	12	5.75	5	1.5	1	520.7
M115×2	140	15	12.43	12	5.75	5	1.5	1	543.7
M120×2	145	15	14.43	14	6.75	6	1.5	1	549.8
M125×2	150	15	14.43	14	6.75	6	1.5	1	572.8
M130×2	160	15	14.43	14	6.75	6	1.5	1	740.5
M140×2	170	18	14.43	14	6.75	6	1.5	1	954.8
M150×2	180	18	14.43	14	6.75	6	1.5	1	1021
M160×3	195	18	14.43	14	6.75	6	2	1.5	1299
M170×3	205	18	16.43	16	7.9	7	2	1.5	1353
M180×3	220	22	16.43	16	7.9	7	2	1.5	2041
M190×3	230	22	16.43	16	7.9	7	2	1.5	2149
M200×3	240	22	16.43	16	7.9	7	2	1.5	2257

46. 端面带孔圆螺母

(GB/T 815—1988)

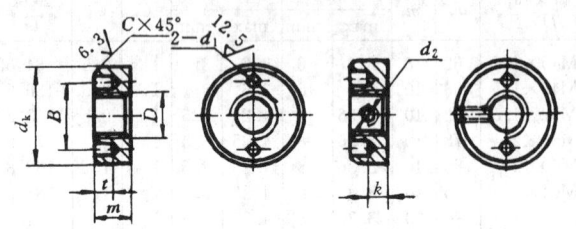

A 型   B 型

其余表面粗糙度 $R_a = 3.2 \mu m$。

尺寸(mm)与每千件钢制品大约重要 G(kg)									
螺纹规格 D		M2	M2.5	M3	M4	M5	M6	M8	M10
螺母外径 d_k	max	5.5	7	8	10	12	14	18	22
	min	5.32	6.78	7.78	9.78	11.73	13.73	17.73	21.67
螺母高度 m	max	2	2.2	2.5	3.5	4.2	5	6.5	8
	min	1.75	1.95	2.25	3.2	3.9	4.7	6.14	7.64
孔径 d_1		1	1.2	1.5	1.5	2	2.5	3	3.5
孔深 t		2	2.2	1.5	2	2.5	3	3.5	4
孔中心距 B		4	5	5.5	8	8	10	13	15
底部厚度 k		1	1.1	1.3	1.8	2.1	2.5	3.3	4
倒角宽度 C		0.2	0.2	0.3	0.4	0.4	0.5	0.5	0.8
钉孔规格 d_2		M1.2	M1.4	M1.4	M2	M2	M2.5	M3	M3
重量 G		0.24	0.44	0.67	1.51	2.57	4.16	9.03	16.70

47. 侧面带孔圆螺母

(GB/T 816—1988)

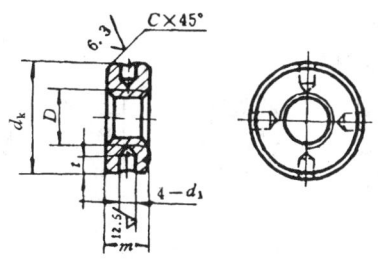

其余表面粗糙度 R_a = 3.2μm

尺寸(mm)与每千件钢制品大约重量 G(kg)									
螺纹规格 D		M2	M2.5	M3	M4	M5	M6	M8	M10
螺母外径 d_k	max	5.5	7	8	10	12	14	18	22
	min	5.32	6.78	7.78	9.78	11.73	13.73	17.73	21.67
螺母高度 m	max	2	2.2	2.5	3.5	4.2	5	6.5	8
	min	1.75	1.95	2.25	3.2	3.9	4.7	6.14	7.64
孔径 d_1		1	1.2	1.5	1.5	2	2.5	3	3.5
孔深 t		1.2	1.2	1.5	2	2.5	3	3.5	4
倒角宽度 C		0.2	0.2	0.3	0.4	0.4	0.5	0.5	0.8
重量 G		0.23	0.43	0.63	1.45	2.45	3.93	8.64	16.10

48. 带槽圆螺母

(GB/T 817—1988)

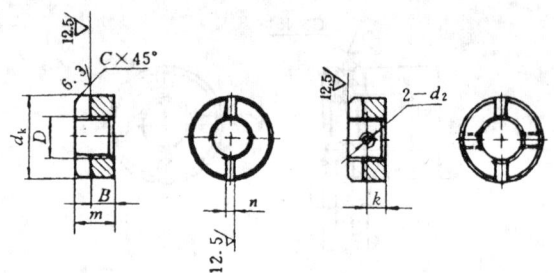

A 型   B 型

其余表面粗糙度 $R_a = 3.2\,\mu m$。

尺寸(mm)与每千件钢制品大约重量 G(kg)										
D		M1.4	M1.6	M2	M2.5	M3	M4	M5	M6	M8	M10	M12
d_k	max	3	4	4.5	5.5	6	8	10	11	14	18	22
	min	2.86	3.82	4.32	5.32	5.82	7.78	9.78	10.73	13.73	17.73	21.67
m	max	1.6	2	2.2	2.5	3	3.5	4.2	5	6	8	10
	min	1.35	1.75	1.95	2.25	2.7	3.2	3.9	4.7	6.14	7.64	9.64
B	max	1.1	1.2	1.4	1.6	2	2.5	2.8	3	4	5	6
	min	0.85	0.95	1.15	1.15	1.75	2.25	2.55	2.75	3.7	4.7	5
n	公称	0.4	0.4	0.5	0.6	0.8	1	1.2	1.6	2	2.5	3
	max	0.6	0.6	0.7	0.86	1	1.31	1.51	1.91	2.31	2.81	3.31
	min	0.46	0.46	0.56	0.66	0.86	0.96	1.26	1.66	2.06	2.56	3.06
k		—	—	—	1.1	1.3	1.8	2.1	2.5	3.3	4	5
C		0.1	0.1	0.2	0.2	0.2	0.3	0.4	0.4	0.5	0.5	0.8
d_2		—	—	—	M1.4	M1.4	M1.4	M2	M2	M2	M3	M4
重量 G		0.05	0.12	0.17	0.29	0.39	0.84	1.63	2.16	4.47	9.59	18.34

注：D—螺纹规格；d_k—螺母外径；m—螺母高度；B—底部厚度；n—开槽宽度；k—钉孔中心距；C—倒角宽度；d_2—钉孔规格。

49. 嵌 装 圆 螺 母

(GB/T 809—1988)

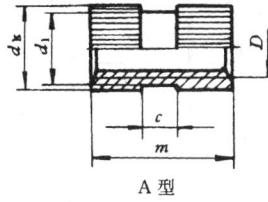

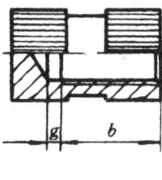

A 型   B 型

其余表面粗糙度 $R_a = 6.3\mu m$。

(1) 尺寸(mm)

D		M2	M2.5	M3	M4	M5	M6	M8	M10	M12
d_k	max	4	4.5	5	6	8	10	12	15	18
	min	3.82	4.32	4.82	5.82	7.78	9.78	11.73	14.73	17.73
d_1	max	3	3.5	4	5	7	9	10	13	16
m 范围	A型	2~5	3~8	3~10	4~12	5~16	6~18	8~25	10~30	12~30
	B型	6	6~8	6~8	8~10	10~16	12~18	16~25	18~30	20~30

m	公称	2	3	4	5	6	8	10	12	14	16	18	20	25	30
	max	2	3	4	5	6	8	10	12	14	16	18	20	25	30
	min	1.75	2.75	3.70	4.70	5.70	7.64	9.64	11.57	13.57	15.57	17.57	19.48	24.48	29.48
b	max	—	—	—	—	3.24	4.74	6.29	8.29	10.29	11.35	12.35	14.35	19.42	20.42
	min	—	—	—	—	2.76	4.26	5.71	7.71	9.71	10.65	11.65	13.65	18.58	19.58
c		0.6	0.8	1.2	1.2	2	2	3	3	4	4	4	6	6	8
g		—	—	—	—	1.5	1.5	1.5	1.5	1.5	1.5	2.5	2.5	2.5	2.5

（2）各种螺母高度 m(mm)的每千件钢制品大约重量 G(kg)									
m	G	m	G	m	G	m	G	m	G
D=M2		D=M3		D=M5		D=M8		D=M10	
2	0.12	5	0.44	8	1.84	8	3.75	20	14.84
3	0.19	6	0.50	10	2.27	10	4.57	25	18.99
4	0.24	8	0.70	12	2.76	12	5.63	30	22.55
5	0.31	10	0.85	14	3.19	14	6.45	D=M12	
6	0.36	D=M4		16	3.68	16	7.50	12	13.36
D=M2.5		4	0.67	D=M6		18	8.55	14	15.41
3	0.22	6	0.88	6	2.28	20	9.15	16	17.82
4	0.29	6	0.98	8	3.11	25	11.78	18	20.22
5	0.38	8	1.40	10	3.84	D=M10		20	21.91
6	0.43	12	2.10	12	4.66	10	7.42	25	27.93
8	0.60	D=M5		14	5.39	12	9.08	30	33.23
D=M3		5	1.15	16	6.21	14	10.45		
3	0.26	6	1.35	18	7.03	16	12.11		
4	0.34					18	13.77		

注：1. D—螺纹规格；d_k—滚花部直径（滚花前）；d_1—光滑部直径；m—螺母高度；b—螺纹长度；c—光滑部高度；g—退刀槽长度。

2. 经供需双方协议，允许制造六角嵌装螺母，或对 B 型允许制成组合结构的形式。

50. 扣 紧 螺 母
(GB/T 805—1988)

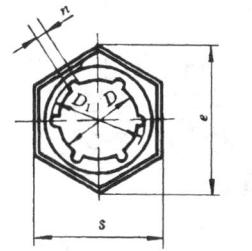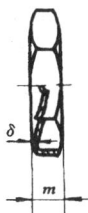

尺寸(mm)与每千件钢制品大约重量 G(kg)										
螺纹规格 $D \times P$	D		s		D_1	n	e	m	δ	重量 G
	max	min	max	min						
6×1	5.3	5	10	9.73	7.5	1	11.5	3	0.4	0.52
8×1.25	7.16	6.8	13	12.73	9.5	1	16.2	4	0.5	1.26
10×1.5	8.86	8.5	16	15.73	12	1	19.6	5	0.6	2.24
12×1.75	10.73	10.3	18	17.73	14	1.5	21.9	5	0.7	2.99
(14×2)	12.43	12	21	20.67	16	1.5	25.4	6	0.8	4.68
16×2	14.43	14	24	23.67	18	1.5	27.7	6	0.8	5.16
(18×2.5)	15.93	15.5	27	26.16	20.5	2	31.2	7	1	8.40
20×2.5	17.93	17.5	30	29.16	22.5	2	34.6	7	1	9.66
(22×2.5)	20.02	19.5	34	33	25	2	36.9	7	1	10.40
24×3	21.52	21	36	35	27	2.5	41.6	9	1.2	17.46
(27×3)	24.52	24	41	40	30	2.5	47.3	9	1.2	20.94
30×3.5	27.02	26.5	46	45	34	2.5	53.1	9	1.4	29.06
36×4	32.62	32	55	53.8	40	3	63.5	12	1.4	43.99
42×4.5	38.12	37.5	65	63.8	47	3	75	12	1.8	72.37
48×5	43.62	43	75	73.1	54	3	86.5	14	1.8	97.16

注：1. D—内孔小径；D_1—内孔大径；s—对边宽度；e—对角宽度；
n—凹槽宽度；m—螺母高度；δ—材料厚度。
2. 表列规格为商品规格。带括号的规格尽量不采用。

51. 焊接六角螺母

(GB/T 13681—1992)

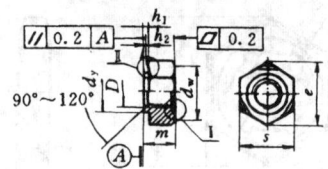

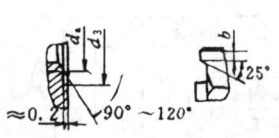
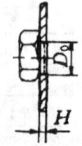

放大图 I   放大图 II   焊接用钢板示意图

(1) 尺寸(mm)								
螺纹规格 D 或 $D \times P$		M4	M5	M6	M8	M10	M12	(M14)	M16
		—	—	—	M8 ×1	M10 ×1	M12 ×1.25	(M14 ×1.5)	M16 ×1.5
		—	—	—	—	(M10 1.25)	(M12 ×1.25)		
d_a	max	4.6	5.75	6.75	8.75	10.8	13	15.1	17.3
	min	4	5	6	8	10	12	14	16
d_3	max	6.18	7.22	8.22	10.77	12.77	15.07	17.07	19.13
	min	6	7	8	10.5	12.5	14.8	16.8	18.8
d_w	min	7.88	8.88	9.63	12.63	15.63	17.37	19.57	21.57
d_y	max	5.97	6.96	7.96	10.45	12.45	14.75	16.75	18.735
	min	5.885	6.87	7.87	10.34	12.34	14.64	16.64	18.605

(1) 尺寸(mm)								
螺纹规格 D 或 $D \times P$		M4	M5	M6	M8	M10	M12	(M14)	M16
		—	—	—	M8×1	M10×1	M12×1.5	(M14×1.5)	M16×1.5
		—	—	—	—	(M10×1.25)	(M12×1.25)	—	—
b	max	1	1	1.12	1.25	1.55	1.55	1.9	1.9
	min	0.6	0.6	0.68	0.75	0.95	0.95	1.1	1.1
m	max	3.5	4	5	6.5	8	10	11	13
	min	3.2	3.7	4.7	6.14	7.64	9.64	10.3	12.3
h_1	max	0.65	0.70	0.75	0.90	1.15	1.40	1.80	1.80
	min	0.55	0.60	0.60	0.75	0.95	1.20	1.60	1.60
h_2	max	0.35	0.40	0.40	0.50	0.65	0.80	1.0	1.0
	min	0.25	0.30	0.30	0.35	0.50	0.60	0.80	0.80
s	max	9	10	11	14	17	19	22	24
	min	8.78	9.78	10.73	13.73	16.73	18.67	21.67	23.67
e	min	9.83	10.95	12.02	15.38	18.74	20.91	24.27	26.51
(2) 螺母的焊接用钢板焊接前孔径 D_0 与板厚 H 推荐值(mm)									
D_0	max	6.075	7.09	8.09	10.61	12.61	14.91	16.91	18.93
	min	6	7	8	10.5	12.5	14.8	16.8	18.83
H	max	3	3.5	4	4.5	5	5	6	6
	min	0.75	0.9	0.9	1	1.25	1.5	2	2
(3) 螺母的保证载荷(kN)									
保证载荷		6.8	11.0	15.5	28.3	44.8	65.3	89.7	123
(4) 每千件钢制品大约重量 G(kg)									
重量 G		1.09	1.48	2.18	4.55	8.13	11.79	16.35	22.24

注：1. d_a、d_3—沉孔直径；d_w—支承面直径；d_y—螺母底部直径；b—螺母与钢板接触部分宽度；m—螺母高度；h_1—螺母伸出钢板孔中部分底端与凹进部分底端之间距离；h_2—螺母与钢板接触部分底端与凹进部分底端之间距离；s—对边宽度；e—对角宽度。

2. 表列规格为商品规格。带括号的规格尽量不采用。

52. 焊接方螺母

(GB/T 13680—1992)

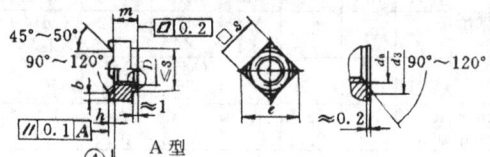

A 型

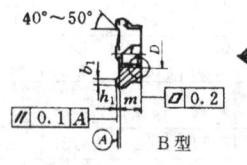

B 型

（尽量不采用）

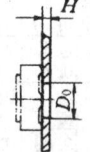

焊接用钢板示意图

(1) 尺寸(mm)									
螺纹规格 D 或 $D \times P$		M4	M5	M6	M8	M10	M12	(M14)	M16
		—	—	—	M8 ×1	M10 ×1	M12 ×1.5	(M14 ×1.5)	M16 ×1.5
		—	—	—		(M10 ×1.25)	(M12 ×1.25)		
d_a	max	4.6	5.75	6.75	8.75	10.8	13	15.1	17.3
	min	4	5	6	8	10	12	14	16
d_3	max	5.18	6.18	7.72	10.22	12.77	13.77	17.07	19.13
	min	5	6	7.5	10	12.5	13.5	16.8	18.8
b	max	0.8	1.0	1.2	1.5	1.8	2.0	2.5	2.5
	min	0.5	0.7	0.9	1.2	1.4	1.6	2.1	2.1

（1）尺寸(mm)									
螺纹规格 D 或 D×P		M4	M5	M6	M8	M10	M12	(M14)	M16
		—	—	—	M8×1	M10×1	M12×1.5	(M14×1.5)	M16×1.5
		—	—	—	—	(M10×1.25)	(M12×1.25)	—	—
b_1	max	1.5	1.5	1.5	1.5	1.5	2	—	—
	min	0.3	0.3	0.3	0.3	0.3	0.5	—	—
s	max	7	8	10	13	16	18	21	24
	min	6.64	7.64	9.64	12.57	15.57	17.57	20.16	23.16
e	min	8.63	9.93	12.53	16.34	20.24	22.84	26.21	30.11
h	max	0.7	0.9	0.9	1.1	1.3	1.5	1.5	1.7
	min	0.5	0.7	0.7	0.9	1.1	1.3	1.3	1.5
h_1	max	1	1	1	1	1	1.2	—	—
	min	0.8	0.8	0.8	0.8	0.8	1	—	—
m	max	3.5	4.2	5.0	6.5	8.0	9.5	11.0	13.0
	min	3.2	3.9	4.7	6.14	7.64	9.14	10.3	12.3
0.5($c-s$)		0.3～0.5				0.5～1			
（2）螺母的焊接用钢板焊前孔径 D_0 与板厚推荐值 H(mm)									
D_0	max	6.075	7.09	8.09	10.61	12.61	14.91	16.91	18.93
	min	6	7	8	10.5	12.5	14.8	16.8	18.8
H	max	3	3.5	4	4.5	5	5	6	6
	min	0.75	0.9	0.9	1	1.25	1.5	2	2
（3）螺母的保证载荷(kN)									
保证载荷		6.8	11.0	15.5	28.3	44.8	63.5	89.7	123
（4）每千件钢制品大约重量 G(kg)									
重量 G	A 型	1.09	1.48	2.18	4.55	8.13	11.79	16.35	22.24
	B 型	0.79	1.18	2.37	5.16	9.77	13.95	—	—

注：1. d_a、d_3—沉孔直径；b、b_1—螺母底部与钢板接触部分宽
度；s—对边宽度；e—对角宽度；m—螺母高度；h、h_1—
螺母的底部与凹部之间距离；c—底部对边宽度。
2. 表列规格为商品规格。带括号的规格尽量不采用。

53. 平头铆螺母 (GB/T 17880.1—1999)

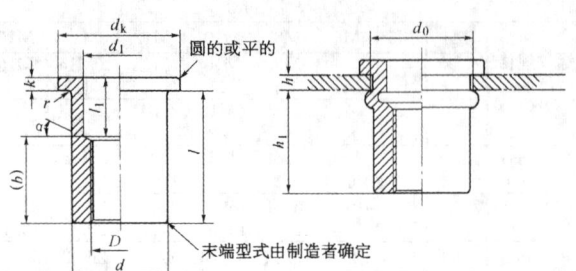

圆的或平的

末端型式由制造者确定

螺纹长度 $b = (1.25 \sim 1.5)D$；α—由制造者确定；允许在支承面和 (或)d 圆周表面制出花纹，其型式与尺寸由制造者确定。

(1) 主要尺寸(mm)								
螺纹 规格	粗牙 D	M3	M4	M5	M6	M8	M10	M12
	细牙 $D \times P$	—	—	—	—	—	M10 ×1	M12 ×1.5
铆螺母外径 d		5	6	7	9	11	13	15
头部直径 d_k max		8	9	10	12	14	16	18
头部高度 k 参考		0.8	0.8	1.0	1.5	1.5	1.8	1.8

(2) 各种螺纹规格的公称长度 l、光孔深度 l_1 和铆接厚度 h(mm)以及每千件钢制品大约重量 G(kg)							
l max	l_1 参考	h 推荐	重量 G	l max	l_1 参考	h 推荐	重量 G
$D = $M3				$D = $M4			
7.5	3.3	0.25~1.0	0.926	9.0	3.3	0.25~1.0	1.425
8.5	4.3	1.0~2.0	0.981	10.0	4.3	1.0~2.0	1.505
9.5	5.3	2.0~3.0	1.037	11.0	5.3	2.0~3.0	1.585
10.5	6.3	3.0~4.0	1.092	12.0	6.3	3.0~4.0	1.664

注：1. d 公差：$^{-0.03}_{-0.10}$mm。
2. 其余尺寸代号的标注内容及具体尺寸(d_1、d_0、h_1、r)，参见第 18.13 页。

（续）

<table>
<tr><th colspan="8">（2）各种螺纹规格的公称长度 l、光孔深度 l_1
和铆接厚度 h(mm)以及每千件钢制品大约重量 G(kg)</th></tr>
<tr><th>l
max</th><th>l_1
参考</th><th>h
推荐</th><th>重量
G</th><th>l
max</th><th>l_1
参考</th><th>h
推荐</th><th>重量
G</th></tr>
<tr><td colspan="4">$D=$M5</td><td colspan="4">$D=$M10</td></tr>
<tr><td>11.0</td><td>4.0</td><td>0.25～1.0</td><td>2.176</td><td>21.0</td><td>9.8</td><td>3.0～4.5</td><td>10.881</td></tr>
<tr><td>12.0</td><td>5.0</td><td>1.0～2.0</td><td>2.285</td><td>22.5</td><td>11.8</td><td>4.5～6.0</td><td>11.325</td></tr>
<tr><td>13.0</td><td>6.0</td><td>2.0～3.0</td><td>2.394</td><td colspan="4">$D×P=$M10×1</td></tr>
<tr><td>14.0</td><td>7.0</td><td>3.0～4.0</td><td>2.503</td><td>18.0</td><td>6.8</td><td>0.5～1.5</td><td>9.516</td></tr>
<tr><td colspan="4">$D=$M6</td><td>19.5</td><td>8.3</td><td>1.5～3.0</td><td>9.960</td></tr>
<tr><td>13.5</td><td>5.5</td><td>0.5～1.5</td><td>4.490</td><td>21.0</td><td>9.8</td><td>3.0～4.5</td><td>10.404</td></tr>
<tr><td>15.0</td><td>7.0</td><td>1.5～3.0</td><td>4.719</td><td>22.5</td><td>11.8</td><td>4.5～6.0</td><td>10.848</td></tr>
<tr><td>16.5</td><td>8.5</td><td>3.0～4.5</td><td>4.947</td><td colspan="4">$D=$M12</td></tr>
<tr><td>18.0</td><td>10.0</td><td>4.5～6.0</td><td>5.176</td><td>21.0</td><td>7.3</td><td>0.5～1.5</td><td>13.844</td></tr>
<tr><td colspan="4">$D=$M8</td><td>22.5</td><td>8.8</td><td>1.5～3.0</td><td>14.362</td></tr>
<tr><td>15.0</td><td>6.0</td><td>0.5～1.5</td><td>5.532</td><td>24.0</td><td>10.3</td><td>3.0～4.5</td><td>14.880</td></tr>
<tr><td>16.5</td><td>7.5</td><td>1.5～3.0</td><td>5.868</td><td>25.5</td><td>11.8</td><td>4.5～6.0</td><td>15.398</td></tr>
<tr><td>18.0</td><td>9.0</td><td>3.0～4.5</td><td>6.204</td><td colspan="4">$D×P=$M12×1.5</td></tr>
<tr><td>19.5</td><td>10.5</td><td>4.5～6.0</td><td>6.540</td><td>21.0</td><td>7.3</td><td>0.5～1.5</td><td>13.503</td></tr>
<tr><td colspan="4">$D=$M10</td><td>22.5</td><td>8.8</td><td>1.5～3.0</td><td>14.021</td></tr>
<tr><td>18.0</td><td>6.8</td><td>0.5～1.5</td><td>9.993</td><td>24.0</td><td>10.3</td><td>3.0～4.5</td><td>14.539</td></tr>
<tr><td>19.5</td><td>8.3</td><td>1.5～3.0</td><td>10.437</td><td>25.5</td><td>11.8</td><td>4.5～6.0</td><td>15.057</td></tr>
</table>

54. 沉头铆螺母(GB/T 17880.2—1999)

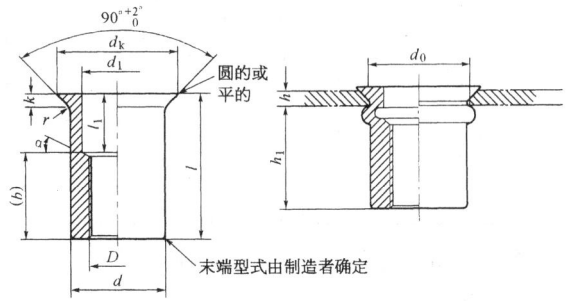

末端型式由制造者确定

18.89

螺纹长度 $b = (1.25 \sim 1.5)D$;α—由制造者确定;

允许在支承面和(或)d 圆周表面制出花纹,其型式与尺寸由制造者确定。

(1) 主要尺寸(mm)							
螺纹规格	粗牙 D	M3	M4	M5	M6	M8	M10	M12
	细牙 $D \times P$	—	—	—	—	—	M10×1	M12×1.5
铆螺母外径 d		5	6	7	9	11	13	15
头部直径 d_k max		8	9	10	12	14	16	18
头部高度 k 参考		1.5	1.5	1.5	1.5	1.5	1.5	1.5

(2) 各种螺纹规格的公称长度 l、光孔深度 l_1 和铆接厚度 h(mm)以及每千件钢制品大约重量 G(kg)

l max	l_1 参考	h 推荐	重量 G	l max	l_1 参考	h 推荐	重量 G
$D=$M3				$D=$M10			
9.0	4.0	1.7~2.5	1.133	19.5	6.5	1.7~3.0	9.744
10.0	5.0	2.5~3.5	1.188	21.0	8.0	3.0~4.5	10.188
11.0	6.0	3.5~4.5	1.244	22.5	9.5	4.5~6.0	10.632
$D=$M4				24.0	11.0	6.0~7.5	11.076
10.5	4.0	1.7~2.5	1.675	$D \times P=$M10×1			
11.5	5.0	2.5~3.5	1.755	19.5	6.5	1.7~3.0	9.267
12.5	6.0	3.5~4.5	1.835	21.0	8.0	3.0~4.5	9.710
$D=$M5				22.5	9.5	4.5~6.0	10.154
12.5	4.5	1.7~2.5	2.388	24.0	11.0	6.0~7.5	10.598
13.5	5.5	2.5~3.5	2.497	$D=$M12			
14.5	6.5	3.5~4.5	2.605	22.5	7.0	1.7~3.0	13.557
$D=$M6				24.0	8.5	3.0~4.5	14.075
15.0	5.0	1.7~3.0	4.490	25.5	10.0	4.5~6.0	14.593
16.5	7.0	3.0~4.5	4.719	27.0	11.5	6.0~7.5	15.111
18.0	8.5	4.5~6.0	4.947	$D \times P=$M12×1.5			
$D=$M8				22.5	7.0	1.7~3.0	13.216
16.5	6.0	1.7~3.0	6.527	24.0	8.5	3.0~4.5	13.734
18.0	7.5	3.0~4.5	6.863	25.5	10.0	4.5~6.0	14.252
19.5	9.5	4.5~6.0	7.200	27.0	11.5	6.0~7.5	14.780

注:1. d 公差:$^{-0.03}_{-0.10}$ mm。

2. 其余尺寸代号的标注内容及具体尺寸(d_1、d_0、h_1、r),参见第 18.13 页。

55. 小沉头铆螺母 (GB/T 17880.3—1999)

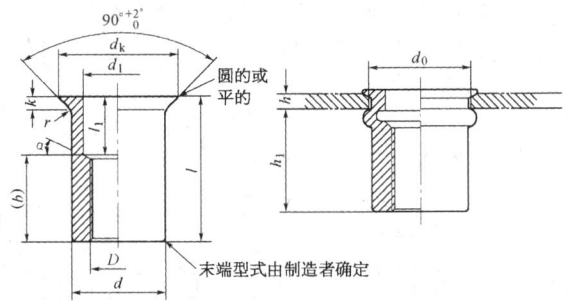

末端型式由制造者确定

螺纹长度 $b = (1.25 \sim 1.5)D$；α——由制造者确定；允许在支承面和 (或)d 圆周表面制出花纹，其型式与尺寸由制造者确定。

(1) 主要尺寸(mm)								
螺纹规格	粗牙 D	M3	M4	M5	M6	M8	M10	M12
	细牙 $D \times P$	—	—	—	—	—	M10 ×1	M12 ×1.5
铆螺母外径 d		5	6	7	9	11	13	15
头部直径 d_k max		5.5	6.75	8.0	10.0	12.0	14.5	16.5
头部高度 k 参考		0.35	0.5	0.6	0.6	0.6	0.85	0.85

(2) 各种螺纹规格的公称长度 l、光孔深度 l_1 和铆接厚度 h(mm)以及 每千件钢制品大约重量 G(kg)							
l max	l_1 参考	h 推荐	重量 G	l max	l_1 参考	h 推荐	重量 G
D = M3				D = M4			
7.5	2.5	0.5~1.0	0.694	9.0	2.5	0.5~1.0	1.154
8.5	3.5	1.0~2.0	0.750	10.0	3.5	1.0~2.0	1.233
9.5	4.5	2.0~3.0	0.805	11.0	4.5	2.0~3.0	1.313

注：1. d 公差为 $^{-0.03}_{-0.10}$ mm。

2. 其余尺寸代号的标注内容及具体尺寸(d_1、d_0、h_1、r)，参见第18.13页。

（续）

(2) 各种螺纹规格的公称长度 l，光孔深度 l_1 和铆接厚度 h(mm) 以及每千件钢制品大约重量 G(kg)							
l max	l_1 参考	h 推荐	重量 G	l max	l_1 参考	h 推荐	重量 G
D=M5				D=M10			
11.0	3.0	0.5~1.0	1.781	21.0	8.0	3.0~4.5	9.491
12.0	4.0	1.0~2.0	1.890	$D \times P$=M10×1			
13.0	5.0	2.0~3.0	1.998	18.0	5.0	0.5~1.5	8.126
D=M6				19.5	6.5	1.5~3.0	8.570
13.5	4.0	0.5~1.5	3.713	21.0	8.0	3.0~4.5	9.014
15.0	5.5	1.5~3.0	3.942	D=M12			
16.5	7.0	3.0~4.5	4.171	21.0	5.5	0.5~1.5	12.248
D=M8				22.5	7.0	1.5~3.0	12.765
15.0	4.0	0.5~1.5	5.540	24.0	8.5	3.0~4.5	13.283
16.5	6.0	1.5~3.0	5.876	$D \times P$=M12×1.5			
18.0	7.5	3.0~4.5	6.212	21.0	5.5	0.5~1.5	11.907
D=M10				22.5	7.0	1.5~3.0	12.424
18.0	5.0	0.5~1.5	8.603	24.0	8.5	3.0~4.5	12.942
19.5	6.5	1.5~3.0	9.047				

56. 120°小沉头铆螺母 (GB/T 17880.4—1999)

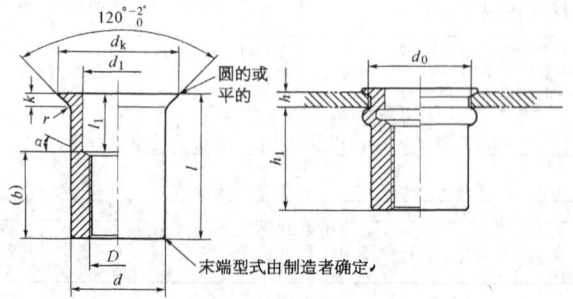

螺纹长度 $b = (1.25 \sim 1.5)D$；α——由制造者确定；允许在支承面和（或）d 圆周表面制出花纹，其型式与尺寸由制造者确定。

(1) 主要尺寸（mm）

螺纹规格	粗牙 D	M3	M4	M5	M6	M8	M10	M12
	细牙 D×P	—	—	—	—	—	M10×1	M12×1.5
铆螺母外径 d		5	6	7	9	11	13	15
头部直径 d_k max		6.5	8.0	9.0	11.0	13.0	16.0	18.0
头部高度 k 参考		0.35	0.5	0.5	0.6	0.6	0.85	0.85

(2) 各种螺纹规格的公称长度 l、光孔深度 l_1 和铆接厚度 h（mm）以及每千件钢制品大约重量 G（kg）

l max	l_1 参考	h 推荐	重量 G	l max	l_1 参考	h 推荐	重量 G
D = M3				D = M8			
7.5	2.5	0.5~1.0	0.707	18.0	7.5	3.0~4.5	6.258
8.5	3.5	1.0~2.0	0.763	D = M10			
9.5	4.5	2.0~3.0	0.818	18.0	5.0	0.5~1.5	8.723
D = M4				19.5	6.5	1.5~3.0	9.167
9.0	2.5	0.5~1.0	1.182	21.0	8.0	3.0~4.5	9.611
10.0	3.5	1.0~2.0	1.262	D×P = M10×1			
11.0	4.5	2.0~3.0	1.342	18.0	5.0	0.5~1.5	8.246
D = M5				19.5	6.5	1.5~3.0	8.690
11.0	3.0	0.5~1.0	1.812	21.0	8.0	3.0~4.5	9.134
12.0	4.0	1.0~2.0	1.921	D = M12			
13.0	5.0	2.0~3.0	2.030	21.0	5.5	0.5~1.5	12.383
D = M6				22.5	7.0	1.5~3.0	12.901
13.5	4.5	0.5~1.5	3.752	24.0	8.5	3.0~4.5	13.419
15.0	5.5	1.5~3.0	3.981	D×P = M12×1.5			
16.5	7.0	3.0~4.5	4.210	21.0	5.5	0.5~1.5	12.042
D = M8				22.5	7.0	1.5~3.0	12.560
15.0	4.5	0.5~1.5	5.586	24.0	8.5	3.0~4.5	13.078
16.5	6.0	1.5~3.0	5.922				

注：1. d 公差：$_{-0.10}^{-0.03}$ mm。

2. 其余尺寸代号的标注内容及具体尺寸（d_1、d_0、h_1、r），参见第 18.13 页。

57. 平头六角铆螺母(GB/T 17880.5—1999)

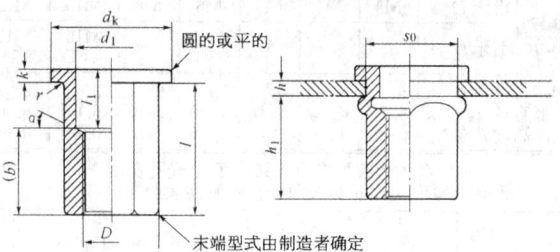

圆的或平的

$s0$

末端型式由制造者确定

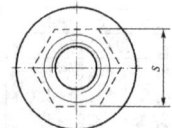

螺纹长度 $b = (1.25 \sim 1.5)D$；α——由制造者确定。

(1) 主 要 尺 寸(mm)

螺纹规格	粗牙 D	M6	M8	M10	M12
	细牙 $D \times P$	—	—	M10×1	M12×1.5
对边宽度 s		9	11	13	15
头部直径 d_k max		12	14	16	18
头部高度 k		1.5	1.5	1.8	1.8

(2) 各种螺纹规格的公称长度 l、光孔深度 l_1 和铆接厚度 h(mm)以及每千件钢制品大约重量 G(kg)

l max	l_1 参考	h 推荐	重量 G	l max	l_1 参考	h 推荐	重量 G
\multicolumn{4}{c}{$D = $ M6}				
13.5	5.5	0.5～1.5	4.994	15.0	6.0	0.5～1.5	6.260
15.0	7.0	1.5～3.0	5.228	16.5	7.5	1.5～3.0	6.569
16.5	8.5	3.0～4.5	5.463	18.0	9.0	3.0～4.5	6.879
18.0	10.0	4.5～6.0	5.697	19.5	10.5	4.5～6.0	7.188

	（2）各种螺纹规格的公称长度 l、光孔深度 l_1 和铆接厚度 h(mm)以及每千件钢制品大约重量 G(kg)
l max	l_1 参考	h 推荐	重量 G	l max	l_1 参考	h 推荐	重量 G
colspan="4"	$D=$M10	colspan="4"	$D=$M12
18.0	6.8	0.5～1.5	11.581	21.0	7.3	0.5～1.5	16.399
19.5	8.3	1.5～3.0	12.082	22.5	8.8	1.5～3.0	17.009
21.0	9.8	3.0～4.5	12.583	24.0	10.3	3.0～4.5	17.619
22.5	11.3	4.5～6.0	13.084	25.5	11.8	4.5～6.0	18.229
colspan="4"	$D×P=$M10×1	colspan="4"	$D×P=$M12×1.5
18.0	6.8	0.5～1.5	11.104	21.0	7.3	0.5～1.5	16.058
19.5	8.3	1.5～3.0	11.605	22.5	8.8	1.5～3.0	16.668
21.0	9.8	3.0～4.5	12.106	24.0	10.3	3.0～4.5	17.278
22.5	11.3	4.5～6.0	12.607	25.5	11.8	4.5～6.0	17.888

注：1. s 公差：$^{-0.03}_{-0.10}$mm。

2. 其余尺寸代号的标注内容及具体尺寸(d_1、h_1、r、s_0)，参见第 18.13 页。

第十九章　自攻螺钉

一、自攻螺钉综述

1. 自攻螺钉的尺寸代号与标注内容

尺寸代号	标 注 内 容
a	最末一扣完整螺纹至支承面距离
b	螺纹长度
B	(六角花形)对边宽度
c	自攻螺钉的螺纹顶端宽度
C	凸缘厚度或法兰厚度
d	墙板自攻螺钉的螺纹大径或自攻锁紧螺钉螺杆截面外接圆直径
d_1	自攻螺钉的螺纹大径或墙板自攻螺钉的螺纹小径
d_2	自攻螺钉的螺纹小径
d_3	F 型自攻螺钉的平端直径
d_a	过渡圆直径
d_c	凸缘直径或法兰直径
d_k	头部直径
d_p	自攻锁紧螺钉螺杆末端外接圆直径
d_w	支承面直径
e	对角宽度
f	半沉头球面部分高度
h	自攻锁紧螺钉的螺纹三角截面高度
k	头部高度
k'	扳拧高度
l	公称长度
L_n	刮削端长度
m	十字槽翼直径
n	开槽宽度
P	螺距
r	头下圆角半径
r_f	半沉头球面半径或盘头圆角半径
s	对边宽度
t	开槽深度或内六角花形深度
w	槽底至支承面之间厚度
X	螺纹收尾长度
y	不完整螺纹长度

2. 开槽自攻螺钉的有关结构尺寸

螺纹规格			ST 2.2	ST 2.9	ST 3.5	ST 4.2	ST 4.8	ST 5.5	ST 6.3	ST 8	ST 9.5
螺距 P(mm)			0.8	1.1	1.3	1.4	1.6	1.8	1.8	2.1	2.1
(1) 有关结构尺寸(mm)											
盘头	d_k	max	4	5.6	7		9.5	11	12	16	20
		min	3.7	5.3	6.6	7.6	9.1	10.6	11.6	15.6	19.5
	k	max	1.3	1.8	2.1	2.4	3	3.2	3.6	4.8	6
		min	1.1	1.6	1.9	2.2	2.7	2.9	3.3	4.5	5.7
	n	公称	0.5	0.8	1	1.2	1.2	1.6	1.6	2	2.5
		min	0.56	0.86	1.06	1.26	1.26	1.66	1.66	2.06	2.56
		max	0.7	1	1.21	1.51	1.51	1.91	1.91	2.31	2.81
	y 参考	C 型	2	2.6	3.2	3.7	4.3	5	6	7.5	8
		F 型	1.6	2.1	2.5	2.8	3.2	3.6	3.6	4.2	4.2
	a	max	0.8	1.1	1.3	1.4	1.6	1.8	1.8	2.1	2.1
	d_a	max	2.8	3.5	4.1	4.9	5.5	6.3	7.1	9.2	10.7
	r	min	0.1	0.1	0.1	0.2	0.2	0.25	0.25	0.4	0.4
	r_f	≈	0.6	0.8	1	1.2	1.5	1.6	1.8	2.4	3
	t	min	0.5	0.7	0.8	1	1.2	1.4	1.4	1.9	2.4
	w	min	0.5	0.7	0.8	0.9	1.2	1.4	1.4	1.9	2.4
沉头、半沉头	d_k	理论值	4.4	6.3	8.2	9.4	10.4	11.5	12.6	17.3	20
		max	3.8	5.5	7.3	8.4	9.3	10.3	11.3	15.8	18.3
		min	3.5	5.2	6.9		8.9	9.9	10.9	15.4	17.8
	t 沉头	min	0.4	0.6	0.9		1.1	1.1	1.2	1.8	2
		max	0.6	0.85	1.2	1.3	1.4	1.4	1.6	2.3	2.6
	t 半沉头	min	0.8	1.2	1.4	1.6	2	2.2	2.4	3.2	3.8
		max	1	1.45	1.7	1.9	2.4	2.6	2.8	3.7	4.4
	k	max	1.1	1.7	2.35	2.6	2.8	3	3.15	4.65	5.25
	f	≈	0.5	0.7	0.8	1	1.2	1.3	1.4	2	2.3
	r	≈	0.8	1.2	1.4	1.6	2		2.5	3.2	4
	r_f	≈	4	6	8.5	9.5	11		12	16.5	19.5

尺寸 a、n、y 同盘头自攻螺钉

(2) 公称长度 l 的公差(mm)						
公称长度 l	公称尺寸	4.5、6.5、9.5 13、16、19	22 25	32 38	45 50	
	公差	C型	±0.8	±0.8	±1.3	±1.3
		F型	−0.8	−1.3	−1.3	−1.5

注：a—最末一扣完整螺纹至支承面距离；d_a—过渡圆直径；d_k—头部直径；f—半沉头球面部分高度；k—头部高度；n—开槽宽度；r—头部下圆角半径；r_1—头部球面半径；t—开槽深度；w—槽底至支承面之间厚度；y—不完整螺纹长度。

3. 十字槽和六角头自攻螺钉的有关结构尺寸

螺纹规格	ST 2.2	ST 2.9	ST 3.5	ST 4.2	ST 4.8	ST 5.5	ST 6.3	ST 8	ST 9.5
螺距 P(mm)	0.8	1.1	1.3	1.4	1.6	1.8	1.8	2.1	2.1

(1) H型十字槽尺寸(mm)										
十字槽号		0	1	2	2	2	3	3	4	4
盘头	m 参考	1.9	3	3.9	4.4	4.9	6.4	6.9	9	10.1
	插入 深度 min	0.85	1.4	1.4	1.9	2.4	2.6	3.1	4.15	5.2
	max	1.2	1.8	1.9	2.4	2.9	3.1	3.6	4.7	5.8
沉头	m 参考	1.9	3.2	4.4	4.6	5.2	6.6	6.8	8.9	10
	插入 深度 min	0.9	1.7	1.9	2.1	2.7	2.8	3.1	5.1	
	max	1.2	2.1	2.4	2.6	3.1	3.3	3.5	4.6	5.7
半沉头	m 参考	2.2	3.4	4.6	5.2	5.4	6.7	7.3	9.6	10.4
	插入 深度 min	1.2	1.8	2.25	2.7	2.6	2.95	3.5	4.75	5.5
	max	1.5	2.2	2.75	3.2	3.1	3.45	4	5.25	6
十字槽凹穴六角头	m 参考	—	2.5	3.5	4	4.4	—	6.2	7.2	
	插入 深度 min	—	0.95	0.91	1.4	1.8	—	2.36	3.2	
	max	—	1.32	1.43	1.9	2.33	—	2.86	3.86	

（续）

（续）

螺纹规格			ST 2.2	ST 2.9	ST 3.5	ST 4.2	ST 4.8	ST 5.5	ST 6.3	ST 8	ST 9.5
螺距 P(mm)			0.8	1.1	1.3	1.4	1.6	1.8	1.8	2.1	2.1

(2) Z 型十字槽尺寸(mm)

十字槽号			0	1	2	2	3	3		4	4
盘头	m 参考		2	3	4	4.4	4.8	6.2	6.8	8.9	10.1
	插入深度	min	0.95	1.45	1.5	1.95	2.3	2.55	3.05	4.05	5.25
		max	1.2	1.75	1.9	2.35	2.75	3	3.5	4.5	5.7
沉头	m 参考		2	3.2	4.3	4.6	5.1	6.5	6.8	9	10
	插入深度	min	0.95	1.6	1.75	2.05	2.6	2.75	3	4.15	5.2
		max	1.2	2	2.2	2.5	3.05	3.2	3.45	4.6	5.65
半沉头	m 参考		2.2	3.3	4.8	5.2	5.6	6.6	7.2	9.5	10.4
	插入深度	min	1.15	1.8	2.25	2.65	2.9	2.95	3.4	4.75	5.6
		max	1.4	2.1	2.7	3.1	3.35	3.4	3.85	5	6.05

注：十字槽凹穴六角头自攻螺钉未规定 Z 型十字槽尺寸

(3) 其他结构尺寸(mm)

			ST 2.2	ST 2.9	ST 3.5	ST 4.2	ST 4.8	ST 5.5	ST 6.3	ST 8	ST 9.5
盘头	a	max	0.8	1.1	1.3	1.4	1.6	1.8	1.8	2.1	2.1
	d_a	max	2.8	3.5	4.1	4.9	5.5	6.3	7.1	9.2	10.7
	r	min	0.1	0.1	0.1	0.2	0.2	0.25	0.25	0.4	0.4
	r_f	≈	3.2	5	6	6.5	8	9	10	13	16
	d_k	max	4	5.6	7	8	9.5	11	12	16	20
		min	3.7	5.3	6.64	7.64	9.14	10.57	11.57	15.57	19.48
	k	max	1.6	2.4	2.6	3.1	3.7	4	4.6	6	7.5
		min	1.4	2.15	2.35	2.8	3.4	3.7	4.3	5.6	7.1
	y 参考	C 型	2	2.6	3.2	3.7	4.3	5	6	7.5	8
		F 型	1.6	2.1	2.5	2.8	3.2	3.6	3.6	4.2	4.2

螺纹规格		ST 2.2	ST 2.9	ST 3.5	ST 4.2	ST 4.8	ST 5.5	ST 6.3	ST 8	ST 9.5
螺距 P(mm)		0.8	1.1	1.3	1.4	1.6	1.8	1.8	2.1	2.1
(3) 其他结构尺寸(mm)										
沉头、半沉头	d_k 理论值	4.4	6.3	8.2	9.4	10.4	11.5	12.6	17.3	20
	d_k max	3.8	5.5	7.3	8.4	9.3	10.3	11.3	15.8	18.3
	d_k min	3.5	5.2	6.9	8	8.9	9.9	10.5	15.4	17.8
	f ≈	0.5	0.7	0.8	1	1.2	1.3	1.4	2	2.3
	k max	1.1	1.7	2.35	2.6	2.8	3	3.15	4.65	5.25
	r max	0.8	1.2	1.4	1.5	2	2.2	2.4	3.2	4
	r_f ≈	4	6	8.5	9.5	9.5	11	12	16.5	19.5
	尺寸a、y同十字槽盘头自攻螺钉									
六角头、十字槽凹穴六角头	s max	3.2	5		7	8	8	10	13	16
	s min	3.02	4.82	5.32	6.78	7.78	7.78	9.78	12.73	15.73
	k max	1.6	2.3	2.6	3	3.8	4.1	4.7	6	7.5
	k min	1.3	2	2.3	2.6	3.3	3.6	4.1	5.2	6.5
	e max	3.38	5.4	5.96	7.59	8.71	8.71	10.95	14.26	17.62
	k' min	0.9	1.4	1.6	1.8	2.3	2.5	2.9	3.6	4.5
	尺寸a、d_a、r、y同十字槽盘头螺钉									
六角法兰面	d_c max	4.5	6	7.5	8.5	10	11.2	12.8	16.8	21
	d_c min	4.1	5.9	6.9	7.8	9.3	10.3	11.8	15.5	19.3
	s max	3	4	5	5.5	7	7	8	10	13
	s min	2.86	3.82	4.82	5.32	6.78	6.78	7.78	9.78	12.73
	C min	0.3	0.4	0.5	0.6	0.6	0.8	1	1.2	1.4
	e	3.16	4.27	5.36	5.92	7.55	7.55	8.66	10.89	14.16
	k max	2.2	3.2	3.8	4.3	5.2	6	6.7	8.6	10.7
	k' min	0.85	1.25	1.6	1.8	2.2	2.5	2.8	3.7	4.6
	r_1 min	0.1	0.1	0.2	0.2	0.2	0.2	0.25	0.4	0.4
	r_2 max	0.1	0.2	0.2	0.2	0.3	0.3	0.4	0.5	0.6
	尺寸a、y同十字槽盘头螺钉									

（续）

螺纹规格			ST 2.2	ST 2.9	ST 3.5	ST 3.9	ST 4.2	ST 4.8	ST 5.5	ST 6.3	ST 8
螺距 P(mm)			0.8	1.1	1.3	1.3	1.4	1.6	1.8	1.8	2.1
(3) 其他结构尺寸(mm)											
六角凸缘	d_c	max	4.2	6.3	8.3	8.3	8.8	10.5	11	13.5	18
		min	3.8	5.8	7.6	7.6	8.1	9.8	10	12.2	16.7
	k	max	2	2.8	3.4	3.4	4.1	4.3	5.4	5.9	7
		min	1.7	2.5	3	3	3.6	3.8	4.8	5.3	6.4
	s	max	3	4	5.5	5.5	7	8	8	10	13
		min	2.86	3.82	5.32	5.32	6.78	7.78	7.78	9.78	12.73
	y 参考	C 型	2	2.6	3.2	3.5	3.7	4.3	5	6	7.5
		F 型	1.6	2.1	2.5	2.7	2.8	3.2	3.6	3.6	4.2
	a	max	0.8	1.1	1.3	1.3	1.4	1.6	1.8	1.8	2.1
	C	min	0.25	0.4	0.6	0.6	0.8	0.9	1	1	1.2
	e	min	3.2	4.28	5.96	5.96	7.59	8.71	8.71	10.95	14.26
	k'	min	0.9	1.3	1.5	1.5	1.8	2.2	2.7	3.1	3.3
	r_1	min	0.1	0.1	0.1	0.2	0.2	0.2	0.2	0.3	0.4
	r_2	max	0.15	0.2	0.25	0.25	0.3	0.3	0.4	0.5	0.6

(4) 公称长度 l 及其公差(mm)						
l	公称尺寸		4.5、6.5、9.5 13、16、19	22 25	32 38	45 50
	公差	C 型	±0.8	±0.8	±1.3	±1.3
		F 型	−0.8	−1.3	−1.3	−1.5

注：a—最末一扣完整螺纹至支承面距离；C—法兰凸缘厚度或法兰厚度；d_a—过渡圆直径；d_c—凸缘直径或法兰直径；d_k—头部直径；e—对角宽度；f—半沉头球面部分高度；k—头部高度（$k_{max}=k_{公称}$）；k'—扳拧高度；m—十字槽翼直径；r、r_1—头下圆角半径；r_2—六角与法兰面之间圆角半径；r_f—头部球面半径；s—对边宽度（$s_{max}=s_{公称}$）；y—不完整螺纹长度。

4. 内六角花形(盘头、沉头、半沉头)自攻螺钉的有关结构尺寸

(GB/T 2670.1、2670.2、2670.3—2004)

有关结构尺寸(mm)				ST2.9	ST3.5	ST4.2	ST4.8	ST5.5	ST6.3
螺纹规格				ST2.9	ST3.5	ST4.2	ST4.8	ST5.5	ST6.3
P				1.1	1.3	1.4	1.6	1.8	1.8
a				1.1	1.3	1.4	1.6	1.8	1.8
d_k	①	公称=max		5.6	7.00	8.00	9.50	11.00	12.00
		min		5.3	6.64	7.64	9.14	10.57	11.57
	②	理论	max	6.3	8.2	9.4	10.4	11.5	12.6
	③	实际	max	5.5	7.3	8.4	9.3	10.3	11.3
			min	5.2	6.9	8.0	8.9	9.9	10.9
k	①	公称=max		2.40	2.60	3.1	3.7	4.0	4.6
		min		2.15	2.35	2.8	3.7	3.7	4.3
	②③	max		1.7	2.35	2.8		3	3.15
r	①	max		0.1	0.1	0.2		0.25	0.25
	②③	max		1.2	1.4	1.6	2	2.2	2.4
r_f	①	≈		5	6	6.5	8	9	10
	③	≈		6.0	7	8	9.5	11	12
y 参考		C 型		2.6	3.2	3.7	4.3	5	6
		F 型		2.1	3.2	3.3	3.6	3.6	3.8
		R 型		—	2.7	3.2	3.6	4.3	5
内六角花形		槽号		10	15	20	25	25	30
		A(参考)		2.8	3.35	3.95	4.5	4.5	5.6
		t	max	1.27	1.40	1.80	2.03	2.03	2.42
			min	1.01	1.14	1.42	1.65	1.65	2.02
l（商品长度规格）				6.5～19	9.5～25	9.5～32	9.5～32	13～38	13～38
l（系列）				4.5、6.5、9.5、13、16、19、22、25、32、38、45、50					

注: 1. ① 盘头; ② 沉头; ③ 半沉头。

2. P—螺距; a—第一扣完整螺纹钉头支承面之间距离; k—钉头厚度; r—圆角半径; r_f—钉头圆角半径; y—不完整螺纹长度; A—内六角花形外径; t—内六角花形深度。

3. ST2.9×4.5～ST6.3×4.5 和 ST3.5×6.5～ST6.3×6 属于不宜制造的规格。

19.8

5. 精密机械用十字槽自攻螺钉
—刮削端的有关结构尺寸

螺纹规格				ST 1.5	ST 1.9	ST 2.2	ST 2.6	ST 2.9	ST 3.5	ST 4.2
螺距 P(mm)				0.5	0.6	0.8	0.9	1.1	1.3	1.4
		槽　号		0	0	0	1	1	2	2
(1) H型十字槽 (mm)	盘头	m	参考	1.5	1.7	1.9	2.7	3	3.9	4.4
		插入深度	min	0.5	0.7	0.85	1.1	1.4	1.4	1.95
			max	0.7	0.9	1.2	1.5	1.8	1.9	2.35
	沉头	m	参考	1.6	1.7	1.9	2.8	3.2	4.4	4.6
		插入深度	min	0.7	0.8	1.0	1.3	1.7	1.9	2.1
			max	0.9	1.0	1.2	1.6	2.1	2.4	2.6
	半沉头	m	参考	1.8	1.9	2.2	3	3.4	4.8	—
		插入深度	min	0.9	1	1.2	1.4	1.8	2.25	—
			max	1.1	1.2	1.5	1.8	2.2	2.75	—
(2) 有关结构尺寸 (mm)	不分	a	max	0.5	0.6	0.8	0.9	1.1	1.3	1.4
		L_n	max	0.7	0.9	1.6	1.6	2.1	2.5	2.8
	盘头	d_k	max	2.8	3.5	4	4.3	5.6	7	8
			min	2.66	3.3	3.7	4.1	5.3	6.64	7.64
		k	max	0.9	1.1	1.6	2	2.4	2.6	3.1
			min	0.8	1	1.4	1.8	2.15	2.35	2.8
		r_f	≈	2	2.6	3.2	4	5	6	6.5
		r	min	0.05	0.05	0.1	0.1	0.1	0.1	0.2
	沉头、半沉头	d_k	max	2.8	3.5	3.8	4.8	5.5	7.3	8.4
			min	2.6	3.3	3.5	4.5	5.2	6.9	8
		r max	沉头	0.5	0.6	0.8	1	1.2	1.4	1.6
			半沉头	0.5	0.6	0.8	1	1.2	1.4	—
		k	max	0.8	0.9	1.1	1.4	1.7	2.35	2.6
		f	≈	0.3	0.4	0.4	0.6	0.8	0.8	—
		r_f	≈	3.2	4	4	4.8	6.4	8.5	—

注: 1. a—最末一扣完整螺纹至支承面距离; d_k—头部直径; f—半沉头球面部分高度; k—头部高度; L_n—刮削端长度; m—十字槽翼直径; r—头下圆角半径; r_f—头部球面半径。

　　2. 盘头,又称A型;沉头,又称B型;半沉头,又称C型。

6. 自攻螺钉的推荐钻孔尺寸

(1) C、F 型自攻螺钉，在热性塑料中(mm)					
螺纹规格	钻孔直径	螺钉在盲孔中最小插入深度	螺纹规格	钻孔直径	螺钉在盲孔中最小插入深度
ST2.2	1.80	6.5	ST4.8	3.90	8.0
ST2.9	2.35	6.5	ST5.5	4.60	9.5
ST3.5	2.90	6.5	ST6.3	5.30	9.5
ST4.2	3.40	8.0			

(2) C、F 型自攻螺钉，在中碳钢、黄铜、铝合金、不锈钢和高强度耐蚀镍铜合金板中(mm)					
螺纹规格	材料厚度	钻孔直径	螺纹规格	材料厚度	钻孔直径
ST2.2	0.45	1.60	ST4.8	0.71	3.40
	0.91	1.85		1.22	3.60
	1.62	1.95		1.62	3.80
				2.64	4.10
				3.18	4.30
				4.75	4.50
ST2.9	0.45	2.05	ST5.5	0.71	4.10
	0.91	2.30		1.22	4.30
	1.62	2.40		1.62	4.50
	2.03	2.60		2.64	4.80
				3.18	4.90
				4.75	5.10
ST3.5	0.45	2.35	ST6.3	1.22	4.80
	0.91	2.80		1.62	5.20
	1.62	2.95		2.03	5.40
	2.03	3.10		3.18	5.70
	2.64	3.20		4.75	5.90
				6.35	6.00
ST4.2	0.71	2.90			
	0.91	3.10			
	1.22	3.20			
	1.62	3.40			
	2.64	3.70			
	3.18	3.80			

（3）F型自攻螺钉，在有色金属铸件、铝、锌、黄铜、青铜等中（钻孔或型心孔）(mm)								

螺纹规格	最小尺寸		最大尺寸		螺纹规格	最小尺寸		最大尺寸	
	孔径	孔深	孔径	孔深		孔径	孔深	孔径	孔深
ST2.2	1.80	3.20	2.00	6.50	ST5.5	5.10	7.00	5.10	14.0
ST2.9	2.45	4.00	2.65	8.00	ST6.3	6.00	8.00	6.00	16.0
ST3.5	3.30	4.50	3.30	9.50	ST8	7.50	11.0	7.50	22.0
ST4.2	3.90	5.50	3.90	11.0	ST9.5	9.10	14.0	9.10	25.0
ST4.8	4.50	6.50	4.50	13.0					

（4）F型六角头自攻螺钉，在钢结构件中(mm)							

螺纹规格	材料厚度	钻孔直径		螺纹规格	材料厚度	钻孔直径	
		镀镉或润滑螺钉	本色、镀锌或非润滑螺钉			镀镉或润滑螺钉	本色、镀锌或非润滑螺钉
ST3.5	0.91	2.60	2.60	ST6.3	3.18	5.60	5.60
	1.62	2.80	2.80		4.75	5.90	5.90
	2.03	2.90	2.90		6.35	5.90	5.90
	2.64	3.10	3.10		7.92	5.90	5.90
ST4.2	1.62	3.30	3.30	ST8	3.18	7.20	7.30
	2.03	3.60	3.60		4.75	7.40	7.50
	2.64	3.60	3.70		6.35	7.40	7.60
	3.18	3.70	3.80		7.92	7.50	7.70
ST4.8	1.62	3.30	3.30		9.53	7.50	7.70
	2.64	4.00	4.00		12.7	7.60	7.70
	3.18	4.10	4.10	ST9.5	3.18	8.60	9.00
	4.75	4.40	4.50		4.75	8.90	9.20
ST5.5	2.64	4.80	4.80		6.35	9.00	9.20
	3.18	4.90	4.90		7.92	9.10	9.30
	4.75	5.00	5.10		9.53	9.20	9.30
	6.35	5.10	5.20		12.7	9.20	9.30

注：如果金属材料很硬或很软时，孔径可略微增大或减小。

7. 自攻锁紧螺钉的有关结构尺寸

(1) 有关结构尺寸(mm)								
螺纹规格			M2	M2.5	M3	M4	M5	M6
螺距 P			0.4	0.45	0.5	0.7	0.8	1
槽号			0	1	1	2	2	3
H型十字槽	盘头	m 参考	1.9	2.7	3	4.4	4.9	6.9
		插入深度 min	0.9	1.15	1.4	1.9	2.4	3.1
		插入深度 max	1.2	1.55	1.8	2.4	2.9	3.6
	沉头	m 参考	—	2.9	3.2	4.6	5.2	6.8
		插入深度 min	—	1.4	1.7	2.1	2.7	3
		插入深度 max	—	1.8	2.1	2.6	3.2	3.5
	半沉头	m 参考	—	3	3.4	5.2	5.4	7.3
		插入深度 min	—	1.5	1.8	2.7	2.9	3.5
		插入深度 max	—	1.85	2.2	3.2	3.4	4
不分头型	a	max	0.8	0.9	1	1.4	1.6	2
	b	min	10	12	18	24	30	35
	X	max	1	1.1	1.25	1.75	2	2.5
盘头	d_k	max	4	5	5.6	8	9.5	12
		min	3.7	4.7	5.3	7.64	9.14	11.57
	k	max	1.6	2.1	2.4	3.1	3.7	4.6
		min	1.46	1.96	2.26	2.92	3.52	4.3
	d_a	max	2.6	3.1	3.6	4.7	5.7	6.8
	r	min	0.1	0.1	0.1	0.2	0.2	0.25
	r_f	≈	3.2	4	5	6.5	8	10
沉头、半沉头	d_k	理论值	—	5.5	6.3	9.4	10.4	12.6
		max	—	4.7	5.5	8.4	9.3	11.3
		min	—	4.4	5.2	8	9	10.9
	f	≈	—	0.6	0.7	1	1.2	1.4
	k	max	—	1.5	1.65	2.7	2.7	3.3
	r	max	—	0.6	0.8	1	1.3	1.5
	r_f	≈	—	5	6	9.5	9.5	12

(1) 有关结构尺寸(mm)						
螺纹规格		M5	M6	M8	M10	M12
螺距 P		0.8	1	1.25	1.5	1.75
六角头	a max	2.4	3	3.75	4.5	5.25
	b min	30	35	35	35	35
	d_a max	5.7	6.8	9.2	11.2	13.7
	e min	8.79	11.05	14.38	17.77	20.03
	k' min	2.28	2.63	3.54	4.28	5.05
	r min	0.2	0.25	0.4	0.4	0.6
	X max	2	2.5	3.2	3.8	4.4
	s max	8	10	13	16	18
	s min	7.78	9.78	12.73	15.73	17.73
	k 公称	3.5	4	5.3	6.4	7.5
	k min	3.35	3.85	5.15	6.22	7.32
	k max	3.65	4.15	5.45	6.58	7.68
(2) 公称长度 l 及其公差(mm)						
l	公称尺寸	4、5、6 8、10	12、14、16 20、25、30	35、40 45、50	55、60 65、70	80
	公差	±0.3	±0.4	±0.5	±0.6	±1

注：a—最末一扣完整螺纹至支承面距离；b—螺纹长度；d_a—过渡圆直径；d_k—头部直径；e—对边宽度；f—半沉头球面部分高度；k—头部高度；k'—扳拧高度；l—公称长度；m—十字槽翼直径；r—头下圆角半径；r_f—球面半径；s—对边宽度；X—螺纹收尾长度。

8. 自钻自攻螺钉的有关结构尺寸

有关结构尺寸(一)(mm)								
螺 纹 规 格			ST 2.9	ST 3.5	ST 4.2	ST 4.8	ST 5.5	ST 6.3
螺 距 P			1.1	1.3	1.4	1.6	1.8	1.8
a max			1.1	1.3	1.4	1.6	1.8	1.8
d_p ≈			2.3	2.8	3.6	4.1	4.8	5.8
钻削范围 ≥			0.7	0.7	1.75	1.75	1.75	2
(板厚) ≤			1.9	2.25	3	4.4	5.25	6
	公称长度 l		第一扣完整螺纹至支承面间的距离 l_g, min					
	公称	min	max					
不分头型	9.5	8.75	10.25	3.25	2.85			
	13	12.1	13.9	6.6	6.2	4.3	3.7	
	16	15.1	16.9	9.6	9.2	7.3	5.8	5(6)*
	19	18	20	12.5	12.1	10.3	8.7	8	7
	22	21	23			15.1	13.3	11.7	11	10
	25	24	26			18.1	16.3	14.7	14	13
	32	30.75	33.25				23	21.5	21	20
	38	36.75	39.25				29	27.5	27	26
	45	43.75	46.25					34.5	34	33
	50	48.75	51.25					39.5	39	38

注：1. a—最末一扣完整螺纹至支承面距离；d_p—钻头直径。
  2. 公称长度 l 应根据连接板的厚度、两板间的间隙或夹层厚度确定。
  3. 尺寸 d_p 的数据摘自旧标准(GB/T 15856.1—1995)，仅供参考
  4. *盘头自钻自攻螺钉为 6mm，其余自钻自攻螺钉为 5mm。

（续）

有关结构尺寸(二)(mm)				ST 2.9	ST 3.5	ST 4.2	ST 4.8	ST 5.5	ST 6.3
螺 纹 规 格				ST2.9	ST3.5	ST4.2	ST4.8	ST5.5	ST6.3
盘 头	d_a		max	3.5	4.1	4.9	5.6	6.3	7.3
	d_k		max	5.6	7.00	8.00	9.50	11.00	12.00
			min	5.3	6.64	7.64	9.14	10.57	11.57
	k		max	2.40	2.60	3.1	3.7	4.0	4.6
			min	2.15	2.35	2.8	3.4	3.7	4.3
	r		min	0.1	0.1	0.2	0.2	0.25	0.25
	r_f		≈	5	6	6.5	8	9	10
十 字 槽	H 型	槽 号		1	2	2	2	3	3
		m	参考	3	3.9	4.4	4.9	6.4	6.9
		插入深度	max	1.8	1.9	2.4	2.9	3.1	3.6
			min	1.4	1.4	1.9	2.4	2.6	3.1
	Z 型	m	参考	3	4	4.4	4.8	6.2	6.8
		插入深度	max	1.75	1.9	2.35	2.75	3	3.5
			min	1.45	1.5	1.95	2.3	2.55	3.05
六 角 法 兰 面 、 六 角 凸 缘	d_c		max	6.3	8.3	8.8	10.5	11	13.5
			min	5.8	7.6	8.1	9.8	10	12.2
	k	公称=max		2.8	3.4	4.1	4.3	5.4	5.9
		min		2.5	3.1	3.6	3.8	4.8	5.3
	C	min		0.4	0.6	0.8	0.9	1.0	1.0
	e	min		4.28	5.96	7.59	8.71	8.71	10.95
	k_w	min		1.3	1.5	1.8	2.2	2.7	3.1
	r_1	max		0.4	0.5	0.6	0.7	0.8	0.9
	r_2	max		0.2	0.25	0.3	0.3	0.4	0.5
	s	公称=max		4.00	5.50	7.00	8.00	8.00	10.00
		min		3.82	5.32	6.78	7.78	7.78	9.78

注：5. C—法兰(凸缘)厚度；d_a—过渡圆直径；d_c—法兰(凸缘)直径；d_k—头部直径；e—对角宽度；k—头部高度；k_w—扳拧高度；r、r_1、r_2—圆角半径；r_f—球面半径；s—对边宽度。

有关结构尺寸(三)(mm)								
螺 纹 规 格			ST 2.9	ST 3.5	ST 4.2	ST 4.8	ST 5.5	ST 6.3
d_k	理论值	max	6.3	8.2	9.4	10.4	11.5	12.6
	实际值	max	5.5	7.3	8.4	9.3	10.3	11.3
		min	5.2	6.9	8.0	8.9	9.9	10.9
f		≈	0.7	0.8	1	1.2	1.3	1.4
k		max	1.7	2.35	2.6	2.8	3	3.15
r		max	1.2	1.4	1.6	2	2.2	2.4
r_f		≈	6	8.5	9.5	9.5	11	12
十字槽(沉头)		槽 号	1	2	2	2	3	3
	H 型	m 参考	3.2	4.4	4.6	5.2	6.6	6.8
		插入深度 max	2.1	2.4	2.6	3.2	3.3	3.5
		插入深度 min	1.7	1.9	2.1	2.7	2.8	3.0
	Z 型	m 参考	3.2	4.3	4.6	5.1	6.5	6.8
		插入深度 max	2.0	2.20	2.50	3.05	3.2	3.45
		插入深度 min	1.6	1.75	2.05	2.75	2.75	3.00
十字槽(半沉头)		槽 号	1	2	2	2	3	3
	H 型	m 参考	3.4	4.8	5.2	5.4	6.7	7.3
		插入深度 max	2.2	2.75	3.2	3.4	3.45	4.0
		插入深度 min	1.8	2.25	2.7	2.9	2.95	3.5
	Z 型	m 参考	3.3	4.8	5.2	5.6	6.6	7.2
		插入深度 max	2.1	2.70	3.10	3.35	3.40	3.85
		插入深度 min	1.8	2.25	2.65	2.90	2.95	3.40

（行标题最左栏：沉头、半沉头）

注：6. d_k—头部直径；f—球面高度；k—头部高度；r—圆角半径；r_f—球面半径。

7. 各种自钻自攻螺钉上的螺纹，按 GB/T 5280 自攻螺钉用螺纹的规定，参见第 5.29 页。

9. 自攻螺钉的品种简介

序号	品种名称与标准号	型式	规格范围	产品等级	螺纹	机械性能或材料	表面处理
1	开槽盘头自攻螺钉 * GB/T 5282—1985	C 型 F 型	ST2.2 ~ ST9.5	A 级	GB/T 5280①	GB/T 3098.5②	镀锌钝化
2	开槽沉头自攻螺钉 * GB/T 5283—1985	C 型 F 型	ST2.2 ~ ST9.5	同序号 1			
3	开槽半沉头自攻螺钉 * GB/T 5284—1985	C 型 F 型	ST2.2 ~ ST9.5	同序号 1			
4	十字槽盘头自攻螺钉 * GB/T 845—1985	C 型 F 型	ST2.2 ~ ST9.5	同序号 1			
5	十字槽沉头自攻螺钉 * GB/T 846—1985	C 型 F 型	ST2.2 ~ ST9.5	同序号 1			

注：1. 带 * 符号的品种为商品紧固件品种,应优先选用。

   2. 型式栏中,只有一种型式的,即省略不标注出。又型式、机械性能或材料以及表面处理栏中,如有多项内容,其中粗黑体字表示的内容,可在自攻螺钉的标记中省略(参见第13.2页)。

   3. 螺纹和机械性能栏中的注①～⑦的说明:

   ① 自攻螺钉的螺纹,按 GB/T 5280 规定,参见第5.29 页。

   ② 自攻螺钉的机械性能,按 GB/T 3098.5 规定,参见第 9.67 页。

   ③ 自攻锁紧螺钉的螺纹,按 GB/T 6559 规定,参见第5.30 页。

   ④ 自攻锁紧螺钉的 A 和 B 级机械性能的具体内容,按 GB/T 3098.7 规定,参见第 9.68 页。

   ⑤ 墙板自攻螺钉的螺纹,参见第 19.58 页。

   ⑥ 墙板自攻螺钉的机械性能,参见第 7.11 页。

   ⑦ 自钻自攻螺钉的机械性能,参见第 9.70 页。

序号	品种名称与标准号	型式	规格范围	产品等级	螺纹	机械性能或材料	表面处理
6	十字槽半沉头自攻螺钉*GB/T 847—1985	**C型** F型	ST2.2 ～ ST9.5	同序号1			
7	精密机械用十字槽自攻螺钉—刮削端*GB/T 13806.2—1992	**A型** B型 C型	ST1.5 ～ ST4.2	A级	GB/T 5280①	GB/T 3098.5②	镀锌钝化
8	六角头自攻螺钉 GB/T 5285—1985	**C型** F型	ST2.2 ～ ST9.5	同序号7			
9	六角凸缘自攻螺钉 GB/T 16824.1—1997		ST2.2 ～ ST8	同序号7			
10	六角法兰面自攻螺钉 GB/T 16824.2—1997		ST2.2 ～ ST9.5	同序号7			
11	十字槽凹穴六角头自攻螺钉 GB/T 9456—1988	**C型** F型	ST2.9 ～ ST8	同序号7			
12	内六角花形盘头自攻螺钉 GB/T 2670.1—2004	**C型** F型 R型	ST2.9 ～ ST6.3	A级	GB/T 5280	GB/T 3098.5	a. 不经处理 b. **电镀(镀锌)**

序号	品种名称与标准号	型式	规格范围	产品等级	螺纹	机械性能或材料	表面处理
13	内六角花形沉头自攻螺钉 GB/T 2670.2 —2004	**C型** F型 R型	ST2.9 ～ ST6.3	同序号 12			
14	内六角花形半沉头自攻螺钉 GB/T 2670.3 —2004	**C型** F型 R型	ST2.9 ～ ST6.3	同序号 12			
15	十字槽盘头自攻锁紧螺钉* GB/T 6560— 1986		M2 ～ M6	A 级	GB/T 6559③	A、**B**④	镀锌钝化
16	十字槽沉头自攻锁紧螺钉* GB/T 6561— 1986		M2.5 ～ M6	同序号 12			
17	十字槽半沉头自攻锁紧螺钉* GB/T 6562— 1986		M2.5 ～ M6	同序号 12			
18	六角头自攻锁紧螺钉* GB/ T 6563—1986		M5 ～ M12	A 级	GB/T 6559③	A、**B**④	镀锌钝化

序号	品种名称与标准号	型式	规格范围	产品等级	螺纹	机械性能或材料	表面处理
19	内六角花形圆柱头自攻锁紧螺钉* GB/T 6564—1986		M6 ～ M12	同序号 15			
20	墙板自攻螺钉* GB/T 14210—1993		3.5 ～ 4.2mm	A级	⑤	GB/T 14210—1993⑥	磷化处理
21	十字槽盘头自钻自攻螺钉 GB/T 15856.1—2002	H型 Z型	ST2.9 ～ ST6.3	A级	GB/T 5280①	GB/T 3098.11—2002⑦	a. 不经处理 b. 镀锌钝化
22	十字槽沉头自钻自攻螺钉 GB/T 15856.2—2002	H型 Z型	ST2.9 ～ ST6.3	同序号 18			
23	十字槽半沉头自钻自攻螺钉 GB/T 15856.3—2002	H型 Z型	ST2.9 ～ ST6.3	同序号 18			
24	六角法兰面自钻自攻螺钉 GB/T 15856.4—2002		ST3.5 ～ ST6.3	同序号 18			
25	六角凸缘自钻自攻螺钉 GB/T 15856.5—2002		ST2.9 ～ ST6.3	同序号 18			

10. 自攻螺钉的用途简介

自攻螺钉多用于薄的金属板(钢板、铝或铝合金板等)之间的连接。连接时,先对被连接件(金属板)制出螺纹底孔,再将自攻螺钉拧入被连接件的螺纹底孔中。由于自攻螺钉的螺纹表面具有较高的硬度(≥45HRC),可在被连接件的螺纹底孔中攻出内螺纹,从而形成连接。

自攻锁紧螺钉也多用于薄的金属板之间的连接。其螺纹为具有弧形三角截面的普通螺纹,螺纹表面也具有较高的硬度,故在连接时,螺钉也可在被连接件的螺纹底孔中攻出内螺纹,从而形成连接。这种螺钉的特点是具有低拧入力矩和高锁紧性能,比普通自攻螺钉具有更好的工作性能,并可代替机器螺钉使用。

墙板自攻螺钉用于石膏墙板等和金属龙骨之间的连接。其螺纹为双头螺纹,螺纹表面也具有很高的硬度(≥53HRC),能在不制出预制孔的条件下,快速拧入金属龙骨中,从而形成连接。

自钻自攻螺钉与普通自攻螺钉不同之处是:普通自攻螺钉在连接时,须经过钻孔(钻螺纹底孔)和攻丝(包括紧固连接)两道工序;而自钻自攻螺钉在连接时,就将钻孔和攻丝两道工序合并一次完成。它先用螺钉前面的钻头进行钻孔,接着就用螺钉进行攻丝(包括紧固连接),节约施工时间,提高施工效率。

盘头和六角头自攻螺钉适用于钉头允许露出的场合,六角头自攻螺钉可比盘头自攻螺钉承受较大的力矩。沉头和内六角花形自攻螺钉适用于钉头不允许露出的场合,内六角花形自攻螺钉可比沉头自攻螺钉承受较大的力矩;半沉头自攻螺钉适用于钉头允许轻微露出的场合。自攻螺钉的装拆时,开槽自攻螺钉需用一字形螺钉旋具,十字槽自攻螺钉需用十字形螺钉旋具,内六角花形自攻螺钉需用内六角花形扳手,六角头自攻螺钉需用呆扳手、梅花扳手、套筒扳手或活扳手。

二、自攻螺钉的尺寸与重量

1. 开槽盘头自攻螺钉

(GB/T 5282—1985)

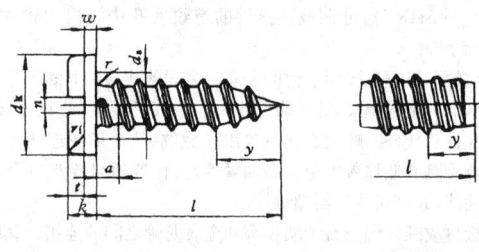

C 型　　　　　　　F 型

(1) 主要尺寸(mm)							
螺纹规格	d_k max	k max	l 范围	螺纹规格	d_k max	k max	l 范围
ST2.2	4	1.3	4.5～16	ST5.5	11	3.2	13～32
ST2.9	5.6	1.8	6.5～19	ST6.3	12	3.6	13～38
ST3.5	7	2.1	6.5～22	ST8	16	4.8	16～50
ST4.2	8	2.4	9.5～25	ST9.5	20	6	16～50
ST4.8	9.5	3	9.5～32				

注：1. d_k—头部直径；k—头部高度；l—公称长度；其余尺寸代号的标注内容及具体尺寸(a、d_a、d_k、k、l、n、r、r_1、t、w、y)，参见第19.3页。

(2) 每千件钢制品大约重量 G(kg)									
l	G	l	G	l	G	l	G	l	G
ST2.2		ST3.5		ST4.8		ST6.3		ST8	
4.5	0.15	6.5	0.69	9.5	1.91	13	4.08	45	17.05
6.5	0.18	9.5	0.83	13	2.22	16	4.55	50	18.37
9.5	0.24	13	0.99	16	2.49	19	5.03	ST9.5	
13	0.30	16	1.12	19	2.75	22	5.51	16	17.10
16	0.36	19	1.26	22	3.02	25	5.98	19	18.33
ST2.9		22	1.40	25	3.28	32	7.10	22	19.57
6.5	0.41	ST4.2		32	3.90	38	8.05	25	20.80
9.5	0.51	9.5	1.21	ST5.5		ST8		32	23.67
13	0.62	13	1.44	13	3.04	16	9.41	35	26.14
16	0.71	16	1.64	16	3.39	19	10.20	45	29.01
19	0.81	19	1.83	19	3.74	22	10.99	50	31.06
		22	2.03	22	4.09	25	11.78		
		25	2.23	25	4.44	32	13.63		
				32	5.26	38	15.21		

注：2. l—公称长度(mm)。
　　3. 表列规格为商品规格范围。

2. 开槽沉头自攻螺钉

(GB/T 5283—1985)

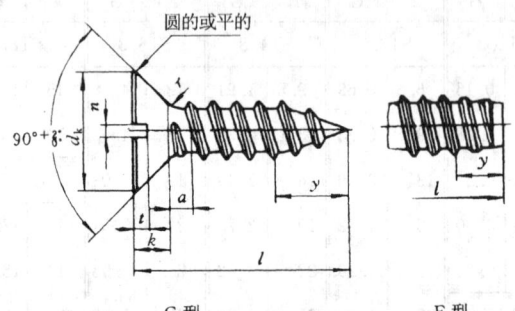

C 型 F 型

（1）主要尺寸(mm)							
螺纹 规格	d_k max	k max	l 范围	螺纹 规格	d_k max	k max	l 范围
ST2.2	3.8	1.1	4.5～16	ST5.5	10.3	3	16～38
ST2.9	5.5	1.7	6.5～19	ST6.3	11.3	3.5	16～38
ST3.5	7.3	2.35	9.5～25	ST8	15.8	4.65	19～50
ST4.2	8.4	2.6	9.5～32	ST9.5	18.3	5.25	22～50
ST4.8	9.3	2.8	9.5～32				

注：1. d_k—头部直径；k—头部高度；l—公称长度；其余尺寸代号
的标注内容及具体尺寸(a、d_k、k、l、n、r、t、y)，参见第
19.3页。

| \multicolumn{10}{c}{(2) 每千件钢制品大约重量 G(kg)} |

l	G	l	G	l	G	l	G	l	G
\multicolumn{2}{c}{ST2.2}	\multicolumn{2}{c}{ST3.5}	\multicolumn{2}{c}{ST4.8}	\multicolumn{2}{c}{ST6.3}	\multicolumn{2}{c}{ST9.5}
4.5	0.08	9.5	0.54	9.5	1.00	16	2.61	22	9.79
6.5	0.12	13	0.70	13	1.31	19	3.09	25	11.02
9.5	0.17	16	0.83	16	1.58	22	3.57	32	13.90
13	0.23	19	0.97	19	1.84	25	4.04	38	16.36
16	0.29	22	1.11	22	2.11	32	5.16	45	19.23
\multicolumn{2}{c}{ST2.9}	25	1.24	25	2.37	38	6.11	50	21.29
6.5	0.23	\multicolumn{2}{c}{ST4.2}	32	2.99	\multicolumn{2}{c}{ST8}		
9.5	0.32	9.5	0.77	\multicolumn{2}{c}{ST5.5}	19	5.85		
13	0.43	13	1.00	16	2.03	22	6.64		
16	0.53	16	1.19	19	2.38	25	7.43		
19	0.62	19	1.39	22	2.73	32	9.27		
		22	1.59	25	3.08	38	10.85		
		25	1.79	32	3.89	45	12.70		
		32	2.24	38	4.59	50	14.01		

注：2. l—公称长度(mm)。

3. 表列规格为商品规格范围。

3. 开槽半沉头自攻螺钉

(GB/T 5284—1985)

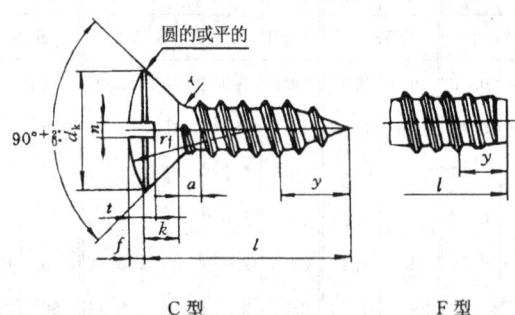

C 型   F 型

(1) 主要尺寸(mm)									
螺纹规格	d_k max	k max	f ≈	l 范围	螺纹规格	d_k max	k max	f ≈	l 范围
ST2.2	3.8	1.1	0.5	4.5～16	ST5.5	10.3	3	1.3	13～32
ST2.9	5.5	1.7	0.7	6.5～19	ST6.3	11.3	3.15	1.4	13～38
ST3.5	7.3	2.35	0.8	9.5～22	ST8	15.8	4.65	2	16～50
ST4.2	8.4	2.6	1	9.5～25	ST9.5	18.3	5.25	2.3	19～50
ST4.8	9.3	2.8	1.2	9.5～32					

注: 1. d_k—头部直径;k—头部高度;f—半沉头球面部分高度;l—公称长度;其余尺寸代号的标注内容及具体尺寸(a、d_k、k、l、n、r、r_f、t、y),参见第 19.3 页。

(2) 每千件钢制品大约重量 G(kg)									
l	G	l	G	l	G	l	G	l	G
ST2.2		ST3.5		ST4.8		ST6.3		ST8	
4.5	0.10	13	0.81	13	1.59	13	2.58	38	12.20
6.5	0.14	16	0.95	16	1.85	16	3.06	45	14.05
9.5	0.19	19	1.08	19	2.12	19	3.54	50	15.36
13	0.25	22	1.22	22	2.38	22	4.02	ST9.5	
16	0.31	ST4.2		25	2.65	25	4.49	19	10.60
ST2.9		9.5	0.97	32	3.26	32	5.61	22	11.83
6.5	0.29	13	1.20	ST5.5		38	6.56	25	13.06
9.5	0.38	16	1.39	13	2.03	ST8		32	15.94
13	0.49	19	1.59	16	2.38	16	6.40	38	18.40
16	0.58	22	1.79	19	2.73	19	7.19	45	21.27
19	0.68	25	1.99	22	3.08	22	7.99	50	23.33
ST3.5		ST4.8		25	3.43	25	8.78		
9.5	0.65	9.5	1.28	32	4.25	32	10.62		

注：2. l—公称长度(mm)。

  3. 表列规格为商品规格范围。

4. 十字槽盘头自攻螺钉

(GB/T 845—1985)

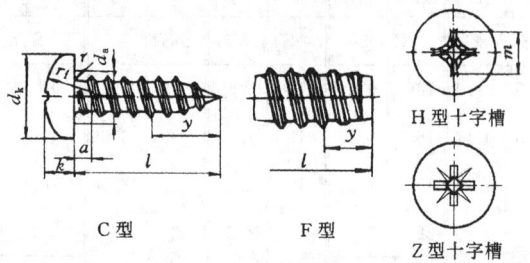

C 型　　　　　　　　F 型

H 型十字槽

Z 型十字槽

(1) 主要尺寸(mm)									
螺纹规格	d_k max	k max	l 范围	十字槽	螺纹规格	d_k max	k max	l 范围	十字槽
ST2.2	4	1.6	4.5～16	0	ST5.5	11	4	13～38	3
ST2.9	5.6	2.4	6.5～19	1	ST6.3	12	4.6	13～38	3
ST3.5	7	2.6	9.5～25	2	ST8	16	6	16～50	4
ST4.2	8	3.1	9.5～32	2	ST9.5	20	7.5	16～50	4
ST4.8	9.5	3.7	9.5～38	2					

注：1. d_k—头部直径；k—头部高度；l—公称长度；其余尺寸代号的标注内容及具体尺寸(a、d_a、d_k、k、l、r、r_1、y、十字槽)，参见第 19.4 页。

(2) 每千件钢制品大约重量 G(kg)									
l	G	l	G	l	G	l	G	l	G
ST2.2		ST3.5		ST4.8		ST5.5		ST8	
4.5	0.18	16	1.24	13	2.60	38	6.43	38	16.59
6.5	0.21	19	1.38	16	2.87	ST6.3		45	18.43
9.5	0.27	22	1.52	19	3.13	13	4.79	50	19.75
13	0.33	25	1.66	22	3.40	16	5.27	ST9.5	
16	0.38	ST4.2		25	3.66	19	5.74	16	20.32
ST2.9		9.5	1.44	32	4.28	22	6.22	19	21.55
6.5	0.52	13	1.67	38	4.81	25	6.70	22	22.78
9.5	0.61	16	1.86	ST5.5		32	7.81	25	24.01
13	0.72	19	2.06	13	3.51	38	8.76	32	26.89
16	0.81	22	2.26	16	3.86	ST8		38	29.35
19	0.91	25	2.45	19	4.21	16	10.79	45	32.23
ST3.5		32	2.91	22	4.56	19	11.58	50	34.28
9.5	0.95	ST4.8		25	4.91	22	12.37		
13	1.11	9.5	2.30	32	5.73	25	13.16		
						32	15.01		

注：2. l—公称长度(mm)。

　　3. 表列规格为商品规格范围。

5. 十字槽沉头自攻螺钉

(GB/T 846—1985)

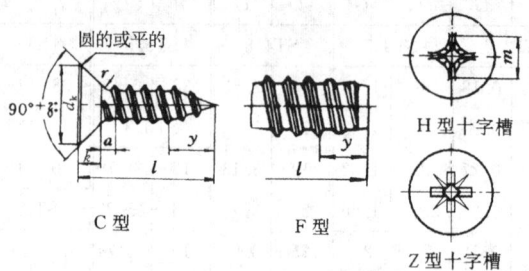

C 型   F 型

H 型十字槽

Z 型十字槽

(1) 主要尺寸(mm)									
螺纹规格	d_k max	k max	l 范围	十字槽	螺纹规格	d_k max	k max	l 范围	十字槽
ST2.2	3.8	1.1	4.5～16	0	ST5.5	10.3	3	13～38	3
ST2.9	5.5	1.7	6.5～19	1	ST6.3	11.3	3.15	13～38	3
ST3.5	7.3	2.35	9.5～25	2	ST8	15.8	4.65	16～50	4
ST4.2	8.4	2.6	9.5～32	2	ST9.5	18.3	5.25	16～50	4
ST4.8	9.3	2.8	9.5～32	2					

注: 1. d_k—头部直径; k—头部高度; l—公称长度; 其余尺寸代号的标注内容及具体尺寸(a、d_k、k、l、r、y、十字槽), 参见第 19.4 页。

| \multicolumn{10}{c}{(2) 每千件钢制品大约重量 G(kg)} |

l	G	l	G	l	G	l	G	l	G
ST2.2		ST3.5		ST4.8		ST6.3		ST8	
4.5	0.08	16	0.81	13	1.28	13	2.00	45	12.41
6.5	0.12	19	0.94	16	1.55	16	2.47	50	13.73
9.5	0.17	22	1.08	19	1.81	19	2.95	ST9.5	
13	0.23	25	1.22	22	2.08	22	3.43	16	7.04
16	0.29	ST4.2		25	2.34	25	3.90	19	8.27
ST2.9		9.5	0.76	32	2.96	32	5.02	22	9.51
6.5	0.22	13	0.99	ST5.5		38	5.97	25	10.74
9.5	0.32	16	1.18	13	1.54	ST8		32	13.61
13	0.43	19	1.38	16	1.89	16	4.77	38	16.08
16	0.52	22	1.58	19	2.24	19	5.56	45	18.95
19	0.62	25	1.77	22	2.59	22	6.35	50	21.00
ST3.5		32	2.23	25	2.94	25	7.14		
9.5	0.51	ST4.8		32	3.75	32	8.99		
13	0.67	9.5	0.98	38	4.45	38	10.57		

注：2. l—公称长度(mm)。

　　3. 表列规格为商品规格范围。

6. 十字槽半沉头自攻螺钉

(GB/T 847—1985)

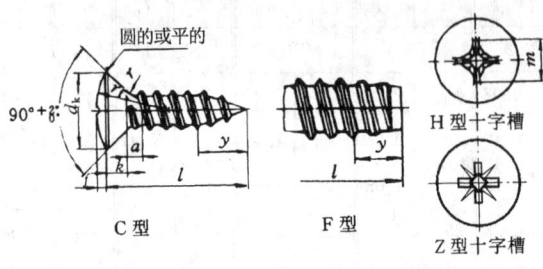

C 型　　　　　F 型

H 型十字槽

Z 型十字槽

圆的或平的

(1) 主要尺寸(mm)											
螺纹规格	d_k max	k max	f ≈	l 范围	十字槽	螺纹规格	d_k max	k max	f ≈	l 范围	十字槽
ST2.2	3.8	1.1	0.5	4.5～16	0	ST5.5	10.3	3	1.3	13～38	3
ST2.9	5.5	1.7	0.7	6.5～19	1	ST6.3	11.3	3.15	1.4	13～38	3
ST3.5	7.3	2.35	0.8	9.5～25	2	ST8	15.8	4.65	2	16～50	4
ST4.2	8.4	2.6	1	9.5～32	2	ST9.5	18.3	5.25	2.3	16～50	4
ST4.8	9.3	2.8	1.2	9.5～32	2						

注：1. d_k—头部直径；k—头部高度；f—球面高度；l—公称长度；
其余尺寸代号的标注内容及具体尺寸(a、d_k、f、k、l、r、r_f、y、十字槽)，参见第19.4页。

\multicolumn{10}{	c	}{（2）每千件钢制品大约重量 G(kg)}
l	G	l	G	l	G	l	G	l	G
ST2.2		ST3.5		ST4.8		ST6.3		ST8	
4.5	0.10	16	0.92	13	1.59	13	2.49	45	13.81
6.5	0.14	19	1.06	16	1.86	16	2.97	50	15.13
9.5	0.19	22	1.19	19	2.12	19	3.45	ST9.5	
13	0.25	25	1.33	22	2.39	22	3.92	16	9.38
16	0.31	ST4.2		25	2.65	25	4.40	19	10.61
ST2.9		9.5	0.95	32	3.27	32	5.51	22	11.84
6.5	0.29	13	1.18	ST5.5		38	6.47	25	13.07
9.5	0.39	16	1.38	13	1.96	ST8		32	15.95
13	0.50	19	1.57	16	2.31	16	6.17	38	18.41
16	0.59	22	1.77	19	2.66	19	6.96	45	21.29
19	0.68	25	1.97	22	3.01	22	7.75	50	23.34
ST3.5		32	2.43	25	3.36	25	8.54		
9.5	0.62	ST4.8		32	4.17	32	10.39		
13	0.78	9.5	1.29	38	4.87	38	11.97		

注：2. l—公称长度(mm)。

3. 表列规格为商品规格范围。

7. 精密机械用十字槽自攻螺钉—刮削端

(GB/T 13806.2—1992)

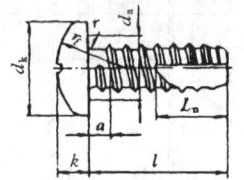
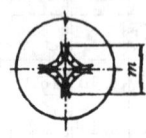

H型十字槽

A型—十字槽盘头自攻螺钉—刮削端

圆的或平的

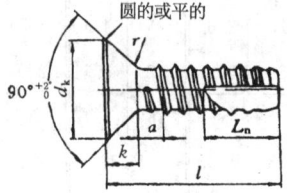
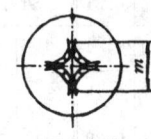

H型十字槽

B型—十字槽沉头自攻螺钉—刮削端

圆的或平的

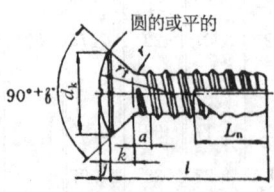

H型十字槽

C型—十字槽半沉头自攻螺钉—刮削端

主要尺寸(mm)									
螺纹规格 (ST)	d_k max	k max	f ≈	l 范围	螺纹规格 (ST)	d_k max	k max	f ≈	l 范围
(a) A型—十字槽盘头自攻螺钉—刮削端									
1.5	2.8	0.9	—	4~8	2.9	5.6	2.4	—	4.5~20
(1.9)	3.5	1.1	—	4~8	3.5	7	2.6	—	7~25
2.2	4	1.6	—	4.5~10	4.2	8	3.1	—	7~25
(2.6)	4.3	2	—	4.5~16					
(b) B型—十字槽沉头自攻螺钉—刮削端									
1.5	2.8	0.8	—	4~8	2.9	5.5	1.7	—	4.5~20
(1.9)	3.5	0.9	—	4~8	3.5	7.3	2.35	—	7~25
2.2	3.8	1.1	—	4.5~10	4.2	8.4	2.6	—	7~25
(2.6)	4.8	1.4	—	4.5~16					
(c) C型—十字槽半沉头自攻螺钉—刮削端									
1.5	2.8	0.8	0.3	4~8	(2.6)	4.8	1.4	0.6	4.5~16
(1.9)	3.5	0.9	0.4	4~8	2.9	5.5	1.7	0.7	4.5~20
2.2	3.8	1.1	0.5	4.5~10	3.5	7.3	2.35	0.7	7~25
(d) 公称长度 l 的系列和公差									

l	公称尺寸	4、(4.5)、5、(5.5)、6、(7) 8、(9.5)、10、13、16、20		(22) 25
	公差	—0.8		—1.3

注: 1. 自攻螺钉的螺纹规格的完整写法举例:ST1.5。
2. d_k—头部直径;k—头部高度;f—半沉头球面部分高度;其余尺寸代号的标注内容及具体尺寸(a、d_k、f、k、L_n、P、r、r_1、十字槽),参见第19.8页。
3. 表列规格为商品规格;带括号的规格尽量不采用。

	(2) 每千件钢制品大约重量 G(kg)								
l	G	l	G	l	G	l	G	l	G

① A型—十字槽盘头自攻螺钉—刮削端

l	G	l	G	l	G	l	G	l	G
ST1.5		(ST1.9)		(ST2.6)		ST2.9		ST3.5	
4	0.061	8	0.180	6	0.301	9.5	0.621	25	1.68
4.5	0.065	ST2.2		7	0.326	10	0.637	ST4.2	
5	0.068	4.5	0.181	8	0.350	13	0.732	7	1.31
5.5	0.072	5	0.190	9.5	0.387	16	0.826	8	1.37
6	0.076	5.5	0.199	10	0.399	20	0.953	9.5	1.47
7	0.084	6	0.208	13	0.473	ST3.5		10	1.51
8	0.091	7	0.226	16	0.547	7	0.855	13	1.71
(ST1.9)		8	0.244	ST2.9		8	0.901	16	1.90
4	0.109	9.5	0.271	4.5	0.463	9.5	0.970	20	2.17
4.5	0.115	10	0.280	5	0.479	10	0.993	22	2.30
5	0.122	(ST2.6)		5.5	0.495	13	1.13	25	2.50
5.5	0.128	4.5	0.264	6	0.511	16	1.27		
6	0.134	5	0.276	7	0.542	20	1.45		
7	0.147	5.5	0.288	8	0.574	22	1.54		

② B型—十字槽沉头自攻螺钉—刮削端

l	G	l	G	l	G	l	G	l	G
ST1.5		(ST1.9)		ST2.2		(ST2.6)		(ST2.6)	
4	0.036	4	0.063	4.5	0.084	4.5	0.129	13	0.338
4.5	0.040	4.5	0.070	5	0.093	5	0.141	16	0.412
5	0.043	5	0.076	5.5	0.102	5.5	0.154	ST2.9	
5.5	0.047	5.5	0.082	6	0.111	6	0.166	4.5	0.171
6	0.051	6	0.089	6	0.130	7	0.191	5	0.187
7	0.059	7	0.101	7	0.148	8	0.215	5.5	0.202
8	0.066	8	0.114	9.5	0.175	9.5	0.252	6	0.208
				10	0.184	10	0.264	7	0.250

(2) 每千件钢制品大约重量 G(kg)									
l	G	l	G	l	G	l	G	l	G
② B型—十字槽沉头自攻螺钉—刮削端									
ST2.9		ST3.5		ST3.5		ST4.2		ST4.2	
8	0.281	7	0.415	20	1.01	7	0.625	20	1.48
9.5	0.329	8	0.461	22	1.10	8	0.692	22	1.62
10	0.345	9.5	0.530	2.5	1.24	9.5	0.791	25	1.81
13	0.439	10	0.553			10	0.824		
16	0.534	13	0.690			13	1.02		
20	0.660	16	0.828			16	1.22		
③ C型—十字槽半沉头自攻螺钉—刮削端									
ST1.5		(ST1.9)		(ST2.6)		ST2.9		ST3.5	
4	0.041	6	0.103	4.5	0.168	4.5	0.238	7	0.528
4.5	0.045	7	0.115	5	0.180	5	0.254	8	0.574
5	0.049	8	0.128	5.5	0.193	5.5	0.270	9.5	0.643
5.5	0.053	ST2.2		6	0.205	6	0.285	10	0.666
6	0.057	4.5	0.106	7	0.229	7	0.317	13	0.804
7	0.064	5	0.115	8	0.254	9.5	0.396	16	0.942
8	0.072	5.5	0.124	9.5	0.291	10	0.412	20	1.13
(ST1.9)		6	0.133	10	0.303	13	0.506	22	1.22
4	0.077	7	0.151	13	0.377	16	0.601	25	1.36
4.5	0.084	8	0.169	16	0.451	20	0.727		
5	0.090	9.5	0.196						
5.5	0.096	10	0.205						

8. 六角头自攻螺钉

(GB/T 5285—1985)

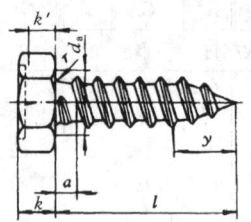

凹穴型式由制造者选择

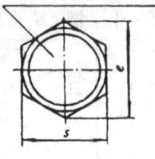

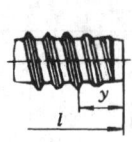

C 型　　　　　　　　　　　　　　F 型

(1) 主要尺寸(mm)							
螺纹规格	k max	s max	l 范围	螺纹规格	k max	s max	l 范围
ST2.2	1.6	3.2	4.5~50	ST5.5	4.1	8	13~50
ST2.9	2.3	5	6.5~50	ST6.3	4.7	10	13~50
ST3.5	2.6	5.5	6.5~50	ST8	6	13	15~50
ST4.2	3	7	9.5~50	ST9.5	7.5	16	16~50
ST4.8	3.8	8	9.5~50				

注：1. s—对边宽度；k—头部高度；l—公称长度；其余尺寸代号的标注内容及具体尺寸(a、d_a、e、k、k'、l、P、r、s、y)，参见第19.6页。

(2) 每千件钢制品大约重量 G(kg)									
l	G	l	G	l	G	l	G	l	G
ST2.2		ST2.9		ST4.2		ST5.5		ST8	
4.5	0.12	32	1.20	19	1.74	16	2.68	16	7.48
6.5	0.16	38	1.39	22	1.93	19	3.03	19	8.27
9.5	0.21	45	1.61	25	2.13	22	3.38	22	9.06
13	0.28	50	1.77	32*	2.59	25	3.73	25	9.85
16	0.33	ST3.5		38	2.98	32	4.55	32	11.69
19*	0.38	6.5	0.56	45	3.44	38*	5.25	38	13.27
22	0.44	9.5	0.69	50	3.77	45	6.06	45	15.12
25	0.49	13	0.85	ST4.8		50	6.65	50	16.44
32	0.62	16	0.99	9.5	1.67	ST6.3		ST9.5	
38	0.73	19	1.13	13	1.98	13	3.56	16	12.97
45	0.85	22	1.27	16	2.24	16	4.04	19	14.20
50	0.94	25*	1.40	19	2.51	19	4.52	22	15.43
ST2.9		32	1.72	22	2.77	22	4.99	25	16.66
6.5	0.40	38	2.00	25	3.04	25	5.47	32	19.54
9.5	0.49	45	2.32	32	3.65	32	6.58	38	22.00
13	0.60	50	2.54	38*	4.18	38	7.54	45	24.87
16	0.70	ST4.2		45	4.80	45*	8.65	50	26.93
19	0.79	9.5	1.11	50	5.24	50	9.45		
22*	0.89	13	1.34	ST5.5		ST8			
25	0.98	16	1.54	13	2.33	13	6.69		

注：2. l—公称长度(mm)。

3. 表中 l 等于或大于带 * 的规格为特殊规格范围,其余规格均为通用规格范围。

9. 六角凸缘自攻螺钉

(GB/T 16824.1—1997)

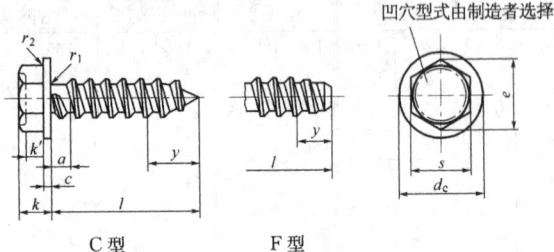

C 型   F 型

(1) 主要尺寸(mm)										
螺纹规格		ST 2.2	ST 2.9	ST 3.5	ST 3.9	ST 4.2	ST 4.8	ST 5.5	ST 6.3	ST 8
d_c	max	4.2	6.3	8.3	8.3	8.8	10.5	11	13.5	18
c	min	0.25	0.4	0.6	0.6	0.8	0.9	1	1	1.2
k	max	2	2.8	3.4	3.4	4.1	4.3	5.4	5.9	7
s	max	3	4	5.5	5.5	7	8	8	10	13
公称长度 l 范围	自	4.5	6.5	6.5	9.5	9.5	9.5	13	13	16
	至	19	19	22	25	25	32	38	50	50

注: 1. d_c—凸缘直径; c—凸缘厚度; k—头部高度; s—对边宽度。
其余尺寸的标注代号内容及具体尺寸(a、d_c、e、k、k'、l、r_1、r_2、s、y),参见第19.7页。

（续）

（2）每千件钢制品大约重量 G(kg)									
l	G	l	G	l	G	l	G	l	G
ST2.2		ST3.5		ST4.2		ST5.5		ST6.3	
4.5	0.155	9.5	0.956	13	1.78	13	3.11	38	8.75
6.5	0.191	13	1.12	16	1.98	16	3.47	45	9.87
9.5	0.245	16	1.25	19	2.18	19	3.82	50	10.67
13	0.309	19	1.39	22	2.37	22	4.17	ST8	
16	0.363	22	1.53	25	2.57	25	4.52	16	9.79
19	0.417	ST3.9		ST4.8		32	5.34	19	10.58
ST2.9		9.5	1.04	9.5	2.16	38	6.05	22	11.38
6.5	0.415	13	1.24	13	2.47	ST6.3		25	12.17
9.5	0.510	16	1.41	16	2.73	13	4.75	32	14.04
13	0.620	19	1.58	19	3.00	16	5.23	38	15.62
16	0.715	22	1.75	22	3.27	19	5.71	45	17.48
19	0.810	25	1.92	25	3.53	22	6.19	50	18.80
ST3.5		ST4.2		32	4.16	25	6.67		
6.5	0.818	9.5	1.55			32	7.79		

注：2. l—公称长度(mm)。

    3. 表列规格为商品规格。

10. 六角法兰面自攻螺钉

(GB/T 16824.2—1997)

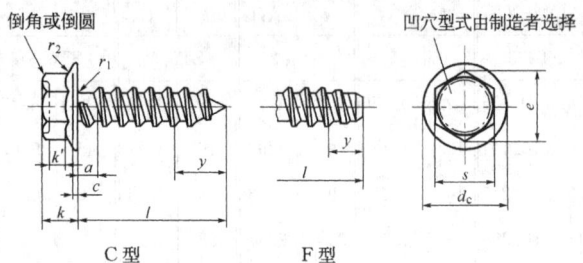

C型   F型

(1) 主要尺寸(mm)										
螺纹规格		ST 2.2	ST 2.9	ST 3.5	ST 4.2	ST 4.8	ST 5.5	ST 6.3	ST 8	ST 9.5
d_c	max	4.5	6.4	7.5	8.5	10	11.2	12.8	16.8	21
c	min	0.3	0.4	0.5	0.5	0.6	0.8	1	1.2	1.4
k	max	2.2	3.2	3.8	4.3	5.2	6	6.7	8.6	10.7
s	max	3	4	5	5.5	7	7	8	10	13
公称长度 l 范围	自	4.5	6.5	9.5	9.5	9.5	13	13	16	19
	至	16	19	22	25	32	38	38	50	50

注：1. 公称长度 l 系列(mm)：4.5、6.5、9.5、13、16、19、22、
25、32、38、45、50。

2. d_c—法兰直径；c—法兰厚度；k—头部高度；s—对边宽度。
其余尺寸代号的标注内容及具体尺寸(a、d_c、e、k'、l、r_1、
r_2、s、y)，参见第 19.6 页。

全									

(2) 每件钢制品大约重量 G(kg)

l	G	l	G	l	G	l	G	l	G
ST2.2		ST3.5		ST4.8		ST5.5		ST8	
4.5	0.156	13	0.988	13	2.21	38	5.64	25	10.11
6.5	0.192	16	1.13	16	2.47	ST6.3		32	11.97
9.5	0.247	19	1.26	19	2.74	13	3.75	38	13.56
13	0.310	22	1.40	22	3.01	16	4.23	45	15.42
16	0.364	ST4.2		25	3.27	19	4.71	50	16.74
ST2.9		9.5	1.15	32	3.89	22	5.19	ST9.5	
6.5	0.418	13	1.38	ST5.5		25	5.67	19	15.38
9.5	0.513	16	1.58	13	2.71	32	6.79	22	16.62
13	0.623	19	1.78	16	3.06	38	7.75	25	17.86
16	0.718	22	1.98	19	3.41	ST8		32	20.75
19	0.813	25	2.18	22	3.76	16	7.73	38	23.23
ST3.5		ST4.8		25	4.12	19	8.52	45	26.13
9.5	0.827	9.5	1.89	32	4.94	22	9.32	50	28.19

注：3. l—公称长度(mm)。

4. 表列规格为商品规格。

11. 十字槽凹穴六角头自攻螺钉

(GB/T 9456—1988)

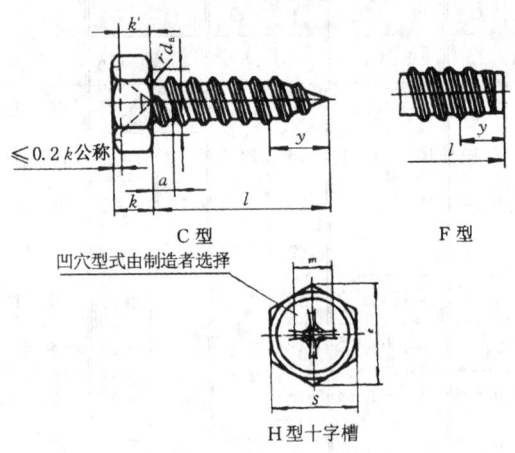

C 型

F 型

凹穴型式由制造者选择

H型十字槽

(1) 主要尺寸(mm)									
螺纹规格	k max	s max	l 范围	十字槽	螺纹规格	k max	s max	l 范围	十字槽
ST2.9	2.3	5	6.5～19	1	ST4.8	3.8	8	9.5～32	2
ST3.5	2.6	5.5	6.5～22	2	ST6.3	4.7	10	13～38	3
ST4.2	3	7	9.5～25	2	ST8	6	13	13～50	3

注：1. k—头部高度；s—对边宽度；l—公称长度；其余尺寸代号的
标注内容及具体尺寸(a、d_a、e、k、k'、l、r、s、y、十字
槽)，参见第 19.6 页。

(2) 每千件钢制品大约重量 G(kg)					
l	G	l	G	l	G
ST2.9		ST4.2		ST6.3	
6.5	0.39	16	1.49	19	4.30
9.5	0.48	19	1.69	22	4.78
13	0.59	22	1.89	25	5.26
16	0.69	25	2.08	32	6.37
19	0.78	ST4.8		38	7.33
ST3.5		9.5	1.60	ST8	
6.5	0.53	13	1.91	13	6.37
9.5	0.66	16	2.18	16	7.16
13	0.82	19	2.44	19	7.96
16	0.96	22	2.71	22	8.75
19	1.10	25	2.97	25	9.54
22	1.23	32	3.59	32	11.38
ST4.2		ST6.3		38	12.96
9.5	1.07	13	3.35	45	14.81
13	1.30	16	3.83	50	16.12

注：2. l—公称长度(mm)。

　　3. 表列规格为通用规格范围。

12. 内六角花形盘头自攻螺钉

(GB/T 2670.1—2004)

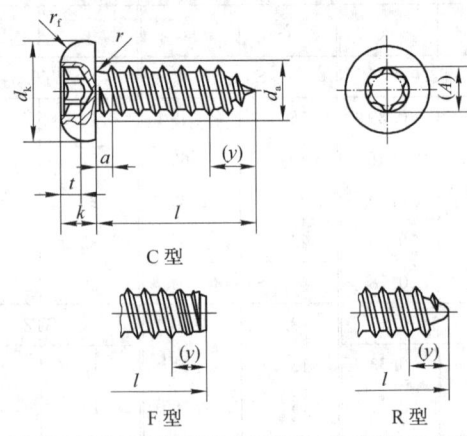

C 型

F 型　　　　　R 型

(1) 主要尺寸(mm)						
螺纹规格	ST2.9	ST3.5	ST4.2	ST4.8	ST5.5	ST6.3
P	1.1	1.3	1.4	1.6	1.8	1.8
d_k (max)	5.6	7.00	8.00	9.50	11.00	12.00
k (max)	2.40	2.60	3.1	3.7	4.0	4.6
内六角 花形 槽号No.	10	15	20	25	25	30
内六角 花形 A 参考	2.8	3.35	3.95	4.5	4.5	5.6
公称长度 l^*	6.5~19	9.5~25	9.5~32	9.5~32	13~38	13~38
公称长度系列 l	4.5、6.5、9.5、13、16、19、22、25、32、38、35、40					

注：1. P—螺距；d_k—头部直径；k—头部高度。其余尺寸代号的标
注内容及具体尺寸(a、d_a、r、r_f、y、t)，参见第 19.8 页。
2. * 表列公称长度 l 范围为商品长度规格范围。

(2) 每千件钢制品大约重量 G(kg)									
l	G	l	G	l	G	l	G	l	G
ST2.9		ST3.5		ST4.2		ST4.8		ST6.3	
6.5	0.583	19	1.51	25	2.63	32	4.52	13	5.30
9.5	0.678	22	1.65	32	3.09	ST5.5		16	5.78
13	0.789	25	1.79	ST4.8		13	4.02	19	6.26
16	0.883	ST4.2		9.5	2.52	16	4.38	22	6.74
19	0.978	9.5	1.61	13	2.84	19	4.73	25	7.22
ST3.5		13	1.84	16	3.10	22	5.08	32	8.34
9.5	1.08	16	2.04	19	3.37	25	5.43	38	9.30
13	1.24	19	2.23	22	3.64	32	6.62		
16	1.38	22	2.43	25	3.91	38	6.96		

注：3. l—公称长度(mm)。

13. 内六角花形沉头自攻螺钉

（GB/T 2670.2—2004）

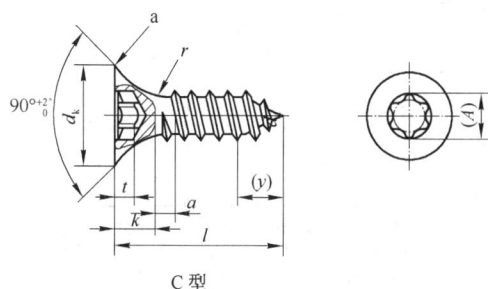

C 型

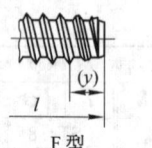

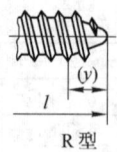

F 型 R 型

注：a—棱边可以是圆的或直的,由制造者任选。

(1) 主要尺寸(mm)						
螺纹规格	ST2.9	ST3.5	ST4.2	ST4.8	ST5.5	ST6.3
P	1.1	1.3	1.4	1.6	1.8	1.8
d_k (max)	5.5	7.3	8.4	9.3	10.3	11.3
k (max)	1.7	2.35	2.6	2.8	3	3.15
内六角花形 槽号 No.	10	15	20	25	25	30
A(参考)	2.8	3.35	3.95	4.5	4.5	5.6
公称长度 l*	6.5~19	9.5~25	9.5~32	9.5~32	13~38	13~38
公称长度系列 l:	4.5、6.5、9.5、13、16、19、22、25、32、38、45、50					

(2) 每千件钢制品大约重量 G(kg)									
l	G	l	G	l	G	l	G	l	G
ST2.9		ST3.5		ST4.2		ST4.8		ST6.3	
6.5	0.215	19	0.953	25	1.76	32	2.92	13	1.94
9.5	0.310	22	1.09	32	2.22	ST5.5		16	2.42
13	0.421	25	1.23	ST4.8		13	1.62	19	2.90
16	0.515	ST4.2		9.5	0.925	16	1.98	22	3.38
19	0.610	9.5	0.733	13	1.24	19	2.33	25	3.86
ST3.5		13	0.964	16	1.50	22	2.68	32	4.98
9.5	0.516	16	1.16	19	1.77	25	3.03	38	5.94
13	0.677	22	1.36	22	2.04	32	3.86		
16	0.815	22	1.56	25	2.30				

注：1. P—螺距；d_k—头部直径；k—头部高度。其余尺寸代号的标注内容及具体尺寸(a、r、y、t),参见第 19.8 页。
2. *表列公称长度 l 范围为商品长度规格范围。
3. l—公称长度(mm)。

14. 内六角花形半沉头螺钉

(GB/T 2670.3—2004)

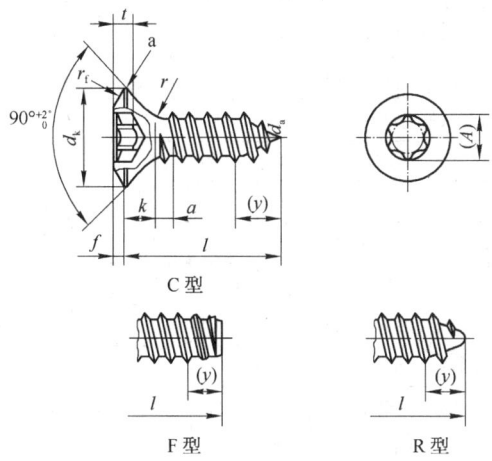

C 型

F 型

R 型

注：a—棱边可以是圆的或直的,由制造者选择。

(1) 主要尺寸(mm)						
螺纹规格	ST2.9	ST3.5	ST4.2	ST4.8	ST5.5	ST6.3
P	1.1	1.3	1.4	1.6	1.8	1.8
d_k (max)	5.5	7.3	8.4	9.3	10.3	11.3
k (max)	1.7	2.35	2.6	2.8	3	3.15

(1) 主要尺寸(mm)						
内六角花形	槽号 No.	10	15	20	25	25	30
	A(参考)	2.8	3.35	3.95	4.5	4.5	5.6
公称长度 l*		6.5~19	9.5~25	9.5~32	9.5~32	13~38	13~38

公称长度系列 l: 4.5、6.5、9.5、13、16、19、22、25、32、38、45、50

(2) 每千件钢制品大约重量 G(kg)									
l	G	l	G	l	G	l	G	l	G
ST2.9		ST3.5		ST4.2		ST4.8		ST6.3	
6.5	0.274	19	1.08	25	1.97	32	3.23	13	2.50
9.5	0.369	22	1.21	32	2.43	ST5.5		16	2.98
13	0.479	25	1.35	ST4.8		13	2.06	19	3.46
16	0.574	ST4.2		9.5	1.23	16	2.42	22	3.94
19	0.669	9.5	0.94	13	1.54	19	2.77	25	4.42
ST3.5		13	1.17	16	1.81	22	3.12	32	5.54
9.5	0.640	16	1.37	19	2.07	25	3.47	38	6.50
13	0.801	19	1.57	22	2.34	32	4.30		
16	0.939	22	1.77	25	2.60	38	5.00		

注：1. P—螺距；d_k—头部直径；k—头部高度。其余尺寸代号的标注内容及具体尺寸(a、f、r、r_1、y、t)，参见第 19.8 页。

2. *表列公称长度 l 范围为商品长度规格范围。

15. 十字槽盘头自攻锁紧螺钉

(GB/T 6560—1986)

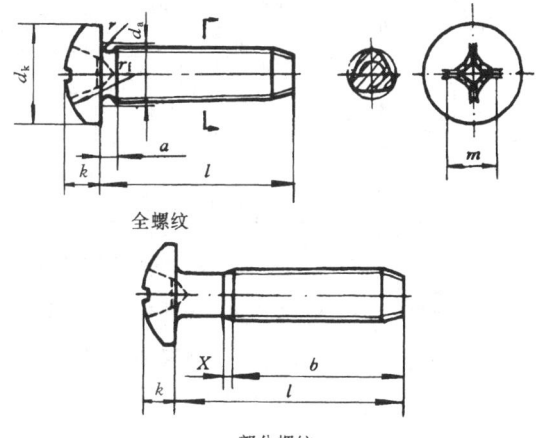

全螺纹

部分螺纹

(1) 主要尺寸(mm)						
螺纹规格	M2	M2.5	M3	M4	M5	M6
头部直径 d_k max	4	5	5.6	8	9.5	12
头部高度 k max	1.6	2.1	2.4	3.1	3.7	4.6
公称长度 l 范围	4~12	5~16	6~20	8~30	10~35	12~40
十字槽号(H 型)	0	1	1	2	2	3

注：1. 其余尺寸代号的标注内容及具体尺寸(a、b、d_a、d_k、k、l、P、r、r_f、X、十字槽)，参见第 19.12 页。

(2) 每千件钢制品大约重量 G(kg)									
l	G	l	G	l	G	l	G	l	G
M2		M2.5		M3		M4		M6	
4	0.19	10	0.54	16*	1.05	30	3.00	12	5.29
5	0.21	12*	0.60	20	1.22	M5		(14)	5.63
6	0.22	(14)	0.65	M4		10	2.91	16	5.97
8	0.26	16	0.71	8	1.35	12	3.15	20	6.66
10*	0.30	M3		10	1.50	(14)	3.39	25	7.52
12	0.33	6	0.63	12	1.65	16	3.63	30	8.37
M2.5		8	0.71	(14)	1.80	20	4.11	35*	9.23
5	0.40	10	0.80	16	1.95	25	4.71	40	10.09
6	0.42	12	0.88	20	2.25	30*	5.31		
8	0.48	(14)	0.97	25*	2.62	35	5.91		

注：2. l—公称长度(mm)。

3. l 小于或等于带 * 规格制成全螺纹螺钉,其余规格制成部分螺纹螺钉。

4. 表列规格为商品规格范围,带括号的规格尽量不采用。

16. 十字槽沉头自攻锁紧螺钉

(GB/T 6561—1986)

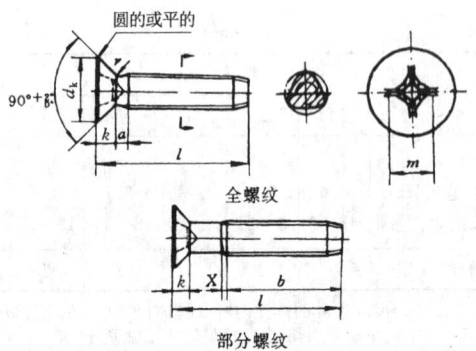

全螺纹

部分螺纹

(1) 主要尺寸(mm)						
螺 纹 规 格		M2.5	M3	M4	M5	M6
头部直径 d_k	max	4.7	5.5	8.4	9.3	11.3
头部高度 k	max	1.5	1.65	2.7	2.7	3.3
公称长度 l	范围	6～16	8～20	10～30	12～35	14～40
十字槽号(H 型)		1	1	2	2	3

(2) 每千件钢制品大约重量 G(kg)									
l	G	l	G	l	G	l	G	l	G
M2.5		M3		M4		M5		M6	
6	0.20	10	0.47	(14)	1.27	16	2.17	20	3.82
8	0.25	12	0.55	16	1.42	20	2.65	25	4.68
10	0.31	(14)	0.64	20	1.72	25	3.25	30*	5.53
12*	0.37	16*	0.72	25*	2.10	30*	3.85	35	6.39
(14)	0.43	20	0.89	30	2.47	35	4.45	40	7.25
16	0.48	M4		M5		M6			
M3		10	0.97	12	1.69	(14)	2.79		
8	0.38	12	1.12	(14)	1.93	16	3.13		

注：1. 其余尺寸代号的标注内容及具体尺寸(a、b、d_k、l、P、r、
X、十字槽)，参见第 19.12 页。

2. 公称长度 l(mm)小于或等于带 * 符号的规格制成全螺纹
螺钉，其余规格制成部分螺纹螺钉。

3. 表列规格为商品规格范围，带括号的规格尽量不采用。

17. 十字槽半沉头自攻锁紧螺钉

(GB/T 6562—1986)

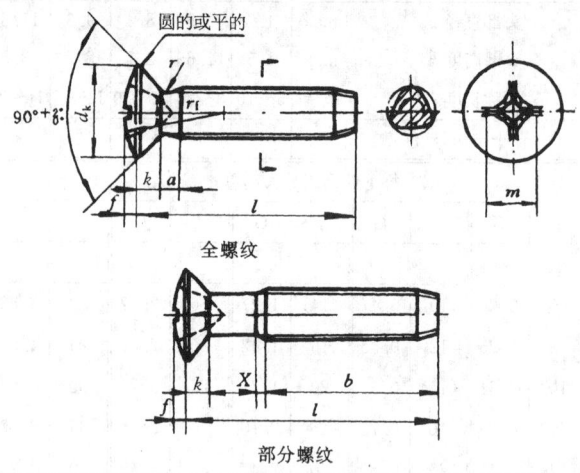

全螺纹

部分螺纹

(1) 主要尺寸(mm)

螺 纹 规 格		M2.5	M3	M4	M5	M6
头部直径 d_k	max	4.7	5.5	8.4	9.3	11.3
头部高度 k	max	1.5	1.65	2.7	2.7	3.3
球面高度 f	≈	0.6	0.7	1	1.2	1.4
公称长度 l	范围	6～16	8～20	10～30	12～35	14～40
十字槽号(H 型)		1	1	2	2	3

注：1. 其余尺寸代号的标注内容及具体尺寸(a、b、d_k、l、m、r、r_f、X、十字槽)，参见第 19.12 页。

(2) 每千件钢制品大约重量 G(kg)									
l	G	l	G	l	G	l	G	l	G
M2.5		M3		M4		M5		M6	
6	0.24	8	0.45	10	1.17	12	2.00	(14)	3.29
8	0.29	10	0.54	12	1.32	(14)	2.24	16	3.63
10	0.35	12	0.62	(14)	1.47	16	2.48	20	4.31
12*	0.41	(14)	0.71	16	1.62	20	2.96	25	5.17
(14)	0.47	16*	0.79	20	1.92	25	3.56	30*	6.03
16	0.52	20	0.96	25*	2.29	30*	4.16	35	6.89
				30	2.67	35	4.76	40	7.74

注：2. l—公称长度(mm)。

　　3. l 小于或等于带 * 符号的规格制成全螺纹螺钉,其余规格制成部分螺纹螺钉。

　　4. 表格规格为商品规格,带括号的规格尽量不采用。

18. 六角头自攻锁紧螺钉

（GB/T 6563—1986）

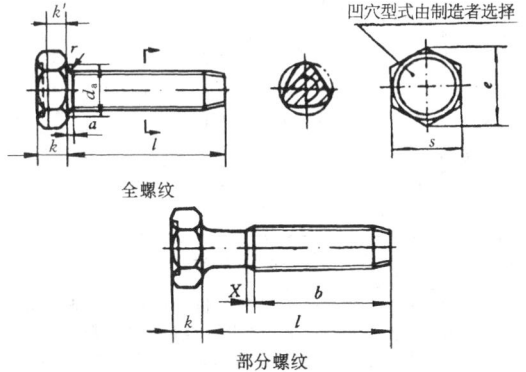

凹穴型式由制造者选择

全螺纹

部分螺纹

(1) 主要尺寸(mm)					
螺 纹 规 格		M5	M6	M8	M10	M12
头部高度 k	max	3.65	4.15	5.45	6.58	7.68
对边宽度 s	max	8	10	13	16	18
公称长度 l	范围	10~50	12~60	16~80	20~80	25~80

(2) 每千件钢制品大约重量G(kg)									
l	G	l	G	l	G	l	G	l	G
M5		M6		M8		M10		M12	
10	2.31	12	4.06	16	9.46	20	18.10	25	30.13
12	2.55	(14)	4.40	20	10.71	25	20.55	30	33.69
(14)	2.79	16	4.74	25	12.26	30	23.01	35 *	37.25
16	3.03	20	5.43	30	13.82	35 *	25.46	40	40.82
20	3.51	25	6.29	35 *	15.37	40	27.92	45	44.38
25	4.11	30	7.14	40	16.93	45	30.38	50	47.94
30	4.71	35 *	8.00	45	18.48	50	32.83	(55)	51.50
35 *	5.31	40	8.86	50	20.04	(55)	35.29	60	55.07
40	5.91	45	9.71	(55)	21.59	60	37.74	(65)	58.63
45	6.51	50	10.57	60	23.15	(65)	40.20	70	62.19
50	7.11	(55)	11.43	(65)	24.70	70	42.66	80	69.31
		60	12.29	70	26.26	80	47.57		
				80	29.37				

注：1. 其余尺寸代号的标注内容及具体尺寸(a、b、d_a、e、k、k'、l、r、X)，参见第 19.12 页。

    2. 公称长度 l(mm)小于或等于带 * 符号的规格制成全螺纹螺钉($b = l - a$)，其余规格制成部分螺纹螺钉。

    3. 表列规格为商品规格，带括号的规格尽量不采用。

19. 内六角花形圆柱头自攻锁紧螺钉

(GB/T 6564—1986)

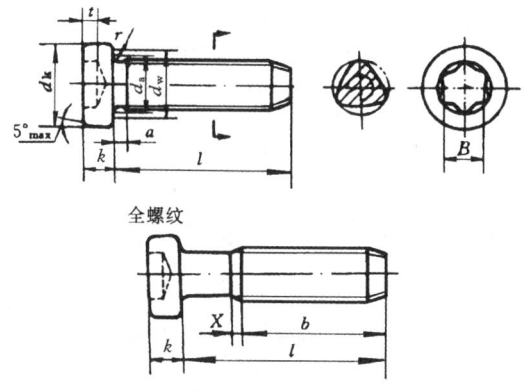

全螺纹

部分螺纹

(1) 尺寸(mm)

螺纹规格		M6	M8	M10	M12	螺纹规格			M6	M8	M10	M12
螺距 P		1	1.25	1.5	1.75	k	max		3.9	5	6	7
							min		3.6	4.7	5.7	6.64
a	max	2	2.5	3	3.5	六角花形	代号		T30	T40	T50	T55
b	min	35	35	35	35		t	max	2	2.6	3	3.8
d_a	max	6.8	9.2	11.2	14.2			min	1.6	2.2	2.6	3.32
d_w	min	9.38	12.33	15.33	17.23		B max		4.15	5	6.62	8.2
r	min	0.25	0.4	0.4	0.6	l	范围		12~40	16~50	20~60	25~80
X	max	2.5	3.2	3.8	4.4							
d_k	max	10	13	16	18							
	min	9.78	12.73	15.73	17.73							

(2) 每千件钢制品大约重量 G(kg)							
l	G	l	G	l	G	l	G
M6		M8		M10		M12	
12	3.85	20	10.27	30	22.03	35*	35.21
(14)	4.19	25	11.83	35*	24.48	40	38.78
16	4.53	30	13.38	40	26.94	45	42.34
20	5.22	35*	14.94	45	29.39	50	45.90
25	6.07	40	16.49	50	31.85	(55)	49.46
30	6.93	45	18.05	(55)	34.30	60	53.02
35*	7.79	50	19.60	60	36.76	(65)	56.59
40	8.65	M10		M12		70	60.15
M8		20	17.11	25	28.09	80	67.27
16	9.03	25	19.57	30	31.65		

注：1. a—最末一扣完整螺纹至支承面距离；b—螺纹长度；B—六角花形对边宽度；d_a—过渡圆直径；d_k—头部直径；d_w—支承面直径；k—头部高度；l—公称长度；r—头下圆角半径；t—插入深度；X—螺纹收尾长度。

2. 公称长度 l(mm) 小于或等于带 * 符号的规格制成全螺纹螺钉，其余规格制成部分螺纹螺钉。l 的公差参见第19.12页"自攻锁紧螺钉的 l 的公差"的规定。

3. 表列规格为商品规格。带括号的规格尽量不采用。

20. 墙板自攻螺钉

(GB/T 14210—1993)

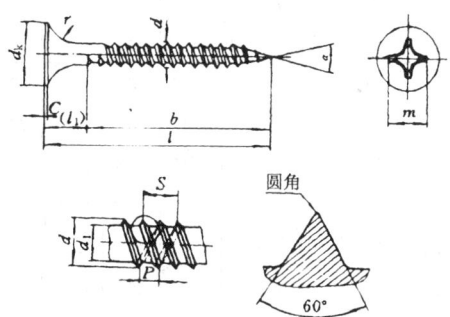

螺纹型式

(1) 尺寸(mm)								
螺纹规格 d		3.5	3.9	4.2	螺纹规格 d	3.5	3.9	4.2
螺距 P		1.4	1.6	1.7	螺纹大径	max	3.65	3.95	4.30
导程 S		2.8	3.2	3.4	d	min	3.45	3.75	4.10
头部直径	max	8.58	8.58	8.58	螺纹小径	max	2.46	2.74	2.93
d_k	min	8.00	8.00	8.00	d_1	min	2.33	2.59	2.78
边缘厚度	max	0.8	0.8	0.8	钉尖角度 α		22°～28°		
C	min	0.5	0.5	0.5	公称长度 l		19～	35～	40～
圆角半径 r ≈		4.5	5.0	5.0	范围		45	55	70
l	公称尺寸	19、25		(32)、35、(38)、40、45、50、55、60、70				
	公差	±0.8		±1.3				

注： 1. H 型十字槽：槽号为 2 号；十字槽翼直径 m(参考)为 5mm；
插入深度：max＝3.10mm，min＝2.50mm。

2. l≤50mm 的螺钉制成全螺纹，l_1≈6mm；l>50mm 的螺钉，
螺纹长度 b≥45mm。

3. 表列规格为商品规格。带括号的规格尽量不采用。

(续)

(2) 每千件钢制品大约重量 G(kg)

l	G	l	G	l	G	l	G	l	G
d = 3.5		d = 3.5		d = 3.9		d = 3.9		d = 4.2	
19	1.00	50		35	1.38	63*		63*	
25	1.07	51*		38	1.43	76*		70	2.11
29*		55		40	1.46	d = 4.2		76*	
32	1.16	57*		41*		40	1.56	80*	
35	1.20	63*		45	1.54	45	1.65	89*	
38	1.24	d = 3.9		50	1.62	50	1.74		
40	1.26	25*		51*		51*			
41*		29*		55	1.70	55	1.83		
45	1.33	32*		57*		60	1.93		

注：4. d—螺纹规格；l—公称长度(mm)。

5. 带 * 的规格为市场产品。部分规格重量暂缺。

21. 十字槽盘头自钻自攻螺钉

(GB/T 15856.1—2002)

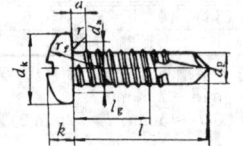
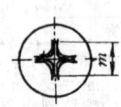

H 型十字槽   Z 型十字槽

(1) 主要尺寸(mm)

螺 纹 规 格		ST 2.9	ST 3.5	ST 4.2	ST 4.8	ST 5.5	ST 6.3
头部直径 d_k	max	5.6	7.0	8.0	9.5	11.0	12.0
头部高度 k	max	2.4	2.6	3.1	3.7	4	4.6
钻头直径 d_p	≈	2.3	2.8	3.6	4.1	4.8	5.5
十字槽号		1	2	2	2	3	3
公称长度 l	范围	9.5~19	9.5~25	13~38	13~50	16~50	19~50

(2) 每千件钢制品大约重量 G(kg)

l	G	l	G	l	G	l	G	l	G
ST2.9		ST3.5		ST4.8		ST5.5		ST6.3	
9.5	0.550	25	1.58	13	2.38	16	3.55	19	5.22
13	0.658	ST4.2		16	2.61	19	3.84	22	5.70
16	0.753	13	1.50	19	2.87	22	4.20	25	6.18
19	0.846	16	1.70	22	3.13	25	4.55	32	7.52
ST3.5		19	1.89	25	3.40	32	5.37	38	8.26
9.5	0.871	22	2.09	32	4.01	38	6.07	45	9.39
13	1.03	25	2.29	38	4.55	45	6.90	50	10.19
16	1.17	32	2.74	45	5.17	50	7.48		
19	1.30	38	3.14	50	5.61				
22	1.44								

注: 其余尺寸代号的标注内容及具体尺寸(a、d_a、d_k、k、l、l_g、P、r、十字槽及钻削板厚范围),参见第 19.14 页。

22. 十字槽沉头自钻自攻螺钉

(GB/T 15856.2—2002)

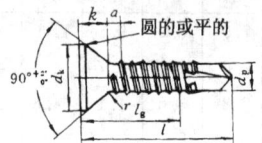  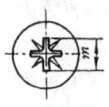

H型十字槽   Z型十字槽

(1) 主要尺寸(mm)							
螺 纹 规 格		ST 2.9	ST 3.5	ST 4.2	ST 4.8	ST 5.5	ST 6.3
头部直径 d_k	max	5.5	7.3	8.4	9.3	10.3	11.3
头部高度 k	max	1.7	2.35	2.6	2.8	3	3.15
钻头直径 d_p	≈	2.3	2.8	3.6	4.1	4.8	5.8
十字槽号		1	2	2	2	3	3
公称长度 l	范围	13～19	13～25	13～38	13～50	16～50	19～50

(2) 每千件钢制品大约重量 G(kg)									
l	G	l	G	l	G	l	G	l	G
ST2.9		ST4.2		ST4.8		ST5.5		ST6.3	
13	0.420	13	0.985	16	1.53	16	1.86	19	2.92
16	0.515	16	1.18	19	1.78	19	2.21	22	3.40
19	0.608	19	1.38	22	2.05	22	2.56	25	3.88
ST3.5		22	1.58	25	2.32	25	2.91	32	5.00
13	0.696	25	1.78	32	2.93	32	3.74	38	5.96
16	0.834	32	2.23	38	3.47	38	4.44	45	7.08
19	0.970	38	2.63	45	4.09	45	5.24	50	7.88
22	1.11	ST4.8		50	4.53	50	5.85		
25	1.25	13	1.30						

注: 其余尺寸代号的标注内容及具体尺寸(a、l、l_g、P、r、十字槽
及钻削板厚范围),参见第 19.14 页。

23. 十字槽半沉头自钻自攻螺钉

(GB/T 15856.3—2002)

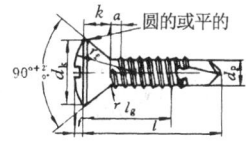

H型十字槽

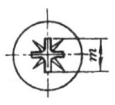
Z型十字槽

(1) 主要尺寸(mm)							
螺 纹 规 格		ST 2.9	ST 3.5	ST 4.2	ST 4.8	ST 5.5	ST 6.3
头部直径 d_k	max	5.5	7.3	8.4	9.3	10.3	11.3
球面高度 f	≈	0.7	0.8	1	1.2	1.3	1.4
头部高度 k	max	1.7	2.35	2.6	2.8	3	3.15
钻头直径 d_p	≈	2.3	2.8	3.6	4.1	4.8	5.8
十字槽号		1	2	2	2	3	3
公称长度 l	范围	13~19	13~25	13~38	13~50	16~50	19~50

(2) 每千件钢制品大约重量 G(kg)									
l	G	l	G	l	G	l	G	l	G
ST2.9		ST4.2		ST4.8		ST5.5		ST6.3	
13	0.487	13	0.955	13	1.29	16	1.84	19	2.86
16	0.512	16	1.15	16	1.51	19	2.10	22	3.34
19	0.605	19	1.35	19	1.78	22	2.55	25	3.82
ST3.5		22	1.55	22	2.04	25	2.90	32	4.94
13	0.679	25	1.75	25	2.31	32	3.72	38	5.90
16	0.817	32	2.20	32	2.92	38	4.43	45	7.02
19	0.953	38	2.60	38	3.46	45	5.25	50	7.82
22	1.09			45	4.08	50	5.83		
25	1.23			50	4.52				

注: 1. 公称长度 l 系列(mm):13、16、19、22、25、32、38、45、50。
  2. 其余尺寸代号的标注内容及具体尺寸(a、d_k、k、l、l_g、P、r、r_f、十字槽及钻削板厚范围),参见第19.14页。

24. 六角法兰面自钻自攻螺钉

(GB/T 15856.4—2002)

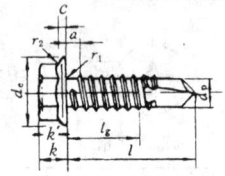 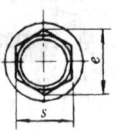

(1) 主要尺寸(mm)							
螺 纹 规 格		ST 2.9	ST 3.5	ST 4.2	ST 4.8	ST 5.5	ST 6.3
法兰厚度 c	min	0.4	0.6	0.8	0.9	1	1
法兰直径 d_c	max	6.3	8.3	8.8	10.5	11	13.5
头部高度 k	max	2.8	3.4	4.1	4.8	5.4	5.9
对边宽度 s	公称	4	5.5	7	8	8	10
钻头直径 d_p	≈	2.3	2.8	3.6	4.1	4.8	5.8
公称长度 l	范围	9.5～ 19	9.5～ 25	13～ 38	13～ 50	16～ 50	19～ 50

(2) 每千件钢制品大约重量 G(kg)									
l	G	l	G	l	G	l	G	l	G
ST2.9		ST3.5		ST4.8		ST5.5		ST6.3	
9.5	0.420	25	1.51	13	2.07	16	2.95	19	4.90
13	0.528	ST4.2		16	2.30	19	3.24	22	5.38
16	0.623	13	1.52	19	2.56	22	3.59	25	5.86
19	0.716	16	1.72	22	2.83	25	3.94	32	7.20
ST3.5		19	1.92	25	3.09	32	4.76	38	7.94
9.5	0.801	22	2.12	32	3.71	38	5.47	45	9.06
13	0.958	25	2.32	38	4.24	45	6.29	50	9.86
16	1.10	32	2.77	45	4.86	50	6.88		
19	1.23	38	3.16	50	5.31				
22	1.37								

注：其余尺寸代号的标注内容及具体尺寸(a、d_c、e、k、k'、l、l_g、P、r_1、r_2、钻削板厚范围)，参见第 19.14 页。

25. 六角凸缘自钻自攻螺钉

(GB/T 15856.5—2002)

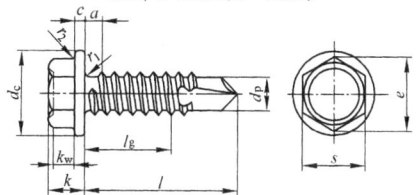

(1) 主要尺寸(mm)							
螺 纹 规 格		ST2.9	ST3.5	ST4.2	ST4.8	ST5.5	ST6.3
凸缘厚度 c	min	0.4	0.6	0.8	0.9	1	1
凸缘直径 d_c	max	6.3	8	8.8	10.5	11	13.5
头部高度 k	max	2.8	3.4	4.1	5	5.4	5.9
对边宽度 s	公称	4	5.5	7	8	8	10
公称长度 l	范围	9.5~19	9.5~25	13~38	13~50	16~50	19~50

(2) 每千件钢制品大约重量 G(kg)											
l	G	l	G	l	G	l	G	l	G		
ST2.9		ST3.5		ST4.8		ST5.5		ST6.3			
9.5	0.447	25	1.58	13	2.23	16	3.14	19	5.15		
13	0.555	ST4.2		16	2.45	19	3.42	22	5.63		
16	0.650	13	1.60	19	2.71	22	3.78	25	6.11		
19	0.743	16	1.80	22	2.98	25	4.13	32	7.44		
ST3.5		19	2.00	25	3.25	32	4.95	38	8.19		
9.5	0.873	22	2.20	32	3.86	38	5.66	45	9.31		
13	1.03	25	2.39	38	4.39	45	6.48	50	10.11		
16	1.17	32	2.85	45	5.01	50	7.06				
19	1.30	38	3.24	50	5.46						
22	1.44										

注: 1. 其余尺寸代号的标注内容及具体尺寸(a、d_c、e、k、k_w、l、l_g、P、r_1、r_2、s、钻削板厚范围),参见第 19.14 页。

2. 表列规格为商品规格。

第二十章 木 螺 钉

一、木螺钉综述

1. 木螺钉的尺寸代号与标注内容

尺寸代号	标 注 内 容
b	螺纹顶部宽度
c	垫圈面厚度
d	螺纹公称直径(螺纹大径)
d_1	螺纹小径
d_a	过渡圆直径
d_k	头部直径
d_w	垫圈面直径
e	对角宽度
f	半沉头球面部分高度
k	头部高度
l	公称长度
l_0	螺纹长度
m	十字槽翼直径
n	开槽宽度
P	螺距
r	头下圆角半径
r_2	球面半径
r_f	球面半径
s	对边宽度
t	开槽深度

2. 开槽木螺钉的有关结构尺寸

不 分 头 型(mm)						圆头(mm)	
d			n			d_k	
公称	max	min	公称	max	min	max	min
1.6	1.6	1.46	0.4	0.65	0.4	3.2	2.8
2	2.0	1.86	0.5	0.75	0.5	3.9	3.5
2.5	2.5	2.25	0.6	0.85	0.6	4.63	4.23
3	3.0	2.75	0.8	1.05	0.8	5.8	5.3
3.5	3.5	3.20	0.9	1.15	0.9	6.75	6.25
4	4.0	3.70	1	1.35	1.0	7.65	7.15
4.5	4.5	4.20	1.2	1.55	1.2	8.6	8.0
5	5.0	4.70	1.2	1.55	1.2	9.5	8.9
5.5	5.5	5.20	1.4	1.75	1.4	10.5	9.9
6	6.0	5.70	1.6	1.95	1.6	11.05	10.35
7	7.0	6.64	1.8	2.15	1.8	13.35	12.55
8	8.0	7.64	2	2.35	2.0	15.2	14.4
10	10.0	9.64	2.5	2.85	2.5	18.9	18.1

圆 头 木 螺 钉(mm)							
d	k		t		r	r_2	r_f
公称	max	min	max	min	$\approx$		
1.6	1.4	1.2	0.96	0.64	0.2	0.64	1.6
2	1.6	1.4	1.10	0.70	0.2	1.4	2.3
2.5	1.98	1.78	1.30	0.90	0.2	1.5	2.6
3	2.37	2.07	1.54	1.06	0.2	1.9	3.4
3.5	2.65	2.35	1.74	1.26	0.4	2.1	4
4	2.95	2.65	1.98	1.38	0.4	2.4	4.8
4.5	3.25	2.95	2.20	1.60	0.4	2.6	5.2
5	3.5	3.2	2.50	1.90	0.4	2.9	6
5.5	3.95	3.65	2.70	2.10	0.4	3.2	6.5
6	4.34	3.94	2.80	2.20	0.4	3.5	6.8
7	4.86	4.46	3.06	2.34	0.5	3.8	8.2
8	5.5	5.1	3.66	2.94	0.5	4.4	9.7
10	6.8	6.4	4.32	3.60	0.5	5.5	12.1

沉头、半沉头木螺钉(mm)									
d 公称	d_k		k	f ≈	t 沉头		t 半沉头		r ≈	r_f ≈
	max	min			max	min	max	min		
1.6	3.2	2.9	1	0.5	0.72	0.48	0.96	0.64	0.2	2.8
2	4	3.7	1.2	0.6	0.82	0.58	1.06	0.74	0.2	3.6
2.5	5	4.7	1.4	0.8	0.96	0.64	1.3	0.9	0.2	4.3
3	6	5.7	1.7	0.9	1.11	0.79	1.4	1.1	0.2	5.5
3.5	7	6.64	2	1.1	1.35	0.95	1.84	1.36	0.4	6.1
4	8	7.64	2.2	1.2	1.45	1.05	1.94	1.46	0.4	7.3
4.5	9	8.64	2.7	1.4	1.70	1.30	2.4	1.8	0.4	7.9
5	10	9.64	3	1.5	1.94	1.46	2.6	2.0	0.4	9.1
5.5	11	10.57	3.2	1.7	2.04	1.56	2.8	2.1	0.4	9.7
6	12	11.57	3.5	1.8	2.19	1.71	2.9	2.1	0.4	10.9
7	14	13.57	4	2.1	2.55	1.95	3.4	2.8	0.4	12.4
8	16	15.57	4.5	2.4	2.80	2.20	3.7	3.1	0.5	14.5
10	20	19.48	5.8	3	3.50	2.90	4.76	4.04	0.5	18.2

注：1. d—公称直径；d_k—头部直径；k—头部高度；f—半沉头球面部分高度；n—开槽宽度；t—开槽深度；r—头下圆角半径；r_2、r_f—球面半径。

2. 开槽木螺钉的公称长度(l)和螺纹长度(l_0)，参见第20.7页。

20.4

3. 十字槽木螺钉的有关结构尺寸

公称直径 d(mm)			沉头、半沉头木螺钉(mm)					
			d_k		k	f ≈	r ≈	r_f
公称	max	min	max	min				
2	2	1.86	4	3.70	1.2	0.6	0.2	3.6
2.5	2.5	2.25	5	4.70	1.4	0.8	0.2	4.3
3	3	2.75	6	5.70	1.7	0.9	0.2	5.5
3.5	3.5	3.2	7	6.64	2	1.1	0.4	6.1
4	4	3.7	8	7.64	2.2	1.2	0.4	7.3
4.5	4.5	4.2	9	8.64	2.7	1.4	0.4	7.9
5	5	4.7	10	9.64	3	1.5	0.4	9.1
5.5	5.5	5.2	11	10.57	3.2	1.7	0.4	9.7
6	6	5.7	12	11.57	3.5	1.8	0.4	10.9
7	7	6.64	14	13.57	4	2.1	0.4	12.4
8	8	7.64	16	15.57	4.5	2.4	0.5	14.5
10	10	9.64	20	19.48	5.8	3.0	0.5	18.2

公称直径 d (mm)	圆头木螺钉(mm)						
	d_k		k		r ≈	r_f	r_2
	max	min	max	min			
2	3.9	3.5	1.6	1.4	0.2	2.3	1.4
2.5	4.63	4.23	1.98	1.78	0.2	2.6	1.5
3	5.8	5.3	2.37	2.07	0.2	3.4	1.9
3.5	6.75	6.25	2.65	2.35	0.4	4	2.1
4	7.65	7.15	2.95	2.65	0.4	4.8	2.4
4.5	8.6	8	3.25	2.95	0.4	5.2	2.6
5	9.5	8.9	3.5	3.2	0.4	6	2.9
5.5	10.5	9.9	3.95	3.65	0.4	6.5	3.2
6	11.05	10.35	4.34	3.94	0.4	6.8	3.5
7	13.35	12.55	4.86	4.46	0.5	8.2	3.8
8	15.2	14.4	5.5	5.1	0.5	9.7	4.4
10	18.9	18.1	6.8	6.4	0.5	12.1	5.5

（续）

公称直径 d (mm)	槽号	H 型 十 字 槽(mm)								
		沉头木螺钉			半沉头木螺钉			圆头木螺钉		
		m 参考	插入深度		m 参考	插入深度		m 参考	插入深度	
			min	max		min	max		min	max
2	1	2.5	0.95	1.32	2.7	1.14	1.52	2.5	0.90	1.32
2.5	1	2.7	1.14	1.52	2.9	1.34	1.72	2.7	1.10	1.52
3	2	3.8	1.20	1.73	3.9	1.30	1.83	3.7	1.06	1.63
3.5	2	4.2	1.60	2.13	4.3	1.69	2.23	3.9	1.25	1.83
4	2	4.8	2.19	2.73	4.9	2.28	2.83	4.3	1.64	2.23
4.5	2	5.2	2.58	3.13	5.3	2.68	3.23	4.5	1.84	2.43
5	2	5.4	2.80	3.33	5.5	2.87	3.43	4.7	2.04	2.63
5.5	3	6.7	2.80	3.36	6.8	2.90	3.46	6.1	2.16	2.76
6	3	7.3	3.39	3.96	7.4	3.48	4.06	6.6	2.65	3.26
7	3	7.8	3.87	4.46	7.9	3.97	4.56	6.9	2.93	3.56
8	4	9.3	4.41	4.95	9.5	4.60	5.15	8.7	3.77	4.35
10	4	10.3	5.39	5.95	10.5	5.58	6.15	9.7	4.75	5.35

注：1. d_k—头部直径；k—头部高度；f—半沉头球面部分高度；m—十字槽翼直径；r—头下圆角半径；r_2、r_1—球面半径。
2. 十字槽木螺钉的公称长度(l)和螺纹长度(l_0)，参见第20.7页。

20.6

4. 木螺钉的公称长度和螺纹长度

公称长度 l (mm)		螺纹长度 l_0 (mm)			公称长度 l (mm)		螺纹长度 l_0 (mm)		
公称	min	公称	min	max	公称	min	公称	min	max
6	5.25	4	3.3	4.7	55	53.10	36	34.4	37.6
8	7.10	5	4.3	5.7	60	58.10	40	38.4	41.6
10	9.10	6	5.3	6.7	65	63.10	43	41.4	44.6
12	10.90	8	7.1	8.9	70	68.10	46	44.4	47.6
14	12.90	9	8.1	9.9	75	73.10	50	48.4	51.6
16	14.90	10	9.1	10.9	80	78.10	52	50.1	53.9
18	16.90	12	10.9	13.1	85	82.80	56	54.1	57.9
20	18.70	13	11.9	14.1	90	87.80	60	58.1	61.9
22	20.70	14	12.9	15.1	100	97.80	66	64.1	67.9
25	23.70	17	15.9	18.1	120	117.80	80	78.1	81.9
30	28.70	20	18.7	21.3	140	137.50	93	90.8	95.2
32	30.40	21	19.7	22.3	160	157.50	106	103.8	108.2
35	33.40	23	21.7	24.3	180	177.50	130	127.5	132.5
38	36.40	25	23.7	26.3	200	197.10	133	130.5	135.5
40	38.40	26	24.7	27.3	225	222.1	163	160.5	165.5
45	43.40	30	28.7	31.3	250	247.1	166	163.5	168.5
50	48.40	33	31.4	34.6					

注：$l_{max} = l_{公称}$。

5. 木螺钉的品种简介

序号	品种名称与标准号	规格范围	螺纹	材料	表面处理
1	开槽圆头木螺钉* GB/T 99—1986	1.6~10 mm	按 GB/T 922 规定，参见第 5.32 页	钢： **Q215、Q235** 铜合金： H62、 HPb59-1	a. **不经处理** b. 其他（如镀锌钝化等） 不经处理
2	开槽沉头木螺钉* GB/T 100—1986	1.6~10 mm	同序号 1		
3	开槽半沉头木螺钉* GB/T 101—1986	1.6~10 mm	同序号 1		
4	十字槽圆头木螺钉* GB/T 950—1986	2~10 mm	同序号 1		
5	十字槽沉头木螺钉* GB/T 951—1986	2~10 mm	同序号 1		
6	十字槽半沉头木螺钉* GB/T 952—1986	2~10 mm	同序号 1		
7	六角头木螺钉 GB/T 102—1986	6~20 mm	同序号 1		

注：1. 材料和表面处理栏中，以粗体黑字表示的内容，可在木螺钉的标记中省略，参见第 13.2 页。
2. 木螺钉的技术条件，参见第 7.11 页。
3. *为商品紧固件品种，应优先选用。

6. 木螺钉的用途简介

　　木螺钉用于一般零件（带有预制通孔）与木质器材之间的紧固连接。开槽木螺钉须用一字形螺钉旋具进行装拆；十字槽木螺钉须用十字形螺钉旋具进行装拆；六角头木螺钉须用呆扳手、梅花扳手、套筒扳手、活扳手等进行装拆。圆头和六角头木螺钉适用于允许钉头露出的场合；沉头木螺钉适用于不允许钉头露出的场合；半沉头木螺钉适用于允许钉头轻微露出的场合。

二、木螺钉的尺寸与重量

1. 开槽圆头木螺钉

(GB/T 99—1986)

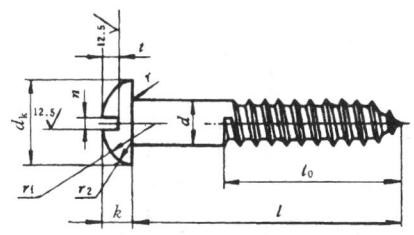

其余表面粗糙度为 $R_a = 6.3 \mu m$。

(1) 主要尺寸(mm)							
公称直径 d	主要尺寸			公称直径 d	主要尺寸		
	d_k max	k max	l 范围		d_k max	k max	l 范围
1.6	3.2	1.4	6~12	5	9.5	3.5	16~90
2	3.9	1.6	6~14	(5.5)	10.5	3.95	22~90
2.5	4.63	1.98	6~22	6	11.05	4.34	22~120
3	5.8	2.37	8~25	(7)	13.35	4.86	38~120
3.5	6.75	2.65	8~38	8	15.2	5.5	38~120
4	7.65	2.95	12~65	10	18.9	6.8	65~120
(4.5)	8.6	3.25	14~80				

注: d_k—头部直径；k—头部高度；l—公称长度。其余尺寸代号的标注内容及具体尺寸(d、d_k、k、l、l_0、n、r、r_f、r_2、t)，参见第20.3页。

(2) 每千件钢制品大约重量 G(kg)									
l	G	l	G	l	G	l	G	l	G
$d=1.6$		$d=2.5$		$d=3.5$		$d=4$		$d=4$	
6	0.11	14	0.57	8	0.86	14	1.67	(65)	5.58
8	0.14	16	0.64	10	0.98	16	1.83	$d=(4.5)$	
10	0.17	18	0.69	12	1.09	18	1.96	14	2.13
12	0.19	20	0.76	14	1.22	20	2.13	16	2.34
$d=2$		22	0.82	16	1.34	(22)	2.29	18	2.51
6	0.19	$d=3$		18	1.45	25	2.49	20	2.71
8	0.24	8	0.60	20	1.58	30	2.89	(22)	2.92
10	0.28	10	0.69	(22)	1.70	(32)	3.05	25	3.17
12	0.31	12	0.76	25	1.86	35	3.28	30	3.67
14	0.35	14	0.86	30	2.17	(38)	3.51	(32)	3.88
$d=2.5$		16	0.95	(32)	2.29	40	3.67	35	4.17
6	0.32	18	1.03	35	2.47	45	4.04	(38)	4.46
8	0.39	20	1.12	(38)	2.65	50	4.43	40	4.66
10	0.45	(22)	1.21	$d=4$		(55)	4.83	45	5.12
12	0.51	25	1.32	12	1.50	60	5.19	50	5.62

注：1. d—公称直径；l—公称长度(mm)。
　　2. 表列规格为商品规格。带括号的规格尽量不采用。

	(2) 每千件钢制品大约重量 G(kg)								
l	G	l	G	l	G	l	G	l	G
d = (4.5)		d = 5		d = (5.5)		d = 6		d = 8	
(55)	6.12	(65)	8.76	80	12.87	100	18.55	50	19.42
60	6.58	70	9.37	(85)	13.53	120	21.84	(55)	20.97
(65)	7.07	(75)	9.93	90	14.19	d = (7)		60	22.37
70	7.57	80	10.59	d = 6		(38)	11.51	(65)	23.92
(75)	8.03	(85)	11.14	(22)	5.50	40	12.01	70	25.46
80	8.57	90	11.70	25	5.93	45	13.08	(75)	26.87
d = 5		d = (5.5)		30	6.79	50	14.26	80	28.55
16	3.00	(22)	4.63	(32)	7.15	(55)	15.44	(85)	29.96
18	3.20	25	4.99	35	7.65	60	16.51	90	31.37
20	3.45	30	5.72	(38)	8.15	(65)	17.69	100	34.46
(22)	3.70	(32)	6.02	(40)	8.51	70	18.87	120	40.36
25	4.01	35	6.44	45	9.30	(75)	19.95	d = 10	
30	4.61	(38)	6.87	50	10.16	80	21.23	(65)	39.47
(32)	4.87	40	7.17	(55)	11.02	(85)	22.31	70	41.91
35	5.22	45	7.84	60	11.81	90	23.38	(75)	44.14
(38)	5.58	50	8.56	(65)	12.67	100	25.24	80	46.79
40	5.83	(55)	9.29	70	13.53	120	30.25	(85)	49.02
45	6.38	60	9.95	(75)	14.31	d = 8		90	51.25
50	6.99	(65)	10.68	80	15.26	(38)	15.82	100	56.13
(55)	7.60	70	11.41	(85)	16.04	40	16.47	120	65.47
60	8.16	(75)	12.07	90	16.82	45	17.88		

2. 开槽沉头木螺钉

(GB/T 100—1986)

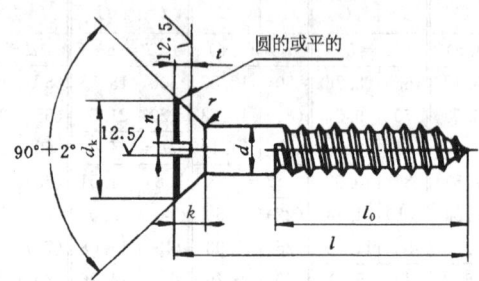

其余表面粗糙度为 $R_a = 6.3\mu m$。

(1) 主要尺寸(mm)							
公称直径 d	主要尺寸			公称直径 d	主要尺寸		
	d_k max	k	l 范围		d_k max	k	l 范围
1.6	3.2	1	6~12	5	10	3	18~100
2	4	1.2	6~16	(5.5)	11	3.2	25~100
2.5	5	1.4	6~25	6	12	3.5	25~120
3	6	1.7	8~30	(7)	14	4	40~120
3.5	7	2	8~40	8	16	4.5	40~120
4	8	2.2	12~70	10	20	5.8	75~120
(4.5)	9	2.7	16~85				

注：d_k—头部直径；k—头部高度；l—公称长度。其余尺寸代号的标注内容及具体尺寸(d、d_k、k、l、l_0、n、r、t)，参见第 20.3 页。

表格									
（2）每千件钢制品大约重量 G(kg)									
l	G	l	G	l	G	l	G	l	G
$d=1.6$		$d=2.5$		$d=3$		$d=4$		$d=4$	
6	0.11	14*	0.54	30*	1.49	12*	1.34	(65)	5.42
8	0.13	16*	0.61	$d=3.5$		14	1.50	70*	5.81
10	0.16	18*	0.66	8	0.77	16*	1.67	$d=(4.5)$	
12	0.18	20	0.73	10	0.90	18*	1.80	16	2.23
$d=2$		(22)	0.79	12*	1.01	20*	1.96	18	2.39
6	0.17	25	0.88	14	1.13	(22)	2.13	20	2.60
8*	0.21	$d=3$		16*	1.26	25*	2.33	22	2.81
10*	0.26	8	0.53	18*	1.36	30*	2.72	25	3.06
12*	0.29	10*	0.63	20*	1.49	(32)	2.88	30	3.56
14	0.33	12*	0.70	(22)	1.62	35*	3.11	(32)	3.76
16	0.37	14	0.79	25*	1.78	(38)	3.34	35	4.05
$d=2.5$		16*	0.89	30*	2.08	40*	3.51	(38)	4.34
6	0.29	18*	0.96	(32)	2.21	45*	3.87	40	4.55
8	0.35	20*	1.06	35*	2.39	50*	4.27	45	5.01
10*	0.42	22	1.15	(38)	2.57	(55)	4.66	50	5.51
12*	0.48	25*	1.26	40*	2.70	60*	5.02	(55)	6.00

注：1. d—公称直径；l—公称长度(mm)。

2. 表列规格为商品规格。带 * 符号的 l 为优先选用商品规格；带括号的规格尽量不采用。

（续）

			(2) 每千件钢制品大约重量 G(kg)						
l	G	l	G	l	G	l	G	l	G
$d=(4.5)$		$d=5$		$d=(5.5)$		$d=6$		$d=8$	
60	6.46	(65)	8.60	(75)	11.75	(85)	15.77	45*	16.99
(65)	6.96	70*	9.20	80	12.54	90*	16.55	50*	18.54
70	7.46	(75)	9.76	(85)	13.20	100*	18.27	(55)	20.08
(75)	7.92	80	10.42	90	13.87	120*	21.57	60*	21.49
80	8.45	(85)	10.97	100	15.32	$d=(7)$		(65)	23.03
(85)	8.91	90*	11.53	$d=6$		40	11.59	70*	24.58
$d=5$		100*	12.75	25*	5.65	45	12.66	(75)	25.98
18	3.03	$d=(5.5)$		30*	6.52	50	13.84	80*	27.67
20	3.28	25	4.66	(32)	6.88	(55)	15.02	(85)	29.07
(22)	3.54	30	5.39	35	7.38	60	16.10	90*	30.48
25*	3.84	(32)	5.70	(38)	7.88	(65)	17.28	100*	33.57
30*	4.45	35	6.12	40*	8.24	70	18.46	120*	39.47
(32)	4.70	(38)	6.54	45	9.02	(75)	19.53	$d=10$	
35	5.05	40	6.85	50*	9.89	80	20.82	(75)	42.59
(38)	5.41	45	7.51	(55)	10.75	(85)	21.89	80	45.24
40*	5.66	50	8.24	60	11.53	90	22.96	(85)	47.47
45*	6.22	(55)	8.97	(65)	12.40	100	25.32	90	49.70
50*	6.83	60	9.63	70*	13.26	120	29.83	100	54.58
(55)	7.43	(65)	10.36	(75)	14.04	$d=8$		120	63.92
60*	7.99	70	11.08	80*	14.98	40*	15.58		

3. 开槽半沉头木螺钉

(GB/T 101—1986)

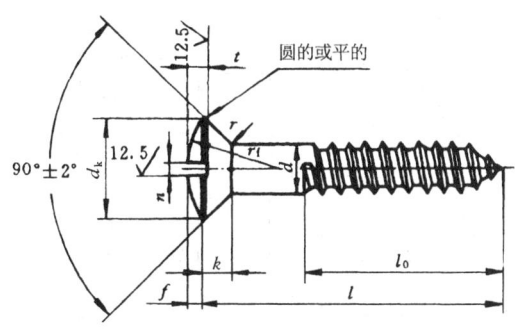

其余表面粗糙度为 $R_a = 6.3 \mu m$

（1）主要尺寸(mm)									
公称直径 d	主要尺寸				公称直径 d	主要尺寸			
	d_k max	k	f ≈	l 范围		d_k max	k	f ≈	l 范围
1.6	3.2	1	0.5	6～12	5	10	3	1.5	18～100
2	4	1.2	0.6	6～16	(5.5)	11	3.2	1.7	30～100
2.5	5	1.4	0.8	6～25	6	12	3.5	1.8	30～120
3	6	1.7	0.9	8～30	(7)	14	4	2.1	40～120
3.5	7	2	1.1	8～40	8	16	4.5	2.4	40～120
4	8	2.2	1.2	12～70	10	20	5.8	3	70～120
(4.5)	9	2.7	1.4	16～85					

注：d_k—头部直径；k—头部高度；f—半沉头球面部分高度；l—公称长度。其余尺寸代号的标注内容及具体尺寸(d、d_k、f、k、l、l_0、n、r、r_f、t)，参见第 20.3 页。

| (2) 每千件钢制品大约重量 G(kg)									
l	G	l	G	l	G	l	G	l	G
$d=1.6$		$d=2.5$		$d=3$		$d=4$		$d=4$	
6	0.11	14	0.55	30	1.49	12	1.36	(65)	5.44
8	0.13	16	0.61	$d=3.5$		14	1.52	70	5.83
10	0.16	18	0.67	8	0.79	16	1.69	$d=(4.5)$	
12	0.18	20	0.74	10	0.91	18	1.82	16	2.23
$d=2$		(22)	0.80	12	1.02	20	1.98	18	2.40
6	0.17	25	0.88	14	1.14	(22)	2.15	20	2.61
8	0.21	$d=3$		16	1.27	25	2.35	(22)	2.81
10	0.26	8	0.54	18	1.38	30	2.74	25	3.06
12	0.29	10	0.63	20	1.50	(32)	2.90	30	3.56
14	0.33	12	0.71	(22)	1.63	35	3.13	(32)	3.77
16	0.37	14	0.80	25	1.79	(38)	3.36	35	4.06
$d=2.5$		16	0.89	30	2.09	40	3.53	(38)	4.35
6	0.30	18	0.97	(32)	2.22	45	3.89	40	4.56
8	0.36	20	1.06	35	2.40	50	4.28	45	5.01
10	0.43	(22)	1.15	(38)	2.58	(55)	4.68	50	5.51
12	0.48	25	1.27	40	2.71	60	5.04	(55)	6.01

注：1. d—公称直径；l—公称长度(mm)。
　　2. 表列规格为商品规格。带括号的规格尽量不采用。

(2) 每千件钢制品大约重量 G(kg)									
l	G	l	G	l	G	l	G	l	G
$d=(4.5)$		$d=5$		$d=(5.5)$		$d=6$		$d=8$	
60	6.47	(65)	8.59	80	12.56	100	18.29	55	20.16
(65)	6.97	70	9.20	(85)	13.23	120	21.58	60	21.56
70	7.46	(75)	9.75	90	13.89	$d=(7)$		65	23.11
(75)	7.92	80	10.41	100	15.34	40	11.58	70	24.65
80	8.46	(85)	10.97	$d=6$		45	12.65	75	26.06
(85)	8.92	90	11.52	30	6.53	50	13.83	80	27.74
$d=5$		100	12.74	(32)	6.89	(55)	15.01	85	29.15
18	3.02	$d=(5.5)$		35	7.39	60	16.08	90	30.56
20	3.23	30	5.41	(38)	7.90	(65)	17.26	100	33.65
22	3.53	(32)	5.72	40	8.26	70	18.44	120	39.55
25	3.83	35	6.14	45	9.04	(75)	19.52	$d=10$	
30	4.44	(38)	6.57	50	9.90	80	20.80	70	40.41
(32)	4.69	40	6.87	(55)	10.76	(85)	21.88	75	42.64
35	5.05	45	7.53	60	11.55	90	22.95	80	45.28
(38)	5.40	50	8.26	(65)	12.41	100	25.31	85	47.52
40	5.66	(55)	8.99	70	13.27	120	29.82	90	49.75
45	6.21	60	9.65	(75)	14.06	$d=8$		100	54.63
50	6.82	(65)	10.38	80	15.00	40	15.66	120	63.97
(55)	7.43	70	11.11	(85)	15.78	45	17.07		
60	7.98	(75)	11.77	90	16.56	50	18.61		

4. 十字槽圆头木螺钉

(GB/T 950—1986)

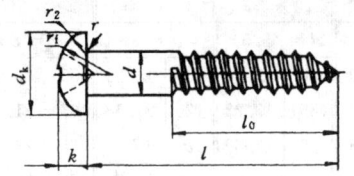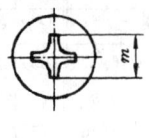

表面粗糙度为 $R_a = 6.3\mu m$。

(1) 主要尺寸(mm)

公称直径 d	主要尺寸			十字槽号	公称直径 d	主要尺寸			十字槽号
	d_k max	k max	l 范围			d_k max	k max	l 范围	
2	3.9	1.6	6~16	1	5	9.5	3.5	18~100	2
2.5	4.63	1.98	6~25	1	(5.5)	10.5	3.95	25~120	3
3	5.8	2.37	8~30	2	6	11.05	4.34	25~120	3
3.5	6.75	2.65	8~40	2	(7)	13.35	4.86	40~120	3
4	7.65	2.95	12~70	2	8	15.2	5.5	40~120	4
(4.5)	8.6	3.25	16~85	2	10	18.9	6.8	70~120	4

注：d_k—头部直径；k—头部高度；l—公称长度。其余尺寸代号的标注内容及具体尺寸(d、d_k、k、l、l_0、r、r_f、r_2、十字槽)，参见第20.5页。

（2）每千件钢制品大约重量 G(kg)									
l	G	l	G	l	G	l	G	l	G
d = 2		d = 2.5		d = 3.5		d = 4		d = (4.5)	
6	0.20	25	0.92	14	1.24	20	2.16	18	2.58
8	0.24	d = 3		16	1.36	22	2.32	20	2.78
10	0.28	8	0.60	18	1.47	25	2.52	(22)	2.99
12	0.31	10	0.69	20	1.60	30	2.92	25	3.24
14	0.36	12	0.77	(22)	1.72	32	3.08	30	3.74
16	0.40	14	0.86	25	1.88	35	3.31	(32)	3.95
d = 2.5		16	0.96	30	2.19	38	3.54	35	4.24
6	0.33	18	1.03	(32)	2.31	40	3.71	(38)	4.53
8	0.39	20	1.12	35	2.49	45	4.07	40	4.74
10	0.46	(22)	1.22	(38)	2.67	50	4.46	45	5.19
12	0.52	25	1.33	40	2.80	55	4.86	50	5.69
14	0.58	30	1.55	d = 4		60	5.22	(55)	6.19
16	0.65	d = 3.5		12	1.54	65	5.61	60	6.65
18	0.70	8	0.88	14	1.70	70	6.01	(65)	7.14
20	0.77	10	1.01	16	1.86	d = (4.5)		70	7.64
(20)	0.83	12	1.11	18	2.00	16	2.41	(75)	8.10

注：1. d—公称直径；l—公称长度(mm)。

2. 表列规格为商品规格。带括号的规格尽量不采用。

（2）每千件钢制品大约重量 G(kg)

l	G	l	G	l	G	l	G	l	G
d = (4.5)		d = 5		d=(5.5)		d=6		d=8	
80	8.64	(85)	11.23	100	15.69	120	21.90	60	22.46
(85)	9.10	90	11.79	120	18.47	d=(7)		65	24.01
d = 5		100	13.00	d=6		40	12.22	70	25.55
18	3.29	d = (5.5)		25	5.99	45	13.29	75	26.96
20	3.54	25	5.03	30	6.85	50	14.47	80	28.64
(22)	3.79	30	5.76	(32)	7.21	(55)	15.65	85	30.05
25	4.10	(32)	6.07	35	7.72	60	16.73	90	31.45
30	4.70	35	6.49	(38)	8.22	(65)	17.91	100	34.54
(32)	4.96	(38)	6.91	40	8.58	70	19.09	120	40.45
35	5.31	40	7.22	45	9.36	(75)	20.16	d=10	
38	5.66	45	7.88	50	10.22	80	21.45	70	42.40
40	5.92	50	8.61	(55)	11.09	(85)	22.52	75	44.63
45	6.47	(55)	9.34	60	11.87	90	23.59	80	47.28
50	7.03	60	10.00	(65)	12.73	100	25.95	85	49.51
(55)	7.69	(65)	10.73	70	13.60	120	30.46	90	51.74
60	8.24	70	11.46	(75)	14.38	d=8		100	56.62
(65)	8.85	(75)	12.12	80	15.32	40	16.56	120	65.96
70	9.46	80	12.91	(85)	16.10	45	17.97		
(75)	10.01	(85)	13.57	90	16.89	50	19.51		
80	10.68	90	14.24	100	18.61	(55)	21.06		

5. 十字槽沉头木螺钉

(GB/T 951—1986)

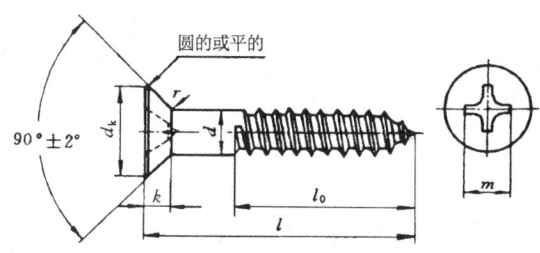

表面粗糙度为 $R_a = 6.3\mu m$。

(1) 主要尺寸(mm)

公称直径 d	主要尺寸			十字槽号	公称直径 d	主要尺寸			十字槽号
	d_k max	k	l 范围			d_k max	k	l 范围	
2	4	1.2	6~16	1	5	10	3	18~100	2
2.5	5	1.4	6~25	1	(5.5)	11	3.2	25~100	3
3	6	1.7	8~30	2	6	12	3.5	25~120	3
3.5	7	2	8~40	2	(7)	14	4	40~120	3
4	8	2.2	12~70	2	8	16	4.5	40~120	4
(4.5)	9	2.7	16~85	2	10	20	5.8	70~120	4

注：d_k—头部直径；k—头部高度；l—公称长度。其余尺寸代号的标注内容及具体尺寸(d、d_k、k、l、l_0、r、十字槽)，参见第20.5页。

	(2) 每千件钢制品大约重量 G(kg)								
l	G	l	G	l	G	l	G	l	G
$d=2$		$d=2.5$		$d=3.5$		$d=4$		$d=(4.5)$	
6	0.17	25	0.87	14	1.11	20	1.93	18	2.38
8	0.21	$d=3$		16	1.24	(22)	2.10	20	2.59
10	0.25	8	0.52	18	1.35	25	2.30	(22)	2.79
12	0.29	10	0.61	20	1.47	30	2.69	25	3.04
14	0.33	12	0.68	(22)	1.60	(32)	2.86	30	3.54
16	0.37	14	0.78	25	1.76	35	3.09	(32)	3.75
$d=2.5$		16	0.87	30	2.06	(38)	3.32	35	4.04
6	0.29	18	0.95	(32)	2.19	40	3.48	(38)	4.33
8	0.35	20	1.04	35	2.37	45	3.84	40	4.54
10	0.42	(22)	1.13	(38)	2.55	50	4.24	45	5.00
12	0.47	25	1.24	40	2.68	(55)	4.63	50	5.49
14	0.54	30	1.47	$d=4$		60	4.99	(55)	5.99
16	0.61	$d=3.5$		12	1.31	(65)	5.39	60	6.45
18	0.66	8	0.75	14	1.47	70	5.78	(65)	6.95
20	0.73	10	0.88	16	1.64	$d=(4.5)$		70	7.45
(22)	0.79	12	0.99	18	1.77	16	2.21	(75)	7.90

注：1. d—公称直径；l—公称长度(mm)。
　　2. 表列规格为商品规格。带括号的规格尽量不采用。

（续）

(2) 每千件钢制品大约重量 G(kg)									
l	G	l	G	l	G	l	G	l	G
d=(4.5)		d=5		d=(5.5)		d=(7)		d=8	
80	8.44	(85)	10.97	100	15.21	40	11.51	70	24.29
(85)	8.90	90	11.53	d=6		45	12.59	(75)	25.69
d=5		100	12.74	25	5.53	50	13.77	80	27.38
18	3.03	d=(5.5)		30	6.39	(55)	14.95	(85)	28.78
20	3.28	25	4.55	(32)	6.75	60	16.02	90	30.19
(22)	3.54	30	5.28	35	7.26	(65)	17.20	100	33.28
25	3.84	(32)	5.58	(38)	7.76	70	18.38	120	39.18
30	4.45	35	6.01	40	8.12	(75)	19.45	d=10	
(32)	4.70	(38)	6.43	45	8.90	80	20.74	70	40.33
35	5.05	40	6.74	50	9.76	(85)	21.81	(75)	42.56
38	5.41	45	7.40	(55)	10.63	90	22.89	80	45.21
40	5.66	50	8.13	60	11.41	100	25.25	(85)	47.44
45	6.22	(55)	8.85	(65)	12.27	120	29.75	90	49.67
50	6.82	60	9.52	70	13.14	d=8		100	54.55
(55)	7.43	(65)	10.25	(75)	13.92	40	15.29	120	63.89
60	7.99	70	10.97	80	14.86	45	16.70		
(65)	8.59	(75)	11.64	(85)	15.64	50	18.25		
70	9.20	80	12.43	90	16.43	(55)	19.79		
(75)	9.76	(85)	13.09	100	18.15	60	21.20		
80	10.42	90	13.75	120	21.44	(65)	22.74		

6. 十字槽半沉头木螺钉

(GB/T 952—1986)

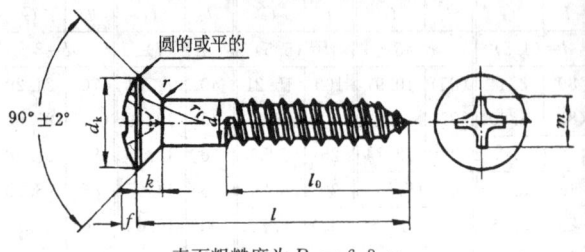

表面粗糙度为 $R_a = 6.3\mu m$。

(1) 主要尺寸(mm)

公称直径 d	主要尺寸				十字槽号	公称直径 d	主要尺寸				十字槽号
	d_k max	k	f ≈	l 范围			d_k max	k	f ≈	l 范围	
2	4	1.2	0.6	6~16	1	5	10	3	1.5	18~100	2
2.5	5	1.4	0.8	6~25	1	(5.5)	11	3.2	1.7	22~100	3
3	6	1.7	0.9	8~30	2	6	12	3.5	1.8	25~120	3
3.5	7	2	1.1	8~40	2	(7)	14	4	2.1	40~120	3
4	8	2.2	1.2	12~70	2	8	16	4.5	2.4	40~120	4
(4.5)	9	2.7	1.6	16~85	2	10	20	5.8	3.0	70~120	4

注：d_k—头部直径；k—头部高度；f—半沉头球面部分高度。其余尺寸代号的标注内容及具体尺寸(d、d_k、f、k、l、l_0、r、r_1、十字槽)，参见第 20.5 页。

\multicolumn{10}{c}{(2) 每千件钢制品大约重量 G(kg)}

l	G	l	G	l	G	l	G	l	G
$d=2$		$d=2.5$		$d=3.5$		$d=4$		$d=(4.5)$	
6	0.17	25	0.88	14	1.13	20	1.96	18	2.40
8	0.21	$d=3$		16	1.26	(22)	2.12	20	2.60
10	0.25	8	0.52	18	1.36	25	2.32	(22)	2.81
12	0.29	10	0.61	20	1.49	30	2.71	25	3.06
14	0.33	12	0.69	(22)	1.62	(32)	2.88	30	3.56
16	0.37	14	0.78	25	1.77	35	3.11	(32)	3.77
$d=2.5$		16	0.88	30	2.08	(38)	3.34	35	4.06
6	0.29	18	0.95	(32)	2.21	40	3.50	(38)	4.35
8	0.36	20	1.04	35	2.39	45	3.87	40	4.55
10	0.43	(22)	1.14	(38)	2.57	50	4.26	45	5.01
12	0.48	25	1.25	40	2.69	(55)	4.65	50	5.51
14	0.54	30	1.47	$d=4$		60	5.02	(55)	6.01
16	0.61	$d=3.5$		12	1.33	(65)	5.41	60	6.47
18	0.67	8	0.77	14	1.50	70	5.81	(65)	6.96
20	0.73	10	0.90	16	1.66	$d=(4.5)$		70	7.46
(22)	0.80	12	1.00	18	1.79	16	2.23	(75)	7.92

注：1. d—公称直径；l—公称长度(mm)。

2. 表列规格为商品规格。带括号的规格尽量不采用。

(2) 每千件钢制品大约重量 G(kg)									
l	G	l	G	l	G	l	G	l	G
d=(4.5)		d=5		d=(5.5)		d=6		d=8	
80	8.46	85	10.98	90	13.80	120	21.48	60	21.33
(85)	8.92	90	11.54	100	15.25	d=(7)		(65)	22.87
d=5		100	12.75	d=6		40	11.56	70	24.42
18	3.04	d=(5.5)		25	5.56	45	12.64	(75)	25.82
20	3.29	22	4.24	30	6.43	50	13.82	80	27.51
(22)	3.55	25	4.59	(32)	6.79	(55)	15.00	(85)	28.91
25	3.85	30	5.32	35	7.29	60	16.07	90	30.32
30	4.45	(32)	5.63	(38)	7.79	(65)	17.25	100	33.41
(32)	4.71	35	6.05	40	8.15	70	18.43	120	39.31
35	5.06	(38)	6.47	45	8.94	(75)	19.50	d=10	
(38)	5.42	40	6.78	50	9.80	80	20.79	70	40.09
40	5.67	45	7.44	(55)	10.66	(85)	21.86	(75)	42.32
45	6.23	50	8.17	60	11.44	90	22.94	80	44.96
50	6.83	(55)	8.90	(65)	12.31	100	25.30	(85)	47.19
55	7.44	60	9.56	70	13.17	120	29.81	90	49.43
60	8.00	(65)	10.29	(75)	13.95	d=8		100	54.30
65	8.60	70	11.02	80	14.90	40	15.42	120	63.64
70	9.21	(75)	11.68	(85)	15.68	45	16.83		
(75)	9.77	80	12.47	90	16.46	50	18.37		
80	10.43	(85)	13.13	100	18.19	(55)	19.92		

7. 六角头木螺钉

(GB/T 102—1986)

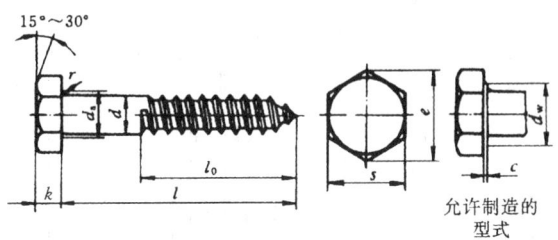

允许制造的
型式

表面粗糙度为 $R_a = 6.3 \mu m$。

(1) 尺寸(mm)								
公称直径	d	公称	6	8	10	12	16	20
		max	6	8	10	12	16	20
		min	5.7	7.64	9.64	11.57	15.57	19.48
垫圈面厚度	c	max	0.5	0.6	0.6	0.6	0.8	0.8
过渡圆直径	d_a	max	7.2	10.2	12.2	14.7	18.7	24.4
垫圈面直径	d_w	min	8.7	11.4	14.4	16.4	22	27.7
对角宽度	e	min	10.89	14.20	17.59	19.85	26.17	32.95
圆角半径	r	min	0.25	0.4	0.4	0.6	0.6	0.8
头部高度	k	公称	4	5.3	6.4	7.5	10	12.5
		max	4.38	5.68	6.85	7.95	10.75	13.4
		min	3.62	4.92	5.95	7.05	9.25	11.6
对边宽度	s	max	10	13	16	18	24	30
		min	9.64	12.57	15.57	17.57	23.16	29.16
公称长度	l	范围	35~65	40~80	40~120	65~140	80~180	120~250

注：公称长度 l 和螺纹长度 l_0 及其公差,参见第 20.7 页。

\(2\) 每千件钢制品大约重量 G(kg)									
l	G	l	G	l	G	l	G	l	G
d=6		d=8		d=12		d=16		d=20	
35	8.28	80	29.58	65	59.76	120	183.4	180	409.0
40	9.15	d=10		80	70.37	140	208.3	200	455.7
50	10.79	40	29.13	100	83.92	160	233.3	(225)	493.7
60	13.30	50	33.80	120	97.48	180	252.8	(250)	552.7
d=8		65	40.91	140	111.3	d=20			
40	17.50	80	48.23	d=16		120	300.8		
50	20.45	100	57.57	80	134.5	140	339.7		
65	24.94	120	66.91	100	158.9	160	378.6		

注：表列规格为通用规格。带括号的规格尽量不采用。

第二十一章 垫 圈

一、垫圈综述
1. 垫圈的尺寸代号与标注内容

尺寸代号	标注内容
a	圆螺母用止动垫圈内齿距
b	弹簧垫圈宽度、圆螺母用止动垫圈齿宽、开口垫圈开口宽度
B	单(双)耳止动垫圈耳宽、方斜垫圈边长
B_1	单(双)耳止动垫圈宽度
C	开口垫圈倒角尺寸
d	垫圈内径
d_1	平垫圈内径、外舌止动垫圈舌孔直径
d_2	平垫圈外径
D	垫圈外径、圆螺母用止动垫圈齿部外径
D_1	开口垫圈凹面外径、圆螺母用止动垫圈圈部外径、锥面垫圈锥面外径
h	垫圈厚度、圆螺母用止动垫圈齿高
H	垫圈厚度、方斜垫圈窄边厚、球面和锥面垫圈总厚度、弹簧垫圈自由高度、锁紧垫圈齿高
H_1	方斜垫圈宽边厚
L	(长)耳端(或舌端)至孔中心距
L_1	短耳端至孔中心距
m	弹簧垫圈开口距离(压平后)
r	圆角半径
S	垫圈厚度(或高度)
SR	球面垫圈球面半径
t	外舌止动垫圈舌孔深度

2. 螺栓、螺钉和螺母用平垫圈—总方案

(GB/T 5286—2001)

(1) 适用范围

本标准(GB/T 5286—2001)规定了产品等级为 A 和 C 级、螺纹直径为 1～150mm 的普通螺栓、螺钉和螺母用平垫圈的基本尺寸系列、公差以及尺寸优选组合

本标准不适用于组合件(如螺钉和平垫圈组合件)用平垫圈的内径和厚度尺寸

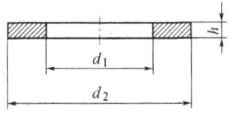

(2) 垫圈内径

垫圈内径 d_1 应按 GB/T 5277*(参见 6.24 页)及以下规定进行选择：

精装配系列用于公称厚度 < 6mm、产品等级为 A 级，即公称直径 < 39mm 的垫圈；

中等装配系列用于公称厚度 ≥ 6mm、产品等级为 A 级，即公称直径 ≥ 39mm 的垫圈，以及产品等级为 C 级的垫圈

注：* GB/T 5277 规定的通孔公差不适用于 A 和 C 级平垫圈。垫圈的公差，参见"(5)垫圈公差"。

(3) 垫圈外径

垫圈外径 d_2 的数值应从下列"d_2 尺寸(mm)"中选择：2.5、3、3.5、4、4.5、5、6、7、8、9、10、11、12、14、15、16、18、20、22、24、28、30、34、37、39、44、50、56、60、66、72、78、80、85、92、98、105、110、115、120、125、135、140、145、160、165、175、180、185、200、210、220、230、240、250

	（4）垫 圈 厚 度			
	垫圈厚度 h 的数值应从下列"h尺寸(mm)"中选择:0.3、0.5、0.8、1、1.2、1.6、2、2.5、3、4、5、8、10、12、14、16、18			

	（5）垫 圈 公 差			
	垫圈公差应按GB/T 3103.3规定(参见第8.39页)			

	（6）垫圈系列和平垫圈尺寸优选组合			
	垫圈分为4个系列:小系列、标准系列、大系列和特大系列。这些系列与外径 d_2 的大小有关 各种系列A和C级平垫圈的内径 d_1、外径 d_2 和厚度 h 公称尺寸的优选组合,列在后面"(8)各种系列平垫圈的公称尺寸"中			

（7）平垫圈与螺栓、螺钉或螺母的性能等级和产品等级组合一览表

垫 圈		硬度等级	100HV	200HV	300HV
		产品等级	C	A	A
螺栓、螺钉、螺母	产品等级	A	不合适	合适	合适
		B	不合适	合适	合适
		C	合适	不合适	不合适
螺栓、螺钉	性能等级	≤6.8	合适	合适	合适
		8.8	不合适	合适	合适
		9.8、10.9	不合适	不合适	合适
		12.9	不合适	不合适	不合适
螺母	性能等级	≤6	合适	合适	合适
		8	不合适	合适	合适
		9、10	不合适	不合适	合适
		12	不合适	不合适	不合适
表面淬硬自挤螺钉(如自攻锁紧螺钉)			合适	合适	合适
不锈钢螺栓、螺钉和螺母			—	合适	—

(8) 各种系列平垫圈的公称尺寸(mm)										
公称规格	内径 d_1		小系列（A级）			标准系列（A和C级）				
	产品等级		外径 d_2	厚度 h	标准 I	外径 d_2	厚度 h	标准 II	标准 III	标准 IV
	A级	C级								
1	1.1	1.2	2.5	0.3		3	0.3			
1.2	1.3	1.4	3	0.3		3.5	0.3			
1.4	1.5	1.6	3	0.3		4	0.3			
1.6	1.7	1.8	3.5	0.3	*	4	0.3	*		*
1.8	2	2.1	4	0.3		4.5	0.3			
2	2.2	2.4	4.5	0.3	*	5	0.3	*		*
2.2	2.4	2.6	4.5	0.3		6	0.5			
2.5	2.7	2.9	5	0.5		6①	0.5	*		*①
3	3.2	3.4	6	0.5		7	0.5	*		*
3.5	3.7	3.9	7	0.5		8	0.5	*		*
4	4.3	4.5	8	0.5	*	9	0.8	*		*
4.5	4.8	5	9	0.8		10	0.8			
5	5.3	5.5	9	1		10	1	*	*	*
6	6.4	6.6	11	1.6		12	1.6	*	*	*
7	7.4	7.6	12	1.6		14	1.6			
8	8.4	9	15	1.6	*	16	1.6	*	*	*
10	10.5	11	18	1.6	*	20	2	*	*	*
12	13	13.5	20	2	*	24	2.5	*	*	*
14	15	15.5	24	2.5	*	28	2.5	*	*	*
16	17	17.5	28	2.5	*	30	3	*	*	*
18	19	20	30	3	*	34	3	*	*	*
20	21	22	34	3	*	37	3	*	*	*
22	23	24	37	3	*	39	3	*	*	*
24	25	26	39	4	*	44	4	*	*	*
27	28	30	44	4	*	50	4	*	*	*
30	31	33	50	4	*	56	4	*	*	*
33	34	36	56	5	*	60	5	*	*	*
36	37	39	60	5	*	66	5	*	*	*
39	42	42				72	6	*	*	*

(8) 各种系列平垫圈的公称尺寸(mm)								
公称规格	内径 d_1		大系列（A 和 C 级）				特大系列（C 级）		
	产品等级		外径	厚度	标准 V		外径	厚度	标准 VI
	A 级	C 级	d_2	h	A 级	C 级	d_2	h	（C 级）
1									
1.2									
1.4									
1.6	1.7	1.8	5	0.3					
1.8	2	2.1	—	—					
2	2.2	2.4	6	0.5					
2.2	2.4	2.6	—	—					
2.5	2.7	2.9	8	0.5					
3	3.2	3.4	9	0.8	*	*			
3.5	3.7	3.9	11	0.8	*	*			
4	4.3	4.5	12	1	*	*			
4.5	4.8	5	15	1					
5	5.3	5.5	15	1.2	*	*	18	2	*
6	6.4	6.6	18	1.6	*	*	22	2	*
7	7.4	7.6	22	2			24	2	
8	8.4	9	24	2	*	*	28	3	*
10	10.5	11	30	2.5	*	*	34	3	*
12	13	13.5	37	3	*	*	44	4	*
14	15	15.5	44	3	*	*	50	4	*
16	17	17.5	50	3	*	*	56	5	*
18	19	20	56	4	*	*	60	5	*
20	21	22	60	4	*	*	72	6	*
22	23	24	66	5	*	*	80	6	*
24	25	26	72	5	*	*	85	6	*
27	30	30	85	6	*	*	98	6	*
30	33	33	92	6	*	*	105	6	*
33	36	36	105	6	*	*	115	8	*
36	39	39	110	8	*	*	125	8	*
39	42	42	120	8		*	140	10	

(8) 各种系列平垫圈的公称尺寸(mm)

公称规格	内径 d_1		标准系列(A和C级)					大系列(A和C级)		标准Ⅴ	
	产品等级		外径 d_2	厚度 h	标准Ⅱ	标准Ⅲ	标准Ⅳ	外径 d_2	厚度 h	A级	C级
	A级	C级									
42	45	45	78	8	*	*	*	125	10		
45	48	48	85	8	*	*	*	135	10		
48	52	52	92	8	*	*	*	145	10		
52	56	56	98	8	*	*	*	160	10		
56	62	62	105	10	*	*	*				
60	66	66	110	10	*	*	*				
64	70	70	115	10	*	*	*				
68	74	74	120	10							
72	78	78	125	10							
76	82	82	135	10							
80	86	86	140	12							
85	91	91	145	12							
90	96	96	160	12							
95	101	101	165	12							
100	107	107	175	14							
105	112	112	180	14							
110	117	117	185	14							
115	122	122	200	14							
120	127	127	210	16							
125	132	132	220	16							
130	137	137	230	16							
140	147	147	240	18							
150	157	157	250	18							

注: 1. 垫圈的公称规格等于配套使用的螺栓(螺钉、螺母)的螺纹规格 d。

2. 标准栏中:Ⅰ—GB/T 848 小垫圈—A 级;Ⅱ—GB/T 97.1 平垫圈—A级;Ⅲ—GB/T 97.2 平垫圈—倒角型—A 级;Ⅳ—GB/T 95 平垫圈—C级;Ⅴ—GB/T 96 大垫圈—A 和 C级,Ⅵ—GB/T 5287 特大垫圈—C 级;*—该规格已列入相应的垫圈国家标准;①表示"标准Ⅳ"的外径 d_2 为 6mm。

3. 垫圈的品种简介

序号	品种名称 与标准号	型式	规格 范围	产品 等级	机械性能 或材料	表面处理
1	小垫圈—A级* GB/T 848—2002		1.6～ 36mm	A级	钢:**200HV** 300HV	a. **不经处理** b. 电镀 c. 非电解锌 片涂层
					不锈钢 (A2、F1、C1、 A4、C4): 200HV	不经处理
2	平垫圈—A级* GB/T 97.1—2002		1.6～ 64mm	同序号 **1**		
3	平垫圈—倒 角型—A级* GB/T 97.2—2002		5～ 64mm	同序号 **1**		
4	平垫圈—C级* GB/T 95—2002		1.6～ 64mm	C级	钢:100HV	同序号 1
5.1	大垫圈 A级* GB/T 96.1—2002		3～ 36mm	同序号 1		
5.2	大垫圈 C级* GB/T 96.2—2002		3～ 36mm		钢:100HV	同序号 1
6	特大垫圈—C级* GB/T 5287—2002		5～ 36mm	C级	钢:100HV	同序号 1
7	销轴用平垫圈 GB/T 97.3—2000		3～ 100mm	A级	钢:160HV	a. **不经处理** b. 镀锌钝化 c. 磷化

序号	品种名称与标准号	型式	规格范围	产品等级	机械性能或材料	表面处理
8	轻型弹簧垫圈* GB/T 859—1987		3～30 mm		**弹簧钢：** **65Mn、70** 60Si2Mn	a. **氧化** b. 磷化 c. 镀锌钝化
					不锈钢： 3Cr13 1Cr18Ni9Ti	——
					铜及其合金： QSi3-1	——
9	标准型弹簧垫圈* GB/T 93—1987		2～48 mm		同序号8	
10	重型弹簧垫圈* GB/T 7244—1987		6～36 mm		同序号8	
11	鞍形弹簧垫圈* GB/T 7245—1987		3～30 mm		同序号8	
12	波形弹簧垫圈 GB/T 7246—1987		3～30 mm		同序号8	
13	鞍形弹性垫圈* GB/T 860—1987		20～100mm		**弹簧钢：** **65Mn**	a. **氧化** b. 镀锌钝化
					铜及其合金： QSn6.5-0.1 （硬）	钝化
14	波形弹性垫圈* GB/T 955—1987		3～30 mm		同序号13	

序号	品种名称 与标准号	型式	规格 范围	产品 等级	机械性能 或 材 料	表面处理
15	内齿锁紧垫圈* GB/T 861.1—1987		2～20 mm		弹簧钢: 65Mn	a. 氧化 b. 镀锌钝化
					铜及其合金: QSn6.5-0.1 (硬)	钝化
16	内锯齿锁紧垫圈* GB/T 861.2—1987		2～20 mm		同序号 15	
17	外齿锁紧垫圈* GB/T 862.1—1987		2～20 mm		同序号 15	
18	外锯齿锁紧垫圈* GB/T 862.2—1987		2～20 mm		同序号 15	
19	锥形锁紧垫圈* GB/T 956.1—1987		3～12 mm		同序号 15	
20	锥形锯齿锁紧垫 圈* GB/T 956.2—1987		3～12 mm		同序号 15	
21	圆螺母用止动垫 圈* GB/T 858—1988		10～ 200mm		钢:Q215 或 Q235、 10 或 15	氧化
22	单耳止动垫圈* GB/T 854—1988		2.5～ 48mm		同序号 21	
23	双耳止动垫圈* GB/T 855—1988		2.5～ 48mm		同序号 21	
24	外舌止动垫圈* GB/T 856—1988		2.5～ 48mm		同序号 21	

序号	品种名称与标准号	型式	规格范围	产品等级	机械性能或材料	表面处理
25	球面垫圈 GB/T 849—1988		6～48 mm		钢:45;硬度: 40～48 HRC	氧化
26	锥面垫圈 GB/T 850—1988		6～48 mm		同序号25	
27	开口垫圈 GB/T 851—1988	**A型** B型	5～36 mm		同序号25	
28	工字钢用方斜垫圈* GB/T 852—1988		6～36 mm		钢:Q215 或Q235	不经处理
29	槽钢用方斜垫圈* GB/T 853—1988		6～36 mm		同序号28	

注：1. 型式栏中，只有一种型式的，在标记中即省略不标注出。
如型式、机械性能或材料以及表面处理栏中，如有多项内容，其中用粗黑体字表示的内容，可在垫圈的标记中省略（参见第13.2页）。

2. 各种垫圈的技术条件（机械性能或材料以及表面处理）的具体要求：

(1) 平(小、大、特大)垫圈：参见第7.14页；

(2) 弹簧垫圈：参见第7.15页；

(3) 弹性垫圈：参见第7.19页；

(4) 锁紧垫圈：参见第7.18页；

(5) 止动垫圈：参见第7.20页；

(6) 球面、锥面、开口和方斜垫圈：参见第7.20页。

3. 标有 * 符号的品种为商品紧固件品种，应优先选用。

4. 垫圈的用途简介

(平、小、大、特大)垫圈置于螺母(或螺栓、螺钉头部)与被连接件表面之间,用于保护被连接件表面避免被螺母擦伤,增大被连接件与螺母之间接触面积,降低作用在被连接件表面上的单位面积压力。性能等级100HV的垫圈:用于性能等级≤6级的C级螺母,性能等级≤6.8级的螺栓、螺钉,表面淬硬的自挤螺钉;性能等级200HV的垫圈:用于性能等级≤8级的A和B级螺母,性能等级≤8.8级的A和B级螺栓、螺钉,不锈钢及类似化学成分的螺栓、螺钉和螺母,表面淬硬的自挤螺钉;性能等级300HV的垫圈:用于性能等级≤10级的A和B级螺母,性能等级≤10.9级的A和B级螺栓、螺钉。A级垫圈与A和B级螺母配合使用;C级垫圈与C级螺母配合使用。平垫圈应用最广,小垫圈主要与圆柱头、盘头螺钉配合使用,大垫圈、特大垫圈主要用于钢木结构上。销轴用平垫圈,专供配合带孔销(GB/T 880)和销轴(GB/T 882)使用。

弹簧垫圈广泛用于经常拆卸的被连接件上,依靠其弹性和斜口摩擦作用,可以阻止被连接件上的螺母回松。标准型弹簧垫圈用于一般的机械设备上,如汽车、拖拉机、机床等。轻型弹簧垫圈主要用于对螺母防松性能要求不高和振动不大的场合,如电器、电子、仪表、轻工等产品。重型弹簧垫圈的防松性能较高,多用于发动机、中、重型汽车等产品上。

弹性垫圈依靠本身的弹性变形作用,使螺母不能回松。鞍形弹性垫圈的变形大、支承面积小;波形弹性垫圈的变形小、弹力大、着力均匀。

带齿锁紧垫圈是利用其圆周上许多弹性翘齿,刺压在支承面上,以阻止螺母回松,因其弹力均匀,防松性能较好,但不宜用于较软材料和经常拆卸场合。外齿锁紧垫圈应用较广,多用于螺母和螺栓头下;内齿锁紧垫圈多用于头部尺寸较小的螺钉头下;锥形锁紧垫圈用于沉孔中。

圆螺母用止动垫圈与圆螺母配合使用,主要用于滚动轴承的内圈固定。单耳、双耳、活舌止动垫圈适用于位于被连接件边缘处的螺母上,利用其耳部和边缘部分的翻起,以阻止螺母的回松。

球面垫圈须与锥面垫圈配合使用,具有自动调位作用,使螺母支承面与螺杆保持垂直状态,避免螺杆弯曲,多用于工装上。开口垫圈装拆方便,用于不需拆卸螺母即可调换垫圈。

方斜垫圈用于衬在工字钢、槽钢的翼缘之类的倾斜面上,使之垫平,以便使螺母和螺栓之间保持垂直状态。

二、垫圈的尺寸与重量

1. 小垫圈—A 级

(GB/T 848—2002)

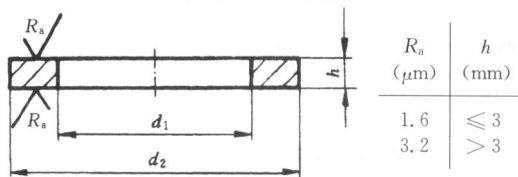

R_a (μm)	h (mm)
1.6	$\leqslant 3$
3.2	> 3

规 格 (螺纹大径)		尺　　寸(mm)							每千件钢制品大约重量 G(kg)
		内径 d_1		外径 d_2		厚度 h			
		公称 (min)	max	公称 (max)	min	公称	max	min	
优选尺寸	1.6	1.7	1.84	3.5	3.2	0.3	0.35	0.25	0.017
	2	2.2	2.34	4.5	4.2	0.3	0.35	0.25	0.029
	2.5	2.7	2.84	5	4.7	0.5	0.55	0.45	0.055
	3	3.2	3.38	6	5.7	0.5	0.55	0.45	0.079
	4	4.3	4.48	8	7.64	0.5	0.55	0.45	0.140
	5	5.3	5.48	9	8.64	1	1.1	0.9	0.326
	6	6.4	6.62	11	10.57	1.6	1.8	1.4	0.790
	8	8.4	8.62	15	14.57	1.6	1.8	1.4	1.52
	10	10.5	10.77	18	17.57	1.6	1.8	1.4	2.11
	12	13	13.27	20	19.48	2	2.2	1.8	2.85
	16	17	17.27	28	27.48	2.5	2.7	2.3	7.63
	20	21	21.33	34	33.38	3	3.3	2.7	13.22
	24	25	25.33	39	38.38	4	4.3	3.7	22.10
	30	31	31.39	50	49.38	4	4.3	3.7	37.95
	36	37	37.62	60	58.8	5	5.6	4.4	68.77
非优选尺寸	3.5	3.7	3.88	7	6.64	0.5	0.55	0.45	0.109
	14	15	15.27	24	23.48	2.5	2.7	2.3	5.41
	18	19	19.33	30	29.48	3	3.3	2.7	9.97
	22	23	23.33	37	36.38	3	3.3	2.7	15.54
	27	28	28.33	44	43.38	4	4.3	3.7	28.41
	33	34	34.62	56	54.8	5	5.6	4.4	61.03

2. 平垫圈—A 级

(GB/T 97.1—2002)

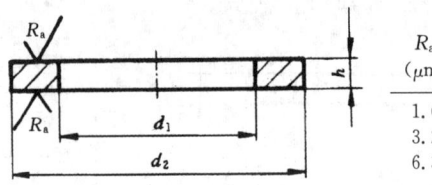

R_a (μm)	h (mm)
1.6	≤ 3
3.2	> 3 ~ 6
6.3	> 6

规格(螺纹大径)	尺　　寸(mm)							每千件钢制品大约重量 G(kg)
	内径 d_1		外径 d_2		厚度 h			
	公称(min)	max	公称(max)	min	公称	max	min	
1.6	1.7	1.84	4	3.7	0.3	0.35	0.25	0.024
2	2.2	2.34	5	4.7	0.3	0.35	0.25	0.037
2.5	2.7	2.84	6	5.7	0.5	0.55	0.45	0.088
3	3.2	3.38	7	6.64	0.5	0.55	0.45	0.119
4	4.3	4.48	9	8.64	0.8	0.9	0.7	0.308
5	5.3	5.48	10	9.64	1	1.1	0.9	0.443
6	6.4	6.62	12	11.57	1.6	1.8	1.4	1.02
8	8.4	8.62	16	15.57	1.6	1.8	1.4	1.83
10	10.5	10.77	20	19.48	2	2.2	1.8	3.57
12	13	13.27	24	23.48	2.5	2.7	2.3	6.27
16	17	17.27	30	29.48	3	3.3	2.7	11.30
20	21	21.33	37	36.38	3	3.3	2.7	17.16
24	25	25.33	44	43.38	4	4.3	3.7	32.33
30	31	31.39	56	55.26	4	4.3	3.7	53.64
36	37	37.62	66	64.8	5	5.6	4.4	92.07

优选尺寸

（续）

规　格		尺　　　寸(mm)							每千件钢制品大约重量 G(kg)
		内径 d_1		外径 d_2		厚度 h			
（螺纹大径）		公称(min)	max	公称(max)	min	公称	max	min	
优选尺寸	42	45	45.62	78	76.8	8	9	7	200.2
	48	52	52.74	92	90.6	8	9	7	284.1
	56	62	62.74	105	103.6	10	11	9	442.7
	64	70	70.74	115	113.6	10	11	9	513.2
非优选尺寸	14	15	15.27	28	27.48	2.5	2.7	2.3	8.62
	18	19	19.33	34	33.38	3	3.3	2.7	14.70
	22	23	23.33	39	38.38	3	3.3	2.7	18.35
	27	28	28.33	50	49.38	4	4.3	3.7	42.32
	33	34	34.62	60	58.8	5	5.6	4.4	75.34
	39	42	42.62	72	70.8	6	6.6	5.4	126.5
	45	48	48.62	85	83.6	8	9	7	242.7
	52	56	56.74	98	96.6	8	9	7	319.0
	60	66	66.74	110	108.6	10	11	9	477.4

3. 平垫圈—倒角型—A 级

(GB/T 97.2—2002)

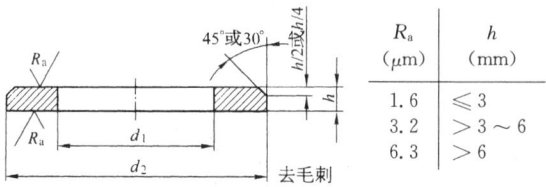

R_a (μm)	h (mm)
1.6	≤ 3
3.2	> 3 ～ 6
6.3	> 6

21.15

规格	尺　　寸(mm)							每千件钢制品大约重量 G(kg)
(螺纹大径)	内径 d_1		外径 d_2		厚度 h			
	公称(min)	max	公称(max)	min	公称	max	min	
优选尺寸	5	5.3	5.48	10	9.64	1	1.1	0.9	0.443
	6	6.4	6.62	12	11.57	1.6	1.8	1.4	1.02
	8	8.4	8.62	16	15.57	1.6	1.8	1.4	1.83
	10	10.5	10.77	20	19.48	2	2.2	1.8	3.57
	12	13	13.27	24	23.48	2.5	2.7	2.3	5.27
	16	17	17.27	30	29.48	3	3.3	2.7	11.30
	20	21	21.38	37	36.38	3	3.3	2.7	17.16
	24	25	25.33	44	43.38	4	4.3	3.7	32.33
	30	31	31.39	56	55.26	4	4.3	3.7	53.64
	36	37	37.62	66	64.8	5	5.6	4.4	92.07
	42	45	45.62	78	76.8	8	9	7	200.2
	48	52	52.74	92	90.6	8	9	7	284.1
	56	62	62.74	105	103.6	10	11	9	442.7
	64	70	70.74	115	113.6	10	11	9	513.2
非优选尺寸	14	15	15.27	28	27.48	2.5	2.7	2.3	8.62
	18	19	19.33	34	33.38	3	3.3	2.7	14.70
	22	23	23.33	39	38.38	3	3.3	2.7	18.35
	27	28	28.33	50	49.38	4	4.3	3.7	42.32
	33	34	34.62	60	58.8	5	5.6	4.4	75.34
	39	42	42.62	72	70.8	6	6.6	5.4	126.5
	45	48	48.62	85	83.6	8	9	7	242.7
	52	56	56.74	98	96.6	8	9	7	319.0
	60	66	66.74	110	108.6	10	11	9	477.4

21.16

4. 平垫圈—C级
(GB/T 95—2002)

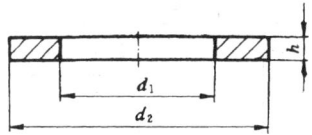

尺　寸(mm)								每千件钢制品大约重量 G(kg)
规　格 (螺纹大径)	内径 d_1		外径 d_2		厚度 h			
	公称(min)	max	公称(max)	min	公称	max	min	
	1.6	1.8	2.05	4	3.25	0.3	0.4	0.2	0.024
	2	2.4	2.65	5	4.25	0.3	0.4	0.2	0.036
	2.5	2.9	3.15	6	5.25	0.5	0.6	0.4	0.085
	3	3.4	3.7	7	6.1	0.5	0.6	0.4	0.115
优	4	4.5	4.8	9	8.1	0.8	1.0	0.8	0.300
	5	5.5	5.8	10	9.1	1	1.2	0.8	0.430
选	6	6.6	6.96	12	10.9	1.6	1.9	1.3	0.991
	8	9	9.36	16	14.9	1.6	1.9	1.3	1.73
尺	10	11	11.43	20	18.7	2	2.3	1.7	3.44
	12	13.5	13.93	24	22.7	2.5	2.8	2.2	6.07
	16	17.5	17.93	30	28.7	3	3.6	2.4	10.98
寸	20	22	22.52	37	35.4	3	3.6	2.4	16.37
	24	26	26.52	44	42.4	4	4.6	3.4	31.07
	30	33	33.62	56	54.1	4	4.6	3.4	50.48
	36	39	40	66	64.1	5	6	4	87.39
	42	45	46	78	76.1	8	9.2	6.8	200.2
	48	52	53.2	92	89.8	8	9.2	6.8	284.1
	56	62	63.2	105	102.8	10	11.2	8.8	442.7
	64	70	71.2	115	112.8	10	11.2	8.8	513.2
非优选尺寸	3.5	3.9	4.2	8	7.1	0.5	0.6	0.4	0.150
	14	15.5	15.93	28	26.7	2.5	2.8	2.2	8.38
	18	20	20.43	34	32.4	3	3.6	2.4	13.98
	22	24	24.52	39	37.4	3	3.6	2.4	17.48
	27	30	30.52	50	48.4	4	4.6	3.4	39.46

规　格	尺　　寸(mm)							每千件钢制品大约重量 G(kg)
（螺纹大径）	内径 d_1		外径 d_2		厚度 h			
	公称(min)	max	公称(max)	min	公称	max	min	
非优选尺寸	33	36	37	60	58.1	5	6	4	71.02
	39	42	43	72	70.1	6	7	5	126.5
	45	48	49	85	82.8	8	9.2	6.8	242.7
	52	56	57.2	98	95.8	8	9.2	6.8	319.0
	60	66	67.2	110	107.8	10	11.2	8.8	477.4

5. 大 垫 圈

（1）大垫圈—A级

（GB/T 96.1—2002）

规　格	尺　　寸(mm)							每千件钢制品大约重量 G(kg)
（螺纹大径）	内径 d_1		外径 d_2		厚度 h			
	公称(min)	max	公称(max)	min	公称	max	min	
优选尺寸	3	4.2	3.38	9	8.64	0.8	0.9	0.7	0.349
	4	4.3	4.48	12	11.57	1	1.1	0.9	0.774
	5	5.3	5.48	15	14.57	1	1.1	0.9	1.21
	6	6.4	6.62	18	17.57	1.6	1.8	1.4	2.79
	8	8.4	8.62	24	23.48	2	2.2	1.8	6.23
	10	10.5	10.77	30	29.48	2.5	2.7	2.3	12.17
	12	13	13.27	37	36.38	3	3.3	2.7	22.19
	16	17	17.27	50	49.38	3	3.3	2.7	40.89
	20	21	21.33	60	59.26	4	4.3	3.7	77.90
	24	25	25.52	72	70.8	5	5.6	4.4	140.5
	30	33	33.62	92	90.6	6	6.6	5.4	272.8
	36	39	39.62	110	108.6	8	9	7	521.8

注：外形图参见第21.14页"2.平垫圈—A级"的外形图。

（续）

尺 寸(mm)									每千件钢制品大约重量 G(kg)
规格(螺纹大径)	内径 d_1		外径 d_2		厚度 h				
	公称(min)	max	公称(max)	min	公称	max	min		
非	3.5	3.7	3.88	11	10.57	0.8	0.9	0.7	0.529
优	14	15	15.27	44	43.38	3	3.3	2.7	31.64
选	18	19	19.33	56	55.26	4	4.3	3.7	68.43
尺	22	23	23.52	66	64.8	5	5.6	4.4	118.0
	27	30	30.52	85	83.6	6	6.6	5.4	234.0
寸	33	36	36.62	105	103.6	6	6.6	5.4	359.9

（2）大垫圈—C级

（GB/T 96.2—2002）

尺 寸(mm)									每千件钢制品大约重量 G(kg)
规格(螺纹大径)	内径 d_1		外径 d_2		厚度 h				
	公称(min)	max	公称(max)	min	公称	max	min		
	3	3.4	3.7	9	8.1	0.8	1.0	0.6	0.342
	4	4.5	4.8	12	10.9	1	1.2	0.8	0.763
	5	5.5	5.8	15	13.9	1	1.2	0.8	1.20
优	6	6.6	6.96	18	16.9	1.6	1.9	1.3	2.77
	8	9	9.36	24	22.7	2	2.3	1.7	6.10
选	10	11	11.43	30	28.7	2.5	2.8	2.2	12.01
	12	13.5	13.93	37	35.4	3	3.6	2.4	21.95
尺	16	17.5	17.93	50	48.4	3	3.6	2.4	40.57
	20	22	22.52	60	58.1	4	4.6	3.4	76.84
寸	24	26	26.84	72	70.1	5	6	4	139.0
	30	33	34	92	89.8	6	7	5	272.8
	36	39	40	110	107.8	8	9.2	6.8	521.8

注：外形图参见第 21.17 页"4.平垫圈—C级"的外形图。

规格(螺纹大径)	尺　寸(mm)							每千件钢制品大约重量 G(kg)
	内径 d_1		外径 d_2		厚度 h			
	公称(min)	max	公称(max)	min	公称	max	min	
非优选尺寸 3.5	3.9	4.2	11	9.9	0.8	1.0	0.6	0.522
14	15.5	15.93	44	42.4	3	3.6	2.4	31.36
18	20	20.43	56	54.9	4	4.6	3.4	67.47
22	24	24.84	66	64.9	5	6	4	116.5
27	30	30.84	85	82.8	6	7	5	234.0
33	36	37	105	102.8	6	7	5	359.9

6. 特大垫圈—C 级

(GB/T 5287—2002)

规格(螺纹大径)	尺　寸(mm)							每千件钢制品大约重量 G(kg)
	内径 d_1		外径 d_2		厚度 h			
	公称(min)	max	公称(max)	min	公称	max	min	
优选尺寸 5	5.5	5.8	18	16.9	2	2.3	1.7	3.62
6	6	6.96	22	20.7	2	2.3	1.7	5.43
8	9	9.36	28	26.7	3	3.6	2.4	13.00
10	11	11.43	34	32.4	3	3.6	2.4	19.14
12	13.5	13.93	44	42.4	4	4.6	3.4	43.25
16	17.5	18.2	56	54.1	4	6	4	87.23
20	22	22.84	72	70.1	6	7	5	173.9
24	26	26.84	85	82.8	6	7	5	242.2
30	33	34	105	102.8	7	7	5	367.5
36	39	40	125	122.5	8	9.2	6.8	695.6
非优选尺寸 14	15.5	15.93	50	48.1	4	4.6	3.4	55.73
18	20	20.84	60	58.1	5	6	4	98.64
22	24	24.84	80	78.1	6	7	5	215.4
27	30	30.84	98	95.8	6	7	5	322.0
33	36	37	115	112.8	8	9.2	6.8	588.3

注：外形图参见第 21.17 页"4.平垫圈—C 级"的外形图。

7. 销轴用平垫圈

(GB/T 97.3—2000)

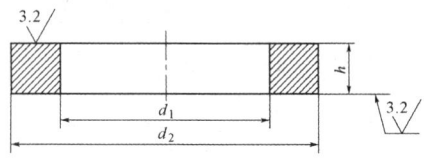

尺　寸(mm)								每千件钢制品大约重量 G(kg)
规　格（螺纹大径）	内径 d_1		外径 d_2		厚度 h			
	公称（min）	max	公称（max）	min	公称	max	min	
3	3	3.14	6	5.70	0.8	0.9	0.7	0.133
4	4	4.18	8	7.64	0.8	0.9	0.7	0.237
5	5	5.18	10	9.64	1	1.1	0.9	0.462
6	6	6.18	12	11.57	1.6	1.8	1.4	1.07
8	8	8.22	15	14.57	2	2.2	1.8	1.99
10	10	10.22	18	17.57	2.5	2.7	2.3	3.45
12	12	12.27	20	19.48	3	3.3	2.7	4.74
14	14	14.27	22	21.48	3	3.3	2.7	5.33
16	16	16.27	24	23.48	3	3.3	2.7	5.92
18	18	18.27	28	27.48	4	4.3	3.7	11.34

规　格 (螺纹 大径)	尺　　　寸(mm)							每千件 钢制品 大约重量 G(kg)
	内径 d_1		外径 d_2		厚度 h			
	公称 (min)	max	公称 (max)	min	公称	max	min	
20	20	20.33	30	29.48	4	4.3	3.7	12.33
22	22	22.33	34	33.38	4	4.3	3.7	16.57
24	24	24.33	37	36.38	4	4.3	3.7	19.56
25	25	25.33	38	37.38	4	4.3	3.7	20.20
27	27	27.52	39	38	5	5.6	4.4	24.41
28	28	28.52	40	39	5	5.6	4.4	25.15
30	30	30.52	44	43	5	5.6	4.4	31.94
32	32	32.62	46	45	5	5.6	4.4	33.66
33	33	33.62	47	46	5	5.6	4.4	34.53
36	36	36.62	50	49	6	6.6	5.4	44.54
40	40	40.62	56	54.8	6	6.6	5.4	56.82
45	45	45.62	60	58.8	6	6.6	5.4	58.26
50	50	50.62	66	64.8	8	9	7	91.54
55	55	55.74	72	70.8	8	9	7	106.5
60	60	60.74	78	76.8	10	11	9	153.2
70	70	70.74	92	90.6	10	11	9	219.7
80	80	80.74	98	96.6	12	13.2	10.8	237.0
90	90	90.87	110	108.6	12	13.2	10.8	295.9
100	100	100.87	120	118.6	12	13.2	10.8	325.5

8. 轻型弹簧垫圈

(GB/T 859—1987)

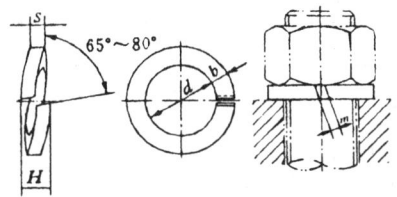

尺　寸(mm)											
规格 (螺纹 大径)	d		S			b			H		m ≤
	min	max	公称	min	max	公称	min	max	min	max	
3	3.1	3.4	0.6	0.52	0.68	1	0.9	1.1	1.2	1.5	0.3
4	4.1	4.4	0.8	0.70	0.90	1.2	1.1	1.3	1.6	2	0.4
5	5.1	5.4	1.1	1	1.2	1.5	1.4	1.6	2.2	2.75	0.55
6	6.1	6.68	1.3	1.2	1.4	2	1.9	2.1	2.6	3.25	0.65
8	8.1	8.68	1.6	1.5	1.7	2.5	2.35	2.65	3.2	4	0.8
10	10.2	10.9	2	1.9	2.1	3	2.85	3.15	4	5	1
12	12.2	12.9	2.5	2.35	2.65	3.5	3.3	3.7	5	6.25	1.25
(14)	14.2	14.9	3	2.85	3.15	4	3.8	4.2	6	7.5	1.5
16	16.2	16.9	3.2	3	3.4	4.5	4.3	4.7	6.4	8	1.6
(18)	18.2	19.04	3.6	3.4	3.8	5	4.8	5.2	7.2	9	1.8
20	20.2	21.04	4	3.8	4.2	5.5	5.3	5.7	8	10	2
(22)	22.5	23.34	4.5	4.3	4.7	6	5.8	6.2	9	11.25	2.25
24	24.5	25.5	5	4.8	5.2	7	6.7	7.3	10	12.5	2.5
(27)	27.5	28.5	5.5	5.3	5.7	8	7.7	8.3	11	13.75	2.75
30	30.5	31.5	6	5.8	6.2	9	8.7	9.3	12	15	3

每千件钢制品大约重量 G(kg)	规格	3	4	5	6	8	10	12	(14)
	G	0.059	0.122	0.261	0.506	1.02	1.91	3.30	5.24
	规格	16	(18)	20	(22)	24	(27)	30	
	G	7.17	10.04	13.60	18.50	26.50	37.57	51.33	

注：1. d—内径；S—高度；b—宽度；H—自由高度；m—开口距离。
2. 开口距离 m 应大于零。
3. 带括号的规格尽量不采用。

9. 标准型弹簧垫圈

(GB/T 93—1987)

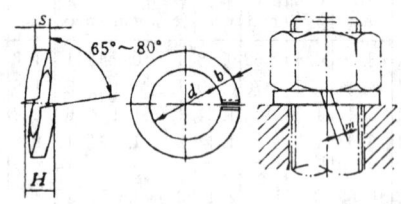

规格（螺纹大径）	尺　　寸(mm)								每千件钢制品大约重量 G(kg)
	内径 d_1		高度(宽度) $S(b)$			自由高度 H		开口距离 $m \leqslant$	
	min	max	公称	min	max	min	max		
2	2.1	2.35	0.5	0.42	0.58	1	1.25	0.25	0.016
2.5	2.6	2.85	0.65	0.57	0.73	1.3	1.63	0.33	0.033

规格（螺纹大径）	尺　　寸(mm)									每千件钢制品大约重量 G(kg)
	内径 d_1		高度（宽度） $S(b)$			自由高度 H		开口距离 $m \leqslant$	
	min	max	公称	min	max	min	max		
3	3.1	3.4	0.8	0.7	0.9	1.6	2	0.4	0.060
4	4.1	4.4	1.1	1	1.2	2.2	2.75	0.55	0.150
5	5.1	5.4	1.3	1.2	1.4	2.6	3.25	0.65	0.258
6	6.1	6.68	1.6	1.5	1.7	3.2	4	0.8	0.470
8	8.1	8.68	2.1	2	2.2	4.2	5.25	1.05	1.07
10	10.2	10.9	2.6	2.45	2.75	5.2	6.5	1.3	2.06
12	12.2	12.9	3.1	2.95	3.25	6.2	7.75	1.55	3.51
(14)	14.2	14.9	3.6	3.4	3.8	7.2	9	1.8	5.51
16	16.2	16.9	4.1	3.9	4.3	8.2	10.25	2.05	8.15
(18)	18.2	19.04	4.5	4.3	4.7	9	11.25	2.25	10.98
20	20.2	21.04	5	4.8	5.2	10	12.5	2.5	15.05
(22)	22.5	23.34	5.5	5.3	5.7	11	13.75	2.75	20.24
24	24.5	25.5	6	5.8	6.2	12	15	3	26.23
(27)	27.5	28.5	6.8	6.5	7.1	13.6	17	3.4	37.88
30	30.5	31.5	7.5	7.2	7.8	15	18.75	3.75	51.06
(33)	33.5	34.7	8.5	8.2	8.8	17	21.25	4.25	72.43
36	36.5	37.7	9	8.7	9.3	18	22.5	4.5	88.03
(39)	39.5	40.7	10	9.7	10.3	20	25	5	118.15
42	42.5	43.7	10.5	10.2	10.8	21	26.25	5.25	139.56
(45)	45.5	46.7	11	10.7	11.3	22	27.5	5.5	163.37
48	48.5	49.7	12	11.7	12.3	24	30	6	208.07

注：1. 带括号的规格尽量不采用。

2. 开口距离 m 应大于零。

10. 重型弹簧垫圈

(GB/T 7244—1987)

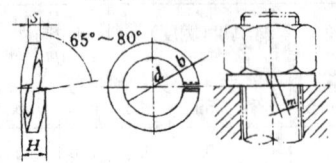

规 格 (螺纹大径)	尺　　　寸(mm)										m≤
	d		S			b			H		
	min	max	公称	min	max	公称	min	max	min	max	
6	6.1	6.68	1.8	1.65	1.95	2.6	2.45	2.75	3.6	4.5	0.9
8	8.1	8.68	2.4	2.25	2.55	3.2	3	3.4	4.8	6	1.2
10	10.2	10.9	3	2.85	3.15	3.8	3.6	4	6	7.5	1.5
12	12.2	12.9	3.5	3.3	3.7	4.3	4.1	4.5	7	8.75	1.75
(14)	14.2	14.9	4.1	3.9	4.3	4.8	4.6	5	8.2	10.25	2.05
16	16.2	16.9	4.8	4.6	5	5.3	5.1	5.5	9.6	12	2.4
(18)	18.2	19.04	5.3	5.1	5.5	5.8	5.6	6	10.6	13.25	2.65
20	20.2	21.04	6	5.8	6.2	6.4	6.1	6.7	12	15	3
(22)	22.5	23.34	6.6	6.3	6.9	7.2	6.9	7.5	13.2	16.5	3.3
24	24.5	25.5	7.1	6.8	7.4	7.5	7.2	7.8	14.2	17.75	3.5
(27)	27.5	28.5	8	7.7	8.3	8.5	8.2	8.8	16	20	4
30	30.5	31.5	9	8.7	9.3	9.3	9	9.6	18	22.5	4.5
(33)	33.5	34.7	9.9	9.6	10.2	10.2	9.9	10.5	19.8	24.75	4.95
36	36.5	37.7	10.8	10.5	11.1	11	10.7	11.3	21.6	27	5.4

每千件钢制品大约重量 G(kg)	规格	6	8	10	12	(14)	16	(18)
	G	0.971	2.07	3.80	5.92	8.90	13.01	17.55
	规格	20	(22)	24	(27)	30	(33)	36
	G	24.29	33.57	40.54	58.24	79.20	104.9	134.1

注: 1. d—内径;S—高度;b—宽度;H—自由高度;m—开口距离。
　　2. 开口距离 m 应大于零。
　　3. 带括号的规格尽量不采用。

11. 鞍形弹簧垫圈

(GB/T 7245—1987)

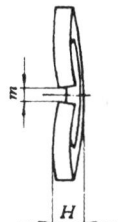
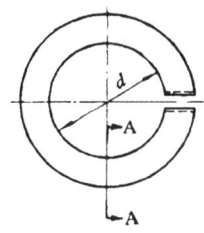
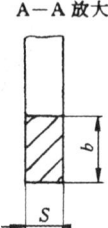

A—A放大

规格 (螺纹大径)	尺 寸(mm)										重量
	d		H		S			b			G (kg)
	min	max	min	max	公称	min	max	公称	min	max	
3	3.1	3.4	1.1	1.3	0.6	0.52	0.68	1	0.9	1.1	0.058
4	4.1	4.4	1.2	1.4	0.8	0.70	0.90	1.2	1.1	1.3	0.120
5	5.1	5.4	1.5	1.7	1.1	1	1.2	1.5	1.4	1.6	0.256
6	6.1	6.68	2	2.2	1.3	1.2	1.4	2	1.9	2.1	0.495
8	8.1	8.68	2.45	2.75	1.6	1.5	1.7	2.5	2.35	2.65	1.00
10	10.2	10.9	2.85	3.15	2	1.9	2.1	3	2.85	3.15	1.86
12	12.2	12.9	3.35	3.65	2.5	2.35	2.65	3.5	3.3	3.7	3.23
(14)	14.2	14.9	3.9	4.3	3	2.85	3.15	4	2.8	4.2	5.12
16	16.2	16.9	4.5	5.1	3.2	3	3.4	4.5	4.3	4.7	7.01
(18)	18.2	19.04	4.5	5.1	3.6	3.4	3.8	5	4.8	5.2	9.82
20	20.2	21.04	5.1	5.9	4	3.8	4.2	5.5	5.3	5.7	13.29
(22)	22.5	23.34	5.1	5.9	4.5	4.3	4.7	6	5.8	6.2	18.07
24	24.5	25.5	6.5	7.5	5	4.8	5.2	7	6.7	7.3	25.87
(27)	27.5	28.5	6.5	7.5	5.5	5.3	5.7	8	7.7	8.3	36.69
30	30.5	31.5	9.5	10.5	6	5.8	6.2	9	8.7	9.3	50.14

注: 1. d—内径;H—自由高度;S—高度;b—宽度。

2. 开口距离 $m < S_{min}$。

3. G—每千件钢制品大约重量。

12. 波形弹簧垫圈

(GB/T 7246—1987)

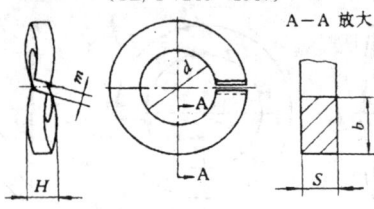

规格	尺 寸(mm)										重量
(螺纹大径)	d		H		S			b			G (kg)
	min	max	min	max	公称	min	max	公称	min	max	
3	3.1	3.4	1.1	1.3	0.6	0.52	0.68	1	0.9	1.1	0.058
4	4.1	4.4	1.2	1.4	0.8	0.70	0.90	1.2	1.1	1.3	0.120
5	5.1	5.4	1.5	1.7	1.1	1	1.2	1.5	1.4	1.6	0.256
6	6.1	6.68	2	2.2	1.3	1.2	1.4	2	1.9	2.1	0.495
8	8.1	8.68	2.45	2.75	1.6	1.5	1.7	2.5	2.35	2.65	1.00
10	10.2	10.9	2.85	3.15	2	1.9	2.1	3	2.85	3.15	1.86
12	12.2	12.9	3.35	3.65	2.5	2.35	2.65	3.5	3.3	3.7	3.23
(14)	14.2	14.9	3.9	4.3	3	2.85	3.15	4	2.8	4.2	5.12
16	16.2	16.9	4.5	5.1	3.2	3	3.4	4.5	4.3	4.7	7.01
(18)	18.2	19.04	4.5	5.1	3.6	3.4	3.8	5	4.8	5.2	9.82
20	20.2	21.04	5.1	5.9	4	3.8	4.2	5.5	5.3	5.7	13.29
(22)	22.5	23.34	5.1	5.9	4.5	4.3	4.7	6	5.8	6.2	18.07
24	24.5	25.5	6.5	7.5	5	4.8	5.2	7	6.7	7.3	25.87
(27)	27.5	28.5	6.5	7.5	5.5	5.2	5.8	8	7.7	8.3	36.69
30	30.5	31.5	9.5	10.5	6	5.8	6.2	9	8.7	9.3	50.14

注: 1. d—内径;H—自由高度;S—高度;b—宽度。

2. 开口距离 $m < S_{min}$。

3. G—每千件钢制品大约重量。

21.28

13. 鞍形弹性垫圈
(GB/T 860—1987)

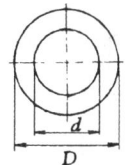 

尺　　寸(mm)								每千件钢制品大约重量 G(kg)
规　格（螺纹大径）	内径 d		外径 D		自由高度 H		厚度 S	
	min	max	min	max	min	max		
2	2.2	2.45	4.2	4.5	0.5	1	0.3	0.02
2.5	2.7	2.95	5.2	5.5	0.55	1.1	0.3	0.04
3	3.2	3.5	5.7	6	0.65	1.3	0.4	0.05
4	4.3	4.6	7.64	8	0.8	1.6	0.5	0.12
5	5.3	5.6	9.64	10	0.9	1.8	0.5	0.20
6	6.4	6.76	10.57	11	1.1	2.2	0.5	0.22
8	8.4	8.76	14.57	15	1.7	3.4	0.5	0.43
10	10.5	10.93	17.57	18	2	4	0.8	0.97

14. 波形弹性垫圈
(GB/T 955—1987)

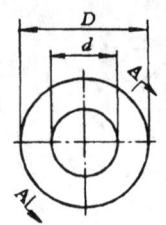
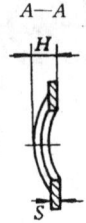

| 规 格
(螺纹
大径) | 尺　　寸(mm) | | | | | | | 每千件
钢制品
大约重
量 G(kg) |
| | 内径 d | | 外径 D | | 自由高度 H | | 厚度
S | |
	min	max	min	max	min	max		
3	3.2	3.5	7.42	8	0.8	1.6	0.5	0.14
4	4.3	4.6	8.42	9	1	2	0.5	0.16
5	5.3	5.6	10.30	11	1.1	2.2	0.5	0.24
6	6.4	6.76	11.30	12	1.3	2.6	0.5	0.27
8	8.4	8.76	14.30	15	1.5	3	0.8	0.66
10	10.5	10.93	20.16	21	2.1	4.2	1.0	1.81
12	13	13.43	23.16	24	2.5	5	1.2	2.70
(14)	15	15.43	27.16	28	3	5.9	1.5	4.71
16	17	17.43	29	30	3.2	6.3	1.5	5.07
(18)	19	19.52	33	34	3.3	6.5	1.5	6.69
20	21	21.52	35	36	3.7	7.4	1.6	7.68
(22)	23	23.52	39	40	3.9	7.8	1.8	10.94
24	25	25.52	43	44	4.1	8.2	1.8	13.50
(27)	28	28.52	49	50	4.7	9.4	2	19.81
30	31	31.62	54.8	56	5	10	2	25.02

注：带括号的规格尽量不采用。

15. 内齿锁紧垫圈
(GB/T 861.1—1987)

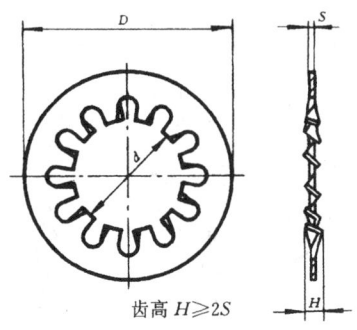

齿高 $H \geqslant 2S$

规格（螺纹大径）	尺　　寸(mm)						每千件钢制品大约重量 G(kg)
	内径 d		外径 D		厚度 S	齿数 min	
	min	max	min	max			
2	2.2	2.45	4.2	4.5	0.3	6	0.02
2.5	2.7	2.95	5.2	5.5	0.3	6	0.02
3	3.2	3.5	5.7	6	0.4	6	0.04
4	4.3	4.6	7.64	8	0.5	8	0.09
5	5.3	5.6	9.64	10	0.6	8	0.18
6	6.4	6.76	10.57	11	0.6	8	0.19
8	8.4	8.76	14.57	15	0.8	8	0.54
10	10.5	10.93	17.57	18	1.0	9	0.92
12	12.5	12.93	19.98	20.5	1.0	10	1.08
(14)	14.5	14.93	23.48	24	1.2	10	1.94
16	16.5	16.93	25.48	26	1.2	12	2.07
(18)	19	19.52	29.48	30	1.5	12	3.66
20	21	21.52	32.38	33	1.5	12	4.34

注: 带括号的规格尽量不采用。

16. 内锯齿锁紧垫圈
(GB/T 861.2—1987)

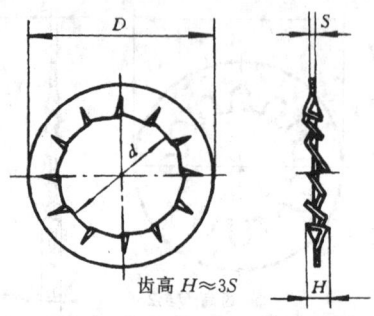

齿高 $H \approx 3S$

尺　寸(mm)							每千件钢制品大约重量 G(kg)
规　格（螺纹大径）	内径 d		外径 D		厚度 S	齿数 min	
	min	max	min	max			
2	2.2	2.45	4.2	4.5	0.3	7	0.02
2.5	2.7	2.95	5.2	5.5	0.3	7	0.04
3	3.2	3.5	5.7	6	0.4	7	0.05
4	4.3	4.6	7.64	8	0.5	8	0.12
5	5.3	5.6	9.64	10	0.6	8	0.24
6	6.4	6.76	10.57	11	0.6	9	0.26
8	8.4	8.76	14.57	15	0.8	10	0.69
10	10.5	10.93	17.57	18	1.0	12	1.22
12	12.5	12.93	19.98	20.5	1.0	12	1.49
(14)	14.5	14.93	23.48	24	1.2	14	2.51
16	16.5	16.93	25.48	26	1.2	14	2.77
(18)	19	19.52	29.48	30	1.5	14	4.67
20	21	21.52	32.38	33	1.5	16	5.58

注：带括号的规格尽量不采用。

17. 外齿锁紧垫圈
(GB/T 862.1—1987)

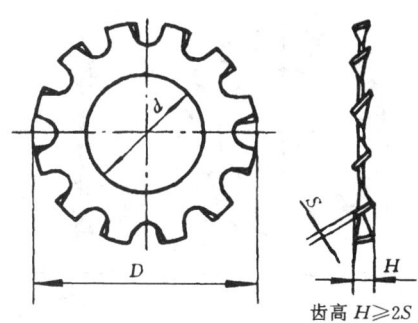

齿高 $H \geqslant 2S$

规格 (螺纹 大径)	尺　　寸(mm)				厚度 S	齿数 min	每千件钢 制品大约 重量 G(kg)
	内径 d		外径 D				
	min	max	min	max			
2	2.2	2.45	4.2	4.5	0.3	6	0.02
2.5	2.7	2.95	5.2	5.5	0.3	6	0.03
3	3.2	3.5	5.7	6	0.4	6	0.04
4	4.3	4.6	7.64	8	0.5	8	0.10
5	5.3	5.6	9.64	10	0.6	8	0.18
6	6.4	6.76	10.57	11	0.6	8	0.21
8	8.4	8.76	14.57	15	0.8	8	0.47
10	10.5	10.93	17.57	18	1.0	9	0.80
12	12.5	12.93	19.98	20.5	1.0	10	1.12
(14)	14.5	14.93	23.48	24	1.2	10	1.69
16	16.5	16.93	25.48	26	1.2	12	2.10
(18)	19	19.52	29.48	30	1.5	12	3.14
20	21	21.52	32.38	33	1.5	12	3.80

注：带括号的规格尽量不采用。

18. 外锯齿锁紧垫圈
(GB/T 862.2—1987)

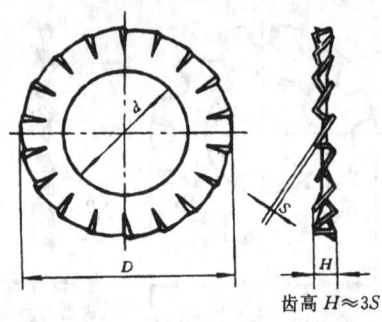

齿高 $H \approx 3S$

规格（螺纹大径）	尺 寸(mm)						每千件钢制品大约重量 G(kg)
	内径 d		外径 D		厚度 S	齿数 min	
	min	max	min	max			
2	2.2	2.45	4.2	4.5	0.3	9	0.02
2.5	2.7	2.95	5.2	5.5	0.3	9	0.04
3	3.2	3.5	5.7	6	0.4	9	0.05
4	4.3	4.6	7.64	8	0.5	11	0.12
5	5.3	5.6	9.64	10	0.6	11	0.24
6	6.4	6.76	10.57	11	0.6	12	0.26
8	8.4	8.76	14.57	15	0.8	14	0.69
10	10.5	10.93	17.57	18	1.0	16	1.22
12	12.5	12.93	19.98	20.5	1.0	16	1.49
(14)	14.5	14.93	23.48	24	1.2	18	2.51
16	16.5	16.93	25.48	26	1.2	18	2.77
(18)	19	19.52	29.48	30	1.5	18	4.67
20	21	21.52	32.38	33	1.5	20	5.58

注：带括号的规格尽量不采用。

19. 锥形锁紧垫圈
(GB/T 956.1—1987)

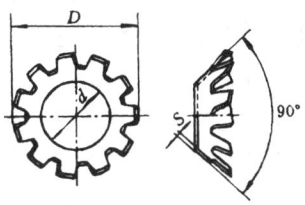

规 格	尺　寸(mm)					每千件钢
（螺纹 大径）	内径 d		外径 D≈	厚度 S	齿数 min	制品大约 重量 G(kg)
	min	max				
3	3.2	3.5	6	0.4	6	0.02
4	4.3	4.6	8	0.5	8	0.06
5	5.3	5.6	9.8	0.6	8	0.12
6	6.4	6.76	11.8	0.6	10	0.20
8	8.4	8.76	15.3	0.8	10	0.44
10	10.5	10.93	19	1.0	10	0.76
12	12.5	12.93	23	1.0	10	1.24

20. 锥形锯齿锁紧垫圈
(GB/T 956.2—1987)

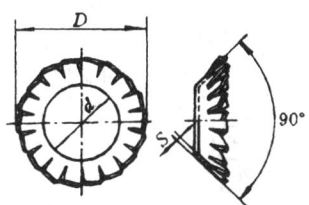

尺　　寸(mm)						每千件钢制品大约重量 G(kg)
规　格（螺纹大径）	内径 d		外径 $D\approx$	厚度 S	齿数 min	
	min	max				
3	3.2	3.5	6	0.4	12	0.05
4	4.3	4.6	8	0.5	14	0.10
5	5.3	5.6	9.8	0.6	14	0.18
6	6.4	6.76	11.8	0.6	16	0.28
8	8.4	8.76	15.3	0.8	18	0.62
10	10.5	10.93	19	1.0	20	1.17
12	12.5	12.93	23	1.0	26	1.85

21. 圆螺母用止动垫圈
(GB/T 858—1988)

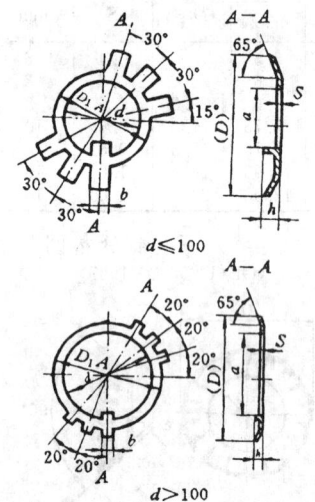

$d\leqslant 100$

$d>100$

尺　　寸(mm)									每千件钢制品大约重量 G(kg)
规格(螺纹大径)	d	D 参考	D_1	S	h	b	a		
10	10.5	25	16	1	3	3.8	8		1.91
12	12.5	28	19	1	3	3.8	9		2.30
14	14.5	32	20	1	3	3.8	11		2.50
16	16.5	34	22	1	3	4.8	13		2.99
18	18.5	35	24	1	4	4.8	15		3.04
20	20.5	38	27	1	4	4.8	17		3.50
22	22.5	42	30	1	4	4.8	19		4.14
24	24.5	45	34	1	4	4.8	21		5.01
25 *	25.5	45	34	1	4	4.8	22		4.70
27	27.5	48	37	1	5	4.8	24		5.40
30	30.5	52	40	1	5	4.8	27		5.87
33	33.5	56	43	1.5	5	5.7	30		10.01
35 *	35.5	56	43	1.5	5	5.7	32		8.75
36	36.5	60	46	1.5	5	5.7	33		10.76
39	39.5	62	49	1.5	5	5.7	36		11.06
40 *	40.5	62	49	1.5	5	5.7	37		10.33
42	42.5	66	53	1.5	5	5.7	39		12.55
45	45.5	72	59	1.5	5	5.7	42		16.30
48	48.5	76	61	1.5	5	7.7	45		17.68
50 *	50.5	76	61	1.5	5	7.7	47		15.86
52	52.5	82	67	1.5	6	7.7	49		21.12
55 *	56	82	67	1.5	6	7.7	52		17.67
56	57	90	74	1.5	6	7.7	53		26.00
60	61	94	79	1.5	6	7.7	57		28.40
64	65	100	84	1.5	6	7.7	61		31.55

规格（螺纹大径）	尺　寸(mm)							每千件钢制品大约重量 G(kg)
	d	D 参考	D_1	S	h	b	a	
65 *	66	100	84	1.5	6	7.7	62	30.35
68	69	105	88	1.5	6	9.6	65	34.69
72	73	110	93	1.5	7	9.6	69	37.90
75 *	76	110	93	1.5	7	9.6	71	33.90
76	77	115	98	1.5	7	9.6	72	41.27
80	81	120	103	1.5	7	9.6	76	44.70
85	86	125	108	1.5	7	9.6	81	46.72
90	91	130	112	2	7	11.6	86	64.82
95	96	135	117	2	7	11.6	91	67.40
100	101	140	122	2	7	11.6	96	69.97
105	106	145	127	2	7	11.6	101	72.54
110	111	156	135	2	7	13.5	106	89.08
115	116	160	140	2	7	13.5	111	91.33
120	121	166	145	2	7	13.5	116	94.96
125	126	170	150	2	7	13.5	121	97.21
130	131	176	155	2	7	13.5	126	100.8
140	141	186	165	2	7	13.5	136	106.7
150	151	206	180	2.5	7	15.5	146	175.9
160	161	216	190	2.5	8	15.5	156	185.1
170	171	226	200	2.5	8	15.5	166	194.0
180	181	236	210	2.5	8	15.5	176	202.9
190	191	246	220	2.5	8	15.5	186	211.7
200	201	256	230	2.5	8	15.5	196	220.6

注：1. d—内径；D—齿外径；D_1—圈外径；S—厚度；h—齿高；b—齿宽；a—内齿距。

　　2. * 规格仅用于滚动轴承锁紧装置。

22. 单耳止动垫圈
(GB/T 854—1988)

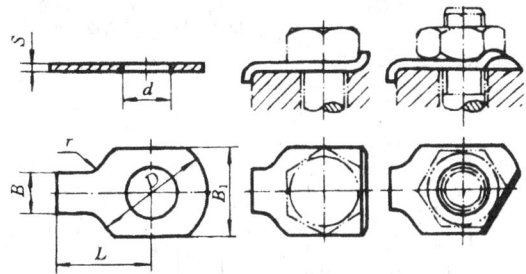

尺　　寸(mm)							
规格(螺纹 大径)	内径 d		外径 D		耳端至孔中心距 L		
	max	min	max	min	公称	min	max
2.5	2.95	2.7	8	7.64	10	9.71	10.29
3	3.5	3.2	10	9.64	12	11.65	12.35
4	4.5	4.2	14	13.57	14	13.65	14.35
5	5.6	5.3	17	16.57	16	15.65	16.35
6	6.76	6.4	19	18.48	18	17.65	18.35
8	8.76	8.4	22	21.48	20	19.58	20.42
10	10.93	10.5	26	25.48	22	21.58	22.42
12	13.43	13	32	31.38	28	27.58	28.42
(14)	15.43	15	32	31.38	28	27.58	28.42
16	17.43	17	40	39.38	32	31.50	32.50
(18)	19.52	19	45	44.38	36	35.50	36.50
20	21.52	21	45	49.38	36	35.50	36.50
(22)	23.52	23	50	49.38	42	41.50	42.50
24	25.52	25	50	49.38	42	41.50	42.50
(27)	28.52	28	58	57.26	48	47.50	48.50
30	31.62	31	63	62.26	52	51.40	52.60
36	37.62	37	75	74.26	62	61.40	62.60
42	43.62	43	88	87.13	70	69.40	70.60
48	50.62	50	100	99.13	80	79.40	80.60

尺寸(mm)					重量	尺寸(mm)					重量
规格	厚度 S	耳部宽度 B	垫圈宽度 B_1	圆角半径 r	G (kg)	规格	厚度 S	耳部宽度 B	垫圈宽度 B_1	圆角半径 r	G (kg)
2.5	0.4	3	6	2.5	0.17	(18)	1	18	38	10	10.93
3	0.4	4	7	2.5	0.25	20	1	18	38	10	11.83
4	0.4	5	9	2.5	0.42	(22)	1	20	39	10	12.61
5	0.5	6	11	2.5	0.74	24	1	20	42	10	12.68
6	0.5	7	12	4	0.91	(27)	1.5	24	48	16	25.81
8	0.5	8	16	4	1.27	30	1.5	26	55	16	31.17
10	0.5	10	19	6	1.70	36	1.5	30	65	16	43.81
12	1	12	21	10	4.80	42	1.5	35	78	16	60.28
(14)	1	12	25	10	5.12	48	1.5	40	90	16	77.90
16	1	15	32	10	8.21						

注：1. G—每千件钢制品大约重量。
   2. 带括号的规格尽量不采用。

23. 双耳止动垫圈

（GB/T 855—1988）

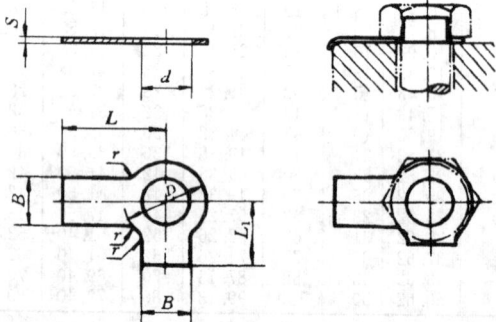

尺　　寸(一)(mm)							
规　　格 (螺纹大径)	内径 d		外径 D		长耳端部至孔中心距 L		
	max	min	max	min	公称	min	max
2.5	2.95	2.7	5	4.7	10	9.71	10.29
3	3.5	3.2	5	4.7	12	11.65	12.35
4	4.5	4.2	8	7.64	14	13.65	14.35
5	5.6	5.3	9	8.64	16	15.65	16.35
6	6.76	6.4	11	10.57	18	17.65	18.35
8	8.76	8.4	14	13.57	20	19.58	20.42
10	10.93	10.5	17	16.57	22	21.58	22.42
12	13.43	13	22	21.48	28	27.58	28.42
(14)	15.43	15	22	21.48	28	27.58	28.42
16	17.43	17	27	26.48	32	31.5	32.5
(18)	19.52	19	32	31.38	36	35.5	36.5
20	21.52	21	32	31.38	36	35.5	36.5
(22)	23.52	23	36	35.38	42	41.5	42.5
24	25.52	25	36	35.38	42	41.5	42.5
(27)	28.52	28	41	40.38	48	47.5	48.5
30	31.62	31	46	45.38	52	51.4	52.6
36	37.62	37	55	54.26	62	61.4	62.6
42	43.62	43	65	64.26	70	69.4	70.6
48	50.62	50	75	74.26	80	79.4	80.6

注：带括号的规格尽量不采用。

尺　　　寸(二)(mm)							每千件钢制品大约重量 G(kg)
规　格(螺纹大径)	短耳端部至孔中心距 L_1			耳宽 B	厚度 S	圆角半径 r	
	公称	min	max				
2.5	4	3.76	4.24	3	0.4	1	0.12
3	5	4.76	5.24	4	0.4	1	0.17
4	7	6.71	7.29	5	0.4	1	0.30
5	8	7.71	8.29	6	0.5	1	0.48
6	9	8.71	9.29	7	0.5	1	0.64
8	11	10.65	11.35	8	0.5	2	0.81
10	13	12.65	13.35	10	0.5	2	1.11
12	16	15.65	16.35	12	1	2	3.78
(14)	16	15.65	16.35	12	1	2	3.43
16	20	19.58	20.42	15	1	2	5.32
(18)	22	21.58	22.42	18	1	3	7.27
20	22	21.58	22.42	18	1	3	6.78
(22)	25	24.58	25.42	20	1	3	9.01
24	25	24.58	25.42	20	1	3	8.43
(27)	30	29.58	30.42	24	1.5	3	17.54
30	32	31.50	32.50	26	1.5	3	20.95
36	38	37.50	38.50	30	1.5	3	29.39
42	44	43.50	44.50	35	1.5	4	39.81
48	50	49.50	50.50	40	1.5	4	51.84

24. 外舌止动垫圈
(GB/T 856—1988)

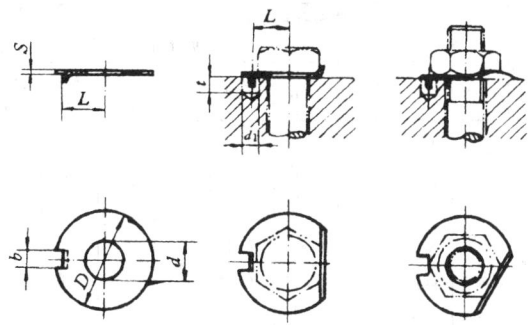

尺寸(mm)				尺寸(mm)			
规格	内径 d		外径 D		规格	内径 d		外径 D	
	max	min	max	min		max	min	max	min
2.5	2.95	2.7	10	9.64	(18)	19.52	19	45	44.38
3	3.5	3.2	12	11.57	20	21.52	21	45	44.38
4	4.5	4.2	14	13.57	(22)	23.52	23	50	49.38
5	5.6	5.3	17	16.57	24	25.52	25	50	49.38
6	6.76	6.4	19	18.48	(27)	28.52	28	58	57.26
8	8.76	8.4	22	21.48	30	31.62	31	63	62.26
10	10.93	10.5	26	25.48	36	37.62	37	75	74.26
12	13.43	13	32	31.38	42	43.62	43	88	87.13
(14)	15.43	15	32	31.38	48	50.62	50	100	99.13
16	17.43	17	40	39.38					

注：1. 规格—螺纹大径。
　　2. 带括号的规格尽量不采用。

规格	舌宽 b		舌端至孔中心距 L			厚度 S	舌孔		每千件钢制品大约重量 G(kg)
	max	min	公称	min	max		直径 d_1	深度 t	
2.5	2	1.75	3.5	3.2	3.8	0.4	2.5	3	0.21
3	2.5	2.25	4.5	4.2	4.8	0.4	3	3	0.30
4	2.5	2.25	5.5	5.2	5.8	0.4	3	3	0.41
5	3.5	3.2	7	6.64	7.36	0.5	4	4	0.75
6	3.5	3.2	7.5	7.14	7.86	0.5	4	4	0.92
8	3.5	3.2	8.5	8.14	8.86	0.5	4	4	1.20
10	4.5	4.2	10	9.64	10.36	0.5	5	5	1.65
12	4.5	4.2	12	11.57	12.43	1	5	6	5.00
(14)	4.5	4.2	12	11.57	12.43	1	5	6	4.65
16	5.5	5.2	15	14.57	15.43	1	6	6	7.73
(18)	6	5.7	18	17.57	18.43	1	7	7	9.85
20	6	5.7	18	17.57	18.43	1	7	7	9.36
(22)	7	6.64	20	19.48	20.52	1	8	7	11.70
24	7	6.64	20	19.48	20.52	1	8	7	11.11
(27)	8	7.64	23	22.48	23.52	1.5	9	10	22.92
30	8	7.64	25	24.48	25.52	1.5	9	10	26.79
36	11	10.57	31	30.38	31.62	1.5	12	10	30.09
42	11	10.57	36	35.38	36.62	1.5	12	12	52.77
48	13	12.57	40	39.38	40.62	1.5	14	13	67.33

表头：尺 寸(mm)

25. 球面垫圈
(GB/T 849—1988)

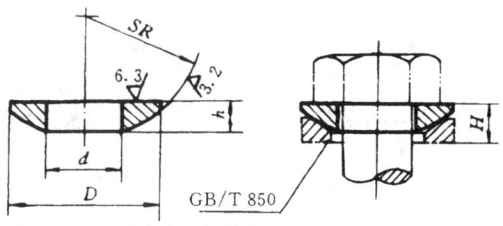

其余表面粗糙度 R_a＝12.5μm。

GB/T 850 为锥面垫圈

球面垫圈的尺寸（mm）									每千件钢制品大约重量
规格（螺纹大径）	内径 d		外径 D		厚度 h		球面半径 SR	总厚度 $H\approx$	G(kg)
	max	min	max	min	max	min			
6	6.60	6.40	12.50	12.07	3.00	2.75	10	4	0.97
8	8.60	8.40	17.00	16.57	4.00	3.70	12	5	2.52
10	10.74	10.50	21.00	20.48	4.00	3.70	16	6	3.71
12	13.24	13.00	24.00	23.48	5.00	4.70	20	7	5.93
16	17.24	17.00	30.00	29.48	6.00	5.70	25	8	10.88
20	21.28	21.00	37.00	36.38	6.60	6.24	32	10	17.86
24	25.28	25.00	44.00	43.38	9.60	9.24	36	13	38.79
30	31.34	31.00	56.00	55.26	9.80	9.44	40	16	63.95
36	37.34	37.00	66.00	65.26	12.00	11.57	50	19	108.7
42	43.34	43.00	78.00	77.26	16.00	15.57	63	24	211.9
48	50.34	50.00	92.00	91.13	20.00	19.48	70	30	376.5

26. 锥 面 垫 圈
(GB/T 850—1988)

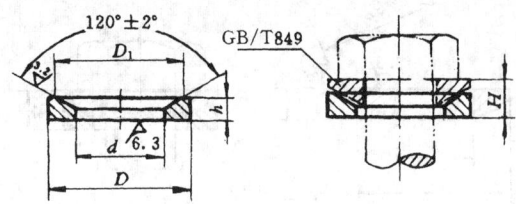

其余表面粗糙度 R_a=12.5μm。

GB/T 849 为球面垫圈

规格（螺纹大径）	尺 寸(mm)								每千件钢制品大约重量 G(kg)
	内径 d		外径 D		厚度 h		锥面外径 D_1	总厚度 $H\approx$	
	max	min	max	min	max	min			
6	8. 36	8	12. 5	12. 07	2. 6	2. 35	12	4	0. 91
8	10. 36	10	17	16. 57	3. 2	2. 90	16	5	2. 34
10	12. 93	12. 5	21	20. 48	4	3. 70	18	6	5. 20
12	16. 43	16	24	23. 48	4. 7	4. 40	23. 5	7	6. 12
16	20. 52	20	30	29. 48	5. 1	4. 80	29	8	10. 50
20	25. 52	25	37	36. 48	6. 6	6. 24	34	10	22. 69
24	30. 52	30	44	43. 38	6. 8	6. 44	38. 5	13	34. 54
30	36. 62	36	56	55. 26	9. 9	9. 54	45. 2	16	96. 88
36	43. 62	43	66	65. 26	14. 3	13. 87	64	19	165. 8
42	50. 62	50	78	77. 26	14. 4	13. 97	69	24	260. 9
48	60. 74	60	92	91. 13	17. 4	16. 97	78. 6	30	448. 6

27. 开 口 垫 圈
(GB/T 851—1988)

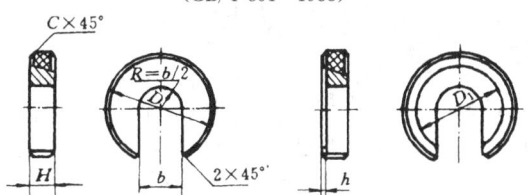

A 型　　　　　　　　　B 型

其余表面粗糙度 R_a＝12.5μm。

(1) 尺寸(mm)									
规格(螺纹大径)	5	6	8	10	12	16	20	24	30	36
开口宽度 b	6	8	10	12	14	18	22	26	32	40
凹面外径 D_1	13	15	19	23	26	32	42	50	60	72
凹面深度 h	0.6	0.8	1.0	1.0	1.5	1.5	2.0	2.0	2.0	2.5
倒角尺寸 C	0.5	0.5	0.8	1.0	1.0	1.5	1.5	2.0	2.0	2.5

(2) 各种规格的外径 D 和厚度 H(mm)以及 每千件钢制品的大约重量 G(kg)														
D	H	G	D	H	G	D	H	G	D	H	G	D	H	G
规格=5			规格=8			规格=10			规格=16			规格=20		
16	4	4.31	25	6	15.12	60	8	150.4	50	10	107.1	80	12	368.9
20	4	7.47	30	6	24.09	规格=12			60	10	167.7	90	12	483.8
25	4	12.52	35	7	40.78	35	8	39.44	70	10	240.4	100	12	613.3
30	4	18.79	40	7	55.50	40	8	55.71	80	12	390.9	110	14	884.2
规格=6			50	7	91.38	45	8	95.54	90	12	507.5	120	14	1070
20	5	8.08	规格=10			50	8	181.7	100	12	638.7	规格=24		
25	5	14.21	30	7	25.38	70	10	255.9	规格=20			60	12	161.5
30	6	26.28	35	7	37.73	80	10	342.3	50	10	92.11	70	12	245.8
35	6	37.29	40	8	59.78	规格=16			60	10	151.6	80	12	344.5
			50	8	100.2	40	10	58.69	70	10	223.0	90	12	457.8

(2) 各种规格的外径 D 和厚度 H(mm)以及
每千件钢制品的大约重量 G(kg)

D	H	G	D	H	G	D	H	G	D	H	G	D	H	G
规格 = 24			规格 = 30			规格 = 30			规格 = 36			规格 = 36		
100	14	684.4	70	14	242.8	110	16	910.7	90	16	467.5	160	20	2530
110	14	850.6	80	14	355.6	120	16	1117	100	16	631.5			
120	16	1182	90	14	485.2	130	18	1151	120	16	1017			
130	16	1141	100	14	631.6	140	18	1787	140	18	1668			

28. 工字钢用方斜垫圈

(GB/T 852—1988)

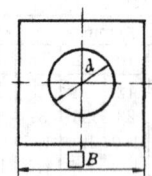

规 格	尺 寸(mm)					每千件钢制品大约重量
	内径 d		边长	窄边厚	宽边厚	
(螺纹大径)	max	min	B	H	(H_1)	G(kg)
6	6.96	6.6	16	2	4.7	5.80
8	9.36	9	18	2	5.0	7.11
10	11.43	11	22	2	5.7	11.69
12	13.93	13.5	28	2	6.7	21.76
16	17.93	17.5	35	2	7.7	37.60
(18)	20.52	20	40	2	9.7	63.73
20	22.52	22	40	2	9.7	60.47
(22)	24.52	24	40	2	9.7	56.90
24	26.52	26	50	2	11.3	109.8
(27)	30.52	30	50	2	11.3	99.91
30	33.62	33	60	2	13.0	171.3
36	39.62	39	70	2	14.7	255.9

注：带括号的规格尽量不采用。

29. 槽钢用方斜垫圈

(GB/T 853—1988)

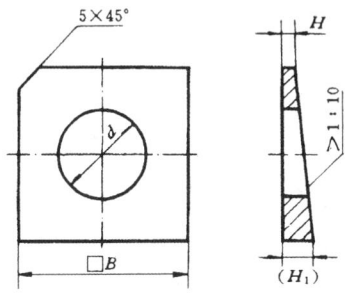

尺　　寸(mm)						每千件钢制品大约重量
规　　格 (螺纹大径)	内径 d		边长 B	窄边厚 H	宽边厚 (H_1)	G(kg)
	max	min				
6	6.96	6.6	16	2	3.6	4.75
8	9.36	9	18	2	3.8	5.79
10	11.43	11	22	2	4.2	9.31
12	13.93	13.5	28	2	4.8	16.90
16	17.93	17.5	35	2	5.4	28.22
(18)	20.52	20	40	3	7	50.00
20	22.52	22	40	3	7	47.43
(22)	24.52	24	40	3	7	44.61
24	26.52	26	50	3	8	84.33
(27)	30.52	30	50	3	8	76.78
30	33.62	33	60	3	9	128.3
36	39.62	39	70	3	10	187.7

注：带括号的规格尽量不采用。

第二十二章　挡　　圈

一、挡圈综述

1. 孔用弹性挡圈—A 型和 B 型的
尺寸代号标注内容与尺寸公差

(1) 孔用弹性挡圈—A 型和 B 型的尺寸代号标注内容
d_0—孔径；　b—顶部宽度；　d—内径；　d_1—钳孔直径； d_2—沟槽直径；　d_3—轴径；　D—外径；　m—沟槽宽度； n—沟槽与孔端部距离；　S—厚度

(2) 孔用弹性挡圈—A 型和 B 型的尺寸公差(mm)					
D		d_2		S	
公称尺寸	公差	公称尺寸	公差	公称尺寸	公差
8.7～17.3	$+0.36$ -0.10	8.4～9.4	$+0.09$ 0	0.6	$+0.04$ -0.07
18.3～23.5	$+0.42$ -0.13	10.4～17.8	$+0.11$ 0	0.8	$+0.04$ -0.10
25.9～27.9	$+0.42$ -0.21	19～23	$+0.13$ 0	1、1.2	$+0.05$ -0.13
30.1～40.8	$+0.50$ -0.25	25.2～29.4	$+0.21$ 0	1.5	$+0.06$ -0.15
43.5～48.5	$+0.90$ -0.39	31.4～49.5	$+0.25$ 0	2	$+0.06$ -0.18
50.5～79.5	$+1.10$ -0.46	50.5～78	$+0.30$ 0	2.5、3	$+0.07$ -0.22
82.5～119	$+1.30$ -0.54	81～103.5	$+0.35$ 0	m	
				公称尺寸	公差
122～179.5	$+1.50$ -0.63	106～119	$+0.54$ 0	0.7～2.7	$+0.14$ 0
184.5～209.5	$+1.70$ -0.72	124～180	$+0.63$ 0	3.2	$+0.18$ 0
		185～205	$+0.72$ 0		

2. 轴用弹性挡圈—A 型和 B 型的尺寸代号标注内容与尺寸公差

(1) 轴用弹性挡圈—A 型和 B 型的尺寸代号标注内容
d_0—轴径；　b—顶端宽度；　d—内径；　d_1—钳孔直径； d_2—沟槽直径；　d_3—孔径；　h—钳孔中心与内径边缘距离； m—沟槽宽度；　n—沟槽与轴端部距离；　S—厚度

(2) 轴用弹性挡圈—A 型和 B 型的尺寸公差(mm)					
d		d_2		S	
公称尺寸	公差	公称尺寸	公差	公称尺寸	公差
2.7～5.6	+0.04 −0.15	2.8	0 −0.04	0.4	+0.03 −0.06
6.5～8.4	+0.06 −0.18	3.8～5.7	0 −0.048	0.6	+0.04 −0.07
9.3～17.5	+0.10 −0.36	6.7～9.6	0 −0.058	0.8	+0.04 −0.10
18.5～20.5	+0.13 −0.42	10.5～18	0 −0.11	1、1.2	+0.05 −0.13
22.2～29.6	+0.21 −0.42	19～21	0 −0.13	1.5	+0.06 −0.15
31.5～35.2	+0.25 −0.50	22.9～28.6	0 −0.21	2	+0.06 −0.18
36.5～47.8	+0.39 −0.90	30.3～49	0 −0.25	2.5、3	+0.07 −0.22
50.8～79.5	+0.46 −1.10	52～78.5*	0 −0.30	m	
82.5～118	+0.54 −1.30	81.5～96.5	0 −0.35	公称尺寸	公差
123～175.5	+0.63 −1.50	101～116	0 −0.54	0.5～2.7	+0.14 0
180.5～190.5	+0.72 −1.70	121～180	0 −0.63	3.2	+0.18 0
		185～195	0 −0.72		

注：* B 型 d_2 = 78.5 mm 的公差为 $^{0}_{-0.35}$ mm。

3. 钢丝挡圈的尺寸代号标注内容与尺寸公差

(1) 孔用钢丝挡圈的尺寸代号标注内容
d_0—孔径; D—外径; d_1—钢丝直径;
B—开口宽度; r—沟槽半径; d_2—沟槽直径

(2) 轴用钢丝挡圈的尺寸代号标注内容
d_0—轴径; d—内径; d_1—钢丝直径;
B—开口宽度; r—沟槽半径; d_2—沟槽直径

(3) 钢丝挡圈的尺寸公差(mm)

孔用钢丝挡圈				轴用钢丝挡圈			
D		d_2		d		d_2	
公称	公差	公称	公差	公称	公差	公称	公差
8.0~9.0	+0.22 / 0	7.8~8.8	±0.045	3~6	0 / −0.18	3.4~5.4	±0.037
11.0~18.0	+0.43 / 0	10.8~17.6	±0.055	7~9	0 / −0.22	6.2~9.2	±0.045
		19.6	±0.065				
20.0~28.5	+0.52 / 0	22.0~30.0	±0.105	10.5~17.5	0 / −0.43	11.0~16.4	±0.055
30.5~35.0	+0.62 / 0	32.0~47.5	±0.125	19.5~29.0	0 / −0.52	18.0	±0.09
38.0~48.0	+1.00 / 0	50.5~78.2	±0.150	32.0~47.0	0 / −1.00	20.0~29.5	±0.105
51.0~79.0	+1.20 / 0	83.2~118.2	±0.175	51.0~76.0	0 / −1.20	32.5~47.5	±0.125
84.0~119.0	+1.40 / 0	123.2~128.2	±0.200	81.0~116.0	0 / −1.40	51.8~76.8	±0.15
124.0~129.0	+1.60 / 0			121.0	0 / −1.60	81.8~116.8	±0.175
						121.8	±0.20

4. 带锁圈的螺钉锁紧挡圈的尺寸公差

公称直径 d(mm)		公称直径 d(mm)		槽宽 b(mm)	
基本尺寸	公差	基本尺寸	公差	基本尺寸	公差
8～10	+0.036 0	125～180	+0.10 0	1	+0.20 +0.06
12～18	+0.043 0	190～200	+0.115 0	1.2～2	+0.31 +0.06
19～30	+0.052 0	厚度 H(mm)		槽深 t(mm)	
		基本尺寸	公差	基本尺寸	公差
32～50	+0.062 0	10	0 −0.36	1.8 2	±0.18 ±0.20
55～80	+0.074 0	12～18	0 −0.43	2.5 3	±0.25 ±0.30
85～120	+0.087 0	20～30	0 −0.52	3.6 4.5	±0.36 ±0.45

5. 轴肩挡圈的尺寸公差

项 目	公 称 直 径 d					厚度 H	
基本尺寸 (mm)	20～30 35[②]	35～50[①] 40～50[②]	35～50[③]	55～80	85～120	4～6	8、10
公差 (mm)	+0.13 0	+0.16 0	+0.17 0	+0.19 0	+0.22 0	0 −0.30	0 −0.36

注：公称直径 d 栏中：
    ① 适用于轻系列径向轴承用轴肩挡圈；
    ② 适用于中系列径向轴承和轻系列径向推力轴承用轴肩挡圈；
    ③ 适用于重系列径向轴承和中系列径向推力轴承用轴肩挡圈。

6. 螺钉和螺栓紧固轴端挡圈的尺寸公差

项 目	厚 度 H		孔中心距 L		
基本尺寸(mm)	4~6	8	7.5, 10	12, 16	20, 25
公差(mm)	0 −0.30	0 −0.36	±0.11	±0.135	±0.165

7. 开口挡圈的尺寸公差

尺寸公差(mm)							
公称直径 d		开口宽度 B		厚度 S		沟槽小径 d₂	
基本尺寸	公差	基本尺寸	公差	基本尺寸	公差	基本尺寸	公差
1.2~3	0 −0.14	0.9 1.2~3	±0.08 ±0.125	0.3 0.4	+0.03 −0.06	1.2~3	+0.06 0
3.5~6	0 −0.18	3.5~5.5 7.5, 8 10.5, 13	±0.15 ±0.18 ±0.215	0.6	+0.04 −0.07	3.5~6	+0.075 0
8 9	0 −0.22	沟槽宽度 m		0.8	+0.04 −0.10	8 9	+0.09 0
12 15	0 −0.27	基本尺寸	公差	1 1.2	+0.05 −0.13	12 15	+0.11 0
		0.4~1.6	+0.14 0	1.5	+0.06 −0.15		

8. 挡圈的品种简介

序号	品种名称与标准号	型式	规格范围	技术条件或材料	表面处理
1	孔用弹性挡圈—A 型 * GB/T 893.1—1986		8~200 mm	按 GB/T 959.1 规定	a. 氧化 b. 镀锌钝化
	孔用弹性挡圈—B 型 * GB/T 893.2—1986		20~200 mm		
2	轴用弹性挡圈—A 型 * GB/T 894.1—1986		3~200 mm	按 GB/T 959.1 规定	a. 氧化 b. 镀锌钝化
	轴用弹性挡圈—B 型 * GB/T 894.2—1986		20~200 mm		
3	孔用钢丝挡圈 * GB/T 895.1—1986		7~125 mm	按 GB/T 959.2 规定	氧化
4	轴用钢丝挡圈 * GB/T 895.2—1986		4~125 mm		
5	锥销锁紧挡圈 GB/T 883—1986		8~130 mm	按 GB/T 959.3 规定	a. 不经处理 b. 氧化
6	螺钉锁紧挡圈 GB/T 884—1986		8~200 mm		
7	带锁圈的螺钉锁紧挡圈 GB/T 885—1986		8~200 mm		
8	钢丝锁圈 * GB/T 921—1986		15~236 mm	用碳素弹簧钢丝（GB/T 4357）制造，并进行低温回火	氧化

序号	品种名称与标准号	型式	规格范围	技术条件或材料	表面处理
9	轴肩挡圈 GB/T 886—1986		20～120 mm	按 GB/T 959.3 规定	
10	螺钉紧固轴端挡圈 GB/T 891—1986	**A 型** B 型	20～100 mm		a. **不经处理** b. 氧化
11	螺栓紧固轴端挡圈 GB/T 892—1986	**A 型** B 型	20～100 mm		
12	开口挡圈 * GB/T 896—1986		1.2～15 mm	按 GB/T 959.1 规定	a. **氧化** b. 镀锌钝化
13	夹紧挡圈 * GB/T 960—1986		1.5～10 mm	钢:**Q215** **Q235** 黄铜:H62	不经处理

注：1. 型式、材料和表面处理栏中，以粗黑体字表示的内容，可在
挡圈的标记中省略，参见第 13.2 页。

2. 各种挡圈的技术条件具体要求：
GB/T 959.1—1986《弹性挡圈技术条件》，参见第 7.21 页；
GB/T 959.2—1986《钢丝挡圈技术条件》，参见第 7.22 页；
GB/T 959.3—1986《切制挡圈技术条件》，参见第 7.24 页。

3. * 商品紧固件品种，应优先选用。

9. 挡圈的用途简介

孔用和轴用弹性挡圈、钢丝挡圈分别装于孔内和轴上,作固定零部件(如滚动轴承)之用。弹性挡圈在装拆时,须用挡圈钳,将钳头插入挡圈的钳孔中,夹紧(孔用)或张开(轴用)挡圈,才能放入孔中或轴上;取下时也用此法。

锁紧挡圈须配合锥销、螺钉或螺钉加钢丝锁圈,固定在轴上,防止轴上零件作轴向位移。轴肩挡圈用于套在轴上,以加大原有轴肩的支承面,多用于滚动轴承的安装上。

螺栓和螺钉紧固轴端挡圈用于锁紧固定在轴端的零件。

开口挡圈用于装在小尺寸的轴槽上,作零件定位之用。但不能承受轴向力。夹紧挡圈用于装在小尺寸的轴槽上,起轴肩作用。装入后收口装死不拆。

二、挡圈的尺寸与重量

1. 孔用弹性挡圈—A 型和 B 型
(GB/T 893.1、893.2—1986)

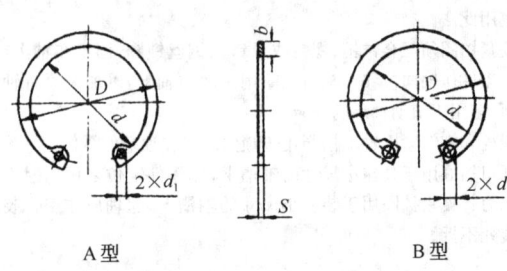

A 型   B 型

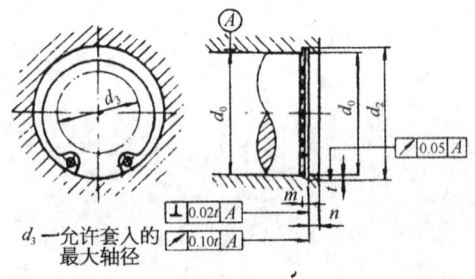

d_3—允许套入的
最大轴径

孔用弹性挡圈—A 型和 B 型的尺寸(mm)与重量 G(kg)											
孔径	挡		圈			沟槽(推荐)			轴	重量 G	
d_0	D	d	$b\approx$	S	d_1	d_2	m	$n\geqslant$	$d_3\leqslant$	A 型	B 型
8	8.7	7	1	0.6	1	8.4	0.7	0.6	2	0.09	—
9	9.8	8	1.2	0.6	1	9.4	0.7	0.6	2	0.10	—
10	10.8	8.3	1.7	0.8	1.5	10.4	0.9	0.6	2	0.23	—
11	11.8	9.2	1.7	0.8	1.5	11.4	0.9	0.6	3	0.26	—
12	13	10.4	1.7	0.8	1.5	12.5	0.9	0.9	4	0.28	—
13	14.1	11.5	1.7	0.8	1.7	13.6	0.9	0.9	4	0.31	—
14	15.1	11.9	2.1	1	1.7	14.6	1.1	0.9	5	0.50	—
15	16.2	13	2.1	1	1.7	15.7	1.1	1.2	6	0.54	—
16	17.3	14.1	2.1	1	1.7	16.8	1.1	1.2	7	0.57	—
17	18.3	15.1	2.1	1	1.7	17.8	1.1	1.2	8	0.61	—
18	19.5	16.3	2.1	1	1.7	19	1.1	1.5	9	0.64	—
19	20.5	16.7	2.5	1	2	20	1.1	1.5	10	0.80	—
20	21.5	17.7	2.5	1	2	21	1.1	1.5	10	0.84	0.81
21	22.5	18.7	2.5	1	2	22	1.1	1.5	11	0.88	0.85
22	23.5	19.7	2.5	1	2	23	1.1	1.5	12	0.92	0.89
24	25.9	22.1	2.5	1.2	2	25.2	1.3	1.8	13	1.21	1.17
25	26.9	22.7	2.8	1.2	2	26.2	1.3	1.8	14	1.39	1.35
26	27.9	23.7	2.8	1.2	2	27.2	1.3	1.8	15	1.45	1.41
28	30.1	25.7	3.2	1.2	2	29.4	1.3	2.1	17	1.63	1.61
30	32.1	27.3	3.2	1.2	2	31.4	1.3	2.1	18	1.90	1.87
31	33.4	28.6	3.2	1.2	2.5	32.7	1.3	2.6	19	1.97	1.89
32	34.4	29.6	3.2	1.2	2.5	33.7	1.3	2.6	20	2.02	1.93
34	36.5	31.1	3.6	1.5	2.5	35.7	1.7	2.6	22	3.04	2.88

注: 1. A 型挡圈(GB/T 893.1—1986)适用于板材—冲切工艺;B 型
挡圈(GB/T 893.2—1986)适用于线材—冲切工艺。两者的具
体制造尺寸,可分别参见该挡圈产品标准中的规定。

　　2. 尺寸代号的标注内容及尺寸(D、d_2、S、m)公差,参见第
22.2 页。

　　3. G—每千件钢制品大约重量(kg)。

孔用弹性挡圈—A 型和 B 型的尺寸(mm)与重量 G(kg)										
孔径	挡 圈					沟槽(推荐)			轴	重量 G	
d_0	D	d	$b\approx$	S	d_1	d_2	m	$n\geqslant$	$d_3\leqslant$	A 型	B 型
35	37.8	32.4	3.6	1.5	2.5	37	1.7	3	23	3.13	2.89
36	38.8	33.4	3.6	1.5	2.5	38	1.7	3	24	3.22	3.14
37	39.8	34.4	3.6	1.5	2.5	39	1.7	3	25	3.31	3.23
38	40.8	35.4	3.6	1.5	2.5	40	1.7	3	26	3.39	3.32
40	43.5	37.3	4	1.5	2.5	42.5	1.7	3.8	27	4.13	4.04
42	45.5	39.3	4	1.5	3	44.5	1.7	3.8	29	4.33	4.22
45	48.5	41.5	4.7	1.5	3	47.5	1.7	3.8	31	5.24	5.13
47	50.5	43.5	4.7	1.5	3	49.5	1.7	3.8	32	5.47	5.36
48	51.5	44.5	4.7	1.5	3	50.5	1.7	3.8	33	5.56	5.44
50	54.2	47.5	4.7	2	3	53	2.2	4.5	36	7.40	7.22
52	56.2	49.5	4.7	2	3	55	2.2	4.5	38	7.68	7.50
55	59.2	52.2	4.7	2	3	58	2.2	4.5	40	8.49	8.31
56	60.2	52.4	5.2	2	3	59	2.2	4.5	41	9.67	9.58
58	62.2	54.4	5.2	2	3	61	2.2	4.5	43	10.28	10.19
60	64.2	56.4	5.2	2	3	63	2.2	4.5	44	10.62	10.53
62	66.2	58.4	5.2	2	3	65	2.2	4.5	45	10.97	10.88
63	67.2	59.4	5.2	2	3	66	2.2	4.5	46	11.40	11.40
65	69.2	61.4	5.2	2.5	3	68	2.7	4.5	48	14.63	14.46
68	72.5	63.9	5.7	2.5	3	71	2.7	4.5	50	16.89	16.70
70	74.5	65.9	5.7	2.5	3	73	2.7	4.5	53	17.37	17.18
72	76.5	67.9	5.7	2.5	3	75	2.7	4.5	55	17.84	17.65
75	79.5	70.1	6.3	2.5	3	78	2.7	4.5	56	20.20	19.97
78	82.5	73.1	6.3	2.5	3	81	2.7	4.5	60	20.84	20.56
80	85.5	75.3	6.8	2.5	3	83.5	2.7	5.3	63	23.34	22.99
82	87.5	77.3	6.8	2.5	3	85.5	2.7	5.3	65	24.32	23.98
85	90.5	80.3	6.8	2.5	3	88.5	2.7	5.3	68	25.18	24.84
88	93.5	82.6	7.3	2.5	3	91.5	2.7	5.3	70	27.82	27.48

孔径	挡		圈			沟槽(推荐)			轴	重量 G	
d_0	D	d	$b\approx$	S	d_1	d_2	m	$n\geq$	$d_3\leq$	A 型	B 型
90	95.5	84.5	7.3	2.5	3	93.5	2.7	5.3	72	28.70	28.35
92	97.5	86	7.7	2.5	3	95.5	2.7	5.3	73	30.64	30.30
95	100.5	88.9	7.7	2.5	3	98.5	2.7	5.3	75	31.89	31.55
98	103.5	92	7.7	2.5	3	101.5	2.7	5.3	78	33.15	33.26
100	105.5	93.9	7.7	2.5	3	103.5	2.7	5.3	80	34.09	34.20
102	108	95.9	8.1	3	4	106	3.2	6	82	43.38	43.49
105	112	99.6	8.1	3	4	109	3.2	6	83	45.82	45.76
108	115	101.8	8.8	3	4	112	3.2	6	86	50.09	50.03
110	117	103.8	8.8	3	4	114	3.2	6	88	50.99	50.93
112	119	105.1	9.3	3	4	116	3.2	6	89	54.61	54.54
115	122	108	9.3	3	4	119	3.2	6	90	56.43	56.37
120	127	113	9.3	3	4	124	3.2	6	95	58.77	58.66
125	132	117	10	3	4	129	3.2	6	100	65.48	65.38
130	137	121	10.7	3	4	134	3.2	6	105	72.53	72.78
135	142	126	10.7	3	4	139	3.2	6	110	75.30	75.55
140	147	131	10.7	3	4	144	3.2	6	115	78.06	78.31
145	152	135.7	10.9	3	4	149	3.2	6	118	83.13	83.27
150	158	141.2	11.2	3	4	155	3.2	7.5	121	88.67	88.58
155	164	146.6	11.6	3	4	160	3.2	7.5	125	94.93	95.53
160	169	151.6	11.6	3	4	165	3.2	7.5	130	97.92	98.53
165	174.5	156.8	11.8	3	4	170	3.2	7.5	136	103.4	104.2
170	179.5	161	12.3	3	4	175	3.2	7.5	140	110.7	111.3
175	184.5	165.5	12.7	3	4	180	3.2	7.5	142	116.9	117.5
180	189.5	170.2	12.8	3	4	185	3.2	7.5	145	121.6	121.9
185	194.5	175.3	12.9	3	4	190	3.2	7.5	150	124.6	124.6
190	199.5	180	13.1	3	4	195	3.2	7.5	155	129.5	129.9
195	204.5	184.9	13.1	3	4	200	3.2	7.5	157	133.6	133.9
200	209.5	189.7	13.2	3	4	205	3.2	7.5	165	138.3	138.7

2. 轴用弹性挡圈—A 型和 B 型

(GB/T 894.1、894.2—1986)

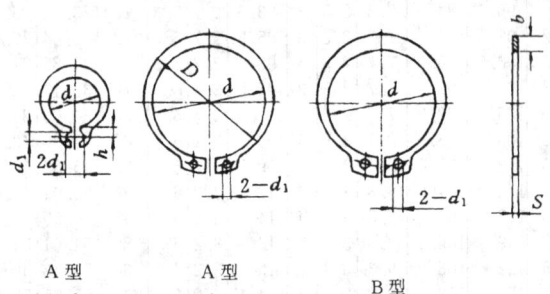

A 型
($d_0 \leqslant 9$)

A 型
($d_0 \geqslant 10$)

B 型

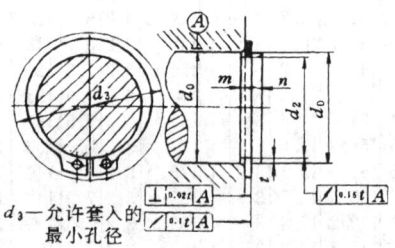

d_3—允许套入的
最小孔径

轴用弹性挡圈—A型和B型的尺寸(mm)与重量G(kg)												
轴径	挡圈						沟槽(推荐)			孔	重量G	
d_0	d	D	S	$b\approx$	d_1	h	d_2	m	$n\geq$	$d_3\geq$	A型	B型
3	2.7	3.9	0.4	0.8	1	0.95	2.8	0.5	0.3	7.2	0.02	—
4	3.7	5	0.4	0.88	1	1.1	3.8	0.5	0.3	8.8	0.03	—
5	4.7	6.4	0.6	1.12	1	1.25	4.8	0.7	0.3	10.7	0.08	—
6	5.6	7.6	0.6	1.32	1.2	1.35	6	0.7	0.5	12.2	0.11	—
7	6.5	8.48	0.6	1.32	1.2	1.55	7	0.7	0.5	13.8	0.19	—
8	7.4	9.38	0.8	1.32	1.2	1.60	7.6	0.9	0.6	15.2	0.19	—
9	8.4	10.56	0.8	1.44	1.2	1.65	8.6	0.9	0.6	16.4	0.22	—

轴径	挡圈					沟槽(推荐)			孔	重量G	
d_0	d	D	S	$b\approx$	d_1	d_2	m	$n\geq$	$d_3\geq$	A型	B型
10	9.3	11.5	1	1.44	1.5	9.6	1.1	0.6	17.6	0.24	—
11	10.2	12.5	1	1.52	1.5	10.5	1.1	0.8	18.6	0.28	—
12	11	13.6	1	1.72	1.5	11.5	1.1	0.8	19.6	0.35	—
13	11.9	14.7	1	1.88	1.7	12.4	1.1	0.9	20.8	0.41	—
14	12.9	15.7	1	1.88	1.7	13.4	1.1	0.9	22	0.44	—
15	13.8	16.8	1	1.88	1.7	14.3	1.1	1.1	23.2	0.51	—
16	14.7	18.2	1	2.32	1.7	15.2	1.1	1.2	24.4	0.65	—
17	15.7	19.4	1	2.48	1.7	16.2	1.1	1.2	25.6	0.74	—
18	16.5	20.2	1	2.48	1.7	17	1.1	1.5	27	0.78	—
19	17.5	21.2	1	2.48	2	18	1.1	1.5	28	0.81	—
20	18.5	22.5	1	2.68	2	19	1.1	1.5	29	0.96	1.12
21	19.5	23.5	1	2.68	2	20	1.1	1.5	31	1.01	1.16
22	20.5	24.5	1	2.68	2	21	1.1	1.5	32	1.06	1.20

注：1. A型挡圈(GB/T 894.1—1986)适用于板材—冲切工艺；B型挡圈(GB/T 894.2—1986)适用于线材—冲切工艺。两者的具体体制造尺寸，可分别参见该挡圈产品标准中的规定。

2. 尺寸代号的标注内容及尺寸(d、S、d_2、m)公差，参见第22.3页。

3. G—每千件钢制品大约重量(kg)。

轴径	挡	圈				沟槽（推荐）			孔	重量 G	
d_0	d	D	S	$b\approx$	d_1	d_2	m	$n\geqslant$	$d_3\geqslant$	A 型	B 型
24	22.2	27.2	1.2	3.32	2	22.9	1.3	1.7	34	1.76	1.92
25	23.2	28.2	1.2	3.32	2	23.9	1.3	1.7	35	1.84	2.00
26	24.2	29.2	1.2	3.32	2	24.9	1.3	1.7	36	1.91	2.06
28	25.9	31.3	1.2	3.60	2	26.6	1.3	2.1	38.4	2.22	2.51
29	26.9	32.5	1.2	3.72	2	27.6	1.3	2.1	39.8	2.39	2.66
30	27.9	33.5	1.2	3.72	2	28.6	1.3	2.1	42	2.47	2.73
32	29.6	35.5	1.2	3.92	2.5	30.3	1.3	2.6	44	2.73	2.98
34	31.5	38	1.5	4.32	2.5	32.3	1.7	2.6	46	4.03	4.31
35	32.2	39	1.5	4.52	2.5	33	1.7	3	48	4.33	4.75
36	33.2	40	1.5	4.52	2.5	34	1.7	3	49	4.45	4.88
37	34.2	41	1.5	4.52	2.5	35	1.7	3	50	4.58	5.00
38	35.2	42.7	1.5	5.0	2.5	36	1.7	3	51	5.25	5.65
40	36.5	44	1.5	5.0	2.5	37.5	1.7	3.8	53	5.42	5.99
42	38.5	46	1.5	5.0	3	39.5	1.7	3.8	56	5.64	6.18
45	41.5	49	1.5	5.0	3	42.5	1.7	3.8	59.4	6.09	6.57
48	44.5	52	1.5	5.0	3	45.5	1.7	3.8	62.8	6.50	6.96
50	45.8	54	2	5.48	3	47	2.2	4.5	64.8	9.76	10.37
52	47.8	56	2	5.48	3	49	2.2	4.5	67	10.16	10.77
55	50.8	59	2	5.48	3	52	2.2	4.5	70.4	10.76	11.34
56	51.8	61	2	6.12	3	53	2.2	4.5	71.7	12.44	12.99
58	53.8	63	2	6.12	3	55	2.2	4.5	73.6	12.89	13.44
60	55.8	65	2	6.12	3	57	2.2	4.5	75.8	13.34	14.17
62	57.8	67	2	6.12	3	59	2.2	4.5	79	13.78	14.59
63	58.8	68	2	6.12	3	60	2.2	4.5	79.6	17.61	18.51
65	60.8	70	2.5	6.12	3	62	2.7	4.5	81.6	18.16	19.04
68	63.5	73	2.5	6.32	3	65	2.7	4.5	85	19.58	20.41
70	65.5	75	2.5	6.32	3	67	2.7	4.5	87.2	20.12	20.98
72	67.5	77	2.5	6.32	3	69	2.7	4.5	89.4	20.74	21.72

轴用弹性挡圈—A型和B型的尺寸(mm)与重量 G(kg)											
轴径	挡			圈		沟槽(推荐)			孔	重量 G	
d_0	d	D	S	$b\approx$	d_1	d_2	m	$n\geqslant$	$d_3\geqslant$	A 型	B 型
75	70.5	80	2.5	6.32	3	72	2.7	4.5	92.8	21.60	22.56
78	73.5	83	2.5	6.32	3	75	2.7	4.5	96.2	22.47	23.39
80	74.5	85	2.5	7.0	3	76.5	2.7	5.3	98.2	25.25	26.27
82	76.5	87	2.5	7.0	3	78.5	2.7	5.3	101	25.89	27.00
85	79.5	90	2.5	7.0	3	81.5	2.7	5.3	104	26.86	28.02
88	82.5	93	2.5	7.0	3	84.5	2.7	5.3	107.3	27.89	28.93
90	84.5	96	2.5	7.6	3	86.5	2.7	5.3	110	31.46	32.50
95	89.5	103.3	2.5	9.2	3	91.5	2.7	5.3	115	40.38	41.31
100	94.5	108.5	2.5	9.2	3	96.5	2.7	5.3	121	43.15	44.94
105	98	114	3	10.7	3	101	3.2	6	132	62.01	63.95
110	103	120	3	11.3	4	106	3.2	6	136	69.07	70.97
115	108	126	3	12	4	111	3.2	6	142	76.78	78.58
120	113	131	3	12	4	116	3.2	6	145	80.06	81.77
125	118	137	3	12.6	4	121	3.2	6	151	88.36	89.87
130	123	142	3	12.6	4	126	3.2	6	158	91.83	93.87
135	128	148	3	13.2	4	131	3.2	6	162.8	100.7	102.7
140	133	153	3	13.2	4	136	3.2	6	168	104.4	106.3
145	138	158	3	13.2	4	141	3.2	6	174.4	108.3	110.0
150	142	162	3	13.2	4	145	3.2	7.5	180	111.2	112.7
155	146	167	3	14	4	150	3.2	7.5	186	120.2	122.2
160	151	172	3	14	4	155	3.2	7.5	190	124.1	126.4
165	155.5	177.1	3	14.4	4	160	3.2	7.5	196	131.4	133.7
170	160.5	182	3	14.4	4	165	3.2	7.5	200	134.7	137.0
175	165.5	187.5	3	14.75	4	170	3.2	7.5	206	142.1	144.4
180	170.5	193	3	15	4	175	3.2	7.5	212	149.7	152.0
185	175.5	198.3	3	15.2	4	180	3.2	7.5	218	156.0	158.1
190	180.5	203.3	3	15.2	4	185	3.2	7.5	223	160.2	162.5
195	185.5	209	3	15.6	4	190	3.2	7.5	229	169.8	171.8
200	190.5	214	3	15.6	4	195	3.2	7.5	235	174.1	176.4

3. 孔用钢丝挡圈

(GB/T 895.1—1986)

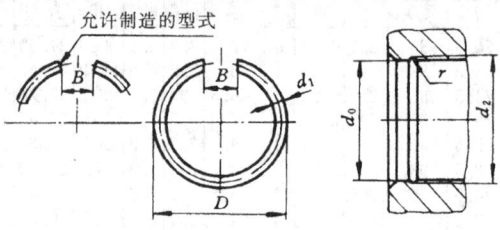

允许制造的型式

(1) 尺寸(mm)											
孔径	挡 圈			沟槽(推荐)		孔径	挡 圈			沟槽(推荐)	
d_0	D	d_1	$B\approx$	r	d_2	d_0	D	d_1	$B\approx$	r	d_2
7	8.0	0.8	4	0.5	7.8	45	48.0	2.5	16	1.4	47.5
8	9.0	0.8	4	0.5	8.8	48	51.0	2.5	16	1.4	50.5
10	11.0	0.8	4	0.5	10.8	50	53.0	2.5	16	1.4	52.5
12	13.5	1.0	6	0.6	13.0	55	59.0	3.2	20	1.8	58.2
14	15.5	1.0	6	0.6	15.0	60	64.0	3.2	20	1.8	63.2
16	18.0	1.6	8	0.9	17.6	65	69.0	3.2	20	1.8	68.2
18	20.0	1.6	8	0.9	19.6	70	74.0	3.2	25	1.8	73.2
20	22.5	2.0	10	1.1	22.0	75	79.0	3.2	25	1.8	78.2
22	24.5	2.0	10	1.1	24.0	80	84.0	3.2	25	1.8	83.2
24	26.5	2.0	10	1.1	26.0	85	89.0	3.2	25	1.8	88.2
25	27.5	2.0	10	1.1	27.0	90	94.0	3.2	25	1.8	93.2
26	28.5	2.0	10	1.1	28.0	95	99.0	3.2	25	1.8	98.2
28	30.5	2.0	10	1.1	30.0	100	104.0	3.2	32	1.8	103.2
30	32.5	2.0	10	1.1	32.0	105	109.0	3.2	32	1.8	108.2
32	35.0	2.5	12	1.4	34.5	110	114.0	3.2	32	1.8	113.2
35	38.0	2.5	12	1.4	37.6	115	119.0	3.2	32	1.8	118.2
38	41.0	2.5	12	1.4	40.6	120	124.0	3.2	32	1.8	123.2
40	43.0	2.5	12	1.4	42.5	125	129.0	3.2	32	1.8	128.2
42	45.0	2.5	16	1.4	44.5						

注：尺寸代号的标注内容及尺寸(D、d_2)公差,参见第 22.4 页。

(2) 每千件钢制品大约重量 G(kg)									
d_0	G	d_0	G	d_0	G	d_0	G	d_0	G
7	0.07	22	1.49	38	4.17	65	11.71	105	18.84
8	0.09	24	1.64	40	4.41	70	12.38	110	19.83
10	0.11	25	1.72	42	4.50	75	13.37	115	20.81
12	0.20	26	1.79	45	4.86	80	14.36	120	21.80
14	0.24	28	1.95	48	5.22	85	15.34	125	22.78
16	0.68	30	2.10	50	5.46	90	16.33		
18	0.78	32	3.45	55	9.74	95	17.31		
20	1.33	35	3.81	60	10.73	100	17.86		

注：d_0—孔径(mm)。

4. 轴用钢丝挡圈

(GB/T 895.2—1986)

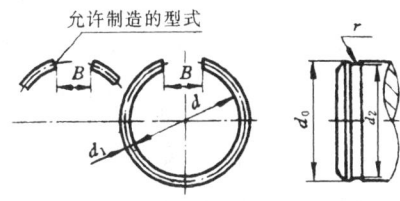

允许制造的型式

(1) 尺寸(mm)										
轴径	挡　圈			沟槽(推荐)		轴径	挡　圈			沟槽(推荐)	
d_0	d	d_1	$B\approx$	r	d_2	d_0	d	d_1	$B\approx$	r	d_2
4	3	0.6	1	0.4	3.4	8	7	0.8	2	0.5	7.2
5	4	0.6	1	0.4	4.4	10	9	0.8	2	0.5	9.2
6	5	0.6	1	0.4	5.4	12	10.5	1.0	3	0.6	11.0
7	6	0.8	2	0.5	6.2	14	12.5	1.0	3	0.6	13.0

注：尺寸代号的标注内容及尺寸(d、d_2)公差,参见第22.4页。

(1) 尺寸(mm)											
轴径	挡	圈		沟槽(推荐)		轴径	挡	圈		沟槽(推荐)	
d_0	d	d_1	$B\approx$	r	d_2	d_0	d	d_1	$B\approx$	r	d_2
16	14.0	1.6	3	0.9	14.4	50	47.0	2.5	4	1.4	47.5
18	16.0	1.6	3	0.9	16.4	55	51.0	3.2	4	1.8	51.8
20	17.5	2.0	3	1.1	18.0	60	56.0	3.2	4	1.8	56.8
22	19.5	2.0	3	1.1	20.0	65	61.0	3.2	4	1.8	61.8
24	21.5	2.0	3	1.1	22.0	70	66.0	3.2	5	1.8	66.8
25	22.5	2.0	3	1.1	23.0	75	71.0	3.2	5	1.8	71.8
26	23.5	2.0	3	1.1	24.0	80	76.0	3.2	5	1.8	76.8
28	25.5	2.0	3	1.1	26.0	85	81.0	3.2	5	1.8	81.8
30	27.5	2.0	3	1.1	28.0	90	86.0	3.2	5	1.8	86.8
32	29.0	2.5	4	1.4	29.5	95	91.0	3.2	5	1.8	91.8
35	32.0	2.5	4	1.4	32.5	100	96.0	3.2	5	1.8	96.8
38	35.0	2.5	4	1.4	35.5	105	101.0	3.2	5	1.8	101.8
40	37.0	2.5	4	1.4	37.5	110	106.0	3.2	5	1.8	106.8
42	39.0	2.5	4	1.4	39.5	115	111.0	3.2	5	1.8	111.8
45	42.0	2.5	4	1.4	42.5	120	116.0	3.2	5	1.8	116.8
48	45.0	2.5	4	1.4	45.5	125	121.0	3.2	5	1.8	121.8

(2) 每千件钢制品大约重量 G(kg)									
d_0	G	d_0	G	d_0	G	d_0	G	d_0	G
4	0.02	16	0.72	30	2.20	50	5.80	90	17.27
5	0.03	18	0.82	32	3.64	55	10.43	95	18.25
6	0.04	20	1.43	35	4.00	60	11.42	100	19.24
7	0.08	22	1.58	38	4.36	65	12.40	105	20.22
8	0.09	24	1.74	40	4.60	70	13.32	110	21.21
10	0.11	25	1.81	42	4.84	75	14.31	115	22.19
12	0.20	26	1.89	45	5.20	80	15.29	120	23.18
14	0.24	28	2.04	48	5.56	85	16.28	125	24.16

5. 锥销锁紧挡圈

(GB/T 883—1986)

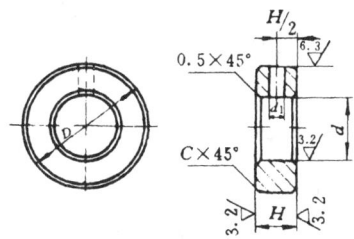

其余表面粗糙度为 $R_a = 12.5\mu m$。

尺　寸(mm)								重量
公称直径 d		厚度 H		外径	销孔	倒角	圆锥销 GB/T 117 (推荐)	G
基本尺寸	公差	基本尺寸	公差	D	d_1	C		(kg)
8	+0.036 0	10		20	3	0.5	3×22	20.25
(9)		10		22	3	0.5	3×22	24.33
10		10	0 −0.36	22	3	0.5	3×22	23.19
12		10		25	3	0.5	3×25	29.11
(13)		10		25	3	0.5	3×25	27.60
14	+0.043 0	12		28	4	0.5	4×28	42.54
(15)		12		30	4	0.5	4×32	48.89
16		12		30	4	0.5	4×32	46.66
(17)		12	0 −0.43	32	4	0.5	4×32	53.30
18		12		32	4	0.5	4×32	50.77
(19)	+0.052 0	12		35	4	0.5	4×35	62.73
20		12		35	4	0.5	4×35	59.91

注：1. G—每千件钢制品大约重量。

　　2. 尽可能不采用带括号的规格。

　　3. d_1 孔在加工时，只钻一面；在装配时钻透并铰孔。

尺　寸(mm)								重量
公称直径 d		厚度 H		外径 D	销孔 d_1	倒角 C	圆锥销 GB/T 117 (推荐)	G (kg)
基本尺寸	公差	基本尺寸	公差					
22		12		38	5	1	5×40	69.35
25	+0.052	14		42	5	1	5×45	96.39
28	0	14		45	5	1	5×45	105.1
30		14		48	6	1	6×50	118.4
32		14	0	52	6	1	6×55	141.9
35	+0.062	16	−0.43	56	6	1	6×55	185.0
40	0	16		62	6	1	6×60	217.5
45		18		70	6	1	6×70	314.3
50		18		80	8	1	8×80	424.2
55		18		85	8	1	8×90	457.3
60		20		90	8	1	8×90	545.5
65	+0.074	20		95	10	1	10×100	578.9
70	0	20		100	10	1	10×100	615.7
75		22		110	10	1	10×110	861.9
80		22		115	10	1	10×120	909.1
85		22		120	10	1	10×120	956.3
90		22		125	10	1	10×120	1004
95		25	0	130	10	1.5	10×130	1195
100	+0.087	25	−0.52	135	10	1.5	10×140	1249
105	0	25		140	10	1.5	10×140	1303
110		30		150	12	1.5	12×150	1894
115		30		155	12	1.5	12×150	1967
120		30		160	12	1.5	12×160	2041
(125)	+0.10	30		165	12	1.5	12×160	2114
130	0	30		170	12	1.5	12×180	2188

6. 螺钉锁紧挡圈

(GB/T 884—1986)

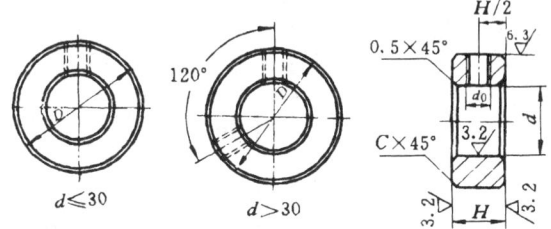

$d \leqslant 30$ $d > 30$

其余表面粗糙度为 $R_a = 12.5 \mu m$。

尺　　寸(mm)								重量
公称直径 d		厚度 H		外径	钉孔	倒角	螺钉 GB/T 71	G
基本尺寸	公差	基本尺寸	公差	D	d_0	C	(推荐)	(kg)
8	+0.036 0	10	0 −0.36	20	M5	0.5	M5×8	19.85
(9)		10		22	M5	0.5	M5×8	23.89
10		10		22	M5	0.5	M5×8	22.79
12		10		25	M5	0.5	M5×8	28.67
(13)		10		25	M5	0.5	M5×8	27.20
14	+0.043 0	12	0 −0.43	28	M6	1	M6×10	42.00
(15)		12		30	M6	1	M6×10	48.31
16		12		30	M6	1	M6×10	46.12
(17)		12		32	M6	1	M6×10	52.72
18		12		32	M6	1	M6×10	50.23
(19)	+0.052 0	12		35	M6	1	M6×10	62.11
20		12		35	M6	1	M6×10	59.33

注：1. G—每千件钢制品大约重量。
　　2. 带括号的规格尽量不采用。

尺　　寸(mm)								重量
公称直径 d		厚度 H		外径	钉孔	倒角	螺钉 GB/T 71	G
基本尺寸	公差	基本尺寸	公差	D	d_0	C	(推荐)	(kg)
22		12		38	M6	1	M6×10	69.17
25	+0.052	14		42	M8	1	M8×12	95.00
28	0	14		45	M8	1	M8×12	103.7
30		14		48	M8	1	M8×12	117.6
32		14	0	52	M8	1	M8×12	137.8
35	+0.062	16	−0.43	56	M10	1	M10×16	176.8
40	0	16		62	M10	1	M10×16	209.0
45		18		70	M10	1	M10×16	304.6
50		18		80	M10	1	M10×20	415.1
55		18		85	M10	1	M10×20	448.2
60		20		90	M10	1	M10×20	536.4
65	+0.074	20		95	M10	1	M10×20	573.1
70	0	20		100	M10	1	M10×20	609.9
75		22		110	M12	1	M12×25	847.4
80		22		115	M12	1	M12×25	894.5
85		22		120	M12	1	M12×25	941.7
90		22		125	M12	1	M12×25	988.9
95		25	0	130	M12	1.5	M12×25	1181
100	+0.087	25	−0.52	135	M12	1.5	M12×25	1234
105	0	25		140	M12	1.5	M12×25	1288
110		30		150	M12	1.5	M12×25	1882
115		30		155	M12	1.5	M12×25	1956
120		30		160	M12	1.5	M12×25	2030
(125)	+0.1	30		165	M12	1.5	M12×25	2103
130	公差	30		170	M12	1.5	M12×25	2177

尺　寸(mm)								重量
公称直径 d		厚度 H		外径	钉孔	倒角	螺钉 GB/T 71	G
基本尺寸	公差	基本尺寸	公差	D	d_0	C	（推荐）	(kg)
(135)		30		175	M12	1.5	M12×25	2250
140		30		180	M12	1.5	M12×25	2324
(145)		30		190	M12	1.5	M12×30	2738
150	+0.1 0	30		200	M12	1.5	M12×30	3180
160		30	0 −0.52	210	M12	1.5	M12×30	3364
170		30		220	M12	1.5	M12×30	3548
180		30		230	M12	1.5	M12×30	3731
190	+0.115	30		240	M12	1.5	M12×30	3915
200	0	30		250	M12	1.5	M12×30	4099

7. 带锁圈的螺钉锁紧挡圈
(GB/T 885—1986)

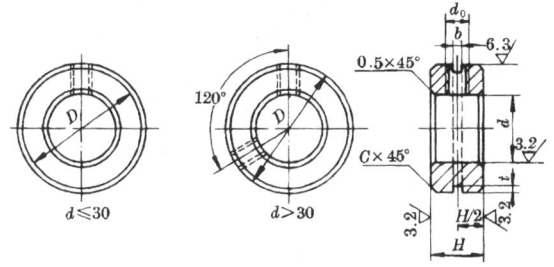

其余表面粗糙度为 $R_a = 12.5 \mu m$。

尺　寸(mm)								重量
公称直径 d	厚度 H	槽宽 b	槽深 t	外径 D	钉孔 d_0	倒角 C	螺钉 GB/T 71 (推荐)	锁圈 GB/T 921	G (kg)
8	10	1	1.8	20	M5	0.5	M5×8	15	19.04
(9)	10	1	1.8	22	M5	0.5	M5×8	17	23.00
10	10	1	1.8	22	M5	0.5	M5×8	17	21.90
12	10	1	1.8	25	M5	0.5	M5×8	20	27.64
(13)	10	1	1.8	25	M5	0.5	M5×8	20	26.17
14	12	1	2	28	M6	1	M6×10	23	40.72
15	12	1	2	30	M6	1	M6×10	25	46.93
16	12	1	2	30	M6	1	M6×10	25	44.74
17	12	1	2	32	M6	1	M6×10	27	51.25
18	12	1	2	32	M6	1	M6×10	27	48.76
(19)	12	1	2	35	M6	1	M6×10	30	60.50
20	12	1	2	35	M6	1	M6×10	30	57.72
22	12	1	2	38	M6	1	M6×10	32	67.41
25	14	1.2	2.5	42	M8	1	M8×12	35	92.09
28	14	1.2	2.5	45	M8	1	M8×12	38	100.6
30	14	1.2	2.5	48	M8	1	M8×12	41	114.2
32	14	1.2	2.5	52	M8	1	M8×12	44	134.1
35	16	1.6	3	56	M10	1	M10×16	47	170.6
40	16	1.6	3	62	M10	1	M10×16	54	202.0
45	18	1.6	3	70	M10	1	M10×16	62	296.7
50	18	1.6	3	80	M10	1	M10×20	71	406.0
55	18	1.6	3	85	M10	1	M10×20	76	438.5

注：1. 尺寸(d、H、b、t)的公差,参见第 22.5 页。
2. G—每千件钢制品大约重量。
3. 带括号的规格尽量不采用。

尺　寸 (mm)									重量
公称直径 d	厚度 H	槽宽 b	槽深 t	外径 D	钉孔 d_0	倒角 C	螺钉 GB/T 71 （推荐）	锁圈 GB/T 921	G (kg)
60	20	1.6	3	90	M10	1	M10×20	81	526.1
65	20	1.6	3	95	M10	1	M10×20	86	562.3
70	20	1.6	3	100	M10	1	M10×20	91	598.5
75	22	2	3.6	110	M12	1	M12×25	100	828.6
80	22	2	3.6	115	M12	1	M12×25	105	874.9
85	22	2	3.6	120	M12	1	M12×25	110	921.2
90	22	2	3.6	125	M12	1	M12×25	115	967.5
95	25	2	3.6	130	M12	1.5	M12×25	120	1159
100	25	2	3.6	135	M12	1.5	M12×25	124	1211
105	25	2	3.6	140	M12	1.5	M12×25	129	1264
110	30	2	4.5	150	M12	1.5	M12×25	136	1850
115	30	2	4.5	155	M12	1.5	M12×25	142	1923
120	30	2	4.5	160	M12	1.5	M12×25	147	1995
(125)	30	2	4.5	165	M12	1.5	M12×25	152	2068
130	30	2	4.5	170	M12	1.5	M12×25	156	2140
(135)	30	2	4.5	175	M12	1.5	M12×25	162	2212
140	30	2	4.5	180	M12	1.5	M12×25	166	2285
(145)	30	2	4.5	190	M12	1.5	M12×30	176	2697
150	30	2	4.5	200	M12	1.5	M12×30	186	3137
160	30	2	4.5	210	M12	1.5	M12×30	196	3319
170	30	2	4.5	220	M12	1.5	M12×30	206	3500
180	30	2	4.5	230	M12	1.5	M12×30	216	3682
190	30	2	4.5	240	M12	1.5	M12×30	226	3863
200	30	2	4.5	250	M12	1.5	M12×30	236	4045

8. 钢丝锁圈

(GB/T 921—1986)

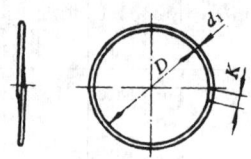

尺寸(mm)				重量	尺寸(mm)				重量
D	d_1	K	适用的挡圈	G	D	d_1	K	适用的挡圈	G
15	0.7	2	8	0.15	105	1.8	9	80	6.84
17	0.7	2	9、10	0.17	110	1.8	9	85	7.15
20	0.7	2	12、13	0.20	115	1.8	9	90	7.46
23	0.8	3	14	0.30	120	1.8	9	95	7.77
25	0.8	3	15、16	0.33	124	1.8	12	100	8.08
27	0.8	3	17、18	0.35	129	1.8	12	105	8.38
30	0.8	3	19、20	0.39	136	1.8	12	110	8.83
32	0.8	3	22	0.42	142	1.8	12	115	9.20
35	1	6	25	0.73	147	1.8	12	120	9.52
38	1	6	28	0.79	152	1.8	12	125	9.83
41	1	6	30	0.85	156	1.8	12	130	10.08
44	1	6	32	0.90	162	1.8	12	135	10.45
47	1.4	6	35	1.90	166	1.8	12	140	10.70
54	1.4	6	40	2.16	176	1.8	12	145	11.33
62	1.4	6	45	2.46	186	1.8	12	150	11.95
71	1.4	9	50	2.84	196	1.8	12	160	12.57
76	1.4	9	55	3.03	206	1.8	12	170	13.20
81	1.4	9	60	3.22	216	1.8	12	180	13.82
86	1.4	9	65	3.40	226	1.8	12	190	14.44
91	1.4	9	70	3.68	236	1.8	12	200	15.07
100	1.8	9	75	6.53					

注: 1. D—公称直径;d_1—钢丝直径;K—重合宽度;G—每千件钢制品大约重量(kg)。

2. 适用的挡圈标准号为 GB/T 885(参见第 22.25 页)。

9. 轴 肩 挡 圈

(GB/T 886—1986)

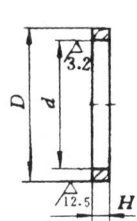 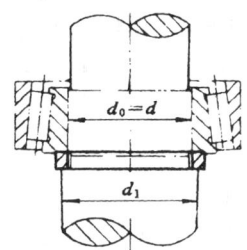

其余表面粗糙度为 $R_a = 0.8 \mu m$。

(1) 轻系列径向轴承用的轴肩挡圈									
尺寸(mm)				重量	尺寸(mm)				重量
公称 直径 d	外径 D	厚度 H	轴径 $d_1 \geqslant$	G (kg)	公称 直径 d	外径 D	厚度 H	轴径 $d_1 \geqslant$	G (kg)
30	36	4	32	9.70	75	85	5	78	49.01
35	42	4	37	13.21	80	90	6	83	62.49
40	47	4	42	14.92	85	95	6	88	66.16
45	52	4	47	16.64	90	100	6	93	69.84
50	58	4	52	21.17	95	110	6	98	113.0
55	65	5	58	36.76	100	115	8	103	158.1
60	70	5	63	39.82	105	120	8	109	165.4
65	75	5	68	42.88	110	125	8	114	172.8
70	80	5	73	45.95	120	135	8	124	187.5

注: 1. G—每千件钢制品大约重量(kg)。

2. 尺寸(d、H)的公差,参见第 22.5 页。

3. 轴肩挡圈的规格以 $d \times D$ 表示。

（2）中系列径向轴承和轻系列径向推力轴承用轴肩挡圈									
尺寸(mm)				重量	尺寸(mm)				重量
公称直径 d	外径 D	厚度 H	轴径 $d_1 \geqslant$	G (kg)	公称直径 d	外径 D	厚度 H	轴径 $d_1 \geqslant$	G (kg)
20	27	4	22	8.06	70	82	5	73	55.87
25	32	4	27	9.78	75	88	5	78	64.91
30	38	4	32	13.33	80	95	6	83	96.49
35	45	4	37	19.60	85	100	6	88	102.0
40	50	4	42	22.05	90	105	6	93	107.5
45	55	4	47	24.50	95	110	6	98	113.0
50	60	4	52	26.95	100	115	6	103	158.1
55	68	5	58	48.98	105	120	6	109	165.4
60	72	5	63	48.52	110	130	8	114	235.2
65	78	5	68	56.94	120	140	8	124	254.9

（3）重系列径向轴承和中系列径向推力轴承用轴肩挡圈									
尺寸(mm)				重量	尺寸(mm)				重量
公称直径 d	外径 D	厚度 H	轴径 $d_1 \geqslant$	G (kg)	公称直径 d	外径 D	厚度 H	轴径 $d_1 \geqslant$	G (kg)
20	30	5	22	15.32	70	85	6	73	85.46
25	35	5	27	18.38	75	90	6	78	90.97
30	40	5	32	21.44	80	100	8	83	176.4
35	47	5	37	30.14	85	105	8	88	186.2
40	52	5	42	33.82	90	110	8	93	196.0
45	58	5	47	41.01	95	115	8	98	205.8
50	65	5	52	52.84	100	120	10	103	269.6
55	70	6	58	68.92	105	130	10	109	359.6
60	75	6	63	74.43	110	135	10	114	375.2
65	80	6	68	79.95	120	145	10	124	405.9

10. 螺钉紧固轴端挡圈

(GB/T 891—1986)

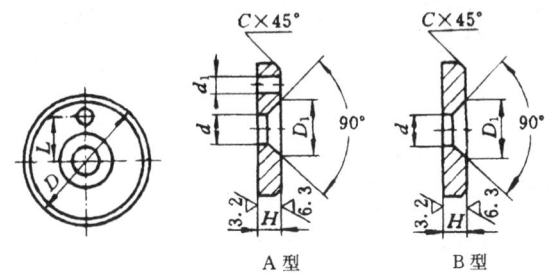

A 型　　　　B 型

其余表面粗糙度为 $R_a = 12.5 \mu m$。

尺　　寸(mm)										重量
公称直径 D	厚度 H	销孔钉孔中心距 L	钉孔直径 d	销孔直径 d_1	沉头孔径 D_1	倒角 C	螺钉 GB/T 819	圆柱销 GB/T 119	轴径 ≤	G (kg)
20	4	—	5.5		11	0.5	M5 ×12	—	14	8.27
22	4	—	5.5		11	0.5			16	10.33
25	4	—	5.5		11	0.5			18	13.79
28	4	7.5	5.5	2.1	11	0.5		A2 ×10	20	17.68
30	4	7.5	5.5	2.1	11	0.5			22	20.53
32	5	10	6.6	3.2	13	1	M6 ×16	A3 ×12	25	28.62
35	5	10	6.6	3.2	13	1			28	34.78
38	5	10	6.6	3.2	13	1			30	41.49
40	5	12	6.6	3.2	13	1			32	46.27

注：1. 螺钉和圆柱销的规格为推荐规格。

2. G—每千件钢制品大约重量(kg)。

3. 当挡圈装在带螺纹孔的轴端时，紧固用螺钉允许加长。

4. 挡圈的尺寸(H、L)公差，参见第 22.6 页。

(续)

尺　　　寸(mm)										重量
公称直径 D	厚度 H	销孔钉孔中心距 L	钉孔直径 d	销孔直径 d_1	沉头孔直径 D_1	倒角 C	螺钉 GB/T 819	圆柱销 GB/T 119	轴径 ≤	G (kg)
45	5	12	6.6	3.2	13	1	M6×16	A3×12	35	59.28
50	5	12	6.6	3.2	13	1			40	73.83
55	6	16	9	4.2	17	1.5			45	105.3
60	6	16	9	4.2	17	1.5			50	126.4
65	6	16	9	4.2	17	1.5	M8×20	A4×14	55	149.4
70	6	20	9	4.2	17	1.5			60	174.2
75	6	20	9	4.2	17	1.5			65	200.8
80	6	20	9	4.2	17	1.5			70	229.3
90	8	25	13	5.2	25	2	M10×25	A5×16	75	379.9
100	8	25	13	5.2	25	2			85	473.0

11. 螺栓紧固轴端挡圈
(GB/T 892—1986)

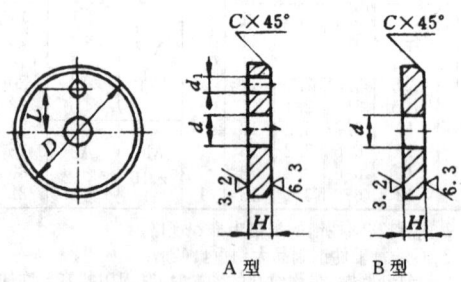

A 型　　　　B 型

其余表面粗糙度为 $R_a = 12.5 \mu m$。

尺　　寸(mm)										重量
公称直径 D	厚度 H	两孔中心距 L	螺栓孔直径 d	销孔直径 d_1	倒角 C	螺栓 GB/T 5783	圆柱销 GB/T 119	垫圈 GB/T 93	轴径 $\leqslant$	G (kg)
						推荐				
20	4	—	5.5		0.5				14	8.95
22	4	—	5.5		0.5				16	11.01
25	4	—	5.5		0.5	M15 ×16		5	18	14.47
28	4	7.5	5.5	2.1	0.5		A2 ×10		20	18.36
30	4	7.5	5.5	2.1	0.5				22	21.20
32	5	10	6.6	3.2	1				25	29.72
35	5	10	6.6	3.2	1				28	35.87
38	5	10	6.6	3.2	1	M6 ×20	A3 ×12	6	30	42.58
40	5	12	6.6	3.2	1				32	47.36
45	5	12	6.6	3.2	1				35	60.38
50	5	12	6.6	3.2	1				40	74.93
55	6	16	9	4.2	1.5				45	107.6
60	6	16	9	4.2	1.5				50	128.7
65	6	16	9	4.2	1.5	M8 ×25	A4 ×14	8	55	151.7
70	6	20	9	4.2	1.5				60	176.5
75	6	20	9	4.2	1.5				65	203.1
80	6	20	9	4.2	1.5				70	231.6
90	8	25	13	5.2	2	M12 ×30	A5 ×16	12	75	387.4
100	8	25	13	5.2	2				80	480.5

注：1. G—每千件钢制品大约重量(kg)。

　　2. 当挡圈装在带螺纹孔的轴端时，紧固用螺栓允许加长。

　　3. 挡圈的尺寸(H、L)公差，参见第22.6页。

12. 开口挡圈

(GB/T 896—1986)

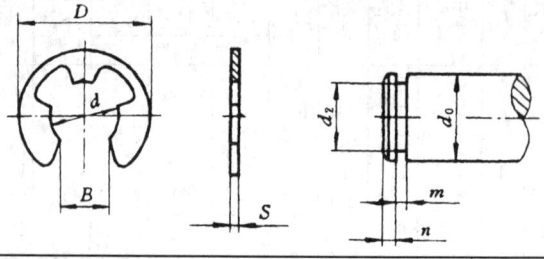

尺 寸 (mm)								重量
挡 圈				沟 槽 (推 荐)			轴径	每千件钢制品大约重量 G (kg)
公称直径 d	开口宽度 B	厚度 S	外径 D	小径 d_2	宽度 m	沟槽与轴端部距离 $n \geqslant$	d_0	
1.2	0.9	0.3	3	1.2	0.4	1	>1.5~2	0.01
1.5	1.2	0.4	4	1.5	0.5	1	>2~2.5	0.03
2	1.7	0.4	5	2	0.5	1.2	>2.5~3	0.04
2.5	2	0.4	6	2.5	0.5	1.2	>3~3.5	0.05
3	2.5	0.6	7	3	0.7	1.2	>3.5~4	0.10
3.5	3	0.6	8	3.5	0.7	1.5	>4~5	0.13
4	3.5	0.8	9	4	0.9	1.5	>5~6	0.22
5	4.5	0.8	10	5	0.9	1.5	>6~7	0.25
6	5.5	1	12	6	1.1	1.5	>7~9	0.43
8	7.5	1	16	8	1.1	1.8	>9~10	0.76
9	8	1	18	9	1.1	2	>10~13	0.95
12	10.5	1.2	24	12	1.3	2.5	>13~16	2.09
15	13	1.5	30	15	1.6	3	>16~20	3.90

注：挡圈的尺寸(d、B、S、d_2)公差，参见第22.6页。

13. 夹 紧 挡 圈

(GB/T 960—1986)

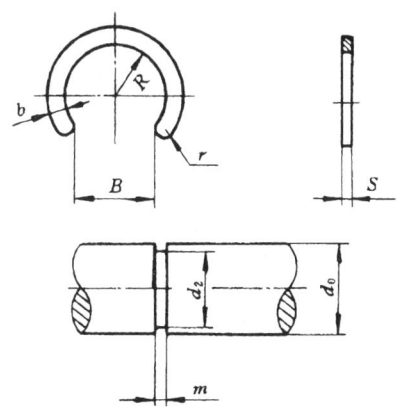

尺　　寸(mm)									重量
挡　　圈							沟槽(推荐)		每千件钢制品大约重量 G(kg)
轴径 d_0	开口宽度 B		半径 R	宽度 b	厚度 S	倒圆半径 r	小径 d_2	宽度 m	
	基本尺寸	公差							
1.5	1.2	+0.14 0	0.65	0.6	0.35	0.3	1	0.4	0.01
2	1.7		0.95	0.6	0.4	0.3	1.5	0.45	0.01
3	2.5		1.4	0.8	0.6	0.4	2.2	0.65	0.03
4	3.2	+0.18 0	1.9	1	0.6	0.5	3	0.65	0.05
5	4.3		2.5	1.2	0.8	0.6	3.8	0.85	0.10
6	5.6		3.2	1.2	0.8	0.6	4.8	1.05	0.12
8	7.7	+0.22 0	4.5	1.6	1	0.8	6.6	1.05	0.29
10	9.6		5.8	1.6	1	0.8	8.4	1.05	0.37

第二十三章　销

一、销 的 综 述

1. 销的品种简介

序号	品种名称与标准号	型式	规格范围	螺纹公差	技术条件或材料	表面处理
1	开口销* GB/T 91—2000		0.6～20mm		**碳素钢:** **Q215、Q235**	a. **不经处理** b. 镀锌钝化 c. 磷化
					铜合金:H63	简单处理
					不锈钢: 1Cr17Ni7 0Cr18Ni9Ti	简单处理
2	圆柱销—不淬硬钢和奥氏体不锈钢* GB/T 119.1—2000		0.6～50mm		**钢:** 硬度 125～245HV30	a. **不经处理** b. 氧化 c. 镀锌钝化 d. 磷化
					奥氏体不锈钢: Al,硬度 210～280HV30	简单处理
3	圆柱销—淬硬钢和马氏体不锈钢* GB/T 119.2—2000		1～20mm		**钢:** 硬度 550～650HV30 (**A 型,普通淬火**);表面硬度 600～700HV (B 型,表面淬火)	a. 不经处理 b. **氧化** c. 镀锌钝化 d. 磷化
					马氏体不锈钢: Cl,硬度 460～560HV30	简单处理

序号	品种名称与标准号	型式	规格范围	螺纹公差	技术条件或材料	表面处理
4	内螺纹圆柱销—不淬硬钢和奥氏体不锈钢* GB/T120.1—2000		6～50mm	6H	钢：硬度 125～245HV30	a. **不经处理** b. 氧化 c. 镀锌钝化 d. 磷化
					奥氏体不锈钢：A1，硬度 210～280HV30	简单处理
5	内螺纹圆柱销—淬硬钢和马氏体不锈钢* GB/T120.2—2000		6～50mm	6H	钢：硬度 550～650HV30（**A 型，普通淬火**）；表面硬度 600～700HV1（B 型，表面淬火）	a. 不经处理 b. **氧化** c. 镀锌钝化 d. 磷化
					奥氏体不锈钢：C1，硬度 480～560HV30	简单处理
6	弹性圆柱销—直槽—重型* GB/T 879.1—2000		1～50mm		钢：①或②	a. 不经处理 b. **氧化** c. 磷化 d. 镀锌钝化
					不锈钢：⑥、⑦	简单处理
7	弹性圆柱销—直槽—轻型* GB/T 879.2—2000		2～50mm		钢：②或③	同序号 6
					不锈钢：⑥、⑦	

注：1. 型式、材料或表面处理栏中，以粗黑体字表示的内容，可以在销的标记栏中省略，参见第 13.2 页。

2. * 为商品紧固件品种，应优先选用。

序号	品种名称 与标准号	型式	规格 范围	螺纹 公差	技术条件 或材料	表面处理
8	弹性圆柱销—卷制—重型* GB/T 879.3—2000		1.5～ 20mm		钢:④、⑤	同序号6
					不锈钢:⑥、⑦	
9	弹性圆柱销—卷制—标准型* GB/T 879.4—2000		0.8～ 20mm		钢:④、⑤	同序号6
					不锈钢:⑥、⑦	
10	弹性圆柱销—卷制—轻型* GB/T 879.5—2000		1.5～ 8mm		钢:④、⑤	同序号6
					不锈钢:⑥、⑦	
11	无头销轴* GB/T 880—2008	A型 B型	3～ 40mm		钢: **易切钢**,硬度 125HV～245HV	a. 氧化 b. 磷化 c. 镀锌铬酸 盐转化膜
12	销轴* GB/T 882—2008	A型 B型	3～ 100mm		同序号11	
13	圆锥销* GB/T 117—2000	A型 B型	0.6～ 50mm		易切钢:Y12 Y15 **碳素钢**,35,硬 度28～38HRC; 45,硬度38～ 46HRC 合金钢: 30CrMnSiA,硬 度35～41HRC	a. 不经处理 b. 氧化 c. 磷化 d. 镀锌钝化
					不锈钢: 1Cr13、2Cr13 Cr17Ni2 0Cr18NiTi	简单处理

序号	品种名称与标准号	型式	规格范围	螺纹公差	技术条件或材料	表面处理
14	内螺纹圆锥销 * GB/T 118—2000	A 型 B 型	6～50mm	6H	同序号 13	
15	开尾圆锥销 * GB/T 877—1986		3～16mm		碳钢:35 45	a. 氧化 b. 镀锌钝化
					合金钢: 30CrMnSiA	
					不锈钢: 1Cr13、2Cr13 Cr17Ni2 1Cr18Ni9Ti	未规定
					铜及铜合金: H62 HPb59－1 QSi3－1	未规定
16	螺尾锥销 * GB/T 881—2000		5～50mm	68	易切削钢: Y12、Y15 碳素钢: 35、45 合金钢	a. 不经处理 b. 氧化 c. 磷化 d. 镀锌钝化
					不锈钢	简单处理
17	槽销—带导杆及全长平行沟槽 GB/T 13829.1—2004		1.5～25mm		碳钢 硬度为125～245HV30	a. 不经处理 b. 氧化 c. 镀锌钝化 d. 磷化
					奥氏体不锈钢 A1,硬度为210～280HV30	简单处理

序号	品种名称与标准号	型式	规格范围	螺纹公差	技术条件或材料	表面处理
18	槽销—带导杆倒角及全长平行沟槽 GB/T 13829.2—2000		1.5～25mm		同序号 17	
19	槽销—中部槽长为 1/3 全长 GB/T 13829.3—2004		1.5～25mm		同序号 17	
20	槽销—中部槽长为 1/2 全长 GB/T 13829.4—2004		1.5～25mm		同序号 17	
21	槽销—全长锥槽 GB/T 13829.5—2004		1.5～25mm		同序号 17	
22	槽销—半长锥槽 GB/T 13829.6—2004		1.5～25mm		同序号 17	
23	槽销—半长倒锥槽 GB/T 13829.7—2004		1.5～25mm		同序号 17	
24	槽销—圆头槽销△ GB/T 13829.8—2004	A 型 B 型	1.4～24mm		冷镦钢：硬度为 175～245HV30	a. 不经处理 b. 氧化 c. 镀锌钝化 d. 磷化
25	槽销—沉头槽销△ GB/T 13829.9—2004	A 型 B 型	1.4～20mm		同序号 24	

注：3. △圆头槽销和沉头槽销；在标记中其型式通常不予标注。如用户因需要指定其中一种型式时，则应在标记中给予标注出。

《销技术条件》；

弹性圆柱销（包括材料：钢①～钢⑤、不锈钢⑥和⑦的化学成分和硬度要求）—参见第 7.29 页《弹性圆柱销技术条件》；

圆锥销、内螺纹圆锥销和螺尾锥销—参见第 7.34 页《圆锥销、内螺纹圆锥销和螺尾锥销技术条件》；

槽销—参见第 7.36 页《槽销技术条件》。

2. 销的用途简介

开口销用于锁定其他零件，如螺杆带孔螺栓（与槽形螺母配合）、带孔销、销轴等，工作可靠、拆卸方便。

圆柱销适用于定位，也可用于连接。直径有几种不同公差要求，以便满足不同的配合要求；销孔需铰制，多次拆装后会降低销的定位精度和连接紧固性，只能用于传递不大的载荷。内螺纹圆柱销的内螺纹供拆装用。螺纹圆柱销的定位精度低，适用于精度要求不高的场合。弹性圆柱销具有弹性，装入销孔后与孔壁压紧，不易松脱，对销孔精度要求较低，互换性孔可多次拆装，刚性较差，不适用于高精度定位，适用于有冲击、振动的场合，可以代替部分开口销、圆柱销、销轴或圆锥销使用。带孔销和销轴可另用开口销锁定，拆卸方便，适用于铰接处。

圆锥销具有 1∶50 的锥度，定位精度比圆柱销高，在受横向力时能自锁，销孔需铰制，主要用于定位，也可用于固定零件、传递动力。多用于经常拆装的场合。内螺纹圆锥销适用于盲孔，螺尾锥销主要用于拆卸困难的场合，两者的螺纹均供拆卸用。开尾圆锥销打入销孔后，可使锥销末端稍稍张开，以防止松脱，适用于有冲击、振动的场合。

槽销的品种很多。有的是带导杆或带倒角的全长平行沟槽；有的是槽长为全长的 1/3 或 1/2；有的是带全长或半长锥槽或半倒锥槽；有的是带有圆头或沉头。当槽销打入被连接件的销孔后与孔壁压紧，不易松脱，能承受振动和变载荷，销孔不需铰制，可多次装拆，适用于有严重冲击和振动的场合。

二、销的尺寸与重量

1. 开 口 销

(GB/T 91—2000)

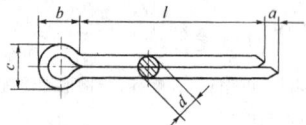

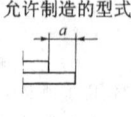

允许制造的型式

（1）开口销尺寸(mm)								
公称规格①	开口销直径 d		伸出长度 a		头部长度 $b \approx$	头部直径 c		公称长度 l（商品规格范围）
	max	min	max	min		max	min	
0.6	0.5	0.4	1.6	0.8	2	1.0	0.9	4~12
0.8	0.7	0.6	1.6	0.8	2.4	1.4	1.2	5~16
1	0.9	0.8	1.6	0.8	3	1.8	1.6	6~20
1.2	1.0	0.9	2.50	1.25	3	2.0	1.7	8~25
1.6	1.4	1.3	2.50	1.25	3.2	2.8	2.4	8~32
2	1.8	1.7	2.50	1.25	4	3.6	3.2	10~40
2.5	2.3	2.1	2.50	1.25	5	4.6	4.0	12~50
3.2	2.9	2.7	3.2	1.6	6.4	5.8	5.1	14~63
4	3.7	3.5	4	2	8	7.4	6.5	18~80
5	4.6	4.4	4	2	10	9.2	8.0	22~100
6.3	5.9	5.7	4	2	12.6	11.8	10.3	32~125
8	7.5	7.3	4	2	16	15.0	13.1	40~160
10	9.5	9.3	6.30	3.15	20	19.0	16.6	45~200
13	12.4	12.1	6.30	3.15	26	24.8	21.7	71~250
16	15.4	15.1	6.30	3.15	32	30.8	27.0	112~280
20	19.3	19.0	6.30	3.15	40	38.5	33.8	160~280

(2) 开口销适用的紧固件直径② (mm)										
公称规格			0.6	0.8	1	1.2	1.6	2	2.5	3.2
适用直径	螺栓	>	—	2.5	3.5	4.5	5.5	7	9	11
		≤	2.5	3.5	4.5	5.5	7	9	11	14
	U形销	>	—	2	3	4	5	6	8	9
		≤	2	3	4	5	6	8	9	12
公称规格			4	5	6.3	8	10	13	16	20
适用直径	螺栓	>	14	20	27	39	56	80	120	170
		≤	20	27	39	56	80	120	170	—
	U形销	>	12	17	23	29	44	69	110	160
		≤	17	23	29	44	69	110	160	—

(3) 开口销公称长度(l)和公差(mm)			
公称长度 l	4、5、6、8、10	12、14、16、18、20、22、25、28	32、36、40、45、50、56、63、71、80	90、100、112、125、140、160、180、200、224、250、280
公差	±0.5	±1	±1.5	±2

注：① 开口销公称规格等于开口销孔的直径。开口销孔的公差
　　（推荐值）为：
　　公称规格≤1.2：H13；
　　公称规格＞1.2：H14。
　　根据供需双方协议，允许采用公称规格为 3、6 和 12mm 的
　　开口销。
② 用于铁道和在 U 形销中开口销承受交变横向力的场合，推
　　荐使用的开口销公称规格应较本表中规定的公称规格加
　　大一档。

	(4) 开口销每件钢制品大约重量 G(kg)								
l	G	l	G	l	G	l	G	l	G
$d=0.6$		$d=1$		$d=1.6$		$d=2$		$d=3.2$	
4	0.005	12	0.05	12	0.13	28	0.49	14	0.61
5	0.006	14	0.06	14	0.15	32	0.56	16	0.70
6	0.007	16	0.07	16	0.17	36	0.63	18	0.79
8	0.009	18	0.07	18	0.19	40	0.70	20	0.88
10	0.011	20	0.08	20	0.21	$d=2.5$		22	0.97
12	0.013	$d=1.2$		22	0.23	12	0.32	25	1.10
$d=0.08$		8	0.04	25	0.26	14	0.37	28	1.24
5	0.01	10	0.05	28	0.29	16	0.43	32	1.41
6	0.02	12	0.06	32	0.33	18	0.48	36	1.59
8	0.02	14	0.07	$d=2$		20	0.53	40	1.77
10	0.02	16	0.08	10	0.18	22	0.59	45	1.99
12	0.03	18	0.09	12	0.21	25	0.67	50	2.21
14	0.03	20	0.10	14	0.25	28	0.75	56	2.48
16	0.04	22	0.11	16	0.28	32	0.86	63	2.79
$d=1$		25	0.13	18	0.32	36	0.96	$d=4$	
6	0.03	$d=1.6$		20	0.35	40	1.07	18	1.31
8	0.03	8	0.09	22	0.39	45	1.21	20	1.46
10	0.04	10	0.11	25	0.44	50	1.34	22	1.61

注：③ d—公称直径；l—公称长度(mm)。
　　④ 部分规格重量暂缺。

\multicolumn{10}{c}{（4）开口销每千件钢制品大约重量 G(kg)}									
l	G	l	G	l	G	l	G	l	G
$d=4$		$d=5$		$d=8$		$d=10$		$d=13$	
25	1.83	56	6.53	40	12.29	90	46.04	250	219.59
28	2.06	63	7.35	45	13.91	100	51.32	$d=16$	
32	2.36	71	8.30	50	15.54	112	57.65	112	147.7
36	2.66	80	9.36	56	17.49	120	64.51	125	165.8
40	2.96	90	10.54	63	19.77	140	72.42	140	186.6
45	3.33	100	11.72	71	22.37	160	82.97	160	214.4
50	3.70	$d=6.3$		80	25.29	180	93.53	180	242.3
56	4.15	32	6.05	90	28.54	200	104.08	200	270.1
63	4.67	36	6.84	100	31.79	$d=13$		224	303.5
71	5.27	40	7.64	112	35.69	71	59.73	250	339.6
80	5.94	45	8.63	125	39.92	80	67.77	280	381.3
$d=5$		50	9.62	140	44.80	90	76.70	$d=20$	
22	2.51	56	10.81	160	51.30	100	85.63	160	335.2
25	2.87	63	12.19	$d=10$		112	96.35	180	379.2
28	3.22	71	13.78	45	22.30	125	107.96	200	423.2
32	3.69	80	15.56	50	24.94	140	121.35	224	476.1
36	4.17	90	17.55	56	28.10	160	139.21	250	533.3
40	4.64	100	19.53	63	31.80	180	157.08	280	599.4
45	5.23	112	21.91	71	36.02	200	174.94		
50	5.82	125	24.48	80	40.77	224	196.37		

2. 圆柱销—不淬硬钢和奥氏体不锈钢

(GB/T 119.1—2000)

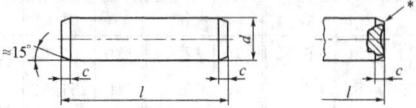

* 允许制成倒圆或凹穴。末端形状由制造者确定。

表面粗糙度 R_a：公称直径公差为 m6，$R_a \leqslant 0.8\mu m$；

公称直径公差为 h8，$R_a \leqslant 1.6\mu m$。

(1) 尺寸(mm)											
公称直径 d		0.6	0.8	1	1.2	1.5	2	2.5	3	4	5
倒角宽度 $c \approx$		0.12	0.16	0.2	0.25	0.3	0.35	0.4	0.5	0.63	0.8
公称长度 l 范围	自	2	2	4	4	4	6	6	8	8	10
	至	6	8	10	12	16	20	24	30	40	50
公称直径 d		6	8	10	12	16	20	25	30	40	50
倒角宽度 $c \approx$		1.2	1.6	2	2.5	3	3.5	4	5	6.3	8
公称长度 l 范围	自	12	14	18	22	26	35	50	60	80	95
	至	60	80	95	140	180	200	200	200	200	200
公称长度 l 公差	公称长度	2~10			12~50			55~200			
	公　差	±0.25			±0.5			±0.75			

注：1. 公称直径(d)公差有 m6 和 h8 两种。公差符号须在圆柱销标记中的直径后面标注出。例：8m6×30。即表示公称直径为 8mm，公差为 m6，公称长度为 30mm。公称直径的其他公差由供需双方协议。

2. 公称长度大于 200mm，按 20mm 递增。

(续)

(2) 每千件钢制品大约重量 G(kg)									
l	G	l	G	l	G	l	G	l	G
$d=0.6$		$d=1.5$		$d=3$		$d=5$		$d=6$	
2	0.004	6	0.083	10	0.555	10	1.54	35	7.77
3	0.007	8	0.111	12	0.666	12	1.85	40	8.88
4	0.009	10	0.139	14	0.777	14	2.16	45	9.99
5	0.011	12	0.164	16	0.888	16	2.47	50	11.10
6	0.013	14	0.194	18	0.999	18	2.77	55	12.21
$d=0.8$		16	0.222	20	1.11	20	3.08	60	13.32
2	0.008	$d=2$		22	1.22	22	3.39	$d=8$	
3	0.012	6	0.148	24	1.33	24	3.70	14	5.52
4	0.016	8	0.197	26	1.44	26	4.01	16	6.31
5	0.020	10	0.247	28	1.55	28	4.32	18	7.10
6	0.024	12	0.296	30	1.66	30	4.62	20	7.89
8	0.032	14	0.345	$d=4$		32	4.93	22	8.68
$d=1$		16	0.395	8	0.789	35	5.39	24	9.47
4	0.025	18	0.444	10	0.986	40	6.17	26	10.26
5	0.031	20	0.493	12	1.18	45	6.94	28	11.05
6	0.037	$d=2.5$		14	1.38	50	7.71	30	11.84
8	0.049	6	0.231	16	1.58			32	12.63
10	0.062	8	0.308	18	1.78	$d=6$		35	13.81
$d=1.2$		10	0.385	20	1.97	12	2.66	40	15.78
4	0.036	12	0.462	22	2.17	14	3.11	45	17.76
5	0.044	14	0.539	24	2.37	16	3.55	50	19.73
6	0.053	16	0.617	26	2.56	18	4.00	55	21.70
8	0.071	18	0.694	28	2.76	20	4.44	60	23.67
10	0.089	20	0.771	30	2.96	22	4.88	65	25.65
12	0.107	22	0.848	32	3.16	24	5.33	70	27.62
$d=1.5$		24	0.925	35	3.45	26	5.77	75	29.59
4	0.055	$d=3$		40	3.95	28	6.21	80	31.57
5	0.069	8	0.444			30	6.66		
						32	7.10		

注：3. d—公称直径；l—公称长度(mm)。

4. 表列规格为商品规格。

(续)

\(l\)	\(G\)	\(l\)	\(G\)	\(l\)	\(G\)	\(l\)	\(G\)	\(l\)	\(G\)
\(d=10\)		\(d=12\)		\(d=16\)		\(d=20\)		\(d=30\)	
18	11.10	35	31.07	70	110.5	160	394.6	95	527.1
20	12.33	40	35.51	75	118.4	180	443.9	100	554.5
22	13.56	45	39.95	80	126.3	200	493.2	120	665.9
24	14.80	50	44.39	85	134.2	\(d=25\)		140	776.8
26	16.03	55	48.83	90	142.0	50	192.7	160	887.8
28	17.26	60	53.27	95	149.9	55	211.9	180	998.8
30	18.50	65	57.71	100	157.8	60	231.2	200	1110
32	19.73	70	62.15	120	189.4	65	250.5	\(d=40\)	
35	21.58	75	66.59	140	221.0	70	269.7	80	789.2
40	24.66	80	71.02	160	252.2	75	289.0	85	838.5
45	27.74	85	75.46	180	284.1	80	308.3	90	887.8
50	30.83	90	79.90	\(d=20\)		85	327.5	95	937.1
55	33.91	95	84.34	35	86.31	90	346.8	100	986.4
60	36.99	100	88.78	40	98.64	95	366.1	120	1184
65	40.07	120	106.5	45	111.0	100	385.3	140	1381
70	43.16	140	124.2	50	123.3	120	462.4	160	1578
75	46.24	\(d=16\)		55	135.6	140	539.5	180	1776
80	49.32	26	41.04	60	148.0	160	616.5	200	1973
85	52.41	28	44.19	65	160.3	180	693.6	\(d=50\)	
90	55.49	30	47.35	70	172.6	200	770.7	95	1464
95	58.57	32	50.51	75	185.0	\(d=30\)		100	1541
\(d=12\)		35	55.24	80	197.3	60	332.9	120	1850
22	19.53	40	63.13	85	209.6	65	360.7	140	2158
24	21.31	45	71.02	90	222.0	70	388.4	160	2466
26	23.08	50	78.92	100	246.6	75	416.2	180	2774
28	24.86	55	86.81	120	295.9	80	443.9	200	3083
30	26.63	60	94.70	140	345.3	85	471.6		
32	28.41	65	102.6			90	499.4		

(2) 每千件钢制品大约重量 \(G\)(kg)

3. 圆柱销—淬硬钢和马氏体不锈钢

(GB/T 119.2—2000)

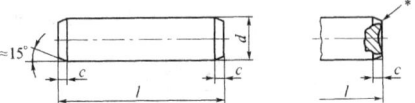

允许制成倒圆或凹穴。末端形状由制造者确定。

表面粗糙度 $R_a \leqslant 0.8\mu m$，适用于公称直径公差为 m6。

尺　　寸(mm)					
公称直径 d	倒角宽度 $c\approx$	公称长度 l (商品规格范围)	公称直径 d	倒角宽度 $c\approx$	公称长度 l (商品规格范围)
1	0.2	3～10	6	1.2	14～60
1.5	0.3	4～16	8	1.6	18～80
2	0.35	5～20	10	2	22～100
2.5	0.4	6～24	12	2.5	26～100
3	0.5	8～30	16	3	40～100
4	0.63	10～40	20	3.5	50～100
5	0.8	12～50			

公称长度 l	公称长度	3、4、5、6、8、10	12、14、16、18、20、22、24、26、28、30、32、35、40、45、50	55、60、65、70、75、80、85、90、95、100
	公差	±0.25	±0.5	±0.75

注：1. 公称直径公差为 m6。其他公差由供需双方协议。

2. 公称长度大于 200mm 时，按 20mm 递增。

3. 圆柱销的每千件钢制品大约重量 $G(kg)$，参见第 23.13 页"圆柱销—不淬硬钢和奥氏体不锈钢"相同规格的重量规定。

4. 内螺纹圆柱销—不淬硬钢和奥氏体不锈钢

(GB/T 120.1—2000)

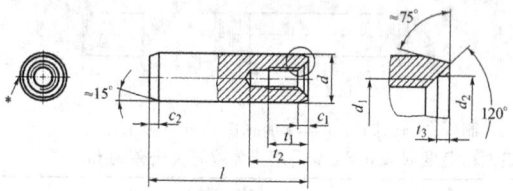

* 小平面或凹槽,由制造者确定。

表面粗糙度 $R_a \leqslant 0.8 \mu m$,适用于公称直径公差为 m6。

(1) 尺寸(mm)									
公称直径 d	倒角宽度 $c_1 \approx$	倒角宽度 $c_2 \approx$	螺纹规格 d_1	螺距 P	孔径 d_2	孔深 t_1	孔深 t_{2min}	孔深 t_3	公称长度 l (商品规格 范 围)
6	0.8	1.2	M4	0.7	4.3	6	10	1	16~60
8	1	1.6	M5	0.8	5.3	8	12	1.2	18~80
10	1.2	2	M6	1	6.4	10	16	1.2	22~100
12	1.6	2.5	M6	1	6.4	12	20	1.2	26~120
16	2	3	M8	1.25	8.4	16	25	1.5	32~160
20	2.5	3.5	M10	1.5	10.5	18	28	1.5	40~200
25	3	4	M16	2	17	24	35	2	50~200
30	4	5	M20	2.5	21	30	40	2	60~200
40	5	6.3	M20	2.5	21	30	40	2	80~200
50	6.3	8	M24	3	25	36	50	2.5	100~200

注:1. 公称直径公差为 m6。其他公差由供需双方协议。

2. 公称长度(l)公差(mm):$l \leqslant 50$ 为 ± 0.5;$l \geqslant 55$ 为 ± 0.75。

3. 公称长度大于 200mm,按 20mm 递增。

\multicolumn{10}{c}{（2）每千件钢制品大约重量 G(kg)}
l	G	l	G	l	G	l	G	l	G
$d=6$		$d=8$		$d=10$		$d=12$		$d=16$	
16	2.78	32	11.14	60	34.17	80	67.49	140	213.0
18	3.22	35	12.33	65	37.25	85	71.93	160	244.6
20	3.66	40	14.30	70	40.33	90	76.37	$d=20$	
22	4.11	45	16.27	75	43.42	95	80.81	40	84.58
24	4.55	50	18.24	80	46.50	100	85.25	45	96.91
26	5.00	55	20.22	85	49.58	120	103.01	50	109.2
28	5.44	60	22.19	90	52.66	$d=16$		55	121.6
30	5.88	65	24.16	95	55.75	32	42.54	60	133.9
32	6.33	70	26.14	100	58.83	35	47.28	65	146.2
35	6.99	75	28.11	$d=12$		40	55.17	70	158.6
40	8.10	80	30.08	26	19.55	45	63.06	75	170.9
45	9.21	$d=10$		28	21.33	50	70.95	80	183.2
50	10.32	22	10.74	30	23.10	55	78.84	85	195.6
55	11.43	24	11.97	32	24.88	60	86.74	90	207.9
60	12.54	26	13.21	35	27.54	65	94.63	95	220.2
$d=8$		28	14.44	40	31.98	70	102.5	100	232.5
18	5.62	30	15.67	45	36.42	75	110.4	120	281.9
20	6.41	32	16.91	50	40.86	80	118.3	140	331.2
22	7.20	35	18.76	55	45.30	85	126.2	160	380.5
24	7.99	40	21.84	60	49.74	90	134.1	180	429.8
26	8.77	45	24.92	65	54.18	95	142.0	200	479.2
28	9.56	50	28.00	70	58.62	100	149.9	$d=25$	
30	10.35	55	31.09	75	63.06	120	181.4	50	146.0

注：1. d—公称直径；l—公称长度(mm)。

　　2. 表列规格为商品规格。

	(2) 每千件钢制品大约重量 G(kg)								
l	G	l	G	l	G	l	G	l	G
$d=25$		$d=25$		$d=30$		$d=40$		$d=50$	
55	165.3	120	415.8	80	360.6	80	705.9	100	1391
60	184.6	140	492.8	85	388.4	85	755.2	120	1700
65	203.8	160	569.9	90	416.1	90	804.5	140	2008
70	223.1	180	647.0	95	443.9	95	853.9	160	2316
75	242.4	200	724.0	100	471.6	100	903.2	180	2624
80	261.6	$d=30$		120	582.6	120	1100	200	2933
85	280.9	60	249.7	140	693.6	140	1298		
90	300.2	65	277.4	160	804.5	160	1495		
95	319.4	70	305.1	180	915.5	180	1692		
100	338.7	75	332.9	200	1026	200	1890		

5. 内螺纹圆柱销—淬硬钢和马氏体不锈钢
(GB/T 120.2—2000)

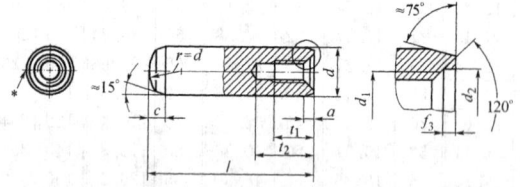

A 型—球面圆柱端,适用于普通淬火钢和马氏体不锈钢

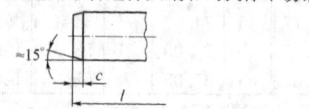

B 型—平端,适用于表面淬火钢(其余尺寸见 A 型)

* 小平面或凹槽,由制造者确定。

表面粗糙度 $R_a \leqslant 0.8 \mu m$,适用于公称直径公差为 m6。

尺　寸 (mm)									
公称直径 d	倒角宽度 $a \approx$	倒角宽度 C	螺纹规格 d_1	螺距 P	孔径 d_2	孔深 t_1	孔深 t_{2min}	孔深 t_3	公称长度 l (商品规格范围)
6	0.8	2.1	M4	0.7	4.3	6	10	1	16～60
8	1	2.6	M5	0.8	5.3	8	12	1.2	18～80
10	1.2	3	M6	1	6.4	10	16	1.2	22～100
12	1.6	3.8	M6	1	6.4	12	20	1.2	26～120
16	2	4.6	M8	1.25	8.4	16	25	1.5	32～160
20	2.5	6	M10	1.5	10.5	18	28	1.5	40～200
25	3	6	M16	2	17	24	35	2	50～200
30	4	7	M20	2.5	21	30	40	2	60～200
40	5	8	M20	2.5	21	30	40	2.5	80～200
50	6.3	10	M24	3	25	36	50	2.5	100～200

注: 1. 公称直径公差为 m6。其他公差由供需双方协议。

2. 公称长度 l 系列(mm):16、18、20、22、24、26、28、30、32、35、40、45、50、55、60、65、70、75、80、85、90、95、100、120、140、160、180、200;$l > 200$,按 20 递增。

3. 公称长度 l 公差(mm):$l \leqslant 50$ 为 ±0.5;$l \geqslant 55$ 为 ±0.75。

4. 每千件钢制品大约重量 G(kg),参见第 23.17 页"内螺纹圆柱销—不淬硬钢和奥氏体不锈钢"相同规格重量的规定。

6. 弹性圆柱销—直槽—重型
(GB/T 879.1—2000)

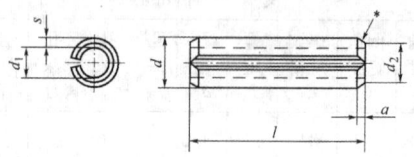

* 对 $d \geqslant 10$mm 的弹性圆柱销，也可由制造者选用单面倒角的型式。

端面倒角直径 $d_2 < d_{公称}$。

销孔的公称直径应等于弹性圆柱销的公称直径（$d_{公称}$），公差带为 H12。

当弹性圆柱销装入允许的最小销孔时，槽口也不得完全闭合。

（1）尺寸(mm)								（2）
公称直径 d			内径 d_1（装配前）参考	倒角宽度 a		厚度 s	公称长度 l（商品规格范围）	剪切载荷（双面剪）(kN)min
公称	装配前							
	max	min		max	min			
1	1.3	1.2	0.8	0.35	0.15	0.2	4～20	0.7
1.5	1.8	1.7	1.1	0.45	0.25	0.3	4～20	1.58
2	2.4	2.3	1.5	0.55	0.35	0.4	4～30	2.82
2.5	2.9	2.8	1.8	0.6	0.4	0.5	4～30	4.38
3	3.5	3.3	2.1	0.7	0.5	0.6	4～40	6.32
3.5	4.0	3.8	2.3	0.8	0.6	0.75	4～40	9.06
4	4.6	4.4	2.8	0.85	0.65	0.8	4～50	11.24
4.5	5.1	4.9	2.9	1.0	0.8	1	5～50	15.36
5	5.6	5.4	3.4	1.1	0.9	1	5～80	17.54

（1）尺寸(mm)								（2）
公称直径 d			内径 d_1（装配前）参考	倒角宽度 a		厚度 s	公称长度 l（商品规格范围）	剪切载荷（双面剪）(kN)min
公称	装配前							
	max	min		max	min			
6	6.7	6.4	4	1.4	1.2	1.2	10～100	26.04
8	8.8	8.5	5.5	2.0	1.6	1.5	10～120	42.76
10	10.8	10.5	6.5	2.4	2.0	2	10～160	70.16
12	12.8	12.5	7.5	2.4	2.0	2.5	10～180	104.1
13	13.8	13.5	8.5	2.4	2.0	2.5	10～180	115.1
14	14.8	14.5	8.5	2.4	2.0	3	10～200	144.7
16	16.8	16.5	10.5	2.4	2.0	3	10～200	171
18	18.9	18.9	11.5	3.4	3.0	3.5	10～200	222.5
20	20.9	20.5	12.5	3.4	3.0	4	10～200	280.6
21	21.9	21.5	13.5	3.4	3.0	4	14～200	298.2
25	25.9	25.5	15.5	3.4	3.0	5	14～200	438.5
28	28.9	28.5	17.5	3.4	3.0	5.5	14～200	542.6
30	30.9	30.5	18.5	3.4	3.0	6	14～200	631.4
32	32.9	32.5	20.5	3.6	3.0	6	20～200	684
35	35.9	35.5	21.5	3.6	3.0	7	20～200	959
38	38.9	38.5	23.5	4.6	4.0	7.5	20～200	1003
40	40.9	40.5	25.5	4.6	4.0	7.5	20～200	1068
45	45.9	45.5	28.5	4.6	4.0	8.5	20～200	1360
50	50.9	50.5	31.5	4.6	4.0	9.5	20～200	1685

公称长度 l 系列(mm)：l＞200，按 20 递增

公称长度 l 公差(mm)：l≤50 为±0.5；l≥55～200 为±0.75

注：剪切载荷仅适用于钢和马氏体不锈钢产品，对奥氏体不锈钢产品，未规定剪切载荷值。

\multicolumn{10}{c}{(3) 每千件钢制品的大约重量 G (kg)}									
l	G	l	G	l	G	l	G	l	G
$d=1$		$d=2$		$d=3$		$d=3.5$		$d=4.5$	
4	0.017	16	0.275	10	0.352	30	1.516	10	0.844
5	0.021	18	0.309	12	0.423	32	1.617	12	1.01
6	0.025	20	0.343	14	0.493	35	1.768	14	1.18
8	0.033	22	0.378	16	0.564	40	2.021	16	1.35
10	0.041	24	0.412	18	0.634	$d=4$		18	1.52
12	0.050	26	0.446	20	0.705	4	0.259	20	1.69
14	0.058	28	0.481	22	0.775	5	0.324	22	1.86
16	0.066	30	0.515	24	0.846	6	0.388	24	2.03
18	0.075	$d=2.5$		26	0.916	8	0.518	26	2.19
20	0.083	4	0.106	28	0.987	10	0.647	28	2.36
$d=1.5$		5	0.132	30	1.06	12	0.777	30	2.53
4	0.037	6	0.158	32	1.13	14	0.906	32	2.70
5	0.046	8	0.211	35	1.23	16	1.04	35	2.95
6	0.055	10	0.264	40	1.41	18	1.17	40	3.38
8	0.073	12	0.317	$d=3.5$		20	1.29	45	3.80
10	0.092	14	0.370	4	0.202	22	1.42	50	4.22
12	0.110	16	0.422	5	0.253	24	1.55	$d=5$	
14	0.129	18	0.475	6	0.303	26	1.68	5	0.48
16	0.147	20	0.528	8	0.404	28	1.81	6	0.58
18	0.167	22	0.581	10	0.505	30	1.94	8	0.77
20	0.184	24	0.634	12	0.606	32	2.07	10	0.97
$d=2$		26	0.686	14	0.707	35	2.27	12	1.16
4	0.069	28	0.739	16	0.808	40	2.59	14	1.35
5	0.086	30	0.792	18	0.909	45	2.91	16	1.55
6	0.103	$d=3$		20	1.011	50	3.24	18	1.74
8	0.137	4	0.141	22	1.112	$d=4.5$		20	1.93
10	0.172	5	0.176	24	1.213	5	0.422	22	2.13
12	0.206	6	0.211	26	1.314	6	0.506	24	2.32
14	0.240	8	0.282	28	1.415	8	0.675	26	2.52

注：d—公称直径；l—公称长度(mm)。

（续）

(3) 每千件钢制品的大约重量 G(kg)									
l	G	l	G	l	G	l	G	l	G
$d=5$		$d=6$		$d=8$		$d=10$		$d=12$	
28	2.71	45	6.08	50	11.77	50	19.39	40	22.78
30	2.90	50	6.75	55	12.95	55	21.38	45	25.62
32	3.10	55	7.43	60	14.12	60	23.27	50	28.47
35	3.39	60	8.10	65	15.30	65	25.21	55	31.32
40	3.87	65	8.78	70	16.48	70	27.15	60	34.17
45	4.35	70	9.45	75	17.65	75	29.09	65	37.01
50	4.84	75	10.13	80	18.83	80	31.03	70	39.86
55	5.32	80	10.80	85	20.01	85	32.97	75	42.71
60	5.80	85	11.48	90	21.19	90	34.91	80	45.56
65	6.29	90	12.15	95	22.36	95	36.85	85	48.40
70	6.77	95	12.83	100	23.54	100	38.78	90	51.25
75	7.26	100	13.50	120	28.25	120	46.54	95	54.10
80	7.74	$d=8$		$d=10$		140	54.30	100	56.94
$d=6$		10	2.35	10	3.88	160	62.06	120	68.33
10	1.35	12	2.82	12	4.65	$d=12$		140	79.72
12	1.62	14	3.30	14	5.43	10	5.69	160	91.11
14	1.89	16	3.72	16	6.21	12	6.83	180	102.5
16	2.16	18	4.24	18	6.98	14	7.97	$d=13$	
18	2.43	20	4.71	20	7.76	16	9.11	10	6.31
20	2.70	22	5.18	22	8.53	18	10.25	12	7.57
22	2.97	24	5.65	24	9.31	20	11.39	14	8.84
24	3.24	26	6.12	26	10.08	22	12.53	16	10.10
26	3.51	28	6.59	28	10.86	24	13.67	18	11.36
28	3.78	30	7.06	30	11.64	26	14.81	20	12.62
30	4.05	32	7.53	32	12.41	28	15.94	22	13.88
32	4.32	35	8.24	35	13.57	30	17.08	24	15.15
35	4.73	40	9.42	40	15.51	32	18.22	26	16.41
40	5.40	45	10.59	45	17.45	35	19.93	28	17.67

| \multicolumn{10}{c}{（3）每千件钢制品的大约重量 G(kg)} |

l	G	l	G	l	G	l	G	l	G
$d=13$		$d=14$		$d=16$		$d=18$		$d=20$	
30	18.93	26	20.65	20	18.85	14	17.20	10	15.18
32	20.19	28	22.24	22	20.73	16	19.66	12	18.21
35	22.09	30	23.83	24	22.61	18	22.12	14	21.25
40	25.24	32	25.42	26	24.50	20	24.58	16	24.28
45	28.40	35	27.80	28	26.38	22	27.03	18	27.32
50	31.55	40	31.77	30	28.27	24	29.49	20	30.36
55	34.71	45	35.74	32	30.15	26	31.95	22	33.39
60	37.87	50	39.72	35	32.98	28	34.41	24	36.43
65	41.02	55	43.69	40	37.69	30	36.86	26	39.46
70	44.18	60	47.66	45	42.40	32	39.32	28	42.50
75	47.33	65	51.63	50	47.11	35	43.01	30	45.53
80	50.49	70	55.60	55	51.83	40	49.15	32	48.57
85	53.64	75	59.57	60	56.54	45	55.30	35	53.12
90	56.80	80	63.54	65	61.25	50	61.44	40	60.71
95	59.95	85	67.52	70	65.96	55	67.58	45	68.30
100	63.11	90	71.49	75	70.67	60	73.73	50	75.89
120	75.73	95	75.46	80	75.38	65	79.87	55	83.48
140	88.35	100	79.43	85	80.09	70	86.02	60	91.07
160	101.0	120	95.32	90	84.80	75	92.16	65	98.65
180	113.6	140	111.20	95	89.52	80	98.30	70	106.2
$d=14$		160	127.09	100	94.23	85	104.4	75	113.8
10	7.94	180	142.97	120	113.07	90	110.6	80	121.4
12	9.53	200	158.86	140	131.92	95	116.7	85	129.0
14	11.12	$d=16$		160	150.76	100	122.9	90	136.6
16	12.71	10	9.42	180	169.61	120	147.5	95	144.2
18	14.30	12	11.31	200	188.45	140	172.0	100	151.8
20	15.89	14	13.19	$d=18$		160	196.6	120	182.1
22	17.47	16	15.08	10	12.29	180	221.2	140	212.5
24	19.06	18	16.96	12	14.75	200	245.8	160	242.8

（3）每千件钢制品的大约重量 G(kg)

l	G	l	G	l	G	l	G	l	G
$d=20$		$d=21$		$d=25$		$d=28$		$d=30$	
180	273.2	160	258.6	140	334.7	120	356.2	100	346.0
200	303.6	180	291.0	160	382.5	140	415.6	120	415.2
$d=21$		200	323.3	180	430.3	160	475.0	140	484.5
14	22.63	$d=25$		200	478.1	180	534.3	160	553.7
16	25.86	14	33.47	$d=28$		200	593.7	180	622.9
18	29.10	16	38.25	14	41.56	$d=30$		200	692.1
20	32.33	18	43.03	16	47.50	14	48.45	$d=32$	
22	35.56	20	47.81	18	53.43	16	55.37	20	74.66
24	38.79	22	52.59	20	59.37	18	62.29	22	82.12
26	42.03	24	57.37	22	65.31	20	69.21	24	89.59
28	45.26	26	62.15	24	71.25	22	76.13	26	97.05
30	48.49	28	66.93	26	77.18	24	83.05	28	104.5
32	51.73	30	71.71	28	83.12	26	89.97	30	112.0
35	56.57	32	76.49	30	89.06	28	96.89	32	119.4
40	64.66	35	83.67	32	94.99	30	103.8	35	130.6
45	72.74	40	95.62	35	103.9	32	110.7	40	149.3
50	80.82	45	107.6	40	118.7	35	121.1	45	168.0
55	88.90	50	119.5	45	133.6	40	138.4	50	186.6
60	96.98	55	131.5	50	148.4	45	155.7	55	205.3
65	105.1	60	143.4	55	163.3	50	173.0	60	224.0
70	113.1	65	155.4	60	178.1	55	190.3	65	242.6
75	121.1	70	167.3	65	193.0	60	207.6	70	261.3
80	129.3	75	179.3	70	207.8	65	224.9	75	280.0
85	137.4	80	191.2	75	222.6	70	242.2	80	298.6
90	145.5	85	203.2	80	237.5	75	259.5	85	317.3
95	153.6	90	215.1	85	252.3	80	276.8	90	336.0
100	161.6	95	227.1	90	267.2	85	294.1	95	354.6
120	194.0	100	239.0	95	282.0	90	311.4	100	373.3
140	226.3	120	286.9	100	296.9	95	328.7	120	447.9

（3）每千件钢制品的大约重量 G(kg)

l	G	l	G	l	G	l	G	l	G
d＝32		d＝35		d＝38		d＝40		d＝50	
140	522.6	160	752.0	180	989.7	200	1174	20	185.4
160	597.2	180	846.0	200	1100	d＝45		22	203.9
180	671.9	200	940.0	d＝40		20	149.1	24	222.5
200	746.6	d＝38		20	117.4	22	164.0	26	241.0
d＝35		20	110.0	22	129.1	24	178.9	28	259.6
20	94.0	22	121.1	24	140.8	26	193.9	30	278.1
22	103.4	24	132.0	26	152.6	28	223.7	32	296.6
24	112.8	26	143.0	28	164.3	30	238.6	35	324.5
26	122.2	28	154.0	30	176.0	32	261.0	40	370.8
28	131.6	30	164.9	32	187.8	35	298.2	45	417.2
30	141.0	32	175.9	35	205.4	40	335.5	50	463.5
32	150.4	35	192.4	40	234.7	45	372.8	55	509.9
35	164.5	40	219.9	45	264.1	50	410.1	60	556.2
40	188.0	45	247.1	50	293.4	55	447.3	65	602.6
45	211.5	50	274.9	55	322.8	60	484.6	70	648.9
50	235.0	55	302.4	60	352.1	65	521.9	75	695.3
55	258.5	60	329.9	65	381.4	70	559.2	80	741.6
60	282.0	65	357.4	70	410.8	80	596.5	85	788.0
65	305.0	70	384.9	75	440.1	85	633.7	90	834.3
70	329.0	75	412.4	80	469.5	90	671.0	95	880.7
75	352.5	80	439.9	85	498.8	95	708.3	100	927.0
80	376.0	85	467.4	90	528.1	100	745.6	120	1112
85	399.5	90	494.8	95	557.5	120	894.7	140	1298
90	423.0	95	522.3	100	586.8	140	1044	160	1483
95	446.5	100	549.8	120	704.2	160	1193	180	1669
100	470.0	120	659.8	140	821.6	180	1342	200	1854
120	564.0	140	769.8	160	938.9	200	1491		
140	658.0	160	879.7	180	1056				

7. 弹性圆柱销—直槽—轻型

(GB/T 879.2—2000)

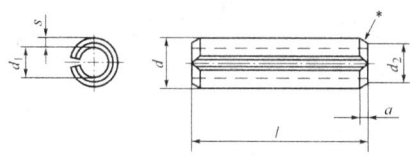

* 对 $d \geqslant 10\text{mm}$ 的弹性圆柱销也可由制造者选用单面倒角的型式。

端面倒角直径 $d_2 < d_{公称}$。

销孔的公称直径应等于弹性圆柱销的公称直径（$d_{公称}$），公差带为 H12。

当弹性圆柱销装入允许的最小销孔时，槽口也不得完全闭合。

							(2)
			(1) 尺寸(mm)				
公称直径 d			内径 d_2（装配前）参考	倒角宽度 a		厚度 s	公称长度 l 商品规格范围	剪切载荷（双面剪）(kN)≥
公称	装配前							
	max	min		max	min			
2	2.4	2.3	1.9	0.4	0.2	0.2	4～30	1.5
2.5	2.9	2.8	2.3	0.45	0.25	0.25	4～30	2.4
3	3.5	3.3	2.7	0.45	0.25	0.3	4～40	3.5
3.5	4.0	3.8	3.1	0.6	0.4	0.35	4～40	4.6
4	4.6	4.4	3.4	0.7	0.5	0.5	4～50	8.0
4.5	5.1	4.9	3.9	0.7	0.5	0.5	6～50	8.8
5	5.6	5.4	4.4	0.7	0.5	0.5	6～80	10.4

(1) 尺寸(mm)							(2)
公称直径 d			内径 d₂ (装配前) 参考	倒角宽度 a		厚度 s	公称长度 l (商品规格 范 围)	剪切载荷 (双面剪) (kN)≥
公称	装配前							
	max	min		max	min			
6	6.7	6.4	4.9	0.9	0.7	0.75	10～100	18
8	8.8	8.5	7	1.8	1.5	0.75	10～120	24
10	10.8	10.5	8.5	2.4	2.0	1	10～160	40
12	12.8	12.5	10.5	2.4	2.0	1	10～180	48
13	13.8	13.5	11	2.4	2.0	1.2	10～180	66
14	14.8	14.5	11.5	2.4	2.0	1.5	10～200	84
16	16.8	16.5	13.5	2.4	2.0	1.5	10～200	98
18	18.9	18.5	15	2.4	2.0	1.7	10～200	126
20	20.9	20.5	16.5	2.4	2.0	2	10～200	58*
21	21.9	21.5	17.5	2.4	2.0	2	14～200	168
25	25.9	25.5	21.5	3.4	3.0	2	14～200	202
28	28.9	28.5	23.5	3.4	3.0	2.5	14～200	280
30	30.9	30.5	25.5	3.4	3.0	2.5	14～200	302
35	35.9	35.5	28.5	3.4	3.0	3.5	20～200	490
40	40.9	40.5	32.5	4.6	4.0	4	20～200	634
45	45.9	45.5	37.5	4.6	4.0	4	20～200	720
50	50.9	50.5	40.5	4.6	4.0	5	20～200	1000

公称长度 l 系列(mm)：l＞100，按 20 递增

公称长度 l 公差(mm)：l≤50 为±0.5；l≥55～200 为±0.75

注：*"58"是原标准中的规定,拟有误。

\multicolumn{10}{c}{(3) 每千件钢制品的大约重量 G(kg)}
l	G	l	G	l	G	l	G	l	G
$d=2$		$d=2.5$		$d=3.5$		$d=4$		$d=4.5$	
4	0.038	20	0.295	4	0.108	14	0.618	26	1.26
5	0.048	22	0.324	5	0.135	16	0.707	28	1.36
6	0.057	24	0.354	6	0.162	18	0.795	30	1.45
8	0.077	26	0.383	8	0.216	20	0.883	32	1.55
10	0.096	28	0.413	10	0.270	22	0.972	35	1.69
12	0.115	30	0.442	12	0.324	24	1.06	40	1.93
14	0.134	$d=3$		14	0.378	26	1.15	45	2.18
16	0.153	4	0.079	16	0.433	28	1.24	50	2.42
18	0.172	5	0.099	18	0.487	30	1.32	$d=5$	
20	0.191	6	0.119	20	0.541	32	1.41	6	0.327
22	0.211	8	0.159	22	0.595	35	1.55	8	0.436
24	0.230	10	0.198	24	0.649	40	1.77	10	0.545
26	0.249	12	0.238	26	0.703	45	1.99	12	0.654
28	0.268	14	0.278	28	0.757	50	2.21	14	0.763
30	0.287	16	0.317	30	0.811	$d=4.5$		16	0.873
$d=2.5$		18	0.357	32	0.865	6	0.290	18	0.982
4	0.059	20	0.397	35	0.946	8	0.387	20	1.09
5	0.074	22	0.436	40	1.08	10	0.484	22	1.20
6	0.088	24	0.476	$d=4$		12	0.580	24	1.31
8	0.118	26	0.516	4	0.177	14	0.677	26	1.42
10	0.147	28	0.556	5	0.221	16	0.774	28	1.53
12	0.177	30	0.595	6	0.265	18	0.871	30	1.64
14	0.206	32	0.635	8	0.353	20	0.967	32	1.75
16	0.236	35	0.694	10	0.442	22	1.06	35	1.91
18	0.265	40	0.794	12	0.530	24	1.16	40	2.18

注：d—公称直径；l—公称长度(mm)。

(3) 每千件钢制品的大约重量 G(kg)								
l	G	l	G	l	G	l	G	l	G
$d=5$		$d=6$		$d=8$		$d=10$		$d=12$	
45	2.45	60	5.56	55	7.24	45	9.84	30	7.94
50	2.73	65	6.03	60	7.89	50	10.93	32	8.47
55	3.00	70	6.49	65	8.55	55	12.02	35	9.27
60	3.27	75	6.95	70	9.21	60	13.12	40	10.59
65	3.54	80	7.42	75	9.87	65	14.21	45	11.91
70	3.82	85	7.88	80	10.53	70	15.30	50	13.24
75	4.09	90	8.35	85	11.18	75	16.39	55	14.56
80	4.36	95	8.81	90	11.84	80	17.49	60	15.89
$d=6$		100	9.27	95	12.50	85	18.58	65	17.21
10	0.927	$d=8$		100	13.16	90	19.67	70	18.53
12	1.11	10	1.33	120	15.79	95	20.77	75	19.86
14	1.30	12	1.58	$d=10$		100	21.86	80	21.18
16	1.48	14	1.84	10	2.19	120	26.23	85	22.51
18	1.67	16	2.11	12	2.62	140	30.60	90	23.83
20	1.85	18	2.37	14	3.06	160	34.97	95	25.15
22	2.04	20	2.63	16	3.50	$d=12$		100	26.48
24	2.23	22	2.89	18	3.93	10	2.65	120	31.77
26	2.41	24	3.16	20	4.37	12	3.18	140	37.07
28	2.60	26	3.42	22	4.81	14	3.71	160	42.36
30	2.78	28	3.68	24	5.25	16	4.24	180	47.66
32	2.97	30	3.95	26	5.68	18	4.77	$d=13$	
35	3.25	32	4.21	28	6.12	20	5.30	10	3.38
40	3.71	35	4.60	30	6.56	22	5.82	12	4.06
45	4.17	40	5.26	32	6.99	24	6.35	14	4.74
50	4.64	45	5.92	35	7.65	26	6.88	16	5.41
55	5.10	50	6.58	40	8.74	28	7.41	18	6.09

\multicolumn{10}{c}{（3）每千件钢制品的大约重量 G(kg)}

l	G	l	G	l	G	l	G	l	G
$d=13$		$d=14$		$d=14$		$d=16$		$d=18$	
20	6.77	10	4.53	120	54.32	75	39.50	45	30.07
22	7.45	12	5.43	140	63.37	80	42.13	50	33.41
24	8.12	14	6.34	160	72.42	85	44.76	55	36.75
26	8.80	16	7.24	180	81.48	90	47.40	60	40.09
28	9.48	18	8.15	200	99.53	95	50.03	65	43.43
30	10.15	20	9.05	$d=16$		100	52.66	70	46.77
32	10.83	22	9.96	10	5.27	120	63.20	75	50.11
35	11.85	24	10.86	12	6.32	140	73.73	80	53.45
40	13.54	26	11.77	14	7.37	160	84.26	85	56.79
45	15.23	28	12.67	16	8.43	180	94.79	90	60.13
50	16.92	30	13.58	18	9.48	200	105.3	95	63.47
55	18.61	32	14.48	20	10.53	$d=18$		100	66.81
60	20.31	35	15.84	22	11.59	10	6.68	120	80.17
65	22.00	40	18.11	24	12.64	12	8.02	140	93.54
70	23.69	45	20.37	26	13.69	14	9.35	160	106.9
75	25.38	50	22.63	28	14.75	16	10.69	180	120.3
80	27.07	55	24.90	30	15.80	18	12.03	200	133.6
85	28.77	60	27.16	32	16.85	20	13.36	$d=20$	
90	30.46	65	29.42	35	18.43	22	14.70	10	8.58
95	32.15	70	31.68	40	21.07	24	16.03	12	10.29
100	33.84	75	33.95	45	23.70	26	17.37	14	12.01
120	40.61	80	36.21	50	26.33	28	18.71	16	13.72
140	47.38	85	38.47	55	28.96	30	20.04	18	15.44
160	54.15	90	40.74	60	31.60	32	21.38	20	17.15
180	60.92	95	43.00	65	34.23	35	23.38	22	18.87
		100	45.26	70	36.86	40	26.72	24	20.58

(3) 每千件钢制品的大约重量 G(kg)

l	G	l	G	l	G	l	G	l	G
d = 20		d = 21		d = 21		d = 25		d = 28	
26	22.30	18	16.32	200	181.4	120	132.5	85	130.4
28	24.01	20	18.14	d = 25		140	154.6	90	138.1
30	25.73	22	19.95	14	15.46	160	176.7	95	145.8
32	27.44	24	21.76	16	17.67	180	198.7	100	153.4
35	30.01	26	23.58	18	19.87	200	220.8	120	184.1
40	34.30	28	25.39	20	22.08	d = 28		140	214.8
45	38.59	30	27.21	22	24.29	14	21.48	160	245.5
50	42.88	32	29.02	24	26.50	16	24.55	180	276.2
55	47.16	35	31.74	26	28.71	18	27.62	200	306.9
60	51.45	40	36.27	28	30.92	20	30.69	d = 30	
65	55.74	45	40.81	30	33.12	22	33.75	14	23.21
70	60.03	50	45.34	32	35.33	24	36.82	16	26.52
75	64.31	55	49.88	35	38.65	26	39.89	18	29.84
80	68.60	60	54.41	40	44.17	28	42.96	20	33.15
85	72.89	65	58.95	45	49.69	30	46.03	22	36.47
90	77.18	70	63.48	50	55.21	32	49.10	24	39.78
95	81.47	75	68.01	55	60.73	35	53.70	26	43.10
100	85.75	80	72.55	60	66.25	40	61.37	28	46.41
120	102.9	85	77.08	65	71.77	45	69.04	30	49.73
140	120.1	90	81.62	70	77.29	50	76.72	32	53.04
160	137.2	95	86.15	75	82.81	55	84.39	35	58.02
180	154.4	100	90.69	80	88.33	60	92.06	40	66.30
200	171.5	120	108.8	85	93.85	65	99.73	45	74.59
d = 21		140	127.0	90	99.37	70	107.4	50	82.88
14	12.70	160	145.1	95	104.9	75	115.1	55	91.17
16	14.51	180	163.2	100	110.4	80	122.7	60	99.46

	（3）每千件钢制品的大约重量 G(kg)								
l	G	l	G	l	G	l	G	l	G
d = 30		d = 35		d = 40		d = 45		d = 50	
65	107.7	55	145.9	45	156.4	35	138.3	30	163.0
70	116.0	60	159.1	50	173.7	40	158.1	32	173.9
75	124.3	65	172.4	55	191.1	45	177.9	35	190.2
80	132.6	70	185.7	60	208.5	50	197.6	40	217.4
85	140.9	75	198.9	65	225.9	55	217.4	45	244.5
90	149.2	80	212.2	70	243.2	60	237.2	50	271.7
95	157.5	85	225.4	75	260.6	65	256.9	55	298.9
100	165.8	90	238.7	80	278.0	70	276.7	60	326.0
120	198.9	95	252.0	85	295.4	75	296.4	65	353.2
140	232.1	100	265.2	90	312.7	80	316.2	70	380.4
160	265.2	120	318.3	95	330.1	85	336.0	75	407.5
180	298.4	140	371.3	100	347.3	90	355.7	80	434.7
200	331.5	160	424.4	120	417.0	95	375.5	85	461.9
d = 35		180	477.4	140	486.5	100	395.3	90	489.0
20	53.04	200	530.4	160	556.0	120	474.3	95	516.2
22	58.35	d = 40		180	625.5	140	553.4	100	543.4
24	63.65	20	69.50	200	695.0	160	632.4	120	652.1
26	68.96	22	76.45	d = 45		180	711.5	140	760.7
28	74.26	24	83.40	20	79.05	200	790.5	160	869.4
30	79.57	26	90.35	22	86.96	d = 50		180	978.1
32	84.87	28	97.30	24	94.86	20	108.7	200	1087
35	92.83	30	104.2	26	102.8	22	119.5		
40	106.1	32	111.2	28	110.7	24	130.4		
45	119.3	35	121.6	30	118.6	26	141.3		
50	132.6	40	139.0	32	126.5	28	152.1		

8. 弹性圆柱销—卷制—重型

(GB/T 879.3—2000)

 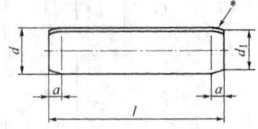

*两端挤压倒角。销孔的公称直径应等于弹性圆柱销的公称直径（$d_{公称}$），公差带为 H12。

(1) 尺寸(mm)							(2) 剪切载荷(双面剪)(kN)≥	
公称直径 d			端面直径(装配前)	倒角宽度	厚度	公称长度 l（商品规格范围）		
公称	装配前		d_1 max	$a \approx$	s		①	②
	max	min						
1.5	1.71	1.61	1.4	0.5	0.17	4～26	1.9	1.45
2	2.21	2.11	1.9	0.7	0.22	4～40	3.5	2.5
2.5	2.73	2.62	2.4	0.7	0.28	5～45	5.5	3.8
3	3.25	3.12	2.9	0.9	0.33	6～50	7.6	5.7
3.5	3.79	3.64	3.4	1	0.39	6～50	10	7.6
4	4.30	4.15	3.9	1.1	0.45	8～60	13.5	10
5	5.35	5.15	4.85	1.3	0.56	10～60	20	15.5
6	6.40	6.18	5.85	1.5	0.67	12～75	30	23
8	8.55	8.25	7.8	2	0.9	16～120	53	41
10	10.65	10.30	9.75	2.5	1.1	20～120	84	64
12	12.75	12.35	11.7	3	1.3	24～160	120	91
14	14.85	14.40	13.6	3.5	1.6	28～200	165	—
16	16.9	16.4	15.6	4	1.8	35～200	210	—
20	21.0	20.4	19.6	4.5	2.2	45～200	340	—

公称长度 l 系列(mm)：l > 200，按 20 递增
公称长度 l 公差(mm)：l ≤ 10 为 ±0.25；l ≥ 12～50 为 ±0.5；
l ≥ 55～200 为 ±0.75

注：剪切载荷栏中：①适用于钢和马氏体不锈钢产品；②适用于奥氏体不锈钢产品。

(续)

(3) 每千件钢制品的大约重量 G(kg)

l	G	l	G	l	G	l	G	l	G
$d=1.5$		$d=2$		$d=3$		$d=3.5$		$d=5$	
4	0.042	30	0.544	14	0.572	32	1.79	14	1.61
5	0.052	32	0.581	16	0.653	35	1.96	16	1.84
6	0.062	35	0.635	18	0.735	40	2.24	18	2.07
8	0.083	40	0.726	20	0.817	45	2.52	20	2.30
10	0.104	$d=2.5$		22	0.898	50	2.80	22	2.52
12	0.125	5	0.143	24	0.910	$d=4$		24	2.75
14	0.146	6	0.172	26	1.06	8	0.589	26	2.98
16	0.167	8	0.230	28	1.14	10	0.737	28	3.21
18	0.187	10	0.287	30	1.23	12	0.884	30	3.44
20	0.208	12	0.344	32	1.31	14	1.03	32	3.67
22	0.229	14	0.402	35	1.43	16	1.18	35	4.02
24	0.250	16	0.459	40	1.63	18	1.33	40	4.59
26	0.271	18	0.516	45	1.84	20	1.47	45	5.16
$d=2$		20	0.574	50	2.04	22	1.62	50	5.74
4	0.073	22	0.631	$d=3.5$		24	1.77	55	6.31
5	0.091	24	0.689	6	0.336	26	1.92	60	6.89
6	0.109	26	0.746	8	0.448	28	2.06	$d=6$	
8	0.145	28	0.803	10	0.560	30	2.21	12	1.98
10	0.181	30	0.861	12	0.673	32	2.36	14	2.31
12	0.218	32	0.918	14	0.785	35	2.58	16	2.64
14	0.254	35	1.00	16	0.897	40	2.95	18	2.97
16	0.290	40	1.15	18	1.01	45	3.31	20	3.30
18	0.327	45	1.29	20	1.12	50	3.68	22	3.63
20	0.363	$d=3$		22	1.23	55	4.05	24	3.96
22	0.399	6	0.245	24	1.35	60	4.42	26	4.29
24	0.436	8	0.327	26	1.46	$d=5$		28	4.62
26	0.472	10	0.408	28	1.57	10	1.15	30	4.95
28	0.508	12	0.490	30	1.68	12	1.38	32	5.28

注：d—公称直径；l—公称长度(mm)。

(续)

	(3) 每千件钢制品的大约重量 G(kg)								
l	G	l	G	l	G	l	G	l	G
$d=6$		$d=8$		$d=12$		$d=14$		$d=16$	
35	5.77	85	25.04	24	15.52	50	45.57	95	112.1
40	6.60	90	26.52	26	16.82	55	50.13	100	117.9
45	7.42	95	27.99	28	18.11	60	54.69	120	141.4
50	8.25	100	29.46	30	19.40	65	59.25	140	165.0
55	9.07	120	35.36	32	20.70	70	63.80	160	188.6
60	9.90	$d=10$		35	22.64	75	68.36	180	212.1
65	10.72	20	9.07	40	25.87	80	72.92	200	235.7
70	11.55	22	9.98	45	29.11	85	77.48	$d=20$	
75	12.37	24	10.89	50	32.34	90	82.03	45	81.67
$d=8$		26	11.80	55	35.57	95	86.59	50	90.74
16	4.71	28	12.70	60	38.81	100	91.15	55	99.81
18	5.30	30	13.61	65	42.04	120	109.4	60	108.9
20	5.89	32	14.52	70	45.28	140	127.6	65	118.0
22	6.48	35	15.88	75	48.51	160	145.8	70	127.0
24	7.07	40	18.15	80	51.74	180	164.1	75	136.1
26	7.66	45	20.42	85	54.98	200	182.3	80	145.2
28	8.25	50	22.69	90	58.21	$d=16$		85	154.3
30	8.84	55	24.95	95	61.45	35	41.25	90	163.3
32	9.43	60	27.22	100	64.68	40	47.14	95	172.4
35	10.31	65	29.49	120	77.62	45	53.04	100	181.5
40	11.79	70	31.76	140	90.50	50	58.93	120	217.8
45	13.26	75	34.03	160	103.5	55	64.82	140	254.1
50	14.73	80	36.30	$d=14$		60	70.71	160	290.4
55	16.21	85	38.56	28	25.52	65	76.61	180	326.7
60	17.68	90	40.83	30	27.34	70	82.50	200	363.0
65	19.15	95	43.10	32	29.17	75	88.39		
70	20.62	100	45.37	35	31.90	80	94.28		
75	22.10	120	54.44	40	36.46	85	100.2		
80	23.57			45	41.02	90	106.1		

9. 弹性圆柱销—卷制—标准型

(GB/T 879.4—2000)

 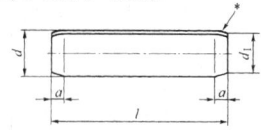

* 两端挤压倒角。

销孔的公称直径应等于弹性圆柱销的公称直径($d_{公称}$),公差带为 H12。

	(1) 尺寸(mm)						(2)	
公称直径 d			端面直径 (装配前) d_1 max	倒角宽度 $a \approx$	厚度 s	公称长度 l 商品规格 (范围)	剪切载荷(双面剪)(kN)	
公称	装配前						①	②
	max	min						
0.8	0.91	0.85	0.75	0.3	0.07	4～16	0.4	0.3
1	1.15	1.05	0.95	0.3	0.08	4～16	0.6	0.45
1.2	1.35	1.25	1.15	0.4	0.1	4～16	0.9	0.65
1.5	1.73	1.62	1.4	0.5	0.13	4～24	1.45	1.05
2	2.25	2.13	1.9	0.7	0.17	4～40	2.5	1.9
2.5	2.78	2.65	2.4	0.7	0.21	5～45	4.1	2.9
3	3.30	3.15	2.9	0.9	0.25	6～50	5.5	4.2
3.5	3.84	3.67	3.4	1	0.29	6～50	7.5	5.7
4	4.4	4.2	3.9	1.1	0.33	8～60	9.6	7.6
5	5.50	5.25	4.85	1.3	0.42	10～60	15	11.5
6	6.50	6.25	5.85	1.5	0.5	12～75	22	16.8
8	8.63	8.30	7.8	2	0.67	16～120	39	30
10	10.80	10.35	9.75	2.5	0.84	20～120	62	48
12	12.85	12.40	11.7	3	1	24～160	89	67
14	14.95	14.45	13.6	3.4	1.2	28～200	120	—
16	17.00	16.45	15.6	4	1.3	32～200	155	—
20	21.1	20.4	19.6	4.5	1.7	45～200	250	—

公称长度 l 系列(mm):l＞200,按 20 递增
公称长度 l 公差(mm):l ≤ 10 为 ±0.25;l ≥ 12～50 为 ±0.5;
　　　　　　l ≥ 55～200 为 ±0.75

注:剪切载荷栏中:①适用于钢和马氏体不锈钢产品;②适用于奥
　　氏体不锈钢产品。

l	G	l	G	l	G	l	G	l	G
\(3\) 每千件钢制品的大约重量 G(kg)									
d = 0.8		d = 1.5		d = 2.5		d = 3		d = 4	
4	0.010	10	0.086	10	0.234	40	1.34	24	1.42
5	0.012	12	0.104	12	0.281	45	1.51	26	1.54
6	0.015	14	0.121	14	0.328	50	1.68	28	1.66
8	0.020	16	0.138	16	0.375	d = 3.5		30	1.77
10	0.025	18	0.155	18	0.422	6	0.273	32	1.89
12	0.030	20	0.173	20	0.468	8	0.363	35	2.07
14	0.035	22	0.190	22	0.515	10	0.454	40	2.37
16	0.040	24	0.207	24	0.562	12	0.545	45	2.66
d = 1		d = 2		26	0.609	14	0.636	50	2.96
4	0.014	4	0.060	28	0.656	16	0.727	55	3.25
5	0.018	5	0.076	30	0.703	18	0.818	60	3.55
6	0.022	6	0.091	32	0.749	20	0.909	d = 5	
8	0.029	8	0.121	35	0.820	22	1.00	10	0.937
10	0.036	10	0.151	40	0.937	24	1.09	12	1.12
12	0.043	12	0.181	45	1.05	26	1.18	14	1.31
14	0.051	14	0.212	d = 3		28	1.27	16	1.50
16	0.058	16	0.242	6	0.201	30	1.36	18	1.69
d = 1.2		18	0.272	8	0.268	32	1.45	20	1.87
4	0.021	20	0.302	10	0.335	35	1.59	22	2.06
5	0.027	22	0.333	12	0.402	40	1.82	24	2.25
6	0.032	24	0.363	14	0.469	45	2.04	26	2.44
8	0.043	26	0.393	16	0.536	50	2.27	28	2.62
10	0.054	28	0.423	18	0.603	d = 4		30	2.81
12	0.064	30	0.454	20	0.670	8	0.473	32	3.00
14	0.075	32	0.484	22	0.738	10	0.591	40	3.75
16	0.086	35	0.529	24	0.805	12	0.710	45	4.22
d = 1.5		40	0.605	26	0.872	14	0.828	50	4.68
4	0.035	d = 2.5		28	0.939	16	0.946	55	5.15
5	0.043	5	0.117	30	1.01	18	1.06	60	5.62
6	0.052	6	0.141	32	1.07	20	1.18		
8	0.069	8	0.187	35	1.17	22	1.30		

注：d—公称直径；l—公称长度(mm)。

（3）每千件钢制品的大约重量 G（kg）

l	G	l	G	l	G	l	G	l	G
$d=6$		$d=8$		$d=10$		$d=14$		$d=16$	
12	1.61	40	9.57	80	29.98	28	20.88	70	65.47
14	1.88	45	10.77	85	31.85	30	22.37	75	70.15
16	2.15	50	11.96	90	33.73	32	23.86	80	74.83
18	2.41	55	13.16	95	35.60	35	26.10	85	79.50
20	2.68	60	14.36	100	37.47	40	29.83	90	84.18
22	2.95	65	15.55	120	44.97	45	33.56	95	88.86
24	3.22	70	16.75	$d=12$		50	37.29	100	93.53
26	3.49	75	17.95	24	12.87	55	41.02	120	112.2
28	3.75	80	19.14	26	13.95	60	44.75	140	130.9
30	4.02	85	20.34	28	15.02	65	48.47	160	149.7
32	4.29	90	21.54	30	16.09	70	52.20	180	168.4
35	4.69	95	22.73	32	17.16	75	55.93	200	187.1
40	5.36	100	23.93	35	18.77	80	59.66	$d=20$	
45	6.03	120	28.72	40	21.46	85	63.39	45	68.06
50	6.70	$d=10$		45	24.14	90	67.12	50	75.62
55	7.38	20	7.49	50	26.82	95	70.85	55	83.16
60	8.05	22	8.24	55	29.50	100	74.58	60	90.74
65	8.72	24	8.99	60	32.18	120	89.49	65	98.31
70	9.39	26	9.74	65	34.86	140	104.4	70	105.9
75	10.06	28	10.49	70	37.55	160	119.3	75	113.4
$d=8$		30	11.24	75	40.23	180	134.2	80	121.0
16	3.83	32	11.99	80	42.91	200	149.2	85	128.6
18	4.31	35	13.12	85	45.59	$d=16$		90	136.1
20	4.79	40	14.99	90	48.27	32	29.93	95	143.7
22	5.26	45	16.86	95	50.96	35	32.74	100	151.2
24	5.76	50	18.74	100	53.64	40	37.41	120	181.5
26	6.22	55	20.61	120	64.37	45	42.09	140	211.7
28	6.70	60	22.48	140	75.09	50	46.77	160	242.0
30	7.18	65	24.36	160	85.82	55	51.44	180	272.2
32	7.66	70	26.23			60	56.12	200	302.5
35	8.38	75	28.11			65	60.80		

10. 弹性圆柱销—卷制—轻型

(GB/T 879.5—2000)

* 两端挤压倒角。

销孔的公称直径应等于弹性圆柱销的公称直径($d_{公称}$),公差带为 H12。

(1) 尺寸(mm)							(2)	
公称直径 d			端面直径 (装配前)	倒角 宽度	厚度	公称长度 l (商品规格	剪切载荷≥ (双面剪)(kN)	
公称	装配前		d_1 max	$a \approx$	s	范 围	①	②
	max	min						
1.5	1.75	1.62	1.4	0.5	0.08	4~24	0.8	0.65
2	2.28	2.13	1.9	0.7	0.11	4~40	1.5	1.1
2.5	2.82	2.65	2.4	0.7	0.14	5~45	2.3	1.8
3	3.35	3.15	2.9	0.9	0.17	6~50	3.3	2.5
3.5	3.87	3.67	3.4	1	0.19	6~50	4.5	3.4
4	4.45	4.20	3.9	1.1	0.22	8~60	5.7	4.4
5	5.5	5.2	4.85	1.3	0.28	10~60	9	7
6	6.55	6.25	5.85	1.5	0.33	12~75	13	10
8	8.65	8.30	7.8	2	0.45	16~120	23	15

公称长度 l 系列(mm):4、5、6、8、10、12、14、16、18、20、22、24、26、28、30、32、35、40、45、50、55、60、65、70、75、80、85、90、95、100、120;l > 120,按20递增

公称长度 l 公差(mm):l ≤ 10 为 ±0.25;l ≥ 12～50 为 ±0.5;l ≥ 55～120 为±0.75

注:剪切载荷栏:①适用于钢和马氏体不锈钢产品;②适用于奥氏体不锈钢产品。

\(3\) 每千件钢制品的大约重量 G(kg)									
l	G	l	G	l	G	l	G	l	G
$d=1.5$		$d=2$		$d=2.5$		$d=3$		$d=3.5$	
4	0.023	14	0.149	16	0.270	18	0.442	18	1.01
5	0.029	16	0.170	18	0.304	20	0.491	20	1.12
6	0.035	18	0.192	20	0.338	22	0.540	22	1.23
8	0.047	20	0.213	22	0.371	24	0.589	24	1.35
10	0.058	22	0.234	24	0.405	26	0.638	26	1.46
12	0.070	24	0.255	26	0.439	28	0.688	28	1.57
14	0.082	26	0.277	28	0.473	30	0.737	30	1.68
16	0.093	28	0.298	30	0.506	32	0.786	32	1.79
18	0.105	30	0.319	32	0.540	35	0.859	35	1.96
20	0.117	32	0.341	35	0.591	40	0.982	40	2.24
22	0.128	35	0.372	40	0.675	45	1.11	45	2.52
24	0.140	40	0.426	45	0.760	50	1.23	50	2.80
$d=2$		$d=2.5$		$d=3$		$d=3.5$		$d=4$	
4	0.043	5	0.084	6	0.147	6	0.336	8	0.589
5	0.053	6	0.101	8	0.196	8	0.448	10	0.737
6	0.064	8	0.135	10	0.246	10	0.560	12	0.884
8	0.085	10	0.196	12	0.295	12	0.673	14	1.03
10	0.106	12	0.203	14	0.344	14	0.785	16	1.18
12	0.128	14	0.236	16	0.393	16	0.897	18	1.33

注：d—公称直径；l—公称长度(mm)。

\(3\) 每千件钢制品的大约重量 G(kg)									
l	G	l	G	l	G	l	G	l	G
$d=4$		$d=5$		$d=6$		$d=6$		$d=8$	
20	1.47	14	1.61	12	1.98	60	9.90	45	13.26
22	1.62	16	1.84	14	2.31	65	10.72	50	14.73
24	1.77	18	2.07	16	2.64	70	11.55	55	16.21
26	1.92	20	2.30	18	2.97	75	12.37	60	17.68
28	2.06	22	2.52	20	3.30	$d=8$		65	19.15
30	2.21	24	2.75	22	3.63	16	4.71	70	20.62
32	2.36	26	2.98	24	3.96	18	5.30	75	22.10
35	2.58	28	3.21	26	4.29	20	5.89	80	23.57
40	2.95	30	3.44	28	4.62	22	6.48	85	25.04
45	3.31	32	3.67	30	4.95	24	7.07	90	26.52
50	3.68	35	4.02	32	5.28	26	7.66	95	27.99
55	4.05	40	4.59	35	5.77	28	8.25	100	29.46
60	4.42	45	5.16	40	6.60	30	8.84	120	35.36
$d=5$		50	5.74	45	7.42	32	9.43		
10	1.15	55	6.31	50	8.25	35	10.31		
12	1.38	60	6.89	55	9.07	40	11.79		

11. 无 头 销 轴

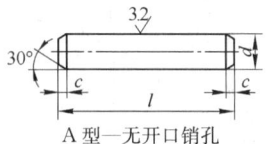

A 型—无开口销孔

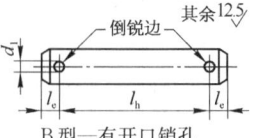

B 型—有开口销孔

(1) 尺寸(mm)

d	d_1	c	l_e	l	d	d_1	c	l_e	l
3	0.8	1	1.6	6～30	27	6.3	4	9	55～200
4	1	1	2.2	8～40	30	8	4	10	60～200
5	1.2	2	2.9	10～50	33	8	4	10	65～200
6	1.6	2	3.2	12～60	36	8	4	10	70～200
8	2	2	3.5	16～80	40	8	4	10	80～200
10	3.2	2	4.5	20～100	45	10	4	12	90～200
12	3.2	3	5.5	24～120	50	10	4	12	100～200
14	4	3	6	28～140	55	10	4	14	120～200
16	4	3	6	32～160	60	10	4	14	120～200
18	4	3	7	35～180	70	11	4	14	140～200
20	5	4	8	40～200	80	11	6	16	160～200
22	5	4	8	45～200	90	13	6	16	180～200
24	6.3	4	9	50～200	100	13	6	16	200

公称长度 l 系列:6、8、10、12、14、16、18、20、22、24、26、28、30、32、35、40、45、50、55、60、65、70、75、80、85、90、95、100、120、140、160、180、200

公称长度	l	≤10	12～50	≥55	其他尺寸	d	d_1	c	l_e	l_h
	公差	±0.25	±0.5	±0.75	公差	h11	H13	max	min	+IT14 0

注:1. d—公称直径;d_1—开口销孔径;c—倒角宽度;l_e—开口销孔中心至端面距离;l_h—两开口销孔中心距离。

　　2. 用于铁路和开口销承受交变横向力的承合,推荐采用表中规定的下一档较大的开口销及相应的孔径。

　　3. ①d 的其他公差,如 a11、c11、f8,应由供需双方协议。

　　　 ②孔径 d_1 等于开口销的公称规格。

　　4. 无头销轴的旧标准名称为"带孔销"(GB/T 880—1986)。

(2) A 型—每千件钢制品大约重量 G(kg)									
l	G	l	G	l	G	l	G	l	G
$d = 3$		$d = 4$		$d = 6$		$d = 8$		$d = 10$	
6	0.333	28	2.76	14	3.11	30	11.84	55	33.91
8	0.444	30	2.96	16	3.55	32	12.63	60	36.99
10	0.555	32	3.16	18	4.00	35	13.81	65	40.08
12	0.666	35	3.45	20	4.44	40	15.78	70	43.16
14	0.777	40	3.95	22	4.88	45	17.76	75	46.24
16	0.888	$d = 5$		24	5.33	50	19.73	80	49.32
18	0.999	10	1.54	26	5.77	55	21.70	85	52.41
20	1.11	12	1.85	28	6.21	60	23.68	90	55.49
22	1.22	14	2.16	30	6.66	65	25.65	95	58.57
24	1.33	16	2.47	32	7.10	70	27.62	100	61.65
26	1.44	18	2.77	35	7.77	75	29.59	$d = 12$	
28	1.55	20	3.08	40	8.88	80	31.57	24	21.31
30	1.66	22	3.39	45	9.99	$d = 10$		26	23.08
$d = 4$		24	3.70	50	11.10	20	12.33	28	24.86
8	0.789	26	4.01	55	12.21	22	13.56	30	26.63
10	0.986	28	4.32	60	13.32	24	14.80	32	28.41
12	1.18	30	4.62	$d = 8$		26	16.03	35	31.07
14	1.38	32	4.93	16	6.31	28	17.26	40	35.51
16	1.58	35	5.39	18	7.10	30	18.50	45	39.95
18	1.78	40	6.17	20	7.89	32	19.73	50	44.39
20	1.97	45	6.94	22	8.68	35	21.58	55	48.83
22	2.17	50	7.71	24	9.47	40	24.66	60	53.27
24	2.37	$d = 6$		26	10.26	45	27.74	65	57.71
26	2.56	12	2.66	28	11.05	50	30.83	70	62.15

注：d—公称直径；l—公称长度(mm)。

23.44

(2) A型—每千件钢制品大约重量 G(kg)									
l	G	l	G	l	G	l	G	l	G
d = 12		d = 14		d = 18		d = 20		d = 22	
75	66.59	120	145.0	50	99.88	85	209.6	180	537.1
80	71.03	140	169.2	55	109.9	90	222.0	200	596.8
85	75.46	d = 16		60	119.9	95	234.3	d = 24	
90	79.90	32	50.51	65	129.8	100	246.6	50	177.6
95	84.34	35	55.24	70	139.8	120	295.9	55	195.3
100	88.78	40	63.13	75	149.8	140	345.3	60	213.1
120	106.54	45	71.03	80	159.8	160	394.6	65	230.8
d = 14		50	78.92	85	169.8	180	443.9	70	248.6
28	33.84	55	86.81	90	179.8	200	493.2	75	266.3
30	36.25	60	94.70	95	189.8	d = 22		80	284.1
32	38.67	65	102.6	100	199.8	45	134.3	85	301.9
35	42.29	70	110.5	120	239.7	50	149.2	90	319.6
40	48.34	75	118.4	140	279.7	55	164.1	95	337.4
45	54.38	80	126.3	160	319.6	60	179.0	100	355.1
50	60.42	85	134.2	180	359.6	65	194.0	120	426.2
55	66.46	90	142.1	d = 20		70	208.9	140	497.2
60	72.50	95	149.9	40	98.65	75	223.8	160	568.2
65	78.55	100	157.8	45	111.0	80	238.7	180	639.2
70	84.59	120	189.4	50	123.3	85	253.6	200	710.3
75	90.63	140	231.0	55	135.6	90	268.6	d = 27	
80	96.67	160	252.6	60	148.0	95	283.5	55	247.2
85	102.7	d = 18		65	160.3	100	298.4	60	269.7
90	108.8	35	69.92	70	172.6	120	358.1	65	292.1
95	114.8	40	79.90	75	185.0	140	417.8	70	314.6
100	120.8	45	89.89	80	197.3	160	477.4	75	337.1

(2) A 型—每千件钢制品大约重量 G（kg）									
l	G	l	G	l	G	l	G	l	G
d = 27		d = 30		d = 36		d = 45		d = 60	
80	359.6	140	776.8	80	639.2	90	1124	120	2663
85	382.0	160	887.8	85	679.2	95	1186	140	3107
90	404.5	180	998.8	90	719.1	100	1248	160	3551
95	427.0	200	1110	95	759.1	120	1498	180	3995
100	449.5	d = 33		100	799.0	140	1748	200	4439
120	539.3	65	436.4	120	958.8	160	1998	d = 70	
140	629.2	70	470.0	140	1119	180	2247	140	4229
160	719.1	75	503.6	160	1278	200	2497	160	4834
180	609.0	80	537.1	180	1438	d = 50		180	5438
200	898.9	85	570.7	200	1598	100	1541	200	6042
d = 30		90	604.3	d = 40		120	1850	d = 80	
60	332.9	95	637.8	80	789.2	140	2158	160	6313
65	360.7	100	671.4	85	938.5	160	2466	180	7103
70	388.4	120	805.7	90	887.8	180	2774	200	7892
75	416.2	140	940.0	95	937.1	200	3083	d = 90	
80	443.9	160	1074	100	986.5	d = 55		180	8989
85	471.7	180	1209	120	1184	120	2238	200	9988
90	499.4	200	1343	140	1381	140	2611	d = 100	
95	527.1	d = 36		160	1578	160	2984	200	12331
100	554.9	70	559.3	180	1776	180	3357		
120	665.9	75	599.3	200	1973	200	3730		

\(3\) B型—每千件钢制品大约重量 G(kg)									
l	G	l	G	l	G	l	G	l	G
$d=3$		$d=4$		$d=6$		$d=8$		$d=10$	
6	0.327	30	2.95	18	3.95	40	15.68	75	45.92
8	0.438	32	3.14	20	4.39	45	17.66	80	49.01
10	0.549	35	3.44	22	4.84	50	19.63	85	52.09
12	0.660	40	3.93	24	5.28	55	21.60	90	55.17
14	0.771	$d=5$		26	5.72	60	23.58	95	58.26
16	0.882	10	1.52	28	6.17	65	25.55	100	61.34
18	0.993	12	1.83	30	6.61	70	27.52	$d=12$	
20	1.10	14	2.14	32	7.06	75	29.50	24	20.93
22	1.21	16	2.44	35	7.72	80	31.47	26	22.70
24	1.33	18	2.75	40	8.83	$d=10$		28	24.48
26	1.44	20	3.06	45	9.94	20	12.02	30	26.26
28	1.55	22	3.37	50	11.05	22	13.25	32	28.03
30	1.66	24	3.68	55	12.16	24	14.48	35	30.69
$d=4$		26	3.99	60	13.27	26	15.71	40	35.13
8	0.777	28	4.29	$d=8$		28	16.95	45	39.57
10	0.974	30	4.60	16	6.21	30	18.18	50	44.01
12	1.17	32	4.91	18	7.00	32	19.41	55	48.45
14	1.37	35	5.37	20	7.79	35	21.26	60	52.89
16	1.57	40	6.14	22	8.58	40	24.35	65	57.33
18	1.76	45	6.91	24	9.37	45	27.43	70	61.77
20	1.96	50	7.68	26	10.16	50	30.51	75	66.21
22	2.16	$d=6$		28	10.95	55	33.59	80	70.65
24	2.36	12	2.62	30	11.74	60	36.68	85	75.09
26	2.55	14	3.06	32	12.53	65	39.76	90	79.52
28	2.75	16	3.50	35	13.71	70	42.84	95	83.96

注：d—公称直径；l—公称长度(mm)。

\(3\) B型—每件钢制品大约重量 G(kg)									
l	G	l	G	l	G	l	G	l	G
d = 12		d = 16		d = 18		d = 20		d = 24	
100	88.40	40	62.34	75	148.4	140	343.7	60	210.1
120	106.2	45	70.24	80	158.4	160	393.0	65	227.9
d = 14		50	78.13	85	168.4	180	442.4	70	245.7
28	33.15	55	86.02	90	178.4	200	491.7	75	263.4
30	35.56	60	93.91	95	188.4	d = 22		80	281.2
32	37.98	65	101.8	100	198.4	45	132.6	85	298.9
35	41.60	70	109.7	120	238.3	50	147.5	90	316.7
40	53.69	75	117.6	140	278.3	55	162.4	95	334.4
45	59.73	80	125.5	160	318.2	60	177.3	100	352.2
50	65.71	85	133.4	180	358.2	65	192.3	120	423.2
55	65.77	90	141.3	d = 20		70	207.2	140	494.2
60	71.81	95	149.2	40	97.10	75	222.1	160	565.3
65	77.86	100	157.0	45	109.4	80	237.0	180	636.3
70	83.90	120	188.6	50	121.8	85	251.9	200	707.3
75	89.94	140	220.2	55	134.1	90	266.9	d = 27	
80	95.98	160	251.7	60	146.4	95	281.8	55	243.9
85	102.0	d = 18		65	158.8	100	296.7	60	266.4
90	108.1	35	68.53	70	171.1	120	356.4	65	288.8
95	114.1	40	78.52	75	183.4	140	416.1	70	311.3
100	120.2	45	88.50	80	195.8	160	475.8	75	333.8
120	144.3	50	98.49	85	208.1	180	535.4	80	356.3
140	168.5	55	108.5	90	220.7	200	595.1	85	378.7
d = 16		60	118.5	95	232.7	d = 24		90	401.2
32	49.72	65	128.5	100	245.1	50	174.6	95	423.7
35	54.45	70	138.4	120	294.4	55	192.4	100	446.2

(3) B型—每千件钢制品大约重量 G(kg)									
l	G	l	G	l	G	l	G	l	G
$d = 27$		$d = 33$		$d = 36$		$d = 45$		$d = 60$	
120	536.0	65	429.9	100	791.9	100	1235	120	2645
140	625.9	70	463.5	120	951.7	120	1484	140	3089
160	715.8	75	497.0	140	111.2	140	1734	160	3533
180	805.7	80	530.6	160	127.1	160	1984	180	3977
200	895.6	85	564.2	180	143.1	180	2233	200	4421
$d = 30$		90	597.8	200	1591	200	2483	$d = 70$	
60	327.0	95	631.3	$d = 40$		$d = 50$		140	4193
65	354.8	100	664.9	80	781.3	100	1526	160	4797
70	382.5	120	799.2	85	830.6	120	1834	180	5401
75	410.2	140	933.5	90	879.9	140	2142	200	6006
80	438.0	160	1068	95	929.2	160	2451	$d = 80$	
85	465.7	180	1202	100	978.6	180	2759	160	6272
90	493.5	200	1336	120	1176	200	3067	180	7061
95	521.2	$d = 36$		140	1373	$d = 55$		200	7850
100	549.0	70	552.2	160	1570	120	2221	$d = 90$	
120	659.9	75	592.2	180	1768	140	2594	180	8942
140	770.9	80	632.1	200	1965	160	2967	200	9941
160	881.9	85	672.1	$d = 45$		180	3340	$d = 100$	
180	992.9	90	712.0	90	1110	200	3713	200	12279
200	110.4	95	752.0	95	1172				

12. 销　轴
(GB/T 882—2008)

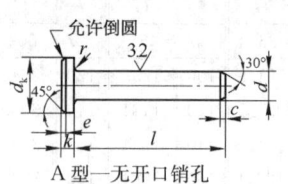

A型—无开口销孔

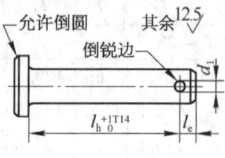

B型—带开口销孔

注：B型的其余尺寸、角度和表面粗糙度值，参见A型的规定。

				(1) 尺寸(mm)				
d h11	d_k h14	d_1 H13	c max	e ≈	k js14	l_e min	r	l
3	5	0.8	1	0.5	1	1.6	0.6	6～30
4	6	1	1	0.5	1	2.2	0.6	8～40
5	8	1.2	2	1	1.6	2.9	0.6	10～50
6	10	1.6	2	1	2	3.2	0.6	12～60
8	14	2	2	1	3	3.5	0.6	16～80
10	18	3.2	2	1	4	4.5	0.6	20～100
12	20	3.2	3	1.6	4	5.5	0.6	24～120
14	22	4	3	1.6	4	6	1	28～140
16	25	4	3	1.6	4.5	6	1	32～160
18	28	5	3	1.6	5	7	1	35～180
20	30	5	4	2	5	8	1	40～200

注：1. d—公称直径；d_k—头部直径；d_1—开口销孔径；c、e—倒角宽度；k—头部高度；l_e—销孔中心至头部距离；r—圆角半径；l—公称长度。

2. 用于铁路和开口销承受交变横向力的场合，推荐采用表中规定的下一档较大的开口销及相应的孔径。

3. ①d_1的其他公差：如 a11、c11、f8，应由供需双方协议。②孔径 d_1 等于开口销的公称规格。

23.50

				(1) 尺寸(mm)					
d h11	d_k h14	d_1 H13	c max	e ≈	k js14	l_e min	r		l
22	33	5	4	2	5.5	8	1		45~200
24	36	6.3	4	2	6	9	1		50~200
27	40	6.3	4	2	6	9	1		55~200
30	44	8	4	2	8	10	1		60~200
33	47	8	4	2	8	10	1		65~200
36	50	8	4	2	8	10	1		70~200
40	55	8	4	2	8	10	1		80~200
45	60	10	4	2	9	12	1		90~200
50	66	10	4	2	9	12	1		100~200
55	72	10	6	3	11	14	1		120~200
60	78	10	6	3	12	14	1		120~200
70	90	13	6	3	13	16	1		140~200
80	100	13	6	3	13	16	1		160~200
90	110	13	6	3	13	16	1		180~200
100	120	13	6	3	13	16	1		200
公称 长度 l	系列	6、8、10、12、14、16、18、20、22、24、26、28、30、32、35、40、45、50、55、60、65、70、75、80、85、90、95、100、120、140、160、180、200							
	公差	$l \geqslant 6 \sim 10$，± 0.25；$l = 12 \sim 50$，± 0.5；$l = 55 \sim 200$，± 0.75							

（2）A型—每千件钢制品大约重量 G(kg)

l	G	l	G	l	G	l	G	l	G
$d = 3$		$d = 4$		$d = 6$		$d = 8$		$d = 10$	
6	0.487	32	3.38	22	6.12	55	25.33	95	66.56
8	0.598	35	3.67	24	6.56	60	27.30	100	69.64
10	0.709	40	4.17	26	7.00	65	29.27	$d = 12$	
12	0.820	$d = 5$		28	7.45	70	31.25	24	31.17
14	0.931	10	2.17	30	7.89	75	33.22	26	32.95
16	1.04	12	2.48	32	8.34	80	35.19	28	34.72
18	1.15	14	2.79	35	9.00	$d = 10$		30	36.50
20	1.26	16	3.10	40	10.11	20	20.32	32	38.27
22	1.37	18	3.41	45	11.22	22	21.55	35	40.94
24	1.49	20	3.71	50	12.32	24	22.79	40	45.38
26	1.60	22	4.02	55	13.44	26	24.02	45	49.82
28	1.71	24	4.33	60	14.55	28	25.25	50	54.26
30	1.82	26	4.64	$d = 8$		30	28.49	55	55.69
$d = 4$		28	4.95	16	9.94	32	27.72	60	63.13
8	1.01	30	5.26	18	10.73	35	29.57	65	67.57
10	1.21	32	5.56	20	11.52	40	32.65	70	72.01
12	1.41	35	6.03	22	12.31	45	35.73	75	76.45
14	1.60	40	6.80	24	13.10	50	38.82	80	80.89
16	1.80	45	7.57	26	13.88	55	41.90	85	85.33
18	2.00	50	8.34	28	14.67	60	44.98	90	89.77
20	2.19	$d = 6$		30	15.46	65	48.07	95	94.21
22	2.39	12	3.90	32	16.25	70	51.15	100	98.65
24	2.59	14	4.34	35	17.44	75	54.23	120	116.4
26	2.79	16	4.78	40	19.41	80	57.31	$d = 14$	
28	2.98	18	5.23	45	21.38	85	60.40	28	45.77
30	3.18	20	5.67	50	23.35	90	63.48	30	48.19

注：d—公称直径；l—公称长度(mm)。

(2) A 型—每千件钢制品大约重量 G(kg)									
l	G	l	G	l	G	l	G	l	G
$d = 14$		$d = 16$		$d = 18$		$d = 22$		$d = 24$	
32	50.61	65	119.9	100	223.9	45	171.2	85	349.8
35	54.23	70	127.8	120	263.9	50	186.1	90	367.6
40	60.27	75	135.7	140	303.8	55	201.1	95	385.3
45	66.31	80	143.6	160	343.8	60	216.0	100	403.1
50	72.36	85	151.5	180	383.8	65	230.9	120	474.1
55	78.40	90	159.4	$d = 20$		70	245.8	140	545.1
60	84.44	95	167.3	40	126.4	75	260.7	160	616.1
65	90.48	100	175.2	45	138.7	80	275.7	180	687.2
70	96.53	120	206.7	50	151.1	85	290.6	200	758.2
75	102.6	140	238.3	55	163.4	90	305.5	$d = 27$	
80	108.6	160	269.9	60	175.7	95	320.4	55	306.4
85	114.7	$d = 18$		65	188.0	100	335.3	60	328.9
90	120.7	35	94.08	70	200.4	120	395.0	65	351.3
95	126.7	40	104.1	75	212.7	140	454.7	70	373.8
100	132.8	45	114.1	80	225.0	160	514.4	75	396.3
120	156.9	50	124.0	85	237.4	180	574.1	80	418.8
140	181.1	55	134.0	90	249.7	200	633.7	85	441.2
$d = 16$		60	144.0	95	282.0	$d = 24$		90	463.7
32	67.85	65	154.0	100	274.4	50	225.5	95	486.2
35	72.58	70	164.0	120	323.7	55	243.3	100	508.6
40	80.47	75	174.0	140	373.0	60	261.0	120	598.6
45	88.37	80	184.0	160	422.3	65	278.8	140	688.4
50	96.26	85	194.0	180	471.7	70	296.5	160	778.3
55	104.1	90	204.0	200	521.0	75	314.3	180	868.2
60	112.0	95	213.9			80	332.0	200	958.1

（2）A型—每千件钢制品大约重量G(kg)

l	G	l	G	l	G	l	G	l	G
d = 30		d = 33		d = 36		d = 45		d = 60	
60	428.4	85	679.7	160	1402	140	1948	140	3557
65	456.2	90	713.2	180	1562	160	2197	160	4001
70	483.9	95	746.8	200	1721	180	2447	180	4445
75	511.7	100	780.4	d = 40		200	2897	200	4889
80	539.4	120	914.6	80	938.4	d = 50		d = 70	
85	567.1	140	1049	85	987.7	100	1783	140	4879
90	594.9	160	1183	90	1037	120	2091	160	5483
95	622.6	180	1317	95	1086	140	2400	180	6087
100	650.4	200	1452	100	1136	160	2708	200	6691
120	761.4	d = 36		120	1333	180	3016	d = 80	
140	872.3	70	682.6	140	1530	200	3324	160	7115
160	983.3	75	722.6	160	1728	d = 55		180	7904
180	1094	80	762.6	180	1925	120	2590	200	8693
200	1205	85	802.5	200	2122	140	2963	d = 90	
d = 33		90	842.4	d = 45		160	3336	180	9959
65	645.4	95	882.4	90	1323	180	3709	200	10958
70	578.9	100	922.3	95	1386	200	4082	d = 100	
75	612.5	120	1082	100	1448	d = 60		200	13485
80	646.1	140	1242	120	1698	120	3114		

（3）B型—每千件钢制品大约重量G(kg)

l	G	l	G	l	G	l	G	l	G
d = 3		d = 3		d = 3		d = 3		d = 3	
6	0.475	12	0.808	18	1.14	24	1.47	30	1.81
8	0.586	14	0.919	20	1.25	26	1.58	d = 4	
10	0.697	16	1.03	22	1.36	28	1.70	8	0.986

（3）B型—每千件钢制品大约重量 G(kg)

l	G	l	G	l	G	l	G	l	G
d = 4		d = 5		d = 8		d = 10		d = 12	
10	1.18	30	5.21	16	9.74	30	25.86	50	53.50
12	1.38	32	5.52	18	10.53	32	27.09	55	57.94
14	1.58	35	5.98	20	11.32	35	28.94	60	62.38
16	1.78	40	6.75	22	12.11	40	32.02	65	68.82
18	1.97	45	7.52	24	12.90	45	35.10	70	71.25
20	2.17	50	8.29	26	13.69	50	38.19	75	75.69
22	2.37	d = 6		28	14.48	55	41.27	80	80.13
24	2.56	12	3.80	30	15.27	60	44.35	85	84.57
26	2.76	14	4.25	32	16.05	65	47.43	90	89.01
28	2.96	16	4.69	35	17.24	70	50.52	95	93.45
30	3.16	18	5.13	40	19.21	75	53.60	100	97.89
32	3.35	20	5.58	45	21.18	80	56.68	120	115.6
35	3.65	22	6.02	50	23.16	85	59.76	d = 14	
40	4.14	24	6.47	55	25.13	90	62.85	28	44.39
d = 5		26	6.91	60	27.10	95	65.93	30	46.81
10	2.13	28	7.35	65	29.08	100	69.01	32	49.22
12	2.44	30	7.80	70	31.05	d = 12		35	52.85
14	2.74	32	8.24	75	33.02	24	30.41	40	58.69
16	3.05	35	8.91	80	34.99	26	32.19	45	64.93
18	3.36	40	10.02	d = 10		28	33.97	50	70.98
20	3.67	45	11.13	20	19.69	30	35.74	55	77.02
22	3.98	50	12.24	22	20.92	32	37.52	60	83.06
24	4.29	55	13.35	24	22.16	35	40.18	65	89.10
26	4.59	60	14.45	26	23.39	40	44.62	70	95.14
28	4.90			28	24.62	45	49.06	75	101.2

	(3) B型—每件钢制品大约重量 G(kg)								
l	G	l	G	l	G	l	G	l	G
d = 14		d = 14		d = 20		d = 22		d = 27	
80	107.2	160	268.3	60	172.6	95	317.0	55	299.8
85	113.3	d = 18		65	185.0	100	331.9	60	322.3
90	119.3	35	91.31	70	197.3	120	391.6	65	344.7
95	125.4	40	101.3	75	209.6	140	451.3	70	367.2
100	131.4	45	111.3	80	222.0	160	511.0	75	389.7
120	155.6	50	121.3	85	234.3	180	570.7	80	412.1
140	179.7	55	131.3	90	246.6	200	630.3	85	434.6
d = 16		60	141.2	95	258.9	d = 24		90	457.1
32	66.27	65	151.2	100	271.3	50	219.6	95	479.6
35	71.00	70	161.2	120	320.6	55	237.4	100	502.0
40	78.90	75	171.2	140	369.9	60	255.1	120	591.6
45	86.79	80	181.2	160	419.2	65	272.9	140	681.8
50	94.68	85	191.2	180	468.6	70	290.7	160	771.7
55	102.6	90	201.2	200	517.9	75	308.4	180	861.6
60	110.5	95	211.2	d = 22		80	326.2	200	951.5
65	118.4	100	221.2	45	167.8	85	343.9	d = 30	
70	126.2	120	261.1	50	182.7	90	361.7	60	416.6
75	134.1	140	301.1	55	197.7	95	379.4	65	444.3
80	142.0	160	341.0	60	212.6	100	397.2	70	472.1
85	149.9	180	381.0	65	227.5	120	468.2	75	499.8
90	157.8	d = 20		70	242.4	140	539.2	80	527.6
95	165.7	40	123.3	75	257.3	160	610.3	85	555.3
100	173.6	45	135.6	80	272.3	180	681.3	90	583.0
120	205.2	50	148.0	85	287.2	200	752.3	95	610.8
140	236.7	55	160.3	90	302.1			100	638.5

(续)

(3) B型—每千件钢制品大约重量 G(kg)									
l	G	l	G	l	G	l	G	l	G
d = 30		d = 33		d = 40		d = 45		d = 60	
120	749.5	180	1304	85	971.9	200	2689	160	3964
140	860.5	200	1439	90	1021	d = 50		180	4408
160	971.5	d = 36		95	1071	100	1752	200	4852
180	1082	70	668.4	100	1120	120	2060	d = 70	
200	1193	75	708.4	120	1317	140	2369	140	4806
d = 33		80	748.3	140	1514	160	2677	160	5410
65	532.4	85	788.3	160	1712	180	2985	180	6014
70	565.9	90	828.2	180	1909	200	3294	200	6618
75	599.5	95	868.2	200	2106	d = 55		d = 80	
80	633.1	100	908.1	d = 45		120	2556	160	7032
85	666.6	120	1068	90	1296	140	2929	180	7821
90	700.2	140	1228	95	1358	160	3302	200	8610
95	733.8	160	1388	100	1421	180	3675	d = 90	
100	767.3	180	1547	120	1670	200	4048	180	9865
120	901.6	200	1707	140	1920	d = 60		200	10864
140	1036	d = 40		160	2170	120	3077	d = 100	
160	1170	80	922.6	180	2419	140	3520	200	13381

13. 圆 锥 销

(GB/T 117—2000)

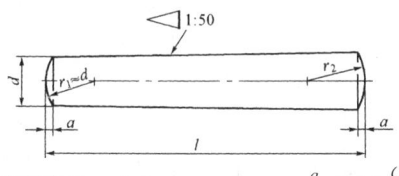

端面表面粗糙度 $R_a = 6.3\,\mu m$。

$$r_2 \approx \frac{a}{2} + d + \frac{(0.02l)^2}{8a}$$

公称直径 d		0.6	8	1	1.2	1.5	2	2.5	3	4	5
倒圆宽度 a≈		0.08	0.1	0.12	0.16	0.2	0.25	0.3	0.4	0.5	0.63
公称长度 l 范围	自	4	5	6	6	10	10	12	14	18	
	至	8	12	16	20	24	35	35	45	55	60
公称直径 d		6	8	10	12	16	20	25	30	40	50
倒圆宽度 a≈		0.8	1	1.2	1.6	2	2.5	3	4	5	6.3
公称长度 l 范围	自	22	22	26	32	40	45	50	55	60	65
	至	90	120	160	180	200	200	200	200	200	200

公称长度 l	公称	2~10		12~50		55~200	
	公差	±0.25		±0.5		±0.75	

注：1. 公称直径 d 公差为 h10。其他公差，如 a11、c11、f8，由供需双方协议。
 2. 公称长度 l 系列(mm)：2、3、4、5、6、8、10、12、14、16、18、20、22、24、26、28、30、32、35、40、45、50、55、60、65、70、75、80、85、90、95、100、120、140、160、180、200；l＞200，按 20 进级

(2) 每千件钢制品大约重量 G(kg)									
l	G	l	G	l	G	l	G	l	G
d = 0.6		d = 0.8		d = 1		d = 1.2		d = 1.5	
4	0.010	8	0.038	12	0.093	12	0.129	10	0.153
5	0.013	10	0.050	14	0.113	14	0.156	12	0.195
6	0.016	12	0.063	16	0.134	16	0.183	14	0.233
8	0.023	d = 1		d = 1.2		18	0.213	16	0.273
d = 0.8		6	0.042	6	0.059	20	0.243	18	0.314
5	0.022	8	0.058	8	0.081	d = 1.5		20	0.358
6	0.027	10	0.075	10	0.104	8	0.123	22	0.403

| \multicolumn{10}{c}{（2）每千件钢制品大约重量 G(kg)} |

l	G	l	G	l	G	l	G	l	G
$d=1.5$		$d=2.5$		$d=4$		$d=6$		$d=8$	
24	0.451	30	1.46	28	3.17	26	6.28	50	22.30
$d=2$		32	1.58	30	3.43	28	6.81	55	24.82
10	0.272	35	1.76	32	3.69	30	7.35	60	27.40
12	0.333	$d=3$		35	4.09	32	7.80	65	30.04
14	0.396	12	0.721	40	4.79	35	8.71	70	32.73
16	0.461	14	0.852	45	5.51	40	10.11	75	35.49
18	0.529	16	0.986	50	6.27	45	11.56	80	38.30
20	0.598	18	1.12	55	7.05	50	13.05	85	41.17
22	0.671	20	1.26	$d=5$		55	14.58	90	44.10
24	0.745	22	1.41	18	2.98	60	16.16	95	47.09
26	0.822	24	1.56	20	3.34	65	17.78	100	50.14
28	0.902	26	1.71	22	3.70	70	19.44	120	62.97
30	0.984	28	1.86	24	4.07	75	21.15	$d=10$	
32	1.07	30	2.02	26	4.44	80	22.91	26	16.88
35	1.20	32	2.18	28	4.82	85	24.71	28	18.25
$d=2.5$		35	2.43	30	5.20	90	26.57	30	19.63
10	0.417	40	2.86	32	5.50	$d=8$		32	21.02
12	0.508	45	3.32	35	6.18	22	9.17	35	23.12
14	0.602	$d=4$		40	7.20	24	10.05	40	26.69
16	0.699	14	1.48	45	8.26	26	10.94	45	30.31
18	0.798	16	1.71	50	9.35	28	11.84	50	34.01
20	0.901	18	1.94	55	10.48	30	12.75	55	37.77
22	1.01	20	2.18	60	11.64	32	13.66	60	41.61
24	1.11	22	2.42	$d=6$		35	15.05	65	45.51
26	1.22	24	2.66	22	5.25	40	17.41	70	49.48
28	1.34	26	2.91	24	5.76	45	19.83	75	53.52

l	G	l	G	l	G	l	G	l	G
$d=10$		$d=12$		$d=20$		$d=25$		$d=40$	
80	57.63	160	183.3	65	170.9	140	602.1	85	874.6
85	61.82	180	212.5	70	185.0	160	698.8	90	928.3
90	66.07	$d=16$		75	199.2	180	798.2	95	982.3
95	70.40	40	66.34	80	213.5	200	900.5	100	1037
100	74.80	45	75.09	85	227.9	$d=30$		120	1256
120	93.16	50	83.95	90	242.5	55	316.5	140	1480
140	112.73	55	92.91	95	257.2	60	346.4	160	1708
160	133.57	60	102.0	100	272.1	65	376.5	180	1940
$d=12$		65	111.2	120	332.9	70	406.8	200	2177
32	29.95	70	120.4	140	395.8	75	437.3	$d=50$	
35	32.92	75	129.8	160	461.1	80	468.0	65	1028
40	37.93	80	139.2	180	528.6	85	498.9	70	1109
45	43.02	85	148.9	200	598.4	90	529.9	75	1191
50	48.19	90	158.6	$d=25$		95	561.2	80	1273
55	53.44	95	168.4	50	200.5	100	592.7	85	1355
60	58.77	100	178.4	55	221.4	120	720.5	90	1438
65	64.18	120	219.2	60	242.5	140	851.6	95	1521
70	69.68	140	261.9	65	263.7	160	985.8	100	1604
75	75.25	160	306.4	70	285.1	180	1123	120	1940
80	80.91	180	352.8	75	306.7	200	1264	140	2281
85	86.65	200	401.1	80	328.4	$d=40$		160	2627
90	92.48	$d=20$		85	350.3	60	609.8	180	2979
95	98.40	45	116.0	90	372.4	65	662.2	200	3336
100	104.4	50	129.6	95	394.6	70	714.9		
120	129.3	55	143.2	100	417.0	75	767.9		
140	155.5	60	157.0	120	508.2	80	821.3		

14. 内螺纹圆锥销

(GB/T 118—2000)

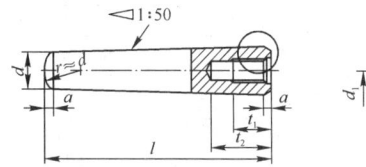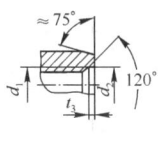

A型(磨削):锥面表面粗糙度 $R_a = 0.8\mu m$;

B型(切削或冷镦):锥面表面粗糙度 $R_a = 3.2\mu m$;

其余表面粗糙度 $R_a = 6.3\mu m$。

(1) 尺寸(mm)								
公称直径 d	倒角(圆)宽度 a≈	螺纹规格 d_1	螺距 P	端面孔径 d_2	孔 深			公称长度 l 商品规格范围
					t_1	t_2 min	t_3	
6	0.8	M4	0.7	4.3	6	10	1	16~60
8	1	M5	0.8	5.3	8	12	1.2	18~80
10	1.2	M6	1	6.4	10	16	1.2	22~100
12	1.6	M8	1.25	8.4	12	20	1.2	26~120
16	2	M10	1.5	10.5	16	25	1.5	32~160
20	2.5	M12	1.75	13	18	28	1.5	40~200
25	3	M16	2	17	24	35	2	50~200
30	4	M20	2.5	21	30	40	2	60~200
40	5	M20	2.5	21	30	40	2.5	80~200
50	6.3	M24	3	25	36	50	2.5	100~200

公称长度 l 系列及公差(mm):16、18、20、22、24、26、28、30、32、35、40、45、50、55、60、65、70、75、80、85、90、95、100、120、140、160、180、200;$l \leqslant 50$ 公差为 ± 0.5,$l \geqslant 55 \sim 200$ 公差为 ± 0.75;$l > 200$ 系列,按 20 递增

公称直径 d 公差为 h10。其他公差:如 a11、c11 和 f8,由供需双方协议

| \multicolumn{10}{c}{（2）每千件钢制品大约重量 G（kg）} |

l	G	l	G	l	G	l	G	l	G
\multicolumn{2}{c}{$d=6$}	\multicolumn{2}{c}{$d=8$}	\multicolumn{2}{c}{$d=10$}	\multicolumn{2}{c}{$d=16$}	\multicolumn{2}{c}{$d=20$}
16	2.97	45	18.34	90	63.25	40	53.79	85	207.6
18	3.46	50	20.81	95	67.58	45	62.54	90	222.2
20	3.97	55	23.34	100	71.98	50	71.29	95	236.9
22	4.48	60	25.92	\multicolumn{2}{c}{$d=12$}	55	80.36	100	251.7
24	4.99	65	28.56	26	17.73	60	89.42	120	312.5
26	5.51	70	31.25	28	19.67	65	98.60	140	375.5
28	6.04	75	34.00	30	21.62	70	107.9	160	440.7
30	6.57	80	36.82	32	23.58	75	117.3	180	508.2
32	7.11	\multicolumn{2}{c}{$d=10$}	35	76.55	80	126.8	200	578.1
35	7.94	22	11.35	40	31.56	85	136.4	\multicolumn{2}{c}{$d=25$}
40	9.34	24	12.70	45	36.65	90	146.1	50	153.8
45	10.79	26	14.05	50	41.82	95	155.9	55	174.8
50	12.28	28	15.42	55	47.07	100	165.8	60	195.8
55	13.81	30	16.80	60	52.40	120	206.7	65	217.1
60	15.38	32	18.20	65	57.81	140	249.3	70	238.5
\multicolumn{2}{c}{$d=8$}	35	20.30	70	63.31	160	293.9	75	260.1
18	5.94	40	23.86	75	68.89	\multicolumn{2}{c}{$d=20$}	80	281.8
20	6.81	45	27.49	80	74.55	40	82.27	85	303.7
22	7.68	50	31.19	85	80.29	45	95.67	90	325.7
24	8.56	55	34.95	90	86.12	50	109.2	95	348.0
26	9.46	60	38.79	95	92.03	55	128.9	100	370.3
28	10.35	65	42.69	100	98.03	60	136.7	120	461.6
30	11.26	70	46.66	120	122.9	65	150.6	140	555.5
32	12.18	75	50.70	\multicolumn{2}{c}{$d=16$}	70	164.6	160	652.2
35	13.57	80	54.81	32	40.00	75	178.8	180	751.6
40	15.93	85	59.00	35	45.14	80	193.1	200	853.9

（续）

(2) 每千件钢制品大约重量 G(kg)									
l	G	l	G	l	G	l	G	l	G
$d=30$		$d=30$		$d=40$		$d=40$		$d=50$	
60	263.1	95	478.0	80	737.9	160	1625	160	2477
65	293.3	100	509.4	85	791.4	180	1857	180	2829
70	323.6	120	637.3	90	845.1	200	2094	200	3186
75	354.0	140	768.3	95	899.1	$d=50$			
80	384.7	160	902.6	100	953.3	100	1454		
85	415.6	180	1040	120	1173	120	1790		
90	446.7	200	1181	140	1397	140	2131		

15. 开尾圆锥销(GB/T 877—1986)

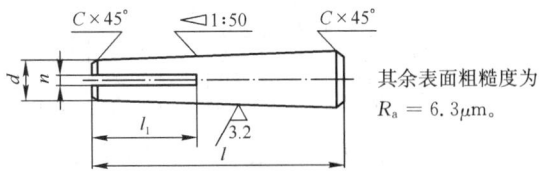

其余表面粗糙度为 $R_a=6.3\mu m$。

(1) 尺寸(mm)									
公称直径	公称	3	4	5	6	8	10	12	16
	min	2.96	3.952	4.952	5.952	7.942	9.942	11.93	15.93
d	max	3	4	5	6	8	10	12	16
槽宽	公称	0.8	0.8	1	1	1.6	1.6	2	2
	min	0.86	0.86	1.06	1.06	1.66	1.66	2.06	2.06
n	max	1	1	1.2	1.2	1.91	1.91	2.31	2.31
槽深 t_1		10	10	12	15	20	25	30	40
倒角宽度 $C\approx$		0.5	0.5	1	1	1	1.5	1.5	1.5
公称长度 自		30	35	40	50	60	70	80	100
l 范围 至		55	60	80	100	120	160	200	200
公称长度 公称		30	32~50	55~80	85~120	140~180		200	
l 公差 公差		±0.42	±0.50	±0.60	±0.70	±0.80		±0.92	

（2）每千件钢制品大约重量 G(kg)

l	G	l	G	l	G	l	G	l	G
d = 3		d = 5		d = 6		d = 10		d = 12	
30	1.82	45	7.74	85	23.86	70	46.05	120	122.8
32	1.98	50	8.82	90	25.70	75	50.06	140	148.9
35	2.23	55	9.94	95	27.58	80	54.15	160	176.5
40	2.66	60	11.10	100	29.52	85	58.31	180	205.6
45	3.11	65	12.30	d = 8		90	62.53	200	236.2
50	3.59	70	13.53	60	25.23	95	66.84	d = 16	
55	4.09	75	14.81	65	27.85	100	71.21	100	167.3
d = 4		80	16.12	70	30.53	120	89.45	120	207.9
35	3.82	d = 6		75	33.27	140	108.9	140	250.2
40	4.51	50	12.26	80	36.06	160	129.6	160	294.5
45	5.23	55	13.79	85	38.91	d = 12		180	340.6
50	5.98	60	15.35	90	41.82	80	74.78	200	388.6
55	6.76	65	16.96	95	44.80	85	80.49		
60	7.57	70	18.62	100	47.83	90	86.28		
d = 5		75	20.32	120	60.58	95	92.16		
40	6.69	80	22.06			100	98.12		

注：1. d—公称直径；l—公称长度(mm)。

2. 表列规格为商品规格。

16. 螺 尾 锥 销

（GB/T 881—2000）

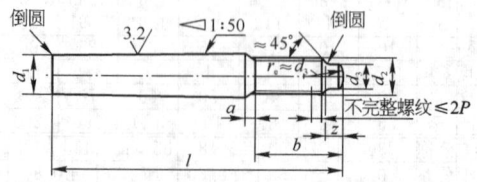

(1) 尺寸(mm)									
公称直径 d	肩距 a max	螺纹长度 b		螺纹规格 d₂	螺距 P	圆柱端			公称长度 l 范 围
		max	min			直径 d_3		长度 z	
						max	min	max	min
5	2.4	15.6	14	M5	0.8	3.5	3.25	1.5	1.25	40～50
6	3	20	18	M6	1	4	3.7	1.75	1.5	45～60
8	4	24.5	22	M8	1.25	5.5	5.2	2.25	2	55～75
10	4.5	27	24	M10	1.5	7	6.6	2.75	2.5	65～100
12	5.3	30.5	27	M12	1.75	8.5	8.1	3.25	3	85～120
16	6	39	35	M16	2	12	11.5	4.3	4	100～160
20	6	39	35	M16	2	12	11.5	4.3	4	120～190
25	7.5	45	40	M20	2.5	15	14.5	5.3	5	140～250
30	9	52	46	M24	3	18	17.5	6.3	6	160～280
40	10.5	65	58	M30	3.5	23	22.5	7.5	7	190～320
50	12	78	70	M36	4	28	27.5	9.4	9	220～400

(2) 每千件钢制品大约重量 G(kg)									
l	G	l	G	l	G	l	G	l	G
d = 5		d = 6		d = 8		d = 12		d = 16	
40	5.90	55	11.93	75	29.65	85	73.24	140	228.4
45	6.84	60	13.32	d = 10		100	89.36	160	269.1
50	7.82	d = 8		65	37.71	120	112.0	d = 20	
d = 6		55	20.14	75	44.94	d = 16		120	262.6
45	9.26	60	22.43	85	52.44	100	152.1	140	321.1
50	10.57	65	24.78	100	64.21	120	189.4	160	381.8

注：1. 公称直径 d 公差为 h10。其他公差由供需双方协议。

2. 公称长度 l 系列(mm)：40、45、50、55、60、65、75、85、100、120、140、160、190、220、250、280、360、400；l＞400，按 40 递增。

3. 公称长度公差 l(mm)：l＜50 为 ±0.5；l = 55～190 为 ±0.75；l = 220～400 为 ±1。

4. 表列规格为商品规格。

（续）

（2）每千件钢制品大约重量 G(kg)									
l	G	l	G	l	G	l	G	l	G
$d=20$		$d=25$		$d=30$		$d=40$		$d=50$	
190	476.9	250	1008	280	1602	320	3117	360	5319
$d=25$		$d=30$		$d=40$		$d=50$		400	6092
140	477.5	160	781.2	190	1584	220	2787		
160	567.8	190	975.3	220	1921	250	3308		
190	708.2	220	1177	250	2269	280	3840		
220	854.7	250	1386	280	2626	320	4569		

17. 槽销—带导杆及全长平行沟槽

（GB/T 13829.1—2004）

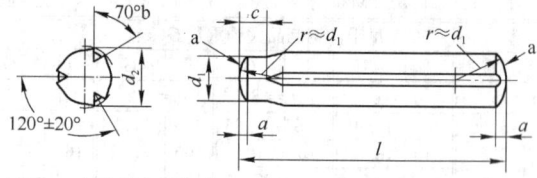

注：a. 允许制成倒角端。

b. 70°槽角仅适用于由碳钢制造的槽销，槽角应按材料的弹性
进行修正。

（1）尺寸(mm)						（2）剪切载荷
d_1 （公称）	c		a $\approx$	d_2	l	（双面剪） (kN)≥
	max	min				
1.5	2	1	0.2	1.6	8～20	1.6
2	2	1	0.25	2.15	8～30	2.84
2.5	2.5	1.5	0.3	2.65	10～30	4.4

（1）尺寸(mm)						（2）剪切载荷（双面剪）(kN)≥
d_1（公称）	c		a ≈	d_2	l	
	max	min				
3	2.5	1.5	0.4	3.2	10～40	6.4
4	3	2	0.5	4.25	10～60	11.3
5	3	2	0.63	5.25	14～60	17.6
6	4	3	0.8	6.3	14～80	25.4
8	4	3	1	8.3	14～100	45.2
10	5	4	1.2	10.35	14～100	70.4
12	5	4	1.6	12.35	18～100	101.8
16	5	4	2	16.4	22～100	181
20	7	6	2.5	20.5	26～100	283
25	7	6	3	25.5	26～100	444

公称长度	l	8	12、14、16、18、20、22、24、26	55、60、65、70、75
		10	28、30、32、35、40、45、50	80、85、90、95、100
	公差	±0.25	±0.5	±0.75

公称直径	d_1	1.5～3	4～25	扩展直径	d_2	1.6～2.15	2.65～10.35	12.35～25.5
	公差	h9	h11		公差	+0.05	±0.05	±0.1

注：1. c—沟槽尖端与槽销端面距离；a—槽销顶端半径。
  2. 剪切载荷仅适用于碳钢制造的槽销。
  3. 表中给出的公称长度 l 为商品长度规格范围。
  4. 扩展直径 d_2 仅适用于由碳钢制造的槽销。对其他材料，如不锈钢，则应从给出的数值中减去一定的数量，并应经供需双方协议。

（3）每千件钢制品大约重量 G(kg)

l	G	l	G	l	G	l	G	l	G
$d_1 = 1.5$		$d_1 = 2.5$		$d_1 = 4$		$d_1 = 5$		$d_1 = 6$	
8	0.108	16	0.605	10	0.937	24	3.60	45	9.81
10	0.136	18	0.682	12	1.13	26	3.91	50	10.92
12	0.164	20	0.759	14	1.33	28	4.22	55	12.03
14	0.191	22	0.836	16	1.53	30	4.53	60	13.14
16	0.219	24	0.913	18	1.73	32	4.84	65	14.25
18	0.247	26	0.990	20	1.92	35	5.30	70	15.36
20	0.275	28	1.07	22	2.12	40	6.07	75	16.47
$d_1 = 2$		30	1.14	24	2.32	45	6.84	80	17.58
8	0.191	$d_1 = 3$		26	2.52	50	7.61	$d_1 = 8$	
10	0.240	10	0.533	28	2.71	55	8.38	14	5.13
12	0.290	12	0.644	30	2.91	60	9.15	16	5.92
14	0.339	14	0.755	32	3.11	$d_1 = 6$		18	6.71
16	0.388	16	0.866	35	3.40	14	2.93	20	7.50
18	0.438	18	0.977	40	3.90	16	3.37	22	8.29
20	0.487	20	1.09	45	4.39	18	3.82	24	9.08
22	0.536	22	1.20	50	4.88	20	4.26	26	9.86
24	0.586	24	1.31	55	5.38	22	4.71	28	10.65
26	0.635	26	1.42	60	5.87	24	5.15	30	11.44
0.28	0.684	28	1.53	$d_1 = 5$		26	5.59	32	12.23
30	0.734	30	1.64	14	2.06	28	6.04	35	13.42
$d_1 = 2.5$		32	1.75	16	2.37	30	6.48	40	15.39
10	0.374	35	1.92	18	2.68	32	6.92	45	17.36
12	0.451	40	2.20	20	2.99	35	7.59	50	19.33
14	0.528			22	3.29	40	8.70	55	21.31

注：1. d_1—公称直径(mm)；l—公称长度(mm)。

　　2. 表列规格为商品规格。

\multicolumn{10}{c}{（3）每千件钢制品大约重量 G(kg)}
l	G	l	G	l	G	l	G	l	G
$d_1 = 8$		$d_1 = 10$		$d_1 = 12$		$d_1 = 16$		$d_1 = 20$	
60	23.28	55	33.17	60	51.85	75	115.2	100	240.4
65	25.25	60	36.25	65	56.29	80	123.1	$d_1 = 25$	
70	27.23	65	39.33	70	60.73	85	131.0	26	88.63
75	29.20	70	42.42	75	65.16	90	138.9	28	96.33
80	31.17	75	45.50	80	69.60	95	146.8	30	104.0
85	33.14	80	48.58	85	74.04	100	154.7	32	111.7
90	35.12	85	51.67	90	78.48	$d_1 = 20$		35	123.3
95	37.09	90	54.75	95	82.92	26	57.95	40	142.6
100	39.06	95	57.83	100	87.36	28	62.89	45	161.8
$d_1 = 10$		100	60.91	$d_1 = 16$		30	67.82	50	181.1
14	7.89	$d_1 = 12$		22	31.57	32	72.75	55	200.4
16	9.12	18	14.56	24	34.72	35	80.15	60	219.6
18	10.36	20	16.34	26	37.88	40	92.48	65	238.9
20	11.59	22	18.11	28	41.04	45	104.8	70	258.2
22	12.82	24	19.89	30	44.19	50	117.1	75	277.4
24	14.06	26	21.66	32	47.35	55	129.5	80	296.7
26	15.29	28	23.44	35	52.08	60	141.8	85	316.0
28	16.52	30	25.21	40	59.98	65	154.1	90	335.2
30	17.76	32	26.99	45	67.87	70	166.5	95	354.5
32	18.90	35	29.65	50	75.76	75	176.8	100	373.8
35	20.84	40	34.09	55	83.65	80	191.1		
40	23.92	45	38.53	60	91.54	85	203.5		
45	37.00	50	42.97	65	99.43	90	215.8		
50	30.09	55	47.41	70	107.3	95	228.1		

18. 槽销—带倒角及全长平行沟槽

(GB/T 13829.2—2004)

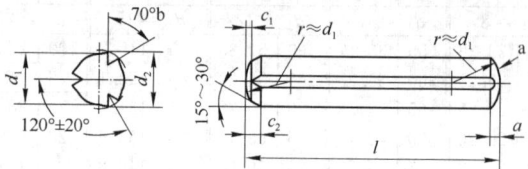

注：a. 允许制成倒角端。
　　b. 70°槽角仅适用于由碳钢制成的槽销。槽角应按材料的弹性进行修正。

(1) 尺寸(mm)						(2) 剪切载荷（双面剪）(kN)≥
d_1 (公称)	c_1 ≈	c_2	a ≈	d_2	l	
1.5	0.12	0.6	0.2	1.6	8～20	1.6
2	0.18	0.8	0.25	2.4	8～30	2.84
2.5	0.25	1	0.3	2.65	10～30	4.4
3	0.3	1.2	0.3	3.2	10～40	6.4
4	0.4	1.4	0.5	4.25	10～60	11.3
5	0.5	1.7	0.63	5.25	14～60	17.6
6	0.6	2	0.8	6.3	14～80	25.4
8	0.8	2.6	1	8.3	14～100	45.2
10	1	3	1.2	10.35	14～100	70.4
12	1.2	3.8	1.6	12.35	18～100	101.8
16	1.6	4.6	2	16.4	22～100	181
20	2	6	2.5	20.5	26～100	283
25	2.5	7.5	3	25.5	26～100	444

注：1. d_1—公称直径；d_2—扩展直径；c_1、a—两端圆顶高度；
　　　c_2—圆顶和倒角端总高度；l—公称长度。
　　2. 剪切载荷仅适用于碳钢制造的槽销。
　　3. 表中给出的公称长度 l 为商品长度规格范围。
　　4. 扩展直径 d_2 仅适用于由碳钢制造的槽销。对其他材料，如不锈钢，则应从给出的数值中减去一定的数量，并应经供需双方协议。

(1) 尺寸(mm)				
公称长度	l	8	12、14、16、18、20、22、24、26	55、60、65、70、75、80、85、90、95、100
		10	28、30、32、35、40、45、50	
	公差	±0.25	±0.5	±0.75

公称直径	d_1	1.5～3	4～25	扩展直径	d_2	1.6～2.15	2.65～10.35	12.35～25.5
	公差	h9	h11		公差	+0.05	±0.05	±0.01

(3) 每千件钢制品大约重量 G(kg)									
l	G	l	G	l	G	l	G	l	G
$d_1=1.5$		$d_1=2$		$d_1=3$		$d_1=4$		$d_1=5$	
8	0.108	30	0.734	20	1.09	28	2.71	32	4.84
10	0.136	$d_1=2.5$		22	1.20	30	2.91	35	5.30
12	0.164	10	0.374	24	1.31	32	3.11	40	6.07
14	0.191	12	0.451	26	1.42	35	3.40	45	6.84
16	0.219	14	0.528	28	1.53	40	3.90	50	7.61
18	0.247	16	0.605	30	1.64	45	4.39	55	8.38
20	0.275	18	0.682	32	1.75	50	4.88	60	9.15
$d_1=2$		20	0.759	35	1.92	55	5.38	$d_1=6$	
8	0.191	22	0.836	40	2.20	60	5.87	14	2.93
10	0.240	24	0.913	$d_1=4$		$d_1=5$		16	3.37
12	0.290	26	0.990	10	0.937	14	2.06	18	3.82
14	0.339	28	1.07	12	1.13	16	2.37	20	4.26
16	0.388	30	1.14	14	1.33	18	2.68	22	4.71
18	0.438	$d_1=3$		16	1.53	20	2.99	24	5.15
20	0.487	10	0.533	18	1.73	22	3.29	26	5.59
22	0.536	12	0.644	20	1.92	24	3.60	28	6.04
24	0.586	14	0.755	22	2.12	26	3.91	30	6.48
26	0.635	16	0.866	24	2.32	28	4.22	32	6.92
28	0.684	18	0.977	26	2.52	30	4.53	35	8.70

（3）每千件钢制品大约重量 G(kg)									
l	G	l	G	l	G	l	G	l	G
$d_1=6$		$d_1=8$		$d_1=10$		$d_1=16$		$d_1=20$	
40	8.70	80	31.17	100	60.91	30	44.19	75	178.8
45	9.81	85	33.14	$d_1=12$		32	47.35	80	191.1
50	10.92	90	35.12	18	14.56	35	52.08	85	203.5
55	12.03	95	37.09	20	16.34	40	59.98	90	215.8
60	13.14	100	39.06	22	18.11	45	67.87	95	228.1
65	14.25	$d_1=10$		24	19.89	50	75.76	100	240.4
70	15.36	14	7.89	26	21.66	55	83.65	$d_1=25$	
75	16.47	16	9.12	28	23.44	60	91.54	26	88.63
80	17.58	18	10.36	30	25.21	65	99.43	28	96.33
$d_1=8$		20	11.59	32	26.99	70	107.3	30	104.0
14	5.13	22	12.82	35	29.65	75	115.2	32	111.7
16	5.92	24	14.06	40	34.09	80	123.1	35	123.3
18	6.71	26	15.29	45	38.53	85	131.0	40	142.6
20	7.50	28	16.52	50	42.97	90	138.9	45	161.8
22	8.29	30	17.76	55	47.41	95	146.8	50	181.1
24	9.08	32	18.99	60	51.85	100	154.7	55	200.4
26	9.86	35	20.84	65	56.29	$d_1=20$		60	219.6
28	10.65	40	23.92	70	60.73	26	57.95	65	238.9
30	11.44	45	27.00	75	65.16	28	62.89	70	258.2
32	12.23	50	30.09	80	69.60	30	67.82	75	277.4
35	13.42	55	33.17	85	74.04	32	72.75	80	296.7
40	15.39	60	36.25	90	78.48	35	80.15	85	316.0
45	17.36	65	39.33	95	82.92	40	92.48	90	335.2
50	19.33	70	42.42	100	87.36	45	104.8	95	354.5
55	21.31	75	45.50	$d_1=16$		50	117.1	100	373.8
60	23.28	80	48.58	22	31.57	55	129.5		
65	25.25	85	51.67	24	34.72	60	141.8		
70	27.23	90	54.75	26	37.88	65	154.1		
75	29.20	95	57.83	28	41.04	70	166.5		

19. 槽销—中部槽长为1/3全长

(GB/T 13829.3—2004)

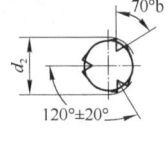

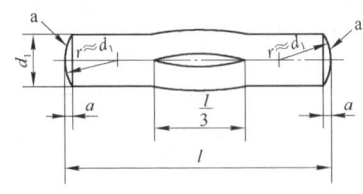

注：a. 允许制成倒角端。

b. 70°槽角仅适用于由碳钢制造的槽销。槽角应按材料的弹性进行修正。

(1) 尺寸(mm)			(2) 剪切载荷(双面剪) (kN)≥	(1) 尺寸(mm)			(2) 剪切载荷(双面剪) (kN)≥
d_1 (公称)	a ≈	l		d_1 (公称)	a ≈	l	
1.5	0.2	8～20	1.6	8	1	26～100	45.2
2	0.25	12～30	2.84	10	1.2	32～160	70.4
2.5	0.3	12～30	4.4	12	1.6	40～200	101.8
3	0.4	12～40	6.4	16	2	45～200	181
4	0.5	18～60	11.3	20	2.5	45～200	283
5	0.63	18～60	17.6	25	3	45～200	444
6	0.8	22～80	25.4				

公称长度	l	8	12、14、16、18、20、22、24、26		55、60、65、70、75、80、85、90、95
		10	28、30、32、35、40、45、50		100、120、140、160、180、200
	公差	±0.25	±0.5		±0.75

公称直径	d_1	1.5～3	4～25	扩展直径	d_2	1.6～2.15	2.6～10.4	12.25～25.5
	公差	h9	h11		公差	+0.05	±0.05	±0.1

注: 1. a—球面端长度。
   2. 剪切载荷仅适用于碳钢制造的槽销。
   3. 表中给出的公称长度 l 为商品长度规格范围。
   4. 扩展直径 d_2 仅适用于由碳钢制造的槽销。对其他材料，如不锈钢，则应从给出的数值中减去一定的数值，并应经供需双方协议。

(续)

(1) 尺寸(mm)	
d_1	l/d_2
1.5	8~12/1.6；14~20/1.63
2	12~20/2.1；22~30/2.15
2.5	12~16/2.6；18~30/2.65
3	12~16/3.1；18~24/3.15；26~40/3.2
4	18、20/4.15；22~30/4.2；32~45/4.25；50~60/4.3
5	18、20/5.15；22~30/5.2；32~55/5.25；60/5.3
6	22、24/6.15；26~35/6.25；40~60/6.3；65~80/6.35
8	26~30/8.2；32~35/8.25；40、45/8.3；50~65/8.35；70~100/8.4
10	32~40/10.2；45~55/10.3；60~75/10.4；80~120/10.45；140~160/10.4
12	40、45/12.25；50~60/12.3；65~80/12.4；85~200/12.5
16	45/16.25；50~60/16.3；65~80/16.4；85~200/16.5
20	45、50/20.25；55~65/20.3；70~90/20.4；95~200/20.5
25	45、50/25.25；55~65/25.3；70~90/25.4；95~200/25.5

注：d_1—公称直径；l—公称长度；d_2—扩展直径

(3) 每千件钢制品大约重量 G(kg)									
l	G	l	G	l	G	l	G	l	G
$d_1=1.5$		$d_1=2$		$d_1=2$		$d_1=2.5$		$d_1=3$	
8	0.108	12	0.290	28	0.684	22	0.836	16	0.866
10	0.136	14	0.339	30	0.734	24	0.913	18	0.977
12	0.164	16	0.388	$d_1=2.5$		26	0.990	20	1.09
14	0.191	18	0.438	12	0.451	28	1.07	22	1.20
16	0.219	20	0.487	14	0.528	30	1.14	24	1.31
18	0.247	22	0.536	16	0.605	$d_1=3$		26	1.42
20	0.275	24	0.586	18	0.682	12	0.644	28	1.53
		26	0.635	20	0.759	14	0.755	30	1.64

注：d_1—公称直径(mm)；l—公称长度(mm)

23.74

	（3）每千件钢制品大约重量 G(kg)								
l	G	l	G	l	G	l	G	l	G
$d_1 = 3$		$d_1 = 5$		$d_1 = 8$		$d_1 = 10$		$d_1 = 12$	
32	1.75	30	4.53	26	9.86	60	36.25	100	87.36
35	1.92	32	4.84	28	10.65	65	39.33	120	105.1
40	3.20	35	5.30	30	11.44	70	42.43	140	122.9
$d_1 = 4$		40	6.07	32	12.23	75	45.50	160	140.6
18	1.73	45	6.84	35	13.42	80	48.58	180	158.4
20	1.92	50	7.61	40	15.39	85	51.67	200	176.1
22	2.12	55	8.38	45	17.36	90	54.75	$d_1 = 16$	
24	2.32	60	9.15	50	19.33	95	57.83	45	67.87
26	2.52	$d_1 = 6$		55	21.31	100	60.91	50	75.76
28	2.71	22	4.71	60	23.28	120	73.24	55	83.65
30	2.91	24	5.15	65	25.25	140	85.57	60	91.54
32	3.11	26	5.59	70	27.23	160	97.90	65	99.43
35	3.40	28	6.04	75	29.20	$d_1 = 12$		70	107.3
40	3.90	30	6.48	80	31.17	40	34.09	75	115.2
45	4.39	32	6.92	85	33.14	45	38.53	80	123.1
50	4.88	35	7.59	90	35.12	50	42.97	85	131.0
55	5.38	40	8.70	95	37.09	55	47.41	90	138.9
60	5.87	45	9.81	100	39.06	60	51.85	95	146.8
$d_1 = 5$		50	10.92	$d_1 = 10$		65	56.29	100	154.7
18	2.68	55	12.03	32	18.99	70	60.73	120	186.2
20	2.99	60	13.14	35	20.84	75	65.16	140	217.8
22	3.29	65	14.25	40	23.92	80	69.60	160	249.2
24	3.60	70	15.36	45	27.00	85	74.04	180	280.9
26	3.91	75	16.47	50	30.09	90	78.48	200	312.5
28	4.22	80	17.58	55	33.17	95	82.92		

(续)

(3) 每千件钢制品大约重量 G(kg)									
l	G	l	G	l	G	l	G	l	G
$d_1=20$		$d_1=20$		$d_1=20$		$d_1=25$		$d_1=25$	
45	104.8	80	191.1	160	388.4	60	219.6	95	354.5
50	117.1	85	203.5	180	437.7	65	238.9	100	373.8
55	129.5	90	215.8	200	487.1	70	258.2	120	450.8
60	141.8	95	228.1	$d_1=25$		75	277.4	140	527.9
65	154.1	100	240.4	45	161.8	80	296.7	160	605.0
70	166.5	120	289.8	50	181.1	85	316.0	180	682.0
75	178.8	140	339.1	55	200.4	90	335.2	200	759.1

20. 槽销—中部槽长为 1/2 全长

(GB/T 13829.4—2004)

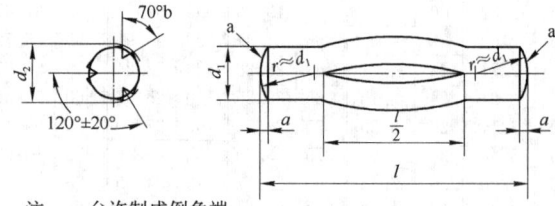

注：a. 允许制成倒角端。
 b. 70°槽角仅适用于由碳钢制造的槽销。槽角应按材料的弹
  性进行修正。

(1) 尺寸(mm)			(2) 剪切载荷(双面剪)(kN)≥	(1) 尺寸(mm)			(2) 剪切载荷(双面剪)(kN)≥
d_1(公称)	a ≈	l		d_1(公称)	a ≈	l	
1.5	0.2	8~20	1.6	8	1	26~100	45.2
2	0.25	12~30	2.84	10	1.2	32~160	70.4
2.5	0.3	12~30	4.4	12	1.6	40~200	101.8
3	0.4	12~40	6.4	16	2	45~200	181
4	0.5	18~60	11.3	20	2.5	45~200	283
5	0.63	18~60	17.6	25	3	45~200	444
6	0.8	22~80	25.4				

注：1. a—球面端长度。

（续）

(1) 尺寸(mm)						
公称长度	l	8	12、14、16、18、20、22、24、26	55、60、65、70、75、80、85、90		
		10	28、30、32、35、40、45、50	95、100、120、140、160、180、200		
	公差	±0.25	±0.5	±0.75		
公称直径	d_1	1.5~3	4~25	扩展直径	d_2	1.6~2.15	2.6~10.45	12.25~25.5
	公差	h9	h11		公差	+0.05	±0.05	±0.1

d_1	l/d_2
1.5	8~12/1.6；14~20/1.63
2	12~20/2.1；22~30/2.15
2.5	12~16/2.6；18~30/2.65
3	12~16/3.1；18~24/3.15；26~40/3.2
4	18、20/4.15；22~30/4.2；32~45/4.25；50~60/4.3
5	18、20/5.15；22~30/5.2；32~55/5.25；60/5.3
6	22、24/6.15；26~35/6.25；40~60/6.3；65~80/6.35
8	26~30/8.2；32、35/8.25；40、45/8.3；50~65/8.35；70~100/8.4
10	32~40/10.2；45~55/10.3；60~75/10.4；80~120/10.45；140、160/10.4
12	40、45/12.25；50~60/12.3；65~80/12.4；85~200/12.5
16	45/16.25；50~60/16.3；65~80/16.4；85~200/16.5
20	45、50/20.25；55~90/20.3；70~90/20.4；95~200/20.5
25	45、50/25.25；55~65/25.3；70~90/25.4；95~200/25.5

注：2. 剪切载荷仅适用于碳钢制造的槽销。

3. 表列公称长度 l 为商品长度规格范围。

4. 扩展直径 d_2 仅适用于由碳钢制造的槽销。对其他材料，如不锈钢，则应从给出的数值减去一定的数量，并应经供需双方协议。

			(3) 每千件钢制品大约重量 G(kg)						
l	G	l	G	l	G	l	G	l	G
$d_1=1.5$		$d_1=2.5$		$d_1=4$		$d_1=6$		$d_1=8$	
8	0.108	26	0.990	35	3.40	30	6.48	80	31.17
10	0.136	28	1.07	40	3.90	32	6.92	85	33.24
12	0.164	30	1.14	45	4.39	35	7.59	90	35.12
14	0.191	$d_1=3$		50	4.88	40	8.70	95	37.09
16	0.219	12	0.644	55	5.38	45	9.81	100	39.06
18	0.247	14	0.755	60	5.87	50	10.92	$d_1=10$	
20	0.275	16	0.866	$d_1=5$		55	12.03	32	18.99
$d_1=2$		18	0.977	18	2.68	60	13.14	35	20.84
12	0.290	20	1.09	20	2.99	65	14.25	40	23.92
14	0.339	22	1.20	22	3.29	70	15.36	45	27.00
16	0.388	24	1.31	24	3.60	75	16.47	50	30.09
18	0.438	26	1.42	26	3.91	80	17.58	55	33.17
20	0.487	30	1.64	28	4.22	$d_1=8$		60	36.25
22	0.536	32	1.75	30	4.53	26	9.86	65	39.33
24	0.586	35	1.92	32	4.84	28	10.65	70	42.42
26	0.635	40	2.20	35	5.30	30	11.44	75	45.50
28	0.684	$d_1=4$		40	6.07	32	12.23	80	48.58
30	0.734	18	1.73	45	6.84	35	13.42	85	51.67
$d_1=2.5$		20	1.92	50	7.61	40	15.39	90	54.75
12	0.451	22	2.12	55	8.38	45	17.36	95	57.83
14	0.528	24	2.32	60	9.15	50	19.33	100	60.91
16	0.605	26	2.52	$d_1=6$		55	21.31	120	73.24
18	0.682	28	2.71	22	4.71	60	23.28	140	85.57
20	0.759	30	2.91	24	5.15	65	25.25	160	97.90
22	0.836	32	3.11	26	5.59	70	27.23	$d_1=12$	
24	0.913			28	6.04	75	29.20	40	34.09

注：d_1—公称直径(mm)；l—公称长度(mm)。

（3）每千件钢制品大约重量 G(kg)									
l	G	l	G	l	G	l	G	l	G
$d_1=12$		$d_1=12$		$d_1=16$		$d_1=20$		$d_1=25$	
45	38.53	180	158.4	120	186.2	90	215.8	75	277.4
50	42.97	200	176.1	140	217.8	95	228.1	80	296.7
55	47.41	$d_1=16$		160	249.4	100	240.4	85	316.0
60	51.85	45	67.87	180	280.9	120	289.8	90	335.2
65	56.29	50	75.76	200	312.5	140	339.1	95	354.5
70	60.73	55	83.65	$d_1=20$		160	388.4	100	373.8
75	65.16	60	91.54	45	104.8	180	437.7	120	450.8
80	69.60	65	99.43	50	117.1	200	487.1	140	527.9
85	74.04	70	107.3	55	129.5	$d_1=25$		160	605.0
90	78.48	75	115.2	60	141.8	45	161.8	180	682.0
95	82.92	80	123.1	65	154.1	50	181.1	200	759.1
100	87.36	85	131.0	70	166.5	55	200.4		
120	106.1	90	138.9	75	178.8	60	219.6		
140	122.9	95	146.8	80	191.1	65	238.9		
160	140.6	100	154.7	85	203.5	70	258.2		

21. 槽销—全长锥槽

（GB/T 13829.5—2004）

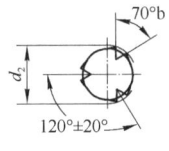 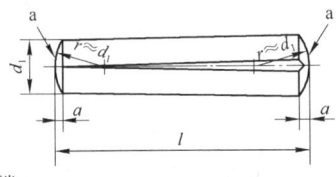

注：a. 允许制成倒角端。

b. 70°槽角仅适用于由碳钢制造的槽销。槽角应按材料的弹性进行修正。

(1) 尺寸(mm)			(2) 剪切载荷(双面剪)(kN)≥	(1) 尺寸(mm)			(2) 剪切载荷(双面剪)(kN)≥
d_1(公称)	a≈	l		d_1(公称)	a≈	l	
1.5	0.2	8~20	1.6	8	1	12~100	45.2
2	0.25	8~30	2.84	10	1.2	14~120	70.4
2.5	0.3	8~30	4.4	12	1.6	14~120	101.8
3	0.4	8~40	6.4	16	2	24~120	181
4	0.5	8~60	11.3	20	2.5	26~120	283
5	0.63	8~60	17.6	25	3	26~120	444
6	0.8	10~80	25.4				

公称长度	l	8	12、14、16、18、20、22、24、26	55、60、65、70、75、80、85、90、95
		10	28、30、32、35、40、45、50	100、120、140、160、180、200
	公差	±0.25	±0.5	±0.75

公称直径	d_1	1.5~3	4~25	扩展直径	d_2	1.6~2.15	2.65~10.45	12.3~25.6
	公差	h9	h11		公差	+0.05	±0.05	±0.1

d_1	l/d_2
1.5	8、10/1.63；12~20/1.6
2	8~30/2.15
2.5	8~16/2.7；18~30/2.65
3	8~16/3.25；18~40/3.25
4	8、10/4.3；12~20/4.35；22~35/4.3；40~60/4.25
5	8~12/5.3；14~20/5.35；22~40/5.3；45~60/5.25
6	10、12/6.3；14~30/6.35；32~50/6.3；55~80/6.25
8	12~16/8.35；18~30/8.4；32~55/8.35；60~80/8.3；85~100/8.25
10	14~20/10.4；22~40/10.45；45~60/10.4；65~100/10.35；120/10.3
12	14~20/12.4；22~40/12.45；45~65/12.4；70~120/12.3
16	24/16.55；26~50/16.6；55~90/16.55；95~120/16.5
20	26~120/20.6
25	26~120/25.6

注：1. a—球面端长度(mm)。

2. 剪切载荷仅适用于由碳钢制造的槽销。

3. 表列公称长度 l 为商品长度规格范围。

4. 扩展直径 d_2 仅适用于由碳钢制造的槽销。对其他材料，如不锈钢，则应从给出的数值减去一定的数量，并应经供需双方协议。

(续)

(3) 每千件钢制品大约重量 G(kg)									
l	G	l	G	l	G	l	G	l	G
$d_1 = 1.5$		$d_1 = 2.5$		$d_1 = 3$		$d_1 = 4$		$d_1 = 5$	
8	0.108	10	0.37	28	1.53	50	4.88	60	9.15
10	0.136	12	0.45	30	1.64	55	5.38	$d_1 = 6$	
12	0.164	14	0.53	32	1.75	60	5.87	10	2.04
14	0.191	16	0.60	35	1.92	$d_1 = 5$		12	2.49
16	0.219	18	0.68	40	2.20	8	1.14	14	2.93
18	0.247	20	0.76	$d_1 = 4$		10	1.44	16	3.37
20	0.275	22	0.84	8	0.740	12	1.75	18	3.82
$d_1 = 2$		24	0.91	10	0.937	14	2.06	20	4.26
8	0.191	26	0.99	12	1.13	16	2.37	22	4.71
10	0.240	28	1.07	14	1.33	18	2.68	24	5.15
12	0.290	30	1.14	16	1.53	20	2.99	26	5.59
14	0.339	$d_1 = 3$		18	1.73	22	3.29	28	6.04
16	0.388	8	0.422	20	1.92	24	3.60	30	6.48
18	0.438	10	0.533	22	2.12	26	3.91	32	6.92
20	0.487	12	0.644	24	2.32	28	4.22	35	7.59
22	0.536	14	0.755	26	2.52	30	4.53	40	8.70
24	0.586	16	0.866	28	2.71	35	4.84	45	9.81
26	0.635	18	0.977	30	2.91	35	5.30	50	10.92
28	0.684	20	1.09	32	3.11	40	6.07	55	12.03
30	0.734	22	1.20	35	3.40	45	6.84	60	13.14
$d_1 = 2.5$		24	1.31	40	3.90	50	7.61	65	14.25
8	0.30	26	1.42	45	4.39	55	8.38	70	15.36

23.81

(续)

(3) 每千件钢制品大约重量 G(kg)									
l	G	l	G	l	G	l	G	l	G
$d_1=6$		$d_1=10$		$d_1=12$		$d_1=16$		$d_1=20$	
75	16.47	14	7.89	18	14.56	32	47.36	70	166.5
80	17.58	16	9.12	20	16.34	35	52.08	75	178.5
$d_1=8$		18	10.36	22	18.11	40	59.98	80	191.1
12	4.34	20	11.50	24	19.89	45	67.87	85	203.5
14	5.13	22	12.82	26	21.66	50	75.76	90	215.8
16	5.92	24	14.06	28	23.44	55	83.65	95	228.1
18	6.71	26	15.29	30	25.21	60	91.54	100	240.4
20	7.50	28	16.52	32	26.99	65	99.43	120	289.8
22	8.29	30	17.76	35	29.65	70	107.3	$d_1=25$	
24	9.08	32	18.99	40	34.09	75	115.2	26	88.63
26	9.86	35	20.84	45	38.53	80	123.1	28	96.33
28	10.65	40	23.92	50	42.97	85	131.0	30	104.0
30	11.14	45	27.00	55	47.41	90	138.9	32	111.7
32	12.23	50	30.09	60	51.85	95	146.8	35	123.3
35	13.42	55	33.17	65	56.29	100	154.7	40	142.6
40	15.39	60	36.25	70	60.73	120	186.2	45	161.8
45	17.36	65	39.33	75	65.16	$d_1=20$		50	181.1
50	19.33	70	42.42	80	69.60	26	57.95	55	200.4
55	21.31	75	45.50	85	74.04	28	62.89	60	219.6
60	23.28	80	48.58	90	78.48	30	67.82	65	238.9
65	25.25	85	51.67	95	82.92	32	72.75	70	258.2
70	27.23	90	54.75	100	87.36	35	80.15	75	277.4
75	29.20	95	57.83	120	105.1	40	92.48	80	296.7
80	31.17	100	60.91	$d_1=16$		45	104.8	85	316.0
85	33.14	120	73.24	24	34.72	50	117.5	90	335.2
90	35.12	$d_1=12$		26	37.88	55	129.5	95	354.5
95	37.09	14	11.01	28	41.04	60	141.6	100	373.8
100	39.06	16	12.78	30	44.19	65	154.1	120	450.8

注：1. d_1—公称直径(mm)；l—公称长度(mm)。

2. 表列公称长度 l 规格为商品公称长度规格。

23.82

22. 槽销—半长锥槽

(GB/T 13829.6—2004)

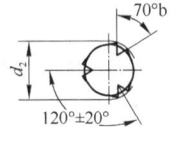 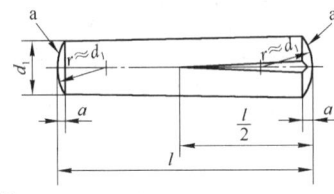

注：a. 允许制出倒角端。

　　b. 70°槽角仅适用于由碳钢制造的槽销。槽角应按材料的弹性进行修正。

（1）尺寸（mm）			（2）剪切载荷（双面剪）(kN)≥	（1）尺寸（mm）			（2）剪切载荷（双面剪）(kN)≥
d_1（公称）	a≈	l		d_1（公称）	a≈	l	
1.5	0.2	8～20	1.6	8	1	14～100	45.2
2	0.25	8～30	2.84	10	1.2	14～200	70.4
2.5	0.3	8～30	4.4	12	1.6	18～200	101.8
3	0.4	8～40	6.4	16	2	26～200	181
4	0.5	10～60	11.3	20	2.5	26～200	283
5	0.63	10～60	17.6	25	3	26～200	444
6	0.8	10～80	25.4				

公称长度	l	8	12、14、16、18、20、22、24、26	55、60、65、70、75、80、85、90、95
		10	28、30、32、35、40、45、50	100、120、140、160、180、200
	公差	±0.25	±0.5	±0.75

公称直径	d_1	1.5～3	4～25	扩展直径	d_2	1.63～2.15	2.65～12.45	12.3～25.6
	公差	h9	h11		公差	+0.05	±0.05	±0.1

注：1. a—球面端长度。

　　2. 剪切载荷仅适用于碳钢制造的槽销。

3. 表列公称长度 l 为商品公称长度规格范围。

4. 扩展直径 d_2 仅适用于由碳钢制造的槽销。对其他材料，如不锈钢，则应从给出的数值减去一定的数量，并应经供需双方协议。

(续)

(1) 尺寸(mm)	
d_1	l/d_2
1.5	8～20/1.63
2	8～30/2.15
2.5	8、10/2.65；12～30/2.7
3	8、10/3.2；12～16/3.25；18～30/3.3；32～40/3.25
4	10、12/4.25；14～20/4.3；22～40/4.35；45～60/4.3
5	10、12/5.25；14～20/5.3；22～50/5.35；55、60/5.3
6	10～16/6.25；18～24/6.3；26～60/6.35；65～80/6.3
8	14、16/8.3；18、20/8.3；22～40/8.35；45～75/8.4；80～100/8.35
10	14～20/10.3；22、24/10.35；26～45/10.4；50～80/10.45；85～120/10.4；140～200/10.35
12	18、20/12.3；22、24/12.35；26～45/12.4；50～80/12.45；85～120/12.4；140～200/12.35
16	26～30/16.5；32～55/16.5；60～100/16.6；120～200/16.55
20	26～50/20.55；55～200/20.6
25	26～50/25.5；55～200/25.6

(3) 每千件钢制品大约重量 G(kg)									
l	G	l	G	l	G	l	G	l	G
$d_1 = 1.5$		$d_1 = 1.5$		$d_1 = 2$		$d_1 = 2$		$d_1 = 2.5$	
8	0.108	20	0.275	16	0.388	28	0.684	14	0.528
10	0.136	$d_1 = 2$		18	0.438	30	0.734	16	0.605
12	0.164	8	0.191	20	0.487	$d_1 = 2.5$		18	0.682
14	0.191	10	0.240	22	0.536	8	0.297	20	0.759
16	0.219	12	0.290	24	0.586	10	0.374	22	0.836
18	0.247	14	0.339	26	0.635	12	0.451	24	0.913

注：1. d_1—公称直径(mm)；l—公称长度(mm)。

2. 表列公称长度 l 规格为商品公称长度规格。

(3) 每千件钢制品大约重量 G(kg)									
l	G	l	G	l	G	l	G	l	G
$d_1=2.5$		$d_1=4$		$d_1=5$		$d_1=6$		$d_1=8$	
26	0.990	20	1.92	32	4.84	60	13.14	80	31.17
28	1.07	22	2.12	35	5.30	65	14.25	85	33.14
30	1.14	24	2.32	40	6.07	70	15.36	90	35.12
$d_1=3$		26	2.52	45	6.84	75	16.47	95	37.09
8	0.422	28	2.71	50	7.61	80	17.58	100	39.06
10	0.533	30	2.91	55	8.38	$d_1=8$		$d_1=10$	
12	0.644	32	3.11	60	9.15	14	5.13	14	7.89
14	0.755	35	3.40	$d_1=6$		16	5.92	16	9.12
16	0.866	40	3.90	10	2.04	18	6.71	18	10.36
18	0.977	45	4.39	12	2.49	20	7.50	20	11.59
20	1.09	50	4.88	14	2.93	22	8.29	22	12.82
22	1.20	55	5.38	16	3.37	24	9.08	24	14.06
24	1.31	60	5.87	18	3.82	26	9.86	26	15.29
26	1.42	$d_1=5$		20	4.26	28	10.65	28	16.52
28	1.53	10	1.44	22	4.71	30	11.44	30	17.76
30	1.64	12	1.75	24	5.15	32	12.23	32	18.99
32	1.75	14	2.06	26	5.59	35	13.42	35	20.84
35	1.92	16	2.37	28	6.04	40	15.39	40	23.92
40	2.20	18	2.68	30	6.48	45	17.36	45	27.00
$d_1=4$		20	2.99	32	6.92	50	19.33	50	30.09
10	0.937	22	3.29	35	7.59	55	21.31	55	33.17
12	1.13	24	3.60	40	8.70	60	23.28	60	36.25
14	1.33	26	3.91	45	9.81	65	25.25	65	39.33
16	1.53	28	4.22	50	10.92	70	27.23	70	42.42
18	1.73	30	4.53	55	12.03	75	29.20	75	45.50

注：1. d_1—公称直径(mm)；l—公称长度(mm)。

　　2. 表列公称长度 l 规格为商品公称长度规格。

(3) 每千件钢制品大约重量 G(kg)									
l	G	l	G	l	G	l	G	l	G
$d_1=10$		$d_1=12$		$d_1=16$		$d_1=20$		$d_1=25$	
80	48.58	50	42.97	40	59.98	32	72.75	28	96.33
85	51.67	55	47.41	45	67.87	35	80.15	30	104.0
90	54.75	60	51.85	50	75.76	40	92.48	32	111.7
95	57.83	65	56.29	55	83.65	45	104.8	35	123.3
100	60.91	70	60.73	60	91.54	50	117.1	40	142.6
120	73.24	75	65.16	70	107.3	55	129.5	45	161.8
140	85.57	80	69.60	75	115.2	60	141.8	50	181.1
160	97.90	85	74.04	80	123.1	65	154.1	55	200.4
180	110.2	90	78.48	85	131.0	70	166.5	60	219.6
200	122.6	95	82.92	90	138.9	75	178.8	65	238.5
$d_1=12$		100	87.36	95	146.8	80	191.1	70	258.2
18	14.56	120	105.1	100	154.7	85	203.5	75	277.4
20	16.34	140	122.9	120	186.2	90	215.8	80	296.7
22	18.11	160	140.6	140	217.8	95	228.1	85	316.0
24	19.89	180	158.4	160	249.4	100	240.4	90	335.2
26	21.66	200	176.1	180	280.9	120	289.8	95	354.5
28	23.44	$d_1=16$		200	312.5	140	339.1	100	373.8
30	25.21	26	37.88	$d_1=20$		160	388.4	120	450.8
32	26.99	28	41.04	26	57.95	180	437.7	140	527.9
35	29.65	30	44.19	28	62.89	200	487.1	160	605.0
40	34.09	32	47.35	30	67.82	$d_1=25$		180	682.0
45	38.53	35	52.08			26	88.63	200	759.1

23. 槽销—半长倒锥槽

(GB/T 13829.7—2004)

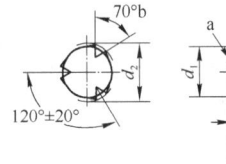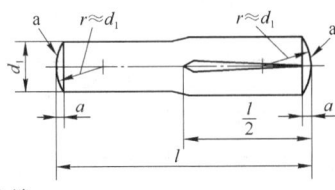

注：a. 允许制成倒角端。

b. 70°槽角仅适用于由碳钢制造的槽销。槽角应按材料的弹性进行修正。

(1) 尺寸(mm)			(2) 剪切载荷(双面剪)(kN)≥	(1) 尺寸(mm)			(2) 剪切载荷(双面剪)(kN)≥
d_1(公称)	a≈	l		d_1(公称)	a≈	l	
1.5	0.2	8～20	1.6	8	1	14～100	45.2
2	0.25	8～30	2.84	10	1.2	18～160	70.4
2.5	0.3	8～30	4.4	12	1.6	26～200	101.8
3	0.4	8～40	6.4	16	2	26～200	181
4	0.5	10～60	11.3	20	2.5	26～200	283
5	0.63	10～60	17.6	25	3	26～200	444
6	0.8	12～80	25.4				

公称长度	l	8	12、14、16、18、20、22、24、26	55、60、65、70、75、80、85、90、95
		10	28、30、32、35、40、45、50	100、120、140、160、180、200
	公差	±0.25	±0.5	±0.75

公称直径	d_1	1.5～3	4～25	扩展直径	d_2	1.6～2.15	2.6～10.45	10.2～25.45
	公差	h9	h11		公差	+0.05	±0.05	±0.1

注：1. a—球面端长度。

2. 剪切载荷仅适用于碳钢制造的槽销。

3. 表列公称长 l 为商品长度规格范围。

4. 扩展直径 d_2 仅适用于由碳钢制造的槽销。对其他材料，如不锈钢，则应从给出的数值减去一定的数量，并应经供需双方协议。

（续）

(1) 尺寸(mm)	
d_1	l/d_2
1.5	8、10/1.6；12～20/1.63
2	8～16/2.1；16～30/2.15
2.5	8～12/2.6；14～20/2.65；22～30/2.7
3	8～12/3.1；14～16/3.15；18～24/3.2；26～40/3.25
4	10、12/4.15；14～20/4.2；22～35/4.25；40～60/4.3
5	10、12/5.15；14～20/5.2；22～35/5.25；40～60/5.3
6	12～16/6.15；18～24/6.25；26～40/6.3；45～80/6.35
8	20～22/8.2；24、28/8.25；26～30/8.3；32～45/8.35；50～75/8.4；80～100/8.35
10	18、20/10.2；26～35/10.3；40～50/10.4；55～90/10.45；95～160/10.4
12	26～30/12.25；32～40/12.3；45～55/12.4；60～100/12.5；120～200/12.45
16	20～30/16.25；32～40/16.3；45～55/16.4；60～100/16.5；120～200/16.45
20	26～35/20.25；40、45/20.3；50～55/20.4；60～120/20.5；140～200/20.45
25	26～35/25.25；40、45/25.3；50、55/25.5；60～120/25.5；140～200/25.45

(3) 每千件钢制品大约重量 G(kg)									
l	G	l	G	l	G	l	G	l	G
$d_1 = 1.5$		$d_1 = 1.5$		$d_1 = 2$		$d_1 = 2$		$d_1 = 2.5$	
8	0.108	18	0.247	12	0.290	22	0.536	8	0.297
10	0.136	20	0.275	14	0.339	24	0.586	10	0.374
12	0.164	$d_1 = 2$		16	0.388	26	0.635	12	0.451
14	0.191	8	0.191	18	0.438	28	0.684	14	0.528
16	0.219	10	0.240	20	0.487	30	0.734	16	0.605

(3) 每千件钢制品大约重量 G(kg)									
l	G	l	G	l	G	l	G	l	G
$d_1 = 2.5$		$d_1 = 4$		$d_1 = 5$		$d_1 = 6$		$d_1 = 8$	
18	0.682	14	1.33	28	4.22	60	13.14	85	33.14
20	0.759	16	1.53	30	4.53	65	14.25	90	35.12
22	0.836	18	1.73	32	4.84	70	15.36	95	37.09
24	0.913	20	1.92	35	5.30	75	16.47	100	39.06
26	0.990	22	2.12	40	6.07	80	17.58	$d_1 = 10$	
28	1.07	24	2.32	45	6.84	$d_1 = 8$		18	10.36
30	1.14	26	2.52	50	7.61	14	5.13	20	11.59
$d_1 = 3$		28	2.71	55	8.38	16	5.92	22	12.82
8	0.422	30	2.91	60	9.15	18	6.71	24	14.06
10	0.533	32	3.11	$d_1 = 6$		20	7.50	26	15.29
12	0.644	35	3.40	12	2.49	22	8.29	28	16.52
14	0.755	40	3.90	14	2.93	24	9.08	30	17.76
16	0.866	45	4.39	16	3.37	26	9.86	32	18.99
18	0.977	50	4.88	18	3.82	28	10.65	35	20.84
20	1.09	55	5.38	20	4.26	30	11.44	40	23.92
22	1.20	60	5.87	22	4.71	32	12.23	45	27.00
24	1.31	$d_1 = 5$		24	5.15	35	13.42	50	30.09
26	1.42	10	1.44	26	5.59	40	15.39	55	33.17
28	1.53	12	1.75	28	6.04	45	17.36	60	36.25
30	1.64	14	2.06	30	6.48	50	19.33	65	39.33
32	1.75	16	2.37	32	6.92	55	21.31	70	42.42
35	1.92	18	2.68	35	7.59	60	23.28	75	45.50
40	2.20	20	2.99	40	8.70	65	25.25	80	48.58
$d_1 = 4$		22	3.29	45	9.81	70	27.23	85	51.67
10	0.937	24	3.60	50	10.92	75	29.20	90	54.75
12	1.13	26	3.91	55	12.03	80	31.17	95	57.83

（3）每千件钢制品大约重量 G(kg)									
l	G	l	G	l	G	l	G	l	G
$d_1=10$		$d_1=12$		$d_1=16$		$d_1=20$		$d_1=25$	
100	60.91	90	78.48	70	107.3	50	117.1	32	111.7
120	73.24	95	82.92	75	115.2	55	129.5	35	123.3
140	85.57	100	87.36	80	123.1	60	141.8	40	142.6
160	97.90	120	105.1	85	131.0	65	154.1	45	161.8
$d_1=12$		140	122.9	90	138.9	70	166.5	50	181.1
26	21.66	160	140.6	95	146.8	75	178.8	55	200.4
28	23.44	180	158.4	100	154.7	80	191.1	60	219.6
30	25.21	200	176.1	120	186.2	85	203.5	65	238.8
32	26.99	$d_1=16$		140	217.8	90	215.8	70	258.2
35	29.65	26	37.88	160	249.4	95	228.1	75	277.5
40	34.09	28	41.04	180	280.9	100	240.4	80	296.7
45	38.53	30	44.19	200	312.5	120	289.8	85	316.0
50	42.97	32	47.35	$d_1=20$		140	339.1	90	335.4
55	47.41	35	52.08	26	57.95	160	388.4	95	354.5
60	51.85	40	59.98	28	62.89	180	437.7	100	373.8
65	56.29	45	67.87	30	67.82	200	487.1	120	450.8
70	60.73	50	75.76	32	52.75	$d_1=25$		140	527.9
75	65.16	55	83.65	35	80.15	26	88.63	160	605.0
80	69.60	60	91.54	40	92.48	28	96.33	180	682.0
85	74.04	65	99.43	45	104.8	30	104.0	200	759.1

24. 圆 头 槽 销

(GB/T 13829.8—2004)

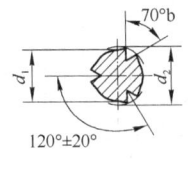 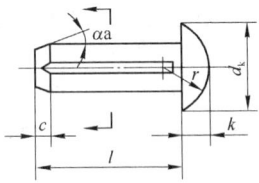

注：a：α=15°～30°。

b：70°槽角仅适用于由冷镦钢制造的槽销。槽角应按材料的
弹性进行修正。

A 型—倒角端槽销

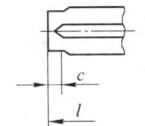

注：B 型其他尺寸见 A 型。

B 型—导杆端槽销

(1) 尺寸(mm)

| 公称 | d_1 | | d_k | | k | | d | r ≈ | c | l |
	max	min	max	min	max	min				
1.4	1.40	1.35	2.6	2.2	0.9	0.7	1.5	1.4	0.42	3～6
1.6	1.60	1.55	3.0	2.6	1.1	0.9	1.7	1.6	0.48	3～8
2	2.00	1.95	3.7	3.3	1.3	1.1	2.15	1.9	0.6	3～10
2.5	2.500	2.425	4.6	4.2	1.6	1.4	2.7	2.4	0.75	3～12
3	3.000	2.925	5.45	4.95	1.95	1.65	3.2	2.8	0.9	4～16
4	4.0	3.9	7.25	6.75	2.55	2.25	4.25	3.8	1.2	5～20
5	5.0	4.9	9.1	8.5	3.15	2.85	5.3	4.6	1.5	6～25
6	6.0	5.9	10.8	10.2	3.75	3.45	6.3	5.7	1.8	8～30
8	8.00	7.85	14.4	13.6	5.0	4.6	8.3	7.5	2.4	10～40

(1) 尺寸(mm)									
d_1			d_k		k		d_2	r ≈	c	l
公称	max	min	max	min	max	min				
10	10.00	9.85	16.0	14.9	7.4	6.5	10.3	8	3.0	12~40
12	12.0	11.8	19.0	17.7	8.4	7.5	12.35	9.5	3.6	16~40
16	16.0	15.8	25.0	23.7	10.9	10.0	16.4	13	4.8	20~40
20	20.0	19.8	32.0	30.7	13.9	13.0	20.5	16.5	6	25~40

公称长度 l：3(±0.2)；4、5、6、8、10(±0.3)；12、16(±0.4)；20、25、30、35、40(±0.5)

扩展直径 d_2：1.4、1.7(+0.05)；2.5~6.3(±0.05)；8.3~20.5(±0.1)

注：1. d_1—公称直径；d_k—圆头直径；k—圆头高度；r—圆头球面半径；c—倒角宽度

2. 表列公称长度 l 为商品长度规格范围

3. 扩展直径 d_2 仅适用于由冷镦钢制造的槽销。对其他材料，如不锈钢，则应从给出的数值中减去一定的数量，并应经供需双方协议

(2) 每千件钢制品大约重量 G(kg)									
l	G	l	G	l	G	l	G	l	G
$d_1 = 1.4$		$d_1 = 2$		$d_1 = 2.5$		$d_1 = 4$		$d_1 = 5$	
3	0.049	3	0.116	8	0.395	5	0.847	12	2.53
4	0.061	4	0.141	10	0.472	6	0.946	16	3.14
5	0.073	5	0.166	12	0.549	8	1.14	20	3.74
6	0.085	6	0.190	$d_1 = 3$		10	1.34	25	4.53
$d_1 = 1.6$		8	0.240	4	0.362	12	1.54	$d_1 = 6$	
3	0.072	10	0.289	5	0.417	16	1.93	8	3.02
4	0.087	$d_1 = 2.5$		6	0.473	20	2.33	10	3.46
5	0.103	3	0.202	8	0.584	$d_1 = 5$		12	3.91
6	0.119	4	0.241	10	0.695	6	1.60	16	4.80
8	0.151	5	0.280	12	0.806	8	1.94	20	5.68
		6	0.318	16	1.03	10	2.22	25	6.79

(续)

(2) 每千件钢制品大约重量 G(kg)									
l	G	l	G	l	G	l	G	l	G
$d_1=6$		$d_1=8$		$d_1=10$		$d_1=12$		$d_1=20$	
30	7.90	35	16.71	35	27.24	40	44.49	25	109.0
$d_1=8$		40	18.68	40	30.32	$d_1=16$		30	121.3
10	6.84	$d_1=10$		$d_1=12$		20	53.68	35	133.7
12	7.63	12	13.05	16	23.19	25	61.57	40	146.0
11	9.21	16	15.52	20	26.74	30	69.46		
20	10.79	20	17.99	25	31.18	35	77.35		
25	12.76	25	21.07	30	35.62	40	85.24		
30	14.74	30	24.15	35	40.06				

25. 沉头槽销

(GB/T 13829.9—2004)

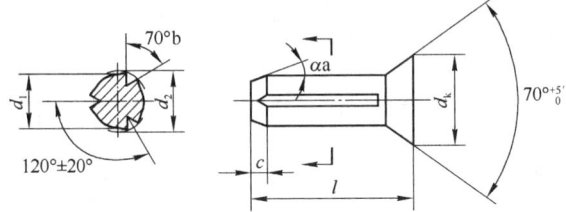

注：a. α=15°~30°。

b. 70°槽角仅适用于由冷镦钢制造的槽销。槽角按材料的弹性进行修正。

A 型—倒角端槽销

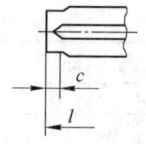

注:B型其他尺寸见 A 型。

B 型—导杆端槽销

(续)

(1) 尺寸(mm)							
公称	d_1		d_k		d_2	c	l
	max	min	max	min			
1.4	1.40	1.35	2.7	2.3	1.5	0.42	3～6
1.6	1.60	1.55	3.0	2.6	1.7	0.48	3～8
2	2.00	1.95	3.7	3.3	2.15	0.6	4～10
2.5	2.500	2.425	4.6	4.2	2.7	0.75	4～12
3	3.000	2.925	5.45	4.95	3.2	0.9	5～16
4	4.0	3.9	7.25	6.75	4.25	1.2	6～20
5	5.0	4.9	9.1	8.5	5.25	1.5	8～25
6	6.0	5.9	10.8	10.2	6.3	1.8	8～30
8	8.00	7.85	14.4	13.6	8.3	2.4	10～40
10	10.00	9.85	16.0	14.9	10.35	3.0	12～40
12	12.0	11.8	19.0	17.7	12.35	3.6	16～40
16	16	15.8	26.0	23.7	16.4	4.8	20～40
20	20	19.8	31.5	30.7	20.5	6	25～40

公称长度 l: 3(±0.2); 4、5、6、8、10(±0.3); 12、16(±0.4);
20、25、30、35、40(±0.5)

扩展直径 d_2: 1.5、1.7(+0.05); 2.15～8.3(±0.05); 10.35～
20.5(±0.1)

注:1. d_1—公称直径;d_k—沉头直径;c—倒角宽度
　　2. 表列公称长度 l 为商品长度规格范围
　　3. 扩展直径 d_2 仅适用于由冷镦钢制造的槽销。对其他材
　　　料,如不锈钢,则应从给出的数值中减去一定的数量,并
　　　应经供需双方协议

（2）每千件钢制品大约重量 G(kg)									
l	G	l	G	l	G	l	G	l	G
$d_1=1.4$		$d_1=2.5$		$d_1=4$		$d_1=8$		$d_1=12$	
3	0.049	5	0.280	20	2.33	10	6.84	20	26.74
4	0.061	6	0.318	$d_1=5$		12	7.63	25	31.18
5	0.073	8	0.395	8	1.91	16	9.21	30	35.62
6	0.085	10	0.472	10	2.22	20	10.79	35	40.06
$d_1=1.6$		12	0.549	12	2.53	25	12.76	40	44.49
3	0.072	$d_1=3$		16	3.14	30	14.74	$d_1=16$	
4	0.087	5	0.417	20	3.76	35	16.71	20	53.68
5	0.103	6	0.473	25	4.53	40	18.68	25	61.57
6	0.119	8	0.584	$d_1=6$		$d_1=10$		30	69.46
8	0.151	10	0.695	8	3.02	12	13.05	35	77.35
$d_1=2$		12	0.806	10	3.46	16	15.52	40	85.25
4	0.141	16	1.03	12	3.91	20	17.99	$d_1=20$	
5	0.166	$d_1=4$		16	4.80	25	21.07	25	109.0
6	0.190	6	0.946	20	5.68	30	24.15	30	121.3
8	0.240	8	1.14	25	6.79	35	27.24	35	133.7
10	0.289	10	1.34	30	7.90	40	30.32	40	146.0
$d_1=2.5$		12	1.54	35	9.01	$d_1=12$			
4	0.241	16	1.93	40	10.12	16	23.19		

第二十四章 铆 钉

一、铆钉综述

1. 铆钉的品种简介

序号	品种名称与标准号	规格范围 (mm)	技术条件、材料与表面处理		
1	半圆头铆钉 * GB/T 867—1986	0.6～16	技术条件按 GB/T 116—1986 规定		
2	半圆头铆钉(粗制) * GB/T 863.1—1986	12～36	**材 料**	表面处理	
3	小半圆头铆钉(粗制) * GB/T 863.2—1986	10～36	**碳素钢: Q215、Q235 BL3、BL2**	a. **不经处理** b. 钝化	
4	平锥头铆钉 * GB/T 868—1986	2～16			
5	平锥头铆钉(粗制) * GB/T 864—1986	12～36	碳素钢: 10、15 ML10 ML20	a. 不经处理 b. 镀锌钝化	
6	沉头铆钉 * GB/T 869—1986	1～16			
7	沉头铆钉(粗制) * GB/T 865—1986	12～36	不锈钢: 0Cr18Ni9 1Cr18Ni9Ti	不经处理	
8	半沉头铆钉 * GB/T 870—1986	1～16	铜及其合金: T2、T3 H62	a. 不经处理 b. 钝化	
9	半沉头铆钉(粗制) * GB/T 866—1986	12～36			
10	120°沉头铆钉 GB/T 954—1986	1.2～8	铝及其合金: 1035 2A01、2A10 5B0A 3A21	a. 不经处理 b. 阳极氧化	
11	120°半沉头铆钉 GB/T 1012—1986	3～6			
12	平头铆钉 * GB/T 109—1986				
13	扁平头铆钉 * GB/T 872—1986	1.2～10	注: 同栏不同牌号的材料,可以相互通用		

序号	品种名称 与标准号	规格范围 （mm）	技术条件、材料 与表面处理
14	扁圆头铆钉 GB/T 871—1986	1.2～10	
15	大扁圆头铆钉 GB/T 1011—1986	2～8	
16	扁圆头半空心铆钉 * GB/T 873—1986	1.2～10	
17	大扁圆头半空心铆钉 GB/T 1014—1986	2～8	
18	扁平头半空心铆钉 * GB/T 875—1986	1.2～10	与序号1～13相同
19	平锥头半空心铆钉 GB/T 1013—1986	1.4～10	
20	沉头半空心铆钉 GB/T 1015—1986	1.4～10	
21	120°沉头半空心铆钉 GB/T 874—1986	1.2～8	
22	无头铆钉 GB/T 1016—1986	1.4～10	
23	空心铆钉 * GB/T 876—1986	1.4～6	
24	管状铆钉 JB/T 10582—2006	0.7～20	技术条件按 GB/T 975—1986 规定：

材　料	表面处理
碳素结构钢 20	a. **不经处理** b. **镀锌钝化**
铜及其合金 T2 H62 H96	a. **不经处理** b. **钝化** c. **镀锡** d. **镀银**

序号	品种名称与标准号	规格范围（mm）	技术条件、材料与表面处理		
25	标牌铆钉* GB/T 827—1988	1.6～5	与序号 1～13 相同		
			材料		表面处理
			钉体	钉芯	
26.1	开口型平圆头抽芯铆钉—10、11 级* GB/T 12618.1—2006	2.4～6.4	铝合金	钢	钉体不经处理；钉芯由制造者确定，可以涂油、磷化涂油或镀锌
26.2	开口型平圆头抽芯铆钉—30 级* GB/T 12618.2—2006	2.4～6.4	碳素钢	碳素钢	钉体电镀锌；钉芯可以涂油、磷化涂油或镀锌
26.3	开口型平圆头抽芯铆钉—12 级* GB/T 12618.3—2006	2.4～6.4	铝合金	铝合金	不经处理
26.4	开口型平圆头抽芯铆钉—51 级* GB/T 12618.4—2006	3～5	不锈钢	不锈钢	不经处理
26.5	开口型平圆头抽芯铆钉—20、21、22 级* GB/T 12618.5—2006	3～4.8	铜	钢	由制造者确定，可以磷化涂油或镀锌
				青铜	不经处理
				不锈钢	不经处理
26.6	开口型平圆头抽芯铆钉—40、41 级* GB/T 12618.6—2006	3.2～6.4	镍铜合金	钢	由制造者确定，可以磷化涂油或镀锌
				不锈钢	不经处理

24.4

序号	品种名称 与标准号	规格范围 （mm）	材料		表面处理
			钉体	钉芯	
27.1	开口型沉头抽芯铆钉—10、11级* GB/T 12617.1—2006	2.4～5	铝合金	钢	与序号26.1相同
27.2	开口型沉头抽芯铆钉—30级* GB/T 12617.2—2006	2.4～6.4	碳素钢	碳素钢	与序号26.2相同
27.3	开口型沉头抽芯铆钉—12级* GB/T 12617.3—2006	2.4～6.4	铝合金	铝合金	不经处理
27.4	开口型沉头抽芯铆钉—51级* GB/T 12617.4—2006	3～5	不锈钢	不锈钢	不经处理
27.5	开口型沉头抽芯铆钉—20、21、22级* GB/T 12617.5—2006	3～4.8	铜	钢 青铜 不锈钢	钉体不经处理，钉芯表面可以磷化涂油或镀锌
28.1	封闭型平圆头抽芯铆钉—11级* GB/T 12615.1—2004	3.2～6.4	铝合金	钢	不经处理
28.2	封闭型平圆头抽芯铆钉—30级* GB/T 12615.2—2004	3.2～6.4	钢	钢	与序号27相同
28.3	封闭型平圆头抽芯铆钉—06级* GB/T 12615.3—2004	3.2～6.4	铝	铝合金	不经处理
28.4	封闭型平圆头抽芯铆钉—51级* GB/T 12615.4—2004	3.2～6.4	不锈钢	不锈钢	不经处理

序号	品种名称与标准号	规格范围（mm）	材料		表面处理
			钉体	钉芯	
29	封闭型沉头抽芯铆钉—11级 * GB/T 12616.1—2004	3.2～6.4	铝合金	钢	不经处理
30	扁圆头击芯铆钉 * GB/T 15855.1—1995	3～6.4	据 GB/T 15855.3—1995 规定：**钉体材料：铝合金和钢—表面一般不经处理**		
31	沉头击芯铆钉 * GB/T 15855.2—1995	3～6.4	钉芯材料：钢—表面一般镀锌钝化；不锈钢—表面一般不经处理		

注：1. 用粗黑体字表示的材料和表面处理，在标记中可以省略，参见第 13.2 页。

2. 各种铆钉的技术条件具体要求：GB/T 116—1986 铆钉技术条件，参见 7.38 页；JB/T 10582—2006 管状铆钉技术条件，参见 7.43 页；GB/T 3098.19—2004 抽芯铆钉机械性能，参见 9.72 页；GB/T 15855.3—1995 击芯铆钉技术条件，参见 7.43 页。

3. * 为商品紧固件品种，应优先选用。

2. 铆钉的用途简介

铆钉是用于将事先制有铆钉孔的两个结构件铆接在一起的一类紧固件。

半圆头铆钉主要用于承受较大横向载荷的铆接场合，应用最广。

平锥头铆钉由于钉头肥大，能耐腐蚀，常用于船壳、锅炉水箱等腐蚀强烈的铆接场合。

沉头、120°沉头铆钉主要用于表面须平滑，承受载荷不大的铆接场合。

半沉头、120°半沉头铆钉主要用于表面须光滑、承受载荷不大的铆接场合。

平头铆钉用于承受一般载荷的铆接场合。

扁平头、扁圆头铆钉主要用于金属薄板或皮革、帆布、木料等非金属材料的铆接场合。

大扁圆头铆钉主要用于非金属材料的铆接场合。

半空心铆钉主要用于承受载荷不大的铆接场合。其头型的选用，可参照上述各种实心铆钉的介绍。

无头铆钉主要用于非金属材料的铆接场合。

空心铆钉重量轻，钉头弱，用于承受载荷不大的非金属材料的铆接场合。

管状铆钉用于非金属材料的不承受载荷的铆接场合。

标牌铆钉主要用于铆接机器、设备等上面的铭牌。

抽芯铆钉是一类单面铆接用的铆钉，但须使用专用工具——拉铆枪(手动、电动、气动)进行铆接。这类铆钉特别适用于不便采用普通铆钉(须从两面进行铆接)的铆接场合，故广泛用于建筑、汽车、船舶、飞机、机器、电器、家具等产品上。其中以开口型扁圆头抽芯铆钉应用最广，沉头抽芯铆钉适用于表面需要平滑的铆接场合，封闭型抽芯铆钉适用于要求承受较高载荷和具有一定密封性能的铆接场合。

击芯铆钉是另一类单面铆接的铆钉，铆接时，用手锤敲击铆钉头部露出的钉芯，使之与钉头端面平齐，即完成铆接操作，甚为方便，特别适用于不便采用普通铆钉(须从两面进行铆接)或抽芯铆钉(缺乏拉铆枪)的铆接场合。通常应用扁圆头击芯铆钉，沉头击芯铆钉适用于表面需要平滑的铆接场合。

二、铆钉的尺寸与重量

1. 半圆头铆钉

(GB/T 867—1986)

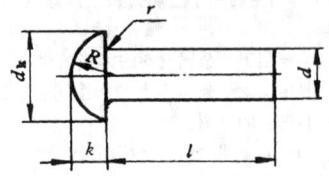

(1) 尺寸(mm)									
公称直径 d			头部直径 d_k		头部高度 k		半部 半径 $R\approx$	圆角 半径 r_{max}	公称长度 l
公称	max	min	max	min	max	min			范围
0.6	0.64	0.56	1.3	0.9	0.5	0.3	0.58	0.05	1～6
0.8	0.84	0.76	1.6	1.2	0.6	0.4	0.74	0.05	1.5～8
1	1.06	0.94	2	1.6	0.7	0.5	1	0.1	2～8
(1.2)	1.26	1.14	2.3	1.9	0.8	0.6	1.2	0.1	2.5～8
1.4	1.46	1.34	2.7	2.3	0.9	0.7	1.4	0.1	3～12
(1.6)	1.66	1.54	3.2	2.8	1.2	0.8	1.6	0.1	3～12
2	2.06	1.94	3.74	3.26	1.4	1	1.9	0.1	3～16
2.5	2.56	2.44	4.84	4.36	1.8	1.4	2.5	0.1	5～20
3	3.06	2.94	5.54	5.06	2	1.6	2.9	0.1	5～26
(3.5)	3.58	3.42	6.59	6.01	2.3	1.9	3.4	0.3	7～26
4	4.08	3.92	7.39	6.81	2.6	2.2	3.8	0.3	7～50
5	5.08	4.92	9.09	8.51	3.2	2.8	4.7	0.3	7～55
6	6.08	5.92	11.35	10.65	3.84	3.36	6	0.3	8～60
8	8.1	7.9	14.35	13.65	5.04	4.56	8	0.3	16～65
10	10.1	9.9	17.45	16.55	6.24	5.76	9	0.3	16～85
12	12.12	11.88	21.42	20.58	8.29	7.71	11	0.4	20～90
(14)	14.12	13.88	24.42	23.58	9.29	8.71	12.5	0.4	22～100
16	16.12	15.88	29.42	28.58	10.29	9.71	15.5	0.4	26～110

(1) 尺寸(mm)									
公称长度 l	公称	1~3	3.5~6	7~10	11~18	19~30	32~50	52~80	85~110
	公差	±0.2	±0.24	±0.29	±0.35	±0.42	±0.5	±0.6	±0.7

（2）每千件钢制品大约重量 G(kg)

l	G	l	G	l	G	l	G	l	G
$d=0.6$		$d=1$		$d=1.4$		$d=2$		$d=2.5$	
1	—	2	0.02	4	0.06	3	0.11	10	0.48
1.5	—	2.5	0.02	5	0.07	3.5	0.12	11	0.52
2	0.01	3	0.02	6	0.09	4	0.14	12	0.56
2.5	0.01	3.5	0.03	7	0.10	5	0.16	13	0.60
3	0.01	4	0.04	8	0.11	6	0.19	14	0.63
3.5	0.01	5	0.04	9	0.12	7	0.21	15	0.67
4	0.01	6	0.04	10	0.14	8	0.23	16	0.71
5	0.01	8	0.05	11	0.15	9	0.26	17	0.75
6	0.01			12	0.16	10	0.28	18	0.79
$d=0.8$		$d=(1.2)$		$d=(1.6)$		11	0.31	19	0.83
1.5	0.01	2.5	0.03	3	0.07	12	0.33	20	0.86
2	0.01	3	0.04	3.5	0.08	13	0.36	$d=3$	
2.5	0.01	3.5	0.04	4	0.08	14	0.38	5	0.42
3	0.01	4	0.05	5	0.10	15	0.41	6	0.48
3.5	0.02	5	0.05	6	0.12	16	0.43	7	0.53
4	0.02	6	0.07	7	0.13	$d=2.5$		8	0.59
5	0.02	8	0.08	8	0.15	5	0.29	9	0.64
6	0.03	$d=1.4$		9	0.16	6	0.33	10	0.70
7	0.03	3	0.05	10	0.18	7	0.37	11	0.75
8	0.03	3.5	0.06	11	0.19	8	0.40	12	0.81
				12	0.21	9	0.44	13	0.87

注：1. d—公称直称；l—公称长度(mm)。

2. $d=2\sim10$mm 的规格为商品规格，其余 d 的规格为通用规格；带括号的规格尽量不采用。

\multicolumn{10}{c}{(2) 每千件钢制品大约重量 G(kg)}									
l	G	l	G	l	G	l	G	l	G
\multicolumn{2}{c}{d = 3}	\multicolumn{2}{c}{d = (3.5)}	\multicolumn{2}{c}{d = 4}	\multicolumn{2}{c}{d = 5}	\multicolumn{2}{c}{d = 6}
14	0.92	26	2.20	44	4.68	38	6.54	30	7.97
15	0.98	\multicolumn{2}{c}{d = 4}	46	4.87	40	6.85	32	8.41
16	1.03	7	1.05	48	5.07	42	7.16	34	8.85
17	1.09	8	1.15	50	5.26	44	7.46	36	9.29
18	1.14	9	1.25	\multicolumn{2}{c}{d = 5}	46	7.77	38	9.73
19	1.20	10	1.34	7	1.80	48	8.07	40	10.17
20	1.25	11	1.44	8	1.95	50	8.38	42	10.61
22	1.36	12	1.54	9	2.10	52	8.69	44	11.05
24	1.47	13	1.64	10	2.26	55	9.15	46	11.49
26	1.58	14	1.74	11	2.41	\multicolumn{2}{c}{d = 6}	48	11.94
\multicolumn{2}{c}{d = (3.5)}	15	1.83	12	2.56	8	3.11	50	12.38
7	0.77	16	1.93	13	2.71	9	3.33	52	12.82
8	0.85	17	2.03	14	2.87	10	3.56	55	13.48
9	0.92	18	2.13	15	3.02	11	3.78	58	14.14
10	1.00	19	2.23	16	3.17	12	4.00	60	14.58
11	1.07	20	2.32	17	3.33	13	4.22	\multicolumn{2}{c}{d = 8}
12	1.15	22	2.52	18	3.48	14	4.44	16	9.57
13	1.22	24	2.72	19	3.63	15	4.66	17	9.97
14	1.30	26	2.91	20	3.79	16	4.88	18	10.36
15	1.37	28	3.11	22	4.09	17	5.10	19	10.75
16	1.45	30	3.30	24	4.40	18	5.32	20	11.14
17	1.52	32	3.50	26	4.71	19	5.54	22	11.93
18	1.60	34	3.70	28	5.01	20	5.76	24	12.71
19	1.67	36	3.89	30	5.32	22	6.20	26	13.50
20	1.75	38	4.09	32	5.62	24	6.64	28	14.28
22	1.90	40	4.28	34	5.93	26	7.08	30	15.06
24	2.05	42	4.48	36	6.24	28	7.53	32	15.85

（2）每千件钢制品大约重量 G(kg)									
l	*G*	*l*	*G*	*l*	*G*	*l*	*G*	*l*	*G*
d = 8		*d* = 10		*d* = 12		*d* = (14)		*d* = 16	
34	16.63	34	26.58	32	40.51	30	53.86	28	72.24
36	17.42	36	27.81	34	42.27	32	56.26	30	75.38
38	18.20	38	29.04	36	44.04	34	58.66	32	78.52
40	18.98	40	30.26	38	45.80	36	61.07	34	81.65
42	19.77	42	31.49	40	47.57	38	63.47	36	84.79
44	20.55	44	32.71	42	49.33	40	65.87	38	87.93
46	21.34	46	33.94	44	51.09	42	68.27	40	91.06
48	22.12	48	35.16	46	52.86	44	70.67	42	94.20
50	22.91	50	36.39	48	54.62	46	73.07	44	97.34
52	23.69	52	37.61	50	56.39	48	75.47	46	100.5
55	24.87	55	39.45	52	58.15	50	77.88	48	103.6
58	26.04	58	41.29	55	60.80	52	80.28	50	106.8
60	26.83	60	42.51	58	63.44	55	83.88	52	109.9
62	27.61	62	43.74	60	65.21	58	87.48	55	114.6
65	28.79	65	45.58	62	66.97	60	89.88	58	119.3
d = 10		68	47.41	65	69.62	62	92.28	60	122.4
16	15.56	70	48.64	68	72.27	65	95.89	62	125.6
17	16.17	75	51.70	70	74.03	68	99.49	65	130.3
18	16.78	80	54.76	75	78.44	70	101.9	68	135.0
19	17.40	85	57.83	80	82.85	75	107.9	70	138.1
20	18.01	*d* = 12		85	87.26	80	113.9	75	146.0
22	19.23	20	29.92	90	91.67	85	119.9	80	153.8
24	20.46	22	31.69	*d* = (14)		90	125.9	85	161.6
26	21.68	24	33.54	22	44.26	95	131.9	90	169.5
28	22.91	26	35.42	24	46.66	100	137.9	95	177.3
30	24.13	28	36.98	26	49.06	*d* = 16		100	185.2
32	25.36	30	38.74	28	51.46	26	69.11	110	200.8

注：表列规格：*d*=2～10mm 的规格为商品规格，其余为通用规格。

2. 半圆头铆钉(粗制)

(GB/T 863.1—1986)

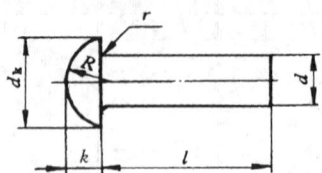

(1) 尺寸(mm)									
公称直径 d			头部直径 d_k		头部高度 k		圆角半径 r max	圆头半径 $R\approx$	公称长度 l 范围
公称	max	min	max	min	max	min			
12	12.3	11.7	22	20	8.5	7.5	0.5	11	20~90
(14)	14.3	13.7	25	23	9.5	8.5	0.5	12.5	22~100
16	16.3	15.7	30	28	10.5	9.5	0.5	15.5	26~110
(18)	18.3	17.7	33.4	30.6	13.3	11.7	0.5	16.5	32~150
20	20.35	19.65	36.4	33.6	14.8	13.2	0.8	18	32~150
(22)	22.35	21.65	40.4	37.6	16.3	14.7	0.8	20	38~180
24	24.35	23.65	44.4	41.6	17.8	16.2	0.8	22	52~180
(27)	27.35	26.65	49.4	46.6	20.2	17.8	0.8	26	55~180
30	30.35	29.65	54.8	51.2	22.2	19.8	0.8	27	55~180
36	36.4	35.6	63.8	60.2	26.2	23.8	0.8	32	58~200

公称直径 l	公称	20~30	32~50	52~80	85~120	130~180	190、200
	公差	±0.65	±0.8	±0.95	±1.1	±1.3	±1.45

（续）

(2) 每千件钢制品大约重量 G(kg)

l	G	l	G	l	G	l	G	l	G
d = 12		d = 12		d = (14)		d = 16		d = (18)	
20	29.36	85	86.70	75	107.2	65	129.2	65	171.3
22	31.12	90	91.11	80	113.2	70	137.1	70	181.2
24	32.89	d =(14)		85	119.2	75	144.9	75	191.1
26	34.65	22	43.53	90	125.2	80	152.7	80	201.1
28	36.42	24	45.93	95	131.2	85	160.6	85	211.0
30	38.18	26	48.33	100	137.2	90	168.4	90	220.9
32	39.95	28	50.73	d = 16		95	176.3	95	230.9
35	42.59	30	53.14	26	68.05	100	184.1	100	240.8
38	45.24	32	55.54	28	71.19	110	199.8	110	260.6
40	47.00	35	59.14	30	74.32	d =(18)		120	280.5
42	48.77	38	62.74	32	77.46	32	105.8	130	300.3
45	51.41	40	65.14	35	82.17	35	111.7	140	320.2
48	54.06	42	67.54	38	86.87	38	117.7	150	340.0
50	55.82	45	71.15	40	90.01	40	121.7	d = 20	
52	57.59	48	74.75	42	93.14	42	125.6	32	136.5
55	60.23	50	77.15	45	97.85	45	131.6	35	143.8
58	62.88	52	79.55	48	102.6	48	137.5	38	151.2
60	64.65	55	83.15	50	105.7	50	141.5	40	156.1
65	69.06	58	86.76	52	108.8	52	145.5	42	161.0
70	73.47	60	89.16	55	113.3	55	151.4	45	168.3
75	77.88	65	95.16	58	118.2	57	157.4	48	175.7
80	82.29	70	101.2	60	121.4	60	161.4	50	180.6

注：1. d—公称直径；l—公称长度(mm)。
2. 表列规格为商品规格。带括号的规格尽量不采用。

24.13

(2) 每千件钢制品大约重量 G(kg)									
l	G	l	G	l	G	l	G	l	G
d = 20		d = (22)		d = 24		d = (27)		d = 30	
52	185.5	58	251.9	80	389.0	120	691.7	180	1188
55	192.8	60	257.9	85	406.7	130	736.4	d = 36	
58	200.2	65	272.7	90	424.3	140	781.0	58	794.5
60	205.1	70	287.5	95	442.0	150	825.7	60	810.4
65	217.4	75	302.3	100	459.6	160	870.4	65	850.1
70	229.6	80	317.2	110	494.9	170	915.0	70	889.8
75	241.9	85	332.0	120	530.2	180	959.7	75	929.5
80	254.2	90	346.8	130	565.5	d = 30		80	969.2
85	266.4	95	361.6	140	600.8	55	499.2	85	1009
90	278.6	100	376.5	150	636.1	58	515.8	90	1049
95	290.9	110	406.1	160	671.3	60	526.8	95	1088
100	303.1	120	435.8	170	706.6	65	554.4	100	1128
110	327.6	130	465.4	180	741.9	70	581.9	110	1207
120	352.1	140	495.1	d = (27)		75	609.5	120	1287
130	376.6	150	524.7	55	401.4	80	637.1	130	1366
140	401.1	160	554.4	58	414.8	85	664.6	140	1446
150	425.6	170	584.0	60	423.8	90	692.2	150	1525
d = (22)		180	613.7	65	446.1	95	719.8	160	1604
38	192.6	d = 24		70	468.4	100	747.3	170	1684
40	193.6	52	290.2	75	490.7	110	802.5	180	1763
42	204.5	55	300.8	80	513.1	120	857.6	190	1843
45	213.4	58	311.4	85	535.4	130	912.7	200	1922
48	222.3	60	318.5	90	557.7	140	967.9		
50	228.2	65	336.1	95	580.1	150	1023		
52	234.1	70	353.8	100	602.4	160	1078		
55	243.0	75	371.4	110	647.1	170	1133		

3. 小半圆半铆钉(粗制)

(GB/T 863.2—1986)

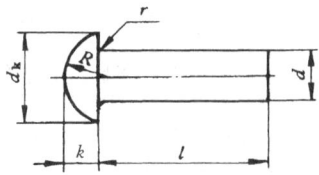

(1) 小半圆头铆钉的尺寸(mm)									
公称直径 d			头部直径 d_k		头部高度 k		圆角 半径	圆头 半径	公称长度 l
公称	max	min	max	min	max	min	r max	$R\approx$	范围
10	10.3	9.7	16	14.9	7.4	6.5	0.5	8	12～50
12	12.3	11.7	19	17.7	8.4	7.5	0.6	9.5	16～60
(14)	14.3	13.7	22	20.7	9.9	9	0.6	11	20～70
16	16.3	15.7	25	23.7	10.9	10	0.8	13	25～80
(18)	18.3	17.7	28	26.7	12.6	11.5	0.8	14.5	28～90
20	20.35	19.65	32	30.4	14.1	13	1	16.5	30～200
(22)	22.35	21.65	36	34.4	15.1	14	1	18.5	35～200
24	24.35	23.65	40	38.4	17.1	16	1.2	20.5	38～200
(27)	27.35	26.65	43	41.4	18.1	17	1.2	22	40～200
30	30.35	29.65	48	46.4	20.3	19	1.6	24.5	42～200
36	36.4	35.6	58	56.1	24.3	23	2	30	48～200

公称长度 l	公称	12～ 18	20～ 30	32～ 52	55～ 80	85～ 120	130～ 180	190 200
	公差	+0.7 0	+0.84 0	+1 0	+1.2 0	+1.4 0	+1.6 0	+1.85 0

（2）每千件钢制品大约重量 G(kg)									
l	G	l	G	l	G	l	G	l	G
d＝10		d＝12		d＝(14)		d＝18		d＝20	
12	13.39	40	44.93	65	93.93	32	98.08	48	168.0
14	14.62	42	46.70	68	97.53	35	104.0	50	172.9
16	15.84	45	49.35	70	99.93	38	110.0	52	177.8
18	17.07	48	51.99	d＝16		40	114.0	55	185.2
20	18.29	50	53.76	25	62.89	42	117.9	58	192.5
22	19.52	52	55.52	28	67.60	45	123.9	60	197.4
25	21.35	55	58.17	30	70.74	48	129.8	62	202.3
28	23.19	58	60.81	32	73.87	50	133.8	65	209.7
30	24.42	60	62.58	35	78.58	52	137.8	68	217.0
32	25.64	d＝(14)		38	83.28	55	143.7	70	221.9
35	27.48	20	39.89	40	86.42	58	149.7	75	234.2
38	29.32	22	42.29	42	89.56	60	153.7	80	246.4
40	30.54	25	45.90	45	94.26	62	157.6	85	258.7
42	31.77	28	49.50	48	98.97	65	163.6	90	270.9
45	33.61	30	51.90	52	105.2	68	169.5	95	283.2
48	35.44	32	54.30	55	109.9	70	173.5	100	295.4
50	36.67	35	57.90	58	114.7	75	183.4	110	319.9
d＝12		38	61.51	60	117.8	80	193.3	120	344.4
16	23.76	40	63.91	62	120.9	85	203.3	130	368.9
18	25.53	42	66.31	65	125.6	90	213.2	140	393.5
20	27.29	45	69.91	68	130.3	d＝20		150	418.0
22	29.06	48	73.51	70	133.5	30	123.9	160	442.5
25	31.70	50	75.91	75	141.3	32	128.8	170	467.0
28	34.35	52	78.32	80	149.2	35	136.2	180	491.5
30	36.11	55	81.92	d＝(18)		38	143.5	190	516.0
32	37.88	58	85.52	28	90.14	40	148.4	200	540.5
35	40.52	60	87.92	30	94.11	42	153.3	d＝(22)	
38	43.17	62	90.32			45	160.7	35	170.2

注：1. d—公称直径；l—公称长度(mm)。

2. 表列规格为商品规格。带括号的规格尽量不采用。

24.16

\multicolumn{10}{c}{（2）每千件钢制品大约重量 G(kg)}									

l	G	l	G	l	G	l	G	l	G
$d=(22)$		$d=24$		$d=(27)$		$d=30$		$d=36$	
38	179.1	38	229.2	40	294.3	42	392.3	48	670.6
40	185.0	40	236.3	42	303.2	45	408.8	50	686.5
42	191.0	42	243.4	45	316.6	48	425.4	52	702.4
45	199.9	45	253.9	48	330.0	50	436.4	55	726.2
48	208.8	48	264.5	50	339.0	52	447.4	58	750.0
50	214.7	50	217.6	52	347.9	55	464.0	60	765.9
52	220.6	52	278.6	55	361.3	58	480.5	62	781.8
55	229.5	55	289.2	58	374.7	60	491.5	65	805.6
58	238.4	58	299.8	60	383.6	62	502.5	68	829.4
60	244.3	60	306.9	62	392.6	65	519.1	70	845.3
62	250.3	62	313.9	65	406.0	68	535.6	75	885.0
65	259.2	65	324.5	68	419.4	70	546.7	80	924.7
68	268.1	68	335.1	70	428.3	75	574.2	85	964.4
70	274.0	70	342.2	75	450.6	80	601.8	90	1004
75	288.8	75	359.8	80	472.9	85	629.4	95	1044
80	303.6	80	377.4	85	495.3	90	656.9	100	1084
85	318.5	85	395.1	90	517.6	95	684.5	110	1163
90	333.3	90	412.7	95	539.9	100	712.1	120	1242
95	348.1	95	430.4	100	562.3	110	767.2	130	1322
100	362.9	100	448.0	110	606.9	120	822.3	140	1401
110	392.6	110	483.3	120	651.6	130	877.5	150	1480
120	422.2	120	518.6	130	696.2	140	932.6	160	1560
130	451.9	130	553.9	140	740.9	150	987.7	170	1639
140	481.5	140	589.2	150	785.6	160	1043	180	1719
150	511.2	150	624.4	160	830.2	170	1098	190	1798
160	540.8	160	659.7	170	874.9	180	1153	200	1877
170	570.5	170	695.0	180	919.5	190	1208		
180	600.2	180	730.3	190	964.2	200	1263		
190	629.8	190	765.6	200	1009				
200	659.5	200	800.9						

4. 平锥头铆钉

(GB/T 868—1986)

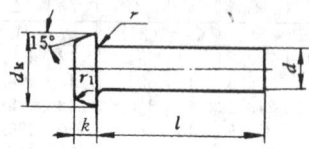

(1) 尺寸(mm)									
公称直径 d			头部直径 d_k		头部高度 k		圆角 半径 r max	圆角 半径 r_1 max	公称长度 l 范围
公称	max	min	max	min	max	min			
2	2.06	1.94	3.84	3.36	1.2	0.8	0.1	0.7	3～16
2.5	2.56	2.44	4.74	4.26	1.5	1.1	0.1	0.7	4～20
3	3.06	2.94	5.64	5.16	1.7	1.3	0.1	0.7	6～24
(3.5)	3.58	3.42	6.59	6.01	2	1.6	0.3	1	6～28
4	4.08	3.92	7.49	6.91	2.2	1.8	0.3	1	8～32
5	5.08	4.92	9.29	8.71	2.7	2.3	0.3	1	10～40
6	6.08	5.92	11.15	10.45	3.2	2.8	0.3	1	12～40
8	8.1	7.9	14.75	14.05	4.24	3.76	0.3	1	16～60
10	10.1	9.9	18.35	17.65	5.24	4.76	0.3	1	16～90
12	12.12	11.88	20.42	19.58	6.24	5.76	0.4	1.5	18～110
(14)	14.12	13.88	24.42	23.58	7.29	6.71	0.4	1.5	18～110
16	16.12	15.88	28.42	27.58	8.29	7.71	0.4	1.5	24～110

公称 长度 l	公称	3	3.5～ 6	7～ 10	11～ 18	19～ 30	32～ 50	52～ 80	85～ 110
	公差	±0.2	±0.24	±0.29	±0.35	±0.42	±0.5	±0.6	±0.7

（2）每千件钢制品大约重量 G(kg)

l	G	l	G	l	G	l	G	l	G
d = 2		d = 2.5		d = (3.5)		d = 4		d = 6	
3	0.12	17	0.76	12	1.21	26	3.00	14	4.70
3.5	0.13	18	0.80	13	1.28	28	3.20	15	4.93
4	0.15	19	0.83	14	1.36	30	3.40	16	5.15
5	0.17	20	0.87	15	1.43	32	3.59	17	5.37
6	0.20	d = 3		16	1.51	d = 5		18	5.59
7	0.22	6	0.52	17	1.58	10	2.46	19	5.81
8	0.24	7	0.57	18	1.66	11	2.61	20	6.03
9	0.27	8	0.63	19	1.73	12	2.76	22	6.47
10	0.29	9	0.68	20	1.81	13	2.92	24	6.91
11	0.32	10	0.74	22	1.96	14	3.07	26	7.35
12	0.34	11	0.79	24	2.11	15	3.22	28	7.79
13	0.37	12	0.85	26	2.26	16	3.38	30	8.23
14	0.39	13	0.90	28	2.41	17	3.53	32	8.67
15	0.42	14	0.96	d = 4		18	3.68	34	9.12
16	0.44	15	1.01	8	1.24	19	3.83	36	9.56
d = 2.5		16	1.07	9	1.34	20	3.99	38	10.00
4	0.26	17	1.12	10	1.44	22	4.29	40	10.44
5	0.30	18	1.18	11	1.53	24	4.60	d = 8	
6	0.34	19	1.23	12	1.63	28	5.21	16	10.20
7	0.37	20	1.29	13	1.73	30	5.52	17	10.59
8	0.41	22	1.40	14	1.83	32	5.83	18	10.98
9	0.45	24	1.51	15	1.93	34	6.13	19	11.38
10	0.49	d = (3.5)		16	2.02	36	6.44	20	11.77
11	0.53	6	0.76	17	2.12	38	6.74	22	12.55
12	0.57	7	0.83	18	2.22	40	7.05	24	13.34
13	0.60	8	0.91	19	2.32	d = 6		26	14.12
14	0.64	9	0.98	20	2.42	12	4.26	28	14.90
15	0.68	10	1.06	22	2.61	14	4.48	30	15.69
16	0.72	11	1.13	24	2.81			32	16.47

注：1. d—公称直径；l—公称长度(mm)。

2. d ≤ 10mm 的规格为商品规格，d ≥ 12mm 的规格为通用规格。带括号的规格尽量不采用。

(2) 每千件钢制品大约重量 G(kg)									
l	G	l	G	l	G	l	G	l	G
d = 8		d = 10		d = 12		d = (14)		d = 16	
34	17.26	42	33.56	38	45.03	28	53.17	26	71.59
36	18.04	44	34.79	40	46.79	30	55.57	28	74.73
38	18.82	46	36.01	42	48.56	32	57.97	30	77.86
40	19.61	48	37.24	44	50.32	34	60.37	32	81.00
42	20.39	50	38.46	46	52.09	36	62.77	34	84.14
44	21.18	52	39.69	48	53.85	38	65.17	36	87.27
46	21.96	55	41.53	50	55.62	40	67.58	38	90.41
48	22.75	58	43.37	52	57.38	42	69.98	40	93.55
50	23.53	60	44.59	55	60.03	44	72.38	42	96.68
52	24.31	62	45.82	58	62.67	46	74.78	44	99.82
55	25.49	65	47.65	60	64.44	48	77.18	46	103.0
58	26.67	68	49.49	62	66.20	50	79.58	48	106.1
60	27.45	70	50.72	65	68.85	52	81.98	50	109.2
d = 10		75	53.78	68	71.49	55	85.59	52	112.4
16	17.64	80	56.84	70	73.26	58	89.19	55	117.1
17	18.25	85	59.91	75	77.67	60	91.59	58	121.8
18	18.86	90	62.97	80	82.08	62	93.99	60	124.9
19	19.47	d = 12		85	86.49	65	97.59	62	128.1
20	20.09	18	27.39	90	90.90	68	101.2	65	132.8
22	21.31	19	28.27	95	95.31	70	103.6	68	137.5
24	22.54	20	29.15	100	99.72	75	109.6	70	140.6
26	23.76	22	30.91	110	108.5	80	115.6	75	148.4
28	24.99	24	32.68	d = (14)		85	121.6	80	156.3
30	26.21	26	34.44	18	41.16	90	127.6	85	164.1
32	27.44	28	36.21	19	42.36	95	133.6	90	172.0
34	28.66	30	37.97	20	43.56	100	139.6	95	179.8
36	29.89	32	39.74	22	45.96	110	151.6	100	187.6
38	31.11	34	41.50	24	48.36	d = 16		110	203.3
40	32.34	36	43.27	26	50.77	24	68.45		

5. 平锥头铆钉(粗制)

(GB/T 864—1986)

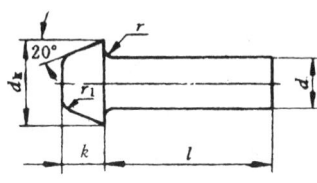

(1) 尺寸(mm)									
公称直径 d			头部直径 d_k		头部高度 k		圆角半径	圆角半径	公称长度 l 范围
公称	max	min	max	min	max	min	r max	r_1 max	
12	12.3	11.7	21	19	10.5	9.5	0.5	2	20~100
(14)	14.3	13.7	25	23	12.8	11.2	0.5	2	20~100
16	16.3	15.7	29	27	14.8	13.2	0.5	2	24~110
(18)	18.3	17.7	32.4	29.6	16.8	15.2	0.5	2	30~150
20	20.35	19.65	35.4	32.6	17.8	16.2	0.5	3	30~150
(22)	22.35	21.65	39.9	37.1	20.2	17.8	0.5	3	38~180
24	24.35	23.65	41.4	38.6	22.7	20.3	0.8	3	50~180
(27)	27.35	26.65	46.4	43.6	24.7	22.3	0.8	3	58~180
30	30.35	29.65	51.4	48.6	28.2	25.8	0.8	3	65~180
36	36.4	35.6	61.8	58.2	34.6	31.4	0.8	3	70~200

公称长度 l	公称	20~30	32~50	52~80	85~120	130~180	190 200
	公差	±0.65	±0.8	±0.95	±1.1	±1.3	±1.45

(续)

<table>
<tr><th colspan="10">（2）每千件钢制品大约重量 G(kg)</th></tr>
<tr><th>l</th><th>G</th><th>l</th><th>G</th><th>l</th><th>G</th><th>l</th><th>G</th><th>l</th><th>G</th></tr>
<tr><td colspan="2">d = 12</td><td colspan="2">d = 12</td><td colspan="2">d = (14)</td><td colspan="2">d = 16</td><td colspan="2">d = (18)</td></tr>
<tr><td>20</td><td>31.93</td><td>85</td><td>89.27</td><td>60</td><td>96.99</td><td>52</td><td>122.0</td><td>50</td><td>154.1</td></tr>
<tr><td>22</td><td>33.70</td><td>90</td><td>93.68</td><td>65</td><td>103.0</td><td>55</td><td>126.7</td><td>52</td><td>158.1</td></tr>
<tr><td>24</td><td>35.46</td><td>95</td><td>98.10</td><td>70</td><td>109.0</td><td>58</td><td>131.4</td><td>55</td><td>164.1</td></tr>
<tr><td>26</td><td>37.23</td><td>100</td><td>102.5</td><td>75</td><td>115.0</td><td>60</td><td>134.6</td><td>58</td><td>170.0</td></tr>
<tr><td>28</td><td>38.99</td><td colspan="2">d = (14)</td><td>80</td><td>121.0</td><td>65</td><td>142.4</td><td>60</td><td>174.0</td></tr>
<tr><td>30</td><td>40.76</td><td>20</td><td>48.96</td><td>85</td><td>127.0</td><td>70</td><td>150.2</td><td>65</td><td>183.9</td></tr>
<tr><td>32</td><td>42.52</td><td>22</td><td>51.37</td><td>90</td><td>133.0</td><td>75</td><td>158.1</td><td>70</td><td>193.8</td></tr>
<tr><td>35</td><td>45.17</td><td>24</td><td>53.77</td><td>95</td><td>139.0</td><td>80</td><td>165.9</td><td>75</td><td>203.8</td></tr>
<tr><td>38</td><td>47.81</td><td>26</td><td>56.17</td><td>100</td><td>145.0</td><td>85</td><td>173.8</td><td>80</td><td>213.7</td></tr>
<tr><td>40</td><td>49.58</td><td>28</td><td>58.57</td><td colspan="2">d = 16</td><td>90</td><td>181.6</td><td>85</td><td>223.6</td></tr>
<tr><td>42</td><td>51.34</td><td>30</td><td>60.97</td><td>24</td><td>78.10</td><td>95</td><td>189.5</td><td>90</td><td>233.5</td></tr>
<tr><td>45</td><td>53.99</td><td>32</td><td>63.37</td><td>26</td><td>81.23</td><td>100</td><td>197.3</td><td>95</td><td>243.5</td></tr>
<tr><td>48</td><td>56.63</td><td>35</td><td>66.98</td><td>28</td><td>84.37</td><td>110</td><td>213.0</td><td>100</td><td>253.4</td></tr>
<tr><td>50</td><td>58.40</td><td>38</td><td>70.58</td><td>30</td><td>87.51</td><td colspan="2">d = (18)</td><td>110</td><td>273.2</td></tr>
<tr><td>52</td><td>60.16</td><td>40</td><td>72.98</td><td>32</td><td>90.64</td><td>30</td><td>114.4</td><td>120</td><td>293.1</td></tr>
<tr><td>55</td><td>62.81</td><td>42</td><td>75.38</td><td>35</td><td>95.35</td><td>32</td><td>118.4</td><td>130</td><td>312.9</td></tr>
<tr><td>58</td><td>65.46</td><td>45</td><td>78.98</td><td>38</td><td>100.1</td><td>35</td><td>124.4</td><td>140</td><td>332.8</td></tr>
<tr><td>60</td><td>67.22</td><td>48</td><td>82.58</td><td>40</td><td>103.2</td><td>38</td><td>130.3</td><td>150</td><td>352.6</td></tr>
<tr><td>65</td><td>71.63</td><td>50</td><td>84.99</td><td>42</td><td>106.3</td><td>40</td><td>134.3</td><td colspan="2">d = 20</td></tr>
<tr><td>70</td><td>76.04</td><td>52</td><td>87.39</td><td>45</td><td>111.0</td><td>42</td><td>138.3</td><td>30</td><td>145.4</td></tr>
<tr><td>75</td><td>80.45</td><td>55</td><td>90.99</td><td>48</td><td>115.7</td><td>45</td><td>144.2</td><td>32</td><td>150.3</td></tr>
<tr><td>80</td><td>84.86</td><td>58</td><td>94.59</td><td>50</td><td>118.9</td><td>48</td><td>150.2</td><td>35</td><td>157.7</td></tr>
</table>

注：1. d—公称直径；l—公称长度(mm)。
　　2. 表列规格为通用规格。带括号的规格尽量不采用。

（续）

	(2) 每千件钢制品大约重量 G(kg)								
l	G	l	G	l	G	l	G	l	G
$d=20$		$d=(22)$		$d=24$		$d=(27)$		$d=30$	
38	165.0	42	228.3	52	306.9	80	532.3	150	1075
40	169.9	45	237.2	55	317.5	85	554.6	160	1130
42	174.8	48	246.1	58	328.1	90	576.9	170	1185
45	182.2	50	252.0	60	335.1	95	599.3	180	1240
48	189.5	52	258.0	65	352.8	100	621.6	$d=36$	
50	194.4	55	266.9	70	370.4	110	666.3	70	984.9
52	199.3	58	275.7	75	388.1	120	710.9	75	1025
55	206.7	60	281.7	80	405.7	130	755.6	80	1064
58	214.0	65	296.5	85	423.3	140	800.2	85	1104
60	219.0	70	311.3	90	441.0	150	844.9	90	1144
65	231.2	75	326.2	95	458.6	160	889.6	95	1183
70	243.5	80	341.0	100	476.3	170	934.2	100	1223
75	255.7	85	355.8	110	511.6	180	978.9	110	1303
80	268.0	90	370.6	120	546.8	$d=30$		120	1382
85	280.2	95	385.5	130	582.1	65	606.0	130	1461
90	292.5	100	400.3	140	617.4	70	633.6	140	1541
95	304.7	110	429.9	150	652.7	75	661.2	150	1620
100	317.0	120	459.6	160	688.0	80	688.7	160	1700
110	341.5	130	489.2	170	723.3	85	716.3	170	1779
120	366.0	140	518.9	180	758.6	90	743.9	180	1858
130	390.5	150	548.5	$d=(27)$		95	771.4	190	1938
140	415.0	160	578.2	58	434.0	100	799.0	200	2017
150	439.5	170	607.8	60	443.0	110	854.1		
$d=(22)$		180	637.5	65	465.3	120	909.3		
38	216.4	$d=24$		70	487.6	130	964.4		
40	222.4	50	299.8	75	510.0	140	1020		

24.23

6. 沉头铆钉

(GB/T 869—1986)

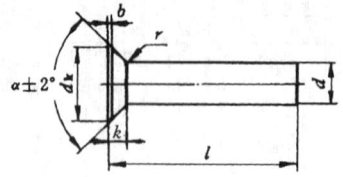

$d \leqslant 10mm$，$\alpha = 90°$
$d \geqslant 12mm$，$\alpha = 60°$

(1) 尺寸(mm)								
公称直径 d			头部直径 d_k		头部高度 $k \approx$	平边厚度 b max	圆角半径 r max	公称长度 l 范围
公称	max	min	max	min				
1	1.06	0.94	2.03	1.77	0.5	0.2	0.1	2～8
(1.2)	1.26	1.14	2.23	1.97	0.5	0.2	0.1	2.5～8
1.4	1.46	1.34	2.83	2.57	0.7	0.2	0.1	3～12
(1.6)	1.66	1.54	3.03	2.77	0.7	0.2	0.1	3～12
2	2.06	1.94	4.05	3.75	1	0.2	0.1	3.5～16
2.5	2.56	2.44	4.75	4.45	1.1	0.2	0.1	5～18
3	3.06	2.94	5.35	5.05	1.2	0.2	0.1	5～22
(3.5)	3.58	3.42	6.28	5.92	1.4	0.4	0.3	6～24
4	4.08	3.92	7.18	6.82	1.6	0.4	0.3	6～30
5	5.08	4.92	8.98	8.62	2	0.4	0.3	6～50
6	6.08	5.92	10.62	10.18	2.4	0.4	0.3	6～50
8	8.1	7.9	14.22	13.78	3.2	0.4	0.3	12～60
10	10.1	9.9	17.82	17.38	4	0.4	0.3	16～75
12	12.12	11.88	18.86	18.34	6	0.5	0.4	18～75
(14)	14.12	13.88	21.76	21.24	7	0.5	0.4	20～100
16	16.12	15.88	24.96	24.44	8	0.5	0.4	24～100

公称长度 l	公称	2～3	3.5～6	7～10	11～18	19～30	32～50	52～80	85～100
	公差	±0.2	±0.24	±0.29	±0.35	±0.42	±0.5	±0.6	±0.7

\multicolumn{10}{c}{(2) 每千件钢制品大约重量 G(kg)}									
l	G	l	G	l	G	l	G	l	G
\multicolumn{2}{c}{d = 1}	\multicolumn{2}{c}{d = 1.4}	\multicolumn{2}{c}{d = (1.6)}	\multicolumn{2}{c}{d = 2.5}	\multicolumn{2}{c}{d = 3}
2	0.02	3.5	0.06	11	0.20	7	0.37	12	0.80
2.5	0.02	4	0.07	12	0.21	8	0.41	13	0.86
3	0.03	5	0.08	\multicolumn{2}{c}{d = 2}	9	0.44	14	0.91
3.5	0.03	6	0.09	3.5	0.15	10	0.48	15	0.97
4	0.03	7	0.10	4	0.16	11	0.52	16	1.02
5	0.04	8	0.12	5	0.18	12	0.56	17	1.08
6	0.04	9	0.12	6	0.21	13	0.60	18	1.13
7	0.05	10	0.14	7	0.23	14	0.64	19	1.19
8	0.06	11	0.15	8	0.26	15	0.67	20	1.24
\multicolumn{2}{c}{d = (1.2)}	12	0.16	9	0.28	16	0.71	22	1.35
2.5	0.03	\multicolumn{2}{c}{d = (1.6)}	10	0.31	17	0.75	\multicolumn{2}{c}{d = (3.5)}
3	0.04	3	0.07	11	0.33	18	0.79	6	0.68
3.5	0.04	3.5	0.08	12	0.36	\multicolumn{2}{c}{d = 3}	7	0.75
4	0.04	4	0.09	13	0.38	5	0.42	8	0.83
5	0.05	5	0.10	14	0.41	6	0.47	9	0.90
6	0.06	6	0.12	15	0.43	7	0.53	10	0.98
7	0.07	7	0.13	16	0.45	8	0.58	11	1.05
8	0.08	8	0.15	\multicolumn{2}{c}{d = 2.5}	9	0.64	12	1.13
\multicolumn{2}{c}{d = 1.4}	9	0.17	5	0.29	10	0.69	13	1.20
3	0.06	10	0.18	6	0.33	11	0.75	14	1.28

注：1. d—公称直径；l—公称长度(mm)。

2. 除 d=2～10mm 的规格为商品规格外，其余 d 的规格均为
   通用规格。带括号的规格尽量不采用。

（2）每千件钢制品大约重量 G(kg)

l	G	l	G	l	G	l	G	l	G
d = (3.5)		d = 4		d = 5		d = 6		d = 8	
15	1.35	22	2.50	28	4.98	17	4.90	16	9.09
16	1.43	24	2.70	30	5.28	18	5.12	17	9.48
17	1.50	26	2.89	32	5.59	19	5.34	18	9.87
18	1.58	28	3.09	34	5.90	20	5.56	19	10.26
19	1.65	30	3.28	36	6.20	22	6.00	20	10.65
20	1.73	d = 5		38	6.51	24	6.44	22	11.44
22	1.88	6	1.61	40	6.81	26	6.88	24	12.22
24	2.03	7	1.76	42	7.12	28	7.32	26	13.01
d = 4		8	1.91	44	7.43	30	7.76	28	13.79
6	0.93	9	2.07	46	7.73	32	8.20	30	14.58
7	1.03	10	2.22	48	8.04	34	8.64	32	15.36
8	1.13	11	2.37	50	8.35	36	9.09	34	16.14
9	1.23	12	2.53	d = 6		38	9.53	36	16.93
10	1.32	13	2.68	6	2.47	40	9.87	38	17.71
11	1.42	14	2.83	7	2.69	42	10.41	40	18.50
12	1.52	15	2.99	8	2.91	44	10.85	42	19.23
13	1.62	16	3.14	9	3.13	46	11.29	44	20.04
14	1.72	17	3.29	10	3.35	48	11.73	46	20.85
15	1.81	18	3.45	11	3.57	50	12.17	48	21.63
16	1.91	19	3.60	12	3.79	d = 8		50	22.42
17	2.01	20	3.75	13	4.01	12	7.52	52	23.20
18	2.11	22	4.06	14	4.23	13	7.91	55	24.38
19	2.21	24	4.36	15	4.45	14	8.30	58	25.55
20	2.30	26	4.67	16	4.68	15	8.69	60	26.34

	(2) 每千件钢制品大约重量 G(kg)
l	G	l	G	l	G	l	G	l	G
	$d=10$		$d=10$		$d=12$		$d=(14)$		$d=16$
16	15.41	62	43.59	52	54.15	48	70.55	38	79.20
17	16.02	65	45.43	55	56.80	50	72.95	40	82.33
18	16.64	68	47.27	58	59.45	52	75.35	42	85.47
19	17.25	70	48.49	60	61.21	55	78.96	44	88.61
20	17.86	75	51.55	62	62.97	58	82.56	46	91.74
22	19.09		$d=12$	65	65.62	60	84.96	48	94.88
24	20.31	18	24.16	68	68.27	62	87.36	50	98.02
26	21.54	19	25.04	70	70.03	65	90.96	52	101.2
28	22.76	20	25.92	75	74.44	68	94.57	55	105.9
30	23.99	22	27.69		$d=(14)$	70	96.97	58	110.6
32	25.21	24	29.45	20	36.93	75	103.0	60	113.7
34	26.44	26	31.22	22	39.33	80	109.0	62	116.8
36	27.66	28	32.98	24	41.73	85	115.0	65	121.5
38	28.89	30	34.75	26	44.14	90	121.0	68	126.3
40	30.11	32	36.51	28	46.54	95	127.0	70	129.4
42	31.34	34	38.27	30	48.94	100	133.0	75	137.2
44	32.56	36	40.04	32	51.34		$d=16$	80	145.1
46	33.79	38	41.80	34	53.74	24	57.24	85	152.9
48	35.01	40	43.57	36	56.14	26	60.38	90	160.8
50	36.24	42	45.33	38	58.54	28	63.51	95	168.6
52	37.46	44	47.10	40	60.95	30	66.65	100	176.4
55	39.30	46	48.86	42	63.35	32	69.79		
58	41.14	48	50.62	44	65.75	34	72.92		
60	42.37	50	52.39	46	68.15	36	76.06		

7. 沉头铆钉(粗制)

(GB/T 865—1986)

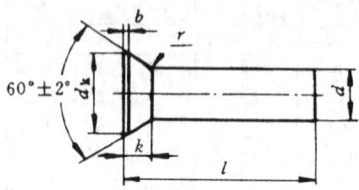

(1) 尺寸(mm)								
公称直径 d			头部直径 d_k		头部 高度	平边 厚度	圆角 半径	公称长度 l
公称	max	min	max	min	$k\approx$	b max	r max	范围
12	12.3	11.7	19.6	17.6	6	0.6	0.5	20～75
(14)	14.3	13.7	22.5	20.6	7	0.6	0.5	20～100
16	16.3	15.7	25.7	23.7	8	0.6	0.5	24～100
(18)	18.3	17.7	29	27	9	0.8	0.5	28～150
20	20.35	19.65	33.4	30.6	11	0.8	0.8	30～150
(22)	22.35	21.65	37.4	34.6	12	0.8	0.8	38～180
24	24.35	23.65	40.4	37.6	13	0.8	0.8	50～180
(27)	26.65	26.65	44.4	41.6	14	0.8	0.8	55～180
30	30.35	29.65	51.4	48.6	17	0.8	0.8	60～200
36	36.4	35.6	59.8	56.2	19	0.8	0.8	65～200

公称长度 l	公称	20～30	32～50	52～80	85～120	130～180	190 200
	公差	±0.65	±0.8	±0.95	±1.1	±1.3	±1.45

(续)

	(2) 每千件钢制品大约重量 G(kg)								
l	G	l	G	l	G	l	G	l	G
d = 12		d = (14)		d = (14)		d = 16		d = (18)	
20	25.14	20	36.01	85	114.1	70	128.0	65	155.7
22	26.90	22	38.41	90	120.1	75	135.8	70	165.7
24	28.66	24	40.81	95	126.1	80	143.7	75	175.6
26	30.43	26	43.21	100	132.1	85	151.5	80	185.5
28	32.19	28	45.61	d = 16		90	159.3	85	195.4
30	33.96	30	48.01	24	55.83	95	167.2	90	205.3
32	35.72	32	50.41	26	58.97	100	175.0	95	215.3
35	38.37	35	54.02	28	62.10	d = (18)		100	225.2
38	41.01	38	57.62	30	65.24	28	82.28	110	245.0
40	42.78	40	60.02	32	68.38	30	86.25	120	264.9
42	44.54	42	62.42	35	73.08	32	90.22	130	284.7
45	47.19	45	66.02	38	77.79	35	96.18	140	304.6
48	49.84	48	69.63	40	80.92	38	102.1	150	324.4
50	51.60	50	72.03	45	88.76	40	106.1	d = 20	
52	53.36	52	74.43	48	93.47	42	110.1	30	114.0
55	56.01	55	78.03	50	96.61	45	116.0	32	119.0
58	58.66	58	81.63	52	99.74	48	122.0	35	126.3
60	60.42	60	84.03	55	104.5	50	126.0	38	133.7
65	64.83	65	90.04	58	109.2	52	129.0	40	138.6
70	69.24	70	96.04	65	120.1	55	135.9	42	143.5
75	73.65	75	102.0			58	141.8	45	150.8
		80	108.1			60	145.8	48	158.2

注：1. d—公称直径；l—公称长度(mm)。
　　2. 表列规格为商品规格。带括号的规格尽量不采用。

（续）

（2）每千件钢制品大约重量 G(kg)									
l	G	l	G	l	G	l	G	l	G
$d=20$		$d=(22)$		$d=24$		$d=(27)$		$d=30$	
50	163.1	55	220.5	70	320.6	100	544.8	180	1152
52	168.0	58	229.4	75	338.3	110	589.5	190	1208
55	175.3	60	235.4	80	355.9	120	634.1	200	1263
58	182.7	65	250.2	85	373.6	130	678.8	$d=36$	
60	187.6	70	265.0	90	391.2	140	723.5	65	758.9
65	199.8	75	279.8	95	408.8	150	768.1	70	798.6
70	212.1	80	294.7	100	426.5	160	812.8	75	838.3
75	224.3	85	309.5	110	461.8	170	857.4	80	877.9
80	236.6	90	324.3	120	497.1	180	902.1	85	917.6
85	248.8	95	339.2	130	532.4	$d=30$		90	957.3
90	261.1	100	354.0	140	567.6	60	490.8	95	997.0
95	273.3	110	383.6	150	602.9	65	518.4	100	1037
100	285.6	120	413.3	160	638.2	70	546.0	110	1116
110	310.1	130	442.9	170	673.5	75	573.5	120	1196
120	334.6	140	472.6	180	708.8	80	601.1	130	1275
130	359.1	150	502.2	$d=(27)$		85	628.7	140	1354
140	383.6	160	531.9	55	343.8	90	656.2	150	1434
150	408.1	170	561.5	58	357.2	95	683.8	160	1513
$d=(22)$		180	591.2	60	366.2	100	711.4	170	1593
38	170.1	$d=24$		65	388.5	110	766.5	180	1672
40	176.1	50	250.1	70	410.8	120	821.6	190	1751
42	182.0	52	257.1	75	433.2	130	876.8	200	1831
45	190.9	55	267.7	80	455.5	140	931.9		
48	199.8	58	278.3	85	477.8	150	987.0		
50	205.7	60	285.3	90	500.2	160	1042		
52	211.7	65	303.0	95	522.5	170	1097		

8. 半 沉 头 铆 钉

(GB/T 870—1986)

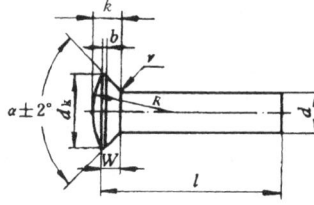

$d \leqslant 10\text{mm}, \ \alpha = 90°$

$d \geqslant 12\text{mm}, \ \alpha = 60°$

(1) 尺寸(mm)										
公称直径 d			头部直径 d_k		头部 高度 k ≈	沉头 高度 W ≈	平边 宽度 b max	头部 半径 R ≈	圆角 半径 r max	公称长度 l 范围
公称	max	min	max	min						
1	1.06	0.94	2.03	1.77	0.8	0.5	0.2	1.8	0.1	2～8
(1.2)	1.26	1.14	2.23	1.97	0.85	0.5	0.2	1.8	0.1	2.5～8
1.4	1.46	1.34	2.83	2.57	1.1	0.7	0.2	2.5	0.1	3～12
(1.6)	1.66	1.54	3.03	2.77	1.15	0.7	0.2	2.6	0.1	3～12
2	2.06	1.94	4.05	3.75	1.55	1	0.2	3.8	0.1	3.5～16
2.5	2.56	2.44	4.75	4.45	1.8	1.1	0.2	4.2	0.1	5～18
3	3.06	2.94	5.35	5.05	2.05	1.2	0.2	4.5	0.1	5～22
(3.5)	3.58	3.42	6.28	5.92	2.4	1.4	0.4	5.3	0.3	6～24
4	4.08	3.92	7.18	6.82	2.7	1.6	0.4	6.3	0.3	6～30
5	5.08	4.92	8.98	8.62	3.4	2	0.4	7.6	0.3	6～50
6	6.08	5.92	10.62	10.18	4	2.4	0.4	9.5	0.3	6～50
8	8.1	7.9	14.22	13.78	5.2	3.2	0.4	13.6	0.3	12～60
10	10.1	9.9	17.82	17.38	6.6	4	0.4	17	0.3	16～75
12	12.12	11.88	18.86	18.34	8.8	6	0.4	17.5	0.4	18～75
(14)	14.12	13.88	21.76	21.24	10.4	7	0.5	19.5	0.4	20～100
16	16.12	15.88	24.96	24.44	11.4	8	0.5	24.7	0.4	24～100

(1) 尺寸(mm)								
公称长度 l	公称	2～3	3.5～6	7～10	11～18	19～30	32～50	52～80	85～100
	公差	±0.2	±0.24	±0.29	±0.35	±0.42	±0.5	±0.6	±0.7

(2) 每千件钢制品大约重量 G(kg)									
l	G	l	G	l	G	l	G	l	G
d=1		d=1.4		d=(1.6)		d=2		d=3	
2	0.02	3	0.07	8	0.16	15	0.46	5	0.49
2.5	0.03	3.5	0.07	9	0.18	16	0.48	6	0.55
3	0.03	4	0.08	10	0.19	d=2.5		7	0.60
3.5	0.03	5	0.09	11	0.21	5	0.34	8	0.66
4	0.04	6	0.10	12	0.22	6	0.38	9	0.71
5	0.04	7	0.11	d=2		7	0.41	10	0.77
6	0.05	8	0.13	3.5	0.17	8	0.45	11	0.82
7	0.05	9	0.14	4	0.19	9	0.49	12	0.88
8	0.06	10	0.15	5	0.21	10	0.53	13	0.93
d=(1.2)		11	0.16	6	0.24	11	0.57	14	0.99
2.5	0.04	12	0.17	7	0.26	12	0.61	15	1.04
3	0.04	d=(1.6)		8	0.29	13	0.64	16	1.10
3.5	0.04	3	0.08	9	0.31	14	0.68	17	1.15
4	0.05	3.5	0.09	10	0.33	15	0.72	18	1.21
5	0.06	4	0.10	11	0.36	16	0.76	19	1.26
6	0.07	5	0.11	12	0.38	17	0.80	20	1.32
7	0.08	6	0.13	13	0.41	18	0.84	22	1.43
8	0.08	7	0.15	14	0.43				

注：1. d—公称直径；l—公称长度(mm)。
　　2. 表列规格为通用规格。带括号的规格尽量不采用。

| \multicolumn{10}{c}{(2) 每千件钢制品大约重量 G（kg）} |

l	G	l	G	l	G	l	G	l	G
\multicolumn{2}{c}{$d=(3.5)$}	\multicolumn{2}{c}{$d=4$}	\multicolumn{2}{c}{$d=5$}	\multicolumn{2}{c}{$d=6$}	\multicolumn{2}{c}{$d=8$}
6	0.80	13	1.79	17	3.63	11	4.13	12	8.79
7	0.87	14	1.89	18	3.79	12	4.36	13	9.18
8	0.95	15	1.99	19	3.94	13	4.58	14	9.57
9	1.02	16	2.09	20	4.09	14	4.80	15	9.96
10	1.10	17	2.19	22	4.40	15	5.02	16	10.35
11	1.17	18	2.28	24	4.71	16	5.24	17	10.75
12	1.25	19	2.38	26	5.01	17	5.46	18	11.14
13	1.32	20	2.48	28	5.32	18	5.68	19	11.53
14	1.40	22	2.68	30	5.63	19	5.90	20	11.92
15	1.47	24	2.87	32	5.93	20	6.12	22	12.71
16	1.55	26	3.07	34	6.24	22	6.56	24	13.49
17	1.62	28	3.26	36	6.54	24	7.00	26	14.28
18	1.70	30	3.46	38	6.85	26	7.44	28	15.06
19	1.77	\multicolumn{2}{c}{$d=5$}	40	7.16	28	7.88	30	15.84
20	1.85	6	1.95	42	7.46	30	8.33	32	16.63
22	2.00	7	2.10	44	7.77	32	8.77	34	17.41
24	2.15	8	2.26	46	8.08	34	9.21	36	18.20
\multicolumn{2}{c}{$d=4$}	9	2.41	48	8.38	36	9.65	38	18.98
6	1.11	10	2.56	50	8.69	38	10.09	40	19.76
7	1.21	11	2.72	\multicolumn{2}{c}{$d=6$}	40	10.53	42	20.55
8	1.30	12	2.87	6	3.03	42	10.97	44	21.33
9	1.40	13	3.02	7	3.25	44	11.41	46	22.12
10	1.50	14	3.18	8	3.47	46	11.85	48	22.90
11	1.60	15	3.33	9	3.69	48	12.29	50	23.68
12	1.70	16	3.48	10	3.91	50	12.74	52	24.47

(续)

l	G	l	G	l	G	l	G	l	G
d = 8		d = 10		d = 12		d = (14)		d = 16	
55	25.65	55	41.98	48	53.81	46	73.35	38	85.87
58	26.82	58	43.81	50	55.57	48	75.75	40	89.01
60	27.61	60	45.04	52	57.34	50	78.16	42	92.15
d = 10		62	46.26	55	59.98	52	80.56	44	95.28
16	18.08	65	48.10	58	62.63	55	84.16	46	98.42
17	18.70	68	49.94	60	64.39	58	87.76	48	101.6
18	19.31	70	51.16	62	66.16	60	90.16	50	104.7
19	19.92	75	54.23	65	68.80	62	92.56	52	107.8
20	20.53	d = 12		68	71.45	65	96.17	55	112.5
22	21.76	18	27.34	70	73.21	68	99.77	58	117.2
24	22.98	19	28.22	75	77.63	70	102.2	60	120.4
26	24.21	20	29.11	d = (14)		75	108.2	62	123.5
28	25.43	22	30.87	20	42.13	80	114.2	65	128.2
30	26.66	24	32.64	22	44.54	85	120.2	68	132.9
32	27.89	26	34.40	24	46.94	90	126.2	70	136.1
34	29.11	28	36.16	26	49.34	95	132.2	75	143.9
36	30.34	30	37.93	28	51.74	100	138.2	80	151.7
38	31.56	32	39.69	30	54.14	d = 16		85	159.6
40	32.79	34	41.46	32	56.54	24	63.92	90	167.4
42	34.01	36	43.22	34	58.94	26	67.05	95	175.3
44	35.24	38	44.99	36	61.35	28	70.19	100	183.1
46	36.46	40	46.75	38	63.75	30	73.33		
48	37.69	42	48.51	40	66.15	32	76.46		
50	38.91	44	50.28	42	68.55	34	79.60		
52	40.14	46	52.04	44	70.95	36	82.74		

9. 半沉头铆钉(粗制)

(GB/T 866—1986)

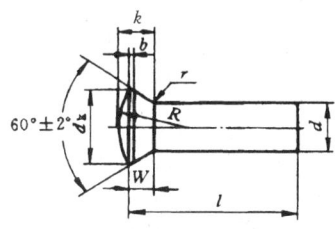

(1) 尺寸(mm)									
公称直径 d			头部直径 d_k		头部 高度 k ≈	沉头 高度 W ≈	平边 厚度 b max	圆头 半径 R ≈	圆角 半径 r max	公称 长度 l 范围
公称	max	min	max	min						
12	12.3	11.7	19.6	17.6	8.8	6	0.6	17.5	0.5	20～75
(14)	14.3	13.7	22.5	20.5	10.4	7	0.6	19.5	0.5	20～100
16	16.3	15.7	25.7	23.7	11.4	8	0.6	24.7	0.5	24～100
(18)	18.3	17.7	29	27	12.8	9	0.8	27.7	0.5	28～150
20	20.35	19.65	33.4	30.6	15.3	11	0.8	32	0.8	30～150
(22)	22.35	21.65	37.4	34.6	16.8	12	0.8	35	0.8	38～180
24	24.35	23.65	40.4	37.4	18.3	13	0.8	38.5	0.8	50～180
(27)	27.35	26.65	44.4	41.6	19.5	14	0.8	44.5	0.8	55～180
30	30.35	29.65	51.4	48.6	23	17	0.8	55	0.8	60～200
36	36.4	35.6	59.8	56.2	26	19	0.8	63.6	0.8	65～200

公称长度 l	公称	20～30	32～50	52～80	85～120	130～180	190、200
	公差	±0.65	±0.8	±0.95	±1.1	±1.3	±1.45

（2）每千件钢制品大约重量 G(kg)									
l	G	l	G	l	G	l	G	l	G
d = 12		d = (14)		d = (14)		d = 16		d = (18)	
20	28.32	20	41.07	85	119.1	70	134.7	65	165.1
22	30.08	22	43.47	90	125.1	75	142.5	70	175.0
24	31.85	24	45.87	95	131.1	80	150.3	75	184.9
26	33.61	26	48.27	100	137.1	85	158.2	80	194.9
28	35.38	28	50.67	d = 16		90	166.0	85	204.8
30	37.14	30	53.07	24	62.51	95	173.9	90	214.7
32	38.90	32	55.48	26	65.64	100	181.7	95	224.6
35	41.55	35	59.08	28	68.78	d = (18)		100	234.6
38	44.20	38	62.68	30	71.92	28	91.64	110	254.4
40	45.96	40	65.08	32	75.05	30	95.61	120	274.2
42	47.73	42	67.48	35	79.76	32	99.58	130	294.1
45	50.37	45	71.08	38	84.46	35	105.5	140	313.9
48	53.02	48	74.69	40	87.60	38	111.5	150	333.8
50	54.78	50	77.09	42	90.74	40	115.5	d = 20	
52	56.55	52	79.49	45	95.44	42	119.4	30	127.9
55	59.19	55	83.09	48	100.2	45	125.4	32	132.8
58	61.84	58	86.69	50	103.3	48	131.3	35	140.2
60	63.60	60	89.10	52	106.4	50	135.3	38	147.5
65	68.01	65	95.10	55	111.1	52	139.3	40	152.4
70	72.43	70	101.1	58	115.8	55	145.2	42	157.3
75	76.84	75	107.1	65	126.8	58	151.2	45	164.7
		80	113.1			60	155.2	48	172.0

注：1. d—公称直径；l—公称长度(mm)。

2. 表列规格为通用规格。带括号的规格尽量不采用。

(2) 每千件钢制品大约重量 G(kg)									
l	G	l	G	l	G	l	G	l	G
d = 20		d = (22)		d = 24		d = (27)		d = 30	
50	176.9	55	240.0	70	345.9	100	576.4	180	1199
52	181.8	58	248.9	75	363.6	110	621.1	190	1254
55	189.2	60	254.8	80	381.2	120	665.8	200	1310
58	196.5	65	269.6	85	398.8	130	710.4	d = 36	
60	201.4	70	284.4	90	416.5	140	755.1	65	832.4
65	213.7	75	299.3	95	434.1	150	799.7	70	872.1
70	225.9	80	314.1	100	451.8	160	844.4	75	911.8
75	238.2	85	328.9	110	487.1	170	889.1	80	951.5
80	250.4	90	343.7	120	522.3	180	933.7	85	991.2
85	262.7	95	358.6	130	557.6	d = 30		90	1031
90	274.9	100	373.4	140	592.9	60	537.6	95	1071
95	287.2	110	403.0	150	628.2	65	565.1	100	1110
100	299.4	120	432.7	160	663.5	70	592.7	110	1190
110	323.9	130	462.3	170	698.8	75	620.3	120	1269
120	348.4	140	492.0	180	734.1	80	647.8	130	1349
130	372.9	150	521.6	d = (27)		85	675.4	140	1428
140	397.4	160	551.3	55	375.5	90	703.0	150	1507
150	422.0	170	580.9	58	388.9	95	730.5	160	1587
d = (22)		180	610.6	60	397.8	100	758.1	170	1666
38	189.6	d = 24		65	420.1	110	813.2	180	1746
40	195.5	50	275.3	70	442.5	120	868.4	190	1825
42	201.4	52	282.4	75	464.8	130	923.5	200	1904
45	210.3	55	293.0	80	487.1	140	978.7		
48	219.2	58	303.6	85	509.5	150	1034		
50	225.1	60	310.6	90	531.8	160	1089		
52	231.1	65	328.3	95	554.1	170	1144		

10. 120°沉头铆钉

(GB/T 954—1986)

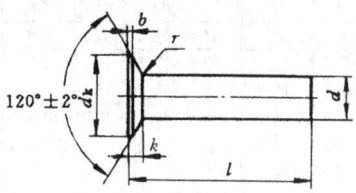

(1) 尺寸(mm)

公称直径 d			头部直径 d_k		头部高度 $k \approx$	平边厚度 b max	圆角半径 r max	公称长度 l 范围
公称	max	min	max	min				
(1.2)	1.26	1.14	2.83	2.57	0.5	0.2	0.1	1.5~6
1.4	1.46	1.34	3.45	3.15	0.6	0.2	0.1	2.5~8
(1.6)	1.66	1.54	3.95	3.65	0.7	0.2	0.1	2.5~10
2	2.06	1.94	4.75	4.45	0.8	0.2	0.1	3~10
2.5	2.56	2.44	5.35	5.05	0.9	0.2	0.1	4~15
3	3.06	2.94	6.28	5.92	1	0.2	0.1	5~20
(3.5)	3.58	3.42	7.08	6.72	1.1	0.4	0.3	6~36
4	4.08	3.92	7.98	7.62	1.2	0.4	0.3	6~42
5	5.08	4.92	9.68	9.32	1.4	0.4	0.3	7~50
6	6.08	5.92	11.72	11.28	1.7	0.4	0.3	8~50
8	8.1	7.9	15.82	15.38	2.3	0.4	0.3	10~50

公称长度 l	公称	1.5~3	3.5~6	7~10	11~18	19~30	32~50
	公差	±0.2	±0.24	±0.29	±0.35	±0.42	±0.5

				每千件钢制品大约重量 G(kg)	(2)				
l	*G*	*l*	*G*	*l*	*G*	*l*	*G*	*l*	*G*
d=(1.2)		*d*=(1.6)		*d*=2.5		*d*=3		*d*=(3.5)	
1.5	0.02	4	0.09	7	0.34	16	1.00	22	1.82
2	0.03	5	0.11	8	0.38	17	1.05	24	1.97
2.5	0.03	6	0.12	9	0.42	18	1.11	26	2.12
3	0.04	7	0.14	10	0.45	19	1.16	28	2.27
3.5	0.04	8	0.15	11	0.49	20	1.22	30	2.42
4	0.04	9	0.17	12	0.53	*d*=(3.5)		32	2.57
5	0.05	10	0.18	13	0.57	6	0.61	34	2.72
6	0.06	*d*=2		14	0.61	7	0.69	36	2.87
d=1.4		3	0.12	15	0.65	8	0.76	*d*=4	
2.5	0.05	3.5	0.13	*d*=3		9	0.84	6	0.82
3	0.05	4	0.15	5	0.39	10	0.91	7	0.92
3.5	0.06	5	0.17	6	0.44	11	0.99	8	1.02
4	0.07	6	0.20	7	0.50	12	1.06	9	1.12
5	0.08	7	0.22	8	0.55	13	1.14	10	1.22
6	0.09	8	0.25	9	0.61	14	1.21	11	1.31
7	0.10	9	0.27	10	0.66	15	1.29	12	1.41
8	0.11	10	0.29	11	0.72	16	1.37	13	1.51
d=(1.6)		*d*=2.5		12	0.78	17	1.44	14	1.61
2.5	0.07	4	0.22	13	0.83	18	1.52	15	1.71
3	0.07	5	0.26	14	0.89	19	1.59	16	1.80
3.5	0.08	6	0.30	15	0.94	20	1.67	17	1.90

注：1. *d*—公称直径；*l*—公称长度(mm)。

2. 表列规格为通用规格。带括号的规格尽量不采用。

（续）

（2）每千件钢制品大约重量 G(kg)

l	G	l	G	l	G	l	G	l	G
d=4		d=5		d=5		d=6		d=8	
18	2.00	12	2.26	44	7.16	26	6.49	16	8.18
19	2.10	13	2.42	46	7.47	28	6.93	17	8.57
20	2.20	14	2.57	48	7.78	30	7.37	18	8.96
22	2.39	15	2.72	50	8.08	32	7.81	19	9.35
24	2.59	16	2.88	d=6		34	8.25	20	9.75
26	2.78	17	3.03	8	2.52	36	8.69	22	10.53
28	2.98	18	3.18	9	2.74	38	9.13	24	11.31
30	3.18	19	3.33	10	2.96	40	9.58	26	12.10
32	3.37	20	3.49	11	3.18	42	10.02	28	12.83
34	3.57	22	3.79	12	3.40	44	10.46	30	13.67
36	3.76	24	4.10	13	3.62	46	10.90	32	14.45
38	3.96	26	4.41	14	3.84	48	11.34	34	15.23
40	4.16	28	4.71	15	4.06	50	11.78	36	16.02
42	4.35	30	5.02	16	4.28	d=8		38	16.80
d=5		32	5.33	17	4.50	10	5.83	40	17.59
7	1.50	34	5.63	18	4.72	11	6.22	42	18.37
8	1.65	36	5.94	19	4.94	12	6.61	44	19.16
9	1.80	38	6.24	20	5.16	13	7.00	46	19.94
10	1.96	40	6.55	22	5.61	14	7.39	48	20.72
11	2.11	42	6.86	24	6.05	15	7.79	50	21.51

11. 120°半沉头铆钉

(GB/T 1012—1986)

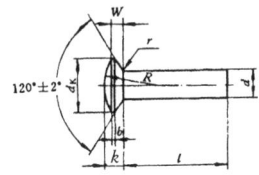

(1) 尺寸(mm)										
公称直径 d			头部直径 d_k		头部 高度 k	沉头 高度 W	平边 厚度 b	头部 半径 R	圆角 半径 r	公称 长度 l 范围
公称	max	min	max	min	≈	≈	max	≈	max	
3	3.06	2.94	6.28	5.92	1.8	1	0.2	6.5	0.1	5～24
(3.5)	3.58	3.42	7.08	6.72	1.9	1.1	0.4	7.5	0.3	6～28
4	4.08	3.92	7.98	7.62	2	1.2	0.4	11	0.3	6～32
5	5.08	4.92	9.68	9.32	2.2	1.4	0.4	15.7	0.3	8～40
6	6.08	5.92	11.72	11.28	2.5	1.7	0.4	19	0.3	10～40

公称长度 l	公称	5、6	7～10	11～18	19～30	32～40
	公差	±0.24	±0.29	±0.35	±0.42	±0.5

(续)

（2）每千件钢制品大约重量 G(kg)									
l	G	l	G	l	G	l	G	l	G
d＝3		d＝(3.5)		d＝4		d＝5		d＝6	
5	0.49	9	0.95	11	1.48	13	2.66	13	3.91
6	0.54	10	1.03	12	1.58	14	2.81	14	4.14
7	0.60	11	1.10	13	1.68	15	2.96	15	4.36
8	0.65	12	1.18	14	1.78	16	3.12	16	4.58
9	0.71	13	1.25	15	1.87	17	3.27	17	4.80
10	0.76	14	1.33	17	2.07	18	3.42	18	5.02
11	0.82	15	1.40	18	2.17	19	3.58	19	5.24
12	0.87	16	1.48	19	2.27	20	3.73	20	5.46
13	0.93	17	1.55	20	2.37	22	4.04	22	5.90
14	0.98	18	1.63	22	2.56	24	4.34	24	6.34
15	1.04	19	1.70	24	2.76	26	4.65	26	6.78
16	1.09	20	1.78	26	2.95	28	4.95	28	7.22
17	1.15	22	1.93	28	3.15	30	5.26	30	7.66
18	1.20	24	2.08	30	3.35	32	5.57	32	8.10
19	1.26	26	2.23	32	3.54	34	5.87	34	8.55
20	1.31	28	2.38	d＝5		36	6.18	36	8.99
22	1.42	d＝4		8	1.89	38	6.49	38	9.43
24	1.53	6	0.99	9	2.04	40	6.79	40	9.87
d＝(3.5)		7	1.09	10	2.20	d＝6			
6	0.73	8	1.19	11	2.35	10	3.25		
7	0.80	9	1.29	12	2.50	11	3.47		
8	0.88	10	1.38	d＝6		12	3.69		

注：1. d—公称直径；l—公称长度(mm)。
2. 表列规格为通用规格。带括号的规格尽量不采用。

24.42

12. 平 头 铆 钉

(GB/T 109—1986)

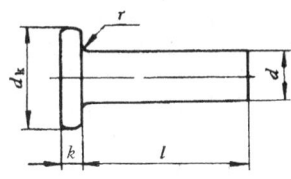

(1) 尺寸(mm)								
公称直径 d			头部直径 d_k		头部高度 k		圆角 半径	公称长度 l
公称	max	min	max	min	max	min	r max	范围
2	2.06	1.94	4.24	3.76	1.2	0.8	0.1	4～8
2.5	2.56	2.44	5.24	4.76	1.4	1	0.1	5～10
3	3.06	2.94	6.24	5.76	1.6	2	0.1	6～14
(3.5)	3.58	3.42	7.29	6.71	1.8	1.4	0.3	6～18
4	4.08	3.92	8.29	7.71	2	1.6	0.3	8～22
5	5.08	4.92	10.29	9.71	2.2	1.8	0.3	10～26
6	6.08	5.92	12.35	11.65	2.6	2.2	0.3	12～30
8	8.1	7.9	16.35	15.65	3	2.6	0.5	16～30
10	10.1	9.9	20.42	19.58	3.44	2.96	0.5	20～30

公称长度 l	公称	4～6	7～10	11～18	19～30
	公差	±0.24	±0.29	±0.35	±0.42

\(2\) 每千件钢制品大约重量 G(kg)									
l	G	l	G	l	G	l	G	l	G
$d=2$		$d=3$		$d=4$		$d=5$		$d=6$	
4	0.17	13	0.96	11	1.66	18	3.80	30	8.45
5	0.19	14	1.02	12	1.76	19	3.95	$d=8$	
6	0.22	$d=(3.5)$		13	1.86	20	4.10	16	10.17
7	0.24	6	0.84	14	1.95	22	4.41	17	10.57
8	0.27	7	0.91	15	2.05	24	4.72	18	10.96
$d=2.5$		8	0.99	16	2.15	26	5.02	19	11.35
5	0.33	9	1.06	17	2.25	$d=6$		20	11.74
6	0.37	10	1.14	18	2.35	12	4.48	22	12.53
7	0.41	11	1.21	19	2.44	13	4.70	24	13.31
8	0.45	12	1.29	20	2.54	14	4.92	26	14.09
9	0.48	13	1.36	22	2.74	15	5.14	28	14.88
10	0.52	14	1.44	$d=5$		16	5.36	30	15.66
$d=3$		15	1.51	10	2.57	17	5.58	$d=10$	
6	0.57	16	1.59	11	2.72	18	5.80	20	19.20
7	0.63	17	1.66	12	2.88	19	6.02	22	20.43
8	0.68	18	1.74	13	3.03	20	6.24	24	21.65
9	0.74	$d=4$		14	3.18	22	6.68	26	22.88
10	0.80	8	1.37	15	3.34	24	7.12	28	24.10
11	0.85	9	1.46	16	3.49	26	7.56	30	25.33
12	0.91	10	1.56	17	3.64	28	8.00		

注：1. d—公称直径；l—公称长度(mm)。

2. 表列规格为商品规格。带括号的规格尽量不采用。

13. 扁平头铆钉

(GB/T 872—1986)

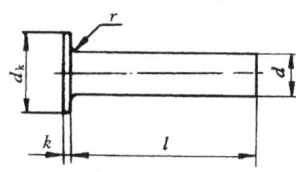

(1) 尺寸(mm)								
公称直径 d			头部直径 d_k		头部高度 k		圆角 半径 r max	公称 长度 l 范围
公称	max	min	max	min	max	min		
(1.2)	1.26	1.14	2.4	2.2	0.58	0.42	0.1	1.5～6
1.4	1.46	1.34	2.7	2.3	0.58	0.42	0.1	2～7
(1.6)	1.66	1.54	3.2	2.8	0.58	0.42	0.1	2～8
2	2.06	1.94	3.74	3.26	0.68	0.52	0.1	2～13
2.5	2.56	2.44	4.74	4.26	0.68	0.52	0.1	3～15
3	3.06	2.94	5.74	5.26	0.88	0.72	0.1	3.5～30
(3.5)	3.58	3.42	6.79	6.21	0.88	0.72	0.3	5～36
4	4.08	3.92	7.79	7.21	1.13	0.87	0.3	5～40
5	5.08	4.92	9.79	9.21	1.13	0.87	0.3	6～50
6	6.08	5.92	11.85	11.15	1.33	1.07	0.3	7～50
8	8.1	7.9	15.85	15.15	1.33	1.07	0.3	9～50
10	10.1	9.9	19.42	18.58	1.63	1.37	0.3	10～50

公称长度 l	公称	1.5～3	3.5～6	7～10	11～18	19～30	32～50
	公差	±0.2	±0.24	±0.29	±0.35	±0.42	±0.5

（续）

(2) 每千件钢制品大约重量 G(kg)

l	G	l	G	l	G	l	G	l	G
d=(1.2)		d=(1.6)		d=2.5		d=3		d=(3.5)	
1.5	0.02	6	0.11	7	0.33	17	1.06	19	1.60
2	0.03	7	0.13	8	0.36	18	1.11	20	1.67
2.5	0.03	8	0.15	9	0.40	19	1.17	22	1.82
3	0.04	d=2		10	0.44	20	1.22	24	1.97
3.5	0.04	2	0.08	11	0.48	22	1.34	26	2.12
4	0.05	2.5	0.10	12	0.52	24	1.45	28	2.27
5	0.05	3	0.11	13	0.56	26	1.56	30	2.42
6	0.06	3.5	0.12	14	0.59	28	1.67	32	2.57
d=1.4		4	0.13	15	0.63	30	1.78	34	2.72
2	0.04	5	0.16	d=3		d=(3.5)		36	2.87
2.5	0.04	6	0.18	3.5	0.32	5	0.55	d=4	
3	0.05	7	0.21	4	0.34	6	0.62	5	0.77
3.5	0.06	8	0.23	5	0.40	7	0.70	6	0.87
4	0.06	9	0.25	6	0.45	8	0.77	7	0.96
5	0.07	10	0.28	7	0.51	9	0.85	8	1.06
6	0.09	11	0.30	8	0.56	10	0.92	9	1.16
7	0.10	12	0.33	9	0.62	11	1.00	10	1.26
d=(1.6)		13	0.35	10	0.67	12	1.07	11	1.36
2	0.05	d=2.5		11	0.73	13	1.15	12	1.45
2.5	0.06	3	0.17	12	0.78	14	1.22	13	1.55
3	0.07	3.5	0.19	13	0.84	15	1.30	14	1.65
3.5	0.08	4	0.21	14	0.89	16	1.37	15	1.75
4	0.08	5	0.25	15	0.95	17	1.45	16	1.85
5	0.10	6	0.29	16	1.00	18	1.52	17	1.94

注：1. d—公称直径；l—公称长度(mm)。
2. 表列规格为商品规格。带括号的规格尽量不采用。

\(2\) 每千件钢制品大约重量 G(kg)										
l	G	l	G	l	G	l	G	l	G
$d=4$		$d=5$		$d=6$		$d=8$		$d=10$	
18	2.04	18	3.21	14	3.90	12	6.21	11	9.64
19	2.14	19	3.36	15	4.12	13	6.60	12	10.25
20	2.24	20	3.52	16	4.34	14	6.99	13	10.86
22	2.43	22	3.82	17	4.56	15	7.39	14	11.47
24	2.63	24	4.13	18	4.78	16	7.78	15	12.09
26	2.83	26	4.43	19	5.01	17	8.17	16	12.70
28	3.02	28	4.74	20	5.23	18	8.56	17	13.31
30	3.22	30	5.05	22	5.67	19	8.95	18	13.92
32	3.41	32	5.35	24	6.11	20	9.35	19	14.54
34	3.61	34	5.66	26	6.55	22	10.13	20	15.15
36	3.81	36	5.97	28	6.99	24	10.91	22	16.37
38	4.00	38	6.27	30	7.43	26	11.70	24	17.60
40	4.20	40	6.58	32	7.87	28	12.48	26	18.83
$d=5$		42	6.88	34	8.31	30	13.27	28	20.05
6	1.37	44	7.19	36	8.75	32	14.05	30	21.28
7	1.52	46	7.50	38	9.20	34	14.83	32	22.50
8	1.68	48	7.80	40	9.64	36	15.62	34	23.73
9	1.83	50	8.11	42	10.08	38	16.40	36	24.95
10	1.98	$d=6$		44	10.52	40	17.19	38	26.18
11	2.14	7	2.36	46	10.96	42	17.97	40	27.40
12	2.29	8	2.58	48	11.40	44	18.76	42	28.63
13	2.44	9	2.80	50	11.84	46	19.54	44	29.85
14	2.60	10	3.02	$d=8$		48	20.32	46	31.08
15	2.75	11	3.24	9	5.03	50	21.11	48	32.30
16	2.90	12	3.46	10	5.43	$d=10$		50	33.53
17	3.06	13	3.68	11	5.82	10	9.02		

14. 扁圆头铆钉

(GB/T 871—1986)

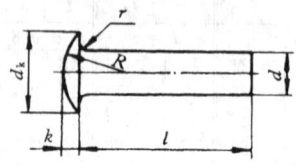

(1) 尺寸(mm)									
公称直径 d			头部直径 d_k		头部高度 k		圆头 半径 $R \approx$	圆角 半径 r max	公称长度 l 范围
公称	max	min	max	min	max	min			
(1.2)	1.26	1.14	2.6	2.2	0.6	0.4	1.7	0.1	1.5～6
1.4	1.46	1.34	3	2.6	0.7	0.5	1.9	0.1	2～8
(1.6)	1.66	1.54	3.44	2.96	0.8	0.6	2.2	0.1	2～8
2	2.06	1.94	4.24	3.76	0.9	0.7	2.9	0.1	2～13
2.5	2.56	2.44	5.24	4.76	0.9	0.7	4.3	0.1	3～16
3	3.06	2.94	6.24	5.76	1.2	0.8	5	0.1	3.5～30
(3.5)	3.58	3.42	7.29	6.71	1.4	1	5.7	0.3	5～36
4	4.08	3.92	8.29	7.71	1.5	1.1	6.8	0.3	5～40
5	5.08	4.92	10.29	9.71	1.9	1.5	8.7	0.3	6～50
6	6.08	5.92	12.35	11.65	2.4	2	9.3	0.3	7～50
8	8.1	7.9	16.35	15.65	3.2	2.8	12.2	0.3	9～50
10	10.1	9.9	20.42	19.58	4.24	3.76	14.5	0.3	10～50

公称长度 l	公称	1.5～3	3.5～6	7～10	11～18	19～30	32～50
	公差	±0.2	±0.24	±0.29	±0.35	±0.42	±0.5

\(2\) 每千件钢制品大约重量 G(kg)									
l	G	l	G	l	G	l	G	l	G
$d=(1.2)$		$d=(1.6)$		$d=2.5$		$d=3$		$d=(3.5)$	
1.5	0.02	5	0.10	6	0.28	15	0.90	17	1.41
2	0.02	6	0.11	7	0.32	16	0.96	18	1.48
2.5	0.03	7	0.13	8	0.36	17	1.01	19	1.56
3	0.03	8	0.14	9	0.39	18	1.07	20	1.63
3.5	0.04	$d=2$		10	0.43	19	1.12	22	1.78
4	0.04	2	0.08	11	0.47	20	1.18	24	1.93
5	0.05	2.5	0.09	12	0.51	22	1.29	26	2.08
6	0.06	3	0.11	13	0.55	24	1.40	28	2.23
$d=1.4$		3.5	0.12	14	0.58	26	1.51	30	2.38
2	0.03	4	0.13	15	0.62	28	1.62	32	2.53
2.5	0.04	5	0.15	16	0.66	30	1.73	34	2.68
3	0.05	6	0.18	$d=3$		$d=(3.5)$		36	2.83
3.5	0.05	7	0.20	3.5	0.27	5	0.51	$d=4$	
4	0.06	8	0.23	4	0.29	6	0.58	5	0.68
5	0.07	9	0.25	5	0.35	7	0.66	6	0.78
6	0.08	10	0.28	6	0.41	8	0.73	7	0.88
7	0.09	11	0.30	7	0.46	9	0.81	8	0.97
8	0.11	12	0.33	8	0.52	10	0.88	9	1.07
$d=(1.6)$		13	0.35	9	0.57	11	0.94	10	1.17
2	0.05	$d=2.5$		10	0.63	12	1.03	11	1.27
2.5	0.06	3	0.16	11	0.68	13	1.11	12	1.37
3	0.06	3.5	0.18	12	0.74	14	1.18	13	1.46
3.5	0.07	4	0.20	13	0.79	15	1.26	14	1.56
4	0.08	5	0.24	14	0.85	16	1.33	15	1.66

注：1. d—公称直径；l—公称长度(mm)。
　　2. 表列规格为通用规格。带括号的规格尽量不采用。

(2) 每千件钢制品大约重量 G(kg)

l	G	l	G	l	G	l	G	l	G
d = 4		d = 5		d = 6		d = 8		d = 10	
16	1.76	17	3.06	14	3.93	13	7.26	13	12.55
17	1.86	18	3.21	15	4.15	14	7.65	14	13.17
18	1.96	19	3.36	16	4.37	15	8.05	15	13.78
19	2.05	20	3.52	17	4.60	16	8.44	16	14.39
20	2.15	22	3.82	18	4.82	17	8.83	17	15.00
22	2.35	24	4.13	19	5.04	18	9.22	18	15.62
24	2.54	26	4.43	20	5.26	19	9.61	19	16.23
26	2.74	28	4.74	22	5.70	20	10.01	20	16.84
28	2.94	30	5.05	24	6.14	22	10.79	22	18.07
30	3.13	32	5.35	26	6.58	24	11.57	244	19.29
32	3.33	34	5.66	28	7.02	26	12.36	26	20.52
34	3.52	36	5.97	30	7.46	28	13.14	28	21.74
36	3.72	38	6.27	32	7.90	30	13.93	30	22.97
38	3.92	40	6.58	34	8.34	32	14.71	32	24.19
40	4.11	42	6.88	36	8.79	34	15.49	34	25.42
d = 5		44	7.19	38	9.23	36	16.28	36	26.64
6	1.37	46	7.50	40	9.67	38	17.06	38	27.87
7	1.52	48	7.80	42	10.11	40	17.85	40	29.09
8	1.68	50	8.11	44	10.55	42	18.63	42	30.32
9	1.83	d = 6		46	10.99	44	19.42	44	31.54
10	1.98	7	2.39	48	11.43	46	20.20	46	32.77
11	2.14	8	2.61	50	11.87	48	20.98	48	33.99
12	2.29	9	2.83	d = 8		50	21.77	50	35.22
13	2.44	10	3.05	9	5.69	d = 10			
14	2.60	11	3.27	10	6.09	10	10.72		
15	2.75	12	3.49	11	6.48	11	11.33		
16	2.90	13	3.71	12	6.87	12	11.94		

15. 大扁圆头铆钉

(GB/T 1011—1986)

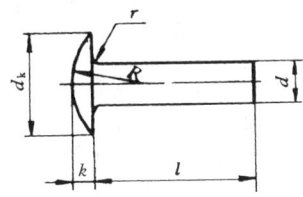

(1) 尺寸(mm)									
公称直径 d			头部直径 d_k		头部高度 k		圆头 半径 $R\approx$	圆角 半径 r max	公称长度 l 范围
公称	max	min	max	min	max	min			
2	2.06	1.94	5.04	4.56	1.0	0.8	3.6	0.1	3.5~16
2.5	2.56	2.44	6.49	5.91	1.4	1.0	4.7	0.1	3.5~20
3	3.06	2.94	7.49	6.91	1.6	1.2	5.4	0.1	3.5~24
(3.5)	3.58	3.42	8.79	8.21	1.9	1.5	6.3	0.3	6~28
4	4.08	3.92	9.89	9.31	2.1	1.7	7.3	0.3	6~32
5	5.08	4.92	12.45	11.75	2.6	2.2	9.1	0.3	8~40
6	6.08	5.92	14.85	14.15	3.0	2.6	10.9	0.3	10~40
8	8.1	7.9	19.92	19.08	4.14	3.66	14.5	0.3	14~50

公称长度 l	公称	3.5~6	7~10	11~18	19~30	32~50
	公差	±0.24	±0.29	±0.35	±0.42	±0.5

\multicolumn{10}{c}{(2) 每千件钢制品大约重量 G(kg)}									
l	G	l	G	l	G	l	G	l	G
$d=2$		$d=2.5$		$d=3$		$d=(3.5)$		$d=4$	
3.5	0.14	11	0.53	15	1.00	20	1.82	26	3.03
4	0.15	12	0.57	16	1.06	22	1.97	28	3.22
5	0.17	13	0.60	17	1.11	24	2.12	30	3.42
6	0.20	14	0.64	18	1.17	26	2.27	32	3.61
7	0.22	15	0.68	19	1.22	28	2.42	$d=5$	
8	0.25	16	0.72	20	1.28	$d=4$		8	2.22
9	0.27	17	0.76	22	1.39	6	1.06	9	2.37
10	0.30	18	0.80	24	1.50	7	1.16	10	2.52
11	0.32	19	0.83	$d=(3.5)$		8	1.26	11	2.68
12	0.35	20	0.87	6	0.77	9	1.36	12	2.83
13	0.37	$d=3$		7	0.85	10	1.46	13	2.98
14	0.40	3.5	0.37	8	0.92	11	1.56	14	3.14
15	0.42	4	0.40	9	1.00	12	1.65	15	3.29
16	0.44	5	0.45	10	1.07	13	1.75	16	3.44
$d=2.5$		6	0.51	11	1.15	14	1.85	17	3.60
3.5	0.24	7	0.56	12	1.22	15	1.95	18	3.75
4	0.26	8	0.62	13	1.30	16	2.05	19	3.90
5	0.30	9	0.67	14	1.37	17	2.14	20	4.06
6	0.34	10	0.73	15	1.45	18	2.24	22	4.36
7	0.38	11	0.78	16	1.52	19	2.34	24	4.67
8	0.41	12	0.84	17	1.60	20	2.44	26	4.97
9	0.45	13	0.90	18	1.67	22	2.63	28	5.28
10	0.49	14	0.95	19	1.75	24	2.83	30	5.59

注: 1. d—公称直径; l—公称长度(mm)

2. 表列规格为通用规格。带括号的规格尽量不采用。

(2) 每千件钢制品大约重量 G(kg)									
l	G	l	G	l	G	l	G	l	G
$d=5$		$d=6$		$d=6$		$d=8$		$d=8$	
32	5.89	14	4.75	28	7.84	16	10.63	32	16.91
34	6.20	15	4.97	30	8.28	17	11.02	34	17.69
36	6.51	16	5.19	32	8.72	18	11.42	36	18.47
38	6.81	17	5.41	34	9.16	19	11.81	38	19.26
40	7.12	18	5.63	36	9.60	20	12.20	40	20.04
$d=6$		19	5.85	38	10.04	22	12.98	42	20.83
10	3.87	20	6.07	40	10.48	24	13.77	44	21.61
11	4.09	22	6.51	$d=8$		26	14.55	46	22.39
12	4.31	24	6.95	14	9.85	28	15.34	48	23.18
13	4.53	26	7.40	15	10.24	30	16.12	50	23.96

16. 扁圆头半空心铆钉

(GB/T 873—1986)

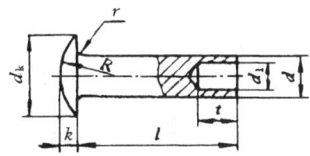

(1) 尺寸(mm)								
公称直径 d			头部直径 d_k		头部高度 k		圆头半径 $R\approx$	圆角半径 r max
公称	max	min	max	min	max	min		
(1.2)	1.26	1.14	2.6	2.2	0.6	0.4	1.7	0.1
1.4	1.46	1.34	3	2.6	0.7	0.5	1.9	0.1
(1.6)	1.66	1.54	3.44	2.96	0.8	0.6	2.2	0.1
2	2.06	1.94	4.24	3.76	0.9	0.7	2.9	0.1
2.5	2.56	2.44	5.24	4.76	0.9	0.7	4.3	0.1
3	3.06	2.94	6.24	5.76	1.2	0.8	5	0.1
(3.5)	3.58	3.42	7.29	6.71	1.4	1	5.7	0.3
4	4.08	3.92	8.29	7.71	1.5	1.1	6.8	0.3
5	5.08	4.92	10.29	9.71	1.9	1.5	8.7	0.3
6	6.08	5.92	12.35	11.65	2.4	2	9.3	0.3
8	8.1	7.9	16.35	15.65	3.2	2.8	12.2	0.3
10	10.1	9.9	20.42	19.58	4.24	3.76	14.5	0.3

公称直径 d	孔径 d_t				孔深 t		公称长度 l 范围
	黑色		有色				
	max	min	max	min	max	min	
(1.2)	0.66	0.56	0.66	0.56	1.44	0.96	1.5~6
1.4	0.77	0.65	0.77	0.65	1.64	1.16	2~8
(1.6)	0.87	0.75	0.87	0.75	1.84	1.36	2~8
2	1.12	0.94	1.12	0.94	2.24	1.76	2~13
2.5	1.62	1.44	1.62	1.44	2.74	2.26	3~16
3	2.12	1.94	2.12	1.94	3.24	2.76	3.5~30
(3.5)	2.32	2.14	2.32	2.14	3.79	3.21	5~36
4	2.62	2.44	2.52	2.34	4.29	3.71	5~40
5	3.66	3.42	3.46	3.22	5.29	4.71	6~50
6	4.66	4.42	4.46	3.92	6.29	5.71	7~50
8	6.16	5.92	4.66	5.92	8.35	7.65	9~50
10	7.7	7.4	7.7	7.4	10.35	9.65	10~50

注：1. d_t 栏内，"黑色"适用于钢制铆钉，"有色"适用于铝或铜制铆钉。

2. 公称长度公差与扁圆头铆钉相同，参见第 24.48 页。

（续）

(2) 每千件钢制品大约重量 G(kg)									
l	G	l	G	l	G	l	G	l	G
$d=(1.2)$		$d=(1.6)$		$d=2.5$		$d=3$		$d=(3.5)$	
1.5	0.02	4	0.08	4	0.17	12	0.66	13	1.01
2	0.02	5	0.09	5	0.21	13	0.72	14	1.08
2.5	0.03	6	0.11	6	0.25	14	0.78	15	1.16
3	0.03	7	0.12	7	0.29	15	0.83	16	1.23
3.5	0.03	8	0.14	8	0.32	16	0.89	17	1.31
4	0.04	$d=2$		9	0.36	17	0.94	18	1.38
5	0.05	2	0.07	10	0.40	18	1.00	19	1.46
6	0.06	2.5	0.08	11	0.44	19	1.05	20	1.53
$d=1.4$		3	0.10	12	0.48	20	1.11	22	1.68
2	0.03	3.5	0.11	13	0.51	22	1.22	24	1.83
2.5	0.04	4	0.12	14	0.55	24	1.33	26	1.98
3	0.04	5	0.14	15	0.59	26	1.44	28	2.13
3.5	0.05	6	0.17	16	0.63	28	1.55	30	2.28
4	0.06	7	0.19	$d=3$		30	1.66	32	2.43
5	0.07	8	0.22	3.5	0.20	$d=(3.5)$		34	2.58
6	0.08	9	0.24	4	0.22	5	0.41	36	2.73
7	0.09	10	0.27	5	0.28	6	0.48	$d=4$	
8	0.10	11	0.29	6	0.33	7	0.56	5	0.53
$d=(1.6)$		12	0.32	7	0.39	8	0.63	6	0.63
2	0.04	13	0.34	8	0.44	9	0.71	7	0.73
2.5	0.05	$d=2.5$		9	0.50	10	0.78	8	0.82
3	0.06	3	0.13	10	0.55	11	0.86	9	0.92
3.5	0.07	3.5	0.15	11	0.61	12	0.93	10	1.02

注：3. d—公称直径；l—公称长度(mm)。

4. 表列规格为商品规格。带括号的规格尽量不采用。

\multicolumn{10}{c}{(2) 每千件钢制品大约重量 G(kg)}									
l	G	l	G	l	G	l	G	l	G
$d=4$		$d=5$		$d=6$		$d=8$		$d=10$	
11	1.12	12	1.91	9	2.06	9	3.84	10	7.06
12	1.22	13	2.06	10	2.28	10	4.23	11	7.68
13	1.31	14	2.22	11	2.50	11	4.62	12	8.29
14	1.41	15	2.37	12	2.72	12	5.02	13	8.90
15	1.51	16	2.52	13	2.94	13	5.41	14	9.51
16	1.61	17	2.68	14	3.16	14	5.80	15	10.13
17	1.71	18	2.83	15	3.38	15	6.19	16	10.74
18	1.80	19	2.98	16	3.60	16	6.58	17	11.35
19	1.90	20	3.14	17	3.82	17	6.98	18	11.97
20	2.00	22	3.44	18	4.04	18	7.37	19	12.58
22	2.20	24	3.75	19	4.26	19	7.76	20	13.19
24	2.39	26	4.06	20	4.49	20	8.15	22	14.42
26	2.59	28	4.36	22	4.93	22	8.94	24	15.64
28	2.79	30	4.67	24	5.37	24	9.72	26	16.87
30	2.98	32	4.97	26	5.81	26	10.50	28	18.09
32	3.18	34	5.28	28	6.25	28	11.29	30	19.32
34	3.37	36	5.59	30	6.69	30	12.07	32	20.54
36	3.57	38	5.89	32	7.13	32	12.86	34	21.77
38	3.77	40	6.20	34	7.57	34	13.64	36	22.99
40	3.96	42	6.51	36	8.01	36	14.42	38	24.22
$d=5$		44	6.81	38	8.46	38	15.21	40	25.44
6	0.99	46	7.12	40	8.90	40	15.99	42	26.67
7	1.15	48	7.43	42	9.34	42	16.78	44	27.89
8	1.30	50	7.73	44	9.78	44	17.56	46	29.12
9	1.45	$d=6$		46	10.22	46	18.35	48	30.34
10	1.61	7	1.62	48	10.66	48	19.13	50	31.57
11	1.76	8	1.84	50	11.10	50	19.91		

17. 大扁圆头半空心铆钉

(GB/T 1014—1986)

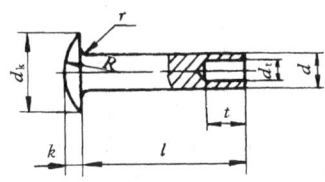

(1) 尺寸(mm)									
公称直径 d			头部直径 d_k		头部高度 k		圆头 半径 R≈	圆角 半径 r max	公称长度 l 范围
公称	max	min	max	min	max	min			
2	2.06	1.94	5.04	4.56	1	0.8	3.6	0.1	4～14
2.5	2.56	2.44	6.49	5.91	1.4	1	4.7	0.1	5～16
3	3.06	2.94	7.49	6.91	1.6	1.2	5.4	0.1	6～18
(3.5)	3.58	3.42	8.79	8.21	1.9	1.5	6.3	0.3	8～20
4	4.08	3.92	9.89	9.31	2.1	1.7	7.3	0.3	8～24
5	5.08	4.92	12.45	11.75	2.6	2.2	9.1	0.3	10～40
6	6.08	5.92	14.85	14.15	3	2.6	10.9	0.3	12～40
8	8.1	7.9	19.92	19.08	4.14	3.66	14.5	0.3	14～40

公称长度 l	公称	4～6	7～10	12～18	20～30	32～40
	公差	±0.24	±0.29	±0.35	±0.42	±0.5

注：1. 孔径 d_1 和孔深 t 的尺寸，与扁圆头半空心铆钉相同，参见第24.53页。

（续）

(2) 每千件钢制品大约重量 G(kg)									
l	G	l	G	l	G	l	G	l	G
$d=2$		$d=3$		$d=4$		$d=5$		$d=6$	
4	0.14	7	0.49	14	1.70	34	5.82	40	9.71
5	0.16	8	0.55	16	1.89	36	6.13	$d=8$	
6	0.19	10	0.66	18	2.09	38	6.43	14	7.99
7	0.21	12	0.77	20	2.29	40	6.74	16	8.78
8	0.24	14	0.88	22	2.48	$d=6$		18	9.56
10	0.29	16	0.99	24	2.68	12	3.54	20	10.35
12	0.34	18	1.10	$d=5$		14	3.98	22	11.13
14	0.38	$d=(3.5)$		10	2.45	16	4.42	24	11.91
$d=2.5$		8	0.82	12	2.45	18	4.86	26	12.70
5	0.27	10	0.97	14	2.76	20	5.30	28	13.48
6	0.30	12	1.12	16	3.06	22	5.74	30	14.27
7	0.34	14	1.27	18	3.37	24	6.18	32	15.05
8	0.38	16	1.42	20	3.68	26	6.62	34	15.84
10	0.46	18	1.57	22	3.98	30	7.07	36	16.62
12	0.53	20	1.72	24	4.29	30	7.51	38	17.40
14	0.61	$d=4$		26	4.60	32	7.95	40	18.19
16	0.69	8	1.11	28	4.90	34	8.39		
$d=3$		10	1.31	30	5.21	36	8.83		
6	0.44	12	1.50	32	5.51	38	9.27		

注：2. d—公称直径；l—公称长度(mm)。
3. 表列规格为通用规格。带括号的规格尽量不采用。

24.58

18. 扁平头半空心铆钉

(GB/T 875—1986)

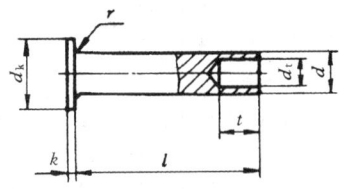

(1) 尺寸(mm)									
公称直径 d			头部直径 d_k		头部高度 k		圆角 半径	公称长度 l	
公称	max	min	max	min	max	min	r max	范围	
(1.2)	1.26	1.14	2.4	2	0.58	0.42	0.1	1.5～6	
1.4	1.46	1.34	2.7	2.3	0.58	0.42	0.1	2～7	
(1.6)	1.66	1.54	3.2	2.8	0.58	0.42	0.1	2～8	
2	2.06	1.94	3.74	3.26	0.68	0.52	0.1	2～13	
2.5	2.56	2.44	4.74	4.26	0.68	0.52	0.1	3～15	
3	3.06	2.94	5.74	5.26	0.88	0.72	0.1	3.5～30	
(3.5)	3.58	3.42	6.79	6.21	0.88	0.72	0.3	5～36	
4	4.08	3.92	7.79	7.21	1.13	0.87	0.3	5～40	
5	5.08	4.92	9.79	9.21	1.13	0.87	0.3	6～50	
6	6.08	5.92	11.85	11.15	1.33	1.07	0.3	7～50	
8	8.1	7.9	15.85	15.15	1.33	1.07	0.3	9～50	
10	10.1	9.9	19.42	18.58	1.63	1.37	0.3	10～50	

公称长度 l	公称	1.5～3	3.5～6	7～10	11～18	19～30	32～50
	公差	±0.2	±0.24	±0.29	±0.35	±0.42	±0.5

注：1. 孔径 d_t 和孔深 t 的尺寸，与扁圆头半空心铆钉相同，参见
第 24.53 页。

| \multicolumn{10}{c}{（2）每千件钢制品大约重量 G（kg）} |

l	G	l	G	l	G	l	G	l	G
$d=(1.2)$		$d=(1.6)$		$d=2.5$		$d=3$		$d=(3.5)$	
1.5	0.02	5	0.09	5	0.22	14	0.82	15	1.20
2	0.03	6	0.11	6	0.26	15	0.88	16	1.27
2.5	0.03	7	0.12	7	0.29	16	0.93	17	1.35
3	0.03	8	0.14	8	0.33	17	0.99	18	1.42
3.5	0.04	$d=2$		9	0.37	18	1.04	19	1.50
4	0.04	2	0.07	10	0.41	19	1.10	20	1.57
5	0.05	2.5	0.08	11	0.45	20	1.15	22	1.72
6	0.06	3	0.10	12	0.49	22	1.26	24	1.87
$d=1.4$		3.5	0.11	13	0.52	24	1.37	26	2.02
2	0.03	4	0.12	14	0.56	26	1.48	28	2.17
2.5	0.04	5	0.15	15	0.60	28	1.59	30	2.32
3	0.05	6	0.17	$d=3$		30	1.70	32	2.47
3.5	0.05	7	0.20	3.5	0.24	$d=(3.5)$		34	2.62
4	0.06	8	0.22	4	0.27	5	0.45	36	2.77
5	0.07	9	0.24	5	0.33	6	0.52	$d=4$	
6	0.08	10	0.27	6	0.38	7	0.60	5	0.62
7	0.09	11	0.29	7	0.44	8	0.67	6	0.72
$d=(1.6)$		12	0.32	8	0.49	9	0.75	7	0.81
2	0.05	13	0.34	9	0.55	10	0.82	8	0.91
2.5	0.05	$d=2.5$		10	0.60	11	0.90	9	1.01
3	0.06	3	0.14	11	0.66	12	0.97	10	1.11
3.5	0.07	3.5	0.16	12	0.71	13	1.05	11	1.21
4	0.08	4	0.18	13	0.77	14	1.12	12	1.30

注：2. d—公称直径；l—公称长度（mm）。

3. 表列规格为商品规格。带括号的规格尽量不采用。

\(l\)	\(G\)	\(l\)	\(G\)	\(l\)	\(G\)	\(l\)	\(G\)	\(l\)	\(G\)
\(d=4\)		\(d=5\)		\(d=6\)		\(d=8\)		\(d=10\)	
13	1.40	14	2.22	11	2.47	10	3.57	10	5.37
14	1.50	15	2.37	12	2.69	11	3.96	11	5.99
15	1.60	16	2.52	13	2.91	12	4.36	12	6.60
16	1.70	17	2.68	14	3.13	13	4.75	13	7.21
17	1.79	18	2.83	15	3.35	14	5.14	14	7.82
18	1.89	19	2.98	16	3.57	15	5.53	15	8.44
19	1.99	20	3.14	17	3.79	16	5.92	16	9.05
20	2.09	22	3.44	18	4.01	17	6.32	17	9.66
22	2.28	24	3.75	19	4.23	18	6.71	18	10.27
24	2.48	26	4.06	20	4.45	19	7.10	19	10.89
26	2.68	28	4.36	22	4.90	20	7.49	20	11.50
28	2.87	30	4.67	24	5.34	22	8.28	22	12.72
30	3.07	32	4.97	26	5.78	24	9.06	24	13.95
32	3.26	34	5.28	28	6.22	26	9.84	26	15.17
34	3.46	36	5.59	30	6.66	28	10.63	28	16.40
36	3.66	38	5.89	32	7.10	30	11.41	30	17.62
38	3.85	40	6.20	34	7.54	32	12.20	32	18.85
40	4.05	42	6.51	36	7.98	34	12.98	34	20.08
\(d=5\)		44	6.81	38	8.42	36	13.76	36	21.30
6	0.99	46	7.12	40	8.86	38	14.55	38	22.53
7	1.15	48	7.43	42	9.31	40	15.33	40	23.75
8	1.30	50	7.73	44	9.75	42	16.12	42	24.98
9	1.45	\(d=6\)		46	10.19	44	16.90	44	26.20
10	1.61	7	1.59	48	10.63	46	17.69	46	27.43
11	1.76	8	1.81	50	11.07	48	18.47	48	28.65
12	1.91	9	2.03	\(d=8\)		50	19.25	50	29.88
13	2.06	10	2.25	9	3.18				

(2) 每千件钢制品大约重量 \(G\)(kg)

19. 平锥头半空心铆钉

(GB/T 1013—1986)

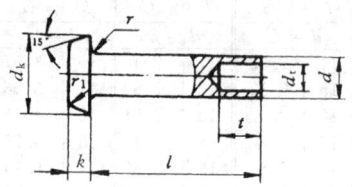

(1) 尺寸(mm)									
公称直径 d			头部直径 d_k		头部高度 k		圆角半径		公称长度 l 范围
公称	max	min	max	min	max	min	r max	r_1 min	
1.4	1.46	1.34	2.7	2.3	0.9	0.7	0.1	0.7	3~8
(1.6)	1.66	1.54	3.2	2.8	0.9	0.7	0.1	0.7	3~10
2	2.06	1.94	3.84	3.36	1.2	0.8	0.1	0.7	4~14
2.5	2.56	2.44	4.74	4.26	1.5	1.1	0.1	0.7	5~16
3	3.06	2.94	5.64	5.16	1.7	1.3	0.1	0.7	6~18
(3.5)	3.58	3.42	6.59	6.01	2	1.6	0.3	1	8~20
4	4.08	3.92	7.49	6.91	2.2	1.8	0.3	1	8~24
5	5.08	4.92	9.29	8.71	2.7	2.3	0.3	1	10~40
6	6.08	5.92	11.15	10.45	3.2	2.8	0.3	1	12~40
8	8.1	7.9	14.75	14.05	4.24	3.76	0.3	1	14~50
10	10.1	9.9	18.35	17.65	5.24	4.76	0.3	1	18~50

公称长度 l	公称	3	4~6	7~10	12~18	20~30	32~50
	公差	±0.2	±0.24	±0.29	±0.35	±0.42	±0.5

注：1. 孔径 d_1 和孔深 t 的尺寸，与扁圆头半空心铆钉相同，参见第 24.53 页。

l	G	l	G	l	G	l	G	l	G
				(2) 每千件钢制品大约重量 G(kg)					
d = 1.4		d = 2.5		d = 4		d = 6		d = 8	
3	0.05	7	0.34	12	1.48	14	3.93	36	16.19
4	0.06	8	0.38	14	1.68	16	4.37	38	16.97
5	0.08	10	0.46	16	1.87	18	4.82	40	17.75
6	0.09	12	0.53	18	2.07	20	5.26	42	18.54
7	0.10	14	0.61	20	2.27	22	5.70	44	19.32
8	0.11	16	0.69	22	2.46	24	6.14	46	20.11
d = (1.6)		d = 3		24	2.66	26	6.58	48	20.89
3	0.07	6	0.44	d = 5		28	7.02	50	21.68
4	0.09	7	0.50	10	2.08	30	7.46	d = 10	
5	0.10	8	0.55	12	2.38	32	7.90	18	15.21
6	0.12	10	0.66	14	2.69	34	8.34	20	16.44
7	0.13	12	0.78	16	3.00	36	8.78	22	17.66
8	0.15	14	0.89	18	3.30	38	9.23	24	18.89
10	0.18	16	1.00	20	3.61	40	9.67	26	20.11
d = 2		18	1.11	22	3.92	d = 8		28	21.34
4	0.14	d = (3.5)		24	4.22	14	7.56	30	22.56
5	0.16	8	0.81	26	4.53	16	8.34	32	23.79
6	0.19	10	0.96	28	4.83	18	9.13	34	25.01
7	0.21	12	1.11	30	5.14	20	9.91	36	26.24
8	0.23	14	1.26	32	5.45	22	10.70	38	27.46
10	0.28	16	1.41	34	5.75	24	11.48	40	28.69
12	0.33	18	1.56	36	6.06	26	12.27	42	29.91
14	0.38	20	1.71	38	6.37	28	13.05	44	31.14
d = 2.5		d = 4		40	6.67	30	13.83	46	32.36
5	0.27	8	1.09	d = 6		32	14.62	48	33.59
6	0.30	10	1.29	12	3.49	34	15.40	50	34.81

注: 2. d—公称直径；l—公称长度(mm)。

　　3. 表列规格为通用规格。带括号的规格尽量不采用。

20. 沉头半空心铆钉

(GB/T 1015—1986)

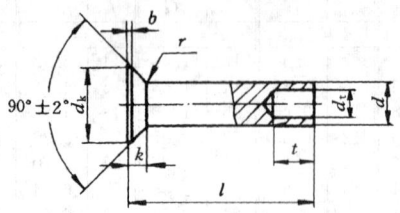

(1) 尺寸(mm)								
公称直径 d			头部直径 d_k		头部 高度 $k \approx$	平边 厚度 b max	圆角 半径 r max	公称长度 l 范围
公称	max	min	max	min				
1.4	1.46	1.34	2.83	2.57	0.7	0.2	0.1	3~8
(1.6)	1.66	1.54	3.03	2.77	0.7	0.2	0.1	3~10
2	2.06	1.94	4.05	3.75	1	0.2	0.1	4~14
2.5	2.56	2.44	4.75	4.45	1.1	0.2	0.1	5~16
3	3.06	2.94	5.35	5.05	1.2	0.2	0.1	6~18
(3.5)	3.58	3.42	6.28	5.92	1.4	0.4	0.3	8~20
4	4.08	3.92	7.18	6.82	1.6	0.4	0.3	8~24
5	5.08	4.92	8.98	8.62	2	0.4	0.3	10~40
6	6.08	5.92	10.62	10.18	2.4	0.4	0.3	12~40
8	8.1	7.9	14.22	13.78	3.2	0.4	0.3	14~50
10	10.1	9.9	17.82	17.38	4	0.4	0.3	18~50

公称长度 l	公称	3	4~6	7~10	12~18	20~30	32~50
	公差	±0.2	±0.24	±0.29	±0.35	±0.42	±0.5

注：1. 孔径 d_t 和孔深 t 的尺寸，与扁圆头半空心铆钉相同，参见第 24.54 页。

\multicolumn{10}{c}{(2) 每千件钢制品大约重量 G(kg)}									
l	G	l	G	l	G	l	G	l	G
$d = 1.4$		$d = 2.5$		$d = 4$		$d = 6$		$d = 8$	
3	0.05	7	0.31	12	1.30	14	3.23	36	14.52
4	0.06	8	0.35	14	1.50	16	3.68	38	15.31
5	0.07	10	0.43	16	1.69	18	4.12	40	16.09
6	0.08	12	0.51	18	1.89	20	4.56	42	16.87
7	0.10	14	0.58	20	2.09	22	5.00	44	17.66
8	0.11	16	0.66	22	2.28	24	5.44	46	18.44
$d = (1.6)$		$d = 3$		24	2.48	26	5.88	48	19.23
3	0.06	6	0.37	$d = 5$		28	6.32	50	20.01
4	0.08	7	0.43	10	1.71	30	6.76	$d = 10$	
5	0.09	8	0.48	12	2.01	32	7.20	18	11.89
6	0.11	10	0.59	14	2.32	34	7.64	20	13.12
7	0.12	12	0.70	16	2.63	36	8.09	22	14.34
8	0.14	14	0.81	18	2.93	38	8.53	24	15.57
10	0.17	16	0.92	20	3.24	40	8.97	26	16.79
$d = 2$		18	1.03	22	3.54	$d = 8$		28	18.02
4	0.14	$d = 3.5$		24	3.85	14	5.90	30	19.24
5	0.16	8	0.68	26	4.16	16	6.68	32	20.47
6	0.19	10	0.83	28	4.46	18	7.46	34	21.70
7	0.21	12	0.98	30	4.77	20	8.25	36	22.92
8	0.23	14	1.13	32	5.08	22	9.03	38	24.15
10	0.28	16	1.28	34	5.38	24	9.82	40	25.37
12	0.33	18	1.43	36	5.69	26	10.60	42	26.60
14	0.38	20	1.58	38	5.99	28	11.38	44	27.82
$d = 2.5$		$d = 4$		40	6.30	30	12.17	46	29.05
5	0.24	8	0.91	$d = 6$		32	12.95	48	30.27
6	0.28	10	1.11	12	2.79	34	13.74	50	31.50

注：2. d—公称直径；l—公称长度(mm)。

3. 表列规格为通用规格。带括号的规格尽量不采用。

21. 120°沉头半空心铆钉

(GB/T 874—1986)

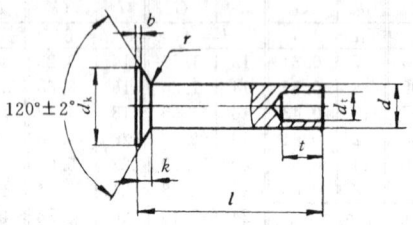

(1) 尺寸(mm)								
公称直径 d			头部直径 d_k		头部 高度 $k\approx$	平边 厚度 b max	圆角 半径 r max	公称长度 l 范围
公称	max	min	max	min				
(1.2)	1.26	1.14	2.83	2.57	0.5	0.2	0.1	1.5~6
1.4	1.46	1.34	3.45	3.15	0.6	0.2	0.1	2.5~8
(1.6)	1.66	1.54	3.95	3.65	0.7	0.2	0.1	2.5~10
2	2.06	1.94	4.75	4.45	0.8	0.2	0.1	3~10
2.5	2.56	2.44	5.35	5.05	0.9	0.2	0.1	4~15
3	3.06	2.94	6.28	5.92	1	0.2	0.2	5~20
(3.5)	3.58	3.42	7.08	6.72	1.1	0.4	0.3	6~36
4	4.08	3.92	7.98	7.62	1.2	0.4	0.3	6~42
5	5.08	4.92	9.68	9.32	1.4	0.4	0.3	7~50
6	6.08	5.92	11.72	11.28	1.7	0.4	0.4	8~50
8	8.1	7.9	15.82	15.38	2.3	0.4	0.4	10~50

公称长度 l	公称	1.5~3	3.5~6	7~10	11~18	19~30	32~50
	公差	±0.2	±0.24	±0.29	±0.35	±0.42	±0.5

注：1. 孔径 d_i 和孔深 t 的尺寸，与扁圆头半空心铆钉相同，参见
第24.54页。

（2）每千件钢制品大约重量 G(kg)									
l	G	l	G	l	G	l	G	l	G
d＝(1.2)		d＝(1.6)		d＝2.5		d＝3		d＝(3.5)	
1.5	0.02	3	0.07	4	0.19	11	0.65	14	1.11
2	0.03	3.5	0.08	5	0.23	12	0.70	15	1.19
2.5	0.03	4	0.09	6	0.27	13	0.76	16	1.27
3	0.03	5	0.10	7	0.31	14	0.81	17	1.34
3.5	0.04	6	0.12	8	0.35	15	0.87	18	1.42
4	0.04	7	0.13	9	0.38	16	0.92	19	1.49
5	0.05	8	0.14	10	0.42	17	0.98	20	1.57
6	0.06	9	0.16	11	0.46	18	1.03	22	1.72
d＝1.4		10	0.18	12	0.50	19	1.09	24	1.87
2.5	0.04	d＝2		13	0.54	20	1.15	26	2.02
3	0.05	3	0.11	14	0.58	d＝(3.5)		28	2.17
3.5	0.06	3.5	0.12	15	0.61	6	0.51	30	2.32
4	0.06	4	0.14	d＝3		7	0.59	32	2.47
5	0.07	5	0.16	5	0.32	8	0.66	34	2.62
6	0.09	6	0.19	6	0.37	9	0.74	36	2.77
7	0.10	7	0.21	7	0.43	10	0.81	d＝4	
8	0.11	8	0.23	8	0.48	11	0.89	6	0.67
d＝(1.6)		9	0.26	9	0.54	12	0.96	7	0.77
2.5	0.06	10	0.28	10	0.59	13	1.04	8	0.87

注：2. d—公称直径；l—公称长度(mm)。

3. 表列规格为通用规格。带括号的规格尽量不采用。

(2) 每千件钢制品大约重量 G(kg)									
l	G	l	G	l	G	l	G	l	G
$d=4$		$d=4$		$d=5$		$d=6$		$d=8$	
9	0.97	42	4.20	34	5.25	20	4.39	15	5.93
10	1.07	$d=5$		36	5.56	22	4.83	16	6.32
11	1.16	7	1.12	38	5.87	24	5.28	17	6.72
12	1.26	8	1.27	40	6.17	26	5.72	18	7.11
13	1.36	9	1.42	42	6.48	28	6.16	19	7.50
14	1.46	10	1.58	44	6.78	30	6.60	20	7.89
15	1.56	11	1.73	46	7.09	32	7.04	22	8.68
16	1.65	12	1.88	48	7.40	34	7.48	24	9.46
17	1.75	13	2.04	50	7.70	36	7.92	26	10.24
18	1.85	14	2.19	$d=6$		38	8.36	28	11.03
19	1.95	15	2.34	8	1.75	40	8.80	30	11.81
20	2.05	16	2.50	9	1.97	42	9.24	32	12.60
22	2.24	17	2.65	10	2.19	44	9.69	34	13.38
24	2.44	18	2.80	11	2.41	46	10.13	36	14.16
26	2.63	19	2.96	12	2.63	48	10.57	38	14.95
28	2.83	20	3.11	13	2.85	50	11.01	40	15.73
30	3.03	22	3.42	14	3.07	$d=8$		42	16.52
32	3.22	24	3.72	15	3.29	10	3.97	44	17.30
34	3.42	26	4.03	16	3.51	11	4.36	46	18.09
36	3.61	28	4.33	17	3.73	12	4.76	48	18.87
38	3.81	30	4.64	18	3.95	13	5.15	50	19.65
40	4.01	32	4.95	19	4.17	14	5.54		

22. 无 头 铆 钉

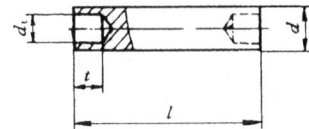

(1) 尺寸(mm)							
公称直径 d			孔径 d_t		孔深 t		公称长度 l 范围
公称	max	min	max	min	max	min	
1.4	1.4	1.34	0.77	0.65	1.74	1.26	6～14
2	2	1.94	1.32	1.14	1.74	1.26	6～20
2.5	2.5	2.44	1.72	1.54	2.24	1.76	8～30
3	3	2.94	1.92	1.74	2.74	2.26	8～38
4	4	3.92	2.92	2.74	3.24	2.76	10～50
5	5	4.92	3.76	3.52	4.29	3.71	14～60
6	6	5.92	4.66	4.42	5.29	4.71	16～60
8	8	7.9	6.16	5.92	6.29	5.71	18～60
10	10	9.9	7.2	6.9	7.35	6.65	22～60

公称长度 l	公称	6	8、10	12～18	20～30	32～50	52～60
	公差	±0.24	±0.29	±0.35	±0.42	±0.5	±0.6

	（2）每千件钢制品大约重量 G(kg)								
l	G	l	G	l	G	l	G	l	G
$d=1.4$		$d=2.5$		$d=4$		$d=5$		$d=6$	
6	0.06	24	0.86	14	1.08	24	3.02	28	4.87
8	0.09	26	0.94	16	1.27	26	3.33	30	5.31
10	0.11	28	1.01	18	1.47	28	3.64	32	5.75
12	0.14	30	1.09	20	1.66	30	3.94	35	6.42
14	0.16	$d=3$		22	1.86	32	4.25	38	7.08
$d=2$		8	0.35	24	2.06	35	4.71	40	7.52
6	0.12	10	0.46	26	2.25	38	5.17	42	7.96
8	0.17	12	0.57	28	2.45	40	5.47	45	8.62
10	0.22	14	0.68	30	2.64	42	5.78	48	9.28
12	0.27	16	0.79	32	2.84	45	6.24	50	9.72
14	0.32	18	0.90	35	3.13	48	6.70	52	10.16
16	0.37	20	1.01	38	3.43	50	7.01	55	10.83
18	0.42	22	1.12	40	3.62	52	7.31	58	11.49
20	0.47	24	1.23	42	3.82	55	7.77	60	11.93
$d=2.5$		26	1.34	45	4.11	58	8.23	$d=8$	
8	0.25	28	1.45	48	4.41	60	8.54	18	4.18
10	0.32	30	1.56	50	4.60	$d=6$		20	4.97
12	0.40	32	1.67	$d=5$		16	2.22	22	5.75
14	0.48	35	1.84	14	1.49	18	2.67	24	6.53
16	0.55	38	2.00	16	1.80	20	3.11	26	7.32
18	0.63	$d=4$		18	2.10	22	3.55	28	8.10
20	0.71	10	0.68	20	2.41	24	3.99	30	8.89
22	0.78	12	0.88	22	2.72	26	4.43	32	9.67

注：1. d—公称直径；l—公称长度(mm)。

2. 表列规格为通用规格。

(2) 每千件钢制品大约重量 G(kg)									
l	G	l	G	l	G	l	G	l	G
d = 8		d = 8		d = 10		d = 10		d = 10	
35	10.85	50	16.73	22	8.93	35	16.89	50	26.08
38	12.02	52	17.51	24	10.15	38	18.73	52	27.31
40	12.81	55	18.69	26	11.38	40	19.95	55	29.14
42	13.59	58	19.86	28	12.60	42	21.18	58	30.98
45	14.77	60	20.65	30	13.83	45	23.02	60	32.21
48	15.94			32	15.05	48	24.86		

23. 空 心 铆 钉

(GB/T 876—1986)

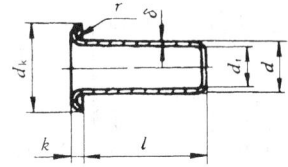

(1) 尺寸(mm)										
公称直径 d	公称	1.4	(1.6)	2	2.5	3	(3.5)	4	5	6
	max	1.53	1.73	2.13	2.63	3.13	3.65	4.15	5.15	6.15
	min	1.27	1.47	1.87	2.37	2.87	3.35	3.85	4.85	5.85
头部直径 d_k	max	2.6	2.8	3.5	4	5	5.5	6	8	10
	min	2.35	2.55	3.2	3.7	4.7	5.2	5.7	7.64	9.64
头部高度 k	max	0.5	0.5	0.6	0.6	0.7	0.7	0.82	1.12	1.12
	min	0.3	0.3	0.4	0.4	0.5	0.5	0.58	0.88	0.88
孔径 d_1	min	0.8	0.9	1.2	1.7	2	2.5	2.9	4	5
壁厚 δ		0.2	0.22	0.25	0.25	0.3	0.3	0.35	0.35	0.35
半径 r	max	0.15	0.2	0.25	0.25	0.25	0.3	0.3	0.5	0.7

(续)

(1) 尺寸(mm)								
公称直径 d	1.4	(1.6)	2	2.5	3	(3.5)	4	5	6
公称长度 l 范围	1.5~5	2~5	2~6	2~8	2~10	2.5~10	3~12	3~15	4~15
公称长度 l	公称	1.5~3		3.5~6		7~10		11~15	
	公差	±0.2		±0.24		±0.29		±0.35	

(2) 每千件钢制品大约重量 G(kg)

l	G	l	G	l	G	l	G	l	G
d = 1.4		d = 2		d = 3		d = 4		d = 5	
1.5	0.01	4	0.05	5	0.12	3.5	0.15	10	0.49
2	0.02	5	0.06	6	0.14	4	0.17	11	0.53
2.5	0.02	6	0.07	7	0.16	5	0.20	12	0.57
3	0.02	d = 2.5		8	0.18	6	0.23	13	0.61
3.5	0.02	2	0.04	9	0.20	7	0.26	14	0.65
4	0.03	2.5	0.05	10	0.22	8	0.29	15	0.69
5	0.03	3	0.05	d = (3.5)		9	0.32	d = 6	
d = (1.6)		3.5	0.06	2.5	0.08	10	0.35	4	0.30
2	0.02	4	0.07	3	0.10	11	0.38	5	0.35
2.5	0.02	5	0.08	3.5	0.11	12	0.42	6	0.40
3	0.03	6	0.09	4	0.12	d = 5		7	0.45
3.5	0.03	7	0.11	5	0.14	3	0.21	8	0.49
4	0.03	8	0.12	6	0.17	3.5	0.23	9	0.54
5	0.04	d = 3		7	0.19	4	0.25	10	0.59
d = 2		2	0.06	8	0.21	5	0.29	11	0.64
2	0.03	2.5	0.07	9	0.24	6	0.33	12	0.69
2.5	0.04	3	0.08	10	0.26	7	0.37	13	0.74
3	0.04	3.5	0.09	d = 4		8	0.41	14	0.79
3.5	0.05	4	0.10	3	0.13	9	0.45	15	0.83

注：表列规格为商品规格。带括号的规格尽量不采用。

24. 管状铆钉

(JB/T 10582—2006)

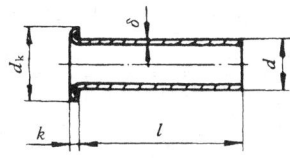

(1) 尺寸(mm)							
公称 直径 d	头部直径 d_k		头部高度 k		壁厚 δ	留铆 余量 (推荐)	公称长度 l 范围
	max	min	max	min			
0.7	2	1.6	0.28	0.12	0.15	0.4	1～7
1	2.4	2	0.38	0.22	0.15	0.5	1～10
(1.2)	2.6	2.2	0.38	0.22	0.15	0.5	1.5～12
1.5	2.9	2.5	0.5	0.3	0.2	0.6	1.5～15
1.8	3.2	2.8	0.5	0.3	0.2	0.6	2～16
2	3.44	2.96	0.6	0.4	0.25	0.8	3～16
2.5	4.24	3.76	0.6	0.4	0.25	0.8	4～20
3	4.74	4.26	0.92	0.68	0.5	1.5	5～24
4	5.74	5.26	0.92	0.68	0.5	1.5	6～28
5	7.29	6.71	1.12	0.88	0.5	2.5	8～34
6	8.79	8.21	1.12	0.88	0.5	2.5	10～40
8	11.85	11.15	1.65	1.35	1	3.5	14～40
10	14.35	13.65	1.65	1.35	1	3.5	18～40
12	16.35	15.65	1.65	1.35	1	4	20～40
(14)	18.35	17.65	2.15	1.85	1.5	4	22～40
16	20.42	19.58	2.15	1.85	1.5	4.5	24～40
20	26.42	25.58	2.65	2.35	1.5	5	26～40

(续)

<table>
<tr><th colspan="7">(1) 尺寸(mm)</th></tr>
<tr><td rowspan="2">公称长度
l</td><td>公称</td><td>1~3</td><td>3.5~6</td><td>7~10</td><td>11~18</td><td>19~30</td><td>31~40</td></tr>
<tr><td>公差</td><td>±0.13</td><td>±0.15</td><td>±0.18</td><td>±0.22</td><td>±0.26</td><td>±0.31</td></tr>
</table>

(2) 每千件钢制品大约重量 G(kg)									
l	G	l	G	l	G	l	G	l	G
d = 0.7		d = 1		d = (1.2)		d = 1.8		d = 2	
1	—	6	0.02	12	0.05	2	0.02	3.5	0.05
1.5	—	7	0.02	d = 1.5		2.5	0.02	4	0.05
2	—	8	0.03	1.5	0.01	3	0.03	5	0.06
2.5	0.01	9	0.03	2	0.02	3.5	0.03	6	0.07
3	0.01	10	0.03	2.5	0.02	4	0.04	7	0.08
3.5	0.01	d = (1.2)		3	0.02	5	0.04	8	0.10
4	0.01	1.5	0.01	3.5	0.03	6	0.05	9	0.11
5	0.01	2	0.01	5	0.04	7	0.06	10	0.12
6	0.01	2.5	0.01	6	0.04	8	0.07	11	0.13
7	0.01	3	0.02	7	0.05	9	0.08	12	0.14
d = 1		3.5	0.03	8	0.05	10	0.08	13	0.15
1	—	4	0.03	9	0.06	11	0.09	14	0.16
1.5	0.01	5	0.04	10	0.07	12	0.10	15	0.17
2	0.01	6	0.04	11	0.07	13	0.11	16	0.18
2.5	0.01	7	0.05	12	0.08	14	0.11	d = 2.5	
3	0.01	8	0.05	13	0.09	15	0.12	4	0.07
3.5	0.01	9	0.06	15	0.10	16	0.13	5	0.08
4	0.01	10	0.07			d = 2		6	0.09
5	0.02	11	0.04					7	0.11

注：1. d—公称直径；l—公称长度(mm)。2. 公称直径 d 和壁厚 δ 的公差，按相应材料标准的规定。铆钉的材料，参见第 7.40 页《管状铆钉技术条件》。3. 表列规格为通用规格。带括号的规格尽量不采用。

(2) 每千件钢制品大约重量 G(kg)

l	G	l	G	l	G	l	G	l	G
d = 2.5		d = 3		d = 4		d = 5		d = 6	
8	0.12	16	0.53	21	0.96	24	1.43	23	1.68
9	0.14	17	0.56	22	1.00	25	1.49	24	1.75
10	0.15	18	0.59	23	1.04	26	1.54	25	1.82
11	0.16	19	0.62	24	1.09	27	1.60	26	1.89
12	0.18	20	0.65	25	1.13	28	1.65	27	1.95
13	0.19	21	0.68	26	1.17	29	1.71	28	2.02
14	0.20	22	0.72	27	1.22	30	1.76	29	2.09
15	0.22	23	0.75	28	1.26	31	1.82	30	2.15
16	0.23	24	0.78	d = 5		32	1.87	31	2.22
17	0.25	d = 4		8	0.55	33	1.93	32	2.29
18	0.26	6	0.32	9	0.61	34	1.98	33	2.36
19	0.27	7	0.36	10	0.66	d = 6		34	2.42
20	0.29	8	0.40	11	0.72	10	0.81	35	2.49
d = 3		9	0.44	12	0.77	11	0.87	36	2.56
5	0.19	10	0.49	13	0.83	12	0.94	37	2.63
6	0.23	11	0.53	14	0.88	13	1.01	38	2.69
7	0.26	12	0.57	15	0.94	14	1.08	39	2.76
8	0.29	13	0.62	16	0.99	15	1.14	40	2.83
9	0.32	14	0.66	17	1.05	16	1.21	d = 8	
10	0.35	15	0.70	18	1.10	17	1.28	14	2.86
11	0.38	16	0.74	19	1.16	18	1.35	15	3.03
12	0.41	17	0.79	20	1.21	19	1.41	16	3.20
13	0.44	18	0.83	21	1.27	20	1.48	17	3.37
14	0.47	19	0.87	22	1.32	21	1.55	18	3.55
15	0.50	20	0.92	23	1.38	22	1.62	19	3.72

			(2) 每千件钢制品大约重量 G(kg)						
l	G	l	G	l	G	l	G	l	G
d = 8		d = 10		d = 12		d = (14)		d = 16	
20	3.89	21	5.22	24	7.19	29	14.91	36	21.03
21	4.06	22	5.44	25	7.46	30	15.37	37	21.56
22	4.23	23	5.66	26	7.73	31	15.83	38	22.09
23	4.40	24	5.88	27	8.00	32	16.29	39	22.63
24	4.57	25	6.10	28	8.27	33	16.75	40	23.16
25	4.75	26	6.32	29	8.54	34	17.21	d = 20	
26	4.92	27	6.54	30	8.81	35	17.67	26	21.10
27	5.09	28	6.76	31	9.08	36	18.13	27	21.78
28	5.26	29	6.98	32	9.35	37	18.59	28	22.46
29	5.43	30	7.21	33	9.61	38	19.05	29	23.14
30	5.60	31	7.43	34	9.88	39	19.51	30	23.82
31	5.78	32	7.65	35	10.15	40	19.97	31	24.50
32	5.95	33	7.87	36	10.42	d = 16		32	25.18
33	6.12	34	8.09	37	10.69	24	14.63	33	25.86
34	6.29	35	8.31	38	10.96	25	15.17	34	26.54
35	6.46	36	8.53	39	11.23	26	15.70	35	27.22
36	6.63	37	8.75	40	11.50	27	16.23	36	27.90
37	6.80	38	8.97	d = (14)		28	16.76	37	28.58
38	6.98	39	9.19	22	11.70	29	17.30	38	29.26
39	7.15	40	9.41	23	12.16	30	17.83	39	29.94
40	7.32	d = 12		24	12.61	31	18.36	40	30.62
d = 10		20	6.11	25	13.07	32	18.90		
18	4.56	21	6.38	26	13.53	33	19.43		
19	4.78	22	6.65	27	13.99	34	19.96		
20	5.00	23	6.92	28	14.45	35	20.50		

25. 标 牌 铆 钉

(GB/T 827—1986)

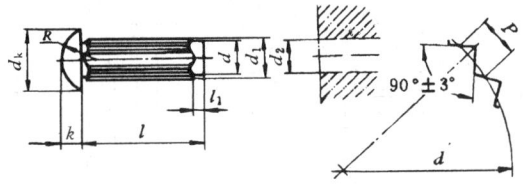

(1) 尺寸(mm)							
公称直径 d		(1.6)	2	2.5	3	4	5
头部直径 d_k	max	3.2	3.74	4.84	5.54	7.39	9.09
	min	2.8	3.26	4.36	5.06	6.81	8.51
头部高度 k	max	1.2	1.4	1.8	2.0	2.6	3.2
	min	0.8	1.0	1.4	1.6	2.2	2.8
外径 d_1	min	1.75	2.15	2.65	3.15	4.15	5.15
节距 P	≈	0.72	0.72	0.72	0.72	0.84	0.92
光杆长度 l_1		1	1	1	1	1.5	1.5
头部半径 R	≈	1.6	1.9	2.5	2.9	3.8	4.7
公称长度 l	范围	3～6	3～8	3～10	4～12	6～18	8～20
钻孔直径 d_2(推荐)	max	1.56	1.96	2.46	2.96	3.96	4.96
	min	1.5	1.9	2.4	2.9	3.9	4.9
公称长度 l	公称	3	4～6		8、10	12～18	20
	公差	±0.2	±0.24		±0.29	±0.35	±0.42

（2）每千件钢制品大约重量 G(kg)									
l	G	l	G	l	G	l	G	l	G
$d=(1.6)$		$d=2$		$d=2.5$		$d=4$		$d=5$	
3	0.07	6	0.19	10	0.48	6	0.95	10	2.26
4	0.08	8	0.23	$d=3$		8	1.15	12	2.56
5	0.10	$d=2.5$		4	0.37	10	1.34	15	3.02
6	0.12	3	0.21	5	0.42	12	1.54	18	3.48
$d=2$		4	0.25	6	0.48	15	1.83	20	3.79
3	0.11	5	0.29	8	0.59	18	2.13		
4	0.14	6	0.33	10	0.70	$d=5$			
5	0.16	8	0.40	12	0.81	8	1.95		

注：1. d—公称直径；l—公称长度(mm)。
　　2. 表列规格为商品规格。带括号的规格尽量不采用。

26. 开口型平圆头抽芯铆钉

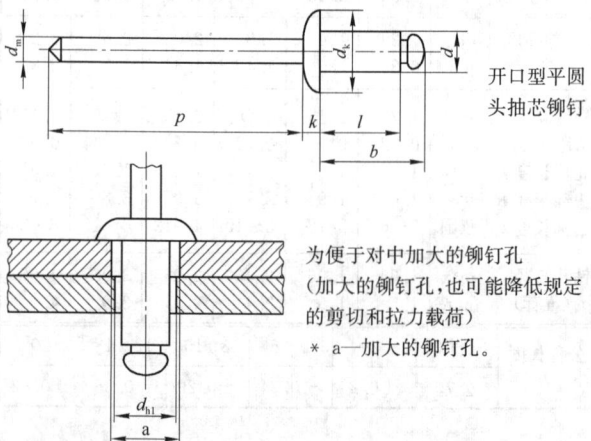

开口型平圆头抽芯铆钉

为便于对中加大的铆钉孔
（加大的铆钉孔，也可能降低规定
的剪切和拉力载荷）
* a—加大的铆钉孔。

（1）开口型平圆头抽芯铆钉—10、11级

(GB/T 12618.1—2006)

(1) 尺寸(mm)①										
钉体	d	公称	2.4	3	3.2	4	4.8	5	6	6.4
		max	2.48	3.08	3.28	4.08	4.88	5.08	6.08	6.48
		min	2.25	2.85	3.05	3.85	4.65	4.85	5.85	6.25
	d_k	max	5.0	6.3	6.7	8.4	10.1	10.5	12.6	13.4
		min	4.2	5.4	5.8	6.9	8.3	8.7	10.8	11.6
	k	max	1	1.3	1.3	1.7	2	2.1	2.5	2.7
钉芯	d_m	max	1.55	2	2	2.45	2.95	2.95	3.4	3.9
	P	min	25				27			
盲区长度 b_{max}			$l_{\max}+3.5$		$l_{\max}+4$		$l_{\max}+4.5$		$l_{\max}+5$	$l_{\max}+5.5$
铆钉孔直径 d_{h1}		max	2.6	3.2	3.4	4.2	5.0	5.2	6.2	6.6
		min	2.5	3.1	3.3	4.1	4.9	5.1	6.1	6.5

铆钉长度 l②		推荐的铆接范围③							
公称=min	max								
4	5	0.5~2.0		0.5~1.5					
6	7	2.0~4.0		1.5~3.5		1.0~3.0	1.5~2.5	—	—
8	9	4.0~6.0		3.5~5.0		3.0~5.0	2.5~4.0	2.0~3.0	
10	11	6.0~8.0		5.0~7.0		5.0~6.5	4.0~6.0	3.0~5.0	
12	13	8.0~9.0		7.0~9.0		6.5~8.5	6.0~8.0	5.0~7.0	3.0~6.0
16	17	—		9.0~13.0		8.5~12.5	8.0~12.0	7.0~11.0	6.0~10.0

公称直径 d		2.4	3	3.2	4	4.8	5	6	6.4
(1) 尺寸(mm)①									
铆钉长度 l②		推荐的铆接范围③							
公称=min	max								
20	21		—	13.0~17.0	12.5~16.5	12.0~15.0		11.0~15.0	10.0~14.0
25	26		—	17.0~22.0	16.5~21.0	15.0~20		15.0~20.0	14.0~18.0
30	31		—	—		20.0~25.0		20.0~25.0	18.0~21.0

注：① d—(钉体)公称直径；d_k—头部直径；k—头部高度；d_m—钉芯直径；P—钉芯外露长度

② 公称长度 $l>30$mm 时，应按 5mm 递增。为确认其可行性以及铆接范围可向制造者咨询

③ 符合表中尺寸和规定的制造材料组合与性能等级的铆钉铆接范围，用最小和最大铆钉长度表示。最小铆接长度仅为推荐值。某些使用场合可能使用更小的长度

(2) 每千件钢制品大约重量 G(kg)

l	G	l	G	l	G	l	G	l	G
d = 2.4		d = 3		d = 3.2		d = 4		d = 4.8	
4	0.556	10	1.15	10	1.19	12	2.02	16	3.32
6	0.600	12	1.22	12	1.27	16	2.25	20	3.65
8	0.643	16	1.36	16	1.42	20	2.48	25	4.07
10	0.687	20	1.50	20	1.57	25	2.77	30	4.49
12	0.730	25	1.67	25	1.75	d = 4.8		d = 5	
d = 3		d = 3.2		d = 4		6	2.49	6	2.54
4	0.937	4	0.965	6	1.67	8	2.65	8	2.71
6	1.01	6	1.04	8	1.79	10	2.82	10	2.80
8	1.08	8	1.12	8	1.90	12	2.99	12	3.06

（续）

(2) 每千件钢制品大约重量 G(kg)									
l	G	l	G	l	G	l	G	l	G
$d=5$		$d=6$		$d=6$		$d=6.4$		$d=6.4$	
16	3.41	8	3.80	20	5.26	12	5.52	30	8.17
20	3.75	10	4.04	25	5.87	16	6.11		
25	4.20	12	4.29	30	6.48	20	6.70		
30	4.64	16	4.78			25	7.44		

（2）开口型平圆头抽芯铆钉—30 级

（GB/T 12618.2—2006）

(1) 尺寸(mm)①②								
钉体 d(公称)		2.4	3	3.2	4	4.8	5	6	6.4
钉芯 d_m(max)		1.5	2.15	2.15	2.8	3.5	3.5	3.4	4
铆钉长度 l③		推荐的铆接范围④							
公称=min	max								
6	7	0.5~3.5	0.5~3.0		1.0~3.0	—		—	—
8	9	3.5~5.5	3.0~5.0		3.0~5.0	2.6~4.0			
10	11	—	5.0~6.5		5.0~6.5	4.0~6.0		3.0~4.0	3.0~4.0
12	13	5.5~9.5	6.5~8.0		6.5~9.0	6.0~8.0		4.0~6.0	4.0~6.0
16	17	—	8.0~12.0		9.0~12.0	8.0~11.0		6.0~10.0	6.0~9.0
20	21	—	12.0~16.0		12.0~16.0	11.0~15.0		10.0~14.0	9.0~13.0

24.81

(续)

(1) 尺寸(mm)

钉体d(公称)	2.4	3	3.2	4	4.8	5	6	6.4
铆钉长度l③				推荐的铆接范围④				
公称=min / max								
25 / 26	—	—	—	—	15.0~19.5	14.0~19.0	13.0~19.0	13.0~19.0
30 / 31	—	—	—	—	19.5~25.0	19.0~24.0	19.0~24.0	19.0~24.0

(2) 每千件钢制品大约重量G(kg)

l	G	l	G	l	G	l	G	l	G
d = 2.4		d = 3.2		d = 4		d = 5		d = 6	
6	0.688	6	1.40	20	3.83	8	4.30	25	
8	0.759	8	1.52	25	4.32	10	4.60	30	
10	0.830	10	1.65	30	4.82	12	4.91	d = 6.4	
12	0.901	12	1.77	d = 4.8		16	5.93	10	7.16
d = 3		16	2.03	8	4.12	20	6.14	12	7.67
6	1.32	20	2.28	10	4.41	25	6.92	16	8.68
8	1.43	d = 4		12	4.69	30	7.69	20	9.69
10	1.54	6	2.45	16	5.26	d = 6		25	10.95
12	1.65	8	2.65	20	5.83	10	5.62	30	12.21
16	1.87	10	2.84	25	6.54	12	6.07		
20	2.09	12	3.04	30	7.25	16	6.96		
		16	3.44			20	7.84		

注：① d—公称直径；d_m—钉芯直径。

② 抽芯铆钉的其他尺寸：d(公差)、d_k(钉体头部直径)、k(钉体头部高度)、P(钉芯外露长度)、b_{max}(盲区长度)、d_{h1}(钉钉孔直径)，参见第24.79页"开口型平圆头抽芯铆钉—10、11级"的规定。

③ 公称长度l＞30mm时，应按5mm递增。为确认其可行性

24.82

以及铆接范围可向制造者咨询。

④ 符合表中尺寸和规定的制造材料组合与性能等级的铆钉铆接范围，用最小最大铆接长度表示。最小铆钉长度仅为推荐值。某些使用场合可能使用更小的长度。

(3) 开口型平圆头抽芯铆钉—12 级

(GB/T 12618.3—2006)

(1) 尺寸(mm)					
钉体　　d(公称)	2.4	3.2	4	4.8	6.4
钉芯　d_m(max)	1.6	2.1	2.55	3.05	4
盲区长度b_m(max)	$l_{max}+3$		$l_{max}+3.5$	$l_{max}+4$	$l_{max}+5.5$
铆钉长度 l		推荐的铆接范围			
公称=min　max					
5　　6	—	0.5~1.5	—	—	—
6　　7	0.5~3.0	1.5~3.5	1.0~3.0	1.5~2.5	—
8	—	3.5~5.0	3.0~5.0	2.5~4.0	—
9　　10	3.0~6.0	—	—	—	—
10　　11	—	5.0~7.0	5.0~6.5	4.0~6.0	—
12　　13	6.0~9.0	7.0~9.0	6.5~8.5	6.0~8.0	3.0~6.0
16　　17	—	9.0~13.0	8.5~12.5	8.0~12.0	6.0~10.0
20　　21	—	13.0~17.0	12.5~16.5	12.0~15.0	10.0~14.0
25　　26	—	17.0~22.0	16.5~21.5	15.0~20.0	14.0~18.0
30　　31	—	—	—	20.0~25.0	18.0~23.0

（续）

\multicolumn{10}{c}{(2) 每千件钢制品大约重量 G(kg)}								
l	G	l	G	l	G	l	G	l	G
d=2.4		d=3.2		d=4		d=4.8		d=4.8	
5	0.236	6	0.447	6	0.699	6	1.08	30	2.22
6	0.248	8	0.489	8	0.765	8	1.17	d=6.4	
8	0.272	9	0.511	9	0.798	9	1.22	12	2.58
9	0.284	10	0.532	10	0.832	10	1.27	16	2.92
10	0.296	12	0.574	12	0.898	12	1.36	20	3.26
12	0.320	16	0.659	16	1.03	16	1.55	25	3.68
d=3.2		20	0.744	20	1.16	20	1.80	30	4.11
5	0.426	25	0.850	25	1.33	25	1.98		

注：1. d—公称直径；d_m—钉芯直径；l—公称长度。

2. 抽芯铆钉其他尺寸和公差：d（公差）、d_k（钉体头部直径）、k（钉体头部高度）、P（钉芯外露长度）、d_{h1}（铆钉孔直径），参见第 24.79 页"(1)开口型平圆抽芯铆钉—10、11 级"的规定。

3. 符合表中尺寸和规定的制造材料组合与性能等级的铆钉铆接范围，用最小和最大铆接长度表示。最小铆接长度仅为推荐值。某些使用场合可能使用更小的长度。

（4）开口型平圆头抽芯铆钉—51 级

(GB/T 12618.4—2006)

\multicolumn{7}{c}{(1) 尺寸(mm)}						
钉体	d（公称）	3	3.2	4	4.8	5
钉芯	d_m(max)	2.05	2.15	2.75	3.2	3.25
盲区长度	b(max)	$l_{max}+4$		$l_{max}+4.5$		$l_{max}+5$

注：1. d—公称直径；d_m—钉芯直径。

(1) 尺寸(mm)						
公称直径 d	3	3.2	4		4.8	5
铆钉长度 l	推荐的铆接范围					
公称＝min	max					
6	7	0.5～3.0	1.0～2.5		1.5～2.0	
8	9	3.0～5.0	2.5～4.5		2.0～4.0	
10	11	5.0～6.5	4.5～6.5		4.0～6.0	
12	13	6.5～8.5	6.5～8.5		6.0～8.0	
14	15	8.5～10.5	8.5～10.0			
16	17	10.5～12.5	10.0～12.0		8.0～11.0	
18	19	—	12.0～14.0		11.0～13.0	
20	21	—	14.0～16.0		13.0～16.0	
25	26	—	16.0～21.0		16.0～19.0	

(2) 每千件钢制品大约重量 G(kg)									
l	G	l	G	l	G	l	G	l	G
d=3		d=3.2		d=4		d=4.8		d=5	
6	1.26	6	1.41	8	2.34	8	3.48	8	3.69
8	1.37	8	1.53	10	2.54	10	3.76	10	4.00
10	1.48	10	1.66	12	2.74	12	4.05	12	4.31
12	1.60	12	1.79	14	2.93	14	4.05	16	4.93
14	1.71	14	1.91	16	3.13	16	4.62	18	5.24
16	1.82	16	2.04	18	3.33	18	4.91	20	5.56
				20	3.53	20	5.19	25	5.87
				25	3.73	25	5.48		

注：2. 抽芯铆钉其他尺寸和公差：d(公差)、d_k(钉体头部直径)、k(钉体头部高度)、P(钉芯外露长度)、d_{h1}(铆钉孔直径)，参见第24.79页"(1)开口型平圆头抽芯铆钉—10、11级"的规定。

3. 公称长度 l 大于25mm时，应按5mm递增。为确认其可行性以及铆接范围可向制造者咨询。

4. 符合表中规定的尺寸和规定的材料组合与性能等级的铆钉铆接范围，用最小和最大铆接长度表示。最小铆接长度仅为推荐值。某些使用场合可能使用更小的长度。

（5）开口型平圆头抽芯铆钉—20、21、22 级

（GB/T 12618.5—2006）

(1) 尺寸(mm)					
钉体	公称直径 d	3	3.2	4	4.8
钉芯	直径 d_m(max)	2	2	2.45	2.95
	外露长度 P(min)	25			27
盲区长度	b(max)	$l_{max}+3.5$		$l_{max}+4$	$l_{max}+4.5$

铆钉长度 l		推荐的铆接范围		
公称=min	max			
5	6	0.5～2.0	1.0～2.5	—
6	7	2.0～3.0	2.5～3.5	—
8	9	3.0～5.0	3.5～5.0	2.5～4.0
10	11	5.0～7.0	5.0～7.0	4.0～5.0
12	13	7.0～9.0	7.0～8.5	6.0～8.0
14	15	9.0～11.0	8.5～10.0	8.0～10.0
16	17	—	10.0～12.5	10.0～12.0
18	19	—	—	12.0～14.0
20	21	—	—	14.0～16.0

注：1. 抽芯铆钉的其他尺寸：d(公差)、d_k(钉体头部直径)、k(钉体头部高度)、P(钉芯外露长度)、d_{h1}(铆钉孔直径)，参见第 24.79 页"(1)开口型平圆头抽芯铆钉—10、11 级"的规定。

2. 符合表中规定的尺寸和规定的材料组合与性能等级的铆钉铆接范围，用最小和最大铆接长度表示。最小铆接长度仅为推荐值。某些使用场合可能使用更小的长度。

(2) 每千件钢制品大约重量 G(kg)									
l	G	l	G	l	G	l	G	l	G
$d=3$		$d=3.2$		$d=4$		$d=4$		$d=4.8$	
5	1.18	5	1.26	5	1.98	16	3.15	16	4.77
6	1.24	6	1.33	6	2.08	$d=4.8$		18	5.08
8	1.36	8	1.46	8	2.30	8	3.54	20	5.39
10	1.48	10	1.60	10	2.51	10	3.85		
12	1.60	12	1.74	12	2.78	12	4.16		
14	1.72	14	1.87	14	2.94	14	4.46		

(6) 开口型平圆头抽芯铆钉—40、41 级

(GB/T 12618.6—2006)

(1) 尺寸(mm)					
钉体	公称直径 d	3.2	4	4.8	6.4
钉芯	直径 d_m(max)	2.15	2.75	3.2	3.9
铆钉长度 l		推荐的铆接范围			
公称=min	max				
5	6	1.0～3.0	1.0～3.0	—	—
6	7	—	—	2.0～4.0	—
8	9	3.0～5.0	3.0～5.0	—	—
10	11	5.0～7.0	5.0～7.0	4.0～6.0	3.0～4.0
12	13	7.0～9.0	7.0～9.0	6.0～8.0	—
14	15	—	9.0～10.5	8.0～10.0	—
16	17	—	10.0～12.5	10.0～12.0	6.0～12.0
18	19	—	12.5～14.5	12.0～14.0	—
20	21	—	14.5～16.5	14.0～16.0	—

注：1. 抽芯铆钉的其他尺寸：d(公差)、d_k(钉体头部直径)、k(钉体头部高度)、P(钉芯外露长度)、b_{max}(盲区长度)、d_{h1}(铆钉孔直径)，参见第 24.79 页"(1)开口型平圆头抽芯铆钉—10、11 级"的规定。

2. 符合表中规定的尺寸和规定的材料组合与性能等级的铆钉铆接范围，用最小和最大铆接长度表示。

(2) 每千件钢制品大约重量 G(kg)

l	G	l	G	l	G	l	G	l	G
d=3.2		d=4		d=4		d=4.8		d=6.4	
5	1.37	5	2.36	16	3.52	10	4.14	14	7.88
6	1.44	6	2.46	18	3.73	12	4.45	16	8.42
8	1.57	8	2.67	20	3.94	14	4.75	18	8.97
10	1.71	10	2.88	d=4.8		16	5.06	20	9.52
12	1.84	12	3.09	6	3.54	18	5.36		
		14	3.30	8	3.84	20	5.66		

注: d—公称直径; l—公称长度。

27. 开口型沉头抽芯铆钉

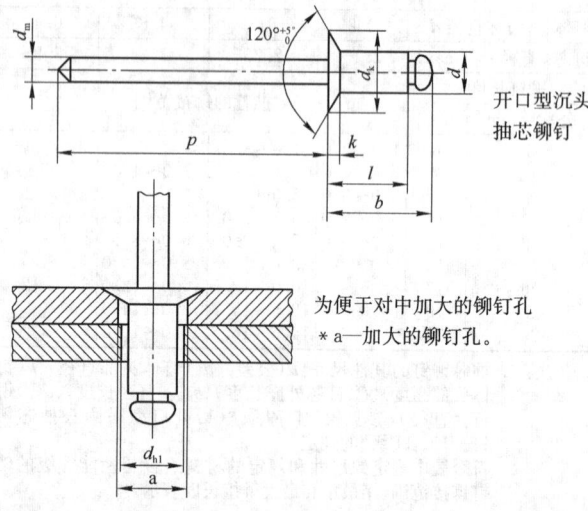

开口型沉头
抽芯铆钉

为便于对中加大的铆钉孔
* a—加大的铆钉孔。

（1）开口型沉头抽芯铆钉—10、11级

(GB/T 12617.1—2006)

		(1) 尺寸(mm)						
钉体	d	公称	2.4	3	3.2	4	4.8	5
		max	2.48	3.08	3.28	4.08	4.88	5.08
		min	2.25	3.85	3.05	3.85	4.65	4.85
	d_k	max	5.0	6.3	6.7	8.4	10.1	10.5
		min	4.2	5.4	5.8	6.9	8.3	8.7
	k	max	1	1.3	1.3	1.7	2	2.1
钉芯	d_m	max	1.55	2	2	2.45	2.95	2.95
	P	min	25			27		
盲区长度 b (max)			$l_{max}+3.5$		$l_{max}+4$		$l_{max}+4.5$	
铆钉孔直径 d_{hl}		max	2.6	3.2	3.4	4.2	5.0	5.2
		min	2.5	3.1	3.3	4.1	4.9	5.1

铆钉长度 l		推荐的铆接范围			
公称=min	max				
4	5	1.5～2.0	—	—	—
6	7	2.0～4.0	2.0～3.5	—	—
8	9	4.0～6.0	3.5～5.0	2.0～5.0	2.5～4.0
10	11	6.0～8.0	5.0～7.0	5.0～6.5	4.0～6.0
12	13	8.0～9.5	7.0～9.0	6.5～8.5	6.0～8.0
16	17	—	9.0～13.0	8.5～12.5	8.0～12.0
20	21	—	13.0～17.0	12.5～16.5	12.0～15.0
25	26	—	17.0～22.0	15.0～20.0	15.0～20.0
30	31	—	—	20.0～25.0	20.0～25.0

注：1. d—公称直径；d_m—钉芯直径；d_k—头部直径；k—头部高度；P—钉芯外露长度。

2. 公称长度 l>30mm 时，应按 5mm 递增。为确认其可行性以及铆接范围可向制造者咨询。

3. 符合表中规定的尺寸和规定的材料组合与性能等级的铆钉铆接范围,用最小和最大铆接长度表示。最小铆接长度仅为推荐值。某些使用场合可能使用更小的长度。

(续)

(2) 每千件钢制品大约重量 G(kg)									
l	G	l	G	l	G	l	G	l	G
$d=2.4$		$d=3$		$d=3.2$		$d=4$		$d=5$	
4	0.540	12	1.03	16	1.44	25	2.88	8	2.67
6	0.554	16	1.11	20	1.61	$d=4.8$		10	2.87
8	0.568	20	1.18	25	1.82	8	2.57	12	3.08
10	0.582	25	1.28	$d=4$		10	2.76	16	3.50
12	0.596	$d=3.2$		8	1.75	12	2.95	20	3.91
$d=3$		6	1.01	10	1.89	16	3.34	25	4.43
6	0.921	8	1.10	12	2.02	20	3.72	30	4.95
8	0.958	10	1.18	16	2.28	25	4.20		
10	0.995	12	1.27	20	2.55	30	4.67		

注:d—公称直径;l—公称长度。

(2) 开口型沉头抽芯铆钉—30 级

(GB/T 12617.2—2006)

(1) 尺寸(mm)										
钉体	d	公称	2.4	3	3.2	4	4.8	5	6	6.4
		max	2.48	3.08	3.28	4.08	4.88	5.08	6.08	6.48
		min	2.25	2.85	3.05	3.85	4.65	4.85	5.85	6.25
	d_k	max	5.0	6.3	6.7	8.4	10.1	10.5	12.6	13.4
		min	4.2	5.4	5.8	6.9	8.3	8.7	10.8	11.6
	k	max	1	1.3	1.3	1.7	2	2.1	2.5	2.7
钉芯	d_m	max	1.5	2.15	2.15	2.8	3.5	3.5	3.4	4
	P	min	25				27			

（续）

(1) 尺寸(mm)

钉体 d(公称)	2.4	3	3.2	4	4.8	5	6	6.4
盲区长度 b(max)	$l_{max}+3.5$	$l_{max}+4$			$l_{max}+4.5$		$l_{max}+5$	$l_{max}+5.5$
铆钉孔直径 d_{h1} max	2.6	3.2	3.4	4.2	5.0	5.2	6.2	6.6
铆钉孔直径 d_{h1} min	2.5	3.1	3.3	4.1	4.9	5.1	6.1	6.5

铆钉长度 l / 推荐的铆接范围

公称=min	max	d=2.4	d=3, 3.2	d=4	d=4.8, 5	d=6	d=6.4
6	7	1.5~3.5	1.5~3.0	2.0~3.0	—	—	—
8	9	3.5~5.5	3.0~5.0	3.0~5.0	2.5~4.0		
10	11	—	5.0~6.5	5.0~6.5	4.0~6.0	3.0~4.0	3.0~4.0
12	13	5.5~9.5	6.5~8.0	6.5~8.0	6.0~8.0	4.0~6.0	4.0~6.0
16	17	—	8.0~12.0	8.0~12.0	8.0~11.0	6.0~10.0	6.0~9.0
20	21	—	12.0~16.0	12.0~16.0	11.0~15.0	10.0~14.0	9.0~13.0
25	26	—	—	—	15.0~19.5	14.0~19.0	13.0~19.0

(2) 每千件钢制品大约重量 G(kg)

l	G (d=2.4)	l	G (d=3)	l	G (d=3)	l	G (d=3.2)	l	G (d=3.2)
6	0.669	6	1.37	16	2.48	8	1.74	20	3.25
8	0.740	8	1.59	20	2.92	10	1.99	d=4	
10	0.812	10	1.81	d=3.2		12	2.24	6	2.81
12	0.883	12	2.04	6	1.48	16	2.75	8	3.21

(2) 每千件钢制品大约重量 G(kg)									
l	G	l	G	l	G	l	G	l	G
$d=4$		$d=4.8$		$d=5$		$d=6$		$d=6.4$	
10	3.60	10	4.74	8	4.29	10	5.80	10	7.06
12	4.39	12	5.30	10	4.91	12	6.68	12	8.07
16	5.18	16	6.44	12	5.52	16	8.46	16	10.09
20	6.17	20	7.58	16	6.76	20	10.24	20	12.11
$d=4.8$		25	9.00	20	7.99	25	12.46	25	14.63
8	4.17			25	9.53				

注:1. d—公称直径;d_m—钉芯直径;d_k—钉体头部高度;P—钉芯外露长度。

2. 公称长度 $l>25mm$ 时,应按 5mm 递增。为确认其可行性及铆接范围,可向制造者咨询。

3. 符合表中规定的尺寸和规定的材料组合与性能等级的铆钉铆接范围,用最小和最大铆接长度表示。最小铆接长度仅为推荐值。某些使用场合可能使用更小的长度。

(3) 开口型沉头抽芯铆钉—12 级

(GB/T 12617.3—2006)

(1) 尺寸(mm)						
钉体	d(公称)	2.4	3.2	4	4.8	6.4
钉芯	d_m(max)	1.6	2.1	2.58	3.05	4
	P(min)	25			27	
盲区长度	b(max)	$l_{max}+3$	$l_{max}+3$	$l_{max}+3.5$	$l_{max}+4$	$l_{max}+5.5$

注:1. d—公称直径;d_m—钉芯直径;P—钉芯外露长度。

（续）

(1) 尺寸(mm)						
公称直径 d		3	3.2	4	4.8	6.4
铆钉长度 l		推荐的铆接范围				
公称=min	max					
6	7	1.5～4.0	2.5～3.5	—	—	—
8	9		3.5～5.0	2.0～5.0	2.5～4.0	—
10	11	—	5.0～7.0	5.0～6.5	4.0～6.0	—
12	13	—	7.0～9.0	6.5～8.5	6.0～8.0	3.0～6.0
16	17	—	9.0～13.0	8.5～12.5	8.0～12.0	6.0～10.0
20	21	—	13.0～17.0	12.5～16.5	12.0～15.0	10.0～14.0

(2) 每千件钢制品大约重量 G(kg)									
l	G	l	G	l	G	l	G	l	G
d=2.4		d = 3.2		d = 4		d = 4.8		d = 6.4	
6	0.242	12	0.721	8	0.957	8	1.20	12	2.71
d=3.2		16	0.891	10	1.09	10	1.39	16	3.39
6	0.466	20	1.06	12	1.35	12	1.59	20	4.07
8	0.551	d=4		16	1.62	16	1.97		
10	0.636	6	0.824	20	1.95	20	2.35		

注：1. d—公称直径；d_m—钉芯直径；l—公称长度；P—钉芯外露长度。

2. 抽芯铆钉的其他尺寸：d(公差)、d_{h1}(铆钉孔直径)、d_k(钉体头部直径)、k(钉体头部高度)，参见第 24.90 页"(2)开口型沉头抽芯铆钉—30 级"的规定。

3. 符合表中规定的尺寸和规定的材料组合与性能等级的铆钉铆接范围，用最小和最大铆接长度表示。最小铆接长度仅为推荐值。某些使用场合可能使用更小的长度。

（4）开口型沉头抽芯铆钉—51级

(GB/T 12617.4—2006)

(1) 尺寸(mm)						
钉体	d(公称)	3	3.2	4	4.8	5
钉芯	d_m(max)	2.05	2.15	2.75	3.2	3.25
	P(min)		25		27	
盲区长度	b(max)	$l_{max}+4$	$l_{max}+4$	$l_{max}+4.5$	$l_{max}+5$	$l_{max}+5$
铆钉长度 l		推荐的铆接范围				
公称=min	max					
6	7	1.5～3.0		1.0～2.5	—	
8	9	3.0～5.0		2.5～4.5	2.5～4.0	
10	11	5.0～6.5		4.5～6.5	4.0～6.0	
12	13	6.5～8.5		6.5～8.5	6.0～8.0	
14	15	8.5～10.5		8.5～10.0	—	
16	17	10.5～12.5		10.0～12.0	8.0～11.0	
18	19	—		—	11.0～13.0	

注：1. d—公称直径；d_m—钉芯直径；l—公称长度；P—钉芯外露长度。

2. 抽芯铆钉的其他尺寸：d(公差)、d_{h1}(铆钉孔直径)、d_k(钉体头部直径)、k(钉体头部高度)，参见第24.90页"(2)开口型沉头抽芯铆钉—30级"的规定。

3. 符合表中规定的尺寸和规定的材料组合与性能等级的铆钉铆接范围，用最小和最大铆接长度表示。最小铆接长度仅为推荐值。某些使用场合可能使用更小的长度。

（续）

l	G	l	G	l	G	l	G	l	G
\multicolumn{10}{c}{(2) 每千件钢制品大约重量 G(kg)}
\multicolumn{2}{c}{d=2}	\multicolumn{2}{c}{d=3.2}	\multicolumn{2}{c}{d=4}	\multicolumn{2}{c}{d=4.8}	\multicolumn{2}{c}{d=5}
6	0.409	6	0.499	6	0.849	8	1.31	8	1.37
8	0.447	8	0.584	8	0.915	10	1.50	10	1.58
10	0.484	10	0.669	10	1.05	12	1.69	12	1.78
12	0.521	12	0.754	12	1.18	14	1.88	14	1.99
14	0.559	14	0.839	14	1.31	16	2.07	16	2.20
16	0.596	16	0.924	16	1.45	18	2.26	18	2.41

（5）开口型沉头抽芯铆钉—20、21、22 级

（GB/T 12617.5—2006）

\multicolumn{6}{c}{(1) 尺寸(mm)}
钉体	d(公称)	3	3.2	4	4.8
钉芯	d_m(max)	2	2	2.45	2.95
	P(min)	\multicolumn{2}{c}{25}	\multicolumn{2}{c}{27}
\multicolumn{2}{l}{盲区长度 b(max)}	l_{max}+3.5	l_{max}+4	l_{max}+4	l_{max}+4.5
\multicolumn{2}{l}{铆钉长度 l}	\multicolumn{4}{c}{推荐的铆接范围}
公称=min	max				
5	6	1.5～2.0	2.0～2.5	—	
6	7	2.0～3.0	2.5～3.5	—	
8	9	3.0～5.0	3.5～5.0	2.5～4.0	
10	11	5.0～7.0	5.0～7.0	4.0～6.0	
12	13	7.0～9.0	7.0～8.5	6.0～8.0	
14	15	9.0～11.0	8.5～10.0	8.0～10.0	
16	17	—	10.0～12.5	10.0～12.0	
18	19	—	—	12.0～14.0	
20	21	—	—	14.0～16.0	

注：1. d—公称直径；d_m—钉芯直径；l—公称长度；P—钉芯外露
长度。

(2) 每千件钢制品大约重量 G(kg)									
l	G	l	G	l	G	l	G	l	G
$d=3$		$d=3.2$		$d=4$		$d=4$		$d=4.8$	
5	0.373	5	0.394	5	0.614	16	1.34	16	1.96
6	0.392	6	0.465	6	0.680	$d=4.8$		18	2.15
8	0.429	8	0.550	8	0.813	8	1.19	20	2.34
10	0.467	10	0.635	10	0.946	10	1.38		
12	0.504	12	0.720	12	1.08	12	1.57		
14	0.541	14	0.805	14	1.21	14	1.77		

注：2. 抽芯铆钉的其他尺寸：d(公差)、d_{h1}(铆钉孔直径)、d_k(钉体头部直径)、k(钉体头部高度)，参见第 24.90 页"(2)开口型沉头抽芯铆钉—30 级"的规定。

3. 符合表中规定的尺寸和规定的材料组合与性能等级的铆钉铆接范围，用最小和最大铆接长度表示。最小铆接长度仅为推荐值。某些使用场合可能使用更小的长度。

28. 封闭型平圆头抽芯铆钉

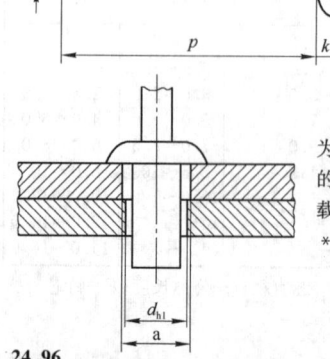

封闭型平圆头
抽芯铆钉

为便于对中加大的铆钉孔(加大的铆钉孔也可能降低剪切和拉力载荷)

* a—加大的铆钉孔。

（1）封闭型平圆头抽芯铆钉—11级

(GB/T 12615.1—2004)

（1）尺寸(mm)

			3.2	4	4.8	5	6.4
钉体	d	公称	3.2	4	4.8	5	6.4
		max	3.28	4.08	4.88	5.08	6.48
		min	3.05	3.85	4.65	4.85	6.25
	d_k	max	6.7	8.4	10.1	10.5	13.4
		min	5.8	6.9	8.3	8.7	11.6
	k	max	1.3	1.7	2	2.1	2.7
钉芯	d_m	max	1.85	2.35	2.77	2.8	3.71
	P	min	25			27	
铆钉孔直径 d_{hl}		max	3.4	4.2	5.0	5.2	6.6
		min	3.3	4.1	4.9	5.1	6.5

铆钉长度 l		推荐的铆接范围				
公称＝min	max					
6.5	7.5	0.5~2.0	—	—	—	—
8	9	2.0~3.5	0.5~3.5	—	—	—
8.5	9.5	—	—	0.5~3.5	—	—
9.5	10.5	3.5~5.0	3.5~5.0	3.5~5.0	—	—
11	12	5.0~6.5	5.0~6.5	5.0~6.5	—	—
12.5	13.5	6.5~8.0	6.5~8.0	—	—	1.5~6.5
13	14	—	—	6.5~8.0	—	—
14.5	15.5	—	8~10	8.0~9.5	—	—
15.5	16.5	—	—	—	—	6.5~9.5
16	17	—	—	9.5~11.0	—	—
18	19	—	—	11~13	—	—
21	22	—	—	13~16	—	—

注：1. d—公称直径；d_{hl}—铆钉孔直径；d_k—钉体头部直径；d_m—钉芯直径；k—钉体头部高度；l—公称长度；P—钉芯外露长度。

（2）每件件钢制品大约重量 G(kg)									
l	G	l	G	l	G	l	G	l	G
d=3.2		d=4		d=4.8		d=5		d=6.4	
6.5	0.688	9.5	1.18	12.5	1.87	9.5	1.86	12.5	3.46
8	0.709	11	1.21	13	1.88	11	1.91	13	3.49
8.5	0.716	12.5	1.24	14.5	1.93	12.5	1.97	14.5	3.57
9.5	0.730	13	1.25	15.5	1.96	13	1.98	15.5	3.63
11	0.751	14.5	1.29	16	1.98	14.5	2.04	16	3.66
12.5	0.773	d=4.8		18	2.04	15.5	2.07	18	3.77
d=4		8.5	1.74	21	2.14	16	2.09	21	3.94
8	1.15	9.5	1.77	d=5		18	2.16		
8.5	1.16	11	1.82	8.5	1.82	21	2.27		

注：2. 符合表中规定的尺寸和规定的材料组合与性能等级的铆
钉铆接范围，用最小和最大铆接长度表示。最小铆接长度
仅为推荐值。某些使用场合可能使用更小的长度。

（2）封闭型平圆头抽芯铆钉—30 级

（GB/T 12615.2—2004）

（1）尺寸(mm)					
钉体	d(公称)	3.2	4	4.8	6.4
钉芯	d_m(max)	2	2.35	2.95	3.9
铆钉长度 l		推荐的铆接范围			
公称=min	max				
6	7	0.5～1.5	0.5～1.5	—	
8	9	1.5～3.0	1.5～3.0	0.5～3.0	
10	11	3.0～5.0	3.0～5.0	3.0～5.0	
12	13	5.0～6.5	5.0～6.5	5.0～6.5	—

（1）尺寸(mm)				
钉体	d(公称)	3.2	4	4.8	6.4
铆钉长度 l		推荐的铆接范围			
公称=min	max				
15	16	—	6.5～10.5	6.5～10.5	3.0～6.5
16	17	—	—	—	6.5～8.0
21	22	—	—	—	8.0～12.5

（2）每千件钢制品大约重量 G(kg)							
l	G	l	G	l	G	l	G
$d=3.2$		$d=4$		$d=4.8$		$d=6.4$	
6	0.99	6	1.50	8	2.59	15	6.03
8	1.06	8	1.63	10	2.76	16	6.19
10	1.14	10	1.75	12	2.94	21	6.99
12	1.22	12	1.88	15	3.21		
		15	2.08				

注：1. d—公称直径；d_m—钉芯直径；l—公称长度。

2. 抽芯铆钉的其他尺寸：d(公差)、d_{h1}(铆钉孔直径)、d_k(钉体头部直径)、k(钉体头部高度)、P(钉芯外露长度)，参见第24.97页"(1)封闭型平圆头抽芯铆钉—11级"的规定。

3. 符合表中规定的尺寸和规定的材料组合与性能等级的铆钉铆接范围，用最小和最大铆钉长度表示。最小铆接长度仅为推荐值。某些使用场合可能使用更小的长度。

（3）封闭型平圆头抽芯铆钉—06 级

（GB/T 12615.3—2004）

（1）尺寸(mm)				
钉体	d(公称)	3.2	4	4.8	6.4
钉芯	d_m(max)	1.85	2.35	2.77	3.75

铆钉长度 l		推荐的铆接范围			
公称＝min	max				
8.0	9.0	0.5～3.5	—	1.0～3.5	—
9.5	10.5	3.5～5.0	1.0～5.0	—	—
11.0	12.0	5.0～6.5	—	3.5～6.5	—
11.5	12.5	—	5.0～6.5	—	—
12.5	13.5	—	6.5～8.0	—	1.5～7.0
14.5	15.5	—	—	6.5～9.5	7.0～8.5
18.0	18.0	—	—	9.5～13.5	8.5～10.0

（2）每千件钢制品大约重量 G(kg)									
l	G	l	G	l	G	l	G	l	G
d＝3.2		d＝4		d＝4.8		d＝4.8		d＝6.4	
8	0.338	9.5	0.579	8	0.830	14.5	1.04	18	2.17
9.5	0.359	11	0.612	9.5	0.878	18	1.15		
11	0.380	11.5	0.623	11	0.926	d＝6.4			
d＝4		12.5	0.645	11.5	0.942	12.5	1.86		
8	0.547			12.5	0.974	14.5	1.98		

注：1. d—公称直径；d_m—钉芯直径；l—公称长度。

2. 抽芯铆钉的其他尺寸：d(公差)、d_{h1}(铆钉孔直径)、d_k(钉体头部直径)、k(钉体头部高度)、P(钉芯外露长度)，参见第 24.97 页"(1)封闭型平圆头抽芯铆钉—11 级"的规定。

3. 符合表中规定的尺寸和规定的材料组合与性能等级的铆钉铆接范围，用最小和最大铆接长度表示。最小铆接长度仅为推荐值。某些使用场合可能使用更小的长度。

(4) 封闭型平圆头抽芯铆钉—51级

(GB/T 12615.4—2004)

(1) 尺寸(mm)				
钉体 d(公称)	3.2	4	4.8	6.4
钉芯 d_m(max)	2.15	2.75	3.2	3.9

铆钉长度 l		推荐的铆接范围			
公称＝min	max				
6	7	0.5～1.5	0.5～1.5	—	—
8	9	1.5～3.0	1.5～3.0	0.5～3.0	—
10	11	3.0～5.0	3.0～5.0	3.0～5.0	—
12	13	5.0～6.5	5.0～6.5	5.0～6.5	1.5～6.5
14	15	6.5～8.0	6.5～8.0	—	—
16	17	—	8.0～11.0	6.5～9.0	6.5～8.0
20	21	—	—	9.0～12.0	8.0～12.0

(2) 每千件钢制品大约重量 G(kg)							
l	G	l	G	l	G	l	G
d＝3.2		d＝4		d＝4.8		d＝6.4	
6	1.06	6	1.73	8	2.76	12	5.56
8	1.13	8	1.84	10	2.92	14	5.88
10	1.20	10	1.94	12	3.08	16	6.19
12	1.27	12	2.04	14	3.24	20	6.83
14	1.34	14	2.15	16	3.39		
		16	2.25	20	3.71		

注：1. d—公称直径；d_m—钉芯直径；l—公称长度。

2. 抽芯铆钉的其他尺寸：d(公差)、d_{hl}(铆钉孔直径)、d_k(钉体头部直径)、k(钉体头部高度)、P(钉芯外露长度)，参见第24.97页"(1)封闭型平圆头抽芯铆钉—11级"的规定。

3. 符合表中规定的尺寸和规定的材料组合与性能等级的铆钉铆接范围，用最小和最大铆接长度表示。最小铆接长度仅为推荐值。某些使用场合可能使用更小的长度。

29. 封闭型沉头抽芯铆钉—11 级

(GB/T 12616.1—2004)

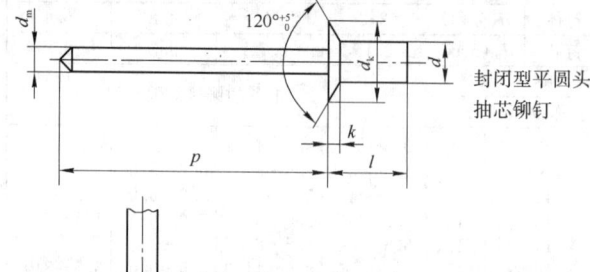

封闭型平圆头
抽芯铆钉

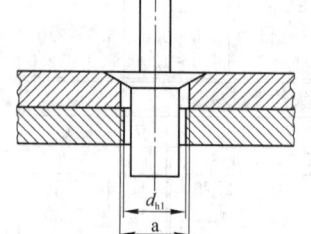

为便于对中加大的铆钉孔(加大的
铆钉孔可能降低剪切和拉力载荷)
注:a—加大的铆钉孔。

(1) 尺寸(mm)

		公称	3.2	4	4.8	5	6.4
钉体	d	max	3.28	4.08	4.88	5.08	6.48
		min	3.05	3.85	4.65	4.85	6.25
	d_k	max	6.7	8.4	10.1	10.5	13.4
		min	5.8	6.9	8.3	8.7	11.6
	k	max	1.3	1.7	2	2.1	2.7
钉芯	d_m	max	1.85	2.35	2.77	2.8	3.75
	P	min	25			27	
铆钉孔直径		max	3.4	4.2	5.0	5.2	6.6
	d_{h1}	min	3.3	4.1	4.9	5.1	6.5

24.102

（续）

(1) 尺寸(mm)						
钉体 d(公称)		3.2	4	4.8	5	6.4
铆钉长度 l		推荐的铆接范围				
公称=min	max					
8	9	2.0～3.5	2.0～3.5	—		—
8.5	9.5	—	—	2.5～3.5		—
9.5	10.5	3.5～5.0	3.5～5.0	3.5～5.0		—
11	12	5.0～6.5	5.0～6.5	5.0～6.5		—
12.5	13.5	6.5～8.0	6.5～8.0	—		1.5～6.5
13	14	—	—	6.5～8.0		—
14.5	15.5	—	8.0～10.1	8.0～9.5		—
15.5	16.5	—	—	—		6.5～9.5
16	17	—	—	9.5～11.0		—
18	19	—	—	11.0～13.0		—
21	22	—	—	13.0～16.0		—

(2) 每千件铝合金制品大约重量 G(kg)									
l	G	l	G	l	G	l	G	l	G
d=3.2		d=4		d=4.8		d=5		d=6.4	
8	0.694	11	1.18	13	1.83	11	1.85	12.5	3.38
8.5	0.701	12.5	1.21	14.5	1.88	12.5	1.91	13	3.40
9.5	0.715	13	1.22	15.5	1.91	13	1.92	14.5	3.49
11	0.736	14.5	1.26	16	1.93	14.5	1.98	15.5	3.54
12.5	0.757	d=4.8		18	1.99	15.5	2.01	16	3.57
d=4		8.5	1.69	21	2.09	16	2.03	18	3.68
8	1.12	9.5	1.72	d=5		18	2.10	21	3.85
8.5	1.13	11	1.77	8.5	—	21	2.21		
9.5	1.15	12.5	1.82	9.5	—				

注：1. d—公称直径；d_{h1}—铆钉孔直径；d_k—钉体头部直径；d_m—钉芯直径；k—钉体头部高度；l—公称长度；P—钉芯外露长度。

2. 符合表中规定的尺寸和规定的材料组合与性能等级的铆钉铆接范围,用最小和最大铆接长度表示。最小铆接长度仅为推荐值。某些使用场合可能使用更小的长度。

30. 扁圆头击芯铆钉

(GB/T 15855.1—1995)

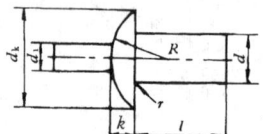

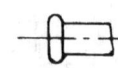

允许制造的钉芯型式

(1) 尺寸(mm)						
公称直径 d	公称	3	4	5	(6)	6.4
	max	3.06	4.08	5.08	6.08	6.48
	min	2.94	3.92	4.92	5.92	6.32
头部直径 d_k	max	6.24	8.29	9.89	12.35	13.29
	min	5.76	7.71	9.31	11.65	12.71
头部高度 k	max	1.4	1.7	2	2.4	3
头部半径 R	≈	5	6.8	8.7	9.3	9.3
圆角半径 r	max	0.5	0.5	0.7	0.7	0.7
钉芯直径 d_1	参考	1.8	2.18	2.8	3.6	3.8
公称长度 l	范围	6~15	6~20	8~32	8~45	8~45

公称长度 l 的系列及公差:6、7、8、9、10、(11)、12、(13)、14、(15)、16、(17)、18、(19)、20、(21)、22、(23)、24、(25)、26、(27)、28、(29)、30、(31)、32、(33)、34、(35)、36、(37)、38、(39)、40、(41)、(42)、(43)、44、(45);公差均为±0.5

| \multicolumn{10}{c}{(2) 部分规格每千件制品(铝体/钢芯)大约重量 G(kg)} |

l	G	l	G	l	G	l	G	l	G
$d=5$		$d=5$		$d=6.4$		$d=6.4$		$d=6.4$	
8	1.063	16	1.655	24	4.505	32	5.662	40	6.818
9	1.148	(17)	1.740	(25)	4.650	(33)	5.806	(41)	6.963
10	1.232	18	1.824	26	4.794	34	5.951	42	7.107
(11)	1.317	(19)	1.909	(27)	4.939	(35)	6.095	(43)	7.252
12	1.317	20	1.993	28	5.084	36	6.240	44	7.452
(13)	1.401	(21)	2.078	(29)	5.228	(37)	6.384	(45)	7.596
14	1.485	$d=6.4$		30	5.373	38	6.529		
(15)	1.570	(23)	4.361	(31)	5.517	(39)	6.673		

注：1. 钉芯外露长度：3～5mm。
　　2. 表列规格为商品规格。带括号的规格尽量不采用。
　　3. "铝体/不锈钢芯"制品的重量，可参考使用表中重量资料。
　　　　其余规格重量及"钢体/钢芯"制品重量暂缺。重量资料由
　　　　上海安字实业公司(原上海异型铆钉厂)提供。

31. 沉头击芯铆钉

(GB/T 15855.2—1995)

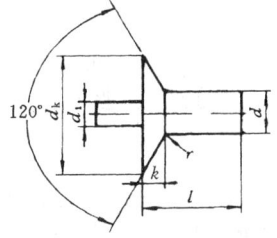

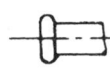

允许制造的钉芯型式

(1) 尺寸(mm)						
公称直径 d	公称	3	4	5	(6)	6.4
	max	3.06	4.08	5.08	6.08	6.48
	min	2.94	3.92	4.92	5.92	6.32
头部直径 d_k	max	6.24	8.29	9.89	12.35	13.29
	min	5.76	7.71	9.31	11.65	12.71
头部高度 k	≈	1.4	1.7	2	2.4	3
圆角半径 r	max	0.5	0.5	0.7	0.7	0.7
钉芯直径 d_1	参考	1.8	2.18	2.8	3.6	3.8
公称长度 l	范围	6～15	6～20	8～32	8～45	8～45

公称长度 l 的系列及公差:6、(7)、8、(9)、10、(11)、12、(13)、14、(15)、16、(17)、18、(19)、20、(21)、22、(23)、24、(25)、26、(27)、28、(29)、30、(31)、32、(33)、34、(35)、36、(37)、38、(39)、40、(41)、42、(43)、44、(45);公差均为±0.5

(2) 部分规格每千件制品(铝体/钢芯)大约重量 G(kg)									
l	G	l	G	l	G	l	G	l	G
d = 5		d = 5		d = 6		d = 6		d = 6	
8	0.894	16	1.570	24	4.216	32	5.373	40	6.529
9	0.978	(17)	1.655	(25)	4.361	(33)	5.517	(41)	6.673
10	1.063	18	1.740	26	4.505	34	5.662	42	6.818
(11)	1.148	(19)	1.824	(27)	4.650	(35)	5.806	(43)	6.963
12	1.232	20	1.909	28	4.794	36	5.951	44	7.107
(13)	1.317	(21)	1.993	(29)	4.939	(37)	6.095	(45)	7.252
14	1.401	d = 6		30	5.084	38	6.240		
(15)	1.485	(23)	4.072	(31)	5.228	(39)	6.384		

注: 1. 钉芯外露长度:3～5mm。

2. 表列规格为商品规格。带括号的规格尽量不采用。

3. d—公称直径;l—公称长度(mm)。

4. "铝体/不锈钢芯"制品的重量,可参考使用表中重量资料。其余规格重量及"钢体/钢芯"重量暂缺。重量资料由上海安字实业公司(原上海异型铆钉厂)提供。

24.106

第二十五章　紧固件—组合件和连接副

一、紧固件—组合件和连接副综述

1. 紧固件—组合件和连接副的品种简介

序号	品种名称与标准号	型式	规格范围	产品等级	螺纹公差	机械性能	表面处理
1	螺栓或螺钉和平垫圈组合件 GB/T 9074.1—2002		M2~M12	A级	6g	钢:螺栓和螺钉≤10.9 垫圈:200 或300HV	电镀
2	十字槽盘头螺钉和外锯齿锁紧垫圈组合件 GB/T 9074.2—1988		M3~M6	A级	6g	**钢:4.8**	a. **镀锌钝化** b. 氧化
						不锈钢: A2-70 A2-50	不经处理
3	十字槽盘头螺钉和弹簧垫圈组合件 GB/T 9074.3—1988		M3~M6	同序号2			
4	十字槽盘头螺钉、弹簧垫圈和平垫圈组合件 GB/T 9074.4—1988		M3~M6	同序号2			
5	十字槽小盘头螺钉和平垫圈组合件 GB/T 9074.5—2004		M2~M8	A级	6g	**钢: 4.8**	a. **镀锌钝化** b. 氧化
						垫圈: 200HV	

序号	品种名称与标准号	型式	规格范围	产品等级	螺纹公差	机械性能	表面处理
6	十字槽小盘头螺钉和弹簧垫圈组合件 GB/T 9074.7—1988		M2.5～M6	A级	6g	钢：**4.8**	a. **镀锌钝化** b. 氧化
						不锈钢：A1-50 C4-50	不经处理
7	十字槽小盘头螺钉、弹簧垫圈和平垫圈组合件 GB/T 9074.8—1988		M2.5～M6	同序号7			
8	十字槽沉头螺钉和锥形锁紧垫圈组合件 GB/T 9074.9—1988		M3～M8	A级	6g	钢：4.8	a. **镀锌钝化** b. 氧化
9	十字槽半沉头螺钉和锥形锁紧垫圈组合件 GB/T 9074.10—1988		M3～M8	A级	6g	钢：**4.8**	a. **镀锌钝化** b. 氧化
						不锈钢：A2-70 A2-50	不经处理
10	十字槽凹穴六角头螺栓和平垫圈组合件 GB/T 9074.11—1988		M4～M8	B级	6g	钢：5.8	a. **镀锌钝化** b. 氧化
11	十字槽凹穴六角头螺栓和弹簧垫圈组合件 GB/T 9074.12—1988		M4～M8	同序号10			

序号	品种名称与标准号	型式	规格范围	产品等级	螺纹公差	机械性能	表面处理
12	十字槽凹穴六角头螺栓、弹簧垫圈和平垫圈组合件 GB/T 9074.13—1988		M4～M8	B级	6g	钢：**5.8**	a. **镀锌钝化** b. 氧化
13	六角头螺栓和平垫圈组合件 GB/T 9074.14—1988		M3～M12	A级	6g	钢：**8.8** 10.9	a. **镀锌钝化** b. 氧化
						不锈钢：A2-70	不经处理
14	六角头螺栓和弹簧垫圈组合件 GB/T 9074.15—1988		M3～M12	A级	6g	钢：**8.8** 10.9	a. **镀锌钝化** b. 氧化
						不锈钢：A2-70	不经处理
15	六角头螺栓和外锯齿锁紧垫圈组合件 GB/T 9074.16—1988		M3～M10	同序号 14			
16	六角头螺栓、弹簧垫圈和平垫圈组合件 GB/T 9074.17—1988		M3～M12	同序号 14			
17	自攻螺钉和平垫圈组合件 GB/T 9074.18—2002		ST2.2～ST9.5	A级	按GB/T5280规定	按 GB/T 3098.5 规定	镀锌钝化

序号	品种名称与标准号	型式	规格范围	产品等级	螺纹公差	机械性能	表面处理
18	十字槽盘头自攻螺钉和大垫圈组合件 GB/T 9074.19—1988	**C型** **F型**	ST 2.9～ ST 5.5	A级	按GB/T 5280 规定	按GB/T 3098.5 规定	a. **镀锌钝化** b. 氧化
19	十字槽凹穴六角头自攻螺钉和平垫圈组合件 GB/T 9074.20—1988	**C型** **F型**	ST 2.9～ ST8	同序号18			
20	十字槽凹穴六角头自攻螺钉和大垫圈组合件 GB/T 9074.21—1988	**C型** **F型**	ST 2.9～ ST8	同序号20			
21	平垫圈—用于螺钉和垫圈组合件 GB/T 97.4—2002	**S型** **N型** **L型**	2～ 12mm	A级		钢： **200HV** 300HV	a. **不经处理** b. 电镀
22	平垫圈—用于自攻螺钉和垫圈组合件 GB/T 97.5—2002	**N型** **L型**	2.2～ 9.5mm	A级		钢： 180HV	a. **不经处理** b. 电镀
23	组合件用弹簧垫圈 GB/T 9074.26—1988		2.5～ 12mm			弹簧钢 42～50 HRC	a. **氧化** b. 磷化 c. **镀锌钝化**

序号	品种名称与标准号	型式	规格范围	产品等级	螺纹公差	机械性能	表面处理
24	组合件用外锯齿锁紧垫圈 GB/T 9074.27—1988		3～12mm			弹簧钢：40～50 HRC	a. 氧化 b. 镀锌钝化
25	组合件用锥形锁紧垫圈 GB/T 9074.28—1988		3～8mm			弹簧钢：40～50 HRC	a. 氧化 b. 镀锌钝化
26	自攻螺钉组合件用平垫圈 GB/T 9074.29—1988		2.9～8mm	A级		钢：≥140HV	不经处理
27	自攻螺钉组合件用大垫圈 GB/T 9074.30—1988		2.9～8mm	A级		钢：≥140HV	不经处理
28	钢结构用高强度大六角头螺栓 GB/T 1228—1991		M12～M30	C级	6g	钢：10.9S 8.8S	表面应进行防锈处理
	钢结构用高强度大六角螺母 GB/T 1229—1991		M12～M30	C级	6H	钢：10H 8H	
	钢结构用高强度垫圈 GB/T 1230—1991		12～30mm	C级		钢：35～45 HRC	

序号	品种名称与标准号	型式	规格范围	产品等级	螺纹公差	机械性能	表面处理
29	钢结构用扭剪型高强度螺栓连接副 GB/T 3632—1995 注：① 螺栓 ② 螺母 ③ 垫圈		M16～M24①② 16～24 mm③	C 级	6g① 6H②	钢 ① 10.9S ② 10H ③ 329～436HV30 或 35～45 HRC	表面应进行防锈处理
30	栓接结构用大六角头螺栓—螺纹长度按 GB/T 3106—C 级—8.8 和 10.9 级 GB/T 18230.1—2000		M12～M36	C 级	6g	钢：8.8 10.9	a. 氧化 b. 镀锌钝化 c. 镀镉钝化 d. 热浸镀锌 e. 粉末渗锌
31	栓接结构用大六角头螺栓—短螺纹长度—C 级—8.8 和 10.9 级 GB/T 18230.2—2000		M12～M36	同序号 30			
32	栓接结构用大六角螺母—B 级—8 级和 10 级 GB/T 18230.3—2000		M12～M36	B 级	6H 或 6AX	钢：8 10	a. 氧化 b. 镀锌钝化 c. 镀镉钝化 d. 热浸镀锌 e. 粉末渗锌

序号	品种名称与标准号	型式	规格范围	产品等级	螺纹公差	机械性能	表面处理
33	栓接结构用 1 型大六角螺母—B级—10 级 GB/T 18230.4—2000		M12～M36	B级	6H 或 6AZ	钢:10	**a. 氧化** b. 镀锌钝化 c. 镀镉钝化 d. 热浸镀锌 e. 粉末渗锌
34	栓接结构用平垫圈—淬火并回火 GB/T 18230.5—2000		12～36mm			钢:35～45 HRC	**a. 氧化** b. 电镀锌 c. 电镀镉 d. 热浸镀锌 e. 粉末渗锌
35	栓接结构用 1 型六角螺母—热浸镀锌（加大攻丝尺寸）A 和 B 级—5、6 和 8 级 GB/T 18230.6—2000		M10～M36	D≤M16 A级；D>M16 B级	6AX	钢:5 6 **8**	**a. 热浸镀锌** b. 粉末渗锌
36	栓接结构用 2 型六角螺母—热浸镀锌（加大攻丝尺寸）A 和 B 级—9 级 GB/T 18230.7—2000		M10～M16	A级	6AX	钢:9	**a. 热浸镀锌** b. 粉末渗锌

注：1. 型式、机械性能和表面处理栏中，如有多项内容，其中用粗黑体字表示的内容，可在紧固件—组合件和连接副的标记中省略，参见第 13.2 页。

2. 螺栓或螺钉和平垫圈组合件技术条件,参见第 7.46 页;
3. 各种十字槽螺钉组合件技术条件,参见第 7.47 页;
4. 各种六角头螺栓组合件技术条件,参见第 7.48 页;
5. 各种自攻螺钉组合件技术条件,参见第 7.49 页;
6. 钢结构用高强度大六角头螺栓连接副技术条件,参见第 7.50页;
7. 钢结构用扭剪型高强度螺栓连接副技术条件,参见第 7.58页;
8. 栓结构用大六角头螺栓、大六角螺母、1 型大六角螺母、平垫圈以及 1 型和 2 型六角螺母技术条件,参见第 7.64 页。

2. 紧固件—组合件和连接副的用途简介

各种十字槽螺钉组合件、六角头螺栓组合件和自攻螺钉组合件的用途,与相应的十字槽螺钉、六角头螺栓和自攻螺钉的用途相同,可参阅前面有关章节的叙述。这些组合件的主要特点是,均配上相应的垫圈,使用方便。

钢结构用高强度大六角头螺栓连接副,主要用于铁路和公路桥梁、锅炉钢结构、工业厂房、高层民用建筑、塔桅结构、起重机械及其他钢结构需要采用摩擦型高强度螺栓连接副的场合。

钢结构用扭剪型高强度螺栓连接副,主要用于工业与民用建筑、公路与铁路桥梁、塔架、管道支架、起重机械及其他需要采用摩擦型连接的扭剪型高强度螺栓连接副的场合。其特点是螺栓末端多一个十二角体。安装时,须用特制的电动扳手,其上下有两个套筒头,一个套在螺母的六角体上,另一个套在螺栓的十二角体上。拧紧时,对螺母施加顺时针力矩,对螺栓十二角体施加大小相等的逆时针力矩,使螺栓的末端与十二角体之间连接颈部承受扭剪,至颈部剪断为止,安装告结束。这种扭剪型高强度螺栓为一次性使用的紧固件,安装后一般不予拆卸。

二、紧固件—组合件和连接副的尺寸与重量

1. 螺栓或螺钉和平垫圈组合件

(GB/T 9074.1—2002)

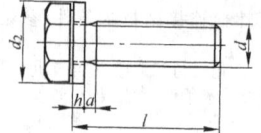

图1 螺纹制到垫圈处的螺栓

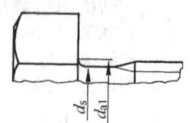

图2 过渡圆直径 d_{a1} 和杆径 d_s

圆滑过渡

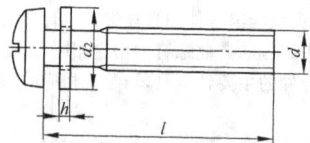

图3 带光杆的螺栓

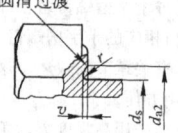

图4 可替代使用的头下U型沉割槽

(1) 范　　围
本标准(GB/T 9074.1—2002)规定了螺纹规格为 M2～M12、平支承面的、机械性能等级最大可达 10.9 级、垫圈硬度等级为 200HV 和 300HV 的螺栓或螺钉和平垫圈组合件。组合件中的平垫圈应能自由转动而不脱落。螺栓或螺钉和平垫圈的组合示例，见图2和图3

(2) 组合件中的螺栓或螺钉和垫圈的组合代号					
螺栓或螺钉			平垫圈		
标　准　号	名　　　称	代号	S 型	N 型	L 型
GB/T 5783—2000	六角头螺栓—全螺纹	S1	—	√	√
GB/T 5782—2000	六角头螺栓	S2	—	√	√
GB/T 818—2000	十字槽盘头螺钉	S3	—	√	√
GB/T 70.1—2008	内六角圆柱头螺钉	S4	√	√	√
GB/T 67—2008	开槽盘头螺钉	S5	—	√	√
GB/T 65—2000	开槽圆柱头螺钉	S6	—	√	√

（3）尺寸要求

组合件用螺栓和螺钉的尺寸，除组装垫圈的部位应按下列要求外，其余部分应符合相应的产品国家标准的规定。

① 螺栓和螺钉应有直径为 d_s（见图 2）的细杆，垫圈的直径应符合 GB/T 97.4 的规定，以便能自由转动（$d_s \approx$ 中径）

② 从支承面到第一扣完整螺纹始端的距离，是将螺纹辗制到接近垫圈的位置。对这类产品，应加大到可容纳垫圈的最大厚度。

③ 过渡圆直径 d_{a1}（见图 2，具体尺寸见下表），应小于产品标准中规定的过渡圆直径 d_a，其减小量为公称直径与辗压螺纹毛坯直径的差值。在相应国家标准中对头下圆规定的曲率，在组合件中也不应改变

④ 经供需双方协议，六角头螺栓头下可采用 U 型沉割槽（见图 4，具体尺寸见下表）

（4）螺栓或螺钉过渡圆直径（d_{a1}）和平垫圈尺寸(mm)								
螺纹规格 d	a^* max	d_{a1} max	平垫圈尺寸					
			S 型		N 型		L 型	
			h 公称	d_2 max	h 公称	d_2 max	h 公称	d_2 max
M2		2.4	0.6	4.5	0.6	5	0.6	6
M2.5		2.8	0.5	5	0.5	6	0.6	8
M3	$2P$	3.3	0.6	6	0.6	7	0.8	9
(M3.5)		3.7	0.8	7	0.8	8	0.8	11
M4		4.3	0.8	8	0.8	9	1	12
M5		5.2	1	9	1	10	1	15
M6	$\left(\dfrac{P-}{螺距}\right)$	6.2	1.6	11	1.6	12	1.6	18
M8		8.4	1.6	15	1.6	16	2	24
M10		10.2	2	18	2	20	2.5	30
M12		12.6	2	20	2.5	24	3	37

注：1. 平垫圈——用于螺钉和垫圈组合件的标准号为 GB/T 97.4—2002。S 型（小系列）、N 型（标准系列）和 L 型（大系列）平垫圈的代号分别为 S、N 和 L。

2. 表中："—"表示无此型式，"√"表示可选用的组合件。

3. 带括号的规格尽可能不采用。

4. *a——从垫圈支承面到第一扣完整螺纹始端的最大距离，当用平面（即用未倒角的环规）测量时，垫圈应与螺钉支承面或头下圆角接触。

5. h——厚度，d_2——外径。

（5）六角头螺栓头下 U 型沉割槽尺寸(mm) *								
螺纹规格 d		M3	M4	M5	M6	M8	M10	M12
d_{a2}	max	3.6	4.7	5.7	6.8	9.2	11.2	13.7
r	min	0.1	0.2	0.2	0.25	0.4	0.6	0.6
v	max	0.20	0.25	0.25	0.30	0.35	0.4	0.5
	min	0.05	0.05	0.05	0.05	0.1	0.1	0.1

注：* 经供需双方协议，六角头下可采用 U 型沉割槽

（6）螺栓或螺钉和平垫圈组合件的标记示例

① 六角头螺栓和平垫圈组合件　包括：一个 GB/T 5783—M6×30—8.8 螺栓(代号 S1)和一个 GB/T 97.4 标准系列垫圈(代号 N)的标记：

螺栓和垫圈组合件　GB/T 9074.1　M6×30　8.8　S1　N

② 六角头螺栓和平垫圈组合件　包括：一个头下带 U 型沉割槽的 GB/T 5783—M6×30—8.8 级螺栓(代号 S1)和一个 GB/T 97.4 标准系列垫圈(代号 N)的标记：

螺栓和平垫圈组合件　GB/T 9074.1　M6×30　8.8　U　S1　N

7. 组合件的重量

组合件的重量，由螺栓或螺钉的重量和平垫圈的重量组合而成

（7.1）螺栓或螺钉的每千件钢制品大约重量 G

代号 S1——参见第 15.39 页"GB/T 5783 六角头螺栓—全螺纹"的重量；

代号 S2——参见第 15.35 页"GB/T 5782 六角头螺栓"的重量；

代号 S3——参见第 17.66 页"GB/T 818 十字槽盘头螺钉"的重量；

代号 S4——参见第 17.79 页"GB/T 70.1 内六角圆柱头螺钉"的重量；

代号 S5——参见第 17.50 页"GB/T 67 开槽盘头螺钉"的重量；

代号 S6——参见第 17.48 页"GB/T 65 开槽圆柱头螺钉"的重量

(7.2) 平垫圈的每千件钢制品大约重量 G				
小系列(S 型)平垫圈				
垫圈规格(mm)	2	2.5	3	3.5	4
重量 G(kg)	0.064	0.074	0.105	0.191	0.252
垫圈规格(mm)	5	6	8	10	12
重量 G(kg)	0.372	0.895	1.68	2.93	3.44
标准系列(N 型)平垫圈				
垫圈规格(mm)	2	2.5	3	3.5	4
重量 G(kg)	0.074	0.081	0.105	0.191	0.252
垫圈规格(mm)	5	6	8	10	12
重量 G(kg)	0.372	1.12	1.99	3.87	7.01
大系列(L 型)平垫圈				
垫圈规格(mm)	2	2.5	3	3.5	4
重量 G(kg)	0.122	0.218	0.362	0.546	0.808
垫圈规格(mm)	5	6	8	10	12
重量 G(kg)	1.26	2.90	6.43	12.54	23.08

2. 十字槽盘头螺钉和外锯齿锁紧垫圈组合件

(GB/T 9074.2—1988)

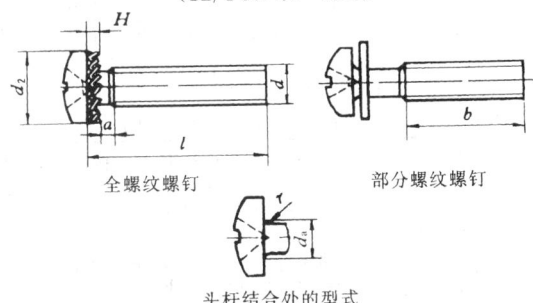

全螺纹螺钉　　　　部分螺纹螺钉

头杆结合处的型式

(1) 组合件的尺寸(mm)							
螺纹规格 d	螺纹肩距 a max	螺纹长度 b min	过渡圆直径 d_a max	圆角半径 r min	垫圈高度 $H \approx$	垫圈外径 d_2 公称	公称长度 l 范围
M3	1.0	25	2.8	由工艺控制	1.2	6	8~30
M4	1.4	38	3.8		1.5	8	10~40
M5	1.6	38	4.7		1.8	10	12~45
M6	2.0	38	5.6		1.8	11	14~50

(2) 组合件的每千件钢制品大约重量 G(kg)									
l	G	l	G	l	G	l	G	l	G
M3		M4		M4		M5		M6	
8	1.04	10	1.86	40*	4.11	35	6.17	30	8.67
10	1.19	12	2.01	M5		40*	6.77	35	9.53
12	1.34	(14)	2.16	12	3.41	45	7.38	40*	10.39
(14)	1.49	16	2.31	(14)	3.65	M6		45	11.25
16	1.64	20	2.61	16	3.89	(14)	5.93	50	12.10
20	1.94	25	2.99	20	4.37	16	6.27		
25*	2.32	30	3.36	25	4.97	20	6.96		
30	2.69	35	3.74	30	5.57	25	7.82		

注：1. 螺钉，除 a max、d_a max 和 r min 外，其余按 GB/T 818—2000 十字槽盘头螺钉规定，参见第 17.56 页。垫圈按 GB/T 9074.27—1988 组合件用外锯齿锁紧垫圈规定，参见第 25.45 页。

2. 规格小于或等于带 * 符号 l 的螺钉，制出全螺纹。

3. 表列规格为通用规格。带括号的规格尽量不采用。

3. 十字槽盘头螺钉和弹簧垫圈组合件

(GB/T 9074.3—1988)

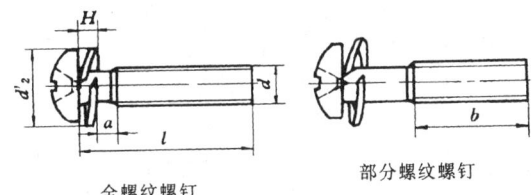

全螺纹螺钉   部分螺纹螺钉

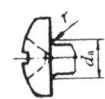

头杆结合处的型式

(1) 组合件的尺寸(mm)							
螺纹 规格 d	螺纹 肩距 a max	螺纹 长度 b min	过渡圆 直径 d_a max	圆角 半径 r min	垫圈 高度 H 公称	垫圈 外径 d_2' 参考	公称长度 l 范围
M3	1.0	25	2.8	由工艺 控 制	1.6	5.23	8~30
M4	1.4	38	3.8		2.2	6.78	10~40
M5	1.6	38	4.7		2.6	8.75	12~45
M6	2.0	38	5.6		3.2	10.71	14~50

注: 1. 螺钉,除 a max,d_a max 和 r min 外,其余按 GB/T 818—
2000 十字槽盘头螺钉规定,参见第 17.66 页。垫圈按
GB/T 9074.26—1988 组合件用弹簧垫圈规定,参见第
25.44页。

（续）

(2) 十字槽盘头螺钉和弹簧垫圈组合件的每千件钢制品大约重量 G(kg)

l	G	l	G	l	G	l	G	l	G
M3		M4		M4		M5		M6	
8	1.02	10	1.80	40*	4.05	35	6.07	30	8.68
10	1.17	12	1.95	M5		40*	6.67	35	9.54
12	1.32	(14)	2.10	12	3.31	45	7.28	40*	10.40
(14)	1.47	16	2.25	(14)	3.55	M6		45	11.26
16	1.62	20	2.55	16	3.79	(14)	5.94	50	12.11
20	1.92	25	2.93	20	4.27	16	6.28		
25*	2.30	30	3.30	25	4.87	20	6.97		
30	2.67	35	3.68	30	5.47	25	7.83		

注：2. l——公称长度(mm)。

　　3. 规格小于或等于带 * 符号 l 的螺钉，制出全螺纹。

　　4. 表列规格为通用规格。带括号的规格尽量不采用。

4. 十字槽盘头螺钉、弹簧垫圈和平垫圈组合件

（GB/T 9074.4—1988）

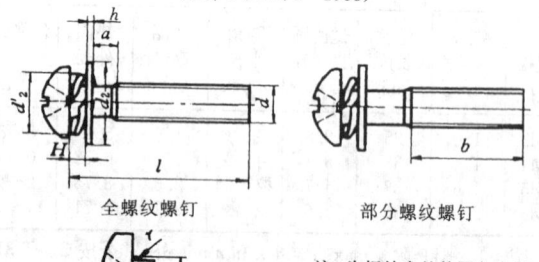

全螺纹螺钉　　　　　　　部分螺纹螺钉

头杆结合处的型式

注：头杆结合处的圆角半径 r_{min} 的尺寸由工艺控制。

25.16

(1) 组合件的尺寸(mm)								
螺纹规格 d	螺纹肩距 a max	螺纹长度 b min	过渡圆直径 d_a max	垫圈厚度 h 公称	垫圈高度 H 公称	垫圈外径 d_2 公称	垫圈外径 d_2' 公称	公称长度 l 范围
M3	1.0	25	2.8	0.5	1.50	7	5.23	8～30
M4	1.4	38	3.8	0.8	2.00	9	6.78	10～40
M5	1.6	38	4.7	1.0	2.75	10	8.75	12～45
M6	2.0	38	5.8	1.6	3.25	12	10.71	14～50

(2) 组合件的每千件钢制品大约重量 G(kg)									
l	G	l	G	l	G	l	G	l	G
M3		M4		M4		M5		M6	
8	1.13	10	2.10	40*	4.35	35	6.51	30	9.69
10	1.28	12	2.25	M5		40*	7.11	35	10.55
12	1.43	(14)	2.40	12	3.75	45	7.72	40*	11.41
(14)	1.58	16	2.55	(14)	3.99	M6		45	12.27
16	1.73	20	2.85	16	4.23	(14)	6.95	50	13.12
20	2.03	25	3.23	20	4.71	16	7.29		
25*	2.41	30	3.60	25	5.31	20	7.98		
30	2.78	35	3.98	30	5.91	25	8.84		

注: 1. 螺钉,除 a max、d_a max 和 r min(由工艺控制)外,其余按 GB/T 818—2000 十字槽盘头螺钉规定,参见第 17.66 页。弹簧垫圈按 GB/T 9074.26—1988 组合件用弹簧垫圈规定,参见第25.44页。平垫圈按 GB/T 9074.24—1988 平垫圈—用于螺钉和垫圈组合件规定,参见第25.41页。

2. 规格小于或等于带 * 符号 l 的螺钉,制出全螺纹。

3. 表列规格为通用规格。带括号的规格尽量不采用。

5. 十字槽小盘头螺钉和平垫圈组合件

(GB/T 9074.5—2004)

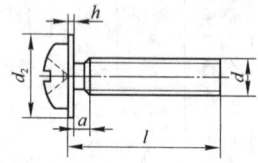

全螺纹螺钉和平垫圈组合件

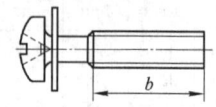

带光杆螺钉和平垫圈组合件

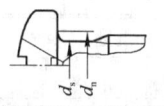

过渡圆直径 d_a 和杆径 d_s

注：a—从垫圈支承面到第一扣完整螺纹始端的最大距离
$a_{max} = 2p$

(1) 组合件的系列、型式代号和标准编号

产品名称	系列名称	型式代号	标准编号
十字槽小盘头螺钉	—	S1	GB/T 823(参见第17.68页)
平垫圈 (用于螺钉和垫圈 组合件)	小系列 标准系列 大系列	S 型 N 型 L 型	GB/T 97.4 (参见第25.42页)

(2) 组合件尺寸(h—垫圈厚度、d_2—垫圈外径)(mm)

螺纹规格 d	过渡圆直径 d_a max	平垫圈					
		小系列—S 型		标准系列—N 型		大系列—L 型	
		h 公称	d_2 max	h 公称	d_2 max	h 公称	d_2 max
M2	2.4	0.6	4.5	0.6	5	0.6	6
M2.5	2.8	0.6	5	0.6	6	0.6	8
M3	3.3	0.6	6	0.6	7	0.6	9
(M3.5)	3.7	0.8	7	0.8	8	0.8	11
M4	4.3	0.8	8	0.8	9	1	12
M5	5.2	1	9	1	10	1	15
M6	6.2	1.6	11	1.6	12	1.6	18
M6	8.4	1.6	15	1.6	16	2	24

(3) 小盘头螺钉每千件钢制品大约重量 G_1 (kg)

l	G_1	l	G_1	l	G_1	l	G_1	l	G_1
M2		M2.5		(M3.5)		M5		M6	
3	0.13	25*	0.89	20	1.60	12	2.86	45	9.87
4	0.14	M3		25	1.89	(14)	3.10	50*	10.72
5	0.16	4	0.47	30	2.18	16	3.34	(55)	11.58
6	0.18	5	0.52	35*	2.48	20	3.82	60	12.44
8	0.21	6	0.56	M4		25	4.42	M8	
10	0.25	8	0.64	5	1.03	30	5.02	10	8.48
12	0.29	10	0.73	6	1.10	35	5.62	12	9.11
(14)	0.32	12	0.81	8	1.25	40	6.22	(14)	9.73
16	0.36	(14)	0.90	10	1.40	45	6.82	16	10.35
20*	0.43	16	0.98	12	1.55	50	7.42	20	11.59
M2.5		20	1.15	(14)	1.70	M6		25	13.15
3	0.26	25	1.36	16	1.85	8	3.52	30	14.70
4	0.28	30*	1.58	20	2.15	10	3.87	35	16.26
5	0.31	(M3.5)		25	2.53	12	4.21	40	17.81
6	0.34	5	0.71	30	2.90	(14)	4.55	45	19.37
8	0.40	6	0.77	35	3.27	16	4.89	50*	20.92
10	0.46	8	0.89	40*	3.65	20	5.58	(55)	22.48
12	0.52	10	1.01	M5		25	6.44	60	24.03
(14)	0.57	12	1.13	6	2.14	30	7.29		
16	0.63	(14)	1.24	8	2.38	35	8.15		
20	0.75	16	1.36	10	2.62	40	9.01		

(4) 平垫圈每千件钢制品大约重量 G_2 (kg)

d		2	2.5	3	(3.5)	4	5	6	8
G_2	S型	0.064	0.074	0.105	0.191	0.252	0.372	0.895	1.68
	N型	0.081	**	**	**	**	**	1.02	1.99
	L型	0.112	0.218	0.362	0.546	0.808	1.26	2.90	6.43

注：1. 带括号的规格尽可能不采用。小于等于带 * 符号的规格制成全螺纹。

2. 带 ** 符号的重量,因原始数据看起来有错误,故未予以列入表中。

6. 十字槽小盘头螺钉和弹簧垫圈组合件

(GB/T 9074.7—1988)

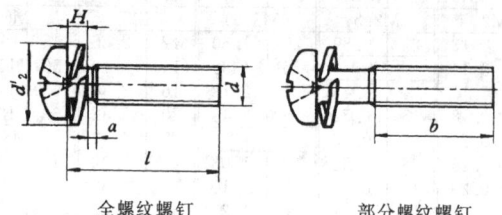

全螺纹螺钉   部分螺纹螺钉

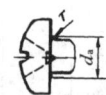

头杆结合处的型式

螺纹规格 d	螺纹肩距 a max	螺纹长度 b min	过渡圆直径 d_a max	圆角半径 r min	垫圈高度 H 公称	垫圈外径 d'_2 参考	公称长度 l 范围
(1) 十字槽小盘头螺钉和弹簧垫圈组合件的尺寸(mm)							
M2.5	0.9	25	2.3	由工艺控制	1.2	4.34	6～25
M3	1.0	25	2.8		1.6	5.23	8～30
M4	1.4	38	3.8		2.2	6.78	10～35
M5	1.6	38	4.7		2.6	8.75	12～40
M6	2.0	38	5.6		3.2	10.71	14～50

注: 1. 螺钉,除 a max、d_a max 和 r min 外,其余按 GB/T 823—1988
十字槽小盘头螺钉规定,参见第 17.68 页。垫圈按 GB/T
9074.26—1988组合件弹簧垫圈规定,参见第 25.45 页。

(2) 组合件的每千件钢制品大约重量 G(kg)									
l	G	l	G	l	G	l	G	l	G
M2.5		M3		M4		M5		M6	
6	0.36	8	0.68	10	1.48	12	3.02	(14)	4.86
8	0.42	10	0.77	12	1.63	(14)	3.26	16	5.20
10	0.48	12	0.85	(14)	1.78	16	3.50	20	5.89
12	0.54	(14)	0.94	16	1.93	20	3.98	25	6.75
(14)	0.59	16	1.02	20	2.23	25	4.58	30	7.60
16	0.65	20	1.19	25	2.61	30	5.18	35	8.46
20	0.77	25*	1.40	30	2.98	35	5.78	40*	9.32
25*	0.91	30	1.62	35*	3.35	40*	6.38	45	10.18
								50	11.03

注：2. l—公称长度(mm)。

3. 规格小于或等于带＊符号 l 的螺钉，制出全螺纹。

4. 表列规格为通用规格。带括号的规格尽量不采用。

7. 十字槽小盘头螺钉、弹簧垫圈和平垫圈组合件

(GB/T 9074.8—1988)

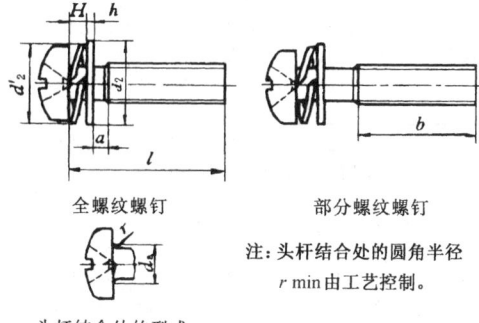

全螺纹螺钉　　　　　部分螺纹螺钉

注：头杆结合处的圆角半径
r min 由工艺控制。

头杆结合处的型式

(1) 组合件的尺寸(mm)								
螺纹规格 l	螺纹肩距 a max	螺纹长度 b min	过渡圆直径 d_a max	垫圈厚度 h 公称	垫圈高度 H 公称	垫圈外径 d_2 公称	垫圈外径 d_2' 公称	公称长度 l 范围
M2.5	0.8	25	2.3	0.5	1.2	6	4.34	6~25
M3	1.0	25	2.8	0.5	1.6	7	5.23	8~30
M4	1.4	38	3.8	0.8	2.2	9	6.78	10~35
M5	1.6	38	4.7	1.0	2.6	10	8.75	12~40
M6	2.0	38	5.6	1.6	3.2	12	10.71	14~50

(2) 组合件的每千件钢制品大约重量 G(kg)									
l	G	l	G	l	G	l	G	l	G
M2.5		M3		M4		M5		M6	
6	0.44	8	0.79	10	1.78	12	3.46	(14)	5.87
8	0.50	10	0.88	12	1.93	(14)	3.70	16	6.21
10	0.56	12	0.96	(14)	2.08	16	3.94	20	6.90
12	0.62	(14)	1.05	16	2.23	20	4.42	25	7.76
(14)	0.67	16	1.13	20	2.58	25	5.02	30	8.61
16	0.73	20	1.30	25	2.91	30	5.62	35	9.47
20	0.85	25 *	1.51	30	3.28	35	6.22	40 *	10.33
25 *	0.99	30	1.73	35 *	3.65	40 *	6.82	45	11.19
								50	12.04

注: 1. 螺钉,除 a max、d_a max 和 r min 外,其余按 GB/T 823—1988 十字槽小盘头螺钉规定,参见第 17.68 页。弹簧垫圈按 GB/T 9074.26—1988 组合件弹簧垫圈规定,参见第 25.45 页。平垫圈按 GB/T 97.4—2002 平垫圈—用于螺钉和垫圈组合件规定,参见第 25.42 页。

2. 规格小于或等于带 * 符号 l 的螺钉,制出全螺纹。

3. 表列规格为通用规格。带括号的规格尽量不采用。

8. 十字槽沉头螺钉和锥形锁紧垫圈组合件

(GB/T 9074.9—1988)

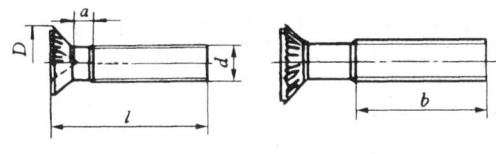

全螺纹螺钉　　　　　　部分螺纹螺钉

(1) 组合件的尺寸(mm)					
螺纹规格 d	M3	M4	M5	M6	M8
螺纹肩距 a max	1.0	1.4	1.6	2.0	2.5
螺纹长度 b min	25	38	38	38	38
垫圈外径 D≈	6.0	8.0	9.8	11.8	15.3
公称长度 l 范围	8~30	10~35	12~40	14~50	16~60

(2) 组合件的每千件钢制品大约重量 G(kg)									
l	G	l	G	l	G	l	G	l	G
M3		M4		M5		M6		M8	
8	0.63	12	1.20	16	2.33	25	4.92	30	11.23
10	0.78	(14)	1.35	20	2.81	30	5.77	35	12.79
12	0.93	16	1.50	25	3.41	35	6.63	40	14.34
(14)	1.08	20	1.80	30	4.01	40	7.49	45*	15.90
16	1.23	25	2.18	35	4.61	45*	8.35	50	17.45
20	1.53	30	2.55	40*	5.21	50	9.20	(55)	19.01
25	1.91	35*	2.93	M6		M8		60	20.56
30*	2.28	M5		(14)	3.03	16	6.88		
M4		12	1.85	16	3.37	20	8.12		
10	1.05	(14)	2.09	20	4.06	25	9.68		

注：1. 螺钉，除 a max 外，其余按 GB/T 819.1—2000 十字槽沉头螺钉—4.8 级规定，参见第 17.23 页。垫圈按 GB/T 9074.28—1988 组合件用锥形锁紧垫圈规定，参见第 25.47 页。

2. 规格小于或等于带 * 符号 l 的螺钉，制出全螺纹。

3. 表列规格为通用规格。带括号的规格尽量不采用。

9. 十字槽半沉头螺钉和锥形锁紧垫圈组合件

（GB/T 9074.10—1988）

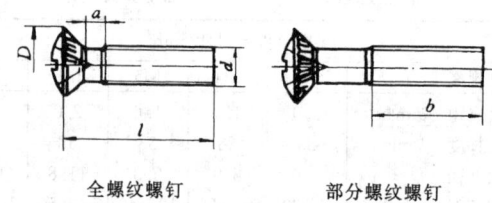

全螺纹螺钉　　　　　　部分螺纹螺钉

（1）组合件的尺寸(mm)					
螺纹规格 d	M3	M4	M5	M6	M8
螺纹肩距 a max	1.0	1.4	1.6	2.0	2.5
螺纹长度 b min	25	38	38	38	38
垫圈外径 D ≈	6.0	8.0	9.8	11.8	15.3
公称长度 l 范围	8～30	10～35	12～40	14～50	16～60

注：1. 螺钉，除 a max 外，其余按 GB/T 820—2000 十字槽半沉头螺钉规定，参见第 17.23 页。垫圈按 GB/T 9074.28—1988 组合件用锥形锁紧垫圈规定，参见第 25.47 页。

(2) 组合件的每千件钢制品大约重量 G(kg)									
l	G	l	G	l	G	l	G	l	G
M3		M4		M5		M6		M8	
8	0.70	12	1.40	16	2.63	25	5.41	30	12.63
10	0.85	(14)	1.55	20	3.11	30	6.27	35	14.19
12	1.00	16	1.70	25	3.71	35	7.13	40	15.74
(14)	1.15	20	2.00	30	4.31	40	7.98	45*	17.30
16	1.30	25	2.37	35	4.91	45*	8.84	50	18.85
20	1.60	30	2.75	40*	5.51	50	9.70	(55)	20.41
25	1.98	35*	3.12	M6		M8		60	21.96
30*	2.35	M5		(14)	3.53	16	8.28		
M4		12	2.15	16	3.87	20	9.52		
10	1.25	(14)	2.39	20	4.55	25	11.08		

注：2. l—公称长度(mm)。

    3. 规格小于或等于带＊符号 l 的螺钉，制出全螺纹。

    4. 表列规格为通用规格。带括号的规格尽量不采用。

10. 十字槽凹穴六角头螺栓和平垫圈组合件

(GB/T 9074.11—1988)

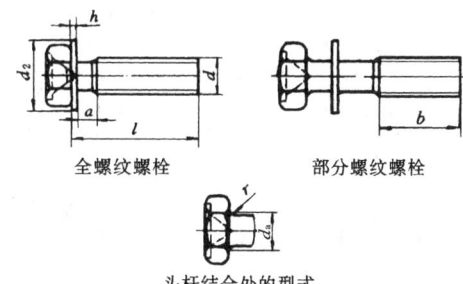

全螺纹螺栓　　　　　　　　部分螺纹螺栓

头杆结合处的型式

(1) 组合件的尺寸(mm)							
螺纹规格 d	螺纹肩距 a max	螺纹长度 b min	过渡圆直径 d_a max	圆角半径 r min	垫圈厚度 h 公称	垫圈外径 d_2 公称	公称长度 l 范围
M4	1.4	38	3.8	—	0.8	9	10~35
M5	1.6	38	4.7	—	1.0	10	12~40
M6	2.0	38	5.6	—	1.6	12	14~50
M8	2.5	38	7.5	0.1	1.6	16	16~60

(2) 组合件的每千件钢制品大约重量 G(kg)									
l	G	l	G	l	G	l	G	l	G
M4		M5		M6		M6		M8	
10	1.95	12	3.37	(14)	6.06	50	12.23	45	22.43
12	2.10	(14)	3.61	16	6.40	M8		50	23.99
(14)	2.25	16	3.85	20	7.09	16	13.41	(55)	25.54
16	2.40	20	4.33	25	7.95	20	14.66	60	27.10
20	2.70	25	4.93	30	8.80	25	16.21		
25	3.07	30	5.53	35	9.66	30	17.77		
30	3.45	35	6.14	40 *	10.52	35	19.32		
35 *	3.82	40 *	6.74	45	11.38	40 *	20.88		

注：1. 螺栓，除 a max、d_a max 和 r min 外，其余按 GB/T 29.2—1988 十字槽凹穴六角头螺栓规定，参见第 15.56 页。垫圈按 GB/T 97.4—2002 平垫圈—用于螺钉和垫圈组合件规定，参见第 25.42 页。

2. 规格小于或等于带 * 符号 l 的螺栓，制出全螺纹。

3. 表列规格为通用规格。带括号的规格尽量不采用。

11. 十字槽凹穴六角头螺栓和弹簧垫圈组合件

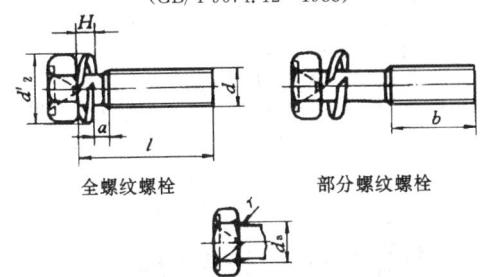

(GB/T 9074.12—1988)

全螺纹螺栓　　　　　部分螺纹螺栓

头杆结合处的型式

(1) 组合件的尺寸(mm)							
螺纹规格 d	螺纹肩距 a max	螺纹长度 b min	过渡圆直径 d_a max	圆角半径 r min	垫圈高度 H 公称	垫圈外径 d_2' 参考	公称长度 l 范围
M4	1.4	38	3.8	由工艺控制	2.2	6.78	10～35
M5	1.6	38	4.7		2.6	8.75	12～40
M6	2.0	38	5.6		3.2	10.71	14～50
M8	2.5	38	7.5	0.1	4.0	13.64	16～60

(2) 组合件的每千件钢制品大约重量 G(kg)									
l	G	l	G	l	G	l	G	l	G
M4		M5		M6		M6		M8	
10	1.73	12	3.09	(14)	5.36	50	11.53	45	20.74
12	1.88	(14)	3.33	16	5.70	M8		50	22.30
(14)	2.03	16	3.57	20	6.39	16	11.72	(55)	23.85
16	2.18	20	4.05	25	7.25	20	12.97	60	25.41
20	2.48	25	4.65	30	8.10	25	14.52		
25	2.85	30	5.25	35	8.96	30	16.08		
30	3.23	35	5.86	40 *	9.82	35	17.63		
35 *	3.60	40 *	6.46	45	10.68	40 *	19.19		

注：1. 螺栓，除 a max、d_a max 和 r min 外，其余按 GB/T 29.2—
　　　1988 十字槽凹穴六角头螺栓规定，参见第 15.56 页。垫圈
　　　按 GB/T 9074.26—1988 组合件用弹簧垫圈规定，参见第
　　　25.45 页。
　　2. l—公称长度(mm)。
　　3. 规格小于或等于带 * 符号 l 的螺栓，制成全螺纹。
　　4. 表列规格为通用规格。带括号的规格尽量不采用。

12. 十字槽凹穴六角头螺栓、弹簧垫圈和平垫圈组合件

（GB/T 9074.13—1988）

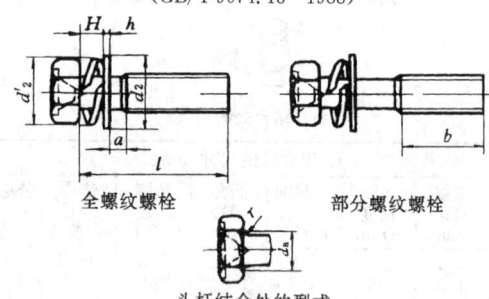

全螺纹螺栓　　　　　部分螺纹螺栓

头杆结合处的型式

（1）组合件的尺寸(mm)

螺纹规格 d	螺纹肩距 a max	螺纹长度 b min	过渡圆直径 d_a max	圆角半径 r min	垫圈厚度 h 公称	垫圈高度 H 公称	垫圈外径 d_2 公称	垫圈外径 d_2' 参考	公称长度 l 范围
M4	1.4	38	3.8	由	0.8	2.2	9	6.78	10～35
M5	1.6	38	4.7	工艺	1.0	2.6	10	8.75	12～40
M6	2.0	38	5.6	控制	1.6	3.2	12	10.71	14～50
M8	2.5	38	7.5	0.1	1.6	4.0	16	13.64	16～60

（2）组合件的每千件钢制品大约重量 G(kg)									
l	G	l	G	l	G	l	G	l	G
M4		M5		M6		M6		M8	
10	2.03	12	3.53	(14)	6.37	50	12.54	45	23.04
12	2.18	(14)	3.77	16	6.71	M8		50	24.60
(14)	2.33	16	4.01	20	7.40	16	14.02	55	26.15
16	2.48	20	4.49	25	8.26	20	15.27	60	27.71
20	2.78	25	5.09	30	9.11	25	16.82		
25	3.15	30	5.69	35	9.97	30	18.38		
30	3.53	35	6.30	40*	10.83	35	19.93		
35*	3.90	40*	6.90	45	11.69	40*	21.49		

注：1. 螺栓，除 a max、d_a max 和 r min 外，其余按 GB/T 29.2—1988 十字槽凹穴六角头螺栓规定，参见第 15.56 页。弹簧垫圈按 GB/T 9074.28—1988 组合件用弹簧垫圈规定，参见第 25.45 页。平垫圈按 GB/T 97.4—2002 平垫圈—用于螺钉和垫圈组合件规定，参见第 25.42 页。

2. 规格小于或等于带 * 符号 l 的螺栓，制出全螺纹。

3. 表列规格为通用规格。带括号的规格尽量不采用。

13. 六角头螺栓和平垫圈组合件

（GB/T 9074.14—1988）

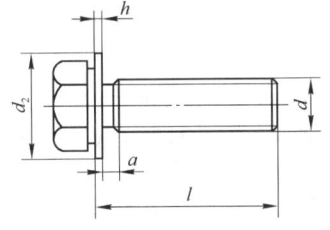

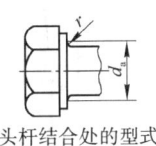

头杆结合处的型式

(1) 尺寸(mm)							
螺纹规格 d	M3	M4	M5	M6	M8	M10	M12
a max	1.0	1.4	1.6	2.0	2.5	3.0	3.5
d_a max	2.8	3.8	4.7	5.6	7.5	9.4	11.2
d_2 公称	7	9	10	12	16	20	24
h 公称	0.5	0.8	1.0	1.6	1.6	2.0	2.5
l 公称	8～30	10～35	12～40	16～50	20～65	25～80	30～100
r min	由工艺控制				0.1	0.1	0.1
公 称 长 度 系列 l	8、10、12、16、20、25、30、35、40、45、50、(55)、60、(65)、70、80、90、100						

(2) 组合件每千件钢制品大约重量 G(kg)

组合件的重量由六角头螺栓重量和平垫圈的重量组合而成。其中:六角头螺栓的重量,参见第 15.39 页"4.六角头螺栓—全螺纹(GB/T 5783—2000)"规定的重量;平垫圈的重量,参见第 25.42 页"21.平垫圈—用于螺钉和垫圈组合件(GB/T 97.4—2002)"

注:1. a—螺栓上最末一扣完整螺纹至平垫圈之间距离; d_a—过渡圆直径;d_2—平垫圈外径;h—垫圈厚度; l—螺栓公称长度;r—圆角半径。

2. 表列规格为通用规格。带括号的规格尽量不采用。

14. 六角头螺栓和弹簧垫圈组合件

(GB/T 9074.15—1988)

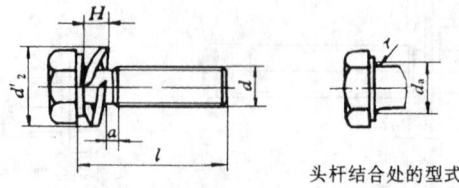

头杆结合处的型式

(1) 组合件的尺寸(mm)

螺纹规格 d	螺纹肩距 a max	过渡圆直径 d_a max	圆角半径 r min	垫圈高度 H 公称	垫圈外径 d_2 参考	公称长度 l 范围
M3	1.0	2.8		1.6	5.23	8～30
M4	1.4	3.8	由工艺	2.2	6.78	10～35
M5	1.6	4.7	控　制	2.6	8.75	12～40
M6	2.0	5.6		3.2	10.71	16～50
M8	2.5	7.5	0.1	4.0	13.64	20～65
M10	3.0	9.4	0.1	5.0	16.59	25～80
M12	3.5	11.2	0.1	6.0	19.53	30～100

(2) 组合件的每千件钢制品大约重量 G(kg)

l	G	l	G	l	G	l	G	l	G
M3		**M4**		**M6**		**M8**		**M12**	
8	0.74	35	3.52	35	8.76	(65)	26.34	30	38.38
10	0.82	**M5**		40	9.62	**M10**		35	41.94
12	0.91	12	2.96	45	10.48	25	23.58	40	45.50
16	1.08	16	3.44	50	11.34	30	26.04	45	49.06
20	1.25	20	3.92	**M8**		35	28.50	50	52.62
25	1.46	25	4.52	20	12.35	40	30.95	(55)	56.19
30	1.67	30	5.12	25	13.90	45	33.41	60	59.75
M4		35	5.72	30	15.45	50	35.86	(65)	63.31
10	1.65	40	6.32	35	17.01	(55)	38.32	70	66.87
12	1.80	**M6**		40	18.57	60	40.77	80	74.00
16	2.10	16	5.51	45	20.12	(65)	43.23	90	81.12
20	2.40	20	6.19	50	21.68	70	45.69	100	88.25
25	2.77	25	7.05	(55)	23.23	80	50.60		
30	3.15	30	7.91	60	24.79				

注：1. 螺栓，除 a max、d_a max 和 r min 外，其余按 GB/T 5783—2000 六角头螺栓—全螺纹规定，参见第 15.39 页。垫圈按 GB/T 9074.26—1988 组合件用弹簧垫圈规定，参见第 25.45 页。

2. l—公称长度(mm)。

3. 表列规格为通用规格。带括号的规格尽量不采用。

15. 六角头螺栓和外锯齿锁紧垫圈组合件

(GB/T 9074.16—1988)

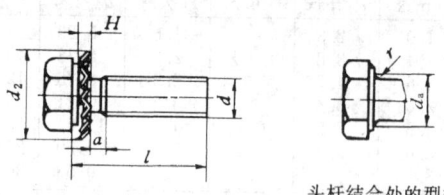

头杆结合处的型式

(1) 六角头螺栓和外锯齿锁紧垫圈组合件的尺寸(mm)						
螺纹规格 d	螺纹肩距 a max	过渡圆直径 d_a max	圆角半径 r min	垫圈高度 $H \approx$	垫圈外径 d_2 公称	公称长度 l 范围
M3	1.0	2.8	由工艺控制	1.2	6	8～30
M4	1.4	3.8		1.5	8	10～35
M5	1.6	4.7		1.8	10	12～40
M6	2.0	5.6		1.8	11	16～50
M8	2.5	7.5	0.1	2.4	15	20～65
M10	3.0	9.4	0.1	3.0	18	25～80

注: 1. 螺栓,除 a max、d_a max 和 r min 外,其余按 GB/T 5783—2000 六角头螺栓—全螺纹规定,参见第 15.39 页。垫圈按 GB/T 9074.27—1988 组合件用外锯齿锁紧垫圈规定,参见第 25.46 页。

| \multicolumn{10}{c}{（2）组合件的每千件钢制品大约重量 G（kg）} |

l	G	l	G	l	G	l	G	l	G
\multicolumn{2}{c}{M3}	\multicolumn{2}{c}{M4}	\multicolumn{2}{c}{M5}	\multicolumn{2}{c}{M8}	\multicolumn{2}{c}{M10}
8	0.76	20	2.46	40	6.42	20	12.51	25	23.82
10	0.84	25	2.83	\multicolumn{2}{c}{M6}	25	14.06	30	26.28
12	0.93	30	3.21	16	5.50	30	15.62	35	28.74
16	1.10	35	3.58	20	6.18	35	17.17	40	31.19
20	1.27	\multicolumn{2}{c}{M5}	25	7.04	40	18.73	45	33.65
25	1.48	12	3.06	30	7.90	45	20.28	50	36.10
30	1.69	16	3.54	35	8.75	50	21.84	(55)	38.56
\multicolumn{2}{c}{M4}	20	4.02	40	9.61	(55)	23.39	60	41.01
10	1.71	25	4.62	45	10.47	60	24.95	65	43.47
12	1.86	30	5.22	50	11.33	(65)	26.50	70	45.93
16	2.16	35	5.82					80	50.84

注：2. l—公称直径（mm）。

    3. 表列规格为通用规格。带括号的规格尽量不采用。

16. 六角头螺栓、弹簧垫圈和平垫圈组合件

（GB/T 9074.17—1988）

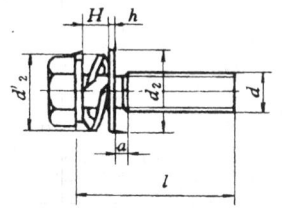
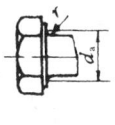

头杆结合处的型式

(1) 组合件的尺寸(mm)								
螺纹规格 d	螺纹肩距 a max	过渡圆直径 d_a max	圆角半径 r min	垫圈厚度 h 公称	垫圈高度 H 公称	垫圈外径 d_2 公称	垫圈外径 d_2' 参考	公称长度 l 范围
M3	1.0	2.8	由工艺控制	0.5	1.6	7	5.23	8~30
M4	1.4	3.8		0.8	2.2	9	6.78	10~35
M5	1.6	4.7		1.0	2.6	10	8.75	12~40
M6	2.0	5.6		1.6	3.2	12	10.71	20~50
M8	2.5	7.5	0.1	1.6	4.0	16	13.64	25~65
M10	3.0	9.4	0.1	2.0	5.0	20	16.59	30~80
M12	3.5	11.2	0.1	2.5	6.0	24	19.53	35~100

(2) 组合件的每千件钢制品大约重量 G(kg)									
l	G	l	G	l	G	l	G	l	G
M3		M4		M6		M8		M12	
8	0.85	30	3.45	30	8.92	60	27.09	35	49.74
10	0.93	35	3.82	35	9.77	(65)	28.64	40	53.30
12	1.02	M5		40	10.63	M10		45	56.38
16	1.19	12	3.40	45	11.49	30	30.51	50	60.42
20	1.36	16	3.88	50	12.35	35	32.97	(55)	63.99
25	1.57	20	4.36	M8		40	35.42	60	67.55
30	1.78	25	4.96	25	16.20	45	37.88	(65)	71.11
M4		30	5.56	30	17.76	50	40.33	70	74.67
10	1.95	35	6.16	35	19.31	(55)	42.79	80	81.80
12	2.10	40	6.76	40	20.87	60	45.24	90	88.92
16	2.40	M6		45	22.42	(65)	47.70	100	96.05
20	2.70	20	7.20	50	23.98	70	50.16		
25	3.07	25	8.06	(55)	25.53	80	55.07		

注：1. 螺栓，除 a max、d_a max 和 r min 外，其余按 GB/T 5783—
2000 六角头螺栓—全螺纹规定，参见第15.39页。弹簧垫
圈按 GB/T 9074.26—1988 组合件用弹簧垫圈规定，参见
第25.45页。平垫圈按 GB/T 97.4—2002 平垫圈—用于
螺钉和垫圈组合件规定，参见第25.42页。
2. 表列规格为通用规格。带括号的规格尽量不采用。

17. 自攻螺钉和平垫圈组合件

(GB/T 9074.18—2002)

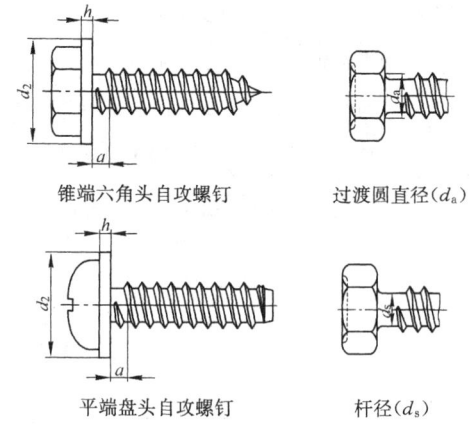

锥端六角头自攻螺钉　　　　过渡圆直径(d_a)

平端盘头自攻螺钉　　　　杆径(d_s)

---

(1) 范　围

本标准(GB/T 9074.18—2002)规定了自攻螺钉规格为 ST2.2～
ST9.5、平支承面、机械性能符合 GB/T 3098.5 的自攻螺钉和平垫圈
组合件。该组合件中垫圈应能自由转动而不脱落

（2）组合件中的自攻螺钉和垫圈代号			
标 准 号	标 准 名 称		代号
GB/T 5285—1985	六角头自攻螺钉		S1
GB/T 845—1985	十字槽盘头自攻螺钉		S2
GB/T 5282—1985	开槽盘头自攻螺钉		S3
GB/T 97.5—2002	平垫圈—用于自攻螺钉和垫圈组合件	标准系列	N
		大系列	L

（3）尺寸要求

组合件中自攻螺钉的尺寸，除组装垫圈的部位应按下列要求外，其余部分应符合相应的产品国家标准的规定：

① 螺钉应有直径为 d_s 的细杆，垫圈的直径应符合 GB/T 97.5，以便能自由转动；

② 从支承面到第一扣完整螺纹的始端，应加大到可容纳 GB/T 97.5 垫圈的最大厚度；

③ 过渡圆直径 d_a 应小于相应产品国家标准的规定值，其减小量为公称直径与辗压螺纹毛坯直径的差值

（4）自攻螺钉和平垫圈有关尺寸(mm)

螺纹规格	a^* max	d_a max	平垫圈尺寸(GB/T 97.5)			
			标准系列（N 型）		大系列（L 型）	
			h 公称	d_z max	h 公称	d_z max
ST2.2	0.8	2.1	1	5	1	7
ST2.9	1.1	2.8	1	7	1	9
ST3.5	1.3	3.3	1	8	1	11
ST4.2	1.4	4.03	1	9	1	12
ST4.8	1.6	4.54	1	10	1.6	15
ST5.5	1.8	5.22	1.6	12	1.6	15
ST6.3	1.8	5.93	1.6	14	1.6	18
ST8	2.1	7.76	1.6	20	2	24
ST9.5	2.1	7.56	2	20	2.5	30

注：1. ＊尺寸 a 在垫圈与螺钉支承面或头下圆角接触后进行测量。

（5）自攻螺钉和平垫圈组合件的标记示例
① 六角头自攻螺钉和平垫圈组合件　包括：一个 GB/T 5285—ST4.2×16—锥端(C)六角头自攻螺钉(代号 S1)和一个 GB/T 97.5 标准系列垫圈(代号 N)的标记： 　　自攻螺钉和垫圈组合件　GB/T 9074.18　ST4.2×16　C　S1　N ② 十字槽盘头自攻螺钉和平垫圈组合件　包括：一个 GB/T 845—ST4.2×16—锥端(C)、Z 型十字槽盘头自攻螺钉(代号 S2)和一个 GB 97.5标准系列垫圈(代号 N)的标记： 　　自攻螺钉和平垫圈组合件　GB/T 9074.18　ST4.2×16　C　Z　S2　N

（6）自攻螺钉的每千件钢制品大约重量 G_1
代号 S1——参见第 19.37 页"GB/T 5285 六角头自攻螺钉"的重量； 　　代号 S2——参见第 19.27 页"GB/T 845 十字槽盘头自攻螺钉"的重量； 　　代号 S3——参见第 19.21 页"GB/T 5282 开槽盘头自攻螺钉"的重量

（7）平垫圈的每千件钢制品大约重量 G_2(kg)					
① 标准系列(N 型)平垫圈					
垫圈规格(mm)	2.2	2.9	3.5	4.2	4.8
重量 G_2(kg)	0.132	0.264	0.379	0.422	0.518
垫圈规格(mm)	5.5	6.2	8	9.5	
重量 G_2(kg)	1.20	1.65	2.02	3.98	
② 大系列(L 型)平垫圈					
垫圈规格(mm)	2.2	2.9	3.5	4.2	4.8
重量 G_2(kg)	0.280	0.461	0.690	0.810	1.26
垫圈规格(mm)	5.5	6.2	8	9.5	
重量 G_2(kg)	2.00	2.91	6.47	12.68	

18. 十字槽盘头自攻螺钉和大垫圈组合件

(GB/T 9074.19—1988)

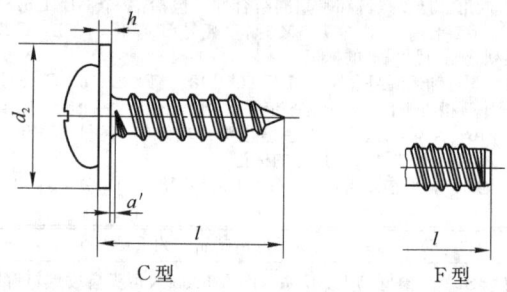

C 型   F 型

(1) 尺寸(mm)					
螺纹规格	ST2.9	ST3.5	ST4.2	ST4.8	ST5.5
a' max	1.1	1.3	1.4	1.6	1.8
h 公称	1.0	1.0	1.0	1.6	1.6
d_2 公称	9	11	12	15	16
l^* 公称	9.5~19	9.5~25	9.5~3.2	13~38	13~38
公称长度 l 系列	9.5、13、16、19、22、25、32、38、45、50				
(2) 组合件每千件钢制品大约重量 G(kg)					

组合件的重量由十字槽盘头自攻螺钉(GB/T 845—1985)的重量(参见第 19.27 页)和自攻螺钉组合件用大垫圈(GB/T 9074.30—1988)的重量(参见第 25.49 页)两部分组成。如需了解重量时,可分别查阅这两部分内容,再进行计算即求得

注: 1. a—螺钉上最末一扣完整螺纹至大垫圈底部之间距离;h—大垫圈厚度;d_2—大垫圈外径。

2. * 表列公称长度 l 范围为通用规格范围。

3. 自攻螺钉的具体尺寸,按 GB/T 845—1985 十字槽盘头自攻螺钉的规定,参见第 19.27 页。垫圈的具体尺寸,按 GB/T 9074.30—1988 自攻螺钉组合件用大垫圈的规定,参见第 25.49 页。

19. 十字槽凹穴六角头自攻螺钉和平垫圈组合件

(GB/T 9074.20—1988)

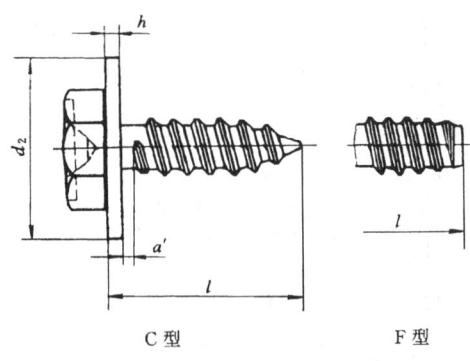

C 型   F 型

(1) 组合件的尺寸(mm)						
螺纹规格	ST 2.9	ST 3.5	ST 4.2	ST 4.8	ST 6.3	ST 8
螺纹肩距 a' max	1.1	1.3	1.4	1.6	1.8	2.1
垫圈厚度 h 公称	0.8	1.0	1.0	1.0	1.6	1.6
垫圈外径 d_2 公称	6	8	9	10	14	14
公称长度 l 范围	9.5～19	9.5～22	9.5～25	13～32	13～38	16～50

注: 1. 自攻螺钉按 GB/T 9456—1988 十字槽凹穴六角头自攻螺钉
规定,参见第 19.43 页。垫圈按 GB/T 97.5—2002 平垫
圈—用于自攻螺钉和垫圈组合件规定,参见第 25.44 页。

(2) 组合件的每千件钢制品大约重量 G(kg)

l	G	l	G	l	G	l	G	l	G
ST2.9		ST3.5		ST4.8		ST6.3		ST8	
9.5	0.61	22	1.53	13	2.38	19	5.81	25	10.84
13	0.72	ST4.2		16	2.65	22	6.29	32	12.68
16	0.82	9.5	1.45	19	2.91	25	6.77	38	14.26
19	0.91	13	1.68	22	3.18	32	7.88	45	16.11
ST3.5		16	1.87	25	3.44	38	8.84	50	17.42
9.5	0.96	19	2.07	32	4.06	ST8			
13	1.12	22	2.27	ST6.3		16	8.46		
16	1.26	25	2.46	13	4.86	19	9.26		
19	1.40			16	5.34	22	10.05		

注：2. 表列规格为通用规格。

20. 十字槽凹穴六角头自攻螺钉和大垫圈组合件

（GB/T 9074.21—1988）

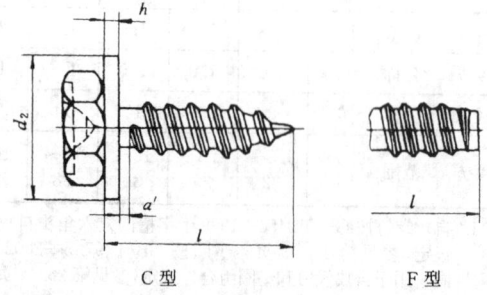

C 型　　　　　　　　F 型

<table>
<tr><td colspan="7" align="center">(1) 组合件的尺寸(mm)</td></tr>
</table>

螺纹规格	ST 2.9	ST 3.5	ST 4.2	ST 4.8	ST 6.3	ST 8
螺纹肩距 a' max	1.1	1.3	1.4	1.6	1.8	2.1
垫圈厚度 h 公称	1.0	1.0	1.0	1.6	1.6	2.0
垫圈外径 d_2 公称	9	11	12	15	18	21
公称长度 l 范围	9.5~19	9.5~22	9.5~25	13~32	13~38	16~50

(2) 组合件的每千件钢制品大约重量 G(kg)									
l	G	l	G	l	G	l	G	l	G
ST2.9		ST3.5		ST4.8		ST6.3		ST8	
9.5	0.90	22	1.86	13	3.83	19	7.04	25	14.05
13	1.01	ST4.2		16	4.10	22	7.52	32	15.89
16	1.11	9.5	1.81	19	4.36	25	8.00	38	17.47
19	1.20	13	2.04	22	4.63	32	9.11	45	19.32
ST3.5		16	2.23	25	4.89	38	10.07	50	20.63
9.5	1.29	19	2.43	32	5.51	ST8			
13	1.45	22	2.63	ST6.3		16	11.67		
16	1.59	25	2.82	13	6.09	19	12.47		
19	1.73			16	6.57	22	13.26		

注：1. 自攻螺钉按 GB/T 9456—1988 十字槽凹穴六角头自攻螺钉规定,参见第 19.43 页。垫圈按 GB/T 97.5—2002 平垫圈—用于自攻螺钉和垫圈组合件规定,参见第 25.44 页。

2. 表列规格为通用规格。

21. 平垫圈—用于螺钉和垫圈组合件

(GB/T 97.4—2002)

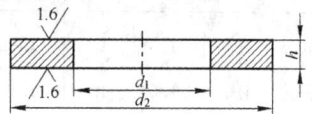

尺　　　　寸(mm)							重量
公称规格	内径 d_1		外径 d_2		厚度 h			G (kg)
	公称 (min)	max	公称 (max)	min	公称	max	min	
(1) S型垫圈(小系列)								
2	1.75	1.85	4.5	4.2	0.6	0.65	0.55	0.064
2.5	2.25	2.35	5	4.7	0.6	0.65	0.55	0.074
3	2.75	2.85	6	5.7	0.6	0.65	0.55	0.105
3.5	3.2	3.32	7	6.64	0.8	0.85	0.75	0.191
4	3.6	3.72	8	7.64	0.8	0.85	0.75	0.252
5	4.55	4.67	9	8.64	1	1.06	0.94	0.372
6	5.5	5.62	11	10.57	1.6	1.68	1.52	0.895
8	7.4	7.55	15	14.57	1.6	1.68	1.52	1.68
10	9.3	9.52	18	17.57	2	2.09	1.91	2.93
12	11	11.27	20	19.48	2	2.09	1.91	3.44

注: 1. 垫圈的公称规格相当于螺钉的螺纹大径 d。
　　 2. G—每千件钢制品大约重量。

公称规格	尺　寸(mm)							重量
	内径 d_1		外径 d_2		厚度 h			G (kg)
	公称 (min)	max	公称 (max)	min	公称	max	min	
(2) N 型垫圈(标准系列)								
2	1.75	1.85	5	4.7	0.6	0.65	0.55	0.074
2.5	2.25	2.35	6	5.7	0.6	0.65	0.55	0.081
3	2.75	2.85	7	6.64	0.6	0.65	0.55	0.105
3.5	3.2	3.32	8	7.64	0.8	0.85	0.75	0.191
4	3.6	3.72	9	8.64	0.8	0.85	0.75	0.252
5	4.55	4.67	10	9.64	1	1.06	0.94	0.372
6	5.5	5.62	12	11.57	1.6	1.68	1.52	1.12
8	7.4	7.55	16	15.57	1.6	1.68	1.52	1.99
10	9.3	9.52	20	19.48	2	2.09	1.91	3.87
12	11	11.27	24	23.48	2.5	2.6	2.4	7.01
(3) L 型垫圈(大系列)								
2	1.75	1.85	6	5.7	0.6	0.65	0.55	0.122
2.5	2.25	2.35	8	7.64	0.6	0.65	0.55	0.218
3	2.75	2.85	9	8.64	0.8	0.85	0.75	0.362
3.5	3.2	3.32	11	10.57	0.8	0.85	0.75	0.546
4	3.6	3.72	12	11.57	1	1.06	0.94	0.808
5	4.55	4.67	15	14.57	1	1.06	0.94	1.26
6	5.5	5.62	18	17.57	1.6	1.68	1.52	2.90
8	7.4	7.55	24	23.48	2	2.09	1.91	6.43
10	9.3	9.52	30	29.48	2.5	2.6	2.4	12.54
12	11	11.27	37	36.38	3	3.11	2.89	23.08

22. 平垫圈—用于自攻螺钉和垫圈组合件

(GB/T 97.5—2002)

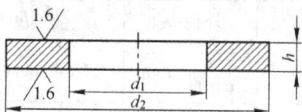

尺 寸(mm)							重量
公称规格	内径 d_1		外径 d_2		厚度 h		G (kg)
	公称 (min)	max	公称 (max)	min	公称	max	min	
(1) N 型垫圈(标准系列)							
2.2	1.9	2	5	4.82	1	1.06	0.94	0.116
2.9	2.5	2.6	7	6.64	1	1.06	0.94	0.132
3.5	3	3.1	8	7.64	1	1.06	0.94	0.247
4.2	3.55	3.67	9	8.64	1	1.06	0.94	0.317
4.8	4	4.12	10	9.64	1	1.06	0.94	0.401
5.5	4.7	4.82	12	11.57	1.6	1.68	1.52	0.769
6.3	5.4	5.52	14	13.57	1.6	1.68	1.52	1.05
8	7.15	7.3	16	15.57	1.6	1.68	1.52	2.02
9.5	8.8	8.95	20	19.48	2	2.09	1.91	3.98
(2) L 型大垫圈(大系列)							
2.2	1.9	2	7	6.64	1	1.06	0.94	0.280
2.9	2.5	2.6	8	6.64	1	1.06	0.94	0.356
3.5	3	3.1	11	10.57	1	1.06	0.94	0.444
4.2	3.55	3.67	12	11.57	1	1.06	0.94	0.668
4.8	4	4.12	15	14.57	1.6	1.68	1.52	1.26
5.5	4.7	4.82	15	14.57	1.6	1.68	1.52	2.00
6.3	5.4	5.52	18	17.57	1.6	1.68	1.52	2.91
8	7.15	7.3	24	23.48	2	2.09	1.91	6.47
9.5	8.8	8.95	30	29.48	2.5	2.59	2.41	12.68

注: 1. 垫圈的公称规格相当于自攻螺纹的螺纹大径 d。
　　2. G—每千件钢制品大约重量。

23. 组合件用弹簧垫圈

(GB/T 9074.26—1988)

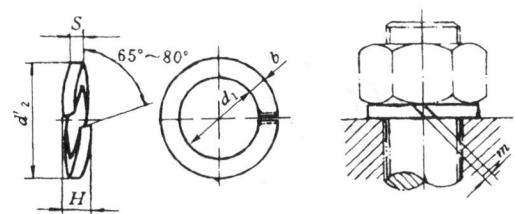

	规格(螺纹大径)		2.5	3	4	5	6	8	10	12
尺寸 (mm)	内径 d_1	max	2.34	2.83	3.78	4.75	5.71	7.64	9.59	11.53
		min	2.20	2.69	3.60	4.45	5.41	7.28	9.23	11.10
	厚度 S	公称	0.6	0.8	1.1	1.3	1.6	2.0	2.5	3.0
		min	0.52	0.70	1.00	1.20	1.50	1.90	2.35	2.85
		max	0.68	0.90	1.20	1.40	1.70	2.10	2.65	3.15
	宽度 b	公称	1.0	1.2	1.5	2.0	2.5	3.0	3.5	4.0
		min	0.90	1.10	1.40	1.90	2.35	2.85	3.3	3.8
		max	1.10	1.30	1.60	2.10	2.65	3.15	3.7	4.2
	高度 H	max	1.50	2.00	2.75	3.25	4.00	5.00	6.25	7.50
		min(公称)	1.2	1.6	2.2	2.6	3.2	4.0	5.0	6.0
	开口宽度 $m \leqslant$		0.30	0.40	0.55	0.65	0.80	1.00	1.25	1.50
	外径 d_2' 参考		4.34	5.23	6.78	8.75	10.71	13.64	16.59	19.53
重量	G(kg)		0.05	0.09	0.20	0.40	0.75	1.46	2.64	4.30

注：1. m 应大于零。
　　2. G—每千件钢制品大约重量。
　　3. 技术条件按 GB/T 94.1—2008 弹簧垫圈技术条件规定，参见第 7.16 页。

24. 组合件用外锯齿锁紧垫圈

(GB/T 9074.27—1988)

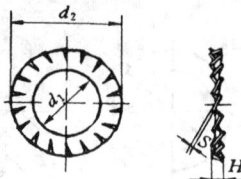

齿高 $H = 3S$

	规格(螺纹大径)		3	4	5	6	8	10	12
尺寸 (mm)	内径 d_1	max	2.83	3.78	4.75	5.71	7.64	9.59	11.53
		min	2.73	3.66	4.57	5.53	7.42	9.37	11.26
	外径 d_2	max(公称)	6	8	10	11	15	18	20.5
		min	5.70	7.64	9.64	10.57	14.57	17.57	19.98
	厚度 S		0.4	0.5	0.6	0.6	0.8	1.0	1.0
	齿数　min		9	11	11	12	14	16	16
重量	G(kg)		0.06	0.14	0.26	0.30	0.77	1.35	1.67

注：1. G—每千件钢制品大约重量。

2. 技术条件按 GB/T 94.2—1987 齿形、锯齿锁紧垫圈技术条件规定，参见第 7.19 页。

25. 组合件用锥形锁紧垫圈
(GB/T 9074.28—1988)

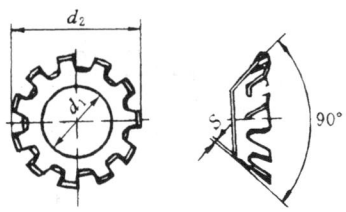

尺寸 (mm)	规格(螺纹大径)		3	4	5	6	8
	内径 d_1	max	2.83	3.78	4.75	5.71	7.64
		min	2.73	3.66	4.57	5.53	7.42
	外径 d_2 ≈		6.0	8.0	9.8	11.8	15.3
	厚度 S		0.4	0.5	0.6	0.6	0.8
	齿数 min		6	8	8	10	10
重量 G (kg)			0.03	0.08	0.15	0.24	0.52

注：1. G—每千件钢制品大约重量。
　　2. 技术条件按 GB/T 94.2—1987 齿形、锯齿锁紧垫圈技术条件规定，参见第 7.19 页。

26. 自攻螺钉组合件用平垫圈

(GB/T 9074.29—1988)

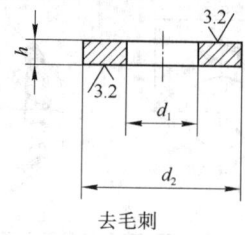

去毛刺

尺寸(mm)和每千件钢制品大约重量 G(kg)								
规格(螺纹大径)		2.9	3.5	4.2	4.8	5.5	6.3	8
内径 d_1	max	2.56	3.10	3.67	4.18	4.82	5.58	7.27
	min	2.46	3.00	3.55	4.06	4.70	5.46	7.15
外径 d_2	max(公称)	6	8	9	10	12	14	14
	min	5.70	7.64	8.64	9.64	11.57	13.57	13.57
厚度 h	公称	0.8	1.0	1.0	1.0	1.6	1.6	1.6
	min	0.7	0.9	0.9	0.9	1.4	1.4	1.4
	max	0.9	1.1	1.1	1.1	1.8	1.8	1.8
重量 G	(kg)	0.13	0.3	0.38	0.47	1.1	1.51	—

27. 自攻螺钉组合件用大垫圈

(GB/T 9074.30—1988)

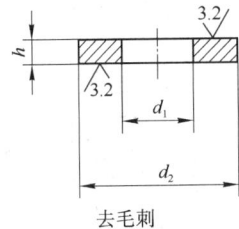

去毛刺

尺寸(mm)和每千件钢制品大约重量 G(kg)							
规格(螺纹规格)	2.9	3.5	4.2	4.8	5.5	6.3	8
d_1　max 　　min	2.56 2.46	3.12 3.00	3.67 3.55	4.12 4.00	4.82 4.70	5.52 5.40	7.27 7.15
外径 d_2　max(公称) 　　min	9 8.64	11 10.57	12 11.57	15 14.57	15 14.57	18 17.57	21 20.48
厚度 h　公称 　　min 　　max	1 0.9 1.1	1 0.9 1.1	1 0.9 1.1	1.6 1.4 1.8	1.6 1.4 1.8	1.6 1.4 1.8	2.0 1.8 2.2
重量　G	0.42	0.63	0.74	1.92	1.86	2.74	4.51

28. 钢结构用高强度大六角头螺栓连接副

（1）钢结构用高强度大六角头螺栓

（GB/T 1228—1991）

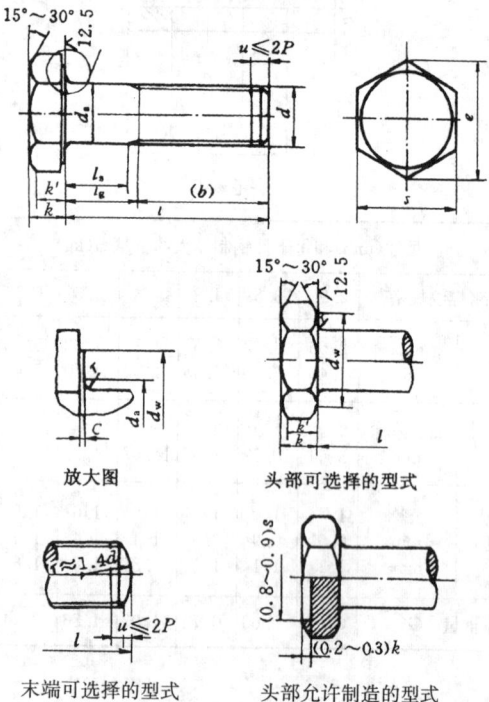

放大图

头部可选择的型式

末端可选择的型式

头部允许制造的型式

(1) 大六角头螺栓的尺寸(mm)								
螺纹规格 d		M12	M16	M20	(M22)	M24	(M27)	M30
螺 距 P		1.75	2	2.5	2.5	3	3	3.5
垫圈部分高度 c	max	0.8	0.8	0.8	0.8	0.8	0.8	0.8
	min	0.4	0.4	0.4	0.4	0.4	0.4	0.4
无螺纹杆径 d_s	max	12.43	16.43	20.52	22.52	24.52	27.84	30.84
	min	11.57	15.57	19.48	21.48	23.48	26.16	29.16
头部高度 k	公称	7.5	10	12.5	14	15	17	18.7
	max	7.95	10.75	13.40	14.90	15.90	17.90	19.75
	min	7.05	9.25	11.60	13.10	14.10	16.10	17.65
对边宽度 s	max	21	27	34	36	41	46	50
	min	20.16	26.16	33	35	40	45	49
过渡圆直径 d_a	max	15.23	19.23	24.32	26.32	28.32	32.84	35.84
垫圈面直径 d_w	min	19.2	24.9	31.4	33.3	38.0	42.8	46.5
对角宽度 e	min	22.78	29.56	37.29	39.55	45.20	50.85	55.37
扳拧高度 k'	min	4.9	6.5	8.1	9.2	9.9	11.3	12.4
圆角半径 r	min	1.0	1.0	1.5	1.5	1.5	2.0	2.0
公称长度 l 螺纹长度 b		$\frac{\leqslant 40}{25}$	$\frac{\leqslant 50}{30}$	$\frac{\leqslant 60}{35}$	$\frac{\leqslant 65}{40}$	$\frac{\leqslant 70}{45}$	$\frac{\leqslant 75}{50}$	$\frac{\leqslant 80}{55}$
		$\frac{\geqslant 45}{30}$	$\frac{\geqslant 55}{35}$	$\frac{\geqslant 65}{40}$	$\frac{\geqslant 70}{45}$	$\frac{\geqslant 75}{55}$	$\frac{\geqslant 80}{55}$	$\frac{\geqslant 85}{60}$
公称长度 l 范围		35~75	45~130	50~160	55~220	60~240	65~260	70~260
公称长度 l	公称	35~50	55~80	85~120	130~150	160~180	190~240	260
	公差	±1.25	±1.5	±1.75	±2	±4	±4.6	±5.2

注: 1. 最末一扣完整螺纹至支承面的距离 l_g:
$l_{gmax} = l_{公称} - b$。
2. 无螺纹杆部长度 l_s: $l_{smin} = l_{gmax} - 3P$。

（2）大六角头螺栓的每千件钢制品理论重量 G(kg)

l	G	l	G	l	G	l	G	l	G
M12		M20		(M22)		M24		(M27)	
35	49.4	50	207.3	95	391.4	140	650.0	190	1095.8
40	54.2	55	220.3	100	407.0	150	687.1	200	1143.6
45	57.8	60	233.3	110	438.3	160	724.2	220	1239.2
50	62.5	65	243.6	120	469.6	170	761.2	240	1334.7
55	67.3	70	256.5	130	500.8	180	798.3	260	1430.3
60	72.1	75	269.5	140	532.1	190	835.4	M30	
65	76.8	80	282.5	150	563.3	200	872.5	70	658.2
70	81.6	85	295.5	160	594.6	220	946.6	75	607.5
75	86.3	90	308.4	170	625.9	240	1020.7	80	716.8
M16		95	321.4	180	657.2	(M27)		85	740.3
45	113.0	100	334.4	190	688.4	65	503.2	90	769.6
50	121.3	110	360.4	200	719.7	70	527.1	95	799.0
55	127.9	120	386.3	220	782.2	75	551.0	100	828.3
60	136.2	130	412.3	M24		80	570.2	110	886.9
65	144.5	140	438.3	60	357.2	85	594.1	120	945.6
70	152.8	150	464.2	65	375.7	90	617.9	130	1004.2
75	161.2	160	490.2	70	394.2	95	641.8	140	1062.8
80	169.5	(M22)		75	409.1	100	665.7	150	1121.5
85	177.8	55	269.3	80	428.6	110	713.5	160	1180.1
90	186.4	60	284.9	85	446.1	120	761.3	170	1238.7
95	194.4	65	300.5	90	464.7	130	809.1	180	1297.4
100	202.8	70	313.2	95	483.2	140	856.9	190	1356.0
110	219.4	75	328.9	100	501.7	150	904.7	200	1414.7
120	236.1	80	344.5	110	538.8	160	952.4	220	1531.9
130	252.7	85	360.1	120	575.9	170	1000.2	240	1649.2
		90	375.8	130	612.9	180	1048.0	260	1766.5

注: 3. l—公称长度(mm)。

4. 带括号的规格为第二选择系列。

（2）钢结构用高强度大六角螺母

（GB/T 1229—1991）

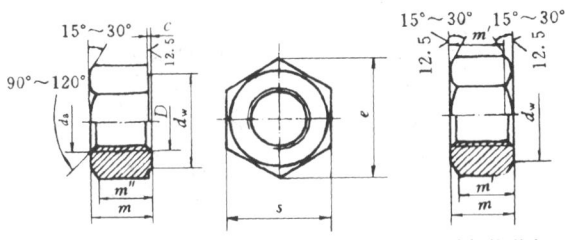

可选择的型式

大六角螺母的尺寸(mm)与重量								
螺纹规格 D		M12	M16	M20	(M22)	M24	(M27)	M30
螺距 P		1.75	2	2.5	2.5	3	3	3.5
垫圈部分高度 c	max	0.8	0.8	0.8	0.8	0.8	0.8	0.8
	min	0.4	0.4	0.4	0.4	0.4	0.4	0.4
过渡圆直径 d_a	max	13	17.3	21.6	23.8	25.9	29.1	32.4
	min	12	16	20	22	24	27	30
螺母高度 m	max	12.3	17.1	20.7	21.8	24.2	27.6	30.7
	min	11.87	16.4	19.4	22.3	22.9	26.3	29.1
对边宽度 s	max	21	27	34	36	41	46	50
	min	20.16	26.16	33	35	40	45	49
垫圈面直径 d_w	min	19.2	24.9	31.4	33.3	38.0	42.8	46.5
对角宽度 e	min	22.78	29.56	37.29	39.55	45.20	50.85	55.37
扳拧高度 m'	min	9.5	13.1	15.5	17.8	18.3	21.0	23.3
扳拧高度 m''	min	8.3	11.5	13.6	15.6	16.0	18.4	20.4
垂直度公差*		0.29	0.38	0.47	0.50	0.57	0.64	0.70
重量 G(kg)		27.68	61.51	118.8	146.6	202.7	288.5	374.0

注：1. ＊支承面对螺纹轴线的垂直度公差。
　　2. G—每千件钢制品理论重量。
　　3. 带括号的规格为第二选择系列。

（3）钢结构用高强度垫圈

（GB/T 1230—2006）

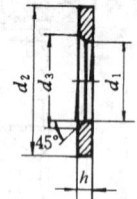 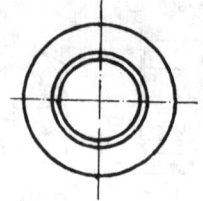

垫圈的尺寸(mm)与重量								
规格(螺纹大径)		12	16	20	(22)	24	(27)	30
内径 d_1	min	13	17	21	23	25	28	31
	max	13.43	17.43	21.52	23.52	25.52	28.52	31.62
外径 d_2	min	23.7	31.4	38.4	40.4	45.4	50.1	54.1
	max	25	33	40	42	47	52	56
倒角端内径 d_3	min	15.23	19.23	24.32	26.32	28.32	32.84	35.84
	max	16.03	20.03	25.12	27.12	29.12	33.64	36.64
厚度 h	公称	3.0	4.0	4.0	5.0	5.0	5.0	5.0
	min	2.5	3.5	3.5	4.5	4.5	4.5	4.5
	max	3.8	4.8	4.8	5.8	5.8	5.8	5.8
重量 G(kg)		10.47	23.40	33.55	43.34	55.76	66.52	75.42

注：1. G—每千件钢制品理论重量。
  2. 带括号的规格为第二选择系列。

29. 钢结构用扭剪型高强度螺栓连接副

(GB/T 3632—2008)

(1) 螺栓连接副型式

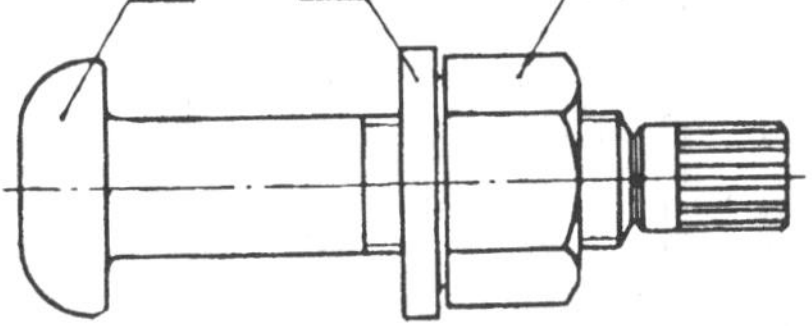

螺栓   垫圈   螺母

(2) 螺   栓

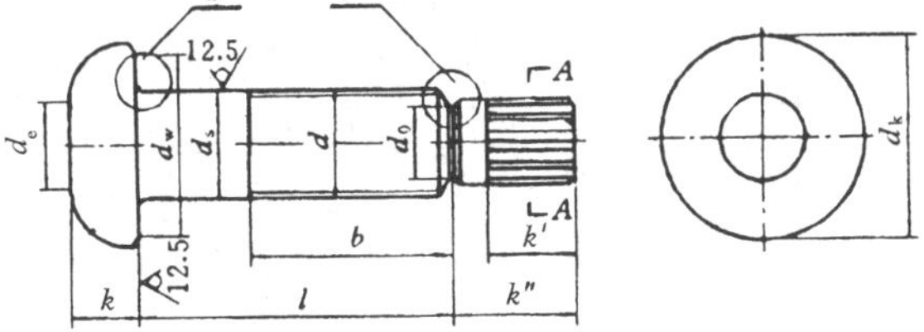

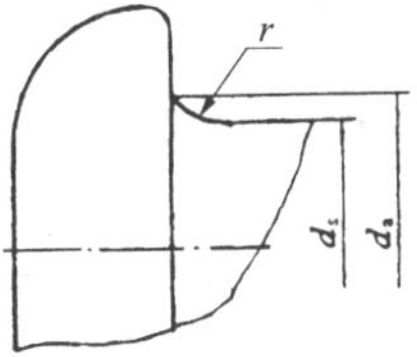

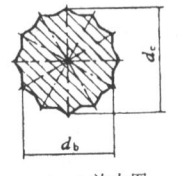

B 放大图

A - A 放大图

F 放大图

(1) 螺栓的尺寸(mm)

d	M16	M20	(M22)	M24	d	M16	M20	(M22)	M24
P	2	2.5	2.5	3	k'' max	17	19	21	23
d_a max	18.83	24.4	26.4	28.4	r min	1.2	1.2	1.2	1.6
d_b 公称	11.1	13.9	15.4	16.7	$\dfrac{l}{a_1}$	≤50 / 36	≤55 / 42.5	≤65 / 47.5	≤70 / 54
d_b max	11.3	14.1	15.6	16.9		≥55 / 41	≥70 / 47.5	≥70 / 52.5	≥75 / 59
d_b min	11	13.8	15.3	16.6					
d_c ≈	12.8	16.1	17.8	19.3	$\dfrac{l}{a_2}$	≤50 / 30	≤55 / 35	≤65 / 40	≤70 / 45
d_e ≈	13	17	18	20		≥55 / 35	≥70 / 40	≥70 / 45	≥75 / 50
d_k max	30	37	41	44					
d_o ≈	10.9	13.6	15.1	16.4					
d_s max	16.43	20.52	22.52	24.52	$\dfrac{l}{b}$	≤50 / 30	≤60 / 35	≤65 / 40	≤70 / 45
d_s min	15.57	19.48	21.48	23.48		≥55 / 35	≥65 / 40	≥70 / 45	≥75 / 50
d_w min	27.9	34.5	38.5	41.5					
k 公称	10	13	14	15	l 范围	40~130	45~160	50~180	55~180
k max	10.75	13.9	14.9	15.9					
k min	9.25	12.1	13.1	14.1					
k' min	12	14	15	16					

l 公称	40~50	55~80	85~120	130~150	170、180
公差	±1.25	±1.5	±1.75	±2	±4

注: 1. d—螺纹规格;P—螺矩;d_a—过渡圆直径;d_b—槽断面对边宽度;d_c—槽断面对角宽度;d_e—头部顶端直径;d_k—头部直径;d_o—螺杆与带槽端连接处直径;d_s—无螺纹杆径;d_w—支承面直径;k—头部高度;k'—槽长;k''—带槽端长度;r—圆角半径;l—公称长度;b—螺纹长度(参考)。

   2. $a_1 = l - l_{smin}$, l_{smin}(无螺纹杆部长度) $= l - a_1$。

   3. $a_2 = l - l_{gmax}$, l_{gmax}(夹紧长度) $= l - a_2$。

   4. 当 l_s 小于 5 mm 时,螺杆允许制出全螺纹。

(续)

(2) 螺栓的每千件钢制品大约重量 G(kg)

l	G	l	G	l	G	l	G	l	G
M16		M16		M20		(M22)		M24	
40	118.34	120	249.26	110	384.93	95	422.77	80	467.55
45	126.66	M20		120	410.88	100	438.89	85	481.40
50	134.98	45	219.63	130	436.82	110	469.65	90	500.42
55	143.30	50	232.60	140	462.77	120	500.90	95	519.43
60	151.61	55	245.57	(M22)		130	532.15	100	538.44
65	157.78	60	258.55	50	285.87	140	563.40	110	576.46
70	166.09	65	271.52	55	301.49	150	594.65	120	614.49
75	174.41	70	284.50	60	317.12	160	625.91	130	652.51
80	182.73	75	294.11	65	332.75	M24		140	690.54
85	191.05	80	307.08	70	348.37	55	372.49	150	728.56
90	199.36	85	320.06	75	364.00	60	391.50	160	766.58
95	207.68	90	333.03	80	375.89	65	410.51	170	804.61
100	216.00	95	346.01	85	391.52	70	429.53	180	842.63
110	232.63	100	358.98	90	407.14	75	448.54		

注：5. l—公称长度(mm)。
　　6. 带括号的规格为第二选择系列，应优先选用第一系列（不带括号）的规格。

(3) 螺　母

可选择的型式

尺　　寸(mm)								
螺纹规格 D	螺距 P	倒角端内径 d_a		支承面直径 D_w	螺母高度 m		扳拧高度 m'	扳拧高度 m''
		max	min	min	max	min	min	min
M16	2	17.3	16	24.9	17.1	16.4	13.1	11.5
M20	2.5	21.6	20	31.4	20.7	19.4	15.5	13.6
(M22)	2.5	23.8	22	33.3	23.6	22.3	17.8	15.6
M24	3	25.9	24	38	24.2	22.9	18.3	16

尺　　寸(mm)						每千件钢制品大约重量 G (kg)
螺纹规格 D	垫圈部分高度 c		对边宽度 s		对角宽度 e	支承面对螺纹轴线的垂直度公差	
	max	min	max	min	min		
M16	0.8	0.4	27	26.16	29.56	0.38	61.51
M20	0.8	0.4	34	33	37.29	0.47	118.77
(M22)	0.8	0.4	36	35	39.55	0.50	146.59
M24	0.8	0.4	41	40	45.2	0.57	202.67

注：括号内的规格为第二选择系列，应优先选用第一系列（不带括号）的规格。

（4）垫　　圈

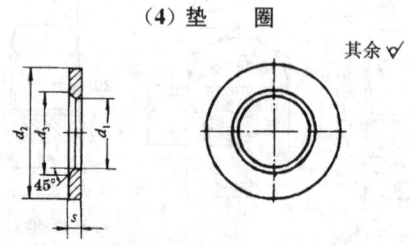

| 规格（螺纹大径） | 尺　寸(mm) | | | | | | | | 每千件钢制品大约重量 G (kg) |
| | 内径 d_1 | | 外径 d_2 | | 厚度 s | | | 倒角端内径 d_3 ≈ | |
	max	min	max	min	公称	max	min		
16	17.43	17	33	31.4	4	4.8	3.5	19.6	23.40
20	21.52	21	40	38.4	4	4.8	3.5	24.7	33.55
(22)	23.52	23	42	40.4	5	5.8	4.5	26.7	43.34
24	25.52	25	47	45.4	5	5.8	4.5	28.7	55.76

注：括号内的规格为第二选择系列,应优先选择第一系列(不带括号)的规格。

30. 栓接结构用大六角头螺栓—螺纹长度
按 GB/T 3106—C 级—8.8 和 10.9 级

（GB/T 18230.1—2000）

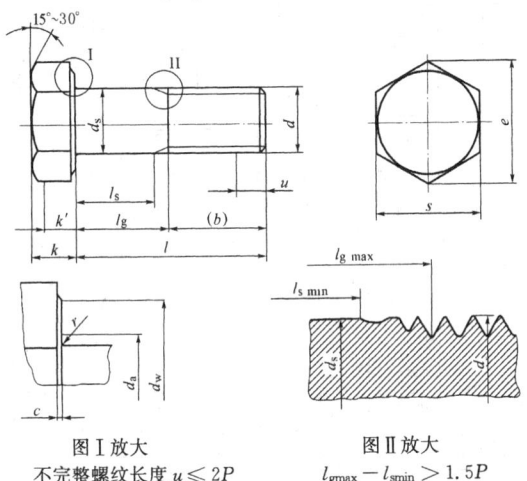

图Ⅰ放大
不完整螺纹长度 $u \leqslant 2P$

图Ⅱ放大
$l_{gmax} - l_{smin} > 1.5P$

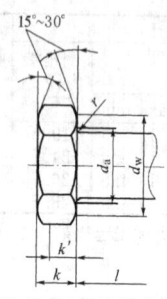

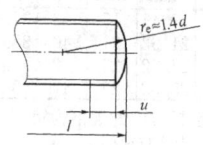

d＞M20 的头部型式   螺纹末端倒圆

可供选择的型式

尺 寸(mm)								
螺纹规格 d 螺 距 P	M12 1.75	M16 2	M20 2.5	(M22) 2.5	M24 3	(M27) 3	M30 3.5	M36 4
b ①	30	38	46	50	54	60	66	78
②	—	44	52	56	60	66	72	84
参考 ③	—	—	65	69	73	79	85	97
c max	0.8	0.8	0.8	0.8	0.8	0.8	0.8	0.8
min	0.4	0.4	0.4	0.4	0.4	0.4	0.4	0.4
d_s max	12.70	16.70	20.84	22.84	24.84	27.84	30.84	37.00
min	11.30	15.30	19.16	21.16	23.16	26.16	29.16	35.00
d_w max	$d_{wmax}＝s_{实际}$							
min	19.2	24.9	31.4	33.3	38.0	42.8	46.5	55.9
k 公称	7.5	10	12.5	14	15	17	18.7	22.5
max	7.95	10.75	13.40	14.90	15.90	17.90	19.75	23.55
min	7.05	9.25	11.60	13.10	14.10	16.10	17.65	21.45
s max	21	27	34	36	41	46	50	60
min	20.16	26.16	33	35	40	45	49	58.8
d_a max	15.2	19.2	24.4	26.4	28.4	32.4	35.4	42.4
e min	22.78	29.56	37.29	39.55	45.20	50.85	55.37	66.44
k' min	4.9	6.5	8.1	9.2	9.9	11.3	12.4	15.0
r min	1.2	1.4	1.5	1.5	1.5	2.0	2.0	2.0

尺　　寸(mm)								
螺纹规格 d	M12	M16	M20	(M22)	M24	(M27)	M30	M36
l 商品规格范围	35～100	40～150	45～150	50～150	55～200	60～200	70～200	85～200
l 公称长度系列	30	35、40、45、50	55、60、65、70、75、80		85、90、95、100、110、120		130、140、150	160、170、180、190、200
公　差	±1.05	±1.25	±1.5		±1.75		±2	±4

注：1. b—螺纹长度；c—垫圈部分高度；d_a—过渡圆直径；d_s—无螺纹杆径；d_w—垫圈面直径；e—对角宽度；k—头部高度；k'—扳拧高度；l—公称长度；l_g—最末一扣完整螺纹至支承面距离；l_s—无螺纹杆部长度；r—圆角半径；s—对边宽度。

2. 表列尺寸，对热浸镀锌螺栓为镀前尺寸。

3. 由于技术原因，M12 不是优选规格。带括号的规格尽量不采用。

4. 螺纹长度 b 栏中：①栏适用于 $l_{公称}$ ≤ 100mm；
②栏适用于 $l_{公称}$ > 100～200mm；
③栏适用于 $l_{公称}$ > 200mm。

5. $l_{gmax} = l_{公称} - l_{参考}$；$l_{smin} = l_{gmax} - 3P$。

6. 当 $l_{smin} < 0.5d$ 时，即取 $l_{smin} = 0.5d$。这时的螺栓采用较短螺纹长度，取 $l_{gmax} = l_{smin} + 3P$。

7. 螺栓的性能等级的标志方法：
在螺栓的性能等级符号后面加注"s"，表示"栓接结构用大六角头螺栓"，例：8.8s 和 10.9s；如经供需双方协议，螺栓的镀前螺纹按 6az 外螺纹极限尺寸制造时，在螺栓的性能等级符号后面再加注"U"，例：8.8sU 或 10.9sU。

31. 栓接结构用大六角头螺栓—
短螺纹长度—C 级—8.8 和 10.9 级

(GB/T 18230.2—2000)

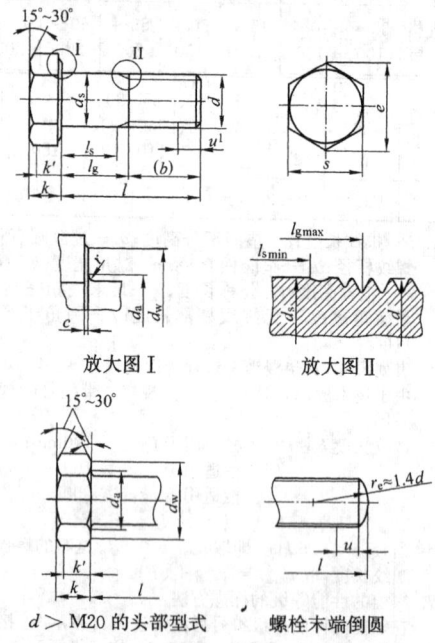

放大图 I   放大图 II

$d >$ M20 的头部型式   螺栓末端倒圆

可供选择的型式

不完整螺纹的长度 $u \leqslant 2P$。

$l_{g\max} - l_{s\min} > 1.5P$。

尺				寸(mm)			
螺纹规格 d	M12	M16	M20	(M22)	M24	(M27)	M30	M36
螺 距 P	1.75	2	2.5	2.5	3	3	3.5	4
螺纹长度 ①	25	31	36	38	41	44	49	56
b 参考 ②	32	38	43	45	48	51	56	63
商品规格	40~	45~	55~	60~	65~	70~	80~	90~
l 范 围	100	150	150	150	200	200	200	200

l	公称长度	30	35、40、45、50	55、60、65、70、75、80	85、90、95、100、110、120	130、140、150	160、170、180、190、200
	公 差	±1.05	±1.25	±1.5	±1.75	±2	±4

注：
1. 螺栓的其余尺寸(c、d_a、d_s、d_w、e、k、k'、r、s)，与上节"栓接结构用大六角头螺栓—螺纹长度按 GB/T 3106—C 级—8.8 和 10.9 级"的规定相同，参见第 25.59 页。

2. 螺纹长度 b 栏中：①栏适用于 $l_{公称} \leqslant 100mm$；②栏适用于 $> 100mm$。

3. $l_{gmax} = l_{公称} - b_{参考}$；$l_{smin} = l_{gmax} - 3P$。

4. 其余"注"的内容，与上节的"注 1"、"注 2"、"注 3"和"注 7"相同，参见第 25.61 页。

32. 栓接结构用大六角螺母—B 级—8 和 10 级

(GB/T 18230.3—2000)

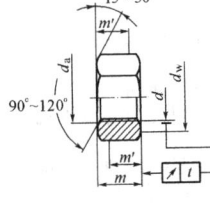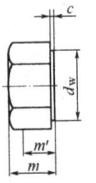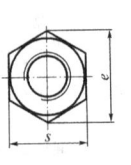

可供选择的型式

尺 寸(mm)								
螺纹规格 D		M12	M16	M20	(M22)	M24	(M27)	M30	M36
螺　　距 P		1.75	2	2.5	2.5	3	3	3.5	4
c	max	0.8	0.8	0.8	0.8	0.8	0.8	0.8	0.8
	min	0.4	0.4	0.4	0.4	0.4	0.4	0.4	0.4
d_a	max	13	17.3	21.6	23.8	25.9	29.1	32.4	38.9
	min	12	16	20	22	24	27	30	36
d_w	max	$d_{wmax} = s_{实际}$							
	min	19.2	24.9	31.4	33.3	38.0	42.8	46.5	55.9
e	min	22.78	29.56	37.29	39.55	45.20	50.85	55.37	66.44
m	max	12.3	17.1	20.7	23.6	24.2	27.6	30.7	36.6
	min	11.9	16.4	19.4	22.3	22.9	26.3	29.1	35.0
m'	min	9.5	13.1	15.5	17.8	18.3	21.0	22.3	28.0
s	max	21	27	34	36	41	46	50	60
	min	20.16	26.16	33	35	40	45	49	58.8
t		0.38	0.47	0.58	0.63	0.72	0.80	0.87	1.05

注：1. c—垫圈部分高度；d_a—沉孔直径；d_w—垫圈面直径；e—对角宽度；m—螺母高度；m'—扳拧高度；s—对边宽度；t—端面轴向跳动。

2. 表列尺寸，对热浸镀锌螺母为镀前尺寸。

3. 由于技术原因，M12 不是优选规格。带括号的规格尽量不采用。

4. 螺母的性能等级标志方法：在螺母的性能等级符号后面加注"s"，表示"栓接结构用大六角螺母"，例：8s 或 10s。

33. 栓接结构用 1 型大六角螺母—B 级—10 级

(GB/T 18230.4—2000)

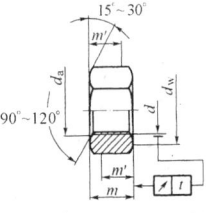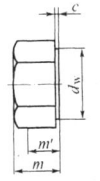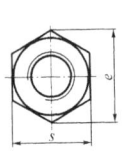

可供选择的型式

尺 寸(mm)								
螺纹规格 D		M12	M16	M20	(M22)	M24	(M27)	M30	M36
螺 距 P		1.75	2	2.5	2.5	3	3	3.5	4
m	max	10.8	14.8	18	19.4	21.5	23.8	25.6	31
	min	10.37	14.1	16.9	18.1	20.2	22.5	24.3	29.4
m'	min	8.3	11.28	13.52	14.48	16.16	18	19.44	23.52
c	max	0.6	0.8	0.8	0.8	0.8	0.8	0.8	0.8
	min	0.15	0.2	0.2	0.2	0.2	0.2	0.2	0.2

注：1. c—垫圈部分高度；d_a—沉孔直径；d_w—垫圈面直径；e—对角宽度；m—螺母高度；m'—扳拧高度；s—对边宽度；t—端面轴向跳动。

2. 其余尺寸（d_a、d_w、e、s、t），与上节"栓接结构用大六角螺母—B 级—8 和 10 级"的规定相同，参见第 25.63 页。表列尺寸，对热浸镀锌螺母为镀前尺寸。

3. 由于技术原因，M12 不是优选规格。带括号的规格尽量不采用。

4. 螺母的性能等级标志方法：在螺母的性能等级符号后面加注"s"，表示"栓接结构用大六角螺母"，例：10s。

34. 栓接结构用平垫圈—淬火并回火

(GB/T 18230.5—2000)

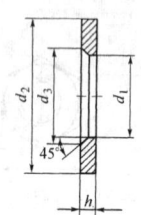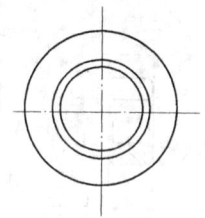

尺　　寸(mm)								
公称规格 （螺纹大径）		12	16	20	(22)	24	(27)	30	36
d_1	min max	13 13.43	17 17.43	21 21.52	23 23.52	25 25.52	28 28.52	31 31.62	37 37.62
d_2	min max	23.7 25	31.4 33	38.4 40	40.4 42	45.4 47	50.1 52	54.1 56	64.1 66
h	公称 min max	3.0 2.5 3.8	4.0 3.5 4.8	4.0 3.5 4.8	5.0 4.5 5.8	5.0 4.5 5.8	5.0 4.5 5.8	5.0 4.5 5.8	5.0 4.5 5.8
d_3	min max	15.2 16.04	19.2 20.04	24.4 25.24	26.4 27.44	28.4 29.44	32.4 33.4	35.4 36.4	42.4 43.4

注：1. d_1—平垫圈内径；d_2—平垫圈外径；d_3—沉孔直径；h—平
　　垫圈厚度。
　　2. 带括号的规格尽量不采用。

35. 栓接结构用 1 型六角螺母—热浸镀锌 （加大攻丝尺寸)—A 和 B 级—5、6 和 8 级

(GB/T 18230.6—2000)

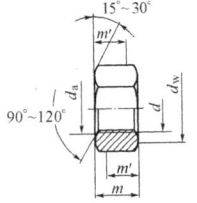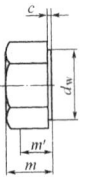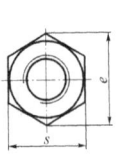

可供选择的型式

尺　　　　寸(mm)								
螺纹规格　*D*	M10	M12	(M14)	M16	M20	M24	M30	M36
螺　　距　*P*	1.5	1.75	2	2	2.5	3	3.5	4
d_a　min	10	12	14	16	20	24	30	36
max	10.8	13	15.1	17.3	21.6	25.9	32.4	38.9
m　max	8.4	10.8	12.8	14.8	18	21.5	25.6	31
min	8.04	10.37	12.1	14.1	16.9	20.2	24.3	29.4
s　max	16	18	21	24	30	36	46	55
min	15.73	17.73	20.67	23.67	29.16	35	45	53.8
c　max	0.6	0.6	0.6	0.8	0.8	0.8	0.8	0.8
d_w　min	14.6	16.6	19.6	22.5	27.7	33.2	42.7	51.1
e　min	17.77	20.03	23.35	26.75	32.95	39.55	50.85	60.79
m'　min	6.43	8.3	9.68	11.28	13.52	16.16	19.44	23.52

注：1. *c*—垫圈部分高度；d_a—沉孔直径；d_w—垫圈面直径；*e*—对角宽度；*m*—螺母高度；m'—扳拧高度；*s*—对边宽度。

2. 带括号的规格尽量不采用。

36. 栓接结构用 2 型六角螺母—热浸镀锌（加大攻丝尺寸）—A 级—9 级

(GB/T 18230.7—2000)

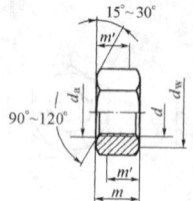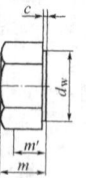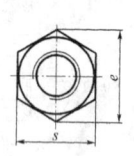

可供选择的型式

尺　　寸(mm)			M10	M12	(M14)	M16
螺纹规格	D		M10	M12	(M14)	M16
螺　　距	P		1.5	1.75	2	2
沉孔直径	d_a	min	10	12	14	16
		max	10.8	13	15.1	17.3
螺母高度	m	max	9.3	12	14.1	16.4
		min	8.94	11.57	13.4	15.7
对边宽度	s	max	16	18	21	24
		min	15.73	17.73	20.67	23.67
垫圈部分高度	c	max	0.6	0.6	0.6	0.8
垫圈面直径	d_w	min	14.6	16.6	19.6	22.5
对角宽度	e	min	17.77	20.03	23.35	26.75
扳拧高度	m'	min	7.15	9.26	10.7	12.6

注：带括号的规格尽量不采用。

一、焊 钉 综 述

1. 焊钉的品种简介

序号	品种名称与标准号	规格范围	材 料	机械性能	表面处理
1	无头焊钉* GB/T 10432—1989	3~6 mm	普碳钢（%）： $C \leqslant 0.20$； $Si \leqslant 0.10$； $Mn = 0.30 \sim 0.60$； $P \leqslant 0.04$； $S \leqslant 0.04$	未规定	不经处理
2	电弧螺柱焊用圆柱头焊钉 GB/T 10433—2002	10~25mm	ML15 ML15A1	抗拉强度： $\sigma_b \geqslant 400 \sim 500$ MPa； 屈服点： σ_s 或 $\sigma_{p0.2} \geqslant 320$MPa； 伸长率： $\delta_5 \geqslant 14\%$	

注：1. 焊钉的技术条件，参见第 7.78 页。

2. * 为商品紧固件品种，应优先选用。

2. 焊钉的用途简介

焊钉是采用电弧焊接方法把它的一端焊接在各种土木建筑工程中的结构上的一类紧固件，用作抗剪件、埋设件或锚固件等。

二、焊钉的尺寸与重量

1. 无头焊钉

(GB/T 10432—1989)

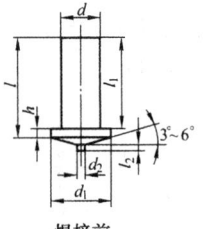

焊接前

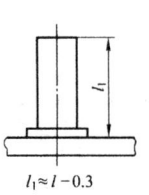

$l_1 \approx l - 0.3$

焊接后

(1) 尺寸(mm)											
d			d_1		d_2		l_2		h		l 范围
公称	min	max	max	min	max	min	max	min	max	min	
3	2.87	3.13	4.65	4.35	0.78	0.52	0.53	0.27	1.3	0.7	8～16
4	3.85	4.15	5.65	5.35	0.78	0.52	0.63	0.37	1.3	0.7	8～20
5	4.85	5.15	6.68	6.32	0.88	0.62	0.73	0.47	1.4	1.1	10～25
6	5.85	6.15	7.68	7.32	0.88	0.62	0.83	0.57	1.4	1.1	12～30

l 系列		公称	8	10	12	16	20	25	30
		公差	±0.75		±0.90		±1.05		

(2) 每千件钢制品大约重量 G(kg)							
l	G	l	G	l	G	l	G
$d = 3$		$d = 4$		$d = 5$		$d = 6$	
8	0.460	8	0.81	10	1.59	12	2.70
10	0.562	10	0.90	12	1.88	16	3.54
12	0.663	12	1.17	16	2.46	20	4.39
16	0.866	16	1.54	20	3.04	25	5.44
		20	1.90	25	3.76	30	6.50

注：d—公称直径；d_1—焊钉熔化部分直径；

　d_2—焊钉熔化部分端部直径；

　h—焊钉熔化部分高度；

　l—公称长度；l_1—焊接后的公称长度；

　l_2—焊钉熔化部分端部高度。

2. 电弧螺柱焊用圆柱头焊钉

(GB/T 10433—2002)

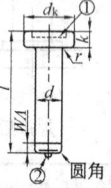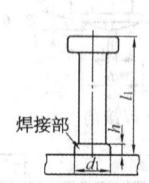

焊接前　　　　　　焊接后

$l = l_1 + WA\,\text{js}17$；

① 由制造者选择可选择制成凹穴型式；

② 引弧结由制造者确定。

（1）尺寸(mm)										
d			d_k		d_1	h	k		r	WA	l_1
公称	min	max	max	min			max	min	min		范围
10	9.64	10	18.35	17.65	13	2.5	7.45	6.55	2	4	40～180
13	12.57	13	22.42	21.58	17	3	8.45	7.55	2	5	40～200
16	15.57	16	29.42	28.58	21	4.5	8.45	7.55	2	5	50～250
19	18.48	19	32.5	31.5	21	6	10.45	9.55	2	6	60～300
22	21.48	22	35.5	34.5	29	6	10.45	9.55	3	6	80～300
25	24.48	25	40.5	39.5	31	7	12.55	11.45	3	6	80～300

(续)

<table>
<tr><th colspan="10">(2) 每千件钢制品大约重量 G(kg)</th></tr>
</table>

l_1	G	l_1	G	l_1	G	l_1	G	l_1	G
$d=10$		$d=13$		$d=16$		$d=19$		$d=22$	
40	37	80	104	150	274	200	499	250	810
50	43	100	125	180	321	220	544	300	959
60	49	120	146	200	352	250	611	$d=25$	
80	61	150	177	220	384	300	722	80	404
100	74	180	208	250	431	$d=22$		100	481
120	86	200	229	$d=19$		80	302	120	558
150	105	$d=16$		60	188	100	362	150	673
180	123	50	116	80	232	120	422	180	789
$d=13$		60	131	100	277	150	511	200	866
40	62	80	163	120	321	180	601	220	943
50	73	100	195	150	388	200	660	250	1059
60	83	120	226	180	455	220	720	300	1251

注: 1. d—公称直径; d_1—焊后焊接部直径;
d_k—头部直径; h—焊后焊接部高度;
k—头部高度; l—焊前焊钉长度;
l_1—焊后焊钉长度设计值; r—头下圆角半径;
WA—熔化长度。

2. d 的测量位置,距焊钉末端 $2d$ 处。

3. d_1 和 h 数值为指导值;在特殊场合,如穿透平焊,该尺寸可能不同。

4. l_1 是焊后长度设计值。对特殊场合,如穿透平焊则较短。

5. 表中重量 G,指焊前焊钉的理论重量。

第二十七章　其他滋图件

注：本章介绍的滋图件，是一些市场上较常见的，涉及国家（行业）标准的滋图件。

1. 钢膨胀螺栓

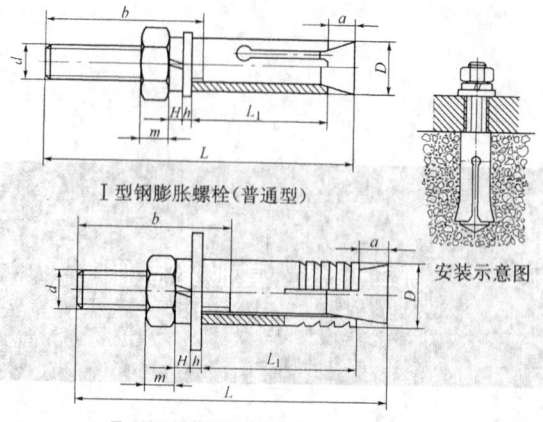

Ⅰ型钢膨胀螺栓(普通型)

Ⅱ型钢膨胀螺栓(电梯专用型)

安装示意图

(1) 型式:钢膨胀螺栓

① Ⅰ型(普通型)—由沉头螺栓、胀管、平垫圈、弹簧垫圈和六角螺母组成

② Ⅱ型钢膨胀螺栓(电梯专用型)—由沉头螺栓、胀管、大垫圈、弹簧垫圈和六角螺母组成

螺栓和胀管的尺寸,参见下表:

平垫圈—按 GB/T 97.1—2002 平垫圈—A 级的规定,参见第21.14页;

大垫圈—按 GB/T 96.1—2002 大垫圈—A 级的规定,参见第21.18页;

弹簧垫圈—按 GB/T 93—1987 标准型弹簧垫圈的规定,参见第21.24 页;

六角螺母—按 GB/T 6170—2000 1 型六角螺母的规定,参见第18.29 页

(2) 用途:用于把机器、设备、器具、结构件等固定安装在混凝土(标号应大于150号)地基或墙壁上的一种特殊螺纹连接副。安装时,先用冲击钻(锤)在地基或墙壁上钻一个相应尺寸的孔,再把螺栓、胀管装入孔中,然后依次把安装件上的安装孔和平(大)垫圈、弹簧垫圈套在螺栓上,最后把螺母旋在螺栓上,并拧紧,整个安装即告结束。即可使螺栓、胀管、垫圈、螺母和安装件连接成一整体

(3) 钢膨胀螺栓的主要尺寸(mm)和允许载荷(N)

型式	螺纹规格 d	胀 管			平(大)垫圈		弹簧垫圈		六角螺母		
		直径 D max	长度 L_1	壁厚 δ	厚度 h max	外径 d_2 max	高度 H max	外径 d_2' max	高度 m max	对边宽度 s max	
I 型	M6	10	35	1	1.8	12	1.7	10.08	5.2	10	
	M8	12	45	1	1.8	16	2.2	13.08	6.8	13	
	M10	14	55	1	2.2	20	2.75	16.4	8.4	16	
	M12	16	65	1.2	2.7	24	3.25	19.4	10.8	18	
	M14	18	75	1.5	2.7	28	3.8	22.5	12.8	21	
	M16	22	90	1.5	3.3	30	4.3	25.5	14.8	24	
	M18	25	100	2	3.3	34	4	28.44	15.8	27	
	M20	25	100	2	3.3	37	4	31.44	18	30	
II 型	M18	18	50	2	3	37	3.25	19.4	10.8	18	
	M16	22	65	2	3.3	50	4	25.5	14.8	24	

型式	螺纹规格 d	公称长度 L 范围	安装尺寸 a 参考	钻孔尺寸		允许承受载荷(N)			
				直径 ϕ	深度 h_1	静止状态		悬吊状态	
						抗拉力	抗剪力	抗拉力	抗剪力
I 型	M6	65~85	3	10.5	40	2350	1770	1667	1226
	M8	80~100	3.5	12.5	50	4310	3240	2354	1765
	M10	95~200	4	14.5	60	6860	5100	4310	3236
	M12	110~250	5	16.5	75	10100	7260	6355	5100
	M14	130		19	85	14560	10690	6228	6178
	M16	150~300	7	23	100	19020	14120	10101	7257
	M18	175~300	10	26	115	24310	18232	13370	10027
	M20	175~300	12	26	115	31020	23265	16441	12321
II 型	M12	100	7.5	19	90	10100	7260	6355	5100
	M16	125	7	23	90	19020	14120	10101	7257

（4）钢膨胀螺栓的公称长度 L(mm)、螺纹长度 b(mm) 和每千件制品大约重量 G(kg)

L	b	G	L	b	G	L	b	G	L	b	G
Ⅰ型 M6			Ⅰ型 M10			Ⅰ型 M14			Ⅰ型 M18		
65	35	23.3	120	70	93.8	130	60	203.2	300	210	685.2
78	45	25.0	130	80	98.7	Ⅰ型 M16			Ⅰ型 M20		
85	55	26.6	150	100	105.4	150	65	327.0	175	85	573.7
Ⅰ型 M8			Ⅰ型 M12			175	90	360.0	200	110	624.7
80	40	46.3	110	50	131.4	200	115	392.0	250	170	727.0
90	50	49.3	120	60	138.4	250	165	457.2	300	210	829.4
100	60	52.3	130	70	145.5	300	215	522.3	Ⅱ型 M12		
Ⅰ型 M10			150	90	159.6	Ⅰ型 M18			100	50	157.0
95	45	81.6	180	120	181.0	175	85	482.4	Ⅱ型 M16		
100	50	84.0	200	140	195.0	200	110	523.0			
110	60	89.7				250	170	604.0	125	65	335.0

（5）钢膨胀螺栓的被连接件最大厚度 L_2 的计算公式(mm)

螺纹规格	d	M6	M8	M10	M12	M14	M16	M18	M20
最大厚度 L_z 的 计算公式	Ⅰ型	L−55	L−65	L−75	L−90	L−100	L−120	L−130	L−130
	Ⅱ型	—	—	—	L−75	—	L−95	—	—

举例：规格为 M12×130mm Ⅰ型钢膨胀螺栓，其被连接件的最大厚度
$$L_z = L - 90 = 130 - 90 = 40\text{mm}$$

注：1. 产品等级：螺栓—$L \leqslant 10d$ 或 $L \leqslant 150$mm（按最小值），A 级；$L > 10d$ 或 $L > 150$mm（按最小值），B 级。螺母和垫 圈—A 级。

2. 螺纹公差：螺栓为 6g；螺母为 6H。

3. 表面处理：镀锌钝化。

4. 本产品的有关资料由上海徐浦标准件有限公司提供。

2. 膨 胀 螺 母

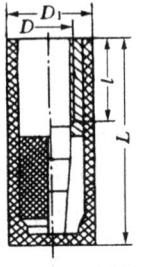 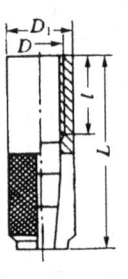 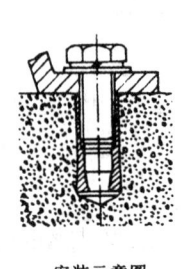

绝缘膨胀螺母　　　　　膨胀螺母　　　　　安装示意图

(1) 其他名称:嵌入式膨胀螺母

(2) 品种:
　　① 低碳钢膨胀螺母:代号 KT,规格自 M6～M20,一般用
　　② 不锈钢膨胀螺母:代号 KB,规格自 M12～M20,用于需要防腐蚀场合
　　③ 尼龙膨胀螺母:代号 KS,全用尼龙制造,规格自 M3～M6,用于对抗拉力要求不高的场合
　　④ 绝缘膨胀螺母:代号 KF,在低碳钢膨胀螺母外面包覆一层绝缘层,规格自 M6～M12,用于需要电绝缘场合

(3) 用途:与膨胀螺栓相似的一种专用螺母。由圆形管状螺母和锥销两个零件组成。配合六角头螺栓、平垫圈和弹簧垫圈,用于机件固定安装在混凝土地基(或墙壁等)上面。使用时,先用冲击钻(锤)在地基上钻孔,再把螺母和锥销放入孔中,另用手锤和专用芯棒锤击锥销,使锥销端与螺母底端平齐,从而使螺母底部四周胀开,牢固地固定在地基中,然后把机件上的安装孔对准螺母孔,依次放上平垫圈和弹簧垫圈,旋入六角头螺栓,即使机件牢固地固定在地基上

（4）钢膨胀螺母（尼龙膨胀螺母尺寸与之相同）										
	螺纹规格 D	M3	M4	M5	M6	M8	M10	M12	M16	M20
主要 尺寸 (mm)	螺母全长 L	28	28	28	28	30	40	50	60	80
	螺纹长度 l	8	9	11	11	13	15	18	23	34
	螺母外径 D₁	5	6	8	8	10	12	16	20	25
	钻孔直径	5	6	8	8	10	12	18	20	25
允许横向 抗拉静载荷 （钢螺母）(N)		—	—	—	—	4710	7140	11440	14680	24010	31620
重量 G≈ (kg/千件)	钢	—	—	—	10.7	28.0	41.0	68.0	117	210
	尼龙	1.10	1.88	2.33	4.83	—	—	—	—	—

（5）绝缘膨胀螺母					
	螺纹规格 D	M6	M8	M10	M12
主要尺寸 (mm)	螺母全长 L	30	32	43	53
	螺纹长度 l	11	13	15	18
	螺母外径 D₁	10	12	16	20
	钻孔直径	10	12	16	20
允许横向抗拉静载荷(N)		2000	3500	6000	8000
在电压 2000V、1min 条件下绝缘电阻：5MΩ					
重量 G≈（kg/千件）		11.5	31.0	48	80

（6）其他技术要求
① 产品等级：A 级
② 螺纹公差：6H
③ 表面处理：镀锌钝化、热镀锌、热渗锌
④ 配用螺栓长度 L_z 的计算公式： L_z(mm) = 螺母螺纹长度 l + 平垫圈厚度 + 弹簧垫圈厚度   + 被紧固件机件厚度 − (3~5)
⑤ 安装膨胀螺母的混凝土抗压强度应不小于 27MPa 时，才能保证 允许横向抗拉静载荷

注：本产品的有关资料由上海沪日特种紧固件厂提供。

3. 十字槽纤维板螺钉

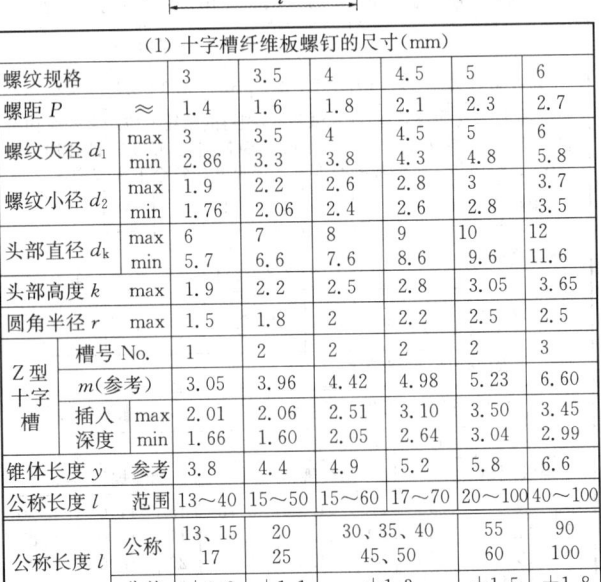

圆的或平的

(1) 十字槽纤维板螺钉的尺寸(mm)							
螺纹规格			3	3.5	4	4.5	5	6
螺距 P		≈	1.4	1.6	1.8	2.1	2.3	2.7
螺纹大径 d_1		max min	3 2.86	3.5 3.3	4 3.8	4.5 4.3	5 4.8	6 5.8
螺纹小径 d_2		max min	1.9 1.76	2.2 2.06	2.6 2.4	2.8 2.6	3 2.8	3.7 3.5
头部直径 d_k		max min	6 5.7	7 6.6	8 7.6	9 8.6	10 9.6	12 11.6
头部高度 k		max	1.9	2.2	2.5	2.8	3.05	3.65
圆角半径 r		max	1.5	1.8	2	2.2	2.5	2.5
Z型十字槽	槽号 No.		1	2	2	2	2	3
	m(参考)		3.05	3.96	4.42	4.98	5.23	6.60
	插入深度	max min	2.01 1.66	2.06 1.60	2.51 2.05	3.10 2.64	3.50 3.04	3.45 2.99
锥体长度 y		参考	3.8	4.4	4.9	5.2	5.8	6.6
公称长度 l		范围	13~40	15~50	15~60	17~70	20~100	40~100
公称长度 l	公称		13、15 17	20 25	30、35、40 45、50		55 60	90 100
	公差		±0.9	±1.1	±1.3		±1.5	±1.8

（2）用途：外形与十字槽沉头自攻螺钉相似，但其规格为米制，螺距较大，主要用于木质零件（结构件）与薄钢板结构件之间的紧固连接

（3）技术条件：

①螺钉应由渗碳钢制造

②机械性能应符合下表规定：

螺纹规格(mm)	3	3.5	4	4.5	5	6
有效硬化层深度(mm)	0.05~0.18		0.10~0.25		0.15~0.28	
硬度 HV0.3	表面：550~800,芯部 300~450					
最小破坏力矩(N·m)	1.2	2.1	3.2	4.0	5.9	9.6

③拧入性能：螺钉经拧入试验后，螺钉的螺纹不应产生变形和折裂。试验板由含碳量 ≤0.23% 的低碳钢制造,其硬度为 HRB70~78（HB125~165）。试验板的厚度和孔径尺寸应符合下表规定：

螺纹规格(mm)	3	3.5	4	4.5	5	6
厚度(mm)	1.2~1.3	1.9~2.1	1.9~2.1	2.5~2.7	2.9~3.2	4.4~4.8
孔径 $\left(\begin{smallmatrix}+0.05\\0\end{smallmatrix}\right)$(mm)	2.04	2.44	2.78	3.00	3.48	4.07

④表面处理：镀锌钝化

（4）十字槽纤维板螺钉的螺纹长度 b(mm)和重量 G(kg)

l	b	G	l	b	G	l	b	G
螺纹规格 = 3			螺纹规格 = 3			螺纹规格 = 3.5		
13	9.5	0.45	25	21.5	0.78	15	11.0	0.70
15	11.5	0.49	30	26.5	0.93	17	13.0	0.81
17	13.5	0.56	35	31.5	1.10	20	16.0	0.93
20	16.5	0.65	40	31.5	1.23	25	21.0	1.11

（4）十字槽纤维板螺钉的螺纹长度 b(mm)和重量 G(kg)

l	b	G	l	b	G	l	b	G
螺纹规格=3.5			螺纹规格=4.5			螺纹规格=5		
30	26	1.38	17	12	1.35	50	44.5	4.18
35	31	1.55	20	15	1.49	55	49.5	4.90
40	36	1.80	25	20	1.77	60	53	5.00
45	36	2.02	30	25	2.17	70	63	5.92
50	36	2.08	35	30	2.44	80	63	6.58
螺纹规格=4			40	35	2.73	90	63	7.46
			45	40	3.13	100	63	8.06
15	10.5	0.92	50	45	3.50	螺纹规格=6		
17	12.5	1.06	55	50				
20	15.5	1.18	60	55	4.03	40	33	5.32
25	20.5	1.42	70	55	4.59	45	38	5.43
30	25.5	1.69	螺纹规格=5			50	43	6.33
35	30.5	1.96				55	48	6.94
40	35.5	2.13	20	14.5	2.08	60	53	7.69
45	40.5	2.30	25	19.5	2.33	70	63	8.62
50	45	2.66	30	24.5	2.78	80	63	9.62
55	45		35	29.5	2.94	90	63	11.11
60	45	3.13	40	34.5	3.51	100	63	12.20
			45	39.5	3.70			

注：1. l—公称长度；b—螺纹长度(mm)。

2. 螺纹长度 b 的公差：b ≤ 25mm 为 −1mm；b > 25mm 为 −Pmm(P—螺距)。

3. G—每千件钢制品大约重量(kg)。

4. 本产品的有关资料由上海天隆五金有限公司提供，部分规格重量暂缺。

4. 拉花型抽芯铆钉

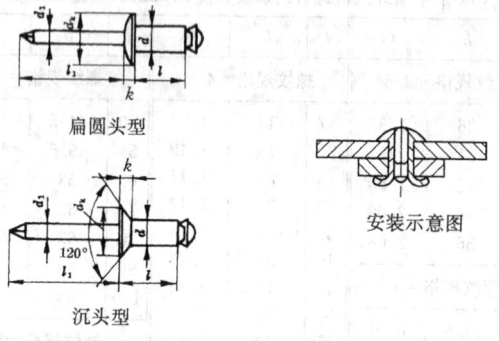

扁圆头型

安装示意图

沉头型

(1) 品种:扁圆头型、沉头型
(2) 用途:与开口型扁圆头抽芯铆钉相似(参见第 24.×页)。其特点是:铆接后,铆钉钉芯将铆钉钉体末端拉成四片花瓣状铆钉头,从而把两个被铆接结构件夹紧,又不会压坏结构件表面。主要用于铆接易破、易碎和软性结构材料结构件,如玻璃、橡胶、塑料、瓦楞纸、木材和薄金属结构件等
(3) 技术要求:
　① 材料:5056 防锈铝(钉体)、低碳钢(钉芯)
　② 最小抗剪力和抗拉力应符合下表规定:

铆钉公称直径(mm)	3.2	4	4.8
最小抗剪力(N)	765	1260	1855
最小抗拉力(N)	700	1150	1600

　③ 铆钉表面不得有裂纹、锈蚀、缺损及其他影响使用的缺陷
　④ 钉芯表面镀锌钝化
　⑤ 铆钉铆接后,形成的花瓣应基本对称

（4）拉花型抽芯铆钉的主要尺寸(mm)

公称直径 d			头部直径 d_k			头部高度 $k \leqslant$	钉芯直径 $d_1 \approx$	外露长度 $l_1 \geqslant$	公称长度 l 范围
公称	max	min	公称	max	min				
3.2	3.29	3.11	6	6.24	5.76	1.4	1.8	26	8～12
4	4.09	3.91	8	8.29	7.71	1.7	2.2	27	10～16
4.8	4.89	4.71	9.5	9.79	9.21	2.0	2.65	27	10～26

公称直径 d		3.2	4	4.8
铆接厚度 T 计算公式	最小	$l-9$	$l-8$	$l-10$
	最大	$l-7$	$l-5$	$l-6$

（5）拉花型扁圆头抽芯铆钉的每千件铝制品大约重量 G(kg)

l	G	l	G	l	G	l	G	l	G
$d=3.2$		$d=4$		$d=4.8$		$d=4.8$		$d=4.8$	
8	0.96	10	1.65	10	2.44	17	2.83	24	3.47
9	0.97	11	1.67	11	2.47	18	3.07	25	3.50
10	0.99	12	1.70	12	2.50	19	3.10	26	3.53
11	1.00	13	1.72	13	2.54	20	3.13		
12	1.09	14	1.85	14	2.73	21	3.16		
		15	1.87	15	2.77	22	3.19		
		16	1.90	16	2.80	23	3.44		

（6）拉花型沉头抽芯铆钉的每千件铝制品大约重量 G(kg)

l	G	l	G	l	G	l	G	l	G
$d=3.2$		$d=4$		$d=4.8$		$d=4.8$		$d=4.8$	
8	0.96	10	1.65	10	2.43	17	2.82	24	3.46
9	0.97	11	1.67	11	2.47	18	3.06	25	3.49
10	0.98	12	1.69	12	2.50	19	3.09	26	3.52
11	1.00	13	1.71	13	2.53	20	3.12		
12	1.09	14	1.85	14	2.73	21	3.16		
		15	1.87	15	2.76	22	3.19		
		16	1.89	16	2.79	23	3.43		

注：1. 铆钉钻孔直径 $= d+0.2$mm。

2. 本产品的有关资料,由上海安字实业有限公司提供。

5. 拉丝型抽芯铆钉

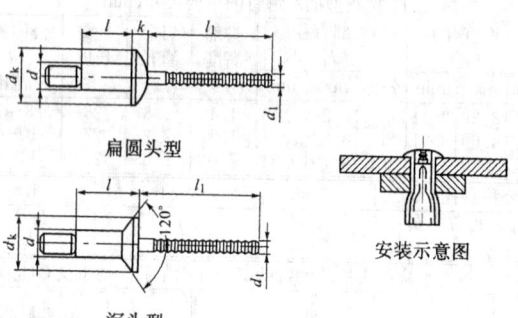

扁圆头型

安装示意图

沉头型

(1) 品种:扁圆头型、沉头型

(2) 用途:与开口型平圆头抽芯铆钉相似(参见第 24.78 页)。其特点是:铆接后,将铆钉钉芯头部也拉进铆钉钉体内孔中,从而增强了铆钉钉体的抗剪能力。主要用于需要承受振动和较大抗剪能力的场合,如通风管道、集装箱等设备上

(3) 技术要求:

① 材料:

铝铆钉—钉体为 5056 防锈铝,钉芯为纯铝;

钢铆钉—钉体为 35 钢,钉芯为低碳钢

② 最小抗剪力和抗拉力:

材料	试验项目	公称直径 d(mm)	
		4.8	6.4
铝铆钉	最小抗剪力(N)	2800	5400
	最小抗拉力(N)	2220	3960
钢铆钉	最小抗剪力(N)	6000	10500
	最小抗拉力(N)	4800	9120

③ 铆钉表面不得有裂纹、缺损及其他影响使用的缺陷
④ 钢铆钉的钉体、钉芯表面应镀锌
⑤ 铆钉铆接后，钉体不应有裂缝；钉芯头部应紧固在钉体内孔中，不得有脱钉现象

（4）拉丝型抽芯铆钉的主要尺寸(mm)

公称直径 d			头部直径 d_k			头部高度 $k \leqslant$	钉芯直径 $d_1 \approx$	外露长度 $l_1 \geqslant$	公称长度 l
公称	max	min	公称	max	min				
4.8	4.89	4.71	9.5	9.79	9.21	2.5	3.0	26	10、14
6.4	6.51	6.29	13.0	13.35	12.65	3.0	4.0	26	14、20

（5）拉丝型抽芯铆钉的铆接厚度、钻孔直径和(扁圆头铆钉)每千件制品大约重量

公称直径 d	公称长度 l	铆接厚度	钻孔直径	重量 G(kg)	
		（mm）		铝铆钉	钢铆钉
4.8	10	1.5～6.5	5.0～5.2	1.40	4.00
4.8	14	1.5～11.0	5.0～5.2	1.59	4.52
6.4	14	2.0～9.5	6.7～6.9	3.13	9.09
6.4	20	2.0～16.0	6.7～6.9	3.77	11.11

注：1. 沉头铆钉的重量暂缺。
　　2. 本产品的有关资料由上海安字实业有限公司提供。

6. 双鼓型抽芯铆钉

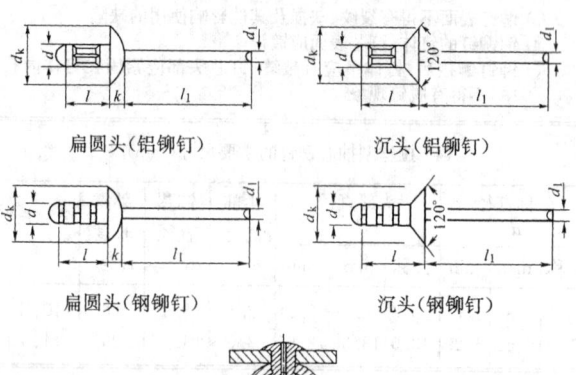

扁圆头（铝铆钉）　　　　　沉头（铝铆钉）

扁圆头（钢铆钉）　　　　　沉头（钢铆钉）

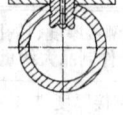

安装示意图

---

(1) 品种:扁圆头型、沉头型。

(2) 用途:与开口型平圆头抽芯铆钉相似(参见第24.78页)。其特点是:铆接后,铆钉钉芯将铆钉体末端拉成双鼓形铆钉头,从而把两个被铆接结构件夹紧,并能降低铆钉头作用在结构件表面上的压力。主要用于各种车辆、船舶、建筑、机械、电子等行业中铆接各种薄形结构件

(3) 技术要求:

　① 材料:

　　铝铆钉—钉体为5051铝合金,钉芯有低碳钢和不锈钢两种;

　　钢铆钉—钉体为10钢或35钢,钉芯为低碳钢;

　　不锈钢铆钉(外形与铝铆钉相同)—钉体和钉芯均为0Cr18Ni9或1Cr18Ni9不锈钢

② 最小抗剪力和抗拉力应符合下表规定：

材　料	试验项目	公称直径(mm)			
		3.2	4	4.8	6.4
铝铆钉	最小抗剪力(N)	530	845	1160	—
	最小抗拉力(N)	670	1020	1425	—
钢和不锈钢铆钉	最小抗剪力(N)	1500	1890	3335	13000
	最小抗拉力(N)	1700	2225	3115	7500

③ 铆钉表面不得有裂纹、锈蚀、缺损及其他影响使用的缺陷

(4) 双鼓型抽芯铆钉的主要尺寸(mm)

公称直径 d			头部直径 d_k			头部高度 $k\leqslant$	钉芯直径 $d_1\approx$	外露长度 $l_1\geqslant$	公称长度 l 范围	
公称	max	min	公称	max	min				铝铆钉	钢和不锈钢铆钉
3.2	3.29	3.11	6	6.24	5.76	1.4	1.8	26	8～16	8～12
4	4.09	3.91	8	8.29	7.71	1.7	2.2	27	10～18	10～15
4.8	4.89	4.71	9.5	9.79	9.21	2.0	2.8	27	10～26	10～15
6.4	6.51	6.29	13	13.35	12.65	2.5	3.85	31		12～20

(5) 双鼓型抽芯铆钉的铆接厚度(mm)

d	l	铆接厚度	d	l	铆接厚度	d	l	铆接厚度
铝铆钉								
3.2	8	0.5～5.0	4	14	5.0～10.5	4.8	18	8.0～13
	10	2.5～7.0		16	7.0～12.5		20	10～15
	12	4.5～9.0		18	9.0～14.5		22	12～17
	14	6.5～11	4.8	10	0.5～5.0		24	14～19
	16	8.5～13		12	2.0～7.0		26	16～21
4	10	1.0～6.5		14	4.0～9.0			
	12	3.0～8.5		16	6.0～11			

（5）双鼓型抽芯铆钉的铆接厚度（mm）								
d	l	铆接厚度	d	l	铆接厚度	d	l	铆接厚度
钢和不锈钢铆钉								
3.2	8	1～4	4	12	3.5～7	4.8	15	6～10
	10	3～6		15	6～9.5	6.4	12	2～6
	12	4～8	4.8	10	1.5～5		16	6～10
4	10	1.5～5		12	3～7		20	10～15

（6）双鼓型抽芯铆钉(铝铆钉)的每千件制品大约重量 G								
l (mm)	G(kg)		l (mm)	G(kg)		l (mm)	G(kg)	
	扁圆头	沉头		扁圆头	沉头		扁圆头	沉头
$d = 3.2$			$d = 4$			$d = 4.8$		
8	0.98	0.98	12	1.76	1.73	14	3.02	2.99
10	1.00	1.00	14	1.92	1.89	16	3.08	3.05
12	1.11	1.11	16	1.96	1.93	18	3.38	3.34
14	1.13	1.13	18	2.15	2.12	20	3.44	3.41
16	1.24	1.24	$d = 4.8$			22	3.50	3.47
$d = 4$			10	2.53	2.49	24	3.80	3.76
10	1.60	1.57	12	2.78	2.74	26	3.86	3.82

注：1. 钻孔直径 $= d+0.2$mm；$d = 6.4$mm。钢铆钉的钻孔直径 $= d+(0.3～0.5)$mm。

2. 钢和不锈钢铆钉的重量资料暂缺。

3. 本产品的有关资料由上海安字实业有限公司提供。

7. 沟槽型抽芯铆钉

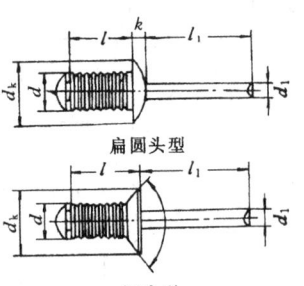

扁圆头型

沉头型

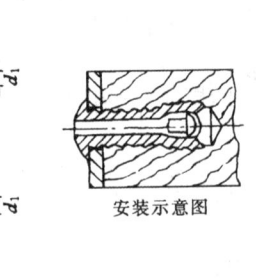

安装示意图

---

(1) 品种:半圆头型、沉头型

(2) 用途:与开口型扁圆头抽芯铆钉相似(参见第 24.×页)。其特点是:可以在用胶合板、玻璃纤维、塑料、石棉板、木材等材料制成的被连接件的盲孔中进行铆接,铆接后,铆钉钉体上的沟槽在盲孔中膨胀起来,可嵌在被连接件的孔壁内,从而起到铆接作用

(3) 技术要求:

① 材料:5052 防锈铝(钉体),10 钢(钉芯)

② 钉体上的沟槽长度应大于 7mm

③ 最小抗剪力和抗拉力应符合下表规定:

公称直径 d(mm)	3.2	4	4.8
最小抗剪力(N)	525	885	1185
最小抗拉力(N)	930	1410	1575

④ 铆钉表面不得有裂纹、锈蚀、缺损及其他影响使用的缺陷

⑤ 钉芯表面应进行镀锌钝化处理

（4）沟槽型抽芯铆钉的主要尺寸(mm)											
公称直径	钉体外径 d			头部直径 d_k			头部高度 k max	钉芯直径 d_1		外露长度 l_1 min	公称长度 l 范围
	公称	max	min	公称	max	min		max	min		
3.2	3.4	3.55	3.25	6.0	6.30	5.70	1.4	1.80	1.70	26	10～18
4	4.2	4.35	4.00	8.0	8.30	7.70	1.7	2.20	2.10	27	10～18
4.8	5.0	5.15	4.80	9.5	9.90	9.10	2.0	2.65	2.55	27	10～26

公称直径	3.2	4	4.8
钻孔直径	3.6	4.4	5.2
最大铆接厚度 T	$l-4$	$l-4$	$l-5$

（5）沟槽型抽芯铆钉(铝铆钉)的每千件制品大约重量 G								
l	$G(kg)$		l	$G(kg)$		l	$G(kg)$	
	扁圆头	沉头		扁圆头	沉头		扁圆头	沉头
	$d=3.2$			$d=4$			$d=4$	
10	1.01	0.99	12	1.72	1.70	14	2.74	2.70
12	1.12	1.09	14	1.88	1.85	16	3.01	2.98
14	1.22	1.20	16	1.92	1.90	18	3.07	3.04
16	1.25	1.22	18	2.11	2.08	20	3.14	3.10
18	1.31	1.29		$d=4.8$		22	3.41	3.38
	$d=4$		10	2.44	2.41	24	3.47	3.44
10	1.68	1.65	12	2.67	2.64	26	3.54	3.50

注：1. 公称长度 l 的公差：+0.9mm。

2. 钢和不锈钢铆钉的重量资料暂缺。

3. 本产品的有关资料由上海安字实业有限公司提供。

8. 环槽铆钉

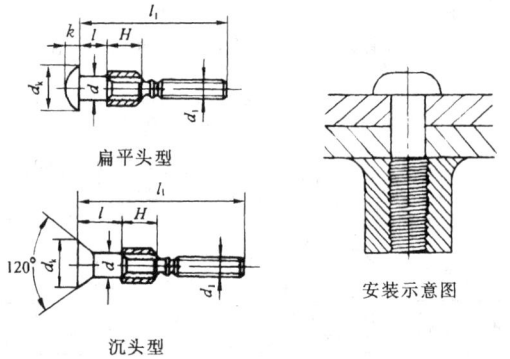

扁平头型

沉头型

安装示意图

(1) 品种：扁平头型、沉头型
(2) 用途：用于铆接两个结构件使之成为一件整体。由铆钉和钉套两个零件组成。铆钉的钉体（直径 d 部分）一端连接铆头，另一端连接两段带环槽的钉杆，钉杆靠近铆钉钉体的一段为工作段环槽，远离铆钉钉体的一段为夹持段环槽。铆接时，先将铆钉插入被连接件的钉孔中，再从被连接件另一面将钉套套在铆钉的工作段环槽上，然后用专用工具——气动环槽铆钉枪的枪口套在铆钉的夹持段环槽上，并将枪口抵住钉套端面，再扣动枪上扳机，铆钉枪即将铆钉的夹紧段环槽钉杆拉紧，直到断裂为止。此时，钉套内壁挤入铆钉的工作段环槽中，形成新铆钉头，从而把被连接件铆接紧固。其特点是：操作方便、效率高、噪声低、抗震性好，故广泛应用于各种车辆、船舶、航空、机械设备、建筑结构等领域中

(3) 技术要求：

① 材料：

铝铆钉—铆钉为 7A03 铝合金，钉套为 5052 铝合金；

钢铆钉—铆钉为 35 钢，钉套为 10 钢；

不锈钢铆钉—铆钉和钉套均为 0Cr18Ni9 或 1Cr18Ni9 不锈钢

② 最小抗剪力和最小抗拉力应符合下表规定：

材　料	试验项目	铆钉公称直径(mm)		
		5	6.4	10
铝铆钉	最小抗剪力(N)	3450	6120	18000
	最小抗拉力(N)	2360	4340	16000
钢铆钉	最小抗剪力(N)	7000	10000	25000
	最小抗拉力(N)	5000	8500	20000
不锈钢铆钉	最小抗剪力(N)	9000	—	30000
	最小抗拉力(N)	7000	—	21500

③ 铆钉表面不得有裂纹、毛刺及其他影响使用性能的其他缺陷

④ 铆钉钢表面镀锌钝化

(4) 环槽铆钉的主要尺寸(mm)								
公称直径 d		头部直径 d_k		头部高度	钉套高度 H		环槽钉杆直径 d_1		公称长度
公称	公差	公称	公差	$k \leqslant$	公称	公差	公称	公差	l 范围
5	±0.09	9.5	±0.55	3	6	±0.24	4.5	±0.15	4~18
6.4	±0.11	12.5	±0.55	4	8	±0.29	6	±0.15	4~26
10	±0.11	19	±0.65	6.5	11.4	±0.35	8.8	±0.18	6~20

公称直径 d		5	6.4	10
全长 l_1(公差±1.5)	扁平头	$l+32$	$l+37$	$l+48$
	沉头	$l+32$	$l+37$	—
推荐铆接厚度($T=$)		$l+0.5$		
钻孔直径		$d+0.1$		

注：1. 公称长度 l 公差：±0.5mm。

| （5）环槽铆钉的每千件制品大约重量 G(kg) | | | | | | | | |

l	铝铆钉 G		钢铆钉 G		l	铝铆钉 G		钢铆钉 G	
	扁平	沉头	扁平	沉头		扁平	沉头	扁平	沉头
	$d=5$					$d=6.4$			
4	2.42	2.15	6.67	5.89	16	6.15	5.58	16.88	15.32
6	2.53	2.26	6.97	6.18	18	6.34	5.77	17.40	15.84
8	2.64	2.37	7.27	6.48	20	6.53	5.96	17.91	16.35
10	2.75	2.48	7.57	6.78	22	6.71	6.15	18.42	16.87
12	2.86	2.59	7.87	7.08	24	6.90	6.33	18.94	17.38
14	2.97	2.70	8.17	7.38	26	7.09	6.52	19.45	17.90
16	3.08	2.81	8.47	7.68		$d=10$			
18	3.19	2.92	8.77	7.98	6	15.46		43.13	
	$d=6.4$				8	15.88		44.30	
4	5.03	4.46	13.80	12.24	10	16.30		45.46	
6	5.22	4.65	14.31	12.75	12	16.73	—	46.63	—
8	5.40	4.84	14.83	13.27	14	17.15		47.79	
10	5.59	5.02	15.34	13.78	16	17.57		48.96	
12	5.78	5.21	15.85	14.30	18	18.00		50.12	
14	5.96	5.40	16.37	14.81	20	18.42		51.28	

注：2. d—公称直径；l—公称长度(mm)。

　　3. 不锈钢铆钉重量 G，可参照表中钢铆钉重量 G。

　　4. 本产品的有关资料由上海安字实业有限公司提供。

责任编辑

第二十八章　本书引用的国家标准和
行业标准索引

说　明

1. 凡在本书中引用的国家标准和行业标准在本索引中均按下列类别(螺纹标准、紧固件标准、其他标准三个类别)和标准号顺序排列。

2. 每一标准号分别介绍以下四项内容:标准号和标准名称;代替标准号;采用ISO(国际标准)程度及标准号;在本书中的章节号。

3. 采用ISO程度栏中表示"采用程度符号"的含义:

　　IDT 表示等同采用;

　　MOD 表示修改采用;

　　NEQ 表示非等效采用;

　　eqv 表示等效采用。

● 个别参考采用其他国家标准的,则另予以说明。

4. 在本章中"引用本标准的章节号"栏中的表示"章节号"的"数字符号"含义举例:

　　14—在本书的第十四章中引用。

　　7.10—在本书的第七章、第 10 节中引用。

　　5.1.9—在本书的第五章、第 1 节、第(9)小节中引用。

　　15(2).21—在本书的第十五章、第二部分、第 21 节中引用。

　　25(2).30.1—在本书的第二十五章、第二部分、第 30 节、第(1)小节中引用。

标准号和名称/代替标准号/
采用 ISO 标准程度/引用本标准的章节号

（1）螺 纹 标 准

GB/T 3—1997 普通螺纹—收尾、肩距、退刀槽和倒角/代替 GB 3—1979/eqv ISO3508:1976 和 ISO4755:1983/5.1.9

GB 192—2003 普通螺纹—基本牙型/代替 GB 192—1981/未采用 ISO 标准/5.1.1

GB 193—2003 普通螺纹—直径与螺距系列（直径 1～600mm)/代替 GB 193—1981/未采用 ISO 标准/5.1.2、5.1.3

GB 196—2003 普通螺纹—基本尺寸（直径 1～600mm)/代替 GB 196—1981/未采用 ISO 标准/5.1.5、5.1.6

GB 9145—1988 商品紧固件的中等精度—普通螺纹极限尺寸/首次发布/未采用 ISO 标准/5.1.8

GB 9146—2008 商品紧固件的粗糙级精度—普通螺纹极限尺寸/代替 GB/T 9146—1988/未采用 ISO 标准/5.1.8

JB/T 7912—1999 商品紧固件的普通螺纹选用系列/代替 JB/T 7912—1995/eqv ISO262:1973/5.1.4

（2）紧 固 件 标 准

GB/T 2—2001 紧固件—外螺纹零件的末端/代替 GB 2—1985/idt ISO4753:1999/5.1.10

GB/T 8—1988 方头螺栓—C 级/代替 GB 8—1976/未采用 ISO 标准/15(2).22

GB/T 10—1988 沉头方颈螺栓/代替 GB 10—1976/未采用 ISO 标准/15(2).30

GB/T 11—1988 沉头带榫螺栓/代替 GB 11—1976/未采用 ISO 标准/15(2).31

GB/T 12—1988 半圆头方颈螺栓/代替 GB 12—1976/未采用 ISO 标准/15(2).24

GB/T 13—1988 半圆头带榫螺栓/代替 GB 13—1976/未采用 ISO 标准/15(2).28

标准号和名称/代替标准号/ 采用 ISO 标准程度/引用本标准的章节号
（2）紧固件标准

GB/T 14—1998 大半圆头方颈螺栓/代替 GB 14—1988/IDT ISO8677;1986/15(2).26

GB/T 15—1988 大半圆带榫螺栓/代替 GB 15—1976/未采用 ISO 标准/15(2).29

GB/T 27—1988 六角头铰制孔用螺栓—A 和 B 级/代替 GB 27—1976/未采用 ISO 标准/15(2).16

GB/T 28—1988 六角头螺杆带孔铰制孔用螺栓—A 和 B 级/未采用 ISO 标准/15(2).17

GB/T 29.1—1988 六角头头部带槽螺栓—A 和 B 级/代替 GB 29—1976/未采用 ISO 标准/15(2).8

GB/T 29.2—1988 十字槽凹穴六角头螺栓/代替 GB 29—1976/未采用 ISO 标准/15(2).9

GB/T 31.1—1988 六角头螺杆带孔螺栓—A 和 B 级/代替 GB 23、24、31—1976/未采用 ISO 标准/15(2).10

GB/T 31.2—1988 六角头螺杆带孔螺栓—细杆—B 级/代替 GB 23、24、31—1976/未采用 ISO 标准/15(2).11

GB/T 31.3—1988 六角头螺杆带孔螺栓—细牙—A 和 B 级/代替 GB 23、24、31—1976/未采用 ISO 标准/15(2).12

GB/T 32.1—1988 六角头头部带孔螺栓—A 和 B 级/代替 GB 25、26、32—1976/未采用 ISO 标准/15(2).13

GB/T 32.2—1988 六角头头部带孔螺栓—细杆—B 级/代替 GB 25、26、32—1976/未采用 ISO 标准/15(2).14

GB/T 32.3—1988 六角头头部带孔螺栓—细牙—A 和 B 级/代替 GB 25、26、32—1976/未采用 ISO 标准/15(2).15

GB/T 35—1988 小方头螺栓—B 级/代替 GB 35—1976/未采用 ISO 标准/15(2).23

GB/T 37—1988 T 形槽用螺栓/代替 GB 37—1976/未采用 ISO 标准/15(2).33

（续）

标准号及名称/(代替标准号)/	采用 ISO 标准程度/引用日本标准的最新号/
(2) 紧固件标准	
GB/T 39—1988 方螺母—C 级/代替 GB 39—1976/米制采用 ISO 标准/18(2).34	
GB/T 41—2000 六角螺母—C 级/代替 GB/T 41—1986/eqv ISO4034;1999/18(2).1	
GB/T 56—1988 六角厚螺母/代替 GB 56—1976/米制采用 ISO 标准/18(2).12	
GB/T 62.1—2004 蝶形螺母—圆翼/代替 GB/T 62—1988 有关部分/摘自日本标准/18(2).39	
GB/T 62.2—2004 蝶形螺母—方翼/参照采用日本标准/18(2).40	
GB/T 62.3—2004 蝶形螺母—冲压/参照采用日本标准/18(2).41	
GB/T 62.4—2004 蝶形螺母—压铸/参照采用日本标准/18(2).42	
GB/T 63—1988 环形螺母/代替 GB 63—1976/米制采用 ISO 标准/18(2).43	
GB/T 65—2000 开槽圆柱头螺钉/代替 GB/T 65—1985/eqv ISO1207;1992/17(2).1	
GB/T 67—2008 开槽盘头螺钉/代替 GB/T 67—2000/MOD ISO1580;1994/17(2).2	
GB/T 68—2000 开槽沉头螺钉/代替 GB/T 68—1985/eqv ISO2009;1994/17(2).3	
GB/T 69—2000 开槽半沉头螺钉/代替 GB/T 69—1985/eqv ISO2010;1994/17(2).4	
GB/T 70.1—2008 内六角圆柱头螺钉/代替 GB/T 70.1—2000/MOD ISO4762;2004/17(2).15	
GB/T 70.2—2008 内六角平圆头螺钉/其他采用/MOD ISO7380;2004/17(2).17	

标准号和名称/代替标准号/ 采用 ISO 标准程度/引用本标准的章节号
（2）紧固件标准
GB/T 70.3—2008 内六角沉头螺钉/部分代替 GB/T 70.3—2000/MOD ISO10642:1997/17(2).17
GB/T 71—1985 开槽锥端紧定螺钉/代替 GB 71—1976/eqv ISO7343:1983/17(2).39
GB/T 72—1988 开槽锥端定位螺钉/代替 GB 72—1976/未采用 ISO 标准/17(2).52
GB/T 73—1985 开槽平端紧定螺钉/代替 GB 73—1976/eqv ISO4766:1983/17(2).37
GB/T 74—1985 开槽凹端紧定螺钉/代替 GB 74—1976/eqv ISO7436:1983/17(2).40
GB/T 75—1985 开槽长圆柱端紧定螺钉/代替 GB 75—1976/eqv ISO7435:1983/17(2).38
GB/T 77—2007 内六角平端紧定螺钉/代替 GB/T 77—2000/MOD ISO4026:2003/17(2).41
GB/T 78—2007 内六角锥端紧定螺钉/代替 GB/T 78—2000/MOD ISO4027:2003/17(2).43
GB/T 79—2007 内六角圆柱端紧定螺钉/代替 GB/T 79—2000/MOD ISO4028:2003/17(2).42
GB/T 80—2007 内六角凹端紧定螺钉/代替 GB/T 80—2000/MOD ISO4029:2003/17(2).44
GB/T 83—1988 方头长圆柱球面端紧定螺钉/代替 GB 83—1976/未采用 ISO 标准/17(2).47
GB/T 84—1988 方头凹端紧定螺钉/代替 GB 84—1976/未采用 ISO 标准/17(2).49
GB/T 85—1988 方头长圆柱端紧定螺钉/代替 GB 85—1976/未采用 ISO 标准/17(2).46
GB/T 86—1988 方头短圆柱锥端紧定螺钉/代替 GB 86—1976/未采用 ISO 标准/17(2).48

标准号和名称/代替标准号/
采用 ISO 标准程度/引用本标准的章节号
（2）紧 固 件 标 准

GB/T 90.1—2002 紧固件验收检查/代替 GB/T 90—1985 第一篇/IDT3269:2000/14.1

GB/T 90.2—2002 紧固件标志与包装/代替 GB/T 90—1985 第二篇/未采用 ISO 标准/14.2

GB/T 91—2000 开口销/代替 GB/T 91—1986/eqv ISO1234:1997/7.20、23(2).1

GB/T 93—1987 标准型弹簧垫圈/代替 GB 93—1976/未采用 ISO 标准/21(2).9

GB/T 94.1—2008 弹性垫圈技术条件—弹簧垫圈/代替 GB 94—1987/未采用 ISO 标准/7.11

GB/T 94.2—1987 弹性垫圈技术条件—齿形、锯齿锁紧垫圈/代替 GB 957—1976/未采用 ISO 标准/7.12

GB/T 94.3—2008 弹性垫圈技术条件—鞍形、波形弹性垫圈/代替 GB/T 94.3—1987/未采用 ISO 标准/7.13

GB/T 95—2002 平垫圈—C 级/代替 GB/T 95—1985/eqv ISO7091:2000/21(2).4

GB/T 96.1—2002 大垫圈—A 级/代替 GB/T 96—1985 有关部分/eqv ISO7093:1983/21(2).5.1

GB/T 96.2—2002 大垫圈—C 级/代替 GB/T 96 有关部分/eqv ISO7093.2:2000/21(2).5.2

GB/T 97.1—2002 平垫圈—A 级/代替 GB/T 97.1—1985/eqv ISO7089:2000/21(2).2

GB/T 97.2—2002 平垫圈—倒角型—A 级/代替 GB/T 97.2—1985/eqv ISO7090:1983/21(2).3

GB/T 97.3—2000 销轴用平垫圈/首次发布/eqv ISO8738:1986/21(2).7

GB/T 97.4—2002 平垫圈—用于螺钉和垫圈组合件/代替 GB/T 9074.24—1988 和 GB/T 9074.25—1988/eqv ISO10673:1998/25(2).20

标准号和名称/代替标准号/ 采用ISO标准程度/引用本标准的章节号
（2）紧固件标准

GB/T 97.5—2002 平垫圈—用于自攻螺钉和垫圈组合件/代替GB/T 9074.29—1988 和 GB/T 9074.30—1988/eqv ISO10669：1999/25(2).21

GB/T 98—1988 止动垫圈技术条件/代替 GB 98—1976/未采用ISO标准/7.14

GB/T 99—1986 开槽圆头木螺钉/代替 GB 99—1976/未采用ISO标准/20(2).1

GB/T 100—1986 开槽沉头木螺钉/代替 GB 100—1976/未采用ISO标准/20(2).2

GB/T 101—1986 开槽半沉头木螺钉/代替 GB 101—1976/未采用ISO标准/20(2).3

GB/T 102—1986 六角头木螺钉/代替 GB 102—1976/未采用ISO标准/20(2).7

GB/T 109—1986 平头铆钉/代替 GB 109—1976/未采用 ISO标准/24(2).12

GB/T 116—1986 铆钉技术条件/代替 GB 116—1976/未采用ISO标准/7.27

GB/T 117—2000 圆锥销/代替 GB/T 117—1986/eqv ISO2339：1986/23(2).13

GB/T 118—2000 内螺纹圆锥销/代替 GB/T 118—1986/eqvISO2339：1986/23(2).14

GB/T 119.1—2000 圆柱销—不淬硬钢和奥氏体不锈钢/代替GB/T 119—1986 有关部分/eqv ISO2338：1997/23(2).2

GB/T 119.2—2000 圆柱销—淬硬钢和马氏体不锈钢/代替GB/T 119—1986 有关部分/eqv ISO8734：1997/23(2).3

GB/T 120.1—2000 内螺纹圆柱销—不淬硬钢和奥氏体不锈钢/代替GB/T 120—1986 有关部分/eqv ISO8733：1997/23(2).4

标准号和名称/代替标准号/ 采用 ISO 标准程度/引用本标准的章节号
（2）紧固件标准

GB/T 120.2—2000 内螺纹圆柱销—淬硬钢和马氏体不锈钢/代替 GB/T 120—1986 有关部分/eqv ISO8735：1997/23(2).5

GB/T 121—1986 销技术条件/代替 GB 121—1976/未采用 ISO 标准/7.35

GB/T 152.1—1988 铆钉用通孔/代替 GB 152—1976/未采用 ISO 标准/6.11

GB/T 152.2—1988 紧固件—沉头用通孔/代替 GB 152—1976/未采用 ISO 标准/6.10.1、6.10.3、6.10.4

GB/T 152.3—1988 紧固件—圆柱头用螺钉沉孔/代替 GB 152—1976/未采用 ISO 标准/6.10.2

GB/T 152.4—1988 紧固件—六角头螺栓和六角螺母用沉孔/未采用 ISO 标准/6.8

GB/T 794—1993 加强半圆头方颈螺栓/代替 GB 794—1967/未采用 ISO 标准/15(2).27

GB/T 798—1988 活节螺栓/代替 GB 798—1976/未采用 ISO 标准/15(2).34

GB/T 799—1988 地脚螺栓/代替 GB 799—1976/未采用 ISO 标准/15(2).35

GB/T 800—1988 双头双榫螺栓/代替 GB 800—1977/未采用 ISO 标准/15(2).32

GB/T 801—1998 小半圆头低方颈螺栓—B 级/代替 GB/T 101—1988/idt ISO8678—1988/15(2).25

GB/T 802.1—2008 组合式盖形螺母/代替 GB/T 802—1988/未采用 ISO 标准/18(2).36

GB/T 804—1988 球面六角螺母/代替 GB 804—1976/未采用 ISO 标准/18(2).13

GB/T 805—1988 扣紧螺母/代替 GB 805—1976/未采用 ISO 标准/18(2).50

标准号和名称/代替标准号/ 采用 ISO 标准程度/引用本标准的章节号
（2）紧固件标准

GB/T 806—1988 滚花高螺母/代替 GB 806—1976/未采用 ISO 标准/18(2).37

GB/T 807—1988 滚花薄螺母/代替 GB 807—1976/未采用 ISO 标准/18(2).38

GB/T 808—1988 小六角特扁细牙螺母/代替 GB 808—1976/未采用 ISO 标准/18(2).11

GB/T 809—1988 嵌装圆螺母/代替 GB 809—1976/未采用 ISO 标准/18(2).49

GB/T 810—1988 小圆螺母/代替 GB 810—1976/未采用 ISO 标准/18(2).45

GB/T 812—1988 圆螺母/代替 GB 812—1976/未采用 ISO 标准/18(2).44

GB/T 815—1988 端面带孔圆螺母/代替 GB 815—1976/未采用 ISO 标准/18(2).46

GB/T 816—1988 侧面带孔圆螺母/代替 GB 816—1979/未采用 ISO 标准/18(2).47

GB/T 817—1988 带槽圆螺母/代替 GB 817—1976/未采用 ISO 标准/18(2).48

GB/T 818—2000 十字槽盘头螺钉/代替 GB/T 818—1985/eqv ISO7045:1994/17(2).10

GB/T 819.1—2000 十字槽沉头螺钉—第1部分:钢 4.8 级/代替 GB/T 819—1985/eqv ISO7046-1:1994/17(2).12

GB/T 819.2—1997 十字槽沉头螺钉—第2部分:钢 8.8、不锈钢 A2-70 和有色金属 Cu2 或 Cu3/首次发布/idt ISO7046-2:1990/17(2).13

GB/T 820—2000 十字槽半沉头螺钉/代替 GB/T 820—1985/eqv ISO7047:1994/17(2).14

标准号和名称/代替标准号/ 采用 ISO 标准程度/引用本标准的章节号
（2）紧 固 件 标 准

GB/T 821—1988 方头平端紧定螺钉/代替 GB 821—1976/未采用 ISO 标准/17(2).45

GB/T 822—2000 十字槽圆柱头螺钉/代替 GB/T 822—1988/eqv ISO7048:1998/17(2).9

GB/T 823—1988 十字槽小盘头螺钉/代替 GB 823—1976/未采用 ISO 标准/17(2).11

GB/T 825—1988 吊环螺钉/代替 GB 825—1976/neq ISO3266：1984/7.2、17(2).53

GB/T 827—1986 标牌铆钉/代替 GB 827—1976/未采用 ISO 标准/24(2).25

GB/T 828—1988 开槽盘头定位螺钉/代替 GB 828—1976/未采用 ISO 标准/17(2).50

GB/T 829—1988 开槽圆柱端定位螺钉/代替 GB 829—1976/未采用 ISO 标准/17(2).51

GB/T 830—1988 开槽圆柱头轴位螺钉/代替 GB 830—1976/未采用 ISO 标准/17(2).33

GB/T 831—1988 开槽无头轴位螺钉/代替 GB 831—1976/未采用 ISO 标准/17(2).35

GB/T 832—1988 开槽带孔球面圆柱头螺钉/代替 GB 832—1976/未采用 ISO 标准/17(2).7

GB/T 833—1988 开槽大圆柱头螺钉/代替 GB 833—1976/未采用 ISO 标准/17(2).5

GB/T 834—1988 滚花高头螺钉/代替 GB 834—1976/未采用 ISO 标准/17(2).29

GB/T 835—1988 滚花平头螺钉/代替 GB 835—1976/未采用 ISO 标准/17(2).30

GB/T 836—1988 滚花小头螺钉/代替 GB 836—1976/未采用 ISO 标准/17(2).31

标准号和名称/代替标准号/ 采用 ISO 标准程度/引用本标准的章节号
(2) 紧固件标准

GB/T 837—1988 开槽盘头不脱出螺钉/代替 GB 837—1976/未采用 ISO 标准/17(2).24

GB/T 838—1988 六角头不脱出螺钉/代替 GB 838—1976/未采用 ISO 标准/17(2).28

GB/T 839—1988 滚花头不脱出螺钉/代替 GB 839—1976/未采用 ISO 标准/17(2).27

GB/T 840—1988 塑料滚花头螺钉/代替 GB 840—1976/未采用 ISO 标准/17(2).32

GB/T 845—1985 十字槽盘头自攻螺钉/代替 GB 845—1976/eqv ISO7049:1983/19(2).4

GB/T 846—1985 十字槽沉头自攻螺钉/代替 GB 846—1976/eqv ISO7050:1983/19(2).5

GB/T 847—1985 十字槽半沉头自攻螺钉/代替 GB 847—1976/eqv ISO7051:1983/19(2).6

GB/T 848—2002 小垫圈—A 级/代替 GB/T 848—1985/eqv ISO7092:2000/21(2).1

GB/T 849—1988 球面垫圈/代替 GB 849—1976/未采用 ISO 标准/21(2).25

GB/T 850—1988 锥面垫圈/代替 GB 850—1976/未采用 ISO 标准/21(2).26

GB/T 851—1988 开口垫圈/代替 GB 851—1976/未采用 ISO 标准/21(2).27

GB/T 852—1988 工字钢用方斜垫圈/代替 GB 852—1976/未采用 ISO 标准/21(2).28

GB/T 853—1988 槽钢用方斜垫圈/代替 GB 853—1976/未采用 ISO 标准/21(2).29

GB/T 854—1988 单耳止动垫圈/代替 GB 854—1976/未采用 ISO 标准/21(2).22

标准号和名称/代替标准号/ 采用 ISO 标准程度/引用本标准的章节号
（2）紧固件标准

GB/T 855—1988 双耳止动垫圈/代替 GB 855—1976/未采用 ISO 标准/21(2).23

GB/T 856—1988 外舌止动垫圈/代替 GB 856—1976/未采用 ISO 标准/21(2).24

GB/T 858—1988 圆螺母用止动垫圈/代替 GB 858—1976/未采用 ISO 标准/21(2).21

GB/T 859—1987 轻型弹簧垫圈/代替 GB 859—1976/未采用 ISO 标准/21(2).8

GB/T 860—1987 鞍形弹性垫圈/代替 GB 860—1976/未采用 ISO 标准/21(2).13

GB/T 861.1—1987 内齿锁紧垫圈/代替 GB 861—1976/未采用 ISO 标准/21(2).15

GB/T 861.2—1987 内锯齿锁紧垫圈/首次发布/未采用 ISO 标准/21(2).16

GB/T 862.1—1987 外齿锁紧垫圈/代替 GB 862—1976/未采用 ISO 标准/21(2).17

GB/T 862.2—1987 外锯齿锁紧垫圈/首次发布/未采用 ISO 标准/21(2).18

GB/T 863.1—1986 半圆头铆钉（粗制）/代替 GB 863—1976/24(2).2

GB/T 863.2—1986 小半圆头铆钉（粗制）/首次发布/未采用 ISO 标准/24(2).3

GB/T 864—1986 平锥头铆钉（粗制）/代替 GB 864—1976/未采用 ISO 标准/24(2).5

GB/T 865—1986 沉头铆钉（粗制）/代替 GB 865—1976/未采用 ISO 标准/24(2).7

GB/T 866—1986 半沉头铆钉（粗制）/代替 GB 866—1976/未采用 ISO 标准/24(2).9

标准号和名称/代替标准号/ 采用 ISO 标准程度/引用本标准的章节号
（2）紧固件标准

GB/T 867—1986 半圆头铆钉/代替 GB 867—1976/未采用 ISO 标准/24(2).1

GB/T 868—1986 平锥头铆钉/代替 GB 868—1976/未采用 ISO 标准/24(2).4

GB/T 869—1986 沉头铆钉/代替 GB 869—1976/未采用 ISO 标准/24(2).6

GB/T 870—1986 半沉头铆钉/代替 GB 870—1976/未采用 ISO 标准/24(2).8

GB/T 871—1986 扁圆头铆钉/代替 GB 871—1976/未采用 ISO 标准/24(2).14

GB/T 872—1986 扁平头铆钉/代替 GB 872—1976/未采用 ISO 标准/24(2).13

GB/T 873—1986 扁圆头半空心铆钉/代替 GB 873—1976/未采用 ISO 标准/24(2).16

GB/T 874—1986 120°沉头半空心铆钉/代替 GB 874—1976/未采用 ISO 标准/24(2).21

GB/T 875—1986 扁平头半空心铆钉/代替 GB 875—1976/未采用 ISO 标准/24(2).18

GB/T 876—1986 空心铆钉/代替 GB 876—1976/未采用 ISO 标准/24(2).23

GB/T 877—1986 开尾圆锥销/代替 GB 877—1976/未采用 ISO 标准/23(2).15

GB/T 878—2007 开槽无头螺钉/代替 GB/T 878—1986/MOD ISO2342:2003/17(2).8

GB/T 879.1—2000 弹性圆柱销—直槽—重型/代替 GB/T 879—1986/eqv ISO8752:1997/23(2).6

GB/T 879.2—2000 弹性圆柱销—直槽—轻型/首次发布/eqv ISO13337:1997/23(2).7

标准号和名称/代替标准号/ 采用 ISO 标准程度/引用本标准的章节号
（2）紧固件标准

GB/T 879.3—2000 弹性圆柱销—卷制—重型/首次发布/eqv ISO8748:1997/23(2).8

GB/T 879.4—2000 弹性圆柱销—卷制—标准型/首次发布/eqv ISO8750:1997/23(2).9

GB/T 879.5—2000 弹性圆柱销—卷制—轻型/首次发布/eqv ISO8751:1997/23(2).10

GB/T 880—2008 无头销轴/代替 GB 880—1986/MOD ISO2340:1986/23(2).11

GB/T 881—2000 螺尾锥销/代替 GB/T 881—1986/eqv ISO8737:1986/23(2).16

GB/T 882—2008 销轴/代替 GB 882—1976/MOD ISO2341:1986/23(2).12

GB/T 883—1986 锥销锁紧挡圈/代替 GB 883—1976/未采用 ISO 标准/22(2).5

GB/T 884—1986 螺钉锁紧挡圈/代替 GB 884—1976/未采用 ISO 标准/22(2).6

GB/T 885—1986 带锁圈的螺钉锁紧挡圈/代替 GB 885—1976/未采用 ISO 标准/22(2).7

GB/T 886—1986 轴肩挡圈/代替 GB 886—1976/未采用 ISO 标准/22(2).9

GB/T 889.1—2000 1型非金属嵌件六角锁紧螺母/代替 GB/T 889—1986/eqv ISO7048:1997/18(2).22

GB/T 889.2—2000 1型非金属嵌件六角锁紧螺母—细/首次发布/eqv ISO10512:1997/18(2).23

GB/T 891—1986 螺母紧固端挡圈/代替 GB 891—1976/未采用 ISO 标准/22(2).10

GB/T 892—1986 螺栓紧固轴端挡圈/代替 GB 892—1976/未采用 ISO 标准/22(2).11

标准号和名称/代替标准号/ 采用 ISO 标准程度/引用本标准的章节号
（2）紧固件标准

GB/T 893.1—1986 孔用弹性挡圈—A 型/代替 GB 893—1976/未采用 ISO 标准/22(2).1

GB/T 893.2—1986 孔用弹性挡圈—B 型/首次发布/未采用 ISO 标准/22(2).1

GB/T 894.1—1986 轴用弹性挡圈—A 型/代替 GB 894—1976/未采用 ISO 标准/22(2).2

GB/T 894.2—1986 轴用弹性挡圈—B 型/首次发布/未采用 ISO 标准/22(2).2

GB/T 895.1—1986 孔用钢丝挡圈/代替 GB 895—1976/未采用 ISO 标准/22(2).3

GB/T 895.2—1986 轴用钢丝挡圈/代替 GB 896—1976/未采用 ISO 标准/22(2).4

GB/T 896—1986 开口挡圈/代替 GB 896—1976/未采用 ISO 标准/22(2).12

GB/T 897—1988 双头螺柱—$b_m = 1d$/代替 GB 897—1976/未采用 ISO 标准/16(2).1

GB/T 898—1988 双头螺柱—$b_m = 1.25d$/代替 GB 898—1976/未采用 ISO 标准/16(2).2

GB/T 899—1988 双头螺柱—$b_m = 1.5d$/代替 GB 899—1976/未采用 ISO 标准/16(2).3

GB/T 900—1988 双头螺柱—$b_m = 2d$/代替 GB 900—1976/未采用 ISO 标准/16(2).4

GB/T 901—1988 等长双头螺柱—B 级/代替 GB 901—1976/未采用 ISO 标准/16(2).5

GB/T 902.1—2008 手工焊用焊接螺柱/代替 GB 902—1989/未采用 ISO 标准/16(2).7

GB/T 902.2—1989 机动弧焊用焊接螺柱/代替 GB 902—1976/未采用 ISO 标准/16(2).8

标准号和名称/代替标准号/ 采用 ISO 标准程度/引用本标准的章节号
（2）紧固件标准

GB/T 902.3—2008 储能焊用焊接螺柱/代替 GB 902—1989/未采用 ISO 标准/16(2).9

GB/T 921—1986 钢丝锁圈/代替 GB 921—1976/未采用 ISO 标准/7.19、22(2).8

GB/T 922—1986 木螺钉技术条件/代替 GB 922—1976/未采用 ISO 标准/5.4、7.9

GB/T 923—1988 盖形螺母/代替 GB 923—1976/未采用 ISO 标准/18(2).35

GB/T 944.1—1985 螺钉用十字槽/代替 GB 944—1976/eqv ISO4757:1983/6.3

GB/T 946—1988 开槽球面圆柱头轴位螺钉/代替 GB 946—1976/未采用 ISO 标准/17(2).34

GB/T 947—1988 开槽球面大圆柱头螺钉/代替 GB 947—1976/未采用 ISO 标准/17(2).6

GB/T 948—1988 开槽沉头不脱出螺钉/代替 GB 948—1976/未采用 ISO 标准/17(2).25

GB/T 949—1988 开槽半沉头不脱出螺钉/代替 GB 949—1976/未采用 ISO 标准/17(2).26

GB/T 950—1986 十字槽圆头木螺钉/代替 GB 950—1976/未采用 ISO 标准/20(2).4

GB/T 951—1986 十字槽沉头木螺钉/代替 GB 951—1976/未采用 ISO 标准/20(2).5

GB/T 952—1986 十字槽半沉头木螺钉/代替 GB 952—1976/未采用 ISO 标准/20(2).6

GB/T 953—1988 等长双头螺柱—C 级/代替 GB 953—1976/未采用 ISO 标准/16(2).6

GB/T 954—1986 120°沉头铆钉/代替 GB 954—1976/未采用 ISO 标准/24(2).10

标准号和名称/代替标准号/ 采用 ISO 标准程度/引用本标准的章节号
（2）紧固件标准

GB/T 955—1987 波形弹性垫圈/代替 GB 955—1976/未采用 ISO 标准/21(2).14

GB/T 956.1—1987 锥形锁紧垫圈/代替 GB 956—1976/未采用 ISO 标准/21(2).19

GB/T 956.2—1987/锥形锯齿锁紧垫圈/首次发布/未采用 ISO 标准/21(2).20

GB/T 959.1—1986 挡圈技术条件—弹性挡圈/代替 GB 959—1976/未采用 ISO 标准/7.16

GB/T 959.2—1986 挡圈技术条件—钢丝挡圈/首次发布/未采用 ISO 标准/7.17

GB/T 959.3—1986 挡圈技术条件—切制挡圈/首次发布/未采用 ISO 标准/7.18

GB/T 960—1986 夹紧挡圈/代替 GB 960—1976/未采用 ISO 标准/7.19，22(2).13

GB/T 1011—1986 大扁圆头铆钉/代替 GB 1011—1976/未采用 ISO 标准/24(2).15

GB/T 1012—1986 120°半沉头铆钉/代替 GB 1012—1976/未采用 ISO 标准/24(2).11

GB/T 1013—1986 平锥头半空心铆钉/代替 GB 1013—1976/未采用 ISO 标准/24(2).19

GB/T 1014—1986 大扁圆头半空心铆钉/代替 GB 1014—1976/未采用 ISO 标准/24(2).17

GB/T 1015—1986 沉头半空心铆钉/代替 GB 1015—1976/未采用 ISO 标准/24(2).20

GB/T 1016—1986 无头铆钉/代替 GB 1016—1976/未采用 ISO 标准/24(2).22

GB/T 1228—1991 钢结构用高强度大六角头螺栓/代替 GB 1228—1984/NEQ ISO7412：1984/25(2).28.1

标准号和名称/代替标准号/ 采用 ISO 标准程度/引用本标准的章节号
（2）紧固件标准

GB/T 1229—1991 钢结构用高强度大六角螺母/代替 GB 1229—1984/NEQ ISO4775:1984/25(2)、28.2

GB/T 1230—2006 钢结构用高强度垫圈/代替 GB/T 1230—1991/NEQ ISO7416:1984/25(2)、28.3

GB/T 1231—1991 钢结构用高强度大六角头螺栓、大六角螺母、垫圈技术条件/代替 GB 1231—1984/未采用 ISO 标准/7.34

GB/T 1237—2000 紧固件标记方法/代替 GB/T 1237—1988/eqv ISO8991:1986/13.1

GB/T 2670.1—2004 内六角花形盘头自攻螺钉/首次发布/MOD ISO14585:2001/19(2)、12

GB/T 2670.2—2004 内六角花形沉头自攻螺钉/首次发布/MOD ISO14586:2001/19(2)、13

GB/T 2670.3—2004 内六角花形半沉头自攻螺钉/首次发布/MOD ISO14587:2001/19(2)、14

GB/T 2671.1—2004 内六角花形低圆柱螺钉/代替 GB/T 6190—1986/MOD ISO14580:2001/17(2)、19

GB/T 2671.2—2004 内六角花形圆柱头螺钉/代替 GB/T 6191—1986/MOD ISO14579:2001/17(2)、20

GB/T 2672—2004 内六角花形盘头螺钉/代替 GB 2672—1986/未采用 ISO 标准/17(2)、21

GB/T 2673—2007 内六角花形沉头螺钉/代替 GB 2673—1986/未采用 ISO 标准/17(2)、22

GB/T 2674—2004 内六角花形半沉头螺钉/代替 GB 2674—1986/未采用 ISO 标准/17(2)、23

GB/T 3098.1—2000 紧固件机械性能—螺栓、螺钉和螺柱/代替 GB/T 3098.1—1982/idt ISO898-1:1999/9.1、11.1

GB/T 3098.2—2000 紧固件机械性能—螺母—粗牙螺纹/代替 GB/T 3098.2—1982/idt ISO898-2:1992/9.7、11.6

标准号和名称/代替标准号/ 采用 ISO 标准程度/引用本标准的章节号
(2) 紧 固 件 标 准

GB/T 3098.3—2000 紧固件机械性能—紧定螺钉/代替 GB/T 3098.3—1982/idt ISO898-5:1998/9.5、11.4

GB/T 3098.4—2000 紧固件机械性能—螺母—细牙螺纹/代替 GB/T 3098.4—1986/idt ISO898-6:1994/9.8、11.7

GB/T 3098.5—2000 紧固件机械性能—自攻螺钉/代替 GB/T 3098.5—1985/idt ISO2702:1992/9.12、11.12

GB/T 3098.6—2000 紧固件机械性能—不锈钢螺栓、螺钉和螺柱/代替 GB/T 3098.6—1986/idt ISO3506-1:1997/9.2、11.2

GB/T 3098.7—2000 紧固件机械性能—自挤螺钉/代替 GB/T 3098.7—1986/idt ISO7085:1999/9.13、11.13

GB/T 3098.9—2002 紧固件机械性能—有效力矩型钢六角锁紧螺母/GB/T 3098.9—1993/idt ISO2320:1997/9.10、11.9

GB/T 3098.10—1993 紧固件机械性能—有色金属制造的螺栓、螺钉、螺柱和螺母/首次发布/eqv ISO8839:1986/9.3、11.3

GB/T 3098.11—2002 紧固件机械性能—自钻自攻螺钉/代替 GB/T 3098.11—1995/未采用 ISO 标准/9.14、11.13

GB/T 3098.12—1999 紧固件机械性能—螺母锥形载荷试验/首次发布/idt ISO10485:1991/11.10

GB/T 3098.13—1996 紧固件机械性能—螺栓与螺钉的扭矩试验和破坏扭矩—公称直径 1～10mm/首先发布/idt ISO898-7:1992/9.4

GB/T 3098.14—2000 紧固件机械性能—螺母扩孔试验/首次发布/idt ISO10484:1997/11.11

GB/T 3098.15—2000 紧固件机械性能—不锈钢螺母/代替 GB/T 3098.6—1986 有关部分/idt ISO3506-2:1997/9.9、11.8

GB/T 3098.16—2000 紧固件机械性能—不锈钢紧定螺钉/代替 GB/T 3098.6—1986 有关部分/idt ISO3506-3:1997/9.6、11.5

标准号和名称/代替标准号/ 采用 ISO 标准程度/引用本标准的章节号
（2）紧固件标准

GB/T 3098.18—2004 盲铆钉试验方法/首次发布/IDT ISO14589：2000/9.14

GB/T 3098.19—2004 抽芯铆钉机械性能/首次发布/未采用 ISO 标准/9.15

GB/T 3098.20—2004 蝶形螺母保证扭矩/首次发布/参照日本标准/9.11

GB/T 3103.1—2002 紧固件公差—螺栓、螺钉和螺母/代替 GB/T 3103.1—1982/idt ISO4759-1：2000/8.1、8.4

GB/T 3103.2—1982 紧固件公差—用于精密机械的螺栓、螺钉和螺母/首次发布/eqv ISO4759-2：1978/8.2

GB/T 3103.3—2000 紧固件公差—平垫圈/代替 GB/T 3103.3—1982/idt ISO4759-3：2000/8.3、8.4

GB/T 3104—1982 紧固件—六角产品的对边宽度/首次发布/eqv ISO272-1982/6.1

GB/T 3105—2002 普通螺栓和螺钉的头下圆角半径/代替 GB/T 3105—1982/idt ISO885：2000/6.5

GB/T 3106—1982 螺栓、螺钉和螺柱的公称长度和普通螺栓的螺纹长度/首次发布/eqv ISO888：1976/15(1).4

GB/T 3632—2008 钢结构用扭剪型高强度螺栓连接副/代替 GB/T 3632—1995/未采用 ISO 标准/25(2).29

GB/T 3633—1995 钢结构用扭剪型高强度螺栓连接副技术条件/代替 GB 3633—1983/未采用 ISO 标准/7.35

GB/T 5267.1—2002 紧固件电镀层/代替 GB/T 5267—1985/IDT ISO4042：1999/12.1

GB/T 5267.2—2002 紧固件非电解锌片涂层/首次发布/IDT ISO10683：2000/12.2

GB/T 5276—1985 紧固件—螺栓、螺钉、螺柱及螺母—尺寸代号和标注/首次发布/eqv ISO225：1983/15(1).1、16(1).1、17(1).1、18(1).1

标准号和名称/(代替标准号)/采用 ISO 标准程度/引用 ISO 标准的章条号
(2) 紧固件标准
GB/T 5277—1985 紧固件——螺栓和螺钉通孔/代替 GB 152—1976/eqv ISO273:1979/6.7
GB/T 5278—1985 紧固件——开口销孔和止动钢丝孔尺寸/其次采布/IDT ISO7378:1983/6.6
GB/T 5279—1985 沉头螺钉——头部允许的凸起和测量高度/其次采布/IDT ISO7721:1983/6.10.5
GB/T 5280—2002 自攻螺钉的用螺纹及尺寸/代替 GB/T 5280—1985/IDT ISO1478:1999/5.2
GB/T 5281—1985 六角圆柱头铆钉用螺纹/其次采布/eqv ISO379:1983/17(2).36
GB/T 5282—1985 开槽盘头木螺钉/其次采布/eqv ISO1481;1983/19(2).1
GB/T 5283—1985 开槽沉头木螺钉/其次采布/eqv ISO1482;1983/19(2).2
GB/T 5284—1985 开槽半沉头木螺钉/其次采布/eqv ISO1483;1983/19(2).3
GB/T 5285—1985 六角头自攻螺钉/其次采布/eqv ISO1479;1983/19(2).8
GB/T 5286—2001 螺栓、螺钉和螺母用平垫圈——装配方案/代替 GB/T 5286—1985/IDT ISO887;2000/21(1).2
GB/T 5287—2002 大垫圈—C级/代替 GB/T 5287—1985/eqv ISO7094,2000/21(2).6
GB/T 5779.1—2000 紧固件表面缺陷——螺栓、螺钉和螺柱——一般要求/代替 GB/T 5779,1—1986/IDT ISO6157-1;1988/10.1
GB/T 5779.2—2000 紧固件表面缺陷——螺母/代替 GB/T 5779,2—1986/IDT ISO6157-2;1985/10.2

标准号和名称/代替标准号/ 采用 ISO 标准程度/引用本标准的章节号
（2）紧 固 件 标 准

GB/T 5779.3—2000 紧固件表面缺陷—螺栓、螺钉和螺柱—特殊要求/代替 GB/T 5779.3—1986/idt ISO6157‑3:1988/10.3

GB/T 5780—2000 六角头螺栓—C 级/代替 GB/T 5780—1986/eqv ISO4016:1999/15(2).1

GB/T 5781—2000 六角头螺栓—全螺纹—C 级/代替 GB/T 5781—1986/eqv ISO4018:1999/15(2).2

GB/T 5782—2000 六角头螺栓/代替 GB/T 5782—1986/eqv ISO4014:1999/15(2).3

GB/T 5783—2000 六角头螺纹—全螺纹/代替 GB/T 5783—1986/eqv ISO4017:1999/15(2).4

GB/T 5784—1986 六角头螺栓—细杆—B 级/代替 GB 21—1976、30—1976/eqv ISO4015:1979/15(2).5

GB/T 5785—2000 六角头螺栓—细牙/代替 GB/T 5785—1986/eqv ISO8765:1999/15(2).6

GB/T 5786—2000 六角头螺栓—细牙—全螺纹/代替 GB/T 5786—1986/eqv ISO8676:1999/15(2).7

GB/T 5789—1986 六角法兰面螺栓—加大系列—B 级/首次发布/未采用 ISO 标准/15(2).18

GB/T 5790—1986 六角法兰面螺栓—加大系列—细杆—B 级/首次发布/未采用 ISO 标准/15(2).19

GB/T 6170—2000 1 型六角螺母/代替 GB/T 6170—1986/eqv ISO4032:1999/18(2).2

GB/T 6171—2000 1 型六角螺母—细牙/代替 GB/T 6171—1986/eqv ISO8673:1999/18(2).3

GB/T 6172.1—2000 六角薄螺母/代替 GB/T 6172—1986/eqv ISO4035:1999/18(2).8

GB/T 6172.2—2000 非金属嵌件六角锁紧薄螺母/首次发布/eqv ISO1051:1997/18(2).25

标准号和名称/代替标准号/ 采用 ISO 标准程度/引用本标准的章节号
（2）紧固件标准

GB/T 6173—2000 六角薄螺母—细牙/代替 GB/T 6173—1986/eqv ISO8675:1999/18(2).9

GB/T 6174—2000 六角薄螺母—无倒角/代替 GB/T 6174—1986/eqv ISO4036:1999/18(2).10

GB/T 6175—2000 2 型六角螺母/代替 GB/T 6175—1986/eqv ISO4033:1999/18(2).4

GB/T 6176—2000 2 型六角螺母—细牙/代替 GB/T 6176—1986/eqv ISO8674:1999/18(2).5

GB/T 6177.1—2000 六角法兰面螺母/代替 GB/T 6177—1986/eqv ISO4161:1999/18(2).6

GB/T 6177.2—2000 六角法兰面螺母—细牙/首次发布/eqv ISO10663:1999/18(2).7

GB/T 6178—1986 1 型六角开槽螺母—A 和 B 级/代替 GB 57~58—1976/NEQ ISO/DIS7035:1982/18(2).15

GB/T 6179—1986 1 型六角开槽螺母—C 级/代替 GB 57~58—1976/NEQ ISO/DIS7035:1982/18(2).14

GB/T 6180—1986 2 型六角开槽螺母—A 和 B 级/首先发布/NEQ ISO/DIS7036:1982/18(2).17

GB/T 6181—1986 六角开槽薄螺母—A 和 B 级/代替 GB 59~60—1976/NEQ ISO/DIS7038:1982/18(2).19

GB/T 6182—2000 2 型非金属嵌件六角锁紧螺母/代替 GB/T 6182—1986/eqv ISO7041:1997/18(2).24

GB/T 6183.1—2000 非金属嵌件六角法兰面锁紧螺母/代替 GB/T 6183—1986/eqv ISO7043:1997/18(2).26

GB/T 6183.2—2000 非金属嵌件六角法兰面锁紧螺母—细牙/首次发布/eqv ISO12125:1997/18(2).27

GB/T 6184—2000 1 型全金属六角锁紧螺母/代替 GB/T 6184—1986/eqv ISO7719:1997/18(2).28

标准号和名称/代替标准号/
采用 ISO 标准程度/引用本标准的章节号
（2）紧 固 件 标 准

GB/T 6185.1—2000 2 型全金属六角锁紧螺母/代替 GB/T 6185—1986/eqv ISO7042：1997/18(2).29

GB/T 6185.2—2000 2 型全金属六角锁紧螺母—细牙/首先发布/eqv ISO10153：1997/18(2).31

GB/T 6186—2000 2 型全金属六角锁紧螺母—9 级/代替 GB/T 6186—1986/eqv ISO7720：1997/18(2).30

GB/T 6187.1—2000 全金属六角法兰面锁紧螺母/代替 GB/T 6187—1986/eqv ISO7044：1997/18(2).32

GB/T 6187.2—2000 全金属六角法兰面锁紧螺母—细牙/首次发布/eqv ISO12126：1997/18(2).33

GB/T 6188—2008 螺栓和螺钉用内六角花形/代替 GB/T 6188—2000/IDT ISO10664：2005/6.4.2

GB/T 6189—1986 紧固件用六角花形—E 型/代替 GB 2670—1981/未采用 ISO 标准/6.4.3

GB/T 6559—1986 自攻锁紧螺钉的螺杆—粗牙普通螺纹系列/首次发布/未采用 ISO 标准/5.3

GB/T 6560—1986 十字槽盘头自攻锁紧螺钉/首次发布/未采用 ISO 标准/19(2).15

GB/T 6561—1986 十字槽沉头自攻锁紧螺钉/首次发布/未采用 ISO 标准/19(2).16

GB/T 6562—1986 十字槽半沉头自攻锁紧螺钉/首次发布/未采用 ISO 标准/19(2).17

GB/T 6563—1986 六角头自攻锁紧螺钉/首次发布/未采用 ISO 标准/19(2).18

GB/T 6564—1986 内六角花形圆柱头自攻锁紧螺钉/首次发布/未采用 ISO 标准/19(2).19

GB/T 7244—1987 重型弹簧垫圈/首次发布/未采用 ISO 标准/21(2).10

标准号和名称/代替标准号/ 采用 ISO 标准程度/引用本标准的章节号
（2）紧 固 件 标 准

GB/T 7245—1987 鞍形弹簧垫圈/首次发布/未采用 ISO 标准/21(2).11

GB/T 7246—1987 波形弹簧垫圈/首次发布/未采用 ISO 标准/21(2).12

GB/T 9074.1—2002 螺栓或螺钉和平垫圈组合件/代替 GB/T 9074.1—1988 和 GB/T 9074.14—1988/eqv ISO10644:1998/25(2).1

GB/T 9074.2—1988 十字槽盘头螺钉和外锯齿锁紧垫圈组合件/首次发布/未采用 ISO 标准/25(2).2

GB/T 9074.3—1988 十字槽盘头螺钉和弹簧垫圈组合件/首次发布/未采用 ISO 标准/25(2).3

GB/T 9074.4—1988 十字槽盘头螺钉、弹簧垫圈和平垫圈组合件/首次发布/未采用 ISO 标准/25(2).4

GB/T 9074.5—2004 十字槽小盘头螺钉和平垫圈组合件/代替 GB/T 9074.5、9074.6—1988/未采用 ISO 标准/25(2).5

GB/T 9074.6—1988 十字槽小盘头螺钉和垫圈组合件/首次发布/未采用 ISO 标准/25(2).6

GB/T 9074.7—1988 十字槽小盘头螺钉和弹簧垫圈组合件/首次发布/未采用 ISO 标准/25(2).6

GB/T 9074.8—1988 十字槽小盘头螺钉、弹簧垫圈和平垫圈组合件/首次发布/未采用 ISO 标准/25(2).7

GB/T 9074.9—1988 十字槽沉头螺钉和锥形锁紧垫圈组合件/首次发布/未采用 ISO 标准/25(2).8

GB/T 9074.10—1988 十字槽半沉头螺钉和锥形锁紧垫圈组合件/首次发布/未采用 ISO 标准/25(2).9

GB/T 9074.11—1988 十字槽凹穴六角头螺栓和平垫圈组合件/首次发布/未采用 ISO 标准/25(2).10

GB/T 9074.12—1988 十字槽凹穴六角头螺栓和弹簧垫圈组合件/首次发布/未采用 ISO 标准/25(2).10

标准号和名称/代替标准号/ 采用 ISO 标准程度/引用本标准的章节号
（2）紧固件标准

GB/T 9074.13—1988 十字槽凹穴六角头螺栓、弹簧垫圈和平垫圈组合件/首次发布/未采用 ISO 标准/25(2).13

GB/T 9074.14—1988 六角头螺栓和平垫圈组合件/首次发布/未采用 ISO 标准/25.14

GB/T 9074.15—1988 六角头螺栓和弹簧垫圈组合件/首次发布/未采用 ISO 标准/25(2).14

GB/T 9074.16—1988 六角头螺栓和外锯齿锁紧垫圈组合件/首次发布/未采用 ISO 标准/25(2).15

GB/T 9074.17—1988 六角头螺栓、弹簧垫圈和平垫圈组合件/首次发布/未采用 ISO 标准/25(2).16

GB/T 9074.18—2002 自攻螺钉和平垫圈组合件/代替 GB/T 9074.18—1988、GB/T 9074.19—1988、GB/T 9074.22—1988 和 GB/T 9074.23—1988/eqv 10510;1999/25(2).17

GB/T 9074.19—1988 十字槽盘头自攻螺钉和大垫圈组合件/首次发布/未采用 ISO 标准/25.19

GB/T 9074.20—2004 十字槽凹穴六角头自攻螺钉和平垫圈组合件/首次发布/未采用 ISO 标准/25(2).18

GB/T 9074.21—1988 十字槽凹穴六角头自攻螺钉和大垫圈组合件/首次发布/未采用 ISO 标准/25(2).19

GB/T 9074.26—1988 组合件用弹簧垫圈/首次发布/未采用 ISO 标准/25(2).22

GB/T 9074.27—1988 组合件用外锯齿锁紧垫圈/首次发布/未采用 ISO 标准/25(2).23

GB/T 9074.28—1988 组合件用锥形锁紧垫圈/首次发布/未采用 ISO 标准/25(2).24

GB/T 9074.29—1988 自攻螺钉组合件用平垫圈/首次发布/未采用 ISO 标准/25.27

标准号和名称/代替标准号/ 采用 ISO 标准程度/引用本标准的章节号
（2）紧固件标准
GB/T 9074.30—1988 自攻螺钉组合件用大垫圈/首次发布/未采用 ISO 标准/25.28
GB/T 9456—1988 十字槽凹穴六角头自攻螺钉/首次发布/未采用 ISO 标准/19(2).11
GB/T 9457—1988 1 型六角开槽螺母—细牙—A 和 B 级/首次发布/未采用 ISO 标准/18(2).16
GB/T 9458—1988 2 型六角开槽螺母—细牙—A 和 B 级/首次发布/未采用 ISO 标准/18(2).18
GB/T 9459—1988 六角开槽薄螺母—细牙—A 和 B 级/首次发布/未采用 ISO 标准/18(2).20
GB/T 10432—1989 无头焊钉/首次发布/未采用 ISO 标准/26(2).1
GB/T 10433—2002 电弧螺柱焊用圆柱头焊钉/代替 GB/T 10433—1989/未采用 ISO 标准/26(2).2
GB/T 12615.1—2004 封闭型平圆头抽芯铆钉—11 级/代替 GB/T 12615—1990 有关部分/MOD ISO15973:2000/24(2).28.1
GB/T 12615.2—2004 封闭型平圆头抽芯铆钉—30 级/代替 GB/T 12615—1990 有关部分/MOD ISO15976:2002/24(2).28.2
GB/T 12615.3—2004 封闭型平圆头抽芯铆钉—06 级/代替 GB/T 12615—1990 有关部分/MOD ISO15975:2002/24(2).28.3
GB/T 12615.4—2004 封闭型平圆头抽芯铆钉—51 级/代替 GB/T 12615—1990 有关部分/MOD ISO16585:2002/24(2).28.4
GB/T 12616.1—2004 封闭型沉头抽芯铆钉—11 级/代替 GB/T 12616—1990 MOD ISO15974:2000/24(2).29
GB/T 12617.1—2006 开口型沉头抽芯铆钉—10、11 级/代替 GB/T 12617—1990 有关部分/MOD ISO15978:2002/24(2).27.1
GB/T 12617.2—2006 开口型沉头抽芯铆钉—30 级/代替 GB/T 12617—1990 有关部分/MOD ISO15980:2002/24(2).27.2

标准号和名称/代替标准号/ 采用 ISO 标准程度/引用本标准的章节号
（2）紧固件标准

GB/T 12617.3—2006 开口型沉头抽芯铆钉—12 级/代替 GB/T 12617—1990 有关部分/MOD ISO15982：2002/24(2).27.3

GB/T 12617.4—2006 开口型沉头抽芯铆钉—51 级/代替 GB/T 12617—1990 有关部分/MOD ISO15984：2002/24(2).27.4

GB/T 12617.5—2006 开口型沉头抽芯铆钉—20、21、22 级/代替 GB/T 12617—1990 有关部分/MOD ISO16583：2002/24(2).5

GB/T 12618.1—2006 开口型平圆头抽芯铆钉—10、11 级/代替 GB/T 12618—1990 有关部分/MOD ISO15977：2002/24(2).26.1

GB/T 12618.2—2006 开口型平圆头抽芯铆钉—30 级/代替 GB/T 12618—1990 有关部分/MOD ISO15979：2002/24(2).26.2

GB/T 12618.3—2006 开口型平圆头抽芯铆钉—12 级/代替 GB/T 12618—1990 有关部分/MOD ISO15981：2002/24(2).26.3

GB/T 12618.4—2006 开口型平圆头抽芯铆钉—51 级/代替 GB/T 12618—1990 有关部分/MOD ISO15983：2002/24(2).26.4

GB/T 12618.5—2006 开口型抽芯铆钉—20、21、22 级/代替 GB/T 12618—1990 有关部分/MOD ISO16582：2002/24(2).26.5

GB/T 12618.6—2006 开口型平圆头抽芯铆钉—40、41 级/代替 GB/T 12618—1990 有关部分/MOD ISO16584：2002/24(2).26.6

GB/T 13680—1992 焊接方螺母/首次发布/未采用 ISO 标准/18(2).52

GB/T 13681—1992 焊接六角螺母/首次发布/未采用 ISO 标准/18(2).51

GB/T 13683—1992 销—剪切试验方法/首次发布/eqv ISO8749：1986/7.23

GB/T 13806.1—1992 精密机械用紧固件—十字槽螺钉/首次发布/未采用 ISO 标准/17(2).15

标准号和名称/代替标准号/
采用 ISO 标准程度/引用本标准的章节号
（2）紧固件标准

GB/T 13806.2—1992 精密机械用紧固件—十字槽自攻螺钉—刮削端/首次发布/未采用 ISO 标准/19(2).7

GB/T 13829.1—2004 槽销—带导杆及全长平行沟槽/代替 GB/T 13829.1—1992 中的 A 型/MOD ISO8739:1997/23(2).17

GB/T 13829.2—2004 槽销—带倒角及全长平行沟槽/代替 GB/T 13829.1—1992 中的 B 型/MOD ISO8740:1997/23(2).18

GB/T 13829.3—2004 槽销—中部槽长为 1/3 全长/代替 GB/T 13829.1—1992 中的 C 型/MOD ISO8742:1997/23(2).19

GB/T 13829.4—2004 槽销—中部槽长为 1/2 全长/代替 GB/T 13829.1—1992 中的 D 型/MOD ISO8743:1997/23(2).20

GB/T 13829.5—2004 槽销—全长锥槽/代替 GB/T 13829.2—1992 中的 A 型/MOD ISO8744:1997/23(2).21

GB/T 13829.6—2004 槽销—半长锥槽/代替 GB/T 13829.2—1992 中的 B 型/MOD ISO8745:1997/23(2).22

GB/T 13829.7—2004 槽销—半长倒锥槽/代替 GB/T 13829.2—1992 中的 C 型/MOD ISO8741:1997/23(2).23

GB/T 13829.8—2004 圆头槽销/代替 GB/T 13829.3—1992 中的 A 型/MOD ISO8746:1997/23(2).24

GB/T 13829.9—2004 沉头槽销/代替 GB/T 13829.3—1992 中的 B 型/MOD ISO8747:1997/23(2).25

GB/T 14210—1993 墙板自攻螺钉/首次发布/未采用 ISO 标准/7.7、19(2).20

GB/T 15855.1—1995 扁圆头击芯铆钉/首次发布/未采用 ISO 标准/24(2).30

GB/T 15855.2—1995 沉头击芯铆钉/首次发布/未采用 ISO 标准/24(2).31

GB/T 15855.3—1995 击芯铆钉技术条件/首次发布/未采用 ISO 标准/7.29

标准号和名称/代替标准号/ 采用 ISO 标准程度/引用本标准的章节号
（2）紧固件标准

GB/T 15856.1—2002 十字槽盘头自钻自攻螺钉/代替 GB/T 15856.1—1995/eqv ISO15481:1999/19(2).21

GB/T 15856.2—2002 十字槽沉头自钻自攻螺钉/代替 GB/T 15856.2—1995/eqv ISO15482:1999/19(2).22

GB/T 15856.3—2002 十字槽半沉头自钻自攻螺钉/代替 GB/T 15856.3—1995/eqv ISO15483:1999/19(2).23

GB/T 15856.4—2002 六角法兰面自钻自攻螺钉/代替 GB/T 15856.4—1995/eqv 未采用 ISO 标准/19(2).24

GB/T 15856.5—2002 六角凸缘自钻自攻螺钉/首次发布/eqv ISO15480:1999/19(2).25

GB/T 16674.1—2004 六角法兰面螺栓—小系列/代替 GB/T 16674—1996/MOD ISO15071:1999/15(2).20

GB/T 16674.2—2004 六角法兰面螺栓—细牙—小系列/首次发布/MOD ISO15072:1999/15(2).21

GB/T 16824.1—1997 六角凸缘自攻螺钉/首次发布/IDT ISO7053:1992/19(2).9

GB/T 16824.2—1997 六角法兰面自攻螺钉/首次发布/IDT ISO10509:1992/19(2).10

GB/T 16938—2008 紧固件—螺栓、螺钉、螺柱和螺母通用技术条件/代替 GB/T 16938—1997/IDT ISO8992:2005/7.1

GB/T 17880.1—1999 平头铆螺母/首次发布/非等效采用意大利国家标准 UNI9201:1988/18(2).53

GB/T 17880.2—1999 沉头铆螺母/首次发布/非等效采用意大利国家标准 UNI9202:1988/18(2).54

GB/T 17880.3—1999 小沉头铆螺母/首次发布/非等效采用意大利国家标准 UNI9203:1988/18(2).55

GB/T 17880.4—1999 120°小沉头铆螺母/首次发布/未采用 ISO 标准/18(2).56

标准号和名称/代替标准号/ 采用 ISO 标准程度/引用本标准的章节号
（2）紧固件标准
GB/T 17880.5—1999 平头六角铆螺母/首次发布/未采用 ISO 标准/18(2).57
GB/T 17880.6—1999 铆螺母技术条件/首次发布/非等效采用意大利国家标准 UNI9202、9203—1988/7.4
GB/T 18195—2000 精密机械用六角螺母/首次发布/eqv ISO4166：1997/18(2).21
GB/T 18230.1—2000 栓接结构用大六角头螺栓—螺栓长度按 GB/T 3106—C 级—8.8 和 10.9 级/首次发布/eqv ISO7411：1984/7.36.1，25(2).30
GB/T 18230.2—2000 栓接结构用大六角头螺栓—短螺纹长度—C 级—8.8 和 10.9 级/首次发布/eqv ISO7412：1984/7.36.2，25(2).31
GB/T 18230.3—2000 栓接结构用大六角螺母—B 级—8 和 10 级/首次发布/eqv ISO4775：1984/7.36.3，25(2).32
GB/T 18230.4—2000 栓接结构用 1 型大六角螺母—B 级—10 级/首次发布/eqv ISO7414：1984/7.36.4，25(2).33
GB/T 18230.5—2000 栓接结构用平垫圈—淬火并回火/首次发布/eqv ISO7416：1984/7.36.5，25(2).34
GB/T 18230.6—2000 栓接结构用 1 型六角螺母—热浸镀锌（加大攻螺纹尺寸）—A 和 B 级—5、6 和 8 级/首次发布/eqv ISO7413：1984/7.36.6，25(2).35
GB/T 18230.7—2000 栓接结构用 2 型六角螺母—热浸镀锌（加大攻丝尺寸）—A 级—9 级/首次发布/eqv ISO7417：1984/7.36.7，25(2).36
JB/T 7912—1999 商品紧固件的普通螺纹选用系列/首次发布/eqv ISO262：1973/5.1.4
JB/T 9149—1999 标准紧固件的重量/代替 JB/Z 2349—1989/分别被第十七章至第二十五章各种紧固件产品采用

标准号和名称/代替标准号/ 采用 ISO 标准程度/引用本标准的章节号
（2）紧 固 件 标 准
JB/T 10582—2006 管状铆钉/代替 GB/T 975—1986/7.28、24 (2).24
（3）其 他 标 准
GB/T 1172—1999 黑色金属硬度及强度换算值/代替 GB/T 1172—1974/未采用 ISO 标准/2.8 GB 3100—1993 国际单位制及其应用/代替 GB 3100—1982/ eqv ISO1000:1992/2.1.1 GB 3102.1—1993 空间和时间的量和单位/代替 GB 3102.1— 1982/eqv ISO31—1:1992/1.6 GB 3102.11—1993 物理科学和技术中使用的数学符号/代替 GB 3102.11—1982/eqv ISO31—11:1992/1.6 GB/T 3771—1983 铜合金硬度与强度换算值/首次发布/未采 用 ISO 标准/2.9 GBn 166—1982 铝合金硬度与强度换算/首次发布/未采用 ISO 标准/2.10

《实用五金手册》

《实用五金手册》初版于 1959 年，并分别于 1967 年、1980 年、1991 年、1995 年、2000 年和 2006 年，分别出版了第二、三、四、五、六和第七版。

《实用五金手册》(第七版)介绍了有关的基本资料与常见的五金商品(包括金属材料、通用配件及器材、工具、建筑装潢五金四个大类)的品种、规格、性能、用途等实用知识。

由于该手册具有"内容丰富、取材实用、资料新颖、文图对照、携带方便"五大特点，故长期以来，一直受到广大读者欢迎。手册的每一版，都经过多次重印；成为一本半个世纪来久销不衰的畅销书。该书第四版曾于 1991 年 12 月被中国书刊业发行协会评为第一批"全国优秀畅销书(实用技术类)"；第六版又于 2002 年 12 月被中国书刊业发行协会评为"优秀畅销书(科技类)"。

《实用金属材料手册》

《实用金属材料手册》初版于1993年，2000年出版第二版，于2008年出版第三版。

该手册介绍了有关金属材料的基本资料和基础知识，我国常见的黑色和有色金属材料的牌号、化学成分、力学性能、特性、用途以及品种、规格、尺寸、允许偏差和重量等资料，可供与金属材料有关的销售、采购、设计和生产等工作的人员了解和查询。另外，还介绍了被列入手册中常见的我国各种金属材料牌号与国际标准以及美国、日本、欧洲联盟、德国、英国、法国和俄罗斯标准牌号的对照。这项资料可供从事进出口贸易、技术交流和引进工作的人员参考。

《实用工具手册》

《实用工具手册》初版于 2000 年。

该手册介绍了我国市场上常见的手工具、钳工工具、电动工具、气动工具及液压工具、切削工具、测量工具、焊接及喷涂工具、防爆工具、土木园艺工具和其他工具等 11 大类工具商品的品种、规格、性能及用途方面的实用知识，以及与工具产品有关的资料。

该手册内容取材于《实用五金手册》中相关章节，并增加了一些新资料和工具新品种，保留了《实用五金手册》"内容丰富、取材实用、资料新颖、文图对照和携带方便"的特点。可供从事与工具商品有关的采购、经销、设计、生产和科研等工作的人员和一般工具用户使用。

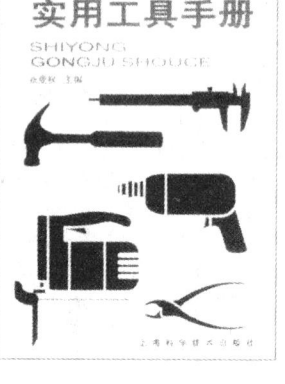

《实用滚动轴承手册》

《实用滚动轴承手册》初版于 2002 年，于 2010 年出版了第 2 版。

为了便于读者选用滚动轴承时查询有关轴承的标准和资料，编者根据大量的现行轴承标准（截至 2000 年底）和有关资料，编写了该手册。手册内容共分三篇。第一篇介绍了与滚动轴承知识有关的基本资料；第二篇介绍了与轴承有关的基础标准，包括轴承分类、轴承代号、轴承外形尺寸总方案、轴承公差与游隙、轴承材料、轴承标志、包装与仓库管理、轴承通用技术规则等内容；第三篇介绍了与市场上常见的轴承产品有关的产品标准和资料，详细介绍了市场上常见的各类轴承产品的品种、性能、用途、规格、尺寸和重量等内容。书末附录为手册中引用的现行标准和名称的索引。

该手册可供广大与滚动轴承有关的采购、经销、设计、技术、科研等人员参考，也可供需要了解或学习滚动轴承知识的读者参考。